Reihe *Mikrocomputer-Forum für Bildung und Wissenschaft*

Band 4

Reihenherausgeber:

Gesellschaft für Technologiefolgenforschung e.V. (GTF)

K. Dette P. J. Pahl (Hrsg.)

Multimedia, Vernetzung und Software für die Lehre

Das Computer-Investitions-Programm (CIP) in der Nutzanwendung

Mit 301 Abbildungen

Springer-Verlag
Berlin Heidelberg New York
London Paris Tokyo
Hong Kong Barcelona
Budapest

Klaus Dette
Gesellschaft für Technologiefolgenforschung e. V. (GTF)
Hohenzollerndamm 91, 1000 Berlin 33

Peter Jan Pahl
Technische Universität Berlin
Institut für Allgemeine Bauingenieurmethoden
Straße des 17. Juni 135, 1000 Berlin 12

Dieser Band dokumentiert die überarbeiteten Beiträge zum 5. CIP-Kongreß, der vom 24.–26. September 1991 von der Gesellschaft für Technologiefolgenforschung e.V. (GTF) im Hauptgebäude der Technischen Universität Berlin veranstaltet wurde. Tagungsdurchführung und Dokumentation wurden im wesentlichen gefördert durch den Bundesminister für Bildung und Wissenschaft (BMBW, Förderungskennzeichen IV B 4-5203-6-E 0138.00) und den Senat von Berlin (Senatsverwaltung für Wirtschaft und Technologie, Geschäftszeichen IIC 2 481-100/91). Als weitere Förderer des 5. CIP-Status-Kongresses haben sich 15 namhafte Unternehmen der Datenverarbeitungsindustrie an der angegliederten Firmenausstellung „Angebote für Forschung und Lehre" und am „Hochschul-Softwaremarkt" beteiligt. Die Verantwortung für den Inhalt der einzelnen Beiträge liegt bei den Autoren.

ISBN-13: 978-3-540-56171-2 e-ISBN-13: 978-3-642-84863-6
DOI: 10.1007/978-3-642-84863-6

Die Deutsche Bibliothek – CIP-Einheitsaufnahme
Multimedia, Vernetzung und Software für die Lehre: das Computer-Investitions-Programm (CIP) in der Nutzanwendung ; [Beiträge zum 5. CIP-Status-Kongress, der vom 24. bis 26. September 1991 von der Gesellschaft für Technologiefolgenforschung e.V. (GTF) im Hauptgebäude der Technischen Universität Berlin veranstaltet wurde] / Klaus Dette, Peter Jan Pahl (Hrsg.). – Berlin ; Heidelberg ; New York ; London ; Paris ; Tokyo ; Hong Kong ; Barcelona ; Budapest : Springer, 1992
(Reihe: Mikrocomputer-Forum für Bildung und Wissenschaft ; Bd. 4)
ISBN 3-540-56171-4
NE: Dette, Klaus [Hrsg.]; CIP-Status-Kongress <05, 1991, Berlin, West> ; Gesellschaft für Technologiefolgenforschung; Mikrocomputer-Forum für Bildung und Wissenschaft: Reihe: Mikrocomputer-Forum für …

Softcover reprint of the hardcover 1st edition 1992

Satz: Reproduktionsfertige Vorlage vom Herausgeber
45/3140-5 4 3 2 1 0 – Gedruckt auf säurefreiem Papier

Vorwort der Herausgeber

Im Prozeß der deutschen Vereinigung konnte dieser Kongreß als zweiter gesamtdeutscher CIP-Kongreß mit internationaler Beteiligung verwirklicht werden. Der Tagungsband dokumentiert den Status quo des PC-Einsatzes in vielen bedeutenden Fächern der Hochschullehre und zeigt neue Trends auf. Als größter Hit gilt zur Zeit das Thema Multimedia. Dazu lesen wir bei *Bannwart*: "Der neueste Stand der Hoffnung zur technischen Simulation unserer natürlichen Fähigkeiten zu kommunizieren heißt Multimedia – eine Vermengung von audio-visuellen Interaktionsprozessen mittels möglichst vielseitiger Geräte. Auf der Grundlage der digitalen Beschreibungssprache lassen sich dabei Texte, Berechnungen, Graphiken, Filme, Töne mit einer Maschine erzeugen, bearbeiten, miteinander verknüpfen, interaktiv verändern und kommunizieren. Im Gegensatz zu den einzelnen technischen Optimierungen der unterschiedlichen Medien, wird in der „Multimedia - Workstation" eine Vielzahl von Medien so integriert, daß synergetische Effekte im Sinne eines komfortableren und intelligenteren Informationsmanagements eintreten. Ein Medium, das sich die bestehenden Medien einverleibt, ein Hypermedium."

Zur Weiterentwicklung der Rechnerpools an den Hochschulen und der Rechnervernetzung stellt *Haupt* treffend fest, daß sich die CIP-Pools mittlerweile zu reinen Institutspools entwickeln und durch den Zuwachs an studenteneigenen PCs an Vernetzung und Softwarelizensierung sowie die Rechnerfinanzierung neue Anforderderungen gestellt werden, damit der Student am häuslichen Arbeitsplatzrechner annähernd die gleichen Arbeitsbedingungen vorfindet, wie in der Hochschule und später im Beruf.

Die flankierenden Unterstützungsdienste des Vereins Deutsches Forschungsnetz (DFN) und der Akademischen Software Kooperation Karlsruhe (ASK) werden ausführlich beschrieben. Schwerpunkte zum Thema "Software in der Lehre" liegen in den Bereichen Ingenieur-, Natur- und Wirtschaftswissenschaften. Dem interessierten Dozenten aus Hochschule und Industrie bietet dieses Kompendium zusätzlich zum eigenen Fachgebiet im engeren Sinne eine Fülle von Anregungen für die Nutzanwendung von PCs in der Lehre, wobei der interdisziplinäre Wissenstransfer durch die zahlreichen Illustrationen erleichtert wird.

Für die finanzielle Unterstützung des Kongresses und der Herstellung des Tagungsbandes sei Dank gesagt dem Bundesminister für Bildung und Wissenschaft, vertreten durch Herrn Ministerialrat Schulte, den Berliner Senatsverwaltungen für Wissenschaft und Forschung sowie Wirtschaft und Technologie, vertreten durch die Herren Senatsrat Schuhe und Reinke. Für weitere Zuwendungen ist der Datenverarbeitungsindustrie zu danken – allen voran den mc-forum-Förderer-kreismitgliedern Apple, IBM, SNI Siemens-Nixdorf und Sun. Den Autoren sei für ihre Mitwirkung herzlich gedankt. Frau Gundula Dette und ihrem Team von der GTF sei Dank gesagt für die sorgfältige Erstellung der Druckvorlagen.

Klaus Dette und Peter Jan Pahl, Juni 1992

Der 5. CIP-Kongreß im Hauptgebäude der Technischen Universität Berlin (Foto: Gundula Dette)

Den folgenden Unternehmen sei an dieser Stelle für ihre Mitwirkung und die großzügige Förderung des Kongresses Dank gesagt:

Apple Computer GmbH, München
d'ART Computersysteme GmbH, Hamburg
Digital Equipment GmbH, München
IBM Deutschland GmbH, München
Logibyte Software Services GmbH, Berlin
Microsoft GmbH, Unterschleißheim
MultiSystemsGmbH, Berlin
NeXT Computer Deutschland GmbH, Ismaning
NEXUS GmbH, Dresden
Schneider Rundfunkwerke Aktiengesellschaft, Türkheim
Software- und Rechenzentrum GmbH, Berlin
SNI Siemens-Nixdorf AG, München
Steckenborn Computer GmbH, Gießen
Sun Microsystems GmbH, Grasbrunn
TELEMATION Gesellschaft für Datenübertragung mbH, Kronberg

Inhalt

Eröffnung

Multimedia

Lehr- und Programmierumgebungen

Rechnerpools und Vernetzung

Neue Rechnerarchitekturen

Naturwissenschaftenschaften

Wirtschaftswissenschaften

Rechts-, Geistes- und Sozialwissenschaften

Grafik-Design

Eröffnung

Begrüßung

Peter Jan Pahl

Erster mc-forum-Sprecher
Technische Universität Berlin
Institut für Bauingenieurmethoden

Herr Bundesminister, Herr Senator, Herr Vizepräsident, sehr geehrte Damen und Herren!

Im Namen des Microcomputer-Forums für Bildung und Wissenschaft begrüße ich Sie sehr herzlich zu dem 5. CIP-Kongreß "Computer in der Lehre". Unser Forum dient dem Erfahrungsaustausch der drei am Computer-Investitions-Programm beteiligten Gruppen: den Wissenschaftlern an den Hochschulen, den Regierungen von Bund und Ländern sowie den Herstellern der Anlagen.

Für die Wissenschaftler und die von ihnen betreuten Studenten liefert CIP eine datentechnische Grundausstattung, ohne die Hochschulen heute nicht mehr arbeitsfähig sind. Unsere Veranstaltung ist das Forum zur Darstellung des erreichten Leistungsstands, zum Austausch von Informationen und zur gegenseitigen Unterstützung.

Die Regierungen von Bund und Ländern kooperieren in der Gestaltung und Durchführung des Computer-Investitions-Programms. Sie sind sowohl ideelle als auch finanzielle Träger des Programms und Förderer dieses Forums. Das Forum bietet die auch von seiten der Wissenschaftler sehr geschätzte Gelegenheit zu einem weiteren vertieften Meinungsaustausch mit den Regierungsvertretern.

Nicht zuletzt ist der Erfolg des Computer-Investitions-Programms von der Mitwirkung und der Förderung durch die Hersteller der Hardware und Software abhängig. Sie alle wissen, daß die CIP-Sonderkonditionen wesentlich zur Ausstattung der Hochschulen mit Computer-Kapazität beitragen. Ganz besonders danken wir den Herstellern, die dem Förderkreis des mc-forums angehören und damit auch diese Veranstaltung unterstützen.

Seit dem letzten CIP-Kongreß vor einem Jahr haben sich einige der bereits damals behandelten Fragen aus der Sicht der Wissenschaftler als besonders wichtig erwiesen:

1. Die Rechnerkapazität gehört zur Grundausstattung der Hochschulen. Nicht nur der Bund, sondern auch die Länder müssen in ihrer finanziellen Planung sicherstellen, daß der Umfang der Ausstattung ausreichend und ihre laufende Anpassung an die schnelle technologische Entwicklung gewährleistet ist.
2. Die Ausstattung der Hochschulen in den neuen Bundesländern ist unser besonderes Anliegen; sie darf jedoch nicht zu einem Ausstattungsmoratorium in den alten Bundesländern führen.

3. Der zweckmäßige Einsatz der Rechnerkapazität an den Hochschulen wird zunehmend von der Verfügbarkeit und Qualität der Software bestimmt. Im Gegensatz zur Hardware wird die Fachsoftware dezentralisiert in vielen Institutionen unterschiedlicher Art erstellt und vertrieben. Die Ausstattung der Hochschulen mit geeigneter Fachsoftware stellt uns daher vor besondere Schwierigkeiten. Wir freuen uns besonders, daß die Verleihung des Deutschen Hochschulsoftwarepreises 1991, der eng mit dem Namen von Herrn Kollegen Schreiner verknüpft ist, auf unserem Forum stattfindet.

4. Die Jugend ist für Europa auszubilden. Wir suchen daher eine deutliche europäische Komponente für das mc-forum. Die Kooptation von Herrn Ministerialrat Axmann als Vertreter des österreichischen Bundesministers für Wissenschaft und Forschung in den Sachverständigenkreis des Forums ist ein besonders erfreulicher Schritt in dieser Richtung.

Der CIP-Kongreß bietet uns allen die Gelegenheit, diese und andere Fragen in angenehmem Rahmen zu erörtern. Hierfür danke ich dem Organisator und Leiter des Kongresses, Herrn Dr. Dette, und seinen Mitarbeiterinnen. Meine Damen und Herren, ich wünsche Ihnen angenehme und informative Tage in unserem schönen Berlin.

Grußwort des Senats von Berlin

Manfred Erhardt

Senator für Wissenschaft und Forschung, Berlin

Sehr geehrte Damen und Herren,
Sehr herzlich möchte ich Sie im Namen des Senats von Berlin begrüßen! Als 1987 der damalige Staatssekretär Professor Beitz hier in der Technischen Universität Berlin das CIP-Status-Seminar eröffnete, konnte er nicht wissen, daß das damals noch nicht numerierte Erste CIP-Status-Seminar über die Jahre zu einem beachtlichen Jahreskongreß mit Referenten und Teilnehmern aus allen wissenschaftlichen Disziplinen heranwachsen würde. Was wir, Länder und der Bund, damals auch nicht wissen konnten, war, daß es dem kleinen Rechner am Arbeitsplatz gelingen würde, die sich immer weiter spezialisierenden und sich allmählich fremd werdenden Fächer über ein gemeinsames Thema an einen Tisch bzw. in einen Saal zu bringen. Die spöttische Bemerkung eines amerikanischen Kollegen, das einzige, was unsere Fakultäten in den Universitäten noch miteinander verbinde, sei die Zentralheizung, stimmt nicht mehr. Zentralheizung, Rechner und die Überzeugung, vom Staat nicht in ausreichender Weise alimentiert zu werden, verbindet Angehörige auch der entferntesten Disziplinen miteinander.

Besonders erfreulich ist die Tatsache, daß alle Bundesländer, die alten und die neuen, hier mit Teilnehmern vertreten sind, wobei, sieht man einmal von Berlin ab, aus den beiden Freistaaten Bayern und Sachsen besonders viele Interessierte anwesend sind. Mit großer Freude begrüße ich auch die große Anzahl von Referenten und Teilnehmern aus Österreich und danke in diesem Zusammenhang besonders Herrn Ministerialrat Dr. Axmann vom Österreichischen Bundesministerium für Wissenschaft und Forschung für seine aktive Unterstützung dieses Kongresses. Seit die beiden Teile Berlins wieder vereint sind, gilt das Hochschulbauförderungsgesetz auch für den Ostteil der Stadt und die neuen Länder. Dadurch werden Ausbildung und Lehre in den neuen Bundesländern künftig verstärkt mit moderner Informationstechnik unterstützt werden, so daß der Nachholbedarf hoffentlich bald befriedigt sein wird. Herr Bundesminister Ortleb weiß, daß die Länder eine Aufstockung des HBFG-Planungsfonds ebenso auf ihrem Wunschzettel für 1992/93 haben wie eine Verlängerung des WIP/HEP-Programms von zwei auf fünf Jahre.

Das Zusammenwachsen der Wissenschaftslandschaft in Deutschland bedarf nicht nur der ideellen, sondern auch der materiellen Unterfütterung. Die Brennpunkte der Wissenschaftspolitik liegen im Osten. Es ist deshalb auch naheliegend zu prüfen, ob der nächste CIP-Kongreß nicht im Ostteil Berlins abgehalten werden sollte. Schon im Frühjahr dieses Jahres fand an der Humboldt-Universität Berlin mit guter Resonanz ein Kolloquium zum Computer-Investitions-Programm (CIP) und zum Programm zur

Ausstattung von Wissenschaftler-Arbeitsplätzen (WAP) statt. Warum also sollte der 6. CIP-Kongreß nicht gleichfalls an der Humboldt-Universität stattfinden?

Ich danke der Gesellschaft für Technologiefolgenforschung für alle organisatorischen Bemühungen in Vergangenheit und Zukunft um diesen Kongreß. Meine Unterstützung hierfür sage ich zu. Damit verbinde ich die Erwartung, daß diese inzwischen überregional akzeptierte und thematisch einmalige Veranstaltung weiterhin die Unterstützung von Bund, Land und informationstechnischer Industrie erhält. Wir sind im übrigen überzeugt, daß Berlin für eine solche alte und neue Bundesländer umfassende Veranstaltung der geeignete Ort ist. Teilnehmer des letzten Kongresses, der genau am Tag der deutschen Einheit, dem 3. Oktober 1990, stattfand, werden sich an diese Zeit des hoffnungsvollen Aufbruches sicher erinnern.

Ich würde mich freuen, wenn sich die Teilnehmer des 5. und des folgenden CIP-Kongresses hier in Berlin heimisch fühlten. In diesem Sinne wünsche ich Ihrer Veranstaltung einen ertragreichen Verlauf und Ihnen allen einen angenehmen Aufenthalt in Berlin.

Ansprache des Bundesministers für Bildung und Wissenschaft

Rainer Ortleb

Bundesminister für Bildung und Wissenschaft

Ich freue mich, daß ich heute die Gelegenheit habe, zum 5. CIP-Kongreß "Computer in der Lehre" und zur Verleihung des Deutschen Hochschulsoftwarepreises 1991 zu Ihnen zu sprechen.

Die runde "fünf" in der Jahreszahl des Kongresses ist für eine Veranstaltung dieser Art, die die rasanten Veränderungen der Informationstechnik und ihren Einsatz in der Hochschule zum Gegenstand hat, keinesfalls selbstverständlich. Es ist erfreulich, daß eine solche Veranstaltung tatsächlich den Bedürfnissen der PC-Nutzer in den Hochschulen entspricht. Der Aufwuchs der Vortrags-, Besucher- und Ausstellungszahlen belegt das. Doch, wie der Philosoph sagt, alles unterliegt dem Wandel, und so ist nach fünf Jahren auch der Zeitpunkt erreicht, an dem man sich inhaltlich und organisatorisch auf die inzwischen eingetretenen Veränderungen einstellt. So hat sich der Kongreß zu Recht von der ursprünglichen CIP-Begrifflichkeit getrennt und sich dem aktuellen und weitergreifenden Schwerpunktthema "Computer in der Lehre" zugewandt. "Lehr- und Lernsoftware" könnte eines der nächsten Themen sein.

Der Kongreß bietet vieles zum ersten Mal: Zunächst und als wichtigstes: Es ist der erste Kongreß zu diesem Thema, der allen in Ost und West in gleicher Weise zugänglich ist und die Bezeichnung gesamtdeutsch verdient. Darüber freue ich mich sehr und ich denke, daß sich mit mir meine Landsleute aus Mecklenburg-Vorpommern, Brandenburg, Thüringen, Sachsen-Anhalt, Sachsen und dem Ostteil Berlins freuen, die ich ganz herzlich hier begrüße und von denen bereits mehr als ein Dutzend unter den Vortragenden, Ausstellenden und Preisträgern zu finden ist. Dies war noch bei der Eröffnung des vorangegangenen 4. Kongresses an einem historischen Datum, dem 3. Oktober 1990, mehr freudige und bange Hoffnung als gesicherte und ruhige Gewißheit. Was ist seitdem alles geschehen ...

Vieles hat sich entwickelt in diesem Jahr, auch diese Veranstaltung. Neben der Einbeziehung der Teilnehmer und Vortragenden aus den neuen Bundesländern sind insbesondere auch die internationalen Kontakte weiter ausgebaut worden. Zum ersten Mal ist nun auch Österreich formell Mitglied im mc-forum und beim Softwarepreis. Ich freue mich, Herrn Ministerialrat Dr. Hans-Peter Axmann vom österreichischen Bundesministerium für Wissenschaft und Forschung in Wien in dieser Funktion begrüßen zu können. Dies ist ein weiterer Schritt zur angestrebten Europäisierung. Organisatoren von Kongreß und Softwarepreis wünsche ich für die Zukunft bei der Suche nach weiteren europäischen Mitstreitern eine ebenso glückliche Hand wie bisher. Grenzüberschreitung im geografischen wie im übertragenen Sinne ist ein Zeichen der

Zeit. Es gilt insbesondere für die Informatik mit ihrer äußerst dynamischen Entwicklung. Sowohl die Computer in der Lehre als auch die darauf und dafür entwickelten Softwarelösungen können ihre volle Wirkung erst im europäischen Verbund entfalten. Erfahrungen in anderen Bereichen mit europäischen Förderungsprogrammen, wie etwa *Comett* und *Tempus*, bestätigen dies.

Erstmalig wird auf dem CIP-Kongreß auch der Hochschulsoftwarepreis verliehen. Ich freue mich, daß die Träger der beiden Veranstaltungen sich zu dieser Kooperation bereit gefunden haben. Der enge Sachzusammenhang zwischen beiden Veranstaltungen mit der immer mehr an Gewicht gewinndenden Thematik adäquater Softwareentwicklung für die Lehre ist evident. Ich würde mich freuen, wenn aus der Annäherung zusätzliche Effekte freigesetzt und genutzt werden könnten.

Daß dem Kongreß und mir in der Tat nur die besten Autoren mit ihren Beiträgen präsentiert werden, verdanken wir der mühsamen, zeitraubenden, finanziell nicht honorierten und gar nicht öffentlichkeitsträchtigen Fleiß- und Scheidearbeit der Juroren. Sie haben sich diesem Geschäft nun schon zum wiederholten Male unterzogen. Es gehört ein hohes Maß an Begeisterungsfähigkeit, Disziplin und Bescheidung dazu, einer als richtig und auch als wichtig erkannten Idee mit so viel Arbeit im Stillen zum Leben und auf den Weg zu verhelfen. Dazu meinen anerkennenden und sehr herzlichen Dank. Bei der Fülle der ehrenamtlichen Juroren verstehen Sie bitte, daß ich ihnen nicht allen einzeln danken kann. Ich bitte daher Herrn Prof. Schulmeister und Herrn Prof. Schreiner als Sprecher der Gremien, zugleich persönlich und stellvertretend, diesen Dank entgegenzunehmen und weiterzugeben. Ich freue mich über die hohe Anzahl von 251 eingereichten Programmen aus allen Teilen der Bundesrepublik, aus Österreich, Ungarn und der Schweiz. Dies zeigt, daß hier ein lebendiges Feld bearbeitet wird und daß durch Art und Gegenstand der Ausschreibung Studenten, Hilfskräfte, Assistenten und Professoren in einer fast einzigartigen Form der Teamarbeit in gemeinsame Projekte eingebunden sind.

Ich begrüße ganz herzlich die Autoren der 20 Gewinnerprogramme des deutschen Hochschulsoftwarepreises 1991, denen ich mich informatorisch eng verbunden fühle. Frauen sind leider und zu meinem großen Bedauern – trotz eines wohl zu Recht angenommenen hohen Interesses – im Wettbewerb nur schwach vertreten (mit 11 %). Andererseits sind sie in einem Fünftel aller erfolgreichen und hier prämierten Arbeiten repräsentiert, das ist bemerkenswert und erfreulich. Kurzgefaßt, es ist "wenig aber gut". Hoffentlich mehr im nächsten Jahr. Es gibt einen Sonderpreis für die beste Studentenarbeit. Das freut mich wegen der Motivation. Daß aus dem vom BMBW geförderten Modellversuch "Informatik für Blinde" an der Universität Karlsruhe ein Textlesesystem ausgezeichnet werden konnte, freut mich verständlicherweise besonders. Solche und andere Hilfen sind wichtig für blinde Mitmenschen, die zu diesem überwiegend optischen Medium Computer sonst kaum Zugang finden könnten.

Der Hochschulsoftwarepreis wird jetzt zum zweiten Mal verliehen, zum ersten Mal vor einem größeren Publikum. Daher möchte ich noch einmal kurz die wesentlichen Gründe darlegen, die zur Schaffung dieses Preises geführt haben. Die Ausbildung an den Hochschulen, die zunehmend auch mit PCs betrieben wird, leidet Not wegen noch fehlender qualifizierter Lehrsoftware und der häufig für Lehrzwecke unzureichenden

Qualität vorhandener Standardprogramme. Dieser vordergründige Mangel verweist auf dahinterliegende Ursachen: Für die Entwicklung von Lehrsoftware fehlt es bisheran finanziellen und wissenschaftlichen Anreizen. Es lohnt sich für Software-Autoren kaum, Lehrprogramme zu erstellen und zusätzlichen Aufwand in die Entwicklung solcher Programme zu investieren, die die Software auch für andere Benutzer attraktiv machen könnte. Finanziell läßt sich ein solcher Aufwand derzeit kaum gewinnbringend vermarkten. Darüber hinaus fehlen Reputationsanreize, die das Schreiben von Lehrsoft-ware reizvoll machen könnte, z.B. als wissenschaftlich anerkannter Beitrag oder als Teilbestandteil für eine Qualifikation zum Hochschullehrer. Dies ist um so unverständ-licher, als das in Software niedergelegte Wissen in der Präzision dem geschriebenen Wissen nicht nachsteht, in seiner Funktionalität sogar weit über dieses hinausgeht. Hier wird mit dem Hochschulsoftwarepreis das Ziel verfolgt, die Produktion und Bedeutung von Software für die Ausbildung durch Ausschreibung eines von offiziellen Stellen und wissenschaftlichen Gremien anerkannten Preises zu fördern. Ich gebe meiner Hoffung Ausdruck, daß die gut begonnene Entwicklung zu weiteren Erfolgen führen wird.

Umfang und Art der Anwendung von Informations- und Kommunikationstechnik und ihrer Software ist zu einem entscheidenden Einflußfaktor für die Produktivität und Innovationskraft eines Unternehmens geworden. Dies gilt für nahezu jede Wirtschaftsform. Die jährlichen Ausgaben für Software und die darauf bezogenen Dienstleistungen werden in Kürze in der Bundesrepublik Deutschland die Ausgaben für Hardware übersteigen. Die Softwaretechnik gewinnt damit auch einen steigenden Stellenwert für die Arbeit immer größerer Teile der Bevölkerung. Mehr als die Komponenten jeder Hardware beeinflußt die Software unmittelbar und mittelbar nahezu die Gesamtheit der Arbeitsbedingungen an den Arbeitsplätzen. Dies hat die Bundesregierung frühzeitig erkannt und der gezielten Förderung von Forschung und Entwicklung zur Arbeitsplatz-bezogenen menschengerechten Gestaltung von Software schon frühzeitig eine hohe Priorität – etwa im Programm "Arbeit und Technik" – zugewiesen.

Das Hauptinteresse bei der Entwicklung und Förderung gilt den nach wie vor vorhandenen Restriktionen und nicht ausgeschöpften Spielräumen bei der Anpassung der Software an Aufgaben, betriebliche Organisation, der Unternehmen, aber auch an die Bedürfnisse und die Arbeitsvorgänge der Benutzer. Mit der rasanten Geschwindigkeit der technischen Innovation auf dem Gebiet der Informations- und Kommunikationstechnik konnte die Anwendungsinnovation bislang nicht Schritt halten. In der Schließung dieser Lücke, im Aufgreifen und Umsetzen aktueller Entwicklungen für die Lehre liegt eine der Zukunftsaufgaben der Hochschulen. Sie bietet für die Entwickler von Lehr- und Lernsoftware eine Herausforderung. Es lohnt, sich dieser Herausforderung zu stellen.

Grußwort des Österreichischen Bundesministers für Wissenschaft und Forschung, Dr. Erhardt Busek

Hans-Peter Axmann

beim Österreichischen Bundesminister
für Wissenschaft und Forschung

Anläßlich der Verleihung des Deutschen Hochschulsoftwarepreises bietet sich die Gelegenheit, den heutigen und zukünftigen Stellenwert von Software und Software-Erstellung zu betrachten. Während bis vor einiger Zeit das Hauptaugenmerk bei EDV-Anschaffungen fast nur auf Hardware-Leistungen gerichtet war, geht nun der Trend dahin, daß auch immer mehr leistungsfähige und komfortable Software gefordert wird. Internationale Studien über die Aufteilung der Kosten bei Computeranschaffungen prognostizieren, daß der Kostenanteil für Software, der im Jahr 1990 durchschnittlich noch bei bei 30% lag, sich im Jahr 1994 auf über 50% vergrößert haben wird.

Auch im Esprit-III-Programm gibt es einen Schwerpunkt Software. Offensichtlich wird von Europa erkannt, daß Hardwareentwicklungen günstiger in großen, abgeschlossenen Märkten wie Japan oder USA durchgeführt werden können, während kleinere Länder ihre geistigen Kapazitäten wesentlich erfolgreicher auf dem Sektor der Softwareentwicklung einsetzen können.

Gerade dieser Softwarepreis, der ja von der Wirtschaft mit Geld- und Sachspenden tatkräftig unterstützt wird, könnte in späterer Folge positive Auswirkungen auf die Produktion von Software haben. Ist für die Studenten der Einsatz von qualitativ hochwertiger und benutzerfreundlicher Software schon während ihrer Ausbildung selbstverständlich, so werden sie später im Berufsleben auch größten Wert auf Entwicklung und Einsatz von guter Software legen.

Zwei Gesichtspunkte werden bei der Softwareproduktion von immer größerer Wichtigkeit sein: Einerseits die effiziente, kostengünstige Produktion und andererseits die Benutzerfreundlichkeit der Systeme. Nun wird in Europa mit den vielen verschiedenen Sprachen nicht nur eine grafische, leicht verständliche Benutzeroberfläche, sondern auch die Verwendung der jeweiligen Landessprache mit allen ihren Sonderzeichen gefordert. Gerade dem Aspekt der Vielsprachigkeit wird international jedoch noch nicht genügend Beachtung geschenkt. Ein Ziel bei der Softwareentwicklung in Europa wird daher das Erreichen von höchstem Bedienungskomfort durch die Erstellung von multilingualen und einheitlichen grafischen Benutzeroberflächen sein. Solche Produkte könnten dann auch auf dem Softwareweltmarkt eine Pionierrolle spielen.

Auch bei der Vergabe des Deutschen Hochschulsoftwarepreises wird ja die Bedeutung des Bedienungskomforts von Software sehr betont, indem die Art der Gestaltung der Benutzeroberfläche ein wichtiges Kriterium bei der Beurteilung der eingereichten Beiträge ist. Schließlich soll noch dem Deutschen Bundesministerium für Bildung und Wissenschaft sowie der Akademischen Software Kooperation der Dank ausgesprochen werden, daß sie es auch österreichischen Wissenschaftlern ermöglicht haben, im Rahmen dieses Bewerbes ihre geistigen Kapazitäten unter Beweis zu stellen. Es ist für Österreich sehr erfreulich, daß auch einige einheimische Wissenschaftler unter den Preisträgern zu finden sind. Weiters sei auch den Juroren und den Veranstaltern dieses Festaktes gedankt. Von seiten Österreichs besteht jedenfalls die Bereitschaft zu einer weiteren, noch engeren Zusammenarbeit auf dem Gebiet der Förderung der Entwicklung von qualitativ hochwertiger Software im Hochschulbereich.

Software – Allheilmittel und Rauschgift (Festansprache)

David Lorge Parnas

McMaster University, Hamilton, Ontario, Canada
Department of Electrical and Computer Engineering
Communications Research Laboratory

1. Einleitung

Als „Allheilmittel" bezeichnen wir Medikamente die es ermöglichen, eine Vielzahl ernsthafter Erkrankungen zu heilen. Wir verwenden den Begriff „Rauschgift" für Substanzen, die anfangs scheinbar eine vorteilhafte Wirkung haben, aber langfristig die Probleme des Benutzers nicht lösen. Um sich in einem einigermaßen vernünftigen Zustand zu halten, muß der Konsument die Einnahme dieser Substanzen fortsetzen. Oftmals führt die Verwendung von Rauschgift zur Einbuße von Fähigkeiten, über die der Konsument vor der ersten Einnahme verfügte. In der Umgangssprache verwenden wir diese Begriffe, d.h. „Rauschgift" und „Allheilmittel", für chemische Produkte die man einnehmen kann. Dennoch gibt es auch andere Produkte, die dieser Beschreibung entsprechen können. So erzeugt auch der Gebrauch von Schuhen eine Abhängigkeit. Schuhe sind bequem und schützend. Diejenigen jedoch, die Schuhe regelmäßig tragen, haben bald Schwierigkeiten ohne Schuhe zu gehen. Das Fernsehen stellt vielleicht ein noch aktuelleres und in unserem Zusammenhang bedeutsameres Beispiel dar. Die Fähigkeit, weit entfernte Ereignisse zu beobachten, könnte dazu beitragen, die weit verbreitete Krankheit der Ignoranz zu „heilen". Stattdessen ist Fernsehen zu einem Bedürfnis geworden, welches viele dazu benutzen, die Symptome der Langeweile und des Mangels an externen Reizen zu lindern. Gibt es keine externen Reize, so schaltet man einfach das Fernsehgerät ein. Vielen regelmäßigen „Fernsehkonsumenten" ist ein Leben ohne Fernsehen unvorstellbar. Viele Kinder haben durch den regelmäßigen Gebrauch dieser Droge die Fähigkeit verloren, sich selbst zu beschäftigen und zu unterhalten. – Vor dreißig Jahren habe ich mich entschieden, im Bereich „Software Engineering" zu forschen, weil ich Software als Allheilmittel angesehen habe. Auch heute sehe ich Software noch in dieser Weise. Software gehört zu den flexibelsten und mächtigsten Werkzeugen, die uns dank moderner Technologie zur Verfügung stehen. Aus Gründen die ich nachfolgend erläutern möchte, gibt es fast keine theoretischen Einschränkungen dessen, was mit Software machbar ist. Grenzen, so es sie überhaupt gibt, sind nur sehr sehr selten von praktischer Bedeutung. Wenn wir unsere Aufgabenstellungen wirklich verstanden haben, und auch die Auswirkungen eines neues Produktes sorgfältig analysiert haben, können wir mit Hilfe von Software wahre Wunder vollbringen. Dennoch sehe ich vor dem Hintergrund von mehr als dreißig Jahren praktischer Arbeit mit Computern heute auch die Kehrseite von Software. Wiederholt haben wir festgestellt, daß, obwohl Software es ermöglicht beliebige Dinge zu bauen, wir in der Praxis nicht genau wissen, was benötigt wird. Darüber hinaus kann man oft beobachten, daß das Produkt welches wir gebaut haben, nicht dem entspricht, was wir uns vorgestellt hatten. Softwarebenutzer warten immer auf Neuerungen, entweder verbesserte Versionen oder völlig neue Produkte. Sobald in einer Softwareprodukt Veränderungen vorgenommen werden, sind wir anfangs über die neuen Möglichkeiten erfreut. Wir sind jedoch auch schnell wieder enttäuscht und warten auf weitere Veränderungen. Dieses Verhalten ließe sich auch mit dem Verhalten eines Drogensüchtigen nach einem „Spritze" vergleichen. Haben wir erst einmal begonnen Computer einzusetzen, so fällt es uns zunehmend schwerer ohne sie auskommen. Banken, Fluggesellschaften, Hotels und auch Hochschullehrer, können nicht mehr weiterarbeiten, wenn ihre Computer versagen. Mit anderen Worten: Software kann zwar als ein Allheilmittel betrachtet werden, stellt aber auch ein Suchtmittel dar. Die Gefahren der Benutzung von Software werden noch durch Probleme, welche mit der Qualität des Produktes und der hohen Anzahl unqualifizierter Programmierer zusammenhängen, verstärkt. Nach der Auslieferung fehlerhafter Software stellt es sich oft heraus, daß nur diejenigen Personen, die diese Software entwickelt haben, in der Lage sind sie zu reparieren. Es kommt nicht selten vor, daß ein ganz besonders miserabler Programmierer als Genie betrachtet wird, weil er der Einzige ist, der das Programm versteht. Einige Softwarelieferanten sind wie Drogenhändler. Durch den Verkauf von Produkten minderer Qualität können sie ihren Gewinn steigern. Softwarewartungsverträge können nur deshalb verkauft werden, weil jeder Kunde weiß, daß Software, ein Produkt welches sich eigentlich weder abnutzt noch rostet, bereits vom Beginn an reparaturbedürftig ist. – In diesem Vortrag möchte ich zeigen, wie Software in einigen Fällen auch bei der Lösung gesellschaftlicher Fehlentwicklungen angewendet werden kann. Dennoch möchte ich auch zeigen, wie Personen, Organisationen und die Gesellschaft als Ganzes, von Software niederer Qualität abhängig werden kann. Am Ende des Vortrags werde ich einige Maßnahmen vorschlagen, die es uns ermöglichen sollten, die Vorteile dieser Technologie zu nutzen, ohne uns in so viel Gefahr zu begeben.

2. Das Wesen von Software und digitalen Computern

Zuerst muß ich mit einigen grundlegenden Definitionen beginnen. Ein Computer ist ein Gerät, dessen primärer Zweck die Speicherung und Umwandlung von Informationen ist. Es gibt zwei wesentliche Arten von Computern: analoge sowie digitale. Analoge Computer verwenden elektrische Schaltkreise deren Verhalten einem realen System entsprechen, um das Verhalten dieses Systems vorherzusagen. Digitale Computer stellen Informationen als Zeichenketten dar und wandeln diese dann wiederholt um. Vor mehreren Jahrzehnten wurden diese beiden Technologien von Wissenschaftlern als gleichwertig angesehen. Heute sind digitale Computer vorherrschend und wir hören nur noch selten von analogen Maschinen. Viele Informatiker haben nie etwas von analogen Computern gehört. Um von Nutzen zu sein, müssen Computer eine Repräsentation einiger Aspekte der realen Welt enthalten. Kein Computer kann jedoch eine wirkliche Situation genau darstellen. In einem Analogcomputer kann man die reale Welt durch eine physikalische Struktur repräsentieren, deren Verhalten durch die gleiche mathematische Gleichung beschrieben wird, die auch für den betrachteten Teil der wirklichen Welt gilt. Aufgrund unserer Unfähigkeit, Komponenten zu erzeugen, die genau unseren Anforderungen entsprechen, können uns analoge Computer nur Näherungen liefern. Dennoch haben sie die nette Eigenschaft, daß kleine Fehler in den Komponenten auch nur zu kleinen Fehlern des Ergebnisses führen. Die Repräsentation von Information im digitalen Computer ist völlig anders. Da Information durch eine endliche Zeichenkette dargestellt wird, unterscheidet sich die Funktionsweise dieser Maschinen grundlegend von denen der analogen Maschinen. Eine Folge hiervon ist, daß wir mit digitalen Computern Dinge bauen können, die mit der alten Technologie sehr viel schwerer zu realisieren wären. Ein sehr wichtige Folge ist, daß kleine Entwurfsfehler zu schwerwiegenden Fehlern im Ergebnis führen können. Ein Softwareprodukt kann in vielen Situationen gut funktionieren, unter selten vorkommenden Bedingungen aber furchtbare Auswirkungen verursachen. – Diese Unterschiede sind so grundlegend, daß man sie zunächst verstanden haben muß, um einzusehen warum digitale Technologie sowohl von unschätzbarem Wert, als auch von großer Gefahr ist. Das Problem der Fälschung stellt ein einfaches Beispiel für die Auswirkungen des Einsatzes digitaler Technologie dar. Obwohl es Personen gibt, die sehr geübt im Fälschen von Unterschriften sind, können diese aufgrund ihres analogen Charakters nie perfekt nachgeahmt werden. Durch sorgfältige Untersuchung gefälschter Unterschriften können diese als Fälschungen entlarvt werden. Im Gegensatz dazu können digitale Nachrichten exakt nachgeahmt werden. Die Reduktion von Information auf eine endliche Kette von Zeichen eines ebenfalls endlichen Alphabets bewirkt, daß Kopien digitaler Photographien oder anderer Nachrichten nicht mehr vom Original unterscheidbar sind. Gefälschte Nachrichten können nicht mehr von echten Nachrichten unterschieden werden. Wenn jemand Ihre Unterschrift bei einer Bank fälscht, ist es möglich, diese Fälschung durch sorgfältige Untersuchung zu erkennen. Wenn jemand die auf ihrer Scheckkarte magnetisch gespeicherte Information kopiert und über ihre Geheimzahl verfügt, so gibt es hingegen keine Möglichkeit, die auf diese Weise durchgeführten Transaktionen von legitimen Transaktionen zu unterscheiden. – Die Folge von Umwandlungen die in den meisten digitalen Computern stattfindet, kann durch eine Folge von Kommandos beschrieben werden und wird als Programm bezeichnet. Genau in der Art und Weise, in der das Programm eines Konzertes die Reihenfolge bestimmt, in der die einzelnen Stücke gespielt werden, beschreibt ein digitales Computerprogramm die Reihenfolge, in der gespeicherte Daten geändert werden. Wir verwenden den Begriff „Software", um ein Programm oder eine Menge von Programmen zu beschreiben, die von einigen Personen geschrieben wurden, um von Dritten verwendet zu werden. – Im Prinzip sind Hard- und Software austauschbar. Es gibt nichts, was wir mit Software machen können, was wir nicht auch mit digitalen Computern die keine Programmierung benötigen, tun können. Es ist immer möglich, einen Computer für Spezialanwendungen durch einen programmierbaren Computer zu ersetzen, dessen Software den Spezialrechner simuliert. Der Trend in nahezu allen mir bekannten Anwendungsbereichen geht in die Richtung massengefertigter, programmierbarer Hardware mit speziell angefertigter Software, welche die Anforderungen der spezifischen Anwendungen erfüllt. Obwohl die Verwendung von Software im Vergleich zum Einsatz anwendungsspezifischer Hardware eine Leistungseinbuße zur Folge hat, senkt die Möglichkeit der Massenproduktion die Kosten. Die einfache Modifizierbarkeit von

Software erlaubt einen „cut, try, and modify" Entwurfsansatz. Bei der Entwicklung anwendungsspezifischer Hardware erwartet man, daß die erste Lieferung funktionsfähig ist, während die Entwicklung von Software mehrere Versuche zuläßt. Es waren die Erkenntnisse von John von Neumann, die uns diesen Entscheidungsfreiraum ermöglichten. Er erkannte, daß Programme nichts als Daten sind und konstruierte eine Maschine, in der Programme und Daten im gleichen Speicher und in einheitlicher Weise abgelegt und zugegriffen werden können Auch wenn manche Informatiker die „von Neumann Maschine" als aus der Mode betrachten, folgen alle heute auf dem Markt erfolgreichen Maschinen diesem Entwurfsprinzip.

3. Warum ist Software so mächtig?

Die obenstehenden Anmerkungen sollen Ihnen einige Ursachen für meinen Enthusiasmus bezüglich Software vermitteln. Da es möglich ist, Software zu einem späteren Zeitpunkt hinzuzufügen, können Computer in relativ einfacher Weise in großen Stückzahlen hergestellt werden. Dies erlaubt die Entwicklung relativ zuverlässiger und preiswerter Computer. Es ermöglicht es uns auch in Zukunft, immer schnellere Rechner mit größeren Speichermöglichkeiten zu entwickeln. Da wir weder für jede Applikation einen neuen Computer entwickeln, noch existierende Computer ändern müssen um sie an unsere Wünsche anzupassen, ist es auch weiterhin möglich, Rechner zu entwickeln, die schneller, größer und billiger als ihre Vorgänger sind. Die physikalischen Einschränkungen dessen, was wir mit Hilfe von Computern tun können werden immer geringer. Da es sich um digitale Technologie handelt, können wir näherungsweise jedes Verhalten realisieren. Wenn ein System nicht den Benutzeranforderungen entspricht, kann es beliebig geändert werden. Es handelt sich also wirklich um ein Allheilmittel.

4. Warum hat Software so einen schlechten Ruf?

Trotz der bemerkenswerten Möglichkeiten, hat Software einen sehr schlechten Ruf. Erfahrene Benutzer beklagen, daß Hardware zwar termingemäß und zu vorhersagbaren Kosten verfügbar ist, dies aber für Software fast nie zutrifft. Trotz meinem Enthusiasmus für Software bin ich für meine Aussage bekannt, daß Softwareprobleme die Durchführbarkeit großer militärischer Projekte, wie z.B. SDI verhindern. Alle Computerbenutzer wissen, daß es für Software keine Garantie gibt. Der Teil des Paketes, der eine Garantie haben könnte, trägt stattdessen einen Hinweis, „Benutzung auf eigene Gefahr - wir versprechen nichts". Viele meiner Kollegen behaupten, daß es kein kommerzielles Softwareprodukt gibt, das sie nicht innerhalb weniger Minuten zum Absturz bringen können, und ich glaube ihnen dies. Wir müssen uns nun die Frage stellen, warum die Qualität von Produkten, die mit derartig mächtigen Werkzeugen entwickelt werden, derartig gering ist. Der wichtigste Grund für das Auftreten von Softwareproblemen ist die Tatsache, daß bereits kleine Fehler im Programm schwerwiegende Folgen bezüglich des Verhaltens haben können. Programmierer müssen deshalb äußerst sorgfältig arbeiten. Ein anderes Problem ist die inhärente Komplexität des Produkts. Die meisten Programmiernotationen sind sehr allgemein. Diese Allgemeingültigkeit ist die Ursache für die hohe Programmkomplexität. Stehen lediglich nicht-spezialisierte „Mehrzweckmechanismen" zur Verfügung, so muß zur Realisierung einer spezifischen Aufgabe eine große Menge von Informationen hinzugefügt werden. Ist ein Computer hingegen speziell auf die Anforderungen einer eng abgegrenzten Anwendungsklasse zugeschnitten, so können relativ einfach aufgebaute Programme entwickelt werden. Noch ein weiterer Grund für den schlechten Ruf von Software ist ihre mangelnde Strukturierung. Obwohl Software einen hohen inhärenten Komplexitätsgrad aufweist, ist es durch sorgfältige Organisation möglich, Software zu entwickeln, die aus einer Sammlung verhältnismäßig einfacher Programmteile besteht. Fundierte Entwurfsprinzipien für gut strukturierte Software tauchten zum ersten Mal vor etwa 25 Jahren auf und sind in akademischen Bereichen auch akzeptiert. Trotzdem kommen diese Entwurfsprinzipien in der Praxis sehr selten zur Anwendung. Vielen der heute arbeitenden Programmierer wurden diese Prinzipien während ihrer Ausbildung nicht beigebracht. Sie schreiben Programme, indem sie „wie Computer denken", d.h. die Anweisungen in der Reihenfolge ihrer Ausführung aufschreiben. Die Mehrzahl unserer Programmierer hat keine ihrem Beruf angemessene Ausbildung erhalten. Auch bei denjenigen Programmieren die ein Diplom in Informatik besitzen stellt sich oft heraus, daß ihnen Grundkenntnisse fehlen die zur professionellen Entwicklung von Software erforderlich sind. Ein zusätzliches Problem innerhalb der Softwareindustrie ist der Mangel formaler Standards. Es fehlen auch die bei der Festlegung solcher Standards erforderlichen Verfahren. Jedes elektrische Gerät, das in Ihrem Haus installiert werden soll, benötigt eine Reihe von Zulassungen staatlicher Institutionen und Berufsverbände. Für Brücken, Autos, Flugzeuge usw. gibt es sorgfältig ausgearbeitete Standards, deren Festlegungen sich jedoch auf die mechanischen und elektrischen Teile beschränken. Vergleichbare Standards und Standardisierungsinstitutionen gibt es für Software nicht. Auch für die im Bereich der Nuklearindustrie eingesetzte sicherheitskritische Software, gibt es keine wohldurchdachte Standards. – Ein eng verwandtes Problem stellt die übermäßig schnelle Weiterentwicklung von Software dar. Da die Entwicklung von Software nicht sehr kapitalintensiv ist, ist der Markt von schnellen Veränderungen und starkem Wettbewerb gekennzeichnet. Produkte werden oftmals zu schnell vermarktet, um Konkurrenzprodukten bei der Erringung eines möglichst hohen Marktanteils zuvorzukommen. Wir scheinen zu vergessen, daß die Erzeugung von Software kein physikalischer Prozeß, sondern eine rein intellektuelle Leistung ist. Der eigene Denkprozeß läßt sich nicht beschleunigen. Hastig entstandene Gedanken sind meistens fehlerhafte Gedanken. Softwareentwickler bedienen sich oft auch mathematischer Werkzeuge, die den in anderen Ingenieurwissenschaften eingesetzten Hilfsmitteln entsprechen. An Stelle von fundierten Analyseverfahren vertrauen sie auf ihre Intuition. Obwohl Software-Herstellern mathematische Hilfsmittel zu Verfügung stehen, ist ihre Anwendung sowohl kompliziert, als auch aus wirtschaftlichen Gründen selten brauchbar. Der Arbeitsstil von Programmierern ähnelt immer noch eher dem von Kunsthandwerkern, als dem von Ingenieuren.

5. Der Computer als Kommunikationsgerät

Viele Menschen denken, daß Computer Information produzieren. Genaugenommen beschweren sich diese Leute, daß Computer viel zu viel Information produzieren. Diese Sichtweise ist ganz einfach falsch, da Computer keine Information produzieren. Sie stellen lediglich eine Verbindung in unserem Kommunikationssystem dar. Sie nehmen die von einer Gruppe von Benutzern erzeugte Information, kombinieren sie mit der von anderen Benutzern produzierten Informationen und präsentieren das Resultat einer weiteren Gruppe von Personen. Falls wir von der von einem Computer gelieferten Informationsmenge „überschüttet" werden, so ist dies auf eine ungenaue Beschreibung der Informationsbedürfnisse zurückzuführen. Die gewünschte Information ist innerhalb von weiteren, ungewünschten Informationen versteckt. Die Betrachtung von Computern als Kommunikationsgeräte macht erneut deutlich, warum sie ein potentielles Allheilmittel darstellen. Wir leben in einer zunehmend komplexen und vernetzten Welt. Viele der gesellschaftlichen Fehlentwicklungen können auf ungenügende Kommunikation zurückgeführt werden. In Wirtschaft, Politik, Ausbildung und Gesundheit stützt sich unsere Arbeit auf willkürliche (d.h. erratene) Annahmen über die Wünsche und Fähigkeiten von Menschen. Kommunikationssysteme, welche es ermöglichen die richtige Information zum richtigen Zeitpunkt und unter Berücksichtigung einer korrekten Form der richtigen Gruppe zuzuleiten, können dazu beitragen, unsere Welt wesentlich effizienter und angenehmer zu gestalten. In diesen Systemen sind Computer ein unverzichtbarer Bestandteil. Die Betrachtung von Computern als Kommunikationsgeräten kann auch dazu beitragen, die Gefahren der Abhängigkeit zu verstehen. Wir sind eindeutig abhängig von den uns heute zur Verfügung stehenden Kommunikationsgeräten. Stellen Sie sich vor was geschehen würde, wenn Radio, Fernsehen und Post nicht mehr funktionieren würden. Obwohl wir vor wenigen Generationen noch ohne derartig umfangreiche Kommunikationsnetzwerke auskamen, sind wir heute völlig von ihnen abhängig. Nachfolgend werde ich einige Beispielsituationen beschreiben, in denen Computer mit Hilfe entsprechender Software zu einer Veränderung unserer Welt führen können. Wir werden jede dieser Situationen in zweifacher Hinsicht analysieren, einerseits um die potentiellen Möglichkeiten auszuloten, andererseits um die tatsächlichen Entwicklungen zu betrachten.

6. Computer und Wirtschaft

In letzter Konsequenz funktioniert unsere Welt nach dem Tauschprinzip. Jeder von uns produziert Waren und Dienstleistungen, in der Hoffnung, im Gegenzug andere, von uns benötigte Waren und Dienstleistungen zu erhalten. Wir verwenden Geld nur deshalb als Tauschmittel, weil es unmöglich ist, immer genau die Leute zu finden, die gleichzeitig die von uns erzeugten Waren oder Dienstleistungen benötigen und das von uns Benötigte erzeugen. Dennoch wird eine genaue Analyse unserer Wirtschaft zeigen, wie ineffizient diese Wirtschaft eigentlich ist. Hersteller versuchen, die Bedürfnisse der Menschen zu erraten und sie anschließend mit großem Aufwand davon zu überzeugen, daß sie diese Bedürfnisse befriedigen sollten. In vielen Ländern wird die Befriedigung nur durch eine erheblich über den wahren Bedürfnissen liegende Überproduktion erreicht. Unser System versagt hingegen in jenen Situationen, in denen die produktiven Kapazitäten zur Deckung der tatsächlichen Bedürfnisse gerade ausreichen. Anstatt Bedürfnisse zu befriedigen, werden überflüssige Gegenstände erzeugt. Aus meiner Sicht handelt es sich hierbei um mangelhafte Kommunikation. Wir sind nicht in der Lage unsere Bedürfnisse und Fähigkeiten einander bekanntzumachen. Computersysteme, die diese Situation verbessern, d.h. die uns die Möglichkeit geben, Waren anzubieten und anzufordern, sind leicht vorstellbar. Derartige Systeme würden die in der heutigen Welt bevorzugte dezentralen Entscheidungstreffung ermöglichen, jedoch mit wesentlich höherer Effizienz, als dies ohne solche Systeme möglich ist. Solche Systeme sind zwar leicht vorstellbar, in der Realität jedoch schwer zu finden. Beobachten kann man den Einsatz von Computern für Tätigkeiten, die wir bisher manuell erledigt haben. Computer könnten für heute noch gar nicht durchführbare Tätigkeiten eingesetzt werden. Stattdessen werden sie lediglich zur Arbeitseinsparung eingesetzt. Trotz des wenig phantasievollen Einsatzes von Computern in der Wirtschaft sind wir von ihnen abhängig. Wir haben die Fähigkeit verloren, Dinge in der herkömmlichen Weise zu erledigen. Oftmals wird mir beim Versuch ein Hotelzimmer zu buchen mitgeteilt, daß der Computer gerade nicht funktionsfähig ist und ich noch einmal später zurückrufen möchte. Der traditionelle Weg, nämlich die Information auf Papier einzutragen, ist keine Alternative mehr.

7. Computer und Sicherheitssysteme

Die während der letzten fünfzig Jahre erreichten Fortschritte in unserem Lebensstandard hatten ihren Preis. Wir haben unsere Umwelt mit Mechanismen angefüllt, die sowohl sehr mächtig, als auch äußerst gefährlich sind. Wir haben uns eine Welt geschaffen, die nur schwer zu verstehen ist. Bei dem Versuch, die Welt sicherer zu gestalten, haben wir sie durch verschiedenste Sicherheits- und Warnsysteme noch zusätzlich verkompliziert. Das Ergebnis ist eine Welt, die uns verwirrt und sich gelegentlich in überraschend unangenehmer Weise verhält. Menschliche Individuen sind nicht fähig, alle zur Vermeidung von Unfällen erforderlichen Information zu verarbeiten. An Orten wie z.B. Atomkraftwerken, können Computer die zum sicheren Betrieb erforderlichen Informationen sammeln und dem Bedienungspersonal in einer für sie verarbeitbaren Form darstellen. Außerdem ermöglichen sie die Automatisierung von Sicherheitsfunktionen, für die das Bedienungspersonal entweder zu langsam oder zu unaufmerksam ist. Wir wissen, daß zumindestens theoretisch, Computer derartige Funktionen besser als Menschen erbringen und darüber hinaus sich weder langweilen, ermüden oder neugierig verhalten. In unserem alltäglichen Leben finden wir Computer, die uns dabei helfen, Autos sicher zu steuern. Ein ABS, eine der wenigen technischen „Spielereien", die ich in meinem neuen Auto haben wollte. Moderne Flugzeuge sind voll von computergesteuerten Sicherheitssystemen. Krankenhäuser sind in zunehmendem Maße abhängig von computergesteuerten Patientenüberwachungs- und Datenspeicherungssystemen. Obwohl die Ziele solcher Systeme zweifelsfrei lohnend sind, gibt es auch schwerwiegende mit ihnen verbundene Probleme. Die Qualität der Software ist der Art, daß Menschen zögern diesen Systemen zu vertrauen. Die Erfahrung zeigt, daß den meisten Systemen nicht vertraut werden kann. Sie versagen in unerwarteten Situationen, oft genau in den Momenten, in denen sie am meisten benötigt werden. Darüber hinaus nimmt die Abhängigkeit von diesen System zu. Menschliches Sicherheitspersonal, Piloten, Krankenschwestern und auch andere Personen vergessen, wie sie ihre Arbeit auch ohne solche Systeme durchführen können. Sie lernen, sich auf ihre Computersysteme zu verlassen und bedienen sich nicht länger derjenigen menschlichen Fähigkeiten, die durch den Einsatz dieser Systeme überflüssig gemacht wurden.

8. Computer in Waffensystemen

Eines der umstrittensten Anwendungsfelder von Computern ist der Bereich der „sogenannten" intelligenten Waffen (Smart Weapons). Heutige Kampfflugzeuge können über mehrere Dutzend Computer verfügen. Zukünftige Modelle werden sogar eine noch größere Anzahl aufweisen. Marschflugkörper (Cruise Missiles) und andere Raketen verwenden Computer für ihre Navigation. Militärische Radaranlagen stützen sich bei der Zielerkennung sowie der Trennung von wichtigen und unwichtigen Signalen in starkem Maße auf Software ab. Atomwaffen sind oftmals mit computergestützten Sicherungssystemen ausgestattet, deren Ziel die Verhinderung eines unautorisierten Einsatzes dieser Waffen ist. Zusätzlich verfügen wir über „defensive Waffen", d.h. solche Waffen, die zur Abwehr gegnerischer Waffen bestimmt sind. Diese Waffen sind bei der Angriffserkennung sowie der Koordinierung von Abwehrmaßnahmen in starkem Maße von Computern abhängig. – Selbst diejenigen unter uns, die den Einsatz von Gewalt als Mittel der Konfliktlösung ablehnen und die riesigen Investitionen im Bereich der Waffenentwicklung mißbilligen, sollten ein zweites Mal nachdenken, bevor sie diese Entwicklungen als von vornherein unmoralisch bezeichnen. Man muß nur die einfache Frage stellen, „Wer möchte eine dumme Waffe ?" Einstein, der sich selbst als „militanter Pazifist" bezeichnete, hat meine eigene Einstellung zum Einsatz von Gewalt klar beschrieben. "Gewalt," sagte er, „sollte nur gegen diejenigen angewendet werden, die selbst Gewalt anwenden oder androhen um anderen ihren Willen aufzuzwingen. Wenn computergestützte Waffen zielgenauer sind, sollte es möglich sein, sie gezielt gegen angreifende Armeen einzusetzen ohne andere zu verletzen. Von diesem Standpunkt gesehen, könnte eine intelligente Waffe moralischer als eine herkömmliche Waffe sein. – Diese Denkweise hört sich gut an, ist aber in der Praxis nicht realisiert worden. Es zeigt sich, daß intelligente Waffen intelligenten Menschen ähneln und leicht ablenkbar sind. Trotz all der Öffentlichkeit, die der Einsatz dieser Waffen während der Angriffe gegen den Irak erfahren hat, zeigten genaue Aussagen vor dem U.S. Kongreß, daß die Waffen nicht gut funktionierten und die verbreiteten Statistiken arg irreführend waren. – Es gibt auch ein tieferliegendes Problem bezüglich dieser Waffen. Zu jeder intelligenten Waffe gibt es eine noch intelligentere Gegenmaßnahme. Mit der gleichzeitigen Entwicklung von intelligenten Waffen und den zu ihrer Überlistung erforderlichen Mitteln hat ein teurer und sinnloser Wettlauf begonnen. – In keinem anderen Bereich ist das abhängigkeitserzeugende Wesen von Software deutlicher als in der Waffenindustrie. Das U.S. Verteidigungsministerium braucht Software derartig dringend, daß es heute den Großteil der Forschung im Informatikbereich unterstützt. Diese Anstrengungen haben den Waffenentwicklern nur in geringem Maße geholfen. Die inhärente Komplexität von Software bewirkt, daß Softwaresysteme bis zur umfassenden Benutzung in tatsächlichen Anwendungssituationen, nicht vertrauenswürdig bleiben. Dieselben Gegebenheiten ermöglichen es auch dem Feind, intelligentere Waffen und Abwehrwaffen zu entwickeln. Die Folge ist ein IQ Wettlauf der Waffen, bei dem die Waffenentwickler die einzigen Gewinner sind.

9. Computer und Umwelt

Heutzutage gibt es eine wachsende öffentliche Besorgnis über den Schaden den wir unserer Umwelt zufügen. Der Transport schwerer Güter hat vielfältige Verschmutzungen zur Folge. Unser Hunger nach Papier führt zu einer Verkleinerung der Wälder und verstärkt den Treibhauseffekt. Abfallentsorgung wird zu einem ernsthaften Problem.

Ein zufälliger Beobachter kann erkennen, daß ein großer Teil dieser Umweltzerstörung durch Verschwendung und Ineffizienz ausgelöst wird. Viel von dem Papier, welches wir bedrucken, wird nur einmal gelesen oder sogar ungelesen weggeworfen. Oftmals transportieren wir Waren über lange Entfernungen, obwohl ähnliche Produkte auch in der unmittelbaren Umgebung verfügbar sind. Eine meiner beliebtesten Geschichten ist die einer polnischen Fabrik, welche nach der Aufforderung, so oft wie möglich gegen Deutsche Mark zu verkaufen, spezielle Schrauben nach Deutschland lieferte. Selbstverständlich gab es da noch eine andere polnische Fabrik, die eben diese Schrauben benötigte und sie nun nicht mehr von ihrem alten Lieferanten geliefert bekam. Die Fabrik erhielt deswegen die Genehmigung, diese Schrauben auf westlichen Märkten zu beschaffen. Tausende von Schrauben wurden Hunderte von Kilometern transportiert, weil die Kommunikation ungenügend war. Wiederum können wir erkennen, wo gute Kommunikationssysteme und dies bedeu-tet heutzutage softwaregesteuerte Kommunikationssysteme, hilfreich sein können. Benutzer dieser Systeme können genau die Information anfordern, die sie benötigen. Wir müßten also die Welt nicht mehr mit Papier überfluten, in der Hoffnung daß diejenigen, welche die Information benötigen, sie auch lesen werden. Unsere Papierproduktion könnte drastisch verringert werden, das Abfallproblem würde verringert und die Menschen würden die von ihnen benötigte Information erhalten. Durch die Benutzung guter Kommunikationssysteme könnten Käufer und Händler mehr Wissen über den Aufbau eines Marktes einsetzen und dadurch die Effizienz des Marktes erhöhen. – Ich beobachte jedoch, daß im Bereich des Umweltschutzes Computer nur wenig eingesetzt werden. Es gibt nur wenig wirtschaftlichen Anreiz, hierfür neue Ideen zu entwickeln. Selbstverständlich werden wir im Falle des Einsatzes solcher Systeme von ihnen abhängig, aber wir sind bereits von wesentlich verschwenderischeren Systemen abhängig.

10. Computer in der Ausbildung

Eine meiner stärksten Hoffnungen bezieht sich auf den richtigen Einsatz vom Computer im Bereich der Ausbildung. Menschen lernen durch Tun und nicht indem sie belehrt werden. Sie lernen indem sie agieren und nicht durch passives Verhalten. Computer besitzen zwei Eigenschaften, welche sie zu mächtigen Werkzeugen für Ausbilder machen: Erstens sind sie in der Lage, höchst komplexe Situationen zu simulieren und hierdurch etwas zu erzeugen, was heute als virtuelle Realität bezeichnet wird, nämlich eine beinahe Nachbildung physikalischer Situationen. Zweiter und wesentlich wichtigerer Punkt, ist die Tatsache daß Computer außerordentlich gute Motivatoren sind. Kinder und andere Personen die keinerlei Interesse am Lernen haben, scheinbar nicht lesen können oder nicht zuhören wollen, werden vom interaktiven Wesen des Computers fasziniert. Unterstützt durch Computer können wir Menschen Lernerfahrungen geben, die ohne den Einsatz von Computern entweder zu kostspielig oder zu gefährlich wären. Mit Hilfe von Computern können wir Kinder motivieren die das Interesse am Lernen verloren haben. Wir alle kennen den Einsatz von Flugsimulatoren bei der Ausbildung von Piloten oder Astronauten. In nicht allzu ferner Zukunft können wir Simulatoren auch beim Erlernen des Auto- oder Fahrradfahrens einsetzen. Vor etwa sechs Jahren war ich Leiter einer Gruppe an der Universität von Victoria, die einen Demonstrationsteil für ein Softwaresystem namens REACT entwickelte. Kernstück dieser Software war ein Computerspiel, vergleichbar den Spielen, die gelangweilte Schüler aus der Schule herausschmuggeln. REACT war so konstruiert, daß derjenige, der gewisse Literatur gelesen hatte, wesentlich besser spielen konnte. Durch die Organisation eines Wettbewerbs, bei dem die Gewinner erneut spielen durften, gelang es uns, die Studenten zum Lesen und Erlernen von Stoff zu motivieren, den sie ansonsten als langweilig empfunden hätten. Während des Spielens selbst wurde wenig gelernt. Unser Ziel war es, die Lernfähigkeit dadurch zu erhöhen, daß wir die Schüler zur Benutzung von Büchern motivierten. Ganz besonders wertvoll können Computer sein, wenn es darum geht, Behinderten zu helfen. Aufgrund der durch den Einsatz von Software gewonnenen Flexibilität können Programme den individuellen Bedürfnissen der einzelnen Studenten angepaßt werden. Die Motivationssoftware REACT war so konstruiert, daß es dem Lehrer möglich war, das Spiel für unterschiedliche Alters- und Fähigkeitsstufen einzustellen. Aufgrund seiner modularen Strukturierung konnten wir problemlos spezielle Versionen erstellen. So war es z.B. möglich, für Studenten, die besondere Ein- und Ausgabegeräte benötigten, eine Version zu erstellen, die sich ausschließlich in ihren Ein- und Ausgabekonventionen vom Original unterschied. Bedauerlicherweise bin ich von vielen Versuchen des Computereinsatzes im Ausbildungsbereich sehr enttäuscht. Viele Ausbildungsprogramme machen keinerlei Gebrauch von der Mächtigkeit von Computern. Tatsächlich tun viele CUU-Programme (Computer-Unterstützter Unterricht) nichts weiter, als Seiten umzublättern und Faktenwissen durch mechanische Methoden zu vermitteln. Computer können dazu verwendet werden, Menschen das Denken, Modellieren und Analysieren beizubringen. Stattdessen werden sie jedoch in einer Art und Weise eingesetzt, die den Studenten Initiative nimmt. Wenn Studenten das Material in kleinen Mengen vermittelt wird und sie durch einen Lernprozeß geführt werden, verlieren sie die Fähigkeit des selbständigen Lernens. Häufig werden Studenten durch den Computer vom Lernen abgelenkt. Studenten, die ihre Zeit für das Erlernen von grundlegendem Material einsetzen sollten, verbringen die Zeit stattdessen damit, die Feinheiten eines bestimmten Softwaresystems zu erlernen. Studenten, die abstraktes Denken lernen könnten, verbringen die Zeit dabei, mit konkreten Modellen einer Abstraktion herumzuspielen, anstatt ihre eigenen abstrakten Modelle zu formulieren und zu analysieren. Selbst auf meinem eigenen Gebiet, der Ausbildung von Computerfachleuten, bin ich von der Rolle des Computers während der Ausbildung enttäuscht. Wie mein berühmter Kollege Prof. Dr. Edsger Dijkstra, würde ich es vorziehen, wenn man Informatikstudenten während der ersten Jahre ihres Studiums nicht zur Benutzung von Computern anhalten würde. Für eine lebenslange Karriere im Computerbereich müssen Studenten grundsätzliche Kenntnisse der Mathematik und Wissenschaft erlernen, weniger die neuesten, von ihrem Lehrer entdeckten Programmiersysteme.

11. Wie setzt man dieses Allheilmittel sicher ein?

Ich habe in diesem Vortrag versucht, das zweischneidige Wesen von Software aufzuzeigen. Was können wir tun um diese Technologie auszunutzen ohne in die in ihr enthaltenen Fallen zu tappen? Der wichtigste Schritt ist die Erkenntnis der Dualität der Computertechnologie und die Verwirklichung angemessener Kontrollen. Viele medizinische Drogen zeichnen sich durch genau eine solche Dualität aus. Wir nutzen die Vorteile dieser Drogen, indem wir sie unter strikte Kontrolle stellen. Ich würde es befürworten, wenn man für Softwareprodukte Zulassungen fordern würde, bevor sie öffentlich verkauft werden dürften. Die Zulassungsverfahren könnten vergleichbar den Verfahren für die Zulassung von Medikamenten, elektrischen Geräten oder Kraftfahrzeugen gestaltet werden. Wie auch in diesen Bereichen müssen Kontrollen flexibel sein: Einige Produkte erfordern nur geringfügige oder gar keine Überprüfung, andere hingegen erforden jahrelanges Testen. Man muß sicher sein, daß diese Produkte ein tatsächliches Problem in zuverlässiger Weise lösen und daß diejenigen, die diese Produkte einsetzen durch den Einsatz nicht ihre Fähigkeiten verlieren oder irgendwie anders geschädigt werden. Man sollte sich davon überzeugen, daß die Produkte mit Hilfe von fundierten Verfahren und durch gut ausgebildete Personen konstruiert wurden. Ich würde es auch gut finden, wenn eine unabhängige Agentur mit erfahrenen Fachleuten, Verbraucherinformation über Software veröffentlichen würde. – Ich bin fest davon überzeugt, daß Computerfachleute als Ingenieure angesehen werden sollten und man sie deshalb denselben Ausbildungs- und Zulassungsanforderungen unterwerfen sollte, die bereits für Maschinenbauer, Elektrotechniker und Ingenieure gelten. Computer sind fähig, Aufgaben zu erledigen, für die Menschen völlig ungeeignet sind. Ich glaube, wir sollten unsere Anstrengungen darauf konzentrieren Dinge zu tun, die wir ohne Computer nicht tun könnten, anstatt Computer einzusetzen, um Menschen zu ersetzen. Viele der heute mit Preisen ausgezeichneten Programme zeigen was möglich ist. Wir müssen der Versuchung widerstehen, Aufgaben nur deshalb zu automatisieren, weil sie automatisierbar sind. Wenn wir Aufgaben automatisieren, die bisher von Menschen wahrgenommen wurden, könnten die Menschen die Fähigkeit verlieren diese Aufgabe selbst auszuführen. Wir müssen sicherstellen, daß die Vorteile diesen Verlust wieder aufwiegen. Ich würde es sehr gerne sehen, wenn unsere Regierungen einsehen würden, daß die Entwicklung intelligenter Waffen nicht intelligent ist. Sie sind die am stärksten abhängigkeitserzeugenden Softwaredrogen. Computer können ein wichtiges Hilfsmittel bei der phantasievollen Bewältigung von Konfliktsituationen sein und damit Waffen überflüssig machen. Vor allem müssen wir unseren Einsatz von Computern im Bildungsbereich, sowie die Ausbildung über Computer selbst, einer Überprüfung unterziehen. Bürger müssen sowohl das Potential, als auch die Gefahren von Computern kennenlernen. Sie müssen wissen, welche Anforderungen sie stellen können und welche Gefahren sie zu beachten haben. – Das nächste Mal, wenn ein „Drücker" uns ein Softwarepaket anbietet, sollten wir es mit Vorsicht betrachten. Wir dürfen das anfängliche Hochgefühl, welches wir beim ersten Ausprobieren neuer Software erleben, nicht mit den langfristigen Vorteilen verwechseln.

Multimedia

Virtuelle Realitäten – Annäherung an einen Mythos

Edouard Bannwart

ART+COM e.V., Berlin

Multimedia – ein kleiner Schritt zur technischen Simulation unserer natürlichen Fähigkeiten zu kommunizieren. Gegenüber uns selbst kämen wir wohl kaum auf die Idee, uns als multimediales Wesen zu bezeichnen, obwohl wir es sind: (3D realtime, truecolor – audio, input + output – haptisch – hochgradig interaktiv – parallel verarbeitend usw.). Was uns als gewaltiger technologischer Sprung ins multimediale Zeitalter vorkommt, ist also nur ein kleines Schrittchen auf dem Weg, unsere eigenen Fähigkeiten zu imitieren. Mittlerweile begreifen wir langsam, daß sich dies mit der spezifisch technischen Nachbildung einzelner Fähigkeiten allein, wie z.B. des Sehens oder Hörens, nur begrenzt simulieren läßt, weil unsere Sinne aufeinander abgestimmt sind und ergänzend funktionieren. Der Wahrnehmungsapparat sowie dessen Handlungskontext sind dermaßen komplex, daß wir jedoch schnell fasziniert sind von jedem kleinen Erkenntnisfortschritt, der uns hoffen läßt, unsere natürlichen Fähigkeiten technisch nachzuahmen. Der neueste Stand der Hoffnung zur technischen Simulation unserer natürlichen Fähigkeiten zu kommunizieren heißt Multimedia, eine Vermengung von audio-visuellen Interaktionsprozessen mittels möglichst vielseitiger Geräte. Auf der Grundlage der digitalen Beschreibungssprache lassen sich dabei Texte, Berechnungen, Graphiken, Filme, Töne mit einer Maschine erzeugen, bearbeiten, miteinander verknüpfen, interaktiv verändern und kommunizieren. Im Gegensatz zu den einzelnen technischen Optimierungen der unterschiedlichen Medien, wird in der „Multimedia - Workstation" eine Vielzahl von Medien so integriert, daß synergetische Effekte im Sinne eines komfortableren und intelligenteren Informationsmanagements eintreten. Ein Medium, das sich die bestehenden Medien einverleibt, ein Hypermedium. Joachim Sauter von ART+COM hat diesen Vorgang wie folgt illustriert: „Gab es bislang nur minimale Überlagerungen zwischen den herkömmlichen 2D-Darstellungen wie Fotographie, Typographie, Illustration und den 3D-Beschreibungen durch Objekt- und Raumpläne oder gar den \`4D´-Medien, wie Film/Video oder Ton, so haben sich diese Gestaltungs- und Darstellungsdimensionen durch die Entwicklung der digitalen Medien gegenseitig ständig mehr durchdrungen, hin zu einer multimedialen Schnittfläche. Eine ähnliche Entwicklung ist auf der Seite der Kommunikationstechnologie zu beobachten. Printmedien, Tonfilm und EDV sind drei Ursprungsmengen, die über die Digitalisierung aller Bereiche zusammenwachsen und für jeden Anwender verfügbar werden. Das Senden und Empfangen wandelt sich dadurch zunehmend von einem aktiven Produzieren und passiven Aufnehmen zu einem kommunikativen Prozeß, zu einer interaktiven Schnittfläche.Wenn diese beiden Mengen der Gestaltung und der Kommunikation sowie deren jeweilige Schnittflächen gegenübergestellt werden, so

ergibt sich daraus ein sich verändernder multimedialer und interaktiver Entwicklungsraum. Dieser Entwicklungsraum wird sich dahingehend verändern, daß einerseits alle Ursprungsmengen durch die Digitalisierung erfaßt werden und andererseits die Distanz zwischen Gestalten und Senden sich verringert. Die Konzeption und Erprobung von Instrumenten zur Bewältigung dieses multimedialen und interaktiven Entwicklungsraumes wird uns deshalb in der nächsten Zukunft stark beschäftigen. "
Tatsächlich entspricht dieses multimediale Verständigungs-Instrumentarium auch der Tatsache, daß sich die fachspezifischen Notationen wie Formeln, Zeichnungen und Beschreibungen über die gemeinsame Digitalisierungssprache zunehmend verknüpfen lassen. Damit kann das fachspezifische Wissen durch interdisziplinäre Zusammenarbeit erweitert werden, um die zunehmend komplexeren Sachverhalte und Problemstellungen adäquat anzugehen. Interdisziplinäres Arbeiten ist jedoch nur auf einer gemeinsamen Verständigungsebene möglich, und diese liegt in der Anschaulichkeit der digitalen Daten durch multimediale Darstellungen sowie der damit verbundenen Kommunikationserleichterungen.

Realitäten und Visionen

Aus der Faszination über die anschaulichen Simulationsmöglichkeiten ist ART+COM als „multimediales Bauhaus" entstanden. Auf der Grundlage der digitalen Beschreibung wollen wir wissenschaftliche Erkenntnisse und gestalterische Absichten in anschaulicher Weise über das multimediale Instrumentarium miteinander verknüpfen, interaktiv bearbeiten und kommunizieren. Dazu haben wir uns vorgenommen, jeweils die leistungsfähigsten, nützlichsten und anwenderfreundlichsten Instrumente einzusetzen. Die Folge dieses Entschlusses ist ein gigantisch verkabelter Technologiepark von Computern, Video- und Sound-Einrichtungen, Ein- und Ausgabegeräten und Kommunikationskabeln in klimatisierten Räumen. Die Vision sah einst ganz anders aus. Stellen wir uns einen warmen, sonnigen Som-mertag vor, wir liegen unter einer großen Buche und denken an etwas Schönes. Da bräuchte man eigentlich nicht viel mehr als ein bißchen Zeit und Muße, sich den Sachen zu widmen, über die man sich schon lange Gedanken machen wollte. Als Architekt habe ich mein kleines Skizzenbuch dabei, auf dem ich zeichnerisch festhalten kann, was ich mir so vorstelle. Nun bitte ich das kleine Skizzenbuch um Pläne, Fotos und Filme zu Situationen, zu denen mir eben etwas einfiel. Dazu bin ich über Satellit mit mei- nem Arbeitsplatz oder anderen Informationsquellen verbunden. Ein interessantes Videobild halte ich fest, um darauf mit dem Digitalisierungsstift zu skizzieren oder über die Dioden auf den Fingernägeln dreidimensional zu modellieren. In der Sonnenbrille sehe ich das stereoskopische Abbild des Raumes, durch den ich mich umschauend bewege. Nehmen wir einmal an, ich sitze an meinem alltäglichen Arbeitsplatz, wo ich mich neben der eigenen Arbeit auch mit Leuten aus anderen Fachdisziplinen treffe und diskutiere. Da stehen die Arbeitsgeräte, die ich brauche, um so zu arbeiten, wie ich es als Architekt gewohnt bin. Eine große weiße Arbeitsfläche, DIN A0 mit einem Stift und einem grünen Knopf zum Starten. Natürlich ist diese Fläche ein transparentes Digitalisierungstablett, auf dem auch alle anderen Funktionen, wie die digitalen Videofenster, die Menü- und Mischfunktionen, einblendbar sind. Vor mir ist eine aufklappbare Videowand, die mir mein Gegenüber als Gesprächspartner, audiovisuelle Environments, eine Notizwand face to face simuliert. Meine Modelle erscheinen als Hologramme dreidimensional bewegbar auf der Tischplatte, und zur Begehung benutze ich die bekannte Sonnenbrille. Nehmen wir einmal an, ich präsentiere Ihnen diesen Vortrag und Sie würden vielleicht unter einem Baum oder vom Arbeitsplatz aus die projizierten „Realitäten" dieser Überlegungen verfolgen. Sie haben jedoch die Möglichkeit, jederzeit einzugreifen, um auf entsprechende Reiz- und Stichworte eine Erklärung zu fordern. Sie werden mich dann auf allen Nachfragetiefen wieder antreffen, als Agent meiner selbst, der für diese Erklärungen zur Verfügung steht. Gerade so, als ob ich mit jedem von Ihnen persönlich diesen Vortrag vertiefen würde, könnten Sie weitere Beispiele, Texte, Bilder oder Filme zur Veranschaulichung meiner Thesen abrufen. So könnten wir nach Abschluß des interaktiven Vermittlungsprozesses uns in einem „virtuellen" oder realen Raum treffen, um das eigentlich Kreative zu betreiben, die Diskussion. Diesen Szenarien lassen sich natürlich weitere hinzufügen, doch in der Realität der Gegenwart stehen wir zunächst vor der Aufgabe, die Zukunft der „virtuellen Realitäten" zu bewältigen. Zur Zeit sind die Rechner noch universale Werkzeuge, die sich mit jeder Softwareapplikation in eine andere Maschine verwandeln, die von allen anderen nichts oder jedenfalls nichts Relevantes weiß. Von einem sokratischen Projekt „Dämonium", das Paul Paulousek bei ART+COM zur Zeit entwickelt, möchte ich einige Gedanken dazu aufgreifen:

„Der Ausgangspunkt dieses Konzepts ist die Idee, daß eine Menge Informationen den Computer sozusagen unbemerkt und ungenutzt durchqueren. Ziel dieses „Dämonium"-Projektes ist es deshalb, durch die intelligente Auswertung dieser bislang ungenutzten Informationen einen persönlichen Kontext zu generieren, mit dessen Hilfe der Nutzer mit dem Rechner und dessen digitalem Umfeld kommunizieren kann. Dieses Gerät weiß also nicht nur über die verschiedenen Arbeiten des Nutzers, sondern auch über deren Zusammenhang und die Benutzungsgewohnheiten Bescheid. Es wird zu meinem virtuellen Experten für mein individuelles Informationsmanagement und damit zum persönlichen Agenten. Nehmen wir einmal an, wir befinden uns in einer virtuellen Stadt. Meine Nachbarn sind die, die ich täglich sehe, Leute, zu denen losere Kontakte bestehen, wohnen in einer anderen Straße. In dieser virtuellen Stadt wohnt jeder in einem individuellen Raum, der mit „informativen" Gegenständen ausgestattet ist: einem virtuellen Schreibtisch mit virtuellen Schubladen, in denen Arbeitsunterlagen, „Bücher", Akten u. a. aufbewahrt werden. Dieser Raum wäre ein Assoziationen auslösender Kontext, eine digitale Selbst-darstellung, ein Experte, der viel von der alltäglichen Kommunikationsroutine übernehmen könnte und als Agent die persönlich interessierende Auswertung der Informationsflut übernimmt."

Realitäten und Mythen

Gemessen an diesen Visionen ist die gegenwärtige Multimedia-Realität nur insofern von Interesse, als daß es doch ca. fünf Jahre dauerte, bis sich diese nutzerorientierte Philosophie durchgesetzt hat. Von wem auch immer die nächsten Schritte in der Annäherung an die tatsächlichen Nutzerinteressen getan werden, dies wird auch in Zukunft die Strategie des Erfolges sein. Dagegen scheint mir „Multimedia" zunächst meistens zu einem reinen Verkaufsbegriff zu verkommen, mit dem bekannte Produkte neu angeboten werden. Ein Beispiel dafür aus einer Ursprungsmenge des Medialen: Ein Kugelschreiber, sonst nichts. Weit gefehlt. Er schreibt über Kopf, unter Wasser, über glänzenden Oberflächen, über Fett und Fingerabdrücke, bei glühender Hitze bis +200 C und eisiger Kälte bis -50 C und sogar in der Schwerelosigkeit. Die Firma gratuliert zum Kauf des höchstentwickelten Kugelschreibers der Welt mit mehr als 1 Million Entwicklungskosten für die Weltraumfahrt. Auf Erden habe ich noch nicht entdeckt, wozu er besser verwendbar wäre als der Kugelschreiber von der EPA. Viele Computer werden in Zukunft multimedial sein, weil sie 20 Videofenster gleichzeitig bewältigen, in zehnfacher CD-Qualität „Alle meine Entlein" wiedergeben und mitten in einem wichtigen Geschäftsgespräch korrekt an die Vertragsabsprache mit der Konkurrenz erinnern. Sie werden gleichzeitig digitalisieren, filmen, piepsen, drucken, plotten, senden und qualmen. Der Anwender wird sich mittels virtueller Realität ins Weltall katapultieren oder im eigenen Organismus den Herzinfarkt diagnostizieren, sich in das Innenleben eines Computers versetzen oder sich selbst als ein anderes Wesen simulieren, z. B. in „My Life as a Worm" oder „Ich, als Champion" usw. Darin liegt vermutlich auch der Mythos der „Virtuellen Realität". Der verkabelte Handschuh und die autistisch anmutende Brille vermitteln eine Imagination, die sich insbesondere für phantasievolle Personen zu Wunschträumen verdichtet. In der Tat ist das Erleben eines nur im Rechner existenten Raumes, in dem sich der Cyber-Tourist selbstbestimmt bewegen, wahrnehmen und interagieren kann, ein weiterer Entwicklungsschritt auf dem Weg zu einer nutzergerechteren Schnittstelle zwischen Mensch und Maschine. Aber von einer selbstverständlichen Alltagsanwendung der „virtuellen Welten" ist auch dieses Instrumentarium noch weit entfernt.

Die Realität der „Virtuellen Realität"

Die gegenwärtig entwickeltste Technologie im Bereich der „Virtual Reality" besteht aus einem Hardware-Equipment (Eyephone, Dataglove oder Datasuit) und dreidimensional erstellten Räumen. Diese Bewegungswelten werden als Software auf sehr leistungsstarken und graphikfähigen Rechnern generiert und sind in Echtzeit gerechnet bewegbar. Das Eyephone besteht aus zwei LCD-Schirmen, die über Linsen vergrößert ein ca. 100 Grad breites Weitwinkelbild wiedergeben. Jedes Auge verfügt über ein ca. 80 Grad horizontal großes Bild, das über einen jeweils eigenen Rechner erzeugt wird. Diese beiden Bilder sind entsprechend dem Augenabstand versetzt, was zu einem stereoskopischen Bild führt. Damit kann sich der Cyber-Tourist nun in den „rechnerinternen Räumen" interaktiv umsehen. Zur Positionsbestimmung im Raum braucht er den Dataglove, der über Glasfasern die Stellung und den Bewegungswinkel der Hand errechnen läßt. Mit derselben Prozedur lassen sich stereophonische Geräusche nachbilden und damit die Akustik in einem Raum simulieren. Die eigenen Schritte werden dazu über ein Bodenplatten-Mikrophon aufgezeichnet und entsprechend der Parameterisierung des Raumvolumens von Boden- und Wandflächen, Texturen und Reflektionseigenschaften im „rechnerinternen Raum" über die Kopfhörer umgesetzt. Um die notwendige Interaktivität in Realtime zu erreichen, sind entweder relativ simple Modelle wie geometrisch einfache Körper und wenig Gegenstände möglich oder sehr leistungsfähige Rechner notwendig, die auch komplexere „Welten" in Echtzeit bewegen können. Eine speziell für physikalisch exakte Lichtdarstellung entwickelte „Radiosity"-Software ist von Henrik Tramberend bei ART+COM mit dem „Virtual Reality-Equipment" so verknüpft worden, daß damit sehr fotorealistische Begehungen von komplexen Räumen möglich wurden. Dasselbe geschieht zur Zeit mit einer „Audiosity"-Software von Dirk Lüsebrink, mit der die erstellten „Welten" hörbar werden. Die Gestalter dieser „Welten" beginnen damit, das Unsichtbare sichtbar zu machen und das Stumme zu vertonen. Licht und Akustik, aber auch Klima, Schadstoffe, Gravitation und andere Volumen, die nicht geometrisch erfaßbar sind, werden dadurch anschaulich. Diese Visualisierungen von Größenordnungen, die wir nicht mehr wahrnehmen, weil sie zu klein sind oder zu weit entfernt, zeitlich zurück oder in der Zukunft liegen, werden unsere sinnliche Erfahrung erweitern. Wenn diese „Neuen Welten" als virtuelle Realitäten interaktiv erlebt werden können, z. B. der eigene Körper wirklich im Sinne einer Begehung erlebbar wird, wenn sich der Mensch als Teil eines chemischen, biologischen und physikalischen Prozesses einmengen kann, wird ein Teil der virtuellen Realität real, die schon heute als Imagination viele virtuell fasziniert.

Natürlich wird es spannend sein, sich in ein anderes Lebewesen zu versetzen – vielleicht auch notwendig zur Einsicht in die Daseinsberechtigung anderer Lebewesen auf diesem Planeten –, doch ist es bis dorthin vermutlich noch ein langer Weg. Vorerst ist der Mythos der „Virtuellen Realitäten" darin begründet, daß eine Unmenge von Anwendungsideen die Phantasien galoppieren lassen. Ob es nun besonders erquickend ist, als Lobster durch die Gegend zu kriechen, mag personenbedingt sein. Sich über Telekommunikation mit jemandem aus einem anderen Kontinent in einem virtuellen Raum zu treffen, der nur im Rechner existiert, um dort das Mobiliar zu verstellen, fasziniert auch mich als Architekt.

Neue (künstliche?) Welten

Real ist schon heute die Übertragung von Computer-Tomographie-Daten, auf deren Grundlage Hans Hübner und Pavel Mayer dreidimensionale Modelle von Wirbelsäulen, Bandscheiben und Nervensträngen erstellen. Damit kann ein Arzt vor Ort seine CT-Bilder über Datenkommunikation dem Visualisierungszentrum von ART+COM übermitteln und bekommt die dreidimensionale Darstellung zurück. Zukünftig wird er sich dann über den Handschuh in den Körper hineinversetzen und sich über die Brille einen Überblick über die notwendigen Eingriffe verschaffen können. Wissend, daß die Entwicklung erheblich kleinere und hochauflösendere Eyephone's ermöglicht, die wie der Handschuh unabhängig von Kabeln über Antennen angesteuert werden und daß die ständig zunehmenden Rechnergeschwindigkeiten selbst eine Echtzeitbewältigung von Volumendaten erwarten lassen, kann das, was heute noch als „Virtuelle Realität" bezeichnet wird, morgen schon als selbstverständliche Erweiterung unserer Wahrnehmungsrealität dienen, wie Brillen, Fernseher und Telefone dies gegenwärtig schon sind. Jedenfalls wäre ich in Zukunft vorsichtig, wenn ich einer freundlichen Dame mit Sonnenbrille und Handschuhen begegnen würde. Es könnte sich um eine Cyber-Touristin handeln, die sich mit halbverspiegeltem Eyephone gerade in einer anderen „Welt" befindet und mit ihren Handbewegungen jemand ganz anderen meint.

MILES/Studienmodell Physiologie – Ein multimediales PC-Datenbanksystem als Universalträger der Lehrsammlung eines Studienfaches

Wolfgang Wiemer, Jürgen Heuser, Dieter Kaack und Manfred Schmidtmann

Klinikum der Universität-GH-Essen, Institut für Physiologie

Mit dem Sommersemester 1991 begann an der Universität Essen im Studiengang Medizin, Fach Physiologie, nach Testläufen im Praktikum und Seminar vorangegangener Semester der allgemeine Feldversuch des *Mulimedialen Informations-und Lehrsystems (MILES)* in der fachbezogenen Systemversion *Studienmodell Physiologie* (MILES/SMP). Hauptgegenstand des Feldversuchs ist nicht die Produktion und Anwendung einzelner Lehrprogramme, sondern der Einsatz eines multimedialen Datenbank-Autorensystems als Träger der gesamten audiovisuellen und computergestützten Lehrmaterialien eines Faches. Zur Projektgeschichte, zu den Details des Systems sowie den weiteren fachspezifischen Systemversionen MILES/SIB (Betriebliche Datenverarbeitung, Fach Wirtschaft) und MILES/DBM (Kunstwissenschaft) sei auf die angegebenen Veröffentlichungen verwiesen.

Systemkonfiguration

Die *Hardware* besteht aus Personalcomputern (PS/2 oder kompatibel unter PC-DOS) mit verschiedenen Ein- und Ausgabegeräten sowie audiovisuellen und digitalen Speichern. Neben Autoren- und Entwicklungsarbeitsplätzen stehen aus CIP-Mitteln zehn studentische Arbeitsplätze, davon drei mit Videoausrüstung, für etwa 350 vorklinische Medizin- und 40 (im Rahmen einer Serviceleistung betreute) Biologiestudenten zur Verfügung; die Vernetzung (ETHERNET) unter Einbeziehung von Servern ist in Arbeit. Basis der *Software* ist ein eigenes Datenbanksystem mit Textanalyse, das als Hauptdatei für die Textsegmente der Dokumente sowie für die Steuerdaten der Nicht-Textsegmente auf den angeschlossenen Speichern dient. Spezielle Module steuern Eingabe und Ausgabe, die Editierung der Dokumente und Inhaltsverzeichnisse, die Organisation der Dateien und Datenbanken, die Erstellung von Bildschirmseiten als allgemeine Grundlage für Materialverknüpfung und Dialogstrukturierung. Eine besondere, im Rahmen der Version MILES/DBM entwickelte Funktion ist die Transformation digitalisierter Bilder in numerische Koordinaten zur rechnerischen Weiterverarbeitung. Der Dialog ist für Autor wie Nutzer voraussetzungslos (programmier- und autorensprachenfrei).

Systemleistungen

Am *Autorenplatz* können Materialien aller Art eingegeben bzw. formatiert werden: Text (über Tastatur, Textverarbeitungsprogramm, Scanner mit Schrifterkennungs-Software), Bild (auch hochauflösend 4096 x 4096 digitalisiert über Kamera-Scanner), Videobild und -film (Formatierung des Zugriffs zu Einzelbildern und Bildfolgen auf vorgegebenen Videoplatten bzw. -bändern), Analogregistrierungen (über AD-Wandler), digitale Daten, Datenverarbeitungs- und Lehrprogramme eigener sowie fremder Provenienz (über Diskette oder Platte). Ein Teil der Eingabegeräte ist dabei über Programm voll steuerbar.

Die Autorenfunktionen umfassen ferner die Strukturierung der Dialogoberfläche und Zugriffsfunktionen, die (Hypertext-ähnliche) Vernetzung beliebiger Materialkomponenten zu Lehreinheiten durch Menüverknüpfungen auch komplexer Struktur (Datensammlungen, Kombination von Daten mit Programmen, Tutorials) und/oder den freien Zugriff auf definierte Teile der Datenbank. Diese Funktionen werden nicht nur zur Erstellung von Lehrmaterialien, sondern auch eines fachbezogenen Studieninformationssystems (Themenpläne der Lehrveranstaltungen, Veranstaltungskalender, Bibliotheks- und Mediothekskatalog) herangezogen.

Die *Benutzerfunktionen* für Studenten beinhalten zum einen die Zugriffsfunktionen zu allen Arten von Materialien über Menüführung und/oder freie Stichwortrecherche in der Datenbank. Für bestimmte Anwendungen (z.B. On-line-Auswertung von Analogregistrierungen im Praktikum als „Hilfswerkzeug") sind hierbei eigene Dateneingaben möglich. Schließlich steht eine spezielle Editierfunktion zur Zusammenstellung eigener Studienprogramme aus Systemmaterialien zur Verfügung, die dazu in eine persönliche Datei überschrieben und von dort wieder abgerufen werden können.

Leitlinien des Systemeinsatzes

Grundsatz ist nicht der Ersatz von Lehrveranstaltungen, sondern deren Qualitätsverbesserung durch die spezifischen Möglichkeiten der neuen Medien; besondere Bedeutung kommt dabei der besseren Integration des eigenständigen Lernens der Studenten in die Lehrveranstaltungen durch diese Medien zu. Ein wichtiger Aspekt ist dabei die Möglichkeit, Materialien aller Formate, eigener wie fremder Herkunft, am Ort für die jeweiligen Zielgruppen (z. B. Studenten verschiedener Semester oder Fachrichtungen) und Vermittlungssituationen (Lehrveranstaltungen, eigenständige Arbeit) zusammenzustellen, sie dabei zu adaptieren (z. B. Filme durch Schnitte), durch eigene Daten zu aktualisieren und so lokalen Schwerpunkten anzupassen.

Anwendungskonzept

Grundlage ist die computerbasierte, multimediale Lehrsammlung, die sowohl dem Hochschullehrer wie dem Studenten die Fachmaterialien liefert. Dementsprechend dient

MILES/SMP in *Lehrveranstaltungen* (Vorlesung, Seminar) einerseits dem Dozenten (Autor) als Träger seiner Demonstrationsmaterialien, z.B. der „elektronischen Diasammlung" digitaler Bilder, Meßwertregistrierungen, Simulationen, Filmspots. Andererseits liefert das System den Studierenden in den betreffenden Veran-staltungen (Praktikum, Seminar) die Arbeits- und Begleitmaterialien, z. B. Datenerfassungsprogramme für eigene Messungen und deren Auswertung, Sammlungen von Daten zur Weiterverarbeitung, Simulationen als Übungsprogramme. Bis jetzt wurden von den acht Hauptversuchen des Praktikums drei mit Arbeitsplätzen ausgerüstet (Registriertechnik, Sprache/Gehör, Nerv/Muskel), im nächsten Jahr sollen weitere folgen (Elektrokardiographie, Nystagmographie, Reflexe, Elektroenzephalographie). Für die Seminare stehen vier Arbeitsplätze zur Verfügung, auf denen – zu jeweils wechselnden Themen – Abbildungen aus der Literatur, Videofilme, Originalregistrierungen von Meßwerten und Simulationen geboten werden.

Darüber hinaus werden diese Materialien auf „freien" Arbeitsplätzen, d. h. den obigen Arbeitsplätzen, sofern sie nicht in Lehrveranstaltungen beansprucht werden, zum *eigenständigen Lernen* zur Verfügung gestellt. Hier findet der Student die Demonstrationsmaterialien der Lehrveranstaltungen wieder, die durch Stichwörter und Erläuterungen für die Nachbearbeitung verständlich gemacht sind. Aus grundsätzlichen Gesichtspunkten (nicht nur aus den Zwängen der Verhältnisse, denn weitergehende Bearbeitungen wären zur Zeit gar nicht möglich; s. u.) werden jedoch dazu keine kompletten Lehrtexte (Tutorials) erstellt, auch wird dabei auf die Reproduktion von Materialien verzichtet, die dem Studenten z. B. als Abbildungen in den Standardlehrbüchern des Faches allgemein verfügbar sind. Dazu kommen themenbezogene ergänzende Materialien, die nicht bereits in Lehrveranstaltungen geboten wurden, z. B. Filme, Simulationen oder Sammlungen von Prüfungsfragen. Ferner gestatten die Datenbankfunktionen des Systems mit freier Stichwortrecherche den Studenten, auf dieses Materialangebot nicht nur veranstaltungsbezogen, sondern auch nach *eigener Themenwahl* zuzugreifen; dieser Zugriff kann wiederum nach Wahl alle Materialkategorien einbeziehen oder sich nur auf einen bestimmten Typ (z. B. Testfragen für die Prüfungsvorbereitung) beschränken. Die Systemfunktion der „persönlichen Datei" ermöglicht dabei den Aufbau eigener Studiensammlungen. Ein wich-tiges Anliegen des Projektes ist, diese freien Arbeitsplätze auch während der Semesterferien zugänglich zu machen, so daß die multimediale Lehrmittelsammlung während des gesamten Studienabschnittes zur Verfügung steht.

Aufbau der Materialsammlung

Entsprechend dem Stellenwert der verschiedenen Arten von Medienmaterialien im Fach Physiologie liegen die Schwerpunkte der Materialbereitstellung im Aufbau einer *Bildbank* mit Abbildungen vor allem aus der wissenschaftlichen Literatur (für Vorlesung, Seminar), in der Etablierung von *Datenauswertungsprogrammen* (Praktikum) und im Aufbau einer *Film- und Simulationssammlung* (Vorlesung, Seminar, eigenständige Arbeit). Wegen der sehr geringen eigenen Produktionskapazität (s. u.) wird dabei, wo immer möglich, auf Fremdmaterialien zurückgegriffen: So werden – neben einem eigenen Programm zur Frequenzanalyse von Sprachlauten – im Praktikum die mit dem Deutschen Hochschul-Software-Preis 1990 ausgezeichneten Programme des Kieler Physiologischen Instituts eingesetzt. Entsprechend wurden ca. 90 Filme erworben, von denen allerdings bisher nur wenige für integrierten Systemeinsatz aufbereitet werden konnten. Auch die wenigen im Fach Physiologie auf dem Markt angebotenen Simulationsprogramme werden eingesetzt, z. B. Programme der Kieler und Heidelberger Institute sowie der englisch-amerikanischen „MAC"-Serie (deren Englischsprachigkeit sich allerdings als Hemmschwelle bei den Studenten erweist). Die digitale Bildbank muß, da extern keine derartigen Sammlungen verfügbar sind, selbst erstellt werden; sie umfaßt seit dem Sommersemester 1991 etwa 800 Abbildungen. Auch die Sammlungen der Test- und Prüfungsfragen (bisher ca. 600) und der biomedizinischen Registrierungen werden in Eigenarbeit aufgebaut. Der Ausbau der letzteren Materialsammlung leidet ebenso wie die Erstellung von eigentlichen Lehrprogrammen unter dem Personalmangel; aus dem gleichen Grund konnte auch die im Projekt MILES/DBM entwickelte Technik der numerischen Bildanalyse, die interessante neue Möglichkeiten für Lehranwendungen eröffnet, hierfür noch nicht eingesetzt werden.

Akzeptanz bei Studenten

Hier liegen vorerst nur Erfahrungen mit dem Systemeinsatz in Praktikum und Seminar vor, da der freie Zugriff im eigenständigen Lernen erst auf der Grundlage größeren Materialbestandes im WS 1991/92 eröffnet werden wird. Die bisherige Akzeptanz bei den Studenten war allgemein sehr gut, jedoch deutlich abhängig vom Ausmaß der Integration in die persönliche Lehre. Hier zeichnet sich für optimale Ergebnisse die Notwendigkeit (wiederum personalaufwendiger) tutorieller Betreuung in Kleingruppen ab.

Probleme

Der Feldversuch hat mit den typischen existenziellen Schwierigkeiten solcher Projekte zu kämpfen. Diese betreffen nicht einmal so sehr die Hard- und Software (hohe Kosten und rasches Veralten, auch die z. T. noch unbefriedigende Leistungsfähigkeit der Komponenten multimedialer Arbeitsplätze; mangelhafte Standardisierung; Kontinuitätsprobleme bei der eigenen Software); gravierender ist der *erforderliche hohe Aufwand an Personal* und Zeit, der besonders die Anfangsphase mit der Hauptlast des Materialaufbaus bestimmt. In Essen kumulieren dabei in exemplarischer Weise die Probleme eines kleinen Instituts (zwei Hochschullehrer, fünf wissenschaftliche Mitarbeiterstellen) mit denen der rigorosen Personalfestsetzung in den vorklinischen medizinischen Fächern gemäß der bundesweiten Kapazitätsverordnung (KapVO): Das wissenschaftliche Personal aus dem Landeshaushalt bemißt sich hier lediglich nach der jährlichen Zulassungszahl der Studenten (160), wobei besondere Bedürfnisse durch Forschungs-

oder Lehrprojekte, auch spezifische lokale Bedingungen, keine Berücksichtigung finden. Da demnach für das Medienprojekt keinerlei eigene Betriebsmittel verfügbar sind, mußten die erforderlichen Personalmittel (zwei Stellen für einen Informatiker und technischen Mitarbeiter zum Betrieb und zur Weiterentwicklung dieses umfangreichen Systems) und Sachmittel (Software, Filme, Zusatzgeräte) durch Stillegung eines der beiden experimentell-wissenschaftlichen Labors des Instituts finanziert werden. Dazu hat das übrige medizinisch-wissenschaftliche Personal die Lehrverpflichtungen der obigen Projektmitarbeiter mit zu übernehmen, so daß es im Durchschnitt eine Mehrleistung von 72 % über Deputatsoll erbringt, ein Umstand, der die Akzeptanz solcher Projekte beim wissenschaftlichen Personal nicht gerade fördert. Für die fachwissenschaftliche Betreuung der Erstellung der Materialien bleibt so im wesentlichen ein einziger Fachwissenschaftler, einer der beiden Hochschullehrer als Projektleiter, übrig. Bereits auf der einfachsten Ebene der Materialerstellung (Eingabe von Bildern und Schnitten aus vorhandenen Filmen, Kommentierung, systematische Klassifizierung für die Datenbank und Einordnung in Zugriffslisten) sind nach unseren Erfahrungen mindestens zehn Stunden fachwissenschaftlicher Zeitaufwand je Vorlesungs- bzw. Seminarstunde erforderlich. Hoch interaktive, intelligente Programme können, wie amerikanische Projekte zeigen, sogar bis um den Faktor 1000 höhere Aufwendungen nötig machen. Daß unter solchen Bedingungen das Projekt nur unbefriedigend vorankommen kann, liegt auf der Hand. Hier wird offenbar, daß solche Modellversuche, wenn sie überleben und sogar in nützlicher Frist aussagefähige Ergebnisse erbringen sollen, besonderer „Anschub"-Förderung bedürfen.

Wir danken der Firma IBM sowie der Alfried Krupp von Bohlen und Halbach-Stiftung für die Förderung der Systementwicklung.

Literatur

1. Wiemer, W. et al.: Studienmodell Physiologie (SMP) – Multimedia Database Information and Communication System for the Teaching of Medicine. In: International Symposium of Medical Informatics and Education (R. Salamon, D. Protti, J. Moehr, Eds.), University of Victoria, B. C., Canada 1989, S. 477-480

2. Wiemer, W.: Computerausbildung in der Physiologie. In: Computer in der Ärzteausbildung. Hrsg. von P. Baur, J. Michaelis, München/Wien 1990, S. 123-146

3. Wiemer, W., Heuser, J., Schmidtmann, M. und Dylka, S.: Neue Medien. Digitale Bildverarbeitung in der Kunstwissenschaft: Eine Datenbank zur Proportionsanalyse mittelalterlicher Kirchen, Kunstchronik 43, 1990, S. 55-62

4. Wiemer, W., Großmann, U., Hall, W. et al.: MILES/SMP, MILES/SIB and MILES/TAPIS – Field Specific Application of a Common Interdisciplinary Multimedia Database Information System for Teaching and Learning. In: Computer-Assisted Learning. Hrsg. von D. H. Norrie, H.-W. Six), Berlin/Heidelberg/New York 1990, S. 432-441

Die HERMES-CD – Betriebswirtschaftslehre als Hypermedia-Informationssystem

Eric Schoop, Christian Pohl und Ralph Sonntag

Universität Würzburg
Lehrstuhl für Betriebswirtschaftslehre und Wirtschaftsinformatik

Zusammenfassung

Das Studium der Betriebswirtschaftslehre an bundesdeutschen Hochschulen ist seit geraumer Zeit durch zunehmende kapazitative Engpässe hinsichtlich Veranstaltungen, Räume und verfügbare Lehrmaterialien geprägt. Das Informationssystem HERMES soll hier ein alternatives Angebot des veranstaltungsergänzenden und -vertiefenden Wissenserwerbs für das Selbststudium am Rechner schaffen. Betriebswirtschaftliche Aufgabenbereiche werden als Hypermedia-Bausteine thematisch aufbereitet, assoziativ untereinander verknüpft und erlauben Lernenden am Computer den schnellen, selbstbestimmten Informationszugang aus einer intuitiv verständlichen, grafischen Benutzer-oberfläche. Die erste Version des Systems liegt seit Mai 1991 auf optischem Datenträger (CD ROM) für Apple Macintosh Rechner vor und wird an der Universität Würzburg im lokalen Netz des CIP-Computerlabors eingesetzt. Ausführliche Akzeptanz- und Erfolgs-tests sollen in den nächsten Monaten untersuchen, inwieweit dieser Ansatz eines kombinierten Lern- und Informationssystems auf Basis multimedialer Erklärungsansätze einen neuen Weg für den computerunterstützten Unterricht weisen kann. Die Untersuchungsergebnisse werden als Input in die nächste Version, die im Frühjahr 1992 erscheinen soll, einfließen.

1. Motivation

Neben dem Studienfach Informatik ist seit einigen Jahren insbesondere das Fach Betriebswirtschaftslehre an den bundesdeutschen Hochschulen diejenige Disziplin, die den meisten Zulauf unter den Studenten und damit die höchste Überlastquote zu verzeichnen hat. Dieser Faktor wirkt sich aufgrund der mittelfristig nicht zu verbessernden Kapazitätssituation, was Lehrpersonal, insbesondere aber Räume und Ausstattung anbelangt, negativ auf den Zugang zu Veranstaltungen, auf deren Qualität und allgemein auf die dem Studium förderliche Nähe zwischen Dozenten und Studenten aus. Es muß davon ausgegangen werden, daß die Mehrzahl der gegenwärtigen und auch künftigen Erstsemester kaum mehr damit rechnen kann, bis zum Vordiplom, welches gemäß Regelstudienverordnungen spätestens nach dem vierten Semester absolviert sein sollte, die für diese Prüfungen relevanten Stoffgebiete alle vollständig gehört zu haben. Daher müssen veranstaltungsergänzende Maßnahmen ergriffen werden. Zentrale Übungen und Repetitorien können den Bedarf an Nacharbeit aufgrund der katastrophalen Kapazitätsengpässe jedoch ebensowenig abdecken wie die meist zu geringen Literaturbestände der Bibliotheken. Hinsichtlich der Aufarbeitung betriebswirtschaftlicher Zusammenhänge in Eigeninitiative im ausschließlichen Literaturstudium muß außerdem bedacht werden, daß ein Großteil der Lehrinhalte dynamischer Natur ist. Die überwiegend textgestützte Wiedergabe dieser Zusammenhänge in Lehrbüchern kann keinesfalls die weitaus geeigneteren Darstellungsmöglichkeiten durch einen geübten Dozenten im Hörsaal (gleichzeitige Nutzung der Medien Sprache, Text, Grafik und Bewegung in beliebiger Kombination) ersetzen. Videounterstützte Lehrfilme könnten diesen Nachteil zwar prinzipiell aufheben, sind jedoch ausgesprochen teuer in der Erstellung und bringen ein neues Manko mit sich. Der Lernende verfällt in eine Art Fernseh-Mentalität, denn er hat keine Möglichkeit, vertiefend nachzufragen, Stoffteile unmittelbar zu wiederholen oder auch zu kritisieren. Es muß daher nach anderen Möglichkeiten der Unterrichtsergänzung gesucht werden, die auch dem Stichwort „Lebenslanges Lernen" Rechnung tragen und in der späteren beruflichen Weiterbildung gleichfalls zum Einsatz kommen können. Zielsetzung des Projektes HERMES, ist somit eine sinnvolle Kombination der jeweiligen didaktischen Vorteile von Film, Präsentation, Lehrveranstaltung und Buch, um einen computergestützten Selbstlernarbeitsplatz neuer Prägung aufzubauen. Für die akademische Anwendergruppe sollte ein möglichst hoher Freiheitsgrad hinsichtlich Themenauswahl, Lernreihenfolge, -tiefe und -systematik realisiert werden. Daher bilden alternative Formen des Wissenszugangs und die Möglichkeit, den Nutzungsstil nach dem jeweils vorhandenen Kenntnisstand im Umgang mit dem System auszurichten, die Hauptmerkmale dieses Hypermedia-Ansatzes. Zielvorstellung ist, daß HERMES dadurch für die Anwender genügend Attraktivität bietet, um nicht nur – einmalig – als Lernsystem zu dienen, sondern außerdem auch immer wieder als elektro-nisches Nachschlagewerk, als Vertiefungslektüre oder auch als Ausgangspunkt für eigene Gedanken oder Ausarbeitungen, die als individuelle Erweiterung des vorhandenen Informationsnetzes um eigene Anmerkungen eingebracht werden können. Neben der primären Zielsetzung eines kurzfristig verfügbaren und jederzeit zugäng-lichen Alternativangebotes für den Wissenserwerb in der Betriebswirtschaftslehre *(Lernen mit dem System)* sollen dadurch gleichzeitig Kenntnisse im Umgang mit modernen, rechnergestützten Formen des Information Retrieval erworben werden *(Lernen durch das System)*. Die vorliegende, erste Version umfaßt ca. 100 Megabyte Datenvolumen, weshalb auf die CD-ROM als derzeit standardisiertestes optisches Speichermedium zurückge-griffen wurde. Die Basiskonfiguration für eine HERMES-Lernstation umfaßt damit: 1 Apple Macintosh Classic oder SE mit 2 MB Hauptspeicher, Festplatte, CD-ROM-Laufwerk und HyperCard 2.0. Möglich ist auch ein Systemeinsatz in kleinen lokalen Netzen (ca. 3 Stationen, CD-Laufwerk über AppleShare oder TOPS verfügbar gemacht).

Abb. 1: HERMES-Logo

2. System

2.1 Konzept

Grundlage von HERMES ist das Hypertextprinzip auf der Basis von HyperCard 2.0. Hier werden Informationen im Gegensatz zu Aufsätzen oder Büchern nicht als sequentieller Text behandelt, sondern als voneinander unabhängige Objekte gesehen, deren Inhalte multimedialer Art sein können, also Daten, Fließtext, Grafik, Bilder, Sprache, Animationen oder Videos (letztere werden in HERMES aus technischen Gründen erst ab der nächsten Version – Frühjahr 1992 – eingebunden). Die Bausteine werden über sogenannte „Hyperlinks", also Adreßverweise auf assoziierte Informationen, untereinander verknüpft. Diese Nichtlinearität des gespeicherten Wissens macht es möglich, daß der Benutzer zu jedem Zeitpunkt den Detaillierungsgrad der Informationsaufbereitung selbst bestimmt und entscheiden kann, welchen Verweisen auf ergänzende Informationen (z.B. vom Text zur erläuternden Grafik und weiter zu gesprochener Zusatzinformation) er folgen möchte. Somit wird im Gegensatz zum sequentiellen Lesen von Buchtexten ein assoziatives Arbeiten ermöglicht, wie man es ansatzweise vom Durchsehen von Lexika kennt, wobei der Leser in Form von Fußnoten auf verwandte Abschnitte hinge-wiesen wird, dort weiterliest und wiederum Verweisen folgt, bis er sich entscheidet, zum Ausgangsartikel zurückzukehren (vgl. Bild 2). Eine grafische Benutzeroberfläche mit Mausbedienung (wie z.B. beim Apple Macintosh Computer) ist Voraussetzung für ein rechnergestütztes Hypermediasystem (*Hypermedia* = *Hyper*text + Multi*media*).

2.2 Aufbau

HERMES ist modular zusammengesetzt. Die einzelnen Beiträge werden von mehreren Autoren im Rahmen wissenschaftlicher Ausarbeitungen unabhängig voneinander mit Hilfe einer am Lehrstuhl entwickelten, dedizierten Entwicklungsumgebung und

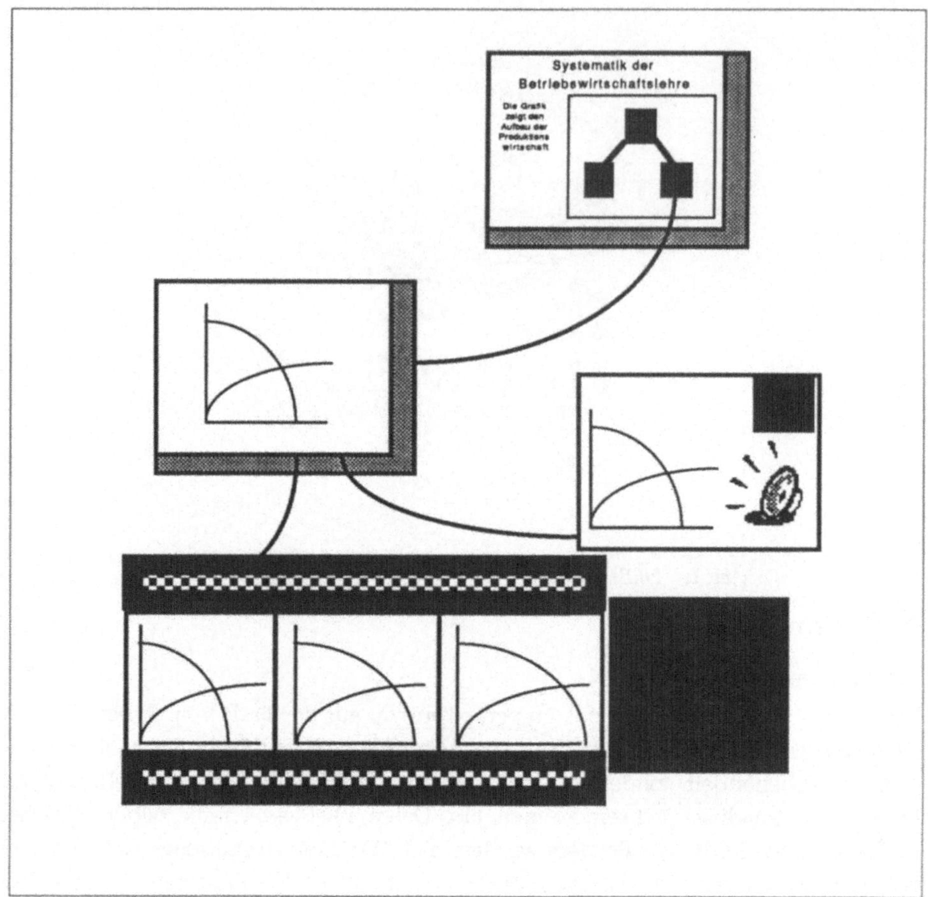

Abb. 2: Hypermedia-Informationsnetz

nach vorgegebenen Design- und Didaktik-Richtlinien erstellt. Sie werden nach ihrer Fertigstellung als Editierversionen in einer Redaktionsphase getestet, untereinander verknüpft und anschließend in die eigentliche Anwendungsumgebung überführt. Der Schwerpunkt des Systems HERMES liegt in dem Aufbau einer multimedialen Wissensbasis. Dazu werden den Autoren drei Arbeitsumgebungen zur Verfügung gestellt, zwischen denen auf einfachste Art beliebige Querverweise angelegt werden können:

1. Die eigentliche *Entwicklungsumgebung*, in welcher Texte mit Standgrafiken und Bildern gemischt die jeweiligen Themenstellungen in lexikalisch kurzer Form erläutern (Definitionsebene). Diese Einstellung ist gleichzeitig Ausgangsbasis für die spätere Anwendungsumgebung. Hier steht dem Benutzer jederzeit die Menüleiste mit allen Befehlen zur Verfügung. Die einzelnen Bildschirmseiten sind über Hyperlinks miteinander verknüpft, können jedoch auch durch Vorwärts- und Rückwärtsblättern durchgearbeitet werden. Verweise auf die logisch nächsthöheren bzw. -tieferen Gliederungsebenen können jederzeit verfolgt werden.

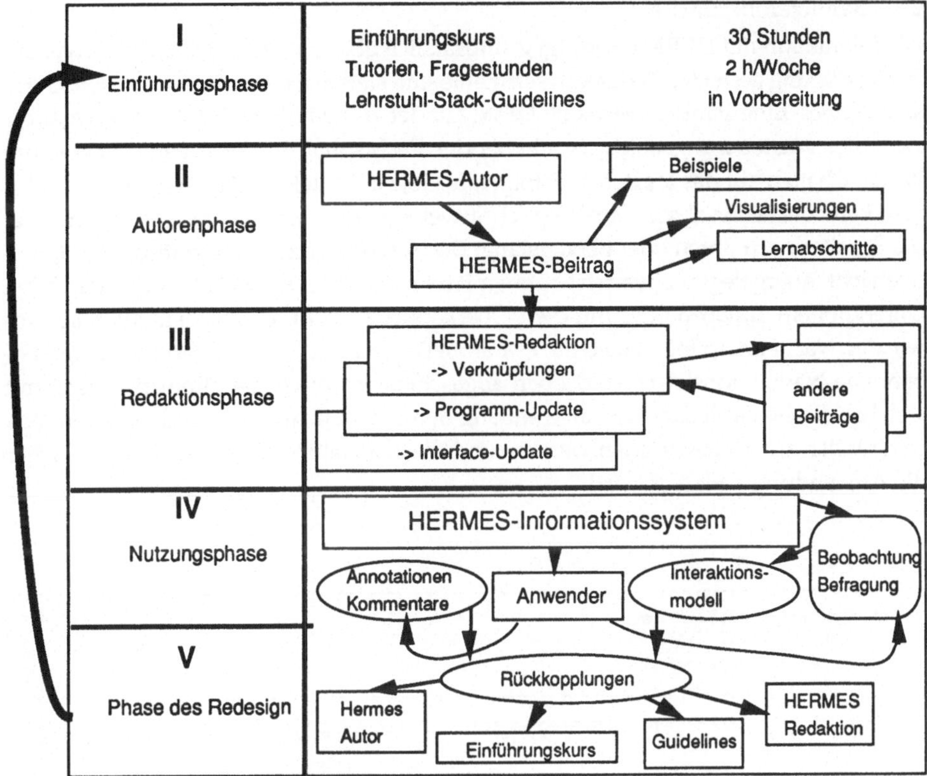

Abb. 3: HERMES-Projektphasen

2. Die *Beispielumgebung*, welche für die weitergehende Themenaufbereitung in Form von Animationen, Simulationsaufgaben etc. genutzt wird (Erklärungsebene). Hier sind die Interaktionsmöglichkeiten des Benutzers auf die jeweilige Anwendung begrenzt. Ein Abbruch von Abläufen und der Rücksprung in die Ausgangsumgebung ist jederzeit möglich. In dieser Ebene werden insbesondere Darstellungsformen wie die Mischung von Bewegtbildern mit Sprache oder akustischen Signalen ausgenutzt, um dynamische Abläufe adäquat zu beschreiben und realitätsnahe Darstellungen zu erzielen.

3. Die dritte Systemkomponente sind *externe Programme* zur Erstellung anspruchsvoller Animationen, zur Ausarbeitung von Fragenkatalogen zur Lernstoffüberprüfung, für den Mitschnitt von Arbeitsschritten für online Hilfen als Wiedergabe „gefilmter" Handlungsfolgen, für die Aufnahme und Einbindung von Sprachanmerkungen und akustischen Signalen sowie zur Ansteuerung von ergänzenden Videosequenzen. Sie werden unmittelbar aus der Hypertextumgebung heraus aufgerufen und lassen sich problemlos in die Beiträge einbinden. Damit können die jeweiligen softwarespezifischen Vorteile zur Ergänzung der Hypertext-Basissoftware genutzt werden.

2.3 Benutzeroberfläche

Die Interaktion mit HERMES erfolgt grundsätzlich über die Maus. Die dem Anwender zur Verfügung gestellten Bedienungselemente sind stets in gleicher Weise am Bildschirm angeordnet. Eine schmale vertikale Leiste auf der rechten Seite dient der Navigation. Zentrales Ansteuerungsobjekt ist hierbei der Rechtspfeil (in der unteren Ecke) zum Weiterschalten auf das logisch nachfolgende Objekt. Mittels darüberliegendem Linkspfeil kann der schon absolvierte Weg schrittweise wieder zurückverfolgt werden. Über die Schalter nach unten oder oben gelangt der Anwender zu einer grafischen Kapitelübersicht (quergelegter Hierarchiebaum mit dem aktuellen Kapitel als Wurzel und den Unterkapiteln daneben oder mit dem Oberkapitel als Wurzel und dem aktuellen sowie den Nachbarkapiteln daneben). Der aktuelle Standort wird verstärkt hervorge-hoben. Die Navigationsleiste wird oben abgeschlossen durch die "Return"-Taste, mit welcher die jeweils letzten Sprünge entlang den von den Autoren vordefinierten Verweispfaden zurückgenommen werden, und die "Globalübersicht"-Taste, mit welcher die Anwendung verlassen wird.

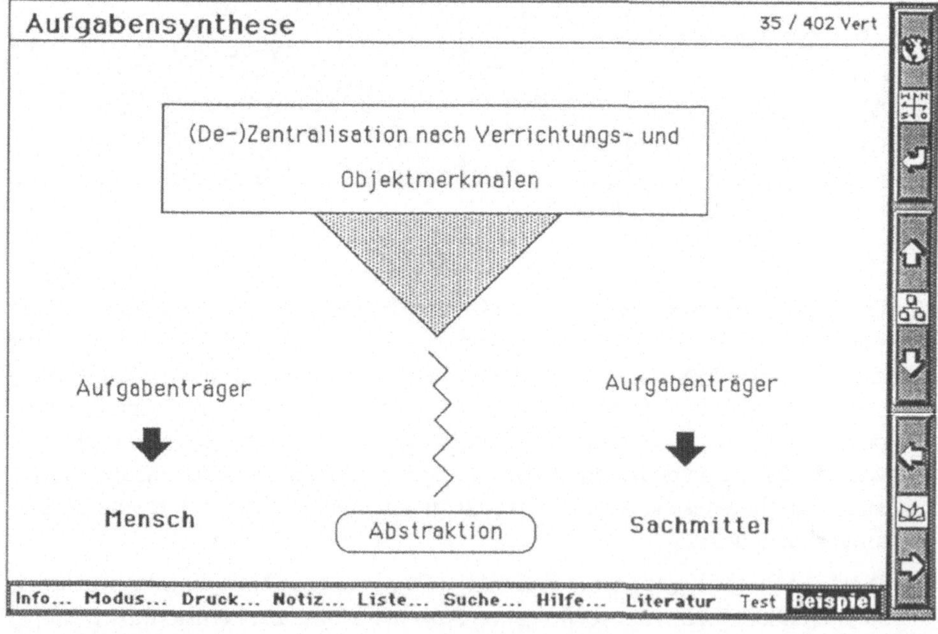

Abb. 4: HERMES-Design

Am unteren Bildschirmrand (Abb. 4) befindet sich die Menüleiste mit den eigentlichen Auswahlbefehlen. Diese sind – ausgehend vom zentralen Navigationselement Rechtspfeil – von rechts nach links mit abnehmender Zugriffswahrscheinlichkeit angeordnet. Die Taste „Beispiel" verweist auf dynamische Darstellungen, welche die aktuelle Definition weiter erklären (Entwicklungsumgebungen 2 oder 3). „Test" führt zu Kontrollfragen, die den Stoff des aktuellen Kapitels überprüfen. Die Taste daneben zeigt die kapitelbezogenen Literaturhinweise. Die weiteren Funktionen der Menüleiste erlauben bei Selektion den Zugriff auf die entsprechende Unterauswahl.

3. Inhalte des HERMES-Systems auf CD ROM

1. Bereich Allgemeine Betriebswirtschaftslehre:
   - Marketing
   - Personalwesen
   - Handelsrechtlicher Jahresabschluß
   - Kostenrechnung
   - Organisation
   - Rechtsformen von Unternehmen
2. Bereich Wirtschaftsinformatik
   - Betriebliche Anwendungen von Artificial Intelligence
   - Datenbankverwaltungssysteme
   - Dateiorganisations- und -zugriffsverfahren
   - Büroautomation
   - Electronic Data Interchange
3. Bereich Logistik
   - Überblick der Logistik
   - Auftragseinplanungsverfahren
   - Beschaffungslogistik
4. Bisher festgelegte Themenerweiterungen (für die nächste Version)
   - Investitionsrechenverfahren
   - Finanzierung
   - Bankwesen
   - Rechenverfahren in der Logistik
   - Transportlogistik
   - Informationslogistik
   - Controlling
   - Kommunikation
   - Statistik
   - Kaufmännische Buchführung
   - Unternehmensbewertung
   - Konzernrechnungslegung
   - Rechnungslegung öffentlicher Betriebe

Der momentane Inhalt von HERMES beschreibt den Stand der Arbeiten Anfang April 1991. Der Umfang der nächsten CD im Frühjahr 1992 dürfte mehr als das doppelte der ersten Version betragen. Die Arbeitsschwerpunkte liegen im Ergänzen der bisher überwiegend deskriptiven Ausarbeitungen durch geeignete Fallbeispiele und Simulationsstudien, um ein "learning by doing" zu ermöglichen. Außerdem sollen kurze Videoeinspielungen dynamische Zusammenhänge an Beispielen aus der Realität noch besser verdeutlichen (z.B. Darstellung der Ein-/Auslagerungsvorgänge in einem Hochregallager oder die Arbeitsweise eines Roboters).

4. Evaluation

Abschließend sei kurz auf erste Praxisuntersuchungen eingegangen. Das HERMES-Konzept wird neben der hier beschriebenen Hochschulversion im Rahmen des Forschungsvorhabens „CIM und computerunterstützte interaktive Medien" in Zusammenarbeit mit anderen Hochschulen, Vertretern der Industrie und des Landes Baden-Württemberg auch für die Entwicklung von Lehr-/Lernbausteinen für die betriebliche Weiterbildung über den Themenbereich CIM (Computer Integrated Manufacturing) eingesetzt. Ein erster Prototyp wurde von Februar bis April 1991 im Rahmen einer wissenschaftlichen Begleitforschung durch den Lehrstuhl für Wirtschafts- und Organisationspsychologie von Prof. Dr. W. Bungard an der Universität Mannheim einer eingehenden empirischen Untersuchung auf Basis von Einzelinterviews mit 84 Teilnehmern und Gruppendiskussionen unterzogen. In einem Projektzwischenbericht veröffentlichte erste Ergebnisse beinhalten unter anderem: (a) *Systembedienung*: Der erste Eindruck war bei über 50% der Untersuchungsteilnehmer positiv. Die Bedienungsfreundlichkeit des Systems wird von über 70% als sehr gut bis gut angesehen. Ferner wurden die Übersichtlichkeit, der Studien- und der Praxisbezug mit über 50% als gut beurteilt. Einzelne Systemmerkmale wie Sprache, Maus und Tastatur wurden als überdurchschnittlich gut realisiert angesehen. (b) Systemorientierung: Die Orientierung im System ist von der Mehrzahl der Teilnehmer als durchweg gut bezeichnet worden. Hierzu wurden verschiedene Aufgaben (Suchen einer Information, Suchen verschiedener Information, Wiederfinden von der ersten Information) gestellt. Ingesamt sind diese Aufgaben über 60% der Befragten leicht gefallen. (c) *Akzeptanz*: Über drei Viertel der Teilnehmer wären bereit, mit dem System zu lernen. Es kann davon ausgegangen werden, daß eine grundsätzliche Akzeptanz besteht. Weitere Untersuchungen gerade auch der Hochschulversion werden zeigen, inwieweit diese Ergebnisse auf HERMES übertragen werden können, ob die bei Hypertextsystemen im Vordergrund stehende "user control", die assoziative Verknüpfung von Informationselementen und die verfügbaren Navigationsmechanismen auf Akzeptanz stoßen und für welche Lernstile Hypermedia-Ansätze sich in besonderem Maße eignen.

Literatur

- Bungard, W.; Jöns, I.; Neuthinger, W.: Projektzwischenbericht „Evaluation des Bausteins PPS", wissenschaftliche Begleitforschung zum Forschungsvorhaben „CIM und computerunterstützte interaktive Medien" (Projektnummer M 8857.00), Arbeitsbericht des Lehrstuhls Psychologie I, Mannheim, April 1991.
- Schoop, Eric: Der Einsatz multimedialer Informationssysteme für die betriebswirtschaftliche Aus- und Weiterbildung, S. 161-169, in: Roithmayer, F. (Hrsg.): Der Computer als Instrument der Forschung und Lehre in den Sozial- und Wirtschaftswissenschaften, Schriftenreihe Österreichische Computer Gesellschaft, Band 50, Oldenbourg, Wien-München 1989.
- Schoop, Eric: Entwicklung einer Hypermedia Autorenumgebung für die Erstellung interaktiver Lehr-/Lernsysteme, in: Wallmannsberger, J. (Hrsg.): Hypertext - State of the Art, Oldenbourg, Wien - München 1991 (in Vorbereitung)
- Schoop, Eric: Freie Navigation durch den betriebswirtschaftlichen Wissensraum. Das Projekt HERMES an der Universität Würzburg, cogito 5-1990, S. 49 - 52.
- Schoop, Eric: HERMES – Botschafter eines neuen Ausbildungskonzeptes für die Betriebswirtschaftslehre, in Gloor, P./Streitz, N. (Hrsg.): Hypertext und Hypermedia: Von theoretischen Konzepten zur praktischen Anwendung. Springer, Heidelberg 1990.

HyperVideo™ – Multimediale Videoarchivierung auf Apple Macintosh

Manfred Bobrowsky, Bernd Gorbach und Wolfgang Biró

Universität Wien
Institut für Publizistik und Kommunikationswissenschaft

1. Der Status Quo

Wer hat noch nicht bei der Suche nach einem bestimmten Stichwort die vielen Karteikarten einer Bibliothek durchsucht, um dann die entsprechenden Buchtitel mit der Hand herauszuschreiben? Diese Vorgangsweise gehört heute, im Zeitalter der elektronischen Archivierung, in vielen modernen Bibliotheken der Vergangenheit an. Zahllose Computerprogramme ermöglichen das schnelle Auffinden von Buchtiteln, Aufsätzen, Autoren, Schlagworten und Signaturen vom Arbeitsplatz aus. Der Computer kommuniziert sogar mühelos mit Datenbanken in weit entfernten Ländern, die gewünschte Literatur kann per Knopfdruck im Handumdrehen auf den eigenen Schreibtisch geholt werden. In zunehmendem Maß bestehen Informationen heute aus Bildern und Tönen – Audio- und Videoinhalte beherrschen 24 Stunden die Welt der Television. Radio und Telephon, Fernseher und Videorecorder sind fixe Bestandteile unserer Kommunikationsgesellschaft. Die systematische Erfassung und Archivierung visueller Inhalte und eine schnelle und leichte Nutzbarkeit für den Anwender konnte durch die Entwicklung des Softwareprogrammes „HyperVideo™". Multimediale Videoarchivierung auf Apple Macintosh" auf HyperCard-Basis verwirklicht werden. Das auch für den professionellen Einsatz gedachte Programm wurde von den Autoren am Institut für Publizistik- und Kommunikationswissenschaft der Universität Wien entwickelt. Das Institut besitzt seit 1986 ein umfangreiches Videoarchiv, das zur Zeit 332 Einzelbeiträge mit cirka 30.000 Minuten Gesamtspielzeit umfaßt. Mit HyperVideo™ besteht nun die Möglichkeit, sämtliche relevante Informationen eines Video- oder Filmbeitrages auf einer „Karte" abrufbar zu haben.

2. Der Mensch steht im Mittelpunkt

HyperVideo™ wird der einfachen Bedienbarkeit von HyperCard gerecht. Die Benutzeroberfläche entspricht zur Gänze den „Human Interface Guidelines" von Apple, nach denen kontrollierbares und übersichtliches Arbeiten auf dem Programm möglich sein muß.

Der Benutzer arbeitet symbol- und mausorientiert; d.h. er orientiert sich aufgrund vorgegebener Symbole, die er mittels angeschlossener Maus bedient. Die verschiedensten Befehle (z.B. Neue Karteikarten anlegen, nach bestimmten Stichwörtern suchen und diese ausdrucken etc.) sind durch Auswahl aus dem jeweiligen Menütitel ausführbar. Dies erspart dem „Computer-Laien" ein Auswendiglernen der Befehle, ja zum Großteil sogar ein überflüssiges Auseinandersetzen mit der Funktionsweise des Geräts.

HyperCard hat gegenüber anderen Programm-Umgebungen die Vorteile, daß es noch leichter als andere Datenbank-Programme auf dem Apple Macintosh zu lernen und vom Benutzer einfach seinen eigenen Bedürfnissen anzupassen ist.

Grundbausteine von HyperCard sind Karten, auf denen sich Knöpfe und Felder befinden. Jede dieser Komponenten kann ein eigenes Unterprogramm beinhalten, das für bestimmte Aufgaben zuständig ist. Diese Befehlsabfolgen spielen sich aber nur hinter der Programmoberfläche ab, der Benutzer wird damit nicht konfrontiert. Für ihn muß nur ersichtlich sein: „Wie komme ich einfach und schnell zu den gesuchten Einträgen".

3. Öffnen von HyperVideo™

Nach Anklicken des Programmsymbols HyperVideo™ erscheint die Titelkarte auf dem Bildschirm. Mit einem Klick auf das Fragezeichen wird die Hilfedatei geöffnet, ansonsten erscheint mit einem Klick „irgendwohin" die ersteDatenkarte auf dem Schirm.

Im rechten unteren Teil der Datenkarte ist die Kartennummer zu sehen - „Karte 1/333". Dies ist die erste Karte von momentan insgesamt 333 Karten. Das Datum darüber gibt den Erstellungstag dieser Karte an, zusätzliche spätere Eintragungen in der betreffenden Karte werden als Modifikationsdatum registriert und können durch Klicken in das Datum für den Anwender sichtbar gemacht werden.

22.2.1991
Karte 1/333
alle Karten

4. Die Fernbedienung (Orientierung)

Im rechten oberen Eck befindet sich die – für Benützer eines Farbschirmes – farbig gestaltete „Fernbedienung", die mit der Maus über die Datenkarte frei hin und her bewegt werden kann. Durch Mausklick in die Orientierungspfeile wird das Blättern

Manfred Bobrowsky, Bernd Gorbach
Institut für Publizistik- und Kommunikationswissenschaft der Universität Wien
Schopenhauerstraße 32
A-1180 Wien
HyperVideo
TM
Version 1.0
Multimediale Videoarchivierung auf Apple Macintosh
Für Hilfe
auf das
Fragezeichen
?
...ansonsten
irgendwohin
klicken.
Wolfgang Biró
Belvederegasse 8
A-1040 Wien

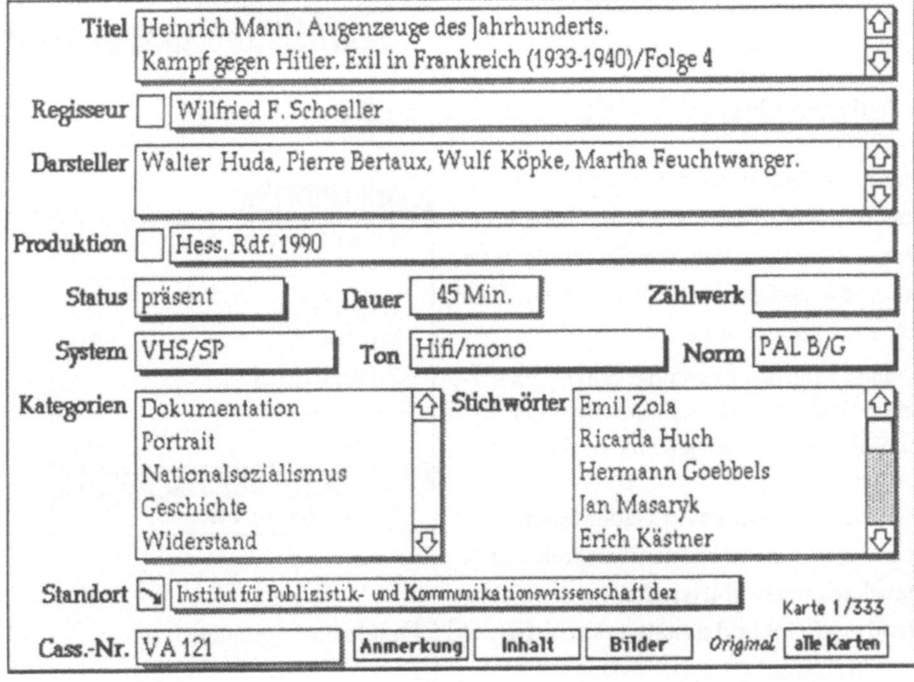
Titel
Heinrich Mann. Augenzeuge des Jahrhunderts.
Kampf gegen Hitler. Exil in Frankreich (1933-1940)/Folge 4
Regisseur
Wilfried F. Schoeller
Darsteller
Walter Huda, Pierre Bertaux, Wulf Köpke, Martha Feuchtwanger.
Produktion
Hess. Rdf. 1990
Status
präsent
Dauer
45 Min.
Zählwerk
System
VHS/SP
Ton
Hifi/mono
Norm
PAL B/G
Kategorien
Dokumentation
Portrait
Nationalsozialismus
Geschichte
Widerstand
Stichwörter
Emil Zola
Ricarda Huch
Hermann Goebbels
Jan Masaryk
Erich Kästner
Standort
Institut für Publizistik- und Kommunikationswissenschaft der
Karte 1/333
Cass.-Nr.
VA 121
Anmerkung
Inhalt
Bilder
Original
alle Karten

durch die einzelnen Karteikarten ermöglicht. Mit Klicken in  gelangt man an das Karteiende von Hyper-Video™, mit Klicken in wieder an den Karteianfang - so bereits mehrere Karten angelegt sind. Durch Klicken in die beiden einfachen Pfeile ◀ ▶ kann von Karte zu Karte, vorwärts und rückwärts, geblättert werden. Die Bewegungen mit diesen vier Pfeilen können im rechten unteren Teil der Datenkarte in der Zeile „Karte" kontrolliert werden; z.B. „Karte 2/333", wenn bereits mehrere Karten angelegt wurden, in gezeigtem Beispiel wäre dies die zweite von insgesamt 333 Karten.

Karte 2/333
alle Karten

Klicken auf das Fragezeichen in der Fernbedienung öffnet die Hilfedatei.

Klicken in das kleine Quadrat (Schließfeld) im linken oberen Eck der Fernbedienung läßt diese verschwinden.

Zurückgeholt wird sie im Menü unter „Funktionen - Orientierung".

5. Anlegen einer neue Karte – Eingabe von Daten

Eine neue Karte wird im Menü unter „Funktionen - Neue Karte anlegen" eingefügt. Durch Betätigen der Tabulatortaste oder durch Mausklick erscheint im ersten Feld *Titel* die Einfügemarke.

Funktionen
Orientierung ⌘O
Titelliste ⌘T
Suchen... ⌘F
Anpassung
Kartenliste... ⌘L
Neue Karte anlegen ⌘N
Karte löschen...

Hier kann der Anwender nun Daten eingeben und mit weiterem Drücken der Tabulatortaste in das jeweils nächste Feld springen.

Die schwarz schattierten Felder (*Status, System, Ton und Norm*) können nur direkt durch Mausklick angewählt werden, ein Aufklapp-Menü erscheint und gestattet durch Auswahl folgende Eintragungen:

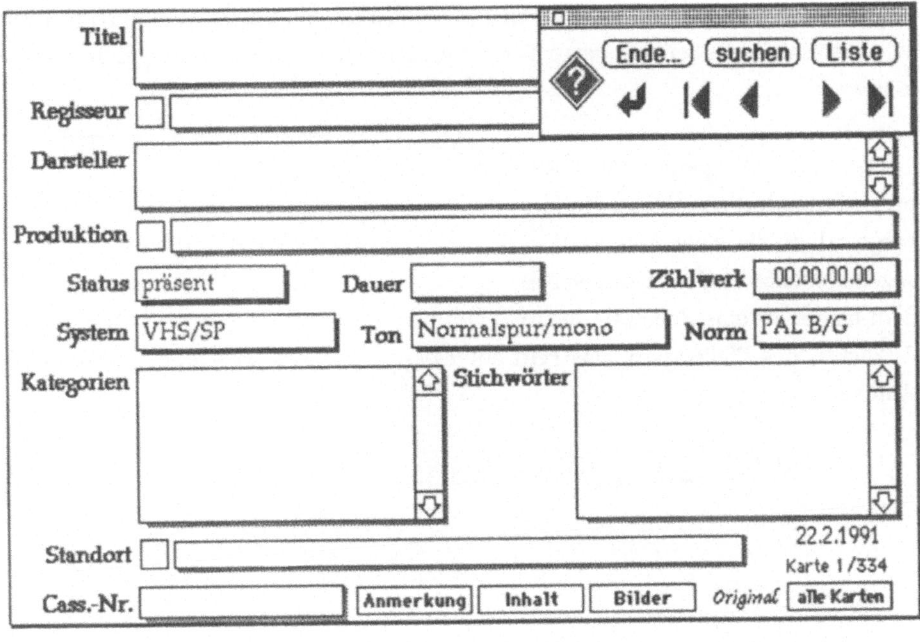

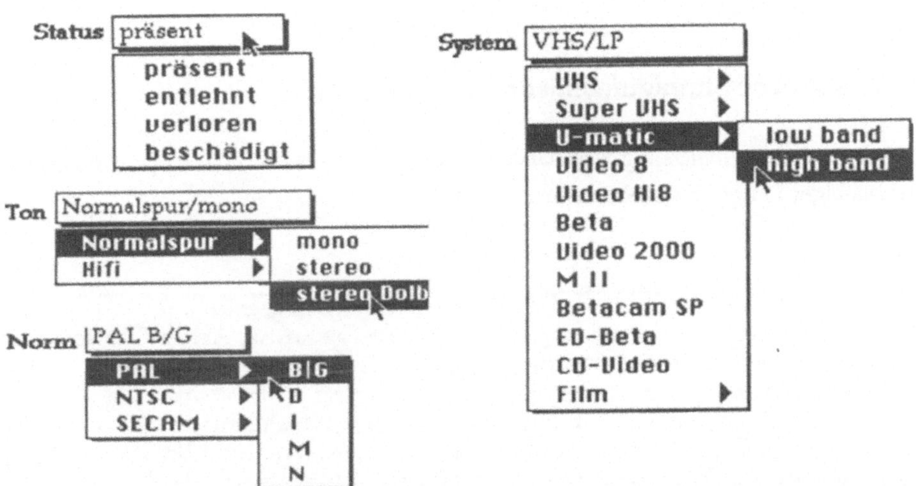

Diese Eintragungen und ihre Reihenfolge sind für den Anwender selbstverständlich frei definierbar. Beim Anlegen einer neuen Karte werden in diesen Feldern automatisch Voreinstellungen eingetragen (Status - präsent, System - VHS/SP, Ton - Normalspur/mono, Norm - PAL/BG). Im Feld Zählwerk scheint die Eintragung 00.00.00.00 auf (Stunden, Minuten, Sekunden, Einzelbilder). Statt dieser Eintragung kann jede beliebige Angabe eingetragen werden.

Zählwerk keine Angabe

Die Felder *Titel*, *Darsteller*, *Kategorien* und *Stichwörter* sind seitlich mit Rollbalken versehen, sodaß darin beliebig lange Texte mit den Pfeilen auf- und abgerollt werden können.

Stichwörter
Lion Feuchtwanger
Emigration
Akademie der Künste
Bücherverbrennung
Ausbürgerung

Den Feldern **Regisseur, Produktion** und **Standort** sind kleine Knöpfe vorgeordnet, die einen kleinen Pfeil anzeigen, sollte der Text in diesen Feldern länger als eine Zeile sein. Beim Anklicken des Pfeiles wird das Feld aufgeklappt und die vollständige Eintragung sichtbar .

Standort Institut für Publizistik- und Kommunikationswissenschaft der

Standort Institut für Publizistik- und Kommunikationswissenschaft der Universität Wien, Schopenhauerstraße 32, A-1180 Wien, Zi 204

6. Zusätzliche Eintragungen von Informationen

Durch Klicken in *Anmerkung* bzw. *Inhalt* wird ein weiteres Feld aufgeklappt, in das Texte in beliebiger Länge eingegeben werden können.

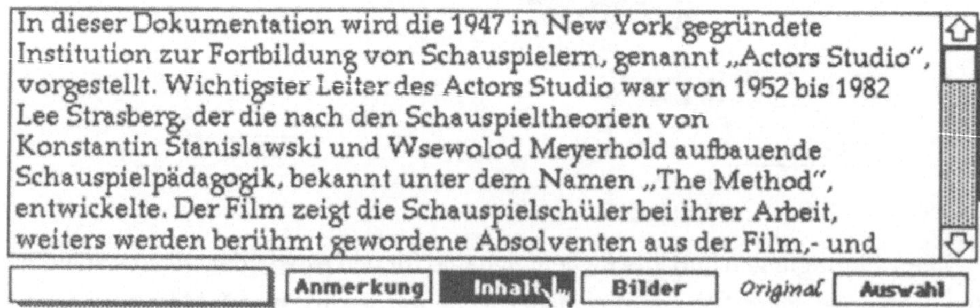

Im Feld **Anmerkung** können z. B. die Daten des Entlehners eines Videobeitrages eingetragen werden .

Vorname:
Name:
Anschrift:
Ort:
Telephon:
Enlehnt am:
Rückgabe am:
Kaution:

Anmerkung | Inhalt | Bilder | *Original* | alle Karten

Klicken in *Bilder* ermöglicht die Ansicht eines eingescannten Photos in schwarz / weiß, Graustufen oder Farbe.

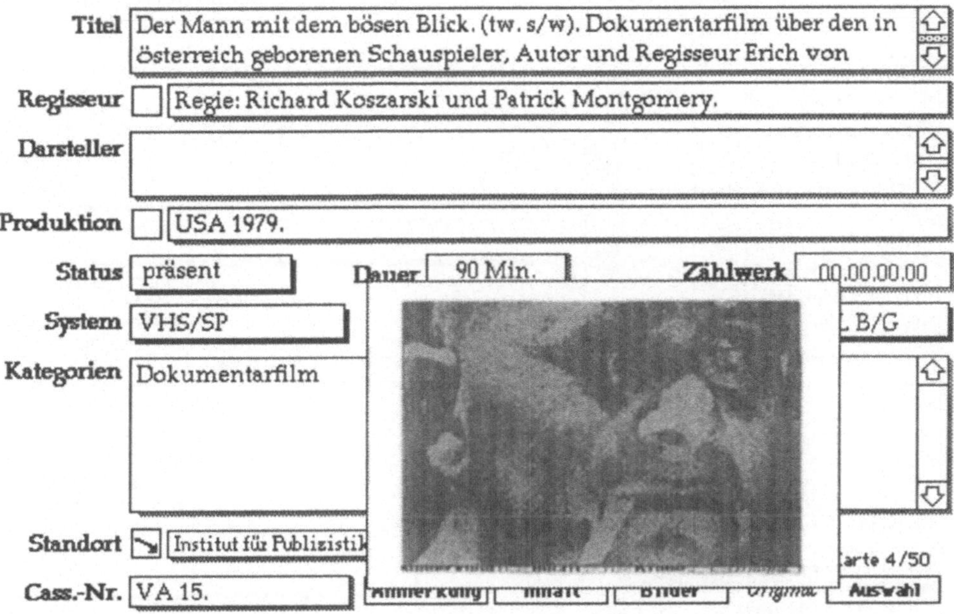

Ebenso können in diesem Feld eingescannte Videosequenzen in Echtzeit angesehen werden. Dies soll in naher Zukunft eine Software-Entwicklung von Apple möglich machen: „QuickTime". Dadurch wird der Anschluß eines Videorecorders sowie die Übertragung und Umwandlung in digitale Bilder möglich. Durch das Klicken auf einen Knopf können repräsentative Ausschnitte des Beitrages vom Videorecorder auf die Festplatte des Computers gespeichert werden. Das Programm „merkt" sich dabei die Lage für den Beitrag einer jeweiligen Karte und ermöglicht durch weiteres Knopf-

Klicken in Sekundenbruchteilen, die digitalisierte Kopie in Echtzeit, Farbe und Ton zu sehen und zu hören.

Um das Programm nicht zu „verwirren", müssen Photos und Videosequenzen im gleichen Ordner wie HyperVideo™ enthalten sein.

7. Kategorien und Stichwörter

In die Felder *Kategorien* und *Stichwörter* kann der Anwender beliebig viele Kategorien bzw. Stichwörter eingeben. Die in jeder Karte eingetragenen Kategorien und Stichwörter werden automatisch in die alphabetisch sortierte Kategorienliste bzw. Stichwörterliste übernommen. Eine Ansicht dieser Listen ist durch Anklicken der Begriffe *Kategorien* bzw. *Stichwörter* möglich. Durch Doppelklick einer in der Liste bereits vorhandenen Eintragung kann diese bei Bedarf in das betreffende Feld übernommen werden.

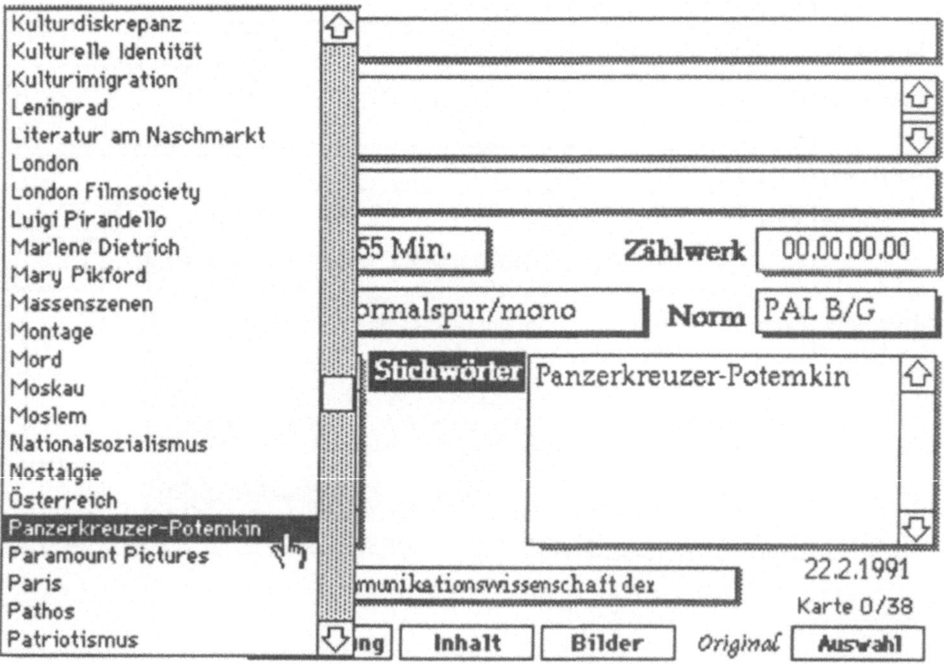

8. Suchen

Durch Klicken im Feld *suchen* in der Fernbedienung (Orientierung) oder im Menü unter „Funktionen - Suchen..." erscheint die Suchkarte. An Stelle der blinkenden Einfügemarke im Feld SUCHWORTE kann ein

beliebiges Wort oder eine Wortkombination eingegeben werden, z. B. Emil Zola (Groß- oder Kleinschreibung egal). Mit der ersten Zeile des Feldes SUCHWORTE korrespondiert die erste Zeile von IN FELD. Durch Klicken in diese Zeile wird ein Menü aufgeklappt, aus dem durch Auswahl der entsprechende Bereich eingetragen werden kann.

Stichwörter Kategorien

Massenszenen
Montage
Mord
Moskau
Moslem
Nationalsozialismus
Nostalgie
Österreich
Panzerkreuzer-Potemkin
Paramount Pictures
Paris
Pathos
Patriotismus
Petain-Rregierung
Peter Wehle
Pfadfinder
Pflicht
Politischer Film
Politisches Cabarett
Prokovjev
Proletkult
Regie
Religion
Revolutionskino

Die Felder Stichwörter und Kategorien auf der Suchkarte ermöglichen die Ansicht der Stichwort- bzw. Kategorienliste und durch Doppelklick die Eintragung in das Feld SUCHWORTE.

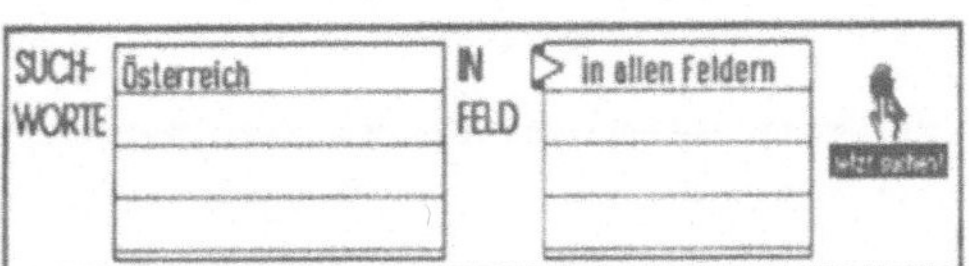

Mit Klicken auf „jetzt suchen!" beginnt die Suche. Kurz darauf erscheint die Liste der gefundenen Karten am Bildschirm . Im gezeigten Beispiel wurde nach „Österreich" in allen Feldern gesucht und 50 Karten gefunden. Mit dem Rollbalken ist der Zugang zu sämtlichen Titel möglich. Wird einer der Titel angeklickt, so öffnet sich ein zusätzliches Feld unterhalb des Titels in dem der komplette Titel lesbar ist.

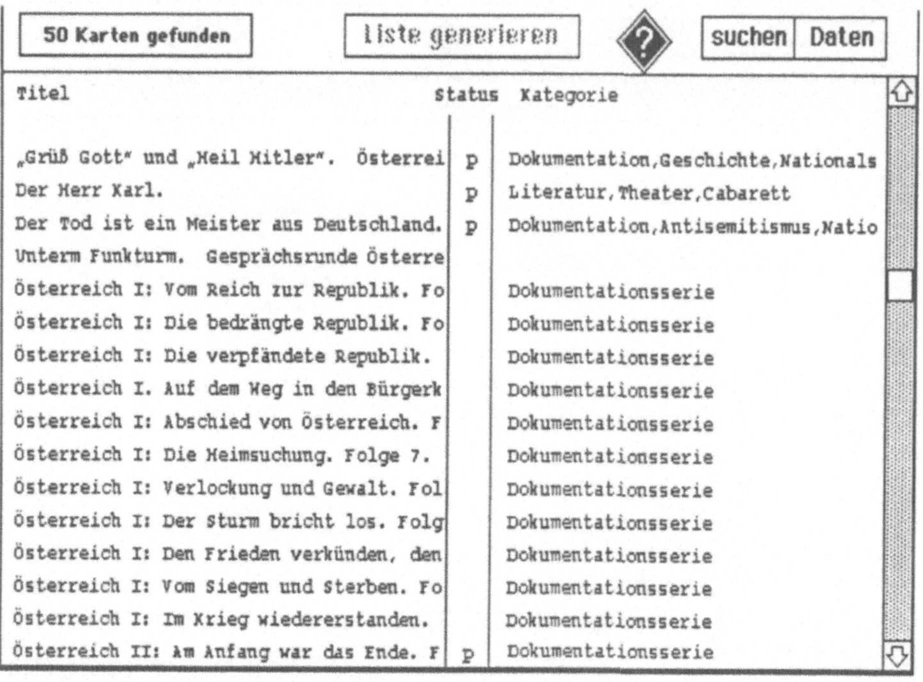

Hitler - eine Karriere (tw in Farbe). p Dokumentarfilm,Nationalsozialismus
„Grüß Gott" und „Heil Hitler". Österrei p Dokumentation,Geschichte,Nationals
„Grüß Gott" und „Heil Hitler".
Österreichs Katholiken im Zwiespalt des Jahres 1938 (tw. s/w, Anfang unvollständig).
Österreich I: Vom Reich zur Republik. Fo Dokumentationsserie

Mit zweimaligem Klicken im gewünschten Titel wird die entsprechende Karte nun geöffnet. Statt der Eintragung *alle Karten* rechts unten scheint nun die Eintragung *Auswahl* auf, in der darüber liegenden Zeile wird die Anzahl der in der Titelliste enthaltenen Karten angegeben und die daraus eben gewählte Karte. Das Blättern ist nun auf diese 50 Karten beschränkt. Durch Klicken in das Feld *Auswahl* wird wieder auf *alle Karten* umgeschaltet.

Mit Hilfe der Fernbedienung oder unter „Funktionen - Titelliste" kann zur aktuellen Titelliste zurückgekehrt werden, die solange erhalten bleibt, bis mit einem neuen Suchwort eine neue Liste erstellt wird.

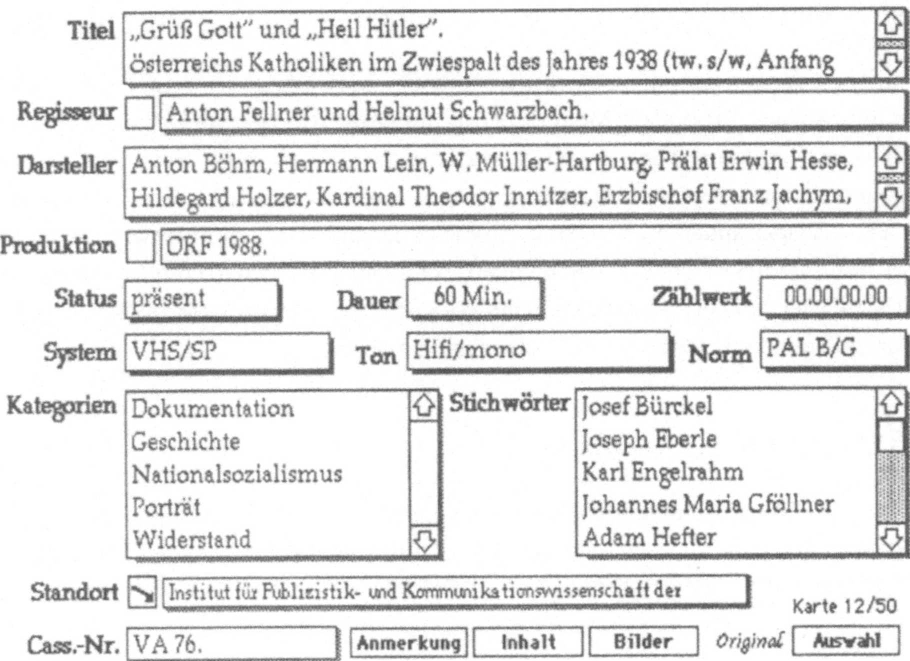

9. Drucken

Befindet sich der Benutzer in der Titelliste, so ist der Menübefehl „Ablage - Liste drucken" auswählbar. Vor dem entgültigen Ausdruck auf Papier hat der Benutzer noch die Wahl, ob die Feldinhalte von *Anmerkung* bzw. *Inhalt* auch ausgedruckt werden sollen.

Ablage Bearbeiten Funktionen
Kopie sichern... ⌘S
Datei optimieren
Importieren...
Exportieren...
Liste drucken ⌘P
Beenden ⌘Q

Ablage Bearbeiten Funktionen
Kopie sichern... ⌘S
Datei optimieren
Importieren...
Exportieren...
Karte drucken ⌘P
Beenden ⌘Q

Befindet sich der Benutzer auf einer Datenkarte, so ist der Menübefehl „Ablage - Karte drucken" auswählbar.

10. Import und Export

Wünscht der Benutzer die Ausgabe der gefunden Karteikarten nicht auf Papier, so hat er mit „Ablage - Export“ die Möglichkeit, die Daten als Textdatei auf Diskette abzuspeichern. Diese kann dann in einer anderen Datenbank oder Textverarbeitung weiterverwendet werden. Mit „Ablage - Import“ besteht die Möglichkeit, eine Textdatei - z.B. aus einer anderen Datenbank - in die bestehende Datei zu übernehmen. Dabei müssen allerdings zwei Voraussetzungen erfüllt sein: Die Textdatei muß in Form einer ASCII-Datei vorliegen und die Reihenfolge der einzelnen zu importierenden Datenfelder muß mit der in HyperVideo™ übereinstimmen.

11. Anwender und Benutzer

Im Netzwerkbetrieb sind nur dem Anwender (System-Manager) Eintragungen und Änderungen gestattet, er arbeitet im Original. Der Benutzer erhält beim Kopieren im Netzwerk immer nur eine Kopie, in der er suchen, ansehen und ausdrucken kann.

12. Systemvoraussetzungen

HyperVideo™ erfordert Betriebssystem 6.0.7 oder höher und HyperCard, Version 2.1 oder höher.

NeoCortex und das multimediale CD-ROM „Feuchtbiotop"

Hanspeter Rohr

Universität Basel
Medizinische Fakultät

1. NeoCortex in Stichworten

Was ist NeoCortex? NeoCortex ist der Name einer universitären Stiftung für interaktive Medien im Bildungswesen unter besonderer Berücksichtigung der Medizin und Biologie (Medio-thek der Medizinischen Fakultät der Universität Basel, c/o Kantonsspital Basel, 4031 Basel).

Was will NeoCortex ? NeoCortex hat es sich zum Ziel gesetzt, im Bildungsbereich sinnvolle Anwendungen für das computer-unterstützte Lernen zu schaffen. Vor allem in der Medizin und Biologie werden Autorenprogramme und Anwendungen für die Aus-, Weiter- und Fortbildung entwickelt.

Was umfassen die NeoCortex Autorenprogramme ? Die NeoCortex 3-Autorenprogramme eröffnen dem Verfasser von Lern- oder Informationsmodulen alle Möglichkeiten der Navigation und des Retrievals. Die NeoCortex-Autorenprogramme sind auf der Grundlage der relationalen Datenbank OMNIS 5.0 entwickelt (Programmautor: cand.med. Thomas Flatt).

NeoCortex im multimedialen Umfeld: NeoCortex-Anwendungen erlauben die Verbindung von Text, Ton/Sprache und Bild/Graphiken. Sie sind MacIntosh- und IBM-kompatibel (Programmadaptation für IBM-PC unter Windows 4.0: Dr. med. Dragutin Novosel).

Der NeoCortex Retrieval: Unter Retrieval im allgemeinen Sinne versteht man die Möglichkeit, mit Hilfe von Suchkriterien aus einem großen Datenbestand eine Untermenge zu bilden. In NeoCortex 3 wird der Datenbestand durch die Menge aller Seiten gebildet. Von diesen Seiten kann eine Untermenge gebildet werden, wobei als Suchkriterium Stichwörter verwendet werden, die den jeweiligen Seiten zugeordnet sind.

Die NeoCortex Navigation: Die einzelnen Seiten oder Frames eines multimedialen Dokumentes oder Buches können durch Querverbindungen, sog. *links*, miteinander verbunden bzw. vernetzt werden. Auf diese Weise ist es möglich, komplexe „Wissensnetze" oder „Wissensnetzwerke" aufzubauen, die ein freies Navigieren erlauben.

Wer kann NeoCortex Autor sein? Vorausgesetzt werden keine spezifischen Programmierkenntnisse. NeoCortex- Autorenprogramme sind rasch und leicht erlernbar. Schwerpunkt für den Autor kann so die fachliche und didaktische Gestaltung der Inhalte bilden.

Wer ist NeoCortex Benutzer ? LehrerInnen, SchülerInnen, StudentenInnen

NeoCortex, ein Blick zurück: 1985 wurde an der Mediothek der Medizinischen Fakultät der Universität Basel die CH-MED-Laserbildplatte mit über 43 000 Einzelbildern,

1986 die Laserbildplatte *Universitas Basiliensis* geschaffen. 1989/90 wurde das erste multimediale NeoCortex CD-ROM „Kunstmuseum Basel" (150 Bilder) zusammen mit über 1000 Bilder aus der Medizin zu Testzwecken produziert. Die Anwendungen zu den Laserbildplatten und dem CD-ROM „Kunstmuseum Basel" und die Programme von NeoCortex 2 der Zeitperiode 1985 bis 1990 erschienen Ende 1990 auf einem weiteren CD-ROM.

NeoCortex, ein Blick nach vorn: Schwerpunkt von NeoCortex wird die Produktion multimedialer CD-ROMs für MacIntosh und IBM und IBM-kompatible PCs sein.

2. Das multimediale NeoCortex CD-ROM „Feuchtbiotop"

Das Medienprojekt und seine Autoren und Sponsoren: Das multimediale NeoCortex CD-ROM umfaßt über 1200 Naturaufnahmen, Bildmontagen, teilweise mit erklärenden Overlays (Photograph: Felix Labhardt, Biologe), und über 300 graphische Darstellungen (Graphik: Katrin Schelbert). Das CD-ROM kann mit über 50 Lern- und Informationsmodulen erschlossen werden (Autorin: cand. med. Laura Valenti). Die Lern- und Informationsmodule sind komplex untereinander vernetzt: „Im Netzwerk des Feuchtbiotops". Zur Bilderbank steht eine Datenbank in fünf Sprachen zur Verfügung (deutsch, französisch, englisch, italienisch und lateinisch, Autor: cand. med. Moreno Malosti). Gesamtprojektleitung: Prof. Dr. med. Hanspeter Rohr; fachliche Gesamtleitung: Prof. Dr. phil. Heinz Durrer. Weitere Mitarbeiter: Kurt Füglister, Biologe, Beat Ernst, Botaniker, Dr. phil. Daniel Haag, Ökologe, Dr. med. Daniel Voellmy, Medizininformatiker, Stefan Geyer, Birgit Rohr, Multimedia-Verarbeitung. Sponsoren: Christoph Merian Stiftung, Basel, CIBA-GEIGY AG, Basel, Furrer und Partner AG, Zürich, Freiwillige-Akademische Gesellschaft, Basel, IBM (Schweiz), Zürich, Industrade A.G., Wallisellen, Lotteriefonds, Basel, Multi Media Masters and Machinery, Yverdon-les-Bains

Das Medienprojekt des multimedialen CD-ROM „Feuchtbiotop" In der Gegenüberstellung von fiktiver und realer Natur soll ein Beitrag zum ökologischen Verständnis von Natur und Landschaft geleistet werden. Am Beispiel eines von Personalcomputer (MS-DOS, Macintosh) unterstützten multimedialen CD-ROM mit über 1500 digitalisierten Bildern von Naturobjekten (Bild, Text, Ton/Sprache/Laute) sollen im Wechselspiel mit der realen Natur an typischen Beispielen aus dem Feuchtbiotop neue Möglichkeiten des Lernens und des Informationszuganges aufgezeigt werden. Damit ergibt sich ein Kontrapunkt, ein Spannungsfeld beim Lernen und/oder Informationszugang, sei es ausgehendvom optoelektronischen Medium, sei es ausgehend von der Naturbeobachtung. Das multimediale NeoCortex CD-ROM „Feuchtbiotop" soll einen Beitrag zu einem umfassenden Naturschutzverständnis liefern: Die Bedeutung von Feuchtbiotopen zur Erhaltung der Artenvielfalt im Tierreich, der Fauna und Flora soll dargestellt werden. Eines der Ziele wird es sein, die überraschende Vielfalt der Lebensräume für Tiere und Pflanzen aufzuzeigen und zu eigener Beobachtung anzuregen! Zum einen soll dieses Medienprojekt zur Auseinandersetzung um den Schutz von Natur und Landschaft anregen und zum anderen einen Beitrag zum sinnvollen Umgang mit optoelektronischen Medien und der Informatik im Bildungswesen leisten.

Inhaltliches und didaktisches Konzept zur Nutzung des multimedialen NeoCortex CD-ROM 3 „Naturobjekte Feuchtbiotop" Das CD-ROM ist sowohl ikonographisch wie auch didaktisch erschlossen Ikonographie der Naturobjekte: Zu jedem Naturobjekt werden knappe, strukturierte Texte in deutsch (z. T. in französisch und italienisch) verfaßt und Deskriptoren nach einem einheitlichen, hierarchischen Thesaurus zugeordnet. Damit können diese Naturobjekte nach den Prinzipien der Boolschen Logik über den sogenannten Retrieval aufgefunden werden. Erfahrungen mit vergleichbaren Medienprojekten (computer-unterstützte Laservision im Bildungswesen, dargestellt am Beispiel der CH-MED- (43 000 Bilder) und *Universitas-Basiliensis*-Laserbildplatten (ca. 13 000 Bilder), damals unterstützt durch den Schweizerischen Nationalfond) zeigen, daß dieser Retrieval neue Möglichkeiten des assoziativen und vernetzten Lernens erschließt. Die Struktur der Programme NEOCORTEX in der Benutzer- und Autorenversion erlaubt eine Individualisierung der Texte: Das Geschriebene kann verändert und ergänzt werden durch eigene Beobachtungen; Deskriptoren können gelöscht, eigene Deskriptoren (Stichworte) eingefügt werden. In diesem Sinne bildet das NeoCortex CD-ROM 3 „ Feuchtbiotop" bezüglich der Text-Datenbank ein „Halbfabrikat", das zur individuellen Bearbeitung der Naturobjekte anregen soll.

Didaktische Erschließung der Naturobjekte: Grundlage bilden auch hier die Autoren- und Benützerprogramme NEOCORTEX (vgl. Beilage), die alle Möglichkeiten der Navigation, des Retrievals und von Multimedia eröffnen. Obwohl exemplarisch und in kritischer Wertung die Möglichkeiten und vor allem die Grenzen des computer-unterstützten Lernens (Computer Based Learning, CBT), das auf den Prinzipien der Navigation beruht, aufgezeigt werden (lineare Tonbildschauen, Mehrfachwahlfragen, programmierter Unterricht, Fallstudien u.a.), sollen die Möglichkeiten der Erweiterung des Freiheitsgrades beim computer-unterstützten Lernen im Verbund mit dem Retrieval aufgezeigt werden. Dem retrieval-unterstützten Bestimmen von Naturobjekten nach eigener Beobachtung und eigenen Bestimmungsstrategien soll besondere Beachtung geschenkt werden („Wie überliste ich den Computer?" Zitat: K. Füglister). Das multimediale NeoCortex CD-ROM Feuchtbiotop" soll als Vermittlerin dienen zwischen Lernort, Biotop, Lebens- und Erfahrungsraum und Lehrer. Dabei sind folgende operationalisierte Lernziele denkbar:

Der Lernende/die Lernende soll: Neugierde wecken und den Lebensraum zu erfassen versuchen, beispielshaft erfahren, wie alle Organismen im Lebensraum und Weiher miteinander „wechselwirken" (K. Füglister), wer mit wem wie verknüpft ist, die eigene Stellung im Netzwerk der Natur überprüfen und sein/ihr Wissen über einzelne Organismen und den Lebensraum Weiher erweitern.

Folgende Lernformen sind denkbar: Analytisch, kausal, linear – vernetzt, ganzheitlich, ökologisch – hemisphärenzentriert – zielorientiert – exemplarisch – Selbst- und Lernkontrolle unter „Anleitung" – problemorientiert (Simulationen, Modelle, Fallbeispiele). Exemplarische, didaktisch gestaltete Nutzungsmöglichkeiten (ökologische Kreisläufe, Fallstudien u.a.) sollen den Benutzer – Lehrer und Schüler – des multimedialen NeoCortex CD-ROM „ Feuchtbiotop" zu eigener individueller Arbeit anregen.

Adresse: Stiftung NeoCortex für interaktive Medien im Bildungswesen unter besonderer Berücksichtigung der Medizin und Biologie, c/o Mediothek der Medizinischen Fakultät der Universität Basel, Kantonsspital Basel, CH-4031 Basel.

„Digitale Bilderwelten" – neue Wahrnehmungsdimensionen oder binärer Bluff?

Wolfgang Jonas

Hochschule der Künste, Berlin

1. Einleitung

1.1 Ausgangspunkt

Die Arbeit mit Computern gehört auch an einer traditionellen Kunsthochschule wie der HdK Berlin seit etlichen Jahren zur alltäglichen Praxis. Das „traditionell" ist hier gemeint in Abgrenzung zum „innovativen" Anspruch der neuen Medien- (Kunst-) Hochschulen. Dennoch ist das Ganze (immer noch) nicht unproblematisch, speziell dort, wo es nicht um Gestaltung, Entwerfen, Planen geht, sondern um die „freie" Kunst. Was kann der Computer hier leisten? Ist er didaktisch planvoll / geplant einsetzbar im Sinne einer gezielten Produktion von Kunst oder kann er sinnvollerweise nur als optionales Nebenangebot laufen? Hat sein technischer Standard, definiert im Wesentlichen über seine Neuheit und seinen Preis, einen Einfluß auf seine Brauchbarkeit als Produktionsmittel für Kunst? Kann der künstlerische Nutzen des erwarteten (weil immer wieder propagierten) „völlig Neuen" die immensen Kosten für ein umfassendes Geräteangebot auf dem jeweils neuesten technischen Stand rechtfertigen? Die neuen Medienhochschulen scheinen dies zu suggerieren. Aber geht es dort noch um „Kunst" im traditionellen Sinne oder mehr um das Erfinden neuer Anwendungen für die neuen Techniken, d.h. um die Etablierung einer weiteren stützenden Komponente zur Aufrechterhaltung (der Autopoesie) des immer komplexer vernetzten, immer feiner ausdifferenzierten und gleichzeitig immer weniger steuerbaren Systems „Technik-Wirtschaft-Kultur-Gesellschaft"? Es gibt viele weitere offene Fragen. Dies ist – nach einigen Jahren Erfahrung in der Anwendung eines Modellierers am FB Kunsterziehung und Kunstwissenschaft der HdK Berlin – ein erster, noch unstrukturierter, Versuch der Präzisierung von Fragen, ausgelöst durch die Unzufriedenheit mit dem unreflektierten Machen von immer neuen und doch irgendwie immer gleichen Computer-Bildern.

1.2 Praxis - Erfahrungen

Den praktischen Erfahrungsbericht halte ich ganz kurz: Er wäre, verziert mit vielen bunten Bildern, der übliche, mehr oder weniger geschönte Erfolgsbericht von Projekten dieser Art: Das System: IBM 6150 – Die Software: CAEDS – DieAnwendungen: Geometrisches Modellieren / Visualisieren – Die Probleme: Komplexität / Lernaufwand / Geschlossenheit der Software –Die Zukunftsplanungen: Unklar. Einige wichtige Erfahrungen zum Thema Entwerfen (computergestützt), die vermutlich recht repräsentativ sind:

- Der Modellierer ist gut geeignet zur Externalisierung und Visualisierung wohldefinierter gedanklicher Vorstellungen zu einem Objekt.
- Dabei haben sich umfassende geometrische Modellierungstechniken als wesentlich wichtiger (gleichzeitig schwerer realisierbar) erwiesen als höchstentwickelte fotorealistische Visualisierungsmöglichkeiten.
- Das System erzwingt die Strukturierung des Prozesses entsprechend der Software-Struktur und ist damit untauglich in frühen Phasen eines Entwurfs, d.h. zur Umsetzung vager, tastender Gedankenskizzen zu einer Form.
- Ein wesentlicher Teil der kreativen Energie geht in die Beherrschung / Überlistung des komplexen Systems, anstatt in den Entwurf selbst. Die Flexibilität der traditionellen Werkzeuge wird auf absehbare Zeit nicht erreichbar sein.
- Das System bietet einen – verglichen mit dem menschlichen Vorstellungsvermögen – grundsätzlich beschränkten Vorrat an Formen und Modellierungsmöglichkeiten. Es liefert gewisse technische und ästhetische Standards erstmal einfach mit.

Darauf werde ich zurückkommen.

2. Die Situation

Im Bereich der Kunst ist es z.Zt. nicht allein die Flut der Bilder, die die Wahrnehmumg und die Reflexion irritiert und z.T. verhindert; es ist vor allem auch das, was darüber geredet wird: Die „Fortschrittsposition", die auf jedes Schlagwort sofort anspringt (Kreativität, Interaktivität, Immaterialität, etc.). Ob sie darauf hereinfällt, ist schwerer zu beurteilen und die „Kritikposition", die überall die Gefahren wittert. Festzustellen ist eine Polarität, die sich auch an dieser Hochschule deutlich ausmachen läßt. Beide Positionen verhindern durch ihre Engstirnigkeit Anschlußfähigkeit in der Kommunikation. Was mich bewegt, mich damit zu befassen, ist die diffuse Ahnung, daß es auch noch etwas „drittes" geben muß. Eine Ahnung, die recht mühsam zu präzisieren und noch mühsamer zu transportieren ist, weil auf der einen Seite die „Sachzwänge" und auf der anderen Seite die nur notdürftig rationalisierten Ängste vor dem Neuen die Beschäftigung damit verhindern. Ich möchte dies an einigen Beispielen illustrieren.

2.1 „Völlig neue Dimensionen" ?

Ein allgegenwärtiges Schlagwort beim Reden über „Neue Medien" im gestalterischen Bereich ist das von der Kreation künstlicher, alternativer, simulierter Welten durch den Computer, speziell durch die sich rasant entwickelnden Techniken der Computergrafik. Es scheint, als ob der alte Begriff der Simulation (so tun als ob, etwas vorgeben, was nicht ist) erst auf das Medium der Computergrafik gewartet hätte, um sich in aller Macht und vermeintlich ganz neuer Qualität zu entfalten. Aber ist dieser neue Simulationsbegriff so neu? Was ist die Modellierung eines physikalischen Sachverhaltes in Form eines mathematischen Verfahrens, die Modellierung eines mathematischen Sachverhaltes in Form eines Computer-Algorithmus anderes als Simulation? Was ist das probeweise Lösen eines Problems auf dem Papier (Entwerfen), ganz allgemein jedes Arbeiten mit Modellen (das syntaktisch und semantisch bestimmte In-Beziehung-Setzen von Wirklichkeitsaspekten) anderes als Simulation? Ist nicht letztlich bewußtes Denken, d.h. die Manipulation interner Zustände unseres Gehirns immer schon Simulation? Der Begriff der „künstlichen", dabei immer „naturgetreueren" Medien-Realitäten machte nur dann einen qualitativ neuen Sinn und entwickelte erkenntnistheoretische Brisanz, wenn er dem einer objektiven, „wirklichen" Wirklichkeit klar gegenübergestellt werden könnte, einer Wirklichkeit, die -entsprechend den traditionellen wissenschaftlichen Vorstellungen zumindest potentiell- immer genauer und immer umfassender erkennbar sein soll. Gerade dieser letztere Begriff von „Realität" wird jedoch zunehmend fragwürdig, und zwar aufgrund von (neuro-) biologischen Erkenntnissen der Kognitionswissenschaften, die besagen, daß wir in einer von uns selbst subjektiv, individuell konstruierten „Wirklichkeit" leben. Wir konstruieren sie aus den Störungen / Irritationen / Reizen, die aus dem Medium, in dem wir leben, auf uns einwirken. Und wir nehmen nur das wahr, wofür wir sensorisch und strukturell (als Ergebnis unserer Biologie / Evolution und unserer sozialen und individuellen Geschichte) eingerichtet sind. Ganz platt: Was wir nicht sehen, sehen wir nicht. Zugang zu einer objektiven materiellen „Realität" (die nicht zu bestreiten ist; wir sind selbst ein Teil von ihr) besitzen wir nicht. Neue Perspektiven / Dimensionen von Wahrnehmung entstehen allein im Gehirn eines Menschen. „Das Bewußtsein interpretiert Körpervorgänge als Welt" (Niklas Luhmann). Das Undenkbare durch den Computer sichtbar machen? In dem Moment, wenn etwas sichtbar wird, und sei es noch so unwahrscheinlich, ist es doch auch denkbar. Computergrafiken sind statische Widerspiegelungen algorithmisch fixierter Verläufe, wie dynamisch bewegt sie auch immer scheinen mögen und wie raffiniert wir an sie gekoppelt sein mögen (mit eye-video, data-gloves und data-suits etc.). Was bleibt von den Bilderwelten sind digital erzeugte Bilder. Aber noch so viele Bilder machen noch keine neuen Welten. Das Nicht-Mehr-Unterscheiden-Können von „Realität" und Simulation (durch den in der Simulation operierenden Menschen) ist weniger ein Beleg für die Fähigkeit zur Schöpfung neuer Welten durch den Computer (ein externer Beobachter sieht dies problemlos) als vielmehr ein Hinweis auf die sehr fragile Konstruktion von Wirklichkeit aus sensorischen Reizen durch uns selbst. Was die Bilder sicher bewirken, solange wir nicht die Augen vor ihnen verschließen: Sie beeinflussen (im Sinne einer Irritation / Perturbation) die Konstruktion unserer „Weltbilder", unseren Umgang mit ihnen, unsere Kommunikation. Dies jedoch in einem Sinne, der mit dem auf diesen digitalen Bildern unmittelbar Sichtbaren mit großer Wahrscheinlichkeit wenig zu tun hat. Was ist unter diesen Voraussetzungen das Revolutionäre an den neuen Simula-tionen? Ist es unter diesen Bedingungen vertretbar, zwischen „realen" Dingen, Begriffen, Wahrnehmungen und „simulierten" zu unterscheiden? Wo liegt der Unterschied im ontologischen Status zwischen den bits im Computer, den Pixeln auf einem Monitor und den Farbpigmenten auf einer Leinwand? Der Computer ist zweifellos ein weiteres Medium zur Erzeugung sensorischer Reize und damit zur Beeinflussung gedanklicherer Konstrukte. Es sieht so aus, als habe die noch nicht so alte Fähigkeit des Computers, bunte Punkte auf Bildschirmen zu plazieren, vielen Leuten den Blick dafür versperrt, daß dies im Vergleich mit der alten Turing-Maschine kein so besonders großer Fortschritt ist. Ob seine Produkte spannender, bewußtseinserweiternder, gefährlicher (wegen der angeb-lich vereinfachten Möglichkeit gezielter Manipulation) sind als Malereien, als (Tag-) Träume, als Phantasien, als Kinofilme, als menschliche Kommunikation? Die Belege dafür fehlen bisher noch auffallend.

2.2 „Computer-Kunst" als „Avantgarde-Kunst"?

Es gibt einige Leute aus der „Branche", aus dem gesellschaftlichen Subsystem „Kunst", die dies sehr vehement behaupten. Begründet wird dieser Anspruch weniger durch die ästhetisch-künstlerische Qualität der Produkte, als vielmehr durch die „revolutionäre" Art der neuen Produktionsweise, insbesondere durch das Aufbrechen des klassischen Dreiecks von Autor (Subjekt), Werk (Objekt) und Original, welches als „metaphysische Verkleidung des bürgerlichen Besitzdenkens" entlarvt wird. „Die Technologisierung und Elektronisierung bringen eine Derealisierung mit sich." Dieser „Aufstand gegen das Reale unter der Herrschaft der Macht und im Namen der Vernunft, die verantwortlich für Kolonialisierung, Weltkriege, Atombomben und Umweltzerstörung ist" schafft schließlich „elektronische Freiräume" (Zitate Peter Weibel). Der Einwand, wieso gerade die Benutzung dieser elektronischen High-Tech-Produkte und damit auch die Abhängigkeit von deren Lieferanten Kritik und Utopie ermöglichen solle, wird ganz souverän mit einem Lenin-Zitat gekontert: „Die Kapitalisten verkaufen uns noch den Strick, mit dem wir sie dann aufhängen können." Insgesamt eine bunte, aber doch schon etwas abgestandene Mischung moderner und postmoderner Phrasen. Daneben gibt es „zahmere" Varianten der „Avantgarde-Kunst"-Position, die mit der Flexibilität, Dynamik und Interaktivität des neuen Instrumentariums argumentieren. Ohne dies im einzelnen bestreiten oder widerlegen zu wollen: Das Neue ist zunächst einmal in fast allen Fällen das technisch Neue, und es kommt stets auf dem Umweg über die kommerzielle Anwendung zur Kunst. „Computerkunst" kann der aufgrund des dort herrschenden Effektivitätsdrucks weit überlegenen kommerziellen Produktivität erstmal nur hinterherlaufen. Die Arbeit der Medienhochschulen kann den Abstand sicherlich verringern, ihn jedoch kaum beseitigen, geschweige denn die Kunst über das Vehikel Technik an die Spitze gesellschaftlicher Innovationsbemühungen setzen. Der Grund dafür: Neues setzt das Erkennen, Reflektieren und Brechen dieser übermächtigen Vor-Bilder voraus. Gerade dies macht die innige Verbindung von Computer-Kunst und -Industrie für letztere auch so risikolos: Unliebsame Überraschungen sind nicht zu erwarten; die Technologie ist immer schon einen Schritt weiter. Vertreter vom anderen Ende des Spektrums sprechen von der „Entleerung des Sinns" (Frieder Nake) in den elektronischen Bildern. Dies mag zutreffen, wenn das Produkt allein über die angewendete Technik definiert wird, wie früher meistens der Fall. Es ist aber sicher falsch, zu sagen, daß die Sinn-Losigkeit eine zwangsläufige Folge ist, wenn Künstler mit Computern arbeiten. Was herauskommt, wenn sich Mathema-tiker, Physiker, Ingenieure „nebenbei" damit befassen, kann Computergrafik sein, „Kunsthandwerk", oft sicher auch „Computerkitsch". Man könnte vielleicht produktiver von „Kunst-Simulation" sprechen und käme damit fast schon wieder in den kunst-theoretisch interessanten Bereich: Was ist der Unterschied zwischen Kunst und Kunst-Simulation (s.o.)? Und wichtiger: Was ist überhaupt Kunst: Das, was Leute produzieren, die sich als Künstler verstehen? Das, was Kunst-Akademien vermitteln? Das, was Kunsttheoretiker dazu erklären? Das, was der gleichnamige Markt als solche handelt? Die Vorschläge klingen absurd, zeigen aber die Problematik und machen vor allem die innige Selbstreferenz des Kunst-Systems deutlich. Eine Avantgarde-Position (in der Kunst) entsteht nicht bzw. läßt sich nicht (wieder) erlangen dadurch, daß man sich an eine Avantgarde anderer Art (die Technologie) anhängt. Der lautstark artikulierte Anspruch wird damit zu einem nicht weiter interes-santen Schlagwort im Selbstdarstellungsprozeß einer kostenintensiven neuen Branche des Kunstbetriebs, einem Schlagwort, das von den Computer-Lieferanten dankbar aufgegriffen wird. Verbaler Radikalismus der Geschäftspartner ist dabei durchaus akzeptabel, solange diese in der technischen Innovation die wesentliche Grundlage künstlerischer Innovation sehen.

3. Perspektiven

3.1 Was bleibt?

In erster Linie der Computer als mächtige Maschine zur effizienten Simulation von Werkzeugen im Design, in der Konstruktion, in der Architektur, in der Grafik, im Film, etc. „Simulation von Werkzeugen" meint, daß der Computer selbst aufgrund der Komplexität seiner Benutzung und der Mittelbarkeit bezüglich der Handhabung seiner Arbeitsgegenstände nicht als Werkzeug im traditionellen Sinne (wie ein Stift oder ein Meißel oder ein Pinsel) bezeichnet werden sollte, auch wenn dies immer wieder mit aller Selbstverständlichkeit von Werbeleuten, Wissenschaftlern und Anwendern getan wird. Die Fertigkeiten zum Umgang mit diesen Techniken, deren wesentliche Kategorien die Simulation räumlicher Objekte und Konfigurationen, die Simulation grafischer Techniken und die Visualisierung des Nicht-Sichtbaren (math. Formeln, Datenmengen, etc.) sind, können, etwa in Form von Grundkursen mit Werkstattcharakter, vermittelt werden. Ernsthafter Gegenstand akademischer Lehre und Forschung kann dies (die Vermittlung der Technik) an einer Kunsthochschule jedoch kaum sein. Ob beim Umgang mit dem Computer Kunst entsteht, liegt weitgehend außerhalb der Beeinflußbarkeit durch eine Lehre. Dies gilt in gewissem Maße vermutlich generell, nur wird das Problem durch das wesentlich günstigere Verhältnis von Kosten und Nutzen (Nutzen ist hier Kunstproduktion) bei den traditionellen Medien nicht so deutlich. Eine besonders enge Beziehung von Kunst und Computer durch den Begriff der „Computerkunst" suggerieren zu wollen, führt in eine Sackgasse. Überlegungen dieser Art scheinen eine umfangreiche Hardware- und Software-Ausstattung allein für den Bereich der „freien Kunst" schlicht aus ökonomischen Gründen zu verbieten. Wenn man die rein technische Innovation als Arbeitsfeld einer Kunsthochschule einmal beiseite läßt, was bleibt dann? Zweifellos ein interessantes Medium mit ganz spezifischen neuen Ausdrucksmöglichkeiten. Arbeiten in dieser Richtung sollten auf jeden Fall unterstützt werden, allerdings nicht in dem Sinne, daß ein umfassendes Hard- und Software-Lager dafür bereitgestellt wird. Punktuelle Kooperationen mit Industrie-partnern bieten sich stattdessen an. Ein Hindernis dabei ist die Überfrachtung des Themas mit den oben beschriebenen Ansprüchen an Innovation, Avantgarde-Status, Simulation virtueller Realitäten, etc. Allerdings scheint es so, als ob der stillschweigende Konsens darüber eine notwendige Voraussetzung für gelingende Kommunikation darstellt. So bedacht würde daraus so etwas wie eine (von beiden Seiten) bewußt eingesetzte Strategie werden. Warum nicht? Reflexion über Menschen und Computer mit Mitteln der Computergrafik oder auch mit traditionellen Mitteln setzt im übrigen keineswegs neueste und teuerste, vielfach nicht einmal funktionierende Technik voraus. Die letzte, ein wenig rätselhafte, Bemerkung meint, daß z.B. eine Installation aus Computerschrott wahrscheinlich ein reicheres Potential an künstlerischer Erkenntnismöglichkeit bietet als etwa die Verwendung neuester Errungenschaften der Animationstechnik. Was vor allem bleibt, ist der Bedarf nach Aufarbeitung des immensen Theoriedefizits. Darunter zu verstehen ist etwa die Frage nach der Art, wie Bilder/Wahrnehmungen, speziell Computerbilder/computerbeeinflußte Wahrnehmungen unser Denken und unsere Kommunikation bestimmen/verändern, bezogen sowohl auf den Prozeß der Erzeugung/des Entwerfens als auch auf sein Ergebnis. Die theoretische Frage weist in den Bereich der Kognitionswissenschaften (Psychologie, Philosophie, Künstliche Intelligenz, etc.). Das an einer Kunsthochschule vorhandene bunt gemischte Potential an Kompetenz theoretischer und praktischer Art könnte hier durchaus fruchtbare interdisziplinäre Ansätze entwickeln.

3.2 Entwerfen

Ich will das zuletzt Gesagte anhand einiger Gedanken zum Entwerfen mit Computerhilfe vertiefen. Bezogen auf die Kunst sind diese Überlegungen vielleicht interessant für den einzelnen Künstler, der damit arbeitet. Für den „Fortschritt" der Kunst scheinen sie kaum von Bedeutung zu sein. Kunsttheorie und Kunstmarkt mögen sich für die Implikationen elektronisch erzeugter Bilder interessieren, aber sicher nicht auf der Ebene der Interaktion des Kunstproduzenten mit dem Instrumentarium. Deshalb gewinnt das beklagte „Theoriedefizit" seine eigentliche Brisanz erst dort, wo Entwurfsprozesse/Entwerfer durchgehend betroffen sind, also außerhalb der Kunst. Berufsgruppen, die jahrhundertelang mit einfachsten Arbeitsmitteln zurechtkamen, werden mit einem komplexen Instrumentarium konfrontiert, das sich mit hoher Geschwindigkeit weiter verändert. Determiniert ist diese Entwicklung durch die Fortschritte auf dem Hardware- und Software-Sektor. Es wird deshalb gesagt, man müsse Einfluß nehmen auf die Entwicklung der Systeme. Gut, aber auf welcher Basis ? Wissen wir denn, wie menschliche Kognitionsprozesse vor sich gehen? Die ingenieurwissenschaftliche Konstruktionsmethodik ist seit einigen Jahren dabei, sich von ihren algorithmischen Modellen des Konstruktionsprozesses zu verabschieden und nach neuen Ansätzen zu suchen. Merkwürdigerweise kommen von der Design-Seite, die erst sehr viel später mit dem Computer in Kontakt gekommen ist, heute gerade entgegengesetzte Äußerungen: „Entwerfen als Informationsverarbeitung", „digitale Datenverarbeitung hat Ähnlichkeit mit Kreativität", etc. (Holger van den Boom). Auf der Ebene höherer menschlicher Problemlösungsprozesse ist dies verschleiernd, weil so getan wird, als müsse man nur noch auf die Fortschritte der Computertechnik warten. Auf biologischer (neuronaler) Ebene sind die Thesen vielleicht sogar richtig, aber dennoch bloß banal. Stattdessen erscheint es ratsam, Entwerfen als kognitiven/sozialen Handlungs- und Interaktionsprozeß zu untersuchen. Zum kognitiven Aspekt: Entwerfen als das probeweise Herstellen nichtverbaler Artefakte ist in seinem Zentrum ein nichtsprachlicher Kommunikationsprozeß mit den eigenen Ideen und inneren und äußeren Bildern, eine zirkuläre Interaktion zwischen den drei Polen Vorstellen - Sehen - Zeichnen/Modellieren. Entscheidend sind „glatte" Übergänge zwischen den Bereichen, ungestört durch formale, sprachliche Schnittstellen. Der traditionelle Entwurfsprozeß gewährleistet dies auf eine jeweils individuell angemessene Art. Um konkreter werden zu können, schränke ich den kognitiven Aspekt weiter ein auf den Begriff der „Kreativität": Der herrschende Diskurs (etwa in Zeitschriften, auf Kongressen, im Marketing) schafft hier eine enge Verbindung der Begriffe Computer - Entwerfen - Kreativität, die sich meist auf rein technische Aspekte der Hardware und Software bezieht: 2D/3D, fotorealistische Visualisierung, Benutzerschnittstellen, etc. „2D" hat die Konnotationen unanschaulich, trocken, verstaubt, veraltet, unkreativ, etc. „3D" dagegen ist anschaulich, lebendig, sinnlich, fortschrittlich, kreativ. Fotorealistische Visualisierungen und „4D" (Animationen) sind der Inbegriff kreativer Gestaltung auf der Höhe der (Computer-) Zeit. Als Gegenargumente gibt es erstmal nur vorsichtige Fragen: Haben innere Bilder (euklidische) Dimensionen? Ist die Zeit eine Dimension? Läßt sich Zeit auf Bewegung reduzieren? Kann es nicht sein, daß der Computer Alternativen verhindert, wenn der Mensch statt eigener Skizzen (die seinen inneren Bildern sehr nahestehen) perfekte, „fertige" Bilder vorgesetzt bekommt? Auf der anderen Seite gibt es ausführliche, detaillierte und praxisnahe Ergebnisse der Kreativitätsforschung, die den Begriff als komplexes Beziehungsgeflecht persönlicher, prozeßbezogener, umweltbezogener und produktbezogener Einflußgrößen beschreibt. Es ist offensichtlich so, daß diese Erkenntnisse, die durchaus – wenn auch mit Arbeitsaufwand– auf die Thematik „Computer und Entwerfen" anwendbar wären, zur Zeit ignoriert werden können. Es ist zulässig, den Begriff „Kreativität" klischeehaft im Sinne eines universellen, fast jedem Zweck anpassbaren „Erklärungsprinzips" (Gregory Bateson) zu verwenden. Am redlichsten ist hier noch die früher oft zu hörende Negativ-Definition von Anbietern, daß Kreativität -sinngemäß- das sei, was fast zwangsläufig entsteht, wenn der Computer den Konstrukteur von Routinearbeiten entlastet. Würde man die vorliegenden Erkenntnisse ernstnehmen, müßte man wohl einsehen, daß der Computer heute ein hervorragendes Planungs-, Präsentations-, Verkaufshilfs-mittel, aber noch ein sehr rudimentäres Entwurfsinstrument ist. Dieses Beispiel war gedacht als Illustration einer winzigen Facette aus dem Berg ungelöster Fragen. Das theoretische und methodische Instrumentarium, ihn anzugehen, liegt bereit.

3.3 Resumee

Zurück zur etwas provokanten Ausgangsfrage, auf die möglicherweise eine einfache Antwort erwartet wurde: Neue Wahrnehmungsdimensionen oder binärer Bluff? Eine Antwort darauf gibt es nicht, weil schon die Frage nicht haltbar erscheint. Es gibt Positionen in einem vielfach vernetzten komplexen System von individuellen und gruppenspezifischen Handlungsweisen, Möglichkeiten und Interessen. Dazwischen finden, als notwendige Voraussetzung zum Weiterbestehen dieses Systems, Kommunikationsprozesse statt. Das Beanspruchen des „richtigen" Standpunktes erweckt den Eindruck, als gäbe es die Möglichkeit, sich durch Einnahme einer unabhängigen Beobachterposition aus den Wechselbeziehungen des Systems lösen zu können. Dies ist eine Illusion. Man kann – wie hier geschehen – so tun, als ob; dies ist jedoch nicht Grundlage von Objektivität, sondern lediglich Bedingung für die Möglichkeit neuer Sichtweisen, d.h. von Kreativität.

Lehr- und Programmierumgebungen

SMART-CASE – Ein Werkzeug für die Software-Engineering-Grundausbildung

Wilfried Koch, Frank-Dieter Clesle und Jörg Dirbach

Fachhochschule Ravensburg-Weingarten
Fachbereich Elektrotechnik

1. Einführung

SMART-CASE ist ein Software-Werkzeug (CASE-TOOL) das an der Fachhochschule Ravensburg-Weingarten für den Einsatz in der Software-Engineeringausbildung entwickelt wurde. Wie Abb. 1 zeigt, verwendet SMART-CASE zweierlei grafische Darstellungsformen der Software:

- (Ablauf-) Hierarchiediagramme (angelehnt an die Darstellung der Jackson Design Technique)
- Struktogramme (Nassi-Shneiderman-Diagramme)

Für jede dieser Darstellungsformen gibt es einen Generator und einen Editor. Die Editoren unterstützen die Vorwärtsentwicklung, die Generatoren erzeugen grafische Darstellungen aus dem Quellcode und sind somit Hilfsmittel für das Reverse-Engineering. Sämtliche Editoren und Generatoren benutzen eine gemeinsame Datenbasis. SMART-CASE besteht somit aus den folgenden Hauptkomponenten:

- SMART-CASE-HDE: Hierarchiediagrammeditor[1]
- SMART-CASE-HDG: Hierarchiediagrammgenerator[1]
- SMART-CASE-STE: Struktogrammeditor[2]
- SMART-CASE-STG: Struktogrammgenerator[1]

Wegen seines klaren und übersichtlichen Aufbaus und seiner einfachen logischen Handhabung wird SMART-CASE jedoch zwischenzeitlich auch von industriellen Anwendern sehr geschätzt.

Die Softwarepräsentation gliedert sich in zwei Teile

1) Top-Down-Programmentwicklung mit dem Hierarchiediagramm-Editor SMART-CASE-HDE
2) Reverse Engineering mit den Diagrammgeneratoren SMART-CASE-HDG (Hierarchiediagramme) und SMART-CASE-STG (Struktogramme)

Im ersten Teil wird gezeigt, wie mit SMART-CASE-HDE Programme interaktiv entwickelt werden, wobei während der Entwicklung eine grafische Dokumentation schritthaltend ohne Zeitverzug zur Verfügung steht. Nach Abschluß der Entwicklungstätigkeit erfolgt die Codegenerierung und der Test des entwickelten Program. Im zweiten Teil der Präsentation wird gezeigt, wie fertiger (genauer: übersetzbarer) Progammcode, der auf beliebige Weise erzeugt worden sein kann, in grafische Darstellungen umgewandelt werden kann. Die grafischen Darstellungen werden anschließend ausgedruckt. Auf diese Weise kann nachträglich automatisch eine Dokumentation solcher Programme erstellt werden, die bei der Entwicklung nicht dokumentiert wurden.

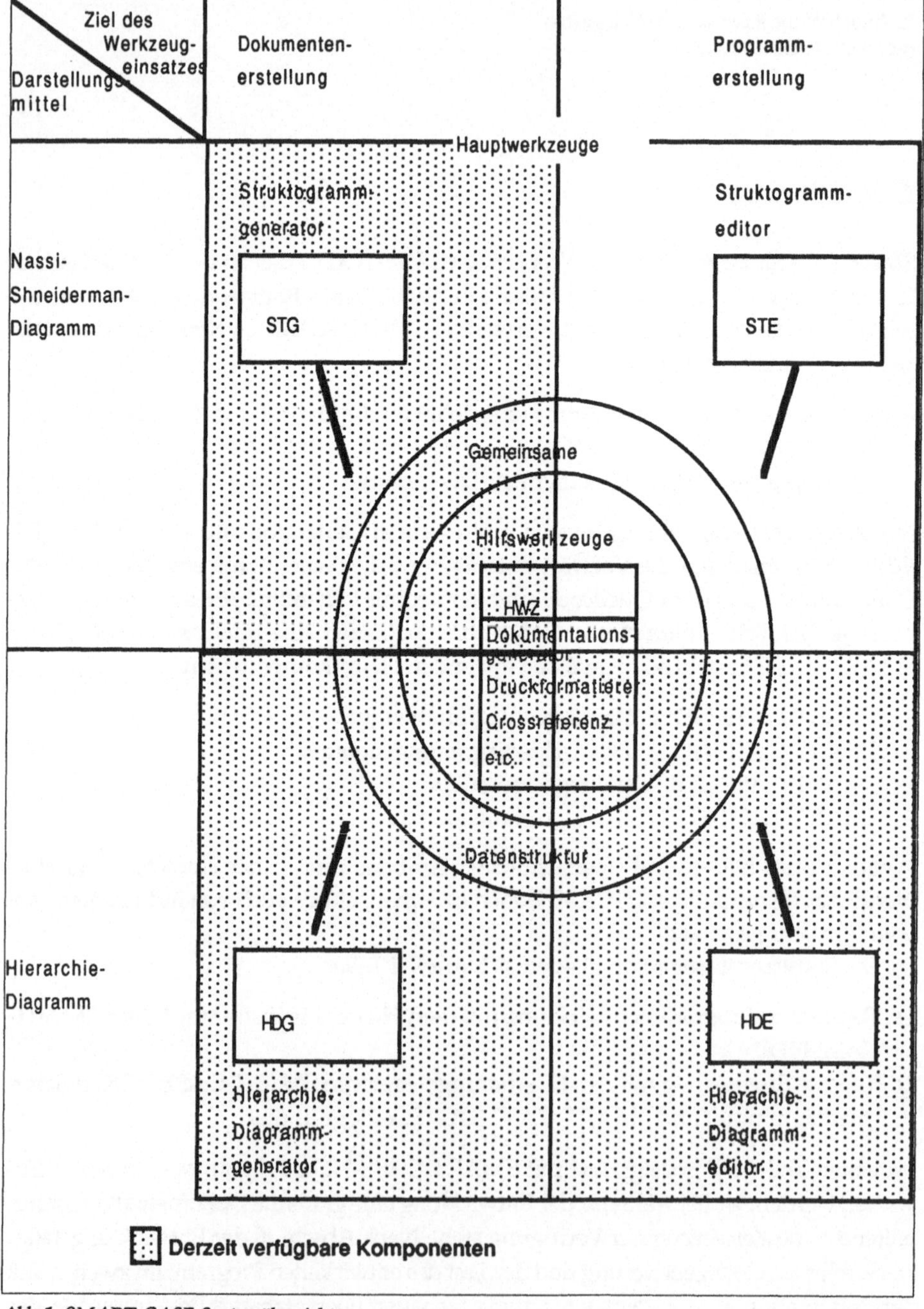

Abb. 1: SMART-CASE Systemübersicht

2. Programmentwicklung mit SMART-CASE-HDE

SMART-CASE-HDE ermöglicht die grafisch-interaktive Programmentwicklung auf der Basis von (Ablauf-) Hierarchiediagrammen. Anhand des folgenden Beispiels sollen Anwendung und Möglichkeiten dieses Softwarewerkzeugs näher erläutert werden.

2.2 Die Anwendungsaufgabe

Für eine Fußgängerampel ist ein Steuerungsprogramm zu erstellen. Die Außenanlage ist in Abb. 2 gezeigt. Sie besteht aus folgenden Bedien- und Signaleinrichtungen:

- Bedieneinrichtungen:
  - 2 parallelgeschaltete Taster für die Signalanforderung durch die Fußgänger
- Signaleinrichtungen:
  - zwei parallelgeschaltete Wechsellichtzeichenanlagen für den Fahrzeugverkehr (drei Signallampen, vier Signalbegriffe)
  - zwei parallelgeschaltete Wechsellichtzeichenanlagen für den Fußgängerverkehr (zwei Signallampen, zwei Signalbegriffe)
  - zwei parallelgeschaltete Quittungssignale („Signal kommt") für die Signalanforderung

Für die Signalisierung sind die in Abb. 3 dargestellten Phasendauern vorgesehen. Dabei erhält der Fahrzeugverkehr so lange „grün", bis eine Signalanforderung durch einen Fußgänger erfolgt. Auf diese Signalanforderung wird jedoch erst reagiert, wenn der Fahrzeugverkehr eine Grünphase von mindestens 40 Sekunden hatte. Ansonsten wird das Anforderungssignal gespeichert. Das Quittungssignal für die Anforderung

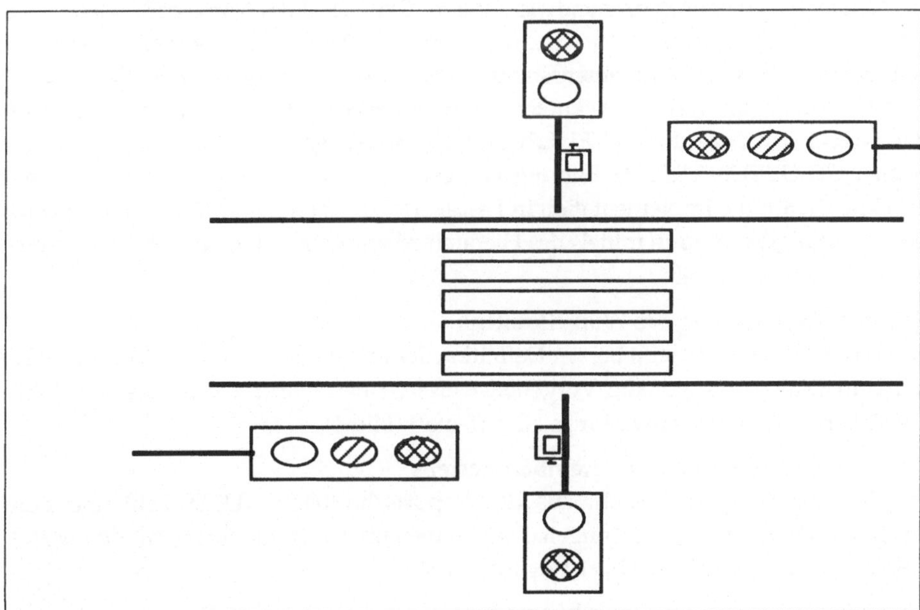

Abb. 2: Lageskizze der Ampelanlage

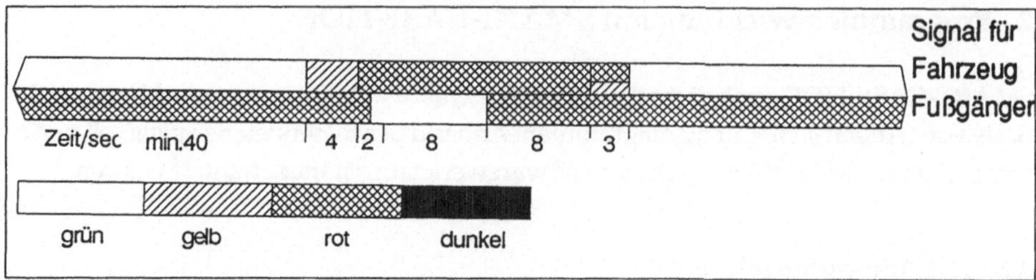

Abb. 3: Signalphasen der Ampelanlage im Betriebszustand

der Fahrzeugverkehr eine Grünphase von mindestens 40 Sekunden hatte. Ansonsten wird das Anforderungssignal gespeichert. Das Quittungssignal für die Anforderung wird eingeschaltet, wenn die Anforderungs-taste während der Rotphase für die Fußgänger betätigt wird. Es wird mit Beginn der Grünphase für den Fußgängerverkehr ausgeschaltet. Der Phasenablauf in der Ein- und Ausschaltphase muß besonders behandelt werden. Die komplette Signalanlage wird durch die UNIT ***Ampel*** auf einem PC simuliert. Diese UNIT stellt die für die Simulation erforderlichen Datentypen, Funktionen und Prozeduren zur Verfügung. Im Anweisungsteil der UNIT Ampel wird das Grafiksystem initialisiert und die Ampelanlage in der Stellung „alle Lampen dunkel" gezeichnet. Die Funktion der Anforderungstaste übernimmt die <ENTER>-Taste. Das Einschalten erfolgt durch den Start des Steuerungsprogramms, das Ausschalten durch Betätigung der <ESC>-Taste. Alle übrigen Tasten sind ohne Funktion. Ihre Betätigung wird ignoriert.

2.3 Der Entwurf des Steuerungsprogramms mit SMART-CASE-HDE

Bei Neubeginn einer Programmentwicklung muß zunächst der Name der Projektdatei, d.h. der Name derjenigen Datei in der das Hierarchiediagramm abgespeichert werden soll, definiert werden. Der Namensstamm der Projektdatei ist gleichzeitig der Projektname und der Name des Wurzelknotens im Hierarchiediagramm. In unserem Fall trägt das Projekt den Bezeichner STEUERUN (max. 8 Zeichen) und die Projektdatei den Namen STEUERUN.TRP. Die Endung TRP bedeutet, daß die Diagrammentwicklung im Hinblick auf die Implementation in Pascal erfolgt. Nach dieser Vorbereitung wird das Steuerungsprogramm mittels des Hierarchiediagrammeditors in mehreren Schritten im Dialog entwickelt.

Schritt 1 Entwicklung des Wurzelknotens

Der Wurzelknoten erscheint bei der Definition der Projektdatei auf dem Bildschirm. Er wird im Dialog (die genaue Vorgehensweise ist bei Schritt 2 dargestellt) in den Vereinbarungsteil den Anweisungsteil verfeinert (Bild 4).

Schritt 2 Detaillierung des Vereinbarungsteils

Der Vereinbarungsteil besteht aus der Importschnittstelle (USES-Teil) und den programminternen Vereinbarungen. Dies können im Zusammenhang mit den weiteren Entwicklungsschritten 3 bis 10 ergänzt werden.

Schritt 3 Festlegung der Hauptkomponenten des Anweisungsteils

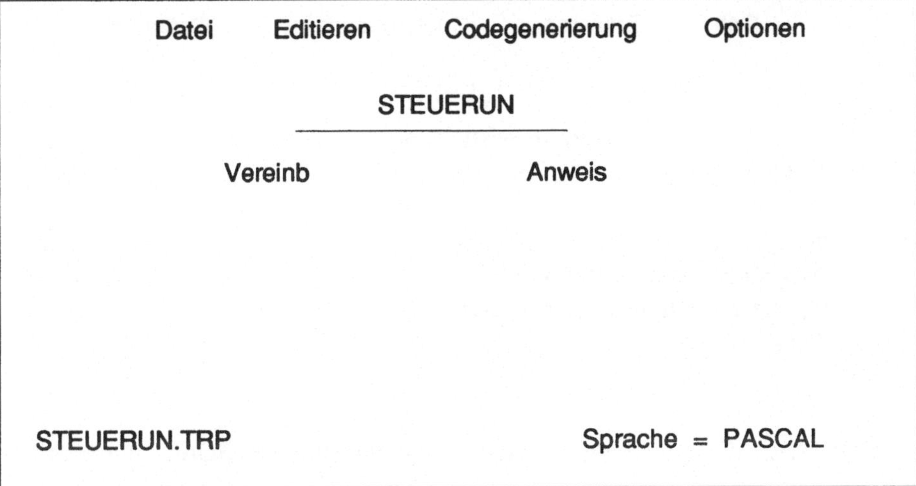

Abb. 4: Hierarchiediagramm nach der Entwicklung des Wurzelknotens

triebsphase besitzt intern die Struktur einer fußgesteuerten Schleife. Der Bedienungsablauf von SMART-CASE-HDE im Detaillierungsschritt 2 ist wie folgt: Durch Anklicken den Diagrammknotens für den Anweisungsteil (des Textes ***Anweis*** im Diagramm) wird ein Dialogfenster geöffnet. In diesem Fenster, in dem alle erforderlichen Editierfunktionen verfügbar sind, kann der Diagrammknoten ***Anweis*** näher beschrieben werden. Als Orientierungshilfe für den Programmentwickler wird der XXX Strukturbezeichner des jeweiligen Knotens (in unserem Fall ist das die Zeichenfolge {#SEQ: Anweisungsteil,Anweis#}) im oberen Rand des Dialogfensters angezeigt. Im Editierfenster können Codezeilen und Knotendeskriptoren einge-geben werden. Zur Unterstützung bei Unklarheiten steht eine komfortable Hilfefunktion zur Verfügung (Bild 5).

Datei Editieren Codegenerierung Optionen

STEUERUNG

{#seq:Anweisungsteil, Anweis#}

Hilfe

* Knoten-Deskriptoren *

Sequentielle Anweisung	=	SEQ
Bedingte Anweisung (IF)	=	CND
Selektive Anweisung (CASE)	=	SEL
FOR-TO-DO-Schleife	=	FTO
FOR-DOWNTO-DO-Schleife	=	FDT
WHILE-DO-Schleife	=	WHL
REPEAT-UNTIL-Schleife	=	RPU
Daten-Pseudoanweisung (WITH)	=	WTH

STEUERUN.TRP Zeile 5 Spalte 54 Sprache = PASCAL F1-Hilfe

Abb. 5: Ausschnitt aus der Hilfeinformation für die Knotendeskriptoren (angewählt mit "Hot-Key" F1)

```
Datei        Editieren        Codegenerierung        Optionen

                    STEUERUN
        {#seq:Anweisungsteil, Anweis#}
   Line 3  Col 23   Insert
BEGIN
{#seq:Einschaltphase, Ein-Phas#}
{#rpu:Betriebsphase, Betr-Phas#}
{#seq:Ausschaltphase, Aus-Phas#}
END:

STEUERUN.TRP   Zeile 5  Spalte 54   Sprache = PASCAL   F1-Hilfe
```

Abb. 6: Einträge für die Detaillierung des Knotens "Anweisungsteil"

Knotendeskriptoren tauchen im Hierarchiediagramm als Knoten der nächstniedrigeren Diagrammebene auf. Codezeilen stellen im jeweiligen Ast den Endpunkt der Verfeinerung dar. Sie tauchen nicht im Hierarchiediagramm auf.

Das Struktursymbol beschreibt den Steuerfluß und ermöglicht die Generierung der korrekten Steueranweisungen bei der automatischen Codegenerierung. Die Langbezeichnungen sind das eigentliche Dokumentationselement, während die Kurzbezeichnungen (max. 13 Zeichen) für die Knotenbeschriftung im Hierarchiediagramm eingesetzt werden, da hier nur ein beschränkter Platz für die Dokumentation verfügbar ist.

Beim Verlassen des Dialogfensters (Bild 6) wird die vorgenommene Verfeinerung der Struktur sofort ins Hierarchiediagramm übertragen, das damit das in Bild 7 gezeigte Aussehen erhält.

Man beachte, daß aus dem Eintrag für die Betriebsphase zwei Diagrammknoten erzeugt werden. Der Knoten ***Betr-Phas*** steuert die Schleife, der darunterliegende Knoten DO* enthält den Schleifenrumpf (Anweisungsteil der Schleife).

Schritt 4 Setzen der Schleifenbedingung in der Betriebsschleife

Anklicken von ***Betr-Phas*** öffnet ein Fenster, in dem lediglich die Schleifenbedingung für die REPEAT-UNTIL-Schleife eingetragen werden kann. Die Betriebsschleife wird so lange durchlaufen, bis die Ausschalt- (<ESCAPE>-) Taste betätigt wurde.

Schritt 5 Schleifenrumpf der Betriebsschleife definieren

Hier erfolgt folgende weitergehende Verfeinerung:

- Zeitzähler nullen
- Leseschleife (fußgesteuert)
- Warteschleife
- Phasenablauf „Grün für Fahrzeuge" -> „Grün für Fußgänger" -> „Grün für Fahrzeuge"

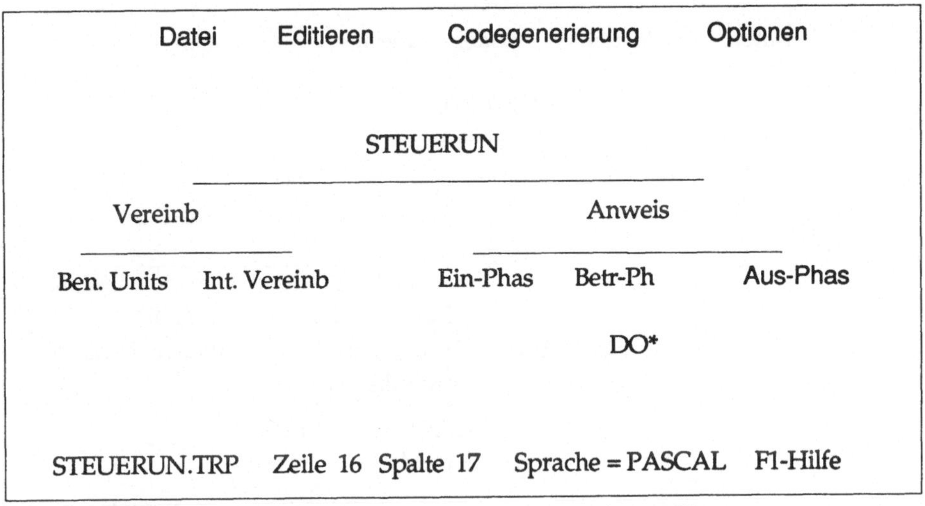

Datei Editieren Codegenerierung Optionen

STEUERUN

Vereinb Anweis

Ben. Units Int. Vereinb Ein-Phas Betr-Ph Aus-Phas

DO*

STEUERUN.TRP Zeile 16 Spalte 17 Sprache = PASCAL F1-Hilfe

Abb. 7: Hierarchiediagramm nach der Verfeinerung des Knotens „Anweisungsteil"

- Warteschleife
- Phasenablauf „Grün für Fahrzeuge" -> „Grün für Fußgänger" -> „Grün für Fahrzeuge"

Schritt 6 Schleifenbedingung und Rumpf der Leseschleife festlegen

Der Schleifenrumpf besteht aus einer Folge von Lesen der Taste und Prüfen der Tasteneingabe. Die Leseschleife wird so lange ausgeführt, bis die ENTER- oder die ESC-Taste betätigt wurde.

Schritt 7 Warteschleife definieren

Die Warteschleife wird nach einer Grünanforderung solange durchlaufen, bis dem Fahrzeugverkehr eine Grünphase von 40 Sekunden zur Verfügung stand.

Schritt 8 Phasenablauf detailliert festlegen

Der eigentlichen Phasensteuerung wird eine Bedingungsanweisung vorgeschaltet, da die Phasenumschaltung nach Bild 3 nur bei Grünanforderung, nicht aber beim Abschalten der Anlage stattfinden soll.

Schritte 9 bzw. 10 Ein- und Ausschaltphase definieren

Die Ein- und die Ausschaltphase bestehen aus Anweisungsfolgen (Codezeilen), die die speziellen Schaltfolgen für die Inbetriebnahme und Außerbetriebsetzung der Ampelanlage implementieren. Am Ende der Ausschaltphase erfolgt die Umschaltung in den Textmodus. Mit Schritt 10 ist die Entwicklung des Programms ***STEUERUN*** abgeschlossen. Das vollständige Hierarchiediagramm ist in Bild 8 wiedergegeben.

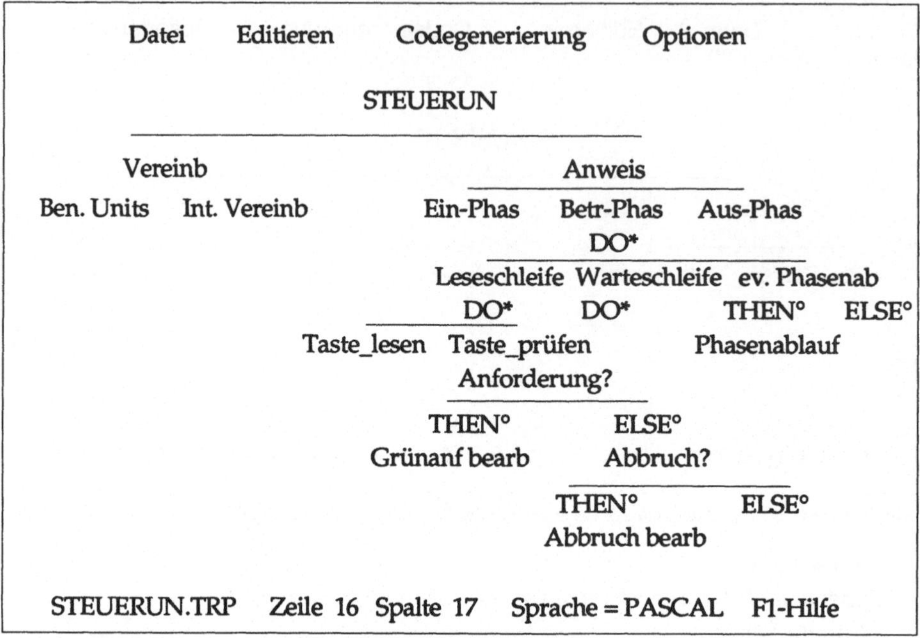

Abb. 8: Vollständiges Hierarchiediagramm für das Steuerungsprogramm

3. Dokumentationserstellung und Reverse-Engineering mit den Dokumentationsgeneratoren SMART-CASE-HDG und SMART-CASE-STG

Bild 9 zeigt ein kurzes Pascal-Programm. Das Programm ist syntaxfehlerfrei und erfüllt die ihm zugedachte Aufgabe. Bei kritischer Betrachtung zeigt sich jedoch, daß das Programm in einer Art und Weise codiert ist, die eine Herleitung seiner Funktion aus dem Programmcode relativ schwer macht. Dieses Problem besteht, obwohl die Regeln der codierten Programmierung eingehalten wurden!

Eine übersichtliche Darstellung des obigen Programms zeigt das in Bild 10 dargestellte Struktogramm (Nassi-Shneiderman-Diagramme), das mittels des Struktogrammgenerators SMART-CASE-STG automatisch aus dem in Bild 9 dargestellten Quellcode generiert wurden. In diesem Diagramm sind – trotz des schwer zu durchschauenden Quellcodes – alle Kontrollstrukturen leicht zu ersehen. Dadurch ist eine gute Grundlage für die Programmpflege gegeben.

In ähnlicher Weise wie das Struktogramm kann auch das mittels SMART-CASE-HDG generierte (Ablauf-) Hierarchiediagramm (Bild 11) die Programmwartung unterstützen. Der Hierarchiediagrammgenerator generiert eine Datenbasis, die einerseits die Darstellung des Programmbaums und andererseits die Wiedergabe sämtlicher Detailinformationen zu den Programmknoten unterstützt.

```
PROGRAM ShowPas2;VAR i,j,n,x : Integer;BEGIN
WriteLn('Verschachteltes Pascal-Programm, ungünstig eingerückt');
x:=0; FOR i:=1 TO 10 DO BEGIN FOR j:=1 TO 3 DO BEGIN IF (i = 1)
THEN BEGIN IF (j = 1) THEN BEGIN WriteLn(i); FOR n:=1 TO 10 DO
BEGIN x:=x+n*j; WriteLn(x); END; END ELSE WriteLn(j); END ELSE
x:=0; END; END; END.
```

Abb. 9: Beispielprogramm in nicht strukturgemäßer Gestaltung

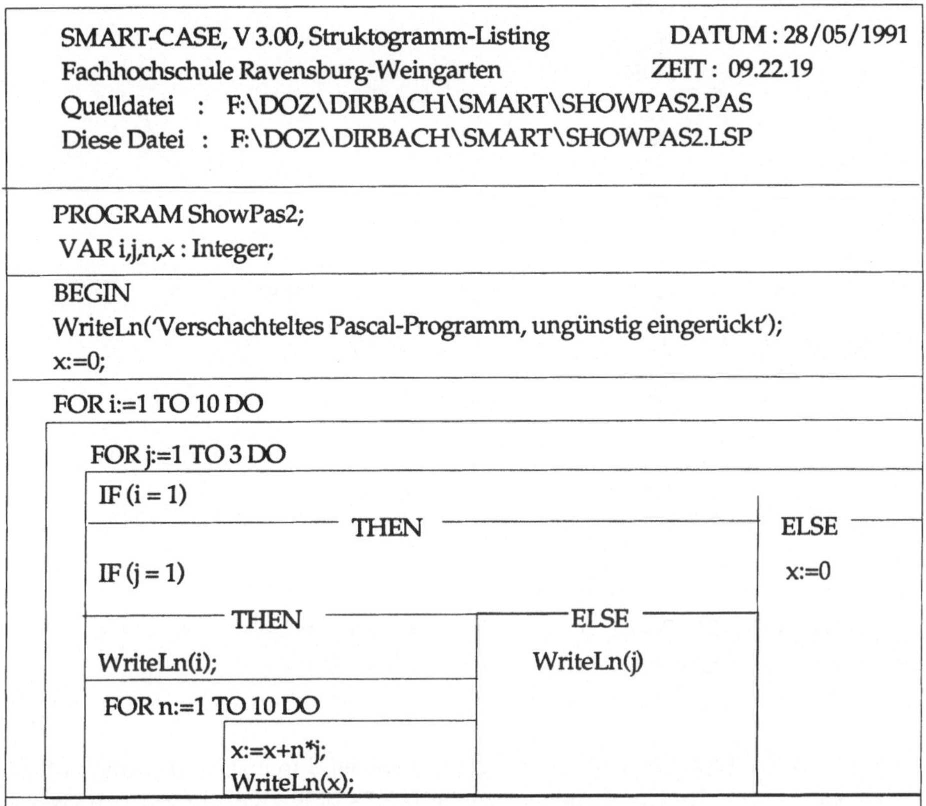

```
SMART-CASE, V 3.00, Struktogramm-Listing          DATUM : 28/05/1991
Fachhochschule Ravensburg-Weingarten              ZEIT : 09.22.19
Quelldatei  : F:\DOZ\DIRBACH\SMART\SHOWPAS2.PAS
Diese Datei : F:\DOZ\DIRBACH\SMART\SHOWPAS2.LSP

PROGRAM ShowPas2;
VAR i,j,n,x : Integer;

BEGIN
WriteLn('Verschachteltes Pascal-Programm, ungünstig eingerückt');
x:=0;

FOR i:=1 TO 10 DO
    FOR j:=1 TO 3 DO
        IF (i = 1)
        THEN                                          ELSE
        IF (j = 1)                                    x:=0
        THEN                   ELSE
        WriteLn(i);            WriteLn(j)
        FOR n:=1 TO 10 DO
                x:=x+n*j;
                WriteLn(x);

END.
```

Abb.10: Automatisch generiertes Struktogramm des Programms nach Abb. 9

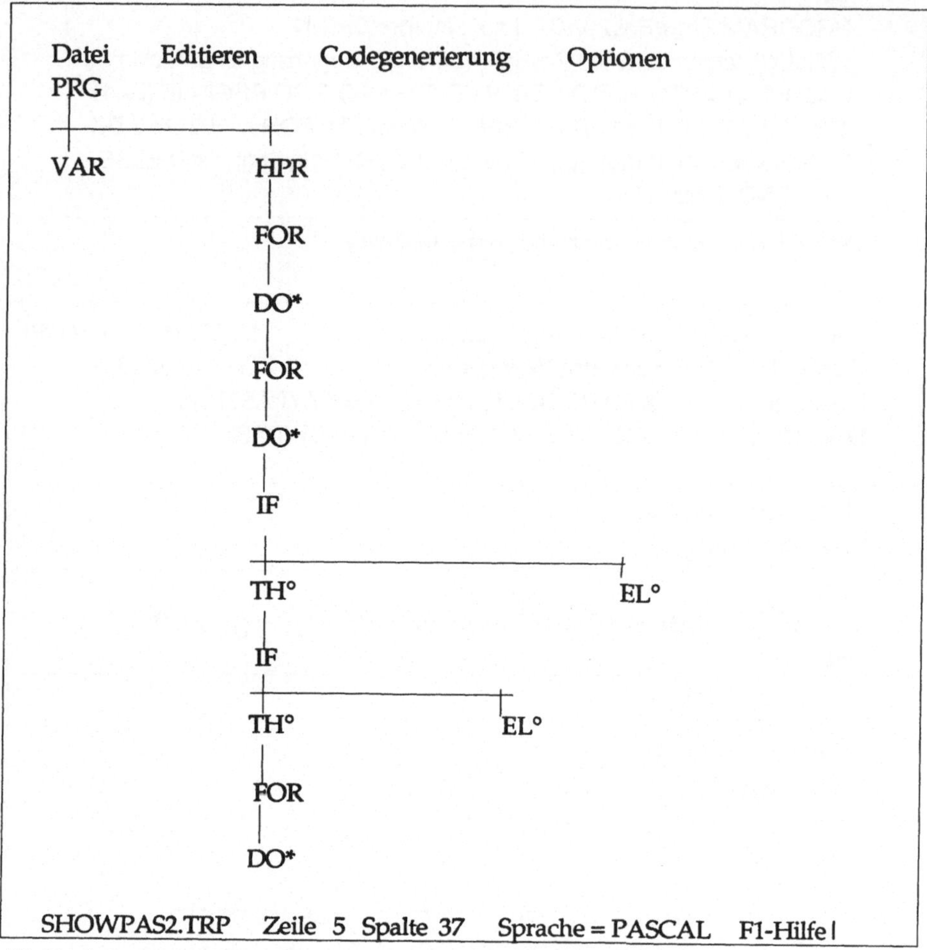

Abb. 11: Automatisch erstelltes Hierarchiediagramm des Programms aus Abb. 9

Eine optische Aufbesserung von Programmquellen durch strukturgemäßes Einrücken, kann durch den Codegenerator von SMART-CASE-HDE automatisch vorgenommen werden (Bild 12).

```
PROGRAM ShowPas2;
   VAR i,j,n,x : Integer;
   BEGIN
   WriteLn('Verschachteltes Pascal-Programm, ungünstig eingerückt');
   x:=0;
   FOR i:=1 TO 10 DO
      BEGIN
         FOR j:=1 TO 3 DO
            BEGIN
               IF (i = 1) THEN
                  BEGIN
                     IF (j = 1) THEN
                        BEGIN
                           WriteLn(i);
                           FOR n:=1 TO 10 DO
                              BEGIN
                                 x:=x+n*j;
                                 WriteLn(x);
                              END;
                        END
                     ELSE
                        BEGIN
                           WriteLn(j)
                        END;
                     END
                  ELSE
                     BEGIN
                        x:=0
                     END;
               END;
         END;
   END.
```

Abb. 12: Programm aus Abb. 9, optisch verbessert mit Hilfe des SMART-CASE-HDE-Codegenerators

4. Bezugsmöglichkeit

SMART-CASE wird vom Steinbeis-Transferzentrum-Prozeßautomatisierung, Postfach 1261, 7987 Weingarten vertrieben. Unter dieser Adresse sind auch ausführliche Produktinformationen erhältlich.

Anmerkungen

1. Fertiggestellt. Wird in Hochschulen und Industriebetrieben praktisch eingesetzt.
2. Als Prototyp verfügbar.

Software-Engineering-Ausbildung in einer Apple-Macintosh-Entwicklungsumgebung

Franz Josef Leven

Universität Heidelberg/Fachhochschule Heilbronn
Studiengang Medizinische Informatik

1. Einführung

Seit 1972 wird der Studiengang *Medizinische Informatik* von der Fachhochschule Heilbronn und der Universität Heidelberg, Fakultät für Theoretische Medizin, gemeinsam durchgeführt mit Lehrveranstaltungen in Heilbronn und Heidelberg. Dieses Curriculum führt in einem 9-semestrigen Studium zur Graduierung *Diplominformatiker der Medizin (Dipl.-Inform. Med.)* durch die Universität Heidelberg. Absolventen des Studienganges können an der Medizinischen Fakultät der Universität zum *Dr. sc. hum. (scientiarum humanarum)* promovieren. 350 Studenten sind eingeschrieben. Die Zahl der bisherigen Absolventen beträgt ca. 550. Die Struktur des Curriculums (Abb. 1) wird dadurch gekennzeichnet, daß Inhalte der Medizinischen Informatik vom ersten Semester an integriert sind und in der zweiten Studienhälfte sowohl im Pflichtteil als auch auch in den von den Studenten wählbaren Schwerpunkten ausgeprägt sind. Diese

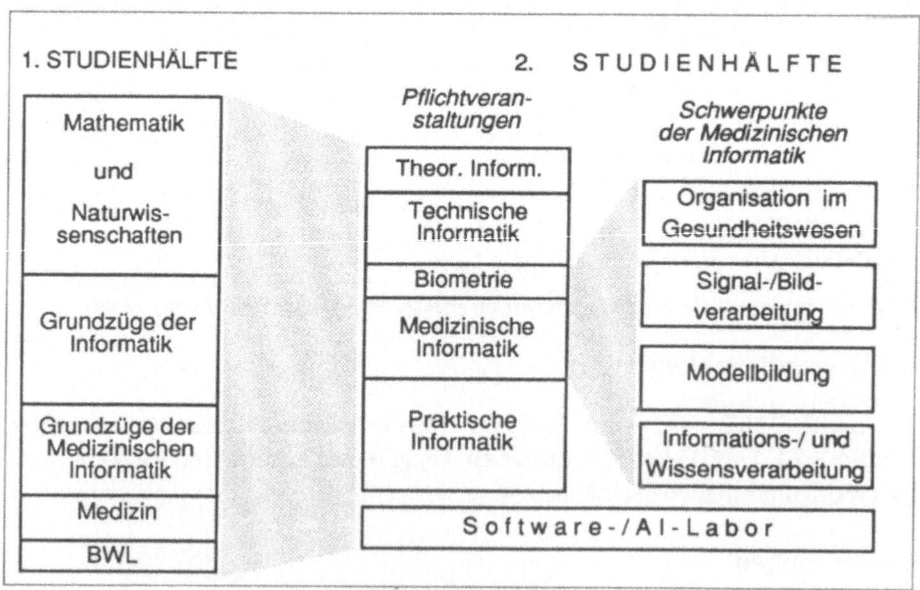

Abb. 1: Curriculum Medizinische Informatik Heidelberg/Heilbronn

Schwerpunkte geben das breitbandige Spektrum der Medizinischen Informatik wieder, z.B.

- Betriebswirtschaftliche Anwendungen im Gesundheitswesen,
- Biosignalverarbeitung und Bildverarbeitung,
- Bildung mathematischer und statistischer Modelle in der Medizin, und
- Informations- und Wissensverarbeitung in der Medizin, insbesondere auch Expertensysteme zur Unterstützung der medizinischen Entscheidungsfindung.

Allgemein formuliert läßt sich die Medizinische Informatik charakterisieren als Wissenschaft von der systematischen Beschreibung medizinischer Sachverhalte, Vorgänge und Probleme mit Methoden der Informatik und anderer Disziplinen wie der Biometrie. Die Philosophie der Ausbildung in Heidelberg/Heilbronn ist geprägt von der Auffassung, daß Medizinische Informatik eine *Methoden- oder Problemlösungsdisziplin* ist und daß das Aufgabenspektrum des Diplominformatikers der Medizin ausgeprägte analytische Komponenten enthält. [5]

2. Rechnerumgebung für den Apple Macintosh-CIP-Pool

Die Rechnerumgebung an der Fachhochschule Heilbronn, an der in 9 Studiengängen ca 3500 Studenten immatrikuliert sind, umfaßt ein vierstufiges Versorgungskonzept (Abb. 2):

- CIP-Pools: Ein *Apple Macintosh-* und ein *Tandon PC/AT-* Pool, die vor allem von Studenten der Medizinischen Informatik genutzt werden, und zwei weitere PC-Pools mit insgesamt 19 *IBM PC/AT's.* Ein weiterer *Apple Macintosh-* CIP-Pool und ein *RISC-*Workstation CIP-Pool mit *SUN SPARC-* und *IBM RS 6000* - Systemen sind geplant und sollen zum Wintersemester 1991/92 eingesetzt werden.
- Labor- bzw. Abteilungsrechnersysteme: im Studiengang Medizinische Informatik das *Labor für Biosignalverarbeitung und Bildverarbeitung (HP1000, mVAX3)* und das *Labor für Prozeßdatenverarbeitung (mVAX2, PDP 11/70) ;*
- ein Mainframe *IBM 9370* mit 60 Terminals und
- überregional die Anbindung an den *Cray-2-* Vektorrechner der Universität Stuttgart und an das Universitätsrechenzentrum der Universität Heidelberg.

Hochschulglobal sind die Pools bzw. Labors über ein *Backbone-Ethernet* vernetzt (Abb. 2). Derzeit ist geplant, in die Vernetzung außerdem fachbereichsspezifische standalone-PC's und Workstations sowie ein in der Bibliothek installiertes Netz mit 5 *Apple Macintosh-SE's* incl. Laserdrucker einzubinden. Für die Weitverkehrs-Kommunikation existiert ein Anschluß an das vom *Verein zur Förderung des Deutschen Forschungsnetzes (DFN)* eingerichtete *Wissenschaftsnetz WIN*, über das auch die ausländischen Wissenschaftsnetze wie z.B. *EARN/BITNET, EUNET, ARPANET* oder *NSFNET* erreicht werden können.

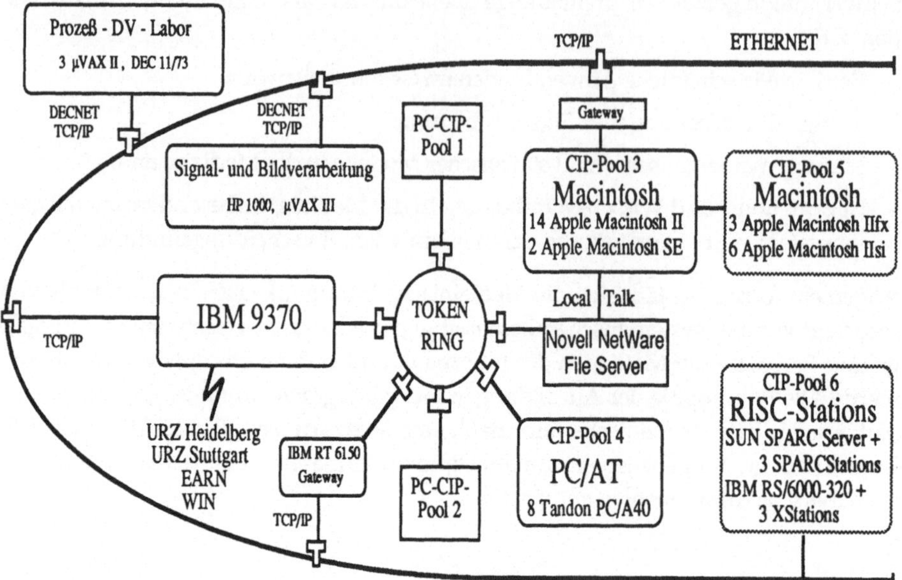

Abb. 2: CIP-Pools und Laboratorien im Studiengang Medizinische Informatik im Hochschulnetz der Fachhochschule Heilbronn

3. Softwarekrise

Trotz zahlreicher Initiativen während der letzten zwanzig Jahre im Bereich der Software-Entwicklung wird auch heute immer noch von der *Software-Misere* gesprochen. Diese äußert sich z.B. darin, daß bei einem Anwendungssoftware-Projekt die Maintenance-Kosten typischerweise genau so hoch oder sogar höher sind als die Entwicklungskosten (Abb. 3 b). Außerdem dominieren bei den Maintenancekosten die Aufwendungen für *perfektive Maintenance,* die dadurch verursacht werden, daß Benutzerforderungen ungenau oder unvollständig spezifiziert bzw. berücksichtigt wurden. In diesem Sinne verursachen also Fehler, die in den frühen Phasen der SW-Entwicklung gemacht werden, hohe Folgekosten in der Systemevolution. Die genannte Problematik spielt insbesondere im medizinischen Anwendungsbereich eine große Rolle, weil dort das *Applikationsrisiko* einer Entwicklung („Are we building the *right* product ?") häufig höher ist als das *technische Risiko* („Are we building the product *right* ?") [3]. Das Applikationsrisiko kann u.a. dadurch verringert werden, daß in den frühen Phasen der Software-Entwicklung verstärkter Aufwand getrieben wird, insbesondere in der Phase der Problemanalyse. Dies entspricht der Perspektive, daß der Software-Entwickler in Zukunft in erster Linie Analytiker sein wird [11], der sich primär mit der *Programmierung im Großen* befaßt, während die Implementierung, die *Programmierung im Kleinen* vom System z.B. durch einen Software-Generator unterstützt wird. Derartige Rechnerunterstützung in der Software-Entwicklung ist Gegenstand zahlreicher methodischer Ansätze wie z.B. *Verbesserte Programmiertechnologien* mit

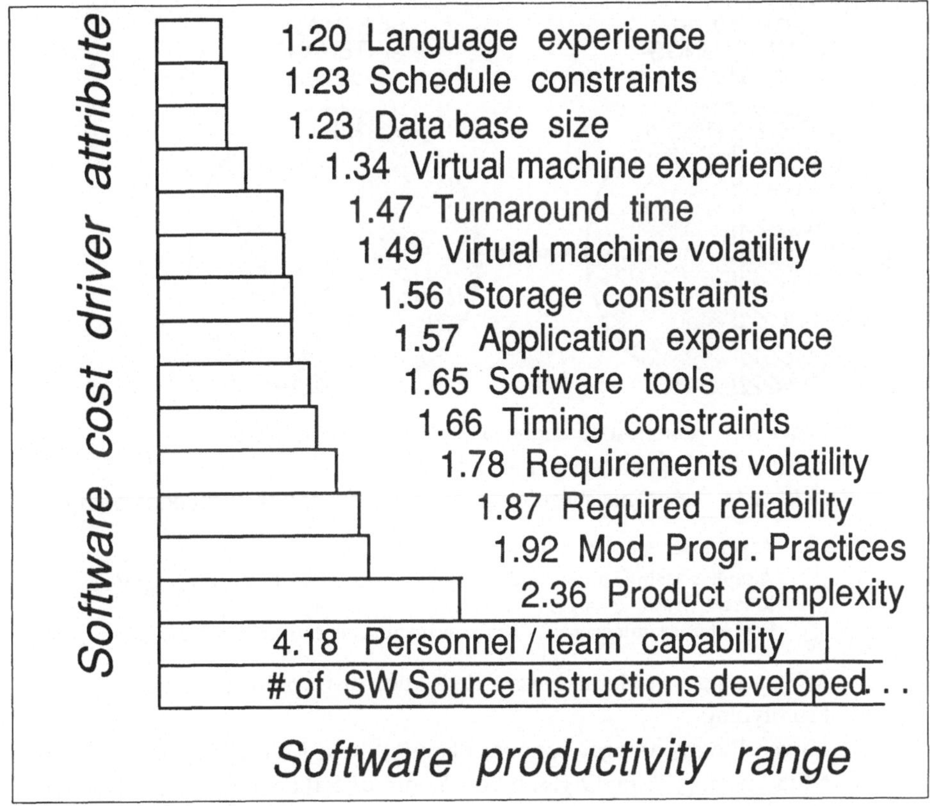

Abb. 3a: Aspekte der Software -Misere

Entwicklungsunterstützender Bibliothek, Top Down Design, Strukturierter Programmierung und *Chief Programmer Team Organisation* oder Methodenketten, die den gesamten Software Life Cycle zu überdecken versuchen und mit entsprechenden Tool-Systemen ausgestattet sind. Allerdings ist bemerkenswert, daß z.B. der Einsatz von Software-Tools im Rahmen eines Software-Entwicklungsumgebungs-Systems zwar sehr effektiv sein kann, daß aber der wesentliche Kostentreiber bei der Software-Entwicklung neben dem Umfang eines Systems (der Zahl der *Lines of Code (LOC)*) die Fähigkeit der Analytiker und Programmierer ist (Abbildung 3a). In diesem Sinne muß eine Ausbildung in Software-Engineering vor allem die Verbesserung der personellen Fähigkeiten zum Ziel haben.

4. Software-Engineering-Ausbildungskomponenten

Das im folgenden beschriebene Ausbildungskonzept in Software-Engineering wird im Hinblick auf die genannten Aspekte u.a. charakterisiert durch

- eine intensive praktische Ausbildung im Bereich des Systems-Engineering, insbesondere im Hinblick auf Methoden und Techniken der Systemanalyse,

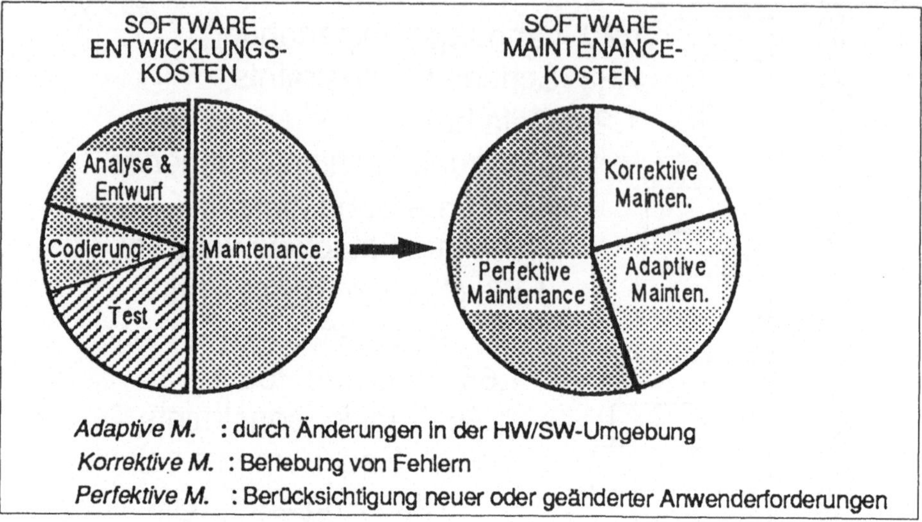

Abb. 3 b: Aspekte der Software -Misere

Adaptive Maintenance:	durch Änderungen in der HW/SW-Umgebung
Korrektive Maintenance:	Behebung von Fehlern
Perfektive Maintenance:	Berücksichtigung neuer oder geänderter Anforderungen

- die Anwendung von Methoden zur Reduktion des Applikationsrisikos, z.B. Rapid Prototyping,
- die Anwendung von Organisations-, Planungs- und Kontrollmethoden des Software-Engineering, Team-Organisation, Kommunikation über Projekt-Bibliothek, Software-Management, Software-Kostenmodelle, Software-Entwicklungsdokumentation und Präsentation der Ergebnisse.

Entsprechend der Auffassung der Medizinischen Informatik als *Wissenschaft von der Informationsverarbeitung und der Gestaltung computergestützter Informationssysteme im Gesundheitswesen* umfaßt die in den betrachteten *Apple Macintosh*-Pools durchgeführte praktische bzw. labororientierte Ausbildung in Praktischer Informatik (Abb. 1) u.a. eine Einführung in *Strukturierte Programmierung* mit praktischen Übungen, mehrere Software-Praktika mit Soloprogrammierung (in *Pascal*, *C* und *Assembler*) und kooperativer Software-Entwicklung, eine Einführung in *Systems Engineering* und ein zugehöriges Praktikum, Vorlesungen zum *Software-Engineering* mit Laborübungen sowie praktische Übungen zur *Datenmodellierung* und zu *Datenbankapplikationen* und schließlich ein Labor in *Künstlicher Intelligenz*. Außerdem befaßt sich ein separates Labor für *Prozeßdatenverarbeitung* mit der Entwicklung von Echtzeit-Programmen.

4.1 Praktikum Systemplanung im Gesundheitswesen

In dem *Praktikum Systemplanung im Gesundheitswesen* werden die Studenten in Teamarbeit, Projektmanagement und der Anwendung von systemanalytischen Methoden praktisch ausgebildet. Beispiele sind die Analyse und Simulation der Patienten-Einbestellung, die analytische Unterstützung bei der Auswahl eines

Laborautomatisierungssystems und die Untersuchung von Textverarbeitungssystemen für die Arztbriefschreibung. Dabei finden die erforderlichen Beobachtungen, Interviews, usw. überwiegend in den Heidelberger Kliniken statt. Für die Vorbereitung, Dokumentation, Auswertung und Präsentation der Ergebnisse werden insbesondere die *Macintosh*-Systeme eingesetzt.

4.2 Labor Software-Engineering

In praktischen Übungen werden Methoden und Techniken des SW-Engineering praktiziert. **Team-Organisation** wird durch die Möglichkeit der Einrichtung von Benutzergruppen auf dem *Apple Share File Server* unterstützt. Dabei werden insbesondere die Möglichkeiten des *Novell NetWare Servers* (Abbildung 2) genutzt, der einerseits die mit *Token Ring* vernetzten PC-Pools verbindet, zum anderen mit einem *LocalTalk* -Adapter für die *Macintosh*- Systeme ausgestattet ist und funktionell identisch mit einem *AppleShare File Server* ist, d.h. die *Macintosh*- Anwender können Dateien auf diesem File Server abspeichern, *DOS*- Dateien lesen und auf *LocalTalk*-Druckern unter Einbeziehung der *Novell NetWare*- Druckerspooling-Mechanismen ausgeben.

Ebenso können *DOS*- Anwender auf dem *Apple Macintosh File Server* Dateien bearbeiten und auf *LocalTalk*- Druckern ausgeben. Datenkompatibilität ist nutzbar, wenn die entsprechende Software sowohl in der *DOS*- Umgebung als auch in der *Apple Macintosh*- Umgebung existiert, z.B. *Word, Excel,* etc., d.h. eine auf einem *DOS*- System erstellte *Word*- Datei kann auf einem *Apple Macintosh* bearbeitet werden und umgekehrt. Damit können Projekte durchgeführt werden, die z.T. auf *DOS-PC's,* z.T. auf *Macintosh*- Systemen realisiert werden. Die geschilderte Funktionalität des *Novell NetWare* Servers ermöglicht dabei sogar den Verzicht auf einen eigenen *AppleShare File Server* auf einem dedizierten *Macintosh*.

Für **Projektmanagement** werden Tools wie *Mac Project* sowie das Spreadsheetsystem *Excel* eingesetzt. Damit wird z.B. das **Software-Kostenmodell** *FUNCTION POINT* [9] praktiziert, während für die Anwendung der Planungsmethode *COCOMO (Constructive Cost Model)* [4,9] ein vorhandenes *Pascal*- Programm eingesetzt wird. Obwohl derartige Software-Kostenmodelle bisweilen sehr skeptisch beurteilt werden und ein sinnhafter Einsatz in der Praxis nur bei entsprechender fundierter Erfahrung mit abgewickelten Projekten möglich ist, die in einer *Erfahrungs-Datenbank* dokumentiert sind, können die Studenten zumindest die Prinzipien und die schon erwähnten Schwachstellen dieser Ansätze kennenlernen.

Rapid Prototyping wird u.a. mit dem System *Prototyper* praktiziert, das die interaktive graphische Konstruktion von Benutzerwindows und Menüleisten ermöglicht und über einen Programmgenerator den entsprechenden *Pascal* oder C- Source Code erzeugt. Außerdem läßt sich die interaktiv entworfene Benutzerschnittstelle unmittelbar nach dem Entwurf simulieren, so daß eine Iteration von Änderungen schnell durchgeführt werden kann. In diesem Zusammenhang sei auch auf das *MacApp*-Hilfsprogramm *ViewEdit* hingewiesen, das von den Studenten zur Generierung von Layouts von Fenstern und Dialogen einer Applikation eingesetzt wird.

Unix: Offenes System

- Portabilität
- Interoperabilität
- Skalierbarkeit
- Standards
- Alle Typen von Hardware
- Akzeptanz in Ausbildung & Öffentlichen Bereich

UNIX: Funktionalität

- Mächtiges Betriebssystem
- Pre-emptive multitasking
- Inter Process -Kommunikationsmodell (IPC)
- Virtueller Speicher (Demand paging)
- Netzwerk-Konnektivität (B-NET, NFS)
- Tools/Utilities
- Hohe Portabilität

UNIX: Schwachstellen

- 20 Jahre alte Technologie
- Kryptische Kommandosprache
- Von Programmierern für Programmierer
- Kosten von Applikationen
- Mangel an einfach zu nutzenden Applikationen
- Mangel an ausgebildetem Personal
- Standards des Komittees: Innovationsbremse

Ab. .5: Merkmale von Unix [7]

In der Software-Engineering-Ausbildung wird verstärkt **Unix** als Softwareentwicklungsumgebungs-System mit seinen vielfältigen Tools und Utilities eingesetzt. Damit wird der starken Tendenz in Richtung offener, herstellerunabhängiger, horizontal und vertikal portabler Softwaresysteme (Abbildung 5) Rechnung getragen, die insbesondere auch im Bereich der Entwicklung von Klinikuminformations- und Kommu-

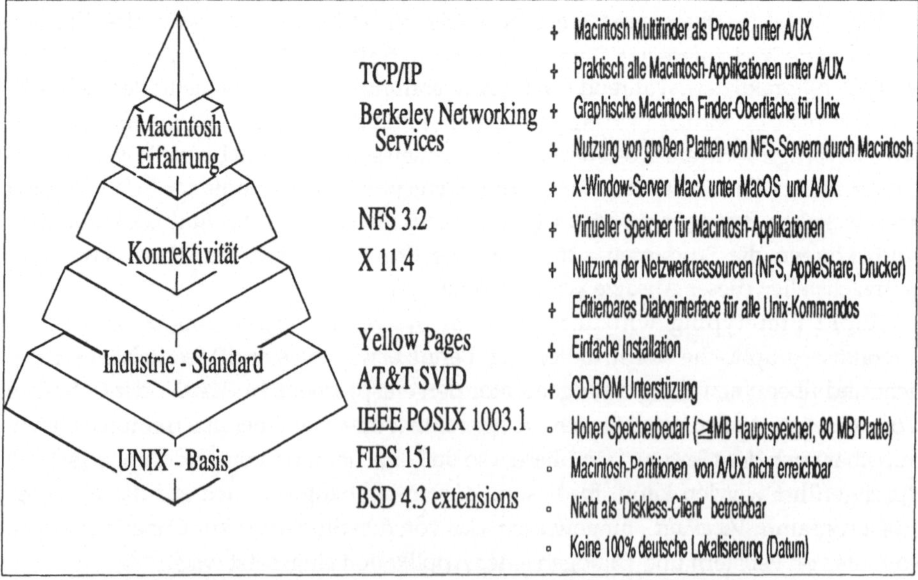

Abb. 6: A/UX (Apple UNIX): a) Merkmale von A/UX b) Bewertung von A/UX (nach [10]

nikationssystemen festzustellen ist, einem typischen Einsatzgebiet von Absolventen der Medizinischen Informatik.

Derzeit wird die Unix-Ausbildung mit dem auf dem *Apple Macintosh*- Pool verfügbaren *Unix*-System *A/UX 2.0* durchgeführt und soll nach Installation des in Abb. 2 erwähnten *RISC*-CIP-Pools entsprechend erweitert werden. Das System *A/UX* weist eine Reihe von Besonderheiten auf (Abb. 6), die sich in der Ausbildung als vorteilhaft erwiesen haben: Dadurch, daß der *Macintosh-Multifinder* als ein Prozeß unter *Unix* läuft, können praktisch alle *Macintosh*- Applikationen unter *A/UX* angewandt werden. Dies hat sich im Software-Labor als sehr nützlich erwiesen, indem z.B. einerseits unter *A/UX*- Programme entwickelt werden und zum anderen durch Mausklick über den *Multifinder* des *Macintosh* die vielfältigen graphischen Tools für die Software-Entwicklung und die entwicklungsbegleitende Dokumentation unter *Macintosh- OS* in Anspruch genommen werden können. Komfortabel ist auch die grafische *Macintosh Finder*- Oberfläche für *Unix*- Dateisysteme, die auf diese Weise wie *Macintosh*- Dateisysteme mit Icons dargestellt und manipuliert werden können. Für die *Unix*- Ausbildung ist weiterhin ein Kommando-Interface von *A/UX* interessant: *Unix*- Kommandos können über eine grafische Dialogbox durch Anklicken von Checkbuttons, Checkboxen und Eingabefeldern editiert werden, in der das betreffende Kommando mit seinen Optionen erklärt wird. Bedeutsam ist auch das System *MacX*, durch das ein *Apple Macintosh* zu einem *X-Window-Server* gemacht wird. Neben diesen attraktiven Merkmalen von *A/UX* sei allerdings auch darauf hingewiesen, daß die Speicher- und CPU-Anforderungen von *A/UX* wie bei *Unix* üblich relativ hoch sind. Es kann jedoch Plattenspeicherplatz dadurch eingespart werden, daß wenig genutzte *Unix*-Komponenten bei Bedarf direkt von der CD, auf der *A/UX* geliefert wird und die wie eine Festplatte gemountet werden kann, geladen werden können.

Insbesondere im Bereich der Software-Entwicklung ist das Paradigma der **Objektorientierung** von großer Bedeutung. *Objektorientierte Programmierung* (Abb. 7) mit den Merkmalen der *Datenabstraktion,* des *Klassenkonzeptes* und der *Vererbung* von Eigenschaften in einer *Klassenhierarchie,* des Prinzips der *dynamischen Bindung* und des Konzeptes des *Austauschs von Botschaften* ist ein wesentlicher methodischer Ansatz, der für eine zukunftsträchtige Ausbildung, insbesondere in bezug auf die *Wiederverwendung von Software* unverzichtbar ist. *Apple Macintosh*-Systeme sind durch Objektorientierung geprägt, u.a. werden kommerzielle Softwaresysteme mit Hilfe von *ObjectPascal* und der Klassenhierarchie *MacApp* entwickelt, Ansätze, die auch in unserer Ausbildung eingesetzt werden, wenngleich die Komplexität und der Einarbeitungsaufwand in die Klassenhierarchie für die Studenten sehr hoch ist.

Im letzten Semester wurden erste Erfahrungen mit *Oberon* gemacht, einer neuen von *N. Wirth, ETH Zürich,* entwickelten Programmiersprache, die auf die Vorgänger *Pascal* und *Modula* aufbaut und folgende Merkmale besitzt: *Oberon* ist zweigeteilt und gliedert sich in einen *Sprachteil* und *Entwicklungsteil;* gegenüber *Modula-2* wurde *Oberon* in einigen Punkten vereinfacht; *Oberon* ist objektorientiert, wenngleich mit etwas anderen Begriffen als bei klassischen objektorientierten Programmiersprachen gearbeitet wird (so gibt es z.B. nicht den Begriff des *Objektes,* sondern es wird das Konzept der *Typerweiterung* verwendet.).

Abb. 7: Objektorientierte Programmierung

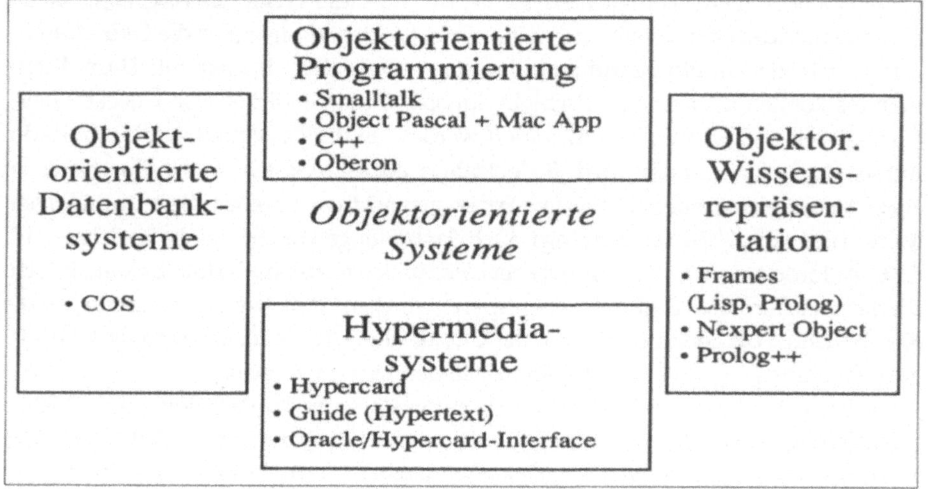

Abb. 8: Objektorientierte Systeme auf Apple Macintosh

Außer bei Programmiersprachen spielt das Paradigma der Objektorientierung auch zunehmend in anderen Bereichen wie *Wissensbasierte Systeme, Datenbanksysteme* und *Hypermediasysteme* eine Rolle (Abb. 8), die auch im Rahmen der Software-Engineering-Ausbildung interessant sind. So werden z.B. die Möglichkeiten der Applikationsgenerierung von Datenbankanwendungen in *Oracle* mit *Hypercard* als Benutzerschnittstelle praktiziert oder die Realisierung von Problemlösungen über objektorientierte Wissensrepräsentation in *Prolog++*, einer objektorientierten *Prolog*-Weiterentwicklung. Eine rapide wachsende Bedeutung in der Entwicklung von medizinischer Applikationssoftware kommt auch **CASE**-Systemen (Computer Aided Software Engineering Systems) zu [8]. *CASE* bedeutet eine Kombination von Methoden, Techniken und Werkzeugen, die den gesamten Lebenszyklus eines Software-Systems abdecken und dem Entwickler die Möglichkeit bieten, sich mehr auf Analyse-, Spezifikations- und Entwurfsaufgaben zu konzentrieren und ihn weniger mit Codier- und Testaufgaben zu belasten. *CASE*- Systeme unterstützen wirksam die Software-Entwicklungsdokumentation und sind in der Lage, über eine Projektbibliothek die Ergebnisse eines Entwicklungsschrittes zu archivieren und für den nächsten Entwicklungsschritt verfügbar zu machen. *CASE*- Systeme fördern das *Programmieren im Großen*, während das *Programmieren im Kleinen*, insbesondere die Codeerzeugung Aufgabe von Software-Generatoren ist bzw. mit nicht-prozeduralen Programmiersprachen der 4. Generation erfolgt.

Einerseits wird *CASE*- Systemen im Hinblick auf die Steigerung der Software-Produktivität eine große Bedeutung zugemessen, andererseits wird auch vor der Gefahr der *Software-Bürokratie* gewarnt, d.h. davor, daß der Entwickler den Überblick über die Gesamtentwicklung verliert und sich nur auf die zum jeweiligen Zeitpunkt relevante Tätigkeit konzentriert. *CASE*- Ansätze prägen auch in zunehmendem Maße den Bereich von Datenbanksystemen: Zentrale Komponente eines derartigen Systems ist ein *Data Dictionary*, d.h. eine Meta-Datenbank, die die Daten- und Strukturbeschreibung, die semantischen Integritätsbedingungen und Zugriffsberechtigungen enthält. Zum *CASE*- System gehört ein graphischer, objektorientierter Editor für den Datenbankentwurf und die Bearbeitung von *Entity/Relationship-Diagrammen, Datenfluß-Diagrammen, etc.*. Ein Maskengenerator nutzt Informationen aus dem *Data Dictionary* zur automatischen Erstellung von Bildschirm- und Formular-Layouts. Derartige datenbank-orientierten *CASE*- Systeme gehören mehr und mehr zum Leistungsumfang industriell relevanter Datenbanksysteme. So ist z.B. in dem geplanten RISC-CIP-Pool in Verbindung mit dem Datenbanksystem *ORACLE* das System *ORACLE CASE* vorgesehen.. Neben *Unix* als Software-Entwicklungsumgebung wird in der hier beschriebenen Ausbildung in Software-Engineering u.a. das System *MPW (Macintosh Programmer's Workshop)* eingesetzt, das die Implementierung, Test und Maintenance sowie Projektmanagement, Versionskontrolle und Performancemessung unterstützt. Wenngleich *MPW* als eines der leistungsfähigsten Entwicklungssysteme auf Arbeitsplatzrechnern gilt, unterstützt dieser Ansatz als *Lower CASE-System* nur die späten Phasen der Softwareentwicklung, während entsprechende *Upper CASE*- Komponenten fehlen. Allerdings sind mittlerweile insbesondere in dieser Hinsicht leistungsfähige Systeme für den *Macintosh* vorhanden und auch für die Ausbildung vorgesehen. So unterstützt z.B. das System *TurboCASE* [2] die Methoden *Structured Analysis* (auch im Hinblick auf Realzeitsysteme), *Entity Relationship* und *Object-Oriented Analysis* und ermöglicht die Erstellung und Analyse von *Datenflußdiagrammen, Zustandsübergangsdiagrammen* und *Entscheidungstabellen* sowie entsprechende Einträge in einem *Data Dictionary*.

Mit Blick auf die Klassifikation von Software-Tools in Abb. 9 läßt sich feststellen, daß sowohl zahlreiche Tools im engeren Sinne, die also unmittelbar der Programmentwicklung dienen, als auch Tools im weiteren Sinne und *4GL's* auf *Apple Macintosh* verfügbar sind. Eine detaillierte Übersicht über die wichtigsten derartigen Systeme gibt das *Macintosh Development Tools & Languages Guidebook* [1]. Allerdings sei darauf hingewiesen, daß isolierte Tools nur begrenzt sinnvoll sind und daß das eigentliche Ziel einer rechnerunterstützten Software-Entwicklung in einer Kette von aufeinander abgestimmten Methoden mit zugehörigen Tools besteht, die den gesamten Software-Life Cycle abdeckt. Wenngleich ein derartiger Ansatz derzeit auf *Macintosh*

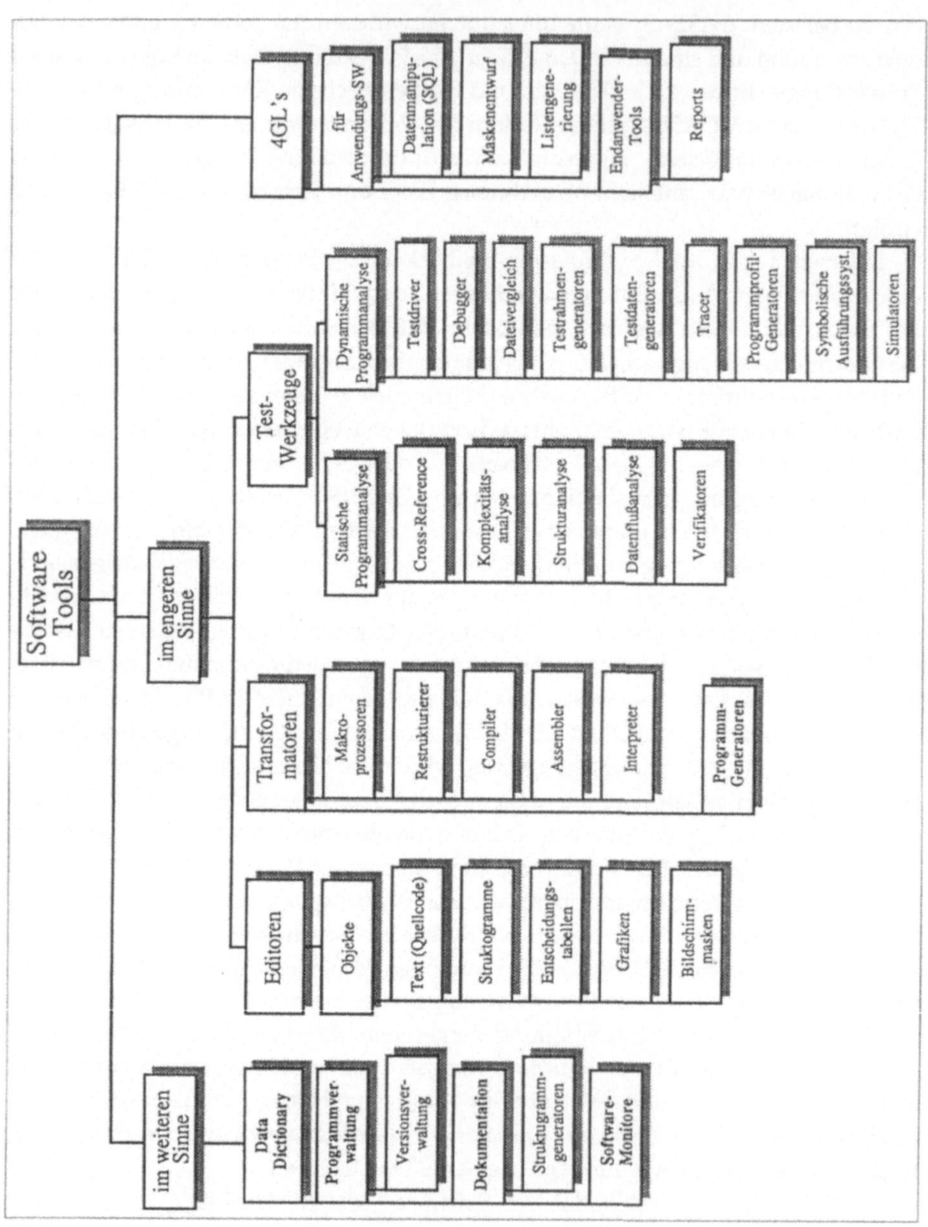

Abb. 9: Klassifizierungskonzept für Software-Tools (nach [6])

nicht verfügbar ist, erfolgt immerhin eine Integration zwischen verschiedenen Tools über die einheitliche Benutzeroberfläche und aufgrund der interapplikativen Datenaustauschmöglichkeiten. Andererseits ist fraglich, ob ein komplettes ideales *CASE*-System in dem eben genannten Sinne für die Ausbildung sinnvoll ist, in der es nicht in erster Linie darauf ankommt, Software zu produzieren, sondern die Möglichkeiten und Grenzen des genannten Instrumentariums kennenzulernen. Schließlich müssen die Studenten davon überzeugt werden, daß Methoden und Tools zwar nützlich sein können, aber nicht fachspezifisches Wissen, Geschick und Erfahrung ersetzen können.

Literatur

[1] Apple Computer, Macintosh Development Tools & Languages Guidebook, 1991 edition.

[2] Balzert H, CASE, Doppelklick, 4 (1991) 1-4.

[3] Blum B, Clinical information systems (Springer, New York, 1986).

[4] Boehm B W, Wirtschaftliche Software-Produktion (forkel-Verlag, Wiesbaden, 1986).

[5] Dickhaus H, Hofmann J, Klauck U, Leven FJ, Medizinische Informatik, in: Hutten H, Lehr- und Handbuch Biomedizinische Technik, Band 3 (Springer, Berlin Heidelberg-New York, 1990), 1-27.

[6] Hildebrand K, Klassifizierung von Software Tools, Wirtschaftsinformatik 1(1991) 13-25.

[7] Kefs R (Apple Computer Europe), Präsentation von A/UX auf dem Apple EUC-Kongress, Paris 1991.

[8] Leven FJ, Software Engineering Education in Medical Informatics, Meth. Inform. Med. 28 (1989) 295-303.

[9] Noth T, Aufwandsschätzung bei DV-Projekten (Springer, Berlin Heidelberg-New York, 1984).

[10] Pickers, M., Easy Unix, ix, 6 (1990).

[11] Wasserman, A.I. and Gutz, S., The future of programming, CACM 3 (1982) 196-206.

GENIUS 3 –
Ein netzwerkfähiges Lern- und Autorensystem

Rainer Schnitzler, Reinhold Gebhardt und Walter Ameling

RWTH Aachen
Rogowski-Institut

Multimediale Darstellungsmöglichkeiten und preiswerte Hardware in vielen Bereichen der Elektronik eröffnen für die computergestützte Wissensvermittlung neue Möglichkeiten. Die zwischenzeitlich etwas ins Abseits gerückte Form des computerunterstützten Unterrichts erlebt in jüngster Zeit einen neuen Innovationsschub. Vor dem Hintergrund der inzwischen in großer Zahl verfügbaren Personalcomputer – im Hochschulbereich auch dank CIP – stellt sich die Frage, wie diese Systeme neben ihren sonstigen Aufgaben auch für eine multimediale Vermittlung von Wissen flexibel eingesetzt werden können. Der computerunterstützte Unterricht (CUU) ist anderen Unterrichtsformen dann überlegen, wenn Unterrichtsinhalte textuell/graphisch darstellbar oder Vorgänge durch Simulationen erfahrbar sind und einer großen Menge von Personen mit unterschiedlichen Vorkenntnissen, unterschiedlichem Interesse oder unterschiedlichen zeitlichen Möglichkeiten vermittelt werden sollen. Die Gestaltungsmöglichkeiten der Benutzeroberfläche eines Lern- und Autorensystems stellen ein wichtiges methodisches Hilfsmittel zur Vermittlung von Wissen mit Hilfe eines Computers dar. Je mehr und je differenzierter Inhalte dargestellt oder Situationen simuliert werden können, desto besser ist die Akzeptanz computer-unterstützten Lehrens und Lernens. Während erste Ansätze computer-unterstützten Unterrichts in den 70er und frühen 80er Jahren auf zentralen (Groß-)Rechnern (z.B. Plato von CDC oder GENIUS(2.0) von unserem Institut) in Bezug auf Darstellungen und Steuerungen meist nur einfache Möglichkeiten boten, können auf PCs die wesentlich erweiterten Möglichkeiten der Darstellung und Funktionssteuerungen genutzt werden: – Freie Eingabeformate mit datentypabhängiger Syntaxprüfung, – Menütechnik und Funktionstastensteuerung, – Fenstertechnik, – Farbdarstellung und Grafik, – Darstellung einfacher Bewegungen, – u.U. Anschluß weiterer Medien.

Dadurch ist es dem Autor eines Lehrprogramms möglich, neue Formen des Lehrens, z.B. Multi-Media-Darstellungen oder "Learning-by-Doing" in Simulationen in CUU-Konzepte einzubringen, die weit über die Möglichkeiten eines Buches hinausgehen. Aufgrund des raschen Preisverfalls und des CIP-Programms der Regierung stehen solche leistungsfähigen Arbeitsplätze heute auch in der Studentenausbildung in größerem Maße zur Verfügung, so daß auch größere Studentenzahlen (z.B. je Semester einige Hundert in der Programmierausbildung am Rogowski-Institut) mit solchen Systemen ausgebildet werden können. Der Einsatz zahlreicher alleinstehender PCs führt jedoch zu organisatorischen Problemen, die bisher von Unterrichtssystemen noch nicht unterstützt wurden:

- Änderungen der Lehrprogramme müssen auf allen PCs durchgeführt oder kopiert werden
- Direkte Fortsetzung des Lehrprogramms ist nur am selben PC möglich (Speicherung der Benutzerhistorie und der erreichten Punktzahlen)
- Zugriffsberechtigungen (zeitliche Begrenzung, bestimmte Lehrprogramme, bestimmte Funktionen) nicht allgemein überprüfbar
- Statistische Auswertungen (Anzahl der Sitzungen, Dauer, Punktzahlen) sind nur bzgl. eines PCs möglich

Der Einsatz eines Netzwerks und eine entsprechend netzwerkfähige Version des Lern- und Autorensystems gestatten es heute, auch im PC-Bereich die organisatorischen Vorteile zentraler Systeme zu nutzen. Das System GENIUS 3 steht nun in einer netzwerkfähigen Version zur Verfügung, die die Vorteile preisgünstiger PCs mit guten Darstellungs- und Interaktionsmöglichkeiten, sowie zentraler Systeme mit hoher Daten-integrität und komfortabler Lehrprogramm- und Unterrichtsverwaltung verbindet. Netzwerkfähig bedeutet für den Benutzer eines Unterrichtssystems der von Ort und Zeit (innerhalb des Netzwerkrahmens) unabhängige Zugriff auf jederzeit aktuelle Daten. Dies erfordert im einzelnen, daß

- alle Daten (Lehrprogramme und Benutzerdateien) im Netzwerk zentral vorliegen,
- auf diese Daten gleichzeitig mehrfach zugegriffen werden kann und
- diese Daten zentral und jederzeit aktualisiert und ausgewertet werden können.

Während die Lehrprogramme während des normalen Betriebes (Schüleraktivitäten) nur gelesen werden und dies über den MULTI-READ-Status der Datei ohne Probleme möglich ist, muß für den Aktualisierungszugriff auf die persönlichen Daten (aktueller Stand, Punkte, Statistik) eine Synchronisation mehrerer Schreibzugriffe auf die Benutzerdaten sichergestellt werden. Zusätzlich zum Netzwerk werden auch nichtvernetzte Arbeitsplätze unterstützt, um freie Kapazitäten (z.B. am Privatrechner von Studenten) nutzen zu können und dennoch eine möglichst große Integrität der Daten sicherstellen zu können. Die Verbindung zwischen Netzdaten und Arbeitsplatz bildet in diesem Falle eine persönliche Diskette jedes Studenten, die alle ihn betreffenden Informationen enthält. In dieser Form können diese Daten bequem transportiert werden und beim Zugriff auf das Netz werden diese automatisch in den zentralen Bestand übertragen. Die Netzwerkfähigkeit des Programms stellt für alle Benutzergruppen des Lern- und Autorensystems (Schüler, Autoren und Organisatoren) eine wesentliche Verbesserung dar. Vor allem die Organisation von CUU für große Studentenzahlen wird durch die integrierte Benutzerverwaltung über das von anderen Lern- und Autorensystemen hinausgehende Maß unterstützt. Diese bietet die Möglichkeit, individuelle Daten zu den Benutzern des Systems abzuspeichern. Diese Daten erlauben:

- benutzerspezifische Freigabe/Sperrung bestimmter Programmleistungen aufgrund eingetragener Berechtigungsschlüssel oder zeitlicher Einschränkungen der Nutzung, Auswertung und Pflege der Benutzerdaten.
- Überwachung des Lernfortschritts durch Speicherung erreichter Punktzahlen und der individuellen "Lernhistorie" (Folge von Lehreinheiten, die der Schüler bisher bearbeitet hat). Die abgespeicherte Lernhistorie erlaubt den Schülern die jederzeitige Un-

terbrechung der Bearbeitung des Lehrprogramms und die Fortsetzung im gleichen Zustand zu einem späteren Zeitpunkt.

– Erstellung von Listen und Statistiken zur Kontrolle und Auswertung der Daten (z.B. Möglichkeit zur Definition von Klausurscheinen).

Die Vermittlung von Programmierkenntnissen mittels CUU, wie sie seit vielen Jahren am Rogowski-Institut betrieben wird, erfordert neben der theoretischen Schulung über Syntax und Programmentwicklungsmethoden natürlich auch die Möglichkeit für die Studenten, in praktischen Übungen selbständig Programme zu entwerfen und zu testen. Für den FORTRAN-Kurs wurde dazu eine eigene Programmentwicklungsumge-

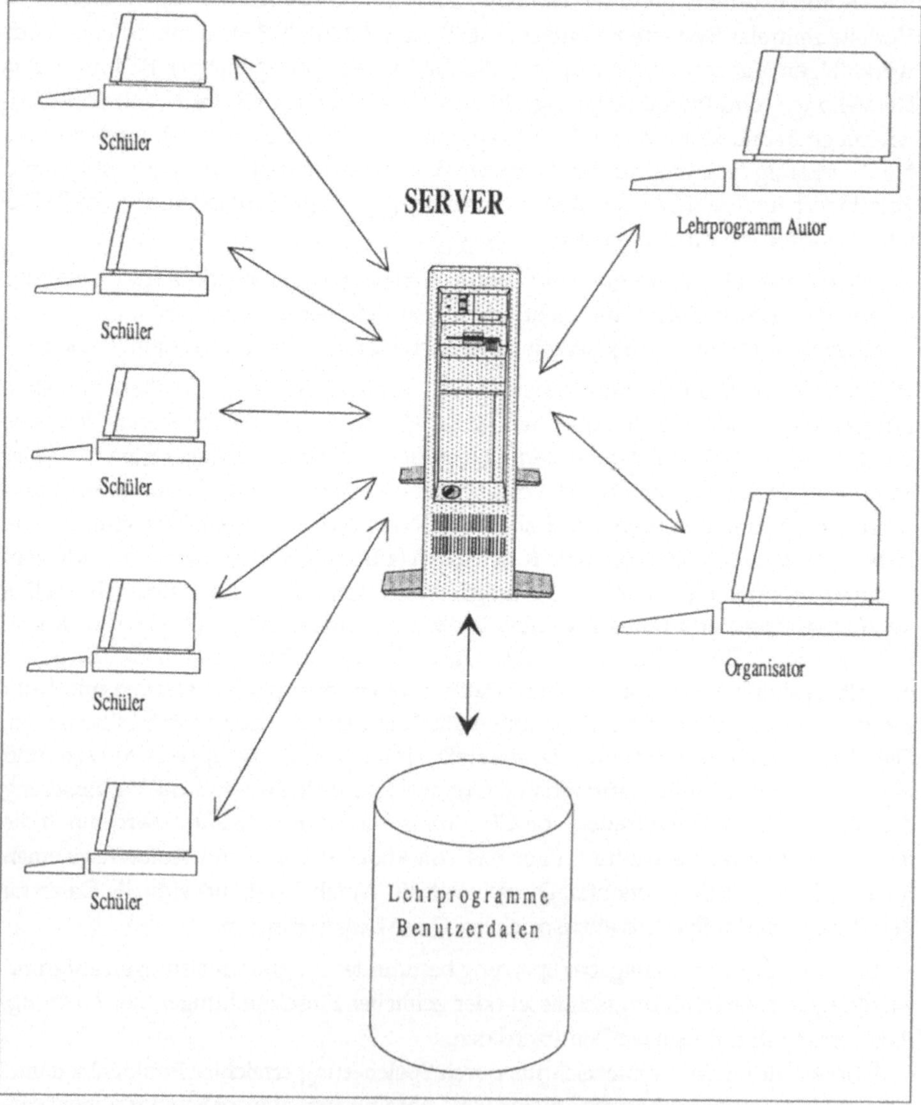

Abb. 1: Gemeinsamer Datenzugriff auf Lehrprogramme und Benutzerdaten

bung für das Praktikum auf der Basis des MICROSOFT-Compilers entwickelt. Eine entsprechende BATCH-Prozedur gestattet es, ohne Betriebssystemkenntnisse,

- Programme im Editor (mit Syntaxprüfung und integrierter FORTRAN-Hilfsfunktion) zu erstellen,
- Programme mit symbolischem Debugger zu testen
- und aufbereitete Listings und ein Ausführungsprotokoll des eigenen Programms (Eingaben und Ausgaben) zu drucken.

Auf diese Leistungen kann zentral über das Netz zugegriffen werden, wobei die Übungsprogramme auf lokalen Platten gespeichert werden. Um unberechtigte Aktivitäten am Netz zu verhindern, ist diese Prozedur direkt an das LOGIN der Benutzergruppe gebunden und sie kann während des Netzkontaktes vom Studenten nicht verlassen werden.

GENIUS 3 stellt mit der Kombination aus Netzwerkfähigkeit und Integration netzferner PCs eine sehr gute Möglichkeit dar, Hardware und Software im Bereich der Ausbildung an der Hochschule optimal zu nutzen. Während innerhalb des Netzes der Zugriff mit entsprechender Berechtigung hochschulweit und ggf. auch darüber hinaus problemlos möglich ist, sind für die Einzelarbeitsplätze ohne Netzanschluß jedoch die Sicherstellung von Lizenzverträgen für die benötigte Software (Lernsystem, Lehrprogramme und Entwicklungsumgebung) noch nicht ohne weiteres überprüfbar.

Beim Einsatz eines Multi-Tasking-Betriebssystems (WINDOWS 3.0 oder OS/2) ist es möglich, das Lernsystem und die Programmentwicklung parallel zu betreiben und auch Beipielprogramme durch Copy-and-Paste direkt in den Editor zu übernehmen. Die weiteren Entwicklungen im Bereich "Lern- und Autorensystem" sollen GENIUS

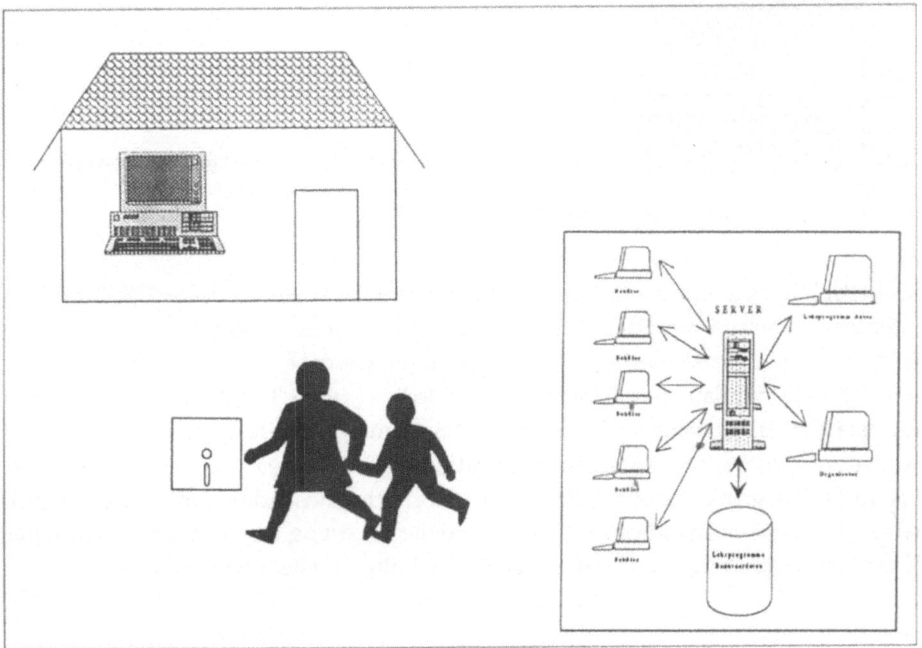

Abb. 2: Nutzung privater oder netzferner PCs durch Benutzerdisketten

```
F O R T R A N   - Praktikums -  System
Sie bearbeiten z.Zt. die Aufgabe : AUFG1

Folgende Leistungen stehen Ihnen zur Verfügung :

               E - Editor + Erzeugen

               D - Programm ausführen (mit Debugger)
               S - Programm ausführen (ohne Debugger)

               P - Protokoll drucken
               L - Listing drucken

               V - Verlassen des Praktikumssystems
                   (oder neue Aufgabe)

Bitte geben Sie den Buchstaben der gewünschten Leistung ein :
```

Abb. 3: Menügesteuerte FORTRAN-Entwicklungsumgebung

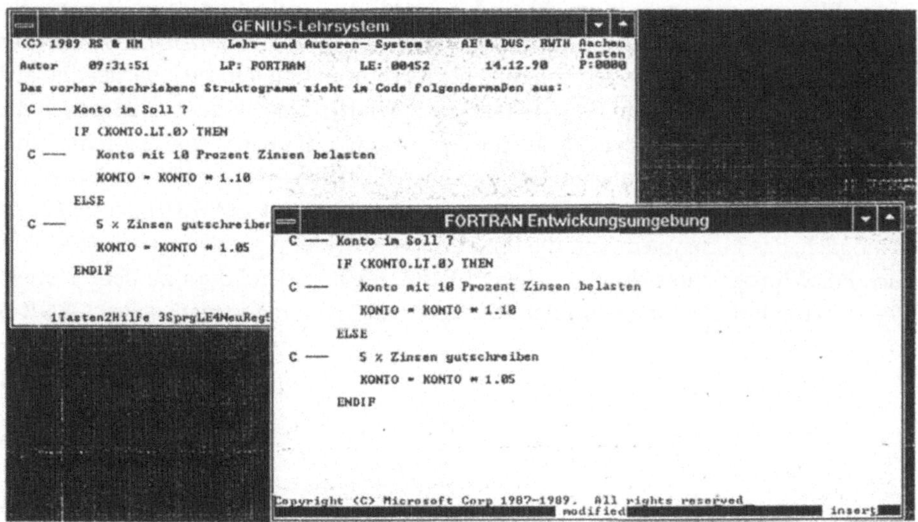

Abb. 4: GENIUS 3 in einer Multi-Tasking-Umgebung

in eine objektorientierte Multi-Tasking-Umgebung (SMALLTALK unter OS/2 mit PM) integrieren. Daraus werden sich dann nochmals Verbesserungen für die interaktive Gestaltung und Strukturierung der Lehrprogramme ergeben und es werden dann sowohl größere Simulationen, als auch weitere Medien (Video, Ton, bewegte Grafik usw.) für die Lehre einsetzbar sein. Da ein solches System jedoch eine gegenüber GENIUS 3 weitaus anspruchsvollere Hardwareausstattung der einzelnen Arbeitsplätze erfordert (>8 MB RAM, große Festplatte, Prozessor >386, hochauflösender, großer Monitor etc.), wird GENIUS 3 noch einige Zeit die bestmögliche Lösung für ein auf preisgünstiger Hardware weiträumig einsetzbares Lern- und Autorensystem darstellen.

Die Simulationssprache CSS-PASCAL für Lehre und Forschung

Volker Spenke und Maria Flemming

Technische Universität Dresden
Zentralinstitut für Kybernetik und Informationsprozesse

1. Einleitung

Die Simulationssprache CSS-PASCAL gestattet neben der Programmierung und Ausführung von Algorithmen (PASCAL) die Beschreibung und Lösung von Gleichungssystemen mit algebraischen Gleichungen und Differentialgleichungen zur Simulation (Nachbildung) kontinuierlicher analoger Systeme (CSS: Continuous System Simulation). Diese Systemklasse ist typisch für viele Fachgebiete, z. B. Regelungs- und Steuerungstechnik, Mechanik, elektrische Antriebstechnik. PASCAL bedient sich fundamentaler Konzepte, die klar und natürlich reflektiert werden. Diese Methode fördert das Programmieren als systematische Disziplin und auch zuverlässige effektive Implementierungen. CSS-PASCAL ist eine dieser Methode verpflichtete Erweiterung von PASCAL. Die mit wenigen Syntaxgraphen definierte Simulationsanweisung gestattet die Beschreibung der Simulationsmodelle. Charakteristische Beschreibungsmittel sind strukturierbare Gleichungen, Simulationsoperatoren und ereignisabhängige Anweisungen. Die Simulationsexperimente sind durch PASCAL-Algorithmen steuerbar. Zur Unterstützung der experimentellen Arbeit können verschiedene Serviceprogramme benutzt werden. Die Übersetzung der Programme er-folgt zweistufig mit Vorübersetzer und PASCAL-Compiler. Die Simulationsanweisung wird durch einen robusten Simulator emuliert. Dieser beinhaltet die Ereignissteue-rung und ein modifiziertes leistungsfähiges Verfahren zur Lösung nichtlinearer Algebrodifferentialgleichungssysteme aus einem Analyseprogramm für elektrische Netzwerke [2]. Die Komponenten von CSS-PASCAL (Entwicklungssystem, Vorübersetzer, Simulator, Serviceprogramme) sind sämtlich in PASCAL geschrieben. Zur Benutzung von CSS-PASCAL sind PASCAL-Grundkenntnisse ausreichend. Erforderlich sind ein IBM- bzw. ein mit MS-DOS und TURBO-PASCAL kompatibler PC.

2. Sprachbeschreibung

Serviceprogramme werden in der SERVICE-Anweisung (service statement) nach der USES-Anweisung zur Einbindung externer Programmteile (UNITs) deklariert. Verfügbar sind eine selbstnormierende On-line-Grafik (GRAPHIC) und ein Dialogprogramm zur Änderung von Parametern. Zum Zwecke der Aktualisierung abhängiger Variabler und zur Protokollierung kann jedem in der CHANGE-Liste aufgeführtem Parameter eine Anweisung (statement) zugeordnet werden. Die Deklaration von GRAPHIC stellt die zur grafischen Ausgabe erforderlichen Unterprogramme GRAPHIC.OPEN (Öffnen), GRAPHIC.DRAW (Zeichnen) und GRAPHIC.CLOSE (Schließen) bereit, die Deklaration von CHANGE ein gleichnamiges Unterprogramm, dessen Aufruf die Änderung der in der CHANGE-Liste angegebenen Parameter ermöglicht.

```
* service statement

-- SERVICE -->-- service list element --*-- ; --
            |                            |
             ---------- , ------------

* service list element

--*-- GRAPHIC ------------------------------------------>--
  |                                                    |
   -- CHANGE -- ( -->-- change list element --*-- ) --
                    |                        |
                     --------- , -----------

* change list element

-- variable --*-------------------->--
  identifier  |                    |
               -- : -- statement --
```

Simulationsanweisungen (simulation statement) können im Anweisungsteil des Hauptprogramms benutzt werden.

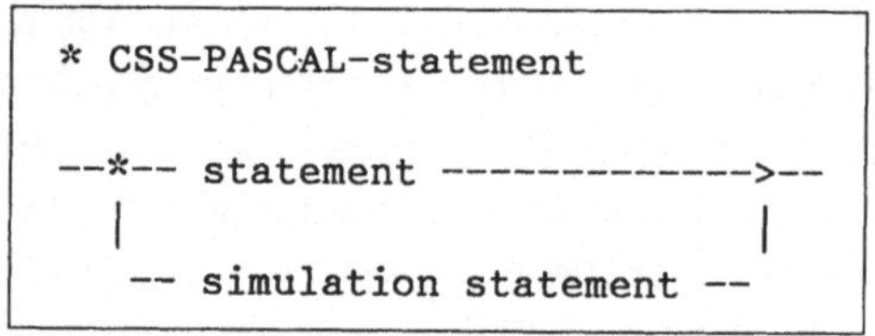

Eine Simulationsanweisung besteht aus maximal sieben, mit Schlüsselwörtern markierten Abschnitten:

- BY — Definition der Argumentvariablen und des Simulationsintervalles–
  INP — Berechnung von argumentabhängigen Variablen
- EQUATION — Beschreibung des kontinuierlichen Modells
- OUT — Ausgabe der Simulationsergebnisse
- ALTERATION — Anweisungsausführung bei modellabhängigen Ereignissen
- CASE — Ausführung von Anweisungen bei äußeren Ereignissen
- EVENTUAL — Ausführung von Anweisungen bei Ereigniskombinationen

Der nach dem Schlüsselwort BY folgende Bezeichner vereinbart die Argumentvariable. Diese gilt in der gesamten Simulationsanweisung mit Ausnahme des nach dem Wertzuweisungsoperator stehenden Ausdrucks zur Initialisierung. Für den Abbruch der Simulation kann neben dem Maximalwert für die Argumentvariable (TO) auch eine allgemeine Bedingung (WHILE) angegeben werden. Bei fehlenden Angaben ist der Abbruch über ein Dialogkommando vorgesehen.

```
* simulation statement

-- BY -- argument -- := --- simple ---
         variable          expression  |
  ------------------------------------
 |
 *-- TO ------- simple ---->-- DO ----
 |              expression  |          |
 |                          |          |
 *-- WHILE -- expression -->           |
 |                          |          |
  -------------------------            |
                                       |
  -------------------------------------
 |
 *-- INP -- statement -- ; --
 |                           |
 <---------------------------
 |
  -- EQUATION -- equation -- ; --
                                 |
  -------------------------------
 |
 *-- OUT -- statement -- ; --
 |                           |
 <---------------------------
 |
 *-- ALTERATION -- OF -- alteration -- ; --
 |                        statement        |
 <-----------------------------------------
 |
 *-- CASE -- argument -- OF --- case ---- ; --
 |            variable          statement     |
 <--------------------------------------------
 |
 *-- EVENTUAL -- statement -- ; --
 |                                |
 <--------------------------------
 |
  -- END --
```

Der nach dem Schlüsselwort BY folgende Bezeichner vereinbart die Argumentvariable. Diese gilt in der gesamten Simulationsanweisung mit Ausnahme des nach dem Wertzuweisungsoperator stehenden Ausdrucks zur Initialisierung. Für den Abbruch der Simulation kann neben dem Maximalwert für die Argumentvariable (TO) auch eine allgemeine Bedingung (WHILE) angegeben werden. Bei fehlenden Angaben ist der Abbruch über ein Dialogkommando vorgesehen. Zur Beschreibung des kontinuierlichen analogen Modells dienen Gleichungen (equation). Gleichungen sind einfache Gleichungen, die eine Modellvariable einführen, oder Gleichungssysteme. Sie können mit Hilfe des Strukturierungsoperators (:) benannt oder lokal zu einfachen Gleichungen definiert werden. Durch Strukturierung werden lokale Gültigkeitsbereiche für Modellvariablen definiert und damit Sicherheit und Flexibilität der Modellbeschreibung verbessert.

```
* equation

--*--- model --- = --- simple ---*------------------->--
  |  variable       expression  |                    |
  | identifier                  -- : -- equation -->
  |                                                  |
  *--- model ---------------------- : -- equation -->
  | identifier                                       |
  |                                                  |
  *-- BEGIN -->-- equation --*-- END --------------->
  |           |              |                       |
  |            ----- ; ------                        |
  |                                                  |
   --------------------------------------------------
```

Innerhalb der Gleichungen können der Integrationsoperator ($), der Differentiationsoperator (') und bedingte Ausdrücke für Strukturumschaltungen benutzt werden. Diese Operatoren sind für Faktoren definiert und haben deshalb höchste Priorität. Mit ihrer Hilfe können alle dynamischen Systeme, Schaltsysteme und Schaltglieder (Hysterese, Lose) sowie nichtstetige periodische Funktionen (Pulsfolgen) realisiert werden.

```
* css pascal factor

--*-- factor ------------------------------------>--
  |                                              |
  *-- $ --- simple ----------------------------->
  |       expression                             |
  |                                              |
  *-- IF -- expression -- THEN --- simple ---    |
  |                              expression |    |
  |                                         |    |
  |                       -------------------    |
  |                      |                       |
  |                       -- ELSE --- simple ------>
  |                                 expression   |
  |                                              |
   --- model --- ' -----------------------------
      variable
```

Die Simulation digital gesteuerter kontinuierlicher Systeme wird durch ereignisbedingte Anweisungen ermöglicht. Für vom kontinuierlichen Modell abhängige Steuerungen dient die ALTERATION-Anweisung. Die Anweisungen (statement) werden dann ausgeführt, wenn die zugeordneten Bedingungsausdrücke (expression) ihren Wert ändern.

```
* alteration statement

--*-- expression -- : -- statement ------>--
  |                                       |
  *-- BEGIN -->-- alteration --*-- END -->
  |            |   statement   |          |
  |             ------ ; -------          |
  |                                       |
   -------------------------------------
```

Für vom kontinuierlichen Modell unabhängige Steuerungen dient die CASE-Anweisung. Die Anweisungen (statement) werden dann ausgeführt, wenn die Argumentvariable den Wert des Ausdrucks (simple expression) annimmt.

```
* case statement

--*--- simple -- : -- statement ------>--
  |  expression                       |
  |                                   |
  *-- BEGIN -->--- case ----*-- END -->
  |             |  statement |        |
  |              ---- ; ------        |
  |                                   |
   ----------------------------------
```

3. Beispiele

3.1 Zweipunktregelung

Dieses Beispiel zeigt ein vollständiges CSS-PASCAL-Programm für ein Heizgerät mit Zweipunktregler. Die Werte der Variablen W und A können vor und während der Simulation verändert werden. In der ALTERATION-Anweisung wird der Vorzeichenwechsel von XW protokolliert.

```
PROGRAM HG;
USES CSS;
SERVICE GRAPHIC,CHANGE(W,A);
VAR W   (*FÜHRUNGSGRÖßE*),
    A   (*HYSTERESEBREITE*),
    K   (*ÜBERTRAGUNGSFAKTOR DER REGELSTRECKE*),
    XO  (*ANFANGSWERT DER REGELSTRECKE*),
    TV  (*ZEITKONSTANTE DER REGELSTRECKE*),
    TBEG(*SIMULATIONSBEGINN*),
    TEND(*SIMULATIONSENDE*):
      REAL;
BEGIN
  W:=200.0;
  A:=10.0;     U0:=220.0;
  K:=2.0;      X0:=20.0;    TV:=25.0;
```

```
TBEG:=0.0; TEND:=30.0;
.CHANGE;
GRAPHIC.OPEN;

BY T:=TBEG TO TEND DO
  EQUATION
    BEGIN (*REGELABWEICHUNG)
            XW=W-X;
          (*REGLER*)
            U =IF U=0.0
               THEN
                 IF XW>+A THEN U0  ELSE 0.0
               ELSE
                 IF XW<-A THEN 0.0 ELSE U0;
          (*REGELSTRECKE*)
            X =X0+$(K*U-X)/TV;
    END;
  OUT
    GRAPHIC.DRAW(T,X,W);
  ALTERATION OF
    X>W:
      WRITELN('ALTERATION OF X>W AT ',T);
END;
GRAPHIC.CLOSE;
END.
```

3.2 Dynamisches Übertragungsglied

Dieses Beispiel zeigt die strukturierte Notierung des allgemeinen dynamischen Übertragungsgliedes

$$G(p) = \frac{Y}{X} = \frac{b_n{*}p^n+...+b_1{*}p+b_0}{a_n{*}p^n+...+a_1{*}p+a_0}$$

für n=3.

```
Y =B0*Z0+B1*Z1+B2*Z2+B3*Z3:
  BEGIN
    Z0=$Z1;
    Z1=$Z2;
    Z2=$Z3;
    Z3=(X-(A0*Z0+A1*Z1+A2*Z2))/A3;
  END;
```

3.3 Nichtstetige periodische Funktion

Dieses Beispiel (Mäanderfunktion mit der Periode TP) zeigt das Prinzip. Als Bezugsfunktion für die Umschaltung in der zugehörigen Gleichung wird die PASCAL-Standardfunktion FRAC (diese berechnet den gebrochenen Teil ihres REAL-Arguments und hat folglich die Periode 1) benutzt.

```
INP C:=FRAC(T/TP);EQUATION M=IF C>0.5
THEN    0.0
ELSE    A;
```

4. Simulator

Der Simulator arbeitet mit variabler Schrittweite, die der Dynamik des kontinuierlichen Systems und den Ereignissen angepaßt wird. Für den Benutzer genügen in der Regel Kenntnisse bezüglich seiner Parameter, die über Qualifikation mit dem Bezeichner CSS erreicht werden (CSS.EPS – Genauigkeit, CSS.HMAX – maximale Schrittweite, CSS.STOL – Suchtoleranz bei Modellereignissen).

5. Handhabung

CSS-PASCAL enthält ein Entwicklungssystem, das die Bearbeitungsstufen Quelltexterfassung, Vorübersetzung, Übersetzung und Ausführung koordiniert und auch Hilfsfunktionen bietet. Während eines Simulationsprozesses ist nach jedem Lösungsschritt ein Dialog durch Eingabe eines Zeichens möglich. Die Dialogkommandos betreffen beispielsweise die Ausgabe des Dialogmenüs, den Aufruf des Serviceprogramms CHANGE zur Änderung von Modellparametern und den Abbruch der Simulation.

Literatur

1. Flemming, M.: Die Programmiersprache CSS-PASCAL zur Simulation kontinuierlicher analoger Systeme – Simulatorhandbuch. Zentralinstitut für Kybernetik und Informationsprozesse, Dresden 1991.
2. Reibiger, A., Kofer, C., Elst, G.: DELPHI – Programmsystem zur Analyse elektrischer Netzwerke. Technische Universität, Dresden1975.
3. Spenke, V.: Die Programmiersprache CSS-PASCAL zur Simulation kontinuierlicher analoger Systeme - Anwenderhandbuch. Zentralinstitut für Kybernetik und Informationsprozesse, Dresden 1991.

SIC – Ein Smalltalk-basierter Interaktiver Compiler-Compiler

Lothar Schmitz

Universität der Bundeswehr München
Fakultät für Informatik

Das Programm SIC macht Vorgänge sichtbar und steuerbar, wie sie in modernen Programmiersprachenübersetzern („Compilern") ablaufen. Technisch gesehen ist SIC ein sogenannter „Compiler- Compiler", der aus Sprachbeschreibungen (in Form „attributierter Grammatiken") Komponenten von Compilern generiert: Syntaxanalysatoren, welche die grammatikalische Struktur vorgelegter Quelltexte ermitteln und Attributauswerter, welche anhand dieser grammatikalischen Struktur die gewünschte Übersetzung durchführen.

Bei der Syntaxanalyse hat der Benutzer die Wahl zwischen den gängigen Verfahren LL(1), LR(0), SLR(1), LALR(1) und LR(1). Während der Analyse werden laufend alle wesentlichen Informationen angezeigt: Kellerinhalt, Eingaberest und die erkannte Teilableitung, letzteres auf Wunsch graphisch als Baum. Auf die augenblickliche Analysesituation bezogene Zusatzinformationen wie first-/follow-Mengen oder die Items des aktuellen LR-Zustands sind auf Knopfdruck erhältlich. Der Benutzer kann die Analyse einzelschrittweise vorwärts oder rückwärts oder durch Positionieren im Keller, in der Eingabe oder in der Ableitungsfolge steuern. Zwei Besonderheiten von SIC sind die Analyse von Satzformen (anstelle terminaler Zeichenreihen) sowie nichtdeterministische Analyse mit oder ohne Backtracking. Ähnlich vielfältig sind die angebotenen Auswertungsstrategien, Darstellungsarten und Steuerungsmöglichkeiten bei der Attributauswertung.

Abb. 1 enthält den Abzuge von einem Bildschirminhalt, wie ser während der Syntaxanalyse zu beobachten ist. Als Beispiel dient eine einfache Grammatik zur Beschreibung der römischen Zahlen; die Attributauswertungsregeln gestatten es, den numerischen Wert einer beliebigen römischen Zahl zu berechnen.

SIC ist gedacht als Demonstrationswerkzeug für Vorlesungen, Übungen und Praktika, in denen Syntaxanalyseverfahren, attributierte Grammatiken und deren Verwendung als Werkzeuge des Übersetzerbaus behandelt werden. Lehrenden kann SIC als Demonstrationshilfsmittel oder zur Ausarbeitung von Beispielen dienen, Lernenden zum Nachvollziehen von Beispielen. Über deren Modifikation und das Ausprobieren eigener Beispiele gelangen Lernende schließlich zu einem eigenständigen Experimentieren. Für das Experimentieren wird eine Oberfläche benötigt, die dem Benutzer vielfältige Steuerungsmöglichkeiten an die Hand gibt, auf Wunsch benötigte Informationen anzeigt und robust sowie leicht bedienbar gestaltet ist. Als technische Basis solcher ergonomischen Ziele hat sich das Smalltalk-System mit seinen Oberflächenbausteinen sehr gut bewährt.

Für interaktive Werkzeuge wie SIC ist neben der Reaktionszeit die begrenzte Bildschirmgröße der wesentliche, limitierende Faktor. Gelindert wird dieses Problem durch Filter, die nur augenblicklich relevante Informationen anzeigen, durch alternative, einander ergänzende Darstellungsformen, Spezialfenster mit Zusatzinformation und die zeitliche Streckung („Traversierung") von Informationen.

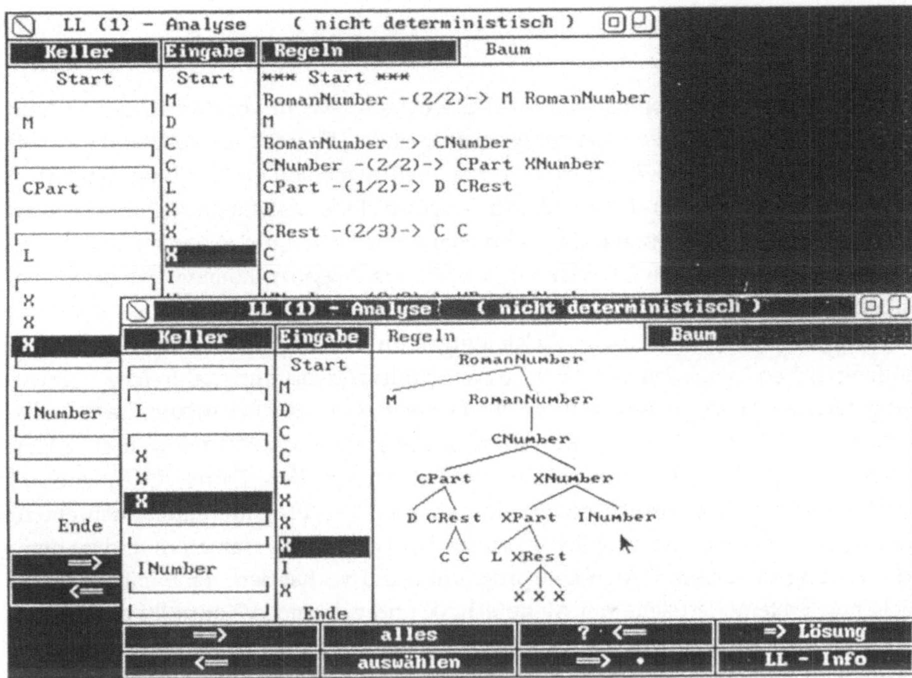

Abb. 1: *Syntaxanalyse mit SIC. Die beiden Fenster enthalten eine graphische und eine textuelle Darstellung der gleichen Analysesituation. In der textuellen Darstellung werden die Entscheidungspunkte des nichtdeterministischen Verfahrens sichtbar.*

Das Dresdner Autorensystem DAUS

Michael Unger

Pädagogische Hochschule Dresden
Institut für Informatik

Mit dem Dresdner Autorensystem DAUS wird ein System vorgestellt, das in erster Linie der Entwicklung von Lehrprogrammen dient. Es wird als vollständiges Softwarepaket für IBM PC/XT/AT (und kompatible) angeboten und benötigt mindestens 640 KB Hauptspeicher und etwa 1,5 MB Festplatte. Eine Disketteninstallation ist nicht vorgesehen. Zur Übersetzung der Lehrprogramme benötigt der Nutzer den Turbo-Pascal-Compiler (Version 5.5 oder 6.0). Detaillierte Angaben können [Friedrich et al. 90] entnommen werden. Im Unterschied zu vielen bekannten Systemen stehen im DAUS pädagogisch-didaktische Zielstellungen im Vordergrund. So existieren neben umfangreichen Methoden zur Analyse der Schülerantwort auch zahlreiche Verzweigungsmechanismen, die es gestatten, den Lernverlauf an die Leistungen des Schülers anzupassen. Dem Programmautor bleibt es dabei überlassen, inwieweit er es dem Schüler ermöglicht, selbst aktiv in den Lernweg einzugreifen. Durch die Möglichkeit der Einbindung von Simulationen kann während des Progammlaufs auch andere Software benutzt werden. Möglichkeiten zur Übergabe von Parametern und zu deren Auswertung mit einem DAUS-Lehrprogramm sind vorhanden. Eine einfach zu bedienende Systemoberfläche mit Menütechnik und zahlreiche Kontrollmechanismen erlauben es auch dem weniger geübten Programmautor, Lehrprogramme in hoher Qualität zu erzeugen. Dazu stehen ihm systemeigene Editoren zur Verfügung, mit denen der Text des Programms, die Programmdateien und Grafiken erstellt werden . Der Steuerteil wird in einer spezielle Sprache (LEFO: LEhrprogramm-FOrmulierungssprache) formuliert und in zwei Pässen in eine ausführbare Datei übersetzt. Dabei wird eine Routinenbibiliothek eingebunden, die die Umsetzung der LEFO-Befehle realisiert. Neben vielen speziellen Fehlermeldungen wird die Erarbeitung des Programms besonders durch eine kontextsensitive Hilfestellung erleichtert. Konsequent getrennt vom Steuerteil werden die Programmdateien erstellt und verwaltet, die Hinweise, Fragen und Antwortvorgaben, einen Wissensspeicher und typische Lernwege enthalten. Speziell für die Ausarbeitung von richtigen und typisch falschen Antworten wurde ein spezieller Modul entwickelt, mit dem diese sofort überprüft werden können. Mit einem eigenen Editor können Grafiken erstellt werden, die sowohl passiv als auch aktiv im Lehrprogramm verwendbar sind. Eine grafische Antwortkontrolle ermöglicht Fragen, bei denen der Schüler einen oder mehrere Punkte auf einem beliebigen Bild markieren soll. Zur Auswertung der Schülerleistungen, aber auch zur Gewinnung von Erkenntnissen über die Qualität und Effizienz des Lehrprogramms dient eine Auswertungshilfe. Mit ihr können die im dBASE-Format gespeicherten Daten über Schülerleistungen nach verschiedenen Kriterien untersucht und analysiert werden.

1. Systemkomponenten

1.1 Systemoberfläche

Alle Module des Dresdner Autorensystems haben eine einheitlich gestaltete Benutzeroberfläche. Sie gestattet die leichte Auswahl von Punkten durch Menüs, die mit der Tastatur oder der Maus zu bedienen sind. An jeder Stelle kann eine umfangreiche Hilfestellung aufgerufen werden, die dann spezielle Hinweise liefert. Zur Installation des Systems steht ein separates Programm zur Verfügung, mit dem es an spezielle Gegebenheiten (Bildschirmtyp, Pfadeinstellungen) angepaßt werden kann. Daneben sind alle wesentlichen Einstellungen in einer Konfigurationsdatei zusammengefaßt, die auch direkt vom System aus verändert werden kann.

1.2 LEFO-Editor und Compiler

Ein Wordstar-ähnlicher Texteditor steht zur Eingabe des Quelltextes für den Steuerteil zur Verfügung. Die dazu verwendete Sprache LEFO gestattet eine einfache Formulierung der gewünschten Aktivitäten. Sie benutzt konsequent deutsche Wörter für Anweisungen und Bedingungen und ermöglicht eine gute Lesbarkeit fertiger Programme. Zu jedem Schlüsselwort der Sprache kann leicht eine detaillierte Hilfestellung aufgerufen werden, die neben der Syntaxbeschreibung auch Beispiele bereithält. LEFO-Programme besitzen eine Struktur, die an Pascal angelehnt ist. Neben einfachen Anweisungen wie VERMITTLE und LOESE stehen Steuerungsstrukturen zur Verfügung, mit denen der Verlauf der Abarbeitung des Programms von verschiedenen Bedingungen (richtig oder falsch gelöste Aufgaben, erreichte Punktzahl, erkannte Symptome) abhängig gemacht werden kann. Dabei ist eine globale Lenkung möglich, es kann nicht nur auf die zuletzt gelöste Aufgabe reagiert werden. Häufig genutzte Strukturen können als Prozeduren vereinbart werden, eine Übergabe von Parametern ist möglich. Damit können Lehrprogramme modular entwickelt und eine Bibliothek didaktisch fundierter Module erarbeitet werden. Bei der Übersetzung wird im ersten Paß die Korrektheit der Syntax des Programms geprüft und ein Pascal-Programm generiert, bei dem den LEFO-Anweisungen Prozeduren und Funktionen entsprechen, deren Umsetzung durch Einbindung einer Routinenbibliothek realisiert wird. Den zweiten Paß der Übersetzung übernimmt dann der vom Nutzer bereitzustellende Pascal-Compiler. Dabei ist gewährleistet, daß die erzeugten Pascal-Programme syntaktisch korrekt sind. Zur Unterstützung des Programmentwicklers stehen über 50 differenzierte Fehlermeldungen zur Verfügung.

1.3 Editor für Programmdateien

Der Dateneditor ermöglicht das Anlegen, Verändern, Kopieren und Ausgeben aller DAUS-Programmdateien. Der Name dieser Dateien läßt sich über ein entsprechendes Menü wählen und kann in der Konfigurationsdatei gespeichert werden. Der Zugriff auf einzelne Datensätze erfolgt über Bezeichner, die mit Hilfe einer Indexdatei verwaltet werden. Im Einzelnen existieren folgende Dateiarten:

- *Hinweisdatei:* Sie enthält Texte, die dem Schüler mit dem Befehl VERMITTLE oder in Auswertung einer Antwort gezeigt werden können. Mit Hilfe von Systemvariablen können z.B. Schülernamen oder die erreichten Punkte eingesetzt werden.

- *Wissensspeicherdatei:* Die hier enthaltenen Texte stehen dem Schüler zur Verfügung, wenn der Wissensspeicher eingeschaltet ist und er darauf zugreift. Außerdem können einzelne Seiten des Wissensspeichers ähnlich einem Hinweis gezeigt werden.
- *Fragedatei:* Diese Datei enthält die Fragen, die dem Schüler bei der Abarbeitung eines LOESE-Befehls gestellt werden. Zu jedem Datensatz gehört ein entsprechender Datensatz der Antwortdatei. Bei Anwendung des grafischen Antwortkontrollverfahrens wird der Inhalt dieser Datei ignoriert.
- *Antwortdatei:* Zur Kontrolle der Schülerantwort werden hier Vorgabelösungen gespeichert. Dazu wird vom Programmautor ein Antwortkontrollverfahren festgelegt. In Abhängigkeit von diesem können Optionen sowie Antwortvarianten eingegeben werden.
- *Auswahlfragedatei und Auswahlantwortdatei:* Die Datensätze dieser Dateien entsprechen denen der Frage- bzw. Antwortdatei. Zu jeder Frage können mehrere Alternativen angeboten werden, von denen beim Programmlauf dann eine zufällig ausgewählt wird.
- *Lernwegdatei:* Im DAUS ist es möglich, die Lenkung des Programmverlaufs in Abhängigkeit von der Lerngeschichte des Schülers zu gestalten. Dazu werden in dieser Datei typische Lernwege (d.h. Folgen von Namen von unmittelbar nacheinander gelösten Aufgaben) gespeichert, die mit dem tatsächlich vom Schüler zurückgelegten verglichen werden.
- *Grafikdateien:* Statt in Textform können Hinweise und Fragen auch als Grafiken gespeichert werden. Zu ihrer Eingabe steht ein spezieller Editor zur Verfügung.

Wesentlich für die Qualität des entstehenden Lehrprogramms ist die Fähigkeit, auf die Antworten des Schülers möglichst genau zu reagieren. Insbesondere die eindeutige Identifizierung von richtigen und fehlerhaften Antworten des Schülers ist sowohl für die Reaktion auf diese Antwort als auch für die weitere Steuerung des Programms nötig. Im DAUS stehen zur Umsetzung dieser Forderung mehrere Antwortkontrollverfahren zur Verfügung. Je nach Fragetyp muß der Programmautor die richtige Kontrollart wählen und geeignete Optionen setzen. Die Reaktion der Vorgabeantwort auf verschiedene Schülereingaben kann sofort getestet werden. Zu jeder Frage können bis zu sechs verschiedene Antwortvarianten angegeben werden. Außerdem ist die Vorgabe von Resultateigenschaften möglich, deren Auftreten als Symptom ausgewertet und zur Lernverlaufssteuerung benutzt werden kann. Folgende Verfahren werden vom DAUS angeboten:

Exaktvergleich:

Optionen: – Unterscheidung von Groß- und Kleinschreibung.

Die Schülereingabe wird mit den Antwortvarianten zeichenweise verglichen, Leerzeichen werden ignoriert.

Schlüsselwortvergleich:

Optionen: – Unterscheidung von Groß- und Kleinschreibung, – Vollständigkeit beachten, – Reihenfolge beachten, – Zulassen von mehr Schülerwörtern

Bei dieser Vergleichsart können für jede Antwortvariante mehrere Schlüsselwörter vorgegeben werden, deren Auftreten in der Schülerantwort einzeln geprüft wird.

Numerischer Vergleich

Optionen: – Kontrolle auf sinnvolle Genauigkeit, – zulässige Toleranz.

Dem Schüler können Aufgaben gestellt werden, die Zahlen enthalten, welche zur Laufzeit zufällig innerhalb eines vorzugebenden Intervalls gewählt werden. Die Antwortvarianten sind Formeln, die neben den Zufallszahlen und Grundrechenarten auch eine Reihe von Standardfunktionen (Quadratwurzel, Winkel- Potenz-, Exponential- und Logarithmusfunktionen) enthalten können.

Grafischer Vergleich

Optionen: – Unterscheidung von Groß- und Kleinschreibung, – Vollständigkeit beachten, – Reihenfolge beachten (mehrere Möglichkeiten).

Um dem Schüler eine Aufgabe mit grafischer Antwortkontrolle zu stellen, muß eine Grafik mit dem Namen des Datensatzes aus der Antwortdatei existieren. Der Inhalt des entsprechenden Datensatzes der Fragedatei bleibt in diesem Fall unberücksichtigt. Der Schüler muß einen oder mehrere Punkte auf der Grafik markieren, die in bestimmten Intervallen liegen müssen, damit eine Antwortvariante zutrifft. Ein weiteres Antwortkontrollverfahren wird in Abschnitt 2.2 vorgestellt.

1.4 Grafikeditor

Die Grafiken, die als Hinweise oder Fragen mit grafischem Kontrollverfahren gezeigt werden sollen, können mit dem Grafikeditor erzeugt werden. Sie werden im PCX-Format gespeichert, so daß auch mit anderen Grafikprogrammen erstellte Bilder genutzt werden können, wenn sie dieses Format aufweisen. Der DAUS-Grafikeditor arbeitet in allen gebräuchlichen Grafikmodi (CGA, EGA, VGA, Hercules). Er erlaubt das Zeichnen von Punkten, Linien, Rechtecken und Kreisen. Schreiben ist mit fünf verschiedenen Schriftarten in mehreren Größen möglich. Es existiert ein Lupe-Modus sowie eine Option zum Füllen beliebiger Figuren mit Farbe oder Muster. Vordergrund-, Hintergrund- und Füllfarbe sind aus einer Palette von 16 Farben auswählbar. Außerdem können Ausschnitte kopiert, verschoben, gedreht, gespeichert und geladen werden. Zur exakten Positionierung von Grafikelementen kann ein Gitternetz eingeblendet werden.

1.5 Auswertemodul

Die Auswertekomponente des DAUS ermöglicht die Analyse einzelner Schülerleistungen, aber auch Untersuchungen zur Effizienz des Lehrprogramms. Es ist möglich, für jeden Schüler das Gesamtergebnis zu erhalten und die Antworten auf die gestellten Fragen zu überprüfen. Der Lernweg des Schülers kann verfolgt und aufgetretene Resultateigenschaften festgestellt werden. Durch die Möglichkeit der Verwendung von fiktiven Namen wird dem Datenschutz Rechnung getragen. Zur Verbesserung der Leistungsfähigkeit des Lehrprogramms ist es möglich, solche Fragen zu bestimmen, die besonders oft richtig oder untypisch falsch gelöst wurden. Besonders in letzterem Falle sollte die Vorgabeantwort zu dieser Frage überarbeitet werden. Weiterhin können alle aufgetretenen Lernwege aufgezeigt und damit die Angepaßtheit der Programmstruktur verifiziert werden. Auch die Häufigkeit des Auftretens von typischen Resultateigenschaften läßt sich zur Auswertung heranziehen. Der geübte Nutzer kann die Resultatdatei auch unter dBASE verarbeiten, womit eine Reihe weiterer Auswertemöglichkeiten eröffnet wird.

2. Weiterentwicklungen

2.1 Grundlagen

In Anlehnung an existierende wissensbasierte Lehrsysteme (GUIDON (Lehner 90]), SOPHIE ([Cyranek 86]), GET ([Stubenrauch 88])) wurde der Versuch unternommen, Methoden und Verfahren der Künstlichen Intelligenz im Rahmen des Dresdner Autorensystems zu nutzen. Wissensbasierte Lehrsysteme „... zeichnen sich gegenüber herkömmlichen computergestützten Lehrverfahren dadurch aus, daß sie in der Lage sind, im Dialog mit dem Lernenden ein Modell seines Wissens aufzubauen und daraus das zum jeweiligen Zeitpunkt angemessene Lehrangebot abzuleiten." ([Häußler et al. 87]) Prinzipiell sind zwei Varianten denkbar, solche Komponenten in das Gesamtsystem zu integrieren: (a) Das Autorensystem an sich kann wissensbasiert gestaltet werden. (b)Die Produkte des Lehrsystems können wissensbasiert sein. Hier soll das Produkt eines solchen Systems, das Lehrprogramm an sich wissensbasiert gestaltet werden. Dazu werden in erster Linie zwei Ansätze verfolgt: (1) Kontrolle der Schülerlösung auf der Basis einer Wissensbank und (2) Ermöglichen von Anfragen bezüglich Stoffes, der mit Hilfe des Lehrprogramms vermittelt werden soll, auf der Grundlage einer Wissensbasis.

2.2 Wissensbasierte Ableitungsprüfung von Schülerantworten

Die Entwicklung eines "wissensbasierten" Antwortanalyseverfahrens für Lehrprogramme hat das Ziel, das Niveau der Informationsgewinnung über den Lernenden wesentlich zu erhöhen. Wie bei anderen Verfahren soll die Richtigkeit der Schülerlösung überprüft werden. Dabei soll unter Richtigkeit nicht nur eine zweiwertige Ja-Nein Entscheidung verstanden werden, sondern eine möglichst genaue Beurteilung der Antwort. Unter anderem gehört dazu auch, eine statt der erwarteten Antwort an das Lehrpro–gramm gestellte Frage als solche zu identifizieren. Als Ergebnis der Kontrolle werden Lerndaten erwartet, die so strukturiert sind, daß sie sich zur weiteren Steuerung des Lernverlaufs, aber auch zur späteren Auswertung verwenden lassen. Diese Struktur ist natürlich vom jeweiligen Lehrsystem abhängig und wird als Schülermodell bezeichnet. Das wissensbasierte Antwortkontrollverfahren muß, um sich in ein vorhandenes System integrieren zu lassen, entsprechende Daten generieren, die über eine geeignete Schnittstelle an den Steuerteil des Lehrprogramms übergeben werden müssen. Bei der wissensbasierten Ableitungsprüfung wird unter Benutzung einer Wissensbasis, die richtige und typisch falsche Regeln zur Erzeugung von entsprechenden Antwortmöglichkeiten enthält, versucht, aus gegebenen Werten eine Lösung abzuleiten, die der des Schülers unter Beachtung gewisser Optionen gleicht. Im vorliegenden Beispiel wurde ein Prolog-Programm entwickelt, das die zur Analyse der Schülereingabe notwendigen Regeln enthält. Zum Finden derjenigen Regeln, mit denen sich das Schülerresultat aus der Aufgabe erzeugen läßt, wird der standardmäßige Suchmechanismus von PROLOG benutzt. Die Klausel loese lautet:

```
loese(Anfrage, Gegebene_Zeichenkette, Schuelerloesung, Res) :-
    ist_antwort(Anfrage),
    ableitbar(Gegebene_Zeichenkette, Schuelerloesung, [], Rliste), ! ,
    finde_antwortvariante(Rliste, Res).
```

Dabei versucht die Klausel ableitbar unter Nutzung aller vorgegebenen "richtigen" und "falschen" Regeln, die Schülerlösung aus den gegebenen Größen zu erzeugen. Deren Formulierung entspricht der Vorgabe von Antwortvarianten und stellt den Schwerpunkt der Arbeit des Programmautors dar, wobei nicht das Umsetzen in Prolog-Klauseln schwierig ist, sondern das exakte Finden und Beschreiben der Regeln. Bei erfolgreicher Lösung der Klausel ableitbar (wenn also die Schülerlösung nachvollzogen werden konnte), werden alle benutzten Regeln in eine Liste eingetragen, aus der die an DAUS zurückzugebenden Daten generiert werden müssen. Konnte die Schülerlösung nicht nachvollzogen werden, "failt" ableitbar und damit die erste Klausel des Prädikates loese. In diesem Fall wird untersucht, ob die Schülerlösung eine Anfrage darstellt. Durch Auswertung der generierten Daten kann der Autor die Relevanz der von ihm aufgestellten Wissensbasis prüfen und gegebenenfalls neue Regeln aufstellen und damit das Programm schrittweise verfeinern.

2.3 Wissensbasierte Hilfestellung

Als Ansatzpunkt für die Schaffung eines Hilfesystems für Lehrprogramme auf Autorensystembasis bieten sich an: (a) Die Analyse der Schülerantwort und (b) Die Schaffung einer expliziten Anfragekomponente. Die erste Variante geht von der Annahme aus, daß jede Eingabe des Schülers auch eine Anfrage an das Lehrprogramm sein kann. Dies führt letztlich auf die gleiche Struktur der Analyse der Schülereingabe wie bei der zweiten Variante. Jedoch ist es hier wesentlich, die Frage als solche zu identifizieren. Der Aufruf der Anfragekomponente soll erfolgen, wenn die Antwort des Schülers mit keiner der vom Autor vorhergesehenen Vorgabelösungen übereingestimmt hat oder der Schüler mit Hilfe einer Funktionstaste – während der Bearbeitung einer Frage – angemeldet hat, daß er anstelle der Antwort jetzt eine Anfrage an das Lehrprogramm richten möchte oder bei einer Frage mit wissensbasierter Antwortkontrolle die Schülerlösung nicht nachvollzogen werden konnte. Nach dem Aufruf der Anfragekomponente erfolgt die weitere Bearbeitung durch ein Prologprogramm. Dort werden die Wissensrepräsentation, die Komponente zur Zer-legung der Schülerantwort und zur Erzeugung der Repräsentationskonstruktion sowie die eigentliche Inferenzkomponente realisiert. Im Unterschied zu anderen Systemen wird die Antwort nicht generiert, es erfolgt also keine Antwortsynthese, sondern die Vorgabe der Beantwortung einer Anfrage erfolgt bereits mit der Konstruktion der Wissensbasis. Dort wird zu jedem Fakt ein Bezeichner angegeben, unter dem der für die Beantwortung der Anfrage relevante Text in einer zusätzlichen Datei gespeichert werden muß.

Literatur

1. G. Cyranek: Entwicklungsrichtungen tutorieller Lehrsysteme unter Berücksichtigung neuer Ergebnisse der Künstlichen Intelligenz-Forschung. Expertise für das hessische Institut für Bildungsplanung und Schulentwicklung. Wiesbaden, 1986.
2. P. Häußler, V. Tremp, W. Ziebarth: Künstliche Intelligenz und Bildung in der Bundesrepublik: eine Bestandsaufnahme. Inst. für die Päd. der Naturwissenschaften an der Universität Kiel, 1987.
3. St. Friedrich, I.O. Kerner, H. Rohland, M. Unger: DAUS-Handbuch. Frankfurt(M), 1990.
4. K. Lehner: Wissensbasierte Lehrsysteme. Oldenbourg-Verlag München, 1990.
5. R. Stubenrauch: Interaktives rechnergestütztes Übungsprogramm für den Einsatz im Lehrgebiet „Grundlagen der Elektrotechnik" an der Technischen Hochschule Ilmenau. Dissertation, Fakultät für Technische Wissenschaften der Technischen Hochschule Ilmenau, 1988.

Microsoft –
Die Software der Zukunft in Forschung und Lehre

Stefan Heimerl

Microsoft GmbH, Unterschleißheim

1. Information at your Fingertips

Der Umgang mit Computern hat sich im Verlauf der 80er Jahre dramatisch verändert. Geschwindigkeit und Speicherkapazität der Personalcomputer haben Werte erreicht, die bislang nur von großen, zentral gesteuerten Systemen erzielt wurden. Viele Unternehmen und Universitäten wechseln von ihren Großrechnern und Minicomputern auf PC. Computertechnik wurde für ein großes Anwenderspektrum verfügbar und ein unentbehrlicher Bestandteil der alltäglichen Entscheidungsfindung, vor allem auch im Bereich von Wissenschaft und Forschung.

Microsoft sieht zu Beginn der 90er Jahre die Möglichkeit, die großen Veränderungen und Fortschritte in der Computertechnologie auf eine sehr leistungsfähige Weise zusammenzufassen und auszubauen, um „Information at your Fingertips" zu liefern. Diese Bezeichnung steht für ein Konzept, das Computern mehr Individualität verleiht, sie unverzichtbar macht und zu einem Instrument werden läßt, auf das zur Informationsbeschaffung automatisch zurückgegriffen wird. Das grundlegende Ziel der Hard- und Software-Entwicklung muß darin bestehen, die Anwendung eines Computers noch einfacher zu gestalten. Andererseits müssen dabei die Investitionen in die bereits über 70 Millionen installierten Geräte geschützt werden. Keine einfache Aufgabe, denn die PCs werden immer leistungsstärker und ihre Vernetzung immer komplexer. Unsere Aufgabe wird darin bestehen, die alltägliche Arbeit mit dem PC trotzdem zu vereinfachen. Die Ablage von Daten auf Netz-Server ist zwar eine großartige Sache – aber nur, wenn man das Gesuchte auch wiederfindet. Wir müssen uns verstärkt darum bemühen, technologische Fragen aus dem Blickwinkel des individuellen Benutzers zu betrachten: Wie arbeitet er? Wie denkt er? Was benötigt er, um noch effizienter denken und arbeiten zu können? Wir müssen uns den Arbeitsbedürfnissen des Anwenders so geschickt anpassen, daß ihm die Bedienung eines Computers so einfach und natürlich erscheint wie der Griff zu einer Füllfeder oder einem Bleistift. Dieses Ziel, nämlich „Information at your Fingertips" zu liefern, ist nicht nur für Microsoft, sondern für die gesamte Computerindustrie eine Herausforderung.

Zu Beginn der 80er Jahre wollten wir einen Standard setzen, der zu preisgünstigen, leistungsstarken Computern und zu ebensolcher Software führt. Jedermann konnte seine Produktivität durch die einfache Arbeit mit einem Computer steigern. MS-DOS und der PC-Standard haben den Weg für unglaubliches Wachstum und Innovation geebnet.

Mitte der 80er Jahre hat Microsoft damit begonnen, Software mit der graphischen Bedienerführung WINDOWS leichter bedienbar zu machen und ansprechender zu gestalten. In den späten 80ern führte das Betriebssystem OS/2 die Client-Server-Architektur in die breite PC-Welt ein und legte so den Grundstein für Workgroup Computing (Arbeitsgruppen-Konzept) und firmenweite Datenbanken auf PC-Basis. Zu Beginn der 90er Jahre sind wir in der Lage, all diese Errungenschaften zu vereinigen und auszubauen, um eine leistungsstarke Computer-Umgebung, also die Kombination von Hard- und Software, zu schaffen.

2. Einfache Anwendungen

Generell sollte der PC als solcher leichter zugänglich sein. Die Anwendungen sind heute zwar einfacher zu installieren und zu bedienen; die Anwender müssen sich jedoch nach wie vor mit Dingen wie Konfigurationsdateien oder manueller Parametereinstellung quälen, um für irgendeine obskure Funktion die korrekte Speicherkonfiguration sicherzustellen. Vergleiche mit anderen Technologien sind hier angebracht. Wer beispielsweise zum ersten Mal ein neues Fernsehgerät einschaltet, muß nicht erst den Schraubenzieher hervorholen, um die Frequenzen für alle Sender einzustellen. Will man ein neues Auto in Betrieb nehmen, muß man nicht erst am Anlasser herumbasteln. Das Fernsehgerät läuft auf Knopfdruck, das Auto startet beim Drehen des Zündschlüssels. Genauso einfach sollte man seinen Computer einschalten: Er soll sofort betriebsbereit sein. Der PC soll den Monitortyp, den verfügbaren Speicher, die Art der Festplatte, die installierten Anwendungen sowie einen eventuellen Netzanschluß selbst erkennen und anschließend automatisch jedes Detail und jede Nuance des Systems optimal konfigurieren.

3. Integration: Die Gelegenheit

In einer ersten Phase der PC-Software-Entwicklung hat man dem Anwender das Leben durch „What-You-See-Is-What-You-Get" erleichtert. Die nächste Phase muß heißen: „What-You-See-Is-What-You-Need-To-Get". Nun, da wir über qualitativ hochwertige WYSIWYG-Dokumente verfügen, müssen wir den Anwendern helfen, alle Daten zu finden und zu bearbeiten, die sich auf natürliche und einfache Weise in diese Dokumente einbinden lassen. Die Integration von PC-Anwendungen wird sowohl die Produktivität des einzelnen Benutzers als auch die von Arbeitsgruppen steigern. Solange in der PC-Welt jedes Instrument hochspezialisiert ist, können Informationen nicht effektiv verarbeitet werden. Ein typisch wissenschaftlicher Projektbericht besteht beispielsweise aus Text, Tabellenkalkulation, Graphiken, Zeichnungen und Tabellen. Diese Informationen können überall im Netz verstreut gespeichert sein oder von außerhalb der Forschungsstätte kommen. Gegenwärtig muß der Benutzer noch lernen, wie er die verschiedenen Anwendungen zur Erzeugung unterschiedlicher Datentypen bedient, diese Dateien in den richtigen Verzeichnissen ablegt und die Einzeldaten zu einem

Ganzen verbindet. Darüber hinaus muß der Benutzer sämtliche Anwendungen auf dem aktuellen Stand halten, wenn sich die Daten in einer oder in mehreren Dateien ändern. Die Software sollte all diese Aufgaben erledigen, indem sie die Informationen verknüpft und über die Verbindungen ständig aktualisiert. Darüber hinaus gibt es verwandte Pro bleme, die ebenfalls einer Lösung bedürfen: Wie kann der Anwender Exemplare ähnlicher Berichte auffinden, die ihm als Referenz- oder Zusatzinformation für das betreffende Projekt dienen? Wie soll er erfahren, wer von dem geplanten Projekt in Kenntnis zu setzen ist? Wie kann der Anwender ein Feedback oder eine Empfangsbestätigung erhalten? Werden diese Prozeduren automatisiert, kann sich der Anwender auf den eigentlichen Inhalt des Berichtes konzentrieren.

4. Integration: Die Lösung

Ausgehend von der gegenwärtigen Situation, in welcher der Benutzer drei oder vier unterschiedliche Software-Anwendungen zur Herstellung eines einzigen Dokuments einsetzt, müssen wir unsere PC-Systeme bis zu einem Punkt entwickeln, an dem sich der Benutzer nicht einmal mehr bewußt ist, daß verschiedene Anwendungen zur Erstellung eines Dokuments abgerufen werden. Er wird einfach innerhalb eines Dokumentes verschiedene Informationstypen erzeugen, durchblättern, auswählen und bearbeiten. Um zu gewährleisten, daß eine breite Palette von Anwendungsprogrammen zur Verfügung steht und um die Investitionen des Unternehmens in Applikationen sowie Unternehmensdokumente und -daten zu schützen, muß dieser Prozeß ohne radikale Änderungen für die Arbeit oder die Anwendungen des Benutzers realisiert werden.

Die ersten Schritte zum Management komplexer Dokumente sind bereits gemacht: mit Microsoft Windows und dem OS/2 Presentation Manager für graphische Anwendungen. *Cut-and-paste* (Ausschneiden und Einfügen) oder *Hot Links* (selbständig aktualisierende Verbindungen unter Verwendung von dynamischem Datenaustausch) ermöglichen das unmittelbare Einfügen von beliebigen Datentypen in ein Dokument. Der nächste Schritt nennt sich *Object Linking*. Damit lassen sich eingefügte Daten permanent aktualisieren. Diese Technik erlaubt sowohl das sogenannte *Embedding* als auch das *Linking*. Das *Embedding* (Einbetten) ähnelt dem Kopieren und Einfügen von Daten verschiedener Anwendungen, nur werden eingebettete Informationen weiterhin von der Quellapplikation verwaltet. Um die eingebettete Information auf den neuesten Stand zu bringen oder um Änderungen vorzunehmen, fährt man einfach mit der Maus an die betreffende Stelle und führt die beabsichtigten Änderungen per Mausklick durch. Soll beispielsweise eine Zeichnung in den Text eingefügt werden, kann sie in der Textverarbeitung modifiziert werden, ohne daß man dafür extra in das Zeichenprogramm wechseln und die Textverarbeitung verlassen muß. Jede Art von Information – egal wo sie herkommt – kann in das Dokument eingebettet und dort bearbeitet werden. Durch *Linking* (Verknüpfen) können Informationen von einem Dokument in ein anderes eingefügt werden, ohne daß eine physische Kopie erforderlich wäre. In einem Bericht mit einer Preistabelle ließe sich zwar diese Tabelle beispielsweise von der

Originaldatei abkopieren und Änderungen manuell vornehmen. Dies wäre aber eine große Zeitverschwendung, dupliziert noch dazu die Daten und ist fehleranfällig. Eine bessere Lösung ist das Verbinden des Berichtes mit der Preistabelle, so daß jegliche Preisänderungen automatisch im Bericht erscheinen. Darüber hinaus würden diese Verbindungen auch dann aufrechterhalten, wenn die Originalpreisliste oder der Bericht innerhalb des Systems bewegt werden.

5. Standard-Makro-Sprache für einfaches Programmieren

Verbindet man die Fähigkeit zum Einbetten mit dem Konzept einer Standard-Makro-Sprache, so definiert man den Begriff Applikation neu. Microsoft versteht unter einer Standard-Makro-Sprache eine einfache, aber leistungsstarke Computersprache, die von verschiedenen Applikationen und dem Betriebssystem verwendet wird. Microsoft hat diese Idee zum ersten Mal 1987 öffentlich vorgestellt und sich in der Folge Schritt für Schritt der Verwirklichung dieses Zieles genähert. Mit jeder neuen Version unserer Anwendungen wurden die Makro-Sprachen weiterentwickelt.

Eine Standard-Makro-Sprache wird einige Vorteile aufweisen: Erstens wird ihre Bedienung einfacher sein. Zweitens wird die Makro-Sprache sowohl der Kontrollsprache des Betriebssystems entsprechen als auch den diversen Applikationen, so daß der Benutzer zur Bewältigung ähnlicher Aufgaben in verschiedenen Anwendungsbereichen keine neuen Sprachen erlernen muß. Schließlich kann der Benutzer innerhalb einer speziellen Programmgruppe durch den Einsatz von sogenannten „agents" in einer Applikation arbeiten und dabei Teile anderer Anwendungen aufrufen. Darüber hinaus läßt sich außerhalb des Programms eine andere Applikation starten und die Anwendungen miteinander verknüpfen. Gemeinsam mit der Standard-Makro-Sprache wird die Fähigkeit zum Einbetten die Benutzer in die Lage versetzen, je nach Bedarf verschiedene Anwendungen miteinander zu verknüpfen und nach ihren Bedürfnissen aufeinander abzustimmen. Professoren und wissenschaftliche Mitarbeiter würden z.B. typische Versuchsauswertungen mit speziellen Formulareditoren, Bildverarbeitungen, Zeichnungs- und Tabellenprogrammen verknüpfen. Sie könnten damit spezifischen Anforderungen des Forschungs- bzw. Lehrauftrags entsprechen. Das Rad muß also nicht noch einmal erfunden werden, um ein bißchen Text zu editieren, ein paar Zahlen zu addieren oder eine Sortierung nach Postleitzahlen vorzunehmen. Man muß nur die jeweilige Funktion einer beliebigen Applikation aufrufen, die diese Aufgaben bewältigt – und die Sache ist erledigt.

6. Objekte: So lassen sich PC s intuitiv bedienen

All diese Fähigkeiten basieren auf dem Objekt-Konzept. Gegenwärtig muß der Benutzer eine Applikation explizit durch die Eingabe eines Befehls oder das Anklicken eines Menüs zu einer bestimmten Funktion bewegen. Um beispielsweise eine Datei auszudrucken, gibt er den Befehl „Print" und den Dateinamen ein. In einem objektorientierten

System gibt es nur eigenständige Einheiten, die über die ihnen angemessenen Aufgaben genau Bescheid wissen. Anstatt ein Objekt über eine direkte Aktion auszudrucken, schickt der Anwender ihm einfach eine Nachricht, z. B. „Drucke dich selbst" – und das Objekt reagiert positiv oder negativ, je nachdem, ob die gewünschte Funktion für diese Objektart sinnvoll ist.

Vom Standpunkt des Benutzers aus gesehen stellen Objekte Dokumente, Applikationen und Prozesse dar. Um etwas auszuführen, aktiviert der Anwender das Objekt über das Symbol. Zum Beispiel: Eine Datei wird gedruckt, wenn man ein Aktenmappen-Symbol mit der Maus auf das Drucker-Symbol legt; verschiebt man sie hingegen auf den Briefkasten, wird die Datei versandt. Grundsätzlich sollte es möglich sein, ein Objekt auf ein anderes zu legen, und beide Objekte finden dann selbständig heraus, was zu tun ist. Drucken und Versenden sind einfache Beispiele. Es geht aber letztlich darum, auch die komplexen Aufgaben auf einfache Art zu erledigen. Würde man beispielsweise eine Datei mit Zahlen auf das Microsoft Excel-Icon legen, sollte automatisch – abhängig von früheren Aktionen – eine Tabelle erzeugt oder aktualisiert werden. Die Ablage einer Datei mit Kundeninformationen auf das Datenbank-Icon müßte die entsprechende Datenbank auf den neuesten Stand bringen. Das System sollte die Objektarten erkennen und selbst beurteilen, welche Aktionen auf sie angewendet werden; ist mehr als eine Aktion möglich, sollte ein Menü erscheinen und dem Benutzer die verschiedenen Alternativen präsentieren. Wird eine Datei auf das Mail-Objekt geschoben, sollte das System diese Datei versenden – und nach dem Adressaten fragen, den der Benutzer anzugeben vergessen hat. Der Anwender sollte lediglich anzeigen, was zu passieren hat. Den Rest muß das System erledigen.

Die Objekt-Orientierung betrifft besonders Anwendungsentwickler und System-Designer. Die Microsoft-Gestaltungsziele für Objekte reichen vom Dateisystem, wo es um die Speicherung von Objekten geht, über fortgeschrittene Computersprachen wie C++ und der Standard-Makro-Sprache bis hin zu Produkten, die es dem weniger erfahrenen Benutzer ermöglichen, Anwendungsschnittstellen mit nicht mehr als einem Zeigegerät (beispielsweise einer Maus) und einem Satz beweglicher und formbarer graphischer „Dinge" zu schaffen. All dies ist erforderlich, um den Computer auf die menschliche Denkweise reagieren zu lassen und nicht umgekehrt. Die objektorientierten Werkzeuge werden die Lösung von Aufgaben beträchtlich vereinfachen. Dies gilt für den Gelegenheitsbenutzer, der ein immer wiederkehrendes kleines, aber ärgerliches Problem lösen möchte ebenso wie für den Systemplaner, der ein Computernetz für eine komplette Organisation errichten will.

Sogar die Benutzeroberfläche der Kommando-Ebene (Shell), welche die Eingabeaufforderung des Betriebssystems ersetzt, die Dateiverwaltung und die Programmauswahl werden objektorientiert ausgerichtet. Sie werden damit Standard-Werkzeuge zum Bewegen, Kopieren und Verbinden von Informationen innerhalb und zwischen verschiedenen Dokumenten zur Verfügung stellen. Diese Funktionen müssen nicht mehr in jeder einzelnen Applikation, sondern werden bereits in der Shell enthalten sein. Der Benutzer kann sich somit mühelos zwischen Shell und Applikation hin und her bewegen und wird den Wechsel nicht einmal bemerken.

Graphische Programme sind in diesem Zusammenhang nicht nur die produktivsten Applikationen; sie bilden auch Bausteine zur Automatisierung von Arbeit und Geschäftsabläufen für Einzelbenutzer, Gruppen und schließlich ganze Unternehmen. Diese Vision ist der Antrieb für die Bemühungen von Microsoft, die graphische Benutzerschnittstelle in die Oberfläche des Betriebssystems einzubetten. Nur eine graphische Lösung wird eine echte Integration ermöglichen. Microsoft wird die heutigen Betriebssystem-Umgebungen erweitern und Standards setzen, die diese Integration erlauben. Unsere Lösung wird dabei vollkommen offen und dokumentiert sein, um Softwarehäuser und Entwickler in Unternehmen in die Lage zu versetzen, Anwendungen zu schreiben, die sich in andere integrieren lassen. Sie können damit die umfangreichen Leistungen des verbesserten Dateisystems und der Shell nutzen.

7. Weltweite Informationsbeschaffung

„Information at your Fingertips" ist auf eine hochgradig vernetzte Umgebung ausgerichtet, in der viele Menschen eng zusammenarbeiten, auch wenn sie an weit auseinanderliegenden Stellen innerhalb einer Organisation verstreut sein sollten. Informationen müssen jederzeit von einem beliebigen Ort innerhalb des Unternehmens, einem anderen Netz, einem Großrechner oder irgendeinem Platz auf der Welt leicht verfügbar sein. Information muß in jeder Form, als Text, Datenbank, Tabelle, Textverarbeitungsdokument, Graphik oder Klang, zur freien Verfügung bereitstehen. Soweit dies den Benutzer betrifft, wird sein Personalcomputer die größte Festplatte der Welt besitzen, da er Zugriff auf alle Informationen außerhalb seines Rechners hat. (Natürlich nur, wenn er auch zu deren Nutzung berechtigt ist!) Der Anwender muß sich nicht mehr darum kümmern, wo die Informationen liegen; ebensowenig braucht er genaue Server-Namen oder die genaue Position von Dateien anzugeben, um sie zu finden. Alles was er wissen muß, sind Quellenname, Autor oder Quellenart. Das System findet damit heraus, wo die Information liegt und wie sie an den Benutzer vermittelt werden kann. Ein Directory-Service, mit dem das Netz nach Informationen durchsucht werden kann (etwa nach Eigennamen, Namen von Arbeitsgruppen, Adressen oder Themen), stellt eine zusätzliche Erweiterung der Daten-Indizierungsfähigkeit des Systems dar.

8. E-Mail wird zum Kommunikations-Rückgrat

Das beste Beispiel für umfangreiche elektronische Unternehmenskommunikation stellt Electronic Mail, kurz E-Mail, dar. Bei Microsoft benötigt man nur den Namen des Adressaten, um innerhalb des Systems Nachrichten in die ganze Welt zu versenden. Dieses System umfaßt derzeit zirka 6.000 Personen und wächst täglich weiter. Mit einem perfekten Directory-Service, der das Management sämtlicher Netzressourcen ungeachtet ihres Standortes ermöglicht, wird man in der Lage sein, Daten wie etwa Bestandslisten eines bestimmten Produktsortiments, eine Verkaufsdatenbank, die neuesten Produkt-Präsentationen oder die Namen des kalifornischen Technikerteams zu finden. Mit Hilfe von Directory-Services erhält der Benutzer durch bloße Namensnennung der Quelle den sofortigen Zugriff auf die gewünschten Informationen.

Ein weiteres interessantes Gebiet stellen der elektronische Gebrauch und die elektronische Verteilung von Formularen dar, was zahllose Papierformulare überflüssig machen würde. Hier zeichnet sich der nächste Schritt zur Erweiterung des E-Mail-Konzeptes ab. Zur Zeit verwenden wir E-Mail zum Schreiben kurzer Mitteilungen oder vielleicht noch zur Erleichterung des Dokumentenaustauschs über größere Entfernungen hinweg. Kombiniert man jedoch E-Mail mit zusammengesetzten Dokumenten und Formularen, wird E-Mail das Medium für alle wichtigen Informationen innerhalb einer Organisation, vorausgesetzt, daß das Netz diese Objekte weltweit versenden kann. Eine Vielzahl unterschiedlicher Informationen und Informationsarten lassen sich bearbeiten und austauschen, „weitgereiste" Nachrichten werden automatisch und unmittelbar an Entscheidungsträger weitergeleitet. Einzelpersonen und Organisationen werden in der Lage sein, die Informationen zu verstehen, aufzunehmen und innerhalb von Minuten oder Stunden anstelle von Tagen oder Wochen auf sie zu reagieren. Der rote Faden, der dieses Konzept durchzieht, heißt „intelligente Netzarbeit"; der Server fungiert dabei nicht nur als Datenspeicher und Druckerspooler, sondern bietet eine große Vielfalt an „Information Sharing" (Verwaltung von Informationsverteilung). Bei zahlreichen Anwendungen, die von einem Arbeitsgruppen-Terminplan und einem Managementplan, wo die Daten auf einem lokalen Server gespeichert sind, bis zu Datenbank-Anfragen reichen, wo die relevanten Daten auf einem Unternehmens-Großrechner in einigen tausend Kilometer Entfernung liegen können, bietet die graphische Benutzerschnittstelle raschen Informationszugriff. Und – was noch wichtiger ist – sie ermöglicht auch eine einfache Integration.

9. Jenseits der Büros: Computer unterwegs

Viele Informationen erreichen uns gerade dann, wenn wir nicht am stationären Computer sitzen. Daher können wir die von uns benötigten Informationen nicht immer und überall auf dem aktuellen Stand halten, was wiederum die Automatisierung mit elektronischen Systemen vereitelt. Stellen wir uns dennoch einmal einen Portable vor, der wirklich tragbar ist: Er hat die Größe eines gewöhnlichen Notizbuches, besitzt einen Bildschirm und ein berührungssensitives Bedienungsfeld. Er ist dünner als 2,5 cm und verfügt über einen Schreibstift. Er kann die Handschrift des Benutzers entziffern. Kreist dieser beispielsweise einen Text ein und zieht eine Linie zu der von ihm gewünschten Textstelle, wird der PC den Text dorthin bewegen. Soll ein Wort gelöscht werden, streicht man es einfach durch und es verschwindet. In diesem PC werden, wie jetzt im Zeitplaner oder im Spiral-Notizblock, alle wichtigen Informationen aufbewahrt: angefangen von Konferenznotizen und Vormerklisten über Zeitpläne bis hin zu Adressen und Telefonverzeichnissen. Dieser PC steht dem Anwender im Büro, zu Hause und auf Geschäftsreisen gleichermaßen zur Verfügung. Mit diesem Rechner verwaltet er Informationen genauso wie jetzt: in Echtzeit, gleichgültig, in welcher Reihenfolge die Konferenzen, Anrufe oder Feuerschutzübungen stattfinden.

Gelegentlich schließt man diesen PC dann an den stationären PC an, und alle Informationen werden automatisch aktualisiert. Besprechungsnotizen werden auf elektronischem Weg an die zuständigen Leute im Büro verteilt, die Mitarbeiter werden davon elektronisch unterrichtet. Wurde der Zeitplan während der Abwesenheit des Benutzers auf dem Notizblock abgeändert oder eine Besprechung verlegt, vergleicht die Notizblockfunktion die geänderten Bedingungen mit dem zentralen Bürozeitplan und weist auf Terminkonflikte hin. Das Gerät läßt sich auch unterwegs einfach an das Telefon anschließen. All diese Vorgänge erfolgen per Fernsteuerung. Man erhält Telefonnachrichten und E-Mail sozusagen in einem einzigen unkomplizierten Paket.

Damit hat der Anwender jetzt ein Hilfsmittel an der Hand, das seine Termine organisieren kann. Es bringt Ordnung in das tägliche Durcheinander. Das Neuschreiben von Informationen oder Mehrfachspeicherungen erübrigt sich. Der computerisierte Kalender wird so einfach, daß der Benutzer nicht mehr auf ihn verzichten möchte. Darüber hinaus kann man auf ihm auch herumkritzeln oder zur Ablenkung und Entspannung spielen. Der Anwender verfügt damit überall, auch unterwegs, über „Information at Your Fingertips".

Um eine Aufsplitterung des Marktes zu verhindern, müßten diese tragbaren Systeme mit den Desktop-PC kompatibel sein. Andernfalls müßten die Software-Häuser ihre Bemühungen zur Anwendungsentwicklung verstärken, die Benutzer die doppelten Mengen an Software erwerben und sich dazu mit Lernproblemen und redundanten Daten herumärgern. Microsoft wird das Microsoft Windows Desktop soweit verbessern, daß es objektorientierte Technologie aufnimmt; zudem wird dies die Basis für Notebook-Computer und Rechner mit Handschrift-Erkennung.

10. Lernen und Arbeiten mit dem Mulitmedia-Heimcomputer

„Information at your Fingertips" erstreckt sich über das Büro hinaus auch auf den Heimbereich. Multimedia-Computer werden zu einer Erweiterung der vermittelbaren Informationsarten sowie der Übertragungswege führen. Multimedia-Geräte werden eine integrierte Mischung aus Klang, Text, Graphik und Videobildern auf dem Computerschirm anbieten. So wird beispielsweise der Planer eines Eigenheims in die Lage versetzt, Größe und Form der Räume sowie Anordnung und Abmessungen von Einrichtung, Installationen und Unterhaltungselektronik dreidimensional darzustellen. Die Räume lassen sich dazu in verschiedenen Farben ausstatten, und am Bildschirm kann überprüft werden, ob die Kombinationen zusammenpassen.
Anwendungen für Heimcomputer werden sich von den PC-Applikationen, wie wir sie heute in den Büros einsetzen, radikal unterscheiden. Die meisten aktuellen Programme sind nichts anderes als Werkzeuge: Textverarbeitung zum Schreiben, Tabellenkalkulationsprogramme für Berechnungen, Computersprachen zur Entwicklung anderer Applikationen. Dabei müssen die dafür benötigten Informationen selbst vom Benutzer erbracht werden. Die Home-Software wird aus inhaltsbezogenen Applikationen mit riesigen Datenmengen bestehen, also keine bloßen Text-Datenbanken oder Nachschlagwerke.

Wir haben die Möglichkeit, die Gedanken junger Menschen auf der ganzen Welt zu beschäftigen, neue Methoden zur Stimulierung ihrer natürlichen Neugier zu entwickeln und sie für „Information at Your Fingertips" in ähnlicher Weise zu begeistern wie für ihre Video-Games. Interaktive Geographie wird zum Beispiel die Möglichkeit bieten, ein Land auf einem PC-Bildschirm nur kurz anzutippen, um unmittelbar danach Bilder von seinen Bewohnern zu sehen, deren Stimmen zu hören und visuelle Rundreisen durch seine Landschaft zu unternehmen – Eindrücke, die ein Buch niemals vermitteln kann. Interaktive Wissenschaftsprogramme könnten Studenten durch Experimente geleiten; wobei sich Texte, Graphiken und Ton zur Erklärung wichtiger Zusammenhänge ergänzen würden. Sogar die Computerspiele, gelegentlich ja als Plage empfunden, werden anspruchsvoller sein und höhere Anforderungen an das Denkvermögen und die analytischen Fähigkeiten – und nicht bloß an die Reflexe – der jungen Leute stellen. Diese Multimedia-Geräte werden die Grenze zwischen Bildung und Unterhaltung verschwimmen lassen und dabei die Möglichkeiten in beiden Richtungen wesentlich erweitern. Lern-Software kann anregender, Unterhaltungsprogramme können interaktiv und weniger passiv gestaltet werden. Inhaltsbezogene Anwendungen werden in zehn Jahren wahrscheinlich ein größeres Geschäft darstellen als der Verkauf von Werkzeug-Anwendungen, wie sie die heutige PC-Welt dominieren.

Anwender, die ihren PC zu Hause nutzen, müssen mit diesem neuartigen Mediensystem Informationen, die aus dem Arbeitsbereich kommen, integrieren können. Die standardisierte Plattform auf Windows-Basis erlaubt den Austausch von Anwendungen und Informationen. Multimedia läßt sich beispielsweise in einen Standard-PC implementieren, wobei die Ton- und Video-Kontrolle als zusätzliche, vom Benutzer zu regelnde Objekte behandelt werden. Audio- und Video-Elemente können so einfach in ein zusammengesetztes Dokument eingefügt werden wie eine Tabellenkalkulations-Datei.

Diese Beispiele sind keine ferne Utopie. Die Technologie für dieses Szenario ist verfügbar, und weltweit – nicht nur bei Microsoft – arbeiten Softwarehäuser an der Umsetzung in eine neue Generation von Anwendungen.

Das Clipper-Entwicklungssystem ASAIL und das Matrizenverarbeitungssystem KOMAX

Siegmar Groß und Gerd Stechow

Software- und Rechenzentrum GmbH, Berlin

1. ASAIL – Entwicklungssystem für Clipper™ - Lösungen

ASAIL ermöglicht es, den Aufwand bei der Erarbeitung von Clipper™ -Anwendungen drastisch zu senken. Geübte Entwickler sind z.B. in der Lage, innerhalb von wenigen Minuten eine einfache netzwerkfähige Datenbanklösung mit kompletter Menüsteuerung, Codewortabfrage, Erfassungsmasken, Bildschirmtabellen, Online-Hilfssystem und verschiedenen Werkzeugen für den Benutzer zu erstellen. Die fertige Lösung ist von ASAIL unabhängig, kann also lizenzfrei veräußert werden. Das System selbst ist offen gestaltet. Der Entwickler wird nicht in ein festes Regime gezwungen, sondern es ist ihm überlassen, welche Komponenten er nutzt.

1.1 Was charakterisiert ASAIL-Anwendungen ?

- Sie besitzen eine einheitliche Benutzeroberfläche, auf Wunsch nach SAA-Richtlinien.
- Dem Anwender stehen verschiedene Werkzeuge wie z.B. ein Taschenrechner, ein Notizblock oder ein Briefkastensystem zur Verfügung
- Modifizierungen an Datenstrukturen sind, solange keine Verarbeitungsabläufe direkt betroffen sind, im Dialog mit dem Entwicklungssystem, ohne Änderungen am Sourcecode möglich.
- Änderungen in der Menüführung, beim Aufbau von Masken und Tabellen sind ebenfalls ohne Eingriff in das Programm möglich.
- Die Anwendung selbst besteht nur aus wenigen Quelltextzeilen.
- ASAIL-Anwendungen sind netzfähig.

1.2 ASAIL besteht aus vier Komponenten

- Generatoren zum Gestalten, Testen und Dokumentieren von Menüs Masken und Tabellen,
- Funktionsbibliothek,
- Anwendungsneutrale Programmbausteine (z.B. Codewortverwaltung, Mailbox, Notizblock, Hilfssystem u.a.)
- Sourcecode-Templates

1.3 Die Entwicklung einer Anwendung erfolgt in den Stufen

- Problemanalyse und Entwicklung des Datenbank- und Verarbeitungskonzeptes sowie der Aktivitätenstruktur und Erzeugen des Datenmodells,
- Generieren der Menüführung des Gesamtprojektes (bei Top-Down- Vorgehensweise während der Implementierung), Generieren von Bildschirmmasken und Tabellen,
- Zusammenstellen der gewünschten anwendungsneutralen Programmbausteine,
- (bei Bedarf) individuelle Programmierung von anwendungsspezifischen Verarbeitungsabläufen in Clipper™ oder C,
- Zusammenstellung der Anwendung insgesamt.

2. Das Matrizenverarbeitungssystem KOMAX

Mit dem Softwareprodukt KOMAX wird für Personal Computer (unter MS-DOS) eine Entwicklungs- und Anwendungsumgebung für die Arbeit mit *großen, schwachbesetzten Matrizen und Vektoren*, die mit herkömmlichen Tabellensystemen zu unübersichtlich dargestellt, zu uneffektiv gespeichert bzw. überhaupt nicht mehr verarbeitet werden können, bereitgestellt. Mit KOMAX können hauptsächlich große Matrizenmodelle für wirtschaftliche oder technische Anwendungen realisiert werden. Auf der Basis der sogenannten *kompakten Speicherungsform*, die nur die von Null verschiedenen Datenelemente berücksichtigt, wird sowohl bei der Verarbeitung der Matrizen und Vektoren im Hauptspeicher, als auch bei der Speicherung auf den externen Datenträgern eine minimale Speicherplatzbelastung erreicht. Als weitere Datenobjekte werden neben den Matrizen und Vektoren von KOMAX außerdem Skalare, Textmatrizen und Prozeduren unterstützt. Die *Nutzeroberfläche* von KOMAX bietet dem Anwender mit Hilfe komfortabler Darstellungs- und Auswahlmethoden (Pulldown-Menüs, Hot Key's, Fullscreen- Editoren) umfangreiche Möglichkeiten

- zur Eingabe, Pflege und Ausgabe der von KOMAX unterstützten Daten,
- zur Übernahme bzw. Übergabe der Daten anderer Softwareprodukte und
- zur Eingabe, Pflege und Ausführung von Kommandos bzw. Prozeduren.

Die Kommandos und *Prozeduren*, die eine in KOMAX integrierte Steuersprache in Anlehnung an die Matrizenalgebra darstellen, bilden gleichzeitig die Grundlage für die Projektierung von Anwendungslösungen. Diese ermöglichen, routinemäßige Aufgaben der Matrizenrechnung unter KOMAX automatisch ablaufen zu lassen. Die für Matrizen und Vektoren anwendbaren elementweisen, zeilen- bzw. spaltenweisen und höheren Operationen dieser Steuersprache erlauben zum einen vielfältige Möglichkeiten zur *Indexauswahl* und zum anderen *Werteauswahlen* über Konstantenvergleiche. Bei der Darstellung von Matrizen und Vektoren können die einzelnen Zeilen bzw. Spalten über zugeordnete *Textmatrizen* mit Beschriftungselementen versehen werden. Über den gesamten KOMAX-Lauf stehen dem Anwender *Systemvariable* zur Verfügung, die ihm vielfältige Möglichkeiten zur Dimensionierung, Namensauswahl und Darstellung der Daten geben. Für KOMAX gelten folgende Beschränkungen:

- Dimension für Matrizen, Vektoren <= 16383,
- Elementeanzahl für Matrizen < 28000 (bei 640 KByte Hauptspeicher)
- Speicherung der Werte der Matrizen, Vektoren , Skalare als Gleitkommazahlen einfacher Genauigkeit, d.h. negative bzw. positive Werte zwischen 3.4E-38 und 3.4E+38 mit sieben gültigen Ziffern.

Zur Nutzung von KOMAX sollten folgende Hardware- und Softwareanforderungen erfüllt sein:

- PC AT oder kompatibler PC,
- Hauptspeicher >= 640 KByte,
- Speicherplatz auf der Festplatte:
- für die Software ca. 600 KByte,
- je Datenobjekt praktisch bis zu 200 KByte möglich,
- mathematischer Koprozessor (80x87) günstig, nicht notwendig,
- Betriebssystem MS-DOS 3.3 (und höher).

Softwarebeschaffung

Pfannstiel's Logibyte
Software & Bücher, Berlin

1. Standardsoftware versus Individuallösung

Heute gibt es Standards für fast jeden Bereich. Sie erleichern Ihnen die Datenübergabe von Programm zu Programm und sorgen dafür, daß Ihre getätigten Investitionen auch noch morgen ihren Wert behalten. Die Standardlösung von heute ist flexibel anpaßbar an die jeweiligen betrieblichen Erfordernisse. Viele Pakete verfügen sogar über ihre eigene Makroprogrammiersprache. Unabhängige Literatur von Drittanbietern erleichtert zusätzlich die Auswahl. Standardsoftware ist sofort verfügbar und muß nicht erst langwierig entwickelt werden.

2. Programmierwerkzeuge

Der moderne Programmierer von heute benutzt tools. Das sind Softwarewerkzeuge, die Ihnen die Arbeit erleichtern. Nicht jeder muß das Rad neu erfinden, oder würden Sie auf die Idee kommen, ein Haus ohne Spaten und Kelle zu bauen? Logibyte besorgt Ihnen die passenden Programmierwerkzeuge aus aller Welt.

Standardsoftware kostet einen Bruchteil dessen, was Sie für Ihre individuelle Lösung ausgeben müssen. Logibyte hilft Ihnen zusätzlich Kosten zu sparen. Sie erhalten bei uns Rabatte von bis zu 50% des empfohlenen Verkaufspreises des Herstellers oder Distributors der Software, abhängig vom Hersteller und der Bestellmenge. Wir kennen uns im PC-Markt aus. Dort wo Sie zeitaufwendig nach einem Hersteller oder Lieferanten suchen müssen, reicht bei uns oft ein Blick in unsere Unterlagen. Kommen wir selbst nicht weiter, so fragen wir einfach unseren Mann in den USA, direkt vor Ort des internationalen Geschehens. Nutzen Sie unseren Beschaffungsservice. Bürden Sie uns dieses Problem auf! Ihre Einkaufsabteilung wird in uns einen fairen Partner finden.

3. Vertriebsprogramm

Unser Angebot umfaßt über 1000 Softwareprodukte aus aller Welt. Weitere 15 000 Artikel liefern wir Ihnen auf Anfrage. Somit können wir für Sie die gesamte Beschaffung im PC-Softwarebereich übernehmen.

In unserem Gratiskatalog, den Sie stets kostenfrei und unverbindlich anfordern können, finden Sie z.B. Programme zu folgenden Bereichen:

Anwendungssoftware
Betriebssystem
Business Grafik
CAD
Datenbanken
Desktop Publishing
Flußdiagramme
Grafik/Zeichenprogramme
Integrierte Software
Kommunikation
Projekt Management
Statistik/Mathematik
Tabellenkalkulation
Textverarbeitung
Utilities

Programmierung
ADA - APL
ASSEMBLER
CASIC
C
COBOL
FORTRAN
DEBUGGER
Editoren
LISP
MODULA
PASCAL
PROLOG
SMALLTALK

Unix/Xenix
Betriebssystem
Anwendungen
Datenbanken
Programmiersprachen

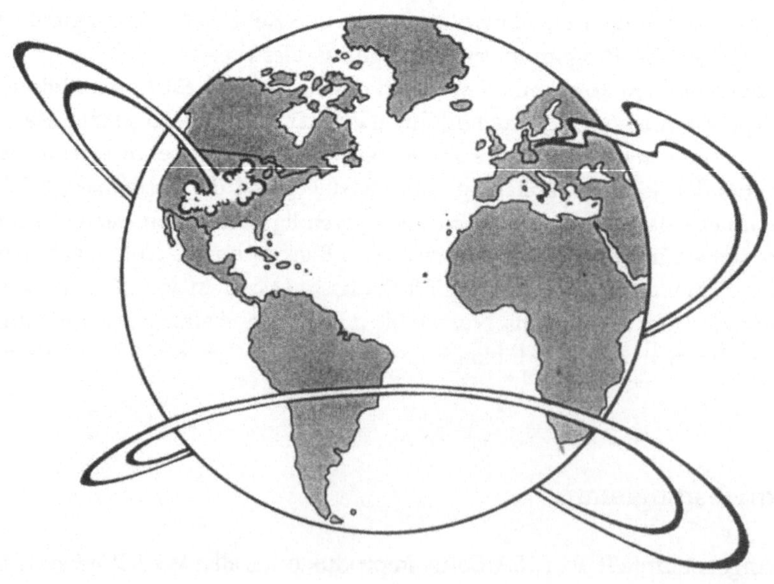

Ein blindengerechtes Textlesesystem

Stefan Trcek

Universität Karlsruhe
Fachbereich Informatik

1. Einführung

An der Universität Karlsruhe entstand 1987 der „Modellversuch Informatik für Blinde", dessen vorrangige Aufgabe die Unterstützung blinder Studierender ist. Im Rahmen der Werkzeugforschung stand von Anfang an der komfortable elektronische Textzugang im Vordergrund. So entstanden als Diplomarbeiten u.a. ein Betriebssystem, ein Editor, ein Graphikdatenbanksystem (z.B. zur Erzeugung und Benutzung von Stadtplänen, womit die Mobilität der Blinden erhöht wird) und von mir ein Textlesesystem, das den elektronischen Textzugang erleichtern hilft.

Von den Studierenden benötigte Bücher werden i.d.R. mit einem Scanner eingelesen und stehen nach einer meist aufwendigen manuellen Aufbereitung als ASCII Text zur Verfügung (Graphiktext ist für Blinde indiskutabel). Da Bücher meist sehr umfangreich sind (1 bis 2 MByte), die Möglichkeiten optischer Strukturierung (z.B. verschiedene Zeichensätze) entfallen und auf der Brailledarstellung nur ein kleines Fenster des Bildschirms erscheint (20-80 Zeichen), entsteht das Problem der Orientierung im Text, wovon blinde Leser durch das sequentialisierte Lesen der Brailleschrift (Abtasten von taktilen Elementen mit den Fingern) besonders betroffen sind. Meine Arbeit soll den rechnergestützten Literaturzugang erleichtern und den oben genannten Strukturverlust durch elektronische Mittel mindestens ausgleichen.

2. Benutzerschnittstelle

Besonderes Augenmerk verlangte die Benutzerschnittstelle. So wird z.B. eine Fehlermeldung, die irgendwo auf dem Bildschirm erscheint, vom Braillebenutzer gar nicht bemerkt. Ich habe mich deshalb für eine Führung des Benutzers durch das ganze System entschieden, wobei es immer *eine* Interaktionsstelle gibt. Um bei obigem Beispiel zu bleiben: zwangsweises Präsentieren der Fehlermeldung – i.d.R. durch eine differenzierte akustische Rückmeldung implementiert, wobei der Fehlertext durch eine Funktion abgerufen werden kann. Interessant in diesem Zusammenhang sind die zwei *beliebig mischbaren* Modi, Funktionen aufzurufen:

1. Kommandoorientiert: Jede Funktion kann durch ein Kommando, das meist aus einem, manchmal mehreren Zeichen besteht, ausgeführt werden und ist damit – wenn

man das Kommando kennt – schnell verfügbar. Die Kommandos enthalten trotz aller Kürze – soweit möglich – eine erkennbare Systematik mit mnemotechnischen Hilfen.

2. Menüorientiert: Jede Funktion kann über eine Menüfolge angesprochen werden. Zu jedem Menüpunkt, über den man sich nicht im klaren ist, kann man über eine Hilfefunktion selektiv die Dokumentation anfordern. Direkt bevor man auf diese Art und Weise eine Funktion ausführt, kann man das dazugehörige Kommando lesen, und damit erlernen. Menüs werden in der ersten Zeile durch die Anfangsbuchstaben ihrer Menüpunkte (mit denen sie auch angewählt werden können) identifiziert, so daß der Braillebenutzer – nach einer Einlernphase – „auf den ersten Blick" sehen kann, in welchem Menü er sich befindet.

Mit den gegebenen Modi wird man in der Einlernphase und für selten benutzte Funktionen das Menü nutzen und zwanglos bei häufig benutzten Funktionen auf Kommandos zurückgreifen.

3. Mnemotechnik

Die meisten Kommandos haben die Form *Zähler [a] EinfachesKommando* wobei Vorwärtspositionieren durch Kleinbuchstaben, rückwärts durch Großbuchstaben erfolgt. *EinfachesKommando* bezieht sich auf die aktuelle Position (relativ), mit vorangestelltem *a* auf eine absolute Position, *Zähler* gibt die Anzahl der Wiederholungen, oder eine absolute Position an. Beispiel:

- g (go) eine Zeile vorwärts
- G eine Zeile rückwärts
- 4g vier Zeilen vorwärts
- ag zur ersten Zeile des Textes
- 4aG zur viertletzten Zeile des Textes

Einheitlich im System gilt, daß <ENTER> ein Kommando oder einen Menüpunkt bestätigt, falls eine Bestätigung verlangt wird, <ESC> eine Funktion abbricht.

4. Eigenschaften des Programms

- Bildschirm-, Sprach- und Brailleausgabe sind direkt miteinander gekoppelt, so daß Blinde problemlos mit Sehenden zusammen arbeiten können. Für die Sprachausgabe sind viele Funktionen vorgesehen, z.B. buchstabieren, endlos lesen, Sprechgeschwindigkeit wählen.
- Strukturbezogene Merkmale ermöglichen die schnelle Benutzung von

    1. Inhaltsverzeichnis
    2. Theoremstrukturen und Seitenangaben

3. Index
4. intrakapitulären Aufzählungen.

In einer beliebigen Textstelle kann man das Inhaltsverzeichnis – mit wählbarem Detaillierungsgrad – aufrufen, wird automatisch zum richtigen Kapitel positioniert, kann ein neues Kapitel anwählen und zur entsprechenden Textstelle springen. Für die anderen Strukturmerkmale gilt Vergleichbares. Um diese Funktionen nutzen zu können, ist eine vorherige halbautomatische Aufbereitung der Struktur nötig, z.B. kann nicht automatisch entschieden werden, *welche* Zeilen eine Kapitelüberschrift oder eine Seitennummerierung darstellen.

- Es existieren viele Positioniermöglichkeiten, wie sie von bisherigen Lesesystemen und Editoren bekannt sind, wie z.B. wort-, satz-, zeilen- und seitenweises Weiterpositionieren, Suchen einer Zeichenkette, Marken, automatisches und halbautomatisches Mitschreiben von Positionen etc.
- Aufzeichnen des aktuellen Lesestatus bei Verlassen des Systems, um bei erneutem Aufruf die alte Umgebung vorzufinden, z.B. aktuelle Position, gelesene Text- oder Dateiliste, Suchtext, etc.
- Ein Text besteht aus einer (opaken) Folge von Dateien. Damit kann man Texte kapitelweise (oder irgendwie) auf Dateien verteilen, große Texte (Brockhaus, DIN-Norm) verwalten, und mit diesen unzähligen Werkzeugen mit maximaler Dateigröße von 64 KByte (oder weniger) kooperieren.

5. Strukturerkennung

Für die Nutzung einiger Funktionen, z.B. Kapitelüberschriften, muß zuvor eine Strukturerkennung durchgeführt werden. Dies kann manuell oder halbautomatisch geschehen.

5.1 Manuell

Man traversiert den Text (im Textlesesystem) und ordnet jede Zeile, die zu einer Struktur gehört, mittels eines Kommandos in eine Klasse ein. Das System findet dann die dazugehörige Hierarchie und erzeugt die Strukturdatei. Beispiel: Alle Zeilen, die zu einer Kapitelüberschrift gehören, werden in die Klasse eins eingeordnet; alle Zeilen, die zu einer Unterkapitelüberschrift gehören, werden in die Klasse zwei eingeordnet.

5.2 Halbautomatisch

Das System schlägt eine Klasseneinteilung vor. Ausgehend von dieser Einteilung kann man jetzt manuell weiterarbeiten und z.B. Klassen vereinigen oder löschen, Elemente einer Klasse löschen, Elemente hinzufügen, etc.

Leider wurde das gesteckte Ziel bei der halbautomatischen Strukturerkennung noch nicht erreicht; es werden zwar (fast) alle Strukturen erkannt, aber mit einer zu hohen Differenzierung, d.h. viele Zeilen (insbesondere in mathematischen Texten), die eine Formel oder irgendetwas anderes darstellen, werden ungewünschterweise als Struktur interpretiert.

6. Programmierschnittstellen

Für die Beschreibung der Menüs, der Hilfetexte und der möglichen Interaktionen (aus welchem Menü kann man wie ein weiteres Menü oder einen Hilfetext aufrufen) habe ich eigens eine Sprache entworfen und einen Übersetzer geschrieben, der eine Datenstruktur erzeugt, die vom Textlesesystem beim Aufruf eingelesen wird. Dadurch läßt sich die Menü-und Hilfebenutzung leicht ändern und an verschiedene Anwenderkreise anpassen oder in andere Sprachen portieren.

7. Schluß

Mittlerweile werden in Karlsruhe die ersten Erfahrungen mit dem System gesammelt, wobei derzeit die Strukturerzeugung und Benutzung noch im Hintergrund steht. Insbesondere die derzeitige Nutzung des Systems durch einen auf die Sprachausgabe *angewiesenen* Studenten können recht gut kleinere Schwächen der Benutzeroberfläche aufzeigen. Von der Uni Linz wurde die Benutzerfreundlichkeit der Dialogführung begrüßt; das System wird dort offenbar von mehreren Personen genutzt.

Studenteninformationssystem STUDIS

Hans-Jürgen Hoffmann ,Thomas Golwer, Gerlinde Hess und Christian Jonnas

Technische Hochschule Darmstadt
Fachgebiet Programmiersprachen und Übersetzer

1. Einleitung

Ziel eines Projektes, das über einen Zeitraum von zwei Jahren an der Technischen Hochschule Darmstadt durchgeführt wurde, war die Entwicklung eines Studenteninformationssystem, kurz STUDIS , das die rechnergestützte Kommunikation zwischen Studenten, Tutoren und dem Veranstalter einer Grundvorlesung im Fachbereich Informatik ermöglichen soll.

2. Funktionalität

Mit Hilfe von STUDIS kann jeder Student einen Überblick über seinen aktuellen Leistungsstand im Übungsbetrieb erhalten. Er kann Mitteilungen an seine Kommilitonen, die Tutoren oder den Vorlesungsveranstalter versenden und die eigene Zugangsberechtigung individuell ändern. Den Tutoren verschafft das Studenteninformationssystem die Möglichkeit, Übungsbewertungen einzugeben, Mitteilungen an Studenten, andere Tutoren oder den Vorlesungsveranstalter zu versenden und die eigene Zugangsberechtigung individuell zu ändern. Die umfassendste Funtionalität bietet STUDIS dem Vorlesungsveranstalter. Er kann Mitteilungen an die Studenten und Tutoren versenden, Übungsbewertungen eingeben und korrigieren sowie den Scheinvergabemodus mit der Notenskala festsetzen. Der Veranstalter kann darüber hinaus die Stammdaten der Studenten und Tutoren verifizieren und gegebenenfalls korrigieren sowie die eigene Zugangsberechtigung individuell ändern.

3. Mitteilungsdienst

Die Bestimmungen des Datenschutzes zum Umgang mit personenbezogenen Daten sind ein wichtiges Kriterium für den Aufbau des Mitteilungsdienstes. Ein Student darf aus datenschutzrechtlichen Gründen nicht die Namen seiner Kommilitonen in Verbindung mit den Matrikelnummern kennen, gleiches gilt aus der Sicht des Studenten für die Tutoren. Für den Mitteilungsdienst wurde daher folgende Lösung konzipiert: Jedem Studenten wird zu Beginn der betreffenden Lehrveranstaltung eine sechsstellige

Postfachadresse zugeordnet, und jeder Tutor erhält eine Tutornummer, die der fortlaufenden Numerierung der betreuten Übungsgruppen entspricht.
Als Empfangsadresse im Mitteilungsversand wird von den Studenten untereinander die Postfachadresse benutzt. Die Tutoren werden über deren Tutornummer, der Vorlesungsveranstalter über eine besondere, reservierte Adresse angesprochen. Die Tutoren haben die Möglichkeit, Mitteilungen an einzelne Studenten über deren Matrikelnummer zu verschicken. Wollen sie ihre Übungsgruppe als Gesamtheit ansprechen, ist die eigene Tutornummer als Empfangsadresse einzugeben. Andere Tutoren werden über deren Tutornummer und der Veranstalter über die besondere, reservierte Adresse erreicht. Dem Veranstalter eröffnen sich fünf Wege des Mitteilungsversands. Wie bei den Tutoren werden einzelne Studenten mit deren Matrikelnummer und Übungsgruppen mit der zugeordneten Tutornummer angesprochen. Ergänzend ist es dem Veranstalter möglich, über eine besondere Adresse alle Studenten gleichzeitig in Form eines Bulletin zu erreichen. Die Empfangsadresse eines einzelnen Tutors ist dessen Matrikelnummer, alle Tutoren gleichzeitig lassen sich über eine reservierte Adresse ansprechen. Beim nächsten Zugang zu STUDIS erhält der Empfänger nach Absenden der Nachricht den Hinweis auf neue Mitteilungen. Mit der Funktion <Mitteilungen Lesen> ruft er die Anzeige des Mitteilungstextes sowie des Namens und der Adresse des Absenders auf. Wurde die Mitteilung vom Empfänger gelesen, ergeht an den Absender eine Nachricht über das Datum, an dem der Empfänger die betreffende Mitteilung erhalten hat.

4. Übungsbewertungen

Als Nachweis für die erfolgreiche Teilnahme am Übungsbetrieb gilt es für den Studenten, im Laufe eines Semesters eine ausreichende Anzahl von Übungspunkten zu erreichen. Diese Punkte erwirbt der Student durch die richtige Lösung der Aufgaben der wöchentlich verteilten Übungsblätter. STUDIS unterstützt Studenten, Tutoren und Vorlesungsveranstalter bei der Verwaltung von Übungsbewertungen. Nach der Korrektur der eingereichten Übungsaufgaben wird von den Tutoren die Leistungsbewertung mit STUDIS eingegeben. Zu jedem Übungsblatt können die Studenten bis zu einer durch den Veranstalter festgelegten Höchstgrenze Kleingruppen bilden. Diese Kleingruppen erhalten bei der Leistungsbewertung jeweils die gleiche Punktzahl. STUDIS ermöglicht den Studenten jederzeit die Abfrage ihres aktuellen Punktestandes. Zusätzlich wird die Information über die Bewertung der einzelnen Aufgaben des letzten Übungsblattes und die zum Erhalt des Übungsscheines notwendige Mindestpunktzahl angeboten. Diese Mindestanforderung sowie die Punkteverteilung in einer Notenskala kann durch den Vorlesungsveranstalter festgelegt werden. STUDIS bietet neben der Eingabe von Berwertungen dem Veranstalter – im Gegensatz zu den Tutoren – die Möglichkeit, Übungsbewertungen nachträglich zu ändern.

5. Stammdatenverwaltung

Zu Beginn einer Lehrveranstaltung werden die Stammdaten der Studenten und Tutoren, wie z.B. Name, Matrikelnummer, Gruppennummer, Fachrichtung, Postfachadresse usw. einmalig in den Datenbestand von STUDIS überspielt. Während des Semesters obliegt dem Veranstalter die Verwaltung der Stammdaten. Nur er kann die dem Datenschutz unterliegenden Informationen neu eingeben, ändern oder löschen. Übersichtsdarstellungen von STUDIS helfen dem Vorlesungsveranstalter bei dieser Aufgabe.

6. Zugangsberechtigung

Eine Ausnahme bildet die Verwaltung der Zugangsberechtigung in Form des Paßwortes. STUDIS erlaubt jedem Studenten und Tutor, sein persönliches Paßwort individuell zu ändern, um einen mißbräuchlichen Umgang mit den personenbezogenen Daten zu verhindern. Um festzustellen, ob eine Zugangsberechtigung mißbräuchlich benutzt wurde, meldet STUDIS zu Beginn der Sitzung Datum und Uhrzeit über Beginn und Ende der letzten Sitzung.

7. Benutzerschnittstelle

Die Benutzerschnittstelle von STUDIS präsentiert sich dem Anwender als ein menügeführtes Dialogsystem. Dem Anwender ist es, abhängig davon, zu welcher Benutzergruppe er gehört, mittels Menü möglich, die gewünschte und für ihn zugelassene Funktion bzw. Transaktion anzuwählen. Auf der Transaktionsebene werden dem Anwender Masken angeboten, welche die zur Transaktion notwendigen Datenfelder enthalten. Ziel hierbei war es, Daten, die einem bestimmten Datenblock zugeordnet sind, auch auf der Maske als Block zu repräsentieren. Von Seiten der Anwender ist es erwünscht, möglichst viele Daten auf einer Maske darzustellen, um häufiges Springen zwischen einzelnen Masken zu vermeiden.

8. Hilfestellung und Implementierungskriterien

Dem Benutzer von STUDIS wird eine aktive und passive Hilfestellung angeboten, d.h. er wird aktiv gezielt auf Eingabefehler in Form einer Fehlermeldung hingewiesen, während die passive Hilfestellung den Benutzer auf Anforderung bei der Auswahl mehrerer möglicher Eingaben unterstützt. Neben der Hilfestellung gab es weitere Kriterien, die beim Entwurf, der Entwicklung und der Implementierung von STUDIS beachtet werden mußten. Gefordert waren u.a. der Dialogbetrieb und die benutzerfreundliche Gestaltung der Anwendungsmasken. Die Implementierung höherer Ausbaustufen bzw. zukünftiger Erweiterungen sollte durch den sorgfältigen Entwurf der Programme und Datenstrukturen problemlos möglich sein.

10. Erweiterungen

Zu solchen Erweiterungen zählt z.B. die Eingabe von geeigneten Übungsaufgaben und deren Bearbeitung am Rechner. Denkbar ist auch ein telekommunikativer Zugang zu STUDIS über Btx bzw. Datex-P, der in der bisherigen Version nicht vorgesehen ist.

11. Hard- / Software

STUDIS läuft an der TH Darmstadt auf einem Siemens-Großrechner (75XX bzw. 78XX) mit dem Betriebssystem BS 2000 und wurde mit den Produkten NATURAL und ADABAS erstellt. Die Benutzung erfolgt über Geräte, die an das Hochschul-Datennetz angeschlossen sind. STUDIS wurde mit dem Anwendungsentwicklungssystem ADABAS entworfen, entwickelt und implementiert. Die inzwischen weit verbreiteten Produkte NATURAL und ADABAS mit den dazugehörigen umfangreichen Handbüchern wurden dankenswerterweise von der SOFTWARE AG Darmstadt zur Verfügung gestellt.

12. Schluß

Das Studenteninformationssystem STUDIS kann als ein leicht bedienbares, elektronisches Postsystem mit integrierter Datenbank angesehen werden. Es dient der raschen und papierlosen Unterstützung des Übungsbetriebes in universitären Massenveranstaltungen. In einem Feldversuch wurde STUDIS von einer begrenzten Anzahl Studenten und Tutoren getestet und ist seit Beginn des Sommersemesters 1991 erfolgreich im Einsatz.

Modellversuch Integration studenteneigener Rechner in das Studium

Udo Garmann

Fachhochschule Regensburg
Fachbereich Informatik

Zusammenfassung

An der Fachhochschule Regensburg wird seit Anfang 1991 ein Modellversuch durchgeführt, dessen Ziel es ist, die Integration studenteneigener Rechner in die Ausbildung zu intensivieren. Er hat Vorbilder an der TU München [8], [9], in England, der Schweiz und den USA. Nachfolgend wird auf die Zielsetzungen des Modellversuchs eingegangen. Die Anforderungen eines praxisbezogenen Studiums werden analysiert und der Bedarf an Software zur Unterstützung der Lehre ermittelt. Abschließend wird über den aktuellen Projektstand und erste Erfahrungen berichtet[1].

1. Ziele des Modellversuchs

Für die Fachhochschule Regensburg wurden die folgenden Zielsetzungen entwickelt:

1. Die Studenten des 4. Informatiksemesters (Hauptstudiumsbeginn) wurden im Sommersemester 1991 mit Rechnern ausgestattet. Die Eigenbeteiligung beträgt 3.000,- DM. Nach Studiumsabschluß gehen die Geräte in Studentenbesitz über.
2. Es sollen Unterrichtsmethoden und Organisationsformen erprobt werden, die studenteneigene Mikrorechner für eine effektivere Gestaltung des Ausbildungsprozesses zu nutzen. Effektivitätskriterien dabei sind der Arbeitsaufwand für die Studenten und die Ausbilder, der Bedarf an qualifiziertem Lehrpersonal und der Wirkungsgrad bei der Vermittlung von Wissen und Fähigkeiten
3. Es sollen Voraussetzungen geschaffen werden, um die fachlichen Inhalte des Informatikstudiums durch die Einbeziehung studenteneigener Rechner intensiver und praxisbezogener zu vermitteln. Dazu wird auch CBT (Computer Based Training) eingesetzt. Ferner wird spezielle Software zu diesem Zweck entwickelt.
4. Die technischen Möglichkeiten der Rechnerkommunikation (über Modem) sollen genutzt werden, um eine Aufgabenteilung zwischen hochschuleigenen und studenteneigenen Rechnern zu erreichen.
5. Welche Auswirkungen ein häuslicher Rechner auf das Studierverhalten, den Studienerfolg und die Motivation der Studenten hat, wird in einer begleitenden Unter-suchung festgestellt.
6. Schließlich sollen Konsequenzen für die künftige Gestaltung der EDV-Arbeitsplätze in den Hochschulen abgeleitet werden: Für welchen Zweck, in welchem Umfang, in welcher Form soll die Hochschule künftig EDV-Kapazität bereitstellen?

2. Organisatorische Aspekte

2.1 Studienverlauf und Studentenzahlen

Der Studiengang Informatik an der Fachhochschule Regensburg umfaßt 8 Semester bei einem Studienbeginn im Wintersemester. Davon werden das 3. und 6. Semester als Praxissemester in Industriebetrieben abgeleistet. Das Vordiplom findet nach dem zweiten, die Diplomprüfung nach dem achten Studiensemester statt. Im Studiengang Informatik sind zur Zeit etwa 400 Studenten eingeschrieben. Es werden zwei Studienrichtungen angeboten, nämlich Informatik in der Technik und Informatik in der Wirtschaft. Beide Studiengruppen sind in der Regel etwa gleich stark. Eine Differenzierung der Lehrinhalte erfolgt ab dem 4. Semester.

2.2. Zeitlicher Ablauf des Modellversuchs

Im Rahmen des Modellversuchs wurde ab dem Sommersemester 1991 eine Semestergruppe mit Rechnern ausgestattet und zwar das 4. Studiensemester. Es konnten 75 der etwa 102 Studenten dieser Studiengruppe ein Gerät erhalten. Zusätzlich stehen in der Hochschule Geräte zur Verfügung. Die Dauer des Modellversuchs ist zunächst auf 3 Jahre befristet. Er endet also voraussichtlich im Dezember 1993.

2.3 Eigenbeteiligung der Studenten an den Kosten

Die Rechner wurden den Studenten gegen eine Eigenbeteiligung zur Verfügung gestellt, die etwa dem Zeitwert der Geräte zum Ende des dreijährigen Versuchs entspricht, so daß diese dann endgültig im Besitz der Studenten verbleiben können. Die Eigenbeteiligung beträgt 3000,- DM und ist in drei Raten zu je 1000,- DM zu bezahlen. Diese Lösung hat Vorteile für alle Beteiligten: Der bei leihweiser Ausgabe der Rechner notwendige Aufwand für Wartung, Versicherung, Lagerung und Umverteilung der Geräte entfällt. Nach der dreijährigen Laufzeit des Modellversuchs sind die Geräte veraltet und für die Folgegeneration nicht mehr attraktiv. Die Studenten erhalten schon im Studium einen leistungsfähigen Rechner zu einem günstigen Preis. Um auch Studenten, die diesen Beitrag nicht ohne weiteres leisten können, mit ein-zubeziehen, werden diese bevorzugt als studentische Hilfskräfte, die bei der Erstellung der Lehrsoftware helfen sollen, eingestellt.

2.4 Auswahl des Rechnertyps

Bei der Auswahl des Gerätetyps waren zunächst finanzielle Vorgaben über den Maximalpreis der Geräte maßgebend. Diese waren relativ niedrig angesetzt, auch im Hinblick darauf, daß in ca. 5 Jahren jeder Student in der Lage sein soll, ohne staatliche Hilfe ein solches Gerät zu erwerben. In den Auswahlprozeß wurden sieben große und auch einige kleinere Hersteller einbezogen. Den Zuschlag bekam die Firma Digital Equipment für Rechner vom Typ DEC-Station 320 in der folgenden Konfiguration:

- 80386SX CPU, 20 MHz,
- 2 MB RAM-Speicher
- 80387 Coprozessor
- 3,5", 1,44 MB Floppy Disk

- 100 MB Platte mit 19 msec Zugriffszeit
- VGA-Controller und 14" Farbbildschirm
- 1 Jahr Garantie

Gegen eine erhöhte Eigenbeteiligung konnten interessierte Studenten die folgenden Optionen zusätzlich erwerben:

- auf drei Jahre verlängerte Garantie
- Super-VGA-Controller mit 15"-Farbbildschirm
- DECStation 325 mit 80386 CPU, 25 MHz

Ausschlaggebend neben den günstigen Konditionen für die Studentenrechner war, daß die Firma Digital Equipment weitere Geräte als Spende der Hochschule zur Verfügung stellt und einen dritten Mitarbeiter mitfinanziert.

3. Softwareentwicklungen während des Modellversuchs

In der ersten Phase des Modellversuchs wurden die Vorstellungen der Dozenten der Fachhochschule Regensburg über den Einsatz studenteneigener Rechner im Informatikstudium analysiert. Ferner wurden erste Erfahrungen mit CBT-Systemen gesammelt[2]. Die Ergebnisse der Untersuchungen führten zu drei Kategorien benötigter Software, die im Modellversuch entwickelt werden soll. Sie lassen sich wie folgt beschreiben:

A. Unterstützung von Praktika am Rechner

Der Student soll durch eine Folge von Programmieraufgaben geführt werden. Dafür wird aufgabenspezifisch eine Umgebung (Entwicklungs-Tools, vorbereitete Programm-Module, Hilfestellungen, ...) bereitgestellt. Für diese Anforderung wird ein Programmsystem geschaffen, das es einerseits dem Lehrer gestattet, einfach solche Übungen bereitzustellen, und andererseits dem Schüler eine Unterstützung bei der Bearbeitung der Übungen bietet.

B. Entwicklung von CBT-Kursen

Die Vorlesungen sollen durch CBT-Kurse [4], [11] ergänzt werden, die spezielle Themen vertiefen und es dem Studenten erlauben, mit Hilfe von Übungen seinen Wissensstand zu überprüfen. Nach den Übungen kann er entscheiden, ob er ein bestimmtes Gebiet wiederholen oder zum nächsten Thema übergehen möchte. Der Student kann also individuell sein Lerntempo bestimmen, was in einer Vorlesung nicht möglich ist.

C. Simulatoren zur Veranschaulichung von Verfahren

Komplexe Verfahren oder Modelle, die in den Vorlesungen häufig aus Zeitgründen nur kurz erläutert werden können, sollen auf dem Rechner graphisch simuliert werden. Beispiele sind Warteschlangenmodelle oder Baumalgorithmen.

Zu A: Die Implementierung eines Systems für menügeführte Programmierübungen (SYMEP) wird seit Mai 1991 mit einer Gruppe studentischer Hilfskräfte betrieben.

Die Verwendung von CBT für diesen Fall wurde abgelehnt, weil in CBT-Systemen ein vergleichsweise großer Aufwand für die Einbindung externer Programme nötig ist. Ferner arbeitet der Student während der Programmierübungen die meiste Zeit in einer Programmier-umgebung, die oft nicht gleichzeitig mit CBT-Systemen betrieben werden kann.

Zu B: Für die Wahl des CBT-Systems waren die folgenden Kriterien maßgebend: Eine leicht handhabbare Benutzeroberfläche soll den Einstiegsaufwand für die Dozenten niedrig halten. Das System muß den Anschluß externe Software in praktikabler Weise unterstützen. Besonderer Wert wurde auf die Möglichkeit einer fachlichen Kooperation mit dem Hersteller bzw. Lieferanten des CBT-Systems gelegt.Im Modellversuch werden die CBT-Systeme IconAuthor, das von der Firma Digital Equipment GmbH vertrieben wird, und IICL, das von der Firma Q-Team Dr. Knabe entwickelt wurde, eingesetzt.

Zu C: Die Simulatoren sollen von Studenten in Diplomarbeiten realisiert werden. Jegliche im Modellversuch entwickelte Software soll von den Studenten auf ihren Rechnern zuhause oder zumindest an CIP-Rechnern in der Hochschule benutzt werden können. Sie wird allerdings möglichst portabel realisiert, damit eine einfache Übertragung auf andere Systeme (Unix, VAX/VMS, Apple Macintosh, Atari ST, ...) möglich ist. Die Programmodule werden der ASK (Akademische Software Kooperation) in Karlsruhe zur Verfügung gestellt und stehen dann auch anderen Hochschulen zur Verfügung.

4. Aktueller Stand des Modellversuchs

Die Rechner zum Modellversuch wurden erst im Mai 1991 an die Studenten ausgegeben. Da für die Einarbeitung der Mitarbeiter und für organisatorische Aufgaben eine Anlaufphase unumgänglich war, wurde diese Zeit jedoch wirklich benötigt. Weiterhin mußte noch die Software innerhalb des begrenzten finanziellen Rahmens ausgewählt und beschafft werden. Wichtig war am Anfang auch das Knüpfen von Kontakten zu Gruppen und Institutionen, die sich ebenfalls mit der Entwicklung von Kursen und/oder Lernumge-bungen, insbesondere im Hochschulbereich beschäftigen. Dazu zählen:

- die Fernuniversität Hagen
- die Projektgruppe „BWL-Interaktiv" der Universität Bamberg
- Lehrstuhl für Psychologie Prof. Dr. Lukesch, Universität Regensburg
- Lehrstuhl Prof. Dr. Siegert, TU München

Mit den aufgeführten Gruppen ist ein Erfahrungsaustausch und gegenseitige Unterstützung im Bereich des computerunterstützten Unterrichts vorgesehen. Für die begleitende Untersuchung wurde ein erster Fragebogen ausgegeben, der Aufschluß über das bisherige Lernverhalten der Studenten geben soll. Es werden noch weitere Umfragen folgen.

5. Erste Erfahrungen

Obwohl etwa 90% der Studiengruppe bereits einen Rechner besaßen, waren 75 von 90 Studenten bereit, die relativ hohe Eigenbeteiligung zu übernehmen und so ein leistungsfähiges Gerät zu erwerben. Dieses Potential sollte künftig stärker zur Entlastung der Rechner an den Hochschulen genutzt werden.

Unter den Studenten des betroffenen Semesters der Fachhochschule Regensburg wurde der Modellversuch bisher gut aufgenommen. Ihre Begeisterung geht über die Erlangung eines günstigen Computers hinaus und setzt sich in aktiver Mitarbeit fort. Sie sind bereit, ihren Anteil am Rechner zu bezahlen und diesen nötigenfalls als Hilfskräfte zu erarbeiten. Von Seiten der Professoren kamen einige konstruktive Vorschläge für den Einsatz studenteneigener Rechner im Studium.

Ein intensiver Erfahrungsaustausch in Sachen CBT hat sich dahingehend als nützlich erwiesen, als daß dadurch viel Einarbeitungszeit gespart werden konnte. Ein Ideenaustausch erwies sich als für alle Seiten sehr fruchtbar. Die Zusammenarbeit mit professionellen Firmen ist insbesondere in Hinblick auf die Praktikabilität der Ergebnisse von Vorteil.

Anhang A

Lehrveranstaltungen, auf die der Modellversuch besonders ausgerichtet ist

Betriebssysteme: Studenteneigene Rechner ermöglichen für dieses Fach den Einsatz praxisbezogener Trainingsprogramme zu allen Komponenten eines Betriebssystems. Außerdem wird dadurch der Einsatz kompletter Trainings-Betriebssysteme wie z.B. MINIX durch alle Studenten möglich.

Compilerbau: Für das Fach Compilerbau stehen bereits Compilerbau-Tools und fertige Beispiel-Compiler zur Verfügung. Mit dieser speziell für Ausbildungszwecke entwickelten Software sind die Voraussetzungen gegeben, um vorhandene Übersetzer um neue Sprachelemente zu erweitern und vollständige Übersetzer zu entwickeln.

Datenbanken/Datenorganisation/Operation Research: Die Lehrveranstaltungen zu diesen Themengebieten an der Fachhochschule Regensburg werden bereits heute durch zahlreiche Software-Beispiele und Übungsaufgaben ergänzt. Studenteneigene Rechner ermöglichen es, daß alle Studenten die Lösungen zu den Aufgaben am Rechner erarbeiten können. Damit kann eine wesentlich intensivere Wissensvermittlung stattfinden.

Datenverarbeitung in der Wirtschaft/Rechner-Architektur: In diesem Bereich können studenteneigene Rechner eingesetzt werden a) zum intensiven Vergleich von Mikrorechner-Betriebssystemen (MS-DOS, OS/2, XENIX) sowie b) für die praktische Anwendung betriebswirtschaftlicher Standard-Anwendungen (Finanzbuchhaltung, Lohn und Gehalt, Auftragsabwicklung, Fakturierung, Lagerwirtschaft, Produktionsplanung und Produktionssteuerung).

Graphische Datenverarbeitung/Bildverarbeitung: Für alle relevanten Teilgebiete dieser Lehrveranstaltungen liegen im Rahmen von Diplomarbeiten entwickelte Softwaresysteme vor, die zur Zeit nur demonstrativ eingesetzt werden können (Darstellungsalgorithmen, Freiform-Kurven und -Flächen, ein Modelliersystem, ein Bildverarbeitungssystem, eine GKS-Implementierung, ...). Durch studenteneigene Rechner können auf diesen Software-Systemen Projektkurse aufgebaut werden.

Numerische Mathematik: Im Fach Numerische Mathematik wird die algorithmische Aufbereitung mathematischer Lösungsverfahren behandelt, von der Formulierung bis hin zur Programmentwicklung. Gerade dieser für die Informatiker wichtigste letzte Schritt mußte bisher mangels geeigneter Übungsmöglichkeiten am Rechner zu kurz kommen. Durch studenteneigene Rechner ist eine vollständige Durchführung numerischer Projekte möglich.

Systemprogrammierung: Für diese Lehrveranstaltung steht ein Multi-User/Multiprogramming-Betriebssystem (Eigenentwicklung) zur Verfügung, das eine ideale Basis für einen Projektkurs mit studenteneigenen Rechnern darstellt.

Technische Physik: Im Fach technische Physik sollen studenteneigene Mikrorechner eingesetzt werden, um mit numerischen Methoden Modellrechnungen und Simulationen durchzuführen, z.B. für schwingungsfähige Systeme, Halbleiter-Anwendungen, Fourier-Spektren, Wellenausbreitung usw..

Literatur

[1] Beierl/Brendemühl/Friedl/Haimerl/Koch/Schäffner: Implementierung des Graphischen Kernsystems GKS für Mikrorechner, Diplomarbeiten 1983-86, Hannover Messe 1986

[2] Bund-Länder-Kommission für Bildungsplanung und Forschungsförderung: Informationsschrift über Modellversuche im Bildungswesen, 1988

[3] Herzog/Neumann/Frammelsberger: Studenteneigene Rechner im Informatikstudium

[4] Janotta, H.: CBT - Computer Based Training in der Praxis, Landsberg am Lech, 1990

[5] Kopp: Compilerbau, Hanser 1988, Lehrbuch mit Begleitdisketten

[6] Kopp: Graphische Datenverarbeitung, Hanser 1989, Lehrbuch mit Begleitdisketten

[7] Ley/Rau/Ried/Scharnagl: Implementierung eines Bildverarbeitungssystems, Dipl.-Arb. 1989-90

[8] Reichl: 3D-Modelliersystem für polyedrische Objekte, Diplomarbeit 1988

[9] Siegert: Integration studenteneigener Rechner in die Ausbildung, IBM - Wissenschaftliches Forum, Mün-chen, 26-28. Oktober 1988

[10] Siegert/Paul/Herzog: Erste Erfahrungen mit dem Modellversuch „Integration studenteneigener Rechner in die Ausbildung"

[11] Steppi, H.: CBT- Computer Based Training: Planung, Design und Entwicklung interaktiver Lernprogramme, Klett-Verlag, Stuttgart, 1990

[12] Wissenschaftsrat: Empfehlungen zur Informatik an den Hochschulen

Anmerkungen

1 : Kontaktadresse: Projektgruppe Studentenrechner: Dipl.-Inf. Udo Garmann, Dipl.-Math. Josef Hübl, Prof. Dr. Herbert Kopp; Fachhochschule Regensburg; Fachbereich AW/Informatik; Prüfeninger Straße 58; 8400 Regensburg; Tel.: 0941/943 - 2905, 2484, 2574; e-mail: garmann@vax1.informatik.fh-regensburg.dbp.de

2 : Im Bereich des Computerunterstützten Unterrichts unterscheidet man Auto-renysteme und Autorensprachen. Beide bieten Plattformen für die Entwicklung von Kursen, die auf einem Computer ablaufen. Autorensysteme stellen eine interaktive Oberfläche zur Verfügung, während Autorensprachen die Struktur herkömmlicher Programmiersprachen haben. Dies bedingt Unterschiede in der Handhabung und Offenheit solcher Systeme.

Rechnerpools und Vernetzung

Gedanken zur Organisation von Rechnerpools und Vernetzung

Dieter Haupt

RWTH Aachen
Rechenzentrum und Lehrstuhl für Betriebssysteme

1. Einleitung

Die Möglichkeiten automatischer Datenverarbeitung werden an den Hochschulen in vielfältiger Weise genutzt, da eine Hochschule ja auch als Unternehmen mit den dafür typischen generellen Aufgaben angesehen werden muß. Besonders zu nennen sind hier die Anwendungen der DV als

- Hilfsmittel für die Durchführung des technischen Betriebs
- Hilfsmittel für die Verwaltung
  - allgemeine Verwaltung
  - Bibliothek
  - Klinikverwaltung
- Hilfsmittel für die Forschung und Lehre
- Gegenstand von Forschung und Lehre
- Arbeitsgerät, mit welchem Studenten für ihr späteres Arbeiten im Studium und als Berufstätige vertraut werden sollen.

Wenn auch die Entwicklung der Nutzung der Datenverarbeitung an den Hochschulen ein über 30 Jahre gleitender Vorgang ist, so lassen sich doch einige zeitlich erkennbare Stufen aufzeigen:

- ca. 1965 jede Hochschule besitzt einen Rechner, der i.a. in einem Rechenzentrum aufgestellt ist
- ca. 1970 Terminalanschlüsse zu zentral betriebenen Gemeinschaftsrechnern
- ca. 1980 Vektorrechner als qualitativ neue Arbeitsmittel (betr. Programmierung und Algorithmen)
- ca. 1985 PC als Arbeitsplatzgerät (CIP)
- ca. 1990 Client-Server Netze – Wissenschaftlerarbeitsplätze

2. CIP

2.1 CIP-Ausgangssituation

Als in der Mitte der 80er Jahre das CIP initiiert wurde, lag folgende Situation vor:

- Die Rechnerversorgung erfolgte über Gemeinschaftsmaschinen in Fachbereichen/Ortsbereichen/Hochschulrechenzentren i.a. für Forschungsaufgaben; es gab keine direkte Versorgung der Studenten.

- Gute PCs waren lokale, aber relativ teure Geräte (ca. 30 TDM).

Waren also bislang im wesentlichen die Wissenschaftler in die Versorgung einbezogen, sollten nun auch die Studenten so versorgt werden, daß sie in der PC-Nutzung eigenständige Nutzungsrechte erhalten. Somit war die Aufgabe des CIP die Bereitstellung vernetzter PCs mit guter Software in Pools für Studenten, auch für individuelle Aufgaben und Arbeiten.

2.2 CIP-Pools heute

Nachdem die Grundphase des CIP mit einem Versorgungsverhältnis von 1PC auf 100 Studierende abgeschlossen ist, kann man sich ein Bild über deren Nutzung und die Betriebsverhältnisse machen. Die Situation stellt sich wie folgt dar:

- Die Nutzung der CIP-Pools erfolgt für
  - geschlossene Unterrichtsveranstaltungen
  - individuelle studentische Arbeiten
  - Arbeiten der Hochschullehrer zur Neufassung von Unterrichtsmaterial
  - allgemeine Aufgaben der Mitarbeiterschulung
  - Ersatz für Wissenschaftlerarbeitsplätze
- Betrieb und Betreuung erfolgen überwiegend durch die Institute, in deren Nähe oder für deren Veranstaltungen die CIP-Pools eingerichtet sind. Wartungsverträge sind i.a. nicht abgeschlossen, zum Teil erfolgt Eigenwartung. Wo die Geräte zentral beschafft wurden (z.B. durch die Rechenzentren), erfolgt auch von dort die Bereitstellung der Kosten für Wartung und Softwarepflege.
- Die Nutzung im Individualbereich läßt nach, hängt aber von der Zugänglichkeit der Pools ab. Wachsender Bedarf besteht für geschlossene Unterrichtsveranstaltungen.
- Einige früh beschaffte CIP-Pools, besonders wenn die Geräte sehr einfach waren, sind im Hinblick auf Hardware und Software schon veraltet.

2.3 Organisatorische Aspekte

Es hat sich gezeigt, daß bei der Nutzung vieler Pools eine enge Beziehung zwischen den fachlichen Interessen der Nutzer und dem Arbeitsgebiet des den Pool betreuenden Institutes besteht, daraus ergibt sich eine Orientierung von allgemeinen CIP-Pools zu Institutpools. Somit zeichnet sich die folgende Entwicklung als wahrscheinlich und/ oder wünschenswert ab:

- Die Verantwortlichkeit für die CIP-Pools soll lokalisiert werden; dies betrifft
  - die Nutzung der Geräte
  - die Pflege der Geräte und Software

  so daß die CIP-Pools zu Institutpools werden.
- Da viele Studenten besonders in den natur- und ingenieurwissenschaftlichen Fächern eigene PCs besitzen, kann dort der Aspekt studenten-individueller Arbeit etwas zurücktreten.

- Die Fortsetzung bzw. die Ergänzung des CIP sollte besonders auch die Einrichtung größerer Arbeitsräume mit PCs für größere Unterrichtsveranstaltungen (z.B. Übungen in Grundkursen) einbeziehen und die Beschaffung der Geräte und der Software sollten zur Wahrung der Wirtschaftlichkeit koordiniert, z.B. durch das Rechenzentrum erfolgen.

3. Vernetzung

3.1 Innerhochschulische Vernetzung

Von Anbeginn sind die CIP-Pools als vernetzte PC-Systeme installiert worden. Ziel dieser Maßnahme war, Geräte wie Drucker, Speicher etc. aus Wirtschaftlichkeitsgründen gemeinsam nutzen und das Arbeiten in einem Netz erlernen zu können. Diese PC-Netze wurden dann in übergeordnete lokale oder über sie in hochschulweite Netze eingebunden, so daß grundsätzlich auch die Dienste des Hochschulnetzes wie z.B. elektronische Post erschlossen werden. Der technische Aufbau der Hochschulnetze erfolgt im allgemeinen an den meisten Orten gemäß dem DFN Netzmemorandum, aus Kostengründen jedoch in Stufen. Beim Ausbau der lokalen und hochschulweiten Netze waren ausgeweitete CIP-Pool-Netze oftmals der Ausgangspunkt für Haus- und Bereichsnetze, da die Grunddienste (Server, Netzsoftware, auch Anwendersoftware) mit dem CIP-Pool bereits vorhanden und in großem Umfang mit nutzbar waren.

3.2 Außerhochschulische Vernetzung

Besonders über das WIN sind viele wissenschaftiche Einrichtungen miteinander vernetzt. Abgesehen von Diensten der elektronischen Post und den darauf basierenden Zusatzdiensten werden besonders genutzt

- Rechendienste (z.B. Supercomputer als Landesrechner)
- Datenarchivdienste etc. (z.B. Dateitransfer)
- Datenbankdienste (z.B. Fachinformationssysteme).

Diese Dienste sind von den Datenendgeräten der Hochschule, auch von den CIP-Pools, für die Nutzungsberechtigten erreichbar. Besonders bei Fachinformationssystemen ist ein offener, pauschal abgegoltener Zugang (Übertragungskosten, Informationskosten) wichtig.

4. Der häusliche Arbeitsplatz

Immer mehr Studenten verfügen am häuslichen Arbeitsplatz über einen PC. In Fortsetzung des CIP-Programms muß der häusliche Arbeitsplatz angemessen weiter entwickelt und gefördert werden.

- Die Software, die an innhochschulischen Plätzen verwendet wird (z.B. für Übungen, Textverarbeitung) muß auch am häuslichen Arbeitsplatz verfügbar sein, damit ein nahtloser Arbeitsplatzwechsel möglich ist.

- Der Student muß die üblichen Dienste, die er in der Hochschule benutzt, auch von seinem häuslichen Arbeitsplatz erreichen können.
- Das Datennetz der Hochschule muß die häuslichen Arbeitsplatzrechner der Studenten und Wissenschaftler einbeziehen, auch wenn diese anderweitig finanziert werden.

Um dieses Ziel zu erreichen, sind sehr erhebliche Anstrengungen erforderlich, die sich noch über mehrere Jahre erstrecken werden. Das Problem liegt hierbei sowohl in der Ausdehnung und Struktur der hochschulinternen Datennetze als auch in den technischen Möglichkeiten des öffentlichen Telefonsystems. Einige besondere Aspekte und Aktivitäten sind die folgenden:

- Bei Beschaffung von Lehr- und Lernprogrammen ist der Ausrüstungsstand der häuslichen Arbeitsplätze mit zu beachten, um diese Programme auch dort oder von dort aus nutzen zu können.
- Campuslizenzen von Software sind auf die häuslichen Arbeitsplätze zu erweitern.
- In Anbetracht der Finanzlage der Studenten werden besondere Tarife der Telekom für die Datenübertragung benötigt.
- Eine Bekanntgabe von Ausrüstungsstandards für Studenten verschiedener Fachrichtungen in verschiedenen Studienabschnitten hinsichtlich
  - Gerätekonfiguration
  - Netzanbindungen
  - Software-Ausrüstungen

  wird die private Geräteanschaffung erleichtern. Wichtig sind auch finanzielle Richtwerte, u.a. für Stipendiengeber und zur steuerlichen Bearbeitung beim Finanzamt.
- Es werden Finanzierungsprogramme für die Gerätebeschaffung benötigt.
- Eine direkte Einbeziehung von Studentenwohnheimen in das Hochschuldatennetz ist als erste Schwerpunktmaßnahme zweckmäßig.

5. Zusammenfassung

- Das CIP ist ein qualitativ wichtiger Entwicklungsschritt der Datenverarbeitung an den Hochschulen
- Mit dem Aufkommen studenteneigener PCs können die CIP-Pools in Institutspools übergehen
- Wichtig ist die Bereitstellung von Übungsräumen mit vielen Rechnerarbeitsplätzen (Großpools)
- Der häusliche Arbeitsplatz der Studenten muß in das Hochschulsystem eingefügt werden durch
  - Kompatabilitätsbemühungen bei Hardware und Software
  - Erreichbarkeit der Dienste (Autorisierung)
  - Anbindung an bzw. Einbindung in das Hochschulnetz
- Es muß ein Finanzunterstützungsprogramm für studentische häusliche Rechnerarbeitsplätze bei gleichzeitiger Vorgabe von Richtwerten geschaffen werden.

Wissenschaftler der neuen Bundesländer im Deutschen Forschungsnetz

Gertraud Hoffmann

Verein Deutsches Forschungsnetz, Zentrale Projektleitung, Berlin

1. Deutsches Forschungsnetz

Der DFN-Verein – 1984 gegründet als Selbsthilfeorganisation der Wissenschaft für die Belange der rechnergestützten Datenkommunikation – sorgt für bestmögliche Voraussetzungen der Wissenschaftler der Bun- desrepublik Deutschland zum weltweiten Informations- und Datenaus- tausch auf Basis einer offenen Kommunikation.

Das Deutsche Forschungsnetz DFN ist das Kommunikationssystem des DFN-Vereins; seine Übertragungskomponente ist das X.25-Wissenschaftsnetz WIN, das die Datenübermittlung auf Basis des Paketvermittlungsprotokolls X.25 übernimmt. Die Kommunikationsdienste des DFN

- Dialog,
- Filetransfer,
- Remote Job Entry,
- Electronic Mail und
- Directory

werden von wissenschaftlichen Hochschulen, Fachhochschulen, Bibliotheken, Fachinformationszentren, wissenschaftlichen Instituten und Großforschungseinrichtungen genutzt. Darüber hinaus nehmen auch Forschungs- und Entwicklungsabteilungen von Unternehmen am Verbund teil.

Desweiteren gewährleistet das DFN den Zugang zu wichtigen europäischen Wissenschaftsnetzen wie z. B. JANET (Großbritannien), EARN (Niederlande), SWITCH (Schweiz) über das europäische X.25-Wissenschaftsnetz IXI (International X.25 Interconnect) sowie den Zugang zu BITNET, EUNET, NSFNET usw.

2. Projekt Neue Bundesländer

Zur Realisierung des Zugangs von Wissenschaftseinrichtungen der neuen Bundesländer zu den DFN-Diensten wurde Mitte 1990 vom DFN-Verein gemeinsam mit Wissenschaftseinrichtungen der neuen Bundesländer ein Pilot-Projekt zum Aufbau einer Kommunikationsinfrastruktur erarbeitet. Ein weiteres Projekt bietet die Möglichkeit des weiteren Ausbaus der Infrastruktur bis Ende 1991. Dabei werden sowohl die im Pilotprojekt noch nicht berücksichtigten Einrichtungen integriert als auch die Kommunikationstechnik in den Einrichtungen wesentlich erweitert. Beide Projekte werden vom Bundesministerium für Forschung und Technologie gefördert und vom DFN-Verein getragen.

3. Projektziele

Ziel der Projekte ist der Aufbau einer Kommunikationsinfrastruktur für Wissenschaftseinrichtungen der neuen Bundesländer, um den Wissenschaftlern auf Basis der DFN-Dienste Telekommunikationsmöglichkeiten im nationalen und internationalen Bereich bereitzustellen. Der Aufbau der Infrastruktur erfolgt in enger Zusammenarbeit mit der Deutschen Bundespost TELEKOM. Das gegenwärtig in der Realisierung befindliche Projekt beinhaltet die Erweiterung des WIN (ERWIN) auf das Territorium der neuen Bundesländer. In einer weiteren Stufe werden die Wissenschaftseinrichtungen schrittweise eigene WIN-Anschlüsse erhalten.

4. Technische Realisierung

Abb. 1 zeigt die Topologie von ERWIN zur Realisierung des WIN-Zugangs, Abb. 2 enthält ein typisches technisches Szenarium in den Wissenschaftseinrichtungen.

ERWIN besteht aus einem Netz von X.25-Untervermittlungen (UV), die i. a. in den Rechenzentren der Wissenschaftseinrichtungen stehen und durch Mietleitungen untereinander verbunden sind. Die X.25-Untervermittlungen übernehmen neben der Anbindung an ERWIN den Anschluß von X.25-Endgeräten wie z. B. von Mail- und File-Servern, Großrechnern und Stand-alone-Arbeitsplatzrechnern (PC), von über LAN vernetzten Arbeitsplatzrechnern sowie von asynchronen Endgeräten (PCs oder Terminals) mittels integrierter PAD-Einrichtungen (s. Abb. 2). Darüber hinaus vermitteln sie weiter an nachgeordnete Untervermittlungen. Der Anschluß von ERWIN an das WIN erfolgt in der gegenwärtigen Phase über 64 kbit/s-Anschlüsse der Berliner Wissenschaftseinrichtungen *) Institut für Informatik und Rechentechnik (IIR) und Humboldt-Universität (HU) sowie die Geschäftsstelle des DFN-Vereins an den WIN-Knotenrechner in Berlin. Durch ein eigenes Netzmanagement von ERWIN, dessen zentrale Komponente in der DFN-Geschäftsstelle angesiedelt ist, ergänzt durch Accounting-Boxen ist eine nutzerbezogene Zugangskontrolle und Volumenerfassung der übertragenen Daten möglich. Mittels einer Accounting-Box kann auch der kostenverursachende Verkehr beim Übergang vom WIN zum Datex-P bzw. zu anderen Netzen überwacht und abgerechnet werden. Zur Realisierung der OSI-konformen DFN-Dienste

- Dialog /X.3/X.28/X.29 zur Realisierung des Zugangs zu Datenbanken und Informationssystemen,
- FTAM (File Transfer, Access and Management) für die Übertragung großer Datenbestände,
- Electronic Mail/X.400 für den nationalen und internationalen Nachrichtenaustausch wurden in den Einrichtungen Server bereitgestellt.

Der Anschluß lokal vernetzter Arbeitsplatzrechner wurde durch X.25- Komponenten zum Aufbau von Kommunikationsservern auf PC-Basis sowie durch Gateways und Router unterstützt. Damit ist der Zugriff der Wissenschaftler zu DFN-Diensten über vernetzte Arbeitsplatzrechner und Terminals möglich.

5. Realisierungsstand und Nutzung

Mit der Realisierung dieses Projektes wurde für die Hochschullehre und -forschung der Weg der elektronischen Datenkommunikation für die wissenschaftliche Zusammenarbeit im nationalen und internationalen Rahmen ermöglicht. Das bedeutet im einzelnen:

- Die Wissenschaftler haben die Möglichkeit des Zugriffs zu Datenbanken und Informationssystemen wie z. B.
  - * STN international,
  - * DIMDI,
  - * ECHO,
  - * ASK-SISY,
  - * GENIUS,
  - * DATASTAR,
  - * DIALOG.
- Electronic Mail wird gegenwärtig bereits von einigen Einrichtungen intensiv genutzt und wird mit der Inbetriebnahme eigener Server in noch größerem Umfang zur Verfügung stehen.
- Die Teilnahme an internationalen Experimenten, z. B. durch Austausch von Meßdaten mit Hilfe von FTAM, ist möglich.
- Der Remote Job Entry-Dienst gestattet den Zugriff auf entfernte Rechnersysteme für wissenschaftliche Berechnungen, um Großrechner und aufwendige Rechnerprogramme im Verbund zu nutzen.

Zum gegenwärtigen Zeitpunkt (Ende Mai 1991) sind von den ca. 50 am Projekt beteiligten Forschungseinrichtungen der neuen Bundesländer 40 Universitäten, Hochschuleinrichtungen und wissenschaftliche Institute über das ERWIN in das Deutsche Forschungsnetz integriert. Schwerpunkt der Nutzung sind die Dienste Electronic Mail/ X.400 und Zugriff zu Datenbanken und Informationssystemen.

Im April 1991 wurden täglich ca. 10 - 15 MByte Daten vom ERWIN zum WIN übertragen und ca. 40 MByte Daten vom WIN empfangen. Diese Daten zeigen bereits eine erhebliche Nutzung in dieser Startphase, insbesondere wenn man bedenkt, daß innerhalb von ERWIN nur Leitungen mit 9,6 kbit/s zur Verfügung stehen.

Für die Unterstützung der Einführung und im Umgang mit den DFN-Diensten gibt es in der Nutzergemeinschaft des DFN Nutzergruppen innerhalb verschiedener Fachbereiche. Beispiele solcher Nutzergruppen, in denen bereits Wissenschaftler der neuen Bundesländer mitwirken, sind die Nutzergruppen

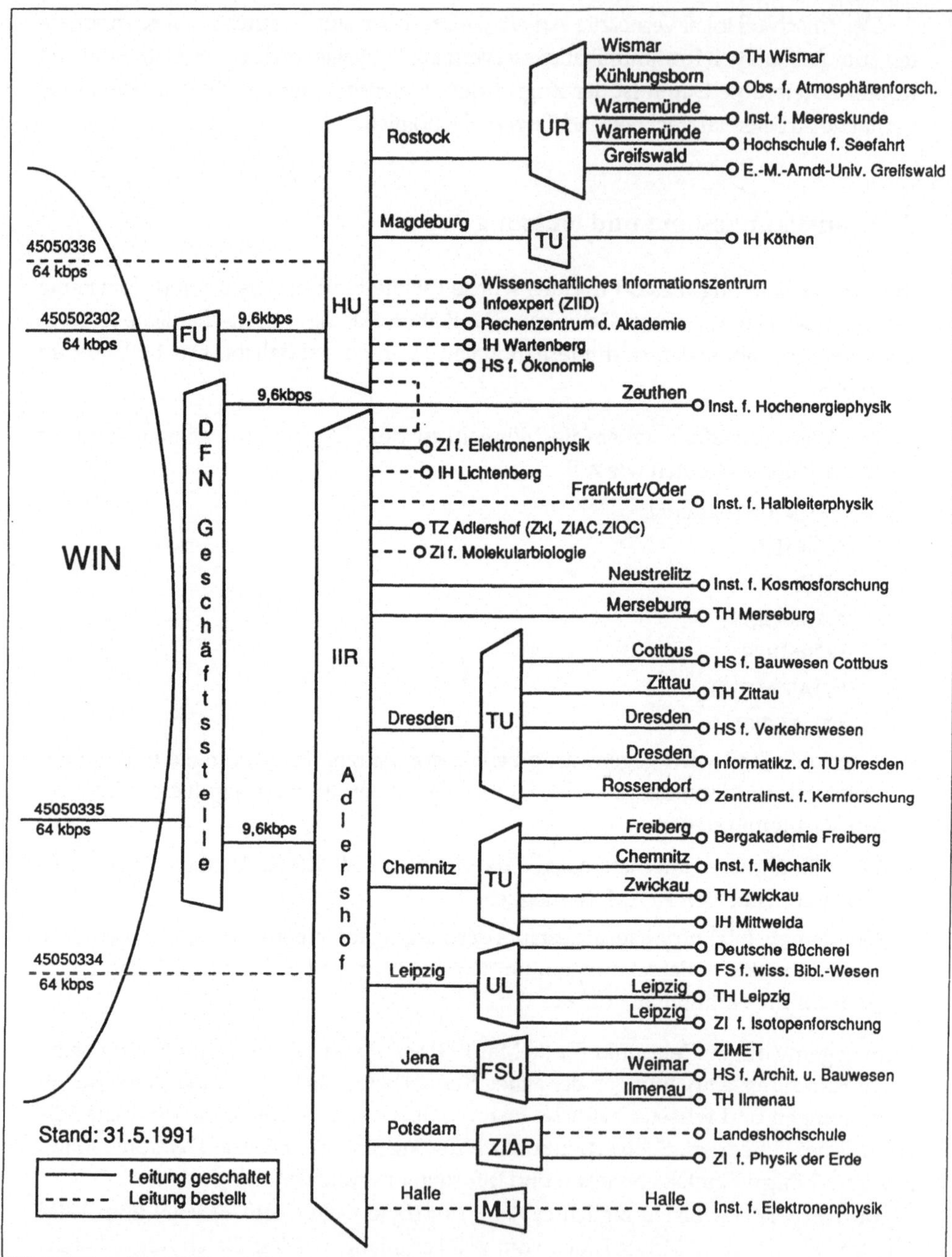

Abb. 1: ERWIN für WIN-Zugang der Wissenschaftseinrichtungen der neuen Bundesländer

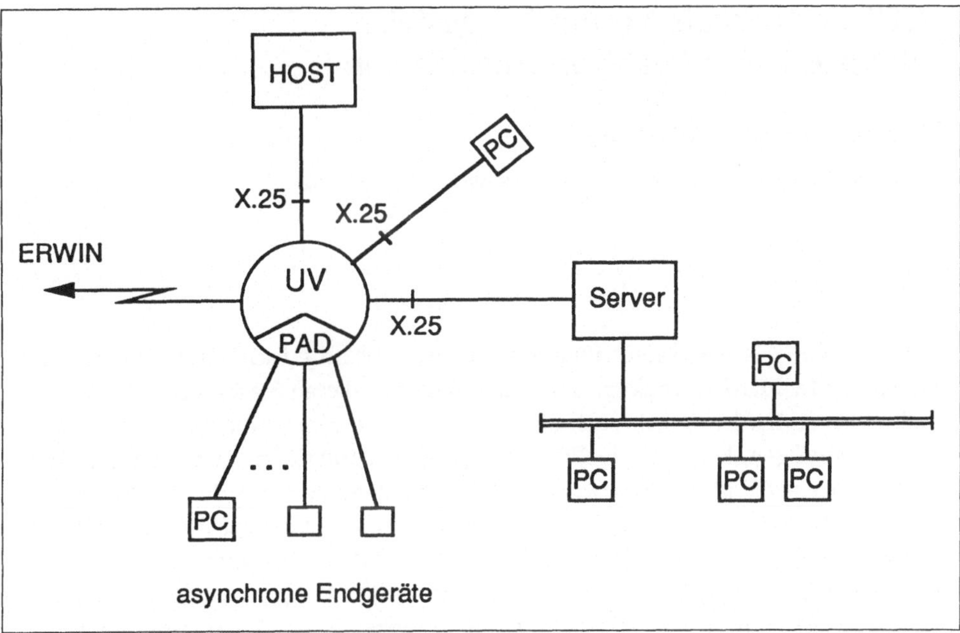

Abb. 2: Typisches Szenarium in den Wissenschaftseinrichtungen

bereiche. Beispiele solcher Nutzergruppen, in denen bereits Wissenschaftler der neuen Bundesländer mitwirken, sind die Nutzergruppen

- Bibliotheken und
- Wissenschaftsjournalisten.

Zur ständigen Kommunikation innerhalb der Nutzergruppen oder auch an- derer Fachkreise bietet das Konferenzsystem QOM (WIN-Adresse 45050130015) gute Voraussetzungen.

Weitere Informationen zum Projekt, insbesondere Kontaktadressen zu Wissenschaftseinrichtungen der neuen Bundesländer sowie deren WIN- Adressen können aus dem DFN-Informationssystem (WIN-Adresse 45050130015) entnommen werden. Außerdem sind Anfragen über die E-Mail (X.400)-Adresse des Autors s=hoffmann; p=dfn; a=dbp; c=de möglich.

Anmerkung

(1) Bis zur Schaltung der WIN-Anschlüsse von IIR und HU erfolgt der Anschluß über die DFN-Geschäftsstelle bzw. die Freie Universität Berlin (FUB).

CIP-Rechner als Vermittlungsstelle elektronischer Fachkommunikation

Peter Scherber und Helge Steenweg

Gesellschaft für wissenschaftliche Datenverarbeitung mbH, Göttingen

Auch in den Geisteswissenschaften wird die elektronische Fachkommunikation mit zunehmender Hardwareausstattung einen immer stärkeren Stellenwert erhalten. Da viele Wissenschaftler derzeit noch nicht über einen eigenen vernetzten Arbeitsplatzrechner verfügen, könnten die CIP-Pools eine Mittlerfunktion zwischen Universitätsrechenzentren, die die weltweite Fachkommunikation durch die Anbindung an akademische Netze ermöglichen, und den einzelnen Fachwissenschaftlern einnehmen. Die Vorteile aber auch die Problematik der elektronischen Fachkommunikation werden kurz dargestellt. In einer Kolumne der auf elektronischem Wege vertriebenen Zeitschrift OFFLINE 341 vom 11. Juli 1991 zieht der Herausgeber Robert Kraft zum Thema der elektronischen Kommunikation in den Geisteswissenschaften unter dem Titel: „Feeling the Information Explosion" ins Deutsche übertragen folgendes Resümee: „Die gute Nachricht ist, daß aufregende Dinge auf den elektronischen Fachlisten passieren [..]. Die schlechte Nachricht ist, daß, sofern jemand über weitgestreute Interessen verfügt und sie unter Zuhilfenahme der elektronischen Möglichkeiten pflegen möchte, es einen großen zeitlichen Aufwand erfordert. [..] Aber die Möglichkeiten sind nahezu unbegrenzt, und zwar auf einer Vielzahl von Ebenen - beim Sammeln von Informationen, beim Testen von Ideen, durch interaktive Diskussionen, durch Überblicke und Publikationen, durch Distribution und Revision. Zudem wird sich die Welt um uns herum mehr und mehr in diese Richtung bewegen, gemeinsam mit der Welt unserer Kollegen, Studenten und Kinder. Bleibt dabei, wenn Ihr dazu neigt, und in jedem Fall bleibt informiert." Diese Zusammenfassung zeigt deutlich die Vorteile der elektronischen Kommunikation in den Geisteswissenschaften, ohne gleichzeitig die Nachteile zu verheimlichen. Obwohl die Nutzung von Computern bei deutschen Geisteswissenschaftlern in Forschung und Lehre stetig ansteigt, hat die Vertrautheit mit elektronischen Kommunikationsformen nicht in gleicher Weise zugenommen. Überfliegt man etwa stichprobenartig die Teilnehmerlisten elektronischer Listserver-Konferenzen mit beispielsweise historischer Ausrichtung, so sind deutsche Subskribenten vergleichsweise gering vertreten. In der heutigen Wissenschaftslandschaft erhält die Informationsbeschaffung jedoch einen immer stärkeren Stellenwert. Der einzelne Forscher, sei er Geistes- oder Naturwissenschaftler, ist naturgemäß daran interessiert, die für seine Arbeit wichtigen bibliographischen Daten, Datenbankrecherchen und fachbezogenen Informationen zu Forschungsprojekten oder Forschungsvorhaben möglichst schnell und reibungslos zu erhalten. Dieses Informationsbedürfnis ist in einigen Wissenschaftsdisziplinen frühzeitig erkannt und durch kommerzielle Anbieter entsprechend genutzt worden. Gegen teilweise hohe Nutzungsgebühren, die aber durch Subventionierung der vermittelnden Bibliotheken und Fachinformationszentren auf ein erträgliches Maß reduziert werden, können beispielsweise Naturwissenschaftler, Mediziner oder Juristen von diesen Datenbankanbietern Auskünfte erhalten. In den meisten anderen Fachdisziplinen – insbesondere in den Geisteswissenschaften – hat sich diese Art der Informationsbeschaffung allerdings noch nicht durchgesetzt. Dies liegt nicht nur am grundsätzlich anderen Informationsverhalten dieser Disziplinen, sondern auch daran, daß sich der Informationsmarkt für den Fachwissenschaftler im vergangenen Jahrzehnt anders als ursprünglich prognostiziert entwickelt hat. Da akademische Netze im allgemeinen kostenfrei für Wissenschaftler benutzbar sind, könnten durch die stetig wachsende Anzahl von Servermaschinen (Listserver, News-Server, FTP-Server) in wissenschaftlichen Rechenzentren zukünftig fachbezogene Informationen für Wissenschaftler schnell, einfach und kostengünstig zur Verfügung stehen. Meistens fehlt es derzeit jedoch noch an einer direkten Anbindung des jeweiligen Wissenschaftler-Arbeitsplatzes an das Rechenzentrum.

1. Technische Voraussetzungen der Fachkommunikation

Um an der elektronischen Kommunikation teilnehmen zu können wird zunächst eine Nutzungsberechtigung („Account", „Jobnummer", „Userid", „Username") auf einem Rechner benötigt, der entweder selbst an einem akademischen Netz hängt oder Zugriff auf einen solchen Rechner hat. Dies ist in der Regel durch eine physikalische Verbindung zu einem anderen Rechner beispielsweise durch Koaxialkabel, eine Datex-P-Leitung, etc. gegeben. Auf diesem Rechner sollte zudem eine sogenannte Mail-Software installiert sein, so daß ein Briefkasten für die eingehenden elektronischen Briefe zur Verfügung steht. Sofern mehrere Benutzer vorhanden sind, sollte eine Verwaltung des Rechners gewährleistet sein, die u.a. Rechneradressen vergibt und Netzwerkübergänge (Gateways) betreut. Derzeit ist wohl nur in Einzelfällen bei Fachwissenschaftlern zum einen das fachliche Know-how und zum anderen die Hardware-Ausstattung für derartige Aufgabenstellungen vorhanden. In der Praxis gilt vielmehr, daß viele Wissenschaftler sich derzeit noch Instituts-PC's und Peripherie teilen müssen. Die meisten universitätsinternen Netzwerke, die letztlich eine bequeme Anbindung an die Großrechenzentren bieten könnten, befinden sich oftmals erst in der Planungs- oder Anfangsphase. Auch eine mögliche Verbindung des Wissenschaftler-Arbeitsplatzes zum Universitätsrechenzentrum per Modem dürfte nur in Einzelfällen realisiert worden sein. Vielfach fehlt es sogar an Informationen, inwieweit elektronische Fachkommunikation für den Wissenschaftler und seine Arbeit zu nutzen ist. Betont werden sollte hier , daß die Nutzung der akademischen Netze in der Regel für den einzelnen Wissenschaftler keine Kosten verursacht, wenn er über eine entsprechende Nutzungsberechtigung des jeweiligen Universitätsrechenzentrums verfügt. Kosten entstehen nur bei der Nutzung von kommerziellen Netzen oder kommerziellen Dienstleistungszentren.

1.1 CIP-Pools als Mittler zwischen dem einzelnen Fachwissenschaftler und der elektronischen Fachkommunikation

Bei dem derzeitigen im Aufbau befindlichen universitätsinternen Netzausbau könnte den CIP-Pools eine Vorreiter- und Mittlerrolle zukommen, da sie in der Regel bereits über Standleitungen mit dem jeweiligen Universitätsrechenzentrum verbunden sind. Ihre oftmals topographisch zentrale Lage in den Fachbereichen prädestiniert sie sogar im besonderen Maße, da sie verglichen mit der Lage der Rechenzentren meistens näher am Arbeitsplatz des Wissenschaftlers liegen. Ein weiterer gewichtiger Grund, CIP-Pools als Vermittlungsstelle zu etablieren, resultiert aus den technischen Gegebenheiten dieser Computer-Pools. Durch die Kleinrechner-Ausstattung der CIP-Pools - die ja im großen und ganzen mit den Arbeitsplatzrechnern der Wissenschaftler übereinstimmt - werden etwaige Schwellenängste, die aus einem Vorurteil gegen Großrechner entstehen könnten, vermieden. Zwar sind nach wie vor geringe Kenntnisse des Großrechner-Betriebssystems vonnöten, jedoch erscheint die Arbeitsplatzumgebung trotz Emulation vertraut.

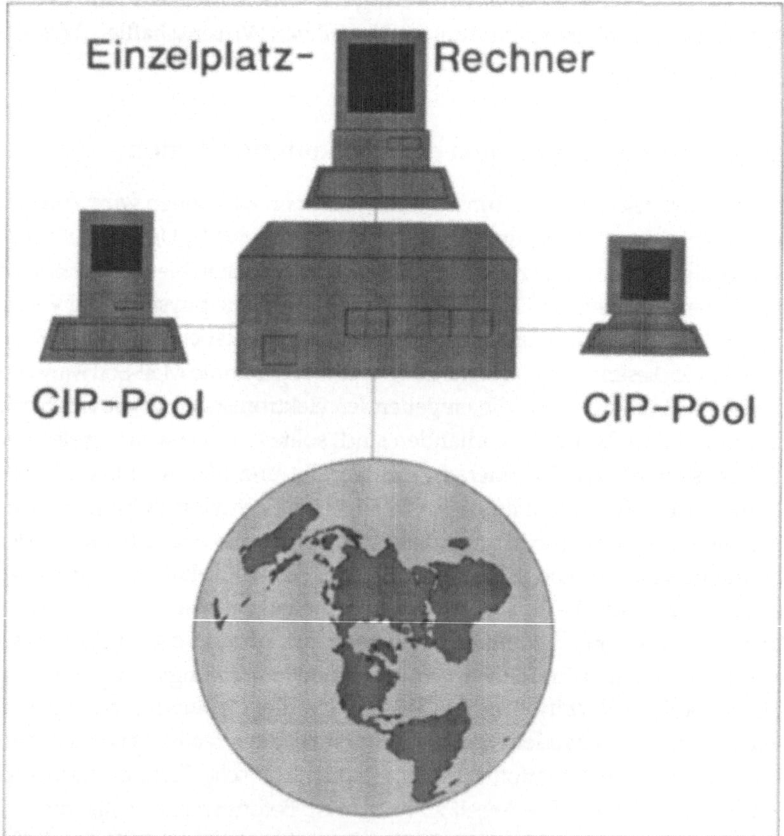

1.2 Interessante Rechnernetze für die Fachkommunikation

1.2.1 BITNET/EARN

Wenn im weiteren von akademischen Netzen die Rede ist, so bedeutet dies vornehmlich das sogenannte BITNET. Diese Abkürzung steht für „Because Its Time NETwork" – ursprünglich (1981) ein kleines Netzwerk von IBM-Rechnern, das heute über 1300 Institutionen mit 2400 Computern in 38 Ländern verbindet. Nach der allmählichen Öffnung nach Osten dürfte sich diese Zahl in nächster Zeit durchaus noch vergrößern. Insgesamt besteht dieses Netzwerk, das überwiegend wissenschaftlich orientierte Institutionen verbindet, aus insgesamt 3 Teilnetzen, von denen das sogenannte EARN (European Academic Research Network) den europäischen Part darstellt.

1.2.2 INTERNET

Neben dem BITNET/EARN nimmt in letzter Zeit das INTERNET auch im akademischen Bereich an Bedeutung zu. Entstanden ist das Internet 1982 aus mehreren Regierungs-Netzwerken in den USA (ARPANET, MILNET, etc.). Es verbindet heute etwa 40 Staaten miteinander. Dieses Netz besteht aus Computersystemen, die miteinander durch Übertragungsprotokolle verbunden sind. Verknüpft werden die unterschiedlichen Übertragungsnetze durch sogenannte Gateways, die jedoch aus der Benutzersicht transparent erscheinen, da dieser nur ein großes Netzwerk sieht. Benutzt wird für die Datenkommunikation zwischen den teilweise inkompatiblen Rechnersystemen eine unter dem Namen TCP/IP (Transmission Control Protocol/Internet Protocol) bekanntgewordene Protokoll-Software mit den wesentlichen Bestandteilen FTP3 (für die Datei-übertragung), TELNET (Zugriff auf Fremdrechner in Form einer Terminalsitzung) und SMTP4 (Austausch von Nachrichten).

1.2.3 USENET, UUCP, UUNET/EUNET

Hauptaufgabe des Usenet ist die Vermittlung von Nachrichten und Bulletins zwischen Computerbenutzern. Zurückgehend auf einen Informationsaustausch zwischen ursprünglich zwei Rechnern der University of North Carolina und der Duke University in den Vereinigten Staaten beteiligen sich mittlerweile weltweit mehrere tausend Rechner an diesem Informationsdienst.[5]

Das UNIX-Netz UUCP (UNIX-to-UNIX-Copy) dient vorrangig zum Austausch von Nachrichten, wobei die mail von Rechner zu Rechner weitergeleitet wird. Für Europa stellt EUnet die USENET- und UUCP-Dienste in einem gemeinsamen Netz zur Verfügung. In jedem zugehörigen Land sorgt eine nationale Administration auf freiwilliger Basis für die Weiterleitung von Nachrichten und Informationen. In Deutschland hat diese Funktion derzeit das Rechenzentrum der Universität Dortmund übernommen.

1.2.4 DFN WIN/ERWIN

Der 1984 gegründete Verein zur Förderung eines Deutschen Forschungsnetzes e.V. (DFN) verwaltet heute gemeinsam mit der Telekom das sogenannte Wissenschaftsnetz (WIN). Neben einigen außeruniversitären Forschungsinstitutionen verfügen in den alten Bundesländern alle Hochschulen über einen WIN-Anschluß. Einigen Universitäten in den neuen Bundesländern wurde bereits seitens des DFN-Vereins und der Telekom der Zugang zu diesem Netz eröffnet. Die Erweiterung, ERWIN genannt, soll weiter ausgebaut werden. Als Teil des Datex-P-Netzes liegt der Betrieb des WIN in der Verantwortung der Telekom. Wesentliche DFN-Dienste sind die elektronische Nachrichtenübermittlung (MH message handling), die Dateiübertragung (FT - file transfer), der Dialogdienst (z.B. bei Datenbankabfragen) und die Nutzung der Rechnerleistung entfernter Computersysteme (RJE - remote job entry). Realisiert werden soll in absehbarer Zeit ein flächendeckendes Hochgeschwindigkeits-Datennetz.

2. Formen der elektronischen Fachkommunikation

Betrachtet man die scheinbar verschlungenen Wege der untereinander vernetzten Rechner in den einzelnen Netzwerken, so erscheint die Bedienung auf den ersten Blick schwierig zu sein. Durch die ständig verbesserte Software ist diese Form der Kommunikation jedoch nicht nur sicher, sondern auch einfach zu bedienen.

2.1 E-Mail

Was passiert beispielsweise im einfachsten Fall der elektronischen Kommunikation, wenn einem Kollegen ein Brief, „mail" genannt, geschrieben werden soll? Nachdem man auf dem Großrechner die Anmeldeprozedur (Angabe der Nutzungsberechtigung und des Passwords") durchlaufen hat, startet man die Mailer-Software, tippt die elektronische Adresse des Kollegen und schreibt den Text für den Brief zumeist in ein durch die Software vorbereitetes Formular. Eine Servicemaschine, der sogenannte Mailer, schickt diese Mail anschließend durch die Netzwerke zu dem elektronischen Briefkasten des Empfängers. Dabei macht es keinen Unterschied, ob dieser Briefkasten direkt auf demselben Großrechner oder auf einem Computer weit entfernt auf einem anderen Kontinent liegt. Verglichen zu den herkömmlichen Briefbeförderungsarten stellt die elektronische Kommunikation einen extrem schnellen Weg dar, Informationen zu versenden. Oftmals bedarf es nur weniger Minuten, eine mail von Deutschland nach Amerika zu versenden. Wenn die Mail schließlich den Empfänger erreicht hat, bleibt sie solange in dessen Briefkasten, bis derjenige sie gelesen und gegebenenfalls geantwortet hat.

2.2 Listserver

Ursprünglich wurde die Listserver-Software auf einer Großrechneranlage entwickelt für den Betrieb einer sogenannten „mailing-list", installiert in Princeton. Innerhalb dieser Liste konnten daran angeschlossene Listenmitglieder schnell miteinander kommunizieren, indem sie elektronische Briefe (Mails) an diese Netzadresse verschickten. Die Serversoftware sorgte dann dafür, daß jede Mail automatisch an die Listenmitglieder versandt wurde. Mit dem schnell aufkommenden Interesse an themenorientierten Listen wuchs auch das Bedürfnis, einheitliche Standards bei diesen Listservern zu erhalten. Auf der Basis einer von Eric Thomas an der Ecole Centrale de Paris entwickelten Software erteilt mittlerweile die EARN Association seit 1988 Lizenzen an ihre angeschlossenen Mitglieder.

Derzeit zeugen etwa 2700 Fachlisten auf Listservern von dem Interesse an wissenschaftlicher elektronischer Kommunikation6. Der Durchschnitt geisteswissenschaftlicher Listserver-Listen liegt vergleichsweise gering. In dem Verzeichnis von Diane Kovacs7 lassen sich nur etwa 430 Listen dem sozial- oder geisteswissenschaftlichen Bereich zurechnen - ein Anteil von nur 16 Prozent aller existierender Listserver-Listen.

Bei dieser Gelegenheit sollte jedoch nicht verschwiegen werden, daß der Wert von E-Mail-Listen durchaus variiert, abhängig von der Aktivität der Listenmitglieder und der Qualität ihrer Beiträge. Es ist demzufolge weniger ein Problem der Quantität. Die Entscheidung, welche Liste seriös und wertvoll ist, muß jeder Nutzer elektronischer Medien letztlich selbst entscheiden.

2.2.1 Die Fachkommunikationsliste

Um eine neue Liste weltweit anzulegen, definiert ein Interessierter, möglicherweise der spätere Verantwortliche für diese Liste (Listowner), bestimmte organisatorische Kriterien, wie z.B. Personenkreis, offene oder geschlossene Distribution von Briefen und Dateien, etc., und legt gemeinsam mit dem Verantwortlichen des jeweiligen Listservers, dem sogenannten Postmaster, eine geeignete Liste an. In diese Liste können sich weltweit sämtliche Interessenten mittels einer Subskription über das akademische Netz kostenlos einschreiben. Die Subskribenten erhalten dann vom Listserver alle an die Liste gerichteten Mails (Briefe, Anfragen, Kongreßankündigungen, etc.) in den jeweiligen Briefkasten geschickt. Diese Distribution erfolgt innerhalb weniger Minuten, d.h. ein Brief aus Kanada ist wenig später bei allen Listenangehörigen ebenfalls verfügbar, obwohl er nur einmalig an die Liste gerichtet wurde. Alle Mails können in sogenannte „Notebooks" wöchentlich, monatlich oder jährlich archiviert werden. Diese Notebooks verschickt der Listserver ebenso wie andere Dateien (Bibliographien, Beschreibungen, Ankündigungen, etc.) auf Anfrage automatisch.

Neben der oben beschriebenen Konferenzmöglichkeit per email bietet die Listserver-Software darüberhinaus noch die Möglichkeit, Dateien auf Abruf zu versenden. Mittels dieser Fileserver-Funktion lassen sich beispielsweise Bibliographien, Tagungsberichte, elektronische Zeitschriften, etc. für interessierte Personen bereitstellen[8].

Im Anhang A befindet sich ein Verzeichnis der wichtigsten Listserver-Befehle; Anhang B zeigt am Beispiel historisch akzentuierter Fachlisten einmal die derzeit verfügbaren Möglichkeiten zur Benutzung von Listserver-Listen.

2.3 Trickle-Server

Ein interessantes Angebot bieten die sogenannten Trickle-Server im BITNET/EARN. Über diese Server erhält man im akademischen Netz kostenlos Public-Domain- und Shareware-Software, die auch über entsprechende kommerzielle Händler gegen Kopiergebühr vertrieben wird. Bei entsprechender Nutzung gebietet die Fairness gegenüber den Programmautoren, daß man die oftmals geringe Nutzungsgebühr der Shareware-Software entrichtet. Die europäischen Trickle-Server bieten sämtliche Dateien aus dem Angebot des SIMTEL-Servers, der ebenfalls per FTP erreichbar ist, in Form eines Mail-Servers an. Jeder Interessent schickt dem jeweils zu seinem Rechnerstandort nächstgelegenen Trickle-Server eine Mail, die Befehle zum Inhalt hat. Als deutscher Trickle-Server fungiert TRICKLE@DS0RUS1I in Stuttgart.[9]

2.4 FTP-Server

FTP (File Transfer Protocol) ist Bestandteil des TCP/IP-Protokolls. FTP ermöglicht die Übertragung von Dateien zwischen zwei Rechnern, unabhängig von deren Betriebs- und Dateisystem. Neben dem Dateitransfer wird zusätzlich das Auflisten von Verzeichnissen und das Wechseln innerhalb der Verzeichnis-Struktur unterstützt.

Zum Dateitransfer benötigt man nicht nur eine Nutzerkennung (Userid) auf dem eigenen sondern zusätzlich eine weitere auf dem Rechner, von dem man Dateien kopieren möchte. Mittlerweile existieren viele FTP-Server, die ein Login unter der Userid „anonymous" erlauben. Als Password sollte man in der Regel die eigene email-Adresse angeben. Diese Rechner nennt man Anonymous-FTP-Server. Die Koordinatoren dieser Computer sammeln oftmals Dateien bestimmter Fachgebiete und stellen sie dann der Allgemeinheit auf diesem Wege zur Verfügung. Ein Verzeichnis der bekannten Anonymous-FTP-Rechner von Jon Granrose mit Angabe der Sammlungsschwerpunkte ist per FTP in PILOT.NJIN.NET (128.6.7.38) erhältlich. Um sofort zu erfahren, auf welchem FTP-Server das neueste Update einer bestimmten Shareware-Software liegt, kann man die Dienste des sogenannten ARCHIE-Servers in Anspruch nehmen. Nach dem Login mit „archie" auf dem Server QUICHE.CS.MCGILL.CA (132.206.2.3) ist eine Datenbankabfrage möglich.

Für Benutzer ohne FTP-Möglichkeit gibt es im BITNET die Möglichkeit, die FTP-Kommandos in einer mail an BITFTP@PUCC, den BITFTP-Server der Princeton University, zu senden.10 Außerhalb des BITNET/EARN kann dieser BITFTP-Server nicht genutzt werden. Dafür existiert ein vergleichbares System im Internet unter der Netzadresse FTPMAIL@DECWRL.DEC.COM.11

2.5 TELNET-Recherchen

Als weiterer Bestandteil des TCP/IP ermöglicht das Telnet innerhalb des Internets einen raschen Zugriff auf einen Rechner mittels einer Terminalsitzung. Hierbei wird meistens eine VT100-, seltener eine 3270-Emulation benutzt.

Telnet eignet sich in besonderem Maße für Datenbankanfragen, speziell Bibliotheksrecherchen. Ein Verzeichnis von Bibliotheken, die kostenfreie Nutzung erlauben, ist über die HUMANIST-Liste (HUMANIST@BROWNVM) erhältlich. Eine auf Toolbook basierende Windows 3.0 Version dieses Verzeichnisses, „Catalist" genannt, kann kostenfrei per Anonymous-FTP von ZEBRA.ACS.UDEL.EDU im Verzeichnis „pub/library" bzw. VAXB.ACS.UNT.EDU im Verzeichnis „library/catalist" bezogen werden.

2.6 News-/Netnews-Server

Im USENET wurde ein Informationsaustausch entwickelt, der wie ein elektronisches Computerkonferenzsystem funktioniert. Hierzu bildete man sogenannte „news"-Gruppen, deren Themen von Architektur über Biochemie und Soziales bis hin zu Textverarbeitungsproblemen streuten. Neue Nachrichtengruppen werden von den Benutzern in Eigenverantwortung über „elektronische Stimmabgabe" gebildet. Eine wichtige Gruppe innerhalb der News stellt diejenige dar, in der Public-Domain-Software im Quellcode für die USENET-Teilnehmer kostenfrei zur Verfügung gestellt wird.

Von einigen in den USA installierten größeren Rechnern gehen tagtäglich die jeweils angesammelten Informationen in die ganze Welt. Die dabei übertragene Datenmenge ist enorm. Pro Monat werden circa 300 bis 350 Megabyte nach Europa übertragen. Der deutsche Netzknotenrechner UniDo in der Universität Dortmund verschickt allein täglich durchschnittlich 3000 elektronische Mails.12 Mehr als die Hälfte der im deutschen EUnet angeschlossenen Rechnerstandorte bezieht aus Dortmund diesen „News"-Service, der nicht auf UNIX-Rechner beschränkt ist. Für VM/CMS-Rechner existiert beispielsweise eine Netnews-Server-Software, die den Zugang zu diesen Informationen auch Benutzern von IBM-Großrechnern zugänglich macht.[13]

Mit Hilfe der News-Server kann jeder Wissenschaftler vergleichbar den Listserver-Listen an den offenen Diskussionen zu den Themen seines Fachgebietes teilnehmen.

Da auch kommerzielle Institutionen, wie beispielsweise Herstellerfirmen von Software, sich an diesem Computerkonferenzsystem beteiligen können, sind die dargebotenen Informationen oftmals besonders aktuell. Die Kehrseite der News-server besteht in dem immensen Informationsmengen, die zu bewältigen sind. Da prinzipiell jeder Benutzer zu jedem Thema etwas beitragen kann, ist der Informationsgehalt oft gering. Manche wichtige Information geht dann in der Masse unter.

2.7 Sonstige Angebote

In einer derartigen Zusammenstellung können naturgemäß nicht alle Möglichkeiten der elektronischen Fachkommunikation beschrieben werden. Dennoch sollen kurz zumindest einige interessante Projekte erwähnt werden:

2.7.1 Informations- und Konferenzsystem des DFN

Der DFN-Verein betreibt unter der WIN-Nummer 45050130015 ein Informationssystem als Dienstleistungsangebot. In dieser Datei findet man Fakten und Daten zum Deutschen Forschungsnetz. Als Login ist „dfn" anzugeben, ein Password ist nicht erforderlich.

Parallel dazu existiert ein Konferenzsystem, QOM genannt, das den Austausch von Nachrichten mit bestimmten Personengruppen ermöglichen soll. Dieses DFN-Angebot ist ebenfalls unter obiger WIN-Nummer erreichbar, jedoch ist als Login „qom" ohne Password-Angabe einzugeben.

2.7.2 ASK-SISY, ASK-Fileserver

Von der Akademischen Software Kooperation (ASK) an der Universität Karlsruhe werden zwei elektronische Dienste, ASK-SISY und der ASK-Fileserver angeboten, die beide unentgeltlich im akademischen Bereich benutzt werden können. ASK-SISY, das Software Informations System, stellt Softwarebeschreibungen von Produkten, die an Hochschulen entwickelt oder eingesetzt werden, zur Verfügung. Der Datenbankzugang erfolgt interaktiv nach dem Verbindungsaufbau über die WIN-Nummer 45050365010. Login und Password lauten „ask". Auf dem ASK-Fileserver, der in Aufbau und Kommandostruktur dem Listserver-Konzept entspricht, wird Public-Domain-Software aus dem Hochschulbereich verwaltet.

2.7.3 LIDO Mailserver für KI-Literatur

Als Mailserver wurde unter UNIX an der Universität Saarbrücken eine bibliographische Datenbank zur Künstlichen Intelligenz entwickelt. Ende 1990 waren dort über 13000 Artikel gespeichert, die über email abgefragt werden konnten. Bei entsprechender Abfrage erhält man als Ergebnis der Suche sogar ein $\LaTeX$- (BIB$\TeX$)-Format in deutsch oder englisch. Eine email an LIDO@CS.UNI-SB.DE mit dem Subject-Feld „lidosearch help" oder „lidosearch info" bewirkt, daß nähere Informationen zur Benutzung dieses Literaturdienstes geschickt werden.

3. Möglichkeiten und Probleme der elektronischen Fachkommunikation

3.1 Informationsangebot

Das elektronische Informationsangebot entwickelte sich aus dem konventionellen Angebot der klassischen Printmedien. Schwerpunktbildungen und Ausblicke auf neuartige, dem elektronischen Speicherungs- und Vertriebsweg besonders entsprechende Informationsformen sind erst in Ansätzen auszumachen.

3.1.1 Bibliographien

Bibliographisches Material wird auf zahlreichen Servern angeboten und hierbei erweist sich die Schnelligkeit des Mediums als ein Vorteil gegenüber der Vergangenheit. Natürlich vorausgesetzt, die angebotene Bibliographie wird immer auf dem neuesten Stand gehalten, sind derartige Daten in allen wissenschaftlichen Disziplinen ein dringend benötigtes Gut.14

3.1.2 Ankündigungen von Tagungen

Ankündigungen von Konferenzen und ähnliche Organisationspapiere vom Call for Papers über die verschiedenen Einladungen bis zum abschließenden Kongressbericht gehören schon heute zu den häufigsten Textsorten im Bereich der elektronischen Fachkommunikation.

3.1.3 Institutsbeschreibungen

Auf einigen Listserver-Listen sind Beschreibungen von Institutionen aus der jeweiligen Fachdisziplin abgelegt.[15]

3.1.4 Elektronische Zeitschriften

Elektronische Zeitschriften beginnen sich gerade in einigen Disziplinen auf den Servern zu entwickeln. Neben dem mehr der elektronischen Mitgliederinformation dienenden „Newsletter" gibt es seit einiger Zeit auch bereits regelrechte Periodika, in denen wissenschaftliches Material publiziert wird.[16] Die Frage, ob in derartigen Zeitschriften veröffentlichte Artikel von ihrer Leserschaft als wissenschaftlich akzeptiert werden, dürfte noch nicht allgemein entschieden sein. Seriosität, „Zitierfähigkeit" und wissenschaftliche Reputation hängen von zahlreichen Faktoren ab, unter anderem auch davon, wie weitgehend elektronische Kommunikation bereits in einer Disziplin gepflegt wird und bemessen sich nicht zuletzt auch daran, inwieweit sich derartige Periodica durch gute Redaktionsarbeit einen Namen machen können.

3.1.5 Software-Distributrion

Vor allem Share-Ware-Produkte, d. h. Software, die zwar lizensiert ist, die aber, um weiterverbreitet zu werden, kostenfrei kopiert und ausprobiert werden darf und wo der Entwickler davon lebt, daß ihm zufriedene Anwender einen moderaten Preis für das später registrierte Produkt zahlen, und Public-Domain-Software, d. h. urheberrechtlich geschützte, aber „durch und durch" kostenfreie Software, benötigen geradezu das elektronische Medium, um bekannt zu werden und zum Anwender zu gelangen.

3.1.6 Maschinenlesbare Quellentexte

Maschinenlesbare Quellentexte, Korpora und dgl. sind ebenfalls darauf angewiesen, mögliche Benutzer in der akademischen Gemeinschaft zu finden. Allerdings wird das Wissen über weltweit verfügbare Textkorpora noch nicht an zentraler Stelle gesammelt, zudem sind die Erfassungskriterien und Datenformate selten für eine Wiederverwendung konzipiert worden, so daß man annehmen muß, daß viele Texte noch immer mehrfach erfaßt werden, ohne daß die beteiligten Produzenten und Interessenten von einander wissen. Das vorbildlich aufgebaute und natürlich elektronisch erreichbare Textarchiv in Oxford hat hier wertvolle Pionierarbeit geleistet. Daneben sind derzeit internationale Normbestrebungen im Gange, die ein Regelwerk für die Erfassung von Textkorpora erarbeiten, um derartiges Material international austauschbar zu machen.

3.2 Vorteile der elektronischen Kommunikation

3.2.1 *Schnelligkeit*

Da der über elektronische Post angesprochene Kollege spätestens dann erreicht wird, wenn er sich wieder an seinen Rechner setzt, wird durch dieses Medium beinahe die Unmittelbarkeit und Schnelligkeit eines Telefonanrufs erreicht, ohne dessen Impertinenz zu besitzen, denn es ist ja in das Belieben und die Neugier des Adressaten gestellt, ob er den angekommenen Brief jetzt oder erst später lesen möchte. In allen Bereichen der Wisssenschaftsorganisation ermöglicht die elektronische Kommunikation ein schnelles und zielgerichtetes Handeln. Die Dateiübertragung, auch über den Atlantik bemißt sich nach Minuten, ein mit dem TELL-Kommando angefordertes Papier von einem entfernten Bitnet-Rechner befindet sich oft in weniger als einer Minute in meinem elektronischen Posteingang.

3.2.2 *Kostenersparnis*

Elektronische Fachkommunikation ist im Allgemeinen kostenfrei beziehbar und immer noch, kalkuliert man den erhöhten Zeitverbrauch für die Suche ein, sehr kostengünstig. Sie ermöglicht gerade dem Forscher, der nicht über ausreichende finanzielle Ressourcen verfügt, ein Informationsangebot, das nur von seiner Suchbereitschaft abhängt.

3.2.3 *Weltweite Kommunikation*

Wie bereits gezeigt, ist heute die gesamte westliche Welt und täglich zunehmend auch der Osten dabei, auf internationalen akademischen Datennetzen Informationen zu beziehen und anzubieten.

3.2.4 *Offener Zugang*

Der grundsätzlich offene Zugang (ausgenommen einige interne geschlossene Listen) zu den Informationen entspricht sicher den Wünschen der meisten Wissenschaftler, wobei die Offenheit natürlich auf die internationale wissenschaftliche Gemeinschaft beschränkt ist und auch weiter beschränkt bleiben sollte.

3.2.5 *Fachbezogene und/ oder interdisziplinäre Kommunikation*

Diese beiden Pole, zwischen denen sich heute wissenschaftliche Kommunikation abwickelt und die in der Vielfalt des Angebotenen durchaus zum Tragen kommen, gilt es noch auszubauen, hier liegt die Chance der angebotenen Informationsdienste. Die heute manchmal eher chaotisch anmutende Mannigfaltigkeit und der Synkretismus der angebotenen Dienste und Textformen wird sich in der Zukunft sicher noch „zurechtrütteln". Spezialisierungen werden aber zunehmen und neue, über die Fachgrenzen ausgreifende Koalitionen werden geschlossen werden. Dabei ist es die Aufgabe des Wissenschaftlers, in diesem Angebot das für ihn Wichtige und ihn Anregende auszuwählen.

3.3 Problemfelder der elektronischen Kommunikation

3.3.1 *Aktualisierung*

Damit die Benutzer stets die aktuellsten Versionen von elektronisch verfügbaren Diensten benutzen können, müssen stets die jeweiligen Dateien etc. erneuert werden.

3.3.2 *Arbeitsanfall*

Mit der Aktualisierung ist aufs engste ein enormer Arbeits- und Zeitanfall verbunden. Dieser Arbeitsanfall betrifft nicht nur den jeweiligen Anbieter von elektronischen Diensten, sondern auch die interessierten Wissenschaftler, die sich stets die neuesten Dateien etc über die akademischen Netze beschaffen müssen.

3.3.3 *Rechtliche Aspekte*

Die elektronischen Vermittlungsformen könnten dazu verleiten, Urheberrechtsgesichtspunkte in den Hintergrund treten zu lassen. In letzter Zeit haben deshalb viele Autoren von elektronisch verfügbaren Texten, z.B. Zusammenstellungen von e-journals etc., an den Anfang ihres Beitrages ein Copyright-Vermerk gestellt.

3.3.4 *Moralische Aspekte*

Eng verbunden mit dem rechtlichen ist der moralische Aspekt. Hierbei ist gemeint, daß besonders innerhalb von Listserver-Listen oder News-Gruppen eine Art Verhaltenskodex herausbilden muß. Nicht jede mail ist für jeden interessant. Deshalb sollten auch polemische oder politische Meinungsäußerungen nicht innerhalb dieser öffentlichen Kommunikationsform verbreitet werden.

3.3.5 *Informationsflut*

Das größte Problem in diesem Zusammenhang stellt die große Menge an Informationen dar, die dem interessierten Wissenschaftler täglich auf Wunsch zugestellt werden. Jeder sollte für sich entscheiden, in welchem Umfang er aktiv oder passiv an dieser elektronischen Fachkommunikation teilnehmen möchte. Im Sinne des eingangs erwähnten R. Kraft möchten wir diesen Betrag mit seinem Appell beenden: Nutzen auch Sie die Vorteile dieser zukunftsträchtigen Kommunikationsform.

Anhang

1. Welche Kommandos sind für die Benutzung von Listservern wichtig?

Wie letztlich ein Kommando an den jeweiligen Listserver gesandt wird, hängt stark von dem Rechner und dem Betriebssystem des jeweiligen Rechenzentrums ab, an dem der Interessent eine Nutzungsberechtigung erhalten hat. Sämtliche Befehle sind an den Listserver, z.B. in Göttingen (LISTSERV@DGOGWDG1) zu richten, während die Nachrichten (mails) direkt an die betreffende Fachliste, z. B. die Archäologieliste ARCH-L@DGOGWDG1, zu richten sind. Auf IBM-Großrechnern unter VM/CMS könnte ein Kommando beispielsweise mit:

TELL LISTSERV AT *NODE Kommando*
(Node = Standort des Listservers), z.B.:
TELL LISTSERV AT *DGOGWDG1 REV ARCH-L*

erfolgen, während die Befehlssequenz auf einer VAX unter VMS:

SEND LISTSERV AT *NODE Kommando*

lauten würde. Neben diesen interaktiven Befehlen ist es natürlich möglich, Kommandos in sogenannten „mails" zu versenden. Besondere Bequemlichkeit bietet hier beispielsweise der Einsatz einer Mailersoftware. Genauere Informationen dazu bieten die jeweiligen Rechenzentren an. Folgende Kommandos sind für die Benutzung von Listservern interessant:

INFO

Dieser Befehl bewirkt, daß der Listserver Informationen über die verfügbaren Kurzführer und Hilfedateien schickt.

HELP

Nach dem Absenden dieses Befehls erscheint interaktiv eine Kurzbeschreibung aller Listserver-Befehle auf dem jeweiligen Bildschirm.

LIST <Detail | Short | Global>

Durch das List-Kommando wird der Listserver aufgefordert, eine Beschreibung aller Listen zu senden, die sich auf dem jeweiligen Listserver befinden. Diese Information wird - sofern keine Optionen angegeben waren (Standard = „Short") - interaktiv ausgegeben. Bei Angabe der Option „Detail" (synonym kann auch „Long" verwendet werden) werden hingegen die Kurzbeschreibungen der Listen in einer Datei versandt. Eine Besonderheit stellt die Option „global" dar. Wird ein List-Befehl mit dieser Option zu einem Listserver, der an einem EARN-Knoten installiert ist, geschickt, z.B. an LISTSERV@DEARN, so erhält man eine Datei zugesandt, die alle derzeit bekannten Listen (ca. 1200) weltweit verzeichnet.

SUBScribe <LISTENNAME> *Vorname Nachname*
z.B.:
SUBScribe ARCH-L Hans Benutzer

Dieser Befehl wird benutzt, um sich bei einer Liste in die Reihe der Subskribenten einzutragen. In den meisten Fällen geschieht diese Subskription automatisch ohne Einwirken des Listowners. In einigen wenigen anderen Listen entscheidet der Listowner darüber, ob der Subskribent in die Listserver-Liste aufgenommen wird oder nicht.

SIGNOFF <LISTENNAME>
UNSUBscribe <LISTENNAME>

Durch diese alternativ zu benutzenden Listserver-Befehle kann sich ein Listenmitglied aus der Liste wieder austragen.

REView <LISTENNAME>

Um zu erfahren, wer bereits bei einer Fachliste subskribiert ist, genügt es, dieses Kommando an den betreffenden Listserver zu senden. Man erhält dann eine Auflistung sämtlicher Benutzerkennungen (Userids) samt Vor- und Nachnamen. Bei einigen anderen Listen können nur Listenmitglieder diesen Befehl absetzen, alle übrigen erhalten dann nur eine kurze Beschreibung der Liste.

INDex <LISTENNAME>

Nach Absenden dieses Listserver-Kommandos erhält man eine Übersicht über die vorhandenen Dateien in der betreffenden Listserver-Liste.

GET *Filename Filetyp*

Mit dem Get-Befehl spezifiziert man die Dateien, die man über die betreffende Listserver-Liste erhalten möchte, z.B. „GET ARCH-L LOG9109. Die vorhandene Software kann ebenfalls mit diesem Befehl kostenfrei angefordert werden. Falls die Software in einem Paket zusammengefaßt wurde, reicht der Befehl: „GET <Dateiname> PACKAGE". In diesem Fall werden alle benötigten Dateien ohne weiteres Zutun automatisch versandt.

2. Was ist bei der auf Listen vorhandenen Software zu beachten?

Die vom Listserver monatlich abgelegten sogenannten Notebooks, in denen die gesamte Korrespondenz des betreffenden Monat gesammelt wurde, können als Textdatei übertragen und betrachtet werden. Anders hingegen die Software. Um den Datenverkehr auf den akademischen Netzen möglichst gering zu halten, ist man dazu übergegangen, größere Dateien unter Zuhilfenahme einiger Kompressionsverfahren zu verkleinern. Hierbei bleibt der Inhalt der Datei zwar erhalten, ist jedoch ohne Hilfsmittel nicht mehr zu benutzen bzw. zu lesen. Hierzu benötigt man entsprechende Entkomprimierungsverfahren.

Bei Listservern wird die allgemein gebräuchliche Shareware-Kompression PKZIP/PKUNZIP benutzt. Dateien, die mit Hilfe dieses Verfahrens komprimiert wurden, führen als Dateiextension stets ein „ZIP", z.B. „Install.zip". Die PKZIP-Software (ShareWare) befindet sich als selbstextrahierende Datei oftmals abrufbereit in den jeweiligen Listserverlisten. Will man nunmehr die von Listservern versandten Dateien im ZIP-Format auf dem eigenen DOS-Rechner entkomprimieren, genügt es, „PKUNZIP *fn*.ZIP" aufzurufen.

3. Liste historisch orientierter Diskussionsgruppen

3.1 Geisteswissenschaften allgemein:

HUMANIST@BROWNVM	General Humanities & Computing Focus
HUMBUL@UKACRL	Listserv Distribution von HUMBUL

3.2 Diskussionsgruppen aus dem historischen Bereich:

AHC-L@DGOGWDG1	Association for History & Computing
ANSAX-L@WVNVM	Angelsächsiche Diskussionsgruppe
ANTHRO-L@UBVM	Anthropologie Liste
ARCH-L@DGOGWDG1	Archäologie Liste
ARCHIVES@INDYCMS	Liste für Archive & Archivare

ASEH-L@TTUVM1	American Society of Environmental Historians
CAAH@PUCC	Consortium of Art and Architectural Historians
CELTIC-L@IRLEARN	Keltische Kultur Liste
CONTEX-L@UOTTAWA	Alte Texte Diskussion Gruppe
C18-L@PSUVM	Interdisz. Diskussionsgruppe zum 18. Jahrhundert
EMEDCH-L@USCVM	Frühmittelalterliches China
FICINO@UTORONTO	Reformations- & Renaissance-Geschichts-Liste
HISTORY@DGOGWDG1	(Peered) Geschichts-Liste
HISTORY@FINHUTC	(Peered) Geschichts-Liste
HISTORY@RUTVM1	(Peered) Geschichts-Liste
HISTORY@UBVM	(Peered) Geschichts-Liste
IOUDAIOS@YORKVM1	Diskussionsforum für jüdische Gesch. des 1. Jhs.
KLEIO-L@DGOGWDG1	Liste für Benutzer der Kleio-Software
KUHIST-L@UKANVM	Geschichte an der Universität von Kansas
L-CHA@UQAM	Canadian Hist. Association Conference on Comp.
MEDTEXTL@UIUCVMD	Mittelalterliche Texte - Philologie, Kodicologie, etc.
MUSEUM-L@UNMVM	Museums-Diskussions-List
NOTRBCAT@INDYCMS	Seltene Bücher und Spezialsammlungen
PACARC-L@WSUVM1	Pacific Rim Archaeology Interest List
ROOTS-L@NDSUVM1	Genealogie-Liste
VWAR-L@UBVM	Vietnam-Kriegs-Diskussions-Liste
9NOV89-L@DB0TUI11	Ereignisse um die Berliner Mauer
Anonymous-FTP-	Server mit historischen Informationen

Einige Dateien für historisch Interessierte werden auf dem Fileserver der Mississippi State University (RA.MSSTATE.EDU - 130.18.80.10) im Verzeichnis „docs/history" und parallel dazu auch auf dem Fileserver der University of Washington (U.WASHINGTON.EDU - 128.95.136.1) im Verzeichnis „public/history" gehalten und können über FTP (File Transfer Protocol) direkt auf den eigenen Rechner übertragen werden. FTP stellt die schnellste Möglichkeit innerhalb akademischer Netze dar, Dateien von einem Rechner auf den anderen zu übertragen. Glücklicherweise erlauben fast alle FTP-Server ein Einloggen unter der Userid „Anonymous" und dem Password „Guest" bzw. der eigenen E-Mail-Adresse. So benötigt man keinen eigenen Account auf dem jeweiligen Rechner, um Dateien zu übertragen.

3.3 Listen mit nationalen Themen

Neben historisch orientierten Listen existiert eine Vielzahl von Listen mit nationalen Themen:

AFRICA-L@BRUFPB	Pan-Afrikanisches Forum
AMERSTY@MIAMIU	Amerikanische Studien
BALT-L@UBVM	(Peered) Baltische Republiken - Diskussions-Liste
BALT-L@UKACRL	(Peered) Baltische Republiken - Diskussions-Liste
etc. Ÿ Ÿ Ÿ Ÿ Ÿ Ÿ Ÿ Ÿ	(bitte sehen Sie weitere Listen in dem ACADLIST-Verzeichnis unten nach)

3.4 Diskussions- bzw. Organisations-Listen für Listowner:

ARACHNET@UOTTAWA	A Loose Association of Elec. Discussion Lists
LSTOWN-L@INDYCMS	ListServ List Owners List

3.5 Einige andere interessante Listen:

ERL-L@TCSVM	Forschung und Erziehung
ETHICS-L@TWNMOE10	Ethik im Computerbereich (peered by DEARN, MARIST, POLYGRAF, UGA)
GML-L@DB0FUB11	GML Diskussions-Liste
GUTNBERG@UIUCVMD	Maschinenlesbare Texte
LORE@NDSUVM1	Folklore
PHILOSOP@YORKVM1	Philosophie Diskussionsforum
PMC-LIST@NCSUVM	Postmoderne Kultur
PMC-TALK@NCSUVM	Postmoderne Kultur - Gesprächskreis
QNTEVA-L@PSUVM	Quantitative Methoden: Theorie and Design
TEI-L@UICVM	Internationale Text Encoding Initiative

3.6 Weitere Informationen

Weitere Informationen erhält man, indem man folgende Listen und Dienste abfragt:

NEWLIST-L@INDYCMS für neuinstallierte Listen
NETMONTH from BITLIB@YALEVM für neue Listen, sobald sie erscheinen
SIGLIST from SERVICE@NIC.DDN.MIL für eine Liste aller Listen

3.7 Generalverzeichnis aller Listen

Ein kurzgefaßtes Verzeichnis aller Listserver-Listen ist über einige Listserver sowie über alle EARN-Server, z.B. in Deutschland DEARN, zu erhalten. Hierzu schickt man dem betreffenden Listserver ein LIST-Kommando mit der Option „global". Im Falle von DEARN sähe dieses Kommando auf einem IBM-Rechner (VM/CMS) folgendermaßen aus:

```
tell listserv at dearn list global
```

3.8 Ein Verzeichnis von elektronischen Zeitschriften und Zeitungen

Michael Strangelove hat ein Verzeichnis von elektronischen Zeitschriften und Zeitungen erarbeitet, das über die HUMANIST-Liste an der Brown University (HUMANIST @BROWNVM) oder die CONTEX-Liste an der University of Ottawa (CONTEXT-L@UOTTAWA) durch folgende Kommandos erhältlich ist:

```
        tell listserv at uottawa get ejournl1 directry
        tell listserv at uottawa get ejournl2 directry
bzw.:   tell listserv at brownvm get ejournl1 directry
        tell listserv at brownvm get ejournl2 directry
```

3.9 Verzeichnis von akademischen elektronischen Fachlisten (Konferenzen)

Ein Verzeichnis von akademischen elektronischen Fachlisten auf Listserver, das derzeit 715 Beschreibungen von derartigen Listen enthält, ist über den Listserver der Kent

State University erhältlich. Die dritte Revision dieses Verzeichnisses hat Diane K. Kovacs in insgesamt 8 Dateien zusammengestellt. In alphabetischer Reihenfolge wurden die Fachlisten jeweils nach Fachgruppen geordnet:

ACADLIST README	Bemerkungen zur Benutzung
ACADLIST INDEX	Index der Listen (Eintrag, Seitennr.)
ACADLIST FILE1	Anthropologie - Geographie
ACADLIST FILE2	Geschichte - Linguistik
ACADLIST FILE3	Literatur - Schreiben
ACADLIST FILE4	biologische Wissenschaften
ACADLIST FILE5	physikalische Wissenschaften
ACADLIST FILE6	Allgemeines

Um diese Dateien zu erhalten, bedarf es folgender Befehle:

tell listserv at kentvm get <filename> <filetyp>

Diese Dateien sind ebenso mittels Anonymous-FTP von dem FTP-Server der Kent State University (KSUVXA.KENT.EDU) erhältlich.

4. Anmerkungen

1 Erhältlich z.B. über die Liste HUMANIST an der Brown University (HUMANIST@BROWNVM).

2 Vgl. allgemein D. Frey, R. Adams, !%@:: A Directory of Electronic Mail. Addressing and Networks, Sebastopol, CA, 2. Aufl. 1990. J. Quarterman, The Matrix: Computer Networks and Conferencing Systems Worldwide, Digital Press 1990.

3 FTP = File Transfer Protocol.

4 SMTP = Simple Mail Transfer Protocol.

5 Vgl. unten News/Netnews-Server.

6 Ermittelt nach den Einträgen aus der List of Lists, die man über jeden Listserver an einem EARN-Knoten (beispielsweise LISTSERV@DEARN) mit dem Listserver Kommando „List Global" erhält.

7 Diese Dateien sind mittels Anonymous-FTP von dem FTP-Server der Kent State University (KSUVXA.KENT.EDU) oder über den LISTSERV@KENTVM erhältlich (s. Anhang).

8 Als Anhang befindet sich eine Kurzübersicht der wichtigsten Listserver-Befehle. Eine Zusammenstellung am Beispiel historisch akzentuierter Fachlisten soll parallel dazu die derzeit verfügbaren Möglichkeiten aufzeigen.

9 Informationen zur weiteren Benutzung erhält man, wenn man diesem Trickle-Server eine Mail mit dem „help"-Kommando als Inhalt schickt.

10 Die genaue Nutzung erfährt man, wenn man eine mail mit dem Wort „help" an diese BITNET-Adresse schickt.

11 Wichtig ist hierbei, daß in der ersten Zeile der mail die eigene Netzadresse mit dem Befehl „reply <email-adresse>" angegeben wird.

12 Anke Goos, Das EUnet in Bewegung, in: iX 1, 1991, S. 22-26.

13 Informationen zu dieser kostenlos erhältlichen Software erhält man über die Listserver-Liste NETNEWS-L.

14 Vgl. auch den LIDO-Mailserver oben.

15 Vgl. z.B. die Listserverliste HUMANIST@BROWNVM und C18-L@PSUVM, FICINO@UTORONTO für Institutsbeschreibungen aus dem geisteswissenschaftlichen bzw. speziell historischen Bereich.

16 Vgl. hierzu die Hinweise zum Verzeichnis der „ejournals" im Anhang.

Beschaffung von Software über die Hochschulnetze

Helmut Filipp

Universität Karlsruhe
Akademische Software Kooperation

Dank CIP und WAP konnte und kann die Rechnerausstattung an den deutschen Hochschulen um ein wesentliches verbessert werden. Die Softwareausstattung der Rechnerpools deckt im wesentlichen den Bereich der Standardsoftware, wie Textverarbeitung, Desk Top Publishing, Graphikanwendungen und Datenbanken ab. Das Angebot an Standardsoftware ist vielfältig und wird zum größten Teil durch Produkte der Marktführer abgedeckt. Weitaus schwieriger gestaltet sich das Beschaffen spezieller, fachspezifischer Lehrprogramme oder systemabhängiger Softwarewerkzeuge. Mangels ausreichender Informationen über derartige Software wird oft der Weg einer Eigenprogrammierung vorgezogen. Da sich Nischenprogramme nur schwer absetzen lassen, besteht auf Seite der kommerziellen Softwareanbieter wenig Interesse einer Vermarktung. Der unbedarfte Käufer wird wohl auch weiterhin lediglich auf Broschüren und Zeitschriftenanzeigen, die die Vorzüge von Textverarbeitungssystemen anpreisen, zurückgreifen können. Mit der zunehmenden Vernetzung der Hochschulen werden seit einigen Jahren Dienste angeboten, die es erlauben, Software über die Hochschulnetze zu beziehen. Aber auch Datenbanken mit Softwarebeschreibungen und Mechanismen zum weiträumigen Erfahrungsaustausch können in Anspruch genommen werden. Es gibt eine Reihe von Diensten und Anwendungen, die public domain und damit unentgeltlich nutzbar sind. Einige davon werden in diesem Beitrag vorgestellt.

1. Netze und Netzdienste

Über die Möglichkeiten lokaler Rechnervernetzungen ist wohl jeder CIP/WAP Pool-Betreuer bestens informiert. Dank der unermüdlichen Aktivitäten des Vereins zur Förderung eines deutschen Hochschulnetzes (DFN) und der fortschreitenden Verkabelung mit hohen Übertragungsraten an den Hochschulen sollte es jedem Hochschulangehörigen möglich sein, Wide Area Netzwerke (WANs) und die angebotenen Dienste zu nutzen. Durch Gatewayrechner ist eine Kommunikation in andere Netze möglich. In Deutschland wird das vom DFN initiierte *Wissenschaftsnetz* (WIN) wohl am meisten genutzt. Durch die volumenunabhängige Verrechnung über die beteiligten Hochschulen und Forschungseinrichtungen fallen für den Benutzer keinerlei Gebühren an. Die Verbindung in andere Netze geschieht über Gateways. Das WIN ist zusammen mit ca. 20 weiteren europäischen Forschungsnetzen in einem Verbund *IXI* (International X.25 Interconnect) zusammengeschlossen. Auch hier ist die Kommunikation kostenfrei.

Eine weltweite Kommunikation ist über *Internet* möglich. Die Gebühren werden in der Regel ebenfalls zentral abgerechnet, so daß auch hier für den Benutzer keine volumenabhängigen Kosten entstehen. Ausführliche Informationen über bestehende WANs im Forschungsbereich sind in /QUAR 86/, /LAND 86/ und /QUAR 90/ zu finden. Einfach ausgedrückt handelt es sich bei diesen Netzen lediglich um eine Menge von Leitungen, die für einen bestimmten Zweck bereitgestellt werden. Die Kommunikation innerhalb eines Netzes erfolgt über genormte Protokolle. Weitaus wichtiger für die Anwender sind die darauf aufsitzenden Dienste, die unabhängig von der zugrunde liegenden Netzstruktur Anwendung finden:

1.1 Remote Login (Dialog)

Bei Remote Login handelt es sich um die Nutzung eines fremden Rechners im Dialog über eine Netzanbindung. Der eigene, lokale Rechner tritt dabei als Terminal in den Hintergrund. Gewöhnlich werden beim Einloggvorgang auf dem fremden Rechner Identifizierungs- und Autorisierungsmechanismen in Gang gesetzt, um einen Mißbrauch zu vermeiden. Neben dem reinen Terminalbetrieb gibt es Datenbanken zu unterschiedlichen Themenstellungen: Bibliographische Daten der Fachinformationszentren, Softwarebeschreibungen, Verweise auf existierende Datenbanken. In Konferenzsystemen können Informationen an andere Teilnehmer weitergegeben bzw. hinterlassen werden. Oft wird eine Unterteilung in Themen vorgenommen. Die eingehenden Beiträ-ge werden gesammelt und zentral bereitgestellt.

1.2 Electronic Mail

Electronic Mail ist der wohl am bekannteste Netzdienst. Er erlaubt das Versenden von Nachrichten an Benutzer des selben oder eines anderen Rechners, weltweit auch über verschiedene Netze hinweg. Der Empfänger erhält die Nachricht in der Regel innerhalb weniger Minuten in seine Mailbox und kann sie dort weiterverarbeiten. Normalerweise stehen Mechanismen zur Verfügung, um eine eingehende Mail sofort zu beantworten (reply) oder sie weiterzuleiten (forward). Auf Basis von Electronic Mail gibt es Mailservereinrichtungen. Mailserver sind Programme, die einen „normalen" Benutzer simulieren und ständig auf eingehende kommandoorientierte Mail warten, um diese in Form von Meldungen oder Dateien (wiederum als Mail) zu beantworten. Hinsichtlich des organisatorischen Aufbaus von Mailservern kann man zwei Arten unterscheiden: Fileserver: Fileserver verwalten Dateien. Der Benutzer kann sich gewöhnlich ein Inhaltsverzeichnis aller verfügbaren Dateien zusenden lassen und daraufhin eine spezielle Datei auswählen. Normalerweise besteht die Möglichkeit, mit einer HELP-Mail Informationen zur Bedienung zu erhalten. Diskussionsforen: Diskussionsforen sind Mailadressen, an die man Diskussionsbeiträge zu bestimmten, vordefinierten Themen senden kann. Möchte man an einer Diskussion teilnehmen, so muß man sich zunächst für das Thema anmelden, ähnlich dem Abonnieren einer Zeitschrift. Ab sofort erhält man alle Beiträge, die an dieses Forum gesandt werden, in seine eigene Mailbox. Das Diskussionsforum übernimmt dabei die Verteilerrolle. Sonderfälle von Diskussionsforen sind Digests, Electronic Magazines und Mailing Lists. Hier werden die Beiträge von einem Editor gesammelt und von Zeit zu Zeit an den angemeldeten Personenkreis weitergeleitet, wobei die Versendung nicht zwingend maschinell erfolgen muß.

1.3 Filetransfer

Über Filetransfer können Dateien von Rechner zu Rechner übertragen werden. Die entsprechenden Schreib- bzw. Leserechte auf dem Fremdrechner sind dazu notwendig. Wie schon bei den Mailservern gibt es auch hier eine Reihe öffentlicher Anwendungen auf Basis des Filetransfers. Anonymous FTP (File Transfer Protocol) basiert auf die Internetprotokolle. Weltweit existieren eine Reihe FTP-Server, die Software bereitstellen. Der Zugriff erfolgt einheitlich durch den Verbindungsaufbau zum Zielrechner und der Eingabe von „FTP" oder „Anonymous" als Identifikation.

1.4 Remote Job Entry

Remote Job Entry dient dazu, Programme auf einem Zielrechner ausführen zu lassen. Der Benutzer sendet dabei sein Programm an den Zielrechner und nach Ausführung des Programmes wird das Ergebnis automatisch wieder zurückgesendet. Es handelt sich dabei allerdings um eine Fremdnutzung von Rechenleistung, auf die in diesem Beitrag nicht näher eingegangen wird.

Die Nutzung der Netzdienste hängt sehr stark von der lokalen Vernetzung und der verwendeten Software ab. Als Ansprechpartner wird auf die Hochschulrechenzentren verwiesen.

2. Netzdienste und Softwarebeschaffung

Betrachtet man die Phasen der Softwarebeschaffung: Informationsversorgung, Beratung, Beschaffung, Support und Wartung (Updating), so lassen sich sehr leicht Beziehungen zu den einsetzbaren Netzdiensten herstellen:

Dienste	Anwendungen	Relevanz für Softwarebeschaffung	ASK-Angebot
Remote Login	Datenbank	Informationsversorgung	ASK-SISY
	Konferenzsystem	Informationsversorgung Beratung Support	-
Electronic Mail	Mailserver	Softwarebeschaffung Wartung	ASK-SAM
	Diskussionsforum	Informationsversorgung Beratung Support	ASK-Foren
Filetransfer	Anonymous FTP	Softwarebeschaffung Wartung	Anonymous FTP
	FTAM	Softwarebeschaffung Wartung	-

Tabelle 1: Eignung der Netzdienste und -anwendungen zur Softwarebeschaffung

Vorseitige Tabelle veranschaulicht, welche Dienste in welchen Phasen in Anspruch genommen werden können. Wie bei jedem Kauf steht an erster Stelle die *Markterhebung* nach Systemen, die die eigenen Anforderungen optimal erfüllen. Neben informellen Kontakten im Kollegen- und Bekanntenkreis wird in der Regel auf gedruckte Informationen zurückgegriffen, die mehr oder weniger gezielt zum Einsatz kommen. Das Durchforsten von Katalogen, Zeitschriften und Broschüren erweist sich aber oft als sehr zeitaufwendig, gerade wenn die Vorstellungen über das Zielobjekt konkrete Formen haben. Datenbanksysteme, die auf die Eingabe von Schlagworten entsprechende Ergebnisse auflisten sind bei Litera-turrecherchen üblich und können auch bei der Suche nach Softwareprodukten eingesetzt werden. Anfragen, wie „Ich suche eine Simulation zur Abgasreinigung unter MS-DOS" werden in Sekunden beantwortet. Die Bezugsquellen können sofort in Anspruch genommen werden. Online-Datenbanken garantieren eine ständige Aktualität und ein breites Spektrum an unterschiedlichen Merkmalsbeschreibungen. Weitere Instrumente, die gezielt zur Vorinformation eingesetzt werden können, sind Konferenzsysteme und Diskussionsforen. Im Gegensatz zur Datenbank haben diese Kommunikationswege eher informellen Charakter und bauen auf die gegenseitige Hilfe der Teilnehmer auf. Gerade bei speziellen „kleinen" Problemchen (Ich habe einen Rechner x mit der Konfiguration y und möchte einen Drukker z anschließen! Gibt es einen public domain Druckertreiber für diese Konfiguration?) kann diese Art des Vorgehens sehr schnell zum Erfolg führen. Voraussetzung ist natürlich, daß das entsprech-ende Konferenzsystem oder Diskussionsforum von einer großen Zahl von Benutzern regelmäßig in Anspruch genommen wird.

Der *Bezug von Software* über das Netz kommt vor allem bei Public Domain Software (PDS) in Frage. Über das Für und Wider von Public Domain Software läßt sich vor allem in Bezug auf die Qualität streiten. Unabhängig davon, ob die Programme per Mail oder Filetransfer bezogen werden: Das Angebot ist vielfältig, alle gängigen Betriebssysteme werden abgedeckt. Zur Übertragung von Binärprogrammen über das Netz sind Komprimierungsverfahren notwendig, um einerseits den Umfang der Dateien zu verringern und andererseits Verfälschungen der Binärdaten bei der Übertragung auszuschließen. Gängige Formate sind ARC, UUENCODE/-DECODE und XXENCODE/-DECODE. ARC komprimiert mehrere Dateien in eine einzige zusammen; UUENCODE und XXENCODE liefern druckbare Zeichen, deren Versendung als Mail im Gegensatz zu Binärdateien problemlos vonstatten geht.

Treten Fragen bezüglich der Nutzung von Software auf, können diese ebenfalls über Konferenzsysteme und Diskussionsforen beantwortet werden. Für das *Updating* neuer Versionen sehen einige Mailserver Mechanismen vor, um dem Benutzer entweder automatisch über neue Versionen zu informieren oder sofort die neueste Version zuzusenden. Für diesen Service ist ein einmaliges Registrieren durch den Benutzer notwendig. Die Vorteile der Softwarebeschaffung über die Netze sind evident.

- Alle Phasen der Softwarebeschaffung werden durch die unterschiedlichen Netzdienste abgedeckt.
- Gegenüber Informationen in Papierform wird eine ständige Aktualität gewährleistet.

- Ein weitreichender bereichsübergreifender Erfahrungsaustausch auf internationaler Ebene ist möglich.
- Die Zeitdauer der Softwarebeschaffung von der Recherche bis zu einer ablauffähigen Version kann auf wenige Stunden reduziert werden.

Demgegenüber ist der Einstieg in die Netzwelt oft schwierig. Eine Reihe von Hürden sind zu überwinden:

- Lokale Vernetzungen sind zu realisieren bzw. der Zugang, nach Möglichkeit direkt vom Arbeitsplatz zur Campusvernetzung, sicherzustellen.
- Mailverbindungen sind einzurichten und aufzubauen.
- Die in Frage kommenden Netzadressen sind herauszufinden.
- Die Vielfalt der Netzdienste und -anwendungen bringt auch viele unterschiedliche Benutzeroberflächen mit sich. Ein erhöhter Zeitaufwand zur Einarbeitung in die unterschiedlichsten Systeme ist die Folge.

Anlaufstelle zur Bewältigung der Anfangsschwierigkeiten sind zunächst die lokalen Hochschulrechenzentren. Für die Beschaffung von Software über die Netze bietet die Akademische Software Kooperation (ASK) eine Reihe von Diensten an /BOD 90/, / BOD 91/. Die ASK unterstützt die Beschaffungsvorgänge über die Netze in allen Phasen durch ein Online Software Informations System (ASK-SISY), einen Mailserver (ASK-SAM) sowie einen FTP-Zugang. Kernstück ist das dialogorientierte ASK-SISY, das Hinweise zu folgenden Punkten liefert:

- Ausführliche Softwarebeschreibungen zur Recherche aus allen Fachbereichen und für die meisten Betriebssysteme.
- Nutzungshinweise zum Softwareaustausch über Electronic Mail (ASK-SAM), der ASK Diskussionsforen und Anonymous FTP.
- Aktuelle Daten zum Deutschen Hochschul Software Preis.
- Direkte Durchschaltmöglichkeit auf eine Online Datenbank in Großbritannien (NISS-PAC) und auf die Software Bibliothek eLib in Berlin.
- Mailadressen von über 800 Mailservern und Diskussionsforen.
- Netzadressen von FTP-Servern, die Public Domain Software anbieten.

Damit nimmt die ASK eine zentrale Rolle bei der Versorgung der Hochschulen mit Software ein. Sämtliche Dienste sind kostenfrei und jedem Hochschulangehörigen frei zugänglich, wobei die Systeme auch Softwareanbietern zur Verfügung stehen, um auf eigene Programme aufmerksam zu machen, bzw. diese der Hochschulgemeinschaft zur Verfügung zu stellen.

3. Einrichtungen, die Anwendungen für Netzdienste anbieten

3.1 Datenbanken

ASK-SISY — Softwarebeschreibungen für hochschulrelevante Software. Daneben enthält ASK-SISY Verweise auf Einrichtungen, die Mailserver, Datenbanken und FTP-Server betreiben. Innerhalb des Systems kann auf die Datenbanken NISS-PAC und eLib umgeschaltet werden.

	Zugang:	WIN:	45 050 365 010
		IXI:	0 2043 62 3 365 010
		Internet:	192.67.194.33

NISSPAC — NISSPAC ist ein elektronischer Softwarekatalog des National Information and Services on Software (NISS) der Universitäten Bath und Southampton in Großbritannien. Das System enthält ebenfalls Softwarebeschreibungen für Hochschulen.

Zugang: IXI: 0 2043 34 5 06201

eLib — eLib ist eine elektronische Software-Bibliothek mit ca. 1000 Programmbeschreibungen für mathematische Algorithmen aus allen Bereichen des Scientific Computing. Betrieben wird die eLib vom Konrad-Zuse-Zentrum in Berlin.

Zugang: WIN: 45 050 331 033

3.2 Konferenzsysteme

DFN QOM — Konferenzsystem des Vereins zur Förderung eines Deutschen Forschungsnetzes (DFN) über ausgewählte Fragestellungen zu Netzen und Netzdienste

Zugang: WIN: 45 050 130 015

3.3 Mailserver

ASK-SAM — Software Abruf über Electonic Mail. Public Domain Software vorwiegend für den Einsatz in der Lehre.

Zugang: fileserv@ask.uni-karlsruhe.dbp.de bzw.
s=fileserv; ou= ask; p=uni-karlsruhe; a=dbp; c=de

Bedienung: Senden des Kommandos „HELP" im Subject-Feld an obige Adresse

ASK-Foren — Diskussionsforen zu unterschiedlichen Themenstellungen.

Zugang: fileserv@ask.uni-karlsruhe.dbp.de bzw.
s=fileserv; ou= ask; p=uni-karls
ruhe; a=dbp; c=de

Bedienung: Senden des Kommandos „HELP" im Subject-Feld an obige Adresse

TRICKLE — Sammlung von Public Domain Programmen.

Zugang: TRICKLE@TREARN.BITNET

Bedienung: Senden des Kommandos „/HELP" im Body-Part einer Mail an obige Adresse

3.4 Filetransfer

ASK-FTP Software Abruf über Electonic Mail. Public Domain Software vorwiegend für den Einsatz in der Lehre.

Literatur

/BOD 90/ Boden, K.; Filipp, H.: Softwarebanken: Hinweise zur Nutzung, DFN Mitteilungen, Heft 22/23, November 1990

/BOD 91/ Boden, K.: Die Servicedienste der ASK. In: Dette, K.: Computer und Software in der Lehre, Tagungsband zum 4. CIP-Kongress, Mikrocomputer-Forum für Bildung und Wissenschaft, Band 3, 1992

/LAND 86/ Landweber, L. H.; Jennings, D. M.; Fuchs, I.: Research Networks and their Interconnection, IEEE Communications Magazine, 6/1986, Vol 24, 5 - 17

/QUAR 86/ Quarterman, J. S.; Hoskins, J. C.: Notable Computer Networks, Communications of the ACM, 10/1986, Volume 29, 932 - 971

/QUAR 90/ John S. Quarterman: The Matrix: Computer Networks and Conferencing Systems Worldwide, Digital Press, 1990

Erfahrungen mit universitärer Kommunikation via Computer

Philipp Heldt, Jörg Rade und Wolfgang Scholl

Universität Göttingen
Institut für Wirtschaft und Sozialpsychologie

1. Einleitung

Unter computer-vermittelter Kommunikation (im folgenden CVK abgekürzt) soll hier der Austausch von Nachrichten zwischen Menschen via Computer verstanden werden. CVK zeichnet sich im Vergleich zu anderen Kommunikationsformen dadurch aus, daß einige Vorteile des Briefs (Schriftform, Ungleichzeitigkeit von Senden und Empfangen) mit einigen Vorteilen des Telefons (sofortige Vermittlung der Nachricht) verbunden werden. CVK ist ein soziales Phänomen mit zunehmender Bedeutung. So hat sich z. B. das Datenvolumen im WIN innerhalb des letzten Jahres mehr als verdoppelt und das Nachrichtenaufkommen des UseNet-Systems wächst nahezu exponentiell. Die hier referierte Befragung zu CVK sollte Aufschluß darüber geben, welche technischen Merkmale von welchen Nutzergruppen als Vorteil oder als Nachteil angesehen werden, ob via Computer gleichberechtigter und demokratischer kommuniziert wird als in face-to-face Kontakten und ob andere Kommunikationsformen durch CVK verdrängt oder ergänzt werden.

2. Methodisches Vorgehen

Die Befragung wurde im WS 90/91 bei potentiellen Nutzern des Rechenzentrums der Universität Göttingen durchgeführt. Der Fragenkatalog wurde im Anschluß an Forschungsberichte von Ferguson ([4]), Rice & Case ([13]), Hiltz & Turoff ([8]) und Adrianson & Hjelmquist ([2]) entwickelt. Die Fragen konnten entweder im traditionellen „Paper & Pencil" Verfahren oder in einer computerisierten Form, d. h. im Dialog mit einer VM/CMS Server-Maschine beantwortet werden. Es wurden ca. 1400 Fragebögen an alle Einrichtungen mit Zugang zum Rechenzentrum verteilt, die Universitätsverwaltung ausgenommen. 75 Teilnehmer beantworteten die Fragen im Dialog, 240 Teilnehmer bearbeiteten die Papier-Version. Gemessen an der Anzahl der ausgegebenen Papierfragebögen betrug die Rücklaufquote einschließlich der Dialog-Antworten ca. 24%. Nach der Überprüfung der Antworten auf logische Konsistenz blieben 292 Fälle übrig. Selbstauswahleffekte spielten für die Beteiligung vermutlich eine große Rolle, obwohl explizit auch Nichtnutzer zur Beantwortung aufgefordert wurden. Fakultäten, in denen Computer bekanntlich nur gering in den täglichen Arbeitsablauf eingebettet sind, waren teilweise überhaupt nicht vertreten.

Das durchschnittliche Alter der Antwortenden lag bei 37 Jahren. Der Anteil der Frauen an der Stichprobe betrug ca. 1/6. Die Hälfte der Teilnehmer waren wissenschaftliche Angestellte, die übrigen Befragten gehörten etwa zu gleichen Teilen den Kategorien: Technischer Mitarbeiter, Studentische Hilfskraft, Wissenschaftliche Hilfskraft, Akademischer Rat und Professor an. Nur etwa 4 % der Befragten nutzen gar keine EDV-Anlagen; 37 % gebrauchten Computer ausschließlich zu nicht-kommunikativen Zwecken. Die restlichen 59% der Befragten hatten schon einmal via Computer kommuniziert; knapp 7% gaben die Nutzung wieder auf. Ca. 38% tauschten sich nur mit einzelnen Partnern via E-Mail aus, 14% nutzten darüber hinaus auch Computerkonferenzen. Unter Computerkon-ferenzen werden in diesem Zusammenhang Mailing-Listen und Diskussionsforen verstanden.

3. Status und Kommunikation

Es ist in der Sozialpsychologie bekannt, daß statushohe Personen in der Entscheidungsfindung dominieren, längere Redezeiten für sich in Anspruch nehmen, häufiger als statusniedrige Personen sprechen [9] und diese öfter unterbrechen als umgekehrt [14]. Der Nachrichtenfluß in Gruppen weist in der Regel eine Tendenz in Richtung Hierarchiespitze auf. An ranghöhere oder ranggleiche Mitglieder einer Gruppe werden in der Regel mehr Botschaften gerichtet als nach unten [14]. Ist diese kommunikative Dominanz Statushöherer auch bei CVK festzustellen?

Professoren kommunizierten im Mittel 21 Stunden wöchentlich. Akademische Räte verbrachten durchschnittlich 15 Wochenstunden, Wissenschaftliche Angestellte und Technische Mitarbeiter jeweils ca. 14, wissenschaftliche Hilfskräfte ca. 11 und studentische Hilfskräfte etwa 12 Stunden in der Woche mit verschiedenen Formen des Nachrichtenaustausches. Der Zeitaufwand für Telefonate, direkte Gespräche und Briefbearbeitung korrelierte mit der Statushöhe. Lediglich bei der für CVK aufgewandten Zeit gab es keinen Zusammenhang zum Status. Dieses Ergebnis entspricht der Eingangs aufgestellten Hypothese: je höher die hierarchische Position, um so mehr wird kommuniziert; dieser Zusammenhang gilt jedoch nicht für CVK.

Status, Macht und Dominanz, aber auch Sympathie werden vorwiegend durch nonverbale/mimisch-gestische Signale vermittelt, ein gewisses Äquivalent dazu sind Briefköpfe in der traditionellen schriftlichen Kommunikation. Diese Signale fallen bei CVK weg; hier ist nur der verbal-textuelle Kanal vorhanden.

Folgt daraus auch, daß statushohe Personen das Fehlen des nonverbalen Kanals negativ bewerten? Diese Vermutung konnte nicht bestätigt werden. Die Korrelationen zwischen Status und den Items zum Fehlen nonverbaler Zeichen waren nicht signifikant.

Dies steht auf den ersten Blick im Einklang mit der Feststellung, daß CVK einen gleichberechtigteren Austausch ermöglicht [11]. Unsere Daten legen jedoch die Interpretation nahe, daß sich nur Personen auf gleicher Rangebene via CVK untereinander austauschen.

4. Die Nutzung von CVK

4.1. Nutzungsintensität und Einstellung

In der Einstellungsforschung ist bekannt, daß Einstellungen, die durch direkte Erfahrungen mit einem Objekt erlernt wurden, stärker mit dem entsprechendem Verhalten korrelieren als solche, die nur indirekt aus der Umwelt übernommen werden [5]. Für den hier zur Diskussion stehenden Bereich heißt dies, daß Anwender CVK um so positiver beurteilen, je mehr sie davon Gebrauch machen [12].

Die Daten unserer Untersuchung bestätigen diese Hypothese: verschiedene Maße der Nutzungsintensität korrelierten mit den Einstellungen (Tab. 1a). Je stärker der

	Zeitaufwand für CVK 1)	Nutzungsjahre 2)	Regelmäßigkeit der Nutzung 3)	Anzahl wöch. versandter Nachrichten 4)	Anzahl wöch. gelesener Nachrichten 5)	Summe CVK-Partner 6)
Generelle Einstellung gegenüber CVK						
CVK sollte weiter verbreitet sein.	.26*	-.15	.27*	.24*	.24*	.23*
An CVK finde ich vorteilhaft, daß ich mich nur auf den Text zu konzentrieren brauche.	.25*	-.05	.17	.22*	.27*	.16

*) Signifikant bei .01
1) Wieviele Stunden Ihrer wöchentlichen Arbeitszeit verbringen Sie gegenwärtig im Durch schnitt mit CVK?
2) Wann haben Sie CVK das erste Mal genutzt?
3) Wie häufig prüfen Sie, ob Nachrichten via Computer für Sie eingegangen sind?
4) Wieviele Nachrichten senden Sie pro Woche via Computer?
5) Wieviele Nachrichten lesen Sie pro Woche via Computer?
6) Wieviele Computerkommunikationspartner haben Sie?

Tab 1a: Korrelation Nutzungsintensität / Einstellung

Aussage „CVK sollte weiter verbreitet sein" zugestimmt wurde, desto mehr Zeit wird dafür aufgewandt, desto öfter wird „in das Postfach geschaut", desto mehr Botschaften werden versandt und gelesen und desto mehr CVK-Partner hat ein Nutzer.

Ein weiterer Aspekt der Einstellung zu CVK ist die Beurteilung des Fehlens nonverbaler Signale, weil Mimik, Gestik, Tonfall, Körperhaltung usw. nicht via Computer kommuniziert werden. Von den Fragen dieses Komplexes stand nur ein Item in einem signifikanten Zusammenhang zu Maßen der Nutzungsintensität: Je mehr die Nutzer der Aussage „An CVK finde ich vorteilhaft, daß ich mich nur auf den Text zu konzentrieren brauche" zustimmten, desto mehr Zeit wandten sie für CVK auf und desto mehr Nachrichten lasen und versandten sie.

Des weiteren fragten wir speziell nach Beurteilungen der symboltransportierenden und symbolkonservierenden Eigenschaften von CVK (Tab. 1b). Der symboltransportierende Charakter von CVK wird mit der Aussage „An CVK finde ich vorteilhaft, daß ich jede/n Nutzer/in bequem vom Terminal aus erreichen kann" erfaßt, der

	Zeitaufwand für CVK	Nutzungsjahre	Regelmäßigkeit der Nutzung	Anzahl wöch. versandter Nachrichten	Anzahl wöch. gelesener Nachrichten	Summe CVK-Partner
Einstellung gegenüber symboltransportierenden Eigenschaften von CVK						
An CVK finde ich vorteilhaft, daß ich jede/n Nutzer/in bequem vom Terminal aus erreichen kann.	.04	.04	.21*	.24*	.14	.22*
Einstellung gegenüber symbolkonservierenden Eigenschaften von CVK						
An CVK finde ich störend, daß jedes Wort auf die "Goldwaage" gelegt werden kann.	-.10	.01	.10	.06	-.03	-.04
An CVK finde ich vorteilhaft, daß ich in Zweifelsfällen alles schriftlich belegen kann.	.17	-.02	.07	.10	.05	.15

*) Signifikant bei .01

Tab. 1b: Korrelation Nutzungsintensität / Einstellung

symbolkonservierende Charakter mit den Aussagen „An CVK finde ich störend, daß jedes Wort auf die Goldwaage gelegt werden kann" und „An CVK finde ich vorteilhaft, daß ich mich nur auf den Text zu konzentrieren brauche."

Wir überprüften die Einstellungen zu den genannten Aspekten auf einen Zusammenhang mit den Maßen der Nutzungsintensität. Die Einstellung zu den symboltransportierenden Eigenschaften von CVK korrelierte signifikant mit der Häufigkeit der „Postfachschau", der Anzahl der versandten Nachrichten und der Gesamtzahl der CVK-Partner. Zwischen der Einstellung zu den symbolkonservierenden Eigenschaften von CVK und den Indikatoren der Nutzungsintensität gab es keine signifikanten Zusammenhänge. Offensichtlich sind diese Eigenschaften irrelevant für die Wahl des Kommunikationsmittels.

4.2. Nutzungsintensität und Kompetenz

Je besser eine Person den Umgang mit E-Mail beherrscht, umso effizienter [3,15] und unter Umständen intensiver wird sie davon Gebrauch machen. Mit zunehmender Erfahrung findet sie heraus, für welche Zwecke CVK besonders geeignet ist [13] sie sammelt weitere Erfahrungen und bekommt Routine. Der wachsende Nutzen beeinflußt ihre Einstellung und ihre Lernmotivation positiv, der Kreislauf schließt sich. Umgekehrt führen anfängliche Bedienungsschwierigkeiten bei potentiellen Nutzern mit indifferenter oder eher skeptischer Haltung gegenüber E-Mail häufig zu einer generellen Ablehnung [15]. Dementsprechend kann erwartet werden, daß bereits aus anderen Bereichen vorhandenes Computer-Wissen die Benutzung und das Verständnis von CVK-Soft- und Hardware erleichtert.

Unsere Ergebnisse (s. Tab. 2) belegen diese Vermutung: Programmierkenntnisse standen mit allen Variablen der Nutzungsintensität in einem starken, z. T. deutlich höheren Zusammenhang als die Einstellungen. Betriebssystemkenntnisse korrelierten signifikant mit den Nutzungsjahren, der Anzahl gelesener Botschaften und der Summe der CVK-Partner. Die Selbsteinschätzung der Fähigkeit, mit CVK umzugehen,

	Zeitaufwand für CVK	Nutzungsjahre	Regelmäßigkeit der Nutzung	Anzahl wöch. versandter Nachrichten	Anzahl wöch. gelesener Nachrichten	Summe CVK-Partner
Wie gut können Sie...						
...mit einer Schreibmaschine umgehen?	-.11	-.01	-.04	.09	-.04	.02
...mit einem Betriebssystem umgehen?	.07	.19*	.17	.17	.23*	.23*
...programmieren?	.26*	.20*	.42*	.34*	.34*	.40*
...CVK bedienen?	.22*	.21*	.14	.14	.26*	.12

*) Signifikant bei .01

Tab. 2: Korrelation Nutzungsintensität / Nutzungskompetenz

korrelierte mit der für CVK aufgewandten Arbeitszeit, den Nutzungsjahren und der Anzahl der gelesenen Nachrichten. Keine Zusammenhänge bestanden zwischen Schreibmaschinenkenntnissen und der Nutzungsintensität.

4.3 Nutzungsintensität und Verfügbarkeit

Die prinzipielle Verfügbarkeit E-Mail-fähiger Terminals ist zwar eine notwendige Bedingung für Nutzung, ausschlaggebend sind aber die konkreten Zugriffsmöglichkeiten:

	Zeitaufwand für CVK	Nutzungsjahre	Regelmäßigkeit der Nutzung	Anzahl wöch. versandter Nachrichten	Anzahl wöch. gelesener Nachrichten	Summe CVK-Partner
Um während der Arbeit CVK zu benutzen, brauche ich meinen Arbeitsraum nicht zu verlassen/ muß ich in einen anderen Raum gehen/ muß ich das Arbeitsgebäude verlassen.	.36*	.11	.51*	.29*	.39*	.32*
Nutzen Sie CVK auch zu Hause?	.12	.09	-.04	.08	.19*	.08
Müssen Sie Ihr Terminal mit anderen teilen?	-.30*	-.14	-.37*	-.32*	-.33*	-.24*

*) Signifikant bei .01

Tab. 3: Korrelation Nutzungsintensität / Verfügbarkeit

je schlechter der Zugang, um so geringer fällt die Effizienz der Nutzung und damit auch die Nutzungsintensität aus. Der Lernfortschritt stagniert bei seltener Anwendung.

Unsere Daten zeigen, daß CVK umso intensiver genutzt wird, je leichter der Zugang zu den notwendigen technischen Einrichtungen ist (s. Tab. 3). Fast alle Indikatoren der Nutzungsintensität korrelierten signifikant mit der räumlichen Verfügbarkeit E-Mail-fähiger Terminals; besonders deutlich wurde dies bei der Regelmäßigkeit der Nutzung (r = .51). Teilnehmer, deren Terminal von Kollegen mitbenutzt wurde, machten von CVK überzufällig weniger Gebrauch als Befragte, die einen vernetzen Rechner für sich allein besaßen. Nutzer, die auch von zuhause aus Computervermittelt kommunizieren konnten, lasen signifikant mehr Botschaften als diejenigen ohne diese Möglichkeit.

5. Folgen der Nutzung

Mit zunehmender Nutzungsdauer steigt häufig auch der quantitative Informationsbedarf eines Anwenders (Kerr & Hiltz, 1982) und damit unter Umständen auch seine Toleranzschwelle für Nachrichtenüberflutung. Adrianson und Hjelmquist [2, 12, 13, 7] stellten fest, daß die von ihnen befragten Nutzer E-Mail in erster Linie für relativ einfache kommunikative Funktionen, wie etwa die bloße Verbreitung oder Aufnahme von Informationen oder den Austausch von Meinungen, als geeignet erachteten.

Diese Funktionen decken möglicherweise einen Großteil der Erwartungen potentieller Anwender ab: in der Studie von Adrianson und Hjelmquist [2] war Informationsbedarf das meistgenannte Motiv, E-Mail auszuprobieren.

Tab. 4 vermittelt einen Überblick, wie einzelne Nutzergruppen die Auswirkungen von CVK beurteilten. Die Nutzer sahen in CVK vor allem die Möglichkeit, entfernt arbeitende Kollegen besser zu erreichen und schneller an bestimmte Informationen heranzukommen. Dies galt allerdings nicht für die Nicht-Mehr-Nutzer; sie hatten diesen Anreiz offensichtlich kaum. Der Qualität und Quantität via E-Mail erhaltener Informationen standen die Anwender jedoch eher indifferent gegenüber. Nicht-Mehr-Anwender schätzen die Qualität via E-Mail erhaltener Informationen sehr niedrig ein. Nicht-Mehr-Anwender arbeiteten überwiegend in Forschungszweigen, in denen CVK unterdurchschnittlich intensiv genutzt wurde. Vermutlich erreichte ein Großteil der Nicht-Mehr-Anwender nicht oder nur unter Schwierigkeiten die gewünschten Kommunikationspartner.

Einige Konferenzteilnehmer gaben an, mehr Informationen zu bekommen, als sie aufnehmen könnten. Die meisten Anwender maßen jedoch dem Problem der Nachrichtenüberflutung nur ein vergleichsweise geringes Gewicht bei. Nur wenige Teilnehmer führten Verschiebungen im Gebrauch traditioneller Kommunikationsformen auf CVK zurück. Gut vier Fünftel aller Nutzer äußerten, ihr Zeitaufwand für direkte Gespräche sei durch den Gebrauch von CVK unberührt geblieben, knapp drei Fünftel bemerkten keine Veränderungen ihres Zeitbedarfs für Briefbearbeitung oder Telefongespräche. Die wenigen Anwender, die Veränderungen ihres Zeitbedarfs für her-

	Alle Befragten	Nicht-Mehr-Nutzer	Nutzer ohne Konferenz-teilnahme	Konferenz-teilnehmer
	Mittel	Mittel	Mittel	Mittel
Ich komme wesentlich schneller an bestimmte Informationen (1).	4.3	2.4	4.4	4.8
Durch Computerkommunikation kann ich entfernt arbeitende Kolleg/inn/en besser erreichen (1).	4.7	2.6	4.9	5.1
Ich komme erheblich leichter an bestimmte Informationen (1).	3.9	1.6	3.8	4.5
Ich bekomme wesentlich nützlichere Informationen (1).	2.5	1.2	2.5	2.8
Ich bekomme weitaus mehr Informationen (1).	3.1	2.4	2.9	3.7
Ich bekomme viel mehr Informationen, als ich aufnehmen kann (2).	4.0	4.2	4.4	2.8
Es fällt mir erheblich schwerer, die " Spreu vom Weizen zu trennen" (2).	4.5	4.7	4.6	4.0
Wenden Sie, bedingt durch Computerkommunikation, im Vergleich zu früher mehr oder weniger Zeit auf für...				
direkte Gespräche (3)?	3.1	3.0	3.1	2.9
Telefongespräche (3)?	3.4	3.2	3.5	3.4
das Schreiben oder Lesen von Briefen/Rundbriefen (3)?	2.6	2.6	2.4	2.8
Ich arbeite weitaus effizienter (1).	2.6	1.4	2.8	2.5
Meine Zeiteinteilung ist flexibler geworden (1).	1.9	1.2	1.9	2.2
Computerkommunikation erhöht die Arbeitszufriedenheit (1).	2.6	2.5	2.9	3.0
Durch Computerkommunikation habe ich mehr Kontakte als früher (1).	1.5	1.0	1.4	1.9
An Computerkommunikation finde ich störend, daß direkte Kontakte ersetzt werden (2).	2.8	2.6	3.7	3.3
Computerkommunikation macht einsam (2).	4.0	4.2	4.7	3.9

1) 0 = Trifft überhaupt nicht zu, 6 = trifft vollkommen zu
2) 0 = Trifft vollkommen zu, 6 = trifft überhaupt nicht zu
3) 0 = Viel weniger, 6 = viel mehr

Tab. 4: Beurteilungen der Auswirkungen von CVK, nach Nutzergruppen differenziert

kömmliche Kommunikationsformen bemerkten, nannten in erster Linie Zunahmen bei Telefonaten und direkten Gesprächen und Abnahmen beim traditionellen Briefwechsel.

Die Auswirkungen auf die Arbeitseffizienz wurden von den aktiven Nutzern schwach positiv, von den Nicht-Mehr-Nutzern dagegen überwiegend negativ beurteilt. Viele Anwender stellten keine oder eine nur geringfügige Flexibilisierung ihrer Zeiteinteilung fest. Die Auswirkung des Gebrauchs von CVK auf die Arbeitszufriedenheit wurde weitgehend indifferent eingeschätzt. Die Anzahl der Kontakte hat sich bei zwei Dritteln der Nutzer durch E-Mail überhaupt nicht oder nur sehr wenig vergrößert. Den Ersatz direkter Kontakte durch E-Mail bewerteten die Teilnehmer uneinheitlich. Konferenzteilnehmer empfanden ihn störender als die übrigen Nutzer und schätzten die Gefahr einer persönlichen Isolierung durch CVK sogar höher ein als Nicht-Mehr-Anwender.

Die Einschätzungen der Nutzungsfolgen verdeutlicht, daß nicht allein die Übertragungsleistung eines Mediums, sondern in erster Linie die Kommunikationsstruktur, in die es eingebettet ist, über seine Akzeptanz entscheidet. Die positiv beurteilten Erleichterungen der Informationsbeschaffung lassen sich weitgehend auf technische Merkmale von CVK zurückführen. Im Vergleich zur Reichweite und Übertragungsgeschwindigkeit schätzen die Befragten Nutzen und Reichhaltigkeit des Informationsangebotes ungünstiger ein. Diese Merkmale werden jedoch von den via Computer erreichbaren Partnern bestimmt. Sie beeinflussen damit indirekt auch die für den einzelnen aus der Anwendung resultierenden Verschiebungen im Gebrauch althergebrachter Kommunikationskanäle, die Auswirkungen auf die Arbeitsbedingungen und letztlich auch die affektiven Folgen.

6. Zusammenfassung

Die Ergebnisse unserer Untersuchung deuten an, daß CVK sich in der Regel zur statusunabhängigen, d. h. sachbezogenen Kommunikation eignet. Die Einstellung gegenüber E-Mail hängt vergleichsweise gering mit der Nutzungsintensität zusammen. Eine wichtige Rolle für die Akzeptanz spielen hingegen die Nutzungskompetenz und die Verfügbarkeit kommunikationsfähiger Rechner.

Der starke Zusammenhang zwischen der Nutzungsintensität und den Programmierkenntnissen läßt den Schluß zu, daß die Akzeptanz von CVK in erster Linie mit dem Ausmaß der Einbindung des Computers in den täglichen Arbeitsablauf zunimmt. Aufgrund der wachsenden Bedeutung der EDV im wissenschaftlichem Bereich ist daher auch mit einem weiteren Anstieg des Computer-vermittelten Nachrichtenaustausches zu rechnen.

Die Autoren sind unter folgenden E-Mail Adressen (Internet-Konvention) zu erreichen:

pheldt@ibm.gwdg.de
jrade1@gwdgv1.dnet.gwdg.de
wscholl@ibm.gwdg.de

Literatur

1. Adrianson, L. (1985). Group communication via computer: social psychological aspects of the COM-system. Göteborg Psychological Reports, 15 (4), 1-30.
2. Adrianson, L. & Hjelmquist, E. (1986). User's experience of COM: a computer mediated communication system. Göteborg Psychological Reports, 16 (5), 1-29.
3. Akin, O, Rao & D. R. (1985). Efficient computer-user interface in electronic mail systems. Man-Machine Studies, 22, 589-611.
4. Ferguson, J. A. (1977). Planet: A computer conferencing system and its evaluation through a case study. Behavior Research Methods & Instrumentation, 9 (2), 92-95.
5. Grantham, C. E. & Vaske, J. J. (1985). Predicting the usage of an advanced communication technology. Behavior and Information Technology, 4 (3), 327-335.
6. Heldt, Philipp (1991). Ursachen und Folgen der Nutzung eines universitären Mail-Systems. Universität Göttingen: Unveröffentlichte Diplomarbeit.

7. Hiltz, S. R. (1984). Online communities. A case study of the office of the future. Norwood: Ablex Publishing Corporation.

8. Hiltz, S. R. & Turoff, M. (1981). The evolution of user behavior in a computerized conferencing system. Communications of the ACM, 24 (11), 739-751.

9. Hoffman, L. R. (1978). The group problem-solving process. In L. Berkowitz (Ed.). Group Processes (pp. 101-113). New York: Academic Press.

10. Kerr, E. B. & Hiltz, S. R. (1982). Computer-mediated communication systems. Status and evaluation. New York: Academic Press.

11. Kiesler, S., Siegel, J. & McGuire, T. W. (1984) Social psychological aspect of computer-mediated communication. American Psychologist, 39 (10), 1123-1134.

12. Rice, R. E. (1980). The impacts of computer-mediated organisational and interpersonnel communication. Annual Review of Information Science and Technology, 15, 221-249.

13. Rice, R. E. & Case, D. (1983). Electronic message systems in the university: a description of use and utility. Journal of Communication, 4, 131-152.

14. Secord, P. F. & Backman, C. W. (1983). Sozialpsychologie. Frankfurt: Fachbuchhandlung. (Original erschienen 1964: Social psychology)

15. Turoff, M. (1982). Management issues in human communication via computer. In R. M. Landau, J. H. Baer & J. H. Siegman (Eds.). Emerging office systems (pp. 233-257). Norwood: Ablex Publishing Corporation.

Sicherheitssysteme im Ausbildungsrechenzentrum der SOWI-Fakultät

Otto Krickl

Karl-Franzens-Universität Graz
Institut für Betriebswirtschaftslehre
der Öffentlichen Verwaltung und Verwaltungswirtschaft

1. Kurzfassung

Ausbildungsrechenzentren an den Universitäten sind mit einer sehr hohen Anzahl von zumeist ungeübten Benutzern, mit häufig wechselnden Anforderungen an die SW-Ausstattung der User-PC und mit dem „Spieltrieb" mancher Studenten konfrontiert. Zur Aufrechterhaltung des Lehrbetriebes ist eine hohe Verfügbarkeit des Systeme zu gewährleisten. Die Sicherheitssysteme haben daher einen Kompromiß zwischen einer hohen Sicherheit des Gesamtsystems und den Nutzungsmöglichkeiten eines vernetzten PC als kreatives Werkzeug mit einfachem Zugang und leichtem Datenaustausch zu finden. Im vorliegenden Beitrag soll das angenommene Gefahrenszenario und die darauf aufbauenden Sicherheitssysteme des Rechenzentrums der Sowi-Fakultät dargestellt werden.

2. Problemstellung

2.1 Aufbau und Aufgaben des ARZ

Das Ausbildungsrechenzentrum (ARZ) steht für alle Lehrveranstaltungen und für die selbständige Arbeit aller Studenten an der Sowi-Fakultät zur Verfügung. Aus räumlichen Gründen mußte das ARZ außerhalb der Universität untergebracht werden.

Das ARZ umfaßt derzeit 31 User-PC, zwei Server, sieben Drucker, zwei PC für die technischen Assistenten und verschiedene Peripheriegeräte. Die Vernetzung erfolgt über ein ARC-Net und der Novell NetWare 386 (Version 3.11).

Im ersten Studienabschnitt nehmen pro Semester ca. 500 Studenten an der Pflichtlehrveranstaltung „Einführung in die EDV" teil. Diese Übung hat das Ziel, die Nutzung des vernetzten PC als Werkzeug für den Sozial- und Wirtschaftswissenschafter in Theorie und Praxis zu vermitteln. Es wurde daher ein hoher Anteil an Geräteübungen vorgesehen. Für den Einstieg in die praktische Arbeit am PC wurden eine Reihe von Einschulungsveranstaltungen (Grundlagen des Betriebssystems und der Gerätebedienung, dBase, Tabellenkalkulation, Textverarbeitung) vorgesehen. Im Verlauf der Lehrveranstaltungen haben die Studenten Übungsbeispiele auszuarbeiten und bei der Abgabe am Gerät vorzuführen. Aus den Lehrveranstaltungen im zweiten Studienabschnitt kommen etwa 200 Studenten regelmäßig zum Üben in das ARZ. Teilweise werden Lehrveranstaltungen direkt im ARZ abgehalten, wofür zumeist eine spezielle Softwareausstattung (Behandlung von speziellen Themen) für alle PC notwendig ist.

Insgesamt ergibt sich daraus eine sehr hohe Frequenz von Studenten, die zum großen Teil nur sehr rudimentäre PC-Kenntnisse aufweisen. Die technischen Assistenten haben daher laufend für Beratung der Studenten zur Verfügung zu stehen. An Werktagen ist das Rechenzentrum 12 Stunden geöffnet, sodaß insgesamt pro Semester ca. 37000 PC-Stunden für Studierende angeboten werden können.

2.2 Anforderungen an die Sicherheitssysteme

Die Maßnahmen für den Datenschutz und die Datensicherheit sollen hier nicht getrennt dargestellt, sondern unter dem Begriff Sicherheitssysteme zusammengefaßt werden. Für die Gestaltung der Sicherheitssysteme wurde die folgende Zielsetzung festgelegt:

Der PC im Netzwerk soll den Studenten als offenes multifunktionales System vermittelt werden, das eine flexible Anpassung an unterschiedliche Bedürfnisse und einen einfachen Datenaustausch erlaubt. Die Benutzung der Geräte soll daher so frei[1] als möglich sein. Zur Gewährleistung eines ordnungsgemäßen Betriebes sind jedoch die folgenden Bereiche sicherzustellen:

- Bei Arbeitsbeginn muß jeder Student einen identischen Softwarestand auf allen User-PC vorfinden. Die Anpassung der Softwareausstattung an die verschiedenen Lehrveranstaltungen muß schnell durchgeführt werden können.
- Fehlbedienungen dürfen nicht zur Beeinträchtigung der Betriebsfähigkeit führen.
- Die Mitnahme von Programmkopien durch Studenten muß zuverlässig verhindert werden.
- Die Verbreitung von Viren über das Netz muß unterbunden werden. Viren auf einzelnen Endgeräten müssen schnell erkannt und beseitigt werden können.
- Schäden durch Sabotage und Manipulationen müssen minimiert werden.
- Ausfallzeiten durch technische Fehler und höhere Gewalt müssen unter 3% der Betriebszeit liegen.

3. Gefahrenszenario

Zur Erreichung der Ziele des Sicherheitssystems ist ein systematisches Gefahrenszenario zu erstellen und entsprechende Sicherheitsmaßnahmen zu definieren. Die folgende Tabelle soll einen Überblick über die Wirkung der Sicherheitsmaßnahmen für die einzelnen Risikofaktoren geben. Unter einer direkt präventiven Wirkung wird dabei eine Eignung der Maßnahme zur Verhinderung des Eintrittes des Risikos verstanden. Indirekt ist die Wirkung dann, wenn der Eintritt des Risikos nur teilweise verhindert werden kann. Als Schadensminderung wird die erleichterte Beseitigung bzw. die Verminderung der Höhe des Schadens bezeichnet. Unter aufklärende Wirkung ist das Verständnis der Benutzer des ARZ für die Sicherungssysteme zu verstehen.

Sicherungssysteme	Risikofaktoren								
	Daten-schutz	Fehlbe-dienung	Viren	Raub-kopie	Mani-pulation	Sabotage/ Diebstahl	Zeitdieb-stahl	Techn. Defekte	Höhere Gewalt
Org. Maßnahmen									
Zugangskontrolle	✗				✗	✗	✗		
Lagerung Datenträger	✓		✓	✓	✓	✓		✂	✂
Rundgänge	✗	✗		✗	✗	✓	✗		
Räumliche Gestaltung									
Aufstellung der Server	✗				✓	✓			✂
Montage der PC					✗	✓			
Netzwerk									
Doppelserver mit USV		✗	✓		✂			✓	
Netzwerkmonitor	✓	✗			✓		✓		
Zugriffsrechte	✓	✓	✓	✓	✓		✗		
Aufbau Serverplatte		✗	✓	✓	✓				
Antivirenprogramme			✗						
Datensicherung		✂	✂		✂			✂	✂
User-PC									
Tägliches Löschen	✗		✗		✗				
Start der Programme			✓	✓					
Installation der SW		✓	✓		✓			✂	
Befehlssatz von DOS		✓			✓				
Software									
Originalsoftware			✓		✗				
SW-Tests			✓						
Selbsterstellte SW	✓	✗	✗	✓	✓	✓			
Daten der Studenten	✓	✗	✗						
Schulung									
Info bzgl. Sicherungen	✎	✓	✎	✎	✎	✎	✎		

✓	Direkt präventive Wirkung	✗	Indirekt präventive Wirkung
✂	Schadensminderung	✎	Aufklärende Wirkung

Abb. 1: Der Zusammenhang zwischen Sicherungssystemen und Risikofaktoren

3.1 Erläuterung der Risikofaktoren

Im folgenden sollen die einzelnen Risikofaktoren, wie sie hier verstanden werden, erläutert werden.

3.1.1 *Datenschutz*

Unter Datenschutz[2] soll hier die Aufgabe, personenbezogene und personenbeziehbare Daten vor Mißbrauch und unbefugtem Zugriff zu schützen, verstanden werden.

3.1.2 *Fehlbedienung*

Als Fehlbedienung werden unbeabsichtigte Zerstörungen des Datenbestandes verstanden, die durch mangelnde Kenntnisse und falsche Verwendung von Befehlen (zB. DEL *.*) entstehen.

3.1.3 *Viren*

Bei der Begriffsfestlegung soll der Definition von Price Waterhouse gefolgt werden: „A Virus is a computer program that attaches itself to legitimate executable program code or operating system commands and spreads from one system to another, eventually performing the illicit function for which it was designed. Each reproduced virus code then grows independendly of the initial virus. The virus grows geometrically, which makes tracing its origins almost impossible without the cooperation of the perpetrator"[3] Die wesentlichen Eigenschaften von Viren[4] sind daher:

- Infect (Viren „infizieren" Programme)
- Imitate (normaler Betrieb wir vorgetäuscht)
- Injure (wichtige Systemteile werden beschädigt)

Problematisch ist die Eigenschaft der Viren sich durch Modifikationen anderer Programme zu vermehren. In dieser Phase wird bei vielen Virentypen ein normaler Betrieb vorgetäuscht. Der Virus würde daher ohne Sicherheitsmaßnahmen für einige Zeit unentdeckt bleiben und könnte sich über das Netzwerk ausbreiten, wenn mehrere Benutzer auf infizierte Programme zugreifen. Erfahrungsgemäß breiten sich Viren in dieser Netzwerkkonfiguration innerhalb von wenigen Stunden auf das gesamte Netzwerk aus. Die Schädigungen[5] sind bei je nach Virentyp unterschiedlich und erfolgen zumeist zeitversetzt nach einem Auslösemechanismus[6].

Da sich die „Infektion" eines User-PC in einem ARZ nicht vollständig verhindern läßt, muß die Strategie eines Sicherheitsprogrammes vor allem gegen die Ausbreitung eines Virus über das Netz ausgerichtet werden. Daneben ist es erforderlich, die auf der Platte des User-PC ev. vorhandenen Viren in kurzen Zeitabständen zuverlässig zu löschen um eine weitere Verbreitung über die Disketten der Studenten zu verhindern. Maßnahmen zur Minimierung möglicher Schäden durch Viren ergänzen das Sicherheitssystem gegen Viren.

Unter dem Risikofaktor Viren werden auch Würmer[7], Trojanische Pferde[8] und logische Bomben[9] zusammengefaßt. Dies erscheint zulässig obwohl sich die Eigenschaften der Programme unterscheiden, das Sicherheitssystem aber die gleichen Anforderungen erfüllen muß.

3.1.4 *Raubkopien*

Darunter wird das Anfertigen von Kopien lauffähiger Anwendungssoftware durch nichtberechtigte Personen verstanden.

3.1.5 Manipulation

Unter Manipulation werden alle Veränderung der Software (z.B. Änderung der Konfiguration eines User-PC, Änderungen der Zugriffsberechtigung am Server etc.) des Systems verstanden.

3.1.6 Sabotage/Diebstahl

Darunter fallen alle Versuche die Funktionsfähigkeit der Hardware des Systems zu zerstören bzw. zu beeinträchtigen. Unter Diebstahl wird das unbefugte Entfernen von Einrichtungen des ARZ verstanden.

3.1.7 Zeitdiebstahl

Die Benutzung der Geräte durch nicht berechtigte Personen (häufig Studenten anderer Fakultäten) und der Einsatz von nicht vorgesehener Software wird als Zeitdiebstahl bezeichnet.

3.1.8 Technische Defekte

Darunter werden alle möglichen Ausfälle von Geräten und der Ausfall der Stromversorgung verstanden.

3.1.9 Höhere Gewalt

Wassereintritt, Feuer und Erdbeben werden als höhere Gewalt subsummiert.

4. Sicherheitssysteme

Bei den Sicherheitssystemen sollen nur jene Maßnahmen, die nicht allgemein üblich sind genauer dargestellt werden.

4.1 Organisatorische Maßnahmen

Eine Kontrolle der Zu- bzw. Abgänge über ein Videoüberwachungssystem und die stichprobenartige Kontrolle der Studentenausweise werden laufend durchgeführt. Daneben werden in regelmäßigen Abständen Rundgänge von den Bediensteten durchgeführt um den Einsatz von Spielprogrammen und nicht erlaubten Utilities zu verhindern.

4.2 Räumliche Gestaltung

Die Server sind von den Benutzerräumen getrennt aufgestellt, so daß ein unkontrollierter Zugang nicht möglich ist. Die Tische für die User-PC sind mit dem Boden fest verschraubt, sämtliche Kabel in Kabelkanälen geführt und mit Zugentlastungen ausgestattet.

4.3 Netzwerk

Im Netzwerk sind zwei identisch aufgebaute Server installiert. Bei einem Ausfall eines Server werden alle User auf den zweiten umgeleitet. Beispiel für die AUTOEXEC-Datei eines User-PC:

```
IPX
NET4
F:
LOGIN FS1/PC05
IF NOT EXIST H:\TOOLS\DRIVEH.STP GOTO ERROR
GOTO ENDE
:ERROR
CLS
ECHO _[37;40;1m
CLS
ECHO ERROR ON FILESERVER FS1 - SYSTEM ATTEMPT LOGIN FILESERVER FS2
- PLEASE WAIT
ECHO _[0;0;0m
ECHO _[1;0f
LOGIN FS2/PC05
IF NOT EXIST G:\TOOLS\DRIVEG.STP GOTO NONET
GOTO ENDE
:NONET
CLS
ECHO _[37;40;1m
CLS
ECHO ERROR ON FILESERVER FS1 AND FILESERVER FS2 - INFORM THE
        NETWORK ADMINISTRATOR
ECHO _[0;0;0m
:ENDE
```

In der obigen AUTOEXEC-Datei wurden die üblichen Befehle ausgelassen. Die User werden daher beim Ausfall des Standardservers automatisch zum Ersatzgerät umgeleitet. Diese Konstruktion ist für Programmdateien gut geeignet, da für diese der identische Aufbau beider Server-Platten kein Problem darstellt. Für Datenbestände die einer laufenden Änderung unterliegen könnten ohne einer Plattenspiegelung (bzw. entsprechen-der Programmierung von selbst erstellten Anwendungsprogrammen) nicht kon-sistent gehalten werden. Da die Plattenspiegelung nicht von allen Netzwerkprogrammen[10] angeboten wird, wurde festgelegt, daß die Daten der Studenten auf den lokalen Platten abgelegt werden. Dies bringt auch den Vorteil, daß die User-PC nur sehr eingeschränkte Zugriffsrechte auf der Serverplatte zugeteilt bekommen.

Mit dem Netzwerkmonitor werden die Aktivitäten (z.B. Dateizugriffe und Druckausgaben) der User-PC überwacht. Dabei werden jedoch nur besonders auffällige Transaktionen erkannt, da der Monitor nicht ständig kontrolliert wird.

Die Zugriffsrechte auf der Server-Platte werden so eingeschränkt, daß nur ein Starten von Programmen, die am Server gespeichert sind, möglich ist. Selbstverständlich haben alle User keinen Zugriff auf die Netzwerk-Utilities oder auf die Prüfungsdaten der Studenten.

Beim Aufbau der Serverplatte werden für jedes Programm zwei Subdirectories angelegt. Eines als Speicherbereich mit dem Originalprogramm für die Installation der User-PC (siehe Punkt 4.4), das nur als „Kopieroriginal" dient und im laufenden Betrieb nicht aufgerufen wird. Das zweite Directory beinhaltet die Programme für den laufenden Betrieb, wofür die Namen der Programmdateien geändert wurden. Dabei werden die Erweiterungen EXE auf COM geändert. Dies hängt sowohl mit dem Programmstart (siehe Punkt 4.4) als auch mit einem Schutz gegen Viren zusammen. Viren die COM-Dateien manipulieren, versuchen dadurch eine EXE-Datei zu ändern und erzeu-gen einen sofort auffallenden Fehler (Programm stürzt ab) in der Programmdatei, da die EXE-Dateien einen anderen Header aufweisen als COM-Dateien. Dadurch kann eine Infektion zwar nicht verhindert werden aber die Zeitspanne bis zur Entdeckung des Virus wird sehr gering, da alle User-PC dieselbe Programmdatei am Server aufrufen und bereits der erste Aufruf nach der Infektion zum Absturz führt.

Weiter werden alle exekutierbaren Dateien mit dem Novell-Dateiattribut „Execute only" versehen. Dieses Attribut erlaubt nur ein Starten des Programms und ein Löschen durch den Supervisor. Ein Kopieren oder Ändern der Programmfiles ist für alle Benutzer (auch für den Supervisor) ausgeschlossen. Das Kopieren der exekutierbaren Dateien ist daher für die USER nicht möglich, da die Arbeitsdateien geschützt sind und auf die Verzeichnisse mit den Originaldateien kein Zugriff besteht.

Bei der Virusabwehr können nach der CVIA[11] drei Klassen von Anti-Virus-Software unterschieden werden. Programme der Klasse 1 sollen den ursprünglichen Infektionsvorgang und den Replikationsprozeß verhindern. Software der Klasse 2 hat die Aufgabe, vorhandene Infektionen aufzuspüren und die betroffenen Systemkomponenten zu kennzeichnen. Virenschutzprogramme der Klasse 3 sollen bekannte Viren aufspüren und entfernen.

Die am Markt verfügbaren Anti-Virus-Programme weisen zumeist Komponenten aller drei Klassen auf. Für den Einsatz im ARZ sind Programme, die eine Infektion durch ein Bestätigen aller Dateitransaktionen durch den Anwender, zu verhindern versuchen ungeeignet, da die große Anzahl vor Rückfragen störend ist und der ungeübte Anwender die Notwendigkeit eines Dateizugriffes oft nicht beurteilen kann.

Praktikabel sind daher nur Programme der Klasse 2 und 3. Gute Ergebnisse werden von den Programmen erzielt, die mittels einer Prüfsumme jede Veränderung in EXE-, COM- und SYS-Dateien erkennen. Die organisatorische Gestaltung sieht daher eine regelmäßige Überprüfung der Programmoriginale am Server vor. Bei den User-PC werden die lokalen Platten regelmäßig formatiert und über das Netz neu installiert. Es ist daher gewährleistet, daß nur virenfreie Programme auf die Platte des User-PC kopiert werden. Viren, die sich in bad sectors der Platte befinden, werden damit jedoch nicht erfaßt und können nur durch entsprechende Harddiskutilities (diese werden bei Verdacht vor der SW-Installation am User-PC eingesetzt) beseitigt werden.

Im laufenden Betrieb hat sich die regelmäßige Neuinstallation der USER-PC bewährt, da die Grundinstallation (z.B. Config.sys) von Studenten immer wieder verändert wurde.

Die Sicherung der Arbeitsdateien der Studenten wird von diesen über Diskette selbst durchgeführt. Der Bestand der Server wird normal gesichert und eine Generation von Datenträgern auch ausgelagert.

4.4 User-PC

Bei den User-PC werden täglich alle Files der lokalen Platte, die nicht zur definierten Ausstattung gehören, gelöscht – auch die Daten der Studenten, wodurch ein Zwang zur täglichen Sicherung bewußt erzeugt wird.

Das Starten der einzelnen Anwenderprogramme erfolgt teilweise über das Netz. Am User-PC befindet sich ein Programm, das den gleichen Namen (z.B. dBase.exe) und die gleiche Länge wie das Originalprogramm aufweist. Dieses Programm ist jedoch ein selbst erstelltes Programm, daß überprüft ob der Rechner am Netzwerk des ARZ angeschlossen ist. Sollte der PC ordnungsgemäß im Netz laufen wird das am Server gespeicherte Originalprogramm gestartet. Ist der Rechner nicht im Netz wird die Programmexekution mit einer Meldung abgebrochen. Dadurch sind Raubkopien lauffähiger Programme zuverlässig verhindert, obwohl vermeintlich alle Programmteile auf der Platte des User-PC liegen und mit Utilities leicht kopiert werden können. Beispiel für ein „Startprogramm" am User-PC:

```
{$M $4000,0,$FF00}
{$S-} {$D-} {$R-}
program DB_= _!Unerwartetes Ende des Ausdrucks._;
uses crt,dos;
var
   vol                          : searchrec;
   reg                          : registers;
   original,par                 : word;
   logo1,logo2,lh,lg            : boolean;
   test                         : longint;
   befehl,prompt                : string;
begin
checkbreak:=false;
original:=lastmode;
logo1:=false;
logo2:=false;
findfirst('c:\*.*',anyfile,vol);
   while (doserror <> 18) and not (logo1 and logo2) do
      begin
          if (vol.attr in [0..7]) or (vol.attr in [32..39])
then begin
```

```
                if vol.name = 'IPX.COM' then begin
                     logo1:=true;
                end;
                if vol.name = 'COMMAND.COM' then begin
                     logo2:=true;
                end;
            end;
            findnext(vol);
        end;
  if not (logo1 and logo2) then begin
      clrscr;
      writeln(' Dieses Programm läuft ausschließlich im Aus
       bildungsrechenzentrum der Sozial -');
      writeln(' und wirtschaftswissenschaftlichen Fakultät der
       Karl Franzens-Universität Graz');
      halt;
  end;
  test:=disksize(8);
       if test <> -1 then begin
           exec('c:\command.com','/c h:\dbase\dbase.com');
           halt;
       end;
  test:=disksize(7);
       if test <> -1 then begin
           exec('c:\command.com','/c g:\dbase\dbase.com');
           halt;
       end;
       clrscr;
       writeln('Internal Error #1200 Overlay not found or invalid
       Overlay loader detected');
  end.
```

Die Installation der Software am User-PC erfolgt über den Aufruf eines Batch-Files (#.BAT) der einen am Server liegenden Batch-File aufruft. Eine Änderung der Softwareausstattung der User-PC erfolgt daher über eine Anpassung des Batch-Files am Server und ein Starten des #.BAT am User-PC. DOS-Befehle (z.B. FDISK), die bei falscher Bedienung zur Zerstörung von Programmen und Daten führen können, wurden aus dem Befehlssatz entfernt. Befehle (z.B. FORMAT) die von den Studenten gebraucht werden, aber Fehler verursachen können sind durch eigene Programme ersetzt worden. So ist beispielsweise ein Formatieren nur bei Disketten möglich.

4.5 Software

Grundsätzlich wird für den Lehrbetrieb nur Originalsoftware verwendet. Test von neuen Programmen werden auf einem eigenen PC, der nicht im Netz integriert ist, durchgeführt. Dieser PC wird laufend auf Viren untersucht. Der Test im Netzwerk erfolgt erst wenn das betreffende Programm längere Zeit am Stand-alone-PC fehlerfrei gelaufen ist. Selbsterstellte Software wird für die Studentenverwaltung und für ein automatisches Klausursystem[12] eingesetzt. Die Prüfungsdaten der Studenten liegen in einem geschützten Bereich und sind nur für die Angestellten des ARZ zugänglich.

Der Einsatz des Klausurprogrammes ist sensibel, da die Daten der absolvierten bzw. teilweise absolvierten Prüfung nicht verlorengehen dürfen. Es werden daher während der Prüfung (Beantwortung von Fragen) laufend alle Eingaben des Benutzers in zwei Datenbanken (am Server und am User-PC) mitgeführt. Beim Ausfall eines PC kann die Prüfung auf einem anderen Gerät mit den Daten vom Server fortgesetzt werden. Beim mutwilligen Ausschalten eines Gerätes während der Prüfung ist zumindest ein Datenbestand verwendbar, da niemals beide Datenbanken gleichzeitig geöffnet werden.

4.6 Schulungen

In den Einschulungsveranstaltungen werden den Studenten die Sicherungssysteme des ARZ vorgestellt. Damit wird versucht ein Verständnis für die Notwendigkeit einer klaren Organisation zu erreichen und gleichzeitig klargelegt, daß unabsichtliche Fehlbedienungen zu keinen Problemen führen (Abbau von Ängsten), absichtliche Manipu-lationen bzw. Raubkopien unmöglich sind.

5. Conclusio

Der vorliegende Beitrag zeigt, daß ein ARZ mit den vorgestellten Sicherheitssystemen mit einer sehr hohen Verfügbarkeit betrieben werden kann. Insbesonders sind die Herstellung eines gleichen Softwarestandes auf allen User-PC, der Schutz vor Viren und die Verhinderung von Raubkopien mit einfachen Maßnahmen zweckentsprechend gelöst worden. In der fünfjährigen Laufzeit des ARZ mußten daher nur zwei Tage Ausfall hingenommen werden. Die Erfahrung zeigt, daß die konsequente Einhaltung der Sicherheitsmaßnahmen von den Studenten akzeptiert wird und nur sehr wenige Versuche von mutwilligen Zerstörungsversuchen registriert werden mußten.

Weiterentwicklungen der Sicherheitssysteme sind mit dem Einsatz von Programmen, die unter WINDOWS 3.X laufen, notwendig. Dies ist sowohl aus der Unverträglichkeit mancher Programme mit restriktiven Zugriffsrechten als auch mit der Verfüg-barkeit von leistungsfähigen Utilities (Datei-Manager, PC-Shell, etc.) begründet. Die ständig steigende Leistungsfähigkeit eines gut ausgestatteten User-PC im Netzwerk stellt daher laufend neue Herausforderung an die Sicherheitssysteme im ARZ.

Literatur

1. Bornanns, H., Computerviren, in: Data Welt, 1988, Heft 5, S 37ff
2. Brunnstein, K., Computerviren, in: CHIP, 1989, Heft 4, S. 30ff
3: Burger, R., Das große Computerviren Handbuch, 2. Auflage, Data Becker, Düsseldorf, 1987
4. Dierstein, R., Das Panama- oder AIDS-Programm, in: KES, 1990, Heft 1, S. 4ff
5. Price Waterhouse, The Computer Virus Handbook, o. O., o. J.
6. Sonnleitner, K., Tatort Computer, in: Computer Live, 1990, Heft 3, S. 96ff
7. Strasser, H., Computer melden sich krank, in: Media-Express, 1988, Heft 4, S 15ff
8. Strasser, H., Antivirusprogramme, in: Media-Express, 1989, Heft 1, S. 13ff
9. Treplin, D., Viren ausräuchern, in: CHIP, 1989, Heft 5, S. 76ff
10. Weiner, M., Viren Dossier, in: Monitor, 1989, Heft 5, S. 76ff

Anmerkungen

1 So würden beispielsweise User-PC ohne Diskettenstation dieser Intention nicht entsprechen.

2 Vgl. § 1 Abs. 1 des BDSG

3 Price Waterhouse: The Computer Virus Handbook, o. O., o. J., S. 3

4 Vgl. ebenda, S. 3

5 z.B.: Zerstören des Boot-Sectors, Veränderungen bei Programm bzw. Datenfiles, Formatieren oder Löschen der Platte, Zerstören der FAT, Veränderungen des Arbeitsspeicherinhaltes oder des Bildschirmspeichers, ...

6 z.B. Zeitspanne, Anzahl der Systemstarts, best. Datum, Auslastung der Platte,

7 Würmer sind Programme, die freien Hauptspeicherplatz suchen und sich dorthin kopieren. Das System kommt zum Absturz wenn der Speicher voll ist.

8 Trojanische Pferde werden in Anwenderprogramme eingeschleust und können beim Start des Programmes Schäden im System verursachen. Der Vervielfältigungsmechanismus ist als Unterschied zu den Viren nicht vorhanden.

9 Logische Bomben sind Programme, die bei Eintritt eines bestimmten Ereignisses exekutiert werden.

Sicherung von Netzwerken mittels Verschlüsselungsverfahren – Simulationsprogramm NESSY (Network Encryption Simulation System)

Heinz-Erich Erbs und Jens Puhle

Fachhochschule Darmstadt
Fachbereich Informatik

1. Kurzfassung

Datenkommunikation in Computernetzwerken birgt besondere Gefahren in sich: Daten können abgehört, verfälscht oder fingiert werden. Dies zu verhindern, sind Verschlüsselungsverfahren besonders geeignet. Jedoch gibt es verschiedene Verschlüsselungsstrategien und zahlreiche unterschiedliche Verfahren, so daß ohne größere Einarbeitung ein Überblick kaum, Verstehen und sinnvolles Einsetzen dieser Technik nicht möglich ist. Für Datenschützer ist jedoch die Kenntnis dieser wichtigen Datensicherungstechnik unerläßlich.

Um in möglichst kurzer Zeit die wesentlichen Konzepte der aktuellen Verschlüsselungstechnik zu vermitteln, wurde das Netzwerk-Verschlüsselungssimulationssystem NESSY entwickelt. Es zeigt in anschaulicher und übersichtlicher Weise die wichtigsten Verschlüsselungsstrategien (sym- und asymmetrische Verschlüsselung), zwei aktuelle Verschlüsselungsverfahren (DES und RSA), Handhabung und Nutzung dieser Verfahren; ferner können Angriffe simuliert, deren Konsequenzen beobachtet und beurteilt sowie Gegenmaßnahmen getroffen werden.

2. Lernziele

Das Simulationsprogramm NESSY dient der Schulung künftiger Datenschützer. Durch aktives Lernen wird dem Anwender vermittelt, wie symmetrische und asymmetrische Verschlüsselungsverfahren zur Datensicherung eines Netzwerks eingesetzt werden können. Nämlich einerseits zum Unkenntlichmachen von Übertragungsdaten, damit Unbefugte sie nicht lesen können; sowie andererseits zur Echtheitsüberprüfung von Daten mittels «digitaler Signatur».

Der Lerner kann selbst erproben, wie die beiden verwendeten Verschlüsselungsverfahren DES und RSA arbeiten und wodurch sie sich unterscheiden: gezeigt werden die Schlüsselerstellung (Eingabe oder automatische Generierung), Schlüsselverteilung (per Hand oder über das Netz) sowie die Anwendung (Ver-/Entschlüsselung, Digitale Signatur). Hierbei wird der unterschiedlich hohe organisatorische Aufwand deutlich.

Außerdem können verschiedene Angriffe simuliert werden, wodurch der Lerner einerseits die Sicherheit der Verfahren kennenlernt; sowie andererseits nötige Gegenmaßnahmen erkennen und durchführen kann. Kurzum: NESSY ermöglicht es, die

Arbeitsweise, Organisation, Sicherheit und Anwendung von zwei modernen Verschlüsselungsverfahren in der Datensicherung eines Netzwerks zu erlernen bzw. zu beurteilen. Was die benötigten Vorkenntnisse betrifft: es werden keine Programmierkenntnisse oder ähnliches vorausgesetzt; ein grundlegendes mathematisches Verständnis sollte jedoch vorhanden sein.

3. Das Simulationsprogramm NESSY

Das Programm simuliert ein Computernetzwerk mit vier Terminals und zentralem Plattenspeicher. Die Terminals bestehen jeweils aus einem Bildschirm, einer Festplatte (privates Schlüsselverzeichnis), einem Arbeitsspeicher für Zwischenergebnisse und Ein-/Ausgaben, sowie aus einer Netzwerk-Schnittstelle. Der allen Terminals zugängliche Plattenspeicher dient als Schlüsselverzeichnis für öffentliche RSA-Schlüssel.

Die Anwendungsumgebung ist während der Simulation permanent auf dem Bildschirm des Simulationsrechners zu sehen. Alle Vorgänge werden optisch dargestellt und zusätzlich durch Hinweistexte erläutert. Es können folgende Operationen simuliert werden:

- Aktivieren eines Terminals, um damit zu arbeiten.
- Eingeben von Texten in den Zwischenspeicher des aktiven Terminals (um sie danach zu verschlüsseln und/oder zu übertragen).
- Übertragen von Texten oder DES-Schlüsseln über das Netz.
- Ver- und Entschlüsseln von Daten mittels DES (im ECB- oder CBC-Modus) bzw. RSA (Verwendung privater oder/und öffentlicher Schlüssel); «Digitale Signatur» ist möglich.
- DES-Schlüsselverwaltung (Erstellen und Speichern von DES-Schlüsseln und DES-Initialisierungsvektoren durch Eingabe oder Generierung; Übermitteln von DES-Schlüsseln und -vektoren über das Netz (verschlüsselt oder unverschlüsselt)).
- RSA-Schlüsselverwaltung: Erstellen und Speichern von RSA-Schlüsselpaaren.
- Simulation von Angriffen gegen Datenübertragungen: Mithören und Anzeigen von Übertragungsdaten (z.B. Abfangen unverschlüsselt übertragener DES-Schlüssel); Senden fingierter Nachrichten (Vortäuschen eines fremden Senders).
- Simulation von Angriffen gegen öffentliche Schlüssel: Laden und Analysieren von öffentlichen Schlüsseln, um die entsprechenden geheimen Schlüssel zu rekonstruieren; Manipulation von öffentlichen Schlüsseln.

4. Handhabung des Programms

Das Programm ist menügesteuert. Alle Programmfunktionen können aus dem Hauptmenü oder aus einem der fünf Untermenüs ausgewählt und aktiviert werden. Das Programm ist so konzipiert, das alle Operationen möglichst unabhängig voneinander durchführbar sind, hierdurch wird eine vielseitige Verwendbarkeit erreicht. Beispielsweise kann die Programmfunktion «Datenübertragung» für das Übermitteln von verschlüsselten oder unverschlüsselten Texten sowie zum Austausch von Schlüsseln benutzt werden. Was der Empfänger mit den empfangenen Daten tut, ist dadurch nicht festgelegt. Beispielsweise kann er sie entschlüsseln und danach als Schlüssel in sein privates Schlüsselverzeichnis übernehmen. Die Benutzung des Simulationsprogramms wird durch eine detaillierte Aufgabensammlung (25 DIN-A4 Seiten) unterstützt.

5. Hard- und Softwarevoraussetzungen

Für das Simulationsprogramm wird ein einzelner IBM-kompatibler Personal Computer benötigt. Eine Farbgrafikkarte ist erforderlich. Es werden keine zusätzlichen Datenkommunikationsprogramme oder Verschlüsselungsverfahren benötigt – alles was zur Simulation gebraucht wird, ist in NESSY enthalten.

6. Erfahrungen im Einsatz des Programms

NESSY wurde für die Informatikausbildung an der Fachhochschule Darmstadt entwickelt. Es wird im Rahmen der Lehrveranstaltung Datenschutztechnik (viertes Semester) eingesetzt, um künftigen Datenschützern die Anwendung von Verschlüsselungsverfahren zur Datensicherung zu verdeutlichen.

Hierbei wird NESSY folgendermaßen verwendet: In einer praktischen Übung, deren Dauer auf drei Stunden fest- gelegt ist, nutzen jeweils zwei Studenten einen Rechner, auf dem das Simulationsprogramm NESSY implementiert ist. Anhand einer detaillierten Aufgabensammlung (25 DIN-A4 Seiten) führen sie alle Programmfunktionen durch und müssen dabei Verständnis- fragen (die in der Aufgabensammlung enthalten sind) beantworten. Am Schluß des Praktikums sollen sie wesentliche Kenntnisse über Verschlüsselungsverfahren in der Datensicherung besitzen.

MS-DOS und Macintosh – Erfahrungen aus einem gemischten PC-Labor

Detlef Ufert

Universität Kiel
Englisches Seminar

Noch vor einigen Jahren wurden MS-DOS und Macintosh als zu unterschiedliche Systeme betrachtet, als daß man sie beispielsweise in einem Buch zusammen behandeln könnte[1]. Durch die Annäherung von Macintosh an den DOS-Markt und nicht zuletzt durch Windows scheint die Trennung zwischen den Systemen geringer zu werden, obwohl in vielen Punkten grundlegende Unterschiede bestehen bleiben.

Das PC-Labor der Philosophischen Fakultät der Christian-Albrechts-Universität Kiel ist seit dem WS 1989/90 in Betrieb und besteht aus einem gemischten Netz, das jeweils zur Hälfte mit Macintosh und MS-DOS-Rechnern bestückt ist. Die Einrichtung ist hardwaremäßig mit 10 MS-DOS ATs, d.h. neun Compaq Deskpros 286 und einem Compaq Deskpro 386 ausgestattet, auf der Macintosh-Seite mit neun Macintoshs II und einem Macintosh IIx. Letzterer ist u.a. für die automatische Texterkennung mit einem Siemens Scanner und dem OCR-Programm Omnipage ausgestattet. Die Peripherie beinhaltet darüber hinaus auch ein CD-ROM-Laufwerk sowie mehrere Drucker, einen Laserwriter (II NTx) und einen Tintenstrahldrucker sowie zwei Matrixdrucker. Für die Aufnahme digitaler Sprache steht MacRecorder als Analog-Digital-Wandler zur Verfügung. Alle Geräte laufen zusammen unter TOPS, einem Netzwerk, das nach dem Prinzip des *distributed file servers* arbeitet, d.h. jedes Gerät kann sowohl *client* als auch *server* sein. Über ein Display kann der Bildschirm des Dozentenarbeitsplatzes an die Leinwand projiziert werden. Auf der Basis der Erfahrungen, die wir im Betrieb des PC-Labors gewonnen haben, will ich im folgenden den Fragen nachgehen:

1. Welche grundsätzlichen Unterschiede gibt es zwischen den Systemen?
2. Gibt es für fachspezifische Probleme innerhalb der Philologien Vorzüge des einen oder anderen Systems?
3. Wie ist die Akzeptanz bei den Studenten/Dozenten?
4. Wie sind die Erfahrungen bei dem Datenaustausch zwischen Mac und MS-DOS und dem Betrieb in einem gemeinsamen Netz?

1. Grundsätzliche Unterschiede zwischen den Systemen

Es werden im folgenden zunächst einige wichtige Unterschiede zwischen dem klassischen DOS und dem Macintosh betrachtet, die Windows-Oberfläche verleiht dem System zusätzliche Eigenschaften, insbesondere eine dem Macintosh ähnliche grafische Benutzeroberfläche. Bekanntermaßen handelt es sich bei MS-DOS grundsätzlich um ein befehlsgesteuertes Betriebssystem, das in seinen Wurzeln mehr als zehn Jahre alt ist und für die 16 Bit Intel-Prozessoren 8086 und Nachfolgemodelle geschrieben wurde. Es hat in dieser Zeit eine Reihe von Veränderungen erfahren; außerdem sind Zusatzprogramme entwickelt worden wie das bekannte Windows, und Programme zur Nutzung größerer Arbeitspeicherbereiche (Quemm o.ä.), als bei DOS ursprünglich vorgesehen, sind hinzugekommen. Das Macintosh Betriebssystem hat keine so lange Tradition, es wurde Mitte der 80er Jahre für die Motorola-Prozessoren 68000 und deren Nachfolgemodelle entwickelt. Aus dieser historischen Perspektive lassen sich bereits einige der Unterschiede erklären, wie z.B. die Nutzung des Arbeitsspeichers. So schienen zum Zeitpunkt der Entwicklung von DOS 640 KB nutzbarer Arbeitsspeicher technisch realisierbar auch für die Zukunft ausreichend, während bei der Konzipierung der Motorola Prozessoren die Entwicklung bereits fortgeschrittener war und deshalb ein sehr viel größerer Arbeitsspeicherbereich linear adressierbar gemacht wurde (bis 124 MB). Die RAM-Beschränkungen bei DOS wirken sich heute in der Praxis als sehr hinderlich aus, denn größere Arbeitsspeicherbereiche können gewissermaßen nur durch einen Trick und sehr umständlich von diesem Betriebssystem verwaltet werden, indem ein Austausch der RAM-Inhalte zwischen Extented Memory und DOS-Memory stattfindet. Durch die relativ gute Zugänglichkeit der MS-DOS Hard- und Software etablierte sich allerdings schnell ein großer Markt von Drittherstellern, die für die heutige Vielfalt von IBM-kompatiblen Rechnern und Programmen unter MS-DOS sorgten. Apple hingegen hat es bis heute geschafft, den Inhalt des ROM mit den wichtigsten internen Informationen über das Betriebssystem für sich zu behalten und den Softwareherstellern sehr strikte Vorgaben zu machen, so daß eine bemerkenswerte Standardisierung bei den Programmen festzustellen ist. Diese Standardisierung betrifft auch die Hardwarekomponenten; aufwendige Installationsprozeduren, das Einstellen bestimmter Interrupts oder andere Anpassungsarbeiten sind beim Macintosh normalerweise nicht nötig, auf DOS-Seite in der Praxis jedoch eher die Regel. Das Macintosh Betriebssystem ist durchgängig grafisch aufgebaut, die Steuerung durch den Benutzer erfolgt durch das Anklicken von Menüpunkten oder Symbolen auf dem Bildschirm mit der Maus. Als eine Folge dieser grundlegenden Grafikorientiertheit gibt es z.B. beim Macintosh keinen Textmodus wie bei DOS. Es handelt sich also um zwei ganz verschiedene Betriebssysteme mit Unterschieden, die sich natürlich auch bei der jeweils nutzbaren Software bemerkbar machen. Aufgrund dieser unterschiedlichen Voraussetzungen ergeben sich im praktischen Betrieb eine Reihe wichtiger Eigenschaften , die, je nach Anwendungsbereich, von Vorteil oder Nachteil sein können. Die Ziele von Lehrveranstaltungen im PC-Labor sind üblicherweise a) die Vermittlung von Grundkenntnissen über die Funktion und den Gebrauch eines PCs und b) die Bearbeitung von fachspezifischen Problemen mit Hilfe des Computers, wobei weiter unterschieden werden kann zwischen der Vermittlung von Kenntnissen für die Benutzung vorhandener (Standard-) Software und der Erstellung eigener Software mit Hilfe einer Programmiersprache.

1.1 Vermittlung von EDV-Grundkenntnissen

Die Vermittlung der notwendigen Grundkenntnisse für die Bedienung der PCs und der Standardsoftware erfordert auf der DOS-Seite sehr viel mehr Zeit als auf der

Macintoshseite, da das Erlernen der notwendigen Befehle schwieriger ist als die durch ihre Symbole schon fast intuitiv handhabbare Macintosh-Oberfläche. Je benutzerfreundlicher allerdings ein System ist und je mehr der Benutzer vom eigentlichen Betriebssytem ferngehalten wird, desto eher wird der PC zu einer Black Box, deren interne Arbeitsweise nur schwer zu vermitteln ist. Mit anderen Worten: am konventionellen aber schwerer zu bedienenden DOS lassen sich die Aufgaben und die Arbeitsweise eines Betriebssystems erfahrungsgemäß anschaulicher und direkter vermitteln als beim Macintosh mit seinem grafischen System. Die Frage ist natürlich, wie weit gerade in philologischen Fächern die Kenntnis solcher technischer Zusammenhänge gehen muß. Aufgrund des schwerer zugänglichen Betriebssystems stellt bei den Macintoshgeräten die eigene Programmierung, die aus Programmen auf Systembefehle zurückgreifen muß, sehr hohe Anforderungen an die Kenntnis des Betriebssystems, so daß beim Macintosh häufiger mit Standardprogrammen gearbeitet wird als auf der DOS-Ebene.

2. Fachspezifisch relevante Unterschiede

2.1 Schriftimplementierung im Programm oder System

Insbesondere die sprachlichen Fächer haben häufig Texte und Daten mit unterschiedlichen Schriften zu verarbeiten. Am Problem der Schriftenverwaltung wird einer der offensichtlichsten Unterschiede zwischen beiden Systemen deutlich. Verschiedene Schriften werden vor allem in Textverarbeitungsprogrammen und Datenbanken benötigt. Bei Textverarbeitungsprogrammen ist es zwar auf beiden Seiten möglich, verschiedene Schriften zu implementieren, allerdings ist hierbei der dafür notwendig Aufwand bei MS-DOS z. T.ungleich größer. Die Schriften bei MS-DOS werden von den einzelnen Anwenderprogrammen verwaltet, beim Macintosh hingegen durch das Betriebssystem. Hat man mit einen Zeichensatzgenerator eine Schrift neu erstellt, muß bei MS-DOS-Programmen sowohl der jeweilige Druckertreiber des Textverarbeitungsprogrammes modifiziert und die Schrift in den Drucker geladen werden. Das ist recht kompliziert, denn es müssen eine ganze Reihe von Parametern für die jeweilige Schrift und Ihren Aufruf festgelegt werden. Bei Macintosh und auch bei Windows werden die Schriften im System implementiert und stehen damit grundsätzlich in allen Anwenderprogrammen zur Verfügung. Es ist ein Handgriff, mit dem Font-DA-Mover eine neue Schrift zu installieren, die Anzahl der Schriften ist nur durch den Arbeitsspeicher begrenzt. Wenn eine Schrift im System eingerichtet ist, hat dies den enormen Vorteil, daß diese Schriften dann auch in allen anderen Anwenderprogrammen, z.B. auch in Datenbankprogrammen, zur Verfügung stehen. Auf dem Macintosh lassen sich daher in dBase oder FoxBase in unterschiedlichen Feldern verschiedene Schriften benutzen, um Feldinhalte z.B. in Englisch, phonetischer Umschrift, kyrillisch usw. darzustellen, und zwar aufgrund des grafischen Systems sowohl auf dem Bildschirm als auch im Druck. Die einfache Handhabung dieses Schriftproblems hat dazu geführt, daß im linguistischen Bereich in einigen Fächern und im Rahmen eines DFG-Projekts, bei dem z.B. mit Filemaker gearbeitet wird, verstärkt Macintosh-Geräte eingesetzt werden. Unter Windows wird es voraussichtlich auch bald vergleichbare Lösungen geben, da an der Entwicklung entsprechender Software.vielerorts gearbeitet wird (z.B. Adobe Postscript-Zeichensätze für Phonetik unter Windowsanwendungen).

Die grafische Benutzeroberfläche, die Voraussetzung für die fast unbegrenzten Möglichkeiten bei der Schriftenverwaltung und der Darstellung aller dieser unterschiedlichen Zeichen auf dem Bildschirm, hat allerdings auch gewisse Nachteile: sie ist aufwendiger als ein reiner Textmodus, insbesondere da die Anforderungen an den Arbeitsspeicher und die Schnelligkeit des Rechners sehr viel höher sind. Bei Windows wird dies sehr deutlich, ein 386 mit 4 MB RAM ist hier schon empfehlenswert, beim Macintosh reicht 1MB. Wenn bei der Texterfassung eine hohe Geschwindigkeit erforderlich ist und man auf eine exakte Abbildung der Zeichen auf dem Bildschirm verzichten kann, dann ist die Arbeit im Textmodus unter MS-DOS häufig effizienter. Da im Textmodus in MS-DOS zudem die Schriftgröße auf dem Bildschirm immer gleich ist, und somit auch eine sehr kleine Schriftgröße gut zu lesen ist, hat für die reine Eingabe von Text ein Textmodus gewisse Vorteile, zumal nicht in allen Macintosh-Textverarbeitungsprogramme eine Funktion zur Vergrößerung der Bildschirmdarstellung vorhanden ist. Aufgrund der Bildschirmauflösung ist eine 6 oder 9 Punkt Schrift auf dem Macintosh Bildschirm u.U. nicht mehr zu lesen, wenn man nicht eine vergrößerte Seitendarstellung, wie bei Desk Top Publishing oder Zeichenprogrammen zur Verfügung hat.

2.2 Makros

Es ist relativ häufig, daß man mit Makros, die sicher allen DOS-Benutzern bekannt sind und in fast allen DOS-Textverarbeitungsprogrammen zur Verfügung stehen, Manipulationen an Texten oder Daten vornimmt, um diese z.B. für die Bearbeitung mit einem weiteren Analyseprogramm vorzubereiten. So müssen beispielsweise in Texten, die mit dem Textretrievalprogramm WordCruncher bearbeitet werden sollen, Markierungen in den Text eingefügt werden, die Identifizierung der Seiten, Absätze, Sätze usw. ermöglichen, so daß eine gefundene Belegstelle im Werk lokalisert werden kann. Mithilfe von Makros lassen sich solche Markierungen automatisch einfügen. Auf der Macintosh-Seite gibt es hingegen fast kein Programm, das eine vergleichbare Makrounterstützung hat. Dieser Bereich ist hier äußerst unterentwickelt, vermutlich um die Programme möglichst anwenderfreundlich zu halten. Aus der Sicht linguistischer und literaturwissenschaftlicher Anwender kann die Textbearbeitung mit Makros jedoch sehr nützlich und zeitsparend sein. In Lehrveranstaltungen, in denen Textdaten für die weitere Verarbeitung mit Textverarbeitungsprogrammen bearbeiten werden sollen, wird daher meistens auf DOS-Programme wie Word, WordPerfect oder WordStar zurückgegriffen.

2.3 Desk Top Publishing

Der Bereich DTP spielt zwar keine Rolle im Unterricht, ist aber in der Praxis für eine Reihe von Fächer von Bedeutung, in denen Gaphik und Text häufig zusammen auftreten und für Hausarbeiten und Publikationen entsprechend integriert und bearbeitet werden müssen. Hier wird sehr viel der Macintosh genutzt (Pagemaker, Quark Xpress) und z.T. werden extern mit dem Laserbelichter Filme für den Druck von Publikationen hergestellt. Auch DOS-Dokumente (z.B. Word Texte oder TIFF-Grafiken) lassen sich zum Teil in die Macintosh-Programme einlesen (s.u).

2.4 Batches

Die Taktik von Apple, den Benutzer möglichst fern zu halten vom Betriebssystem, und die Bedienung der Geräte möglichst einfach zu gestalten, führt dann zu Problemen, wenn man sich nicht auf die vorgegebenen Benutzungsmöglichkeiten der Anwenderprogramme beschränken und zum Zweck der eigenen Programmierung in das Betriebssystem eingreifen will. Das ist bei MS-DOS sehr viel einfacher. Beim Macintosh haben wir es beispielsweise bisher nicht geschafft, das Backup so zu automatisieren, wie das auf der DOS-Seite durch eine einfache Batchdatei möglich ist. Für das Backup muß von allen Macs von deren Festplatte ein Bereich auf den Rechner, der das Backup durchführt kopiert werden. Auf der MS-DOS Seite sorgt eine kurze Batch-Datei dafür, daß ein Rechner nachdem anderen gemountet wird und die Dateien herunterkopiert werden. Auf der Macintosh-Seite ist nur ein geübter Programmierer dazu in der Lage, ein Programm in einer Programmiersprache zu schreiben, das in das Betriebssystem eingreift und vergleichbares leistet wie eine solche kurze Batch-Datei auf der MS-DOS Seite. Zusatzprogramme wie MacroMaker, die diesen Zweck beim Macintosh erfüllen sollen, erweisen sich aufgrund ihrer grafischen Arbeitsweise als unzureichend, da beispielsweise die Objekte, die bearbeitet werden sollen, nicht immer an der gleichen Position im Fenster lokalisiert sind.

2.5 Multimedia

Während es in den Bereichen, in denen es um das Erlernen von Programmiertechniken in Sprachen wie Basic, Turbo Pascal, Fortran oder Prolog geht, vom funktionalen Gesichtspunkt aus relativ unbedeutende Unterschiede zwischen der Arbeit auf einem AT und einem Macintosh gibt, sind bestimmte Gebiete vorhanden, wo ausschließlich auf dem Macintosh gearbeitet wird. Dazu gehört der Bereich, der heutzutage üblicherweise als Multimedia bezeichnet wird und die Integration von Text, Grafik, digitaler Sprache (oder anderer Tonquellen) und Video umfaßt. Mit MacRecorder, HyperSound, SoundEdit und Hypercard wurden z.B. in einer Lehrveranstaltung interaktive Lernprogramme mit digitaler Sprache zur artikulatorischen Phonetik und zum Erlernen des Altenglischen entwickelt. Die Soft- und Hardware für die Aufnahme, das Bearbeiten und Einbinden digitaler Sprache ist beim Macintosh so einfach zu handhaben, daß auch im Rahmen einer Lehrveranstaltung interessante Programme zu entwickeln sind.

2.6 Durchgängigkeit zwischen Anwenderprogrammen

Aufgrund des Betriebssystems und der Vorgaben für die Programmentwicklung haben die Macintosh-Programme nicht nur eine sehr einheitliche Bedienungsoberfläche, sondern auch eine große Durchgängigkeit zwischen den einzelnen Programmen, was sich in der Praxis sehr angenehm bemerkbar macht. Über die Zwischenablage, das ist ein temporärer Zwischenspeicher, der in allen Programmen zur Verfügung steht, oder über das sog. Album, können jederzeit Daten aus einem Programm in ein anderes kopiert werden, falls man mit dem Multifinder arbeitet, ist es wie bei Windows möglich, mehrere Programme zur gleichen Zeit geöffnet zu haben, so daß man durch einen Mausklick z.B. vom Datenbankprogramm in das Grafikprogramm wechseln kann.

2.7 Programmvielfalt und Programmiersprachen

Die oben beschriebenen Möglichkeiten sind natürlich nur dann interessant, wenn es für den jeweiligen Bereich Software für den Macintosh gibt. Hier stellt sich die Situation jedoch so dar, daß die Softwarevielfalt für den MS-DOS-Bereich aufgrund der weiteren Verbreitung und der längeren Tradition dieses Systems sehr viel größer ist als beim Macintosh. Im Bereich Computerunterstützte Übersetzung wird bei uns z.B. nur auf der DOS-Seite gearbeitet, weil hier eine Reihe von Programmen (wie beispielsweise MultiTerm) für diese Zwecke zur Verfügung stehen, für die es offenbar keine Äquivalente im Macintoshbereich gibt. Bei eigener Programmierung mit einer Programmiersprache wie Basic, Turbo Pascal oder Prolog fallen die Unterschiede zwischen den Systemen kaum ins Gewicht, solange es sich um Programme handelt, die nicht auf der grafischen Oberfläche operieren. Solche Programme lassen sich in beiden Systemen erstellen und können z.T. sogar ohne wesentliche Änderungen auf dem jeweils anderen System benutzt werden. Sobald jedoch Fenster, Tasten, Menüs, und die Maus angesprochen werden, sind die Unter-schiede erheblich. Allerdings ist auch hier die Tendenz zur Angleichung zu erkennen, da auch auf der DOS-Seite eine solche, objektorientierte Programmierung immer mehr Verbreitung findet. und in die neuesten Versionen einiger Programmiersprachen bereits eingefügt wurde.

3. Akzeptanz des gemischten Systems bei Dozenten und Studenten

Bei der Einrichtung des PC-Labors hatte es 1987/88 zunächst große Vorbehalte unter den an der Planung beteiligten Dozenten gegenüber der Ausstattung mit Macintosh-Hardware gegeben. Nach einigen Jahren Erfahrung stellt sich die Situation etwas differenzierter dar, denn es ist offenbar erkannt worden, daß die Frage nach dem Betriebssytem je nach Anwendungsbereich unterschiedlich beantwortet werden muß. So sind in den 20 Seminaren/Instituten, die zur Philosophischen Fakultät der CAU Kiel gehören, inzwischen auch relativ viele Macintosh-Geräte zu finden, die z.B. in der Linguistik, als DTP- Arbeitsplatz oder bei Textverarbeitung in den Sekretariaten Einsatz finden. Anträge für die Ausstattung der Institute (WAP) sehen z.T. ebenfalls gemischt bestückte Netze vor. Bei der Ausbildung der Studenten findet die Mehrzahl der abgehaltenen Kurse bisher auf der MS-DOS-Seite statt, da Dozenten der meisten Fächer eher mit DOS vertraut sind und häufig Programme zur Bearbeitung fachspezifischer Fragestellungen nur im DOS-Standard vorliegen. Dieser Schwerpunkt in der Lehre im DOS-Bereich wird auch in Zukunft vermutlich so bleiben und ist auch sinnvoll, da die Verbreitung von DOS in Deutschland sehr groß ist. Im freien Übungsbetrieb, in dem die Studenten beispielsweise die Rechner für die Anfertigung von Haus- oder Examenarbeiten nutzen können, ist hingegen die Auslastung der Macintosh etwas größer. Hier ist die Tendenz zu erkennen,besonders bei Textverarbeitung und Grafik eher den Macintosh einzusetzen.

4. Datenaustausch und Netzwerk

Alle Geräte laufen in einem gemeinsamen Netz unter TOPS, als Distributed Fileserver-Netzwerk. Da jedes Gerät in einem solchen Netz sowohl Server als auch Client sein kann, ist es einerseits unproblematisch in der Handhabung und benötigt kein separates Gerät als Server, andererseits ist in einem Netzwerk mit dezidiertem Server die Kontrolle der Netzwerkvorgänge sicher besser möglich, so daß von Fall zu Fall entschieden werden muß, welches Netzwerksystem geeignet ist. Es stehen inzwischen eine Reihe möglicher Netzwerkalternativen (Tops, Novell, 3Com) zur Verfügung. Es kommt in der Praxis relativ häufig vor, daß Dateien zwischen den Systemen ausgetauscht werden sollen, d.h. eine MS-DOS Datei mit einem Macintosh-Programm weiterverarbeitet werden soll oder umgekehrt. Das reine Kopieren einer Datei ist problemlos. Es kann entweder über das Netzwerk geschehen oder sogar direkt von Diskette, dalls es sich z.B. um eine 3,5-Diskette handelt, die direkt von einem Macintosh gelesen werden kann. Der wesentliche Punkt ist jedoch in der Regel die Übernahme der MS-DOS oder Macintosh-Formate in das jeweils andere System. Denn nur wenige Programme besitzen eigene Umwandlungsfunktionen, wie z.B. Word, bei dem das Mac-intosh Word Texte in DOS-Word-Format erkennt und umwandelt, oder Macintosh-Word-Texte im DOS-Format abgespeichert werden können. Bei den Programmen, die sowohl für die DOS als auch Macintosh-Welt erhältlich sind ist meistens eine direkte Übernahme der Dateien möglich. Ist dies nicht der Fall, kann mit Programmen wie MacLink oder TopsTranslator das Dateiformat umgewandelt werden. Das ist auch bei reinen Textdateien erforderlich, da Macintosh einen anderen Zeichensatz hat als die DOS-Rechner. In der Praxis haben sich die vorhandenen Umsetzungsmöglichkeiten als ausreichend erwiesen, wobei sehr häufig auf der Macintosh-Seite eingescannte und mit dem OCR-Programm Omnipage automatisch eingelesene Texte für die Benutzer in den unterschiedlichsten Formaten abgespeichert werden. Natürlich gibt es auch eine Reihe von Formaten, z.B. bestimmte Bildformate, bei denen keine Umwandlung möglich ist.

Nach knapp zweijähriger Erfahrung, läßt sich der Schluß ziehen, daß sich der gemischt bestückte Pool bewährt hat, da sich die Systeme gegenseitig ergänzen. Vielleicht wird irgendwann eine Weiterentwicklung der Windowsoberfläche, eventuell unter OS2, „die Lösung" sein, aber da es immer eine breite Streuung der Anwendungsbereiche mit unterschiedlichen Anforderungen geben wird, ist eher zu vermuten, daß es auch in Zukunft kein System gibt, das alle Anwender gleichermaßen zufriedenstellt.

Anmerkung

1. vgl. Vorwort in Gregor, B., Krifka, M. (Hrsg), 1986, Computerfibel für die Geisteswissenschaften. Beck. München.

Neue Rechnerarchitekturen

Informationstechnik der 90er Jahre

Dieter Schütt

Zentralabteilung Forschung und Entwicklung
der Siemens Aktiengesellschaft, München

Informationstechnik der 90er Jahre erfordert eine breit angelegte zukunftsorientierte Forschung und Erprobung neuer SW-Techniken und -Systeme. Schwerpunkte der Softwaretechnik werden Software-Entwurfs-, Validations- und Implementierungsverfahren, neue Software-Architekturen, Sicherheitsstandards sowie Software-Verteilungskonzepte sein. Insbesondere werden wissensbasierte Techniken stark an Bedeutung gewinnen. Stand in den Anfängen der Computernutzung der Rechner im Mittelpunkt, wurden also Aufgaben maschinenorientiert programmiert, so rückt ab der dritten Computergeneration die Programmierung selbst in den Vordergrund. Begriffe wie logische, objektorientierte und funktionale Programmierparadigmen, aber auch neue Verarbeitungsmodelle und die entsprechenden Spracherweiterungen stehen für diese Periode. Beginnend in den 80er Jahren erzwingen große Anwendungen wie integrierte Postdienste, CAD-Elektronik oder verteilte Büro- oder Fertigungsaufgaben die Modellierung reicherer Gegenstandsbereiche. In den 90er Jahren werden semantische Aspekte bei der Computernutzung zunehmend wichtiger. Unter KI (Künstliche Intelligenz) wird die wissenschaftlich-technische Disziplin verstanden, die sich um das Verstehen und Modellieren menschlicher Intelligenzleistungen und die qualitative Leistungssteigerung und Erschließung neuer Anwendungsbereiche von Computern, Programmiertechniken und Informationssystemen bemüht. Die KI-Forschung hat ihre Wurzeln in der symbolischen Informationsverarbeitung (Theorembeweisen, mathematische Logik) und der kognitiven Psychologie und Linguistik. 1977 prägte Feigenbaum den Begriff knowledge engineering.

1. Wissensbasierte Systeme [1]

Seit Beginn der 80er Jahre versucht die industrielle Softwareentwicklung, die Methoden der Künstlichen Intelligenz zu nutzen, um ihre Aufgaben besser oder kostengünstiger zu lösen, bzw. um bestimmte Aufgaben anzugehen, die einer maschinellen Bearbeitung vorher nicht zugänglich schienen (vgl. Abb. 1).

1.1 Anwendungen bei Siemens/SNI

Der *Umweltschutz* ist die Domäne der beiden Expertensysteme TRANSEC und GEFAHRGUT. Beide Systeme unterstützen den Benutzer beim Auffinden und Anwenden von Vorschriften aus dem Bereich Gefahrguttransport, und zwar bei der Klassifikation von Stoffen und bei der Verpackung und Deklaration von Gefahrgütern. Ein

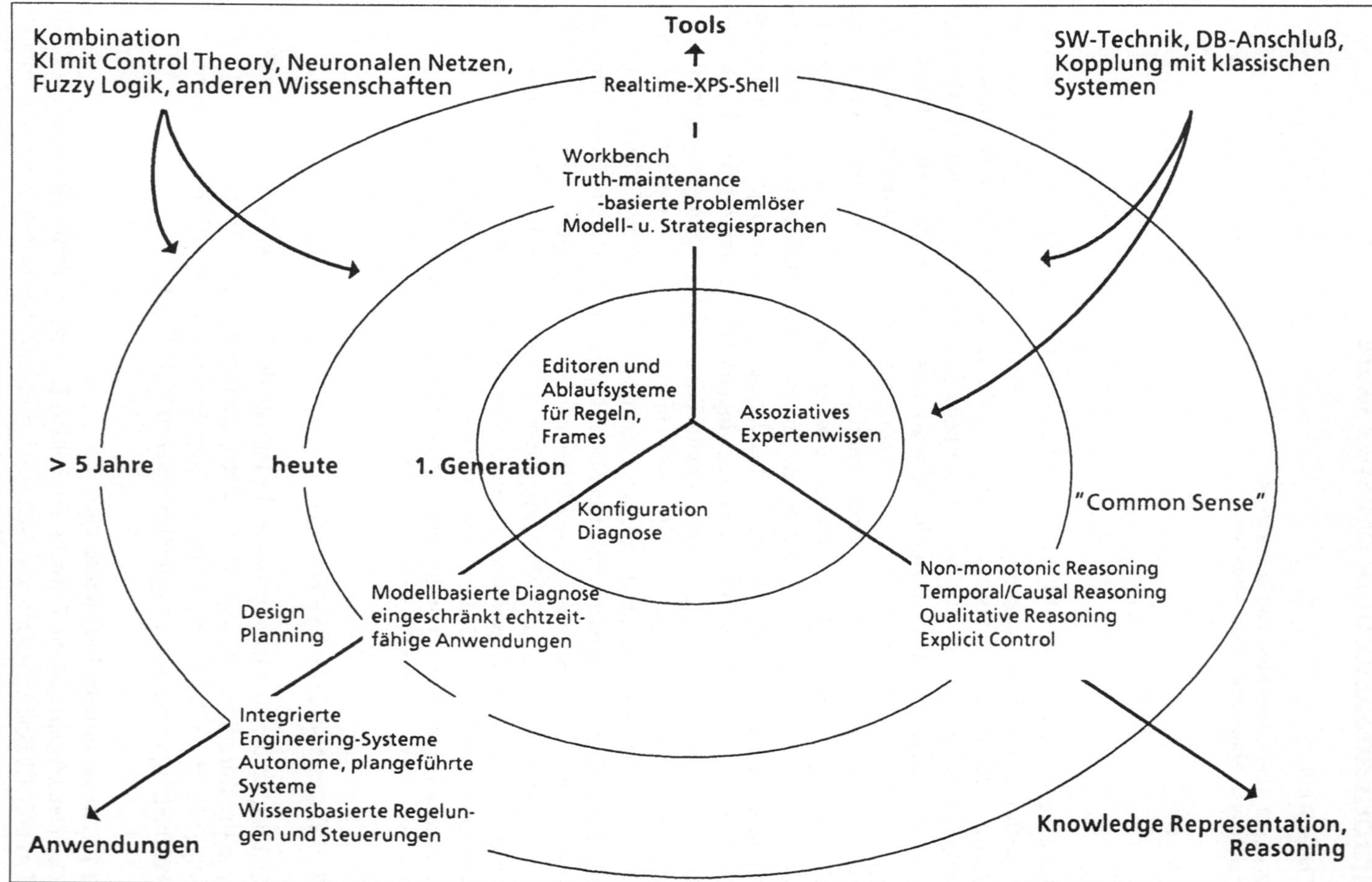

Abb. 1: Die Nutzung von Methoden der KI in der industriellern Softwareentwicklung

wichtiges Anwendungsgebiet von *Beratungssystemen* sind komplexe technische Systeme selbst. In der Fernmeldetechnik beispielsweise existiert heute weltweit eine Vielfalt von Bedienfunktionen, daß allein der Entwurf eines neuen Bedienkommandos für ein Vermittlungssystem im Einklang mit existierenden Standards von einer unübersehbaren Vielzahl von Randbedingungen bestimmt wird. Mit CODEX (Expertensystem zum Design der EWSD-Bedienoberfläche) wurde eine wissensbasierte Lösung dieses Problems entwickelt. Auch WISKOM (Wissensbasierte Erschließung von Informationen im Konfigurationsmanagement) hat mit der Softwareentwicklung für ein Kommunikationssystem zu tun – es erleichtert den Zugang zu einer sehr großen und hochspezialisierten Datenbank, die zum Konfigurationsmanagement eines Großprojekts gebraucht wird. Im Bereich *Planung, Design und Konfiguration* finden sich viele Einsatzmöglichkeiten für wissensbasierte Systeme. Unter Computer Aided Design wird üblicherweise die (2D- oder 3D-) grafische Unterstützung von Entwurfsprozessen verstanden. Der Einsatz wissensbasierter Techniken bietet in Verbindung mit diesen "klassischen" CAD-Techniken großes Potential für wirksame Entwurfswerkzeuge. Je ein Projekt aus den Bereichen Schaltungsentwurf und mechanischer Entwurf belegen dies. Bei so komplexen Artefakten, wie es VLSI-Bausteine sind, ist allein schon die Überprüfung der Korrektheit eines fertigen Entwurfs äußerst schwierig und wichtig. Mit Simulation der Verarbeitung von Testmustern erreicht man wegen der kombinatorischen Komplexität in der Regel keine vollständige Absicherung gegen Designfehler. Mit CVE (Circuit Verification Environment) wird hier ein innovatives System vorgestellt, das aufgrund symbolischer Techniken und logischer Programmierung die zuverlässige Verifikation von Schaltungen erlaubt. Aus der breiten Klasse der Konfigurationssysteme sei hier CCSC (Chromacom-System-Consultant) genannt, ein wissensbasiertes System zur Konfiguration elektronisch bildverarbeitender Systeme, das weltweit in mehreren Installationen eingesetzt ist. Die technische wie auch medizinische Diagnose gilt als klassisches Einsatzfeld für Expertensysteme: KÜSBER berät Ingenieure bei der Auswahl von Kühlschmierstoffen in der spanenden Fertigung. Dieses System zeigt, wie die Konzepte der Diagnose auch auf eine Aufgabenstellung anwendbar sind, die nicht unmittelbar mit Störungen und Fehlern zu tun hat, wohl aber mit der Entscheidung zwischen endlich vielen Alternativen. Das System ARTEX, das bei Siemens zur Prüfung hochwertiger Audio-Technik eingesetzt ist, zeichnet sich durch eine Modellierung der Struktur der Anlage aus: Ein wesentlicher Teil des Wissens hängt mit der Komponentenstruktur und Konnektivität der Anlage zusammen. Die Störungsanalyse in einem Hochspannungsnetz kann als Aufgabe der Dateninterpretation, nämlich Interpretation von Meldungsschauern gesehen werden. Auch hier spielt Wissen über die topologische Struktur des Netzes eine zentrale Rolle (NEDEX, Expertensysteme zur Störungsanalyse im Hochspannungsnetz).

2. Neuronale Netze – ein Ansatz zur nichtprogrammierten adaptiven Informationsverarbeitung

Inspiriert von der Funktionsweise des menschlichen (oder biologischen) Nervensystems wurden (künstliche) neuronale Netze (ANNs) als hochgradig vernetzte Architekturen elementarer Prozessoren eingeführt. Sie zeigen typische Leistungsmerkmale menschlicher Wahrnehmungsfähigkeiten wie massiv parallele Informationsverarbeitung, Anpassungsfähigkeit und Robustheit. Ein neuronales Netz ist, technisch gesehen, eine Software- oder Hardwareimplementation einer Ausgleichskurve, die in Daten versteckte Gesetzmäßigkeiten approximiert. Gut verstandene Techniken aus der Approximationstheorie können übernommen werden und das bislang vorwiegend diskrete Methodenrepertoire der symbolorientierten KI wirkungsvoll ergänzen. Das Design eines neuronalen Netzes erfordert es, die Problemstruktur in eine topologisch-funktionale Netzstruktur umzuwandeln und so das Problem auf hochgradig parallele Weise zu lösen. Dazu wird eine Verbindungsstruktur festgelegt, die Eingabe-/Ausgabeknoten definiert und Netzparameter wie z.B. Gewichte, Schwellenwerte, Aktivierungsfunktionen und Zeitskalen gewählt. Im einfachsten Fall können die Topologie und die Parameter eines Netzes direkt aus der Problemstellung entnommen werden. Verschiedene Optimierungsprobleme wie "Travelling Salesman" oder assoziativer Zugriff können in eine quadratische Form kodiert werden. Diese definiert ein Hopfield-Netz oder eine Boltzmann-Maschine, die das Problem lösen. Diese massive Parallelität, die neuronale Netze hier bereitstellen, erscheint vielversprechend. Im schwierigsten Fall ist die Struktur eines Problems völlig in den Daten verborgen und muß durch Lernen explizit verfügbar gemacht werden. Typische Probleme dieser Art werden durch Zeitreihen gestellt, die aus Biosignalen oder wirtschaftlichen Daten aufgebaut werden. Theorie und Praxis bestätigen jedoch, daß unbeschränktes Lernen teuer ist (vgl. Abb. 2).

3. Fuzzy Control

Am 1.1.1991 wurde bei der ZFE die Task Force Fuzzy gegründet, mit den Zielen, die Technik der Fuzzy Control rasch in der Siemens AG aufzugreifen, in die Bereiche zu tragen und durch eigene Entwicklungen die Grundlage für eine technologische Spitzenposition der Siemens AG zu schaffen. Diese Zielvorgaben sind in folgenden Aufgabenschwerpunkten reflektiert:

- *Forschung*
  Die Forschungsarbeiten zielen auf eine durchgängige, methodische Unterstützung von Fuzzy-Control-Anwendern, ausgehend von Entscheidungshilfen bei der Technologieauswahl über Entwurf, Simulation, Test, Optimierung bis hin zu Bewertungskriterien für Lösungen. Diese Arbeiten sind eingebettet in nationale (BMFT) und internationale Kooperationen (LIFE-Institut, Japan; BISC, USA).
- *Werkzeuge: Entwicklung*
  Für Fuzzy-Control-Anwendungen wird eine leistungsfähige Softwareumgebung entwickelt, die mit einer einheitlichen Entwicklungsoberfläche vielfältige Ablaufumgebungen von Standardrdprozessoren über speziell angepaßte Microcontroller bis hin zu dezidierter Hardware (F-ASIC) unterstützen wird. Ziel ist die Integration dieser Werkzeuge in bewährte Produktlinien, um insbesondere auch die Kombination von Fuzzy Control mit konventionellen Verfahren zu unterstützen.
- *Werkzeuge: Beratung und Support*
  Über eine Kooperation mit der Firma Togai Infra Logic (TIL) stehen deren sämtli-

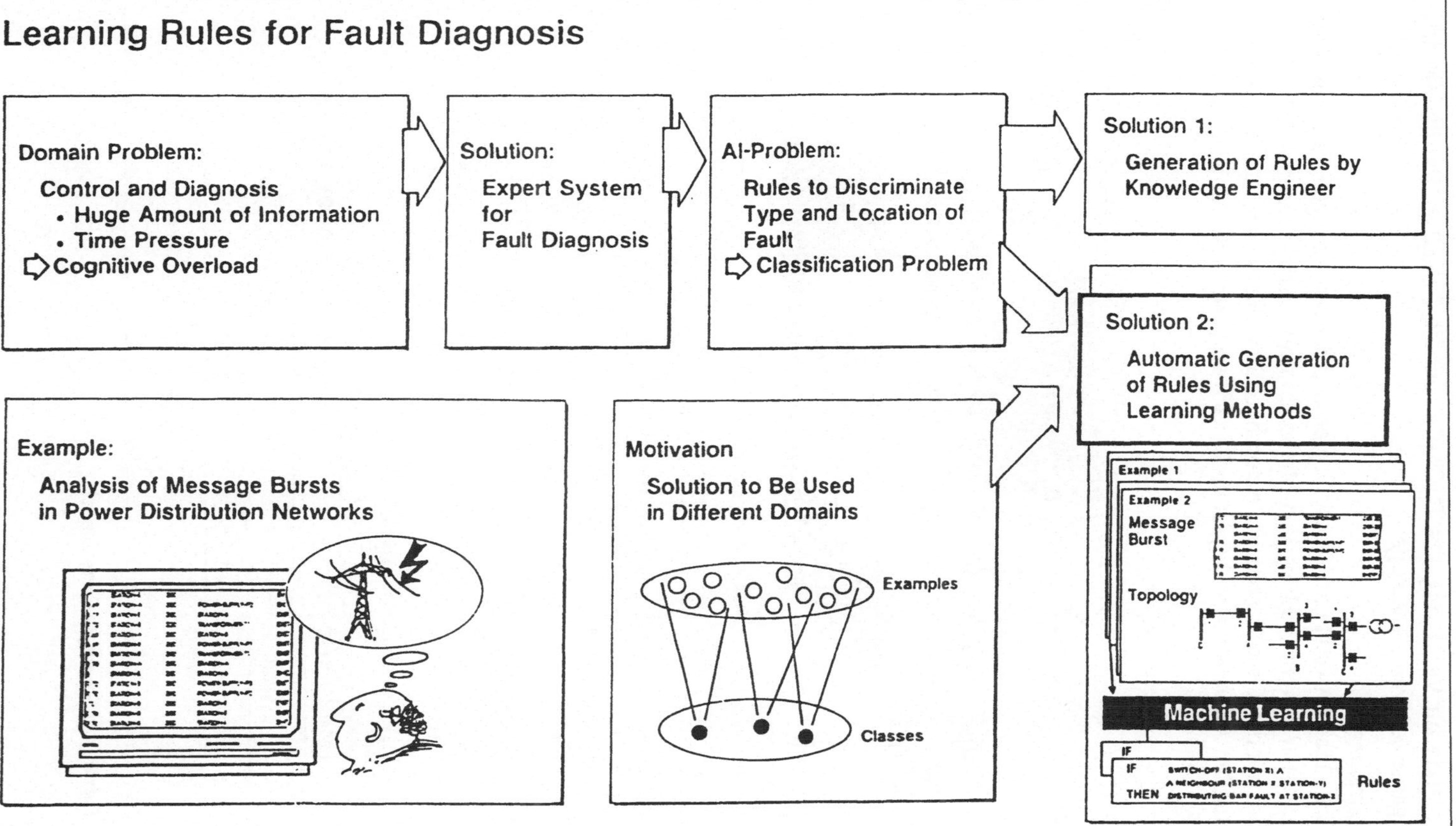

Abb. 2: Neuronale Netze als Egänzung klassischer KI-Methoden

che Produkte zur Verfügung. Die TILShell bildet die Grundlage für die Entwicklung eigener Softwarewerkzeuge.

- *Pilotanwendungen*
  Der rasche Transfer von Fuzzy-Technologien und der notwendige Erfahrungsrückfluß für die Weiterentwicklung von Methoden und Werkzeugen wird durch gemeinsam mit den Geschäftsbereichen durchgeführte Pilotanwendungen gesichert. Die aktuellen Anwendungen liegen im Bereich komplexer Steuerungs- und Kontrollaufgaben.

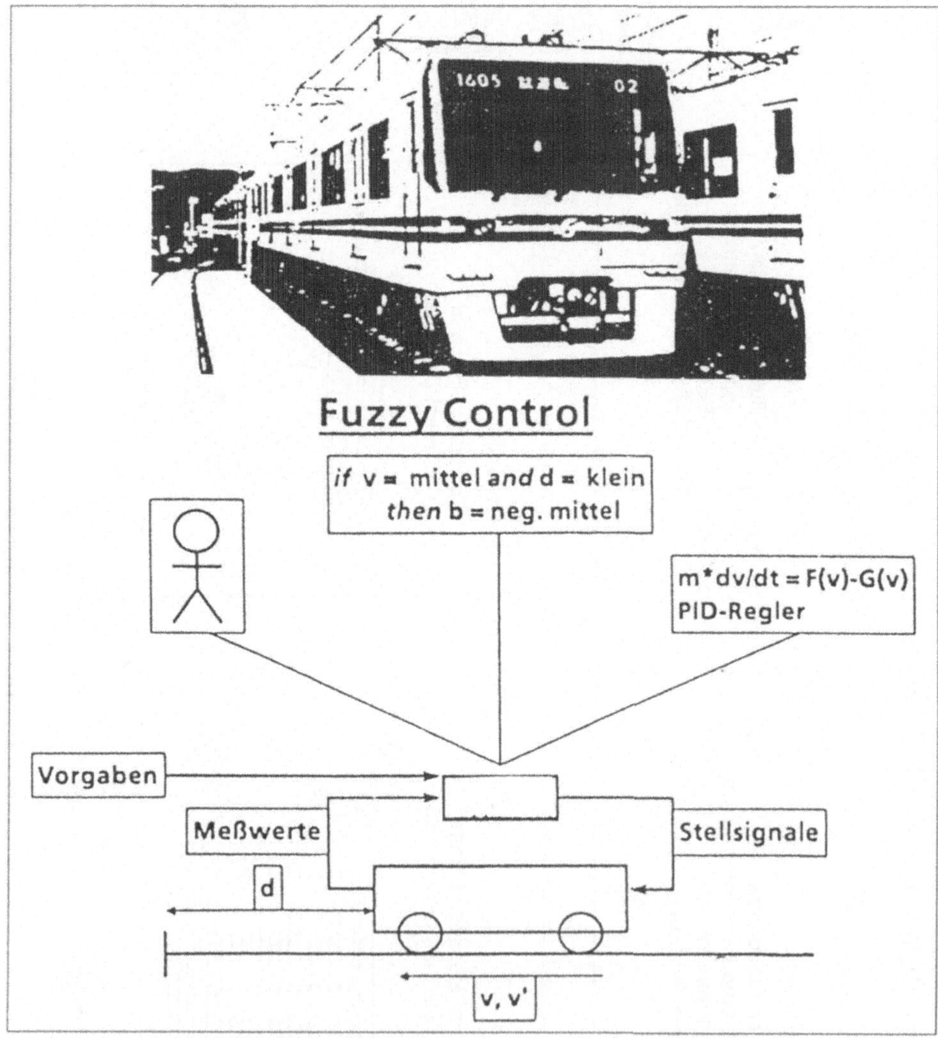

Abb. 3: Senday Subway und Schema füe Fuzzy Control

Literatur

1. Winkelmann, K.: Wissensbasierte Systeme in der Praxis. Siemens Verlag 1991.

Neues vom IBM Personal System/2

Eberhard Fischer

IBM Deuschland GmbH, Bonn

IBM bietet eine umfassende Produktlinie für den PC AT Bus und den Mikrokanal. Alle Systeme verwenden Intel-Prozessoren der Typen 80386 oder 80486, sind mit einem 3 1/2 Zoll (1,44/2,88 MB)-Diskettenlaufwerk ausgerüstet und haben standardmäßig eine VGA-, eine serielle, eine parallele und eine Mausschnittstelle. Der bei Auslieferung auf der Systemplatine installierte Hauptspeicher beträgt minimal 2 MB, bei einigen Systemen bereits 16 MB.

1. IBM Personal System/2 Systeme mit AT Bus

1.1 Tischmodelle

Am unteren Ende der AT-Bus-Systemreihe befindet sich das Modell IBM 35SX mit

- i386SX-Prozessor (20 MHz),
- 40 MB Festplatte (17ms),
- 2 MB Hauptspeicher und
- drei freien Steckplätzen für Erweiterungskarten.

Diese Grundkonfiguration ist auch im Modell IBM 40SX verfügbar, jedoch sind hier

- fünf freie Steckplätze für Erweiterungskarten vorhanden und
- zwei weitere Laufwerke nachrüstbar.

1.2 Arbeitsstationen im Netz

Diese Netzmodelle werden ohne Disketten- und ohne Festplattenlaufwerk ausgeliefert, besitzen jedoch die Option der Nachrüstung. Die "Medialess"-Systeme haben einen i386SX-Prozessor (20 MHz), minimal 2 MB Hauptspeicher und einen bereits eingebauten Netzadapter (Token-Ring oder Ethernet).

1.3 Der mobile Arbeitsplatz

Die Modelle IBM N33SX und IBM L40SX bieten exzellente Leistung und trotz kompakter Bauweise hohen Bedienungskomfort durch ergonomisches Design, geringes Gewicht, unterschiedliche Festplatten und Netzunabhängigkeit.
Das Aktentaschenmodell IBM N33SX (Notebook) basiert auf

- i386SX-Prozessor (12 MHz),
- 40 MB Festplatte (19 ms),
- 2 MB Hauptspeicher,
- VGA-kompatiblem LCD-Bildschirm mit 16 Graustufen und
- integriertem Akku für 1,6 Stunden netzunabhängigen Betrieb.

Neu ist das Laptop-Modell IBM L40SX mit 80 MB Festplatte und 20 MHz i386SX-Prozessor bei drei Stunden netzunabhängigem Betrieb.

2. IBM Personal System/2 mit Mikrokanal

In dieser Gruppe werden alle Prozessortypen ab i386SX eingesetzt. Durch Prozessoraustausch oder Installation von Zusatzprozessoren wird eine spätere Leistungssteigerung der Systeme ermöglicht. Somit werden Investitionen langfristig gesichert.

2.1 Tischmodelle

Das neue Mikrokanalmodell IBM 56SX basiert auf

- i386SX-Prozessor (20 MHz),
- 40 MB Festplatte (17ms),
- 4 MB Hauptspeicher und
- drei freien Steckplätzen.

Alternativ sind Modelle mit 80 oder 160 MB Festplatte verfügbar. Zusätzlich wird die Ausbaubarkeit der Modelle durch Verwendung eines SCSI-Controllers erhöht. Es stehen eine Reihe unterschiedlicher SCSI-Einheiten zur Verfügung, z.B. 127 MByte magnetooptisches Diskettenlaufwerk. Auf einem i486SX oder i486 basieren die Modelle der Reihe IBM 90XP. Neu sind die 25-MHz-Modelle 90XP-AH5 und AH9:

- Intel-80486SX-Prozessor (25 MHz) auf auswechselbarer Karte
- 80/160 MB SCSI Festplatte (17 ms)
- 4/8 MB Hauptspeicher
- XGA (maximale Auflösung 1024 x 768)-Bildschirmschnittstelle
- drei freie Steckplätze und insgesamt vier mögliche Laufwerke im System

Die Modellvarianten mit 20 MHz/i486SX stehen weiterhin zur Auswahl. Die Modellreihe, basierend auf dem i486, umfaßt Systeme mit 160 oder 400 MB Festplattenkapaität und Taktfrequenzen von 25 oder 33 MHz. Das Spitzenmodell der IBM 90XP Reihe bietet

- Intel-80486-Prozessor (33 MHz) mit Cache auf auswechselbarer Karte,
- 400 MB SCSI Festplatte (11,5 ms),
- 16 MB Hauptspeicher,
- XGA (max. Auflösung 1024 x 768) Bildschirmschnittstelle und
- drei freie Steckplätze und insgesamt vier mögliche Laufwerke im System.

2.2 Standmodelle

Standmodelle erhöhen die Ausbaubarkeit der Systeme. Sie weisen bis zu sechs freie Steckplätze auf und bieten die Möglichkeit, bis zu sieben Laufwerke im Systemgehäuse zu betreiben. Die Modelle der auf i486SX basierenden Reihe IBM 95 XP beinhalten

- Intel-80486SX-Prozessor (25 MHz) auf auswechselbarer Karte,
- 160/400 MB SCSI Festplatte (16/11,5 ms),
- 8 MB Hauptspeicher,
- sechs freie Steckplätze und
- weitere SCSI-Laufwerke, intern oder extern möglich.

Die 20-MHz-Versionen sind weiterhin verfügbar. Modelle mit dem i486 sind mit 160, 400 oder 800 MB Festplattenkapazität und mit Taktfrequenzen von 25 oder 33 MHz lieferbar. Das Spitzenmodell dieser Reihe ist bestückt mit

- Intel-80486-Prozessor mit Cache, 33 MHz, auf auswechselbarer Karte,
- 2 x 400 MB Festplatte, SCSI mit Cache, 11,5 ms,
- 16 MB Hauptspeicher,
- XGA-Bildschirmschnittstelle,
- sechs freien Steckplätzen und
- weiteren SCSI-Laufwerken, intern oder extern möglich.

Alle Modelle 90 und 95 können in der Leistung gesteigert werden durch Auswechseln der Prozessorkarte.

2.3 Systeme im Netz

Hier stehen "Medialess"-Systeme verschiedener Modellreihen (IBM 55SX, 56SX) zur Auswahl. Alle Systeme haben einen i386SX-Prozessor mit 16 oder 20 MHz und werden ohne Disketten- und Festplattenlaufwerk geliefert. Eine Netzadapterkarte (wahlweise IBM-Token-Ring oder Ethernet) ist installiert. Eine nachträgliche Aufrüstung der Systeme mit Diskettenlaufwerk oder Festplatte ist möglich.

2.4 Mobile Systeme

Tragbare Systeme mit Mikrokanal stehen in einer Leistungsklasse zur Verfügung, die über gängige Laptops weit hinausgeht. Die Modellreihe bietet Systeme mit den Prozesoren i386 (16 oder 20 MHz) und dem i486 mit 33 MHz.

Die Festplattenkapazität reicht von 30 bis 400 MB. Sie besitzen einen VGA- kompatiblen Plasmabildschirm und die Möglichkeit, einen externen Bildschirm anschließen zu können. Das Spitzenmodell ist z. Zt. das IBM P75-486 mit folgenden Daten:

- Intel 80486 Prozessor, 33 MHz
- 400 MB SCSI Festplatte (11,5 ms)
- 8 MB Hauptspeicher
- XGA-Bildschirmschnittstelle extern, VGA intern
- vier freie Steckplätze

2.5 Zusatz- und Austauschprozessoren

IBM bietet für viele Modelle der Mikrokanalserie Zusatz- und Austauschprozessoren an. Bei den Modellreihen IBM 56SX und IBM 57SX kann der neue IBM 386SLC Prozessor mit Cache im Austausch installiert werden. In der Leistung liegt der IBM 386SLC um bis zu 88 Prozent über der des i386SX bei gleicher Taktfrequenz. Erreicht wird dies durch einen internen 8 KB Cache und eine optimierte Abarbeitung von häufig benutzten Instruktionen durch weniger Taktzyklen. Für die Modellreihen IBM 90XP und IBM 95XP stehen Austauschprozessorkarten mit dem i486 und Taktfrequenzen von 33 und 50 MHz zur Verfügung. Für die anderen Modellreihen stehen AOX MicroMaster Busmaster Adapter zur Verfügung. Als Zusatzprozessoren können hiermit i386 oder i486 mit 20, 25 und 33 MHz Taktrate eingebaut werden. Das Multimedia-Modell 57SLC ist für Multimedia-Anwendungen gedacht. Es hat zusätzlich ein CD-ROM-Laufwerk, XGA-Grafikadapter, die Audio-Capture-Karte und ist bereits mit dem IBM386SLC Prozessor ausgestattet.

3. IBM Personal System/2 Betriebssysteme

3.1 IBM PC DOS 5.0

PC DOS 5.0 ist ein "Single Tasking Betriebssystem". Diese Version ist die konsequente Weiterentwicklung seiner sehr erfolgreichen Vorgänger. Sie hat neue Funktionen, ist aber einfacher im Einsatz und in der Bedienung. Wesentlich ist der geringere Hauptspeicherbedarf des Betriebssystems in Abhängigkeit von der verwendeten Hardwarekonfiguration.

3.2 IBM Operating System/2 Version 2.0

OS/2 wurde entwickelt, um die neueste Hardwaretechnologie in vollem Umfang optimal nutzen zu können. Es bietet die Möglichkeit der 32-Bit-Adressierung sowie echtes Multitasking. Wo in der Vergangenheit verschiedene Betriebssysteme eingesetzt werden mußten, steht nun mit OS/2 2.0 die integrierte Unterstützung von DOS, Windows und OS/2 zur Verfügung. Damit kann jede Anwendung, die auf einer dieser drei Plattformen bereits läuft, ohne Änderung ausgeführt werden. Die Bedienung erfolgt mittels einer einfach zu handhabenden objektorientierten Benutzerschnittstelle.

3.3 BM AIX/2

AIX/2 ist die UNIX-Variante von IBM für die Systeme ab dem i386 Prozessor. Hiermit ist Mehrbenutzerbetrieb auch auf PS/2 möglich. Die IBM-Personal-System/2- Familie

- bietet volle Ausbaufähigkeit der Systeme,
- ist Plattform für die Betriebssysteme DOS, OS/2 und AIX/2,
- unterstützt den AT Bus und den Mikrokanal mit seinen erweiterten Möglichkeiten,
- erlaubt als Option mit 50 MHz getaktete Prozessorkarten,
- verwendet zunehmend Busmasterkarten (intelligente Adapterkarten mit eigenen Prozessoren).

Neues vom IBM RISC-System /6000

Eberhard Fischer

IBM Deutschland GmbH, Bonn

1. Modell 530H

Die IBM-RISC-System/6000-Rechnerfamilie wurde im mittleren Leistungsbereich um ein neues Mitglied erweitert. Das Modell 530H basiert auf der bewährten IBM-POWER-Architektur (POWER = Performance Optimization With Enhanced RISC) und ist zu den übrigen RS/6000-Modellen binär kompatibel. Das Modell 530H läßt sich nachträglich auf die Leistungsfähigkeit und Funktionalität des Modells 550, dem leistungsfähigsten System der IBM-RISC-System/6000-Rechnerfamilie, erhöhen.

1.1 Die wichtigsten Merkmale

- Taktfrequenz: 33 MHz
- schneller Hauptspeicher: 32 MB (std.), max. 512 MB
- SCSI-Festplatte: 400 MB (std.), max. 2.57 GB intern
- Disketten-Laufwerk: 3 1/2", 1.44 MB
- sieben freie Steckplätze auf dem Mikrokanal

1.2 Leistungsdaten des neuen Modells 530H

- SPECmark: 57.4
- SPECint: 26.6
- SPECfp: 95.9
- MFLOPS: 20.0 (Linpack, d.p.)

1.3 Leistungsfähigere Grafikadapter

Für 2D- bzw. 3D-Anwendungen stehen neue, leistungsfähigere Grafikadapter zur Verfügung: POWER Gt4x, Gt4 und Gt3. Der POWER-Gt4x-Grafikadapter ist der leistungsfähigste der drei Adapter. Er besitzt Funktionen für die Modellierung und Darstellung im 3D-Solid-/Flächenbereich und eignet sich besonders für CAD/CAE-Aufgaben sowie für Anwendungen in den Naturwissenschaften, wie z.B. Molekül-Modellierung und Hochenergiephysik sowie allgemein zur Bildverarbeitung und Animation. Der POWER-Gt3-Grafikadapter ist für 2D-Anwendungen vorgesehen und hat die 4.5-fache Grafikleistung des bisherigen Farbgrafikadapters. Damit wird auch die Performance von X-Windows-Anwendungen deutlich verbessert.

1.4 Grafikleistung im Überblick

POWER Gt4x mit 8Bit bzw. 24Bit:	800.000 3D Vekt./sec
POWER Gt4 mit 8Bit bzw. 24Bit:	400.000 3D Vekt./sec
POWER Gt3:	600.000 2D Vekt./sec

2. OSF/DCE

Die Aufgabe der OSF (Open Software Foundation) ist die Entwicklung einer offenen, übertragbaren Software-Umgebung unter UNIX. Zielsetzung ist ein einheitlicher Standard für Systeme auf UNIX-Basis. IBM ist Gründungsmitglied und seit 1988 in der OSF vertreten. Inzwischen wurde von der OSF die generelle Verfügbarkeit von DCE (Distributed Computer Environment) bekanntgegeben. OSF/DCE erfüllt die wichtigsten Charakteristika, die in verteilten Netzen (heterogene Systemumgebung) gelten:

- transparenter Zugriff auf Dateien
- schnelle Antwortzeiten
- einfache Programmentwicklung von verteilten Anwendungen
- Unterstützung heterogener Netze
- einfache Administration

IBM beabsichtigt, alle OSF-/DCE-Schnittstellen und Protokolle unter AIX Version 3 für das IBM RISC-System/6000 sowie für AIX/ESA, dem UNIX-Betriebssystem für Großrechner der IBM, zur Verfügung zu stellen. Wesentliche Komponenten von OSF/DCE können heute schon erfolgreich unter AIX (Advanced Interactive Executive), dem UNIX-Betriebssystem von IBM, eingesetzt werden.

2.1 IBM RISC-System/6000-Erweiterungen

IBM und der Markt bieten für die IBM-RISC-System/6000-Familie eine Reihe von Zusätzen, die den Einsatzbereich für Anwendungen und die wesentlichsten Systemfunktionen erweitern. So können Magnetplatten-Laufwerke über einen seriellen Anschluß mit 8 MB/s Übertragungsleistung betrieben werden. Eine High-Availability-Einrichtung sorgt für hohe Ausfallsicherheit. Der standardmäßig eingebaute serielle optische Kanal (SOC) mit 200 Megabit/s Übertragungsleistung unterstützt den schnellen Datentransfer über Glasfaser zwischen Systemeinheiten, der Peripherie oder dem Netz. Auf dieser Basis arbeitet die IBM in verschiedenen Labors an Cluster-Lösungen für die Parallelverarbeitung.

IBM Vertriebspartner integrieren heute für das IBM RISC-System/6000 auf der Hardware-Seite:

- Peripherie, wie z.B. optische Platten, Bänder, Disk-Arrays
- zusätzliche Adapter, wie z.B. VME-Bus-Anschluß
- Multimedia-Erweiterungen

Ein breites Software-Angebot unterstützt die Anwendungen in allen Wissenschaftsdisziplinen und Computer-, File- und Backup-Server-Funktionen in heterogenen Umgebungen. Zum Beispiel

- steuert NQS (Network Queing System) die Job-Verarbeitung in Netzen mit Multiuser-Betrieb mit automatischer Lastverteilung,
- kann mit AFS (Andrew File System) ein Daten-Management in verteilten Systemen mit hoher Funktionalität betrieben werden.

2.2 Die wichtigsten IBM-RISC-System/6000-Modelle für Lehre und Forschung

Typ	**7012**	**7013**		**7015**
Modell	**320H**	**530H**	**550**	**950**
Bauart	Desktop	Deskside	Rack	
Prozessor-Leistung:				
Taktfrequenz (MHz)	25	33	41	41
Zykluszeit (ns)	40	30	24	24
MFLOPS (Linpack, dp)	11.7	20.0	25.2	25.2
SPECmark	41.2	57.4	72.2	72.2
- SPECint	20.0	26.6	33.9	33.9
- SPECfp	66.8	95.9	119.7	119.7
Ausstattung:				
Hauptspeicher:				
- standard (MB):	16	32	64	64
- maximum (MB):	128	512	512	512
Plattenkapazität:				
- standard (MB):	400	400	800	2x857
- maximum (GB):	0.8	2.57	2.57	12.0
- mit Erw.Einh. (GB):	4.2	16.3	16.3	53.1
- Disketten-Laufwerk 3 1/2 ", 1.44 MB	std.	std.	std.	std.
Steckplätze:				
- für Hauptspeicher:	2	8	8	8
- für I/O (davon frei):	3	7	7	7

Offene Systeme – Sun Technologie in Forschung und Lehre

Robert Renz

Sun Microsystems GmbH, Grasbrunn

Nach Expertenmeinung werden in den 90ern rund 370 Milliarden DM inClient-Server Computing investiert. Wie wär's, wenn Sie erst einmal ein paar Minuten investieren.

Client-Server Computing ist weder eine Eintagsfliege, noch ein Modewort oder ein utopisches Hirngespinst. Client-Server Computing ist eine Realität. Und außerdem die am schnellsten expandierende Form der Datenverarbeitung seit dem PC. Die unabhängige EDV-Beratungsfirma Alex. Brown & Son schätzt, daß Forschung und Lehre sowie Handel und Industrie noch in diesem Jahrzehnt 370 Milliarden DM und mehr in Desktopcomputer und Server investieren, die im Rahmen der Client-Server Technologie eingesetzt werden. Denn dies hat Vorteile, die sich auszahlen: Fantastische Verarbeitungsleistung. Längere Hardware-Lebenszyklen. Niedrigere Schulungskosten. Höhere Arbeitsgruppenproduktivität. Das sind positive Seiten. Aber es gibt auch eine Schattenseite. So wie es vielen anderen Technologien erging, schwimmt im Kielwasser des Client-Server Computing viel Verwirrung mit. Kein wichtiger Computerhersteller hat sich diese Gelegenheit entgehen lassen, und so steigen jetzt alle mit einer ganzen Reihe von Versprechungen – und Produkten – in den Client-Server Computing Ring. Sun hat sich von Anfang an als erster Computerhersteller ganz auf das Client-Server Computing konzentriert. Womit wir beim Thema wären.

1.1 Die vierte Welle

„Wer nicht aus der Geschichte lernt, ist dazu verdammt, sie zu wiederholen." Also: was haben wir aus den Technologien des letzten halben Jahrhunderts gelernt?

In den fünfziger Jahren erkannten Forscher und Unternehmer, wie man mit Großrechnern zentralisierte Daten zu einem Wettbewerbsvorsprung nutzen konnte. In den Siebzigern lernten sie, durch die Verteilung ihrer Daten auf kleinere, schnelle Minicomputer Geld zu sparen und ihre Leistung zu steigern. Die achtziger Jahre – das Jahrzehnt des PCs – machten allen klar, wie gewinnbringend Computer in den Händen von Forschern, Ingenieuren und so ziemlich allen an einem Schreibtisch sitzenden Personen sein können. Jetzt sind wir mitten drin in der „vierten Welle", dem Client-Server Computing. Idealerweise kombiniert Client-Server Computing den Anwenderkomfort einer Workstation oder eines PCs mit der Verarbeitungsleistung von weitaus größeren Rechnern. Darüber hinaus gibt es den Anwendern Zugang zu Informationen in allen Computern des Hauses, ohne daß sie unbedingt wissen, wo sie suchen müssen oder wie sie dort hinkommen. Und es bietet Arbeitsgruppen neue Möglichkeiten der Teamarbeit. Das sind Ideale, die Sun mit allen Anbietern von Client Server

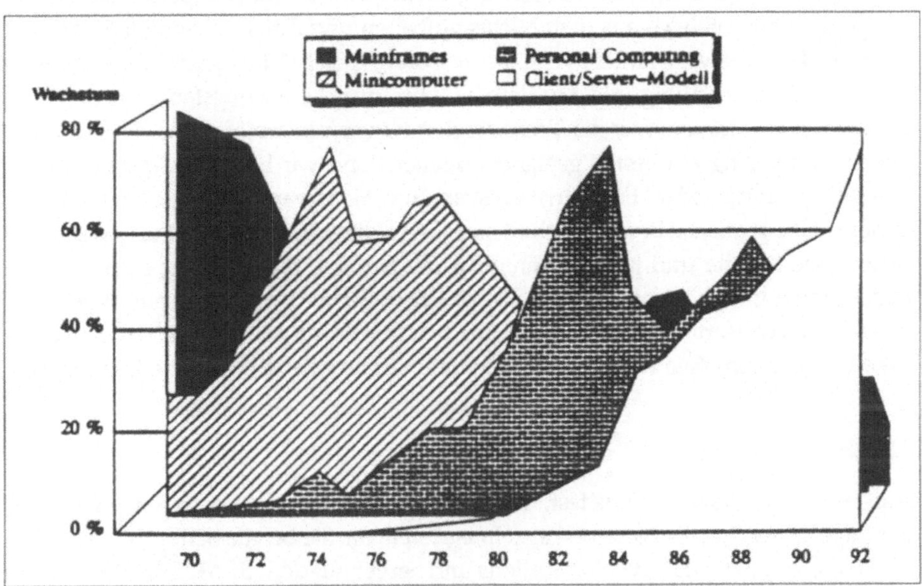

Abb. 1: Die vierte Welle der Computernutzung: Wachstum in den Jahren 1970 bis 1992.

Computing Systemen gemeinsam hat. Was Sun von den anderen absetzt ist die Art, diese Ideale zu verwirklichen.

1. Sun konzentriert die Rechenleistung da, wo sie am wichtigsten ist: am Schreibtisch des Benutzers.
2. Wir teilen die Information unter Servern auf, die jeweils auf eine bestimmte Funktion spezialisiert sind, beispielsweise auf Dateiservice oder Kommunikation.
3. „Front-End"-Anwendungen laufen lokal auf Desktop Workstations und sind nahtlos in das „Back-End"-Datenmanagement auf den Servern eingebunden.
4. Sämtliche Workstations und Server sind miteinander und mit den vorhandenen Zentralrechnern vernetzt, wodurch der Benutzer direkten Zugriff auf alle Informationen überall in der Hochschule oder Forschungseinrichtung erhält.

Das ist unsere Idealvorstellung vom Client Server Computing. Und jetzt wollen wir Ihnen erklären, wie wir das gemacht haben.

1.2 Der Luxus des Nichts

Als Sun vor neun Jahren mit der Entwicklung seines Client-Server Konzepts begann, hatten wir anderen Computerherstellern gegenüber einen Riesenvorteil. Wir hatten nichts zu verlieren. Es gab keine teuere Hardware zu verkaufen. Keine eigenen Netze zu verteidigen. Keine überholten Betriebssysteme, die wir künstlich am Leben erhalten mußten.

Eine einmalige Gelegenheit. Unsere Ingenieure konnten die komplette Client-Server Umgebung buchstäblich aus dem Nichts aufbauen und dazu die neuesten Technologien der Branche verwenden: RISC-Prozessoren, Object Management, Windowing, digitale Bildverarbeitung und Multimedia – um nur die wichtigsten zu nennen. Wir konnten es uns leisten, nur die Technologien zu verwenden, die uns für das Client-Server Computing am besten geeignet schienen. Und wir haben uns jeweils nur für eine einzige entschieden. Ein Betriebssystem. Eine Hardwareplattform. Ein Netzwerksystem. Eine grafische Benutzerschnittstelle. Auf diese Weise setzte Sun jeden Mitarbeiter, jede Minute und jeden Pfennig für die perfekte Entwicklung eines einzigen, durchgängig integrierten Konzepts für die Client-Server Umgebung ein. Was uns zu einem anderen Vorteil bringt, den Sun für sich nutzen konnte: Da wir von Anfang an für alle Lösungen offen waren, erhielten wir am Ende eine völlig offene Technologie.

1.3 Für alles offen

Von Anfang an stand für uns fest, daß ein Sun Client-Server System auf jeden Fall in der Lage sein sollte, die Netzwerke zu integrieren, die Sie bereits benutzen.

Heute basieren alle Sun Workstations und Server auf dem SPARC (TM) Mikroprozessor, der unter dem UNIX (TM) Betriebssystem läuft, durch die grafische Benutzerschnittstelle OPEN LOOK zugänglich ist und mit dem ONC (TN) Netzwerk Environment vernetzt wird. Jede einzelne dieser Technologien basiert auf dem Konzept offener Industriestandards. In den Bereichen, wo noch keine Standards existierten, haben wir unsere für die übrige Computerwelt zugänglich gemacht. Nehmen Sie beispielsweise UNIX, das führende herstellerunabhängige Multitasking-Betriebssystem, das jetzt von allen großen Computerherstellern angeboten wird. Zehn Millionen Anwender benutzen es. Tausende von Softwareentwicklern schreiben Programme dafür. Auch unsere SPARC Hardwareplattform ist alles andere als herstellerspezifisch. Über 25 Hersteller arbeiten an SPARC Laptops, Desktops, Servern, Minicomputern, Großrechnern und sogar Supercomputern. Alle mit Softwarekompatibilität.

OPEN LOOK gibt Software aller Art eine einheitliche Benutzerschnittstelle – auf Systemen aller Art. Dadurch sehen Anwendungen auf Sun, IBM, Digital, Hewlett-Packard, DOS und Macintosh Computern nicht nur gleich aus, sondern verhalten sich auch identisch. Und was die Netzwerke angeht, gibt es ONC-Produkte für alle gängigen Betriebssysteme – UNIX, Ultrix, AIX, Xenix, DOS, OS/2, VMS, MVS, VM und Macintosh ebenso wie für PC-Netzwerke von Novell, 3Com und Banyan. Aber die Kompatibilität mit ihren Systemen allein hat uns noch nicht genügt. Sie mit Ihren Anwendern kompatibel zu machen, darum ging es uns!

1.4 Was Sie nicht sehen

Vor langer Zeit stellten wir uns die Frage: Läßt sich die volle Leistung von UNIX nutzen, ohne daß man dabei unverständliche Meldungen wie „/sys/e:pet/gfolder" zu sehen bekommt? Kann ein Systemadministrator ein integriertes Netzwerk mit Maschinen verschiedener Hersteller verwalten, ohne die darunterliegenden komplexen Strukturen zu sehen? Kann ein Softwareentwickler Programme für eine grafische Benutzerschnittstelle schreiben, ohne eine Zeile ihres Codes zu sehen?

Die Antwort lautet dreimal „Ja". Mit einer grafischen Benutzerschnittstelle, die hochgradig anwenderfreundlich ist, haben wir dem Anwender das Client-Server Computing leicht gemacht. Unter OPEN LOOK sind jetzt mehrere hundert Programme verfügbar (darunter Lotus 1-2-3, WordPerfect und andere, die sie vielleicht schon benutzen), und jeden Monat erweitert sich die Palette um 20 bis 30 neue Programme. Mit dem SunNet Manager haben wir die Systemverwaltung vereinfacht. SunNetManager ist ein leistungsfähiger Werkzeugsatz, der das Netzwerk einsetzt, um sich selbst zu verwalten. Auch den Softwareentwicklern haben wir das Leben leichter gemacht. Mit über 400 CASE-Werkzeugen für Sun und andere Hersteller. Und mit der OpenWindows Entwicklungsumgebung, die Ihnen mit ein paar Mausbewegungen eine OPEN LOOK Schnittstelle erstellen kann. Statt ein paar tausend Zeilen Code schreiben zu müssen.

1.5 Lohnt sich der Aufwand?

Die Umstellung von einer Technologie auf eine andere war für ein Unternehmen noch nie eine leichte Sache. Umstellungen sind kostspielig, verunsichern die Anwender und werfen Probleme auf.

Deshalb müssen Sie sich der Frage stellen, ob der Aufwand sich auch wirklich auszahlt. The Wall Street Journal, Mitsubishi Bank, New Zealand Inland Revenue, Northwest Airlines, Xerox, Nynex und Hunderte von anderen angesehenen Unternehmen in aller Welt arbeiten heute mit Sun Client-Server Systemen. Selbstverständlich befinden sich auch alle namhaften Universitäten und Forschungseinrichtungen darunter. Hier einige ihrer Reaktionen:

- Wir bekommen effektiv mehr Leistung für unser Geld. Unternehmen konstatieren, daß ein Netzwerk mit Sun Servern und Workstations in kürzerer Zeit mehr Arbeit erledigt als die kostspieligeren Host-Systeme, die sie bisher verwendet haben. Wir konnten unsere Kosten reduzieren und die Gewinne steigern. Eine kanadische Versicherungsgesellschaft beispielsweise konnte mit einem Sun System ihre betrieblichen Aufwendungen um 55 % senken und ihre Gewinne gleichzeitig um 30% erhöhen.
- Wir haben unsere Investitionen nicht nur geschützt, sondern sogar noch verbessert. Vorhandene Host-Systeme und PCs konnten als Netzwerk-Server und Client-Rechner effizienter eingesetzt werden. Durch Verlagerung einiger Tasks von einem Host auf andere Server ist es sogar möglich, die Lebenserwartung des Großrechners zu verlängern. Unsere EDV-Anlagen sind zuverlässiger denn je. Wenn ein Computer Netzwerkprobleme hat, kann seine Arbeit ohne Komplikation auf eine andere Maschine übertragen werden. Wir sind nicht mehr auf einen bestimmten Hersteller angewiesen. Offene Technologien wie SPARC, UNIX, OPEN LOOK und ONC geben Unternehmen und Einrichtungen in Forschung und Lehre die Freiheit, unter

verschiedenen Herstellern genau den Preis und die Leistung zu wählen, die ihren Anforderungen entsprechen.

- Wir sparen ein Vermögen an Betriebskosten. Es kostet wesentlich weniger, Sun Server in Betrieb zu halten als herkömmliche Großrechner oder Minicomputer. Durch Ersatz ihrer alten Time-Sharing Systeme sparten einige Unternehmen schon im ersten Jahr so viel, daß sie davon ihr gesamtes Sun Client-Server System finanzieren konnten.

2. Die finanzielle Entwicklung

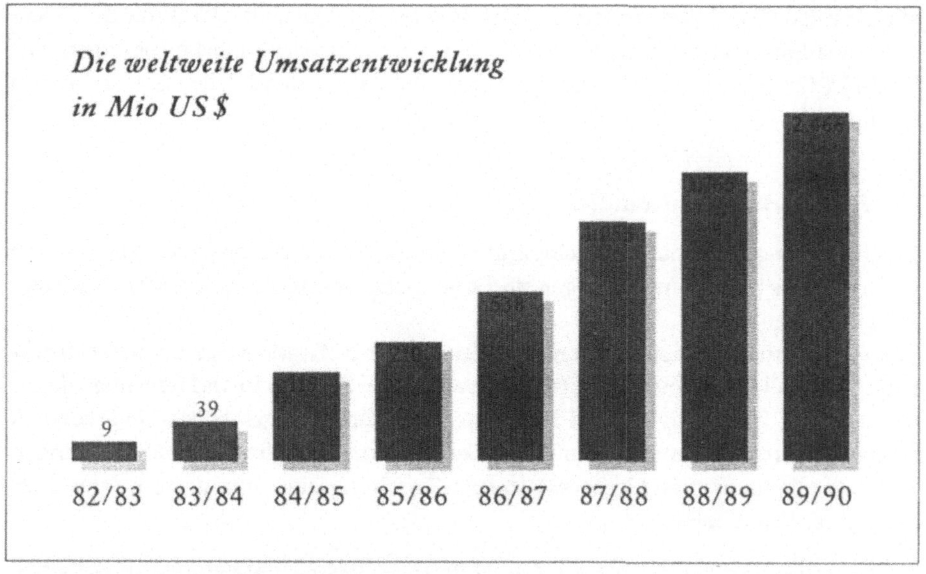

Abb. 2: Umsatzentwicklung: Das Geschäftsjahr endet jeweils am 30. Juni

Sun erlebte in der nur achtjährigen Firmengeschichte einen stets anhaltenden steilen Aufstieg. Heute gehört Sun zu den 200 größten Industrieunternehmen der USA und rangiert unter den Computerherstellern auf Platz 8. Abb. 2 zeigt die rasante Umsatzentwicklung seit der Gründung.

Mit einem durchschnittlichen jährlichen Wachstum von 114% liegt Sun an der Spitze der amerikanischen Industrie. Im Kalenderjahr 1990 überstieg Suns Umsatz die drei Milliarden Dollar Marke bei einem Gewinn von 111 Mio $. Etwa die Hälfte des Umsatzes erwirtschaftete Sun außerhalb der USA. Seit 1989 ist Sun der weltweit führende Hersteller von Workstations und Computersystemen auf Basis des UNIX Betriebssystems. Fast 500.000 Sun Systeme sind heute im Einsatz. SPARC wurde mit einem Anteil von 60% an den weltweit verkauften RISC-Systemen zur führenden Prozessorarchitektur. Anfang 1991 beschäftigte Sun weltweit über 11.000 Mitarbeiter. 12% des

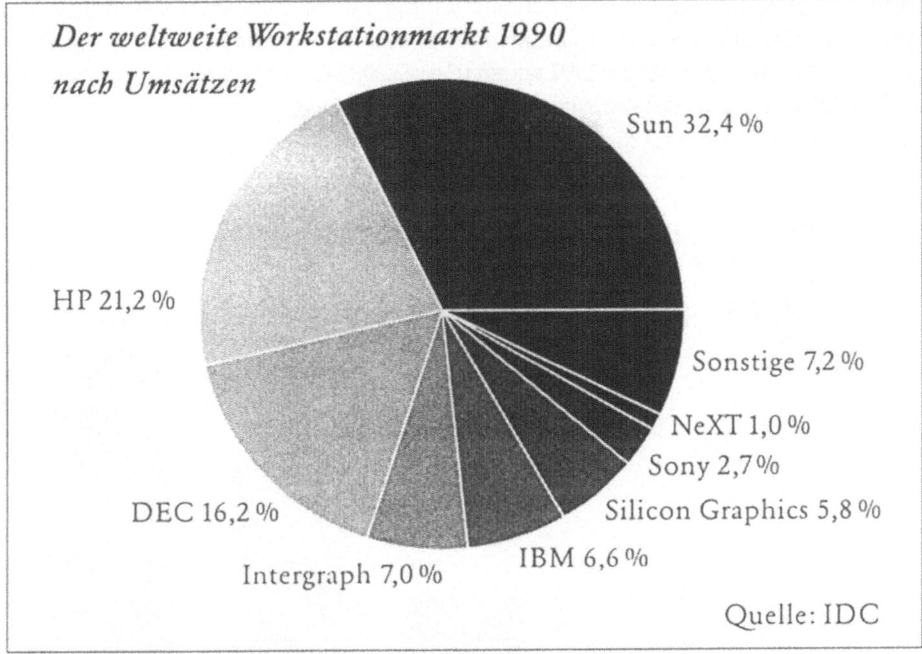

Abb. 3: Der weltweite Workstationmarkt 1990: Durchschnittliches Wachstum 19 %

Umsatzes wird in die Entwicklung investiert, um weiterhin eine technologische Führungsrolle zu sichern.

2.1 Internationale Standorte

Sun ist ein internationales Unternehmen und unterhält Entwicklungs- und Fertigungsstätten an verschiedenen Standorten auch außerhalb der USA. Neben der zentralen Systementwicklung in Mountain View kommen Grafikprozessoren aus North Carolina, wesentliche Teile der Software sowie die SPARCstation IPC aus Massachusetts. Kommunikationsprodukte werden in Grenoble, Frankreich, und die spezifischen Produkte für den asiatischen Markt in Atsugi bei Tokio entwickelt. In Linlithgow, Schottland, liegt das Werk, in dem die Tischsysteme für den europäischen Markt gefertigt werden. Die Werke in Milpitas/Kalifornien, Bedford/Massachussetts, produzierten 1990 zusammen über 150.000 Systeme. Weltweite Vertriebs-und Serviceleistungen werden von vierzehn Landesgesellschaften erbracht, in vielen weiteren Ländern ist Sun Microsystems durch Distributoren präsent.

2.2. Sun Microsystems in Deutschland

Die Sun Microsystems GmbH wurde im Oktober 1984 gegründet. Die Hauptverwaltung befindet sich in Grasbrunn bei München. Vertriebs- und Serviceniederlassungen liegen in Berlin, Hamburg, Ratingen/Düsseldorf, Langen/Frankfurt, Stuttgart und Grasbrunn. In Unterföhring bei München und Ratingen unterhält Sun Ausbildungsstätten für Anwender. Vom Standort Grasbrunn aus betreut Sun auch die osteuropäischen Länder und Österreich. Mitte 1991 waren über 23.000 Sun Systeme in der Bundesrepublik installiert. Die Wachstumskurve der deutschen Organisation entspricht der der Mutterfirma. Abb. 4 zeigt die jährlichen Umsatzzahlen seit der Firmengründung.

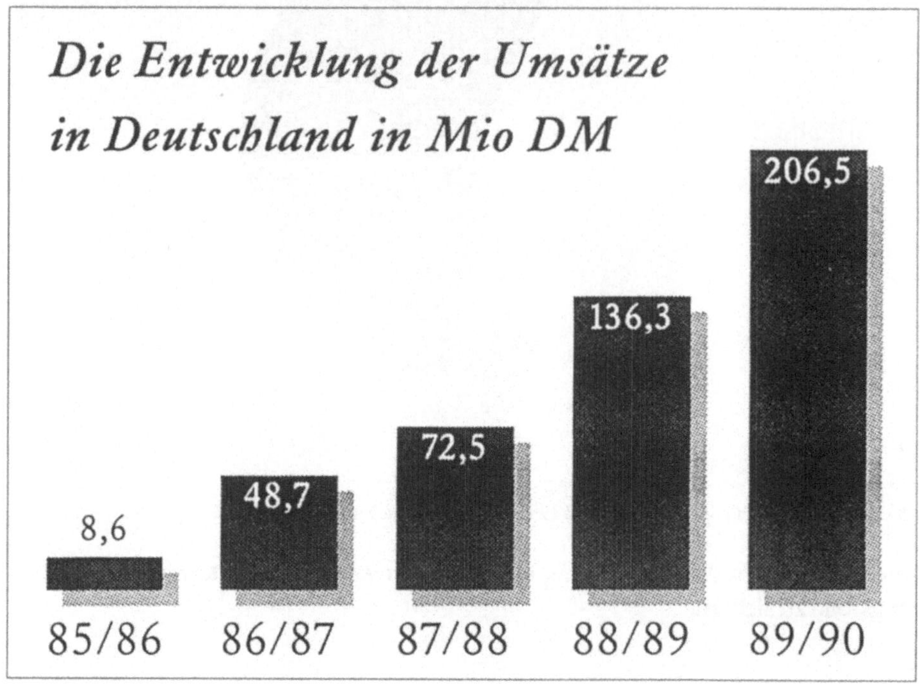

Abb. 4: Die Entwicklung der Umsätze in Deutschland. (Das Geschäftsjahr endet jeweils am 30. Juni)

3. Multimedia Integration von Sun

3.1 Einleitung

Multimedia ist eines der populärsten und doch zwiespältigsten Schlagworte der heutigen Computerindustrie. Zum einen führen technologische Innovationen, wie leistungsvolle RISC Workstations, Video- und Audiointegration, zum anderen Standards, wie ISDN, JPEG, PAL oder NTSC sowie steigende Stückzahlen dazu, daß konkrete Anwendungen und Marktbedeutung entstehen. Zwiespältig ist jedoch vor allem die Prognose für das Marktvolumen von Multimedia. So schwanken Schätzungen für 1993 zwischen 1,5 Mrd \$ und 11 Mrd \$. Dies zeigt sehr deutlich die Unsicherheit, aber auch das enorme Potential, das in Multimedia steckt.

3.2 Was ist Multimedia ?

Multimedia ist ein Begriff, der in der Unterhaltungselektronik lange etabliert ist und mit dem die Integration verschiedener Medien gemeint ist. Im Gegensatz dazu ist Monomedia ein Begriff, der ein Medium, z.B. das Medium Text in einem Buch, beschreibt. In der Computerindustrie ist der Begriff gleichbedeutend. Die hier relevanten Medien sind die traditionellen Medien oder Verfahren, wie Text und Grafik, die mit der Welt von Audio und Video verknüpft werden. Die Besonderheit und gleichzeitig

Text	Grafik	Audio	Video
Textverarbeitung Spreadsheets E–Mail Datenbanken Kalender	Animation FAX Images Computerge– nerierte Grafik	Sprache CD–Audio Telefonintegration MIDI Text –> Sprache Spracherkennung	Echtzeitvideo Standbilder

Abb. 5: Multimedia – die Schlüsseltechnologien

die Schwierigkeit dabei ist nicht alleine die Kombination, sondern vielmehr die Integration aller dieser Medien und deren interaktive Nutzung in Anwendungen. Die Schlüsseltechnologien, also die Technologien, die Multimedia definieren, werden wiederum durch verschiedene Elemente definiert. Abb. 5 zeigt diese Elemente.

So findet man Datenbanken, Textverarbeitung oder elektronische Post als Komponenten, die die Basistechnologie Text bestimmen, während Video entweder Komponenten zur Echtzeitvideoverarbeitung oder zur Verarbeitung von Einzelbildern umfaßt. Neben diesen, teilweise neuen Elementen, die durch Multimedia zur Verfügung stehen, ist die Einflußnahme von Multimedia auf bestehende Komponenten eines Computersystems von großer Bedeutung. Multimedia verändert die Art und Weise der Ein-/Ausgabe, wie sie heute verbreitet ist, und bringt neue, natürlichere Verfahren, wie Spracheingabe oder Videoausgabe zur Anwendung. Dies ist auch der wesentliche Vorteil von Multimedia, denn damit wird der Kommunikationskanal zwischen Mensch und Computer und – dank der Vernetzung – letztlich die Kommunikation zwischen Menschen mit Hilfe des Computers erweitert und effizienter gestaltet. Schlüssel dazu ist im wesentlichen der Netzwerkaspekt, also die Bereitstellung von hohen Netzwerk-Bandbreiten, z.B. zur Bewegtbildübertragung, oder die Bereitstellung

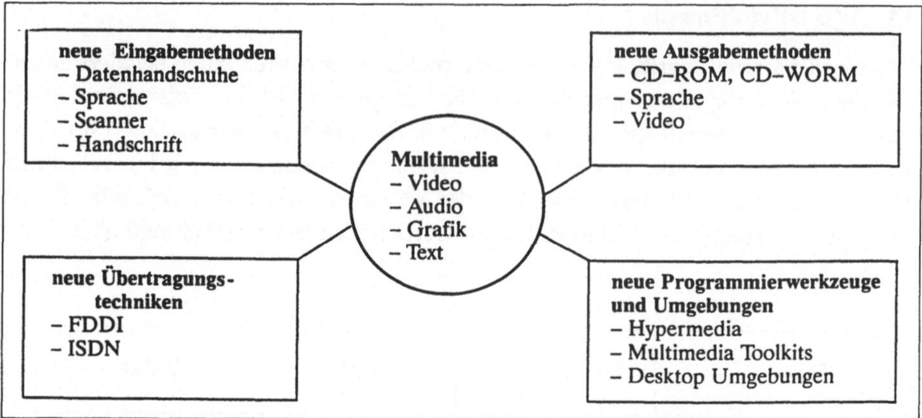

Abb. 6: Multimedia Komponenten

von kostengünstigen Netzwerkdiensten mit größerer Bandbreite als heute üblich, wie z.B. ISDN. Ein weiterer wichtiger Aspekt ist die Benutzerumgebung. Die Technologien „technisch" zu integrieren ist eine Sache. Ihr Zusammenspiel, die Programmierung, die Integration unter einer gemeinsamen, konsistenten Oberfläche, ist ebenso wichtig und entscheidend für Akzeptanz und Effizienz.

Die Definition, die Komponenten und ihre Einflußnahme wirken teilweise sehr futuristisch. Der primäre Nutzen von Multimedia liegt jedoch weniger bei neuen Benutzerschnittstellen oder futuristischen Anwendungen, wie virtuellen Welten (Hyperspace, Cyperspace), sondern vielmehr in der Einflußnahme auf bestehende Anwendungen oder deren Erweiterungen. Ein einfaches Beispiel dafür ist die Erweiterung von elektronischer Post (email) um die Komponente Sprache oder das Verschicken von Dokumenten und digitalisierten Bildern mittels elektronischer Post. Andere Anwendungsbeispiele sind verteilte Datenbanken, die neben den üblichen Daten auch Bilddaten, gescannte Dokumente oder Sprache enthalten können. Neben der Erweiterung bestehender Anwendungen werden vor allem im Bereich Training und Ausbildung neue Möglichkeiten und Anwendungen entstehen. Ob Fahr- oder Gefahrensimulation per Computer oder die Einbindung von Videoausgabe in Workstations zu Präsentationszwecken – vieles ist bereits Realität oder im Entstehen begriffen.

3.3 Suns Multimedia Position

Suns Image, immer zu den technischen Innovatoren in der Workstationindustrie zu gehören, gilt auch für Multimedia. Jedoch nicht die Anwendungen und Lösungen stehen für Sun im Vordergrund, sondern die Bereitstellung einer Multimedia-Plattform. Diese Plattform umfaßt sowohl Hardware, als auch Software. Dazu bietet Sun mit OpenWindows eine zum Industriestandard X.11 kompatible, netzwerkweite Windowumgebung an, die darüber hinaus für Multimedia entscheidende Erweiterungen enthält. So ist heute in X.11 keine PostScript Integration implementiert, die aber vor allem für DTP und die Einbindung und Weiterverarbeitung von digitalisierten Videobildern sehr wichtig ist. In den NeWS-Erweiterungen, die in OpenWindows enthalten sind, sind entsprechende Möglichkeiten integriert. Auch werden Audio- oder CD-ROM Schnittstellen bereitgestellt. Neben OpenWindows mit NeWS stellt Sun weitere Softwarebibliotheken zur Verfügung. So kann mit SunVision auf eine umfangreiche Bildverarbeitungsbibliothek zurückgegriffen werden oder es können mit Hilfe anderer in SunVision enthaltener Werkzeuge fotorealistische, künstliche Bilder erzeugt werden. Neben den verschiedenen Grafikbibliotheken, die unter OpenWindow integriert sind oder werden, versteht sich Sun als Multimedia Hardware Anbieter. So hat die Offenlegung und Freigabe des SBus dazu geführt, daß Dutzende von Anbietern für Multimedia relevante Hardware zur Sprachverarbeitung, Videoverarbeitung oder digitale Signalverarbeitung entwickeln. Auch Sun bietet auf Basis des SBus eine wichtige Multimediakomponente an – VideoPix. Mit VideoPix Hardware und Software lassen sich innerhalb eines Netzwerkes Videodaten erfassen, komprimieren und weiterbearbeiten. Damit unterstreicht Sun seine Ausrichtung auf Client-Server Umgebung oder Workgroup Computing auch für Multimedia, denn VideoPix ist zur Zeit die einzige Hardware zur Videoverarbeitung, die in einem zugreifbar ist. Entsprechend ist es Suns Multimedia Fokus, allen Menschen in den unterschiedlichsten Funktionen eines Unternehmens, netzwerkweit eine Plattform zur Integration von Multimedia zur Verfügung zu stellen. Dazu integriert Sun Multimedia-Fähigkeiten als Bestandteil von allen SPARCstation Systemen.

Was darüber hinaus für Sun Systeme an nützlichen und wichtigen Multimedia-Produkten zur Verfügung steht, ist gesammelt in einem eigenen Multimedia-Portfolio zu finden, das in jeder Sun Geschäftsstelle verfügbar ist.

3.4 Ausblick

Multimedia – die Chancen und den Nutzen richtig zu bewerten, ist zur Zeit nicht ganz einfach. Dies liegt u.a. daran, daß Multimedia nicht als der neue Markt in der Computerindustrie gesehen werden kann oder als die spezifische Anwendung. Vielmehr ist Multimedia dabei, sich als grundlegende Technologie zu etablieren, als eine Art Basistechnologie. Damit wird der Einfluß von Multimedia enorm groß werden, der Übergang dazu gleitend. Um dafür gewappnet zu sein, verstärkt Sun seine Multimedia Initiativen. Neben leistungsfähigen Prozessoren liegt ein Hauptaugenmerk der Zukunft auf dem Gebiet der Netzwerke und der Softwarekomponente von Multimedia.

Transputer als Ausbildungswerkzeug

Reinhard Posch, Franz Pucher und Michael Welser

Technische Universität Graz
Institut für Angewandte Informationsverarbeitung und Kommunikationstechnologie

Transputer und Transputercluster eignen sich sehr gut als Graphikprozessoren, Steuer- oder Parallelrechner, die in verschiedenen Lehrveranstaltungen als Übungswerkzeuge benötigt werden. Damit man allen Studierenden diese Geräte zur Verfügung stellen kann, wird eine bestehende Umgebung, die aus Standard-MS-DOS-PCs, die an ein Ethernet-Netzwerk angeschlossen sind, um ein Cluster von Transputern mit einem dazugehörigen Server erweitert. Für die dynamische Verwaltung von Transputer-Teilclustern wird ein spezielles Zugriffsmanagement definiert, das bestimmte Verarbeitungskontingente an die Benutzer vergibt und einen benutzerfreundlichen Zugriff auf die verschiedenen Konfigurationen bietet.

1. Die Laborumgebung

Das gestellte Problem, Studenten zu bedienen, ist aufgrund der verschiedenen Anforderungen, mit dem Scheduling eines Batch-Systems vergleichbar. Ähnlich einem Rechnersystem mit Parallelverarbeitung [7] soll die Abwicklung von Aufgaben beliebig vieler Studenten dem Server überlassen werden. Die Problemlösungen solcher Systeme können in bestimmten Bereichen mit den hier präsentierten Lösungen verglichen werden. Die speziellen Anforderungen sind:

a) Jeder Student bekommt einen Account. Dieser Account besteht aus einer kumulierenden Verarbeitungszeit und einer Maximalzeit für jede Session.
b) Der Account kann mit einem vordefinierten Profil installiert werden, der z.B. die Aufteilung der Transputercluster bestimmt; für Anfänger nur einzelne Prozessoren und für Fortgeschrittene mehrere Prozessoren oder das ganze Transputercluster. Damit werden sowohl die Betriebsmittel gut ausgenutzt als auch die Account-Zeit klein gehalten.
c) Die Session sollte so kurz als nötig gehalten werden. Ein Student fordert eine bestimmte Konfiguration an. Das System reserviert diese Konfiguration und teilt dem Student die voraussichtliche Wartezeit mit. Daraus ergibt sich für das System ein relativ statisches Scheduling-Problem [12].
d) Es sollte für jede mögliche Konfiguration, bzw. für jede Untermenge eine dynamische Zuordnung möglich sein.
e) Das Ergebnis dieser Arbeit sollte außerdem so gestaltet sein, daß zusätzlicher Server und Clients installiert werden können, die mit der bestehenden Konfiguration und deren Strategien kooperieren.

Momentan wird dieses System in einer Vorlesung, verschiedenen Studentenprojekten und Seminaren verwendet, wobei letztere dem Sammeln von praktischen Erfahrungen mit Computerarchitekturen, Systementwurf und Netzwerken dient. Das Ziel dieser Vorlesung ist das Vermitteln von Wissen über Konstruktion und Einsatz paralleler Algorithmen und paralleler Systeme. Diese Vorlesung besteht aus vier Teilen:

1) Einführung in die elementarste Systembenutzung, die Architektur von Transputern, sowie in die Programmiersprache OCCAM [2] und Logical System C [1].
2) Experimente mit parallelen Algorithmen und deren Synchronisation. Die grundlegenden Synchronisationskonzepte werden studiert und in einer realen Umgebung durchgeführt und getestet. Hauptsächlich werden bekannte Lösungen zu kleineren Problemen behandelt.
3) Implementieren und testen neuer Probleme in einer kleineren Umgebung (zwei Prozessoren), die der Student selbstständig durchführen soll.
4) Schließlich soll der Student die Lösung aus Schritt (3) so erweitern, daß sie auch auf einem größeren System (vier Prozessoren und mehr) richtig arbeitet.

Durch die verschiedenen Unterrichtsmethoden ist das Tempo der Wissensaneignung und der Übungen individuell regelbar. Aus diesem Grund wird eine hohe Flexibilität an das System gefordert.

2. Eine netzwerkorientierte Konfiguration

Die flexibelste Lösung besteht offensichtlich darin, die Arbeitsplätze ähnlich einem Terminal zu organisieren. Damit sind sie nicht an eine spezielle Anwendung gebunden. In unserem speziellen Fall sind die Laborräume mit Standard-PCs ausgerüstet, die an ein Ethernet-Netzwerk angeschlossen sind [6]. Die verschiedenen Ethernet-Netzwerke sind wiederum an ein Backbone-FDDI-Ring-Netzwerk gekoppelt, das in Abb. 1 dargestellt ist. Die Studentengeräte sind aus Sicherheitsgründen über eine Bridge [9], die den Zugang und den Datenaustausch mit bestimmten Stationen regelt, an das Backbone-Netzwerk angeschlossen. Der wesentliche Vorteil der präsentierten Lösung liegt vor allem darin, daß nur Software-Module an den Benutzergeräten hinzugefügt werden müssen und die Transputer-Hardware sich an anderer Stelle befinden kann. Dies kann erreicht werden, wie Abb. 2 zeigt, indem man die Standard PC-Transputer-Link-Hardware durch einen Ethernet-Zutritt ersetzt, was den Datendurchsatz zwischen PC und Transputer herabsetzt. Die Basis dieser Kommunikation ist eine Protokollkonvertierung zwischen Transputer und dem lokalen Host PC, die in zwei Phasen vor sich geht:

1) Erzeugen eines Kommunikationsprotokolls und Erweitern der Transputertreiber-Software (z.B., CIO [1], ISERVER [2], ...), damit eine Verbindung mit Ethernet möglich ist. Diese Aufgabe kann in akzeptabler Zeit gelöst werden, da sowohl die Transputertreiber-Software, als auch die Ethernettreiber-Software als Quellcode verfügbar sind.
2) In der zweiten Phase wird ein Protokoll für die Umwandlung der Ethernet-Pakete in Transputer-Kommunikationselemente und umgekehrt im Transputercluster be-

nötigt. Die Server-Software wird wesentlich komplexer, wenn der Server mehr als einen Client bedienen soll.

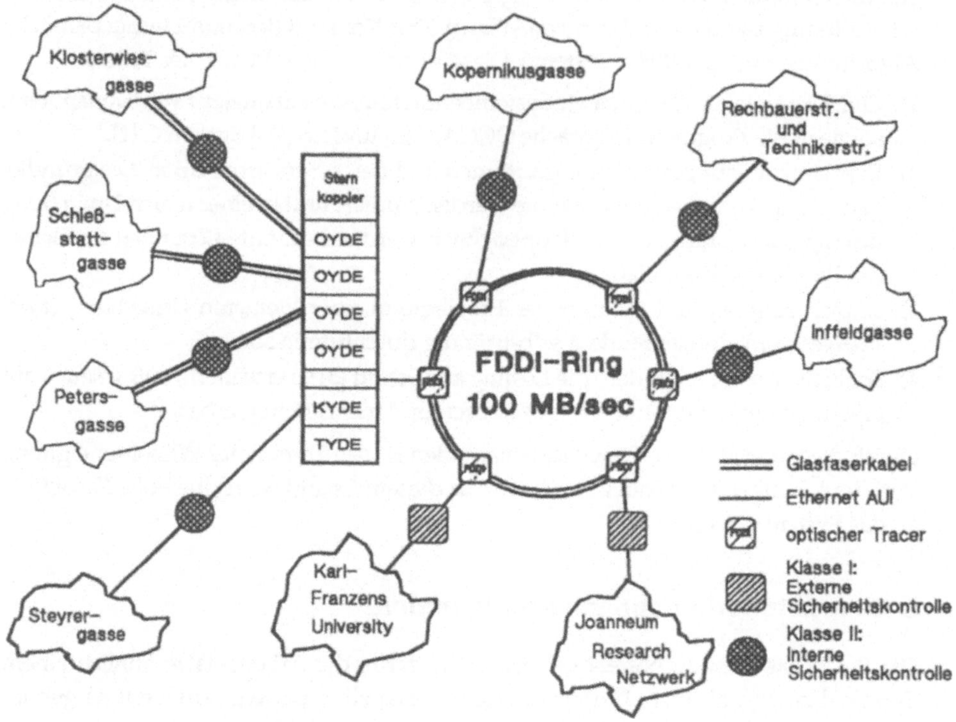

Abb. 1: Das Netzwerk der TU-Graz

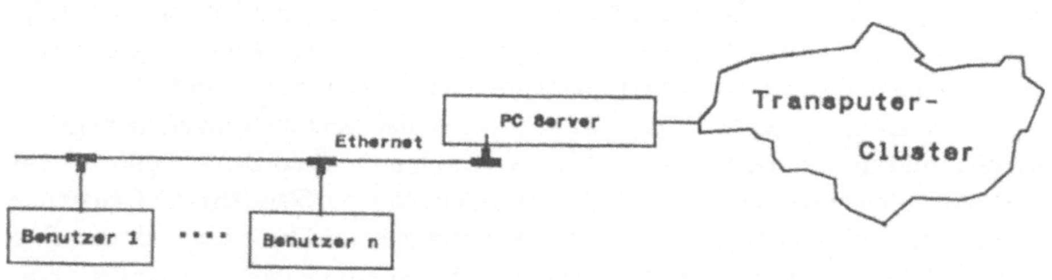

Abb. 2: Die Laborumgebung

3. Die Datenübertragung

Die Kommunikationsmöglichkeiten zwischen PC und Transputer sind vielfältig, z.B. Filezugriff, Bildschirm- und Tastatursteuerung. Daraus entsteht ein Problem, da diese Funktionen über geräteabhängige Treiber gesteuert werden, die wiederum für verschiedene Software-Pakete unterschiedlich sein können. Zwei Grundanforderungen sind zu erfüllen:

1) Ein Zugriff auf die momentane Transputer-Konfiguration auf unterster Ebene. Grundsätzlich ist ein Datenaustausch einzelner Bytes notwendig und zusätzlich noch das Austauschen von Daten während der Reset-, Lade- oder Testphase.
2) Zur Maximierung des Durchsatzes bei Dateizugriffen oder zur direkten Sichtbarmachung von Daten, muß ein blockorientierter Datenaustausch erfolgen.

Die beiden Modi stehen zueinander allerdings im Widerspruch. Mehr noch, es kann nicht entschieden werden, welcher Modus gerade anwendbar ist. Eine Möglichkeit, dieses Problem zu lösen besteht darin, den Transputer-Link-Treiber so zu erweitern, daß als Zusatzinformation die momentane Blocklänge verfügbar ist. Eine andere Lösung ist das dynamische Zwischenspeichern der zu übertragenden Daten. Diese werden in Abhängigkeit von der momentanen Auslastung des Ethernet-Netzwerks und der Menge der zu transferierenden Daten übertragen.

4. Die Konfiguration

Die dynamische Konfiguration ist Aufgabe des Transputer-Servers und des dazugehörigen Transputerclusters. Der Server verwaltet das Transputercluster als Time-Sharing-Gerät, wobei die Anzahl der Prozessoren innerhalb des Transputerclusters größer ist als die vorhandenen Links des Servers. Die grundlegenden Eigenschaften des Transputer-Servers sind folgende:

1) Der Server hat Zugriff auf jede zuordenbare Einheit innerhalb des Transputerclusters.
2) Die Links des Transputerclusters in Richtung Server werden im Multiplex-Verfahren betrieben.
3) Die Schnittstellensignale der Links zum Server sind voll transparent.
4) Das jeweils letzte am Link empfangene Datum wird zwischengespeichert. Damit wird sichergestellt, daß Daten beim Multiplexbetrieb nicht verloren gehen.

Durch das dynamische Multiplex-Verfahren und das Zwischenspeichern der übertragenen Daten, sind Standard-Linkverteiler [4] dafür nicht geeignet. Als Lösung werden in diesem Projekt LCAs [3] verwendet, die sich für das Durchschalten der Links, das Zwischenspeichern der Daten und den Multiplexmechanismus auf einem Baustein eignen. Außerdem sind die Schaltkreise der verwendeten LCAs in der Lage, mit voller Geschwindigkeit (20 Mbit/s) und überlappendem Acknowledge-Signal zu arbeiten. Abb. 3 zeigt ein schematisches Schaltbild eines Link-Empfängers.

5. Der Transputer-Server

Die Hauptanforderung an den Transputer-Server ist die Informationsübermittlung zwischen Client-Station und dem jeweiligen Transputer-Teilcluster und vice versa. Er muß alle Informationen identifizieren und die momentane Transputer-Konfiguration steuern können. Im Detail besteht diese Arbeit aus den folgenden Grundkomponenten:

a) Verwalten und Aufzeichnen aller vom Client kommenden Anforderungen. Diese Anforderungen bestehen aus einer bestimmten Konfiguration und der maximalen Bearbeitungszeit. Der Server hat diese Anforderung mit einer Zuteilung zu beantworten.

b) Dynamische Konfiguration von Teilclustern innerhalb des Transputerclusters. Das heißt, daß ein direkter Zugriffspfad vom Server zum Transputer-Teilcluster erzeugt wird. Es muß ein voll ausgestatteter Link als Pfad sein, damit der Transputer rückgesetzt (RESET-Leitung) oder in den Analyse-Modus (ANALYSE-Leitung) gebracht werden kann.
c) Alle Anweisungen, die eine Datenübertragung zur Folge haben, müssen laufend zwischen Benutzer und dem temporär zugeordneten Transputer-Teilcluster und umgekehrt, durchgereicht werden. Diese Bearbeitungsart muß auch auf Byte-Basis verfügbar sein.
d) Behandeln definierter Ausnahmebedingungen, die ERROR, RESET und ANALYSE beinhalten.
e) Durch entsprechende Maßnahmen verhindern, daß das Transputercluster über die oben angeführten Anforderungen hinaus benutzt wird.

Im gegenwärtigen Fall werden PC-Steckkarten mit einem Transputer von der Firma CSA [5] verwendet. Es gibt verschiedene Methoden, um die Anforderung der variablen Konfiguration mit dieser oder ähnlicher Hardware zu erfüllen, die hier kurz erläutert werden:

1) Für jeden Transputer wird ein separater Steckplatz verwendet. Zusätzlich muß für die geforderte dynamische Konfiguration noch ein Link-Verteiler-Modul installiert werden.

Da alle Kontrolleitungen an allen Transputern anliegen, ist die Veränderbarkeit der Transputer-Konfiguration maximal. Allerdings ist durch die beschränkte Anzahl freier Steckplätze in der gegenwärtigen PC-Architektur nur das Anschließen weniger Prozessorelemente möglich. Außerdem müssen alle aktiven Links periodisch abgefragt werden (polling), wodurch der Datendurchsatz herabgesetzt wird.

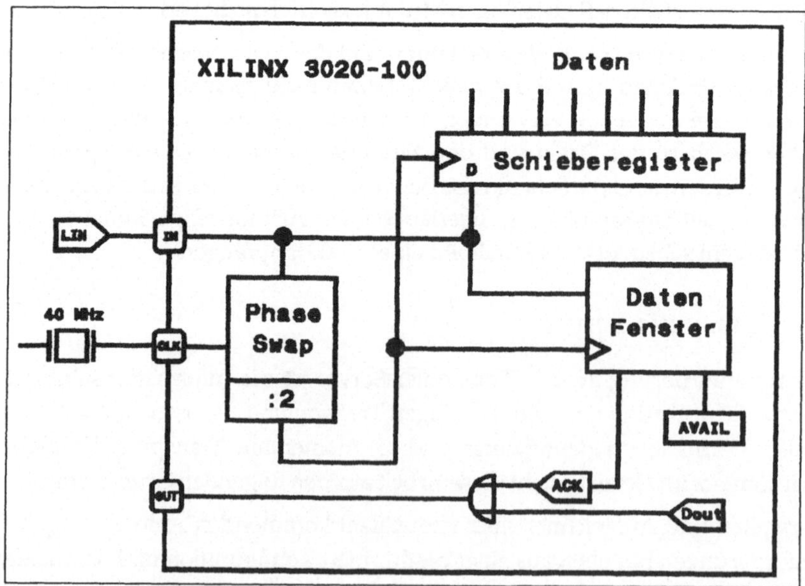

Abb 3: Schematische Darstellung eines Link-Empfängers

2) Ein separater Steckplatz für jeden Root-Transputer eines Transputerclusters, der aus TRAMs [13] besteht.

TRAMs (TRAnsputer Modules) sind kleine, kostengünstige Sub-Baugruppen mit einem Transputer, die über eine eigene Stromversorgung, vier Links und System-Signale verfügen. Für das dynamische Zusammenschalten der TRAMs und das Steuern der Kontrollsignale wird allerdings eine Schaltlogik benötigt.

3) Installieren eines Kontrollers als Root-Transputer, der allerdings nicht einem Teilcluster angehört. Der Kontroller ist für die Steuerung der Link-Daten und der Kontrollsignale verantwortlich.

Durch die beschränkte Anzahl von Links des Kontrollers, ist diese Methode bezüglich der Variabilität und der Ausbaubarkeit eingeschränkt. Ein Beispiel mit einem Kontroller und einem Transputercluster mit fünf Transputern zeigt Abb. 4.

4) Verwenden eines LCA als Linkverteiler

Theoretisch hätte der Server einen vollständigen Zugriff auf alle Transputer. Allerdings beschränkt die begrenzte Logik-Kapazität eines einzelnen LCAs die Anzahl der Transputer. Abb. 5 zeigt die notwendigen Logikelemente für einen Link-Input-Puffer.

5) Ein Link auf LCA-Basis mit Input-Puffer für den Root-Transputer.

Diese Lösung wurde als günstigste Variante ausgewählt. Auf der Steckkarte in der LCA-Logik sind die möglichen Verbindungen innerhalb des Transputerclusters enthalten. Wie in Abb. 6 dargestellt, werden mit zwei LCAs auf einer Steckkarte 16 Transputer gesteuert. Vom Standpunkt des Betriebssystems betrachtet, stellt diese Konfiguration ein Multi-User-Batch-System dar. Um die Funktionalität sicherzustellen, werden bestimmte Verarbeitungskontingente (Quatas) für jede Ausführungsphase vergeben, wobei Systemprogramme (z.B. Compilerphase) von dieser Beschränkung ausgenommen sind. Die meisten Anwendungen haben eher primitiven Charakter, da nahezu alle Verarbeitungsausführungen „stand-alone" durchgeführt werden. Aus diesem Grund ist es, wie auch in vielen Parallelen Systemen notwendig, große Files (z.B. Compiler, Systemprogramme, etc.) zwischen dem Anwendergerät und dem momentan konfigurierten Transputer-Teilcluster zu übertragen. Diese Datenübertragung würde das Netzwerk zwischen Server und Client stark belasten, sodaß zwei zusätzliche Funktionen definiert wurden:

1) Systemfiles sind nicht am Anwendergerät, sondern am Server-PC gespeichert. Daher müssen zusätzliche spezielle Protokollelemente für eine Fileexpandierung hinzugefügt werden.
2) Außerdem werden oft benutzte Systemfiles in speziellen RAM-Bereichen von Transputerknoten behalten, anstatt sie immer von der Harddisk zu laden.

Würde man dedizierte Prozessoren für oft verwendete Funktionen, wie z.B. Compiler, Linker usw. verwenden, könnte die Effizienz noch weiter gesteigert werden. Um dies zu erreichen, müßte die Systemsoftware geändert werden, die in diesem Projekt allerdings nicht als Quellcode zur Verfügung steht.

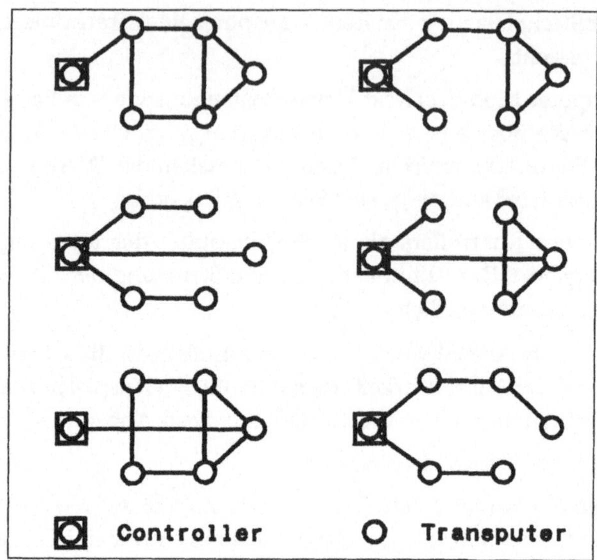

Abb 4: Mögliche Konfigurationen eines Transputersystems

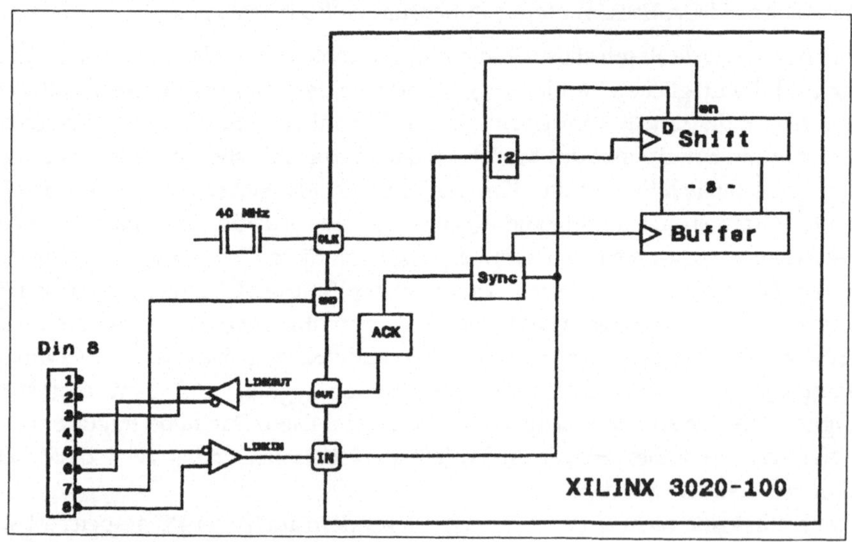

Abb. 5: Link-Input-Puffer mit einem LCA

6. Das Protokoll

Da die verfügbaren PCs an ein Ethernet-Netzwerk angeschlossen sind, ergeben sich zwei verschiedene Entwurfsmethoden für den Protokollmechanismus:

a) Einbetten der Transputer-Kommunikation in eine bestehende Protokollhierarchie. Für diesen Fall ist das Internet-Protokoll [11] am besten geeignet. Die wesentlichen Vorteile dieses Verfahrens sind, das Mitverwenden bereits vorhandener Protokollmechanismen und die Koexistenz mit anderen auf Internet basierenden Protokollen.

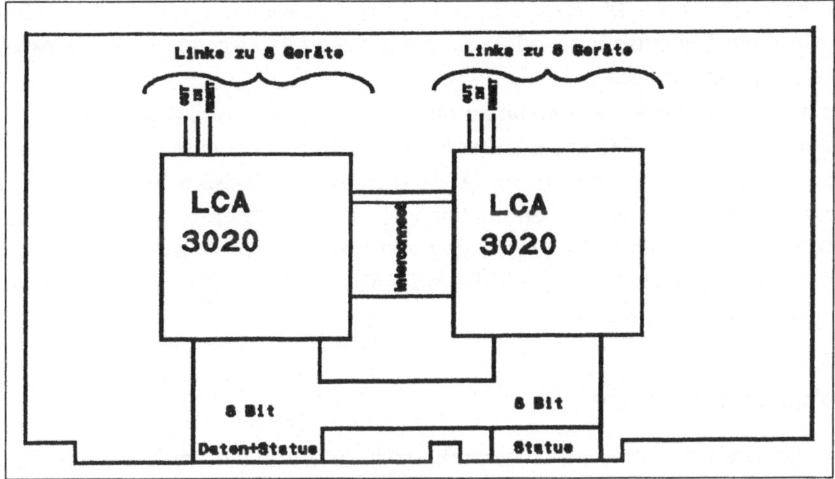

Abb. 6: Beschränkte Link-Verteilung auf LCA-Basis

b) Erzeugen einer eigenen „privaten" Protokollhierarchie. In diesem Fall werden die Protokollelemente kürzer, das Zerlegen und Zusammensetzen der Protokollelemente machen weniger Mühe als im ersten Fall. Allerdings hat es auch zur Folge, daß die verwendeten Protokollelemente für Dritte unbekannt sind.

Die Entscheidung fiel auf die zweite Methode, eine private Protokollhierarchie aufzubauen. Dieses Protokoll beinhaltet die folgenden Service-Elemente, die jeweils bestätigt werden:

1) RESERVE_RESOURCE: Dieses Protokoll-Element teilt dem Server mit, daß eine bestimmte Konfiguration benötigt wird. Die Bestätigung dieses Elements beinhaltet die veranschlagte Wartezeit und die zum Zeitpunkt der Ausführung zur Verfügung stehenden Betriebsmittel.
2) CANCEL_RESOURCE: Ist die veranschlagte Wartezeit zu lang, so kann mit diesem Protokoll-Element eine Annullierung des Auftrages durchgeführt werden.
3) ALLOCATE_RESOURCE: Der Server teilt dem Client mit, daß die geforderten Betriebsmittel verfügbar sind. Der Client würde typischerweise mit einem USE_RESOURCE Service-Element antworten.
4) RELEASE_RESOURCE: Dieses Protokoll-Element beendet eine Session und gibt die spezielle Konfiguration frei.
5) USE_SYSTEM_RESOURCE: Der Client verwendet dieses Element um einen „System-Prozessor" für Compile- und Link-Zwecke zugeteilt zu bekommen. Es wird keine Reservierung einer bestimmten Konfiguration benötigt.
6) LINK_CONTROL: Mit diesem Protokoll-Element kann man bestimmte Kontrollsignale an den Link ausgeben. Momentan ist nur das RESET-Signal implementiert.
7) LINK_DATA: Dieses Element kann sowohl vom Server als auch vom Client initiiert werden um Daten zu transferieren. Da die Transputer-Links die Daten ungepuffert übertragen, ist es sinnvoll die Daten in einem bestimmten Ausmaß im Ethernet-Netzwerk zwischenzuspeichern.

8) EXPAND_DATA: Mit diesem Protokoll-Element können Link-Daten um einen bestimmten Teil eines Files, oder um den ganzen File, der am Server abgespeichert ist, erweitert werden.

Um das lokale Netzwerk optimal zu nutzen, können mehrere Protokoll-Elemente in einem Ethernet-Paket übertragen werden. Für einen effizienten Datenfluß werden Sequenznummern mit übertragen. Außerdem werden Session-Identifikationen verwendet, damit alle Operationen unabhängig von den Ethernet-Adressen ausgeführt werden können. Mehrfachzuweisungen von einem Client zu einem oder mehreren Servern sind möglich, da einige ARP- und RARP-ähnliche [10,8] Service-Elemente im Protokoll enthalten sind.

7. Zusammenfassung

Die gegenwärtige Arbeit stellt die praktischen Erfahrungen der Verwaltbarkeit und Durchführbarkeit des Transputereinsatzes in einer variabel ausgelegten Laborumgebung ohne dedizierte Hardware am Arbeitsplatz dar. Da die Transputer-Hardware sich nicht im aktuellen Labor befinden muß, sind Transputercluster und Laborgeräte für andere Zwecke verfügbar.

Darüberhinaus wurden spezielle Features implementiert. Unter diesen werden hauptsächlich das Zwischenpuffern, das Fileexpandieren innerhalb des Netzwerks und das Link-Pre-Puffern erwähnt, damit man mit dem Transputer über den installierten Server effizient arbeiten kann. Außerdem kann auf die Low-Level-Architektur des Transputers zugegriffen werden.

Eine variable, dynamische Konfiguration kann durch Einsetzen von Nicht-Standard-Linkbausteinen und Nicht-Standard-Linkverteilern am Server erreicht werden.

Literatur

1. „Logical Systems C for the Transputer", Logical Systems, CSA, (1990).
2. „OCCAM 2 Reference Manual", INMOS Ltd., Prentice Hall, (1988).
3. „The Programmable Gate Array Data Book", XILINK Inc., (1989).
4. „The Transputer Databook, 2nd edition: The programmable link switch IMS C004", INMOS Ltd., (1989), pp 479-502.
5. „Transputer Education Kit: User Guide", CSA, (1990).
6. ANSI/IEEE 802.3: „Information Processing Systems - Local Area Networks - Part 3: Carrier Sense Multiple Access with Collision Detection (CSMA/CD) Access Method and Physical Layer Specifications", (1989).
7. Bertsekas D.P, Tsitsiklis J.N., „Parallel and Distributed Computation", Prentice-Hall, (1989).
8. Finlayson R., Mann T., Mogul J., Theimer M., „A Reverse Address Resolution Protocol", RFC-903, June 1984.
9. Lipp P., „Security issues when implementing a cluster of local area networks", Proc. EUROSEC'90, Paris, October 1990.
10. Plummer D., „An Ethernet Address Resolution Protocol", RFC-826, November 1982.
11. Postel J., „Internet Protocol", RFC-791, September 1981.
12. Theaker J., Brookes G.R., „A Practical Course on Operating Systems", MacMillan Press Ltd., (1983).
13. „The Transputer Development and iq System Databook", INMOS Limited, 1989.

Informationstechnologie-politik

Zukunftskonzept Informationstechnik der Bundesregierung und weitere strukturpolitische Konzeptionen

Michael Pemp

Senatsverwaltung für Wirtschaft und Technologie, Berlin

1. Einleitung

Im folgendem soll ein Überblick über das Zukunftskonzept Informationstechnik der Bundesregierung und die Mitteilung der EG-Kommission über die „europäische Elektronik- und Informatikindustrie: Situation, Chancen und Risiken, Arbeitsvorschläge" gegeben werden. Die Aussagen zum Thema Software werden anschließend vertieft und ein Bezug zur Situation in den neuen Bundesländern hergestellt.

2. Zukunftskonzept Informationstechnik der Bundesregierung

2.1 Vorbemerkung

Im August 1989 wurde das Zukunftskonzept Informationstechnik der Bundesregierung, das federführend vom Bundesminister für Forschung und Technologie und dem Bundesminister für Wirtschaft bearbeitet wurde, veröffentlicht. Ursprünglich existierten Referentenentwürfe und Arbeitspapiere verschiedener Arbeitsgruppen zu diesem Konzept unter dem Titel „Informationstechnik 2000". Das Zukunftskonzept Informationstechnik stellt die Fortschreibung der entsprechenden Konzeption der Bundesregierung zur Förderung der Entwicklung der Mikroelektronik, Informations- und Kommunikationstechnik aus dem Jahre 1984 dar. Das Zukunftskonzept Informationstechnik soll nach dem Willen der Bundesregierung ein pragmatischer Rahmen sein, der Politik und Maßnahmen aus mehreren Handlungsfeldern zusammenfaßt. Besondere Schwerpunkte innerhalb des Zukunftskonzepts sind die Forschungs- und Technologiepolitik, die Wirtschaftspolitik, die Telekommunikationspolitik, die Bildungspolitik, die Schaffung des Europäischen Binnenmarktes und die Stärkung der internationalen Zusammenarbeit.

2.2 Überblick über die Hauptinhalte

Auf ca. 320 Seiten werden im Zukunftskonzept Informationstechnik folgende Themenstellungen genannt, teilweise inhaltlich detaillierter dargestellt und analysiert: Unter der Überschrift Leitlinien wird die Bedeutung der Informationstechnik herausgearbeitet, die dynamische Entwicklung auf dem Informationstechnikweltmarkt geschildert, eine Bilanz des o. g. Vorläuferkonzeptes des Zeitraumes 1984 - 1988 gezogen und sodann daraus Konsequenzen, Ziele und Zukunftsaufgaben für verschiedene Handlungsfelder abgeleitet.

Als *Handlungsfelder* werden im Zukunftskonzept Informationstechnik aufgeführt:

- Fortentwicklung der Rahmenbedingungen. Hierzu zählt die Neuordnung des Fernmeldewesens, das Kartellrecht, die Unternehmensbesteuerung sowie die Beschaffungsverfahren der öffentlichen Hand.
- Europäischer Binnenmarkt 1992
- Intensivierung der internationalen Zusammenarbeit
- Normung
- Unterstützung kleinerer und mittlerer Unternehmen. In diesem Zusammenhang wird insbesondere auf das Gesamtkonzept zur Förderung kleinerer und mittle rer Unternehmen der Bundesregierung ebenfalls aus dem Jahr 1989 verwiesen. Dieses Konzept umfaßt stichworthaltig die folgenden Instrumente:

Fachprogrammbezogene Projektförderung des BMFT (Verbundvorhaben, indirekt spezifische Maßnahmen wie Mikrosystemtechnik; Modellvorhaben „Beteiligungskapital für jüngere Technologieunternehmen", Förderung von Forschung und Entwicklung bei kleinen und mittleren Unternehmen in Berlin; industrielle Gemeinschaftsforschung; Auftragsforschung und Entwicklung; Forschungskooperation zwischen Wirtschaft und Wissenschaft; Zentren für Information und Beratung in neuen Technologiefeldern; Technologietransferangebote in öffentlichen Forschungseinrichtungen; technische Information, Weiterbildung an Hochschulen; entwicklungsbegleitende Normung; Abbau von Innovationshemmnissen). Ferner soll die Gemeinschaftsaufgabe „Verbesserung der regionalen Wirtschaftsstruktur" stärker auf die Informationstechnik ausgerichtet werden.

- Sicherung der technologischen Basis. Schwerpunktbildungen werden im Konzept auf die Bereiche Mikroelektronik, Photonik, Informationsverarbeitung, Mikrosystemtechnik, Neuroinformatik, Supraleitung für die Elektronik, gesetzt.
- Ausbau der Telekommunikationsinfrastruktur.
- Bildung als Zukunftsaufgabe
- Anwendung der Informationstechnik zur Lösung öffentlicher Aufgaben. Dazu zählen z. B. der Bereich der öffentlichen Verwaltung, Umweltaspekte, Gesundheitsaspekte, die rationelle Energieverwendung, Verkehr sowie Verteidigung.
- Auswirkungen der Informationstechnik. In diesem Abschnitt werden die Aspekte der Technologiefolgenabschätzungen, der Informationstechnik und Arbeitsbedingungen, des Datenschutzes, des Aspektes der Sicherheit der Informationstechnik und der Computerkriminalität diskutiert.

Ergänzt wird das Zukunftsprogramm um drei Anhänge. Im ersten Anhang wird insbesondere die wirtschaftliche Situation der Informationstechnik in der Bundesrepublik Deutschland dargestellt. In einem zweiten Anhang berichten die drei Großforschungseinrichtungen Gesellschaft für Mathematik und Datenverarbeitung, Heinrich-Hertz-Institut und Fraunhofer Gesellschaft über ihre Arbeitsschwerpunkte. In einem dritten Anhang stellen die einzelnen Bundesländer bestimmte Aspekte ihrer Politik und Maßnahmen auf dem Sektor Informationstechnik dar.

2.2.1 *Ausgewählte Materialien zur Diskussion um das Zukunftskonzept Informationstechnik*

a) Erklärung der Wirtschaftsministerkonferenz zum Konzept aus dem April 1990.
b) Deutscher Bundestag, 11. Wahlperiode, Drucksache 11/8271, Beschlußempfehlung und Bericht des Ausschusses für Forschung, Technologie und Technologiefolgenabschätzung vom 25.10.1990.
c) Arbeitspapiere des Arbeitskreises Informationstechnik des Berliner Bezirksvereins der VDI-Arbeitsgruppe Zukunftskonzept Informationstechnik (Sept.–Dez. 90).
d) GI-Fachtagung „Zukunftskonzept Informationstechnik - unsere Zukunft?"/ Stellungnahme der Arbeitsgruppe „Informationstechnik in der industriellen Arbeit – Defizite und Gestaltungschancen aus arbeitsorientierter Sicht" zum Zukunftskonzept Informationstechnik der Bundesregierung, Berlin , 22.08.1990.

Tages-/Fachpresse:

e) Briefs, Ulrich: „Zukunftskonzept Informationstechnik" - kritische Analyse der Konzeption der Bundesregierung zur weiteren Entwicklung der Informations- und Kommunikationstechniken, in: WSI-Mitteilungen, 1/1990, S. 29 ff.
f) „Zukunftskonzept Informationstechnik", in: Handelsblatt, 08.06.1989.
g) Mock, Wolfgang: Perspektiven der Forschungs- und Technologiepolitik/Der Staat ist weit stärker gefordert/Industrie wünscht langfristige Zielvorgaben, in: VDI-Nachrichten, 15.02.1991.
h) Ohne Verfasser: PC-Hersteller verdienen bald nur noch am Ersatzgeschäft/Ende der EDV-Fahnenstange ist in Sicht in: VDI-Nachrichten, 15.02.1991.
i) Der Software-Markt in der Bundesrepublik Deutschland/Studie der Gesellschaft für Mathematik und Datenverarbeitung. Bonn, November 1989.

Aus der breiten Diskussion können Anforderungen, Kritik und Ergänzungsvorschläge abgeleitet werden. Im folgendem soll eine stichwortartige Zusammenfassung gegeben (versucht) werden:

2.2.2 *Veränderung der Rahmenbedingungen*

a) Wirtschaftliche Dynamik auf dem Sektor Informationstechnik läßt erheblich nach; es zeichnen sich Strukturprobleme ab (z. B. PC-Sektor, Software-Sektor, mittelgroße Informationstechnik-Unternehmen).
b) Neue Anforderungen und Probleme durch die Wiedervereinigung Deutschlands (z. B. Frage der Telekommunikationsinfrastruktur, große wissenschaftliche Potentiale auf dem Sektor Informationstechnik in den neuen Bundesländern, wirtschaftliche Potentiale der neuen Bundesländer auf dem Sektor Informationstechnik).

2.2.3 *Anforderungen erhöhter Schwerpunktsetzungen in besonderen Anwendungs-, Forschungs- und Entwicklungs- sowie Technologiesektoren*

a) Datensicherheit/Datenschutz
b) Mikroelektronik

c) Informationstechnik und Umweltschutz sowie Informationstechnik und rationelle Energieverwendung (nachfrageorientiertes Förderprogramm)
d) Die Nutzung der Informationstechnik in nichtkommerziellen Bereichen
e) Aspekte der Telekommunikationsinfrastruktur (regionale Dezentralisierungspotentiale, Entgeltpolitik, u. a.)
f) Software (siehe unten: Anwendungs- und Ergonomieaspekte, Software als Instrument der Arbeitsgestaltung).

2.2.4 *Besondere strukturpolitische Schwerpunktsetzungen*

a) verstärkter KMU-Bezug
b) Wichtigkeit sowie Notwendigkeit indirekt spezifischer Förderprogramme (z. B. auf den Sektoren Software, Wissens- und Technologietransfer, insbesondere datengestützte Informationssysteme und Informationsvermittlung, Einführung von Expertensystemen, Entwicklung neuer Telekommunikationsdienste sowie Mehrwertdienste, Anwendungsforschung und -förderung). Die ursprüngliche Argumentation des Zukunftskonzept Informationstechnik, daß gerade kleine und mittlere Unternehmen eine erhebliche Steuerentlastung zu erwarten hätten, wird durch die neuesten finanzpolitischen Entscheidungen nicht mehr gedeckt.
c) Bedeutung der Großforschungseinrichtungen
d) Technologiefolgenabschätzung
e) Dialog/Kommunikationsprozeß zur Weiterentwicklung des Konzeptes z. B. zwischen Wirtschaft, Wissenschaft, Gewerkschaften und den Bundesländern. Verbesserte Ziel- und Erfolgskontrolle
f) Verstärkte Aussagen zu regionalen und sektoralen Auswirkungen
g) Verstärkte Einbeziehung sozial- und gesellschaftswissenschaftlich relevanter Fragestellung. Keine Überbewertung ökonomisch und technologischer Sichtweisen. Sozial- und humanverträglichen Gestaltung von Informationstechnik
h) Fehlen von qualifiziertem Fachpersonal auf allen Qualifikationsstufen/mangelnde betriebliche Qualifikations-, Organisations- und Technologieeinsatzmodelle (Akzeptanzproblematik)
i) Abgrenzung der technologieorientierten Aktivitäten auf Landes-, Bundes- und europäischer Ebene und Orientierung auf Osteuropa als Zukunftsaufgabe.

Das Zukunftskonzept Informationstechnik ist, als der erstmalige Versuch, ein Gesamtkonzept für einen großen Technologiesektor zu erstellen, begrüßenswert. In der Ausgestaltung gibt es allerdings einige Ansätze der Kritik. Das Zukunftskonzept Informationstechnik hat einen breiten fach- und ressortübergreifenden Diskussionsprozeß ausgelöst. Vor dem Hintergrund erheblich geänderter Rahmenbedingungen entsteht allerdings die Anforderung, daß das Konzept weiter entwickelt werden müßte bzw. daß ein Überarbeitungsbedarf besteht. In diesem Zusammenhang wäre zu überlegen, ob es Möglichkeiten gibt, die Grundsatzidee des Zukunftskonzepts Informationstechnik aufzugreifen und in verfahrensmäßiger und technischer Weise zu erweitern (Organisation eines ständigen Diskussionsprozesses, andere Formen der aktuellen Ergebnispräsentation ggf. Informationstechnik gestützt, weitergehend als nur die Herausgabe einer schriftlichen Dokumentation/Broschüre).

3. Mitteilung der EG-Kommission über Elektronik und Informatikindustrie: Situation, Chancen und Risiken, Aktionsvorschläge

3.1 Vorbemerkung

Aufbauend auf dem industriepolitischen Konzept der EG-Kommission von November 1990 wurde die Mitteilung der EG-Kommission über die Elektronik- und Informatikindustrie: Situation, Chancen und Risiken, Aktionsvorschläge im März 1991 veröffentlicht. Diese Mitteilung stellt eine Konkretisierung des allgemeinen. industriepolitischen Konzeptes für den Informations- und Kommunikationstechnik-Sektor mit ähnlichem Inhalten wie das Zukunftskonzept Informationstechnik dar.

3.2 Inhalte

Warum wurde gerade dieser Industriebereich ausgewählt? Das Konzept führt aus, daß die Elektronik- und Informationsindustrie sowie die Telekommunikationsindustrie der Gemeinschaft rd. 175 Mrd. ECU, d. h. etwa 5 % des gesamten Bruttoinlandsprodukts (BIP) der zwölf EG-Staaten (10 % des BIP im Jahr 2000) erarbeitet. Die große Bedeutung dieser Industriesektoren hängt auch mit der Tatsache zusammen, daß die von ihnen entwickelten Technologien in viele Bereiche eindringen und sich auf einen großen Teil des Produktionsgefüges und der Gesellschaftsstruktur auswirken; sie spielen eine wesentliche Rolle in bezug auf die Wettbewerbsfähigkeit und die Qualität der Dienstleistungsangebote. Auch die Beschäftigungslage wird erheblich von dieser Entwicklung erfaßt: 60 bis 65 % der erwerbstätigen Bevölkerung sind direkt oder indirekt durch die neuen Technologien und ihre Anwendungen betroffen. Die Kommission unterstreicht in ihrer Mitteilung die hervorragende Position der europäischen Industrie in einer Reihe von Gebieten wie der Software-Entwicklung, der Telekommunikation und der Fertigungsautomation. In einigen Schlüsselbereichen wie der Herstellung von Halbleitern und Peripheriegeräten sowie der Unterhaltungselektronik ist die Lage in der Europäischen Gemeinschaft aber eher schlecht. Die Lage im Bereich der Informatik sei prekär. Außerdem konzentriert sich die europäische Produktion häufig auf den Bereich der ausgereiften Technologien und widmet sich nicht in ausreichendem Maß der Vermarktung neuer Produkte und Dienstleistungen. Die Ursachen dieser europäischen Schwächen sind bekannt und hängen vor allen Dingen mit der zersplitterten Struktur des Gemeinschaftsmarktes zusammen, die eine Ausnutzung des Größenvorteils verhindert und zu höheren Produktions- und Forschungskosten führt. Hemmnisse gibt es auch auf dem Sektor der öffentlichen Auftragsvergabe sowie der Rahmenbedingungen, wie z. B. auf dem Sektor der Standardisierung und Normung. Zur Verbesserung der Situation werden der EG-Kommission fünf Aktionsbereiche vorgeschlagen:

1. Schaffung von Nachfrage im Bereich der Fernmeldeverbindungen/Telekommunikation unter Vernetzung durch Breitbandkommunikation unter Einsatz der Technik des hochauflösenden Fernsehens

2. Neuausrichtung der europäischen Forschung (Konzentrierung, verstärkte Marktorientierung)
3. Berufsbildungsmaßnahmen/Qualifizierungsmaßnahmen
4. Maßnahmen im Bereich des Außenhandels, insbesondere der Schaffung eines gegenseitigen Marktzuganges im Rahmen der Uruguay-Runde
5. Verbesserung der Rahmenbedingungen für Unternehmen z. B. durch Verbesserung der Finanzierungssysteme, der Angleichung der Normen, KMU-Bezug, Kooperationsformen.

Wertung

Eine positive Wirkung dieser Mitteilung ist zu erwarten. Z. B. hatte diese Mitteilung eine unmittelbare Wirkung auf die Ausschreibung und Handhabung des neuen ESPRIT-Programms: Konzentrierung, marktnahe Aktivitäten, KMU-Bezug, gezielte Unterstützung von Technologietransfer und Umsetzung der Ergebnisse (z. B: ESSI). Ferner sollte durch die Mitteilung eine Diskussionsgrundlage geschaffen werden.

Spezielle Aussagen zum Thema Software

Die europäische Elektronik- und Informatikindustrie: Situation, Chancen und Risiken, Aktionsvorschläge (1991): „Im Gegensatz zur Lage der Hersteller von Informatikprodukten verfügen die Software-Unternehmen und die Unternehmen für Informatikdienste über ein solides, wenn auch verletzliches Produktionsgefüge."

„Software: eine Produktivitätssteigerung, wobei der Schwerpunkt auf Produktionsverfahren und -werkzeugen und deren raschen Transfer an Benutzer liegt. Er erfolgt im Rahmen von Mobilisierungsvorhaben, an denen vor allem KMU mitwirken." Abgeleitet wird hieraus u. a. die Aktivität ESSI (European Systems and Software Initiative).

3.3 Zukunftskonzept Informationstechnik der Bundesregierung (1989)

„Die Zahl der Beschäftigten wird in diesem Jahr auf über 100 000 geschätzt. Für die nächsten Jahre rechnet die Branche mit jährlichen Zuwachsraten um die 20 %. Der Schwerpunkt des Angebots der deutschen Software- und Systemhäuser liegt im Bereich der individuell entwickelten Anwendungssoftware. Neben den Software- und Systemhäusern sind die Gerätehersteller die wichtigsten Anbieter mit einer besonders starken Stellung im Bereich der System-Software. Die Software-Branche ist überwiegend mittelständisch strukturiert. Knapp die Hälfte der ca 4 500 deutschen Software-Firmen hat weniger als 5 Mitarbeiter. 90 % der Unternehmen weniger als 50 Beschäftigte und nur etwa 140 Unternehmen mehr als 50 Mitarbeiter. Die deutsche Software-Branche weist nur einen verhältnismäßig geringen Exportanteil auf. 1986 wurde Software im Werte von ca. 600 -700 Mio. DM, d. h. ca. 6 % bis 7 % des Umsatzes der deutschen Software-Häuser exportiert."

3.3.1 Unterstützung kleiner und mittlerer Unternehmen

Kleine und mittlere Unternehmen leisten einen bedeutenden Beitrag zur Wertschöpfung in der Bundesrepublik. Sie nutzen dabei in erheblichem Umfang die Möglichkeiten der modernen Informations- und Kommunikationstechnik. Sie sind aber auch wichtige Anbieter informationstechnischer Produkte und darauf aufbauender Dienstleistungen. Die Entwicklung der Informationstechnik hat einen großen Teil der mittelständischen Wirtschaft neue Entfaltungs- und Wachstumschancen eröffnet. Es sind Märkte entstanden, deren Angebotsstruktur überwiegend von kleinen und mittleren Unternehmen geprägt ist. Besonders deutlich zeigt sich dies auf dem Markt für Software. Hier haben sich Tausende von kleinen Unternehmen etabliert, die mit geringem Kapitaleinsatz neue Beschäftigungsfelder in Form von spezialisierten Dienstleistungen gefunden haben."

3.3.2 *Sicherung der technologischen Basis*

„Der Bundesminister für Forschung und Technologie wird sich im Bereich der Softwaretechnologie auf die Förderung von EUREKA-Projekten (z. B. ESF, vgl. Abschnitt II.4.4) beschränken."

3.4 BMWi-Dokumentation: Informationstechnik in Deutschland (Nr. 310/91)

„Dem Bereich Software und Computerdienstleistungen können angesichts seiner bisher geringen volkswirtschaftlichen Bedeutung und des großen Nachholbedarfs in der ehemaligen DDR durchweg positive Entwicklungschancen eingeräumt werden. Auf dem westdeutschen Markt für Software und DV-Dienstleistungen haben sich in den letzten Jahren Tausende von kleinen Unternehmen etabliert, die mit geringem Kapitaleinsatz neue Betätigungsfelder gefunden haben. Diese Entwicklung könnte sich auch in der ehemaligen DDR wiederholen. Im Rahmen dieser Entwicklung haben auch die Datenverarbeitungszentren die Chance, sich nach neuen Betätigungsfeldern umzusehen. Mehrere der Zentren sind bereits Kooperationen mit westlichen Partnern eingegangen."

3.5 Die Erklärung der Wirtschaftsministerkonferenz zum Zukunftskonzept Informationstechnik (1990)

„Während die überragende wirtschaftliche Bedeutung der Informationstechnik richtig eingeschätzt wird, werden die Hemmnisse für die Wirtschaft, insbesondere aber für die kleinen und mittleren Unternehmen, diese Techniken fortzuentwickeln und auf breiter Front effizient anzuwenden und zu nutzen, unterschätzt. So sind die Fachprogramme und die direkten und besonders die indirekt-spezifischen Förderprogramme, die - wie die Auswertung des ersten Programms Informationstechnik 1984 bis 1989 ergeben hat - besonders von mittelständischen Firmen in Anspruch genommen wurden, stark gekürzt worden und werden z. Z. nur noch mit einem einzigen neuen Programm fortgesetzt (Mikrosystemtechnik). Der Hinweis in dem Konzept der Bundesregierung, daß durch die Steuerreform den mittelständischen Unternehmen genügend zusätzlicher finanzieller Spielraum gegeben sei, der neue mittelstandsorientierte Fördermaßnahmen weitgehend überflüssig mache, verkennt die Signal- und Motivierungsfunktion sowie die Synergiewirkung solcher Programme, die über den rein finanziellen Anreiz weit hinausgehen. Nach Ansicht der Wirtschaftsministerkonferenz gibt es eine Reihe wichtiger Handlungsfelder für eine mittelstandsorientierte Förderung im Bereich der Informations- und Kommunikationstechnik. Einige sind bereits im ersten Entwurf für das Rahmenkonzept der Bundesregierung (Entwurf vom Dezember 1988) genannt, nämlich die Einführung von Expertensystemen und die Entwicklung von neuen Telekommunikationsdiensten (Mehrwertdiensten). Während im Dezember 1988 noch angekündigt wurde, der BMFT prüfe die Notwendigkeit und Möglichkeit weiterer indirekt-spezifischer Fördersysteme auf diesen Gebieten, sind diese im Zukunftskonzept Informationstechnik sechs Monate später (Mai 1989) nicht mehr enthalten. Weitere Felder, auf denen erhebliche Defizite bestehen und die deshalb mit (indirekt-spezifischen) Förderprogrammen ausgefüllt werden sollten, sind die Software-Entwicklung sowie die Anwendungsforschung und -förderung."

3.6 Bewertung

BMFT, BMWi, EG-Kommission und die Wirtschaftsminister der Länder erkennen die Bedeutung der Informations- und Kommunikationstechnik sowie insbesondere der Software- und Systemhäuser erkannt. Leider sind bis zum jetzigen Zeitpunkt Konsequenzen bzw. Handlungsbedürfnisse nur auf EG-Ebene erkennbar. Auf Bundesebene wurde bis jetzt offenbar kein Handlungsbedarf abgeleitet; gerade für den Bereich der neuen Bundesländer wären aber auf diesem Sektor Maßnahmen wünschenswert und notwendig:

3.7 Bezug zur Situation in den neuen Bundesländern

Gerade produktionsnahe Dienstleistungsunternehmen (z. B. Software- und Informations- und Kommunikationstechnikunternehmen, Ingenieurbüros, FuE-Dienstleistungsunternehmen, Beratungsunternehmen) dürften eine wichtige wirtschafts- und arbeitsmarktpolitische Rolle spielen, z. B.im Hinblick auf Ausgründung von Forschungs- und Arbeitsgruppen der Akademie der Wissenschaften, von Kombinaten usw. Der Sektor Software als Wachstumsmarkt verdient besondere strukturpolitische Aufmerksamkeit. Dies gilt besonders für die vielen kleinen und mittleren Software- und Systemhäuser in den östlichen Stadtbezirken und den neuen Bundesländern, für die der Start in die Marktwirtschaft mit großen Schwierigkeiten verbunden ist. Diese Unternehmen leiden vor allem daran, daß die Nachfrage im Ostteil der Stadt und den neuen Bundesländern nach DV-Dienstleistungen im Zuge der gesamtwirtschaftlichen Entwicklung nicht ausreichend groß ist. Für den Aufbau neuer Kundenkontakte über den regionalen Raum hinaus fehlt es häufig an der nötigen Marketing-Strategie. Die wirtschaftsfördernden Maßnahmen des Bundesministeriums für Wirtschaft (z. B. Gemeinschaftsaufgabe zur Verbesserung der regionalen Wirtschaftsstruktur, ERP-Mittel) und das Instrumentarium der Bundesanstalt für Arbeit für die neuen Bundesländer werden ergänzt durch forschungs- und entwicklungs- bzw. technologieorientierte Maßnahmen und Programme des Bundesministeriums für Forschung und Technologie. Arbeitskontakte mit Berliner Unternehmen haben ergeben, daß diese BMFT-Maßnahmen nur selten durch produktionsnahe Dienstleistungsunternehmen genutzt werden können. An dieser Stelle sei auf die **Problematik der „Software-Produktion"** hingewiesen. Vor diesem Hintergrund sollen die Förderungsmöglichkeiten für produktionsnahe Dienstleistungsunternehmen im Rahmen der BMFT-Förderprogramme betrachtet werden. Das Instrumentarium besteht z. Z. aus folgenden Maßnahmen:

1. Auftragsforschung und -entwicklung,
2. FuE-Personal-Zuwachsförderung,
3. technologieorientierte Unternehmensgründung,
4. Auf- und Ausbau von Technologiezentren,
5. BMFT-Fachprogramme.

Bei einer vertiefenden Analyse kommt man zu folgenden Ergebnissen:

Zu 1):

Anträge können nicht durch produktionsnahe Dienstleistungsunternehmen gestellt werden. Produktionsnahe Dienstleistungsunternehmen können Auftragnehmer für Forschungs- und Entwicklungsleistungen sein. Die Möglichkeiten werden allerdings durch zahlreiche Förderungsausschlüsse (keine Funktions- oder Qualitätsprüfungen, keine Durchführung von vorgeschriebenen Prüfverfahren, kein Produktdesign usw.) erheblich eingeschränkt.

Zu 2):

Produktionsnahe Dienstleistungsunternehmen können nicht gefördert werden, obwohl innerhalb der Richtlinie typische Fördertatbestände aufgeführt werden, die dem Aufgabenspektrum produktionsnaher Dienstleistungsunternehmen nahe kommen: Arbeit in Forschungs- und Entwicklungsabteilungen, Konstruktionsbüros, Labors, Gewinnung von neuen wissenschaftlichen oder technischen Erkenntnissen und Erfahrungen allgemeiner Art, Neuentwicklung von Erzeugnissen oder Herstellungsverfahren, Weiterentwicklung von Erzeugnissen oder Herstellungsverfahren mit wesentlichen Änderungen des Verfahrens oder der Erzeugnisse, Auswertung und Anwendung von Forschungsergebnissen und -erfahrungen, vor allem technisch-wissenschaftlicher Art, um zu neuen Systemen, Verfahren, Stoffen, Gegenständen und Geräten zu gelangen (Neuentwicklung) oder um vorhandene zu verbessern (Weiterentwicklung). Die Erprobung (Prototypen, Pilot-, Demonstrations- oder Referenzanlagen), die zur Feststellung der Eigenschaften im Sinne des Entwicklungsziels dient, ist ein Teil der Entwicklung.

Zu 3):

Produktionsnahe Dienstleistungsunternehmen, die entsprechenden Voraussetzungen erfüllen, können im Rahmen dieses Programms gefördert werden.

Zu 4):

Die Technologiezentren haben eine erhebliche Bedeutung für produktionsnahe Dienstleistungsunternehmen. Es wird Gewerberaum zu günstigen Konditionen zur Verfügung gestellt. In der Regel ist eine gemeinsame Nutzung von Büro-/

Verwaltungseinrichtungen ggf. auch einer Telekommunikationsinfrastruktur sowie von Management, Beratungs- und Betreuungsleistung vorgesehen. Synergieeffekte am Standort der vorwiegend technologieorientierten Unternehmen sind zu erwarten. Impulse dürften durch Ausrichtung der regionalen Wirtschaftsförderung und durch das Entstehen von Kommunikationsnetzwerken in Richtung Forschung, Beratung und Finanzierung gegeben werden. Ein schneller und gezielter Auf- und Ausbau der entsprechenden Technologiezentren ist daher erforderlich.

Zu 5):

Die BMFT-Fachprogramme können im Einzelfall für produktionsnahe Dienstleistungsunternehmen von Interesse sein. Im einzelnen existieren folgende Fachprogramme: Materialforschung, Informationstechnik, Biotechnologie, Energieforschung, Gesundheitsforschung, Technologiefolgenabschätzung, Umweltforschung, Umwelttechnik, Klimaforschung. Der Bekanntheitsgrad der BMFT-Fachprogramme bei produktionsnahen Dienstleistungsunternehmen ist als eher gering einzuschätzen. Es gibt kein spezifisches Fachprogramm für den Sektor Software.

3.8 Zusammenfassende Bewertung

Die Förderungsmöglichkeiten für produktionsnahe Dienstleistungsunternehmen bestehen im Rahmen der einzelnen Maßnahmen nicht oder nur im geringen Umfang. Der Bekanntheitsgrad ist oftmals gering. Vor diesem Hintergrund könnten u. a. folgende Maßnahmen ergriffen werden:

a) Überarbeitung der Richtlinien zur Verbesserung der Förderungsmöglichkeiten für produktionsnahe Dienstleistungsunternehmen
b) Formulierung neuer Programme und Maßnahmen, z. B. im Hinblick auf informations- und kommunikationsorientierte Anwendungen und Dienstleistungen sowie Produkte (z. B. auf dem Sektor Software)
c) Verstärktere und gezieltere Öffentlichkeitsarbeit

Wichtig ist die „Selbsthilfe" und Eigeninitiative der kleinen und mittleren Softwareunternehmen. Welche Inhalte könnte solche überwiegend regionalorientierten „Selbsthilfe-Initiativen" haben? Hier abschließend einige Ideen:

- Kooperative Marketing- und Vertriebsformen (z. B. Gemeinschaftsstände und -präsentationen auf Messen und Kongressen).
- Aufbau und Pflege von Kundenadressen.
- Gemeinsame PR-Maßnahmen (z. B. Informationsblatt, Leistungsprofile, Leistungskataloge, Öffentlichkeits-/Pressearbeit).
- Eigene Marktuntersuchungen bzw. Verfügbarmachung von externen Ergebnissen.
- Unterstützung bei der Nutzung weitergehender Angebote (z. B. Bundesstelle für Außenhandelsinformationen, Außenhandelskammern, Auslandsmessen usw.).

Ferner könnten über den Vertriebs- und Marketingaspekt hinaus folgende Elemente Berücksichtigung finden: Förderung der Kommunikation und Kooperation der Unternehmen untereinander, Information und Qualifizierung auf den Sektoren Managementwissen, Softwaretechnologie, FuE-Aktivitäten auf Bundes- und EG-Ebene, Bedeutung und Auswirkungen des EG-Binnenmarktes.

Informatik und Mathematik

TUTLAB (TUTorials LABoratory) – Ein Werkzeug zur Erstellung problemorientierter Tutorials für Algorithmen

Bruno Riedmüller und Guillermina Schröder

Technische Universität München
Institut für Angewandte Mathematik und Statistik

1. Problemstellung

Algorithmen spielen in vielen Teilbereichen der Mathematik und der Informatik eine wichtige Rolle und werden folglich in der Lehre ausführlich behandelt. Ein adäquates Unterrichtsmedium sind hierbei interaktive Übungsprogramme. Wir verstehen darunter problemorientierte Tutorials, bei denen der Computer eine zweifache Aufgabe hat. Er übernimmt zum einen die Rechenarbeit und ist zum anderen Unterrichtshilfsmittel mit seinen besonderen Fähigkeiten: Im interaktiven Dialog präsentiert und visualisiert er die Probleme, den Ablauf der Algorithmen sowie die Lösungen der Probleme, und er unterstützt, lenkt und kontrolliert auf der Grundlage der algorithmus-gesteuerten Wissensbasis den Lernprozeß des Benutzers. Die zugehörige Software muß also zwei Komponenten umfassen, ein *Anwenderprogramm*, in dem die Wissensbasis erzeugt wird, und ein *Lernprogramm* zur Vermittlung des Wissens.

Die besondere Schwierigkeit bei diesen Programmen liegt darin, daß der Ablauf eines Algorithmus zu wechselnden Daten und wegen datenabhängiger Verzweigungen zu einer dynamisch gesteuerten Wissensbasis führt. Dies mag am Beispiel des Gaußschen Algorithmus zur Lösung eines linearen Gleichungssystems Ax = b deutlich werden. Bei der Ermittlung der Zeilenstufenform der erweiterten Matrix (A,b) spielen in jedem Schritt der Vorwärtssubstitution die Restmatrix R und der Restvektor r (siehe Abb. 1) für das weitere Vorgehen die entscheidende Rolle. Verschwinden R und r beide, so ist die Vorwärtssubstitution beendet, das Gleichungssystem ist lösbar. Es besitzt keine Lösung, falls R verschwindet, aber r nicht. Verschwindet R nicht, dann ist die Vorwärtssubstitution weiterzuführen.

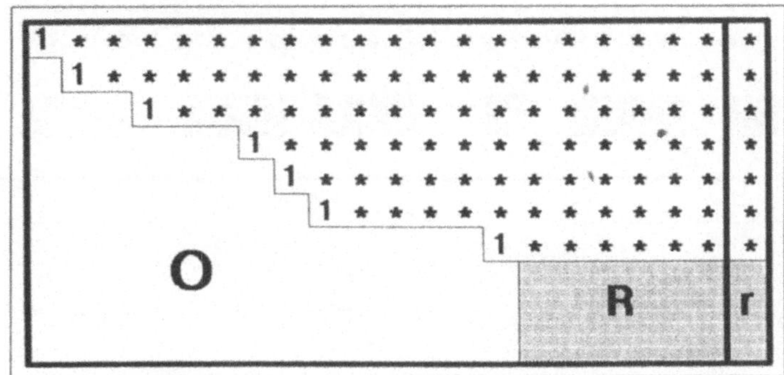

Abb. 1: Vorwärtssubstitution und Zeilenstufenform beim Gaußschen Algorithmus

Zielgruppen für die Arbeit mit solchen Programmen sind Mathematik- und Informatikstudenten an Universitäten und Fachhochschulen, aber auch Schüler in der Oberstufe von Gymnasien und beruflichen Schulen sowie Erwachsene, die sich mit Mathematik oder Informatik beschäftigen. An der Erstellung problemorientierter Tutorials sind als Zielgruppen demnach Lehrende der Mathematik und der Informatik in den genannten Bildungs- und Ausbildungsbereichen und auch in der Erwachsenenbildung interessiert. Wechselnde Daten und datenabhängige Verzweigungen machen, wie gesagt, die Erstellung problemorientierter Tutorials aufwendig; sie ist mit marktgängigen Autorensystemen, die für die angesprochenen Zielgruppen von Autoren erschwinglich sind, nicht zu realisieren.

2. Ziel und Lösungsansatz

Es ist somit sinnvoll, ein *einfaches* (und *portables!*) *Werkzeug* zur Erstellung problem-orientierter Tutorials zu konstruieren. Ein solches ist TUTLAB (TUTorials LABoratory). Das Konzept von TUTLAB trennt die mathematisch-algorithmischen Aufgaben des Computers völlig von seinen didaktischen Aufgaben, indem es das Tutorial modular zerlegt in

- ein *nicht-interaktives Basisprogramm* (Anwenderprogramm mit Kontrollstukturen für das Lernprogramm)
- und ein *interaktives Lernprogramm* (mit strukturierten Lerneinheiten in Bildschirmseiten).

Die Ablaufsteuerung liegt zwar beim Benutzer, die Kontrolle jedoch beim Basisprogramm, das sukzessiv Abschnitte des Lernprogramms, sog. „Kapitel" (s.u. und Abb. 2) aufruft. Das Basisprogramm umfaßt den Quellcode der zu behandelnden Algorithmen, den der Autor in eine Quellen-Datei schreibt. Er muß dabei auch die Schnittstellen zum Lernprogramm festlegen und an diesen alle notwendigen Daten und Kontrollparameter für das Lernprogramm bereitstellen.

Vorbereitete Probleme sollte der Autor eines problemorientierten Tutorials in einer Daten-Datei anbieten (daneben muß der Benutzer natürlich eigene Beispiele eingeben

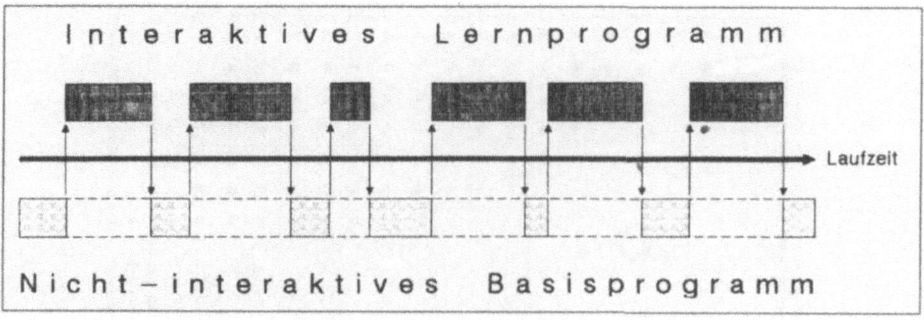

Abb. 2: Basisprogramm und Lernprogramm während der Laufzeit

können). Es bleibt die Aufgabe, das Lernprogramm zu entwerfen und seinen Quellcode zu erzeugen. Dazu ist es geeignet zu strukturieren.

3. Die Struktur des Lernprogramms

Das interaktive Lernprogramm besteht aus Bildschirmseiten als Lerneinheiten. Entsprechend den möglichen Abläufen des Lernprogramms sind sie in einem Netzwerk organisiert: Von Seite i zu Seite j führt genau dann ein Pfeil, wenn Seite j unmittelbar nach Seite i durchlaufen werden kann. Der dem Lernprogramm auf diese Weise zugeordnete Digraph läßt sich axiomatisch fassen (Riedmüller 1990). Das Konzept von TUTLAB zerlegt dieses Netzwerk in *Kapitel* und faßt Teilmengen von Kapiteln wiederum zu *Ordnern* zusammen. So entsteht in einem Tutorial eine mehrstufige Hierarchie: Ordner, Kapitel, Seiten (siehe Figuren 3, 4 und 5). Ordner und in ihnen Kapitel ruft das Basisprogramm auf. Mit den Daten- und Kontrollinformationen aus dem Basisprogramm läuft das Lernprogramm innerhalb der Kapitel autonom ab, wenn in ihnen eine geeignete Ordnungsstruktur zugrunde liegt, deren wesentliches Charakteristikum die Zyklenfreiheit des Seiten-Netzwerks ist. Kapitel sind zugleich die wiederholbaren Abschnitte des Lernprogramms.Zur Anwendung von TUTLAB trägt der Autor des Tutorials die genannte mehr-stufige Netzwerkstruktur des Lernprogramms (mit einem beliebigen Editor) in einer sehr einfachen Syntax (Riedmüller 1990) in eine Datei, die Netzwerk-Datei, ein. Zur Individualisierung kann der Autor die Seiten gewichten, wobei niedrigeres Gewicht für höhere Ansprüche steht. Beim Ablauf des Programms kann der Benutzer selbst seine Ablaufstufe einstellen und immer wieder verändern: Eine niedrigere Ablauf-stufe übergeht Seiten höheren Gewichts (siehe Abb. 6). Ein mit TUTLAB erzeugtes Tutorial wird so zu einem lernergesteuerten System, soweit es der zugrunde liegende Algorithmus erlaubt.

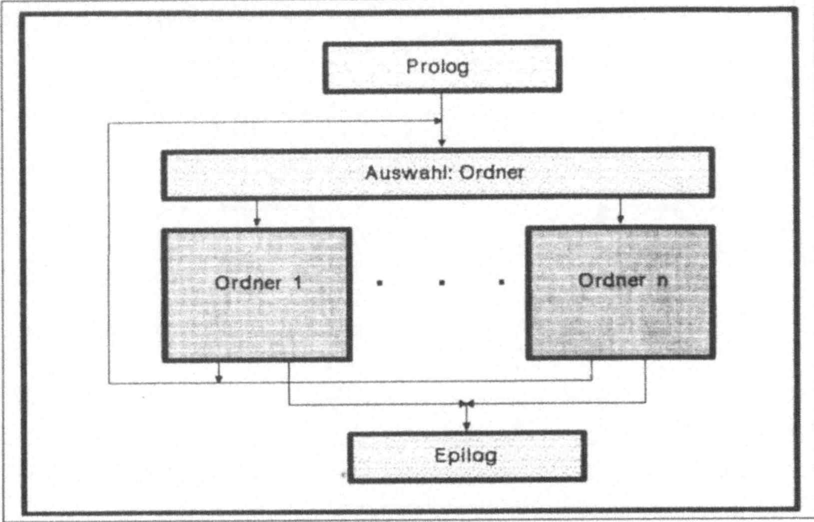

Abb. 3: Typische Ordnerstruktur eines problemorientierten Tutorials

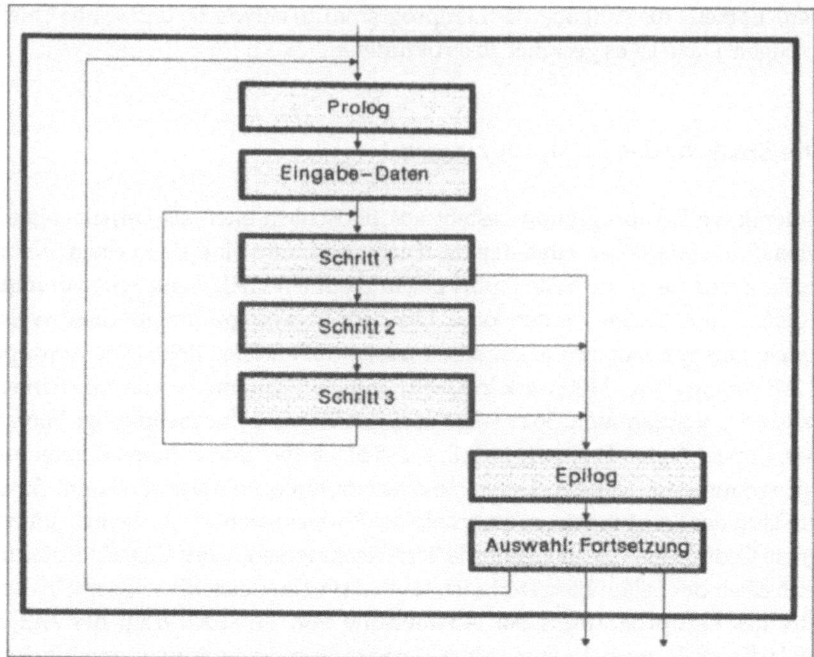

Abb. 4: Typische Kapitelstruktur eines Ordners

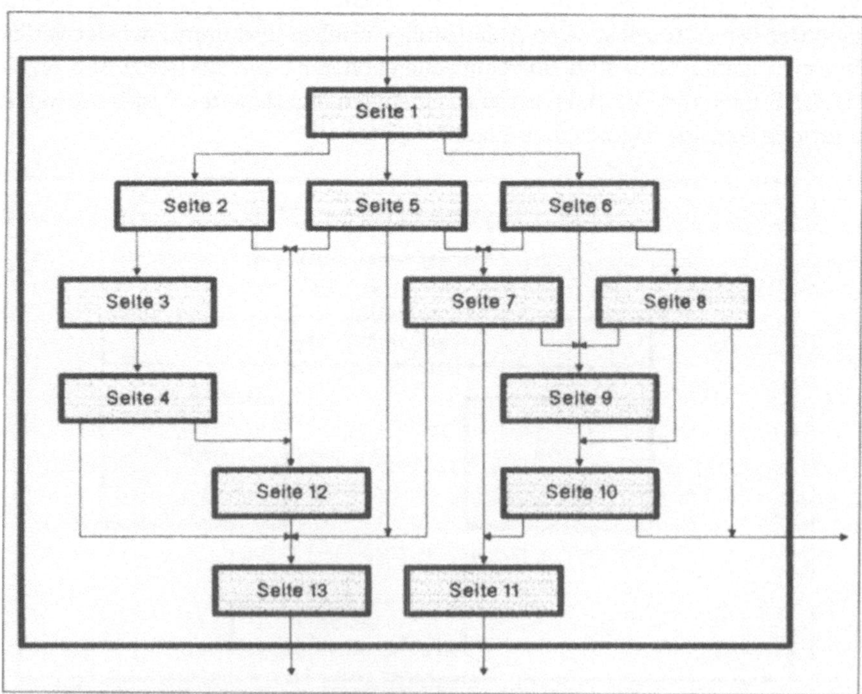

Abb. 5: Beispiel einer Seitenstruktur in einem Kapitel

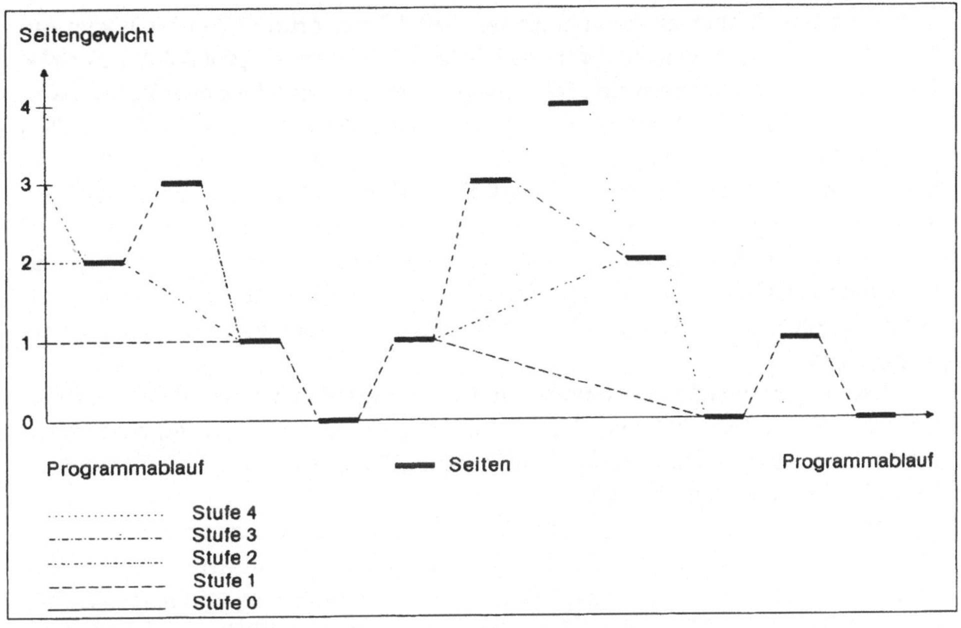

Abb. 6: Seitengewichte und Ablaufstufen eines problemorientierten Tutorials

4. Die innere Struktur der Seiten

Weiter ist nun die innere Struktur der Bildschirmseiten bedeutsam. TUTLAB unterscheidet vier Seitenarten, und zwar Informations-, Frage-, Wahl- und Leseseiten. Jede von ihnen hat eine charakteristische innere Struktur, wobei verschiedene Lernelemente wie z.B. Information, Frage, Begründung, Auswahl sowie Lesevorgänge unterschieden werden (Riedmüller 1990). Den Aufbau einer Frageseite zeigt Abb. 7. Zur Anwendung von TUTLAB hat der Autor nun den Inhalt der Seiten seines Tutorials unter Beachtung einer wiederum sehr einfachen Syntax (Riedmüller 1990) in eine Seiten-Datei einzutragen. Er entwirft die Seiten dabei zeilenweise genau so, wie sie später dem Benutzer auf dem Bildschirm erscheinen (WYSIWYG: What you see is what you get). Zweckmäßig ist es, die schon angelegte Netzwerk-Datei zu benützen und einfach durch den Inhalt der Seiten zu erweitern. Entscheidend ist, daß Variablen-werte aus dem Basisprogramm dabei beliebig berücksichtigt werden können und so im Ablauf eines Algorithmus wechselnde Daten auf gleichen Seiten erscheinen. Weiter dienen die Kontrollinformationen aus dem Basisprogramm zur Steuerung des Ablaufs insbesondere bei Fallunterscheidungen. Hilfen trägt der Autor in eine eigene, der Seitendatei strukturell isomorphe Hilfen-Datei ein.

5. TUTLAB

TUTLAB hat als wichtigstes Ziel die automatische Erzeugung des Quellcodes für das Lernprogramm (der Quellcode der Algorithmen kann nur vom Autor selbst bereitgestellt oder einer Bibliothek entnommen werden). Hierzu prüft TUTLAB die vom Autor in sequentiellen Dateien entworfenen Seiten und Hilfen auf syntaktische Korrektheit und gibt ggfs. entsprechende Fehlermeldungen aus. Aus fehlerfreien Dateien werden die zum Lauf des Tutorials notwendigen Direct-Access-Dateien und schließlich der Quellcode des Lernprogramms in FORTRAN 77 automatisch erzeugt. TUTLAB selbst ist in FORTRAN 77 implementiert. Dadurch ist es hardware- und betriebssystemunab-hängig, d.h. voll portabel. Sein Quellcode umfaßt ca. 2800 lines of code.

Bei der Anwendung von TUTLAB kann der Autor zwischen einer deutschen und einer englischen Fassung wählen. Die Reaktionen des Programms und die Bewegungswünsche am Ende der Seiten (vgl. Figur 7) werden so automatisch sprachrichtig wiedergegeben.

Die nötigen Interaktions-Routinen sind in einer (im Rahmen von TUTLAB bereitgestellten) FORTRAN-Bibliothek LIS (Library of Interaction-Subroutines) zusammengefaßt. Ihr Quellcode hat einen Umfang von ca. 2100 lines of code. Den Zusammenhang aller Module zeigt Abb. 8.

Nach der erfolgreichen Erzeugung des Quellcodes für das Lernprogramm durch TUTLAB bleibt dem Autor nur noch, ihn mit Hilfe seines FORTRAN-Compilers zu übersetzen, weiter ebenso den Quellcode seines Basisprogramms, und schließlich die beiden Objekte mit der Bibliothek LIS zusammenzubinden. So erhält er sein lauffähiges Tutorial.

TUTLAB stellt ein einfaches Benutzermodell zur Verfügung. Die dort gesammelten Daten (u.a. richtige Antworten und Beantwortungszeit) können dem Benutzer am Ende seiner Arbeit mit dem Programm zur Kenntnis gebracht werden; sie dienen in erster Linie der Information des Autors bzw. Tutors zur Evaluation seines Tutorials.

6. Zusammenfassung und Ausblick

Die Erfahrungen mit TUTLAB am Institut für Angewandte Mathematik und Statistik der Technischen Universität München bei der Erstellung problemorientierter Tutorials für Optimierungsalgorithmen zeigen eine erhebliche Reduzierung des Entwicklungsaufwandes solcher Programme. TUTLAB kann jedoch nicht nur für die spezielle Aufgabe, Lernprogramme für Algorithmen zu realisieren, eingesetzt werden sondern darüber hinaus z.B. auch der einfachen Gestaltung der Benutzeroberfläche beliebiger interaktiver Programme dienen.

Geplant ist eine Erweiterung von TUTLAB, die auch Graphik-Elemente in das Lernprogramm einbauen kann. Dabei läßt sich allerdings ein Verlust an Portabilität nicht vermeiden.

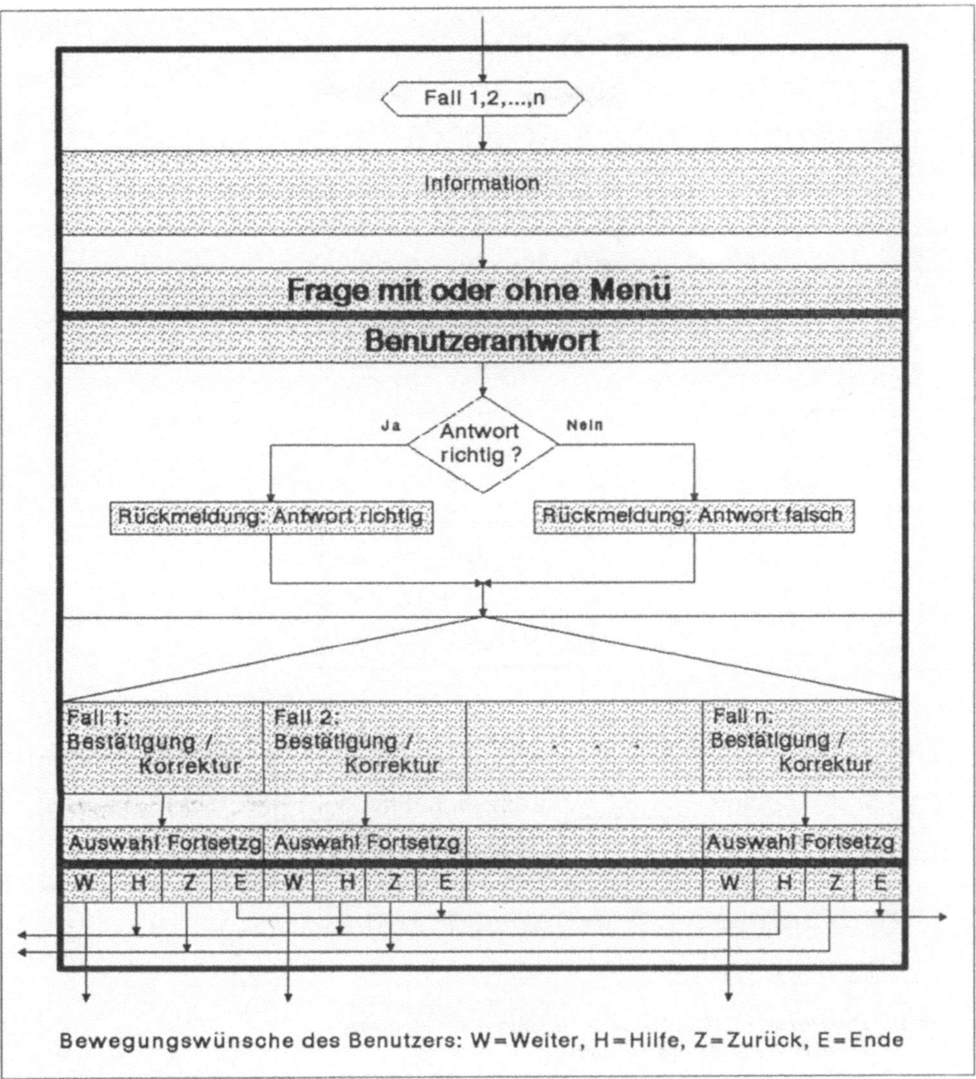

Abb. 7: Struktur der Frageseite

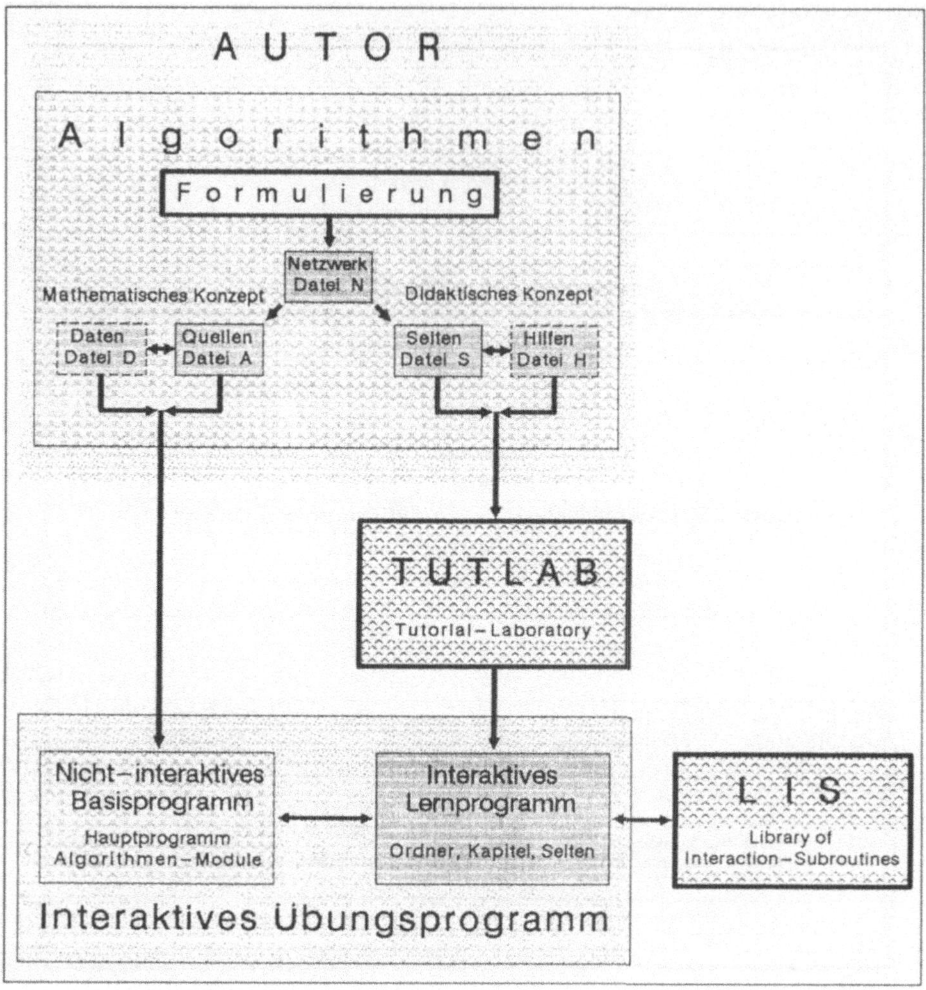

Abb. 8: Das Werkzeug TUTLAB bei der Erzeugung problemorientierter Tutorials: Ausgangs- und Zielpunkte

Literatur

1. Riedmüller, B. (1990): Interaktive Übungsprogramme zur Behandlung von Algorithmen. Diss. Univ. Augsburg.
2. Riedmüller, B. (1991): Zur Struktur von Lernprogrammen in der angewandten Mathematik. Erscheint in: Schriftenreihe Didaktik der Mathematik, Universität für Bildungswissenschaften, Klagenfurt.
3. Riedmüller, B.; G. Schröder (1991): LINPRO/QUAPRO. Interaktive Übungsprogramme zur linearen und zur quadratischen Optimierung. Erscheint in: Microcomputer-Forum für Bildung und Wissenschaft. Springer: Berlin.
4. Riedmüller, B.; G. Schröder (1991): TUTLAB, Handbuch. Institut für Angewandte Mathematik und Statistik, Technische Universität München.

PADMOS und PADFIT – Automatisches Differenzieren und nichtlineare Optimierung in MS-DOS

Michael Greiner und Christian Kredler

TU München
Institut für Angewandte Mathematik und Statistik

Summary

The MS-DOS program PADMOS solves nonlinear programming problems with up to 40 constraints and at most 15 variables. The menu-oriented user interface with built-in editor enables a convenient input and modification of problems. Gradients (and when needed Hessians) are computed accurately by automatic differentiation. These features make PADMOS a comfortable tool for research applications where the exact model is selected after several changes of the problem functions. As well the program is suited for teaching purposes. Tedious introductions can be skipped because the Turbo-Pascal like environment is usually familiar to students.

For introductory courses in nonlinear optimization there is a simplified tutorial (PADTUT) containing most relevant algorithms from steepest descent and BFGS to Newton's method. PADMOS itself uses trust region approaches including directions of negative curvature. Nonlinear constraints can be tackled by SQP, augmented Lagrange or Robinson-type methods which simplify considerably in case of linear constraints. The important case of data fitting is supported by a suitable adapted syntax and graphic display of the fitted function versus sampled data points.

1. Einleitung

PADMOS ist eine komfortable Benutzerschnittstelle mit Turbo-Pascal-angelehnter Menüführung zur Lösung von Datenanpassungs- und allgemeinen nichtlinearen Optimierungsproblemen. Es müssen lediglich Files mit den Zeichenketten für Zielfunktion und Nebenbedingungen eingegeben werden. Ein Beispiel für die Eingabe eines Optimierungsproblems findet man in Kapitel 7. Gradienten und Hesse-Matrizen erhält man über automatisches Differenzieren. Bei dieser Technik wird die eingegebene Funktion in immer einfachere Teile zerlegt. Schließlich werden mit Produkt- und Kettenregel die Ableitungen anhand des erzeugten Syntaxbaums numerisch exakt bis auf Maschinengenauigkeit berechnet. Dieses Vorgehen erfordert etwas mehr Rechenzeit als die Verwendung analytischer Ableitungen. Für Funktionen mit weniger als 15 Variablen ist der zusätzliche Aufwand vertretbar. Der Vorteil gegenüber numerisch ungenauen Differenzenquotienten bzw. einem fehleranfälligen Kodieren analytischer Ableitungen liegt jedoch auf der Hand. Details findet man in Fischer (1989) und den in der Literaturliste angegebenen Referenzen. Darüber hinaus existieren zwei Derivate, die PADMOS bez. Benutzerführung und automatischem Differenzieren folgen :

- PADTUT als einfaches Tutorial für die elementaren Optimierungsmethoden ohne Nebenbedingungen
- PADFIT als kostenlose DEMO-Version mit vereinfachten Eingabemöglichkeiten, die speziell für Datenanpassungsprobleme und deren grafische Visualisierung konzipiert wurde.

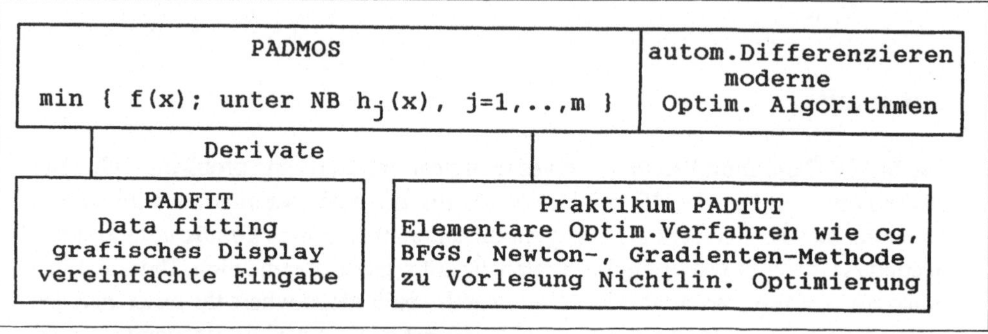

2. PADMOS in Lehre und Forschung

PADMOS, PADTUT und PADFIT können als unterstützende Programme in der Lehre, aber ebenso zur Modellbildung in praktischen Anwendungen eingesetzt werden:

- Lehre: Die stets wachsende Stoffülle in der angewandten Mathematik zwingt zu einer Komprimierung früher ausführlich behandelter Lehrinhalte. Will man den „alten Stoff" nicht ganz vernachlässigen, so muß auf neue Formen der Wissensvermittlung zurückgegriffen werden. Beispielsweise kann man in der (nichtlinearen) Optimierung auf manche länglichen Konvergenzbeweise verzichtenund mit PC-Programmen die verschiedenen Verfahren anhand ihrer numerischen Eigenschaften kennenlernen und vergleichen. Bei einfacher Menüführung und gutem Display macht dies den Lernenden im allgemeinen mehr Spaß als ein Durcharbeiten von Lehrbüchern, da hierbei schneller Erfolge erzielt werden können, was viele anschließend zu einem vertieften Studium der betrachteten Algorithmen motiviert.
- Anwendungen: Die Minimierung einer Zielfunktion unter Berücksichtigung gewisser Nebenbedingungen tritt in vielen Bereichen der Ingenieur- und Naturwissenschaften auf. Oft ist der Optimierungsschritt nur ein kleiner Baustein eines komplexen Systems. Die Auswahl eines geeigneten Optimierungsverfahrens, beispielsweise zum Einbau in ein größeres Programmsystem, wird durch PADMOS wesentlich erleichtert. Ein Anwender kann sein spezielles Problem einfach formulieren, leicht ändern und die wichtigsten Optimierungsverfahren daran erproben. Bei Datenanpassungsproblemen wird der Lösungsverlauf zusätzlich grafisch veranschaulicht.

2.1 Optimierungsverfahren

Die Algorithmen von PADMOS sind im »User's guide for PADMOS« erläutert. Allgemein zugängliche Beschreibungen findet man in Kredler (1990) bzw. Greiner & Kredler (1990) und der dort angegebenen Literatur. Zum Überblick sollen die Verfahren kurz aufgelistet werden.

Viele der PADMOS-Algorithmen beruhen auf dem sog. „Sequential active set programming" (SAP). Das Minimum des allgemeinen nichtlinearen Optimierungsproblems wird dort angenähert durch Lösen einer Folge von Teilproblemen unter linearen Gleichungen, die sich durch Linearisierung der aktiven Nebenbedingungen (NB) ergeben. Topologisch gesehen stellen aber lineare Gleichungen keine Restriktion dar, so daß in Wirklichkeit Teilprobleme ohne NB mit kleinerer Parameterzahl gelöst werden. Die Effektivität all dieser Methoden hängt also von der Leistungsfähigkeit der Optimierungsverfahren für Funktionen ohne NB ab. Deshalb wurde dort besonders große Sorgfalt auf eine gute Auswahl der Algorithmen und eine robuste Implementierung verwendet.

2.1.1 Methoden zur Minimierung einer Funktion f ohne NB

(0) Keine Ableitungen
PADMOS: heuristische Suche in geeigneten Richtungen, falls der Gradient verschwindet und die Hesse-Matrix von fdegeneriert ist (z.B. $f = x_1^4 + x_2^3$ in $x=(0,0)$)
PADTUT: keine derartige Suche

(1) Nur 1. Ableitungen verwendet
PADMOS: BFGS-Variable Metrik
PADTUT: BFGS, Gradienten-, cg- und Ritters D-Methode

(2) Gradient und Hesse-Matrix verwendet
PADMOS:

- Newton mit H + E = LDL'; falls nötig, wird mit E > 0 erzwungen, daß Hesse-Matrix (H) + Diagonalmatrix (E) positiv definit
- Newton mit Richtungen negativer Krümmung (falls H indefinit)
- Trust region (Alg. nach More & Sorenson mit exakter Hesse-Matrix)
- bester Fortschritt aus BFGS und Newton mit Richt. neg. Krümmung

PADTUT: Newton mit H + E = LDL'

2.1.2 Algorithmen zur Minimierung einer Funktion f unter NB

In PADTUT sind keine derartigen Verfahren enthalten.

Die derzeit gebräuchlichste Methode ist das sog. „Sequential quadratic programming" (SQP). Man löst eine Folge quadratischer Teilprobleme, bei denen das quadratische Taylor-Polynom der Lagrange-Funktion exakt berechnet wird (Wilson) bzw. ohne Berechnung zweiter Ableitungen durch einen BFGS-Update approximiert wird (Han, Powell, Schittkowski). Die nichtlinearen NB werden dabei in linearisierter Form als Ungleichungen berücksichtigt. Dieses Verfahren konvergiert unter schwachen Voraussetzungen lokal superlinear.

Verblüffend ist, wie oft man mit dem einfachen SQP-Ansatz eine Lösung finden kann. Diese Tatsache verleitet viele Benutzer dazu, gar keine anderen Optimierungsmethoden als Konkurrenz zuzulassen. In PADMOS ist ein Vergleich der derzeit leistungfähigsten Algorithmen möglich, so daß in jedem Fall entschieden werden kann, ob die SQP-Methode ausreichend ist oder Verfahren mit besseren globalen Konvergenzeigenschaften (z.B. Augmented Lagrange unter Verwendung von Newton mit Richtungen negativer Krümmung) vorgeschaltet werden soll.

(1) Nur Gradienten erforderlich
PADMOS:
- SQP (Han, Powell, Schittkowski)
- alle unten aufgeführten Verfahren mit BFGS zur Lösung der Teilprobleme-ohne NB

PADFIT: SQP fehlt in dieser Demo-Version von PADMOS

(2) Zusätzlich Hesse-Matrizen bei
PADMOS:
- SQP (Wilson)
- Augmented Lagrange
- Robinson mit Augmented Lagrange als Phase-1
- speziell für Probleme mit linearen NB
  (i) Gradientenprojektion 2. Ordnung
  (ii) Barrier-Methoden

PADFIT: in der Demo-Version von PADMOS fehlen Barrier, SQP und Robinson

Die Verfahren für Probleme ohne nichtlineare NB arbeiten besonders robust und effektiv:

(i) Gradientenprojektion 2. Ordnung
Mit „active-set" Strategien findet man schließlich den korrekten Satz aktiver NB und kann dann mit dem Newton Verfahren in einem geeigneten Teilraum lokal quadratische Konvergenz erzielen.

(ii) Barrier-Methoden
Barriere-Terme in der Zielfunktion verhindern, daß die linearen NB verletzt werden. Die schlechte Kondition kann durch „aktiv-setzen" kritischer NB umgangen werden. Die Barriere Technik ist in den letzten Jahren im Sog der Karmarkar-Methode wieder aktuell geworden.

2.2 Vorlesungsbegleitende Praktika

Begleitend zur Veranstaltung Nichtlineare Optimierung (13 Wochen; 4 Stunden Vorlesung, 2 Stunden Übung/Woche) hat sich an der TU München folgender Ausbildungsplan bewährt:

2.2.1 Studium von Methoden für Probleme ohne Nebenbedingungen (NB)

Verwendetes Programm: Tutorial PADTUT
Algorithmen: Gradienten-, cg-, Newton-, BFGS- und Ritters D-Methode

Lernziele (Auswahl):
- Gradientenverfahren ist schlecht
- cg-Verfahren ist
  - gut für quadratische Zielfunktionen f
  - im allgemeinen schlecht für nicht quadratisches f
- BFGS
  - BFGS = cg-Verfahren für quadratisches f
- beste Methode, falls nur Gradienten verfügbar
- Newton mit exakter Hesse-Matrix oft besser als BFGS

Durchführung:
- zwei Stunden Praktikum an PCs der Universität
- zur Fortsetzung an privaten PCs: Ausgabe von 1.2 MB-Disks (gegen Verwaltungsgebühr):
  - Exe-Files von PADTUT
  - Turbo-Pascal-Sources für Optimierungsalgorithmen von PADTUT

2.2.2 *Richtungen negativer Krümmung und „Curve-Fitting"*

Verwendetes Programm: PADFIT (kostenlose Demo-Version von PADMOS)

Lernziele:
- Verlauf der Optimierung bei Datenanpassungsproblemen grafisch veranschaulichen
- Die Gauß-Newton-Methode ist für Datenanpassungsprobleme oft besser als Newton, obwohl nur Gradienten-Information benützt wird.
- Trust-Region und Newton-Verfahren mit Richtungen negativer Krümmung sind besser als BFGS bzw. Newton mit positiv def. "gemachter" Hesse-Matrix.

Durchführung:
- eine Stunde Praktikum an PCs der Universität
- für private PCs: Zwei Disks mit Exe-Files von PADFIT

Fazit: Durch die neue grafische Komponente wird PADMOS nach unserer Erfahrung von Studenten noch besser als übungsbegleitendes Praktikum akzeptiert.

2.2.3 *Verfahren für Probleme mit Nebenbedingungen*

Verwendetes Programm: PADMOS

Algorithmen: siehe Abschnitt 2.1.2

Lernziele:
- SQP schnell, falls konvergent; sensitiv bez. Startpunkt x_0
- Grad. Proj. 2. Ordnung schnell und robust für lineare NB
- Barr. Meth. gut für viele linearen NB
- Augm.Lagr. mit Trust-Region bzw. Newton undRichtungen neg. Krümmung sehr robust mit großem Konvergenzbereich; nur sensitiv gegen über Penaltyparameter $\mu(0)$. Probieren von $\mu(0)$ e {0.1,1,10} führt meist zum Erfolg!
- Wilson und Robinson lokal quadratisch konvergent

Durchführung: eine Stunde Praktikum an PCs der Universität

Weitere Details und eine Auswahl von geeigneten Testbeispielen findet man in Kredler (1991).

3. Erweiterungen

Die Version 2.1 von PADMOS wurde bereits auf dem 4. CIP-Status-Kongreß 1990 präsentiert. In den entsprechenden Proceedings ist unter Greiner & Kredler (1990) die prinzipielle Funktionsweise sowie die Eingabe von eigenen Beispielen erläutert. Die Optimierungsalgorithmen sind in Kredler (1990) beschrieben. Weitere Details findet man in »User's guide for PADMOS« und den einzelnen »Quick reference guides«. Darauf aufbauend werden in diesem Abschnitt nur die neu hinzugekommenen Möglichkeiten der Version 2.5 erläutert. Diese wurde begleitend zur Vorlesung „Nichtlineare Optimierung" im Wintersemester 1990/91 an der TU München erstellt und eingesetzt. Neu hinzugekommen sind:

- Grafische Visualisierung des Optimierungsverlaufs bei Datenanpassungsproblemen
- Einzelschritt-Modus zur genaueren Betrachtung des Optimierungsverlaufs für Lehrzwecke. Nach Erreichen der Lösung liegt in jedem Fall ein Protokoll vor.
- zur Vervollständigung der Lehrinhalte
  - zusätzliche moderne Algorithmen auf der Basis zweiter Ableitungen mittels der Technik des automatischen Differenzierens wie Hybrid-Methoden
  - bislang noch nicht implementierte Standardverfahren wie SQP für Probleme mit Nebenbedingungen oder Quasi-Newton-Methoden für Probleme ohne Beschrän-kungen
- Einbindungsmöglichkeit eigener Algorithmen für Probleme mit und ohne Nebenbedingungen - einerseits zur Nutzung der komfortablen Benutzerschnittstelle, andererseits für Vergleichszwecke bei Verwendung der entwickelten Optimierungsbibliotheken; z.B. bei Diplom- oder Doktorarbeiten.

Das Subset PADFIT wurde speziell für Datenanpassungsprobleme entwickelt. Es verfügt ebenfalls über die grafische Anzeige. Allerdings wird die Wahl (robuster) Optimierungsalgorithmen nunmehr automatisch vorgenommen. Damit wird Benutzern, die nicht mit der Theorie der nichtlinearen Optimierung vertraut sind, die Bedienung zugunsten einer sorgfältigeren Modellbildung erleichtert.

4. Die Menüstruktur

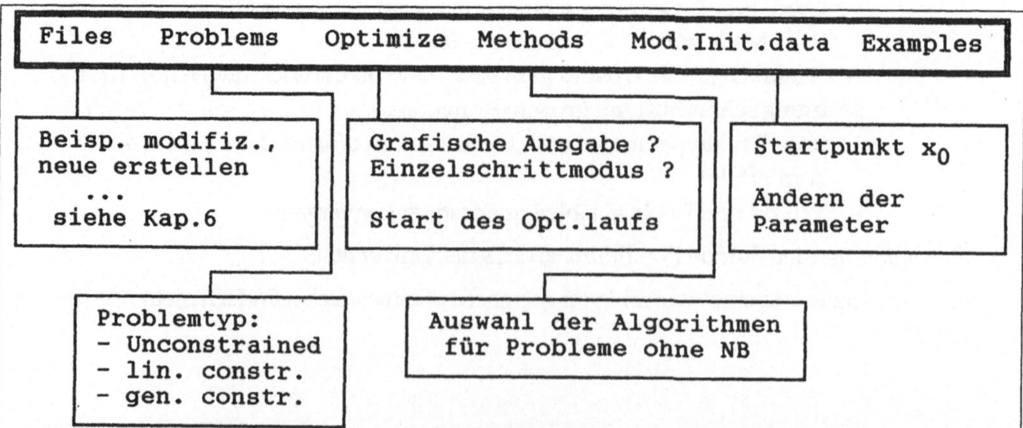

- Über den Menüpunkt »Methods« werden die Algorithmen von Kapitel 2 angewählt.
- In »Mod.Init.data« können außerdem Eingabevektoren, Matrizen, Ober- und Untergrenzen von Nebenbedingungen und Daten in übersichtlichen Fenstern auf einfachste Weise geändert werden. Dabei werden auch Zeichenketten der Form „sin (pi/6)" richtig interpretiert. Durch Drücken von <ALT G> wird eine Übersicht des aktuellen Problems und der Parameterwahl eingeblendet.

Weitere Details findet man in den »Quick reference guides«.

5. Voreingestellte Beispiele

Ein erster Kontakt mit PADMOS wird über den Aufruf verdefinierter Beispiele erfolgen. Daher wurden diese, getrennt nach Problemtyp, direkt in die Oberfläche eingebunden:

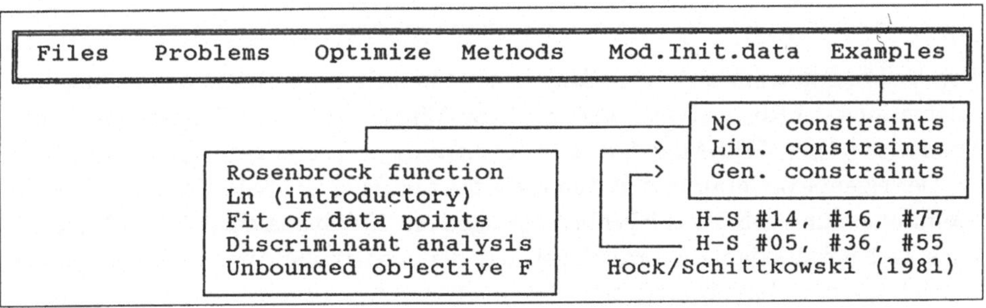

Durch Anwählen mit den Cursor-Tasten und Bestätigen mit <CR> wird das Beispielproblem eingelesen und gegebenenfalls Parametereinstellungen und der Startwert geändert. <ALT O> <CR> startet dann den eigentlichen Optimierungsvorgang. Ausführliche Informationen zu den einzelnen Beispielen können den jeweiligen Hilfebildschirmen entnommen werden. Die Auswahl der Beispiele wurde u.a. nach folgenden Kriterien getroffen:

- Durch Verwendung zweiter Ableitungen kein Abbruch an nichtoptimalen Sattelpunkten (Discriminant analysis).
- Schöne Darstellung von Datenanpassungsproblemen (Fit of data points).
- Ausnützung der Struktur bei höchstens linearen Nebenbedingungen (z.B. Algorithmus Grad.proj. Order 2) hat meist erhebliche Vorteile gegenüber allgemeinen Algorithmen (H-S #36).
- Augmented-Lagrange-Verfahren konvergieren häufig auch für Startpunkte, bei denen das weitverbreitete SQP-Verfahren scheitert (H-S #77).

6. Eigene Beispiele

Die Eingabesyntax von Funktion, Daten und NB kann dem »User's guide for PADMOS« entnommen werden. An dieser Stelle soll nur das Beispielproblem H-S #14 erläutert werden:

$$\min_{x} \{ (x_1-2)^2 + (x_2-1)^2 \mid 0 \leq x \leq 4, \quad 1 \leq -x_1 + 2^*x_2, \quad x_1^2/4 + x_2^2 \leq 1 \}$$

Problem-Organisations-Datei mit den Namen aller Eingabedateien :

```
Hock-Schittkowski No. 14                      H-S_#14.PRB
2                 { Dimension    n }
H-S_#14.FCT       { Obj. funct. F }
                  { Data matrix Z }           <- keine Daten
H-S_#14.BOX       { Box    constr. }
H-S_#14.LIN       { Lin.   constr. }
H-S_#14.NLC       { Nonl. constr. }
```

Um Verwechslungen zu vermeiden, sollte man sich an die oben vorgeschlagenen „Extensions" PRB, ..., NLC halten. Diese können auch zur Auswahl in Files - Load&scan, Files - Edit, Mod. Init. data - Load init. guess herangezogen werden.

Der eigentliche Input erfolgt durch Pascal- und FORTRAN-ähnliche Angabe der Zielfunktion und evtl. von Nebenbedingungen und Daten ausschließlich in MS-DOS-Files, wobei redundante Informationen wie die wiederholte Angabe der Dimension zur Fehlervermeidung beitragen.

```
(* Obj. function;                             H-S_#14.FCT
2;                  (* Dimension ;
f  := (x1 - 2)**2 + (x2 - 1)**2;
```

```
(* Box constraints ;                          H-S_#14.BOX
2,2;
0 < x1 < 4;              (* ≤ ≡ < ;
0 < x2 < 4;
```

```
(* Lin. constraints ;                         H-S_#14.LIN
2, 1;        (* Dim.2, 1 lin. NB;
1 <= -1,2;                                    <- Notation für
                                                 1 ≤ -x1 + 2x2
```

```
(* Nonlinear con.;                            H-S_#14.NLC
2, 1;    (* Dim.2, 1 nichtl. NB;
x1**2 / 4 + x2**2 <=1;
```

Kommentare beginnen mit „ (* " und werden (in derselben Zeile!) mit „ ; " abgeschlossen.

Obwohl nur wenige Optimierungsparameter vorkommen, erfordert die Lösung derartiger Probleme – auch für versierte Benutzer – mit üblicher Software einen Eingabe- und Kodierungszeitaufwand von mehreren Stunden. In PADMOS ist nicht nur die Eingabe nach wenigen Minuten erledigt; auch nachfolgende, kleinere Änderungen in Zielfunktion und Voreinstellungen (Startwert etc.) lassen sich schnell und robust durchführen.

Zum Abschluß soll noch kurz die Vorgehensweise zur Eingabe oder Modifikation von Problemen in PADMOS anhand einer kleinen Grafikverdeutlicht werden:

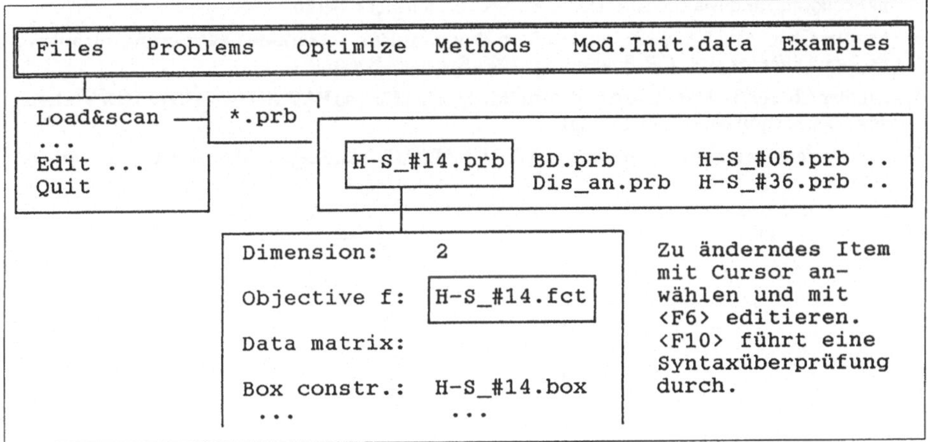

7. Ausblick

Die momentan vorliegenden PADMOS-Derivate PADTUT und PADFIT sollen zeigen, daß die Technik des automatischen Differenzierens eine elegante und benutzerfreundliche Eingabe von Optimierungsproblemen erlaubt. Dabei haben wir uns bisher auf das Gebiet der sog. stetigen nichtlinearen Optimierung beschränkt.

Eine wichtige Verallgemeinerung sind sog. „Kontroll-" oder „optimale Steuerprobleme", bei denen die Nebenbedingungen zusätzlich Differentialgleichungen beinhalten:

```
y' = F(y,u),      y(t) sind dabei Zustandsvariable, während
                  u(t) Steuerfunktionen sind, die vom Parame-
                  tervektor x abhängen (t ε [0,T]).
```

Bei diesen Fragestellungen läßt sich wiederum der Fortschritt der Optimierung anschaulich am Verlauf der Zustandsvariablen y(t), [0,T] darstellen. Eine ansprechende grafische Ausgabe sollte Studenten in vorlesungsbegleitenden Praktika motivieren können, den theoretischen Stoff zu wiederholen und praktisch umzusetzen.

Die für PADMOS entwickelten Werkzeuge (Benutzeroberfläche, automatisches Differenzieren zur Berechnung der Jacobi-Matrix von F (y,u) für das Aufstellen der adjungierten Differentialgleichungen) könnten dabei zu einer großen Zeitersparnis bei der Entwicklung eines solchen Systems dienen.

8. Literatur

1. Fischer H. (1989): Automatic differentiation of characterizing sequences. J. Comp. and Appl. Math. 28, 181-185.
2. Greiner M., Kölbl A., Kredler Ch. (1990): User's guide for PADMOS: Pascal units for optimization and automatic differentiation. Inst. Angew. Math. u. Stat., TU München.
3. Greiner M., Kredler Ch. (1990): PADMOS: Ein Lehr- und Anwender programm für nichtlineare Optimierung in MS-DOS. Proceedings zum 4. CIP-Status Kongreß, Berlin.
4. Hock W. und Schittkowski K. (1981): Test examples for nonlinear programming codes. Lecture Notes in Economics and Mathematical Systems No. 187, Springer, Berlin.
5. Kredler Ch. (1990): PADMOS, ein MS-DOS-Programm für nichtlineare Optimierung mit automatischem Differenzieren. OR-Proceedings 1990, Springer, Berlin.
6. Kredler Ch. (1991): Materialien und Ausbildungsplan für das PADMOS-Praktikum (zu Vorlesungen über Nichtlineare Optimierung).
7. Quick reference guide for PADMOS, PADFIT, PADTUT. Inst. Angew. Math. u. Stat., TU München 1991.

Interrupts in der Didaktik der Mikroprozessortechnik (I)

Peter Sachs

Fachhochschule Kempten
Fachbereich Elektrotechnik

Kurzfassung

Das relativ komplexe Gebiet der Behandlung von Interrupts in der Vorlesung kann mit Simulationstools wesentlich anschaulicher dargestellt werden. Dies soll mit dem Programmsystem M85 an Hand eines Beispiels demonstriert werden.

1. Einleitung

Unterbrechungen des Programmablaufs, die kürzer auch Interrupts genannt werden, sind das interessanteste zugleich aber auch schwierigste Kapitel für Studenten im Bereich der Mikroprozessorausbildung. Da die Behandlung dieses Thema sehr eng mit dem verwendeten Prozessor zusammenhängt, kann eine Behandlung realer Systeme nicht frei vom Prozessortyp erfolgen. Aus historischen Gründen waren an der FH-Kempten Einplatinencomputer-systeme (SIEMENS ECB) vorhanden, die den Prozessor 8085 benutzen. Das Simulationstool M85 emuliert solch ein Board mit dessen Interruptstruktur.

2. Didaktische Voraussetzungen

Die Behandlung des Themas Interrupts kann erst nach Darstellung

- des Prozessoraufbaus,
- der Assemblerbefehle,
- der Unterprogrammtechnik und
- der Unterbrechungsverarbeitung

durchgeführt werden. Die Kenntnis des Prozessoraufbaus und des Befehlssatzes wird hier vorausgesetzt, die Behandlung von Unterprogrammen wurde in [1] dargelegt. Daher soll hier nur knapp die wesentliche Interruptstruktur des Prozessors dargestellt werden:

Es gibt interne und externe Unterbrechungen. Interne erfolgen über die RSTn Befehle, externe über die RESETIN -, TRAP -, RST5.5 -, RST6.5 - und RST7.5 - Leitungen. Bei gültigem Interrupt wird der normale Programmablauf nach Beendigung des gerade ablaufenden Befehls unterbrochen, die Rückkehradresse auf dem Stack zwischengespeichert und das Programm an der durch die Priorität festgelegten Adresse

- Interruptnummer * 8

fortgesetzt, nachdem das Interrupt-Enable-Flag des Prozessors zurückgesetzt wurde.

3. Darstellung von Interrupts

Anschaulicher kann die Bearbeitung durch reale Assemblerprogramme auf einem visuellen Simulator dargestellt werden. Hierzu ist das Werkzeug M85 entwickelt worden [2]. Die Motivation für die Behandlung von Interrupts geht von folgenden wichtigen Anwendungen aus:

- Start des Prozessors nach dem Einschalten: Richtiger Einsprung in die Initialisierungsroutine
- Zeitliche Ereignisse: Vermeidung von aktivem Warten in Zeitschleifen
- Periphere Ereignisse: Vermeidung von „polling"
- Synchronisation zu internen Prozessen: Betriebssystemaufrufe und Fehlermeldungen

Weiterhin ergibt sich infolge des einfachen Prozessors der Übergang zu Nachfolgemodellen durch die Erläuterung des „watchdog"-Prinzips. Zunächst müssen die notwendigen Bedingungen zur Freigabe des Interrups, nämlich

- das Setzen des Maskenregisters und
- die eigentliche Freigabe durch den EI-Befehl

erläutert werden. Hierzu dient das unaufwendige Programm in Abb. 1. In diesem Programm wird die periphere Speicherstelle F8H von zwei Interrupt-Service-Routinen gesetzt. Das Programm erfordert nicht die übliche Entprellung der Eingangsleitungen, da eine Mehrfachauslösung der Service-Routinen den Programmablauf nicht beeinträchtigt. Deutlich kann die Initialisierung, das Sprungverhalten, die Benutzung des Stack und die Rückkehr ins Hauptprogramm gezeigt werden. Die Adressen 8xxH und 19xxH ergeben sich aus der gleichartigen Anwendung auf der Hardware-Plattform. Im Simulationsfall muß der ECB-Mode, der Einsprung, die Zuordnung des Datenfensters zum IO-Bereich und die Freigabe der Interrupt-Tasten erfolgt sein.

4. Zusammenfassung und Ausblick

An einem einfachen Beispiel kann die Problematik der Interrupt-Bedienung verdeutlicht werden (Abb. 1). Hier wurden nur die grundlegenden Prinzipien mit dem Einsatz eines Simulationstools dargestellt. Das Programmpaket M85 spielt hierbei die entscheidende Rolle. Die Erweiterung der Darstellung anderer mit dem Interrupt verbundener Aufgabenstellungen, wie das Rücksetzen der Interruptbedingung, soll einem nachfolgendem Beitrag vorbehalten bleiben.

```
NAME INT1.asm
   DEF  ABS, ABSOLUTE ; Programmadresse
      SEG ABS         ; festlegen
   ORG  1900H

   INIT LXI SP,1C00H  ; Initialisierung des Stapelzeigers
      MVI A,08H       ; und der Interrupt-Maske
      SIM
      EI
   LOOP JMP LOOP
      HLT
   RS55 PUSH PSW      ; Interrupt Service Routine
      MVI A, 05H      ; RST 5.5
      OUT 0F8H
      POP PSW
      EI
      RET
      HLT

   RS65 PUSH PSW      ; Interrupt Service Routine
      MVI A,60H       ; RST 6.5
      OUT 0F8H
      POP PSW
      EI
      RET

      HLT             ; Programmende
      END
```

Abb. 1: Einfache Interruptanwendung

Literatur

1. Sachs,P.: Visuelle Simulation von Mikroprozessor-Befehlsabläufe. In: Klaus Dette (Hrsg.): Computer und Software in der Lehre, Reihe Mikrocomputer-Forum für Bildung und Wissenschaft, Band 3, 1992
2. Sachs,P.: Didaktik der Mikroprozessortechnik mit einem visuellen Simulator. In: Klaus Dette (Hrsg.): Computer, Software und Vernetzungen für die Lehre, Reihe Mikrocomputer-Forum für Bildung und Wissenschaft, Band 2, 1992

Tutorprogramm in natürlicher Sprache für Ganzrationale Funktionen

Jürgen Barsuhn, Klaus Baxheinrich und Uwe Grages

Fachhochschule Bielefeld
Fachbereich Elektrotechnik

Im Rahmen einer Diplomarbeit (BAXHEINRICH und GRAGES 1991) wurde ein Lehr- und Lernprogramm über das Thema Ganzrationale Funktionen (Polynome) entwikkelt. Es vermittelt Kenntnisse, die im Grundstudium Mathematik für Ingenieure der Elektrotechnik gelehrt oder bereits als bekannt vorausgesetzt werden. Unsere Zielsetzung war, den Stoff *nicht* etwa in Form von Lektionen mit anschließendem Abfragen des Kenntnisstandes anzubieten. Vielmehr wird die Initiative so weit wie nur möglich dem lernenden Benutzer („Schüler") gegeben: *er allein* bestimmt, ob er zunächst einige Kapitel Grundlagen mit Beispielen bearbeiten oder gleich seine Kenntnisse zur Untersuchung eines von ihm (in fast beliebiger Form) über die Tastatur eingegebenen Polynoms einsetzen will. In diesem Fall trifft er die Wahl, ob er z.B. erst die Nullstellen der gerade betrachteten Funktion berechnet oder vorher etwa ihre Ableitung bestimmt, ob er später bereits mit wenigen berechneten Punkten eine Skizze der Funktion in Angriff nimmt oder zunächst eine gründliche „theoretische" Kurvendiskussion erarbeitet. Unterstützt wird dieses Konzept durch die Dialogführung in natürlicher Sprache: Der Benutzer teilt seine Wünsche und Ergebnisse in umgangssprachlichen Sätzen über die Tastatur mit, das Tutorprogramm interpretiert diese Eingaben und reagiert entsprechend. Im Rahmen einer früheren Diplomarbeit (SCHIFFERDECKER 1988) war in unserem Labor bereits ein Lehrprogramm mit diesen Zielsetzungen – damals noch für den Commodore 64 - Computer – verfaßt worden. Wegen des sehr beschränkten Speichers, der geringen Geschwindigkeit und dem Mangel an leistungsfähigen Programmiersprachen mußten damals allerdings Abstriche z.B. bei der freien Wahl der Lernschritte gemacht werden. Das hier vorgestellte Programm wurde völlig neu konzipiert in Turbo-C für die ATARI-Computer ST, Mega ST und TT geschrieben und benötigt kompiliert etwa 200 kB RAM. Es macht ausgiebig Gebrauch von der Window-Technik des GEM (Graphic Environment Manager von Digital Research) und den schnellen Grafikrou-tinen des ATARI-Betriebssystems.

Wie funktioniert der Dialog mit dem Benutzer? Es ist verständlich, daß bei dem genannten Umfang des Programms keine grammatischen und semantischen Sprachanalysen möglich sind. Jedoch ergibt sich in einem genügend engen Sinnzusammenhang die Bedeutung eines eingegebenen Satzes oft bereits aus dem Auftreten von ein bis zwei Schlüsselwörtern (bzw. Zeichenketten). Diesen Ansatz benutzte Weizenbaum 1966 in seinem vielzitierten Programm ELIZA (siehe z.B. RICH 1988 und GEVARTER 1987), und die zahlreichen „Adventure"-Computerspiele machen hiervon Gebrauch. So kann beispielsweise die Zeichenkette „ableit" in der Eingabe des Benutzers in unserem Zusammenhang wohl nur auf die Wörter „Ableitung" oder „ableiten" (=differenzieren) schließen lassen. Dies wiederum wird wohl bedeu~ ten, daß der Benutzer eine Ableitung der gerade diskutierten Funktion berechnen oder eingeben will. Der eingegebene Satz wird dann auf weitere Informationen durchsucht und zwar auf den Grad der Ableitung (Strings wie „erst", „1.", „zweit", usw.) und auf einen String, der vom eingebauten Funktionsinterpreter als formelmäßige Ableitung verstanden (und auf Richtigkeit überprüft) werden kann. Viel~ leicht ist keine dieser zusätzlichen Informationen in der Eingabe enthalten. Je nach Lage wird dann das Programm mit einem passenden vorfor-mulierten Text antworten. Ein Zufallsgenerator wählt dann meist zwischen mehreren gleichwertigen Möglichkeiten, um den Dialog lebendiger zu gestalten.

Die einzelnen mathematischen Fähigkeiten des Programms sind in einer Baumstruktur organisiert. Der Benutzer bewegt sich mit Hilfe seiner Eingaben von Knoten zu Knoten des Baums. Jeder Knoten „versteht" bestimmte Schlüsselwörter und leitet den Benutzer zu entsprechenden tiefer gelegenen Knoten weiter, falls ein bestimmtes Schlüsselwort in der Eingabe gefunden wurde. Andernfalls wird zum darüberliegenden Knoten zurückgekehrt und der eingegebene Satz nach den dort verstandenen Schlüsselwörtern durchsucht. Wird die Eingabe schließlich auch im Wurzelknoten nicht verstanden, so wird dies mitgeteilt; jedoch weiß das Programm auch auf einige nichtmathematische „Alltagsfragen" noch eine mehr oder weniger passende Antwort. Natürlich hat sich das Programm seine Position vor der Rückkehr zum Wurzelknoten gemerkt, sodaß der Benutzer seine Arbeit ohne Unterbrechung fortsetzen kann.

Die Initiative dem Benutzer zu übertragen bedeutet nicht, ihn ohne Hilfestellung zu lassen. Über die Help-Taste oder eine entsprechende Texteingabe kann ein Fenster mit zum jeweiligen Abschnitt passenden Erläuterungen eingeblendet werden. In vielen Fällen können Beispiele angefordert werden. Falsche Rechenergebnisse werden zurückhaltend höflich kommentiert, häufig wird eine Zerlegung der Rechenschritte in elementare Einzelschritte mit tutorieller Begleitung angeboten. Jederzeit ist es möglich, sich die bisher erzielten Ergebnisse anzusehen. Berechnete Punkte des Funktionsgraphen können auf Wunsch durch Mausklick in eine Skizze mit einem der Funktion automatisch angepaßten Koordinatenbereich eingetragen und durch kubische Splineinterpolation glatt verbunden werden (Ein Unterprogramm von HERING (1987) wurde angepaßt). Das Programm prüft, ob die berechneten Ergebnisse in der Skizze richtig verwertet wurden und ob sich ansonsten ein „qualitativ richtiger" Graph ergibt. Zum Abschluß wird ein Vergleich mit dem „exakten" Funktionsgraphen geboten.

Im folgenden wird ein Beispiel für einen möglichen Dialog mit dem Programm in Ausschnitten wiedergegeben. Die Eingaben des Benutzers sind kursiv dargestellt, erkannte Strings werden durch Fettdruck hervorgehoben. In runden Klammern werden Aktionen des Programms beschrieben, in eckigen Klammern stehen zusätzliche Erläuterungen:

Womit kann ich dienen ?

Mache mir einen Vorschlag

Als erstes würde ich vorschlagen, daß Sie eine Funktion eingeben oder ein Beispiel wählen.

In Ordnung. Ich will eine Funktion aus der letzten Klausur eingeben.

(Es erscheint ein Eingabefenster. Der Benutzer trägt ein:)

f(x) = (x-1)^3(x+1)*

(Nach dieser Eingabe wird die Funktion vom eingebauten Funktionsinterpreter in die Normalform umgerechnet. Ferner werden alle für eine „Kurvendiskussion" interessanten Punkte (Nullstellen, Extrema, Wendepunkte) ermittelt und abgespeichert. Der Benutzer bemerkt allenfalls das kurzfristige Erscheinen der Mitteilung „Interne Berechnungen".) Die ganzrationale Funktion lautet:

f(x) = (x - 1)^3 * (x + 1)

Was machen wir nun?

Wie lautet die Normalform?

(Es wird ein Hilfefenster aktiviert, in dem der Benutzer Näheres über die Normalform nachlesen kann - siehe folgender Ausschnitt:)

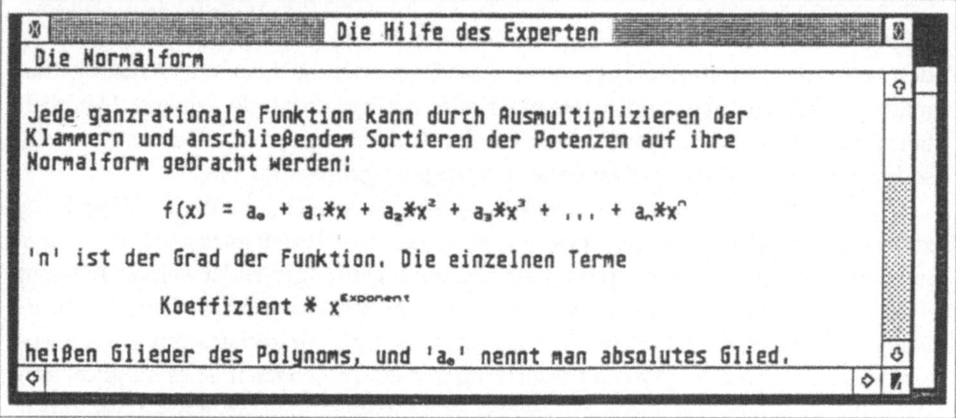

Berechne mir bitte die Normalform!

Die Funktion lautet:

f(x) = (x -1)^3 * (x + 1)

Wie lautet die Normalform des Polynoms? Sie können auch ein Zwischenergebnis eintippen.

(Der Benutzer soll selber rechnen und nicht Ergebnisse abfragen. Ohne Bleistift und Papier kann man mit dem Programm nicht sinnvoll arbeiten.)

*Ein Zwischenergebnis lautet (x^3 - 3*x^2 + 3*x - 1)*(x + 1)*

(Die Formel wird intern vom Funktionsinterpreter auf die Normalform umgerechnet und als richtig erkannt. Gleichzeitig wird festgestellt, daß die Normalform noch nicht erreicht ist.) – Als Zwischenergebnis durchaus richtig.

(Da die letzte Eingabe des Benutzers nicht gelöscht wurde, kann er weitere Zwischen-rechnungen durch Editieren seiner Eingabezeile(n) durchführen. Schließlich schreibt er:)

*Also lautet die Normalform x^4 - 2*x^3 + 2*x - 1*

Sehr gut, das ist die Normalform der Funktion. Welches Thema steht an?

Zeige mir meine bisherigen Ergebnisse

(Ein Fenster wird aktiviert, in dem alle bisher erzielten Ergebnisse zusammengestellt sind.)

Was machen wir nun?

Ich will eine Skizze des Graphen versuchen

(Es wird ein Hilfefenster zum Thema Zeichnen eines Graphen aktiviert.)

Sie haben noch keine Nullstellen berechnet und beim Vergleich der Skizze mit der Originalfunktion bin ich, was die Nullstellen betrifft, sehr penibel. Möchten Sie es dennoch versuchen? Sie können meine Bemerkung zu Ihrer Skizze ja einfach ignorieren.

(Z.B. mit der Eingabe „ja" erhält man die Möglichkeit zum Entwurf einer Skizze. Einzelheiten finden sich weiter unten. - Statt dessen verfolgen wir jetzt ein Stück eines alternativen Dialogs . . .)

Ich will zuerst ein paar Funktionswerte berechnen.

Bitte geben Sie den X-Wert an, mit dem wir die Aufgabe rechnen.

X = 2

(Es erscheint ein vorgefertigtes Horner-Schema, mit dem – tutoriell begleitet – der Funktionswert an der Stelle x=2 berechnet werden kann.)

Das Hornerschema

gewählter Xwert: 2.000

x^4	x^3	x^2	x^1	x^0
1.000	-2.000	0.000	2.000	-1.000
0.000	2.000	0.000	0.000	? ? ? ?
1.000	0.000	0.000	2.000	

Das ist richtig

Der Benutzer will vor Beendigung der Rechnung das Thema wechseln. Dies wird ihm vom Programm gestattet. Statt des nächsten in das Hornerschema einzutragenden Zahlenwertes gibt er ein:

Bitte abbrechen

(Das Hornerschema verschwindet)

Welches Thema steht an ?

Als nächstes möchte ich die Nullstellen suchen

Ich benötige die Zahlenwerte der Nullstellen.

Wie berechnet man Nullstellen ?

(Es erscheint ein Hilfefenster mit Informationen zur Berechnung von Nullstellen.)

Schauen Sie bitte im Hilfefenster unter Bestimmung der Nullstellen nach, dort befinden sich Lösungsvorschläge ! Ich bitte um die Zahlenwerte der Nullstellen.

x = 1 ist eine Nullstelle

Eine wievielfache Nullstelle ist bei x = 1.000

dreifach

x = 1.000 ist 3-fache Nullstelle. Ich benötige die Zahlenwerte der Nullstellen.

Eine Nullstelle liegt bei x = 0

x = 0 ist keine Nullstelle. Ich benötige die Zahlenwerte der Nullstellen.

*Statt dessen will ich lieber die **Ableitung** berechnen*

Ich bitte um eine Ableitung

Die erste Ableitung lautet 3 (x - 1) ^ 2 * (x + 1) + (x - 1) ^ 3*

(Da wir uns im „Ableitungsknoten" befinden, braucht nur die Ordnung der Ableitung erkannt werden. Wegen des eingebauten Funktionsinterpreters muß nicht die Normalform der Ableitung angegeben werden.)

Astrein! Was machen wir nun ?

(Wir nehmen an, erste und zweite Ableitung seien bestimmt worden und steigen danach wieder in den Dialog ein.)

*Ich suche die **Extrema***

Die erste Ableitung lautet:

f'(x) = 4*x^3 - 6*x^2 + 2

Bitte geben Sie die reellen Nullstellen der ersten Ableitung ein.

x = 1 und x = - 0 . 5

Eingegebene Nullstellen der 1. Ableitung:

- Nullstelle bei x = 1 richtig
- Nullstelle bei x = - 0.5 richtig

Bestens, Sie haben alle Nullstellen gefunden. Die zweite Ableitung lautet:

f''(x) = 12*x^2 - 12*x

Wir müssen noch den Funktionswert der 2. Ableitung an der Stelle x = - 0.5 ermitteln, um festzustellen, um was für ein Extremum es sich handelt. Ich schlage vor, daß wir diesen jetzt mit Hilfe des Hornerschemas berechnen. Oder, wenn Ihnen das zu lange dauert, geben Sie den Funktionswert jetzt einfach ein.

9

. . . . . Der Funktionswert der 2. Ableitung an der Stelle x = - 0.5 ist positiv, daher befindet sich dort ein Minimum.

(In ähnlicher Weise kann man sich bei der Bestimmung des Sattelpunkts bei x=1 und des Wendepunktes bei x=0 tutoriell begleiten lassen. Natürlich sind aber auch

Eingaben wie „Ein Wendepunkt liegt bei x=0, y=-1" erlaubt. - Wir steigen an einer späteren Stelle wieder in den Dialog ein:)

Jetzt will ich eine Skizze versuchen.

(Es erscheint ein „Zeichenblatt", dessen Koordinatenbereich bereits so gewählt ist, daß alle „interessanten" Punkte in der Skizze Platz finden können. Mit Hilfe eines Fadenkreuzes können Punkte des Graphen so genau wie gewünscht lokalisiert und angeklickt werden. In einer danach erscheinenden Auswahlbox können in der vorangegangenen Untersuchung festgestellte Eigenschaften des jeweiligen Punkts (z.B. Maximum, Nullstelle, . . .) angegeben werden.

Sind erst wenige Punkte exakt berechnet worden, prüft das Programm die Skizze etwas großzügig auf „qualitative" Richtigkeit. Bereits berechnete Punkte müssen dagegen recht exakt eingetragen werden. - Wir haben alle Punkte schließlich richtig eingetragen, unsere Punkte werden durch kubische Splines verbunden.)

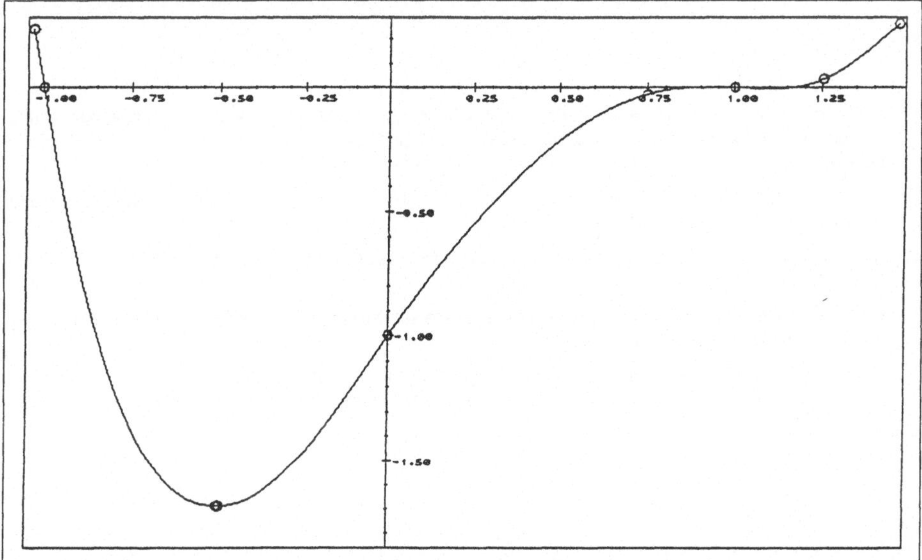

(Schließlich wird der exakte Graph zum Vergleich hinzugezeichnet.)

Sie haben es geschafft, die Skizze ist vollständig und richtig. Jubel, das Beispiel ist vollständig berechnet. Allerdings gibt es einen Wermutstropfen. Sie haben meine Hilfen so sehr in Anspruch genommen, daß ich glauben muß, Sie haben noch nicht alles verstanden. Eine genauere Analyse bekommen Sie, wenn Sie die Ergebnisse ansehen! Für weitere Übungen ist es sinnvoll, ein anderes Beispiel zu berechnen !

Welches Thema steht an ?

*Ich will eine **Pause** machen !*

Möchten Sie eine längere Pause machen, so dürfen Sie das Programm getrost beenden und (danach!) den Rechner ausschalten. Ihre Daten werden gesichert. Ansonsten: bis gleich! – – ***Ende.***

(In einer Datei werden der Name des Benutzers sowie sein Kenntnisstand und seine Ergebnisse verschlüsselt abgespeichert. So kann der Benutzer jederzeit an der Stelle fortfahren, an der er das Programm beendet hat.)

Wer nicht die Tutorroutinen, sondern nur die mathematischen Fähigkeiten des Programms nutzen will, meldet sich nach dem Start mit einem bestimmten „Code-Namen" an. Dann lassen sich die Leistungen des Programms wie z.B. Berechnung der Normalform, Bestimmung von Nullstellen, Extrema und Wendepunkten sowie Erstellung einer optimal skalierten Darstellung des Funktionsgraphen durch Drop-Down-Menüs gesteuert nutzen.

Die Autoren danken Herrn Dipl.Ing. M. Fingberg für Beratung und die Betreuung der von uns benutzten Hard- und Software des Labors Angewandte Mathematik/ Mikrorechner und Herrn Dipl.Ing. K. Hanc für seine Hilfe bei der Überarbeitung des Tutorprogramms und die Anpassung an den Atari TT.

Literatur

1. BAXHEINRICH, K., GRAGES, U., 1991, „Ein grafisches Lehrprogramm über ganzrationale Funktionen mit Dialogführung in eingeschränkt-natürlicher Sprache", Diplomarbeit Fachhochschule Bielefeld

2. GEVARTER, W. B., 1987, „Intelligente Maschinen. Einführung in die Künstliche Intelligenz und Robotik", VCH Verlagsgesellschaft Weinheim, ISBN 3-527-26620-8, S. 117 ff

3. HERING, K., 1987, „Auf die krumme Tour. Kubische Spline-Interpolation in TurboPascal". c't 1987 Heft 6, S. 120-124

4. RICH, E., 1988, „KI - Einführung und Anwendungen", McGraw-Hill Book Co. GmbH Hamburg, ISBN 3-89028-031-5, S. 319 ff

5. SCHIFFERDECKER, M., 1988, „Ein Lehrprogramm über ganzrationale Funktionen mit Dialogführung in eingeschränkt-natürlicher Sprache für den Commodore- 64-Mikrocomputer", Diplomarbeit Fachhochschule Bielefeld

Ingenieurwissenschaften

PROFIL-FEM-3D – Elektronischer Simulator für Versuche mit Bauteilen aus Stahl

Roland Spangemacher, Gerhard Sedlacek und Dirk Bohmann

RWTH Aachen
Lehrstuhl für Stahlbau

1. Ausgangssituation

Praktikern und Studenten kann das Beanspruchungs- und Verformungsverhalten von Stahlbauteilen unter sich steigender Last am besten im Laborversuch vor Augen geführt werden, und der Versuch ist der Maßstab, an dem Bemessungsregeln für Stahlbauten kalibriert werden.

Mit PROFIL-FEM-3D soll ein elektronischer Simulator für Bauteilversuche vorgestellt werden, der es gestattet, in Forschung und Lehre echte Bauteilversuche zu ergänzen und zu ersetzen und mittels Grafikunterstützung noch mehr deutlich zu machen, als es ein echter Versuch kann.

2. Aufgabenstellung und Ziele

Bei der Entwicklung von PROFIL-FEM-3D standen folgende Aufgaben und Ziele im Vordergrund:

- Visualisierung der Reaktionen von sehr komplexen räumlichen Strukturen unter Lasten, die im Hintergrund mittels hochwertiger FEM- Programme berechnet werden. Dabei soll die Bauwerksreaktion begreifbar gemacht werden.
- Durch Animation soll das zeit- und lastabhängige Verhalten von Bauteilen erlebbar werden.
- Das Gefühl für Kraftflüsse und Verformungsverhalten soll unterstützt werden.
- Der Hintergrund von Bemessungsregeln für die Einhaltung von Gebrauchs- und Tragfähigkeitsgrenzen soll durch die Verhaltens- und Versagenssimulationen offengelegt werden.

3. PROFIL-FEM-3D – Elektronischer Simulator für Versuche mit Bauteilen aus Stahl

PROFIL-FEM-3D bildet ein Programmpaket, das am Lehrstuhl für Stahlbau der RWTH Aachen in Eigenentwicklung erstellt wurde. Mit dem Paket können alle für FEM-Berechnungen notwendigen Arbeiten der Inputerstellung, der Bauteilberechnung und des

Post-Prozessings in einem integrierten Arbeitspaket behandelt werden, so daß komplette „quasi-Versuchsdurchführungen" in Form numerischer Simulationen mit den drei Programmbausteinen

- PROFIL- PRE zur FEM- Inputerstellung
- PROFIL- CALC zur FEM- Berechnung
- PROFIL- POST zur FEM- Ergebnisdarstellung

stattfinden können.

3.1 PROFIL- PRE

Für eine effiziente Generierung beliebiger Finite-Elemente-3D-Netzstrukturen mit Zuordnung der Materialbeschreibung, Festlegung der Lagerungsbedingungen und Belastungspfade sowie der Festlegung der gewünschten Berechnungsprozedur wurde das Programmodul PROFIL-PRE zur Inputerstellung erstellt. Auf die benutzerfreundliche interaktive und menügesteuerte Arbeitsweise wird besonderer Wert gelegt. Ziel ist es, mit möglichst wenigen Arbeitsschritten beliebige FEM-Netzstrukturen zu erstellen. Dabei wird von der Grundidee ausgegangen, daß sich Stahlbaukonstruktionen im wesentlichen aus einzelnen Plattenelementen zusammensetzen lassen, durch die sich im ersten Schritt zunächst die Oberfläche des Bauteils beschreiben läßt. Sodann kann für die beschriebene Oberfläche automatisiert ein FEM- Netz erstellt werden, das einen ersten Vorschlag für eine sinnvolle Netzeinteilung schafft und für ca. 80 % der Anwendungen bereits verwendungsreife Netzadaptionen liefert.

In einem zweiten Schritt kann dann manuell eine weitere individuelle Netzgestaltung durch Verdichtungen, Verschiebungen einzelner Netzpunkte oder aber der Berücksichtigung von Löchern vorgenommen werden. Dazu stehen umfangreiche automatisierte Netzverdichtungsalgorithmen zur Verfügung, die Rand- und Übergangsbedingungen bei der Vermaschung einzelner Netzübergangsbereiche berücksichtigen und die Plausibilitätsüberprüfungen für das jeweilige Netz durchführen. Innerhalb des Programm-Modul PROFIL-PRE kann die gesamte Inputerstellung für beliebige Netzstrukturen aus Platten-, Scheiben- oder Schalenelementen mit vier oder acht Knoten erfolgen, wobei Ausgabeformate für verschiedene FEM- Berech-nungsprogramme möglich sind.

3.2 PROFIL- CALC

Die Berechnung des soeben mit dem PRE-Prozessor erstellten Inputfiles kann sodann mit einem geeigneten, beim Benutzer zur Verfügung stehenden FEM-Programm durchgeführt werden. Ein FEM- Berechnungsmodul fehlt daher auch bewußt als Bestandteil der eingereichten Wettbewerbsunterlagen.

3.3 PROFIL-POST

PROFIL-POST ist ein Programm zur Ergebnisdarstellung. Mit Hilfe dieses Programms ist es möglich, Berechnungsergebnisse zu überprüfen indem diese in geeigneter Form visuell sichtbar gemacht werden. Bei der Präsentation der Ergebnisse wird dabei ein für den Bereich des Bauwesens neuartiger Weg beschritten. Ziel der Entwicklung von PROFIL-POST war es, die Ergebnispräsentation in einer Art durchzuführen, die es dem Benutzer gestattet, in spielerischer Weise das zu untersuchende Bauteil zu jedem Zeitpunkt der interaktiven Arbeitssitzung mittels geeigneter Translations- und Rotationstechniken durch den fiktiven Raum des Bildschirms in Echtzeit zu bewegen.

Die Berechnungsergebnisse sollten visuell über das Farbenspektrum des Regenbogens dargestellt werden. Sie sollen unmittelbar einen Gesamteindruck vermitteln, so daß man nicht durch Zahlenkolonnen den Blick für das Wesentliche verliert. Die wichtigsten Berechnungsergebnisse sind die Spannungs- und Dehnungsverteilungen für Biegung und Schub, aufgeteilt in elastische und plastische Anteile, sowie der Verformungszustand. Aber auch die Darstellung von Hauptspannungszuständen oder der räumlichen Vergleichsspannungszustände ist möglich.

Analog zu Versuchen, die inkrementell last- oder verformungsgeführt durchgeführt werden, werden auch die FEM-Berechnungen inkrementell durchgeführt. Die Beanspruchungen ändern sich also auch hier stufenweise. Ein wichtiges Ziel für die Auswertung und Beurteilung der Ergebnisse bestand daher darin, die Veränderung in jedem aufgebrachten Inkrement sichtbar zu machen. Die Darstellung der Ergebnisse eines jeden Verformungszustandes erfolgt daher so rasch hintereinander, daß der Eindruck eines Films, d.h. einer Echtzeitsimulation, entsteht. Mit PROFIL-POST steht nun ein sehr leistungsfähiges Programmodul zur Verfügung, mit dem effizient und anschaulich die sich einstellenden Beanspruchungen in den Bauteilen visualisiert werden.

Zusammenfassend eine Übersicht von PROFIL-FEM-3D – Elektronischer Simulator für Versuche mit Bauteilen aus Stahl:

- PROFIL-PRE: Leicht bedienbarer Netzgenerator zur Bauteilmodellierung
    - grafikorientierte interaktive Benutzerführung
    - 3-D-Abbildung
    - halbautomatische Netzgenerierungsroutinen
    - Verdichtung global und lokal (manuelle Möglichkeiten)
    - Verschieben einzelner Knotenpunkte, evt. Korrektur
    - Glätten ungleichförmiger Netzbereiche
    - Kreislocherzeugung
    - Elementbeschreibung, Geometrie, Material
    - Lager- und Lastzuordnungen
    - Bestimmung der Berechnungsprozedur
    - Erstellung des INPUT-Files für das FEM-CALC-Programm
    - Hilfemenüunterstützung
- PROFIL-CALC: Berechnungsmodul zur FEM-Berechnung
- PROFIL-POST: Programm zur FEM-Ergebnisdarstellung
    - visuelle Darstellung der Ergebnisse durch Farben
    - Darstellmöglichkeit aller berechneten mechanischen Kenngrößen (Spannungen, Dehnungen)

- Simulationsablauf der Verformungsschritte im „Zeitraffer" – Echtzeitsimulation oder in Einzelschrittfolge
- Optionsmöglichkeiten:
  - Zoomtechnik
  - Farbintensivierung
  - Einheitenwahl
  - numerische Werteanzeige der mechanischen Kenngrößen für ein gewähltes Element
  - Hilfemenüunterstützung

4. Anwendung in Ausbildung und Forschung

- Innerhalb der Übungen:
  - selbständige Modellierung und Berechnung einzelner Bauteilversuche mit dem Programm-Paket PROFIL-FEM-3D
  - Ergebniskontrollen der FEM-Berechnungen durch Vergleich der FEM-Ergebnisse mit Versuchsergebnissen
- Innerhalb der Vorlesung:
  - Mittels Overheadfolien oder Diapositiven werden besonders aussagekräftige Verformungs-, Spannungs- und Versagenszustände zur Veranschaulichung und Unterstützung der Lehrinhalte verwendet.
  - Vergleich: Numerische Simulation – Versuch zur Verbesserung der Kritik- und Beurteilungsfähigkeit von Berechnungsergebnissen und Übertragung
  - Vergleich der „genaueren" FEM- Berechnungsergebnisse auf „einfache" mechanische Modelle.
- Innerhalb der Forschung:

  Unterstützung der Entwicklung von Bemessungsregeln durch die Durchführung von numerischen Bauteilsimulationsberechnungen in Ergänzung zu echten Versuchen. Dabei werden im Vorfeld der Versuchsplanung, während der Versuchsphase und auch in der Nachlaufphase der Versuchsauswertung die experimentellen Untersuchungen durch numerische Simulationsberechnungen unterstützt. Eine ausgereifte und zuverlässige Simulation hat dazu den Vorteil, daß man ganz gezielt und ohne großen Aufwand einzelne Bauteilelemente in ihren Abmessungen variieren kann, so daß Parametereinflüsse studiert werden können. Statt vieler aufwendiger echter „Crash-Tests" kann so eine erhebliche Anzahl von Versuchsdurchführungen für das Studium des Bauteilversagens „im Rechner stattfinden".

5. Ausblick und Perspektive

- Unterstützung der Vorlesungen und Seminare durch an Grafik-Workstations erstellte Lehr- und Videofilme, die reale Versuchsabläufe und numerische Computersimulationsrechnungen von Bauteiluntersuchungen dokumentieren (wird gerade realisiert).

- Durch die tägliche Anwendung des Programmpakets in unserem Institut erfolgt eine ständige Programmpflege, so daß sich dieses Hilfsmittel zu einem Standardarbeitsbaustein für Bauteilsimulationsberechnungen für einen breiten Anwenderkreis entwickeln wird.

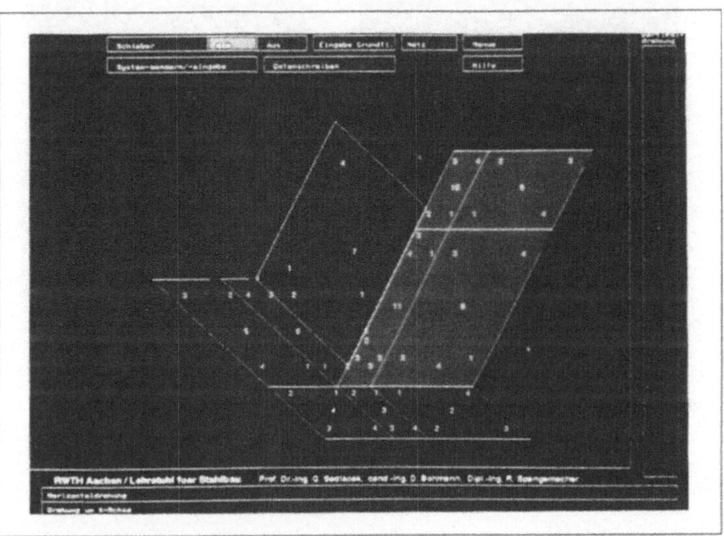

Abb. 1: FEM – Inputerstellung mit PROFIL-PRE
Oberflächenbeschreibung

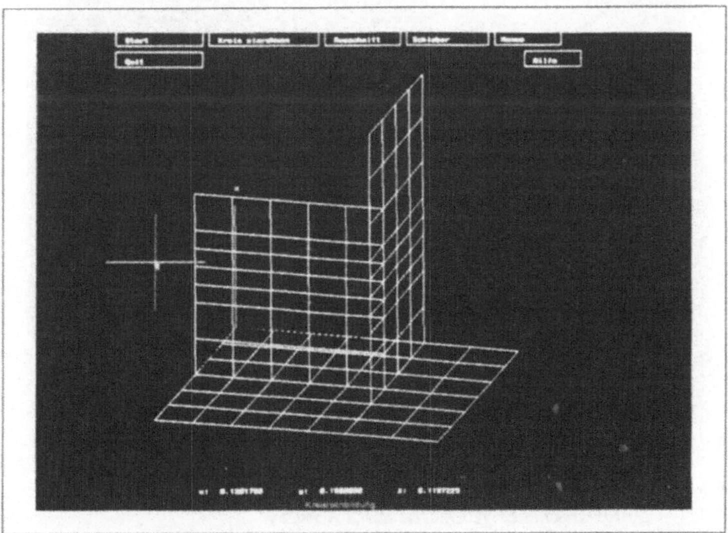

Abb. 2: FEM – Inputerstellung mit PROFIL-PRE
Automatische Netzgenerierung

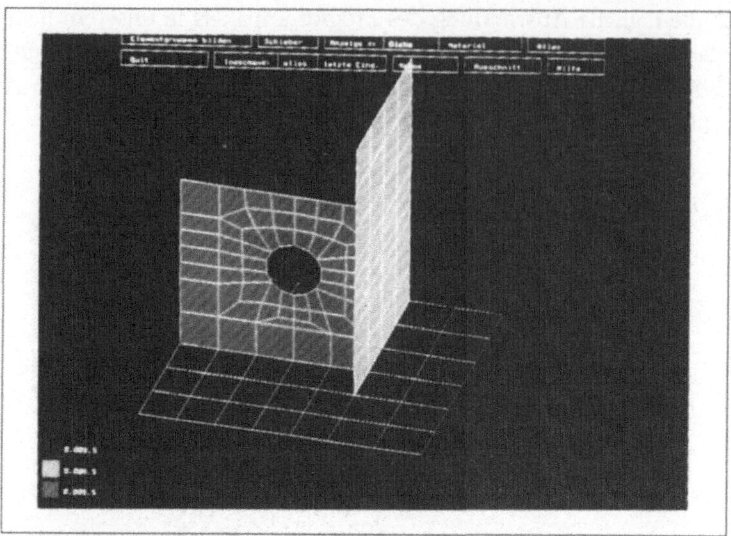

Abb. 3: *FEM – Inputerstellung mit PROFIL-PRE*
Elementbeschreibung – Material
– Elementdicke
– etc.

Abb. 4: *Versuchs- und FEM-Ergebnis:*
Antimetrisches Biegeversagen starke Achsen
Versuch

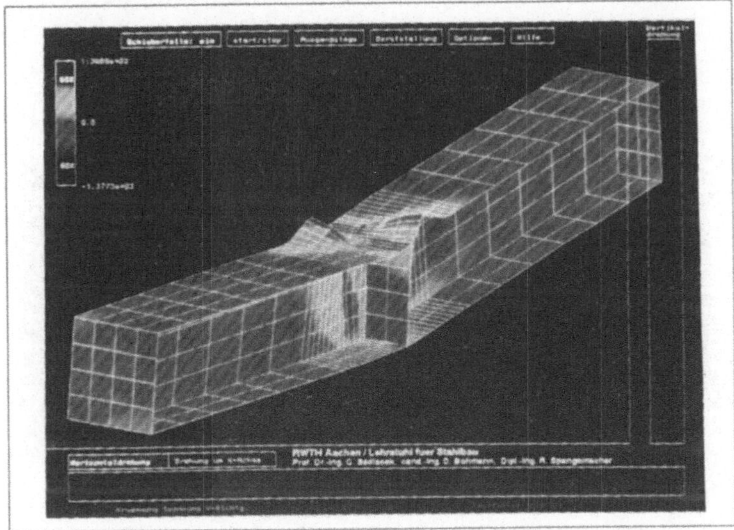

Abb. 5: Versuchs- und FEM-Ergebnis: Antimetrisches Biegeversagen starke Achsen FEM

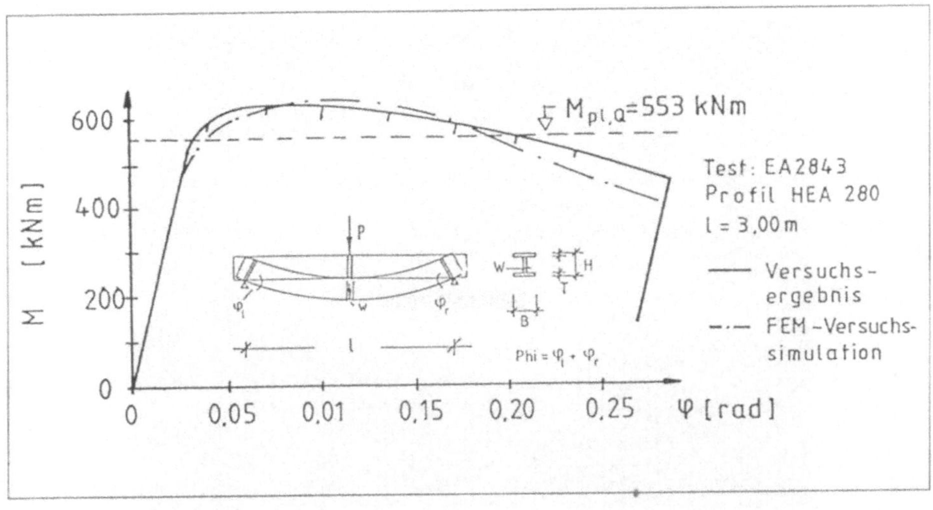

Abb. 6: Versuchs- und FEM-Ergebnis: Antimetrisches Biegeversagen starke Achsen (Vergleich)

Abb. 7: Versuchs- und FEM-Ergebnis:
Schubversagen
Versuch

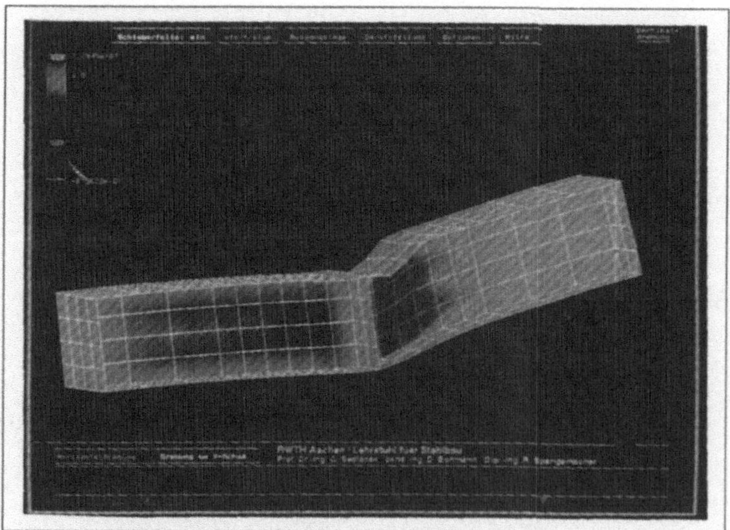

Abb. 8: Versuchs- und FEM-Ergebnis:
Schubversagen
FEM

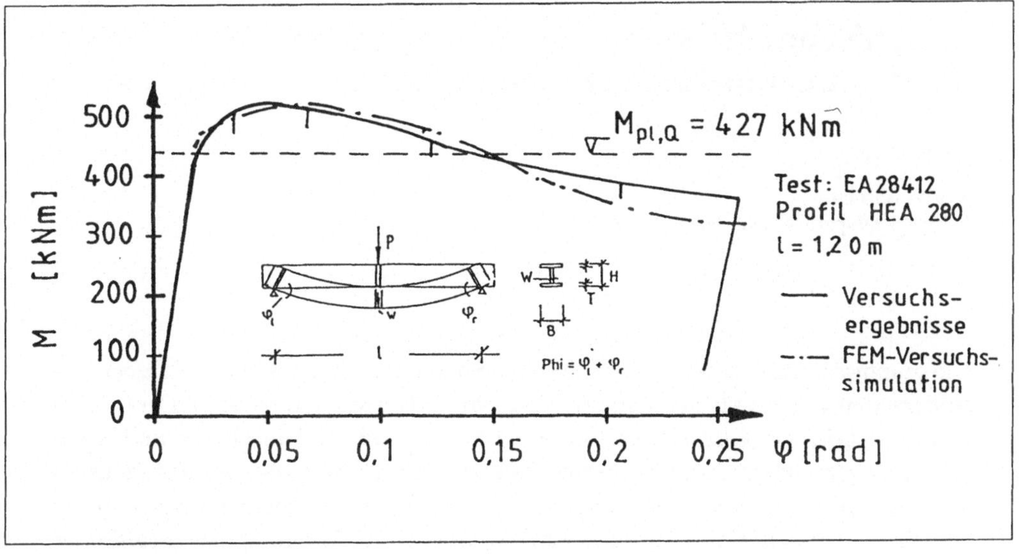

Abb. 9: *Versuchs- und FEM-Ergebnis:*
Schubversagen
Vergleich

Literatur

1. Sedlacek, G., Spangemacher, R. und Bohmann, D.: Handbuch zum Programmpaket PROFIL-FEM-3D „Elektronischer Simulator für Bauteile aus Stahl". Lehrstuhl für Stahlbau der RWTH Aachen; Sept. 1991.

Graphische Statik – Teachwareapplikation zu AutoCAD

Dirk Langer

RWTH Aachen
Lehrgebiet Experimentelle Tragwerklehre

Die graphische Zerlegung von Kräften sowie deren Zusammenfügung zu einer Resultierenden war bereits Leonardo da Vinci im 15. Jahrhundert bekannt. Darauf aufbauend wurden graphische Methoden entwickelt, um auf anschauliche Art und Weise z. B. Auflagerreaktionen oder Biegemomente an statisch bestimmten, ebenen Tragsystemen zu ermitteln. Sowohl die Entwicklung numerischer Verfahren zur Bestimmung von auf und in Bauteilen wirkenden Kräften, als auch die Trennung der Berufsbilder „Architekt" und „Bauingenieur" haben die statischen Berechnungen für den Architekten, und damit auch für den Architekturstudenten undurchschaubarer gemacht. Es ist jedoch wünschenswert, daß der entwerfende Architekt schon in der frühen Entwurfsphase jene statischen Zusammenhänge erkennen und bewußt in den Entwurf einbeziehen kann, wobei eine unanschauliche Berechnung mit vielen, in diesem Entwurfsstadium noch gar nicht exakt bekannten Daten, nicht die geeignete Möglichkeit darstellt. Viel anschaulicher und für diese Zwecke ausreichend genau ist die graphische Methode, sich einen Überblick und ein Gefühl für den Kräfteverlauf in einem ebenen Tragwerk zu verschaffen. Außerdem zeichnet sich dieses Verfahren durch eine einfache Handhabung aus, da man schon durch Parallelverschiebungen, Aneinanderhängen von Kräften und Abmessen von Längen an das gewünschte Ziel gelangt. Aus diesen Gründen hat die graphische Statik ihren festen Platz in der Architekturausbildung. Ein neuerer, immer bedeutender werdender Aspekt der Arbeit des Architekten stellt der Umgang mit EDV dar, wobei insbesondere die verschiedenen CAD-Systeme zu nennen sind. In diesem Zusammenhang liegt ein Forschungsschwerpunkt des Lehrgebietes Experimentelle Tragwerklehre (Prof. Dr. Ing. W. Führer) der RWTH Aachen: die Verbindung zwischen Tragwerklehre und EDV-Anwendung. Ein neuer Weg auf diesem Gebiet ist für uns die Entwicklung eines Programmes, welches den Studenten durch den Rechnereinsatz ermöglichen soll, das in den Vorlesungen vermittelte Wissen selbständig nachzuarbeiten und zu vertiefen. Zu diesem ersten Schritt der Teachwareentwicklung wählten wir die graphische Statik als das zu vermittelnde Wissensgebiet aus, nicht zuletzt weil es sich hierbei um einen relativ einfach zu durchschauenden und überschaubaren Bereich der Tragwerklehre handelt. Zur Umsetzung dieser Idee bot sich die Verbindung „graphische Statik" und „AutoCAD" an. AutoCAD, schon seit einiger Zeit Bestandteil der Ausbildung, bietet durch die Integration der Programmiersprache „Lisp" in das Programm die Möglichkeit, Applikationen zu entwickeln, welche sämtliche Eigenschaften von AutoCAD nutzen können und die vorhandene CAD-Umgebung den eignen Bedürfnissen entsprechend erweitern. Auch die allgemeine Bekanntheit und

Verbreitung dieses CAD-Programmes werten wir als Vorteil. Ein Grundprinzip des in der Entwicklung befindlichen Programmes soll die selbsterklärende Eigenschaft sein. Der Nutzer muß also nicht von vornherein mit AutoCAD vertraut sein, sondern er wird im Bedarfsfall durch das Programm über die ihm zur Verfügung stehenden Möglichkeiten unterrichtet. Dies geschieht durch auf dem Monitor erscheinende Text- und Bildtafeln, welche über die Funktionsweise der jeweiligen Befehle informieren. Werden Eingaben fehlerhaft oder unvollständig gemacht oder Funktionen in einer fehlerhaften Reihenfolge abgerufen, erscheinen – künftig je nach eingestelltem Schwierigkeitsgrad, mehr oder weniger ausführlich – Fehlermeldungen. Um diese Möglichkeiten zu bieten, ist das Programm menügesteuert und läßt dem Nutzer die freie Wahl der Arbeitsabläufe. Eingaben können graphisch über ein angeschlossenes Digitalisiertablett, über Bildschirmmenüs oder über die Tastatur erfolgen. Auf diese Weise wird eine weitgehende Flexibilität erreicht und eine lineare Benutzerführung durch das Programm vermieden. Das Ziel ist es, den Nutzer auf gemachte Fehler aufmerksam zu machen und auf diese Weise die graphischen Verfahren für den Gebrauch *ohne* Rechner zu verdeutlichen. Dabei muß natürlich auch auf Schwierigkeiten eingegangen werden, die nur bei der Anwendung der Methoden mit Papier und Bleistift, nicht aber am Rechner entstehen, wie zum Beispiel das Problem der „schleifenden Schnitte" oder der über das Papierformat hinausragenden Zeichnungsgrenzen. Es soll also nicht das Arbeiten mit Mitteln der EDV trainiert werden, sondern die EDV ist lediglich das Medium, um Wissen zu vermitteln! Der vorliegende erste Teil des Programmes befaßt sich mit der Ermittlung von Auflagerreaktionen und Biegemomenten statisch bestimmter Einfeldträgern – mit oder ohne Kragarme – durch die Erstellung eines Polplanes und einer Seillinie, er wird jedoch auf Mehrfeldträger, 3-Gelenkrahmen und nachfolgend auf Cremonapläne zur Ermittlung von Kräften im ebenen Fachwerk erweitert werden. Das im Augenblick verwendete provisorische Tablettmenü, dessen Befehlsfelder mit Hilfe eines Digitalisierstiftes oder einer Lupe angepickt werden können, wird zur Zeit noch zusätzlich zu dem normalen AutoCAD-Menü verwendet, soll dieses jedoch zukünftig in erweiterter Form vollständig ersetzen.

System erstellen		Zeicheninstrumente		aendern	Automatik		Anzeige
Traeger	L	Polplan-kraefte	L	NEUSTART	Polplan-kraefte	L	Zoom "Eingabe"
Auflager fest	L	Polstrahl	L	loeschen	Polstrahlen	L	Zoom "Konstr."
Auflager verschiebl.	L	Schlußlinie	L	kopieren	Seillinie	L	Raender ein/aus
Gelenk	L	Auflager-reaktionen	L	s-kopieren	Schlußlinie	L	Beschriftung
Punktlast	L	Momenten-flaeche	L	schieben	Auflager-reaktionen	L	
Streckenlast	L	Wirkungs-linien	L	Linien geg. stutzen	Momente	L	Linienbeschr.
		Hilfslinien	L	zurueck	Pol-verschiebung		

Abb 1: Das Tablettmenü. Teachware: Graphische Statik, Lehrgebiet Experimentelle Tragwerklehre RWTH Aachen.

1. Die Befehlsgruppe „System erstellen"

Mit Hilfe der hierunter zusammengefaßten Befehle kann ein statisches System im Maßstab 1:1 eingegeben werden, ohne daß AutoCAD-spezifische Eigenschaften, wie z. B. die Layerverwaltung oder Verwendung von Farben und Linientypen, vom Nutzer berücksichtigt werden müssen. Diese Einstellungen übernimmt das Programm automatisch, wie auch diverse Hilfen wie z. B. das exakte Anspringen der Endpunkte des Trägers zur Einfügung von Lasten oder Auflagern bei ausreichender Nähe des Cursors zu diesen Punkten. Streckenlasten werden direkt in eine zu bestimmende Anzahl von Einzellasten – für die graphische Ermittlung vorteilhafter – zerlegt. Lasten, Auflager und Gelenke brauchen nicht gezeichnet zu werden, sondern werden anhand einer vorgefertigten Symbolbibliothek an den gewählten Stellen eingefügt. Die Beschriftung der Lastpfeile erfolgt automatisch und die Lastpfeile werden dem Lastwert entsprechend im richtigen Größenverhältnis zueinander dargestellt, wobei sich die Länge der Pfeile auch nach der maximal möglichen Größe des Polecks in dem dafür vorgesehenen Bildschirmteil richtet. Die Eingaben werden außerdem sofort auf eventuelle Fehler des Tragsystems hin untersucht: Lasten oder Auflager ohne Anbindung an den Träger oder sich selbst überkreuzende Träger sind nicht möglich. Neben der Feststellung solcher offensichtlicher Fehleingaben sollen zukünftig auch sofort Aussagen über die statische Bestimmtheit des Systems, als Voraussetzung für die Anwendung dieser graphischen Methoden, gemacht werden können. Die den einzelnen Befehlen zugeordneten Felder „L" ermöglichen die Löschung eines Elementes bzw. das Zurücknehmen des entsprechenden Befehls.

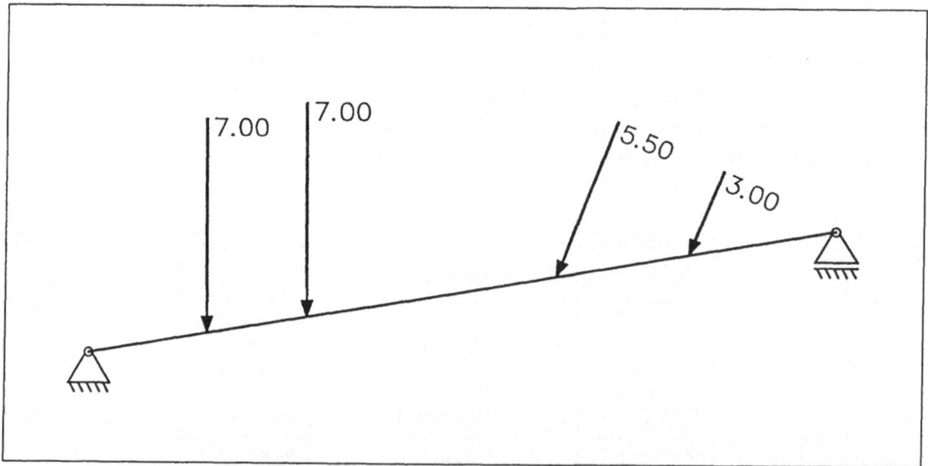

Abb. 2: Das Tragsystem – ein Einfeldträger, belastet durch eine in Einzellasten aufgeteilte Streckenlast

2. Der Befehlskomplex „Zeicheninstrumente"

Hiermit kann der Nutzer die einzelnen zur Ermittlung der Auflagerreaktionen benötigten Befehle abrufen, wobei jeder Befehl die erfolgreiche Ausführung der vorangegangenen Aktionen überprüft. Mit der Funktion „Polplankräfte" werden alle Kräfte der Reihe nach angewählt, in den für das Poleck vorgesehenen Bereich des Bildschirmes kopiert und dort aneinandergehängt. Die Lage des Polleckes wird durch die vom Anwender zu bestimmende Lage des ersten Lastpfeiles festgelegt und nur bei Platzmangel vom Programm automatisch verschoben. „Polstrahl" ermöglicht die manuelle Erzeugung von Polstrahlen durch die Angabe eines Anfangs- und eines Endpunktes, wobei nützliche Objektfangmodi („Endpunkt"/„Schnittpunkt") eingeschaltet werden, im Anschluß an jede Polstrahlerzeugung wird ein Vorschlag zur Beschriftung gemacht und diese – nach Bestätigung – durchgeführt. In ähnlich manueller Weise funktionieren die Befehle „Schlußlinie", „Auflagerreaktionen, „Momentenfläche". Bei der Erzeugung der Momentenfläche werden z. B. die zur Begrenzung der Schraffurfläche benötigten Grenzkanten angewählt und die Schraffur auf dem entsprechenden Layer mit der richtigen Schraffurart, -ausrichtung, -größe und -farbe durch das Programm ein-

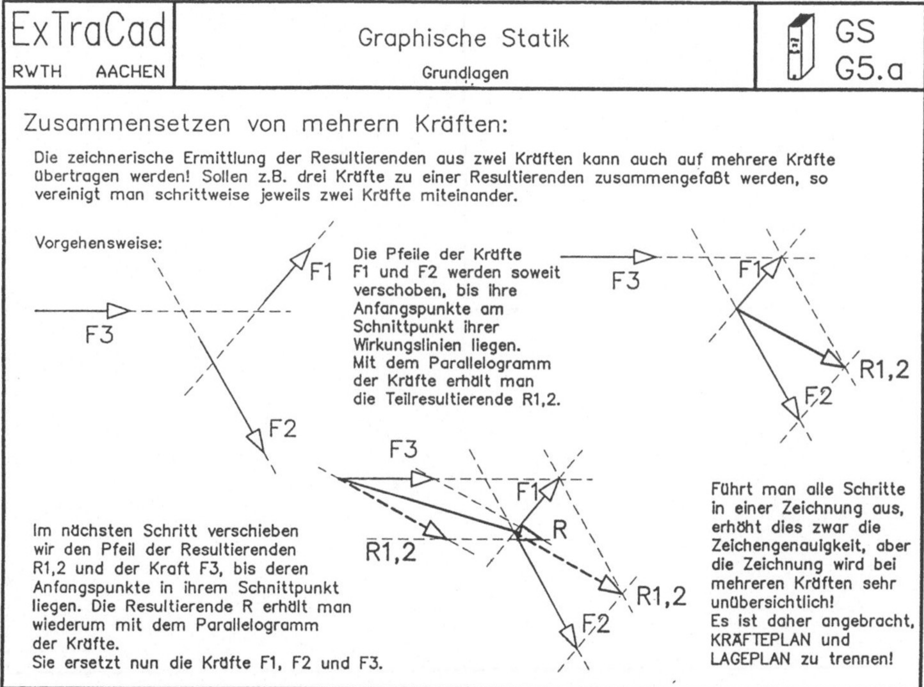

Abb. 3: Eine Hinweistafel zur allgemeinen Erläuterung der graphischen Statik

gezeichnet. Häufig wird es notwendig, Wirkungslinien von Auflagern oder Kräften oder Hilfslinien, die in ihrer Ausrichtung der Lage von in der Zeichnung schon vorhandenen Elementen entsprechen einzuzeichnen. Zu diesem Zweck gibt es die entsprechend benannten Funktionen, die lediglich die Wahl der ausrichtenden Elemente erfragen. Die Wirkungslinie eines unverschieblichen Auflagers kann natürlich nicht auf diese Weise ermittelt werden, worauf der Anwender bei Bedarf hingewiesen wird.

Die Eingabe unterschiedlicher Schwierigkeitsgrade zur Beeinflussung der Programmhilfen ist noch nicht in das Programm eingebunden, die Möglichkeit der automatischen Erzeugung von Pol- und Kräfteplan, der Auflagerreaktionen- sowie der Ermittlung der Biegemomente ist jedoch mit den Befehlen des Menupünktes „Automatik" möglich. Hierbei kann die korrekte Ausführung der einzelnen Schritte verfolgt werden. Auch die nachträgliche Verschiebung des frei wählbaren Poles und die daraus resultierende Verzerrung des Seileckes sind auf anschauliche Weise nachzuvollziehen. Bei dieser Möglichkeit wird natürlich das Problem der schon angesprochenen schleifenden Schnitte berücksichtigt und der Anwender ggf. zur Wahl eines besser geeigneten Polstandortes aufgefordert. Durch Auswahl des Menüpunktes „Hilfe" innerhalb einer laufenden Funktion werden dem Anwender Hinweise zu den anstehenden Pro-

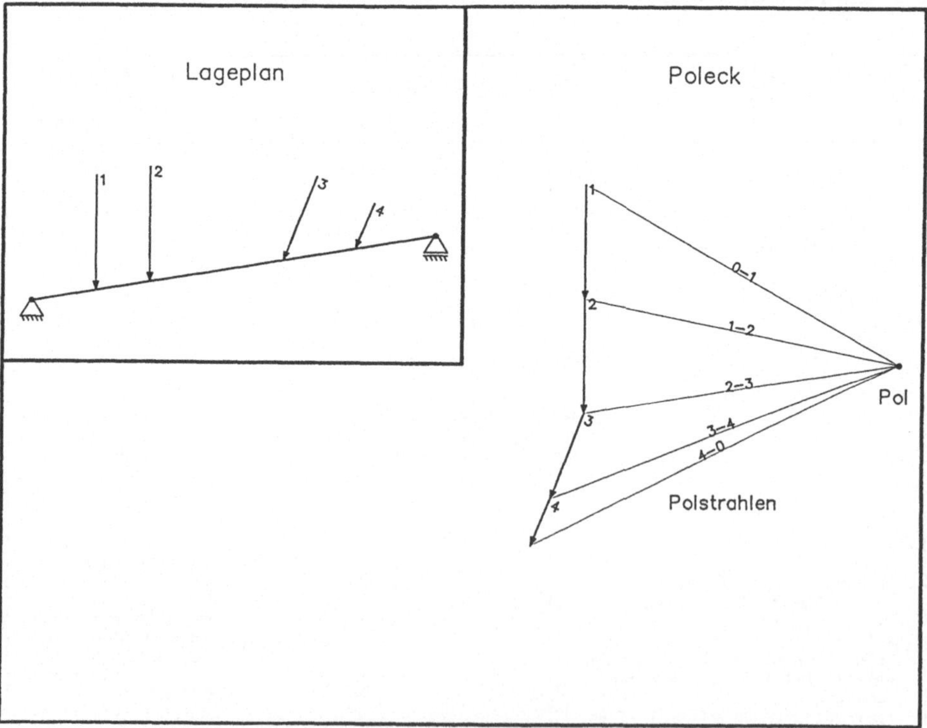

Abb. 4: Es wurden die Funktionen „Polplankräfte" und „Polstrahlen" ausgeführt, der Bildschirm ist nun in einen Lageplan und einen Konstruktionsteil geteilt.

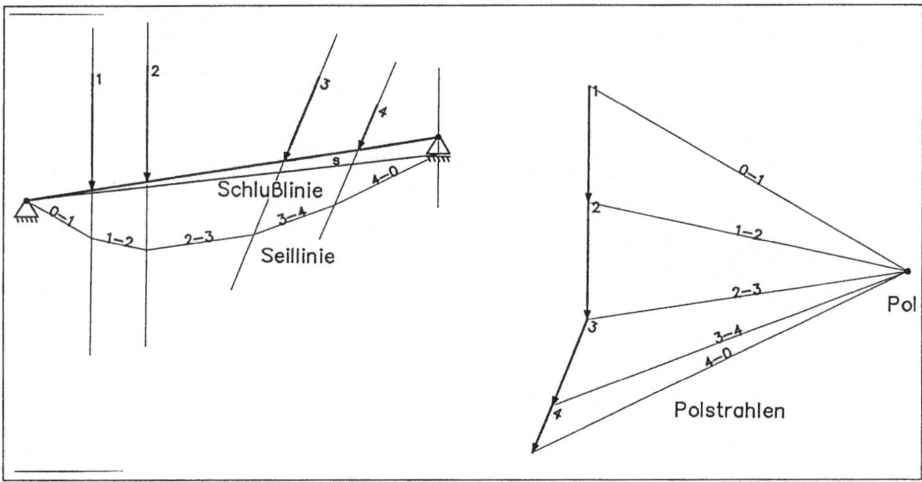

Abb. 5: Die Seillinie und die Schlußlinie sind eingezeichnet.

blemen der graphischen Statik bzw. zur Funktionsweise des Programmes gegeben. Diese Hinweistafeln werden künftig auch mit Hilfe eines Stichwortregisters unabhängig voneinander abrufbar sein. Der besseren Übersichtlichkeit wegen kann zwischen

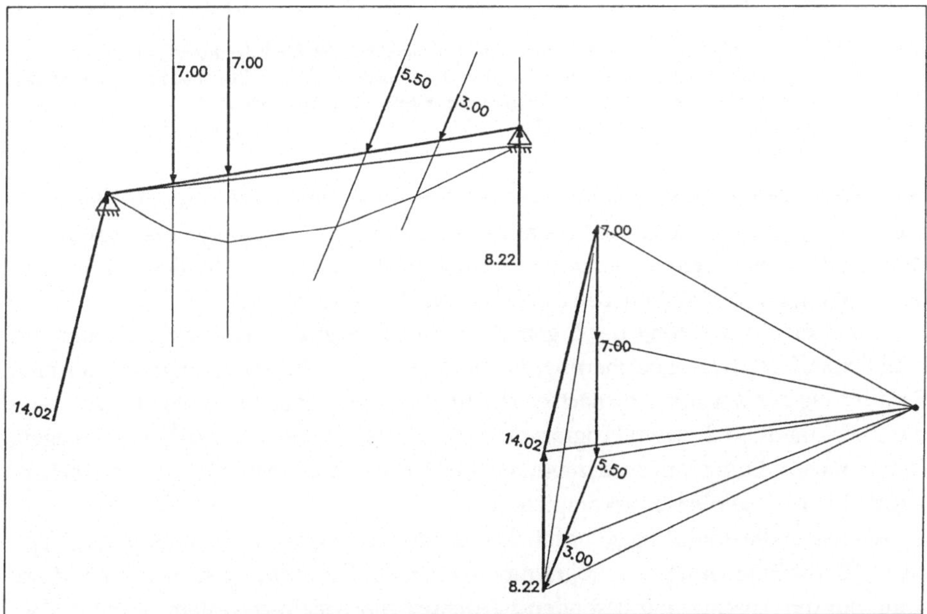

Abb. 6: Nach Ausführung der Funktion „Auflagerreaktionen" können die, durch die Länge der Pfeile bestimmten Größen der Auflagerreaktionen numerisch abgelesen werden.

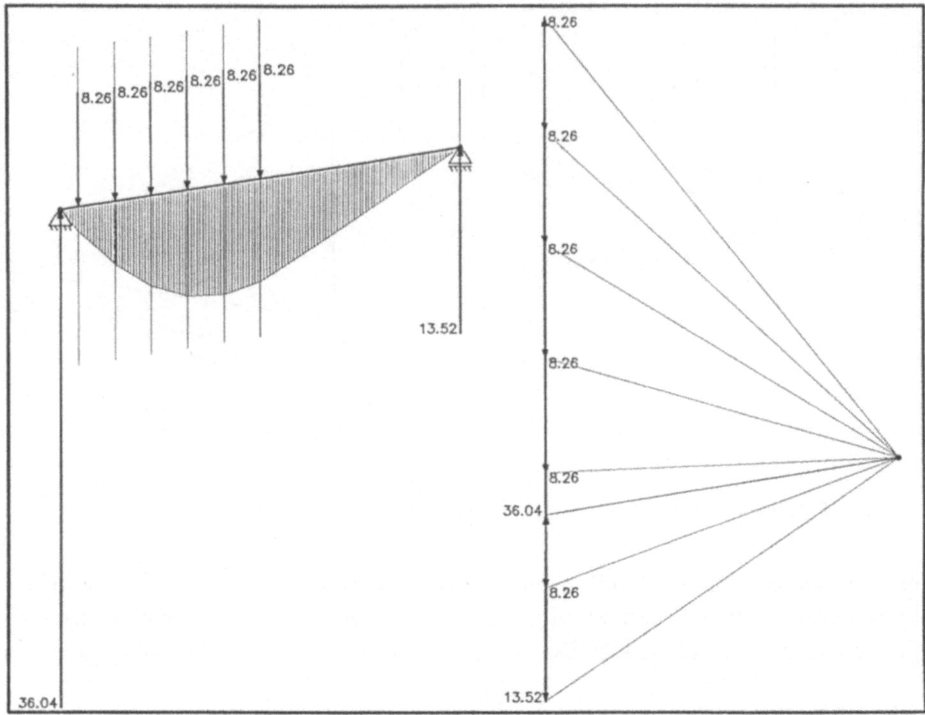

Abb. 7: Die Konstruktion der affinen Abbildung der Momentenfläche ist durch den Befehl „Momente" vorgeführt. (Da zur Biegemomentenermittlung nur der vertikale Anteil der Lasten berücksichtigt werden darf, wurde hier, der Anschaulichkeit wegen, ein anderes Lastbeispiel gewählt.)

zwei Beschriftungsarten gewählt werden. Zum einen ist dies die Angabe der Pfeilnummern und der Anzeige der Polstrahlenbeschriftung, zum anderen die Anzeige der Kraftgrößen der Lasten als auch der Auflagerreaktionen. Die Möglichkeit der Unterdrückung sämtlicher Angaben existiert ebenfalls.

Durch die Ausnutzung der Eigenschaften des Programmes AutoCAD, auch im Hinblick auf die Datenspeicherung, ist es möglich, alle Informationen, die für eine Fortführung der Konstruktion nach einer Unterbrechung einer Arbeitssitzung notwendig sind, innerhalb der vom Programm selbst angelegten Zeichnungsdatei abzulegen. Dadurch wird die zusätzliche Erzeugung von Dateien vermieden und die Datensicherung nicht unnötigerweise verkompliziert.

Wir haben die Erfahrung gemacht, daß die Möglichkeiten, die AutoCAD mit „Lisp" bietet, für die Erzeugung von Programmen dieser Größenordnung ausreichen und wir somit auf die Anschaffung besonderer Teachwareentwicklungssysteme – zumindest vorläufig – verzichten können.

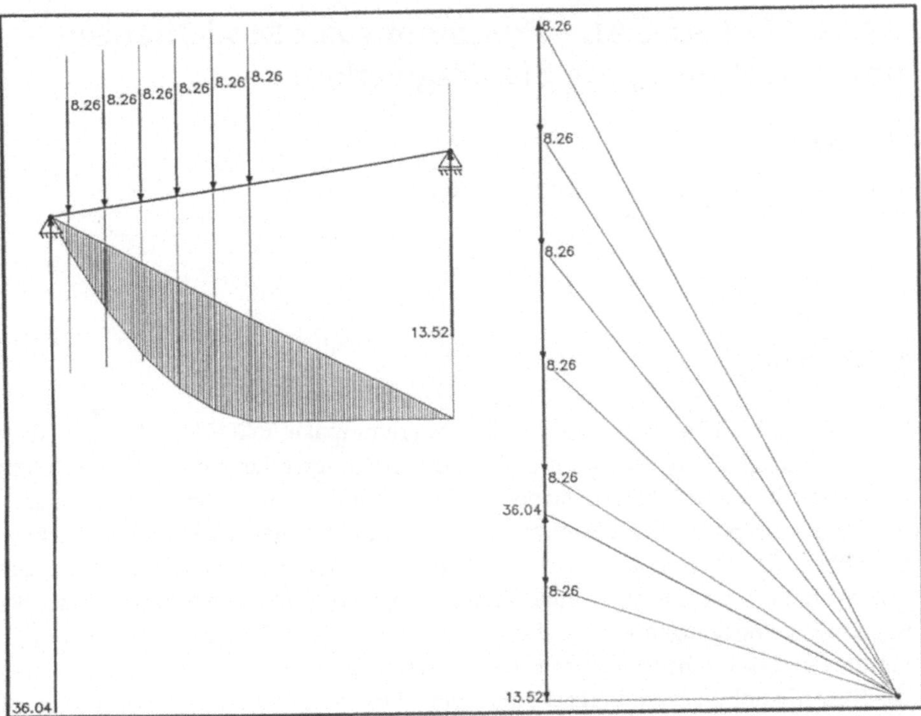

Abb. 8: Die Folgen einer neuen Standortwahl des Poles sind durch die "Polverschiebung" schnell ersichtlich

BALCAD/BALCAL – Programme zur Modellierung und Berechnung von Stabtragwerken

Udo Fischer

Technische Universität "Otto von Guericke", Magdeburg
Institut für Festkörpermechanik

1. Einleitung

Das auf dem 5. CIP-Kongreß vorgestellte Programmpaket BALCAD/BALCAL dient der interaktiven Modellierung von Stab- und Balkentragwerken und ihrer Berechnung auf Festigkeit und Stabilität sowie der Strukturmodifikation. Weiterhin ist es möglich, die vorgestellte Software als Preprozessor für (Teil-) Strukturen im Rahmen des kommerziellen FEM-Programm-Systems COSAR (FEMCOS-GmbH Magdeburg) einzusetzen. Während auf die letztgenannte Verwendungsmöglichkeit im Rahmen dieses Beitrages nicht eingegangen wird, soll im weiteren eine kurze Beschreibung des Modellvorrates und der Arbeitsweise mit den Programmen erfolgen. Interessenten können das Nutzerhandbuch vom Verfasser anfordern. Das Programmsystem ist vornehmlich für die Anwendung in der Lehre geschaffen worden. Es dient dabei zur Ergänzung der konventionellen Ausbildung in der Technischen Mechanik und in aufbauenden Lehrfächern und soll dem Studierenden die Kontrolle eigener Rechenergebnisse ermöglichen, aber auch dem Vergleich unterschied-licher Strukturvarianten dienen. Es ist inzwischen nicht nur an der TU Magdeburg, sondern auch an weiteren Universitäten und Fachhochschulen zum Einsatz gekommen, wozu auch die Präsentation auf dem 5. CIP-Kongreß maßgeblich beigetragen hat. Daneben ist infolge der Leistungsfähigkeit der Programme durchaus auch eine professionelle Nutzung möglich.

2. Modellvorrat und Schnittstellen

BALCAD dient im Rahmen des genannten Pakets als Preprozessor für das darin ebenfalls enthaltene Stabwerks-Analyseprogramm BALCAL. Der Modellvorrat umfaßt geradlinige Zwei-Knoten-Elemente in

- ebenen Tragwerken, die in ihrer Ebene belastet sind,
- ebenen Tragwerken, die orthogonal zu ihrer Ebene belastet sind (Gitterroste) oder
- in räumlichen Tragwerken

mit linearem Materialverhalten und für kleine Verzerrungen. Die Balken können auf unterschiedliche Weise miteinander verbunden sein, wobei die feste Verbindung Standard ist. Als Belastungen sind vorgesehen: Einzelkräfte bzw. -momente, Linienlasten und Eigengewicht. Als Randbedingungen sind verhinderte oder vorgeschriebene Verschiebungen und/oder Verdrehungen an den Knotenpunkten und die elastische Stützung zulässig. Als Schnittstelle zum Analyseprogrammen BALCAL dient eine Datei, die nach erfolgter Modellierung durch das Programm BALCAD erzeugt werden kann. Aber auch die Nutzung des ebenfalls an der TU Magdeburg entwickelten FEM-Programms COSAR ist durch die Ausschrift einer entsprechenden Eingabedatei möglich. Diese Variante ist vornehmlich dann zu empfehlen, wenn Balkentragwerke als Teilstrukturen komplizi-erterer Tragwerke zu entwickeln sind.

3. Arbeitsweise

3.1 Programm BALCAD

Die Arbeit mit BALCAD ist menügesteuert. Nach dem Aufruf des Programms kann entweder eine bereits vorher erzeugte Eingabedatei eingelesen werden, oder die Modellierung beginnt neu. Dazu ist die Art des Tragwerks (ebenes Tragwerk, Gitterrost oder räumliches Tragwerk) zu wählen. Entsprechend dem Menü kann der Nutzer Punkte, Stäbe, Belastungen und Auflager in von ihm gewählter Reihenfolge definieren, ändern oder sich auflisten lassen. Werkstoff- und Querschnittseigenschaften werden in Verbindung mit der Stabdefinition festgelegt, bzw. es wird auf bereits definierte zurückgegriffen. (Die Werkstoffwerte für Stahl sind vordefiniert.) Bei der Bestimmung von bereits definierten Punkten zur Eingabe von Stäben, lokalen Koordinatensystemen, Einzellasten und Auflagern kann grafische Unterstützung herangezogen werden, ebenso wie bei der Bestimmung von Stäben, wenn es gilt, Linienlasten einzugeben oder irgendwelche Stabwerte zu ändern. Die jeweiligen Objekte werden mit Hilfe eines verschiebbaren Fadenkreuzes identifiziert. Auflager werden durch ein Symbol im Bild kenntlich gemacht, und Punkt- und Linienlasten können durch Symbole sichtbar gemacht werden. Bei komplizierten Tragwerken kann die Übersichtlichkeit durch die Möglichkeit der Ausschnittvergrößerung erhöht werden. Räumliche Tragwerke lassen eine Parallelprojektion mit jeder gewünschten Blickrichtung zu, wobei ein Koordinaten-Dreibein die jeweilige Orientierung sichtbar macht. Es ist möglich, Durchlaufträger mit konstantem Querschnitt und äquidistanten Zwischenpunkten durch eine einzige Stab-Eingabe zu definieren. Für Stäbe, die in Reihe mit gleichen Material- und/ oder Querschnittseigenschaften bzw. (bei Durchlaufträgern) mit gleicher Zwischenpunktzahl definiert werden sollen, genügt die einmalige Angabe dieser Eigenschaft. Auch ist es möglich, einzelne Stäbe oder ganze Stabgruppen mit vorgegebener Parallelverschiebung oder Rotation um eine zu definierende Achse zu kopieren, wobei sich deckende Knotenpunkte als identisch erkannt werden. Einmal definierte Punktlasten oder Linienlasten können auf andere Punkte bzw. Stäbe kopiert werden. Bei räumlichen Stabwerken, die aus Stäben mit ungleichen Flächenträgheitsmomen-ten in zwei Richtungen bestehen, erfordert die richtige Angabe der Querschnittsachsen-Orientierung viel räumliches Vorstellungsvermögen. Hier bietet BALCAD Hilfe an. Auf Wunsch wird die Querschnittsebene unverzerrt (Blickrichtung entgegen der Stabachse) zusammen mit den Projektionen der globalen Koordinatenachsen auf die Bildschirmebene abgebildet. Auch die Winkel zwischen der lokalen x-Achse und den Projektionen der globalen Achsen werden angegeben, um dem Nutzer die Bestimmung des Winkels der Querschnittsdrehung zu erleichtern.

Querschnittswerte, für die Verschiebungsberechnung benötigt werden (Flächeninhalt, Trägheitsmomente, Schubmittelpunktkoordinaten) können von Hand eingegeben oder gemeinsam mit den Querschnittswerten, die für die Spannungsberechnung benötigt werden (Randabstände und Torsions-Widerstandsmomente), von vorbereiteten Dateien über Symbole abgerufen werden. Zur Beschleunigung des Programmablaufs bei der nachfolgenden Analyse des Tragwerks (insbesondere bei der Gleichungslösung) dient die Bandweitenminimierung für die Systemmatrizen, die nach dem Verfahren von McKee arbeitet. In der Praxis sind mit einer einmaligen Rechnung der Entwurf und die Analyse einer Struktur in der Regel nicht beendet. Deshalb bietet BALCAD die Möglichkeit, die in der vorherigen Sitzung erarbeitete Eingabedatei wieder einzulesen und Ergänzun-gen bzw. Änderungen (z. B. an Querschnittsgrößen oder Koordinaten) vorzunehmen. Solche Dateien können auch vor dem erneuten Einlesen entsprechend der Dokumentation editiert werden.

3.2 Programm BALCAL

Die Arbeit mit BALCAL, das der statischen Analyse des durch BALCAD modellierten Tragwerks dient, ist ebenfalls menügesteuert. Nach dem Aufruf des Programms ist die vorher erzeugte BALCAL-Eingabedatei einzulesen. Entsprechend dem Menü kann der Nutzer statische Berechnungen nach Theorie 1. oder 2. Ordnung durchführen oder Daten über Knotenpunkte bzw. Balkenelemente einschließlich der Berechnungsergebnisse ausgeben lassen. Außerdem können der erste und der zweite Eigenwert der Eulerlast sowie die entsprechenden Eigenformen bestimmt werden.

Die entsprechenden Objekte werden durch die Angabe ihrer Nummer oder in der grafischen Darstellung durch Verschieben eines Fadenkreuzes identifiziert. Bei komplizierten Tragwerken kann die Übersichtlichkeit durch die Möglichkeit der Ausschnittvergrößerung erhöht werden. Räumliche Tragwerke lassen eine axonometrische Darstellung oder die Orthogonalprojektion zu. Das gilt auch für die bildliche Darstellung der unverformten bzw. verformten Struktur.

4. Programmgrenzen und Hardware-Voraussetzungen

BALCAD und BALCAL setzen eine IBM-kompatiblen 16-bit-Rechner und ein DOS-Betriebssystem voraus. Ein Arithmetik-Koprozessor ist nicht erforderlich. Die Größe des zu modellierenden Tragwerks ist durch den Hauptspeicherumfang begrenzt; bei 640 KB RAM können noch Strukturen mit 1000 Stäben bearbeitet werden. Die Stabwerkanalyse erfordert zusätzlich Speicher zur Verwaltung der Steifigkeitsmatrix. Deshalb enthält das Programm BALCAL ein eigenes Paging-System, das im Bedarfsfall eine Auslagerung der Datenmengen auf die Festplatte oder eine RAM-Disk vornimmt. Die Grafik-Hardware wird durch das Programm selbst ermittelt. Für die meisten Grafik-Adapter (CGA, Hercules, EGA, VGA) ist die Nutzung der grafischen Programmteile möglich.

Mathematische Grundlagen der Computergeometrie in der Ingenieurausbildung

Michael Fröhner

Hochschule für Bauwesen Cottbus
Fachbereich Mathematik und Informatik

Die Hochschulausbildung konstruktiv tätiger Ingenieure wird zunehmend durch Veränderungen der technischen Basis in den Konstruktions- und Projektierungsbüros beeinflußt. Anspruchsvolle CAD-Systeme ermöglichen eine bedeutende Rationalisierung der Entwurfs-, Gestaltungs- und Berechnungstechniken und gestatten eine detailgetreue Bemessung und anschließende Darstellung eines Objekts. Diesem Umstand sollten Grundlagenfächer in der Hochschulausbildung Rechnung tragen. Es ist oft die typische Situation anzutreffen, daß in Abhängigkeit von der materiellen Ausrüstung der Institute und Bereiche Spezialvorlesungen und Praktika höherer Studienjahre auf anspruchsvollem Niveau an modernster Technik absolviert werden, die naturwissenschaftlich-technischen Grundlagenwissenschaften aber häufig noch in recht konservativer Form gelehrt werden. Eine Begründung dafür wird in dem anteilmäßig geringen Zeitfonds für diese Fächer – gemessen am Gesamtumfang der Ausbildung – gesehen. Außerdem fordert die theoretische Fundierung mathematisch-naturwissenschaftlicher Aussagen einen beträchtlichen Zeitaufwand, so daß moderne Gebiete der Applikation nur in begrenztem Umfang einfließen können. Diese Aussage gilt offensichtlich nicht nur für die Ingenieurausbildung in den neuen Bundesländer. An der Hochschule in Cottbus wird nach grundlegender Überarbeitung von Lehrinhalten seit dem Herbstsemester 1987/88 im Rahmen der Mathematikausbildung eine Verknüpfung traditioneller und moderner Lehrinhalte geboten. Teilgebiete der linearen Algebra, der elementaren Funktionenlehre, der Darstellenden und der Konstruktiven Geometrie sowie der Informatik gehören zu einer Vorlesungsreihe in der Grundausbil-dung, die Studenten des Studienganges Bauingenieurwesen angeboten wird. Einige Aspekte der Inhalte werden im folgenden beschrieben.

1. Transformation von Drahtkörpermodellen

Einfache geometrische Gebilde können vorteilhaft als Kanten- oder Drahtkörpermodelle („wire frames“) dargestellt werden. Die Eckpunkte im dreidimensionalen Raum (3D-Raum) werden durch Tripel reeller Zahlen beschrieben, Kantenzüge lassen sich durch Matrizen mit den Knotennummern als Elemente behandeln. Die jeder grafischen Darstellung zugrunde liegenden dreidimensionalen Objekttransformationen beruhen auf den Abbildungsverfahren

- Verschiebung,
- Spiegelung an Punkten, Achsen, Flächen,
- Vergrößerung und Verkleinerung.

Die genannten drei Verfahren sind Spezialfälle *linearer Abbildungen*, nämlich der *affinen Abbildungen* im dreidimensionalen Raum. Affine Abbildungen haben folgende Eigenschaften:

- Es handelt sich um eindeutige, lineare Transformationen.
- Sie stellen Verknüpfungen von Basistransformationen dar: – Translation eines Punktes, – Rotation um eine vorgegebene Achse, – Skalierung mit einem Maßstabsfaktor.
- Geraden gehen in Geraden über, Parallelen und Teilverhältnisse auf Geraden bleiben erhalten.

Um einheitliche Rechenvorschriften für die zu geometrischen Darstellungen im 3D-Raum erforderlichen Transformationen zu erreichen, führt man homogene Koordinaten ein und kann dann die Elementaroperationen Translation eines Punktes, Rotation um eine Achse, Skalierung sämtlich als Matrizenmultiplikationen behandeln. Aus vorgegebenen Punkten in „Weltkoordinaten" können somit transformierte Koordinaten erzeugt werden, wobei diejenigen Matrizen, welche die Knotenzusammenhänge beschreiben, unverändert bleiben. Die Verknüpfung von Elementaroperationen unterliegen in homogenen Koordinaten den Gesetzen der Assoziativität und einer eingeschränkten Kommutativität, d.h., nur Translationen, Skalierungen und Rotationen um die *gleiche* Achse sind vertauschbar. Neben der Einsicht in die Zusammenhänge der geometrischen Transformationen werden dem Studenten gleichzeitig Übungsaufgaben aus der Matrizenrechnung bereit-gestellt. Die grundlegenden Formeln sind allgemein bekannt und werden hier nicht wiedergegeben. Die Algorithmierung (etwa als Pascal-Programm) schafft sinnvolle Anwendungen für den Umgang mit Feldern in der Informatik.

2. Projektionen dreidimensionaler Objekte in die Ebene

Es werden die planaren Projektionen „Parallelprojektion" und „Zentralprojektion" betrachtet, wobei als theoretische Grundlage die analytische Geometrie der Geraden im 3D-Raum dient. Projektionsstrahlen, die durch einen Punkt verlaufen (Zentralprojektion), bzw. solche, die parallel zueinander sind (Parallelprojektion), erzeugen beim Durchgang durch Ecken, Knoten oder Kanten entsprechende Gebilde auf einer Projektionsebene (der Zeichen- oder Bildschirmebene). Es genügt, die Parameterdarstellung des Projektionsstrahles

$$\underline{f}(t) = \underline{x} + t\,\underline{r}$$

zu betrachten, wobei $\underline{x} = (x, y, z)$ einen festen Punkt und $\underline{r}$ eine Richtung im Raum bezeichnen. Schneidet man diesen Projektionsstrahl mit der Bildebene, so wird dem Punkt $\underline{x} = (x, y, z)$ ein Bildpunkt $x' = (x', y')$ zugeordnet. Der Parameter t wird entsprechend der Projektionsvorschrift bestimmt. Bei orthogonaler Parallelprojektion erhält man zum Beispiel

$$x' = f_1(t^*) = x - (r_1/r_3)\,z, \quad y' = f_2(t^*) = y - (r_2/r_3)\,z$$

für einen Bildpunkt. Winkel zwischen Vektoren können über das Skalarprodukt bestimmt werden. Auf ähnliche Weise werden Bildpunkte der Zentralprojektion erzeugt. Den Zusammenhang zwischen den wichtigsten Projektionsverfahren zeigt die Abb. 1.

Die heute geläufigen Window- oder Viewport-Techniken erfordern die Berechnung des im Fenster gelegenen sichtbaren Teiles des Gebildes. Bewährt hat sich der Algorithmus von Cohen und Sutherland (Berechnung des Anteils einer Strecke innerhalb eines Rechteckfensters). Werden Flächen ausgefüllt oder schraffiert, so ist in Analogie zu dem vorher Gesagten der Shuterland-Hodgeman-Algorithmus in Gebrauch (sog. Halbraum-Clippen). Für die angegebenen Schritte der Transformation von Punkten und ihre Projektion auf eine Ebene ist an der Hochschule in Cottbus eine Demonstrationsmöglichkeit geschaffen worden. Die Vorgabe eines durch Ecken und Kanten beschriebenen Drahtmodells als dreidimensionales Objekt ermöglicht mittels eines Pascal-Programms die Abbildung auf die Zeichenebene. Die Projektionsart, Abstände und Richtungen sowie Drehwinkel und Skalierungsfaktoren lassen sich wählen und die Wirkungen dieser Operationen können anhand der erzeugten Grafik optisch verfolgt werden. Als zu transformierende Objekte eignen sich einfache geometrische Körper (Würfel, Tetraeder, Ellipsoide, ...), aber auch stilisierte Gebilde aus dem Bauwesen (Gebäude, Hallen, Dächer, ...).

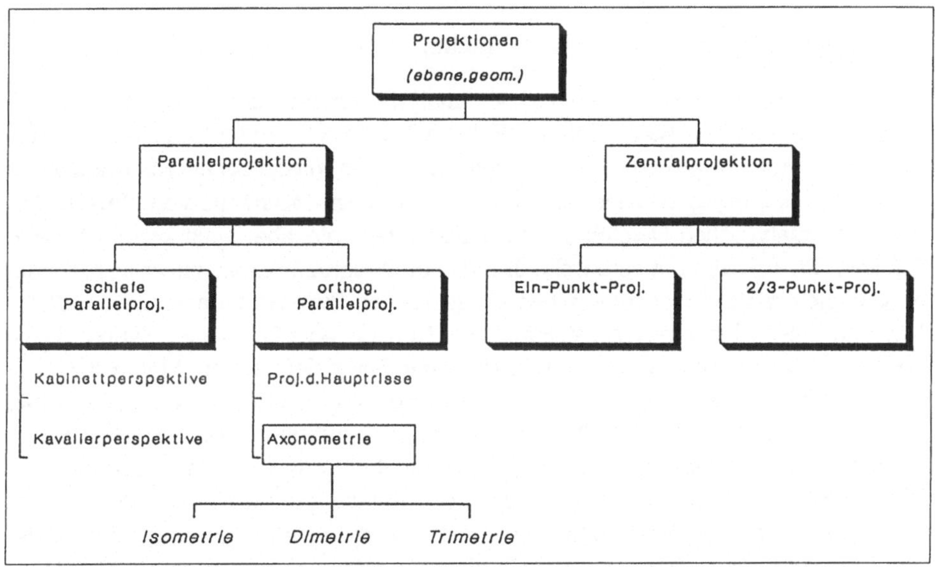

Abb. 1: Projektionsarten

3. Das Verdeckungsproblem

Zur Lösung des Verdeckungsproblems (Erzeugung von „hidden lines" bzw. „hidden surfaces") gibt es eine Vielzahl von Algorithmen. Eine einfache und einsichtige Möglichkeit für ebenflächig begrenzte, konvexe Körper ist die Bestimmung des Normalenvektors jeder Begrenzungsfläche über das Vektorprodukt der erzeugenden Kanten. Definiert man das Vorzeichen geeignet, so kann aus dem Vorzeichen dieses Resultatvektors auf die Lage und folglich auf die Sichtbarkeit geschlossen werden. Einzelheiten für eine solche Prozedur können in der Literatur nachgelesen werden (vgl. z.B. [1], [2]). Bedingungen an geometrische Gebilde, die mit der Normalen-Methode auf Sichtbarkeit der Begrenzungsflächen untersucht werden können: – Beschränkung auf ein einziges konvexes Objekt, – Objektoberfläche besteht aus ebenen Flächen (sog. Facetten). – Koordinatensystem des Beobachters liegt im Inneren des Objekts. – Beobachterstandpunkt ist auf $z < 0$ festgelegt, die Blickrichtung verläuft in Richtung der positiven z-Achse. – Es kommt eine perspektivische Projektion zur Anwendung. Es wird eine Ebenengleichung für jede Begrenzungsfläche erstellt, der Normalenvektor bestimmt; die Entscheidung der Sichtbarkeit ergibt sich anhand der Lage dieses Vektors zur z-Achse des Koordinatensystems. Anspruchsvoller als das beschriebene Kantenverfahren ist die Methode von Warnock, die mit einem zusätzlichen Tiefentest arbeitet. Die Bildfläche wird in Zellen unter-teilt, bis der Sichtbarkeitstest entscheidbar ist. Weitere Sichtbarkeitstests können der vorhandenen Literatur entnommen werden, wobei Verbesserungen von Algorithmen vor allem mit einer Minimierung des Rechenaufwandes einhergehen müssen. In oben erwähntem Pascal-Programm ist das Verdeckungsproblem eingearbeitet worden.

4. Darstellung von Kurven und Flächen

Im Rahmen der Funktionenlehre und der Analysis werden Kurven und Flächen auch im dreidimensionalen Raum behandelt. Dem Lernenden muß gezeigt werden, daß Parameterdarstellungen erhebliche Vorteile bieten; ein solcher Sachverhalt ist auch in anderen Anwendungsgebieten (z.B. in der Technischen Mechanik) von Nutzen. Anhand der analytischen Darstellung einer Schraubenlinie, aber auch komplizierterer Gebilde, läßt sich dies gut veranschaulichen. Für Design-Aufgaben gilt es insbesondere, geeignete glatte Kurven zwischen vorgegebenen Punkten zu erzeugen. Daß die klassische Interpolationsaufgabe in Form eines Newton- oder Lagrange-Polynoms keine geeignete Variante ist, läßt sich an sehr einfachen Beispielen zeigen. (Man nehme z.B. eine ungerade Anzahl von Punkten, die alle, ausgenommen demjenigen in der Mitte, auf einer Geraden liegen.) Der Nutzen von Spline-Funktionen wird in solchen Fällen deutlich. Ihre Berechnung schafft gleichzeitig die Verbindung zur Lösung von Gleichungssystemen mit Bandstruktur, einer Aufgabe, die im Rahmen der Finiten-Elemente-Methode wieder benötigt wird. Neben solchen mehrsegmentigen Kurven ist die Verwendung von Bezier-Kurven als einsegmentigen Kurven nützlich. Der Algorithmus zur Erzeugung solcher Kurven auf rekursive Art ist höchst einfach. Die Abb. 2 zeigt zu Demonstrationszwecken ein Struktogramm des Casteljeau-Verfahrens. Ähnlich verhält es sich mit Flächen, wobei Tensorproduktflächen aus analytischer und geometrischer Sicht einen geeigneten Zugang bilden (vgl. [2]).

5. Bildanalyse und Bildsynthese

Ein nach obiger Projektionsvorschrift erzeugtes Bild wird im allgemeinen als Vektorgrafik gespeichert, was die Weiterverwendung und Ausgabe als Hardcopy vereinfacht. Aber auch pixelweise aufgebaute Bildschirmgrafiken müssen oft für anspuchsvolle Zeichnungen, die mittels Plotter erstellt werden sollen, aufbereitet werden. Dieser

Vorgang erfordert eine Vektorisierung des Bildes. Zu diesem Zweck ist eine Bildanalyse erforderlich, die etwa in Form der Prozedur erfolgen kann. Eine anschließende Bildsynthese erzeugt schließlich ein mit dem Plotter ausführbares, aus Geraden zusammengesetztes Bild. Jedes CAD-System enthält solche Subroutinen, dem Studenten läßt sich anhand der Prozeduren der Aufwand und die Arbeitsweise sammengesetztes Bild. Jedes CAD-System enthält solche Subroutinen, dem Studenten läßt sich anhand der Prozeduren der Aufwand und die Arbeitsweise erläutern.

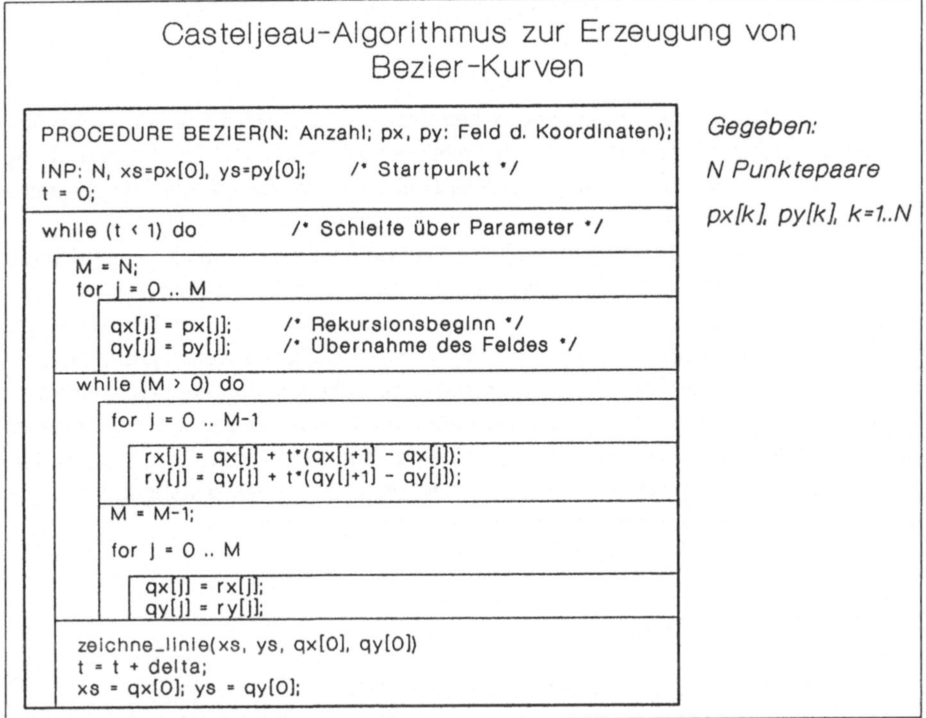

Abb. 2: Casteljeau-Algorithmus

Die angebenen Beispiele verdeutlichen, daß bereits innerhalb des Grundstudiums Elemente der Computergrafik als Vorstufe für die theoretische Behandlung und Erarbeitung von CAD-Systemen sinnvoll in die Mathematikausbildung eingebunden werden können. Gleichzeitig wird dadurch beim Studenten das Interesse an der Mathematikausbildung geweckt; die praktischen Anwendungen, die an Demonstrations-Software grafisch untersetzt werden können, liefern verifizierbare Übungsaufgaben für Teildisziplinen von Mathematik und Informatik.

Literatur

1. NewmanW.M., Sproull R.F.: Grundzüge der interaktiven Computergrafik, Hamburg 1986
2. Encarnado J., Strasser W.: Computer Graphics; Gerätetechnik, Programmierung und Anwendung graphischer Systeme. Akademie-Verlag, Berlin 1988
3. Farin G.: Curves and Surfaces in Computer Aided Geometric Design. A Practical Guide. 1988
4. Faux I.D., Pratt M.J.: Computational Geometry for Design and Manufacture. Ellis Horood 1981
5. Kopp H.: Graphische Datenverarbeitung. Methoden, Algorithmen und ihre Implementierung. Carl Hanser Verlag, München, Wien 1989

Anwendungsorientierte Informatikausbildung an der Architekturfakultät

Dirk Donath

Hochschule für Architektur und Bauwesen Weimar
Fachbereich Architektur

Auch in dem Bereich des baukünstlerischen Entwurfs dringen die neuen, computergestützten Medien mit der Offerte ein, die Projektorganisation und Zeichnungserstellung entscheidend zu effektivieren. Damit entsteht ein großer Bildungsbedarf für die angesprochenen Architekten, worauf in der Lehre reagiert werden muß.

Der Bereich „Computergestütztes Planen" an der Fakultät Architektur hat sich mit dem im Frühjahr 1990 erstmalig angebotenen Kursen „CAAD-Einführung für Architekten" der Aufgabe gestellt, diese Angebotslücke zu schließen. Das Prinzip dieser Kurse ist eine Dreiteilung: Praktische Grundübung, theoretische Unterweisung und konkrete Entwurfsumsetzung. Ziel dieser Teilung ist es, sowohl dem Studenten für seine spätere Entwurfstätigkeit direkt anwendbares Wissen über das Werkzeug CAD/AVA zu vermitteln, als auch dem Anspruch einer Hochschule auf Vermittlung von Hintergrundwissen zu entsprechen. Die bisher gemachten Erfahrungen bestätigen die eingeschlagene Richtung; die Kurse sollen daher ausgebaut werden.

1. Eine etwas andere Einleitung

„... Angewandte Bauinformatik: Wissensdefizit = 93 %"

(Auszug aus einer Marktuntersuchung über Wissensdefizite im Bauwesen in „D-Ost", veröffentlicht in einem Verkaufs-Prospekt des Instituts für Bauplanung, Bautechnik und Bauökonomie in Maria Rain)

Wenn hier im folgenden über den Inhalt und die Erfahrungen in der anwendungsorientierten Informatikausbildung von Architekturstudenten die Rede sein soll, so bietet das oben auszugsweise zitierte Werbeprospekt für die MITTAG-Baudatei eine geeignete Möglichkeit zur Gegendarstellung.

1.1 Zur Notwendigkeit

Auf dem Weg in den neuen Zustand der „Informationsgesellschaft", auf dem wir uns zweifelsohne befinden, konzentrieren sich große Bereiche des Produktions- und Konsumtionsverhaltens auf die Verarbeitung von Informationen, wobei dei Effektivität deren Leistungskriterium wird. Die neuen (Informations-) Medien dringen in alle Bereiche, auch in den baukünstlerischen Entwurf – die Domäne der Architekten – ein, wobei der Computer das dafür benötigte Werkzeug ist. So wie diese unaufhaltsame

Entwicklung Einfluß auf das zukünftige Berufsbild des Architekten nimmt, muß auch die Lehre dies berücksichtigen. In Reaktion auf diese Tatsache existiert seit Anfang 1990 an der Fakultät Architektur ein Bereich „Computergestütztes Planen" mit folgendem Aufgabenprofil:

- Konzeption und Realisierung einer Lehre zur Computernutzung für Architekten
- Forschung und Erprobung von aktuellen Möglichkeiten der Informatik, Aufbereitung architekturspezifischer Anforderungen an derartige Systeme
- Koordinierung der Zusammenarbeit/Arbeitsteilung mit den Fachbereichen der Fakultät (Systeminstallation, -auswahl, fachspezifische Unterweisungen), Ansprechpartner für alle zentralen Fragen bzgl. Computernutzung an der Fakultät, Mitarbeit in den entsprechenden Gremien.

Die Lehre als einer dieser Arbeitsschwerpunkte soll hier näher erläutert werden.

2. Das Prinzip der Wissensvermittlung

Diese Konzeption zur anwendungsorientierten Informatik-Ausbildung von Architekturstudenten beruht auf drei Grundgedanken;

1. Schwerpunkt der Arbeit bildet die Heranführung der Architekturstudenten an einen praxisorientierten Umgang mit relevanten Programmsystemen, verbunden mit der Vermittlung fachorientierten Hintergrundwissens zur Computernutzung in der Arbeit des Architekten.
2. Ausbildungsziele sind daher aus Anwendersicht gewählt:
   - die Befähigung, das Leistungsvermögen von architekturspezifischen Programmsystemen durch theoretische Darlegung der Einordnung, Leistungsfähigkeit und architekturspezifischen Ausrichtung der vermittelten CAD-Systeme und deren Vergleich zu anderen Systemphilosophien
   - ein Grundwissen über Computertechnik (Hardware und Betriebssysteme) zu vermitteln und Hintergründe und Modelle von Anwendersoftware zu erläutern und zu beurteilen
   - die Nutzung von Anwendersoftware (einerseits Büro- und Textverarbeitung, andererseits architekturspezifische Software
   - CAD/AVA) durch praxisrelevante Umsetzung einer Architekturaufgabe (Beleg) mittels architekturspezifische CAD- und AVA-Systemen auf der Grundlage der vermittelten Kenntnisse
3. Diese Wissensvermittlung erfolgt nicht losgelöst vom Anwendungsgebiet, sondern wird unmittelbar anhand konkreter Architekturaufgaben fachbegleitend wirksam. In der Vergangenheit standen der Verwirklichung dieses Konzepts insbesondere zwei Barrieren im Weg: Zum einen die zentralisierte, die Anwendersicht kaum reflektierende Informatikausbildungsstrategie für Ingenieure und zum anderen die

fehlende Hard- und Software-Bereitstellung. So war es erst im Frühjahrssemester 1990 möglich, ein Kurssystem „CAAD-Ausbildung für Architekten" als Pilotprojekt den Studenten anzubieten.

3. Das Kurssystem

Insgesamt werden derzeit drei aufeinander aufbauende Kurse angeboten (Abb. 1: Übersicht der anwendungsorientierten Informatikkurse an der Fakultät Architektur).

Im Grundkurs soll der Student durch die direkte Konfrontation mit dem neuen Arbeitsmittel Computer an dessen Aufbau und Funktionalität architekturspezifisch und praktisch herangeführt werden sowie theoretisches Hintergrundwissen unmittelbar im Bezug zur praktischen Arbeit vermittelt bekommen.

In den Vertiefungskursen soll dem motivierten Studenten Wissen zur allgemeinen Systemphilosophie vermittelt und die aus der Praxis des Architekturbüros entstehenden Anforderungen beim Einsatz dieser Systeme aufgezeigt werden.

Grundkurs

Einführung in die praktische Anwendung von CAAD- und AVA-Systemen

Aufbaukurs I

Nutzung von aktuellen CAAD-/AVA-Systemen durch konkrete Projektbearbeitung

Aufbaukurs II

Problemlösung mit CAAD-Systemen durch nutzerspezifische Anpassung

Abb. 1: Übersicht der anwendungsorientierten Informatikkurse an der Fakultät Architektur

3.1 Grundkurs: Einführung in die praktische Anwendung von CAAD-Systemen im Architekturbereich.

Inhalt: Anforderungen an CAD-Systeme aus der Planungspraxis des Architekten
Dauer: 1 Semester

- Anwendungswissen zur Computertechnik und Peripherie:
  - Leistungsklassen
  - Parameter
  - Handhabung
  - Preise
  - Tendenzen

- Betriebssystem und Textverarbeitung (Aufgaben, Funktionsumfang, Anwendung)
- Einführung in die Computergrafik (Abb. 2)
  - Kommunikationstechniken
  - Modelle
  - Benutzeroberflächen
  - Parameterisierung
  - Bemaßung
  - Verknüpfung nichtgraphischer Attribute
  - Datenportabilität
- Handhabung eines CAAD- und AVA-Systems anhand eines einfachen Architekturobjekts

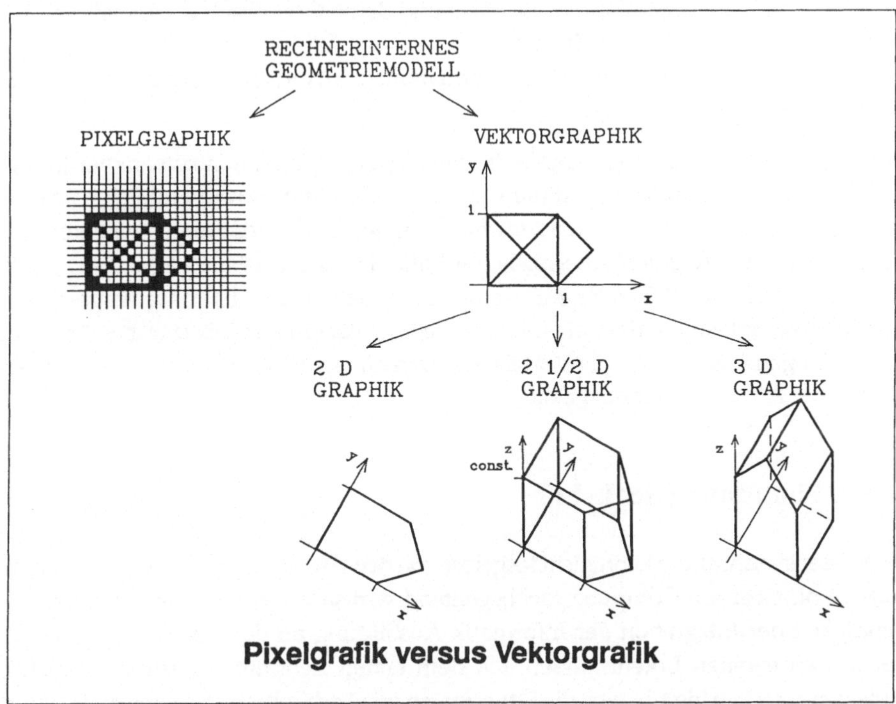

Abb. 2: Beispiel für vermitteltes Hintergrundwissen

3.2 Vertiefungskurs 1: Praxisorientierte Anwendung eines aktuellen CAD / AVA-Systems (Dauer: 1 Semester)

Inhalt: Vergleich und Bewertung unterschiedlicher Systeme hinsichtlich:

- Einsatzmöglichkeiten, Trendanalyse, Leistungsgrenzen, Hintergründe und Ursachen der Funktionalität von CAD/AVA-Systemen

- Demonstration von Benutzeroberflächen und Modellierungstechniken, Fragen der Wirtschaftlichkeit und Finanzierung von Computern im Architekturbüro (Unterstützung in den HOAI-Phasen mit CAD/AVA, Kosten, Anschaffungskosten, Betriebskosten, Wartungskosten, Service, Lauf/Leasing/Miete, Nutzen-Kosten-Vergleich)
- Nutzung eines integrierten CAD/AVA-Systems für eine praktische Entwurfsaufgabe (Objektmodellierung - Mengen-, Massenermittlung - Kostenschätzung)

3.3 Vertiefungskurs 2: Nutzerspezifische Anpassung einer CAAD-Software, Problemlösung mit CAD-Systemen (Dauer: 1 Semester)

Inhalt: Anpassungsmöglichkeiten und Fachspezifik in CAD-Systemen

- Entwurfs- und Handlungsspezifik des Architekten in CAD-Systemen: Block- und Layerorganisation, Kataloge und deren Organisation, aggregierte Kommandos und Menüdefinition
- Auswertung nichtgeometrischer Informationen entsprechend eigens formulierter Anforderungen.

Es wird angestrebt, für interessierte Studenten auch spezielle informatikvertiefende Kurse anzubieten. Praktisch wird unmittelbar am Gerät und sowohl mit intensiver Betreuung als auch parallelem Freiraum für Übungen und Vertiefungen eine konkrete Umsetzung eines Architekturbeispiels mit Hilfe des neuen Werkzeuges CAD geübt. An unterschiedlichen Beispielen soll exemplarisch der Umfang der computergestützten Architektentätigkeit von der Zeichnungserstellung bis hin zur Leistungsbeschreibung nachvollzogen werden, um die Vorteile der Datenintegration zu verdeutlichen (Komplexität der Anwendungsmöglichkeiten).

4. Zur Einordnung der Lehre

Die Wissensvermittlung kann nicht losgelöst von den Anwendungen erfolgen, sondern muß unmittelbar am Computer fachbegleitend wirksam werden. Hier zeigt sich die wendigkeit der Integration der Informatik-Ausbildung an der Fakultät Architektur. Neben den eigenen Erkenntnissen aus dem ersten Lehrangebot für Architekturstudenten sprechen hierfür auch die Erfahrungen von Fachkollegen anderer Architekturhochschulen.

Eine solche Integration des „CAAD für Architekten" in die einzelnen Fachgebiete der Architekturfakultäten hat sich an deutschsprachigen Hochschulen durchgesetzt und ist fester Bestandteil des Lehrkonzeptes dieser Hochschulen. Der Modellversuch „CAD-Ausbildung im Bauwesen" basiert beispielsweise auf einer derartigen Integration. Die zunächst in das Verzeichnis der wahlobligatorischen Lehrveranstaltungen aufgenommenen Kurse gehören ab dem Wintersemester 1991/92 zum obligatorischen Lehrprogramm der Fakultät.

4.1 Praktische nutzbare Beispiele der Systemanwendung in den Kursen

Neben dem unmittelbaren Umgang mit dem Gerät ist die Auswahl des zu bearbeitenden Beispiels von nicht zu unterschätzender Bedeutung. Zu oft werden anspruchsvolle Systeme und die Erwartungen der Studenten mit trivialen, architektonisch nicht aussagefähigen oder aber mit ungewöhnlich und extrem komplizierten Objekten „gequält"; die Messe- und Vorführungsbeispiele von Systemherstellern geben ein für sich sprechendes Zeugnis ab.

4.1.1 Modellierung von Entwürfen aus der Zeit des Bauhauses Weimar

In Weimar ist man in der glücklichen Lage, diesbezüglich auf einen Fundus von Entwürfen und Modellen aus der Zeit des *Bauhauses in Weimar* 1919-1926 zurückgreifen zu können. Neben dem Aspekt, einfache, der Funktionalität abgeleitete Entwürfe CAD-unterstützt zu bearbeiten, existiert die (für uns gelegen kommende) Situation, daß vielfach nur unvollständige bzw. sich widersprechende Zeichnungen von Entwürfen aus dieser Zeit vorliegen. Auf diese Weise ist der Bearbeiter gezwungen, sich auch kritisch und innovativ mit dem Gegenstand „Architektur" auseinanderzusetzen. Im wesentlichen aber kann er sich auf die CAD-Systemnutzung konzentrieren (was ja der hier besprochene Lehrinhalt darstellt), da der eigentliche Entwurf schon vorliegt. Durch den intensiven Kontakt mit dem Wissenschaftsbereich Theorie und Geschichte der Architektur der Fakultät werden in den Kursen jeweils andere Entwurfsvorlagen ausgegeben (z.B. Atelier Walter Gropius und Georg Muche „Versuchshaus" etc.). Auf diese Weise entsteht über die Semester eine „CAAD-modellierte Bauhausdatei" von rekonstruierten Entwürfen der *Bauhaus*-Zeit, die vollständig 3D-modelliert zum Teil unvollständig Gedachtes und niemals Gebautes anschaulich wiedergeben und für wissenschaftlich-theoretische Zwecke wie auch als Anschauungsobjekt dienen können.

4.1.2 Modellierung von Stadt- und Gebäudeteilen der Stadt Weimar

Im Rahmen von Diplom- und Belegarbeiten werden als Beispiel der Untersuchung Objekte ausgewählt, die im unmittelbaren Interesse der Bebauungsabsichten (Wettbewerbe, Bebauungspläne etc.) der Stadt Weimar liegen. Somit kann aussagefähiges Material zur Verfügung gestellt werden (Varianten, Perspektiven, Stadtkartierungen), was den Kontakt Hochschule-Stadt fördert und aber auch der Aktualität der Studentenarbeiten dient.

5. Zur Forschung

Die im Bereich bearbeiteten Forschungsschwerpunkte garantieren durch die hierbei gewonnenen aktuellen und tendenziellen Erkenntnisse eine unmittelbare Rückkoppelung auf die Ausprägung der Lehre. Folgende Schwerpunkte werden von uns zum Teil in Zusammenarbeit mit anderen Hochschulen bzw. der Industrie bearbeitet:

- Systemvergleiche, -erprobungen, Leistungskriterien für CAAD-Systeme ableiten (Lehre-orientierte Forschung)

- Untersuchungen zur Aufbereitung des Entwurfswissens zur Konzeption wissensbasierender CAD-Systeme (KI), wie das Herausarbeiten von Zusammenhängen in „Entwurfselementarobjekten". In diesem Zusammenhang existiert eine gemeinsame Arbeitsgruppe mit der Fakultät Informatik, wo exemplarisch die gestaltbeschreibenden Begriffe untersucht in einer Datenbank integriert werden sollen.
- Verbindung von facility management mit CAD-Systemen auf der Basis von PC-Hardware: „Industrielles Gartenreich Dessau-Bitterfeld": Möglichkeiten der Gebietsdatenerfassung und Auswertung der Gebietsdaten für soziale, ökologische und wirtschaftliche Nutzung eines Industriegebietes (in Zusammenarbeit mit dem Bauhaus Dessau)
- Erfassung und Auswertung der EDV-Nutzung in Architekturbüros des Landes Thüringen in Verbindung mit Weiterbildungsveranstaltungen für die Kammermitglieder

6. Zur Kooperation mit der Industrie

Die Art und Auswahl der in den Kurs einbezogenen architekturspezifischen CAAD und AVA-Systeme hängt im starken Maße neben der personellen Einarbeitung und Kapazität von der Unterstützung der Software- und Geräteentwickler ab. Bei der Auswahl ist auf eine nutzenorientierte Handhabbarkeit und Integration der Systeme zu achten, um intensive und praxisbezogene Kurse zu gestatten. In den Vertiefungskursen wurden mit gutem Ergebnis mehrere marktführende CAAD-Systeme einschließlich der entsprechenden AVA-Systeme den Studenten zur Nutzung angeboten.

Grundlage hierfür ist ein intensiver fachlicher Kontakt mit den Software- und Geräteherstellern. Während die Hochschule die Entwicklungen unentgeltlich zur Verfügung gestellt bekommt, werden den Herstellern Erfahrungen und Ergebnisse zur Ausbildung (Lehrskripte, Programmentwicklungen, Übungsbeispiele etc.) zur Verfügung gestellt. Dieser Austausch wird seit ca. einem Jahr mit Erfolg praktiziert. Darüber hinaus gibt es erste Ergebnisse einer Forschungskooperation (Hewlett Packard, microway) und dementsprechende Aufgabenteilung. Hier stehen die gewonnenen Resultate der Industrie und wissenschaftliche Forschung gleichermaßen zur Verfügung.

7. Ein Ausblick

Die Ergebnisse und Motivation der beteiligten Studenten haben zunächst Kursinhalte und -teilung positiv bestätigt.

Im Ergebnis der sehr guten Unterstützung unserer Arbeiten durch die Fakultät sind wir dennoch bemüht, das Lehrangebot zu vervollständigen und zu erweitern. Wichtig in dieser Hinsicht ist uns eine Kooperation mit anderen Partnern wie Hochschulen und Industrie. In diesem Sinn soll auch der Beitrag verstanden sein.

Entwerfen mit CAD am Fachbereich Architektur

Brunhilde Meier

Technische Universität Berlin
Fachbereich Architektur

Im Folgenden werden die Ergebnisse von bisher zwei abgeschlossenen Entwurfsseminaren des Hauptstudiums Architektur der Technischen Universität Berlin dargestellt, die mit Hilfe des CAD-Programms AutoCAD durchgeführt wurden. Den Seminaren steht die Hypothese voran,durch räumliche Konzepte eines CAD-Programms in eine neue und inspirierende Auseinandersetzung mit Raum und Form in der Kunst und Architektur treten zu können. Zur traditionellen Zeichnung und zum Modell tritt nun ein neues Ausdrucksmedium hinzu, das als Ausgangspunkt der kritischen Erörterung des Entwurfes an den Universitäten noch weithin unverbreitet ist.

Die Besonderheit des Entwerfens mit CAD beruht auf der Vermittlung von Entwurfskenntnissen und der Einführung in die Benutzung des Computers und des CAD-Programms. Die Lehrmethode beruht daher auf einer parallelen, dreistufigen Vorgehensweise:

1. Einführung in CAD anhand von Bildern aus der modernen Kunst
   - räumliche Interpretation dieser Bilder
2. Gelände- und Kontextstudie mit CAD
   - Definition des Genius Loci und des Entwurfsprogramms mit Hilfe von Arbeits modellen
3. Ausarbeitung des Entwurfs mit CAD
   - Präsentation des Entwurfs am Computer und als Plot-Zeichnung

1. Entwurf eines Atelierhauses mit CAD

Die erste Entwurfsaufgabe ist ein Projekt mit dem Thema „Entwurf eines Atelierhauses mit CAD" dar und behandelt das Wohnen und Arbeiten im historischen Kontext des Scheunenviertels im Zentrum Berlins. Das Programm der Gebäude beruht auf dem Prinzip der Mischnutzung von Cafe, Galerie, Werkstatt, Atelier und Minimalwohnungen als Grundlage der Revitalisierung des Viertels. Die engen Grundstücke in der sehr alten und für Berliner Verhältnisse ungewöhnlich kleinteiligen Struktur veranlassen den entwerfenden Studenten, sich mit dem Phänomen der Transparenz auseinanderzusetzen und ein modernes Gebäude in den historischen Kontext einzufügen. Wobei hier nicht die wörtliche Transparenz von Materialien wie Glas gemeint ist, sondern die Doppeldeutigkeit der Raumbeziehungen.

Diese Transparenzen lassen sich hervorragend auch mit einem CAD-Programm auf PC-Ebene untersuchen und mit Hilfe der Layertechnik zum Ausdruck bringen. Das entworfene Gebäude wird dabei wie mit einem Röntgenblick erfaßt. (siehe Abb.1 - 3).

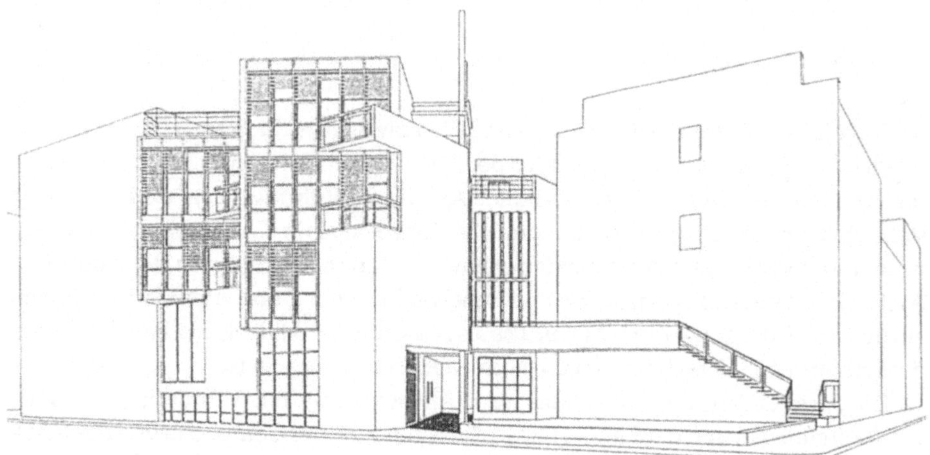

Abb. 1: Perspektive

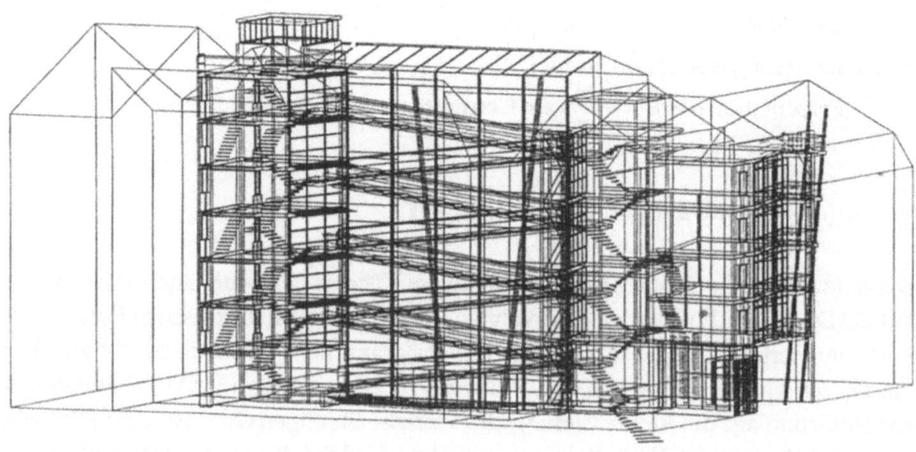

Abb. 2: Transparenz

Abb. 3: Arbeitsmodell

2. Entwerfen in Lennés Landschaften – Bauten in der Landschaft mit CAD

Die zweite Entwurfsaufgabe ist ein Projekt zum Thema „Entwerfen in Lenne's Landschaft – Bauten in der Landschaft mit CAD", in der von dem Landschaftsarchitekten Joseph Peter Lenne im 19. Jahrhundert gestalteten Parklandschaft Potsdams. Auf dem Grundstück der von Persius entworfenen, zerstörten Villa Alexander wurde ein internationales Begegnungszentrum konzipiert. Das mit einem Garten von Lenne geplante Gelände der ehemaligen Villa ist in ein Netz von Sichtbeziehungen zu zahlreichen historischen Anlagen wie Schloß Glienicke, Babelsberg, Neuer Garten, Sakrow und das Belevedere in die Landschaft eingebunden – wie es typisch ist für die neoklassische Haltung des 19.Jahrhunderts. Das Hauptaugenmerk der Entwurfsaufgabe liegt darin, ein selten gewordenes Verständnis für den Genius Loci zu entwickeln, für die freie Formenwelt der Landschaft und das Plazieren von Gebäuden in ihr. Die Auseinandersetzung mit der freien Form sowohl in der Kunst als auch in der Natur ist ein im Architekturstudium oft nur im Verweis auf Alvar Aalto oder das Barock behandeltes Thema. Nur selten wird es Gegenstand der gestalterischen Untersuchung. Die Verwendung von Poly-Linien und 3D-Maschen vereinfacht den Umgang mit dieser Formenwelt. Hier muß jedoch angemeldet werden, das – wie bei vielen räumlichen, architektonischen Entwurfskonzepten – die Arbeits- und Speicherleistung eines MS-DOS-Rechners kaum ausreichend ist und oft zu ästhetisch nicht aktzeptierbaren Ergebnissen führt. Die wichtigste Aufgabe beim Einsatz von CAD im kreativen Entwurfsprozeß ist die Ausgewogenheit zwischen dem Erlernen einer für den Architekturstudenten neuen Technik, mit der er in seinem späteren Arbeitsalltag konfrontiert werden wird, unter Beibehaltung der an künstlerische Entwerfen gestellten Anforderungen an Gestaltung, Aufgabe und Inhalt der Architektur (siehe Abb. 4 - 6).

Abb. 4: Perspektive

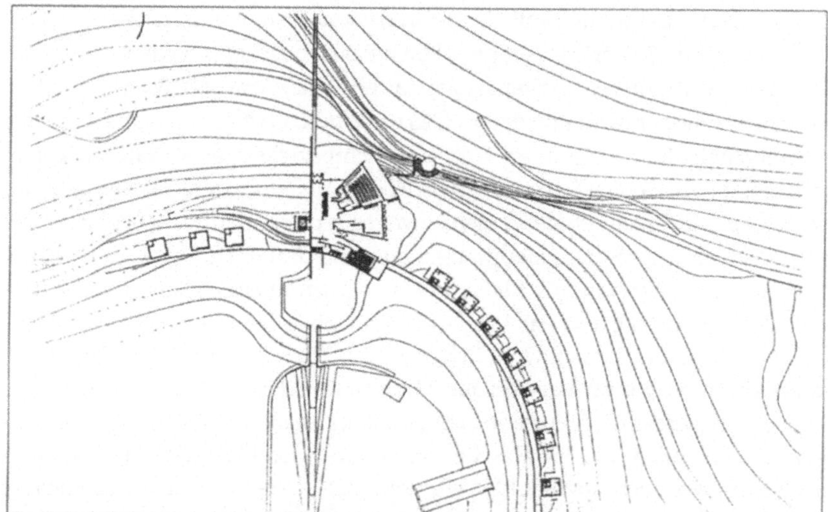

Abb. 5: Lageplan und Erdgeschoß-Grundriß

Abb. 6: Modell

Dokumentation zum Programm EVER – Energiebedarfsermittlung einer zu elektrifizierenden Eisenbahnstrecke

Gerhard Hofmann

Hochschule für Verkehrswesen „Friedrich List", Dresden
Fakultät für Elektrotechnik, Telekommunikation und Prozeßautomatisierung

1. Aufgaben und Leistungen des Programms EVER

Das Programm EVER ermöglicht die Energiebedarfsermittlung von Vollbahnen nach dem KOTHERschen Energiebedarfsermittlungsverfahren [1-3]. Dazu ist die zu berechnende Strecke in Abschnitte einzuteilen, die nach den Gesichtspunkten Betriebsstellen, Neigungswiderstände und Bogenwiderstände gewählt werden. Das Programm verarbeitet folgende Eingabegrößen:

a) Streckendaten je Abschnitt
  - Länge,
  - Neigung,
  - Bogenwiderstand;

b) Zugdaten je Zugart
  - Lokomotivmasse,
  - Antriebsart,
  - Luftwiderstandsbeiwert,
  - Zugart (Reisezug oder Güterzug),
  - Zugmasse,
  - Zugzahl je Tag;

c) Technologische Daten je Zug
  - befahrene Abschnitte, je Abschnitt
    - Höchstgeschwindigkeit in Hin- und Gegenrichtung,
    - Anfahrten nach Halt (ja/nein).

Als Berechnungsergebnisse werden folgende Daten ausgewiesen:

a) je Zug und befahrenem Abschnitt
  - spezifischer Energiebedarf
    - für Fahren mit konstanter Geschwindigkeit,
    - für Beschleunigen,
    - für Nebenverbraucher,
    - für Heizung,
    - ab Stromabnehmer,
    - ab Unterwerk;
  - absoluter Energiebedarf;
  - Verkehrsarbeit;

b) je Abschnitt
   spezifischer Energiebedarf;
   absoluter Energiebedarf;
   Verkehrsarbeit;
c) für die Gesamtstrecke
   spezifischer Energiebedarf;
   absoluter Energiebedarf;
   Verkehrsarbeit;

2. Struktogramm

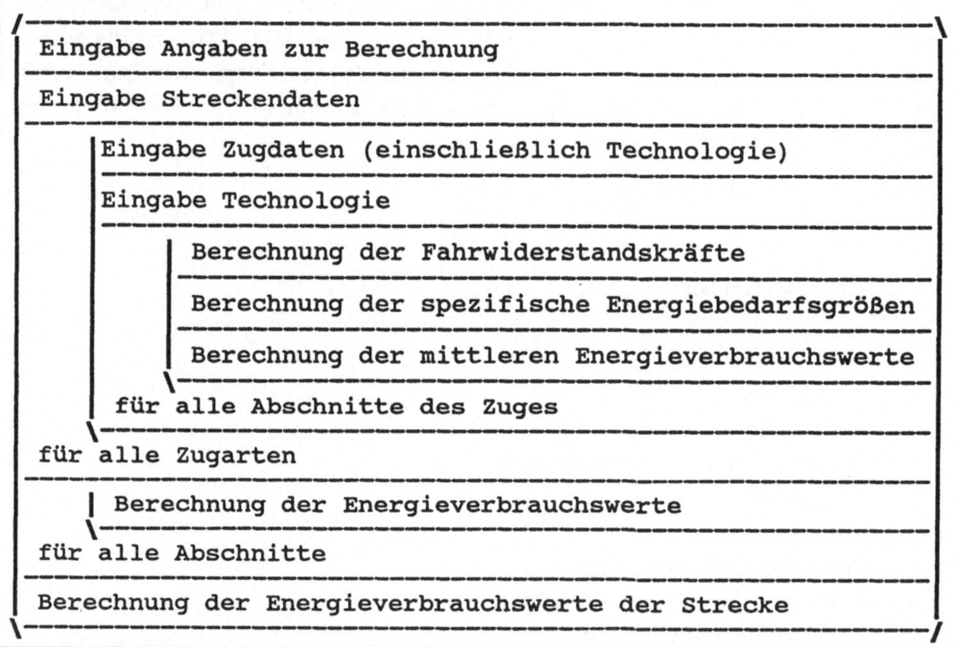

3. Eingabedialoge

3.1 Allgemeine Daten für die Berechnung

Energiebedarfsermittlung einer zu elektrifizierenden Strecke:

```
Studentennummer:
Seminargruppe  :
Name           :
Vorname        :

Anzahl der Streckenabschnitte :

Anzahl der Zugarten :
```

Kursorbewegung: ^S .. links | ^D .. rechts | ^E .. hoch | ^X .. runter
Beenden einer Eingabe mit <ET>
Beenden aller Eingaben mit <ESC>

3.2 Streckendaten

Bitte die Daten der einzelnen Streckenabschnitte eingeben :

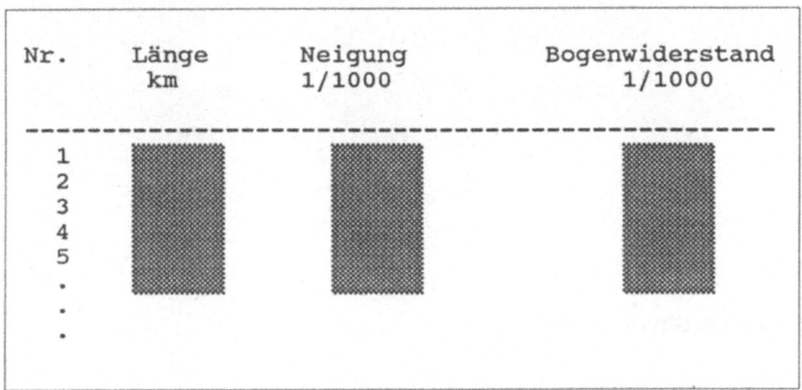

```
Nr.     Länge        Neigung           Bogenwiderstand
         km          1/1000                 1/1000
-----------------------------------------------------
 1
 2
 3
 4
 5
 .
 .
 .
```

Kursorbewegung: ^S .. links | ^D .. rechts | ^E .. hoch | ^X .. runter
Beenden einer Eingabe mit <ET>
Beenden aller Eingaben mit <ESC>

3.3 Zugartdaten

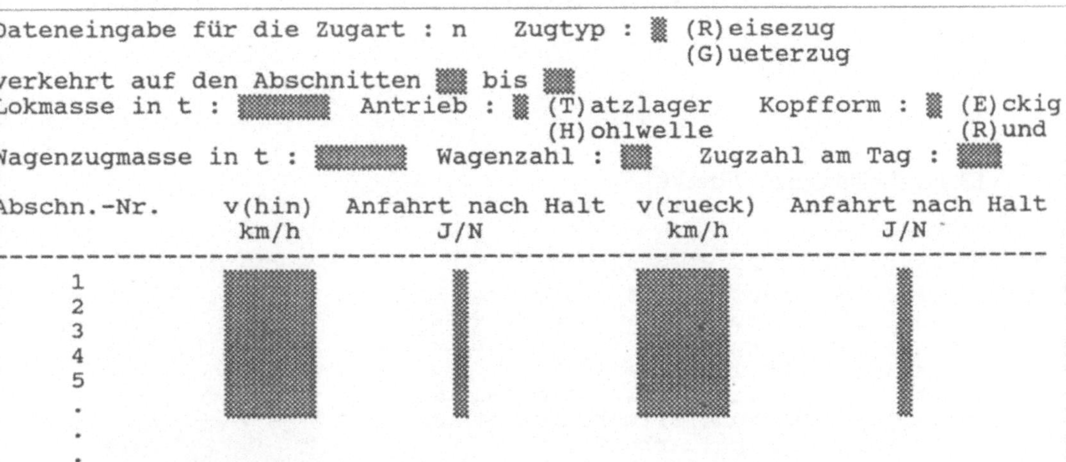

```
Dateneingabe für die Zugart : n   Zugtyp : ▒ (R)eisezug
                                           (G)ueterzug
verkehrt auf den Abschnitten ▒▒ bis ▒▒
Lokmasse in t : ▒▒▒▒   Antrieb : ▒ (T)atzlager   Kopfform : ▒ (E)ckig
                                   (H)ohlwelle              (R)und
Wagenzugmasse in t : ▒▒▒▒  Wagenzahl : ▒▒   Zugzahl am Tag : ▒▒

Abschn.-Nr.    v(hin)  Anfahrt nach Halt  v(rueck)  Anfahrt nach Halt
                km/h         J/N            km/h          J/N
----------------------------------------------------------------------
    1
    2
    3
    4
    5
    .
    .
    .
```

Kursorbewegung: ^S..links | ^D..rechts | ^E..hoch | ^X..runter
Beenden einer Eingabe mit <ET>
Beenden aller Eingaben mit <ESC>

4. Ergebnisdarstellung

4.1. Ergebnisdaten je Zugart und Streckenabschnitt

```
Nr.  wzm     af      ab      an      ah      av      as       auw      Auw
     N/kN  Wh/tkm  Wh/tkm  Wh/tkm  Wh/tkm  Wh/tkm  Wh/tkm   Wh/tkm    MWh
-----------------------------------------------------------------------------
 1
 2
 3
 4
 5
 .
 .
 .
```

4.2. Ergebnisdaten je Streckenabschnitt

Gesamtübersicht der Strecke:

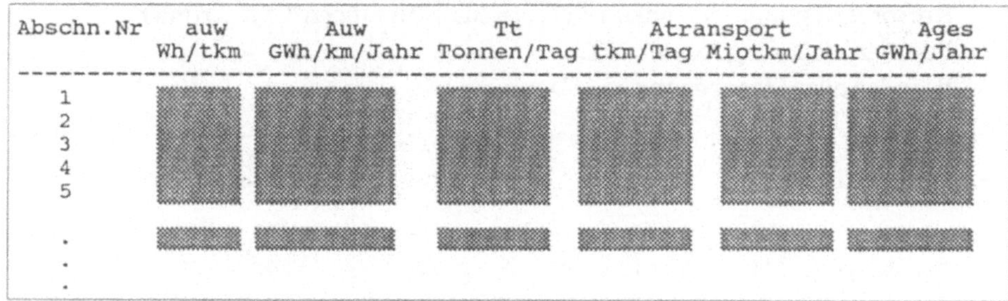

```
Abschn.Nr   auw        Auw           Tt          Atransport           Ages
          Wh/tkm  GWh/km/Jahr  Tonnen/Tag  tkm/Tag  Miotkm/Jahr  GWh/Jahr
--------------------------------------------------------------------------
   1
   2
   3
   4
   5

   .
   .
   .
```

4.3. Ergebnisdaten der Strecke

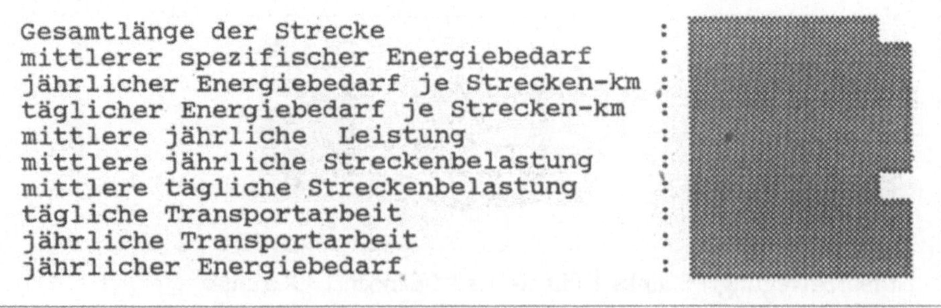

```
Gesamtlänge der Strecke                        :
mittlerer spezifischer Energiebedarf           :
jährlicher Energiebedarf je Strecken-km        :
täglicher Energiebedarf je Strecken-km         :
mittlere jährliche  Leistung                   :
mittlere jährliche Streckenbelastung           :
mittlere tägliche Streckenbelastung            :
tägliche Transportarbeit                       :
jährliche Transportarbeit                      :
jährlicher Energiebedarf                       :
```

4.4. Erklärung verwendeter Formelzeichen

v - Fahrgeschwindigkeit,
wzm - mittlerer Fahrwiderstand des Zuges,
af - spezifischer Energiebedarf für Fahren mit konstanter Geschwindigkeit,
ab - spezifischer Energiebedarf für Beschleunigen,
an - spezifischer Energiebedarf für Nebenverbraucher,
ah - spezifischer Energiebedarf für Heizung,
av - spezifischer Energiebedarf für Verschiebedienst,
as - spezifischer Energiebedarf ab Stromabnehmer,
auw - spezifischer Energiebedarf ab Unterwerk;
Auw - absoluter Energiebedarf
Ages - gesamter absoluter Energiebedarf
Tt - Streckenbelastung
Atransport - Verkehrsarbeit

5. Rechentechnologische Angaben

Das Programm EVER ist in Turbo Pascal 6.0 unter Betriebssystem MS-DOS programmiert. Es benutzt keine Treiber des Borland-Graphik-Interface.

Der Quelltext umfaßt 635 Zeilen.Der Speicherplatzbedarf beträgt für die Versionen

XT ohne Arithmetikcoprozessor (Emulation) 41 232 Byte
XT mit Arithmetikcoprozessor 31 488 Byte

AT ohne Arithmetikcoprozessor (Emulation) 40 656 Byte
AT mit Arithmetikcoprozessor 30 912 Byte

Die Abarbeitungszeit wird zu 95 % von der Geschwindigkeit des Eingabedialogs bestimmt. Die eigentliche Berechung ist zeitlich völlig unkritisch.

Während der Programmausführung wird im aktuellen Verzeichnis eine Protokolldatei mit den auf dem Bildschirm angezeigten Ergebnissen erzeugt. Ihr Dateiname wird nach der Vorschrift EVERnnn.AUS gebildet, wobei nnn - die bis zu drei Stellen lange eingegebene Studentennummer ist.

Damit ist eine einfache Form der Ergebnisdokumentation gegeben.

Literatur

1 Kother, H. Verwendung von Kenngrößen aus der Betriebsstatistik für den allgemeinen Entwurf elektrischer Bahnen. In: Elektrische Bahnen. - München 17 (1941) 12. - S. 233 - 258

2 - VEM-Handbuch „Energieversorgung elektrischer Bahnen". Berlin: Technik, 1975.

3 Schmidt, P. Energieversorgung elektrischer Bahnen. Berlin: Transpress, 1988.

NUMERI – Ein Programmsystem zur digitalen Signalverarbeitung für den Einsatz in der Lehre

Erwin Lindermeir, Frank Palme und Peter Haschberger

Technische Universität München
Lehrstuhl für Elektrische Meßtechnik

Zusammenfassung

Beim Einsatz der Methoden der digitalen Signalverarbeitung in der Praxis zeigt sich, daß die genaue Kenntnis der Verfahren für deren sinnvollen und erfolgreichen Einsatz unbedingt notwendig ist. Insbesondere in der Ingenieurausbildung wird deutlich, daß allein die Vermittlung der theoretischen Grundlagen nicht ausreicht. Aus diesem Grunde wurde am Lehrstuhl für Elektrische Meßtechnik der TU München das Programmsystem NUMERI entwickelt. Dieses soll den Anwender (speziell Studenten) mit den Standardverfahren der numerischen Signalverarbeitung wie Ausgleichsrechnung, Statistik, Fouriertransformation, digitale Filterung und Korrelation vertraut machen. Der Bediener wird interaktiv über Auswahlmenüs durch das Programm geführt, hat jedoch gleichzeitig genügend Freiheiten, um sich ein Bild über Wirkungsweise, Qualität und Einsatzmöglichkeiten der Algorithmen zu machen. Der Aufsatz beschreibt den Inhalt des Programms und erläutert dessen Anwendung anhand eines Beispiels.

1. Einleitung

Im Rahmen der Ausbildung von Ingenieuren hat der Einsatz von Personalcomputern in den letzten Jahren immer mehr an Bedeutung gewonnen: Die Rechner dienen nicht mehr nur als notwendige Hardware-Komponente bei der Vermittlung von Software-Kenntnissen (z.B. in Programmierkursen für Hochsprachen oder als Emulationsumgebung innerhalb von Mikroprozessor-Praktika); vielmehr hat sich der auf allen technisch orientierten Sektoren stattfindende Trend, den PC außer zur reinen Datenverarbeitung auch zur Datenerfassung einzusetzen, gleichermaßen im Bereich der universitären Lehre vollzogen. Unterstützt wird dieser Prozeß neben dem immer besseren Preis-Leistungs-Verhältnis der Rechner durch entsprechende finanzielle Förderungen des Bundes und der Länder (z.B. Computer-Investitions-Programm (CIP)).

In Ergänzung zur praxisorientierten Ausbildung der Studenten innerhalb der Forschungslabors der Hochschulinstitute wird der PC zunehmend als Lehrmittel in Vorlesungen, Übungen und Praktika genutzt. Mit Hilfe der entsprechenden Software lassen sich theoretische Grundlagen verdeutlichen und Vorlesungsinhalte vertiefen. Vor allem die aus der Sicht des Studenten oftmals fehlende Verbindung zwischen Lehrstoff und praktischem Bezug kann durch den Rechnereinsatz einfach und in vielen Fällen eindrucksvoll und nachhaltig vermittelt werden. Das Programmsystem NUMERI, das im folgenden vorgestellt wird, bildet diese Verbindung im Bereich der numerischen Verarbeitung digitaler Signale.

2. Ziele der Programmentwicklung

Bei der Entwicklung von NUMERI standen als Zielgruppe Studenten bzw. allgemein Lernende im Vordergrund. Ihnen soll das Programm als Hilfsmittel im Umgang mit den Algorithmen der digitalen Signalverarbeitung dienen. Um die Methoden genau und möglichst anschaulich kennenzulernen, hat der Anwender interaktiv Zugriff auf alle wesentlichen Parameter, die das Verhalten der Algorithmen bestimmen. Es handelt sich also nicht um eine „black-box"-Implementation der Verfahren, wie sie bei vielen kommerziellen Software-Paketen für die Meßdatenverarbeitung üblich ist. Der Anwender kann die zu bestimmenden Parameter variieren. Durch die direkte Reaktion des Programms darauf erhält er einen Einblick in die Wirkungsweise der Algorithmen. Die Bearbeitung bestimmter Aufgabenstellungen mit ähnlichen Methoden läßt Rückschlüsse zu auf die jeweiligen Einsatzmöglichkeiten, die zu berücksichtigenden Randbedingungen bzw. allgemein die Stärken und Schwächen der einzelnen Algorithmen. Durch den intensiven Umgang mit den Rechenverfahren gewinnt der Student das notwendige Verständnis für die Methoden der digitalen Signalverarbeitung und sammelt praxisorientiert Erfahrungen im Umgang mit ihnen. Als Nebeneffekt werden dem Studenten durch den spielerischen Einsatz des Programms Berührungsängste bei der Arbeit am PC genommen und ein Einblick in die Bedienung und Arbeitsweise technisch-wissenschaftlicher Software-Pakete gegeben.

Wesentlich für die Einsetzbarkeit eines großen Pakets wie NUMERI in den universitären Ausbildungsbetrieb ist seine Anwenderfreundlichkeit und Fehlertoleranz. Nur dann, wenn die Einarbeitungszeit auf ein notwendiges Minimum begrenzt bleibt und Fehleingaben nicht zu Programmabstürzen oder gar falschen Ergebnissen führen, läßt es sich zu Lehrzwecken nutzen. Die inhaltliche Einarbeitung in die Thematik von NUMERI kann dabei nicht durch das Programm selbst erfolgen. Der Anwender muß mit den theoretischen Grundlagen der digitalen Signalverarbeitung, ihrer Fachsprache und der Grundbegriffe der Numerik der Algorithmen vertraut sein. Diese Kenntnisse zu vermitteln ist Aufgabe der Vorlesungen und Übungen bzw. der begleitenden Literatur [1]. Wie oben ausgeführt, stellen Studenten von Ingenieur-Studiengängen die Hauptzielgruppe für NUMERI dar. Der Einsatz von NUMERI ist allerdings nicht darauf beschränkt. Zwei weitere, große Bereiche sind im folgenden angegeben:

- Ingenieur-Weiterbildung: Kombiniert mit dem zugehörigen theoretischen Hintergrund ist das Programmpaket geeignet zur Auffrischung in Vergessenheit geratener Zusammenhänge. Der Erfahrungsschatz, den der Ingenieur aus seiner praktischen Tätigkeit gewonnen hat, wird in einen übergeordneten Rahmen eingepaßt und erhält somit eine fundierte Basis.

- Laborpraxis: Während NUMERI bei den vorgenannten Bereichen eher zur Simulation eingesetzt wird, bietet es sich auch für die direkte, praxisorientierte Anwendung an: Das Programm stellt ein hilfreiches Werkzeug dar, mit dem durch die Kopplung aller großen Gebiete der numerischen Signalverarbeitung schnell und einfach die Auswertung von Meßergebnissen vorgenommen werden kann.

3. Programmstruktur, Inhalte

Entsprechend der zugehörigen Literatur [1] ist NUMERI in sieben große Kapitel unterteilt (Abb. 1).

```
(c) EMT 1990            NUMERI                    Version: 2.0
Kapitel        : Hauptmenü
Programmteil:

        0 Dienstprogramme
        1 Statistik
        2 Amplitudenverteilungen
        3 Ausgleichsrechnung
        4 Glätten, Differenzieren, Integrieren
        5 Diskrete Fourier-Transformation
        6 Digitale Filter
        7 Korrelation

F1 = Hilfe            Auswahl über Ziffern            ESC=EndeAls
```

Abb. 1: Hauptmenü von NUMERI

Ergänzung ist ein weiteres Kapitel „Dienstprogramme" implementiert. Der Bediener wird interaktiv über Auswahlmenüs durch das Programm geführt. Das einheitliche Erscheinungsbild der Menüs erleichtert ihm dabei die Orientierung. Die einzelnen Kapitel sind in sich abgeschlossen und voneinander unabhängig: Die zentralen Programmteile zur Erzeugung bzw. Aufbereitung von Datensätzen und der Ausgabe der Ergebnisse befinden sich in jedem Kapitel. Verfügbar sind dabei zur Datenerzeugung:

- Formelinterpreter: Aus einem Formelausdruck, den der Bediener eingibt, werden in einem frei wählbaren x-Intervall Wertepaare berechnet.
- manuelle Eingabe der Wertepaare

- Standard-Funktionen: Gängige Signalverläufe wie Sinus-, Dreieck- oder Rechteckfunktionen werden nach Vorgabe der entsprechenden Parameter (Amplitude, Frequenz, Phase) erzeugt
- Datensätze von Diskette/Festplatte: Daten aus anderen Programmkapiteln oder aus eigenen Messungen/Simulationen können auf diesem Weg mit NUMERI bearbeitet werden

Datenaufbereitung:

- Löschen, Ändern, Hinzufügen von Wertepaaren
- Sortieren
- Addieren, Multiplizieren von Konstanten
- additive Überlagerung von Rauschsignalen mit wählbarer Verteilungscharakteristik
- Vergleich von Datensätzen zur Bestimmung von absolutem und relativem Fehler

Datenausgabe:

- Grafische Ausgabe: Diese anschaulichste Darstellung der Resultate bietet dem Bediener große Eingriffsmöglichkeiten. Nachdem die Software die Ergebnisse der Berechnungen sinnvoll skaliert und beschriftet am Bildschirm ausgegeben hat, erleichtert ein interaktiver Grafik-Editor über Ein-Tasten-Befehle dem Anwender die Interpretation der Diagramme: Beliebige Teile der Kurven können vergrößert dargestellt werden (Zoom-Funktion). Parameter (Punktart, Strichart, Verbindungsart, Farbe) und die Skalierung (linear, logarithmisch, Gaußsche Wahrscheinlichkeitsskalierung) lassen sich variieren. Durch Einblendung eines Hintergrundrasters und die Anzeige der aktuellen Cursor-Position können die Kurven vermessen werden. Über einen angeschlossenen Plotter erfolgt die Ausgabe der Grafik.
- Die exakten Funktionswerte des Datensatzes können aus einer Wertetabelle, die auch auf einem Drucker ausgegeben werden kann, entnommen werden.
- Zur Weiterverarbeitung oder Sicherung der Daten können diese auf Diskette/Festplatte abgelegt werden.

Die einzelnen Menüebenen innerhalb der Kapitel werden über Ziffern angewählt. Die Eingabe von Parametern für die Algorithmen erfolgt über Bildschirmmasken: Zahlen- oder Texteingaben erwartet die Software in optisch hervorgehobenen Feldern. Die Reihenfolge der Eingaben ist beliebig, erst durch die Betätigung einer Funktionstaste werden die Eintragungen übernommen und auf Korrektheit überprüft. Wesentliches Augenmerk bei der Entwicklung des Programms wurde auf diese Eingabe-Überprüfung gelegt, die direkt zur Fehlertoleranz des Softwarepakets beiträgt. So wird auf unsinnige Eingaben aufmerksam gemacht und Parametervorgaben, die zu einem Absturz des Programms führen könnten, werden nicht akzeptiert. Eine kontextsensitive Hilfe-Funktion unterstützt den Anwender mit Informationen zum aktuellen Menüpunkt. Die folgende Übersicht liefert eine tabellarische Zusammenstellung der Programm-Inhalte:

Statistik

- Verteilungsfunktionen: Dichte- und Summenfunktionen sowie inverse Funktionen können zu folgenden Verteilungen gebildet werden:
  Gleich-
  Normal-
  logarithmische Normal-
  Poisson-
  Exponential-
  Chi-Quadrat-
  Weibull-Verteilung
- Beurteilende Statistik: Die statistischen Kenngrößen eines Datensatzes werden bestimmt:
  - algebraischer, geometrischer Mittelwert, Standardabweichung, Median usw.
  - Häufigkeitsverteilung
  - Chi-Quadrat-Test
  - Vertrauensgrenze für Mittelwert

Amplitudenverteilungen

- Bestimmung von absoluter Häufigkeit, Dichtefunktion, Summenfunktion
- Impulshöhenanalyse: Für spezielle Anwendungen der Amplitudenverteilungen können Peak-Netto-Berechnungen und Basislinien-Korrektur durchgeführt werden

Ausgleichsrechnung

- Ausgleich eines Datensatzes durch
  - algebraische Polynome (bis 9. Grades)
  - Exponentialfunktion
  - Fourier-Reihe
  - gebrochen rationale Funktion
  - benutzerdefinierte Funktion

  Die beiden letzten Ausgleichsverfahren arbeiten mit iterativen Algorithmen und gestatten bei entsprechender Wahl der Startwerte und Vorgabe der partiellen Ableitungen den Ausgleich durch nahezu beliebige funktionale Ausdrücke.
- Spline-Interpolation durch
  - natürlichen Spline
  - not-a-knot-Spline
  - Spline mit Vorgabe der Randableitungen

Glättung, Differentiation, Integration

- Glätten, Differenzieren durch Ausgleichspolynome
- Integration über Newton-Cotes-Formeln (Rechteck, Trapez, Simpson)
- Lösung von Differentialgleichungen und -gleichungssystemen (Euler, Heun, Runge-Kutta) bis maximal 5. Ordnung
- Lösung von Differentialgleichungssystemen für Markow-Ketten

Diskrete Fouriertransformation

- FFT und konventionelle Diskrete Fouriertransformation
- Fensterfunktionen zur Bewertung der Daten im Zeitbereich (Dreieck, Hamming, von Hann, Blackman)
- Rücktransformation
- Rekonstruktion des abgetasteten Signals im Zeitbereich

Digitale Filter

- Entwurf rekursiver und nichtrekursiver Digitalfilter: Tiefpaß-, Hochpaß-, Bandpaß, Bandsperre-Verhalten mit Vorgabe von Grenz- und Abtastfrequenz
- Impulsantwort, Übertragungsfunktion des Filters
- Filterung eines Datensatzes

Korrelation

Korrelation im Zeit- oder im Frequenzbereich:

- Autokorrelation eines Datensatzes
- Kreuzkorrelation zweier Datensätze
- Bestimmung der Übertragungsfunktion von PT_2-Gliedern durch Korrelation

Dienstprogramme

- Bestimmung der Nullstellen einer benutzerdefinierten Funktion (Newton, Regula Falsi, Sekanten-Methode)
- Lösung von linearen Gleichungssystemen (Gauß-Jordan, LR-Zerlegung)
- Lösung von nichtlinearen Gleichungssystemen (Newton)
- grafische Überlagerung von Datensätzen

Durch die einheitliche Datenstruktur können Datensätze, die in einem der Kapitel erzeugt wurden, von einem anderen Kapitel aus weiterverarbeitet werden. Die maximale Datensatzlänge beträgt in der aktuellen Version 1024 Wertepaare. Diese Zahl ist auch für statistische Auswertungen genügend groß. Durch optionale Unterstützung des numerischen Co-Prozessors bleibt die Berechnungsdauer auch bei zeitintensiven Algorithmen in einem vertretbaren Rahmen.

4. Beispiel

Anhand eines Beispiels zum Entwurf eines digitalen Filters sollen einige der Möglichkeiten, die NUMERI zur Verfügung stellt, aufgezeigt werden. Ausgangspunkt sei die Funktion

$$y(t) = \cos(2\pi t) - {}^1/_3 \cos(6\pi t).$$

Sie besteht aus einer Cosinusschwingung mit der Frequenz $f_1 = 1$ Hz und der Amplitude 1 sowie einer weiteren Cosinusschwingung mit der dreifachen Frequenz der Grundschwingung ($f_3 = 3$ Hz) und der Amplitude -1/3 (Abb. 2).

Dieses Signal werde mit der Abtastfrequenz $f_a = 256$ Hz für eine Meßdauer von vier Sekunden digitalisiert. Die Funktion y (t), die beispielsweise über den Formelinterpreter erzeugt wurde, wird anschließend in dem Menüpunkt „Daten verrauschen" mit normalverteiltem Rauschen (Standardabweichung $\rho = 0.2$) überlagert ($y_r(t)$, Abb. 3). Nun soll versucht werden, das normalverteilte Rauschen durch ein digitales Filter zu beseitigen. Der Programmpunkt „Digitale Filter" bietet dazu die Möglichkeit, sowohl rekursive (IIR-) als auch nichtrekursive (FIR-) Filter einzusetzen. Für dieses Beispiel wird ein rekursives Filter gewählt. Der Anwender kann die wesentlichen Kenngrößen wie etwa die Filterordnung und die Grenzfrequenz als auch den Filtertyp und die Filtercharakteristik wählen (Abb. 4).

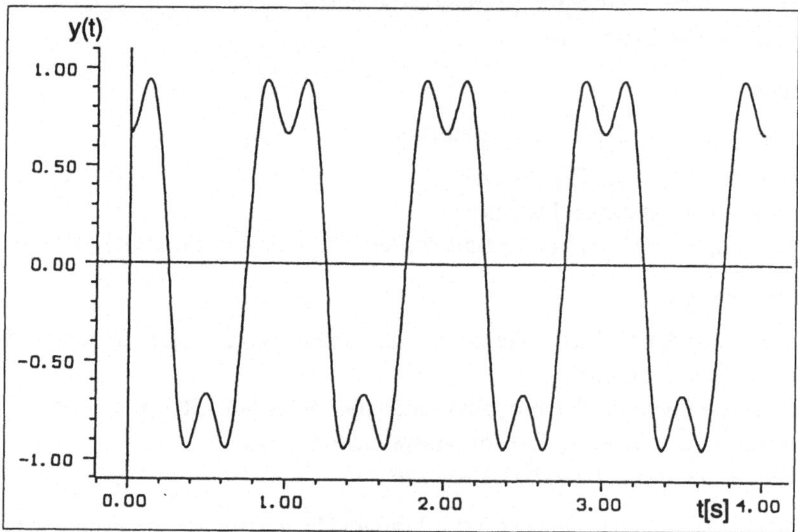

Abb. 2: Beispieldatensatz $y(t) = \cos(2p\,t) - {}^{1}/_{3}\cos(6p\,t)$

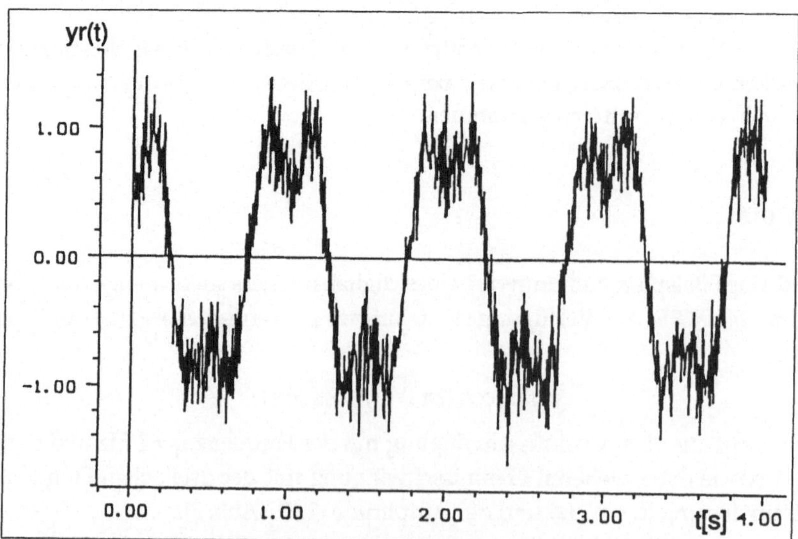

Abb. 3: $y_r(t)$, *Datensatz y (t) überlagert mit normalverteiltem Rauschen (r = 0.2)*

(c) EMT 1990 NUMERI Version: 2.0
Kapitel: DigitaleFilter
Programmteil: rekursiv

Filterordnung N = 8 Filtertyp: Tiefpaß
Hochpaß
Abtastfrequenz [Hz] = 256 Bandpaß
Bandsperre
obere Grenzfrequenz [Hz] = 5

untere Grenzfrequenz [Hz] = 0 Prototyp: 1 Butterworth
2 Bessel
3 Tschebyscheff
4 Cauer

F1 = Hilfe Auswahl ü ber Ziffern ESC = zurück

Abb. 4: Eingabemaske für den Entwurf eines rekursiven Filters

Das hier verwendete Filter habe die Filterordnung 8 und eine Grenzfrequenz von 5 Hz. Des weiteren soll es sich um einen Butterworth-Tiefpaß handeln.

Um zu entscheiden, ob das damit entworfene Filter den Anforderungen entspricht, kann im weiteren der Frequenzgang des Filters betrachtet werden (Abb. 5).

Dabei kann der Anwender interaktiv, während die Grafik am Bildschirm zu sehen ist, einfach durch Drücken der Tasten X bzw. Y sowohl eine lineare als auch eine einfach-logarithmische oder auch eine doppelt-logarithmische Darstellung wählen. Sollte er die Zuordnung der Tasten nicht kennen, kann er sich durch die eingebaute Hilfefunktion sofort über die zur Verfügung stehenden Möglichkeiten informieren.

Der oben beschriebene Datensatz y (t) wird nun mit dem entworfenen Filter behandelt. Das Ergebnis ist in Abb. 6 dargestellt. Diese Grafik mit sinnvoller Skalierung und Beschriftung erscheint direkt am Bildschirm (selbstverständlich besteht die Möglichkeit, Skalierung und Beschriftung zu ändern). Das Ergebnis der Filterung ist nicht identisch mit dem Ausgangsdatensatz y (t). Dies kommt daher, daß das überlagerte Rauschen auch Spektralanteile im Durchlaßbereich des Filters hat und diese als niederfrequente Störungen nicht unterdrückt werden.

5. Erfahrungen

NUMERI wird seit 1989 am Lehrstuhl für Elektrische Meßtechnik in der studentischen Ausbildung eingesetzt. Neben der Unterstützung von Vorlesungen und Übungen dient es Studenten als individuelles Lehrmittel, mit dessen Hilfe sie auf eigenen Rechnern oder den PCs aus dem CIP-Pool selbständig Erfahrungen im Umgang mit den Methoden der digitalen Signalverarbeitung sammeln.

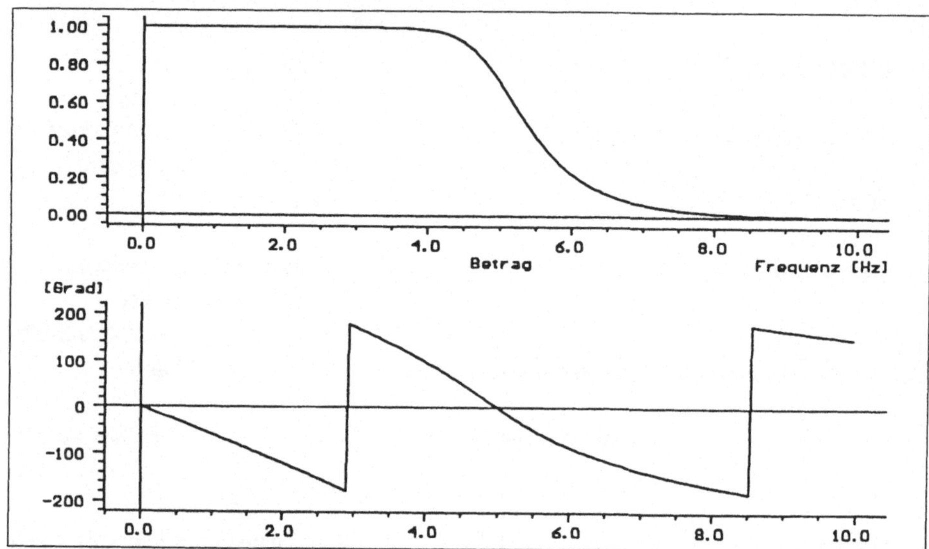

Abb. 5: Frequenzgang des Filters

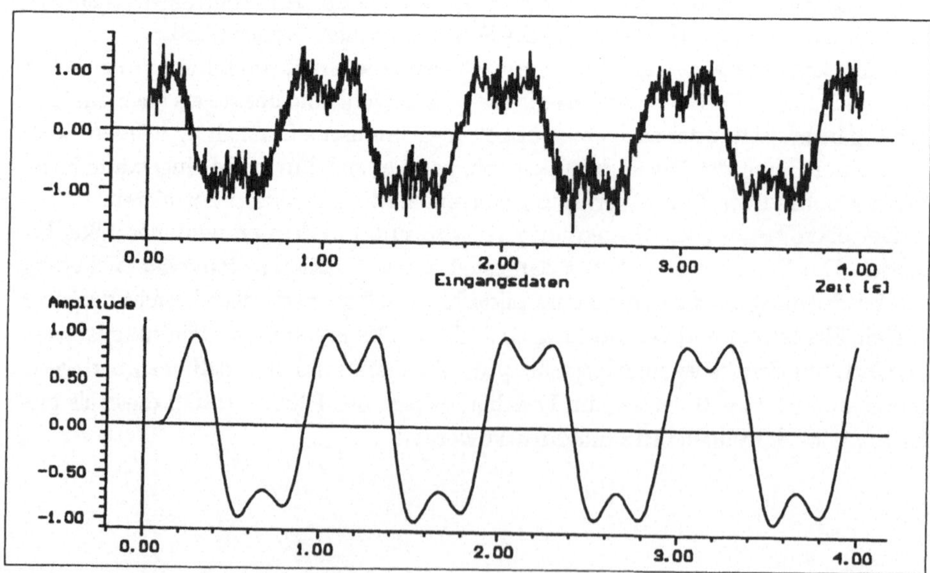

Abb. 6: Ungefilterter und gefilterter Datensatz

Die Akzeptanz ist aufgrund der kurzen Einarbeitungszeit im Rahmen von Diplom- und Studienarbeiten groß. Die aus den selbst entwickelten Meßaufbauten gewonnenen Daten können mit NUMERI weiterverarbeitet und interpretiert werden. Die Erstellung eigener Auswerte-Software ist damit in vielen Fällen nicht mehr notwendig bzw. kann durch die Erfahrungen, die in Vorversuchen mit NUMERI gewonnen wurden, zeitlich optimiert werden.

Gekoppelt mit meßtechnischen Versuchsaufbauten findet NUMERI inzwischen außerdem Einsatz in einem „Fortgeschrittenen-Praktikum Elektrische Meßtechnik", das vom Lehrstuhl angeboten wird. Die trotz wechselnder Versuche einheitliche Bedienoberfläche führt dazu, daß die Praktikanten sich bei Durchführung und Auswertung der Versuche auf die fachliche Arbeit konzentrieren können.Zur Weiterbildung von Ingenieuren werden vom Lehrstuhl regelmäßig Industrie-Seminare auf der Basis von NUMERI durchgeführt. Die Anregungen, die bei diesen Schulungen von seiten der Entwickler kommen, dienen dazu, NUMERI in zukünftigen Ausbaustufen bei der Umsetzung der Theorie in die Praxis noch näher an den Bedarf der Industrie anzupassen.

Literatur

1. Schrüfer, E.: Signalverarbeitung. Verlag Carl Hanser. München 1990.
2. Haschberger, P./Schrüfer, E./Prufer, T.: Numeri - Training Software for Numerical Processing of Digital Data. VDI Berichte Nr. 856. 1990.

Modellierung magnetischer Kreise in der Lehre

Hans Kuß, Frank-Thomas Bölter und Werner Kunze

Technischen Universität Dresden
Elektrotechnisches Institut

Für elektrotechnische Erzeugnisse (elektrische Maschinen, Transformatoren, Lautsprecher, Drosseln u.a.) ist das Magnetfeld funktionsbestimmend. Der Entwurf und die optimale Gestaltung dieser Erzeugnisse erfordert daher eine ausreichende Kenntnis über das sich im Gerät unter verschiedenen Betriebsbedingungen ausbildende Magnetfeld und der davon abhängigen Größen. Ausbildungsziele der Lehrveranstaltung Technische Magnetfelder in der Fachausbildung Elektrotechnik sind daher:

- Vermittlung von Kenntnissen über technische Magnetkreisanordnungen und über den Werkstoffeinsatz sowie über die systematische Lösung technisch relevanter Feldaufgaben;
- Bereitstellung anwendbarer Methoden zur Modellierung technischer Magnetkreise;
- Entwicklung der Fähigkeit zur Analyse des Feldproblems und seiner Überführung in eine berechenbare Aufgabe sowie zur Auswahl und Anwendung einer geeigneten Berechnungsmethode zum Entwurf und der Dimensionierung auch neuartiger Magnetkreise.

Besonderer Wert wird auf die in der Praxis wichtigen Methoden 3, 4 und 5 gelegt (Tafel 1). Der Studierende trainiert die Anwendbarkeit der vorgeschlagenen Berechnungswege in drei Stufen.

1. Lösung einfacher Aufgaben (Drosselspule, Modellanordnungen u.a.) mit selbst erstellten Berechnungsalgorithmen auf Basis der genannten Methoden.
2. Ausführung von Variantenrechnungen an einfachen Magnetkreisen mit bereitgestellten Rechenprogrammen zur Erreichung einer technischen Zielstellung bzw. um physikalische Vorgänge durchschaubar zu machen. Da sich diese Programme auf sehr einfache Magnetkreise (Rechtecknut, Doppelleiteranordnung, Drosselkern) beschränken, sind die Algorithmen noch leicht überschaubar. Die Programme sind auf PC installiert.
3. Nutzung von Programmsystemen, basierend auf der Netzwerkanalyse bzw. der Methode der finiten Elemente zur Untersuchung anspruchsvoller technischer Aufgaben, z.B. des Oberwellenspektrums der Feldkurve elektrischer Maschinen in Abhängigkeitvorgegebener Parameter. Diese Programmsysteme laufen auf PC und Großrechnern.

Nr.	Methoden	Prinzip	Annahme	Feldprobleme
1	Physikalische Modellierung	Gesamt- oder Teilmodelle; evtl. Maßstabsänderung	abgrenzbar bei Teilmodellen	Grundsatzuntersuchungen
2	Analoge Modellierung	elektrische Modellfelder in Leitschichten oder Gitternetzwerken	abgrenzbar, vereinfachte Eigenschaften	Teilfeldprobleme
3	Analytische Verfahren	Verfahren der Potentialtheorie, z. T. stark vereinfacht	abgrenzbare Teilgebiete, Feldverlauf bekannt	Teilfeldprobleme unter einschneidenden Vereinfachungen
4	Traditionelle Magnetkreisberechnung	- Zerlegung in Abschnitte längs Haupt- u. a. Integrationswege - Feldverlauf in Teilabschnitten analytisch beschreibbar	Feldverlauf bekannt ↓	Magnetische Kreise im experimentell bestätigten Erfahrungsraum
5	Netzwerkmethoden, analyse	- Zerlegung in Abschnitte längs Haupt- u. a. Integrationswege - Einführung linearer oder nichtlinearer Widerstände	↓	- Magnetische Kreise im experimentell bestätigten Erfahrungsraum - Anwendung auch in Optimierungsrechnungen - Wärmefeldprobleme
6	Numerische Feldberechnung gen	Numerische Lösung der Maxwellschen DGL - IGL; DGL- oder IGL-Ansatz Eindeutigkeit durch Randbedingungen Potentialeinführung zur Verringerung der Unbekannten	keine wesentlichen Annahmen, Genauigkeit vom - Lösungsansatz, - Aufwand, - Materialparameterexaktheit abhängig	allgemeine 2D- (3D) Feldprobleme Vorgabe der - geometrischen Abmessungen, - Feldquellen, - magnetisierbaren bzw. polarisierbaren Bereiche - Optimierte Auslegung durch Variantenrechnung

Tafel 1: Methoden zur Feldbestimmung

Bei der rechentechnischen Lösung sind folgende Bearbeitungsschritte einzuhalten:

- Analyse der technischen Aufgabenstellung und Herauslösung des berechenbaren Modells;
- Auswahl der Methode und Vorbereitung der Eingabedaten;
- Berechnung am PC bzw. am Großrechner;
- Auswertung der Rechnung am PC unter dem Gesichtspunkt der technischen Zielstellung und Ableitung von Schlußfolgerungen.

Die Programmsysteme der Stufe 3 stehen den Studierenden auch bei der Lösung von Forschungs- und Entwicklungsaufgaben während der Anfertigung der Diplomarbeit zur Verfügung. Der modulare Aufbau gestattet den Studierenden, das Programmsystem durch eigene Programmodule zu ergänzen können. Im folgenden dazu einige Beispiele:

1. Abschnittsweise Berechnung

Ein Ziel der Berechnung des magnetischen Kreises ist die Ermittlung der für einen geforderten magnetischen Fluß notwendigen magnetischen Erregung. Im Fall der elektromagnetischen Erregung ist das die Durchflutung È = i•w. Die abschnittweise Berechnung wird zum besseren Verständnis in folgende Arbeits–schritte aufgelöst:

- Annahme eines idealisierten Feldverlaufs
- Festlegung des Hauptintegrationsweges für die Anwendung des Durchflutungs–gesetzes entlang einer mittleren Feldlinie (Abb. 1)
- Unterteilung des Magnetkreises in einzelne Abschnitte mit idealisierten Abschnittsrandbedingungen (Abb. 2). Die Abschnittsbildung erfolgt an Materialgrenzen sowie an allen Stellen, an denen Flußverzweigungen oder Querschnittsänderungen auftreten.

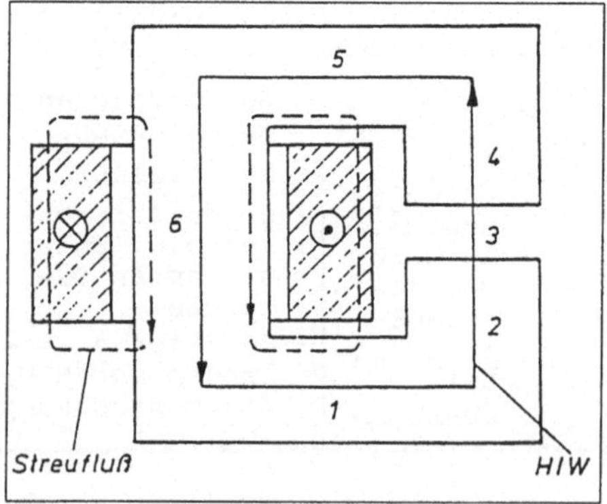

Abb. 1: Einfacher magnetischer Kreis

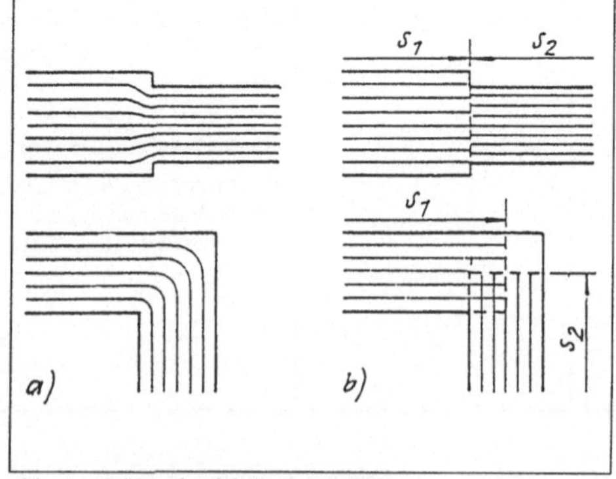

Abb. 2: Feldverlauf bei Querschnitts änderung und an einer Ecke
a) Tatsächlicher Verlauf
b) Vereinfachte Randbedingung

- Ermittlung des magnetischen Flusses
  in einzelnen Abschnitten und analytische Berechnung der magnetischen Spannung bzw. der Durchflutung. Die gegenseitige Beeinflussung der Abschnitte wird durch Korrekturen bzw. iterative Methoden berücksichtigt. In den Luftspaltabschnitten wird der reale Verlauf des Feldes durch Feldfaktoren nachgebildet.

In den Übungen zur Lehrveranstaltung entwickelt der Studierende für einfache Magnetkreise auf Basis von Bild 1 den Berechnungsalgorithmus zur Ermittlung der Magnetisierungskennlinie Ë = f (V) sowie Ë = f (È) und programmiert ihn für die Bearbeitung der Aufgabe am PC. Zur leichteren Kontrolle des aufgestellten Rechenprogramms werden Festdaten mit zugehörigen Ergebnissen vorgegeben. Ziele dieser Übung sind neben dem Parameterstudium am Magnetkreis das Beherrschen der Anwendung der Berechnungsmethode. Bei der Untersuchung komplizierter Magnetkreise (Transformator, Synchronmaschine) stehen die Ermittlung des Einflusses unterschiedlicher Parameter auf die Kennlinie des magnetischen Kreises und im Fall der rotierenden Maschine auch auf die Form der Feldkurve im Vordergrund. Dafür steht dem Studierenden ein Rechenprogramm zur Verfügung, dessen Rechenalgorithmus erläutert wird. Um formale Anwendung des PC-Programms zu vermeiden und die Vorteile sowie die Grenzen des Berechnungsalgorithmus zu erkennen, wird der Magnetkreises ohne PC mit einem selbst zu erstellenden Berechnungsalgorithmus nachgerechnet.

2. Netzwerkanalyse

Zur Berechnung des magnetischen Kreises wird auch die zum Zweck der Analyse elektronischer Schaltungen entwickelte Netzwerkanalyse angewendet. Ihr Einsatz ist aber nur dann möglich, wenn der Feldverlauf prinzipiell bekannt ist. Darauf aufbau-

System / Feld	elektrostatisches Feld	magnetisches Feld	thermisches Feld	hydrodyn. Strömungsfeld	elektrisches System	mechanisches System	...	akustisches System
Potential	φ	φ_m	T	p	φ	π		p
Spannung/Triebkraft	$U = \Delta\varphi$	$V = \Delta\varphi_m$	ΔT	Δp	U	$\Delta V, \Delta\Omega$		Δp
Strom	Q	Φ	$\dot{Q}$	$\dot{V}$	I	F, M		q
Stromdichte	D	B	$\tilde{\dot{Q}}$	W	S	σ, τ		V
Materialkenngröße	ε	μ	λ	ξ, ρ	$\mu, \varepsilon, \varkappa$	ν, E, G, ρ		μ, ρ
System-/Feldkenngröße	C	R_m	R_{th}	R_{str}	L, C, R	$\frac{1}{c}$; m, ϑ; $\frac{1}{r}$		$\mathfrak{Z}$ $\mathfrak{R}$ $\mathfrak{M}$

Tafel 2: Analogiebeziehungen

end gestattet die Netzwerkanalyse eine baukastenorientierte, den physikalischen Vorgängen angepaßte Modellbildung, die flexible Anwendbarkeit ermöglicht. Werden die Grundgleichungen der in der elektrischen Maschine auftretenden physikalischen Vorgänge (thermische, mechanische, elektrische, magnetische Mechanismen usw.) im Sinne einer Netzwerktheorie aufgestellt, so resultieren aus der Gleichartigkeit (Isomorphie) der Formeln die praktisch außerordentlich nützlichen Analogiebeziehungen (Tafel 2).

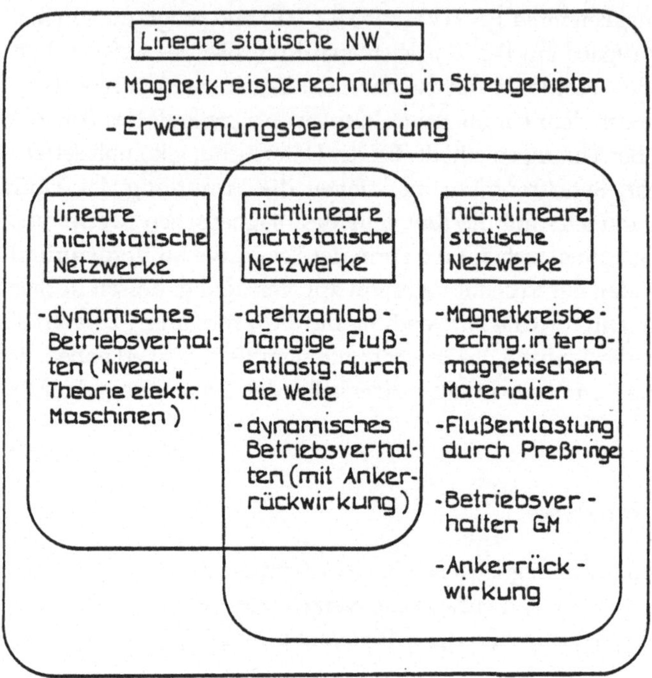

Abb 3: Mengengraph der Netzwerktypen mit ausgewählten Beispielen des Elektromaschinenbaus

Abbildung 3 zeigt die Möglichkeiten des Einsatzes verschiedener Netzwerktypen für ausgewählte Probleme des Elektromaschinenbaus. Für die praktische Berechnung sind verschiedene Verfahren der Netzwerkanalyse erprobt worden. Die wesentlichen erarbeiteten Programme basieren auf dem Prinzip der Knotenspannungsanalyse. Hierfür lassen sich die Gesetzmäßigkeiten für den Aufbau des Gleichungssystems einfach ableiten und programmtechnisch umsetzen.

Aspekte für die Nutzung der Netzwerkanalyse sind:

- Lösung der Modellierungsprobleme: Nur bei genauer Modellierung der realen physikalischen Erscheinungen sind die Ergebnisse für die realen Anwendungen nutzbar
- Ermittlung des Fehlereinflusses durch die digitale Berechnung: Die Auswahl der Algorithmen und ihre programmtechnische Umsetzung hat entscheidende Bedeutung für die Fehlerentwicklung bei der Lösung des Gleichungssystems.

- Analyse eines vorgegebenen Modells: Die Methode ist ein Hilfsmittel zur Projektierung bzw. Entwurfskontrolle, sie gibt keine Hinweise zu notwendigen Veränderungen, um ein gewünschtes Verhalten zu erzielen.
- Untersuchungen zum Rechenzeit- und Kostenaufwand: Durch den Einsatz leistungsfähigerer PC und Workstations wird dieser Aspekt mehr und mehr in den Hintergrund gedrängt.

Ausgehend von einem physikalischen Modell einer vorgegebenen Anordnung (Bild 4) und entsprechend der Betriebsbedingungen ist das Feldproblem zu analysieren und in eine berechenbare Aufgabe zu überführen. Für die Netzwerkanalyse wird ein Widerstandsnetzwerk gebildet und die Lösung des Feldproblems durch ein Gittermodellfeld ermittelt.

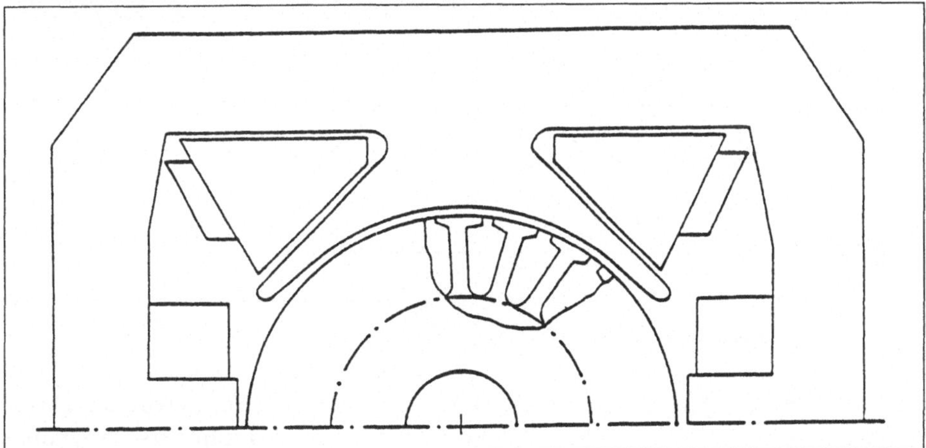

Abb. 4: Maschinenquerschnitt (Ausschnitt)

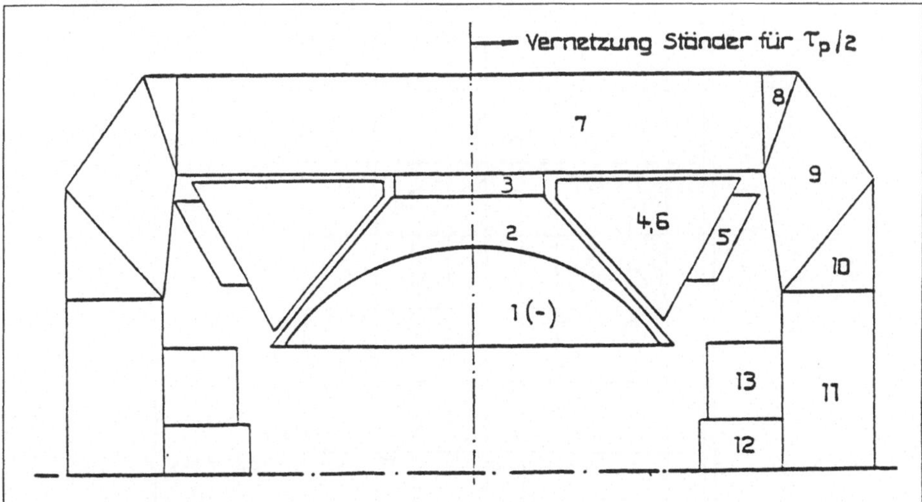

Abb. 5: Einteilung des zu berechnenden Ausschnitts in Bausteine

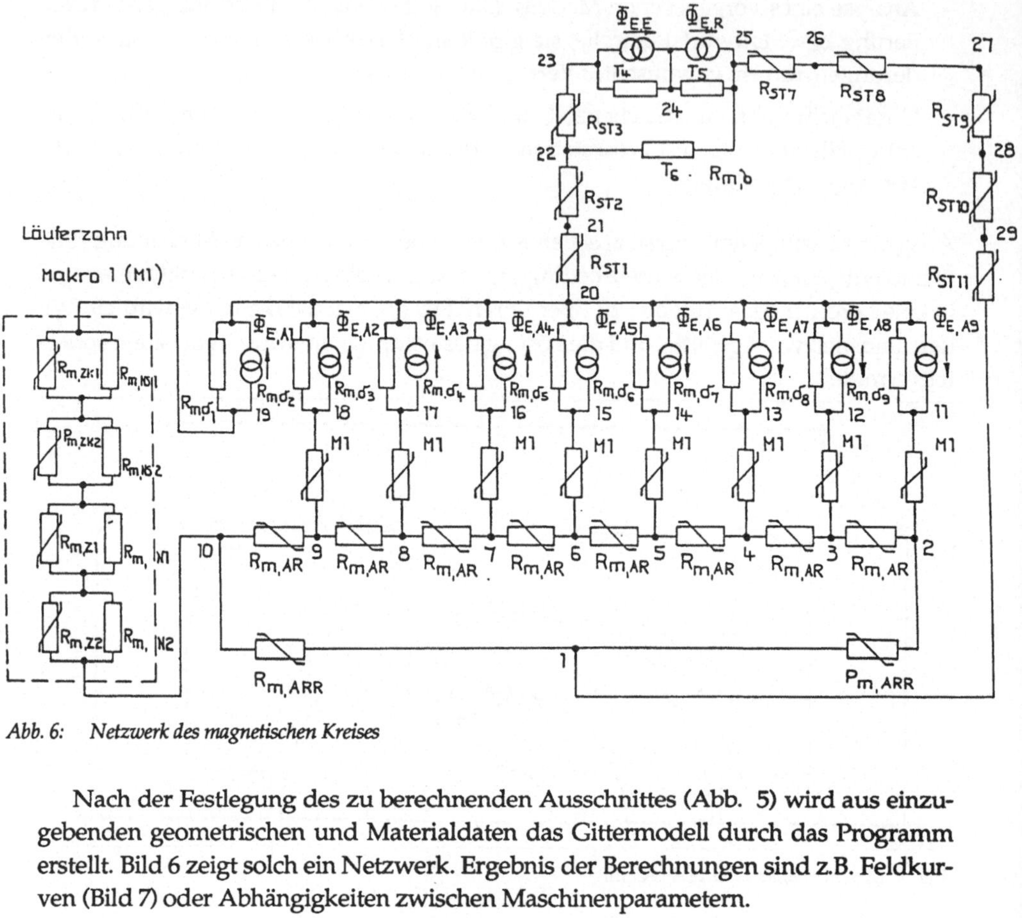

Abb. 6: Netzwerk des magnetischen Kreises

Nach der Festlegung des zu berechnenden Ausschnittes (Abb. 5) wird aus einzugebenden geometrischen und Materialdaten das Gittermodell durch das Programm erstellt. Bild 6 zeigt solch ein Netzwerk. Ergebnis der Berechnungen sind z.B. Feldkurven (Bild 7) oder Abhängigkeiten zwischen Maschinenparametern.

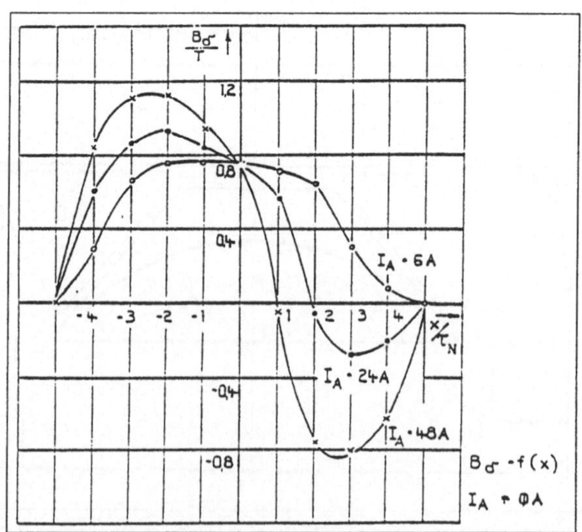

Abb. 7: Feldkurven bei Nenn- und Überlast

3. Numerische Methoden

Die Anwendung eines Programmsystems zur numerischen Magnetfeldberechnung wird in verschiedenen Bearbeitungsstufen trainiert. Dabei wird ausgehend von Modell–anordnungen, die auch analytisch berechenbar sind, ausgegangen (z.B. stationäres Feld für einen Doppelleiter in Luft, Bild 8). Über technische Teilprobleme (z.B. quasistationäres Feld in einer Nut), die ein tieferes Eindringen erfordern wird, zu komplexen Problemstellungen (z.B. Finden einer neuen Konstruktionsvariante) übergegangen, die in Diplomarbeiten behandelt werden.

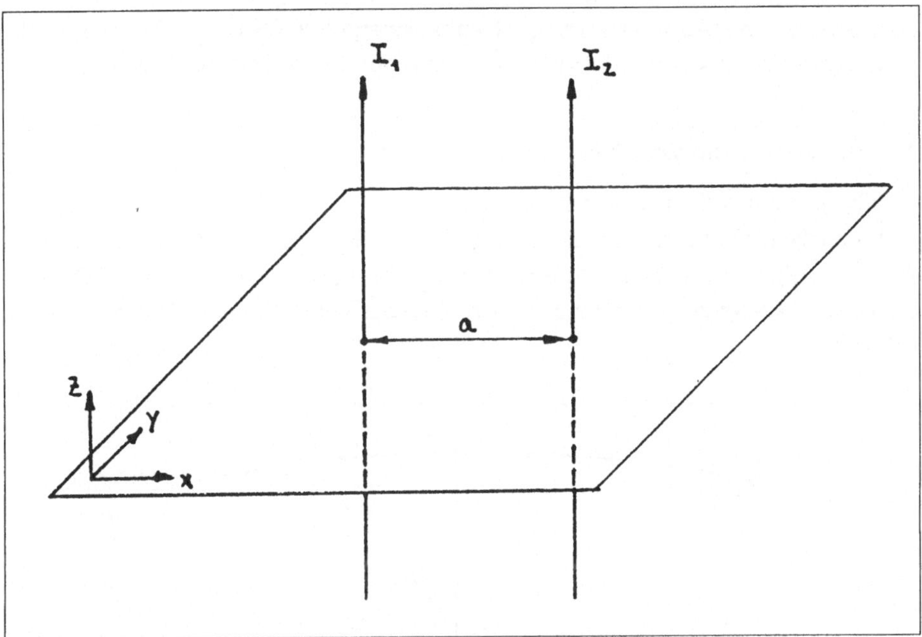

Abb. 8: Unendlich ausgedehnte parallele linienhafte Leiter

Bei der Anwendung des Programms auf sehr unterschiedliche Feldprobleme auch durch relativ unerfahrene Nutzer wurde die Notwendigkeit zur Einhaltung nachfolgender Arbeitsschrittfolge erprobt und bestätigt.

3.1 Problemanalyse

- Untersuchung der Verknüpfung mit anderen Feldarten, Herauslösen des Feldproblems
- Reduzierung auf einfache Feldart (quasistationär – stationär – statisch)
- Festlegung notwendiger Felddimensionen (3-D, 3-D rotationssymmetrisch, 3-D periodisch, 2-D)
- Analyse des Feldgebietes (Stromverteilungen, Stromdichteverteilungen, Dauermagnetgebiete, Bereiche mit μ = konst. und $\mu(B)$, Grenz- und Randlinienverlauf)

- Analyse der Feldeigenschaften (Symmetrien, Periodizität, Randbedingungen, Lage der Wirbelpunkte und der Gebiete hoher Genauigkeit zu Stromgebieten)
- Festlegungen zur Auswertung (Feldbild, Induktionsverteilung. Harmonische, Verlustdichten, Kräfte, Fluß, Verkettungsfluß, Induktivitäten, Momente)

3.2 Feldberechnungsprozess

a) Preprocessing (Netz- und Datengenerierung) Effektivierung des Eingabeprozesses durch dialogorientierte Arbeit und CAD-Programme
b) Processing (Arbeit des Programmsystems)
c) Postprocessing (Allgemeine und problemorientierte Auswertung) Effektivierung des Ausgabeprozesses durch Menüauswahl und problemangepaßte Module

3.3 Bewertung und Verarbeitung der Ergebnisse

- Überprüfung auf physikalische Exaktheit
- Sinnvolle Einbeziehung der Ergebnisse in Optimierungs- und andere Verfahren

An der Bearbeitung einfacher Problemstellungen soll den Studieren-den die Methode der finiten Differenzen (FDM) zur numerischen Berechnung veranschaulicht werden (Abb. 9).

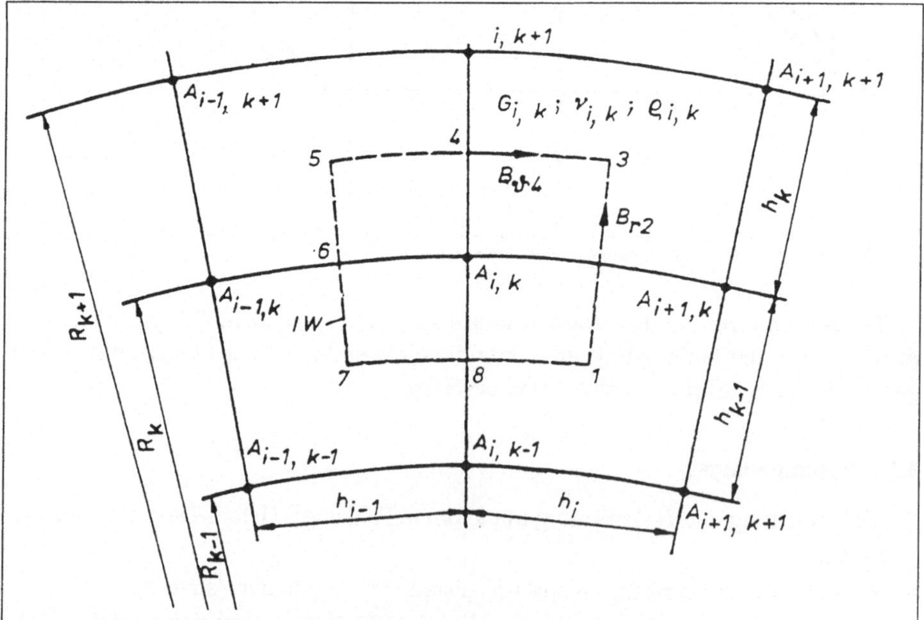

Abb. 9: Teil eines Gitternetzes der FDM mit Integrationsweg IW

Preprocessing	Netz- und Datengenerierung - mechanisierter Netzgenerator mit Digitalisiergerät - automatischer Netzgenerator - interaktiver Netzgenerator
Processing	
Methode	FEM
Dimension	2
Feldarten	statische, stationäre, quasistationäre Magnetfelder; Temperaturfelder
Anregung	beliebige Strom-, Dauermagnet-, Verlust- und wahlweise Spannungsverteilung
Stoffkennwerte	(B), (T), isotrop, ideal anisotrop
Koord.-system	kartesisch, polar
Element	Dreieck 1.Ordnung
Computer	PC | Workstation
	16 Bit | 32 Bit
Knotenzahl	≤ 1500 | ≤ 15000
Elementzahl	≤ 3000 | ≤ 30000
Sprache	FORTRAN 77
Lösungsverfahren	direkt (modifiziertes Gaussverfahren)
wahlweise	iterativ (CG -Verfahren) in Verbindung mit dem Newton-Raphson-Verfahren
Postprocessing	
Ausgabe	Bildschirm, Datei, Plotter, Drucker
Auswertung	- Kontur, Gitter, Feldbild, Funktionsverläufe - physikalische Größen (B , Φ , , F , M) - Parameter (R , L , k_c , α)

Abb. 10: Programmsystem XFEL

Für die in Abb. 8 gezeigte Doppelleiteranordnung wird zunächst ein berechenbarer Ausschnitt festgelegt und dazu die notwendigen, evtl. erzwungenen Randbedingungen. Das dabei entwickelte physikalische Modell kann in seiner rechentechnischen Realisierung nach kurzer Zeit anhand des Feldbildes bzw. des Potentialverlaufs zwischen den Leitern mit der analytischen Lösung verglichen werden. Eventuell auftretende Abweichungen sind kritisch zu bewerten und die Ursachen zu ermitteln (Fehler bei der Modellierung, Abbruchbedingung zur Lösung des Gleichungssystems u.a.).

Für den ersten Iterationsschritt werden die Potentialwerte ausgehend von einer Startverteilung A = 0 per Hand berechnet und mit der numerischen Lösung am PC verglichen. Der Studierende arbeitet das Verfahren selbständig durch, indem er die Gleichung für einen Punkt des Gitternetzes selbst herleitet und die ersten Rechenschritte vollzieht. Für komplizierte Problemstellungen steht ein FEM-Programmsystem zur Verfügung (Abb. 10).

Mit diesem Programmsystem können die Studierenden beispielsweise den Einfluß der exzentrischen Lage des Läufers auf die Magnetfeldausbildung einer Asynchronmaschine sowie das Betriebsverhalten untersuchen (Abb. 11).

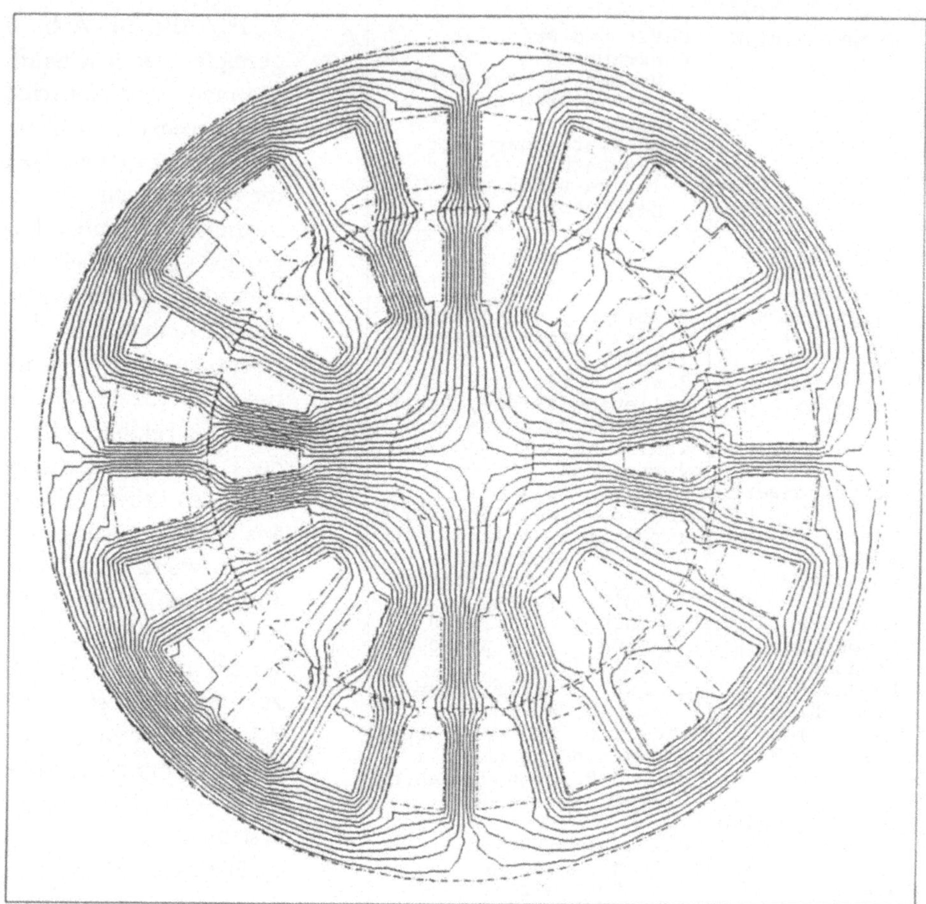

Abb. 11: Feldbild einer Asynchronmaschine mit exzentrischem Läufer

Literatur

1. Kunze, W. : Technische Magnetfelder, Lehrbriefe für das Hochschulstudium, Technische Universität Dresden, 1990

Simulation und CAD elektrischer Antriebe

Peter Büchner

Technische Universität Dresden
Elektrotechnisches Institut

Die Rückverwandlung elektrischer in mechanische Energie, ihre Steuerung und Anpassung an die Erfordernisse der technologischen Prozesse stellen Problemkreise dar, die sich in Europa zu einer eigenständigen Disziplin innerhalb der Elektrotechnik entwickelt haben. Gegenstand dieses Fachs ist das Antriebssystem mit seinen Schnittstellen zum Prozeß, zur Automatisierungshierarchie, zum Elektroenergiesystem und zur thermisch mechanischen Umgebung. Das Antriebssystem selbst enthält die elektrischen Maschinen, die leistungselektronischen Stellglieder und die antriebsnahe Informationsverarbeitung, die heute meist mit digitalen Mitteln verwirklicht wird [1, 2].

Schon durch diese Aufzählung wird klar, daß in einem elektrischen Antrieb sehr viele unterschiedliche Systemkomponenten zusammenarbeiten müssen, für deren Beschreibung, Berechnung und Auslegung Methoden der Simulation und des rechnergestützten Entwurfs von Bedeutung sind. Die Vermittlung der Verfahrensweisen an Studenten der Elektrotechnik begann in Dresden Ende der 60er Jahre mit punktuellen Einzelveranstaltungen innerhalb der Vertiefungsausbildung „Elektrische Antriebe" und hat heute den Status einer gesonderten Lehrveranstaltung „Simulation und rechnergestützter Entwurf von Antriebs- und Automatisierungssystemen", die im folgenden näher beschrieben wird.

1. Das Umfeld

Nachdem 1990 an der TU Dresden die Fakultät Elektrotechnik wiedergegründet werden konnte – Vorlesungen zur Elektrotechnik gibt es in Dresden seit 1882 – und im gleichen Jahr über 800 Studenten in diesem Studiengang das Studium aufnahmen, liegen nun auch Studien-, Diplomprüfungs- und Praktikumsordnung als Dokumente für ein von ideologischem Ballast befreites Studium vor. Damit bestehen gute Voraussetzungen, den Rahmenforderungen des Fakultätentages Elektrotechnik zu entsprechen und eine akademische Lehre mit hoher Qualität in den fünf Studienrichtungen

- Automatisierungstechnik
- Elektroenergietechnik
- Feinwerktechnik
- Informationstechnik
- Mikroelektronik

zu verwirklichen [3]. Eine Aufzählung der Lehrveranstaltungen, die in der Studienrichtung Elektroenergietechnik für die Ausbildung von Diplomingenieuren mit einer Vertiefung in elektrischen Antrieben und Steuerungen angeboten werden, enthält Tab. 1.

	Lehrveranstaltung	SWS V/Ü/P	vorges. Sem.
o	Automatisierungstechnik	2/1/0	(4.)
o	Elektrische Maschinen	3/1/2	(5.+6.)
o	Technische Systeme	1/1/1	(5.)
o	Leistungselektronik	2/1/2	(5.+6.)
o	Elektrische Antriebe	3/1/1	(6.)
o	Steuerungstechnik	3/1/1	(7.)
o	Dig. Regelung v. Antrieben	2/0/2	(8.)
o	Elektromagn. Verträglichkeit	2/0/1	(8.)
o	Simulation u. CAD v. Antrieben	2/0/1	(8.)

V - Vorlesung, Ü - rechnerische Übungen, P - Laborpraktikum

Tab. 1: Lehrveranstaltungen mit Bezug auf elektrische Antriebe an der TU Dresden (Stand vom Mai 1991)

Das in den ersten drei Semestern erworbene Wissen (Grundlagen der Automatisierungstechnik und Fachvorlesungen auf den Gebieten Regelungstechnik, elektrische Maschinen, Leistungselektronik und elektirsche Anteibe) wird, wie aus der Tabelle hervorgeht, durch Vorlesungen über die digitale Regelung von Antrieben, Steuerungstechnik und Simulation vertieft. Die dreistündige, in Vorlesung und Praktikum aufgeteilte Lehrveranstaltung „Simulation und rechnergestützter Entwurf" wurde mit gleichem Umfang schon seit 1984 unter der Bezeichnung Rechentechnik 2 gehalten. Von 1968 bis 1984 wurden in einer Lehrveranstaltung „Aktuelle Probleme der Antriebstechnik" vorwiegend aus der aktuellen Forschung des Lehrstuhls abgeleitete Komplexe der Simulation mit wesentlich geringerem Zeitfonds vorgetragen, z.T. sogar noch durch praktische Übungen vertieft. Der in Abb. 1 dargestellte Vergleich der Lehrinhalte spiegelt die Entwicklung der Rechentechnik wieder. Die inzwischen im Grundstudium des Studienganges Elektrotechnik enthaltene Informatikausbildung ermöglicht es seit 1988, bei gleichem Stundenvolumen immer mehr Zeit auf die Vorstellung von Methoden und Werkzeugen zur Simulation von Antriebssystemen zu verwenden. Schwerpunkt ist jetzt eindeutig die dezentrale Rechentechnik am Arbeitsplatz des Ingenieurs.

2. Aufbau und Inhalt der Vorlesung

Die Lehrveranstaltung verfolgt das Ziel, die Hörer über Methoden der Rechnerunterstützung beim Entwurfsprozeß von Antriebssystemen zu informieren, wobei Simulations- und Entwurfswerkzeuge im Vordergrund stehen. Die Studenten sollen befähigt werden, für unterschiedliche Aufgabenstellungen jeweils das am besten geeignete Softwarewerkzeug auszuwählen und unter Nutzung der entsprechenden Dokumen-

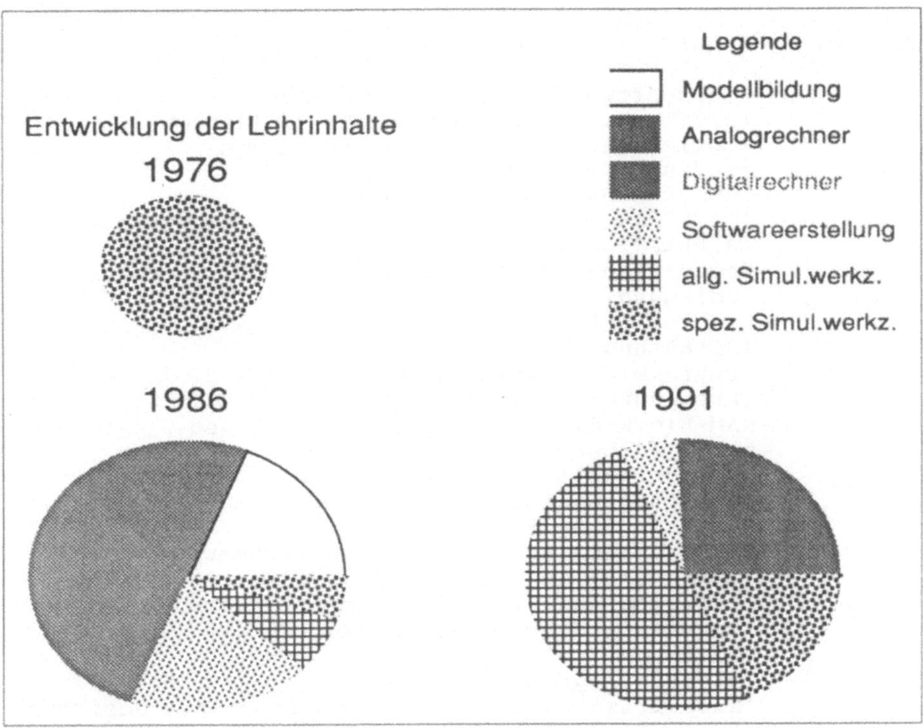

Abb. 1: Vergleich der Lehrinhalte Rechentechnik 2 und Simulation

tation bedienen zu können. Auf die Vermittlung dieser Lehrinhalte wird ein wesentlicher Teil der Vorlesungen verwendet, wobei Stoffeinheiten von jeweils einer Doppelstunde mit einer Dauer von 90 Minuten gebildet werden. In einer Doppelstunde können unter Nutzung vorlesungsbegleitender Skripte und audiovisueller Mittel die Eigenschaften, die Bedienung und beispielhafte Anwendung eines Softwarewerkzeugs so vorgestellt werden, daß die Vorlesung ausreichend ist, um sich im Selbststudium in etwa vier Stunden auf einen dazugehörigen Praktikumsversuch vorzubereiten.

Anhand von Tab. 2 ist ein Überblick über die in der Lehrveranstaltung behandelten Simulations- und Entwicklungswerkzeuge möglich, wobei sowohl Erzeugnisse des Marktes als auch eigene Entwicklungen des Lehrstuhls für Automatisierte Elektroantriebe enthalten sind. Besonderer Wert wird darauf gelegt, daß die in der Antriebstechnik gewöhnlich im Zeitbereich zu beschreibenden Systeme von den Ingenieuren mit unterschiedlichen Beschreibungsmitteln (Fachsprachen) wie z. B. Signalflußpläne, Übertragungsfunktionen, Zustandsgleichungen, Matrizen und Netzwerke behandelt werden und die Simulationswerkzeuge darauf in unterschiedlicher Weise abg-stimmt sind. Dieser zentrale Teil der Vorlesung wird eingeleitet von drei Komplexen, die sich mit den Grundlagen des Entwurfsprozesses, den Modellbeschreibungsmöglichkeiten und einigen simulationstechnischen Grundlagen befassen.

Kapitel	Inhalt
4.	Basissoftware für die rechnergestützte Arbeit (grafische Bedienoberflächen (WINDOWS®, GEM®, Möglichkeiten der Textverarbeitung, grafische Postprozessoren)
5.	CAD-Programme der Mathematik (MATHCAD® und seine Bedienung, Kurzvorstellung MATHEMATICA®)
6.	Netzwerkanalyseprogramme (PSPICE® und seine Bedienung)
7.	Blockorientierte digitale Simulation (DS-88 und seine Bedienung)
8.	Programmierhinweise zum Umgang mit DS-88 (Frequenzgang, Nichtlinearitäten, CTC-Steuerung, RAM-Block-Einsatz, Zeigerdarstellung, systemabhängige Zustandsumschaltungen)
9.	Simulationsfachsprachen (gleichungsorientierte Simulation mit CSS-PASCAL, Syntax und Bedienung)
10.	Matrixorientierte Simulationswerkzeuge (PC-MATLAB® und seine Bedienung)
11.	Echtzeitsimulation mit Hybridrechnern (hybrider Antriebssimulator HANSI und seine Bedienung)
12.	Entwurfsprogramme (Klassifizierung und Besonderheiten, Gesichtspunkte für die Gestaltung, Projektierung des Stromrichteranschlusses mit BAPSI)

Tab. 2: Vorlesungskomplexe zur Vorstellung von Simulationswerkzeugen

1.	Der Entwurfsprozeß und seine Rechnerunterstützung (Stufen des Entwurfs, Formen der Rechnerunterstützung, Aufgabenklassen, Grundprinzipien der CAE-Arbeit)
2.	Modellbildung in Antriebs- und Automatisierungssystemen (Systembeschreibung, Modellarten, Realisierung von Zustandsmodellen)
3.	Mathematische Grundlagen der Simulation (numerische Integration, Aussagen zu Ein- und Mehrschrittverfahren, Probleme der Synchronisation)
13.	Software zur Unterstützung der Laborarbeit (PC-Meßtechnik, Visualisierungsprogramme)
14.	Softwarequalität (Software - ein Erzeugnis, Komponenten der Softwarequalität, Kosten, Entwurfsprinzipien und -methoden)
15.	CAD-Software (Übersicht für die Elektrotechnik, Arbeitsprinzipien und Bedienoberflächen)
16.	Tendenzen des rechnergestützten Entwurfs (Digitale Echtzeitsimulation, Integration von Arbeitsstufen, Rechnerunterstützung zur Erstellung von Reglersoftware aus der Simulation)

Tab. 3: Vorlesungskomplexe zur Einführung und allgemeinen Wissensvermittlung

einige Komplexe über CAD-Systeme, PC-Meßsoftware und Tendenzen zur Weiterentwicklung auf dem Gebiet aufgenommen wurden. Tab. 3 informiert über diese Vorlesungskomplexe. Die Vorlesungsinhalte dieser Lehrveranstaltung werden sich von Jahr zu Jahr verändern, wie die Erfahrung der letzten Jahre gezeigt hat. An der Gestaltung können sich die Studenten in gewissem Maße beteiligen, wenn am Anfang des Semesters die Auswahl der Komplexe für die 14 bis 16 Vorlesungstermine erfolgt.

3. Aufbau und Inhalt der Praktikumsversuche

Der im Studienplan vorgesehene Umfang von einer Semesterwochenstunde Praktikum wurde bisher mit drei Versuchen zu je fünf Stunden Umfang abgedeckt, die sich die Studenten aus einem Versuchsangebot auswählen konnten. Dazu schreiben sich Gruppen zu vier Studenten am Anfang der Lehrveranstaltung ein. Die Versuchsleiter vereinbaren die Termine, die nach dem dazugehörigen Vorlesungstermin liegen müssen, und geben zur Vorbereitung an die Gruppe Versuchsmappen aus, in denen alle Unterlagen für die Versuchsvorbereitung zusammengefaßt sind. Dazu gehören auch die Zahlenwerte für das zu simulierende Beispiel, damit eine weitgehende Vorarbeit möglich wird.

Der Versuch beginnt mit einem schriftlichen Eingangstest über maximal 30 Minuten. Die Aufgaben werden an PC des Lehrstuhls bearbeitet und über die Ergebnisse ein Protokoll angefertigt, das spätestens eine Woche nach Versuchsdurchführung vorlie-

Versuch	Titel (Inhalt)
R1	Anwendung von MathCAD® (Lösung einer rechnerischen Übung Antriebssysteme mit Text, Formeln und Graphikausgabe als MathCAD-Arbeitsblatt)
R2	Anwendung von PC-MATLAB® (Eingabe in Matrix- und Übertragungsfunktionsform, Beispiel Regelantrieb)
R3	Anwendung von PSPICE® (Netzwerkbeschreibung, Beispiel Stromrichterschaltung)
R4	Anwendung von CSS-PASCAL (Notierung des Modells mit CSS-Syntax, Beispiel Regelantrieb)
R5	Anwendung von DS-88 (Notierung des Signalflußplans mit Graphikeditor, Beispiel Regelantrieb)
R6	Anwendung von HANSI (Entwurf des Koppelplans für den iterativen Analogrechner in Echtzeit, Normierung, Echtzeitauswertung, Beispiel Regelantrieb)
R7	Anwendung von BAPSI (Dialogbedienung, Beispiel Industrielle Anschlußstruktur mit drei Spannungsebenen und Stromrichtern)

Tab. 4: Liste des Versuchsangebots (Stand SS 1991)

Versuch	Inhalt	Anzahl der Gruppen
R1	MathCAD	5/10
R2	PCMATLAB	3/10
R3	PSPICE	7/10
R4	CSS-PASCAL	2/10
R5	DS-88	7/10
R6	HANSI	4/10
R7	BAPSI	2/10

Tab. 5: Auswahl von Versuchen durch die Studenten im Sommersemester 1991

gen muß. Im Sommersemester 1991 wurden die in Tab. 4 aufgelisteten Versuche angeboten und in der in Tab. 5 dargestellten Verteilung durchgeführt.
Zusätzlich zum Praktikum können sich die Studenten Demo-Versionen von einigen Simulationswerkzeugen zur Übung auf den eigenen PC kopieren (DS-88, CSS-PASCAL, PSPICE). Die Demo-Versionen verfügen über alle wesentlichen Fähigkeiten des Originalprogramms und ermöglichen eine Einarbeitung in die Nutzeroberfläche bei beschränktem Systemumfang.

Aus der Erfahrung des Sommersemesters 1991 wird für das nächste Jahr vorgesehen, die Zahl der Versuche auf vier zu erhöhen, wobei die Versuchszeit auf nur vier Stunden reduziert werden soll. Das soll dadurch unterstützt werden, daß die Beispiele in mehreren Versuchen (PC-MATLAB, DS-88, CSS-PASCAL, HANSI) identisch werden; auf diese Weise kann der Schwerpunkt in der Phase der Einarbeitung auf den Umgang mit dem Werkzeug gelegt werden.

Als ein für diese Lehrveranstaltung gut geeignetes Problem hat sich die Modellierung eines geregelten Gleichstromantriebs mit Ankerstromregelung über PI- und Zweipunktregler bewährt. Das Verständnis dazu kann bei allen Studenten vorausgesetzt werden. Ein ähnliches Beispiel ermöglicht auch den Vergleich des Vorbereitungs-, Programmierungs- und Bedienungsaufwands für die unterschiedlichen Werkzeuge. Für gute Gruppen ist dann dieses Beispiel ohne Probleme um eine Drehzahlregelung oder eine Lageregelung zu erweitern. Variationen ergeben sich durch unterschiedliche Nennleistungen und Arbeitskennlinien des Antriebs.

Das vorlesungsbegleitende Studienmaterial und die Praktikumsunterlagen können während des CIP-Kongresses eingesehen werden. Es besteht auch die Absicht, die Simulationswerkzeuge DS-88 [4] und CSS-PASCAL [5] in diesem Rahmen vorzustellen und vorzuführen.

4. Gesichtspunkte für Entwurfsprogramme

Da in den Beiträgen [4] und [5] auf zwei Simulationswerkzeuge näher eingegangen wird, sollen hier einige Gedanken ausgeführt werden, die aus dem Komplex Entwurfsprogramme der Vorlesung stammen. Folgende grundlegende Definitionen bilden die Ausgangsbasis für die Herausarbeitung von Merkmalen für Entwurfsprogramme:

wurfsprogramme der Vorlesung stammen. Folgende grundlegende Definitionen bilden die Ausgangsbasis für die Herausarbeitung von Merkmalen für Entwurfsprogramme:

- *Entwicklungssystem* ist eine Modellanlage, ein Hybridrechenprogramm oder ein Softwarepaket für Digitalrechner, das von *Entwicklungsingenieuren* mit Hilfe technischer Fachsprachen *universell* programmiert und bedient werden kann und zur Entwicklung von Leistungs- und Informationsteil eines Systems einschließlich der Steuerungssoftware sowie zur Kontrolle des Zusammenwirkens mit der Umgebung dient.
- *Entwurfsprogramm* ist ein Softwarepaket für Digitalrechner, dessen Bedienoberfläche (Bildschirmdialog) so beschaffen ist, daß *Projektierungsingenieure* damit einen vorgesehenen *eingeschränkten* Umfang eines technischen Systems entwerfen und die Auswirkungen des Entwurfs auf die Umgebung überprüfen können.

Dabei wird festgestellt, daß Entwurfsprogramme meistens nicht handelsüblich sind, da sie wesentliches Firmen-Know-how enthalten.

Der Datenfluß in einem Entwurfsprogramm wird am Beispiel des Entwurfsprogramms BAPSI zur Simulation und Analyse von Anschlußstrukturen mit Stromrichtern behandelt [6]. Abb. 2 gibt eine mögliche Grobstruktur eines solchen Programms an. Die Einschränkung auf netzgeführte Stromrichter und eine begrenzte Anzahl von Kompensationsanlagen, der auf eine Projektierungsrichtlinie abgestimmte Struktur- und Parameterdialog und die mit zahlreichen Näherungen zur Erreichung einer hohen

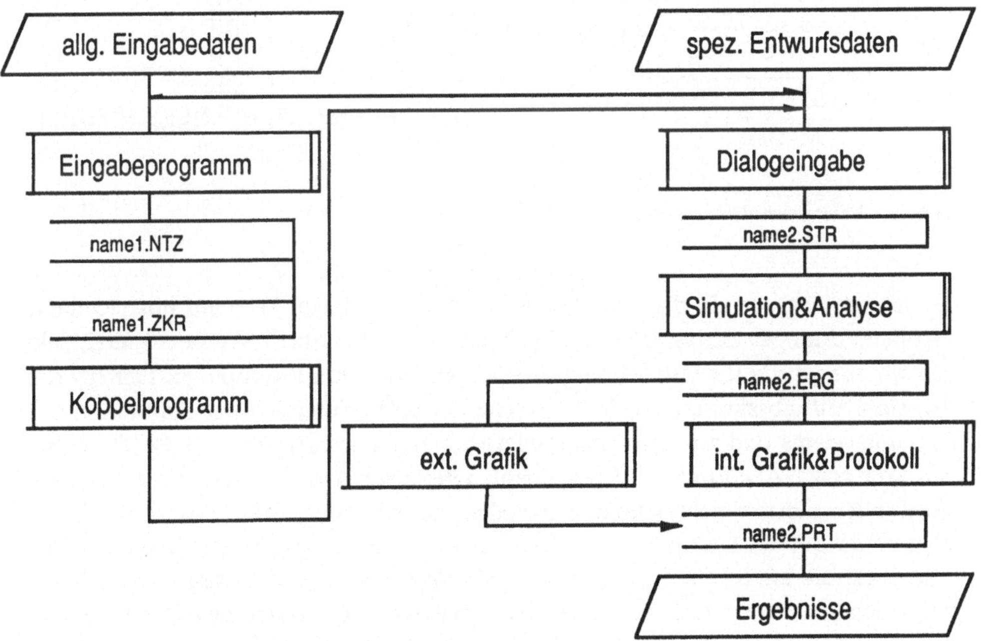

Abb. 2: Grundstruktur eines Entwurfsprogramms

Rechengeschwindigkeit ausgerüsteten Algorithmen weisen BAPSI als ein Entwurfsprogramm im definierten Sinne aus und stellen es in den Gegensatz zur Simulation der gleichen Strukturen mit universellen Simulationswerkzeugen. Es wird dargestellt, mit welchen Mitteln Entwurfsprogramme trotz ständig wechselnder Datengrundlagen (veränderte Normen, neue Bauelemente) unter Ausnutzung der Filestruktur von Abb. 2 ständig aktuell gehalten werden können. Von Interesse ist hier auch der Vergleich von Simulations- und Meßergebnissen sowohl im Zeitbereich als auch im Frequenzbereich.

5. Der hybride Antriebssimulator HANSI

Eine weitere Besonderheit elektrischer Antriebe ist, daß an verschiedenen Stellen der Welt immer noch hybride Echtzeitsimulationsanlagen insbesondere zur Kopplung digitaler Regler mit analogen Regelstrecken eingesetzt werden. Solche Simulatoren eignen sich besonders gut zur Entwicklung der Reglersoftware. und beschränkt den

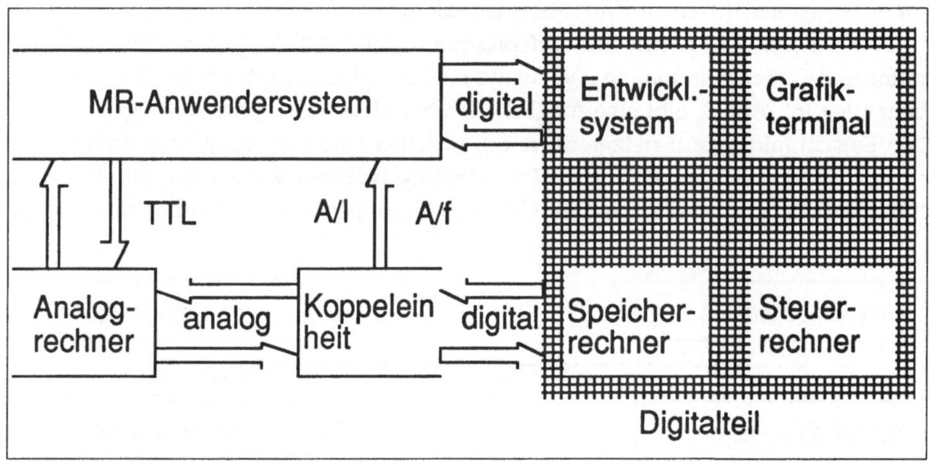

Abb. 3: Hardwarestruktur von HANSI

Systemumfang sowohl des analogen als auch des digitalen Teils auf übersichtliche Größenordnungen (30 bis 50 Zustandsgrößen). Am Lehrstuhl für Automatisierte Elektroantriebe wurde für Entwicklungsarbeiten an Drehstromlokomotiven 1988/89 der hybride Antriebssimulator HANSI geschaffen und erfolgreich zur Simulation des Gesamtsystems und zur Softwareentwicklung eingesetzt [7]. Abb. 3 zeigt die Grobstruktur von HANSI mit den Komponenten iterativer Anaogrechner, Koppeleinheit, Anwendermikrorechnersystem und Digitalteil zur Steuerung und Auswertung. Für die Durchführung des Praktikums an dieser Anlage ist es wichtig, in der Vorlesung vor allem auf die Fähigkeiten des iterativen Analogrechners und seiner individuellen schnellen Steuerung mit TTL-Signalen einzugehen [8]. Als besondere Modellmöglichkeiten werden die Funktionen

- Integrator als Abtast-Halte-Glied,

Verknüpfung zwischen analoger und binärer Welt (Komparatoren, analoge Schalter) und zwischen analoger und digitaler Welt (A/D- und D/A-Wandler der Koppeleinheit). Beispiele von der Lokomotivsimulation veranschaulichen die Leistungsfähigkeit der Hybridsimulationsanlage sowohl für die Auslegung der leistungseitigen Komponenten (Empfindlichkeitsanalysen, Havarieuntersuchungen) als auch für den Entwurf der feldorientierten Steuerung der Fahrmotoren mit einem Multi-Mikrorechnersystem [9].

6. Zusammenfassung

Lehrziele bei der Vermittlung von Aspekten der Simulation und des rechnergestützten Entwurfs elektrischer Antriebe in elektroenergetischen Studienrichtungen sind:

- Vorbereitung auf die Diplomarbeit, die sich am Lehrstuhl fürAutomatisierte Elektroantriebe sehr häufig mit Fragen der Simulation von Antriebssystemen beschäftigt, so daß die Kenntnis der dort verfügbaren Simulations- und Entwurfswerkzeuge notwendig ist.
- Vorbereitung auf den Einsatz in der Praxis, wo sich Simulations- und rechnergestützte Entwurfstechniken heute weitgehend durchgesetzt haben. Da sich hier eine große Vielfalt von Werkzeugen in Benutzung befindet, kann sich eine Lehrveranstaltung nur auf die Vermittlung von Prinzipien und Übersichten beschränken.

Die Akzeptanz und Resonanz auf eine derartige Lehrveranstaltung ist erfreulich gut. Mit weiteren Verbesserungen im Ausstattungsgrad der Labors mit dezentraler Rechentechnik wird sich das Praktikum in noch kleineren Gruppen und damit mit höherer Effektivität für den einzelnen durchführen lassen.

7. Literatur

[1] Schönfeld, R. und Habiger, E.: Automatisierte Elektroantriebe, 2. AuflageBerlin und Heidelberg: Verlag Technik und A. Hüthig Verlag 1990.

[2] EPE European Power Electronics and Drives Journal. Zeitschrift erscheint ab Juni 1991 Berlin: VDE-Verlag.

[3] Böhme, H.: Elektrotechnik an der Technischen Universität Dresden. ETZ 112 (1991), 3, 124-127.

[4] Müller, V.: DS-88 - ein universelles blockorientiertes Simulationssystem. 5. CIP-Kongreß Berlin 1991.

[5] Spenke, V. und Flemming, M.: Die Simulationssprache CSS-PASCAL für Lehre und Forschung. 5. CIP-Kongreß Berlin 1991.

[6] Büchner, P.: Hinweise zur Bedienung des Projektierungsprogramms BAPSI V 3.0x. Dresden: Technische Universität, SektionElektrotechnik AA 1988.

[7] Büchner, P. und Kleindienst, F.: Ein hybrides Echtzeitsimulationssystem für Antriebe.11. Wiss. Konferenz der Sektion Elektrotechnik der TUDresden, Bd. A, S. 71-79.

[8] Schönfeld R. und Büchner, P.: Demonstration kontinuierlicher und diskontinuierlicher Antriebsregelungen mit dem iterativen Analogrechner. Elektrie 38 (1984), 3, 85-89.

[9] Büchner, P. und Kaschel, J.: Erfahrungen mit der hybridenEchtzeitsimulation von Antrieben. Elektrie 41 (1987), 9, 336-339.

DS-88 – Ein universelles blockorientiertes Simulationssystem

Volkmar Müller

Technische Universität Dresden
Fakultät Elektrotechnik
Elektrotechnisches Institut

1. Kurzfassung

Viele dynamische und statische Systeme in Natur und Technik lassen sich übersichtlich und blockorientiert mit einem Signalflußplan beschreiben. DS-88 erlaubt mit seinem umfangreichen Blockvorrat die direkte Umsetzung des Signalflußplans in das Anwenderprogramm des Simulationssystems. Durch die einfache und flexible Handhabbarkeit kann das Programm an vielen Stellen in Forschung und Entwicklung sowie in der Lehre eingesetzt werden.

2. Anwendungsgebiet und Funktionsumfang

Das Simulationssystem DS-88 ist zur Bearbeitung von Steuerungs- und Regelungsaufgaben vorgesehen und kann in Lehre [1] und Forschung [2] eingesetzt werden. Für den Entwurf und die Untersuchung des stationären und dynamischen Verhaltens solcher Systeme ist der Signalflußplan ein übersichtliches und häufig verwendetes Beschreibungsmittel. Das Simulationssystem wurde daher blockorientiert aufgebaut und erlaubt die direkte Umsetzung des Signalflußplans in das Anwenderprogramm des Simulationssystems unter Verwendung von Elementen des umfangreichen DS-88-Blockvorrats. Es lassen sich sowohl kontinuierliche als auch diskontinuierliche Übertragungsglieder darstellen und spezielle bei digitalen Regelungen auftretende Effekte (Rundung, Quantisierung, Interruptstrukturen) untersuchen. Es sind Signalflußpläne bis maximal 1000 Übertragungsglieder bearbeitbar. Die Signalflußpläne können wahlweise über den grafischen Editor oder alphanumerisch eingegeben werden.

DS-88 enthält als Teilfunktionen die Frequenzganganalyse linearer kontinuierlicher oder diskontinuierlicher Übertragungssysteme sowie die Fourier-Analyse periodischer Zeitverläufe. Für die Simulation von Steuerungsfunktionen wie Zeitsteuerung und Strukturumschaltung stehen spezielle komplexe Blöcke zur Verfügung, die auch für diese Anwendungsfälle eine rationelle Darstellung ermöglichen. DS-88 gestattet die Zusammenfassung beliebiger Blockstrukturen zu Makroblöcken und damit die schnelle und übersichtliche Programmierung größerer Systeme durch Verbinden von vorgefertigten Makroblöcken. Diesen Makroblöcken lassen sich außerdem programmierbare Zähler/Zeitgeber (CTC) zur Nachbildung verschiedener Zeitebenen in diskret arbeitenden Steuer- und Regelungseinrichtungen zuweisen.DS-88 zeichnet sich durch eine einfache und flexible Handhabung mit einer dialogorientierten, menügeführten Bedienung ohne Übersetzungsläufe sowie die automatische Ermittlung der Rechenfolge (Sortierprogramm) aus. Umfangreiche grafische Auswerteprogramme unterstützen als Teilfunktionen die ingenieurmäßige Darstellung der Simulationsergebnisse: Zwei- oder dreidimensionale Darstellung mit wahlfreier Achsenzuordnung, Darstellung von Zeitverläufen, Ausgabe der Fourier-Analyse im Balkendiagramm und der Frequenzganganalyse im Bode-Diagramm, Darstellung komplexer Größen als Zeiger in der komplexen Ebene. Hardcopy und Plotterausgabe sind möglich. Über die F1-Taste läßt sich eine kontextbezogene Hilfestellung einblenden. Unter Einhaltung bestimmter Regeln läßt sich der Blockvorrat durch den Anwender erweitern (Programmiersprache: Turbo-PASCAL ab Version 5.0) DS-88 ist unter dem Betriebssystem MS-DOS (ab Version 2.0) lauffähig und unterstützt alle üblichen Grafikkarten.

3. Grundfunktionen

DS-88 verfügt als einheitliches Programmsystem über folgende Funktionen, die aus dem Grundmenü aufrufbar sind:

– *Grafischer Editor:*	Grafische Eingabe und Korrektur von Anwenderprogrammen
– *Input:*	Alphanumerische Eingabe und Korrektur Anwenderprogrammen
–*Run:*	Spezifikation und Start des Simulationslaufs
– *List:*	Auflisten von Anwenderprogrammen oder Simulationsergebnissen
– *Konfiguration:*	Installation von Bildschirm, Plotter und Drucker
– *Display:*	Zwei- und dreidimensionale Darstellung der Simulationsergebnisse bzw. Darstellung des Frequenzgangs im Bodediagramm
– *Fourier:*	Fourier-Analyse der Simulationsergebnisse und Ausgabe des Amplituden- und Phasenspektrums als Balkendiagramm
– *Frequenz:*	Frequenzganganalyse linearer kontinuierlicher und diskontinuierlicher Systeme
– *Zeiger:*	Darstellung komplexer Größen als Zeiger in der komplexen Ebene
– *Load :*	Einlesen von Anwenderprogrammen und Simulationsergebnissen von Diskette
– *Save :*	Sichern von Anwenderprogrammen und Simulationsergebnissen auf Diskette

4. Arbeit mit dem DS-88

Die Arbeit mit dem DS-88 erfordert die Darstellung des zu untersuchenden Systems durch einen Signalflußplan unter Verwendung von Elementen des DS-88-Blockvorrates nach Tafel 1. Jeder Signalflußplan muß mindestens *ein* Quellglied besitzen. Die Blöcke müssen eindeutig numeriert sein. Die Reihenfolge der Numerierung ist beliebig. Signalrückführungen im Anwenderprogramm ohne mindestens einen entkoppelnden Block (kontinuierliche oder diskontinuierliche Übertragungsglieder mit Speicherverhalten) können durch DS-88 *nicht* berechnet werden (arithmetische Schleife).

1. Kontinuierliche Übertragungsglieder	**4. Logische Übertragungsglieder**
PRO Proportionalglied	CTC Zähler/Zeitgeber
INT Integrierglied	RAM RAM-Nachbildung
PT1 Verzögerungsglied 1. Ordnung	UND UND-Funktion
VH1 Vorhalteglied 1. Ordnung	ODR ODER-Funktion
PTS Schwingungsglied	KMP Komparator-Funktion
DIF Differenzierglied	SCH Schaltfunktion
VDG Verzögerndes Differenzierglied	**5. Quellglieder / Signalgeneratoren**
PID PID-Regler	SPR Sprungfunktion
2. Diskontinuierliche Übertragungsglieder	SPF Sprungfolge
AHG Abtasthalteglied	FRG Frequenzgenerator
LZG Laufzeitglied	STG Störgenerator
FIL Digitales Filter	DAT Datenfile
REG Digitaler Regler mit Stellgrößenbegrenzung	**6. Arithmetische Glieder**
IMG Integrierendes Meßglied mit Rundung	ADD Addierglied
3. Nichtlinearitäten	SUB Subtrahierglied
UEM Unempfindlichkeit (Totzone)	MUL Multiplizierglied
DPG Dreipunktglied	DIV Dividierglied
ZPG Zweipunktglied mit Hysterese	ABS Betragsbildung
BEG Begrenzung	WUR Quadratwurzel
	VDA Vektordreher Alpha
	VDB Vektordreher Beta
	7. Gütekenngrößen
	LRF Lineare Regelfläche
	QRF Quadratische Regelfläche
	QRZ Zeitbewertete quadratische Regelfläche
	BRZ Zeitbewertete betragslineare

Tafel 1: Blockvorrat (Auswahl)

DS-88 gestattet die Zusammenfassung beliebiger Blockstrukturen zu Makroblöcken. Das ermöglicht dem Anwender, größere Systeme übersichtlich und schnell zu programmieren. Dieser Vorteil macht sich insbesondere dann bemerkbar, wenn bestimmte Teilstrukturen innerhalb des Gesamtsystems mehrmals auftreten (die Teilstruktur wird nur einmal programmiert, erhält aber verschiedene Makroblocknamen), die Teilstrukturen logisch oder funktionell zusammengehören (der Makroblock faßt diese dann unter einer gemeinsamen Bezeichnung zusammen) oder die gleichen Teilstrukturen in verschiedenen Anwenderprogrammen auftreten. Makroblöcke lassen sich umbenennen, löschen sowie getrennt auf Diskette speichern oder von Diskette laden.

Auf diese Weise können „Bibliotheken" mehrfach benötigter Makroblöcke bestimmter Reglerstrukturen, Regelstrecken usw. angelegt werden.

In Systemen mit zeitdiskret arbeitenden Steuer- oder Regelungseinrichtungen erfüllen die Makroblöcke eine weitere wichtige Funktion: Jedem Makroblock läßt sich ein programmierbarer Zähler/Zeitgeber (CTC) zuordnen, der die konstante oder veränderliche Aufrufperiode des betreffenden Makroblocks während des Simulationslaufs festlegt. In einem Gesamtsystem können maximal 26 verschiedene Zeitebenen auftre-

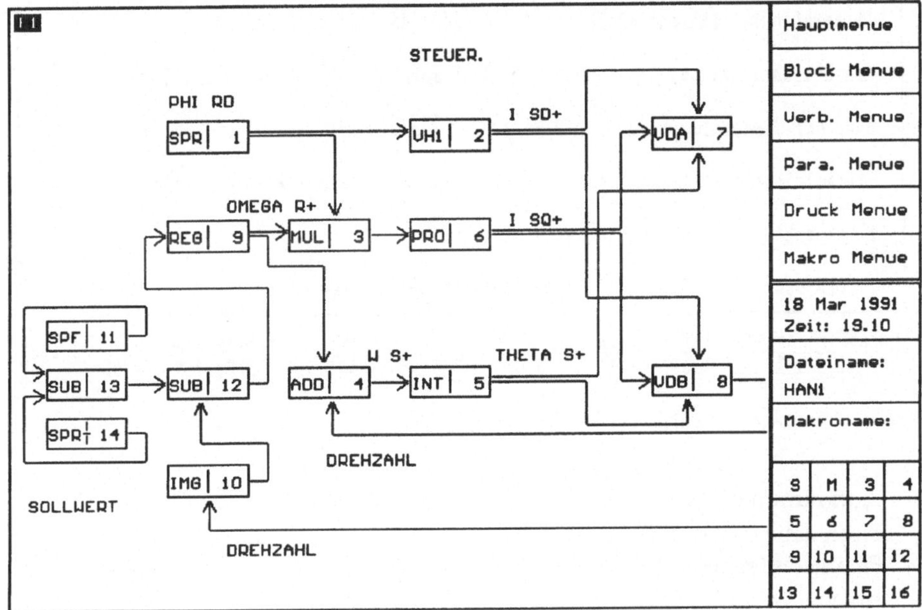

Abb. 1: Bildschirmaufbau des grafischen Editors

ten, so daß sich auch kompliziertere Interruptstrukturen darstellen lassen. DS-88 bietet zwei Möglichkeiten zur Programmeingabe:

- Grafische Eingabe *(Grafischer Editor)*: Der Signalflußplan des Anwenderprogramms wird schrittweise unter Verwendung von Blocksymbolen und Verbindungslinien auf den Bildschirm übertragen.
- Alphanumerische Eingabe (*Input*): Die Blockparameter wie Blocknummer, Blockname, Eingangsbelegung und weitere interne Parameter werden am Bildschirm im Dialog abgefragt.

Der grafische Editor gestattet die schrittweise Entwicklung und Umsetzung von Signalflußplänen in das Anwenderprogramm von DS-88 (Abb. 1). Die Anordnung der Blökke und ihrer Verbindungungslinien (Signallinien) ist weitgehend freizügig wählbar. Als wesentliche Grundfunktionen stehen das Setzen und Löschen von Blöcken und Verbindungslinien zur Verfügung. Neben der Eingangsverknüpfung durch die Verbindungslinien werden die Blöcke entsprechend den Vereinbarungen von DS-88 weiterhin spezifiziert durch:

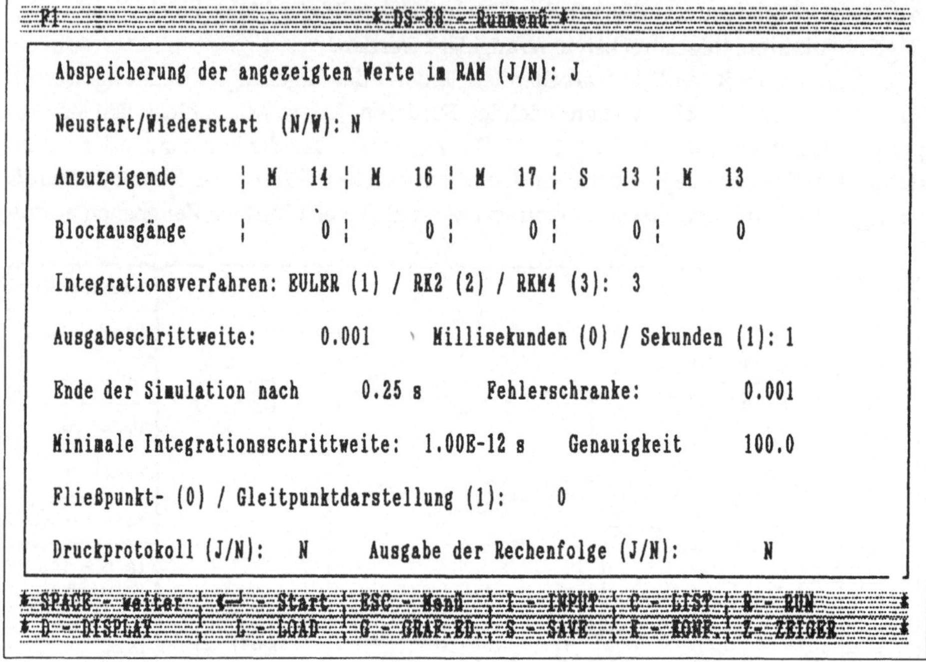

Abb. 2: Vorbereitungsmenü für den Simulationslauf

- Blocknummer (Makroblockname und Nummer)
- Blockname (aus dem DS-88 -Blockvorrat)
- Parameter (außer arithmetische Glieder)
- Anfangswert für Speicherglieder

Es besteht die Möglichkeit, Kommentare einzufügen sowie Hardcopy- und Plottbilder der Signalflußpläne anzufertigen. Der Signalflußplan kann auf 16 Bildschirmfenster verteilt werden. Nach abgeschlossener Programmeingabe sind in einem Vorbereitungsmenü bestimmte Spezifikationen für den Simulationslauf notwendig (Festlegung der Endzeit, der Ausgabeschrittweite, des Integrationsverfahrens, der anzuzeigenden Ausgangssignale der Blöcke usw.; s. Abb. 2).

DS-88 stellt zur Nachbildung der analogen Integration drei Integrationsverfahren zur Auswahl: Euler-Verfahren, Runge-Kutta-Verfahren 2. Ordnung (Verfahren von Heun -RK2-Verfahren) und Runge-Kutta-Merson-Verfahren (RKM4-Verfahren), wobei die ersten beiden Verfahren mit fester Integrationsschrittweite arbeiten und das RKM4-Verfahren mit einer Schrittweitensteuerung kombiniert ist. Nach Abschluß des Simulationslaufs gestattet DS-88 mit einen umfangreichen Programmteil zur zwei- und dreidimensionalen Darstellung die Auswertung der Simulationsergebnisse:

- Zeitdarstellung von bis zu zehn Kurven. Die Abszisse ist immer die Zeitachse, wobei diese wahlweise am unteren Bildschirmrand oder in der Mitte des Bildschirms liegen kann (Abb. 3).
- Zweidimensionale Darstellung in der Ebene mit beliebiger Zuordnung der Blockausgänge oder der Zeit zu den Achsen

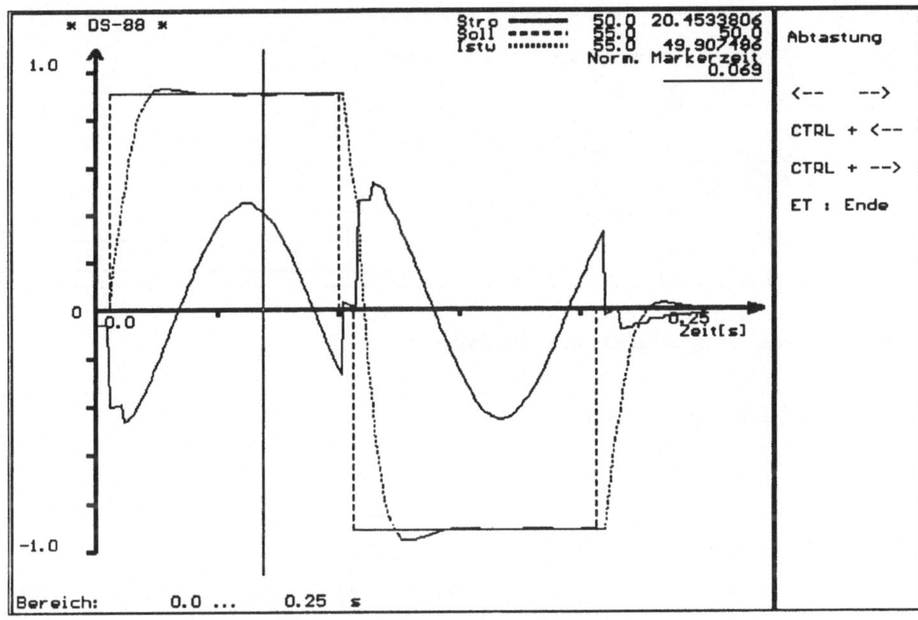

Abb. 3: Zeitdarstellung der Simulationsergebnisse und Abtastung der Kurvenverläufe

- Dreidimensionale Darstellung im räumlichen Koordinatensystem mit beliebiger Zuordnung der Zeit oder der Blockausgänge zu den Achsen

Folgende Funktionen helfen bei der grafischen Auswertung der Kurvenverläufe:

- *Abtastung*: Abtastung der Kurvenverläufe mittels eines Markers und Anzeige der Kurvenwerte sowie des zugehörigen Zeitpunkts (Abb. 3)
- *Zoom :* Auswahl eines vergrößert darzustellenden Bildausschnitts mittels zweier Marker
- *Koordinatenystem :* Diese Hilfsfunktion beinhaltet einen Komplex von Operationen zur Veränderung des Koordinatensystems der zwei- und dreidimensionalen Darstellung (z.B. Änderung des Winkels der Raumachse).
- *Bildausgabe*: Ausgabe der Kurvenverläufe als Hardcopy auf den Drucker oder als Plottbild bzw. Plottfile
- *Fourier*: Fourier-Analyse des Zeitverlaufs periodischer Funktionen

4. Anwendungsbeispiele

Im folgenden sollen zwei Beispiele die vielfältigen Anwendungsmöglichkeiten von DS-88 demonstrieren. Das erste Beispiel behandelt die Drehzahlregelung eines Drehstrommotors. Die Systembeschreibung geht von dem vereinfachten Signalflußplan des Antriebssystems mit Ständerstromeinprägung in Abb. 4 aus. Aufgrund des umfangreichen Blockvorrats läßt sich der Signalflußplan unmittelbar über den grafischen Editor (Abb. 1) eingeben. Das dargestellte Bildschirmfenster zeigt mit der Regeleinrichtung

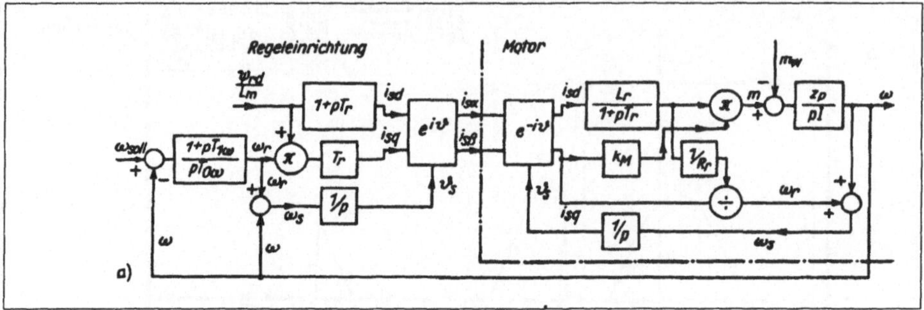

Abb. 4: Vereinfachter Signalflußplan der Drehzahlregelung

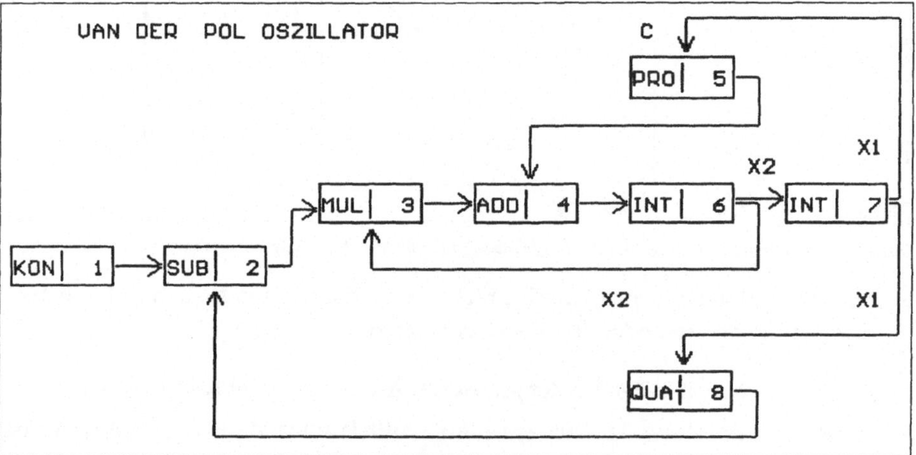

Abb. 5: Signalflußplan des Van-der-Pol-Oszillators

den linken Teil des Signalflußplans in Abb. 4. Nach Abschluß der Simulation kann die grafische Auswertung erfolgen. Abb. 3 zeigt u.a. den Zeitverlauf von Drehzahlsollwert und -istwert. Das zweite Beispiel untersucht das Verhalten des Van-der-Pol-Oszillators im Zustandsraum. Der Van-der-Pol-Oszillator wird durch die Differentialgleichung

$$x'' - (1 - x^2) \cdot x' - c \cdot x = 0$$

beschrieben. Für die Transformation der Differentialgleichung ist die Einführung neuer Zustandsgrößen notwendig

$$x = x_1$$
$$x' = x'_1 = x_2$$
$$x'' = x'_2 = (1 - x^2) \cdot x' + c \cdot x$$

und man erhält man ein System von Zustandsgleichungen,

$$x'_1 = x_2$$
$$x'_2 = (1 - x_1^2) \cdot x_2 + c \cdot x_1$$

das sich mit dem Signalflußplan in Abb. 5 darstellen läßt. Die Abb. 6 und 7 enthalten die grafische Darstellung der Simulationsergebnisse.

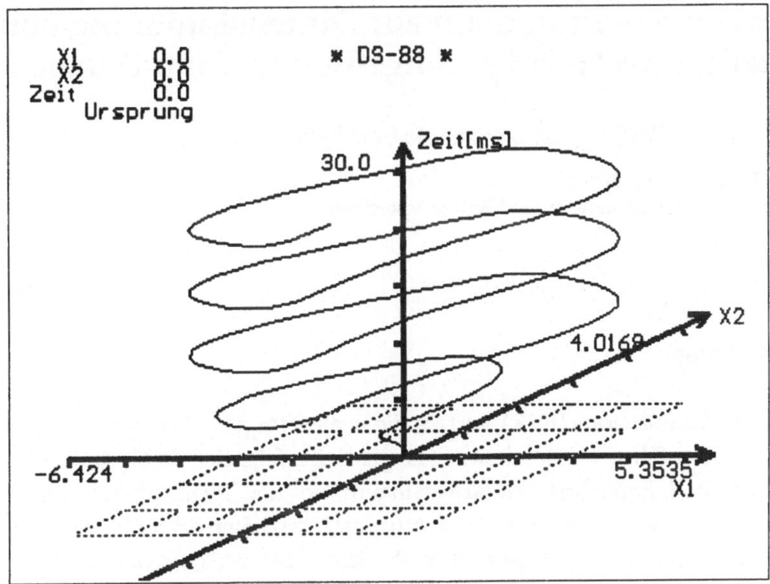

Abb. 6: Dreidimensionale Darstellung der Zustandsgrößen über der Zeit

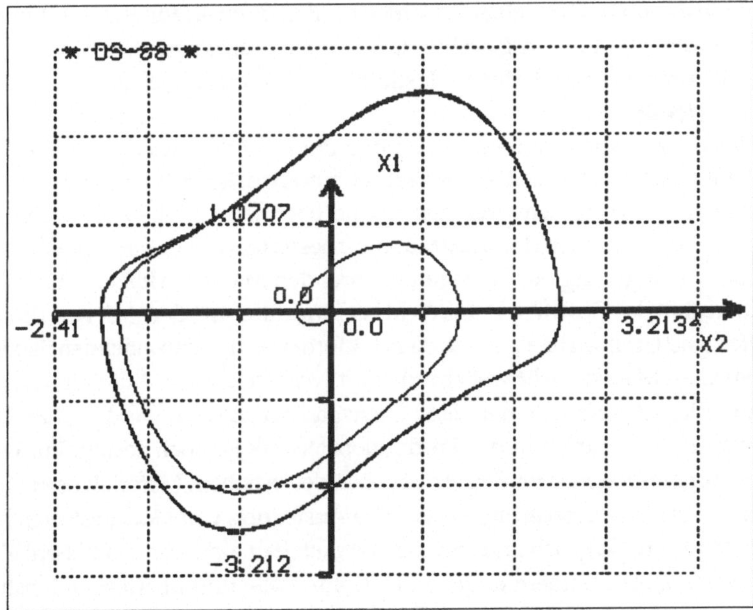

Abb. 7: Darstellung einer Zustandsbahn in der Zustandsebene

Literatur

1. Schönfeld, R./Hofmann,W./Müller,V.: Student Exercises in Fundamentals of Technical Systems. 6th Conference on Power Electronics and Motion Control PEMC '90 Budapest, Proceedings Vol. 3, p. 860-864.
2. Müller,V./Villani, M.: Analysis of the Dynamic Behaviour of the Stepping Motors by the Digital Simulation System DS-88. Electric Machines and Power Systems 17 (1989), p. 183-202.

StrongFiber – Programm zur Dimensionierung von Bauteilen aus Hochleistungs-Faserverbundkunststoffen

Günther Seliger, Wolfgang Schröter und Andreas Bienert

Technische Universität Berlin
Institut für Werkzeugmaschinen und Fertigungstechnik

1. Einleitung

Faserverbundkunststoffe (FVK) sind für die Realisierung hochbelasteter Bauteile in der Luft- und Raumfahrttechnik schon seit langer Zeit erfolgreich im Einsatz. In erster Linie ist hier das Ziel, Bauteilmassen zu verringern, um den Treibstoffverbrauch von Trägersystemen zu reduzieren, um damit Nutzlastkapazitäten oder Reichweiten zu erhöhen. Auch im Bereich der terrestrischen Produktionstechnik werden Bauteile aus FVK zunehmend interessant, so z.B. beim Bau von Hochgeschwindigkeitsrobotern [3,4]. Um die Verbreitung der FVK-Technologie in der Produktionstechnik zu fördern, wurden in der Bundesrepublik Deutschland Demonstrationszentren für Faserverbundkunststoffe gegründet. Das hier vorgestellte Berechnungsprogramm „StrongFiber" wurde am FVK-TT Demozentrum Berlin am Institut für Werkzeugmaschinen und Fertigungstechnik entwickelt.

Um Herstellungskosten zu senken, wird in der Produktionstechnik eine Verringerung der Taktzeiten im Prozeß angestrebt. In automatisierten Montagezellen ist dies mit schnelleren Verfahrgeschwindigkeiten und Beschleunigungen der Endeffektoren erreichbar. Hierzu ist neben der Integration verbesserter und damit schnellerer Steuerungen eine Verringerung der bewegungsführenden Massen erforderlich. Dabei darf die Funktionalität des Gesamtsystems nicht beeinträchtigt werden. Mit herkömmlichen Werkstoffen sind Grenzen hier gesetzt, da bei geforderten, gleichbleibenden Steifigkeiten und Festigkeiten Massen nicht weiter reduziert werden können. Mit dem Einsatz von Faserverbundkunststoffen können diese Grenzen überwunden werden [7,8}. Die Verbreitung von FVK-Bauteilen in der Produktionstechnik ist noch gering. Ein wesentlicher Grund für den zögerlichen Einsatz ist neben den erhöhten Materialkosten der hohe Aufwand in der Dimensionierungsphase. Die Auslegung von Hochleistungsfaserverbunden bedingt im Vergleich zu isotropen Werkstoffen eine weitaus höhere Zahl der Berechnungsvariablen. Zudem entfalten FVK ihre volle und überlegene Leistungsfähigkeit nur, wenn sie beanspruchungsgerecht konstruiert werden. Damit ist die Verfügbarkeit eines leistungsfähigen Berechnungsprogrammes wünschenswert. Das benutzerfreundliche Programm „StrongFiber" zur Auslegung von Bauteilen aus FVK soll in der Dimensionierungsphase des Konstruktionsprozesses unterstützend wirken. Für tiefergehende Analysen mit Finite Element Methoden kann „StrongFiber" ebenfalls eingesetzt werden. Mit der Verwendung von „StrongFiber" sollen Entwicklungszeiten verkürzt und damit Gesamtkosten von hochbeanspruchten Bauteilen aus Faserverbundkunststoffen gesenkt werden [10].

2. Grundlagen zur Berechnung von Faserverbundkunststoffen

In der Faserverbundtechnik unterscheidet man grundsätzlich zwischen kurzfaser - und langfaserverstärkten Bauteilen. Kurzfasern werden hauptsächlich für niedrig belastete Sekundärstrukturen eingesetzt. Dies sind Bauteile, die für die Funktionalität eines Gesamtsystems eine untergeordnete Rolle spielen. Ein typisches Beispiel sind Verkleidungen. Man spricht in diesem Falle von faserverstärkten Kunststoffen, da mit der Kurzfaser der eigentlich tragende Kunststoff verstärkt werden soll. Für hochbelastete Bauteile, den Primärstrukturen, werden hingegen Langfasern eingesetzt. Primärstrukturen sind für die Funktionalität und Tragfähigkeit eines Systems hauptverantwortlich. Da hier die Langfasern die Hauptfunktion übernehmen und der Matrixwerkstoff lediglich die Aufgabe hat, die Fasern in ihrer Orientierung zu halten und bei Druckbelastung gegen Ausknicken zu stützen, spricht man von Faserverbundkunststoffen . Bei Verwendung von isotropen Werkstoffen werden die Kennwerte wie die Elastizität, die Festigkeit oder die Dichte durch die Materialauswahl selbst festgesetzt. Faserverbundkunststoffe (FVK) bieten hingegen den Vorteil einer gezielten Kennwertfestsetzung im Auslegungsprozeß . Damit können Bauteile durch Ausrichtung der Fasern auf die Haupbelastungsrichtungen oder durch gezielte Kombination verschiedener Fasertypen beanspruchungsgerecht gestaltet und sehr leichtgewichtige Systeme mit hoher Steifigkeit, Stabilität und Festigkeit realisiert werden. Die vergleichsweise zu Metallwerkstoffen besseren, spezifischen Kennwerte der gebräuchlichen Fasern selbst sind dabei ein zusätzlicher Vorteil. FVK werden aus einzelnen Lagen aufgebaut. Zusammenhängende Lagen mit gleichen Parametern werden dabei als Schichten bezeichnet. Jede Schicht ist charakterisiert durch die Anzahl ihrer Einzellagen, die eingesetzte Faser- und Harzart, die gewählte Fasertype und den Faservolumengehalt. Dies ist das Verhältnis von Faser- zu Harzvolumen, das wesentlich vom Fertigungsverfahren festgelegt wird. Die fünf genannten Parameter bestimmen die resultierende Dicke der Schicht. Der Faserwinkel zur Hauptrichtung des Gesamtverbundes beeinflußt zusammen mit den fünf Parametern über die resultierenden Kennwerte das mechanische Verhalten der Einzelschicht.

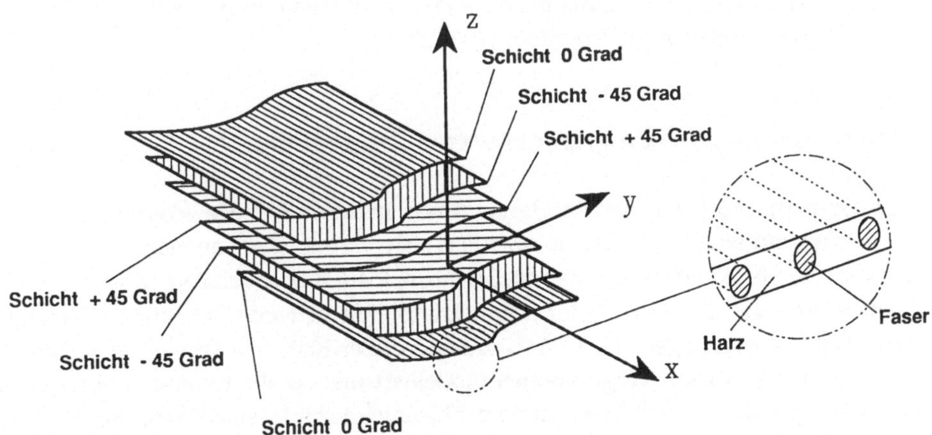

Abb 1: Schichtförmiger Aufbau von Faserverbundstoffen

Bei einem Verbund mit mehreren Schichten sind für jede Schicht diese sechs Variablen zu berücksichtigen. Multipliziert man diese Unbekanntenanzahl mit der Anzahl aller Schichten, wird schnell eine zweistellige Anzahl von Parametern erreicht, die für die Kennwertfestsetzung bestimmt werden müssen. Das Gleichungssystem für die Berechnung dieser Unbekannten wird dabei in der Regel unterbestimmt sein wird und kann nur mit Vorgabewerten für die Variablen gelöst werden. Eine gängige Methode für die Optimierung eines Verbundes ist die Iteration. Nach einer Startwertvorgabe für die Variablen sind am Ende einer Rechenschleife Korrekturfaktoren für eine weitere Iteration einzubringen. Die gewählte Optimierungsmethode entscheidet dabei über die Art der Korrektur. Die optimale Lösung wird über eine Zielfunktion gewählt, wie z.B. das minimale Gewicht oder die ausreichende Bruchfestigkeit. Aufgrund der aufwendigen und von vielen Parametern abhängigen Dimensionierung von Faserverbunden ist eine Unterstützung durch ein Rechenprogramm für den Anwender erforderlich. Im einzelnen können folgende Anforderungen an ein derartiges Berechnungsprogramm formuliert werden:

- Hohe Bedienungsfreundlichkeit und Praxisorientierung
- Lauffähigkeit auf handelsüblichen PC - Systemen
- Geringer Speicherbedarf
- Bereitstellung von Werkstoffbasisdaten
- Möglichkeit der iterativen, rechnergestützten Modellierung von Verbundaufbauten
- Berechnung aller resultierenden Kenndaten
- Automatische Verbunddimensionierung und -optimierung
- Optionen zur Datenverarbeitung mit Textverarbeitungs- oder FEM-Pro grammen
- Bibliothek zum Speichern und Wiedereinlesen von Berechnungsdaten
- Modularer Programmaufbau für gute Wartungsfreundlichkeit und damit auchOptionen für Programmerweiterungen

3. Beschreibung des Programmsystems „StrongFiber"

In Abgrenzung zu Finite Element Programmen, in denen Bauteile geometrisch genau modelliert und analysiert werden, orientiert sich „StrongFiber" an elementaren, analytischen Modelleinheiten wie Balken, Scheiben, Platten oder Schalen. In Vorkenntnis aller Belastungen im Bauteil, der Schnittkräfte, läßt sich jede Struktur in derartige Modelleinheiten zerlegen [12, 13, 14]. Anhand dieser Einheiten können mit „StrongFiber" beliebige FVK-Konfigurationen modelliert und so alle Kennwerte berechnet werden. Grundlage für die Festsetzung der Kennwerte bildet eine Kontinuumstheorie auf der Basis eines Rundfasermodells mit quadratischer Packung, die Bruchhypothese nach Tsai und die elementare Bruchhypothese .

werden. Grundlage für die Festsetzung der Kennwerte bildet eine Kontinuumstheorie auf der Basis eines Rundfasermodells mit quadratischer Packung, die Bruchhypothese nach Tsai und die elementare Bruchhypothese .

Aus erweiterbaren Bibliotheken, in denen alle Basiskennwerte der verfügbaren Verbundkomponenten abgelegt sind, werden die Datensätze für die gewünschten Faser- und Harztypen ausgewählt. Im modellierten Verbundaufbau können Einzelparameter modifiziert, Schichten verschoben, kopiert oder gelöscht werden. Alle möglichen äußeren Lasten können auf den Faserverbund aufgebracht und Ergebnisse zur Auslegung auf Steifigkeit, Festigkeit oder Stabilität – auf dem Bildschirm protokolliert – eingesehen werden. Die benutzerfreundliche Oberfläche von „StrongFiber" unterstützt dabei besonders die manuelle, iterative Verbundoptimierung (). Eingegebene und

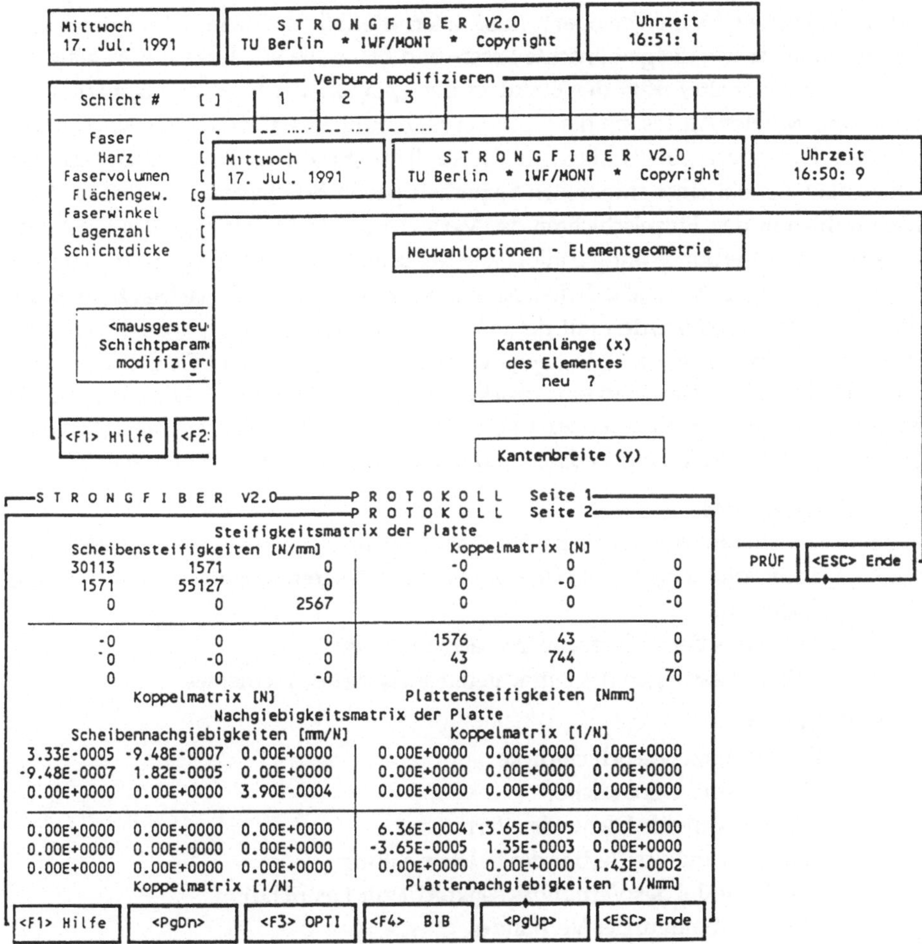

Abb. 2: Einige Menüseiten von StrongFiber V2.0

Für tiefergehende Analysen von Bauteilen mit den Finite Element Methoden wurden darüber hinaus Schnittstellen zum Übertragen berechneter Werkstoffkennwerte in die FEM-Programme ANSYS und COSMOS realisiert. Die Untersuchung von FVK-Strukturen mit FEM - Programmen erfordert normalerweise die Modellierung aller Schichten des betrachteten Verbundes. Dies induziert je nach Anzahl der Verbundschichten eine hohe Zahl von Elementknoten und damit hohe Rechenzeiten. Mit „StrongFiber", über die Datenschnittstelle als FEM - Preprozessor nutzbar, können Kenndaten des Materialkontinuums zur Verfügung gestellt werden. Die Einsparung an FEM – Rechenzeit ist damit ungefähr proportional zu der Anzahl der Faserverbundschichten. Als Beispiel spart man bei einem üblichen fünfschichtigen Material ungefähr Faktor fünf an Rechenzeit. Ein spezielles Modul von „StrongFiber" in der Version 2.0 ermöglicht darüberhinaus die vollautomatische Verbundauslegung auf Festigkeit. Dafür gibt der Benutzer lediglich die auftretenden,äusseren Belastungen in Form von Kräften, Momenten oder Schubkräften, die äußeren Maße seiner betrachteten Modelleinheit sowie die gewünschte Faser- und Harztype ein. Über die Angabe des Faservolumengehaltes trägt der Benutzer der Qualität seines Fertigungsverfahrens Rechnung. Mit der Auslösung der Optimierungsroutine werden anschließend auf der Basis von Expertenregeln verschiedene Verbundkonfigurationen automatisch generiert. Unter dem Aspekt einer minimalen Sicherheit gegen Bruchversagen werden dabei Lagenzahlen in den Einzelschichten des Verbundes variiert. Als Ergebnis wird dem Benutzer eine Verbundkonfiguration zur Realisierung vorgeschlagen, in dem die Quersumme aller Schichtsicherheiten gegenüber gerechneten Vergleichsaufbauten gering ist. In der Regel werden mit dem Optimierungsmodul von „StrongFiber" Verbundkonfigurationen erreicht, in denen wenigsten in einer Schicht die Sicherheit den Wert eins annimmt. Der Wert eins drückt aus, daß die in dieser Schicht auftretende Belastung gerade der maximal zulässigen Last entspricht. Zusammengefaßt liefert „StrongFiber" folgende Eingabedaten und Berechnungsergebnisse im Protokoll:

Eingabewerte

- Alle Parameter pro definierter Einzelschicht, also Faser- und Harzmaterial, Faservolumengehalt, Flächengewicht des Trägermaterials, Faserwinkel und Lagenzahl
- Die Werte der äußeren, aufgebrachten Lasten
- Die Abmessungen des betrachteten analytischen Elementes

Ergebnisse

- Die resultierende Schichtdicke
- Die Gesamtlaminatdicke
- Die resultierende Dichte des Verbundes
- Den E-Modul des Verbundes in Lastrichtung
- Den E-Modul des Verbundes senkrecht zur Lastrichtung
- Den Schubmodul des Verbundes
- Querkontraktionszahlen
- Die Modulmatrix der Scheibe
- Die Gesamtsteifigkeitsmatrix des Verbundes

- Die Gesamtnachgiebigkeitsmatrix des Verbundes
- Die resultierenden Verzerrungen des Verbundes infolge äußerer Lasten
- Die Spannungen in allen Einzelschichten
- Die Sicherheiten gegen Versagen durch Bruch (Faserbruch, Zwischenfaser bruch) in allen Einzelschichten
- Die verallgemeinerte Steifigkeitsmatrix der Platte (Berücksichtigung von Koppeleffekten)
- Die verallgemeinerte Nachgiebigkeitsmatrix der Platte
- Die Beulkennwerte

4. Programmierungstechnische Realisierung

Mit „StrongFiber" wird ein benutzerfreundliches Werkzeug für die Auslegung von FVK-Bauteilen zur Verfügung gestellt. „StrongFiber" ist aufgrund seiner Konzeption besonders für die Vordimensionierungsphase im Konstruktionsprozeß geeignet. Das vollständig mausgesteuerte Programm ist lauffähig auf allen IBM kompatiblen Personal Computern. Es hat einen Speicherbedarf von weniger als 200 kByte RAM, so daß z.B. Dateiverwaltungsprogramme auch bei Rechnern mit Minimalausstattung im Speicher resident gehalten werden können. Die Bedienungsfreundlichkeit sowie eine hohe Portabilität waren die Hauptziele bei der Programmentwicklung. „StrongFiber" bietet dem Benutzer bzw. der Benutzerin alle Optionen handelsüblicher Software - Produkte. Nach der Installation mittels eines separaten Programmes können mit „StrongFiber" zu jedem Zeitpunkt spezifische Hilfestellungen zur Bedienung abgefragt werden. Damit ist die Benutzung der Software in Selbstschulung erlernbar. Durch die

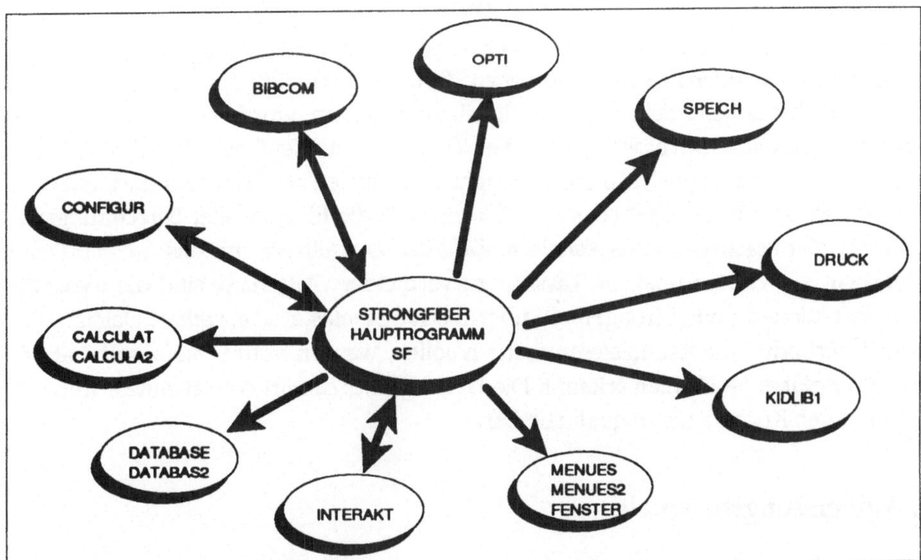

Abb. 3: Programmbausteine von StrongFiber V2.0

Einstellmöglichkeit aller Programmbetriebsparametern, wie der Reaktionsgeschwindigkeit der Maus, der Suchpfade für Dateien oder der Druckertreiber ist „StrongFiber" individuell konfigurierbar und damit portabel. „StrongFiber" ist unter Turbo Pascal 5.5 entwickelt worden. Der realisierte, modulare Programmaufbau ist dabei Sinnbild für die zugrundeliegende Systemkonzeption (). Durch diese modulare Struktur wird einerseits die Wartung des Systems erleichtert und auch die Entwicklung für höhere Versionen unterstützt. Jedes Modul kann als eigenständige Einheit geändert oder weiterentwickelt werden. Weitere Module sind ohne großen Aufwand integrierbar. „StrongFiber" besteht aus dem Hauptprogramm SF.PAS und 15 Modulen in Form von Turbo Pascal - Units. Die Turbo Pascal - Units von „StrongFiber" sind:

- BIBCOM.PAS: Steuerung der „StrongFiber" -Bibliothek
- CALCULAT.PAS: Berechnung des Faserverbundes
- CALCULA2.PAS: Berechnung der Beulkennwerte
- CONFIGUR.PAS: Steuerung Betriebsparameterauswahl
- DATABASE.PAS: Parametervereinbarungen
- DATABAS2.PAS: Weitere Parameter- und Recordvereinbarungen
- FENSTER.PAS: Standardisierte Bildschirmfenster
- INTERAKT.PAS: Abfrageroutinen für Maus und Tastatur
- INTERAK2.PAS: Steuerung für Werkstoffbibliotheken
- DRUCK.PAS: Druckprotokoll erstellen und drucken
- SPEICH.PAS: Druckprotokoll erstellen und speichern
- KIDLIB1.PAS: Dateiverwaltungs- und Standardmathematikroutinen
- MENUES.PAS: Hauptsächliche Programmenüs und Bildschirmprotokoll
- MENUE2.PAS: Menüs für Bibliothek, Konfigurationsmenü und Optimierungsmodell
- OPTI.PAS: Optimierungsmodul

Um während eines Programmlaufes eine übermäßige Belegung des Arbeitsspeichers zu vermeiden, werden Programmeinheiten, die temporär inaktiv sind, ausgelagert. Um eine möglichst hohe Arbeitsgeschwindigkeit zu erreichen, wurde zudem die gesamte Programmoberfläche im alphanumerischen Textmodus in Menütechnik realisiert. Dabei ist „StrongFiber" bezüglich sämtlicher Programmoptionen benutzerfreundlich mit dem Handeingabegerät „Mouse" steuerbar. So wird z.B. die Eingabe aller Berechnungsparameter über spezielle, mausgesteuerte Zählmenüs realisiert, um das umständliche Eingeben von Werten über die Tastatur zu vermeiden. Alternativ sind die wesentlichen Funktionen von „StrongFiber" über die Eingabetastatur abrufbar. Dateien, die gespeichert oder wiedereingelesen werden sollen, werden vom System automatisch als „StrongFiber" – Dateien erkannt. Die Dateien sind zudem vom Benutzer mit entsprechenden Kommentaren qualifizierbar.

5. Anwendungsbeispiele

Abschließend sollen zwei Anwendungsbeispiele aus dem Gebiet Montagesysteme angeführt werden. Sowohl der vorgestellte Hochgeschwindigkeitsportalroboter als auch das Rumpfsystem des leichtbauoptimierten Gelenkarmroboters MODULUS wurden mit Unterstützung durch das Berechnungsprogramm „StrongFiber“ dimensioniert. Beide Projekte werden z.Z. im Rahmen von Forschungsprojekten am Institut für Werkzeugmaschinen und Fertigungstechnik der Technischen Universität Berlin im Bereich Montagetechnik durchgeführt. Für einen Hochgeschwindigkeitsroboter wurden die Linearachsen der Portalkinematik aus Kohlefaserverbundkunststoff realisiert (). Erst durch diese leichtbauoptimierten, bewegungsführenden Komponenten und in Verbindung mit der gestellfesten Anordnung der Antriebe können mit dem System seitens der mechanischen Belastbarkeit Greifpunktgeschwindigkeiten von bis zu 100 m/s realisiert werden. Die Achsen dieser neuartigen Doppelkreuzportalkinematik bestehen aus beidseitig eingespannten Biegeträgern mit kreisrunden bzw. in anderer Version quadratischen Hohlquerschnitten.

Abb. 4: Doppelkreuzkinematik für Hochgeschwindigkeitsportalroboter aus Kohlefaserverbundkunststoff (Quelle: Pingel)

Eine Analyse mit dem Berechnungsprogramm „StrongFiber“ ergab, daß eine Realisierung der ein Meter langen Achsen aus Kohlefaserverbundkunststoff (CFK) eine über 50 %-ige Verringerung der Strukturmasse ermöglicht. Verglichen wurden die Ergebnisse mit Bauausführungen in handelsüblichen Leichtbaumetallen sowie in Stahl. Für den Faserverbund - Fachmann ist zudem interessant, daß sowohl eine mit symmetrischen Winkeln (hier +/- 16 Grad) realisierte CFK - Variante zum gleichen Masseminimum führt wie eine CFK - Ausführung mit den in diesem Falle kraftpfadoptimalen Faserwinkeln 0 Grad und +/- 45 Grad (). Somit bietet sich für die Herstellung neben dem Wickelverfahren auch eine kostengünstige Realisierung mit Gewebematten an.

Der Portalroboter wurde darüberhinaus mit dem FEM - Programm COSMOS tiefergehend analysiert. Die „StrongFiber“ - Datenschnittstelle ermöglichte dabei den

Der Portalroboter wurde darüberhinaus mit dem FEM - Programm COSMOS tiefergehend analysiert. Die „StrongFiber" - Datenschnittstelle ermöglichte dabei den problemlosen Übertrag der resultierenden Verbundkenndaten. Da „StrongFiber" die Faserverbundkenndaten für das Materialkontinuum liefert, konnte auf die rechenzeitintensive FEM - Darstellung der Faserverbundkomponenten in Form einzelner Schichten verzichtet werden. In Iterationsschleifen wurden zudem ohne größeren Aufwand unterschiedliche Verbundkonfigurationen mit „StrongFiber" untersucht und die jeweiligen Kenndaten zum COSMOS - Programm übertragen. Auf diesem Wege wurde das Verhalten des komplexen Robotersystems in Abhängigkeit unterschiedlicher Verbundaufbauten in den Linearachsen analysiert.

Faserwinkel [Grad]	E-Modul längs [N/mm²]	Schubmodul [N/mm²]	d [mm]	t [mm]	Masse [gr]	w Bieg. [mm]	w Schub [mm]	Schub-anteil [%]
+/- 13	119 047	10 327	47.50	2.5	717	6.12	3.8	62.4
+/- 15	111 631	12 153	47.55	2.45	705	6.6	3.3	49.8
+/- 16	107 509	13 126	47.56	2.44	704	6.9	3.1	44.4
+/- 18	98 580	15 168	47.50	2.50	717	7.4	2.6	35.2
0 Grad +/- 45 Grad Verhältnis 5:1	104 858	13 281	47.50	2.44	704	7.0	3.0	42.8
						$\cdot 10^{-3}$	$\cdot 10^{-3}$	

$t + d = \text{konst} = 50$ [mm] $\qquad w_{ges} = w_{Biegung} + w_{Schub} = \text{konst} = 0.01$ [mm]

Abb. 5: Ergebnisdaten für eine Roboterlinearachse, Masseminima von CFK-Ausführungen im Vergleich zu Metallvarianten

karmroboters MODULUS genannt werden (). Der Roboter wurde ausgelegt zur möglichen Bedienung und Wartung von Experimenten in der Raumfahrt. Die Verbindungselemente des Roboters wurden unter dem Gesichtspunkt der minimalen Masse, des minimalen Bauraumes und einer gleichzeitig hohen dynamischen Standfestigkeit ausgelegt und in einer speziellen Hohlkasten - Sandwichbauweise ausgeführt. Sie wurden mit „StrongFiber" bezüglich des Verbundaufbaues und der Materialkennwerte iterativ berechnet und optimiert. Als analytische Modelleinheiten dienten „StrongFiber" die scheiben- bzw. plattenförmigen Kastenwände, also die druck- und zugbelasteten Kastengurte sowie die schubbelasteten Kastenstege. Bei diesem Beispiel konnte gegenüber vergleichbaren Metallausführungen und aufgrund der sich verjüngenden Formgebung über 65% der Strukturmasse eingespart werden. So wiegt das Verbindungselement des Oberarmes lediglich 496 g und das des Unterarmes unter 350 g. Mit einer statischen Nutzlast von 3 kg am Robotergreifpunkt und dem vollständig ausgestreckten, ein Meter langen Arm wurden Querkraft-Biegeverformungen unter Schwerkrafteinwirkung von unter 0,15 mm gemessen.

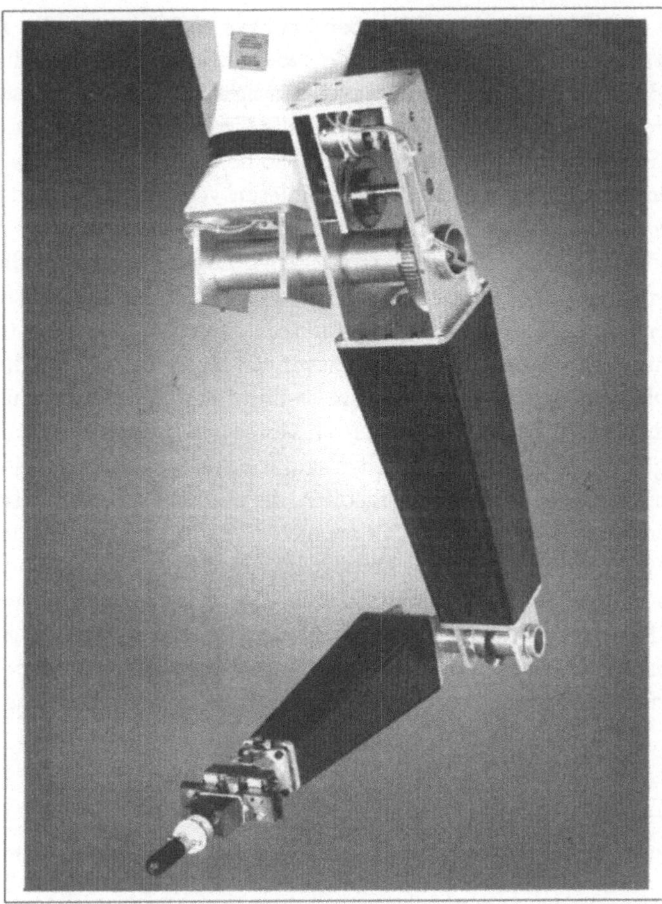

Abb. 6: MODULUS – leichtbauoptimiertes Robotersystem

6. Zusammenfassung und Ausblick

Mit „StrongFiber" wird ein Werkzeug zur Auslegung von Bauteilen aus Faserverbundkunststoffen bereitgestellt. Anhand von analytischen Modelleinheiten können beliebige Faserverbundaufbauten modelliert und damit Systeme auf Steifigkeit, Festigkeit oder Stabilität dimensioniert werden. „StrongFiber" kann damit als eigenständige Einheit oder in Anbindung an FEM-Programme im Konstruktionsprozeß eingesetzt werden. Wesentliches Ziel bei der Entwicklung war die Realisierung eines benutzerfreundlichen und zudem praxisorientierten Programmes. Durch die effektivere und schnellere Durchführung von Berechnungsaufgaben auf dem Gebiet der Faserverbundkunststoffe sollen Entwicklungszeiten von Hochleistungsbauteilen verkürzt und damit Kosten reduziert werden. „StrongFiber" berechnet für jeweilige Verbundaufbauten die für die Bauteildimensionierung relevanten Werkstoffkennwerte. Dazu können Einzelschichten im betrachteten Verbund neu definiert, Einzelparameter iterativ korrigiert, Schichten kopiert, verschoben oder gelöscht werden. Wesentlich dabei ist, daß sämtliche Operationen mit dem Handeingabegerät „Mouse" steuerbar sind und somit zeit- und fehlerintensive Eingaben über die alphanumerische Tastatur nicht erforderlich sind. In der Version 2.0 wurde zudem ein Expertenmodul implementiert, auf dessen Basis Verbundkonfiguration vollständig automatisch auf Festigkeit dimensioniert werden können. Durch die individuelle Einstellbarkeit aller Programm- und Betriebsparameter, mit den erweiterbaren Bibliotheken mit Werkstoffbasisdaten, den Bibliotheken zum Speichern und Wiedereinlesen von Berechnungsdaten und der Schnittstelle zu handelsüblichen Textverarbeitungsprogrammen bietet „StrongFiber" alle Optionen eines modernen Softwaresystems. Zudem wird über die realisierten Schnittstellen zu den Programmen ANSYS und COSMOS die Möglichkeit angeboten, „StrongFiber" als FEM - Preprozessor zu nutzen. Durch die Bereitstellung von Kontinuumskennwerten kann auf eine rechenzeitintensive FEM - Darstellung einzelner Verbundschichten verzichtet werden. Am Institut für Werkzeugmaschinen und Fertigungstechnik der TU Berlin wird im Bereich Montagetechnik an einer höheren Version von „StrongFiber" gearbeitet. Vorgesehen sind u.a. Auswahlmöglichkeiten für die Benutzung verschiedener Berechnungstheorien, die automatische Dimensionierung auf Steifigkeit und Stabilität sowie die Option zur Anbindung an das tutorielle Expertensystem FVK2000. Dieses interaktive Lernprogramm, ebenfalls in der Entwicklung, behandelt das Thema „Faserverbundkunststoffe, Eigenschaften und Anwendungsmöglichkeiten". Es richtet sich an das Management und technische Personal von klein- und mittelständischen Unternehmen mit dem Ziel, die Technologie der modernen Faserverbundkunststoffe einem breitem Anwenderkreis zugänglich zu machen.

Literatur

Heißler, H.: Verstärkte Kunststoffe in der Luft- und Raumfahrttechnik, Stuttgart u.s.w.: Kohlhammer, 1986.

Renner, U.: Satellitentechnik, Buch zur gleichnamigen Vorlesungsreihe, Springer Verlag, Berlin. 1988.

Pingel, D.: Verwendung von Faserverbundkunststoff im Maschinenbau, in: Neue Werkstoff-Innovationschancen durch Bauteile aus Faserverbundkunststoffen, Tagungsband zum FVK-TT im IWF der TU-Berlin, Berlin: 1990.

Seliger, G., Pingel, D.: Entwicklung eines Hochgeschwindigkeit-Montageroboters mit stationären pneumatischen Antrieben, in: ZWF 83 (1988) 6, S. 328 ff., Carl Hanser Verlag, München: 1988.

Spur, G., Seliger, G.: Entwicklung und Fertigung von Bauteilen aus Faserverbundkunststoff, in: Ingenieur-Werkstoffe 1 (1989) 11/12, S. 75-77.

Spur, G.: Handbuch der Fertigungstechnik, München u.s.w.: 1986.

Wiedemann, J.: Leichtbau-Elemente, Berlin u.s.w.: Springer 1986.

Wiedemann, J.: Leichtbau-Konstruktion, Berlin u.s.w.: Springer 1989.

Hornschild, K.: Einsatz von Faserverbundkunststoffen in der mittelständischen Industrie - „Ergebnisse einer Unternehmensbefragung". In: Faserverbundwerkstoffe auf dem Weg in die Zukunft, Band zur Fachtagung am Süddeutschen Kunststoffzentrum, Würzburg: 18. bis 19. Oktober 1989.

Schröter, W.: Programm zur Dimensionierung von Bauteilen aus faserverstärkten Kunststoffen, Diplomarbeit am Institut für Werkzeugmaschinen und Fertigungstechnik der Technischen Universität Berlin, Berlin 1990.

Beitz, W. / Küttner, K.-H. (Hg.): Dubbel. Taschenbuch für den Maschinenbau, Berlin: Springer 1987.

Szabo, I.: Einführung in die Technische Mechanik, Berlin u.s.w.: Springer [8]1975.

Szabo, I.: Höhere Technische Mechanik, Berlin u.s.w.: Springer [5]1972.

Gienke, E.: Skript zur Vorlesungsreihe „Konstruktionsberechnung I+II", Technische Universität Berlin, Berlin: 1985, (unveröffentlichtes Manusskript).

Berkes, U.: Skript zur Berechnung von Faserverbundkunststoffen nach FVL, Berlin: 1986 (unveröff.)

TEME – Programme für Aufgaben der Technischen Mechanik

Edgar Haß

Universität Rostock
Fachbereich Maschinenbau und Schiffstechnik

Die Programmsammlung „Technische Mechanik" enthält Programme der numerischen Mathematik sowie Programme zur Berechnung von Stab- und Flächentragwerken und zur Lösung dynamischer Probleme. Die Sammlung ist als Arbeitsmittel für die Ausbildung in den Grundlagenfächern des Maschinenbaus und verwandter Ingenieurdisziplinen entwickelt worden. Sie soll den Studenten persönlich zur Verfügung stehen und sowohl die Durchführung von Zahlenrechnungen bei der Lösung von Übungsaufgaben erleichtern als auch die Mög-lichkeit bieten, Aufgaben mit abgewandelten Kenngrößen zu rechnen und Varianten zu untersuchen, die mehr oder weniger starke Vereinfachungen enthalten oder eher den in der Praxis vorkommenden Bedingungen entsprechen. So ist eine Voraussetzung dafür gegeben, ohne unnötige Routinearbeit eigene Erfahrungen und Erkenntnisse zu sammeln, die zum besseren Verständnis des Lehrstoffes beitragen. Das Anwendungsgebiet ist aber nicht auf die Lehre beschränkt, es erstreckt sich auch auf viele Berechnungsaufgaben, die in einem Konstruktionsbüro vorkommen.

Verzeichnis der Programme

linear. symmetr. Gleichungssystem	Biegung, Trägheitsmomente
linear. unsymmetr. Gleichungssystem	Torsion, Querkraft
nichtlineares Gleichungssystem	Vergleichsspannungen
Eigenwertproblem (Jacobi)	Einfeldträger
Eigenwertproblem (von Mises)	Durchlaufträger
Inversion einer Matrix	Balken, elastische Bettung
Berechnung einer Determinante	ebener Trägerrost
Matrizen-Operation (+,-,*)	ebenes Fachwerk
Fourier-Reihenentwicklung	ebener Rahmen
schnelle Fouriertransformation	Trägerrost, elastische Bettung
Polynom-Regression n.Ordnung	räuml.Fachwerk und Rahmen
Integration explizit (Simpson)	Platte mit Rechteck-Elementen
Interpolation Integration (Spline)	Platte mit Dreieck-Elementen
Diff.-Gleich. n. Ordnung (Runge)	Scheibe, Dreieck-El. (3 Knoten)
DGL-System 2. Ordnung (Nystroem)	Scheibe, Dreieck-El. (6 Knoten)

Die Programme sind der Speicherkapazität von Mikrorechnern angepaßt. Vorausgesetzt werden: MS-DOS-Betriebssystem, 512 KB RAM, wahlweise CGA-Grafik und 9Nadeldrucker. Daraus resultiert eine Einschränkung für die Größe der Systeme, die bearbeitet werden können; das ist nicht unmittelbar gleichbedeutend mit einer geringeren Genauigkeit der Ergebnisse. Eine Gruppe der Programme – hierzu gehören die linearen Gleichungssysteme sowie die Matrizenoperationen und die Stabwerkprogramme – liefert exakte Ergebnisse im Rahmen der Voraussetzungen, die im Algorithmus enthalten sind. Die andere Gruppe von Programmen – hierzu gehören die Berechnung von Eigenwerten, Interpolation, Integration, Fourierreihenentwicklung, das nichtlineare Gleichungssystem und die Scheiben- und Plattenprogramme – ist für die Berechnung von Näherungswerten ausgelegt. Dabei hängt die Güte der Näherung von der gewählten Schrittweite, der Zahl der Iterationen oder der gewählten Unterteilung des Rechenmodells ab.

Für die Anwendung der Programme sind Grundkenntnisse der Technischen Mechanik erforderlich, um aus der Aufgabenstellung das Rechenmodell abzuleiten und die Ergebnisse richtig zu bewerten. Die Eingabe der Daten, die das System beschreiben, erfolgt im Dialog, der weitgehend selbsterklärend und gegen Eingabefehler geschützt ist. Eingabewerte können gezielt korrigiert und auf Diskette gespeichert werden. Die Ausgabe der Ergebnisse erfolgt wahlweise über Bildschirm oder Drucker. Sofern es sinnvoll ist, wie bei der Regression, Integration, Fourierentwicklung und Lösung von Differentialgleichungen, werden Eingabewerte und Ergebnisse auch als Diagramm dargestellt. Bei den Stabwerk- und Flächentragwerkprogrammen werden Verformungen, Auf-lagerreaktionen, Schnittgrößen und Spannungen berechnet. Das Rechenmodell mit Randbedingungen und Belastung sowie Querkraft- und Momentenverlauf bzw. Haupt-spannungen können ebenfalls grafisch dargestellt werden. Zahlenergebnisse und Grafik lassen sich über den Drucker ausgeben.

1. Lineares symmetrisches Gleichungssystem mit bandförmiger Koeffizientenmatrix

Eingaben: Anzahl der Unbekannten (bis 300)
Anzahl der Nebendiagonalen je Bandhälfte (bis 30)
obere Dreiecksmatrix: zeilenweise
rechte Seite
Ausgabe: Lösungsvektor

2. Lineares Gleichungssystem mit voll besetzter Koeffizientenmatrix

Eingaben: Anzahl der Unbekannten (bis 115)
Koeffizientenmatrix, rechte Seite : zeilenweise
Ausgabe: Lösungsvektor

3. Nichtlineares Gleichungssystem

f1 (u1, u2, ... , un) = 0
f2 (u1, u2, ... , un) = 0
. . . .

Eingaben: Zahl der Gleichungen (bis 10)
Gleichungssystem, auf die Nullform gebracht
erste Näherung als Startvektor
Zahl der Iterationen bis zum Abbruch der Rechnung
Fehlerschranke für den Abbruch der Rechnung
Ausgabe: Lösungsvektor, der dem Startvektor am nächsten liegt.

Die Gleichungen werden im Dialog eingegeben, wobei die Ausdrücke in der computerüblichen Schreibweise geschrieben werden. Mit Hilfe des Newtonschen Verfahrens

$$x1 = xo - f(xo)/f'(xo)$$

wird die Näherungslösung so lange verbessert, bis der Fehler unterhalb der anzugebenden Schranke liegt. Um alle Lösungen zu finden, sind mehrere Rechnungen mit neuen Startvektoren erforderlich.

Liste der definierten Rechenzeichen und Funktionen

+, -, *, /, (,)

ABS(r)	$\|r\|$	SQR(r)	r^2	SQRT(r)	$\sqrt{r}$
EXP(r)	e^r	LOG(r)	log r	LN(r)	ln r
SIN(r)	sin r	COS(r)	cos r	TAN(r)	tg r
ATN(r)	arctg r				

4. Eigenwertproblem für symmetrische Matrizen

4.1 *Jacobi*

4.2 *von Mises*

Eingaben: Zahl der Spalten bzw. Zeilen (bis 50) Matrizen, spaltenweise
Zahl der Iterationen bis zum Abbruch der Rechnung
Fehlerschranke für den Abbruch der Rechnung
Ausgabe: alle Eigenwerte, normiert und geordnet (*Jacobi*)
kleinster Eigenwert (*von Mises*)
zugehöriger Eigenvektor, normiert

Am Beispiel der Schwingungsgleichung

$$A\,q'' + C\,q = 0,$$

führt der Ansatz

$$q = x\,e^{j\omega t}, \quad x = [x1, x2, .., xn]^T$$

auf das Eigenwertproblem

$$(C - \omega^2 A)\,x = 0.$$

Nach Lösung der charakteristischen Gleichung verkörpern die Eigenwerte die Eigenfrequenzen und die Eigenvektoren die Schwingungsform. Analog ergeben die Eigenwerte bei Stabilitätsproblemen die kritische Last und die Eigenvektoren die Knickfigur.

5. Matrizenoperationen

- *Inversion einer Matrix*
- *Berechnung einer Determinante; Operatinon* +, -, *

Eingaben: Zahl der Spalten bzw. Zeilen (bis 100,100)
Matrizen, spaltenweise

6. Funktionsanalyse

- *Fourier-Reihenentwicklung*
- *schnelle Fouriertransformation*

Eingaben: Zahl der Stützstellen (bis 100)
Wertepaare
bei der schnellen Fouriertransformation wahlweise: Funktion y = f (x) (vgl. 3. Liste der definierten Rechenzeichen und Funktionen)
Ausgabe: Fourierkoeffizienten
grafische Darstellung der Ergebnisfunktion
Amplituden- und Frequenzspektrum

7. Differentialgleichung n. Ordnung

Eingaben: Ordnung der DGL (bis 10)
Funktionen y'..'= f (x,y) (vgl. 3. Liste der definierten Rechenzeichen und Funktionen)
untere Grenze xa, obere Grenze xe
Zahl der Intervalle s [Schrittweite h=(xe-xa)/s]
Anfangswerte für y (0), y'(0), ...

Ausgabe: Tabelle der berechneten Funktionswerte
grafische Darstellung der Ergebnisfunktion

8. System von Differentialgleichungen 2. Ordnung

Eingaben: Zahl der Gleichungen (bis 10)
Funktionen qi''= fi (qi,qi', ... ,t)
Auswahl: Berechnungfür ein bestimmtes Zeitintervall,
Abbruch, wenn der Vorgang stationär wird,
Berechnung der Vergrößerungsfunktion
untere Grenze xa, Anfangswerte für q (0), q'(0)
Abbruchkriterium

Ausgabe: Tabelle der berechneten Funktionswerte
grafische Darstellung der Ergebnisfunktionen
grafische Darstellung der Phasenkurven
grafische Darstellung der Vergrößerungsfunktion

9. Interpolation

- *Polynom-Regression n. Ordnung*
- *Interpolation, Integration (Spline)*

Eingaben: Ordnung bzw. Zahl der Stützstellen (bis 50)
Wertepaare
Ausgabe: Koeffizienten des Näherungspolynoms
Tabelle der berechneten Funktionswerte
grafische Darstellung der Ergebnisfunktion

10. Integration einer expliziten Funktion

Eingaben: Funktion y = f (x) (vgl. 3. Liste der definierten Rechenzeichen und Funktionen)
Integrationsgrenzen
Ausgabe: Tabelle der berechneten Funktionswerte, Integralwert
grafische Darstellung der Eingabefunktion

11. Biegespannungen, Trägheitsmomente

Die Querschnittsfläche muß in Teilflächen: Rechtecke, rechtwinklige Dreiecke und Hohlkehlen, bei denen zwei Seiten parallel zur x- und y-Achse liegen, und in Kreise zerlegt werden. Die Eingabe von bekannten Trägheitsmomenten (Walzprofil) ist möglich (bis zehn Teilflächen je Typ).

Eingaben: Breite, Höhe, bzw. Radius der Teilflächen
Schwerpunktkoordinaten der Teilflächen
wahlweise: Biegemomente und Längskraft
Ausgabe: Trägheitsmomente Ix, Iy, Ixy, Imax, Imin, alpha
wahlweise: Normalspannung an ausgewählten Punkten
grafische Darstellung des Querschnitts mit Hauptträgheitsachsen

12. Torsion, Querkraftschub

Eingabe: Geometrie der Querschnittsfläche:
Kreis, Kreisring, Rechteck, dünnwandiger offener, geschlossener Querschnitt
Ausgabe: Torsionsträgheitsmoment
Torsions-, Querkraftschubspannungen

13. Einfeldträger

Träger auf zwei Stützen mit Einzelkräften, linear veränderlichen Streckenlasten und Endmomenten

Eingaben: Zahl der Lastbereiche (bis 20)
E-Modul, Flächenträgheitsmoment
Einzelkräfte - je eine am Ende des Lastbereiches
Ordinaten der Streckenlasten, Endmomente
Ausgabe: Querkräfte, Biegemomente, Durchbiegungen
als Wertetabellen und grafisch

14. Balken auf elastischer Bettung

Eingaben: Rechteckquerschnitt des Balkens, E-Modul
Zahl der Lastabschnitte (bis 30)
Zahl der Auflagerpunkte (bis 10)
Auflagerbedingungen, Bettungsziffer
Belastungsgrößen

Ausgabe: Auflagerkräfte, Einspannmomente
Verformungen und Schnittgrößen an den Knoten

15. Stabtragwerke

- *Durchlaufträger*
- *Ebenes Fachwerk*
- *Ebener Rahmen*
- *Trägerrost*
- *Räumliches Fachwerk und räumlicher Rahmen*

Eingaben: Zahl der Knoten
Zahl der Stäbe
Geometrie des Stabwerkes
Material- u. Querschnittsgrößen
Randbedingungen, Belastungsgrößen

Ausgabe: Verformungen und Schnittgrößen an den Knoten
Auflagerreaktionen
Längskraft-, Querkraft-, Momentenverlauf
Grafik des Rechenmodells und der Schnittgrößen

Die gesuchten Verschiebungsgrößen ergeben sich als Lösungsvektor des Gleichungssystems

$$k * d L = F \quad \longrightarrow \quad \delta L = k^{-1} * F$$

mit k – Steifigkeitsmatrix,

δL – Verschiebungsvektor (Knotenverschiebungen)

F – Kraftvektor (Knotenkräfte).

Die Gesamtsteifigkeitsmatrix wird aus den Elementsteifigkeitsmatrizen zusammen-gesetzt. Die Rand- und Übergangsbedingungen werden durch das Programm nach dem Zusammenbau der Steifigkeitsmatrix eingearbeitet durch Nullsetzen der Zeilen und Spalten mit festgehaltenen Knoten. Die zugehörigen Diagonalelemente werden gleich 1 und die Elemente des Lastvektors gleich 0 gesetzt. Die Schnittgrößen an den Stabenden werden aus den Knotenverschiebungen berechnet.

$$s^{(n)} = \begin{bmatrix} Q_A \\ M_A \\ Q_B \\ M_B \end{bmatrix}^{(n)} = \begin{bmatrix} k_{AA} & k_{AB} \\ k_{BA} & k_{BB} \end{bmatrix} * \begin{bmatrix} d_1 = w_A \\ d_2 = \delta_A \\ d_3 = w_B \\ d_4 = \delta_b \end{bmatrix}^{(n)}$$

$$S^{(n)}_{(i)} = \begin{bmatrix} N \\ Q \\ M \end{bmatrix}^{(n)}_{(i)}$$

Ist das Balkenelement mit einer Streckenlast belastet, dann werden die erhaltenen Schnittgrößen noch mit den Schnittgrößen des beidseitig eingespannten Stabes überlagert. Für die grafische Darstellung der Ergebnisse werden die Schnittgrößen an sieben Zwischenpunkten für jeden Stab berechnet.

Durchlaufträger

Das Programm berechnet die Auflagerreaktionen und die Stützen- und maximalen Feldmomente bei feldweise konstanter Streckenlast und einer Einzelkraft pro Feld. Es werden ständige Lasten q, F (Eigengewicht) und Verkehrslasten qv, Fv unterschie-den. Die Belastung der einzelnen Felder des Trägers durch Verkehrslasten wird durch das Programm so kombiniert, daß die maximalen positiven bzw. negativen Beanspruchungen an den Stützen und in den Feldern ermittelt werden. Um einen einzigen bestimmten Lastfall zu rechnen, ist es zweckmäßig, die Belastung als q und F aufzufassen und qv = Fv = 0 zu setzen. Das Rechenmodell besteht aus je einem Balkenelement pro Feld mit vier Freiheitsgraden (eine Verschiebung und eine Verdrehung an jedem Endknoten), dessen Knotenverschiebungsgrößen mit den entsprechenden des angrenzenden Elementes übereinstimmen. Die Stützen sind unverschiebbar und liegen auf gleicher Höhe. Die insgesamt vier Stützkräfte bzw. -momente, die durch jeweils eine Einheitsveschiebung bzw. -verdrehung an beiden Enden des fest eingespannten Balkens entstehen, bilden spaltenweise die Elemente der Steifigkeitsmatrix.

Eingabedialog: Die Felder des Trägers und die Stützen werden fortlaufend von links nach rechts numeriert (ein Kragende wird wie eine Stütze numeriert). Die Trägheitsmomente müssen feldweise konstant sein.

Ebenes Fachwerk

Das Programm berechnet die Knotenverschiebungen und Stabkräfte sowie die Auflagerkräfte eines ebenen Fachwerkes (x-y-Ebene) mit bis zu 120 Stäben und 80 Knoten. Das Rechenmodell besteht aus Stäben, die gelenkig miteinander verbunden sind. Als Belastung sind vertikale und horizontale Einzelkräfte möglich, die an den Knoten angreifen. Die vier Kräfte, die durch jeweils eine Einheitsverschiebung an beiden Stabenden entstehen, bilden die Elementsteifigkeitsmatrix.

Eingabedialog: Zweckmäßig wird der Ursprung des globalen x-y-Koordinatensystems in die untere linke Ecke des Fachwerks gelegt. Die Numerieung der Stäbe ist beliebig. Die Knoten müssen jedoch so numeriert werden, daß die Differenz der Nummern der Endknoten eines Stabes nicht größer als 15 wird. Diese Differenz bestimmt die Bandbreite der Steifigkeitsmatrix.

Ebener Rahmen

Das Programm berechnet die Knotenverschiebungen und -verdrehungen sowie die Schnittgrößen in den Stäben und die Auflagerreaktionen für ebene biegesteife Rahmentragwerke (x-y-Ebene) mit bis zu 60 geraden Stäben und 80 Knoten. Möglich sind vier Stabarten: beidseitig eingespannt, Gelenk am Anfangs- oder am Endknoten, Gelenk an beiden Stabenden. Die Belastung kann eine stabweise konstante Streckenlast sein, es wird Eigengewicht und Verkehrslast unterschieden. An den Knoten können Einzelkräfte in x- bzw. y-Richtung sowie äußere Momente um z angreifen. Die insgesamt sechs Stützkräfte bzw. -momente, die durch Einheitsverschiebungen bzw. -verdrehung an beiden Enden des fest eingespannten Balkens entstehen, bilden die Steifigkeitsmatrix des Stabelementes. Analog werden die Stäbe mit einem Gelenk am Ende betrachtet. Nach Transformation in ein Koordinatensystem, parallel zum globalen, wird die Gesamtsteifigkeitsmatrix gebildet.

Eingabedialog: Zweckmäßig wird der Ursprung des globalen x-y-Koordinatensystems in die untere linke Ecke des Rahmens gelegt. Die Numerierung der Stäbe ist beliebig, mit der Nummer des Anfangsknotens für einen Stab wird die Lage des lokalen Koordinatensystems festgelegt. Die Differenz der Knotennummern von Anfangs- und Endknoten eines Stabes darf nicht größer als 15 sein.

Trägerrost

Das Programm berechnet die Knotenverschiebungen und -verdrehungen, sowie die Schnittgrößen in den Stäben und die Auflagerreaktionen für Trägerroste (x-y-Ebe-ne) mit bis zu 80 geraden Stäben und 50 Knoten. Die Stäbe sind biege- und drehsteif miteinander verbunden. Als Belastung ist eine stabweise konstante Streckenlast möglich. An den Knoten können Einzelkräfte in z-Richtung sowie äußere Momente um x und um y angreifen. Die sechs Stützkräfte bzw. -momente, die durch je eine Einheitsverschiebung und -verdrehung an beiden Enden des fest eingespannten Balkens entstehen, bilden die Steifigkeitsmatrix des Stabelementes.

Eingabedialog: Zweckmäßig wird der Ursprung des globalen x-y-Koordinatensystems in die vordere linke Ecke des Rostes gelegt. Die Numerierung der Stäbe ist beliebig, die Knoten müssen jedoch so numeriert werden, daß die Differenz der Nummern von Anfangs- und Endknoten eines Stabes nicht größer als 15 wird. Durch diese Differenz wird die Bandbreite der Steifigkeitsmatrix beeinflußt. Die Nummer des Anfangsknotens legt das örtliche Koordinatensystem fest.

Zumeist werden die Kreuzungspunkte der Träger die Knoten des Trägerrostes bilden. Greifen Einzelkräfte zwischen diesen natürlichen Knoten an, ist eine weitere Unterteilung erforderlich. Es sind stabweise konstante Trägheitsmomente möglich.

16. Flächentragwerk

Eingaben:	Zahl der Knoten Zahl der Elemente Knotenkoordinaten Knoten-Nummern der Elemente (gegen Uhrzeiger) E-Modul, Dicke Randbedingungen , Belastungsgrößen
Ausgabe:	Verformungen und Schnittgrößen an den Knoten bzw. Spannungen im Elementschwerpunkt Grafik des Rechnermodells und der Schnittmomente bzw.Spannungen

Platte
Die Programme berechnen näherungsweise die Deformationen und Schnittgrößen von Platten mit rechtwinkliger bzw. beliebiger Berandung. Bei der Unterteilung der Platte in Dreieckelemente sollten die Seiten aller Dreiecke parallel zu drei Richtungen sein. Zu beachten ist, daß die Konvergenz der Lösung bei zunehmender Anzahl von Elementen bei der Diskretisierung mit Rechteckelementen (bis 100 Elemente und 120 Knoten) besser ist als bei Verwendung von Dreieckelementen (bis 200 Elemente und 120 Knoten).

Scheibe (3-Knoten-Elemente)
Die Programme berechnen näherungsweise Knotenverschiebungen u, v und Spannungen im Schwerpunkt dreieckiger Elemente einer in finite Elemente unterteilten Scheibe (bis 130 Elemente und 80 Knoten).

Scheibe (6-Knoten-Elemente)
Bei der Eingabe der Knotennummern eines Elements mit sechs Knoten müssen zunächst die drei Eckknoten und danach die drei Seitenknoten im Gegenuhrzeigersinn eingegeben werden (bis 60 Elemente und 130 Knoten). Für die zwölf Freiheitsgrade (zwei Verschiebungen an drei Eck- und drei Seitenknoten) wird ein quadratischer Ansatz zugrunde gelegt.

Literatur

1. Borland: Turbo-Pascal 6.0. Borland International, INC 1990
2. Schwarz, H.R.: Methode der finiten Elemente. Teubner-Verlag, Stuttgart 1984
3. Szilard, R., Ziesing, Pickhardt: Basic-Programme für Baumechanik und Statik. Verlag W. Ernst u. Sohn, Berlin 1986

Ausbildung in der rechnerunterstützten Arbeitsplanung

Wolfgang Leidholdt und Michael Junghanns

Technische Universität Chemnitz
Fachbereich Maschinenbau II

1. Arbeitsplanung in der Ausbildung

Am Institut für Fertigung und Arbeitsvorbereitung der TU Chemnitz werden Ingenieurstudenten verschiedenster Studiengänge Grundkenntnisse zur technologischen Fertigungsvorbereitung vermittelt. In mehreren Vertiefungsrichtungen werden diese nachfolgend durch spezielle Kenntnisse zu PPS, Arbeitsplanung, modernen Fertigungsverfahren und NC-Programmierung untersetzt. Gegenstand des Studiengebietes Technologische Informationsverarbeitung der Vertiefungsrichtung Fertigungsvorbereitung sind Methoden und Werkzeuge zur Ratio-nalisierung der Arbeitsplanung. Durch eine durchgängige Gestaltung von Vorlesungen, Übungen und Praktika werden dabei sowohl der Aufwand und die Effekte als auch die Grenzen einzelner Rationalisierungsmaßnahmen verdeutlicht. In Übungen zum Studiengebiet werden ausgewählte allgemeingültige Vorgehensweisen zu handhabba-ren Rationalisierungsmitteln aufbereitet. Ziel der Praktika ist die selbständige praxis-orientierte Arbeit mit verschiedenen Softwarelösungen zur Arbeitsplanung. Geeignete, leistungsfähige Arbeitsplanungs- und PPS-Systeme werden für Ausbildungszwecke oftmals zu Vorzugskonditionen angeboten. Eine sinnvolle Nutzung im Rahmen von Praktika ist jedoch nur möglich, wenn auch auf betriebsspezifische Daten zugegriffen werden kann.

2. Betriebsmodell

Eine Spezifik der Arbeitsplanung besteht im relativ geringen Umfang allgemeingültiger Gesetzmäßigkeiten. Daraus resultiert oftmals eine Vielzahl alternativer Fertigungsvarianten für eine Fertigungsaufgabe. Diese „Freiheitsgrade" werden unter Betriebsbedingungen erheblich eingeschränkt, beispielsweise durch das Vorhandensein konkreter Werkzeugmaschinen und Kooperationsbeziehungen, Werkzeuge, verfügbare Halbzeugarten und Halbzeugabmessungen. Für Übungs- und Praktikumszwecke wurde deshalb ein Modell für ein fiktives Unternehmen geschaffen und methodisch aufbereitet. Es repräsentiert einen Werkzeug-maschinenfertiger und besteht aus folgenden Komponenten:

- Arbeitsplatzverzeichnis: Es enthält ca. 630 Arbeitsplätze (konventionelle WZM, NC-Technik, Handarbeitsplätze mit detaillierten Einzelangaben, z.B. Bezeichnung, Kostenstelle, Arbeitsplatzgruppe, Bedienfaktor, Lohngruppe u.ä.).

- Rohteil- und Halbzeugverzeichnis: Es enthält ca. 50 genormte Halbzeugarten und weitere Rohteilbezeichnungen mit ca. 1000 Abmessungskombinationen, in denen das betrieblich eingeschränkte Halbzeugsortiment lieferbar ist.
- Werkzeugverzeichnis: Es enthält für ausgewählte Fertigungsverfahren Universalwerkzeuge mit zugehörigen Abmessungen (z.B. Bohrwerkzeuge).
- Standardtextverzeichnis: Es enthält vorgefertigte Bausteine für Material- und Arbeitsgangtexte.
- Typenprozeßverzeichnis: Es besteht aus ca. 30 Typenprozessen für verschiedene Teileklassen, z.B. Bolzen, Zahnräder, Leisten.
- Betriebsspezifische Methodenbasi Sie beinhaltet nutzereigene Algorithmen, beispielsweise zur Vorlaufabschnittsberechnung, Losgrößenberechnung u.ä.

Die Gesamtheit dieser Informationen repräsentiert die Fertigungsmöglichkeiten des fiktiven Unternehmens und wird als Betriebsmodell bezeichnet. Das Betriebsmodell liegt einerseits als Dokumentation vor, anderseits bildet es als technologisches Dateisystem gleichzeitig die Grundlage rechnergestützter Arbeitsweisen.

3. Einsatz eines Arbeitsplanungssystems in der Ausbildung

3.1 Programmsystem AUTOTECH-PRO 17/APSK

Wesentlicher Bestandteil von Praktika zum Studiengebiet ist die Arbeit mit dem Arbeitsplanungssystem AUTOTECH-PRO 17/APSK. AUTOTECH-PRO 17/APSK ist eine Gemeinschaftsentwicklung der GERFEMA mbH und der TU Chemnitz. Das Programmsystem wird in mehreren Industrieunternehmen kommerziell genutzt. Das System verwaltet auftragsunabhängige Arbeitspläne, die aus maximal vier verschieden strukturierten Satzarten bestehen können. Im allgemeinen sind das:

- Kopfsätze mit globalen Angaben zum Arbeitsplan
- Materialsätze mit Angaben zu Material und Rohteil
- Arbeitsgangsätze mit Angaben zu den einzelnen Arbeitsgängen
- Textsätze mit ergänzenden Angaben

Neben der Datenverwaltung unterstützt das System eine Vielzahl Methoden der Arbeitsplanung. Die von den Autoren installierte Lehrversion basiert auf den Daten des oben erwähnten Unternehmensmodells. Die Datenbestände korrespondieren mit sämtlichen Programmodulen (s. Abb. 1).

Grundfunktionen der *Datenverwaltung* sind:

- Erfassen, Ändern, Löschen von Arbeitsplänen
- Formulardruck der Arbeitspläne
- Verzeichnisanzeige, Verzeichnisdruck
- Anzeige der Prozeßübersicht (ausgewählte Daten)
- Pflege der Datenbank sowie des technologischen Dateisystems

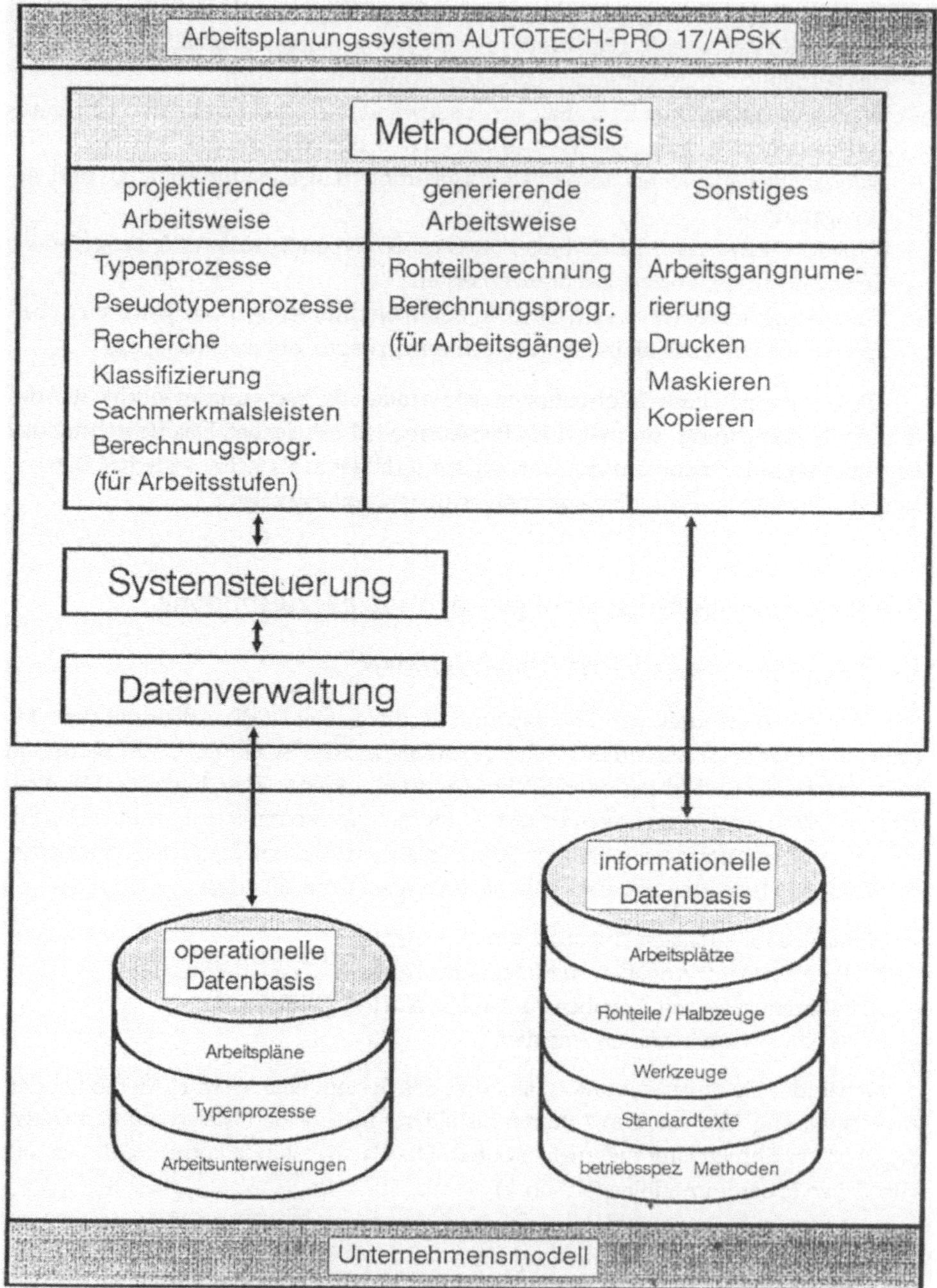

Abb. 1: Nutzung des Unternehmensmodells für die Arbeitsplanung

Funktionen der *Arbeitsplanung* sind:

- die Recherche im Datenbestand zur Suche ähnlicher Fertigungsprozesse oder deren Bausteine. Die Recherche ist in mehreren Stufen möglich. Rechercheergebnisse können angezeigt, zur Weiterarbeit maskiert oder ausgedruckt werden.
- das Kopieren von Standard- oder Pseudostandardarbeitsplänen (Arbeitsplan eines Werkstückes, welches Ergebnis einer Ähnlichteilsuche ist)
- das Prüfen der formalen Korrektheit von Daten vor Übernahme in die Datenbank (Nutzerschnittstelle, Programmiersprache CLIPPER)
- die Ermittlung von Halbzeugabmessungen unter Berücksichtigung von Trenn- und Planaufmaßen, Auswahl der Trennmaschine, Berechnung von Materialkosten, Materialausnutzung u.ä.
- die Anwendung einfacher Berechnungsprogramme ohne Zugriff auf das technologische Dateisystem für die Berechnung von Daten, die innerhalb der Arbeitsplansätze benötigt werden (Nutzerschnittstelle, Programmiersprache CLIPPER)
- die Anwendung umfangreicher, komfortabler Berechnungsprogramme mit Zugriff auf das technologische Dateisystem. Diese Programme sind in sich geschlossen und liegen für folgende Verfahren vor:

  - Sägen und Trennschleifen
  - Fräsen konventionell
  - Drehen konventionell auf DLZ
  - Vertikalbohren
  - Innenrundschleifen
  - Außenrundschleifen
  - Flachschleifen
  - Fräsen von Kegelrädern nach dem Kurvex-Verfahren

  Zum Leistungsumfang derartiger Berechnungsprogramme gehören u.a. die Werk zeugauswahl, Schnittaufteilung und Leistungsüberprüfung, Zeitberechnung und maschinenspezifische Ermittlung von Arbeits- und Einstellwerten. Abb. 2 zeigt beispielhaft eine mit dem Berechnungsprogramm Fräsen erstellt Arbeitsunterweisung.
- die Anwendung nutzereigener Programme beliebiger Programmiersprache mit teilweisem Zugriff auf das technologische Dateisystem
- weitere Funktionen für das Datenhandling (z.B. Arbeitsgangnumerierung)
  Abb. 3 zeigt die Einbindung der einzelnen Methoden in die Dialogpunkte des Programmsystems und den Bezug der Methoden auf das Betriebsmodell.

3.2 Ausbildungsinhalte

Im Rahmen der Übung wird ein vorgegebenes Teilesortiment klassifiziert. Für eine ausgewählte Teileklasse wird ein Typenvertreter bestimmt und für diesen mehrere, unterschiedlich detaillierte Standardarbeitspläne entwickelt. Während wenig detaillierte Standardarbeitspläne (Rahmentypenarbeitsplan, Mustertypenarbeitsplan) allgemein erstellbar sind, ist die Erstellung detaillierterer Lösungen (Blindtypenarbeitsplan) an die Berücksichtigung betrieblicher Fertigungsmöglichkeiten gebunden. Dafür wird das Unternehmensmodell genutzt. Einen weiteren Schwerpunkt stellt die rationelle Fertigungszeitermittlung dar. Dazu werden Näherungsgleichungen berechnet, deren Gültigkeit wiederum an spezielle Fertigungsmittel bzw. Fertigungsverfahren des Unternehmens gebunden ist.

```
-----------------------------------------------------------------------------------------------
                                ARBEITSUNTERWEISUNG - FRAESEN                      TASK: 130990
-----------------------------------------------------------------------------------------------
PROGRAMM: FR17   (DS=1)           BENENNUNG: Bolzen                       AGN:   30   BFTS:  1.00
AU-IDENT: _FR_1112.AUO            GEG.-NR. : 453.26-1305:39-04            APG: 23013  BFTA:  1.00
NAME    : Dr.Leidholdt            WERKSTOFF: ST60-2                       KST: 1330   IW  :     1
DATUM   : 13.05.91                MASCHINE : FW 315X1250 VI-2   (PA= 5.5)             IQ  :     1
-----------------------------------------------------------------------------------------------
W 1: 340022 SEIFR  DW= 100.0 BW=  20.0  Z=12       HSS
W 2: 340022 SEIFR  DW= 100.0 BW=  20.0  Z=12       HSS
-----------------------------------------------------------------------------------------------
ARBEITSSTUFE/-VERRICHTUNG          FERTIGUNGSMITTEL      AN+UE SPI IS ISB IOP   A      U      N    TG    TH
-----------------------------------------------------------------------------------------------
SPANN WERKSTUECK                   VORRICHTUNG          FA=  47   5                                 1.26
      5 STUECKE SPANNEN
FRAES SCHL  GEGL  KEIN ZYKLUS  W 1, FRAEDOL              105.0      1   1   1  2.0   31.5   56.0  0.82  0.23
SATZ   24.0 *   7.0 *   2.0
        0.0 *   0.0 *   0.0    W 2, FRAEDOL
PRUEF  1 *  38.0 MSCHIAU                                      JEDES  5. TEIL                          0.02
***   Satzfraesen Schluesselflaechen
-----------------------------------------------------------------------------------------------
        THZ=   0.00                                      FTS=   1.07            FTA= 1.00 TAZ=  0.0
TG=   0.82 TH=   1.52                          TO=   2.34 TS1=   2.50  TS=   2.50 TA1= 33.4  TB= 33.4
-----------------------------------------------------------------------------------------------
```

Abb. 2: Arbeitsunterweisung für Fräsbearbeitung

Im Praktikum mit AUTOTECH-PRO 17/APSK wird der erarbeitete Blindtypenarbeitsplan zunächst erfaßt. Eine Recherche über den gesamten Bestand der vorhandenen Arbeitspläne und nachfolgendes Kopieren ermöglicht die Nutzung dieses Standardarbeitsplans für ein neu zu planendes Teil der Teileklasse. Das nachfolgende Editieren umfaßt einerseits das Löschen nicht benötigter Arbeitsgänge und anderseits die Ergänzung um die einzelteilspezifischen Zeichnungsangaben. Die Detaillierung des Prozesses erfolgt wahlweise durch Nutzung der verfahrensspezifischen Berechnungsprogramme oder auf Basis o.g. Näherungsgleichungen. Ein so entwickelter und detaillierter Arbeitsplan ist in Abb. 4 auszugsweise dargestellt.

3.3 Ausbau der Leistungsfähigkeit des Arbeitsplanungssystems in der Ausbildung

Eine weitere Zielstellung der Ausbildung besteht in der Befähigung der Studenten zur selbständigen Erarbeitung, Erweiterung oder Modifikation fachspezifischer Softwarelösungen. Neben der Nutzung des Programmsystems in Praktika erfolgt deshalb auch eine kontinuierliche Weiterentwicklung der technologischen Leistungsfähigkeit des Programmsystems. Von Vorteil ist dabei neben der Entwicklungserfahrung (metho-

ERFDAT	NAME	BLATTZ	BLATT
08.03.91	Dr. Leidholdt	2	1

TKZ	IDENTNR	NTP	VON	BIS	BENENN
K0	*453.26-1305:39-04*	4	9126	9952	*Sicherungsbolzen*

MANR	URS	ALG	LGU	LGO	LGW	GLG
01/13	91	0	1	9995	200	5

LO	TPN	FP	KLN	TKN
75	1	32	*010312500*	1

TKZ	MNR			BENMAT
M0	*1.000.584+42*			Rd *45* ST *60-2*
ME	**MEI**	**MGF**	**MRO**	
42	*0.899*	*0.43*	*0.861*	x *71* lg. TGL 7970
MKZ	**VA**	**LO**		
KH	*54*	1		

TKZ	AGNR	KST	APNR		BENAG
A0	10	1312	20164		Absaegen
TR	**TE**	**NA**	**LGR**		
5	*1.1*	1	35		
MANR	**URS**	**AGZ**	**VA**		
		11	*48*		
LGT	**BFTE**	**BFTR**	**MMB**	**VWP**	
	1.00	1.76	0		
MSB	**TRANS**	**AGG**			
1					

TKZ	AGNR	KST	APNR		BENAG
A0	20	1320	11013		Drehen komplett ohne Ge-
TR	**TE**	**NA**	**LGR**		winde
21	*5.7*	1	36		
MANR	**URS**	**AGZ**	**VA**		
		11	*45*		
LGT	**BFTE**	**BFTR**	**MMB**	**VWP**	
	1.00	1.00	0		
MSB	**TRANS**	**AGG**			
1					

TKZ	AGNR	KST	APNR		BENAG
A0	25	3521	09483		Pruefen laut Pruefvorschrift
TR	**TE**	**NA**	**LGR**		
MANR	**URS**	**AGZ**	**VA**		
		72	*38*		
LGT	**BFTE**	**BFTR**	**MMB**	**VWP**	
MSB	**TRANS**	**AGG**			
1					

TKZ	AGNR	KST	APNR	BENAG
A0	30	1330	23013	Fraesen Schlüsselweite
TR	**TE**	**NA**	**LGR**	
34	*2.4*	1	35	s = *38*
URS	**AGZ**	**VA**		

Abb. 4: Ausschnitt eines auf Basis Blindtypenarbeitsplan entwickelten Arbeitsplans für Sicherungsbolzen (variable Angabe kursiv)

Programmsystems. Von Vorteil ist dabei neben der Entwicklungserfahrung (methodische Erfahrung, Quelltext) auch das offene Konzept der Lösung (Datenbanksystem, Modularstruktur, Schnittstellen). Im Rahmen von Studien- und Diplomarbeiten entstanden z.B. Module bzw. Vorleistungen für die Kopplung zur Stücklistenverwaltung, für die Arbeitsgangnumerierung, die Vorlaufabschnittsberechnung und verfahrensspezifische Berechnungspro-gramme. Vorgesehene Weiterentwicklungen betreffen beispielsweise die Unterstützung der Klassifizierung, die automatische Ermittlung von Fertigungsfamilien sowie weitere verfahrensspezifische Berechnungsprogramme. Das System dient auch als Entwicklungsumgebung für Forschungsarbeiten zur Arbeitsplanung. Gegenwärtig betrifft dies Themen zur Arbeitsgangfolgeermittlung.

4. Integration der Arbeitsplanung in PPS

Ein wesentliches Rationalisierungspotential liegt gegenwärtig in der informationellen Kopplung mehrerer Unternehmensbereiche. Das Ziel vieler Unternehmen besteht daher in der Realisierung eines durchgängig rechnergestützten Informationsflusses. Softwareseitig stehen dafür leistungsfähige CIM-Bausteine zur Verfügung.Zur Verdeutlichung der Stellung und der Bedeutung, die der Arbeitsplanung im technischen Informationsfluß des Unternehmens zukommt, soll zukünftig das PPS-System PRODAT in die Lehre einbezogen werden. PRODAT ist ein netzwerkfähiges System, welches ein durchgängig rechnergestütztes Arbeiten von der Angebotserstellung über die Planung und Überwachung der Fertigung bis zur Rechnungslegung unterstützt. Die Arbeitsplanung ist integriert.

Das allgemeine Betriebsmodell soll auch für dieses System die Datengrundlage bilden. Es ist jedoch inhaltlich zu modifizieren (Systemspezifik) und zu ergänzen, beispielsweise um

- die Informationen zur Erzeugnisstruktur (Stückliste)
- weitere Verzeichnisse für Vorrichtungen, Werkzeuge und Prüfmittel (wird vom System durch Grafik unterstützt)
- Bestands- und Auftragsdaten des fiktiven Unternehmens
- Mitarbeiter-, Lieferanten- und Kundenverzeichnisse u.ä.

Diese Informationen werden gegenwärtig systematisiert und in das System aufgenommen.

5. Zusammenfassung

Der Vortrag vermittelt Erfahrungen, die aus der Einbeziehung eines Arbeitsplanungssystems in die Ausbildung resultieren. Als wesentlich für eine praxisorientierte Nutzung wird die Schaffung eines Unternehmensmodells erachtet. Das Modell bildet die Grund-lage für die Arbeit mit dem Arbeitsplanungssystem AUTOTECH-PRO 17/APSK sowie die zukünftige Einbeziehung weiterer Arbeitsplanungs- und PPS-Systeme in die Ausbildung.

Formel- und regelbasierte Signalflußplansynthese

Heinz Pätow

Pädagogische Hochschule Güstrow
Institut für Technik
jetzt Universität Rostock

1. Einleitung

Die funktionale Simulation technischer Systeme ist seit der Verfügbarkeit analoger Rechenanlagen zu einem unentbehrlichen Hilfsmittel ingenieurwissenschaftlicher Entwicklungsarbeiten geworden. In noch größerem Maße haben allerdings die Digitalrechner und die daran gebundenen Softwareprodukte das Spektrum der Simulationsmöglichkeiten erweitert. Mit ihnen gelang es, neben der funktionalen Simulation auch den strukturellen Entwurf hochkomplexer Schaltungen (vor allem für digitale informationsverarbeitende Systeme) computergestützt zu realisieren. Letzteres geschah und geschieht in zunehmendem Maße auch durch die Kopplung rein rechentechnischer Leistungen mit computergrafischen Mitteln (z.B. CAD, technische Expertensysteme). Die dem Erfassungsvermögen des Menschen zunehmend angepaßte *Veranschaulichung* technisch-physikalischer Systemzustände hat für die Sicherheit bei der Überwachung und Steuerung komplizierter prozessualer Abläufe eine ebenso große Bedeutung wie die Absicherung der *Funktionlatät* hochkomplexer Schaltkreisstrukturen vor deren Serienproduktion. Aus der Sicht dieser inzwischen zum Standard gewordenen Praxis ist es einfach erforderlich, in technisch orientierten Ausbildungsdisziplinen auf diese Situation vorzubereiten. Das bedeutet, daß der Lernende nach dem Prinzip steigender Anforderungen nach einer entsprechenden informatischen Grundausbildung den Computer auch als einen effektiven „Gehilfen" kennenlernt und auch als solchen akzeptiert. Und das setzt einerseits ein solides Grundverständnis voraus, erzeugt andererseits aber auch das erforderliche Vertrauen in solche computergestützten Arbeitsmethoden. Da komplexe und damit produktionsspezifische Software im Ausbildungsbereich kaum verfügbar ist und aus lernpsychologischer Sicht infolge ständiger (und immer kurzschrittiger erfolgender) Weiterentwicklungen kaum sinnvoll einsetzbar wäre, wurde ein „in der Mitte" liegendes Programmsystem erarbeitet, das die genannten Nachteile fachbereichsbezogen zu umgehen gestattet. Das vorliegende Programm SFPLSYN.TXT (SignalFlußPLan-SYNthese) besitzt folgende Leistungsmerkmale:

1. Formelbasierte Eingabe einfacher und (hierarchisch negierter) komplizierterer Boolescher Funktionen (direkte Eingabe)
2. Anlage einer beliebigen Schaltbelegungstabelle (bis zu vier Variablen)
3. Erzeugung einer (wahlweise anzeigbaren) internen Datenstruktur vom Typ array

4. Synthese und Anzeige einer funktionsabbildenden Hornschen Klausel (Notation in micro-PROLOG)
5. Synthese eines formeläquivalenten vollständigen Signalflußplans
6. Belegung der Eingangsvariablen mit beliebigen zweiwertlogischen Informationen und Anzeige aller schaltungsintenen Gatterzustände im Signalflußplan

Im folgenden werden die Gesamtstruktur des Programmsystems und mögliche Erweiterungsformen (gestrichelt gezeichnet) sowie die wichtigsten, in der Software realisierten Verfahren und Methoden dargelegt (Abb. 1).

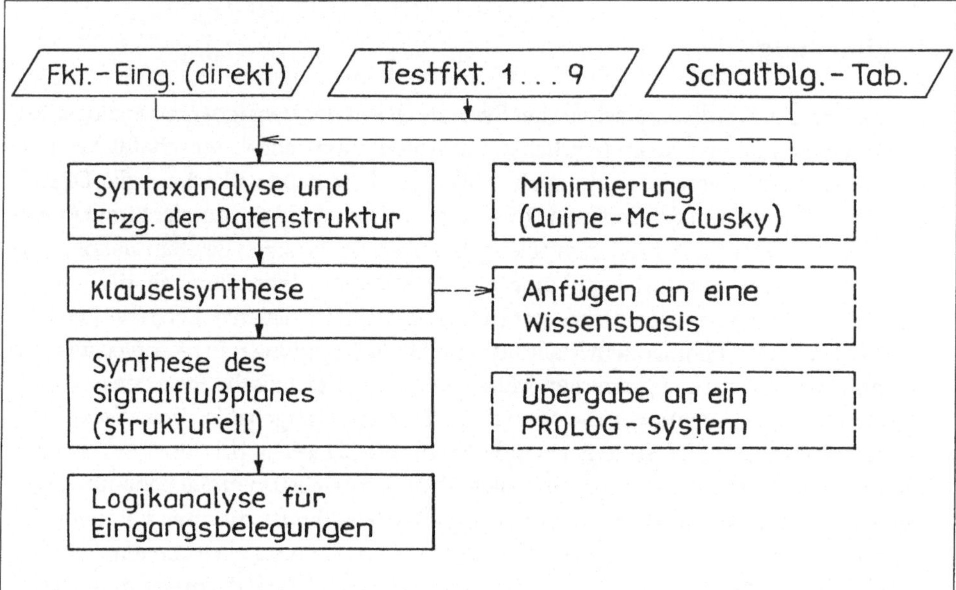

Abb. 1: Übersicht zum Programmsystem SFPLSYN

2. Formeleingabe

Die formelbasierte Funktionseingabe muß an die Notationsmöglichkeiten der (prozeduralen) Programmiersprache angepaßt werden, da die in der Technik üblichen Überstreichungen der negiert auftretenden Variablen bzw. Terme mit einer Computertastatur nur sehr umständlich realisierbar sind. Ein entsprechendes Hinweismenü wird für die Direkteingabe angeboten. Die Negationen werden mit dem Zeichen „!" als Suffix gekennzeichnet, negierte Terme stehen entsprechend in Klammern. Die folgenden Beispiele können den leicht erlernbaren „Transformationsmechanismus" verdeutlichen.

$y = x_2 \overline{x_1} \vee \overline{x_2 x_1}$ ----> `Y=X2X1!v(x2x1)!` (1a)

$y = \overline{\overline{\overline{x_2 \overline{x_1}}\, \overline{x_0}} \vee x_2}$ ----> `Y=(((X2X1!)!X0!)!vX2)!` (1b)

$yps = \overline{\overline{x_1 \overline{x_2} x_3} \vee \overline{\overline{x_1 x_2} x_3}} \vee x_1 x_2 \overline{x_3} \vee \overline{\overline{x_1}\, \overline{x_2} x_3}$ ----> (1c)

`yps=((x1x2!x3)!v((x1x2)!x3)!)!vx1x2x3!v(x1!x2!x3)!.`

Die angegebenen Funktionen verdeutlichen den möglichen Kompliziertheitsgrad der verarbeitbaren Funktionen und insbesondere auch die zugelassenen Negationshierarchien. Eine einfache logische Überschaubarkeit dürfte bei den Beispielen (1b) und (1c) kaum noch vorliegen. Die Anzahl der an der Funktion beteiligten verschiedenen Variablen soll vier nicht überschreiten, wobei die Indizes beliebig zwischen 0 bis 9 gewählt werden können. Die Form und Länge des Funktionsnamens ist nicht vorgeschrieben, allerdings sind die Variablen immer mit „x" oder „X" zu bezeichnen. Die Testfunktionen 1 bis 9 liegen bereits in der vorgeschriebenen Notation vor. Wenn eine Schaltbelegungstabelle zur Grundlage der Eingabe wird, ist zunächst die Anzahl der beteiligten Variablen einzugeben und für jede Belegungskombination (diese wird vom Rechner erzeugt) der jeweils geforderte Ergebniswert „0" bzw. „1". Die intern aus der Tabelle abgeleitete Boolesche Funktion liegt immer in einer kanonisch-disjunktiven Normalform vor und wird ebenfalls in der hier vorgeschriebenen Form notiert.

3. Generieren der Datenstruktur vom Typ array

Die eingegebene Funktion steht auf einer Stringvariablen als Zeichenkette zur Verfügung. Ihre Verarbeitung erfolgt über einen einfachen Analyse- und Übersetzungsvorgang in der Weise, daß die beteiligten Variablen als Morpheme termweise separiert werden, so daß die an sie gekoppelten Negationsinformatinen explizit verfügbar sind. Das Erkennen der Variablen geschieht über einen lexikalen Analysator, der seinerseits auf eine Automatentabelle zurückgreift, die einen entsprechenden Morphemgraphen abbildet. Dem Morphemgraphen liegt eine reguläre Grammatik [3] zugrunde, die das Morphem selbst, die Morphemlänge und eine Morphemklasse zu bestimmen gestattet. Mit diesem Analyseverfahren können gleichzeitig einfache Eingabefehler erkannt und signalisiert werden.

Mit Hilfe der Morpheme wird die geforderte Datenstruktur, ein dreidimensionales Stringarray, aufgebaut. Jedem konjunktiven Term der Funktion ist ein zweidimensionales Feld zugeordnet, das in der ersten Spalte die beteiligten Variablen und den dem Term folgenden Operator (Disjunktion „v") enthält. In der zweiten Spalte werden die den Variablen direkt zugeordneten Negationsinformationen abgelegt, in den folgenden Spalten die Position und Anzahl der jeweils in Klammern stehenden negierten Variablen sowie die erforderlichen Informationen für die termübergreifenden Negationen. Die auf dem entsprechenden Feldplatz stehende Ziffer gibt an, auf wieviele Variablen ab dieser Variablenposition sich die Negation bezieht. Dabei ist es auch zulässig, daß sich mehrere Negationsniveaus von einer Variablenposition ausgehend auf die im Term vorhandenen Variablen beziehen. In einem solchen Fall werden mehr als eine Spalte für die Speicherung dieser Informationen genutzt.

Wenn I die Anzahl der in der Funktion vorhandenen Terme ist und J die pro Term auftretenden Variablen angibt, kann mit $0<=i<=I-1$ und $0<=j<=J-1$ sowie $0<=k<=3$ die erzeugte Datenstruktur für einen Term wie folgt angegeben werden:

```
I x(i,0,0)   .......  n(i,0,k)   ........  n(i,0,3) I
I   :                     :                    :     I
I   :                     :                    :     I
I x(i,j,0)   .......  n(i,j,k)   ...........:        I   (2)
I   :                     :                    :     I
I   :                     :                    :     I
I x(i,J-1,0) ......   n(i,J-1,k) ..........:         I
I op(i,J,0)  ......   n(i,J,k)   ........  n(i,J,3) I
```

Dabei sind

x (i, j, k) die termbildenden Variablenbezeichner,

n (i, j, k) die negationsrelevanten Informationen, wobei n die Anzahl der ab dieser Position negierten Variablen (nach links in der Eingabefunktion) angibt,

op der dem Term folgende Verknüpfungsoperator und n (i, J, 1) enthält die Anzahl der termübergreifenden Negationen.

Die in der Gleichung (1c) angegebene Funktion erzeugt die folgende Datenstruktur (Anzahl der Terme = 4):

```
X1 0 0 0    X1 0 0 0    X1 0 0 0    X1 1 0 0
X2 1 0 0    X2 0 2 0    X2 0 0 0    X2 1 0 0
X3 0 3 0    X3 0 3 5    X3 1 0 0    X3 0 3 0     (3)
v  1 0 0    v  0 0 0    v  0 0 0    *  0 0 0
  i = 0       i = 1       i = 2       i = 3
```

Wenn op = "*" ist, wird lediglich das Ende der Struktur erkannt, was für die nachfolgende Klauselerzeugung von Bedeutung ist.

4. Klauselsynthese

Mit dem prädikatenlogischen Kalkül 1. Stufe gelingt es, Eigenschaften oder Beziehungen von bzw. zwischen Objekten in formal aufgebauten Syntaxstrukturen abzubilden. Eine solche Struktur [1], oftmals auch Literal [2] genannt, besteht aus dem die Eigenschaft oder die Relation beschreibenden Prädikat und den Objekten als Argumenten des zu beschreibenden Sachverhalts. Bezüglich des Gegenstandsbereichs „Kombinatorische Schaltungen" treten nur die prädikatenlogisch repräsenierbaren Grundverknüpfungen NEG(ation), UND und ODER auf. Sie können als Fakten (Hornsche Klauseln ohne Klauselkörper) notiert werden, auf die ein PROLOG-Interpreter bei seiner Beweisführung immer in „letzter Instanz" Bezug nimmt. In diesem Sinne sind auch die in diesem Zusammenhang erzeugten Klauseln zu verstehen [4].

Die Umwandlung beliebiger Eingabefunktionen in prädikatenlogische Ausdrücke muß auf vollständige Hornsche Klauseln führen, die einerseits von einem PROLOG-Interpreter als Regeln akzeptierbar und die andererseits eine Grundlage für die grafisch-topologische Weiterverarbeitung zu einem Signalflußplan sind.

Die Erzeugung der Klauseln beginnt, indem der Name der Eingabefunktion (s. Gleichung (1a ... c). als Prädikat für die insgesamt in der Funktion auftretenden Variablen „vergeben" wird. Es gilt allgemein (Notation in micro-PROLOG):

((name Xn .. .. X1 X0 Z) (...) ... (...)) (4)

wobei Z als Ergebnisvariable (Ausgabeargument) anzusehen ist. Bezogen auf die Gleichung (1c) entsteht der Klauselkopf

((yps X1 X2 X3 Z) (...) ... (...)). (5)

In der Folge ist der Klauselkörper zu generieren, der den logischen Gehalt der Eingabefunktion konkret abbildet. Hierfür sucht man in einem ersten Arbeitszyklus, beginnend beim Term i= 0 (s. Gleichung (3)), in der Matrixspalte k = 1 alle n (i, j, 1), die einen von Null verschiedenen Wert haben. Da diese Informationen eine Variablen-Negation repräsentieren, ist ein NEG-Prädikat für die jeweils zugehörige Variable zu erzeugen und eine neue Zwischenvariable Yz mit z = 1, 2 ,3 ... einzuführen. Sie stellt die Ergebnisvariable dieses Literals dar. Das mit diesen Informationen aufgebaute Literal (NEG x (i, j , 0) Yz) besagt, daß die Negation von x (i, j, 0) gleich Yz ist, es wird unmittelbar nach seiner Erzeugung an den Klauselkopf (s. Gleichung (5)) angefügt. Nach dem Durchsuchen der gesamten Datenstruktur (Gleichung (3)) von i = 0 bis i = I - 1 stehen im Klauselkörper alle zur Eingabefunktion gehörenden NEG-Literale zur Verfügung. Das Ergebnis ist die Teilklausel

(yps X1 X2 X3 Z) (NEG X2 Y1) (NEG X3 Y2) (NEG X1 Y3)
(NEG X2 Y4) . . . (6)

Ein zweiter Arbeitszyklus erzeugt alle ggf. vorliegenden NAND-Literale, also diejenigen Variablenverknüpfungen, die pro Term zu einem Negationsniveau gehören, das für mehr als nur eine Variable gilt. Gefunden werden diese Informationen in der Spalte k = 2 der in Gleichung (3) dargestellten Struktur. Das Ableitungsverfahren ist jedoch komplizierter als im Falle einer NEG-Literalerzeugung, da es eine Veränderung der Datenstruktur (Reduktion der Variablenanzahl) erforderlich macht und die Einführung weiterer, aber nicht klauselrelevanter Zwischenvariablen nach sich zieht [5]. Im Ergebnis dieser zyklischen Durchmusterung der Datenstruktur ist ihre ursprüngliche Form nicht mehr verfügbar, es steht aber die vollständige Hornsche Klausel bereit, die in dieser Form

1. an eine Wissensbasis angefügt werden kann und
2. die Bildsynthese sowie die logische Schaltungsanalyse endgültig möglich macht.

Die aus Gleichung (1c) hervorgehende Ergebnisklausel der Form

((yps X1 X2 X3 Z) (NEG X2 Y1) (NEG X3 Y2) (NEG X1 Y3)
(NEG X2 Y4) (NAND X3 Y1 X1 Y5)
(NAND X2 X1 Y6) (NAND X3 Y6 Y7) (7)
(NAND X3 Y4 Y3 Y8) (UND X1 X2 Y2 Y9)
(NOR Y5 Y7 Y10) (ODER Y10 Y9 Y8 Z))

bleibt bei allen weiteren Manipulationen erhalten. Es muß allerdings darauf hingewiesen werden, daß sie bez. der NEG-Literale redundant ist ((NEG X2 ...) tritt zweimal auf!), was für die Logikanalyse und grafische Bilderzeugung jedoch nicht problematisch ist.

5. Bildsynthese

Für die Bildsynthese hat es sich als vorteilhaft erwiesen, die vollständige Klausel (Gleichung (7)) zugrunde zu legen, obwohl auch die Datenstruktur Gleichung (4) einen Ansatz liefern kann. Wenn man nämlich die Ergebnisvariablen aller Klauselliterale miteinander in Beziehung setzt, entsteht eine neue Datenstruktur vom Typ „Baum", die implizit in der Klausel enthalten ist. Sie ermöglicht eine eindeutige Gatterpositionierung im Signalflußplan und erleichtert die Anlage einer kreuzungsfreien Leitungsführung.

Die Wurzel des Baums wird durch die Ergebnisvariable Z der Klausel gebildet, sie stellt das Startsymbol für den Synthesevorgang dar. Alle in die Klauseln eingefügten Zwischenvariablen Yz bilden jeweils die Nachfolger für die im Literal stehenden Ergebnisvariablen (s. Abb. 2). Dabei bilden alle in den NAND-, UND-, NOR- und ODER-Literalen stehenden Ergebnisvariablen die Menge der Nichtterminale, während die Menge der Terminale (Blätter des Baums) aus den an der Eingabefunktion beteiligten Variablen Xi sowie den Ergebnisvariablen der NEG-Literale besteht. Eine diesbezügliche Klassifizierung liefert, und das gilt allgemein, einen nichtbinären (unsortierten) Baum. Alle Nichtterminale repräsentieren einen Gatterausgang, und die Terminale sind die logischen Eingangsvariablen für den Signalflußplan (s. Abb. 3). Somit bildet der nichtbinäre Baum bereits die topologische Struktur des grafisch zu erzeugenden Signalflußplans.

Die oben genannte Redundanz der NEG-Literale (sie tritt nur gelegentlich auf) muß beim Zeichnen der Eingangsleitungen beseitigt werden, um die Zielkoordinaten für die Leitungsführung eindeutig angeben zu können. Dieses gelingt durch die Anlage einer entsprechenden Koordinatenliste vor dem eigentlichen Zeichenvorgang.

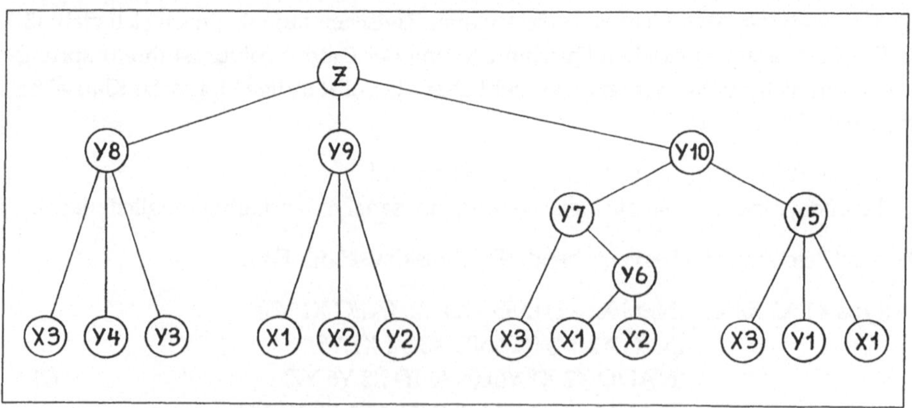

Abb. 2: Klausel als nichtbinärer Baum

Um die Positionen der Gatter in geordneter Folge an die in Abb. 3 angedeuteten Eingangsleitungen entsprechend der Baumstruktur anzufügen, ist es erforderlich, die maximale Tiefe des Baums (ausgehend von der Wurzel Z) zu bestimmen. Dadurch gelingt es, den über mehrere Keller gesteuerten Schaltungsaufbau von links nach rechts bzw. von oben nach unten durchzuführen. Der dafür erforderliche Algorithmus arbeitet zyklisch und orientiert sich an einem von der aktuellen Baumtiefe abhängigen Gatterraster. Im Ergebnis wird der in Abb. 4 dargestellte Signalflußplan erzeugt.

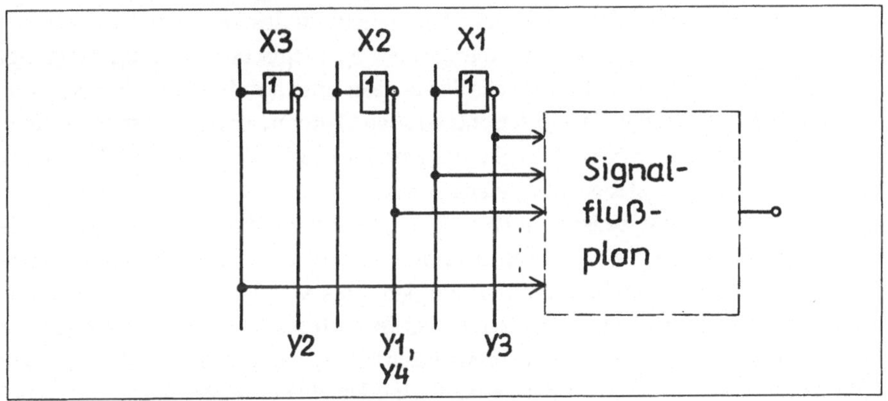

Abb. 3: Terminale des Baums als Eingangsinformationen

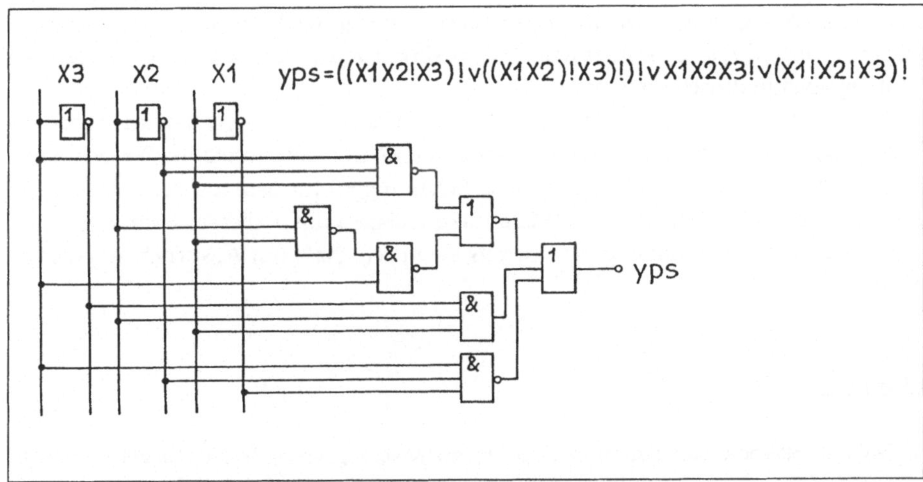

Abb. 4: Vollständiger Signalflußplan der Eingabefunktion nach Gleichung (1c)

6. Anwendungen

Das vorliegende Programmsystem ist in GW-BASIC implementiert und läuft auf allen IBM-kompatiblen Rechnern unter MS-DOS und DR-DOS. Es eignet sich für die Erzeugung eines Signalflußplans, der ein praktisch realisierbares Modell der jeweilig mathematisch notierten Eingabefunktion darstellt. Dabei sind weniger die Anzahl der beteiligten Variablen als vielmehr die in der Funktion zugelassenen Verschachtelungen der Negation von vordergründigem Interesse (Negationshierarchien). Das Programm bestimmt die für die technische Realisierung einer Eingabefunktion erforderlichen Gatter nach Art, Anzahl und logischer Verknüpfungsvorschrift. Darü- ber hinaus wird die bildtechnische Darstellung so gewählt, daß eine übersichtliche, der Eingabefunktion adäquate Gatterpositionierung bei kreuzungsfreier Leitungsführung entsteht. Die an den erzeugten Signalflußplan gebundene Untersuchung des logischen Gesamtverhaltens wird durch eine menügesteuerte Abfrage beliebiger logischer Ein- gangsbelegungen ermöglicht. Hierdurch kann die statische Simulation einer kombinatorischen Schaltung bzw. die schaltungsinterne Pegelbelegung an allen Gatterausgängen in sehr anschaulicher Weise untersucht werden. Das gilt insbesondere auch für Signalflußpläne, die direkt aus Schaltbelegungstabellen abgeleitet wurden.

Durch die Logikanalyse ist es auch möglich, logische Äquivalenzuntersuchungen für Boolesche Funktionen einerseits und schaltungstechnische Realisierungen andererseits vorzunehmen. Wesentlich erweitert werden diese Möglichkeiten für den Fall, daß ein analytisches Minimierungsverfahren in das Programmsystem mit eingebracht wird (s. Abb. 1). In diesem Falle wäre eine breite Basis für auch kombinierte schaltungstechnische Simulationen gegeben, indem analytisch oder über eine Schaltbelegungstabelle eingegebene Funktionen über das anschauliche Modell „Signalflußplan" logisch sowie auch topologisch vergleichbar sind. Mit dieser in Vorbereitung befindlichen Leistung des vorliegenden Programmsystems sind aus entwicklungsmethodischer Sicht schaltungstechnische Optimierungsarbeiten simulierbar, lehrbar und in begrenztem Umfang auch praktisch nutzbar.

Es sei auch darauf hingewiesen, daß für den Informatiker ein geeignetes Mittel vorliegt, Aspekte und Verfahren einer regelbasierten Wissensrepräsentation für technische Systeme (Objektbereich: kombinatorische Schaltungen) zu demonstrieren. Auch der Gedanke einer teilautomatisierten Wissensakquisition kann in diesem Rahmen zumindest genannt werden, ohne hierauf bereits einen ernsthafteren Anspruch erheben zu wollen.

Literatur

1. Bothe, K., Stojanow, S.: Praktische PROLOG-Programmierung. Verlag Technik GmbH, Berlin 1991.
2. Geske, U.: Programmieren in PROLOG. Akademie-Verlag, Berlin 1988.
3. Loeper, H. u.a.: Compiler und Interpreter für höhere Programmiersprachen. Akademie-Verlag, Berlin 1987.
4. Pätow, H.: Zur prädikatenlogischen Behandlung Boolescher Funktionen in micro-PROLOG. In: Wiss. Zeitschr. d. Pädag. Hochsch. Güstrow, Math.-Nat. Fak. 26 (1988) 1, S. 117-127.
5. Pätow, H.: Klauselsynthese mittels Datenreduktion. In: Wiss. Zeitschr. d. Pädag. Hochsch. Güstrow, Math.-Nat. Fak. 27 (1989) 2, S. 207-217.

Das Simulationssystem TOMAS in Lehre, Forschung und Praxis

Elke Birr

Technische Universität Dresden
Fakultät Informatik

1. Das Simulationssystem TOMAS - Einführung

Das System TOMAS (Technology Oriented Modelling And Simulation) ist ein fachgebietsorientiertes Simulationssystem, das vorrangig für die Projektierung diskreter technologischer Prozesse konzipiert wurde. Es bietet die Möglichkeit, Projekt- und Rationalisierungsvarianten in technologisch-organisatorischer Hinsicht zu analysieren und zu bewerten und somit eine quantitativ begründete Entscheidung über Strukturierung und Dimensionierung des Prozesses zu treffen. Für den Bau eines Modells werden dem Anwender vorgefertigte Bausteine angebo-ten, von denen jeder einen typischen Teilprozeß diskreter technologischer Prozesse algorithmisch nachbildet. In der Version 1.3 sind dies:

- GENO Generierung von Operanden (Fertigungsaufträgen u.a.) eines bestimmten Typs;
- GENA Generierung von Operanden zum Zeitpunkt des Eintritts eines anderen Operanden in den Operator (z.B. Demontage, Entladung);
- GENS Generierung von Störungen;
- BEMM Nachbildung von zeitverbrauchenden Prozessen auf Arbeitsplatzgruppen;
- ZUOR Nachbildung der Zuordnung von Neben- zu Hauptoperanden (z.B. Montageprozesse);
- SPEI Nachbildung von Lagern, eventuell mit Mindestlagerzeiten;
- DISP Nachbildung von Montagelagern;
- VERE Vereinigung von Operandenströmen;
- VERZ Verzweigung von Operandenströmen;
- PACK Nachbildung des Zusammenfassens von Operanden eines Typs zu neuen Operanden mit höherer Wertigkeit oder Operandensenke;
- KOPI Splittung von Operanden.

Die Modellierung erfolgt, indem jedem Teilprozeß ein geeigneter Baustein zugeordnet wird. Diese werden dann entsprechend dem vorgesehenen Operandenfluß durch Kopplungen zu einem Operatorennetz verknüpft sowie parametrisiert. Für Modellbau und Manipulation bietet TOMAS eine Menge alphanumerischer und grafischer Hantierungsmittel:

	alphanumerisch	grafisch
Eingabe / Löschen von Operatoren	x	x
Eingabe / Löschen von Kopplungen	x	x
Eingabe / Manipulation von Parametern	x	
Manipulation der Modellgrafik		x
Modelldruck	x	Struktur
Eingabe / Manipulation der Experimentier-parameter	x	

Aus dem mit diesen Mitteln erstellten Modell wird das eigentliche Rechenmodell automatisch generiert. Während der Simulationsrechnung besteht die Möglichkeit der Simulationsbeobachtung in Form der grafischen Anzeige der Operatorenzustände. Die Simulation ist zu jeder Modellzeit unterbrechbar, indem entweder Unterbrechungspunkte gesetzt werden oder mittels Tastendruck spontan unterbrochen wird. Nach einer Unterbrechung kann die Ergebnisauswertung aufgerufen werden. Eine Modellmanipulation ist an dieser Stelle nicht möglich. Am Ende der Simulationsrechnung oder nach einer Unterbrechung stehen die folgenden Ergebnisauswertungs- und -darstellungsvarianten zur Verfügung:

- Standardausgabe auf Bildschirm und/oder Liste; Diese Standardausgabe beinhaltet in Abhängigkeit vom Typ des Operators Mittelwerte, Minima, Maxima und weitere Größen sowie den aktuellen Zustand des Operators.
- Grafische Darstellung ausgewählter Größen von ausgewählten oder allen Operatoren eines Typs als Histogramm oder Kreisdiagramm;
- Kreisblockierungs- (Deadlock-) Analyse.

Eine zweite Möglichkeit der Ergebnisauswertung ist die Erfassung von Daten während der Simulation mit anschließender Auswertung. Die Datenerfassung muß im Rahmen der Modellierung initialisiert werden und wird dann automatisch ausgeführt. Auf der Grundlage dieser erfaßten Daten sind die folgenden Möglichkeiten der Auswertung und Darstellung verfügbar:

- Histogramm mit Chi^2-Test;
- Zeitreihendarstellung;
- Trendanalyse;
- auf einen bestimmten Modellzeitpunkt bezogene Zustandstabelle;
- Operandendurchlauftabelle;
- Operatorbelegungstabelle und typbezogene Operandenliste mit Tabellengenerator zum wahlfreien Aufbau der Tabellen:
  - Spaltenauswahl und -anordnung,
  - Sortiermerkmal,
  - Wertebereichsbegrenzung.
- GANTT- Diagramm.

Die Ergebnisausgabe ist sowohl alphanumerisch (außer grafische Darstellung der Standardgrößen und GANTT) als auch grafisch (nicht Tabellen) möglich. Detailliertere Informationen zu TOMAS können der Dokumentation (1) entnommen werden. Die Entwicklung von TOMAS begann mit der Konzeption /2/ im Jahre 1979 an der damaligen Ingenieurhochschule Dresden. Die erste Implementation auf ESER-Technik (IBM-kompatibel) war im Jahre 1981 fertig. 1987 begann die Übernahme des Systems auf K1840/SVP1800 (VAX/VMS). Die Entwicklung der Grafikkomponenten mit Hilfe von GKS begann 1989. Die gegenwärtig vorliegende Version TOMAS 1.3 läuft auf VAX-Anlagen mit dem Betriebssystem VMS sowie mit GKS. Außerdem ist eine rein alphanumerische Version verfügbar. Parallel zu TOMAS 1.3 wurde von der Datenverarbeitungszentrum Neubrandenburg GmbH eine Version TOMAS/16 für MS-DOS entwickelt /3/.

2. TOMAS in der Lehre

An der Entwicklung des Systems TOMAS arbeiteten und arbeiten eine Vielzahl von Informatik-Studenten im Rahmen von Belegen, Praktika und Diplomarbeiten mit. Ziele sind einerseits der Erwerb von Projektierungsfähigkeiten und das Kennenlernen weiterer, im normalen Studienplan nicht behandelter Sprachen, Betriebssysteme und anderer Softwaremittel sowie das selbständige Aneignen derselben durch die Studenten. Den Inhalt der Aufgaben könnte man grob in drei Kategorien gliedern:

a) Die Suche nach günstigen programmtechnischen und softwaretechnologischen Lösungen für spezifische algorithmische Probleme diskreter Simulationssoftware, insbesondere der eigentlichen Simulationsrechnung. Hier laufen gegenwärtig Untersuchungen zur objektorientierten Programmierung mit C^{++}. Weitere Themen sind z.B. Untersuchungen zur Eignung von Dialoghilfsmitteln und Grafiksoftware unter den speziellen Bedingungen von TOMAS.
b) Die Weiterentwicklung des Systems, insbesondere der Modell- und Ergebnishantierungsmittel, aber auch der Simulationsalgorithmen selbst. Während bei letzteren der Algorithmus im allgemeinen vorgegeben wird und „nur" programmtechnisch umzusetzen ist, haben die Studenten bei der Entwicklung von Hantierungsmitteln größere gestalterische Freiheiten, die bis zu völlig neuen Formen von Hantierungsmitteln reichen können.
c) Das Erfassen und Untersuchen von Anschluß- und Rahmenbedingungen für die Einbindung von TOMAS in PPS-Systeme (siehe 3.). Hier hatten die Studenten u.a. die Aufgabe, die für die Kopplung notwendigen Informationen bei den Praxispartnern selbständig zu erfragen sowie Schnittstellen zu entwerfen und zu implementieren.

Verschiedene grundsätzliche Probleme von Simulationssoftware waren auch Themen von Dissertationen, so z.B. Fragen der Nutzung von Datenbanksoftware /4/ oder Fragen der Ergebnisaufbereitung /5/. Die zweite Richtung der Nutzung von TOMAS in der Lehre ist der Einsatz in Weiterbildungs- und Lehrveranstaltungen zur Simulation im Rahmen der Ingenieurausbildung. Hier wird das System zur Demonstration von wesentlichen Aspekten der Simulation als Lösungsmethode und als Mittel der Durchführung selbständiger praktischer Übungen der Studenten genutzt. Als vorteilhaft erweist sich hier, daß es die einfache Handhabung des Systems gestattet, den Schwerpunkt auf die Abbildung realer struktureller und funktioneller Zusammenhänge sowie auf das Experimentieren mit dem Modell zu legen. Über weitere Erfahrungen aus den Lehrveranstaltungen kann gegebenenfalls im Vortrag berichtet werden.

3. TOMAS in der Praxis

Das System TOMAS wurde bereits umfangreich für die Untersuchung verschiedenartiger Prozesse, überwiegend zur Unterstützung des Entwurfs und der Projektierung von Fertigungssystemen eingesetzt. Die folgende Liste beinhaltet nur eine Auswahl solcher Untersuchungen:

- IHG Gleitlager Heilbronn: Lager- und Kommissionierprozeß 1990
- Akademie der Landwirtschaftswissenschaften: Landwirtschaftliche Transportprozesse 1988-1990
- VEB Anlagenbau Impulsa Elsterwerda: Flexibler automatisierter Fertigungsabschnitt
- VEB Plastelektronik Dresden: Projektierung eines Fertigungsabschnittes
- VEB Numerik Karl-Marx-Stadt (Chemnitz): Fertigungssteuerung (Betriebsbezeichnungen vom Zeitpunkt der Problembearbeitung)

Eine zweite Forschungsrichtung war bis 1990 die Entwicklung und Erprobung von speziellen TOMAS-Versionen als Bestandteil von PPS-Systemen. TOMAS wurde hier für die betriebsbegleitende Simulation eingesetzt. Zu diesem Zweck wurde das bestehende Bausteinsortiment (vgl. 1.) ergänzt und an die besonderen betrieblichen Bedingungen angepaßt. Insbesondere wurde ein spezieller Baustein zum Einsteuern von Fertigungsaufträgen aus einer Datei in das Modell entwickelt. Die Fertigungsauftragsdaten sowie alle arbeitsplatzbezogenen Daten werden aus der betrieblichen Datenbasis selektiert und in einer TOMAS-eigenen Datenbasis zwischengespeichert. Auf der Grundlage dieser Datenbasis kann experimentiert werden. Ziel bei dieser Anwendungsform der Simulation ist eine dynamische Bilanzierung des Fertigungsprogramms sowie die Ermittlung möglichst „guter" Einsteuer- und Bearbeitungsfolgen. Ein Problem war unter anderem die Dimension des zu simulierenden Prozesses. Die folgenden Zahlen sollen dies verdeutlichen: bis zu 1000 Einzelarbeitsplätze, bis zu 3000 gleichzeitig im Prozeß befindliche Fertigungsaufträge, bis zu 2000 verschiedene technologische Folgen mit jeweils bis zu 500 Arbeitsgängen, insgesamt bis zu 1000 verschiedene Arbeitsgänge, ein Arbeitsplatz kann bis zu 30 verschiedene Arbeitsgänge ausführen und ein Arbeitsgang kann auf bis zu 48 Arbeitsplätzen realisiert werden.

Literatur

1. TOMAS - Fachgebietsorientiertes System zur Modellierung und Simulation technologischer Prozesse - Dokumentation. TU Dresden 1991.
2. Frank, M.: Ein automatentheoretisches Modellkonzept für ein fachgebietsorientiertes Simulationssystem zur Untersuchung diskreter technologischer Prozesse - Dissertation B. TH Ilmenau 1979.
3. TOMAS/16 Anwenderhandbuch, Referenzhandbuch. Datenverarbeitungszentrum Neubrandenburg GmbH 1990.
4. Humann, F.: Zur Nutzung von Datenbankmanagementsystemen für Modellierungs- und Simulationssoftware - Dissertation A. TU Dresden 1990.
5. Birr, E.; Untersuchungen zur nutzergerechten Auswertung und Darstellung von Simulationsergebnissen - Dissertation A. TU Dresden 1990.

Lehrsoftware Produktionsfunktionsanalyse „PROFU"

Sieglinde Hahn und Volker Mothes

Martin-Luther-Universität Halle-Wittenberg
Landwirtschaftliche Fakultät

1. Aufgabenstellung

Die Lehrsoftware „PROFU" wurde an der Landwirtschaftlichen Fakultät der Martin-Luther-Universität Halle entwickelt. Sie ermöglicht die Produktionsfunktionsanalyse ein- und zweifaktorieller quadratischer Funktionen mit bzw. ohne Ergänzungswirkung zwischen den Produktionsfaktoren.

Durch die Nutzung von „PROFU" sollen die Studierenden in den Lehrgebieten Angewandte Mathematik, Operations Research und Landwirtschaftliche Betriebslehre dazu befähigt werden, die Produktions- und Kostenfunktionsanalyse als methodisches Instrumentarium anzuwenden.

Die Zielstellung für die Entwicklung der Software „PROFU" bestand darin, daß sich die Studenten stärker auf die sachlich-inhaltliche Anwendungsproblematik der Produktionsfunktionsanalyse orientieren und sich nicht vorrangig mit zeitraubenden Berechnungen zu beschäftigen brauchen. Dadurch wird zugleich das ökonomische Denken der Studenten wesentlich intensiviert.

2. Lösungsweg

Zur Erfüllung der o.g. Zielstellung fanden vor allem folgende Aspekte bei der Entwicklung von „PROFU" Beachtung:

- kombinierte Verwendung von mathematischen Methoden der Analysis und von Analyseschritten der ökonomischen Produktionstheorie
- Gewährleistung einer übersichtlichen, weitgehend selbsterklärenden Programmnutzung
- Einbindung zahlreicher Hilfstexte
- logische Vorbereitung von problemspezifischen Datenvorgaben durch den Anwender
- Möglichkeit der nutzergesteuerten Durchführung von Analyseschritten
- Präsentation einer übersichtlich gestalteten und mit sachbezogenen Hilfstexten versehenen tabellarischen Ergebnisausgabe

Aufbauend auf der in der Abteilung Agrarinformatik und Operations Research entwickelten Programmierkonvention wurde festgelegt, daß

- eine projektbegleitende Dokumentation bei der Erstellung von Software zu führen ist, um eine größtmögliche Transparenz während des gesamten Entwicklungszeitraumes zu sichern
- für die Implementierung die Programmiersprache Turbo-Pascal in der Version 6.0 zu verwenden ist
- verschiedene Tools, Utilities und andere Programmierhilfen in Abhängigkeit von den inhaltlichen Anforderungen an die Software zu nutzen sind
- softwareergonometrische Forderungen zu erfüllen sind (Menü- und Fenstertechnik, Hilfstexte, Tastendefinitionen u. a.)
- eine einheitliche Gerätekonfiguration zu nutzen ist (IBM-kompatible 16-Bit-Rechner unter dem Betriebssystem DOS).

Die inhaltliche Gesamtfunktion der Lehrsoftware „PROFU" wurde von Frau Dr. S. Hahn entsprechend den Lehrinhalten entwickelt[1]. Die für die Entwicklung des Softwareproduktes notwendigen Ar-beitsschritte waren:

1. Erarbeitung der Eingabeinformationen (s. Abschn. 3)
2. Dekomposition der Gesamtfunktion in Teilfunktionen und hierarchische Gliederung der Teilfunktionen (s. Abschn. 4)
3. Präsentation der Ergebnisse (s. Abschn. 5)
4. Gestaltung der Dialoghilfsmittel (s. Abschn. 6).

3. Eingabeinformationen

Bei den für die Informationsversorgung der Software benötigten Eingabeinformationen können drei Gruppen von Daten unterschieden werden:

a) Daten, die im Rahmen der Erfassung der zu analysierenden Funktion bereitzustellen sind
b) Daten, die zur Spezifizierung der Produktionsfunktionsanalyse einzugeben sind
c) Steuerzeichen zur Gewährleistung der Programmabarbeitung.zu b) Daten, die zur Spezifizierung der Produktionsfunktionsanalyse einzugeben sind (siehe Abb. 2).

```
        -------------------------------------------------------------------
E1      ! Kommentar zur              ------------------------------------ !
        ! Produktionsfunktion:  ! z.B. Kartoffeln / Lößlehm        !      !
        !                            ------------------------------------ !
        !                                                                 !
        ! Param A    Param B1     Param B2     ..C1     ..C2     ..D      !
        ! -------    --------     --------     ----     ----     ----     !
E2-7    ! !     !    !      !     !      !     !  !     !  !     !  !     !
        ! -------    --------     --------     ----     ----     ----     !
        !                                                                 !
        ! Kommentar zu Ergebnis(y)   Faktor(x1)        Faktor(x2)         !
        !           --------------   -------------     -------------      !
E 8-10  !           !Ertrag dt/ha!   !Nmin kg/ha!      !Mist dt/ha!       !
        !           --------------   -------------     -------------      !
        !                                                                 !
        ! Kosten/Preise vom Ergebnis(y)   Faktor(x1)      Faktor(x2)      !
        !                   ----------    ----------      ----------      !
E11-13  !             z.B.  ! 21.00 !     !  1.11 !       !  2.50 !       !
        !                   ----------    ----------      ----------      !
        !                                                                 !
        !     obere Schranke von          Faktor(x1)      Faktor(x2)      !
        !                                 ----------      ----------      !
E14-15  !                                 !  300  !       !  400  !       !
        !                                 ----------      ----------      !
        !                                                                 !
        !     untere Schranke von          Faktor 1        Faktor 2       !
        !                                  --------        --------       !
E16-17  !                                  !   0  !        !   0  !       !
        !                                  --------        --------       !
        -------------------------------------------------------------------
```

E1 : Eingabefeld für Kommentare zur kurzen näheren Beschreibung der Produktionsfunktion

E2-7 : Eingabefelder für die Parameter der zu analysierenden Funktion

E8-10 : Eingabefelder für Kommentare zur Beschreibung (Bezeichnung und Maßeinheit) der Produktionseergebnisse und faktoren

E11-13 : Eingabefelder für den Produktpreis (DM je Einheit des Produkts) bzw. für die Faktorpreise (DM je Einheit des Produktionsfaktors)

E14-17 : Eingabefelder für die Beschränkung der Faktoraufwandmengen zur Kennzeichnung des rationalen Aufwandbereiches für jeden Produktionsfaktor

Abb. 1: zu a) Erfassung einer zweifaktoriellen Funktion mit Ergänzungswirkung (Daten, die im Rahmen der Erfassung der zu analysierenden Funktion bereitzustellen sind)

```
         -------------------------------------------------------------------
         !   Vorgaben für Produktionsergebnisse und -faktoren              !
         !   --------------------------------                              !
A 1      !   ! z.B. Kartoffeln / Lößlehm !                                 !
         !   --------------------------------                              !
         !     Zielertrag(y°)       Faktor(x1)         Faktor(x2)          !
         !   -----------------   ----------------   ----------------       !
A 2-4    !   !Ertrag dt/ha!      ! Nmin kg/ha !      ! STM   dt/ha !       !
         !   -----------------   ----------------   ----------------       !
         !                                                                 !
         !   -----------------   ----------------   ----------------       !
   1     !   !z.B.          !   !z.B. 50       !   !z.B.150       !      !
   2     !   !              !   !     100      !   !    200       !      !
   3     !   !              !   !     150      !   !    250       !      !
   4     !   !              !   !     300      !   !    400       !      !
   5     !   !     300      !   !     140      !   !              !      !
   6     !   !     350      !   !     180      !   !              !      !
   7     !   !     350      !   !              !   !              !      !
   8     !   !     400      !   !              !   !              !      !
   9     !   !     450      !   !              !   !              !      !
         !   -----------------   ----------------   ----------------       !
         -------------------------------------------------------------------
                 E 1                  E 2                  E 3
```

```
A 1-4 : Ausgabefelder für Kommentare zur Beschreibung von Pro-
        duktionsfunktion, Produktionsergebnissen und -faktoren
E 1   : Eingabefelder für angestrebte Produktionsergebnisse
        (Zielerträge)
E 2,3 : Eingabefelder für Faktoraufwandmengen

Zeile 1-4  : Beispiel für die Möglichkeit der Berechnung von
               - Funktionswerten
               - Ersten Ableitungen
               - Durchschnittserträgen
               - Elastizitäten
Zeile 5,6  : Beispiel für die Möglichkeit der Berechnung von
               - relativen und absoluten Substitutionsraten
               - Isoquanten
Zeile 7-9  : Beispiel für die Möglichkeit der Berechnung der
               - Minimalkostenkombintion
```

Abb. 2: zu b) Erfassung der Daten zur Spezifizierung der Produktionsfunktionsanalyse (Daten, die zur Spezifizierung der Produktionsfunktionsanalyselyse einzugeben sind)

zu c)

Steuerzeichen zur Gewährleistung der Programmabarbeitung. Die Dateneingabe und die Programmauswahl wird bei „PROFU" durch Mausunterstützung erleichtert. Sollte dem Nutzer diese Eingabehilfe nicht zur Verfügung stehen, ist das Programm auch mit den Cursortasten und den sogenannten „scharfen" Buchstaben (Alt-Buchstabe) steuerbar.

4. Dekomposition der Gesamtfunktion

Bei der Umsetzung inhaltlicher Ansprüche mit Hilfe einer Software ist für deren Entwicklung und Anwendung die Dekomposition der Gesamtfunktion sehr förderlich. Die abgeleiteten Teilfunktionen erfüllen jeweils konkrete Aufgaben und realisieren damit die Gesamtfunktion. Eine solche Vorgehensweise hat die Vorteile, daß die Programmentwicklung vereinfacht und systematisiert werden kann und eine übersichtliche Programmmanwendung entsprechend den Nutzerwünschen gewährleistet ist.

```
            1.vE          2.vE                  3.vE              4.vE

      ------------------------------------------------------------------

1.hE     Hinweise   Funktionsauswahl   Berechnungsvorgaben    Analyseteil
            :             :                   :                   :
            :             :                   :                   :
2.hE   -Titelbild         :                   :                   :
       -Hilfstexte        :                   :                   :
            :             :                   :                   :
            :    -einfaktorielle Funktion     :   -Funktionswerteberechnung
            :    -zweifaktorielle Funktion    :   -Erste Ableitung
            :     mit Ergänzungswirkung       :   -Durchschnittserträge
            :    -zweifaktorielle Funktion    :   -Elastizitäten
            :     ohne Ergänzungswirkung      :   -Isoquante
            :             :                   :   -Substitutionsraten
            :             :                   :   -Minimalkostenkombination
            :             :                   :                   :
            :             :                   :                   :
3.hE        :    -Funktionserfassung          :    -Speichern der Ergebnisse
            :    -Funktionsauswahl            :    -Druck der Ergebnisse
            :    -Speichern einer Funktion    :                   :
            :    -Korrigieren einer Funktion  :                   :
            :             :                   :                   :
            :             :        -Faktorvorgaben                :
            :             :        -Ergebnisvorgaben              :
            :             :                   :                   :
4.hE    Menues, Hilfstexte, Fensteroperationen, Sicherheitskontrollen u.a.
      ------------------------------------------------------------------

   vE :   vertikale Ebene
   hE :   horizontale Ebene
```

Bild 3: Einordnung der Teilfunktionen in vertikale (vE) und horizontale Ebenen (hE)

Um eine effektive Programmerarbeitung und -nutzung zu gewährleisten, ist es notwendig, die Beziehungen der Teilfunktionen untereinander in verschiedenen horizontalen und vertikalen Ebenen darzustellen. Teilfunktionen, die in einer horizontalen Ebene stehen, existieren gleichberechtigt und unabhängig voneinander. Teilfunktionen in einer vertikalen Ebene verdeutlichen Rangunterschiede. Zwischen ihnen existieren Nutzungsbeziehungen (siehe Abb. 3).

Für die Umsetzung der ausgegrenzten Teilfunktionen in die Programmiersprache Turbo-Pascal bietet sich auf Grund der in der Ab-teilung Agrarinformatik vorliegenden Erfahrungen die Methode der schrittweisen Verfeinerung an. Die ausgegrenzten Teilfunktionen werden modularisiert, die entstehenden Module entsprechend ihres Inhalts weiter gegliedert, so daß letztlich übersichtlich hand-habbare procedures und functions entstehen. Im Verlauf dieser schrittweisen Verfeinerung können aus den Teilfunktionen, deren Inhalt verbal beschrieben wird, über die Module in Pseudocode oder Linear-struktogramm, procedures oder functions entwickelt werden, die vollständig in der Programmiersprache Turbo-Pascal vorliegen. Neben dieser Methode der schrittweisen Verfeinerung, die vor al-lem für Teilfunktionen mit mathematischen Inhalten Anwendung findet, wurden bei der Entwicklung von „PROFU" die vielfältigen, eine objektorientierte Programmierung unterstützenden Hilfsmöglichkeiten von Turbo-Vision, einer Sammlung von Standard-procedures in Turbo-Pascal 6.0, genutzt. Die vielfältigen Möglichkeiten der Programmnutzung werden unter 4. dargestellt.

5. Präsentation der Ergebnisse

Die übersichtliche Präsentation der Ergebnisse der Produktionsfunktionsanalyse und der die Ergebnisausgabe steuernden Eingabedaten ist eine wichtige Voraussetzung für die Akzeptanz der Software bei den Lernenden.

6. Dialoghilfsmittel

Zum Erreichen einer hohen Nutzerverständlichkeit des Programmablaufes machen sich bei der Softwareentwicklung Maßnahmen zur Unterstützung einer effektiven Dialogführung erforderlich. Diese Hilfsmittel der Softwaregestaltung bestehen in der Verwendung von Pull-Down-Menüs und Balkenmenüs, der Nutzung der Fenstertechnik, der Einbindung von Hilfstexten u.a.. Das zentrale Element der Dialoghilfsmittel der Lehrsoftware „PROFU" ist ein Pull-Down-Menü, das dem Anwender ermöglicht, innerhalb der in Bild 3 dargestellten Hierarchieebenen die ge-wünschte Teilfunktion zu wählen. Bei dieser Auswahl wird der Anwender durch vielfältige, wahlweise aufrufbare Hilfstexte unterstützt. Das parallel mit dem Pull-Down-Menü angebotene Balkenmenü ermöglicht den Aufruf weiterer, die Bearbeitung der ausgewählten Teilfunktion unterstützende Hilfs- und Servicefunktionen.

Nach dem Aufruf einer Teilfunktion erscheint entsprechend der Auswahl ein Eingabe- (Dialog-) oder Ausgabefenster auf dem Bildschirm. Bei den Eingabefenstern (s. Bild1,2) wurde bei der Programmentwicklung großer Wert auf die leichte Erfaßbarkeit der notwendigen Nutzeraktionen gelegt. Bei den Ausgabefenstern (s. Bild 4) stand die umfassende Verständlichkeit der präsentierten Dateninhalte im Vordergrund.

Dem Erreichen dieser Anforderung dienen

- permanent auf dem Bildschirm sichtbare Beschreibungen
- die vom Nutzer einzutragenden Kommentare zur Produktionsfunktion, zum Produktionsergebnis und zu den Produktionsfaktoren
- wahlweise aufrufbare Hilfstexte.

```
A1       Analyseschritt: |z.B. Funktionswerteberechnung |

A2       | z.B. Kartoffeln / Lößlehm      |

           Faktor 1              Faktor 2            Ergebnis
A3-5     | Nmin kg/ha |        | Mist dt/ha |       |Ertrag dt/ha|

           nat      mon         nat      mon         nat      mon

E/A6-x   |    |   |    |       |    |   |    |     |    |   |    |
         |    |   |    |       |    |   |    |     |    |   |    |
         |    |   |    |       |    |   |    |     |    |   |    |

            ..      ..           ..       ..          ..       ..
         |    |   |    |       |    |   |    |     |    |   |    |

A1      : Darstellung des aktuellen  Analyseschrittes
A 2-5   : Darstellung  des  Kommentars  zur  Beschreibung  der
          Produktionsfunktion  sowie  der  Produktionsergebnisse
          und -faktoren
A 6-x   : Eingabe-/Ausgabefelder zur Produktionsfunktionsanalyse;
        nat: naturaler Ertrag/Aufwand
        mon: monetärer Ertrag/Aufwand
```

Bild 4: Form der Ergebnispräsentation bei einer zweifaktoriellen Produktionsfunktion am Beispiel der Funktionswerteberechnung

7. Wertung der Software

Mit der Lehrsoftware „PROFU" steht dem lernenden Anwender ein Instrumentarium zur Verfügung, mit dem die anfangs postulierte Zielstellung einer verstärkten Hinwendung auf sachlich-inhaltliche Probleme der Produktionsfunktionsanalyse weitgehend erfüllt werden kann.

Beim gezielten Einsatz der Lehrsoftware „PROFU" im Lehrbetrieb wird deutlich, daß diese positive Einschätzung vor allem auf einer hohen Nutzerakzeptanz beruht. Die hohe Nutzerakzeptanz von „PROFU" beruht vor allem auf:

- der Einsparung eigener zeitraubender Berechnungen
- der strikten Befolgung softwareergonometrischer Anforderungen an die Form der Bildschirmdarstellung
- der motivierenden Tatsache, daß die Software von einem Studenten entwickelt wurde, der die gleiche Fachrichtung wie die Anwender belegte.

Alle weiteren Arbeiten zur Wartung und Weiterentwicklung der Software erfolgen mit dem Ziel der Verbesserung der Nutzerakzeptanz, der Verständlichkeit sowie der inhaltlichen Erweiterung der Produktionsfunktionsanalyse.

Informationstheoretische Methoden bei der Curriculumkonstruktion

Rainer Berger und Ralf Gladigau

Technische Universität Magdeburg
Institut für Internationale Berufspädagogik und Mediendidaktik

1. Einleitung

In den letzten Jahren haben die Untersuchungen zur Curriculumforschung, insbesondere der Ingenieuraus- und weiterbildung durch vielfältige Beiträge zur Theorie einer Studienprozeßgestaltung und auch durch die Erprobung von Gestaltlösungen an den Technischen Universitäten einen enormen Aufschwung genommen. Als bekanntester Ausschnitt des Curriculumprozesses läßt sich die Curriculumkonstruktion kennzeichnen, wobei an der TU Magdeburg Ansätze zur Diskussion standen, die ausgehend von Lernzielformulierungen auf die inhaltliche Belegung von Lehrkomplexen ausgerichtet waren. Solche Ansätze betreffen die Anordnung von Bildungsinhalten und stellen ein Überschneidungsgebiet von Curriculumentwicklung, Pädagogischer Psychologie, moderner Logik, Linguistik, Systemtheorie u.a. dar. Für diese Problematik der Anordnung von Bildungsinhalten, z.B. im Makrobereich beim Aufbau eines Fachcurriculums (Lehrgebiet mit einem zeitlichen Umfang bis zu mehreren Semestern), steht die Aufgabe der Lehrstoffanalyse seitens der Lehrkräfte. Dafür existiert in der Pädagogik kein ausreichendes methodischen Instrumentarium. Es gilt Anregungen und Methoden aus anderen Wissenschaftsdisziplinen aufzugreifen und so weiterzuentwickeln, daß sie den Bedürfnissen der Lehrkräfte gerecht werden.

Einen methodologischen Ausgangspunkt für die theoretischen Untersuchungen stellen die Erkenntnisse zur Strukturierung von Bernard [1], Retzke [2] und zur Lehrstoffstrukturierung von Klauer [3] dar. Die Weiterentwicklung besteht darin, daß sachlogische Aspekte unter Beachtung von informationstheoretischen und systemtheoretischen Betrachtungen für die Curriculumkonstruktion zum Tragen gekommen sind. Damit wurde das Ziel verfolgt, auf der Grundlage dieses zu entwickelnden informationstheoretischen Ansatzes Curricula als inhaltlich-methodisch begründete zeitliche Folgen von Aussagebereichen unter den genannten Gesichtspunkten mit Hilfe informationsverarbeitender Technik strukturieren zu können.

2. Informationstheoretische Grundlagen

Ein Ausgangspunkt für die theoretischen Betrachtungen und bei der Erarbeitung des Programms bildete die Systemtheorie [4]. In Anlehnung an das mathematische Modellierungsverfahren der beiden ungarischen Autoren Georgiewa und Papai [5] basiert das vom Autor mitentwickelte Programm ANALYSE [6] ebenfalls auf der Charakterisierung von Strukturelementen durch Worte oder Wortverbindungen. Einzelne Strukturelemente des Systems werden formalisiert als Vektoren dargestellt und verfügen über Ein- und Ausgangsinformationen. Die Informationsbeziehungen zwischen den einzelnen Strukturelementen des Systems werden festgestellt. Über eine Strukturmatrix läßt sich die Struktur des Gesamtsystems darstellen.

Solche Prozeßanalysen, wie sie in der Software ANALYSE durchgeführt werden, unterliegen einer gewissen Unschärfe. Diese Unschärfe ist bei Systemen und Prozessen mit deren Struktur, Verhalten, inneren und äußeren Koppelungen, der gewählten Beschreibungen usw. verbunden. Der Begriff Unschärfe ist Teil der Systemtheorie und orientiert sich an der Beschreibung von Erscheinungen mit Hilfe der Umgangs- oder der Fachsprache. Die unscharfe Prozeßanalyse berücksichtigt sowohl Unschärfe bei den Informationen als auch deren Übertragung. Deshalb empfiehlt es sich, dies auch innerhalb von Erkenntnisprozessen zu berücksichtigen, d.h. es sollen sowohl fehlerhafte metrische als auch (nichtmetrische) linguistische Variablen benutzt werden [7]. Da eine solche Betrachtungsweise dem menschlichen – im Sinne intelligenten – Vorgehen ähnelt, stellen derartige Algorithmen und Programme Beiträge zum Gebiet der künstlichen Intelligenz dar.

Ausgehend von dem Gedanken, daß Lehr- und Lernprozesse auch informationstechnische Prozesse darstellen, ergibt sich für das Bildungswesen, daß das zu vermittelnde und anzulagernde Wissen, Können und Verhalten im Studienprozeß zweckmäßig aus informationstheoretischer Sicht für die Curriculumkonstruktion bestimmt werden kann.

Es kommt darauf an, die Mengen der Informationen, ihren Inhalt und ihre Bewegung zu bestimmen. Da alle Informationen, die sich ein Student während seines Studiums aneignet, die Form der natürlichen Sprache aufweisen, ist eine sofortige Informationsanalyse nur mit einer sehr leistungsfähigen informationsverarbeitenden Technik und einem intelligenten Sprachanalysator für natürliche Sprachen oder Fachsprachen möglich. Bei Anwendung von Personalcomputern ist die Schaffung eines einfachen Informationsmodells, dessen Hauptinformtionsträger der Deskriptor ist, vorzunehmen. Als Deskriptoren des zu vermittelnden und anzueignenden Inhalts werden die wesentlichsten Begriffe in Form von Worten oder Wortverbindungen betrachtet. Die Deskriptoren müssen semantische Beständigkeit und Kontrast zu anderen Deskriptoren aufweisen. Unter semantischer Beständigkeit ist zu verstehen, daß in jedem Fall der Anwendung des Deskriptors ein invarianter Kern erhalten bleibt, der aus einem Minimum an Zeichen besteht und die Eigenschaften des Objekts charakterisiert; Synonyme und weitschweifige Umschreibungen von Objekten werden mit einem einzigen Deskriptor erfaßt. Der Kontrast besteht darin, daß dieses Minimum von Eigenschaften notwendig und hinreichend ist, um das durch den Deskriptor bezeichnete Objekt zu erkennen und es von den anderen Objekten zu unterscheiden.

3. Methodisches Vorgehen bei der Arbeit mit dem Programm ANALYSE

Eine kurze Charakterisierung des Programms soll vorangestellt werden, um die Methodik besser erklären und die Möglichkeiten des Programms einschätzen zu können. Die Deskriptoren werden bei diesem Analyseverfahren als Input, Output und Operatoren, der Thesaurus als Objekt bezeichnet.

Bei jedem Objekt können mehrere Inputs und Outputs als einzelne Wörter mit maximal 30 Buchstaben und Operatoren als Wortverbindungen mit einer maximalen Gesamtlänge von je 128 Buchstaben untersucht werden. Jedoch erfolgt die Analyse anders als im Verfahren von Georgiewa/Papai [5]. Zum einen wird nicht von einem Objekt ausgegangen, das von vornherein eine Graphenstuktur besitzen muß. Vielmehr wird die Wahl der Wörter nur soweit reglementiert, daß jeder Operator mindestens einen Output besitzt. Von dieser Mindestbeziehung ausgehend wird dann eine Struktur aufgebaut. Dabei macht es sich mitunter notwendig, daß neue Inputs, Outputs und Operatoren eingeführt werden müssen, um die Verbindung abzuschließen. Zum anderen ist das Verfahren eindimensional. Alle Inputs und alle Outputs bilden faktisch je einen Basisdeskriptor und je einen Zieldeskriptor.

Die Graphenstruktur besteht aus einer Linie, beginnend mit dem Basisdeskriptor und endet mit dem Zieldeskriptor, zwischen denen die Operatoren aufgereiht sind. Auf dieser Linie liegen die gegeneinander verschobenen Graphenstrukturen mit unterschiedlicher Länge. Die Analyse einer solchen eindimensionalen Struktur hat dementsprechend beschränkte Möglichkeiten. Man kann nach der Reihenfolge der Operatoren fragen. Jedoch können die Ordnungsprinzipien, um zu eindeutigen Lösungen zu führen, nur schwache Forderungen enthalten. Das im Programm angewandte Rückkoppelungsprinzip erbringt beispielsweise keine eindeutigen Lösungen und kann somit nur als Orientierung dienen, was pädagogisch gesehen wünschenswert ist. Die Anwendungen des Programms sind damit auch in erster Linie auf eindimensionale Studienprozesse beschränkt. Das können Vorlesungsreihen, Übungs- und Praktikumsfolgen u.a.m. sein. Die Zusammenhänge zwischen parallel ablaufenden Prozessen können hiermit nicht umfassend untersucht werden. Das Programm ist vor allem als Hilfsmittel bei der Aufstellung neuer Strukturen der Lehrgebiete bzw. -komplexe geeignet.

In Abb. 1 wird der Versuch unternommen, das Modell des beschriebenen Verfahrens darzustellen. Die Objekte (i - 1), (i) und (i + 1) stellen die zeitlich aufeinanderfolgenden Lehrgebiete bzw. Lehrkomplexe dar. Dabei gehört zu einem Objekt immer eine Menge von Deskriptoren. Es werden drei Mengen von Deskriptoren unterschieden:

- Menge von Deskriptoren als Inputs
- Menge von Deskriptoren für Operatoren (Zwischeninformationen)
- Menge von Deskriptoren als Outputs

Die Inputs entsprechen dem Anfangsniveau der Kenntnisse (vorausgesetzte Begriffe oder Fähigkeiten) der Studenten am Beginn eines bestimmten Lehrgebietes oder Studienabschnittes. Die Operatoren bestehen aus Deskriptoren, deren Begriffsinhalt von anderen Deskriptoren (Inputs oder vorausgehende Operatoren) aufgebaut wird. Somit besitzen sie sowohl Eingangsverbindungen als auch Ausgangsverbindungen, die auf die Deskriptoren (Inputs, Outputs) eines bestimmten Lehrgebietes bezogen sind. Mit ihrer Hilfe werden Begriffskomplexe gekennzeichnet. Sie stellen den logischen Aufbau des Wissens vom Ausgangsniveau zu Beginn eines Lehrgebietes bis zu einem Zielniveau am Ende des betreffenden Lehrgebietes dar. Die Menge von Deskriptoren, die als Outputs bezeichnet werden, charakterisieren die Hauptbegriffe eines bestimmten Lehrgebietes. Damit soll jenes Wissen und Können gekennzeichnet werden, das den Studenten im konkreten Studienabschnitt (Lehrgebiet oder Lehrkomplex) vermittelt wird. Über die Inputs und Outputs werden die Beziehungen zu anderen Objekten (Lehrgebiete) sichtbar.

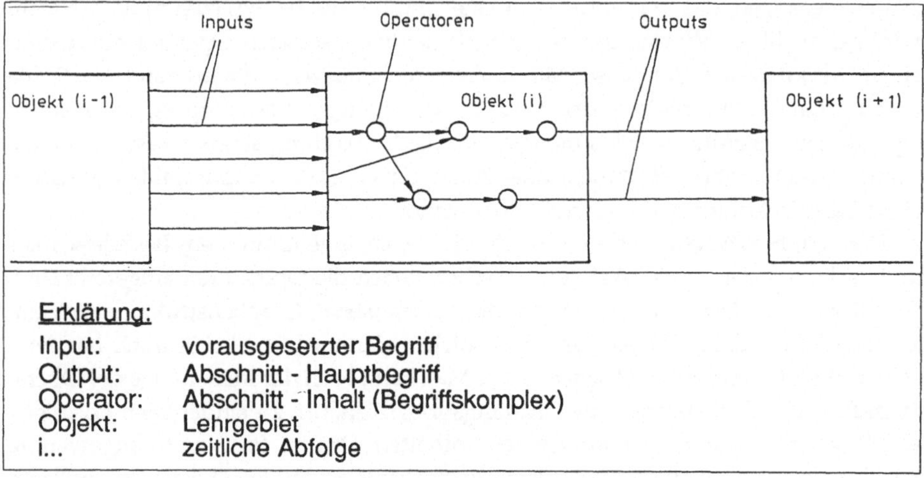

Abb. 1: Darstellung der Beziehungen zwischen den Objekten und Deskriptoren

Auf diese Art und Weise lassen sich die Strukturträger eines Lehrgebietes mit einer Menge von Deskriptoren und einer Menge von Koppelungen zwischen ihnen beschreiben. Die Struktur des Lehrgebietes ergibt sich als Menge von Deskriptoren und der inhaltlichen Kopplung der Operator-Deskriptoren untereinander, wenn Begriffe, Größen, elementare Fähigkeiten zum Definieren oder Modellieren neuer Begriffe, Größen bzw. komplexer Fähigkeiten als Input-Deskriptoren benötigt werden. Unter Berücksichtigung dieser Anforderungen zur Wissensvermittlung und -aneignung in Lehrgebieten wurde das Programm ANALYSE für Personalcomputer erarbeitet. Ausgehend von der Darstellung in Abb. 1 können prinzipiell vier Fälle unterschieden werden:

1. Fall: Inputs sind bekannt.
Outputs sind bekannt.
Operatoren sind unbekannt.

2. Fall: Inputs sind unbekannt.
Outputs sind bekannt.
Operatoren sind bekannt.

3. Fall: Inputs sind unbekannt.
Outputs sind bekannt.
Operatoren sind unbekannt.

4. Fall: Inputs sind unbekannt
Outputs sind unbekannt.
Operatoren sind unbekannt.

Unsere Untersuchungsergebnisse besagen, daß folgende methodische Vorgehensweise empfohlen werden kann:

1. Definition der Abschnitt-Hauptbegriffe als Outputs
2. Definition der Abschnitt-Inhalte als Operatoren mittels Begriffskomplexen
3. Definition von Zwischenoperatoren
4. Definition von Inputs aus anderen Lehrgebieten

Diese Arbeitsschritte können vom Bearbeiter direkt im Rechnerdialog vollzogen werden, wenn als Analysematerialien zugrunde gelegt werden: Curricula, Vorlesungsmanuskripte, Vorlesungsmitschriften, Fachliteratur, Studienanleitungen, Selbststudienliteratur, Belegaufgaben u.a. Nach der Eingabe der Begriffe ermöglicht das Programm, Manipulationen folgender Art vorzunehmen:

A. Kopplung der Inputs mit den Operatoren
B. Kopplung der Operatoren untereinander
C. Ermittlung einer unlogischen Reihenfolge und/oder Verknüpfung der Begriffe
D. Reduzierung der Rückkoppelungen durch Vertauschen der Reihenfolge
E. Ermittlung der Bedeutung von Begriffen und Zusammenhänge durch das Erstellen einer Netzstruktur.
F. Ermittlung der inhaltlichen und zeitlichen Zusammenhänge durch das Erstellen einer Netzstruktur.

Diese Manipulationen verlangen nach lehrkonzeptionellen Schlußfolgerungen, denn die logisch saubere Strukturierung muß noch lange nicht pädagogisch und vor allem psychologisch günstig sein. Auch Versuche anderer Autoren [8, 9], solche Curriculakonstruktionen über mathematische Methoden oder Modelle zu lösen, belegen, daß der pädagogischen Interpretation der Ergebnisse solcher Untersuchungsmethoden die „eigentliche" Bedeutung zukommt. Zur Anwendung dieser methodischen Schrittfolge wurde in [10] berichtet.

Literatur

1. Bernard, F./Tempelhof, K.-H.: Zur gesellschaftlichen Funktion der Technologie und zur technologischen Ausbildung an Technischen Hochschulen, in: Das Hochschulwesen 27 (1979) 7.
2. Retzke, R./Wiltzsch, W: Strukturierung fachwissenschaftlicher Inhalte unter Lehraspekt – eine grundlegende Voraussetzung für die Projektierung wirksamer Studiengänge der Ingenieurausbildung, in: Hochschulpädagogische Schriftenreihe. Heft 18. Technische Hochschule Karl-Marx-Stadt 1986.

3. Klauer, K. J.: Methodik der Lehrzieldefinition und Lehrstoffanalyse, in: Studien zur Lehrforschung. Bd. 10. Düsseldorf 1974.

4. Jortzik, B.: Methoden zur Verkürzung der Entwicklungszeit von automatisierten Systemen der technologischen Fertigungsvorbereitung, in: Wissenschaftliche Zeitschrift der Technischen Hochschule „Otto von Guericke" Magdeburg 21 (1977) 8.

5. Georgiewa, P./Papai, M.: Neues Herangehen an die informationelle Analyse des Lehrstoffes, in: Sovremennaja vysschaja skola. 1980. Heft 4 (russ.).

6. Berger, R./Gladigau, R./Jortzik, B./Mai, M.: ANALYSE – Programmsystem zur Informationsanalyse (Bedienungsanleitung). TU „Otto von Guericke" Magdeburg. Magdeburg 1988.

7. Bocklisch, S.F.: Prozeßanalyse mit unscharfen Verfahren. Berlin 1987. Vgl. S. 11-16.

8. Hoffmann, H.: Netzplanung des Hochschulbildungsprozesses an Sektionen. Diss. Leipzig 1977.

9. Fischer, M.: Koordination von Unterrichtsthemen am Beispiel einer höheren technischen Lehranstalt, in: Ingenieurpädagogik und Computereinsatz. Leuchtturm-Schriftenreihe Ingenieurpädagogik Bd. 3. 1974.

10. Gladigau, F.: Linienführungen im Ingenieurstudium – ihre Anwendung in der lehrkonzeptionellen Arbeit unter Zuhilfenahme informationsverarbeitender Technik. Diss. Magdeburg 1990.

Naturwissenschaften und Medizin

Zur Sichtbarkeit relativistisch bewegter Körper – Der Terrell-Effekt

Peter Jakesch

Universität Wien
Institut für Theoretische Physik

1. Einleitung

Seit Einstein im Jahre 1905 die spezielle Relativitätstheorie veröffentlicht hatte, glaubte man, daß ein relativistisch bewegter Körper, der ja in seiner Bewegungsrichtung Lorentz-kontrahiert ist, von einem Beobachter auch kontrahiert gesehen werden müßte, daß man die Lorentz-Kontraktion also auch fotografieren könnte. Ein Würfel etwa, der sich mit einer Geschwindigkeit nahe der Lichtgeschwindigkeit bewegt, sollte demnach als ein gestauchter Quader, eine Kugel ebenfalls in Bewegungsrichtung verkürzt und somit als Rotationsellipsoid erscheinen. Es vergingen über 50 Jahre, bis 1959 James Terrell bemerkte, daß dies nicht zutrifft. Was man bis dahin übersehen hatte, waren Laufzeiteffekte des Lichtes. Fliegt etwa ein Würfel an einem einzelnen Beobachter vorbei, so sind die einzelnen Punkte der Oberfläche des Würfels verschieden weit vom Beobachter entfernt. Das Licht, das von diesen Punkten ausgeht – sei es, daß der Würfel selbst leuchtet oder daß das Licht von der Oberfläche des Würfels reflektiert wird – hat also zum Auge des Beobachters verschieden lange Wege zurückzulegen und braucht dazu natürlich verschieden lange. Dies hat aber zur Folge, daß der Beobachter die Punkte der Würfeloberfläche nicht dort sieht, wo sie sich gleichzeitig (gleichzeitig im Ruhsystem des Würfels) befunden haben, sondern wo sie sich zu einem mehr oder weniger früheren Zeitpunkt befunden haben, je nach ihrer Entfernung und der damit verbundenen unterschiedlichen Laufzeit des Lichtes. (Das Bild, das der Beobachter zu einem bestimmten Zeitpunkt sieht, setzt sich klarerweise aus all jenen Lichtstrahlen zusammen, die den Beobachter in seinem eigenen Ruhsystem gleichzeitig erreichen.) Es ist wohl unmittelbar einsichtig, daß sich daraus gewisse Verzerrungen in der Erscheinungsform des Würfels ergeben werdenVor der Entdeckung Terrells hatte es zwar Publikationen gegeben, die darauf hinwiesen, daß ein einzelner Beobachter die Länge eines entlang der x-Achse bewegten Maßstabes anders wahrnehmen würde, als es nach der Lorentz-Kontraktion zu erwarten wäre, doch wurde es versäumt, die Überlegungen auch auf räumliche Körper auszudehnen und die auftretenden Effekte konsequent zu untersuchen. Was wohl generell übersehen wurde, war der grundlegende Unterschied, der zwischen einer Beobachtung eines bewegten Körpers durch unendlich viele Beobachter mit synchronisierten Uhren und der Beobachtung durch einen einzelnen Beobachter besteht. Auch übt das Wort „beobachten" eine starke Suggestivwirkung aus, die die strikte Unterscheidung zwischen den Begriffen „beobachten" (unendlich viele Beobachter mit synchronisierten Uhren) und „sehen" (einzelne Beobachter) erschwert.

Im Jahre 1959 wiesen James Terrell und Roger Penrose darauf hin, daß die Laufzeiteffekte des Lichtes nicht vernachlässigt werden können, wie man es bis dahin wohl allgemein angenommen hatte. Sie untersuchten den Vorbeiflug eines relativistischen Körpers in großer Entfernung an einem einzelnen Beobachter. In diesem Spezialfall der großen Entfernung zwischen Beobachter und bewegtem Körper, in dem der Beobachter den Körper unter einem sehr kleinen Winkel sieht, ist das Erscheinungsbild eines relativistischen Würfels dem eines normalen ruhenden Würfels gleich, der in bezug auf den Beobachter um einen gewissen Winkel gedreht ist. Der Umriß einer Kugel, so stellte sich heraus, erscheint bei jeder auch noch so hohen Geschwindigkeit kreisförmig und nicht, wie man bis dahin dachte, ellipsenförmig. Diese Ergebnisse und der Titel des Artikels von Terrell prägten das Schlagwort von der „Unsichtbarkeit der Lorentz-Kontraktion", das daraufhin weite Verbreitung fand und in die Schulbücher für den Physikunterricht aufgenommen wurde. Relativistisch bewegte Körper, so hieß es, sähen nicht verkürzt, sondern gedreht aus. Dabei wurde nicht gesagt, wie man sich das vorzustellen habe und daß dies nur für den Spezialfall der großen Entfernung des Objekts zutreffend ist. In vielen Publikationen finden sich auch heute noch falsche Darstellungen. Wie zum Beispiel, fragte man sich, sollte man sich einen gedrehten Eisenbahnwaggon oder gar einen ganzen gedrehten Zug vorstellen? Die Räder könnten doch nicht von den Schienen entfernt erscheinen! Und sollte man sich bei einem Zug die Waggons einzeln oder den Zug als ganzes gedreht vorstellen? Weitere Artikel, die sich mit diesen Fragen beschäftigten, fanden weder größere Verbreitung noch ausreichende Beachtung.

2. Das Computerprogramm LORENTZ

Um zu veranschaulichen, wie ein relativistischer Körper von einem einzelnen Beobachter gesehen bzw. fotografiert würde, wurde das Programm „LORENTZ" erstellt. Es zeigt, wie ein Würfel in räumlicher Darstellung (auch ein Programm zur Darstellung einer Kugel ist vorhanden) von einem einzelnen Beobachter aus zu sehen wäre. Schienen mit Schwellen, auf denen sich der Würfel bewegt und mit deren Hilfe es möglich ist, die Lage der einzelnen Punkte der Oberfläche des Würfels im Raum wahrzunehmen, können wahlweise ein- oder ausgeblendet werden. Schienen- und Schwellenabstand betragen ebenso wie die Kantenlänge des Würfels (und der Durchmesser der Kugel) eine Lichtsekunde, um quantitative Vergleiche bzw. Messungen möglich zu machen. Auch die Position des Beobachters und damit seine Entfernung vom Würfel sowie die Geschwindigkeit des Würfels können frei gewählt werden. Mit Hilfe dieses Programms können nun verschiedene Effekte sichtbar gemacht werden. Schaltet man den Hintergrund aus, so daß das Auge keinen Hinweis auf die tatsächliche Lage der Würfelpunkte im Raum erhält – dies entspräche in der Praxis etwa der fotografischen Aufnahme eines astronomischen Objekts – und wählt man die Entfernung des Beobachters von der Bahn des Würfels groß genug, so sind an dem Würfel keinerlei Verzerrungen zu erkennen. Wird der Abstand klein genug gewählt, so ist immer noch nichts von einer Kontraktion zu bemerken, nur die Kanten des Würfels erscheinen seltsam verbogen, da sich auch die einzelnen Punkte einer Würfelkante in verschiedenen Entfernungen vom Beobachter befinden und daher zu einem bestimmten Zeitpunkt dort gesehen werden, wo sie zu verschiedenen früheren Zeitpunkten gewesen waren, nämlich mehr oder weniger weit links bzw. rechts. Beobachtet man nun den vorbeifliegenden Würfel mit eingeschaltetem Hintergrund, so sieht man, daß von einer Drehung eigentlich keine Rede sein kann. Der Würfel ist vielmehr eigentümlich verzerrt bzw. geschert. Auf einer zweidimensionalen Abbildung, wie sie ja auch ein Bildschirm darstellt, kann man diese Verzerrung allerdings nur dann wahrnehmen, wenn das Auge andere Objekte bekannter Form und Lage mit dem Würfel in Relation setzen kann, wie etwa die Schienen und Schwellen in diesem Programm. Versucht man, eine Kontraktion des Würfels zu beobachten, so ist festzustellen, daß der Würfel während seiner Annäherung durchaus nicht kontrahiert, sondern im Gegenteil gedehnt erscheint. Während der weiteren Annäherung wird diese Verlängerung immer geringer und geht schließlich in eine Kontraktion über, die bei zunehmender Entfernung des Würfels immer größer wird. Es sei bemerkt, daß in dem Moment, wo der Würfel sich dem Beobachter genau gegenüber befindet, die tatsächliche Lorentz-Kontraktion sichtbar ist, da in diesem Fall die Entfernungen und damit die Laufzeiten der Lichtstrahlen von Punkten der linken und rechten Würfelkante gleich groß sind. Ferner fällt auf, daß durch die Verzerrung des Würfels seine Hinterseite (gemeint ist: hintere Seite in bezug auf seine Bewegungsrichtung, nicht in bezug auf seine Orientierung zum Beobachter) sichtbar wird, lange bevor er am Beobachter vorbeigeflogen ist. Dies ist von dem Zeitpunkt an der Fall, wo der „wirkliche" Lorentz-kontrahierte Würfel (der, den die unendlich vielen Beobachter mit ihren synchronisierten Uhren beobachten würden) den Beobachter passiert hat. Nach dem Relativitätsprinzip können wir nämlich genausogut annehmen, daß der Würfel ruht und der Beobachter sich an ihm vorbeibewegt. Nehmen wir ferner an, der Würfel sei ein Häuserblock. Sobald der dahinrasende Beobachter die Kante des Häuserblocks passiert hat, muß er die Seitenfront des Hauses sehen können (da diese ja auch vorher schon die ganze Zeit über Lichtstrahlen ausgesendet hat), gleichgültig, in welcher Form er den Häuserblock sieht. (Wegen der relativistischen Aberration wird er ihn verzerrt sehen.) Diese Verzerrung hat, wie schon erwähnt, bei größerem Abstand und fehlendem Hintergrund gerade ein derartiges Ausmaß, daß der Würfel genau so erscheint, als sei er nicht kontrahiert oder verzerrt, sondern gedreht. Ob die Formulierung mancher Autoren, man könne einen herannahenden relativistischen Körper schon lange vor seinem Vorbeiflug „von hinten" sehen, der Anschaulichkeit dienlich ist oder nur zur Verwirrung beiträgt, sei dahingestellt.

Verfolgt man die Annäherung des Würfels bei gleichzeitiger Beachtung seiner Position zu aufeinanderfolgenden Zeitpunkten, so ist zu sehen, daß er sich scheinbar mit Überlichtgeschwindigkeit bewegt. Dies scheint zunächst völlig unmöglich zu sein und der Relativitätstheorie zu widersprechen, nach der bekanntlich Geschwindigkeiten, die größer als die Geschwindigkeit des Lichtes im Vakuum sind, von keinem Körper erreicht, geschweige denn überschritten werden können. Doch ist diese scheinbare Überlichtgeschwindigkeit des Würfels eben nur eine scheinbare. Dazu ein Zahlenbeispiel: Ein Punkt des Würfels, der sich mit 90 Prozent der Lichtgeschwindigkeit auf den Beobachter zu bewegt, sei zum Zeitpunkt $t=0$ gerade 5 Lichtsekunden vom Beobachter weit entfernt. Wir betrachten einen Lichtstrahl, der genau zu diesem Zeitpunkt den

Würfelpunkt in Richtung Beobachter verläßt und einen zweiten Lichtstrahl, der das gleiche genau eine Sekunde später tut (eine Sekunde später im Ruhsystem des Beobachters). Der erste Lichtstrahl wird den Beobachter zum Zeitpunkt t=5 s erreichen. Da der Würfelpunkt sich zum Zeitpunkt der Aussendung des zweiten Lichtstrahls nur mehr in 4,1 Lichtsekunden Entfernung vom Beobachter befunden hat, erreicht der zweite Lichtstrahl, der zur Zeit t=1 s ausgesendet wurde, den Beobachter zur Zeit t=5,1 s. Der Würfelpunkt hat sich also vom Beobachter aus gesehen scheinbar in 0,1 s um 0,9 Lichtsekunden weiterbewegt, was einer scheinbaren Bewegung mit neunfacher Lichtgeschwindigkeit entspricht. Der Beobachter sieht den Würfelpunkt nicht erst eine Sekunde später in 4,1 Lichtsekunden Entfernung, sondern wegen der verringerten Laufzeit des Lichtes schon früher. Der Effekt kommt also dadurch zustande, daß durch das Näherkommen des Würfels die Laufzeit des Lichtes kleiner und dadurch eine viel raschere Annäherung vorgetäuscht wird. In diesem Zusammenhang ist zu erwähnen, daß von den Astronomen tatsächlich Objekte beobachtet werden, die sich mit scheinbarer Überlichtgeschwindigkeit bewegen. So scheinen z.B. Plasmaklumpen im Jet, der von der Radiogalaxie 3C 120 ausgestoßen wird, die siebenfache Lichtgeschwindigkeit zu erreichen. (Spektr. d. Wiss. 3,62ff (1988)). Es bleibt zu hoffen, daß das interessante Thema der Sichtbarkeit von relativistisch bewegten Körpern in Zukunft eine weitere Verbreitung in Literatur und Unterricht finden und das Computerprogramm dazu beitragen möge, das Thema anschaulicher darzustellen und Mißverständnisse und Fehler in seiner Behandlung zu vermeiden.

Literatur

1. Atwater, H.A: J. Opt. Soc. Amer. 52, 184 (1962).
2. Boas, M.L: Amer. J. Phys. 29, 283 (1961).
3. Crowell, A.D.: Amer. J. Phys. 29, 370 (1961).
4. Durbin, K.A.: Amer. J. Phys. 32, 639 (1964).
5. Einstein, A.: Anm. Physik 17, 891 (1905). Übers.: H.M. Schwartz, Amer. J. Phys. 45, 18 (1977).
6. Gamow, G: Mr. Tompkins in Wonderland (Cambridge University Press, Cambridge, 1939).
7. Gamow, G.: Proc. Nat. Acad. Sci. (USA) 47, 728 (1961).
8. Guess, A.W.: Phys. Rev. 161, 1295 (1967).
9. Hollenbach, D.: Amer. J. Phys. 44, 91 (1976).
10. Kichenassamy, M.S.: C.R. Acad. Sc. Paris 260, 1581 (1965).
11. Lampa, A.: Zs. für Physik 27, 138 (1924).
12. Mast, C.B: Amer. J. Phys. 33, 281 (1965).
13. Mathews, P.M./Lakshmanan, M.: Nuovo Cimento 12, 168 (1972).
14. McCrea, W. H.: Scient. Proc. R.D.S. 26, No. 1, 27 (1952).
15. McGill, N.C.: Contemp. Phys. 9, 33 (1968).
16. McKinley , J.N./Doherty P.: Amer. J. Phys. 47, 309 (1979)
17. Penrose, R.: Proc. Camb. Phil. Soc. 55, 137 (1959).
18. Ranninger, J.: Acta Phys. Austriaca 14, 50 (1961).
19. Scott, G.D./Viner, M.R.: Amer. J. Phys. 33, 534 (1965).
20. Scott, G.D./van Driel, H.J.: Amer. J. Phys. 38, 971 (1970).
21. Sears, F.W.: Amer. J. Phys. 33, 266 (1965).
22. Sheldon, E.: Am. J. Phys. 56 (3), 199 (1988).
23. Sherwin, C.W.: Amer. J. Phys. 29, 67 (1961).
24. Shirer, D.L./Bartel, T.W.: Amer. J. Phys. 35, 434 (1967).
25. Terrell, J.: Phys. Rev. 116, 1041 (1959).
26. Terrell, J.: Am. J. Phys. 57 (1), 9 (1989).
27. Thompson, W.J.: Amer. J. Phys. 45, 1008 (1977)..
28. Weinstein, R.: Amer. J. Phys. 28, 607 (1960).
29. Weißkopf, V.F.: Phys. Today 13, No. 9, 24 (1960).
30. Yngström, S.: Arkiv Fysik 23, 367 (1962)

Rechnergestützte eindimsionale Quantenmechanik für Ingenieurstudenten des ersten Studienjahres

Jan Ulf Schütze und Wolfgang Willemer

Technische Universität Dresden
Institut für Experimentalphysik

Vorbemerkung

Grundkenntnisse der Quantenmechanik sind Voraussetzung für das Verständnis mikrophysikalischer Zusammenhänge und ihrer Anwendung bei der Weiterentwicklung von Hochtechnologien. Die Quantenmechanik muß daher fester Bestandteil der Physik-Grundlagenausbildung der Ingenieurstudenten im ersten Studienjahr sein.

Das didaktische Problem besteht darin, daß der Formalismus der Quantenmechanik mathematisch anspruchsvoll ist und sie Erscheinungen beschreibt, die außerhalb unserer Alltagserfahrungen liegen. Außerdem stehen dem Lehrenden zur Vermittlung des Stoffes normalerweise nur wenige Vorlesungsstunden zur Verfügung. Diesen Problemen versuchen wir an der Tu Dresden mit folgender Konzeption zu begegnen:

1. Demonstration von Realexperimenten und Filmvorführungen nur zu den wichtigsten experimentellen Grundlagen, das Heißt Existenz von Atomspektren und Elektronenbeugung zum Nachweis diskreter gebundener Zustände und der Notwendigkeit der Wahrscheinlichkeitsinterpretation.
2. Beschränkung auf die eindimensionale Quantenmechanik stationärer Zustände, beschrieben durch die Heisenbergsche Unbestimmtheitsrelation und die Schrödingergleichung mit Normierungsbedinung.
3. Veranschaulichung der Lösungen der stationären Schrödingergleichung und der entsprechenden Wahrscheinlichkeitsdichten durch Einsatz eines rechnergekoppelten LCD-Displays für den Overheadprojektor bzw. von Videoprojektionstechnik.
4. Angebot eines rechnergeführten Selbststudienprogrammes zur eindimensionalen Quantenmechanik, welches von uns entwickelt wurde. Es enthält erstens solche Elemente, die stark auf Modellsimulationen mit Parametervariation und graphischer Veranschaulichung von Lehrinhalten basieren und zweitens die Vermittlungs- und Aneignungsprozesse, die einen interaktiven, pädagogisch geführten und sich dem Lernverlauf anpassenden Dialog verlangen.

Im Vortrag werden Konzeption und Struktur der Lehrprogramme allgemein und am Beispiel der eindimensionalen Quantenmechanik diskutiert und ausgewählte Programmbeispiele zur Realisierung der Punkte 3 und 4 präsentiert, wie z.B.

- die automatische Suche nach Energieeigenwerten und Eigenfunktionen in verschiedensten Potentialmulden, bei der der Lernende das Konvergenzverhalten der Wellenfunktionen genau beobachten kann.

- die Untersuchung der Wahrscheinlichkeitsverteilung beim Tunneleffekt in Abhängikeit der Parameter Energie und Wallbreite, welche mit den vertikalen und horizontalen Cursorsteuertasten kontinuierlich variiert werden können.

1. Ausgangspunkt, Umfeld und Ziele der Programmkonzeption

Der Einsatz von Lehrprogrammen in der Physikausbildung der Studenten der Natur-Technikwissenschaften hat an unserer Universität eine lange Tradition. In erster Linie geht es uns Dabei um Selbststudienprogramme, die der Student relativ eigenständig absolviert und mit deren Hilfe er sich im Dialogbetrieb Wissen erarbeiten sowie seine Kenntnisse Und Fähigkeiten festigen, überprüfen und anwenden kann. Derartige Programme sind Anfang der siebziger Jahre von unserer Arbeitsgruppe für die damaligen optomechanischen „Unitutor"-Lehrgeräte entwickelt worden und werden trotz der veralteten Geräte auch heute noch gern von den Studenten genutzt. Die jetzige Programmkonzeption baut auf den Erfahrungen des älteren Projektes auf, orientiert sich in Inhalt und Umsetzung jedoch an den modernen Anforderungen der heutigen Ingenieurausbildung und zeitgemäßen technischen Möglichkeiten.

Die fehlenden hochschulmathematischen Kenntnisse der Studenten bilden eine einschneidende Randbedingung für die Physikausbildung im ersten Studienjahr. Dadurch entziehen sich interessante und wichtige Probleme der analytischen Behandlung. Überdies werden, z.B. mit einer Einführung in die Quantenmechanik, Gebiete in die Lehrveranstaltungen aufgenommen, deren Erscheinungen und Effekte außerhalb unserer Alltagserfahrungen liegen, d.h., man kann nicht auf solche Erfahrungen zurückgreifen. Aber auch der Neuvermittlung realer Erfahrungen im Vorlesungs- oder Praktikumsexperiment sind unter den Bedingungen der Physikgrundlagenausbildung für Ingenieure gewisse Grenzen gesetzt. Unter den genannten Umständen drängt sich die sinnvolle Einbeziehung des Computers in de Ausbildungsprozeß geradezu auf. Hier hat man die Möglichkeit, ein physikalisches Problem, genauer seine Abbildung auf ein numerisch behandelbares Modell, zu simulieren. Der Studierende kann dann am implementierten Modell arbeiten, Parameter variieren, das entsprechende Verhalten unter-suchen, ja regelrechte Experimente ausführen und damit in aktiver, schöpferischer, eigenverantwortlicher Arbeit sich das physikalische Problem aneignen. Das setzt allerdings die didaktisch richtige Gestaltung und entsprechende Einbindung des Simulationsprogrammes in einen übergeordneten, pädagogische geführten Vermittlungs- und Aneignungsprozeß voraus. Ob dieser nun direkt durch die Lehrkraft oder eine übergeordnete Lehrprogrammstruktur realisiert wird, bleibt vorerst noch offen (s. Bivalenz der Module im Abschnitt 2.

Das Selbststudienprogramm „Eindimensionale Quantenmechanik" ordnet sich gemeinsam mit der Umstrukturierung und inhaltlichen Erweiterung der Vorlesung in die Modernisierung und Neuprofilierung der Physikausbildung der Ingenieure ein. Der beschränkte Zeitfonds diktiert für die Quantenmechanik einen engen inhaltlichen Rahmen. Es kommt darauf an, die elementarsten Phänomene der Quantennatur der Materie im Unterschied zur klassischen Betrachtungsweise herauszuarbeiten. nach dem

Einstieg über Elektronenbeugung, Welle-Teilchen-Dualismus und Heisenbergscher Unschärferelation wird das eindimensionale Einteilchensystem auf der Basis der stationären Schrödingergleichung untersucht (–> Wahrscheinlichkeitsinterpretation). Erster Problemkreis sind die gebundenen Zustände in Potentialmulden (–> Diskretisierung der Energie, Eigenzustände). Dieser Teil der Vorlesung wird durch den Abschnitt Quantenmechanik in der neuen Auflage des Buches „Physik - Verstehen durch Üben" und das entsprechende Selbststudienprogramm „Eindimensionale Quantenmechanik" ergänzt. Es ist unser Ziel, mit dem Selbststudienprogramm dem Studenten Wissen zu vermitteln bzw. vorhandene Kenntnisse zu vertiefen und ihn zu befähigen, dieses wissen anzuwenden. Die Anwendung wird sich auf die Arbeit mit simulierten Modellen zur Bestätigung der qualitativen Zusammenhänge konzentrieren.

Ein Lehrprogramm als vergegenständlichte pädagogische Tätigkeit übernimmt und betreut bestimmte Teile des Vermittlungs- und Aneignungsprozesses. Und es kommt darauf an, die Teile dieses Prozesses gezielt auszuwählen und in den Mittelpunkt von Lehrprogrammen zu stellen, die durch die Nutzung des Rechners zu einer höheren Qualität geführt werden. Dazu zählen wir in erster Linie zwei Gruppen:

- erstens solche Elemente, die stark auf Modellsimulationen mit Parametervariation und graphischen Veranschaulichungen von Lehrinhalten basieren. Diese Elemente werden in unserer Konzeption von den Modulen bzw. ihren Segmenten realisiert.
- zweitens die Vermittlungs- und Aneignungsprozesse im Selbststudium, die wegen der Kompliziertheit der zugrunde liegenden Lehrinhalte, einen interaktiven, pädagogische geführten und sich dem Lernverlauf anpassenden Dialog verlangen. Diese Strecken werden in unserer Konzeption von der übergeordneten Lehrprogrammstruktur realisiert.

Aus diesen Gedanken leiten die Lehrprogramme eigentlich erst ihre Daseinsberechtigung ab. Unser Ansatz baut unter anderem auf den prinzipiellen Darlegungen in 1 und 2 auf. Wir haben uns bemüht, den in 2, Punkt 4 aufgelisteten Gütekriterien im Rahmen unserer Zielsetzung gerecht zu werden.

2. Struktur des Lehrprogramms

Im Hinblick auf Anpaßbarkeit, Änderungsfähigkeit und Mehrfachnutzbarkeit der Lehrprogramme oder ihrer Bestandteile und eingedenk der beiden, im Abschnitt 1 ausgeführten, unterschiedlichen Gruppen von Vermittlungs- und Aneignungsprozessen erscheint uns die vollständige Bearbeitung eines ganzen Lehrgebietes durch ein gleichmäßig in einer Ebene vernetztes Programm zu starr und nicht sinnvoll. „Niedriger vorstrukturierte Programme, die sich den aktuellen Bedingungen des Lehrenden und Studenten anpassen lassen, werden sich gegenüber hochgradig und geschlossen durchgängig vorstrukturierten Programmen durchsetzen." (1, S. 82) Wir orientieren uns daher auf ein flexibles, mehrstufiges Modul- und Unterprogrammsystem, dessen Elemente aufeinander abgestimmt sind und sich bei Bedarf leicht in eine übergeordnete Lehrprogrammstruktur integrieren lassen. Ein Modul stellt darin ein

- inhaltlich geschlossenes
- sich vollständig selbsterklärendes
- meist in einer Sprache von einem Autor erstelltes
- einzeln lauffähiges und auch einzeln nutzbares

Programm dar. Die innerhalb eines Moduls anwählbaren, in sich geschlossenen Abschnitte werden als externe Unterprogramme ausgeführt, d.h., ein Modul kann bei Bedarf leicht in seine Segmente zerlegt werden. Diese Segmente können dann von der übergeordneten Lehrprogrammstruktur einzeln und unabhängig genutzt werden. Der Nutzer eines einzlenen Moduls kann den inneren Strategieangeboten folgen oder nach eigenem Ermessen frei arbeiten. Mit dem Modulkonzept soll eine bivalente Nutzung der in den Programmen vergegenständlichten Lehrtätigkeit ermöglicht werden:

- Einerseits kann der Lehrende zur Demonstration die Module einzeln und in verschiedenster Auswahl ihrer Abschnitte in seinen eigenen Lehrprozeß nach seinen eigenen pädagogischen Vorstellungen einbauen. Dazu sind ihm die Abschnitte eines Moduls zwanglos zugängig, kann er Erläuterungen überspringen, Parameter frei wählen usw.
- Andererseits können mehrere Module bzw. Modulsegmente in eine übergeordnete Lehrprogrammstruktur integriert werden, die einen umfassenderen Vermittlungs- und Aneignungsprozeß führt und mit der die Studenten im Selbststudium eigenständig arbeiten. Dazu bieten die Module Strategievorschläge zur Bearbeitung der Abschnitte, sind vollständig selbsterklärend, empfehlen Parameterbereiche, fangen unzulässige Eingaben ab, bieten theoretische Erläuterungen usw.

Bei der Erstellung der Lehrprogrammodule wurde diese Bivalenz der Nutzung konsequent berücksichtigt. Diese Ansprüche machen natürlich neben dem Kern der jeweiligen Modellsimulation auch innerhalb des Moduls bereits eine Umgebung von wissensvermittelnden Komponenten, eine erste Schale der teachware erforderlich. Ein Modul als inhaltlich geschlossene, einzeln bearbeitbare Einheit ist mehr als nur die eigentliche Modellsimulation. Im Abschnitt 3 werden die beiden bereits existierenden Module zur eindimensionalen Quantenmechanik vorgestellt. Die uns bekannten, inhaltlich vergleichbaren Programme (3, 4, 5, 6) wenden sich vor allem an Hauptfachphysiker und sind meist in feste Kurse zur Computeranwendung in der Physik integriert. Sie sind außerdem mit ganz anderen Zielstellungen entwickelt worden und daher nicht als Selbststudienprogramme für Ingenieurstudenten des ersten Studienjahres verwendbar. Skizzieren wir jetzt kurz die Nutzung der Module im Rahmen eines komplexen Selbststudienprogrammes. Die Abbildung 1 illustriert unsere Vorstellungen von dessen Aufbau. Die übergeordnete Lehrprogrammstruktur führt den Vermittlungs- und Aneignungsprozeß und paßt sich seinem Verlauf an, d.h., sie vermittelt schrittweise Wissen, läßt es anwenden (z.B. in einem Modulsegment) und wertet die Art und Wiese der Anwendung aus, um den Grad der Beherrschung des vermittelten Wissens festzustellen. Die Module und Modulsegmente übernehmen die Modellsimulationen und graphischen Veranschaulichungen. Die Wissensaneignung erfolgt zuerst in relativ kleinen Schritten, dazu können passende Modulsegmente mit einer begrenzten Auf-

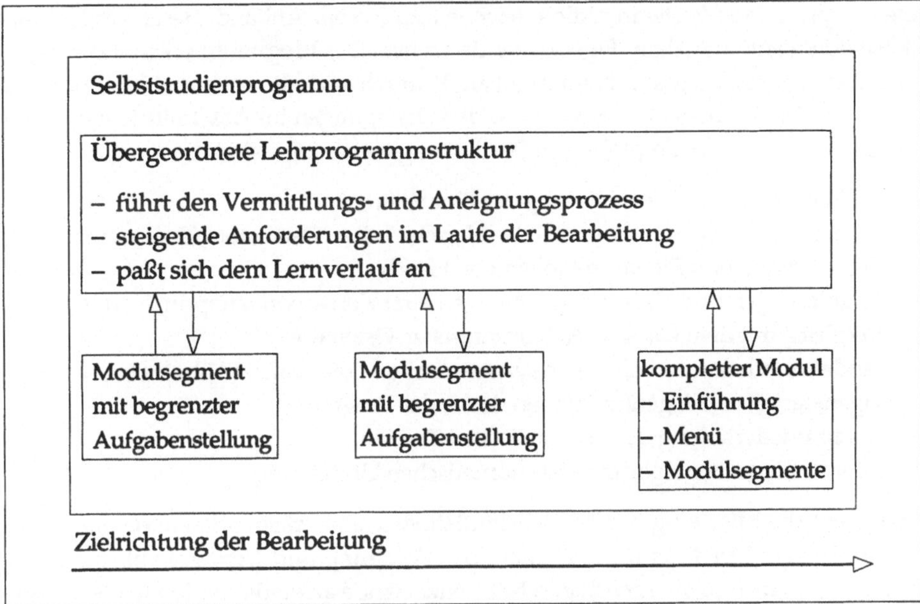

Abb. 1: Schematischer Aufbau eines Lehrprogrammes

das Arbeitsverhalten des Studenten im Modul und damit den Grad der Beherrschung des Wissens charakterisieren. Diese Parameter werden dann in der übergeordneten Lehrprogrammstruktur zur Anpassung des Vermittlungsprozesses an den Lernverlauf genutzt. Die Art der rechentechnischen Realisierung der Module und der übergeordneten Lehrprogrammstruktur ergibt sich folgerichtig aus der Zuordnung zu den beiden, im Abschnitt 1 genannten, unterschiedlichen Gruppen von Vermittlungs- und Aneig-nungsprozessen. Die Module, die vor allem numerik- und graphikintensive Teile enthal-ten bzw. ganz spezielle Funktionen realisieren, werden direkt in einer geeigneten, schnellen Programmiersprache erstellt, während die übergeordnete Lehrprogrammstruktur besser mit Hilfe eines Lehr- und Autorensystems realisiert wird. Diese Lösung sichert den flexiblen Aufbau des Selbststudienprogrammes, der für mögliche Veränderungen des beabsichtigen Vermittlungsprozesses notwendig ist. In einem derartigen System kann der Autor vorstrukturierte Elemente zur Text- und Graphikdarstellung, zur Antwortanalyse und zur variablen Verbindung und Anordnung der einzelnen Szenen eines Lehrprogrammes nutzen.

3. Beispiel „Eindimensionale Quantenmechanik"

Die zwei tragenden Module dieses Selbststudienprogrammes liegen bereits vor. Der Modul RAM dient der Festigung und Veranschaulichung von Kenntnissen über gebunden quantenmechanische Zustände in eindimensionalen Potentialen. Insbesondere bietet er die Möglichkeit, sich für frei wählbare Potentialverläufe und Energiewerte die entsprechende Wellenfunktion zeichnen zu lassen. Anhand dieser Wellenfunk-

die entsprechende Wellenfunktion zeichnen zu lassen. Anhand dieser Wellenfunktionsbilder kann man dann Eigenzustände suchen. Das Programm erkennt die Eigenfunktionen selbständig und übernimmt auf Wunsch auch die systematische Suche danach. Der Modul besteht, entsprechend den Darlegungen im Abschnitt 1, aus mehreren Segmenten. In der empfohlenen Bearbeitungsreihenfolge sind das:

- Erläuterungen zur Umskalierung der Einheiten
- Modellsimulation zum Potential des Harmonischen Oszillators (Suchen von Eigen-werten und Eigenfunktionen von Hand)
- Erläuterungen und Veranschaulichungen zum Korrespondenzprinzip, d.h. Vergleich mit dem klassischen harmonischen Oszillator
- Modellsimulation zu beliebigen symmetrischen Potentialen (Abb. 2) (Suchen von Eigenwerten und Eigenfunktionen durch das Programm)
- Kurze Wiederholung der physikalischen Theorie
- Informationen zur algorithmisch-numerischen Umsetzung

Man sieht die Mischung aus Modellsimulationen und ersten wissensvermittelnden Komponenten. Der Modul SCAT dient der Festigung und Veranschaulichung von Kenntnissen über quantenmechanische Streuzustände an eindimensionalen Rechteck-Potentialen. Insbesondere bietet er die Möglichkeit, sich für einen Potentialtopf und einen Potentialwall die Wahrscheinlichkeitsdichten zu beliebigen Energien zeichnen zu lassen.

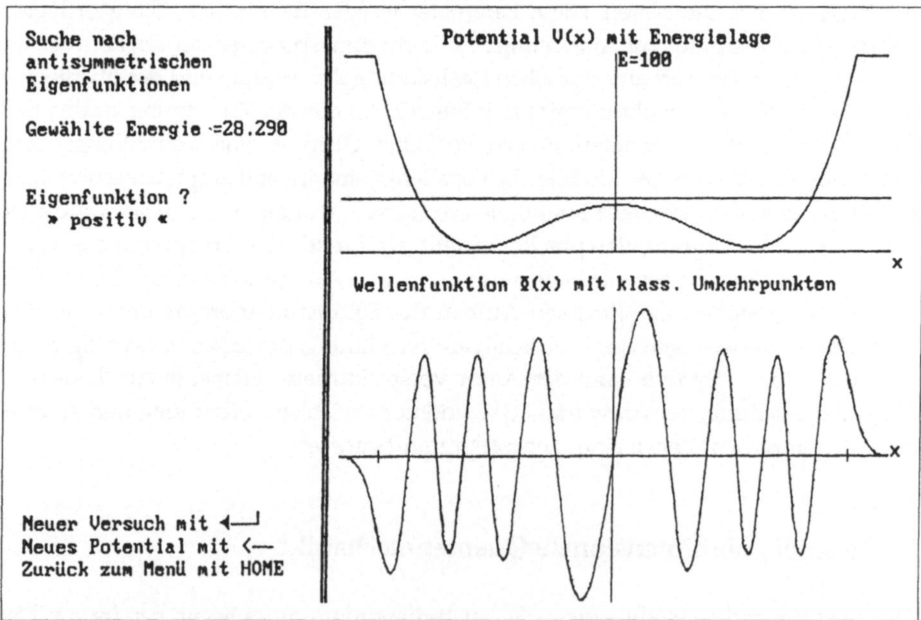

Abb. 2: Bildschirmseite des Moduls RAM (Eigenwert)

Neben der stationären Lösung wird eine Animation des asymptotischen Verhaltens eines Wellenpaketes gezeigt. In der empfohlenen Bearbeitungsreihenfolge besteht der Modul aus folgenden Segmenten:

- Erläuterungen zur Umskalierung der Einheiten
- Modellsimulation zum Potentialtopf (gebundene Zustände und Streuvorgänge)
- Modellsimulation zum Potentialwall (Abb. 3) (Streuvorgänge, speziell Tunneleffekt)
- Kurze Wiederholung der physikalischen Theorie

Entwurf und Gestaltung der beiden Module entsprechen dem im Abschnitt 1 ausgeführten, bivalenten Nutzungsanspruch. Jeder für sich stellt eine inhaltlich geschlossene, einzeln bearbeitbare Einheit dar. Gleichzeitig ist in starkem Maße die spätere Integrationsfähigkeit der Module oder einzelner Modulsegmente in eine übergeordnete Lehrprogrammstruktur berücksichtigt.

In diesem Zusammenhang wurde auch die Bildschirmgestaltung nach gewissen, gleichartigen Gesichtspunkten vorgenommen. Eine Orientierung dazu bot 1. Beispielhaft sollen kurz zwei gestalterische Lösungen skizziert werden. Erstes Beispiel ist der

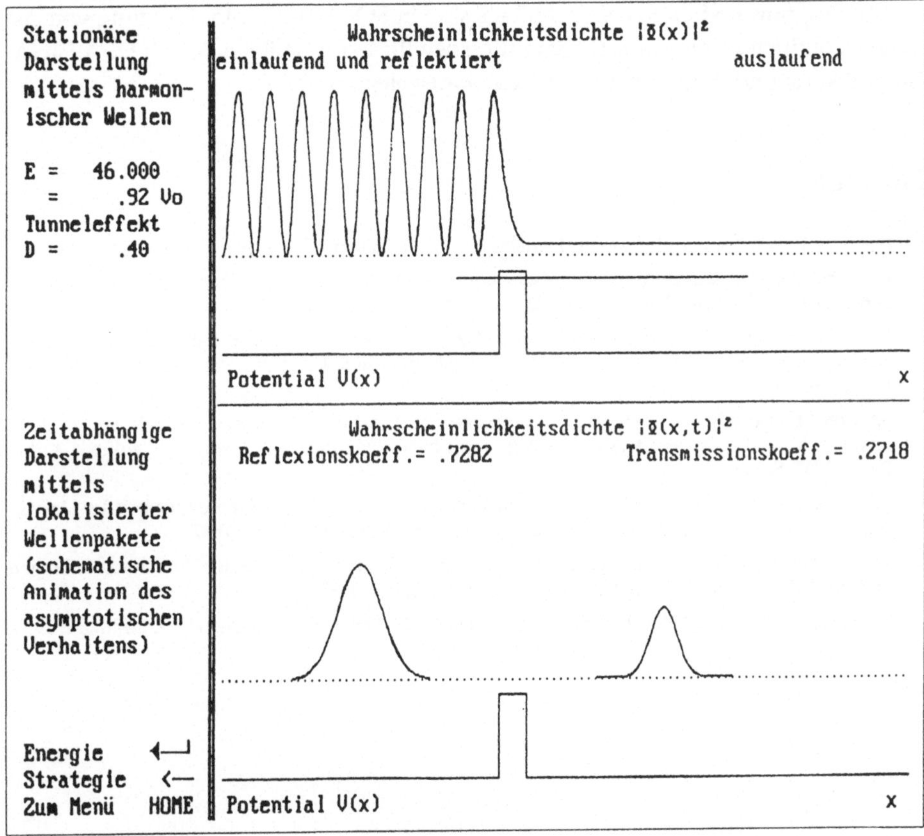

Abb. 3: Bildschirmseite des Moduls SCAT (Tunneleffekt)

Automatikmodus im Modul RAM (vgl. Abb. 2). Hier kommt es unter anderem auf die Beobachtung des Verlaufes der Wellenfunktion in Abhängigkeit der Energie an, insbesondere in der Nähe eines Gegenwertes. Dabei ist es günstig, den Nutzer vom ständigen Höherschalten des Energiewertes zu befreien und das vom Programm selbst machen zu lassen. So kann sich jetzt der Lernende auf den Verlauf der Wellenfunktion in den Eigenzustand unabgelenkt verfolgen. Das Programm erkennt dann die Nähe des Eigenzustandes, signalisiert diese und bleibt mit der Energie stehen. Zweites Beispiel ist die Parametereingabe im Modul SCAT (vgl. Abb. 3). Da es hier in erster Linie um qualitative Erkenntnisse geht, kann man eine quasikontinuierliche, graphische Eingabe der Parameter mittels der Cursorsteuertasten vornehmen. Will man den Tunneleffekt am Potentialwall untersuchen, so kann man mittels der vertikalen Cursorsteurtasten den Balken der Energielage und mittels der horizontalen Cursorsteuertasten die rechte Potentialwallflanke auf dem Bildschirm verschieben. Die zugehörigen numeri-schen Werte der Energie und der Wallbreite kommen gleichzeitig zur Anzeige. Wir glauben, daß diese Art und Weise der Eingabe ein Maximum an Anschaulichkeit bietet und Ausgangspunkt für weitere gestalterische Lösungen sein kann.

Die Programmodule RAM und SCAT sind in FORTRAN unter Nutzung von Assemblerroutinen geschrieben. Sie sind für einen IBM-kompatiblen PC mit EGA/VGA-Graphikkarte und Arithmetik-Coprozessor ausgelegt.

Literatur

1. Computergestützte Vermittlung und Aneignung. Anleitung für Programmautoren. Teil 1 (entwikkelt am Forschungszentrum für technische Lehr- und Lernmittel der TU Dresden). Hrsg. vom Institut für Film, Bild und Ton. Berlin 1988.
2. Jodl, H.J.: Computer im Physikunterricht (Schule/Hochschule). Stand, Möglichkeiten und Grenzen, in: Didaktik der Physik. Vorträge zur Physikertagung 1987. Hrsg. von Wilfried Kuhn. Berlin1987, S. 40.
3. Speckert, F./Korsch, H.j./Jodl, H.J.: Quantenmechanik auf dem Rechner: Dynamik von Wellenpaketen, in: Didaktik der Physik. Vorträge zur Physikertagung 1987. Hrsg. von Wilfried Kuhn. Berlin 1987, S. 144.
4. Physik auf dem Computer. Ein Studienprojekt des Instituts für Theoretische Physik I der Universität Münster und der IBM Deutschland. IBM Anwendungsbrief 14, Juni 1987.
5. Computeranwendungen in der Theoretischen Physik. Ein Studienprojekt der Universität Tübingen und der IBM Deutschland. IBM Anwendungsbrief 15, Juni 1987.
6. Kurz, G.: Report on M.U.P.P.E.T. Ein Erfahrungsbericht. Hrsg. von Günther Kurz. Esslingen 1990.

Neue Ansätze zur Darstellung und Behandlung von Grundbegriffen und Grundgrößen der Elektrizitätslehre

Hermann Härtel

Universität Kiel
Institut für die Pädagogik der Naturwissenschaften

1. Didaktische Problemstellung

Es kann als allgemein akzeptierte Erkenntnis gelten, daß das Lernen als ein aktiver Prozeß anzusehen ist, der zwar von außen angestoßen und angeleitet werden kann und sollte, der aber nur dann von Erfolg gekrönt ist, wenn das zur Diskussion stehende Wissen von den Lernenden aktiv verarbeitet und rekonstruiert wird. Die Hauptfrage der Didaktik ist somit, die der jeweiligen Situation angemessenen Wissenselemente auszuwählen und zu präsentieren, so daß für möglichst viele Schüler der dann zu erfolgende aktive Lernprozeß mit Erfolg abgeschlossen werden kann. Dabei kommt dem Einstieg in ein neues Gebiet und den dabei vorgestellten Grundbegriffen und Grundkonzepten, die für das betreffende Gebiet zur Grundlage erklärt werden, eine aus didaktischer Sicht besondere Bedeutung zu. Das in dem derzeitigen Physikunterricht übliche Verfahren zur Lösung dieser Aufgabe beruht in der Regel auf dem Prinzip, mit möglichst idealen Grundbegriffen und Objekten wie beispielsweise *Massenpunkt*, *einzelne Kraft* oder *punktförmige Ladung* zu beginnen und zunächst an diesen idealisierten Objekten die Gültigkeit physikalischer Gesetze zu demonstrieren. Anschließend werden dann diese idealisierten Bedingungen schrittweise gelockert, um komplexere und realitätsnähere Probleme behandeln zu können. Vorherrschend ist auch die Nutzung einer formalisierten Beschreibungsweise wie zum Beispiel Gleichungen, Meßdefinitionen und Diagramme, wobei natürlich das Experiment als Ausgangspunkt und Überprüfungsinstanz für jeden Unterricht im Mittel-punkt steht. Diese Praxis verweist auf ein den Naturwissenschaften eigenes didaktisches Problem: der Notwendigkeit, abstrakte Inhalte zugleich in einer abstrakten Sprache darzustellen. Zur Erläuterung dieses Sachverhalts seien die folgenden Beispiele ohne Anspruch auf Systematik und Vollständigkeit genannt:

- Schaltsymbole zur Darstellung von Stromkreisen
- Differentialrechnung zur Formulierung von Naturgesetzen
- komplexer Zahlenkalkül zur Behandlung von Schwingungsvorgängen
- Zeitdiagramme zur Behandlung von Bewegungsvorgängen
- Vektoralgebra zur Behandlung räumlicher Strukturen
- Punktmassen und Punktladungen als Repräsentanten ausgedehnter Körper

Für die Lernenden bedeutet diese Kombination von Sprache und Inhalt nicht nur eine Doppelbelastung, die schrittweise zu lösen ist, sondern kann ein Anfangshindernis darstellen, das als unüberwindlich erscheint und dann zum Scheitern und zur Aufgabe des Lernprozesses führen kann. Im folgenden soll am Beispiel der Elektrizitätslehre der Frage nachgegangen werden, inwieweit das didaktische Potential des Computers in seiner vielfältigen Form dazu geeignet ist, dieses didaktische Problem zu entschärfen, in dem durch geeignete qualitative Konzepte, den Einsatz bewegter Grafik, individualisierte Übungsphasen an interaktiven Bildschirmausgaben u. ä. Sprache und Inhalt zunächst entflochten und später umso klarer aufeinander bezogen werden.

2. Beispiele für Lösungsansätze

2.1 Schaltsymbole zur Darstellung von Stromkreisen

Wird die Schaltskizze zur Darstellung eines Stromkreises eingesetzt, so wird oft übersehen, daß es sich dabei um die Verwendung einer speziellen Symbolsprache mit etlichen impliziten Elementen handelt, die von Lernenden häufig nicht erkannt werden. Die Schwierigkeit liegt darin, die Topologie einer Schaltung von der geometrischen Anordnung der Elemente zu trennen und nicht gleichzusetzen. Letzteres läßt sich überprüfen bzw. verdeutlichen, wenn man eine bestimmte Schaltung einer kontinuierlichen Formänderung bei Konstanthaltung des jeweiligen Typs unterzieht. Ein entsprechendes Programm für die MS-DOS/AT Umgebung zeigt überzeugend den durch bewegte Grafik zu erzielenden Gewinn an Einsicht und Verständnis.

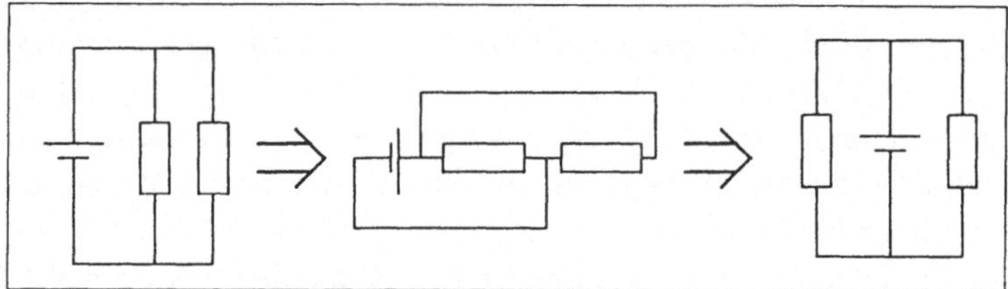

Abb. 1: Kontinuierliche Formänderung eines bestimmten Schaltungstyps

2.2 Ohm'sches Gesetz und Kirchhoff'sche Regeln

Zusätzlich zu der Behandlung der algebraischen Gleichung bezüglich U, I, R in Verbindung mit unterschiedlichen Schaltungstypen kommen beim elektrischen Stromkreis mechanische Vorstellungen über das Fließen von Materie ins Spiel, die häufig von Schülern angewandt werden und die zu grundsätzlichen Verständnisschwierigkeiten führen können. Eine solche weitverbreitete Vorstellung bezieht sich auf die Existenz einzelner Teilchen, den Elektronen, die sich unabhängig voneinander bewegen können (wie Lastwagen auf einer Autobahn). Zur Aufarbeitung und Korrektur solcher Fehlvorstellungen und zur Erarbeitung der mathematisch zu formulierenden Beziehungen dient eine für den PC/AT entwickelte Computersimulation. In der vorliegenden ersten Fassung sind nur vorgegebene Widerstände seriell oder parallel zu setzen oder zu entfernen und die Spannung kann nur in wenigen Stufen geändert werden. In der folgenden Ausbaustufe, die als Prototyp unter SMALLTALK entwickelt vorliegt, ist es möglich, weitgehend uneingeschänkt Stromkreise zu bilden, zu editieren sowie Spannungs- und Widerstandswerte in weiten Bereichen interaktiv zu verändern. Außer der Stromstärke ist es gleichzeitig möglich, den Potentialverlauf längs des gesamten Stromkreises als Höhenverlauf in der dritten Dimension anzuzeigen.

2.3 Darstellung von Teilchen und Feldern

Während die Darstellung von Ladungsanordnungen im Raum bisher relativ unproblematisch durch die Angabe der Ortskoordinaten und deren Repräsentation durch Punkte gelang, war die dazugehörige Bestimmung von Feldlinien und Potentialflächen, Energiedichten u.a. wegen der erforderlichen aufwendigen Rechnungen außerordentlich schwierig. So werden üblicherweise Feldeigenschaften durch abstrakte mathematische Konstrukte wie rot und div beschrieben, die jedoch von vielen Studenten konzeptionell nicht verarbeitet werden. Außerdem ist diese konzeptionelle Trennung von Elektron als Teilchen und Feld als Struktur oder Eigenschaft des Raumes in fachlicher und fachdidaktischer Hinsicht problematisch. Die Oberfläche, die ein Elektron nach außen abgrenzt, ist experimentell nicht nachgewiesen. Ein Elektron zeigt sich ausschließlich aufgrund einer Wechselwirkung mit Feldkräften gemäß des Coulombschen Abstandsgesetzes und eine innere Struktur kann auch bei allergrößter Annäherung an den Mittelpunkt in entsprechenden Beschleunigerversuchen nicht nachgewiesen werden. Insofern ist es schon von

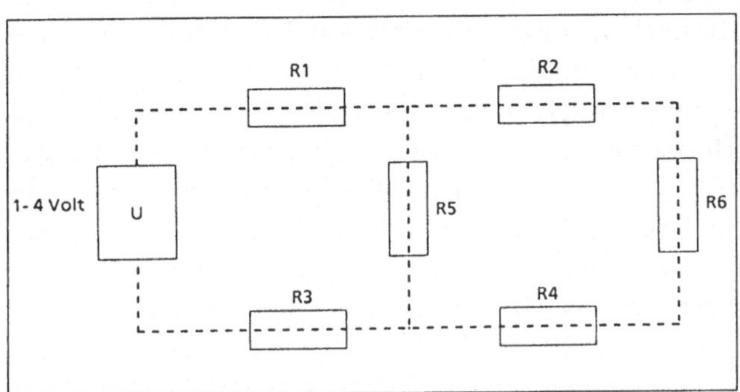

Abb.2: Bildschirmausgabe des PC Programms zum Stromkreis

Abb. 3: Stromkreis-Simulation mit Strom- und Potentialanzeige

der Sache her naheliegend, die Trennung von Ladungsträger und Feld aufzuheben und ein elektrisches System stets als ein Ganzes einzuführen und darzustellen. Dies gilt besonders dann, wenn eine solche Darstellung mit Hilfe leistungsstarker Grafikrechner zugänglich wird. Es bleibt durch Erfahrung in der Praxis zu prüfen, inwieweit sich eine solche erhöhte Komplexität am Anfang dann im späteren Lernprozeß, etwa bei der Behandlung des Welle/Teilchen-Dualismus, positiv auszahlt. Eine solche Darstellung von Elektron und Feld hat weitreichende Folgen hinsichtlich der Darstellung und Behandlung zahlreicher Experimente und Phänomene. Beispielsweise rückt die Frage nach dem Energietransport beim elektrischen Stromkreis - im Leiter durch die Bewegung der Elektronen oder im Außenraum als Pointing-Vektor - wieder in den Vordergrund und bedarf einer sorgfältigen Analyse. Eine abschließende Beurteilung dieser neuen Ansätze kann erst nach einer jetzt anlaufenden Erprobung erfolgen. Diese wird unterstützt durch ein entsprechendes Computer - Simulationsprogramm, das unter MS-DOS entwickelt wurde. Hier lassen sich zu jeder frei wählbaren Anordnung von Ladungsträgern die zugehörigen Feldlinien und ausgewählte Äquipotentiallinien in einer zweidimensionalen Darstellung angeben. Außerdem ist die Bewegung dieser Ladungsträger aufgrund ihrer Coulombschen Wechselwirkung (in der Ebene des Bildschirms) simulierbar. Für die Darstellung dieser Ladungsträger stehen zwei Symbole wahlweise zur Verfügung. Eine Realisierung dieses Programms in dreidimensionaler Darstellung liegt als Prototyp, entwickelt unter UNIX, vor. Die entsprechende Weiterentwicklung für die PC/AT-Umgebung steht vor dem Abschluß.

2.4 Nutzung einer dreidimensionalen Darstellung

Räumliches Vorstellungsvermögen heißt soviel wie die Fähigkeit, räumliches Geschehen vor dem sogenannten inneren oder auch geistigen Auge ablaufen zu lassen und konstruktiv für notwendige Schlußfolgerungen einzusetzen. Diese Fähigkeit ist in sehr unterschiedlichem Ausmaß bei Schülern entwickelt und dürfte häufig die unterschiedliche Leistungsfähigkeit von Schülern gerade im physikalisch/technischen Bereich mitbestimmen. Das Erfassen sichtbarer Vorgänge im Raum dagegen stellt eine von praktisch jedem Menschen sehr früh und gründlich zu erlernende Fähigkeit dar, denn auf ihr beruht ja zum Teil unsere Existenz als mechanisches Wesen in einer mechanischen Welt. Die Verwendung von perspektivischer Darstellung, die durch immer mehr verbreitete leistungsstarke Grafikcomputer jetzt möglich wird, bietet sich somit überall dort an, wo räumliche oder topologische Beziehungen eingeführt werden sollen. Bei-

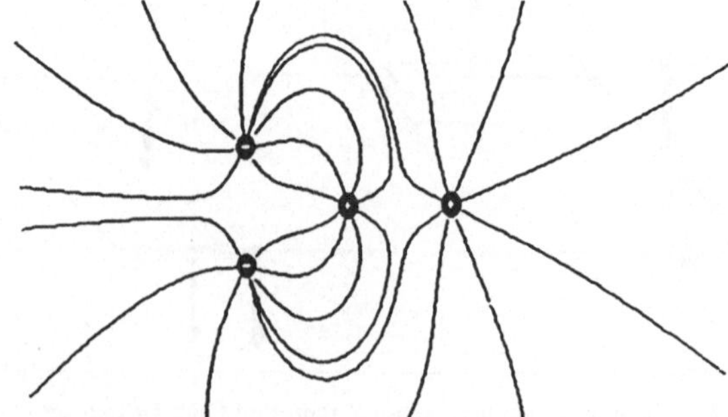

Abb.4 : Ladungen – Feldlinien in 2D (für PC)

spiele hierfür sind: Newtonsche Mechanik, Keplersche Gesetze, Elektrostatik, Diffusion, Kristallografie, Molekülstruktur usw. Die folgende Abbildung zeigt die Verteilung von Ladungsträgern mit Feldlinien beziehungsweise einer Äquipotentialfläche im Raum. Nicht darzustellen, sondern nur zu erwähnen ist an dieser Stelle, daß dieser „Raum" nach allen Seiten gedreht und in seiner Perspektive in weiten Bereichen verändert werden kann. Außerdem kann die Bewegung von Teilchen und Feldlinien als Einheit simuliert werden. Die schrittweise Abstraktion, ausgehend von solchen Darstellungen, über eine zweidimensionale bis hin zum x/t-Diagramm und der mathematisch-symbolischen Wiedergabe sowie der unmittelbare und häufige Wechsel zwischen diesen Darstellungen könnte auch ein Weg sein, um das oben angesprochene räumliche Vorstellungsvermögen zu entwickeln und zu trainieren.

3. Technische Realisierungen

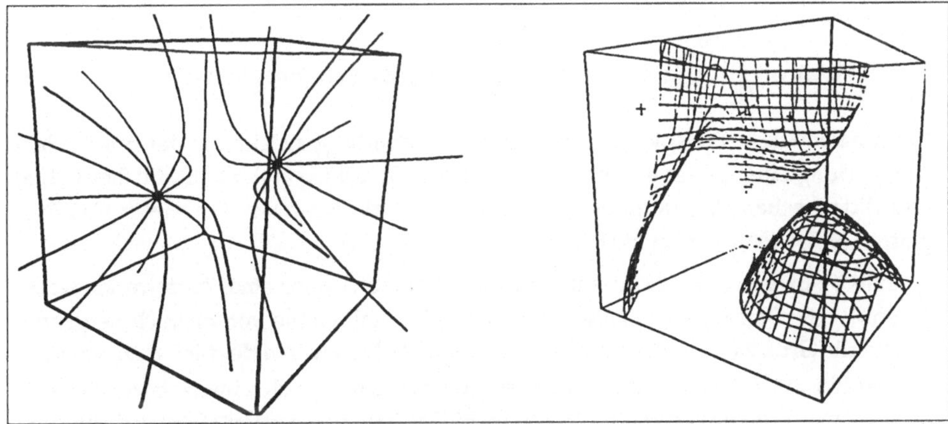

Abb. 5: Ladungen, Feldlinien und Potentialfläche in 3D (für UNIX)

Ein Teil der hier angesprochenen Ansätze sind für die PC/AT-Umgebung auf der Basis von Quick-C und Assembler entwickelt worden (Anm. 1). Der Einsatz von Workstations mit hochauflösenden Grafikbildschirmen erfolgt im Rahmen des COLOS-Projekts, in dem Arbeitsgruppen an 10 europäischen Hochschulinstituten innerhalb der gleichen Hard- und Softwareumgebung (HP 9000/375 - RMG - objektorientiertes Grafikwerkzeug) Lehr-/Lernprogramme kooperativ entwickeln. Das Projekt wurde von 1987-89 innerhalb des europäischen COMETT-Programms unterstützt. Soweit weitere Mittel eingeworben werden können, soll das Projekt auf der Basis der HP 9000/700 Plattform und unter weitgehender Beachtung von Industriestandards für weitere drei Jahre fortgeführt werden.

Anmerkung

1. Zu diesen Programmen existiert eine 40seitige Broschüre mit ausführlichen Bedienungsanleitungen und didaktischen Hinweisen. Programm und Broschüre können bei Einsenden der entsprechenden Leerdiskette(n) (2 x 5-1/4 „ oder 1 x 3-1/2"HD) und eines frankierten Rückumschlages (DIN-A 5; Porto DM 1,80) vom IPN bezogen werden. Programm und Broschüre sind auch in englischsprachiger Version vorhanden.

Das Computerprogramm NEURONET

Christian Aberger und Reinhard Folk

Universität Linz
Institut für theoretische Physik

Das Programm dient der Simulation des Verhaltens und der Darstellung von selbst assoziierenden neuronalen Netzwerken. Es ist sowohl als Demonstrationsprogramm für den Hochschulunterricht wie auch als Hilfsmittel für die wissenschaftliche Arbeit gedacht.

1. Motivation für die Erstellung eines Netzwerk-Programms

Neuronale Netzwerke spielen sowohl in der Ausbildung als auch in der praktischen Anwendung eine immer größere Rolle, wie die Vielzahl von Artikeln, Büchern [1; 5] und didaktischen Programmen [1], die auf den Markt kommen, beweisen. Das Programm NEURONET [2] hat zwei Zielrichtungen:

- eine Visualisierung der Architektur und Funktionsweise eines Netzwerks. Dabei erfolgt die Darstellung in Hinblick auf den physikalisch theoretischen Hintergrund, um die Grundlagen der Funktionsweise solcher Netzwerke deutlich zu machen.
- den Einsatz des Programms im wissenschaftlichen Bereich, einerseits zur Darstellung von Ergebnissen, andererseits als Hilfsmittel zur raschen Untersuchung von Ideen über die Architektur von Netzwerken in der „Brainstorming"-Phase.

Wesentlich zur Erreichung dieser Ziele schien uns der Einsatz der Windows-Oberfläche, weil wir hier bei den meisten Benutzern eine Vertrautheit mit den Menü-Optionen vermuten können und vor allem, weil die „Vielschichtigkeit" des Bildschirminhalts einen jeweils optimalen Aufbau für die gestellte didaktische Aufgabe erlaubt. Wir erwähnen hier die Option, welche die Darstellung mehrerer Tasks nebeneinander erlaubt, und den umfangreichen Einsatz von Helpfunktionen, der es gestattet, jederzeit „nachzufragen". Angestrebt wird nämlich, daß zumindest in der weniger kreativen „Konsumphase" bei der Benutzung des Programms keine Manuals oder Bücher nebenher benutzt werden müssen. Die Benutzer sind, was uns wichtig erschien, unabhängig von den fest eingebauten Optionen. Daher können anderswo erstellte Netzwerke und Mustersätze ein- und zur weiteren Bearbeitung ausgelesen werden. Die Druckeroptionen erlauben zusammen mit einem Paintprogramm und Farbdrucker Darstellungen (für Vorträge oder Publikationen), wie wir sie weiter unten an einige Beispielen vorzeigen. Nach diesen allgemeinen Hinweisen wollen wir auf die einzelnen Komponenten unseres Programms eingehen. Vorher soll aber noch kurz erläutert werden, worum es bei den neuronalen Netzwerken geht.

2. Erkennen und Lernen in neuronalen Netzwerken

Neuronale Netzwerke sind einfachste Modelle für biologische Vorgänge im Gehirn. Diese Modelle zeigen erwiesenermaßen Fähigkeiten , die man nur von „intelligenten" Wesen erwartet, nämlich Lernen und Erkennen, ja sogar Verallgemeinern. Wichtig ist, und das war auch ein wesentlicher Beitrag der theoretischen Physik zum Verständnis dieser Modelle, ihr kooperatives Verhalten, wie es aus der Theorie der Phasenübergänge bekannt ist. Das Modell ist denkbar einfach: Die Neuronen des Gehirns werden durch einen zweiwertigen Prozessor ersetzt, der im Zustand +1 oder -1 (feuernd oder hemmend; hell oder dunkel am Bildschirm) sein kann. Die Prozessoren stehen alle untereinander in Verbindung und jeder summiert die eingehenden Signale, die gemäß den Verbindungsstärken zweier Neuronen gewichtet werden. Die Verbindung muß dabei nicht symmetrisch sein, d.h., die Signalstärke von i nach j muß nicht mit der von j nach i übereinstimmen. Dieses System von wechselwirkenden Neuronen ist einer Dynamik unterworfen. Ein Neuron ändert seinen Zustand solange, bis es im Einklang mit den summierten einlaufenden Signalen ist; es bleibt im Zustand +1, wenn die Signale eine positive Summe haben, und in -1, falls diese Summe negativ ist (Hopfield-Dynamik [3]). Der Gesamtzustand aller Neuronen bildet ein bestimmtes (helles oder dunkles) Muster. Es wird als gespeichert oder erlernt bezeichnet, wenn es vom Netzwerk, als Ausgangsmuster für den dynamischen Prozeß genommen, reproduziert wird. Dies zu erreichen, wird durch geeignete Wahl der Verbindungsstärken der Neuronen versucht, meist in Form eines überwachten iterativen Lernalgorithmus. Eine einfache Lernregel ist die Hebbsche Regel, die besagt, daß zu den Verbindungsstärken alle Muster gemäß dem Zustand der beiden verbundenen Neuronen beitragen. Sind beide im gleichen Zustand, so erhält die Verbindung ein höheres Gewicht. Sind sie im entgegengesetzten Zustand, so wird die Verbindung geschwächt. Für Zufallsmuster, für die die Neuronenzustände zufällig +1 oder -1 gewählt werden (ein Fall, der für theoretische Untersuchungen und quantitative Berechnungen relevant ist), führt diese Regel nur dann zum Ziel, wenn nicht zu viele Muster gespeichert sind. In Fällen, wo stark strukturierte und korrelierte Muster gelernt werden sollen, versagt diese einfache Regel. Man spricht von korrelierten Mustern, wenn die Anzahl der Neuronen im gleichen Zustand in den beiden Mustern verschieden ist von der Anzahl der Neuronen im entgegengesetzten Zustand (die Überlappung ist ungleich Null). Dann müssen, wie weiter unten erwähnt, andere Lernverfahren eingesetzt werden. Sind die Muster einmal gelernt, so hat das Netzwerk die Fähigkeit, fehlende Information, also unvollständige Muster, wiederzuerkennen, d.h. zu vervollständigen. Das neuronale Netzwerk ist ein autoassoziativer Speicher. Viele Fragestellungen, wie die nach der Zahl der speicherbaren Muster, konnten theoretisch geklärt und durch die Simulation bestätigt werden. Ein wichtiger Aspekt ist auch die Art der Speicherung der Information. Sie liegt summarisch in den Verbindungstärken aller Neuronen, also verteilt über das ganze Netzwerk. Eine Störung, z.B. der Ausfall eines gewissen Prozentsatzes von Verbindungen, führt, wenn er nicht zu groß ist, nur zu einer Beeinträchtigung, aber nicht zu einem Versagen des Netzwerks. Die gelernten Muster werden wiedererkannt, weisen aber einige Fehler auf.

3. Der Mustereditor und seine Optionen

Es können mit dem Mustereditor beliebige quadratische Muster direkt am Bildschirm mit der Maus „gezeichnet" werden. Jedem kleinsten „Pixel" in diesem Muster entspricht ein Neuron. Das Muster legt also die Größe des Netzwerks fest. Eine übliche Größe ist etwa ein Muster im Ausmaß 10 x 10 (100 Neuronen). Dies scheint zwar eine kleine Anzahl zu sein, die Grundlagen der Theorie neuronaler Netzwerke können aber sehr wohl mit solchen Größen erarbeitet werden, insbesondere, da man die auf der Endlichkeit des Netzwerks beruhenden Effekte versteht und mit Netzwerken verschiedener Größe demonstrieren kann. Die maximal erlaubte Muster- bzw. Netzwerkgröße hängt hauptsächlich vom verfügbaren Rechnerspeicher bzw. Bildschirm ab. Ein 386 PC beispielsweise erzeugt auf einem 30 x 30-Bildschirm 900 Neuronen. Zufallsmuster mit einer vorgegebenen mittleren Anzahl von feuernden Neuronen können ebenfalls abgebildet werden. Weitere Optionen sind für das Invertieren und Löschen von Mustern eingebaut. Ein typisches Beispiel für den Bildschirmaufbau des Mustereditors zeigt die Abb. 1.

4. Der Netzwerkeditor und seine Optionen

Der Erstellung eines Netzwerks muß die Entscheidung für die Lernregel vorangehen, mit der vorgebene Muster erlernt werden sollen. Im Menü verfügbar sind einerseits Lernregeln, bei denen die Verknüpfungsstärken im Netzwerk direkt durch die Muster ausgedrückt werden können, aber auch Lernregeln, welche die Verknüpfungsstärken

Abb. 1: Der Mustereditor

nach mehr oder weniger Iterationsschritten liefern. Beides kann in Abhängigkeit von der Netzwerkgröße und Anzahl der zu speichernden Muster sehr zeitaufwendig werden, so daß für Demonstrationen solche Netzwerke schon vorbereitet werden sollten. Allerdings ist es auch sinnvoll, das Konvergenzverhalten an geeigneten Beispielen zu demonstrieren. Auf dieses Zeitproblem kommen wir weiter unten noch zu sprechen. Folgende Lernregeln sind im Programm inkludiert:

- die Hebbsche Lernregel
- die pseudoinverse Lernregel [6]

In Bezug auf die Hebbsche Lernregel sind nur einfache Additionen der Muster auszuführen. Die pseudoinverse Lernregel erlaubt zwar die Speicherung korrelierter, dabei linear unabhängiger Muster (d.h., kein Muster kann durch eine lineare Kombination der anderen Muster ausgedrückt werden), erfordert hingegen eine Matrixinversion. Dazu muß zuerst die Matrix der Überlappungen der Muster berechnet und diese invertiert werden. Die Dimension der Matrix ist durch die Anzahl der Muster gegeben; sie bestimmt im wesentlichen den Zeitaufwand.

4.1 Netzwerke mit Kopplungsstärken vom Betrag 1

Für jedes geladene Netzwerk können die Kopplungsstärken ungleich Null durch diese Option auf +1 oder -1 „geclippt" werden. Natürlich wird die Leistung des ursprünglichen Netzwerks geschwächt, aber nicht vollständig zerstört.

4.2 Verdünnte Netzwerke

Durch Defekte können die Kopplungen der Neuronen untereinander zerstört werden, d.h., die Kopplungsstärke ist dann Null. Die Option Verdünnen nun erlaubt, den Einfluß solcher Zerstörungen auf die Leistung des Netzwerks zu demonstrieren (Parameter, wie der Prozentsatz der zufälligen Zerstörung und ob diese symmetrisch oder unsymmetrisch auftritt, können gewählt werden). Ähnlich wie beim „Clippen" sinkt die Leistung, bleibt aber noch für einen erstaunlich großen Prozentsatz an Verdünnung relativ hoch. Gerade dabei wird die ganz andere Art der Informationsspeicherung in neuronalen Netzwerken gegenüber herkömmlichen Computern demonstriert. Fällt bei einem herkömmlichen Computer ein Speicher aus, so ist die Information verloren. Im neuronalen Netzwerk ist der Informationsgehalt jedes Musters über das ganze Netzwerk verteilt (auf die Kopplungen), und eine Störung führt nicht zur Auslöschung, sondern nur zu einer Verrauschung der gespeicherten Information. Es liegt nahe, auf die Analogie zu Hologrammen hinzuweisen.

4.3 Optimierte Netzwerke [4]

Verdünnung kann man sich aber auch gerade bei der Speicherung stark strukturierter und korrelierter Muster zunutze machen, um die Leistung des Netzwerks zu erhöhen. Wir haben daher einen Lernalgorithmus eingebaut, der Muster in stark verdünnten

Netzwerken zu speichern erlaubt. Insbesondere können auch linear abhängige Muster gespeichert werden, ein Fall, für den die pseudoinverse Lernregel versagt. Dieses Verfahren kann auch auf die „geclippten" Netzwerke angewendet werden.

5. Lernen durch Entlernen [2]

Entlernen wird als Modell für den REM-Schlaf (Traumphase) interpretiert. Ausgehend von einem Stimulus, einem zufällig erzeugten Ausgangsmuster für die Dynamik eines Netzwerks, läuft ein „Traum" ab, eben die Dynamik des Netzwerks; der Traum endet in einem Muster, das mit negativer Stärke gemäß der Hebbschen Regel gelernt, also entlernt, wird (es soll ja gerade nicht gespeichert sein). Es stellt sich heraus, daß auf diese Weise, nach einer optimalen Anzahl von Träumen, das Netzwerk Mustersätze speichern kann, für die die Hebbsche Lernregel, von der man ausging,versagt. Mit Hilfe dieser Option ist es möglich, die einzelnen Träume am Bildschirm zu verfolgen und zu sehen, welche Endmuster am Anfang der Traumphase häufig auftreten und wie diese Muster dann sukzessive aus dem Netz „entfernt" werden. Der Entlernparameter und die Anzahl der Träume sind selbstverständlich wählbar, somit kann man selbst versuchen, ein optimales Netzwerk zu konstruieren.

6. Die „Architektur" der Netzwerke

Eines der wichtigen Ziele dieses Programms ist es, einen anschaulichen Vergleich verschiedener Netzwerke untereinander zu geben. Die Information ist, wie schon erwähnt, in den Kopplungen der Neuronen gespeichert, wenn auch auf verschiedene Weise, was durch die einzelnen Lernalgorithmen bedingt ist.. Zur Darstellung der Kopplungsstärken ordnen wir jeder Stärke einen Farb- oder Grauton oder eine Spektralfarbe zu. Jeder Verbindung zweier Neuronen entspricht ein Farbpixel am Bildschirm (somit begrenzt die Auflösung des Bildschirms die maximal darstellbaren Netzwerke), wobei die Stelle im Matrixschema dieser Pixel die Indizes der beiden Neuronen angibt. Dieses Schema erlaubt es, den Zusammenhang zwischen der Struktur der gespeicherten Muster und der des Netzwerks zu studieren. Durch gezielte Eingriffe in diese Schemata (etwa durch Verdünnen oder „Clippen") kann man herausfinden, welche Verbindungen für die Speicherung wichtig und welche unwichtig sind. So wie Mustersätze am Bildschirm bearbeitet werden können, läßt sich auch das Netzwerk modifizieren. Es ist auch die Darstellung der zeitlichen Änderung der Kopplungsstärken in Vorbereitung. Dann kann der Selbstorganisationsprozeß am Bildschirm verfolgt werden. Wir zeigen in Abb. 2 zum Vergleich ein Netzwerk, das 12 Buchstaben (siehe Abb.1) einmal nach der Hebbschen und einmal nach der pseudoinversen Lernregel gespeichert hat.

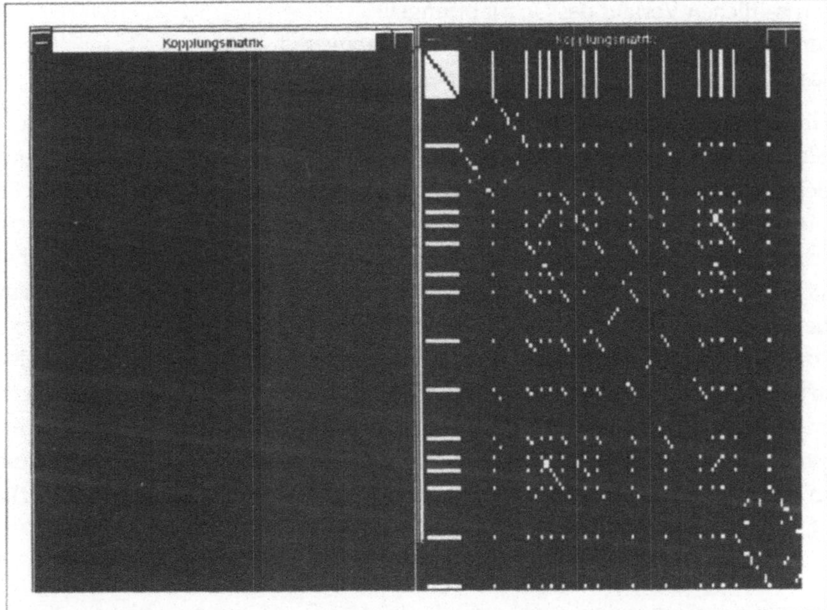

Abb. 2: Netzwerk mit Hebbscher und pseudoinverser Lernregel für 12 Buchstaben

7. Die Dynamik der Netzwerke

Neben der deterministischen Dynamik, bei der der Zustand der Neuronen einzeln, in einer Kombination von zufälligen und seriellen Schritten abgefragt wird, steht auch der dynamische Prozeß mit Rauschen (Monte-Carlo-Dynamik oder Glauberdynamik) zur Verfügung. Damit lassen sich die einer Lernregel entsprechenden „Phasendiagramme" untersuchen, also die Regionen im Parameterraum (Rauschen gegen Anzahl der gespeicherten Muster), in denen autoassoziatives Erkennen möglich ist. Ferner demonstriert man damit den Einsatz von „Simulated Annealing", um mißliebige metastabile Mischzustände (Kombinationen mehrerer Muster), in denen die Dynamik ohne Rauschen hängenbleiben kann, zu überwinden. Der Erkennungsprozeß kann über die Abfolge der Muster direkt am Bildschirm verfolgt werden.

8. Die Plotprogramme

Quantitative Informationen über den Erkennungsvorgang und das Netzwerk sind in den Plotprogrammen darstellbar, insbesondere, da man bei Zufallsmustern durch Darstellung der Muster am Bildschirm kaum etwas erkennen kann. Diese umfassen:

- den zeitlichen Verlauf des Überlappungen
- den zeitlichen Verlauf der „Energie" des Netzwerks
- das Histogramm der Kopplungsstärken

Die Überlappung ist ein Maß für die Übereinstimmung eines Musters mit einem anderen. Sie zählt den prozentuellen Anteil der Neuronen eines ausgewählten Musters, die mit denen des aktuellen Musters jeweils übereinstimmen. Orthogonale Muster haben die Überlappung 0, identische Muster die Überlappung 1. Eine weitere wichtige Größe für die Dynamik ist die „Energie" des jeweiligen Musters, d.h. der Wert der sogenannten Ljapunov-Funktion (wenn sie für die Dynamik existiert, wie z.B für symmetrische Kopplungen, nicht aber für unsymmetrische Kopplungen). Daraus ist zu ersehen, daß die Energie beim Erkennungsprozeß abnimmt. Man kann auch Beispiele konstruieren, für die die Dynamik in einem metastabilen Mischzustand verschiedener gelernter Muster hängenbleibt. Ausgehend von dem Mischzustand bei endlicher Temperatur kann verfolgt werden, wie durch die dann auftretenden Energiefluktuationen das lokale Minimum überwunden und letztlich das gelernte Muster erkannt wird („simulated annealing").

8. Die Import- und Exportoptionen

Um den Anwendungsbereich des Programms möglichst universell zu gestalten, können Mustersätze ein- und ausgelesen werden. Dies empfiehlt sich vor allem, wenn die Musteranzahl sehr groß ist oder ganz bestimmte Konstruktionsverfahren für die Muster verwendet werden müssen, wie etwa für orthogonale Muster (Hadamard-Muster: die Überlappung jedes Musters mit jedem anderen ist Null, wobei in jedem Muster gleich viele Neuronen feuernd und hemmend sind). Noch viel wichtiger ist diese Option für Netzwerke. So ist es leicht möglich, modifizierte und aktuelle Lernverfahren zur Erzeugung eines Netzwerks an einem schnelleren Rechner durchzuführen und mit Hilfe dieses Programms darzustellen. Es ist aber auch geplant, weitere Lernregeln, wie etwa die Perzeptronregel und andere Lernverfahren, die die Stabilität der gespeicherten Muster erhöhen, zu implementieren. Die Stabilität der gespeicherten Muster ist eine weitere Option, die analog zu den Mustern aufgerufen werden kann. Es ist dann anschaulich zu sehen, welches Neuron eines Musters sich als erstes verändert und wie groß seine Stabilität ist.

9. Didaktische Vorteile von Windows

Der große Vorteil von Windows liegt in der Möglichkeit, verschiedene Optionen gleichzeitig auf den Bildschirm zu bringen. Gerade für die Vorführung ist beim Aufbau des Bildschirms auf die Zielsetzung Rücksicht zu nehmen. Dabei ist Fexibilität von großem Nutzen. Ferner kann durch die Verwendung von Windows auf Fragestellungen, die während einer Demonstration auftreten, sofort eingegangen werden. Insbesondere erlaubt die Oberfläche die gleichzeitige Darstellung von Architektur und Funktionsweise verschiedener Netzwerke. Ein Beispiel einer Anordnung ist in Abb. 3 dargestellt.

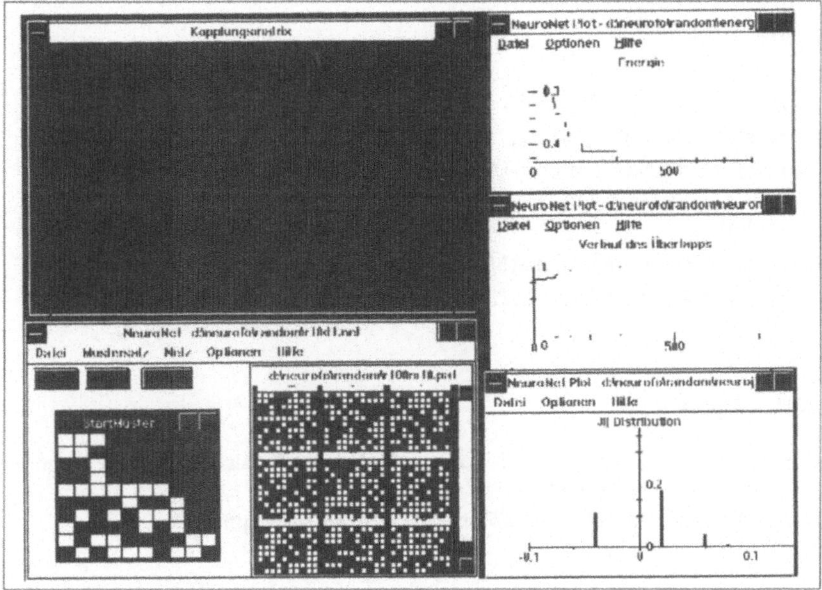

Abb. 3: Eine typische Demonstration

10. Das Helpprogramm

Gerade beim selbständigen Arbeiten mit diesem Programm muß es möglich sein, einerseits über alle Optionen und Bedienungselemente, andererseits über die wichtigsten Begriffe und grundlegenden Konzepte rasch Auskunft zu erhalten. Dies geschieht mit der Helpfunktion. Sie erlaubt Querverweise und in einer weiteren Entwicklungsstufe des Programms das parallele Aufrufen von Demonstrationen. Das Helpprogramm enthält ferner eine Dokumentation der Originalliteratur und weiterführende Hinweise.

11. Programmdaten und Hinweise zur Erstellung von Abbildungen

Der physikalisch theoretische Teil (Berechnung der Kopplungen, Berechnung des dynamischen Prozesses) wurde in Microsoft C geschrieben. Der Aufbau der Windowsoberfläche wurde mit Microsoft Windows SDK erarbeitet, und mit Hilfe von Word für Windows wurde die Helpfunktion erstellt. Eine Konfiguration mit einem 386 PC (Minimum 286 PC ohne mathematischen Koprozessor) mit 4 MB (640 KB) Speicher und einem 16 (14) Zoll VGA (EGA; sehr unhandlich und Verlust von Farbwerten)

Bildschirm ergibt ein angenehmes Arbeiten. Da sich sehr schnell viele Files ergeben, sollte man für hinreichend Speicherplatz auf der Festplatte sorgen.

Literatur

1. Amit, D. J.: Modelling Brain Function. Cambridge University Press, Cambridge 1989
2. van Hemmen, J. L. et al.: Physica A 163 (1990).
3. Hopfield, J. J.: Proc. Natl. Acad. Sci. USA 79, 2554 (1982).
4. Kürten, K. E., in: Workshop on Neurodynamics. Clausthal-Zellerfeld 1990 (World Scientific, Singapore 1991).
5. Müller, B. und Reinhardt, J.: Neural Networks. Springer Verlag, Berlin 1990
6. Personaz, L. et al.: Phys. Rev. A34, 4217 (1986).

Anmerkungen

1. Siehe z.B. die Diskette im Buch von B. Müller und J. Reinhardt oder das klassische Programm von J. L. Clelland und D. E. Rummelhart 1987.
2. Eine erste Version wurde auf der WORLD TECH VIENNA 1990 präsentiert.

Molekulare Strukturen und Eigenschaften in der Computer-Chemie

Horst Bögel

Technische Hochschule Merseburg
Institut Physikalische Chemie

1. Einleitung

Das Strukturdenken ist eines der erfolgreichsten Konzepte der Chemie, die räumliche Anordnung der Atome in einem Molekül dazu zu verwenden, seine physikalisch-chemischen Eigenschaften ursächlich zu verstehen und – auf der Basis dieser Erkenntnis, den Struktur-Wirkungs-Beziehungen – die zu erwartenden Eigenschaften neuer Stoffe zu prognostizieren. Dabei ist das Verstehen der physikalisch-chemischen Eigenschaften auf der Basis struktureller Merkmale nicht nur im Sinne einer rationellen Lehre chemischer Zusammenhänge wichtig, sondern für den Erkenntnisfortschritt der Chemie unabdingbar. Man beachte, daß wir zur Zeit etwa zehn Millionen chemische Verbindungen kennen, wobei für jeden dieser Stoffe einige hundert Eigenschaften bestimmbar wären. Deshalb wird verständlich, daß nur durch eine logische Klasseneinteilung (z.B. nach den Typen chemischer Bindungen oder in homologen Reihen) und durch Ähnlichkeitsbetrachtungen das chemische Wissen überschaubar gemacht werden kann. Da die Struktur und Dynamik molekularer Systeme bereits sehr komplex ist, wird der Computer in steigendem Maße zur Visualisierung der Strukturen eingesetzt. Damit werden die früher in Lehre und Forschung benutzten mechanischen Strukturmodelle, wie Kalotten- und Dreiding-Modelle, durch computergenerierte Bildschirmdarstellungen und Plotterbilder ersetzt, um Konfigurations- und Konformationsprobleme zu analysieren. Die räumliche Anordnung der atomaren Bausteine ist sowohl für das Verständnis des physikalisch-chemischen Verhaltens und der chemischen Reaktivität als auch für die zwischenmolekularen Wechselwirkung von grundsätzlicher Bedeutung.

Da die geometrische Struktur eines Moleküls dem Gleichgwicht der attraktiven und repulsiven Kräfte zwischen allen Atomen entspricht, kann sie als Repräsentant der elektronischen Struktur der Moleküle angesehen werden. Im Rahmen von Computer Aided Molecular Modelling und Molecular Design werden nach bestimmten Zielvorstellungen chemische Verbindungen „konstruiert", die ein Spektrum gewünschter Eigenschaften haben sollten und so als potentielle Kandidaten in der Pharma-Entwicklung, als biologische Wirkstoffe (Pflanzenschutzmittel, Insektizide u.a.) oder als „maßgeschneiderte" chemische Werk- und Hilfsstoffe in Betracht gezogen werden. Unter der Struktur eines molekularen Systems wollen wir also nicht nur die räumliche Anordnung der Kerne zueinander verstehen, sondern die für die physikalisch-chemischen Eigenschaften des Moleküls entscheidende räumliche Verteilung der Elektronen, die

Elektronenstruktur, begreifen. Im Sinne der Quantenchemie muß weiterhin berücksichtigt werden, daß die Elektronen in räumlich differenzierten Orbitalen mit ansteigender Energie (je nach Symmetrie und bindend oder antibindend) angeordnet sind und so in unterschiedlichem Maß zum Reaktionsverhalten beitragen (z.B. Frontorbital-Theorie). Wir haben insbesondere für die Ausbildung von Chemikern solche Software für Personalcomputer und Grafik-Workstations erarbeitet, die das interaktive Arbeiten mit chemischen Strukturen gestattet und solche Algorithmen und theoretische Methoden integriert, die zur schnellen Berechnung von Eigenschaften befähigen. Dem Lernenden wird damit ein Programmsystem, MOL-CAD, zugänglich, daß es ihm ermöglicht, die Zusamenhänge zwischen räumlicher und elektronischer Struktur an Beispielen seiner Wahl zu studieren. Dabei kann sich seine Aufmerksamkeit voll auf das chemische Problem konzentrieren, da einerseits eine mausunterstützte Menüführung und On-line-Help die Handhabung erleichtern und andererseits die Berechnungsmethoden mit allen benötigten Parametern eingebunden sind. Das nachfolgende MOL-CAD Programmsystem wurde komplett in der Programmiersprache C geschrieben, wodurch eine leichte Portierbarkeit und Anpassung an unterschiedliche Hardware möglich war; es besteht aus folgenden Programmteilen:

- 2D-Struktur-Editor
- Eigenschaften topologischer Strukturen
- 3D-Generierung aus einer 2D-Struktur

MOL-CAD läuft unter MS-DOS ab 8086-Prozessor auf unterschiedlichen Grafik-Adaptern und bereits teilweise unter UNIX auf Workstations, z.B. IBM RS/6000 (AIX).

2. Struktureditor für Valenzstrichformeln

Die Valenzstrichformel einer chemischen Verbindung ist die für den Chemiker gebräuchlichste Darstellung molekularer Strukturen; sie kann im graphentheoretischen Sinne als ungerichteter Graph (Atom = Knoten und Bindungen = Kanten) auf verschiedene Art mathematisch dargestellt werden.

- Adjazenz-Matrix
- Inzidenz-Matrix
- Distanz-Matrix
- Admittanz-Matrix
- Bindungs-Elektronen (BE)-Matrix
- Verknüpfungstabelle (Connection Table, CT)

Diese Darstellungsweise wird auch als 2D-Darstellung bezeichnet, da auf die Angabe konkreter Atompositionen verzichtet wird; sie läßt sich sowohl mit Bleistift auf Papier als auch wie hier mit der Maus auf dem Bildschirm von MOL-CAD zeichnen. Die Connection Table ist eine häufig gebrauchte, kompakte Speicherung der Topologie von Molekülen; sie läßt sich in andere o.g. Darstellungen transformieren. Im MOL-CAD-Struktureditor (Abb. 1) stehen vier Bindungstypen (Einfach-, Doppel-, Dreifach- und aromatische Bindung) zur Verfügung; die Eingabe wird durch benutzer-definierte

Templates (Abb. 2), Fragmente (Abb. 3) und die gebräuchlichsten funktionellen Gruppen sowie durch die Maustasten (links: Auswahl, Setzen und Ändern, rechts: Löschen) erleichtert. Die Wasserstoffatome brauchen nicht eingegeben werden, da sie aufgrund der in Programm gespeicherten Bindigkeiten aller Elemente des Periodensystems automatisch hizugefügt werden können. Der so auf dem Bildschirm erzeugte Molekül-Graph wird bei jedem Neuzeichnen 'REDRAW' einem Valenztest unterzogen, wobei

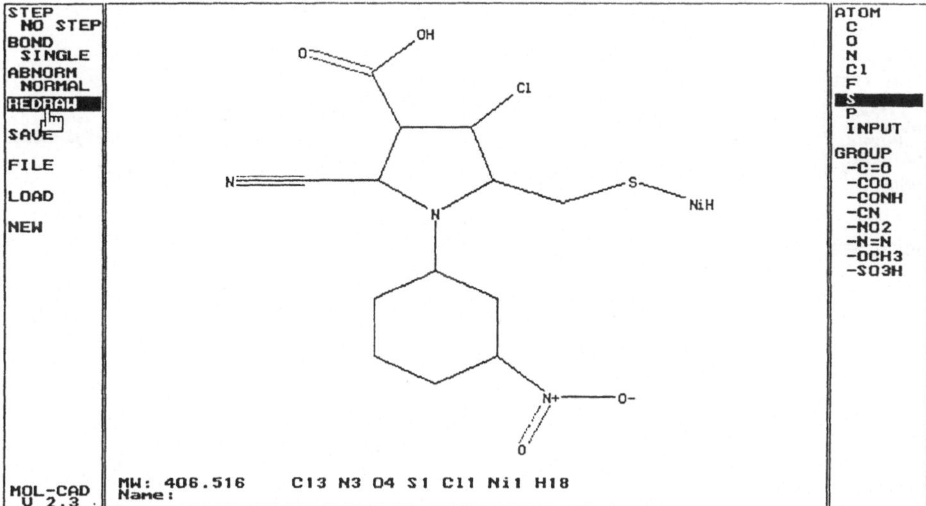

Abb. 1: MOL-CAD-Strukturеditor

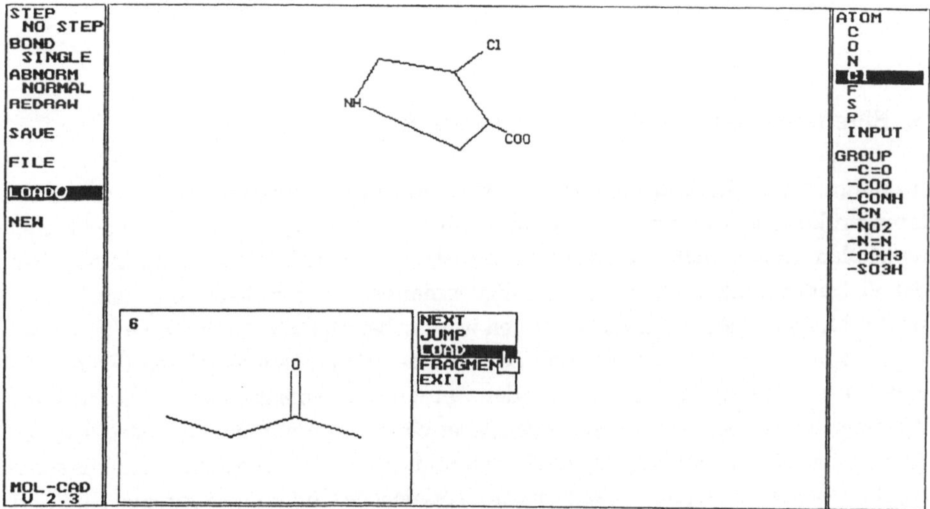

Abb. 2: Eingabe durch benutzer-definierte Templates

geprüft wird, ob die maximalen Bindigkeiten der Atome nicht überschritten wurden. Dabei werden Ladungen und Radikal-Zentren berücksichtigt. Die intern erzeugte CT läßt sich platzsparend speichern und zur Visu- alisierung der Strukturen verwenden; wahlweise kann ein Name als Zeichenkette hinzugefügt werden. Üblicherweise werden die CTs der Strukturen sequentiell in einem File gespeichert, wobei weitere Strukturen angefügt werden können. Der Zugriff erfolgt sequentiell und kann durch automatische Adressierung in umfangreichen Files beschleunigt werden.

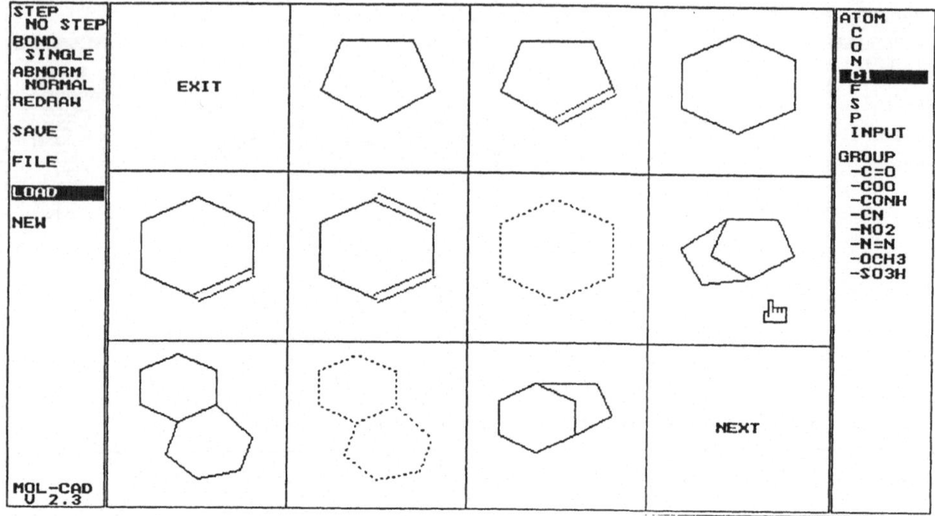

Abb. 3: Eingabe durch Fragmente

3. Eigenschaften molekularer Strukturen

Im Rahmen von Struktur-Eigenschafts-Beziehungen wird über numerische Deskriptoren struktureller Merkmale ein Zusammenhang zu den experimentell beobachtbaren molekularen Eigenschaften gesucht und auch eine ordnende Querverbindung zwischen der Vielzahl physikalisch-chemischer Eigenschaften und dem Reaktionsverhalten erwartet. Numerische Strukturdeskriptoren werden benutzt, die Ähnlichkeit chemischer Verbindungen im Rahmen von uni- oder multi-variaten Datenanalysen (*Pattern-Recognition*-Verfahren) zu beschreiben oder werden in *Neuronalen Netzen* bei Struktur-Wirkungs-Untersuchungen eingesetzt. Dabei wird angenommen, daß „strukturelle" Ähnlichkeit sich in ähnlichen Eigenschaften und ähnlichem Verhalten äußert. Es sollte beachtet werden, daß Ähnlichkeit (*similarity & commonality*) kontextbezogen sind und in verschiedener Weise definiert werden können. Das Schema (Abb. 4) zeigt die Verwendung der CT für topologische Berechnungen und die im nächsten Abschnitt folgende 3D-Generierung. Weit verbreitet bei Struktur-Wirkungs-Analysen sind topologische Indizes [3], die sich bequem aus der Topologie eines Moleküls berechnen lassen und z.B. die „Kompaktheit“ der Struktur, d.h. ihren Verzweigungsgrad, beschreiben. Die mit MOL-CAD berechenbaren Indizes sind in Abb. 5 aufgeführt. Zur näherungsweisen Abschätzung der Ladungsverteilung in Molekülen haben sich Verfahren des partiellen Ausgleichs der Orbital-Elektronegativität (PEOE) [4] insbesondere bei σ-gebundenen Systemen bewährt. In Abb. 6 werden die berechneten Atomladungen in der Struktur angezeigt. Liegt in einem Molekül ein Konjugationssystem mit π-Bindungen vor, so wird das physikalisch-chemische Verhalten hauptsächlich durch dieses bestimmt. Die einfachste quantenchemische Näherung, die hier anwendbar ist, ist die *Hückel*-MO-Methode (Matrix-Eigenwertproblem). Die damit erhältlichen Orbital-Energien, Elektronendichten und Bindungsordnungen dienen zur eingehenden Chrakterisierung der π-Elektronenstruktur [5]. Ein Inkrement-Schema zur Abschätzung der Bildungsenthalpie (Stabilität) [1] wurde für Kohlenwasserstoffe einbezogen. Die Polarisierbarkeit von Molekülen läßt sich in guter Näherung aus Beiträgen der Atome in ihrer jeweiligen Bindungsstruktur (Hybridisierung) [6] berechnen.

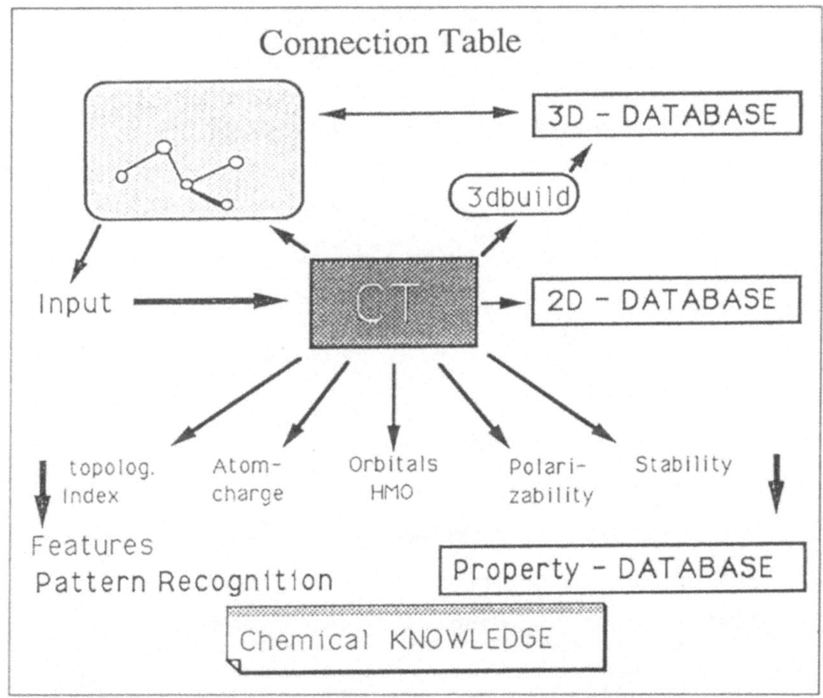

Abb. 4: Verwendung der Connection Table für topologische Berechnungen und die 3D-Generierung

4. 3D-Strukturgenerierung

Aus der Bindungsstruktur des Molekül-Graphen lassen sich vielfältige Informationen ableiten, die für eine automatische Generierung realistischer 3D-Strukturen im Zusammenwirken mit Regeln bezüglich lokaler Strukturen in zyklischen Systemen sehr brauchbare Resultate liefern. Die Abb. 7 und 8 geben einen Einblick in die Leistungsfäfähigkeit der in 3DBUILD enthaltenen Algorithmen [2]. Die generierten Strukturen können mittels ROTATE, MOVE, ZOOM individuell betrachtet und mittels *Ball & Stick*-Option anschaulich visualisiert werden.

```
Zagreb M1   = 28
Zagreb M2   = 28
Randic Hi   = 3.846065
Info   Hi   = 1.448816
Wiener      = 72
Info   W    = 4.635154
Balaban J   = 3.074373
Balaban D2  = 2
Hosoya  Z   = 32
Info    Z   = 1.828632
Kier-Hall   = 2.160568
I Haya E    = 197.649221
```

Abb. 5: Mit MOL-CAD berechenbare Indizes

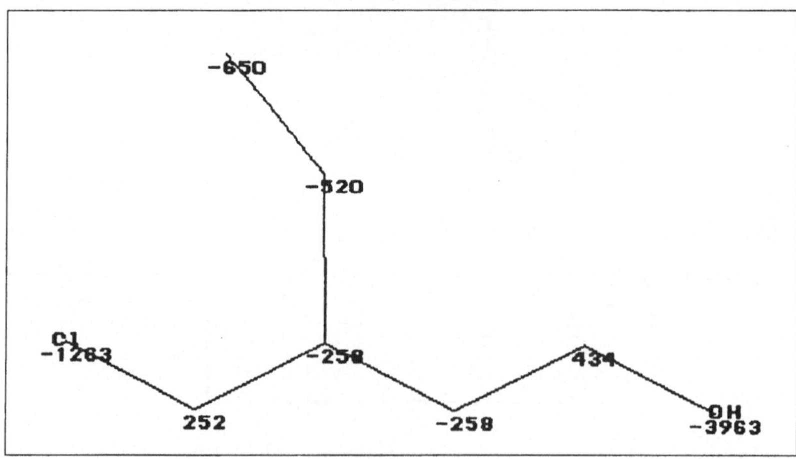

Abb. 6: Mit MOL-CAD berechnete Atomladungen

Literatur

1. Benson, S.W. u.a.: Chem. Rev. 69 (1969), 279.
2. Bögel, H., Sadowski, J.: Software Development in Chemistry 5, Springer-Verlag (1991), 199.
3. Bonchev, D., Trinajstic, N.: J.Chem.Phys. 67 (1977), 4517.

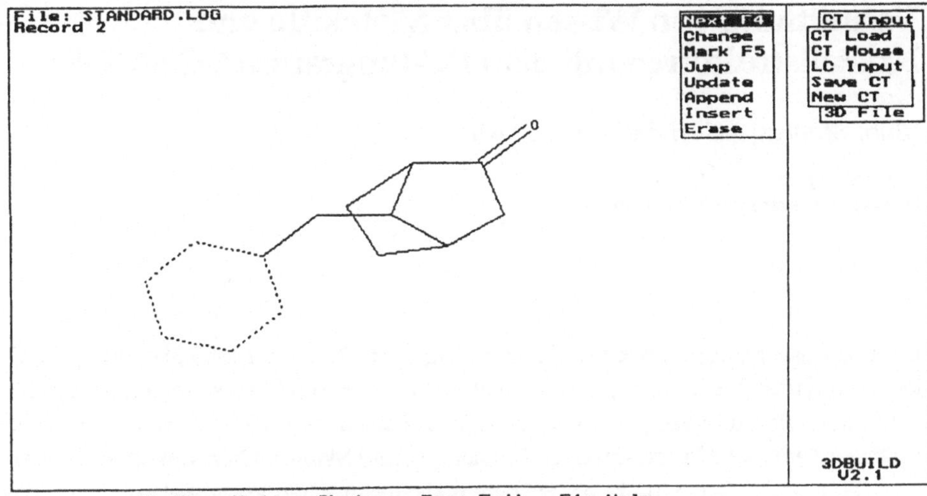

Abb. 7: Leistungsfähigkeit der in 3DBUILD enthaltenen Algorithmen

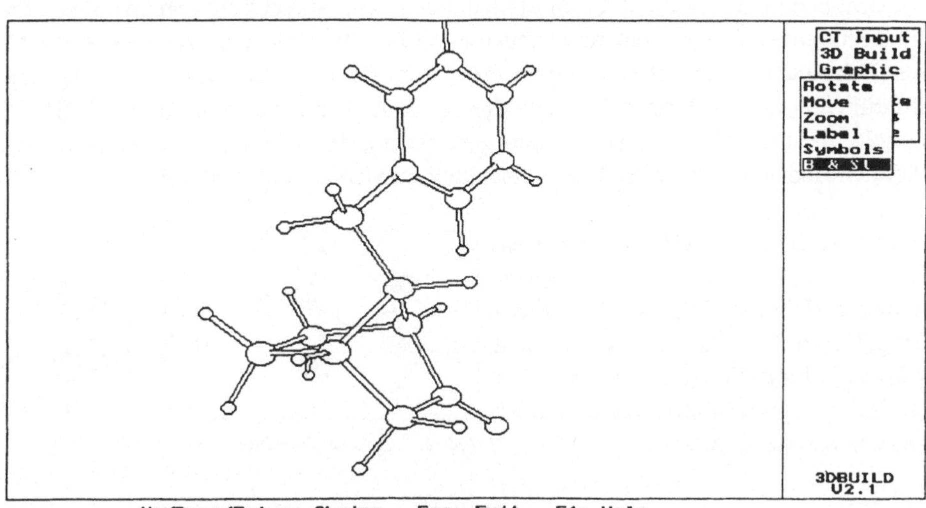

Abb. 8: Leistungsfähigkeit der in 3DBUILD enthaltenen Algorithmen

Fortsetzung Literatur

4. Gasteiger, J., Marsili, M.: Tetrahedron 36 (1980), 32193.
5. Heilbronner, E., Bock, H.: Das HMO-Modell, Bd. 1-3, Verlag Chemie, Weinheim (1968/70).
6. Miller, K.A., Savchik, J.A.: J.Am. Chem. Soc. 101 (1979), 7206.

Vermittlung von Wissen über Moleküle und Kristallstrukturen mit dem PC-Programm COSMOS

Ulrich Sternberg und Friedrich-Thomas Koch

Universität Jena
Physikalisch-Astronomische Fakultät

Die Wissensvermittlung über Aufbau und Eigenschaften von Molekülen und Kristallen wird dadurch erschwert, daß die Natur uns keine direkten Anschauungsobjekte liefert und wir auf Modelle angewiesen sind. In Forschung und Lehre werden deshalb in steigendem Maße Programme zur Darstellung und Manipulation von Molekülstrukturen eingesetzt. Da ein moderner PC bereits alle technischen Voraussetzungen für das „molecular modelling" erfüllt, wurde von uns COSMOS (COmputer Simulation MOlekularer Strukturen) entwickelt, wobei vor allem auf einfache Handhabung und Lauffähigkeit auf möglichst allen DOS-PC-Typen Wert gelegt wurde. Damit eignet sich COSMOS für den Einsatz in Computerkabinetten zur Ausbildung von Gymnasiasten und Studenten. Es wird ein Arbeitsbuch zu COSMOS entwickelt, das an ausgewählten Beispielen in die Arbeit mit dem Programm demonstriert und gleichzeitig eine Einführung in verschiedene Gebiete der Strukturchemie darstellt. Da in COSMOS „molecular modelling", Kristallstrukturgenerierung und Graphik eine Einheit bilden, können eine Fülle von Lehrinhalten vermittelt werden, so zum Beispiel:

Aufbau einfacher Moleküle aus Abständen, Bindungs- und Diederwinkeln zur Vermittlung von Hybridisierung, sterischer Hinderung. Durch Drehungen lassen sich leicht Newman-Projektionen erzeugen. Auch Teile der Moleküle können gedreht oder verschoben werden.

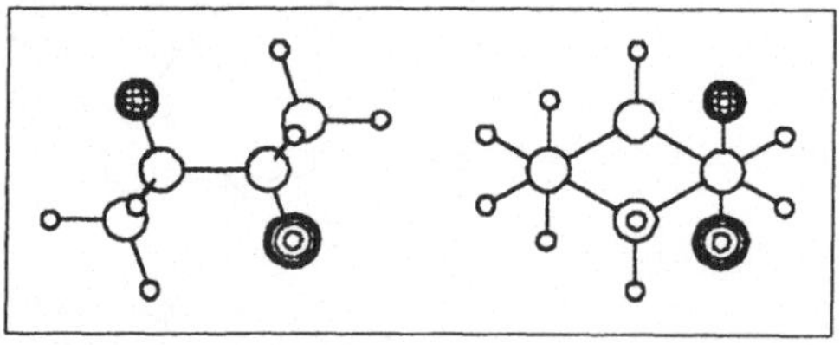

Abb. 1: Cyclohexanderivat

Demonstration besonders interessanter Moleküle unter Drehung und Stereobetrachtung zum Vergleich von Eigenschaften wie z. B. die Giftigkeit von chlorierten Kohlenwasserstoffen. Allgemeine Bauprinzipien lassen sich durch gleichzeitige Demonstration mehrerer Moleküle zeigen.

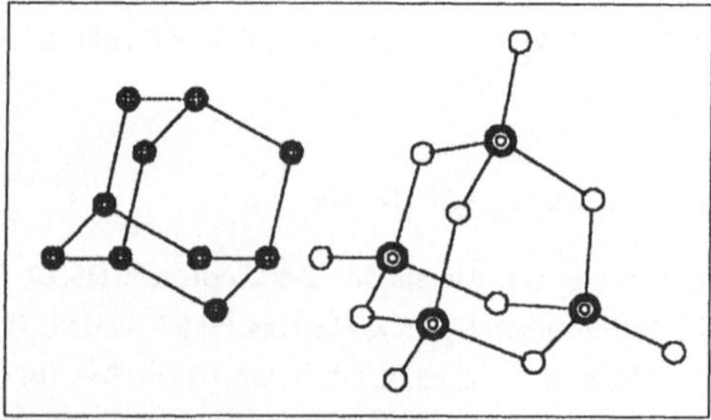

Abb. 2: Adamantan und P4O10

Aufbau von einfachen Polypeptiden oder anderen Biopolymeren durch Zusammenfügen von Strukturen aus einer Datei von Monomeren. Aus einer Peptiddatei können die wichtigsten Strukturtypen wie _-Helix oder Faltblattkonformation vorgestellt werden.

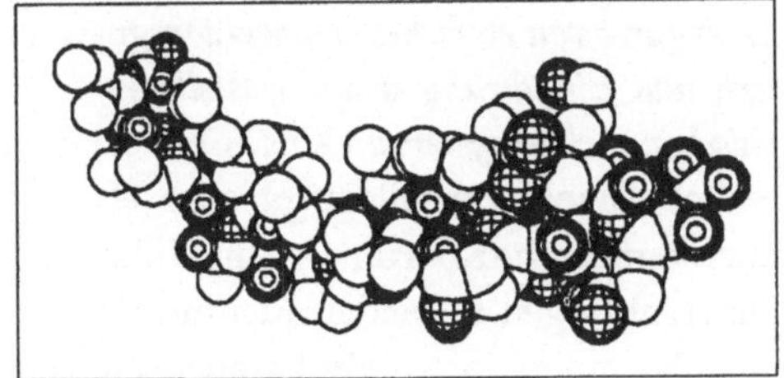

Abb. 3: Bienengift

Demonstration von Biomolekülen mit raumerfüllenden Kalottenmodellen. In COSMOS kann die Größe der Atomkalotten kontinuierlich verändert werden, um verschiedene Aspekte der Struktur zu verdeutlichen. Besonders instruktiv ist auch hier die Betrachtung des Stereobildes auf dem Bildschirm mit einem Doppelspiegel, wie er in der Kristallographie üblich ist.

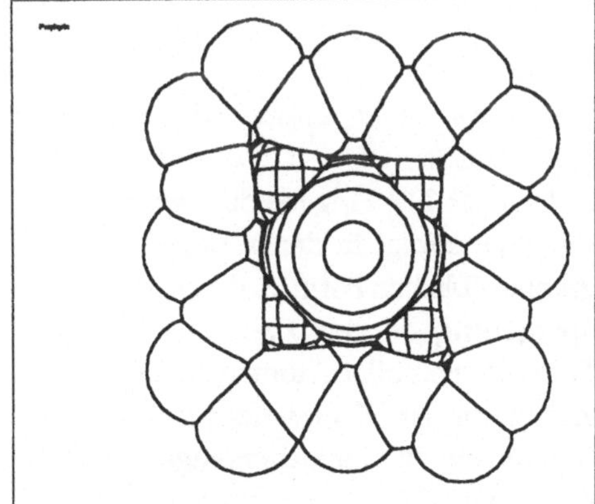

Abb. 4: Häm-Ringsystem

Erzeugung von Bild- und Spiegelbildmolekülen durch Eingabe von Symmetrieelementen zur Erläuterung der optischen Aktivität. Man kann sich leicht davon überzeugen, daß sich die Spiegelisomeren nicht durch Drehungen zur Deckung bringen lassen. Diese Drehungen können in COSMOS mit der Maus gesteuert werden.

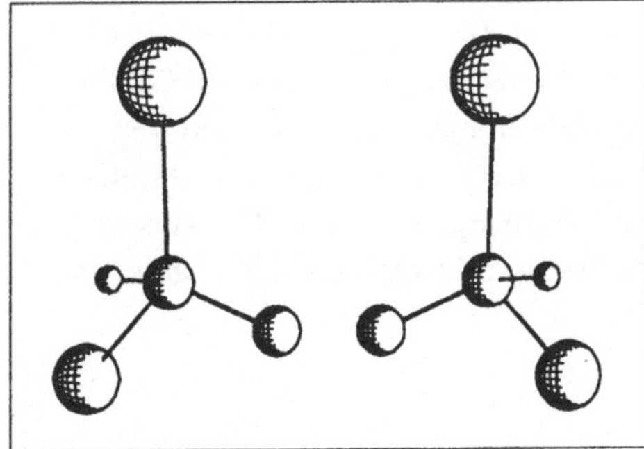

Abb. 5: Spiegelisomerie

Erzeugung von einfachen Translationsgittern und Einführung in die kristallographischen Achsensysteme. COSMOS verwaltet sowohl kristallographische als auch kartesische Koordinaten und führt Umrechnungen in beiden Richtungen aus. Besonders instruktiv ist auch die Demonstration der kubisch flächenzentrierten und raum-zentrierten Elementarzelle.

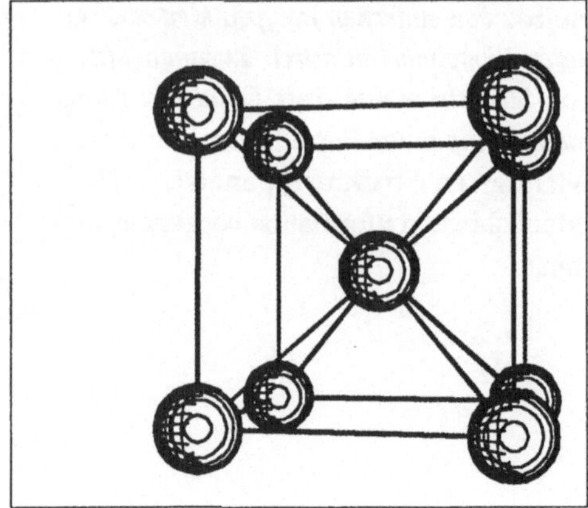

Abb. 6: Elemtarzelle des Eisen

Eingabe von Raumgruppen und Erzeugung typischer Gitter wie z. B. Diamant, Graphit und Wurzit. Die Eingabe der Symmetrieelemente erfolgt in der in der Kristallographie üblichen Form, z. B. x,y,-z ist eine Spiegelung an der xy-Ebene. Durch Translationen oder Atomsuche in einem Radius um ein Zentralatom lassen sich Gitterausschnitte einfach erzeugen. Durch Bindungsradien kann steuern, welche Atome gebunden dargestellt werden sollen.

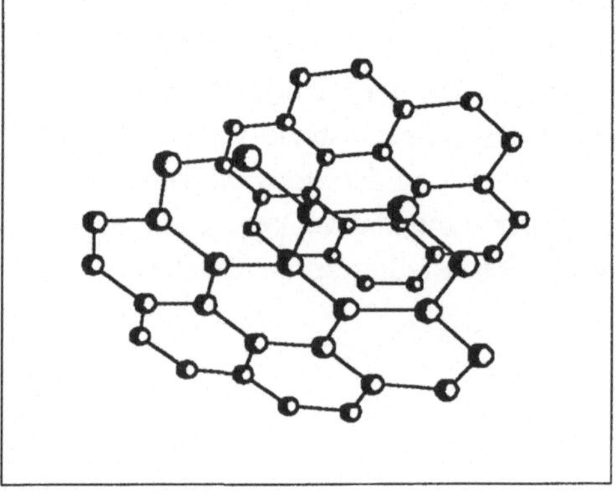

Abb. 7: Graphit

Erzeugung von professionellen Molekülgrafiken durch Nutzung der Plotterausgabe oder Weiterverarbeitung der HPGL-Plotter-Dateien mit anderen Grafikprogrammen (z. B. DTP-Programme, Textsysteme und Zeichenprogramme). Der vorliegende Text wurde auf diese Weise erzeugt.

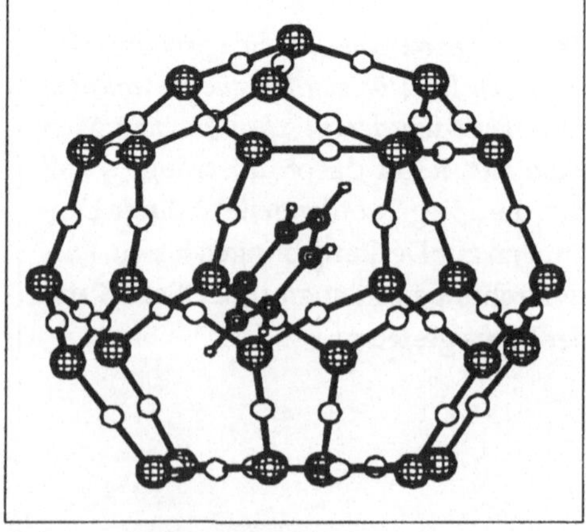

Abb. 8: Dodecasil-Käfig

Erzeugung von Demonstrationen mit Tastaturmakros. Die selbständig ablaufenden Vorführungen eignen sich vor allem, um Vorträge oder Vorlesungen zu illustrieren.

Zur Wissensvermittlung mit einem Programm wie COSMOS tritt die Freude an der schöpferischen Möglichkeit, selbst perfekte Molekülgrafiken zu erzeugen. Damit wird allgemein eine höhere Motivation und Akzeptanz für die Chemieausbildung erzeugt.

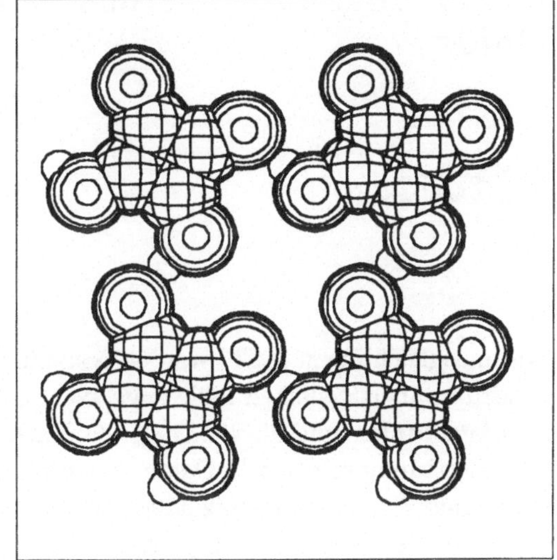

Abb. 9: Quadratsäure

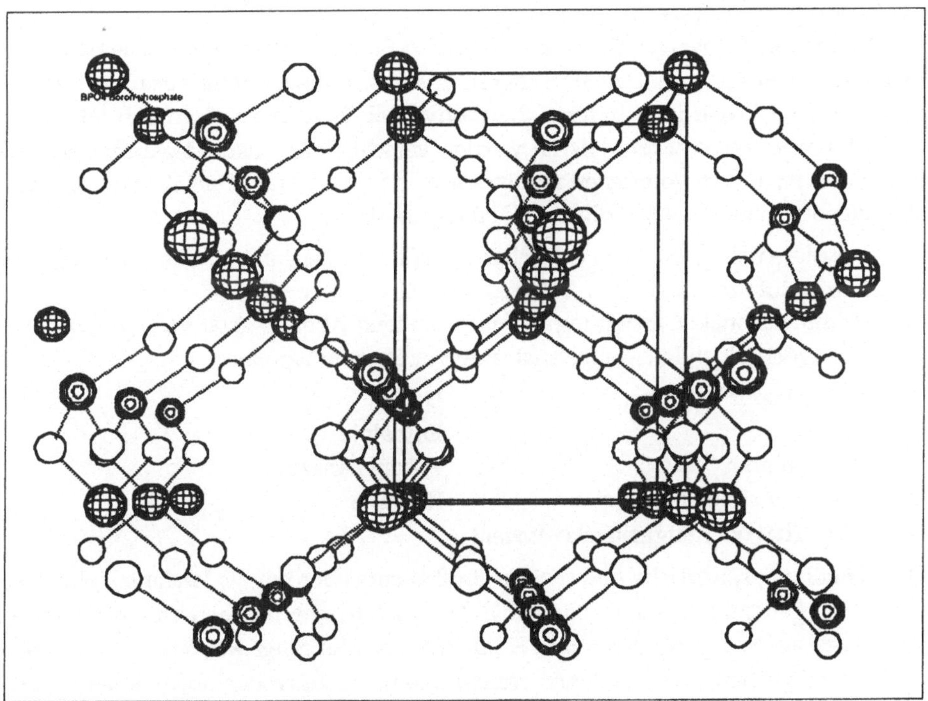

Abb. 10: Borphosphat

Demo-Programm Thermische Zustandsgleichung reiner Fluide

Werner Holze

TU Magdeburg
Chemisches Institut

Zustandsgleichungen (ZGL) werden besonders für technisch relevante Stoffe in einer nahezu unübersichtlichen Fülle angeboten. Gründe hierfür sind ständig wachsende Stoffdatenbanken und die vielfältigen Einsatzmöglichkeiten nicht nur zur Berechnung oder Abbildung reiner pVT-Daten, sondern auch von kalorischen Größen, Gleichgewichtsdaten, Transportkoeffizienten dichter Fluide und anderen Stoffeigenschaften.

Konstantensätze und analytische Struktur der Gleichungen werden weitgehend durch das physikalische Modell, die spezielle Applikation und den hierfür vorgesehenen Zustandsbereich geprägt. Vorzüge und Nachteile einzelner Gleichungen werden oftmals nur in Tabellenform ausgewiesen. Durch diese Vielfalt ist häufig der Blick auf das Wesentliche erschwert.

Mit dem als Softwareergänzung zu einem Praktikumsversuch über das pVT-Verhalten reiner Fluide entwickelten Programm sollen fundamentale Zusammenhänge zwischen pVT-Daten und anderen thermodynamischen Zustandsgrößen interaktiv grafisch dargestellt werden. Hierzu werden verschiedene Zustandsgleichungen im Programm installiert, von denen zumindest eine über einen weiten Zustandsbereich als Gütenorm dienen sollte. Folgende Optionen bestehen:

- Favorisieren einer ZGL aus der Schar installierter Gleichungen oder direkter Vergleich mehrerer ZGLen über festzulegende Zustandsbereiche
- Zweidimensionale Darstellung der gegenseitigen Abhängigkeit von zwei beliebigen, aus der folgenden Menge auswählbaren Zustandsgrößen:

Dichte oder Volumen	Dampfdruck
Druck	Enthalpie
Temperatur	Wärmekapazität
Kompressibilitätsfaktor	Entropie
Fugazität oder Fugazitätskoeffizient	

Hierbei können spezifische und molare Größen entweder nur als Realanteil oder mit Idealanteil, generalisierte Darstellungen mit reduzierten thermischen Variablen, orthobare Daten auf Sättigungslinien und Konnoden berücksichtigt werden. Aus der Vielzahl der möglichen Kombinationen werden die nicht sinnvollen abgewiesen und in Einzelfällen Prioritäten über die Zulassung als x- oder y-Variable beachtet. Bei Entscheidung für *eine* ZGL können durch Variation einer dritten Parametergröße Kurvenscharen dargestellt werden, in Einzelfällen wird hierbei das 3-D-Diagramm unterstützt.

- Frei wählbar bei der Einrichtung der Diagramme:

Spannweite in x- und y-Richtung	linearer oder logarithmischer Maßstab
Setzen von Marken und Rasterlinien	Herausheben markanter Werte
Dichte der Punktfolge und Punktgröße	

- Korrektur von Diagrammen durch Ausradieren störender Kurven
- Tabellenausgabe anstelle der grafischen Präsentation und Berechnung von Einzelwerten
- Simulation von pVT-Experimenten: Bildhafte, grafische und tabellarische Darstellung des Ablaufs isothermer und isochorer Versuche unter Zuhilfenahme der „Norm"-Gleichung

Das Programm ist für Turbo Pascal 5.5 geschrieben und nutzt Overlaytechnik und die Vorteile der objektorientierten Programmierung. Hierdurch ist es offen für

- die Erweiterung um weitere druckexplizite Zustandsgleichungen
- das Überwechseln auf andere Stoffe, was beim Verwenden generalisierter Zustandsgleichungen oder beim Beibehalten bereits installierter ZGL-Typen durch den Aufruf der neuen Korrespondenzparameter oder den Import von Konstantensätzen völlig problemlos ist.

Konzipiert wurde das Programm für die Ausbildung von Ingenieuren und Naturwissenschaftlern im Fach Thermodynamik. Individuell zu lösende Aufgabenstellungen können formuliert werden einschließlich des Einbindens von Erweiterungen im o. g. Sinn in Form selbstgeschriebener Programmsegmente. Fundamentale thermodynamische Gleichungen können aus einer Formelbibliothek abgerufen werden. Erweiterungen sind vorgesehen, z.B. für die Verwendung experimenteller Stützdaten zur Parameteranpassung.

KAREN – Programm zur Auswertung für spektrometrische Meßdaten

Bernd Prause

Technische Universität Clausthal
Institut für Mineralogie und Mineralische Rohstoffe

1. Zusammenfassung

Das Programm KAREN dient zur Auswertung von Meßdaten aus der Spektralphotometrie oder Atomabsorbtionsspektrometrie unter Verwendung einer Bezugsfunktion und wurde in Anlehnung an den Auswertekomfort der heutigen computergesteuerten Gerätegeneration entwickelt. Neben der linearen Regressionsrechnung stehen dem Anwender verschiedene nichtlineare Alternativen zur Auswahl. Die graphische Darstellung der Eichfunktion wird durch statistische Parameter zur Güte der Kurvenanpassung ergänzt. Die maßgeschneiderte Programmentwicklung eröffnet bei optionaler Berücksichtigung von Verdünnungs- oder Anreicherungsfaktoren, sowie der Einwaage des Probenmaterials eine einfache Umrechnung der Meßgröße Extinktion in entsprechende Elementmengen bzw.-konzentrationen. KAREN wurde als sog. Tool für die studentische Ausbildung im Rahmen der Einführung in die AAS-Graphitrohrofentechnik an einem altbewährten AAS-Gerät ohne weitere EDV-Peripherie konzipiert. Die Gestaltung der Benutzeroberfläche verfolgt das Konzept einer funktionalen Dialogführung, so daß der Bediener über keine besonderen EDV-Kenntnisse verfügen muß.

2. Einleitung

In der studentischen Ausbildung zieht die Benutzung von AAS-Vollautomaten häufig die Neigung zur unkritischen Akzeptanz gegenüber Meßwerten nach sich. Um den Auswerteprozeß durchschaubarer und flexibler zu gestalten, wurde KAREN als ergänzende Lehr-Software konzipiert. Das Programm findet sowohl im Zuge der Praktika zur vertiefenden Einführung in die AAS-Techniken, als auch im gewässerchemischen Praktikum im Rahmen der Spektralphotometrie Verwendung. Praktika früherer Zeiten stellten die Meßwerterzeugung in den Vordergrund. Die heutige Ausbildung muß jedoch neben der chemisch-analytischen Meßtechnik auch den überlegten Einsatz statistischer Verfahren zur Signalauswertung umfassen.

3. Fachliche Beschreibung

3.1 Aufnahme der Bezugslösungen

Vor der Eingabe der Stützpunkte für die Bezugsfunktion erfolgt die Auswahl einer Einheit für die Analytkonzentration der vorgegebenen Bezugslösungen.

Ein Datenblatt bietet Platz für die Eingabe von bis zu 12 Wertepaaren bestehend aus der Analytkonzentration der vorgegebenen Bezugslösung und der zugehörigen Meßgrößen Extinktion, die als Stützpunkte für die zu ermittelnde Bezugsfunktion dienen. KAREN bietet bei der Aufnahme der Bezugsfunktion im Vergleich mit dem automatisierten Lauf moderner AAS-Geräte den Vorzug hoher Flexibilität, in dem einfache Möglichkeiten zur Streichung von erkennbaren Ausreißern und Hinzufügen von Wertepaaren zur Liste der gemessenen Bezugslösungen bestehen. Mit KAREN kann ähnlich einer einfachen Tabellenkalkulation solange durch Nachsetzen von weiteren Bezugslösungen ein Durchspielen von sog. 'Was wäre wenn'- Alternativen vollzogen werden, bis das angestrebte Gütemaß für die Paßform der Bezugsfunktion erreicht wird.

3.2 Bewertung der Bezugsfunktion

Sieben Funktionstypen stehen zur Auswahl. Neben der linearen Regressionsrechnung werden dem Anwender sechs nichtlineare Alternativen angeboten, die aus dem thematischen Sachverstand des Anwenders heraus mit ersterer vergleichend diskutiert werden können. Für die Güte des funktionalen Zusammenhangs wird ein Korrelationskoeffizient als Maßzahl angegeben. KAREN fordert für die nachfolgende Kalibration einen Mindestwert von $r = 0.95$.

Für die Beurteilung der Zulässigkeit von nichtlinearen Alternativen ist es hilfreich, die Bezugsfunktion innerhalb des Meßbereiches in einer grafischen Darstellung zu überprüfen. Die Achseneinteilung paßt sich dynamisch an den Meßbereich an, so daß der Funktionsgraph in vernünftigen Proportionen dargestellt wird. Ein Graphik-Cursor kann entlang der Abszisse verschoben werden. Jeder Cursorposition ist ein Wertepaar zugeordnet, das sich aus dem Schnittpunkt der vertikalen Linie mit dem Graph der Funktion ergibt. Die entsprechenden Koordinaten werden unterhalb der Abszisse angezeigt. Das Anfahren der Stützpunkte gibt Auskunft über Abweichungen zwischen den meßtechnisch erfaßten Wertepaaren der einzelnen Bezugslösungen und den theoretisch errechneten Funktionswerten.

Für die folgende Kalibration legt KAREN selbsttätig ein Intervall fest, dessen untere Grenze 10% unter dem kleinsten Konzentrationswert der vorgegebenen Bezugslösungen und dessen obere Grenze 10% über dem größten Wert liegt. Nur innerhalb dieses Intervalls werden die Ergebnisse der nachfolgenden Meßreihe durch Interpolation ausgewertet.

4. Kommentierung

Unter dem didaktischen Vorsatz, keine unkommentierten Zahlenkolonnen auf einem Datenträger abzulegen, bietet eine Bildschirmseite Möglichkeiten, einige Anmerkungen im Freitext zur Meßreihe einzutragen. Für die Einträge in dieses Formular steht das Repertoire einer normalen Schreibmaschinentastatur zur Verfügung. Die Kommentarseite kann, zusammen mit dem Set der Stützpunkte in einer Datei gesichert werden, so daß die Informationen für den späteren Vergleich der Meßwertqualität mit nachfolgenden Meßreihen zur Verfügung stehen.

5. Umrechnung der Meßgröße Extinktion in Konzentrationswerte

Für die Dateneingabe zur Berechnung der Konzentration von Meßlösungen stehen drei Alternativen zur Auswahl.

a) Eine Wertetabelle fordert zur Eingabe der Meßgröße Extinktion auf; als Ausgabe wird die berechnete Konzentration der Meßlösung angezeigt.
b) Eine erweiterte Tabelle kann zusätzlich eine Probenbezeichnung mitführen; die Ergänzung ist in Verbindung mit einer Druckerprotokollierung oder der Aufzeichnung in ein Datenfile sinnvoll.
c) Das Eingabeformular nimmt zusätzlich Angaben über die Einwaage der Festsubstanz, die bei dem Aufschlußverfahren im Verlauf der Probenvorbereitung eingesetzt worden ist, mit auf, so daß durch die Verknüpfung mit einem Verdünnungs- bzw. Anreicherungsfaktor auf die Analytkonzentration in der Festsubstanz umgerechnet wird.

Nach Abschluß der Eingaben für die Berechnung des ersten Wertes wird die Anzahl der Nachkommastellen für die Ergebnisanzeige abgefragt. Als zulässige Eingaben werden Zahlen zwischen null und drei akzeptiert. Die Konzentrationseinheit der Meßlösungen entspricht der gewählten Dimension für die Bezugslösungen und wird bei allen Ausgaben konsequent mitgeführt. Eingabeformulare, die auch eine Probenbezeichnung aufnehmen können, besitzen eine Zwischenablage. In diesem Puffer können wiederkehrende Zeichenfolgen abgelegt und in das Textfeld zur Bezeichnung von nachfolgenden Proben hineinkopiert werden.

6. Hardwareanforderungen

Das Programm ist auf jedem Rechner mit einer VGA-, EGA-, CGA- oder Hercules-Grafikkarte unter dem Betriebssystem DOS lauffähig. In Verbindung mit einem EPSON-kompatiblen Matrixdrucker können die Daten, entsprechend einer Menue-Auswahl, in einem individuellen Druckerprotokoll zusammengestellt werden. Auf Wunsch können die Daten simultan in eine ASCII-Datei kopiert werden, so daß das Datenmaterial für eine weitere Bearbeitung zur Verfügung steht.

EUCA - Ein Ökosystem-Simulationsmodell in der Lehre

Hans-Joachim Poethke

Universität Mainz
Institut für Zoologie

1. Einleitung

Organismen und Umweltfaktoren sind über ein vielfältiges, komplexes Netz von unterschiedlichen Beziehungen miteinander verknüpft. Sie bilden so mehr oder weniger abgrenzbare überorganismische Einheiten: Ökosysteme im weitesten Sinne. Ihre Analyse und ihr Verständnis sind vorrangiges Ziel ökologischer Forschung (MÜLLER 1984). In diesem Sinne beinhaltet Ökologie stets auch systemtheoretische Aspekte und die Schulung systemischen Denkens sollte integraler Bestandteil jeder ökologischen Ausbildung sein. Wichtiges Hilfmittel bei der Analyse von Ökosystemen ist die mathematische Beschreibung der in Labor und Freiland beobachteten Verhältnisse. Sie ermöglicht die Konstruktion theoretischer Modelle, mit deren Hilfe über den Bereich der beobachteten Phänomene hinaus Prognosen über das Verhalten des Ökosystems aufgestellt werden. Solche Prognosen können dann als Arbeitshypothesen den weiteren Verlauf von Experimenten und Freilanduntersuchungen steuern oder im Umweltmanagement die Abschätzung der Konsequenzen unterschiedlicher Managementstrategien ermöglichen.

Im Folgenden möchte ich ein Simulationsprogramm vorstellen, welches die Wechselwirkungen zwischen Eucalyptusbäumen, herbivoren Insekten und Vögeln auf extensiv genutzen Weideflächen in Australien beschreibt. Das Programm wurde für den Einsatz in Praktika und Übungen des Ökologie-Studiums entwickelt. Da die dem Simulationsprogramm zugrundeliegende Modellstruktur relativ einfach ist und auf elementaren Modellkonstruktionen – wie etwa dem logistischen Wachstum (s. z.B. MAY 1980) – aufbaut, können die Studenten anhand dieses Simulationsprogramms mit einfachen Algorithmen der mathematischen Modellierung populationsbiologischer Fragestellungen vertraut gemacht werden. In der interaktiven Beschäftigung mit dem Programm werden dann auf unterschiedlichen Programmstufen im wesentlichen zwei Themenkomplexe behandelt. Indem das vollständige Modell die Simulation des Verhaltens eines einfach strukturierten Ökosystems erlaubt, kann zum einen das dynamische Verhalten eines solchen Systems bei unterschiedlichen äußeren Einflüssen untersucht werden. Dabei können z.B. ökologische Konzepte, wie das des maximalen stabilen Ertrages diskutiert werden. Außerdem erlaubt eine „ökonomische" Version des Modells den Studenten, selbst Farmer zu spielen und ausgehend von ihrem ökologischen Wissen eine Farm zu „managen". Dabei lernen sie, ihre Motivationen bei wirschaftlichen Entscheidungen zu reflektieren und sich in die Abstimmungung ökonomischer und ökologischer Anforderungen einzuüben.

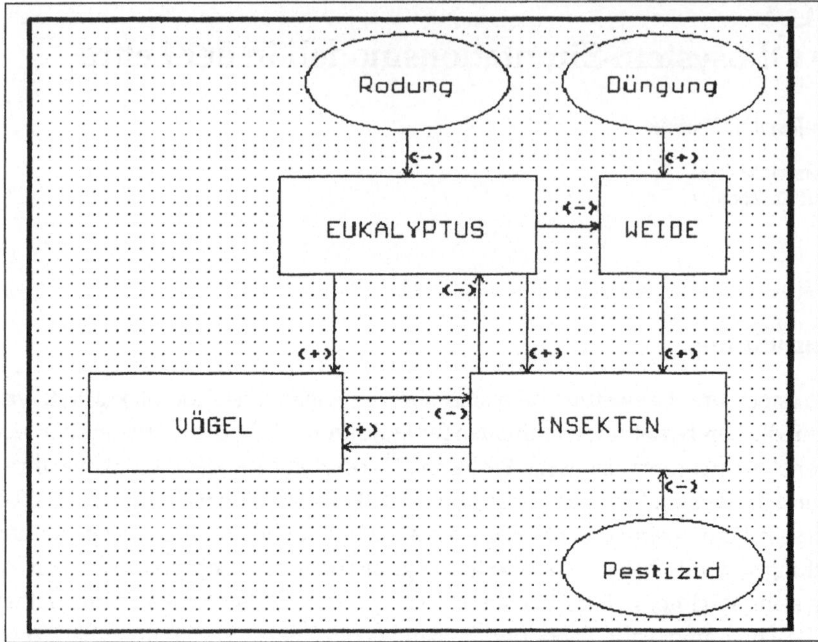

Abb. 1: Schematische Darstellung der Wechselwirkungen im modellierten Ökosystem

2. Das Modell

2.1 Das Ökosystem

Zur Gewinnung zusätzlicher Weideflächen wurden in Australien riesige Flächen des Eukalyptuswaldes stark aufgelichtet. Dabei wurde ein Teil des Baumbestandes belassen, um eine Versteppung des Graslandes zu verhindern. Allerdings traten in der Folge immer wieder Probleme auf: Massenentwicklungen von Schadinsekten drohten den verbliebenen Waldbestand zu vernichten. Im Rahmen wissenschaftlicher Studien zur Analyse des Baumsterbens in New England und zur Entwicklung von Strategien gegen das Eukalyptussterben wurde von TRENBATH & SMITH (1981) ein einfaches mathematisches Modell der wesentlichen Komponenten des untersuchten Ökosystems entworfen (s. Abb.1). Das Modell beschreibt die Wechselwirkung zwischen dem Eukalyptus (E), den ihn bedrohenden Schadinsekten (S) und den Vögeln (V) als natürlichen Feinden der Insekten.

$$dE/dt = r_E\, E\, (1 - E/K_E) - (v_S\, S\, E) / (l_S + E)$$

$$dV/dt = r_V\, V\, (1 - V/K_V)$$

$$dS/dt = r_S\, S\, (1 - S/K_S) - (v_V\, V\, S) / (l_V + S)$$

mit

K_E = Gleichgewichtsdichte des Eukalyptus = 100 t/ha;

K_V = Gleichgewichtsdichte der Vogelpopulation = 0.005 E S;

K_S = Gleichgewichtsdichte der Schadinsekten = 0.0000027 (E + 0.0001) (K_E - E + 2.0 F + 10.0)

v_S = max. Fressrate der Insekten = 365

v_B = max. Fressrate der Vögel = 29.2;

l_S = Halbsättigungskonstante = 1;

l_V = Halbsättigungskonstante = 0.002;
F = Düngermenge [t/ha];
(dabei sind E, S und V in t/ha angenommen)

Details zur Herleitung des Gleichungssystems und zur Ableitung der Parameter finden sich in TRENBATH & SMITH (1981). Das modellierte Ökosystem wird bei genügend intensiver Düngung der Weideflächen bistabil: Während es üblicherweise in der Lage ist, eine vorübergehende Reduktion des Baumbestandes wieder auszugleichen (was bedeutet, daß kontinuierlich Bäume gefällt werden müssen, um einen gleichbleibend niedrigen Baumbestand zu erhalten), versagt die Regenerationskraft des Waldes unterhalb eines kritischen Baumbestandes. Dann finden die Vögel zu wenig Nistplätze, um ihre Populationsgröße aufrechtzuerhalten. Den Insekten fehlt damit der natürliche Feind und es kann zu einer starken Vermehrung der Schadinsekten kommen. Dies reduziert dann den Baumbestand noch weiter und setzt eine katastrophale Spirale in Gang. Die Lage dieses Umschlagpunktes ist von der Intensität abhängig, mit der die Weideflächen gedüngt werden. Damit bietet das Modell eine mögliche Erklärung für das Eukalyptussterben an (es schließt damit allerdings andere Erklärungsansätze nicht aus).

2.2 Die ökonomischen Randbedingungen

Gerade bei der Beschäftigung mit sehr komplexen Themen ist die gefühlsmäßige Komponente des Lernprozesses, die erst die Verinnerlichung und damit auch die wirkliche Aneignung des Stoffes ermöglicht, von großer Bedeutung (BREITER-HAHN, 1979). Im Spiel läßt sich eine motivierende Atmosphäre schaffen, die das Begreifen der komplexen Wechselwirkungen innerhalb eines Ökosystems erleichtert. Ich habe deshalb das Ökosystemmodell um ein einfaches ökonomisches Modell zur Simulation eines Farmbetriebs ergänzt. Das ökonomische Modell geht davon aus, daß der Hauptertrag der Farm aus Weidewirtschaft (z.B. Schafzucht) resultiert. Der Ertrag durch den Verkauf von Wolle und Fleisch ist dabei von drei variablen Faktoren (F1, F2 u. F3) abhängig:

1. von der Größe der Weidefläche, die bei gleichbleibender Gesamtfläche proportional zur Differenz zwischen Waldkapazität kE und dem momentanen Baumbestand E ist

   $$F1 = K_E - E;$$

2. von der Menge des zur Aufwertung des mageren Bodens eingesetzten Düngers. Hierbei habe ich angenommen, daß einerseits auch ohne Düngereinsatz ein minimaler Ertrag erwirtschaftet werden kann und daß auch bei massivem Düngereinsatz ein bestimmter Grenzertrag nicht zu überschreiten ist. So ergibt sich

   F2 = (1-EXP(-DÜNGERWIRKUNG * (CDUNG+DÜNGERMENGE)));

3. vom Schutz, den der verbleibende Baumbestand gegen Austrocknung des Bodens und Erosion bietet. Ausgehend von der Annahme, daß sich dieser Effekt erst bei sehr geringen Eukalyptusdichten auswirkt kann, hier angesetzt werden

   F3 = (1-EXP(-E/EMIN)).

Damit ergibt sich für den Ertrag aus Weidewirtschaft:

Weidegewinn = CWeide * F1 *F2 * F3
= CWeide * (k_E - E) * (1 - exp(-Düngerwirkung
* (CDung+Düngermenge)))* (1-exp(-E/Emin))

Zusätzlich dazu kann durch den Verkauf eingeschlagenen Holzes ein geringer Gewinn erwirtschaftet werden:

Holzgewinn = E * Ernterate * Holzpreis.

Hat die Farm Überschüsse erwirtschaftet so werden diese natürlich verzinst. So ergibt sich als dritte Einnahmequelle:

ZINSGEWINN = KAPITAL * GUTHABENZINS.

Von diesen Einkünften müssen die Ausgaben der Farm bestritten werden. Dies sind zunächst feste Unterhaltskosten (Lebensunterhalt und Instandhaltung der Gebäude). Dazu kommen Unkosten, die aus der Weidewirtschaft entstehen. Sie setzen sich aus einem festen Anteil (Zäune etc.) und einem Anteil, der von der Menge an Vieh abhängig ist, zusammen. Zusammen ergibt sich für die Weideunkosten:

Weideunkosten = Fixkosten + Konstante * Weidegewinn.

Außerdem muß der Dünger- und (falls Pestizide eingesetzt werden) der Pestizideinsatz bezahlt werden:

Düngeunkosten = Düngermenge * Düngerpreis;
PESTIZIDKOSTEN = FIXKOSTEN (für Spritzeinsatz) + DOSIS * PREIS.

Ist die Farm verschuldet, so müssen Zinsen bezahlt werden:

Kapitalkosten = Schuldenlast * Schuldzins.

Somit ergibt sich für die Jährliche Bilanz der Farm:

Gewinn = Weidegewinn + Holzgewinn + Zinsgewinn
– Unterhaltskosten – Weidekosten
– Düngekosten – – Pestizidkosten – Kapitalkosten.

3. Das Programm

Die verschiedenen Menues des Programms EUCA werden von einer SAA-ähnlichen Oberfläche aus angewählt. Auch weniger erfahrene Computerbenutzer haben dadurch keine Schwierigkeiten, das Programm zu bedienen. Zwei unterschiedliche Simulationsmodi werden angeboten : ÖKOSYSTEM und FARM. Während der Simulation wird der Systemzustand (im ÖKOSYSTEM-Modus der Eukalyptusbestand, der Vogelbestand und die Schadinsektendichte; im Modus FARM zusätzlich alle Einnahmen und Ausgaben sowie die Veränderungen gegenüber dem Vorjahr alphanumerisch angezeigt. Zur besseren Anschaulichkeit läßt sich der bisherige Verlauf der Simulation jederzeit auch graphisch darstellen. Beispiele der graphischen Darstellung im Modus ÖKOSYSTEM sind in Abbildung 2. dargestellt. Im Modus FARM kann zusätzlich zum Verlauf der Biomassen (Abb. 2.) der Verlauf der Ausgaben, der Einnahmen (Abb.3) und der Bilanz gezeigt werden.

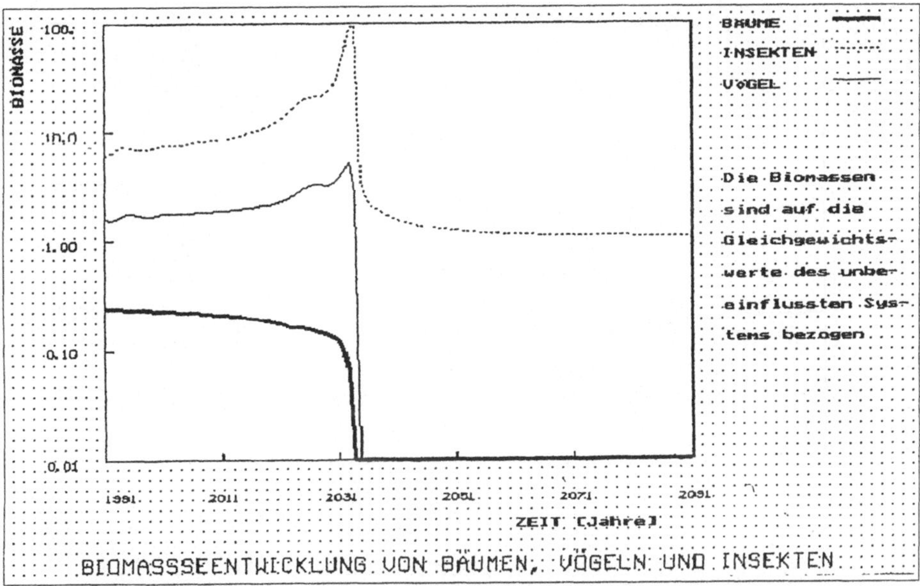

Abb. 2. Verlauf der Biomassen von Eukalyptus, Vögeln und Insekten, wenn das Weideland jährlich mit 300kg/ha gedüngt wird. Bis zu Jahre 2023 wurde jährlich 5% des Baumbestandes abgeholzt. danach war der Eukalyptusbestand soweit reduziert, daß er sich nicht mehr selbst regenerieren konnte (A). Der Zusammenbruch der Eukalyptuspopulation läßt sich durch den Einsatz von Pestiziden (B : 0.5 fache Normaldosis in den Jahren 2024-2050) verhindern. Dabei ist jedoch darauf zu achten, daß die Pestizide mittelbar auch die Vögel schädigen. Ein schlagartiges Absetzen der Spritzaktionen führt deshalb in diesem Fall zur Massenvermehrung der Insekten und damit zum Zusammenbruch der Eukalyptuspopulation.
Abb. 2 B nächste Seite!

Jeweils zu Beginn eines Simulationsjahres kann die Strategie (Umfang von Rodungen, Dünger- und Pestizideinsatz) neu festgelegt werden. Für weitergehende Untersuchungen mit dem Modell besteht zusätzlich die Möglichkeit die Modellparameter zu verändern. Dabei werden die ökonomischen und die ökologischen Parameter in getrennten Fenstern editiert. Eine kontextsensitive Hilfe ermöglicht jederzeit den Aufruf von Erläuterungen zur Modellstruktur und zur Bedeutung der verwendeten Parameter (s. z.B. Abb. 1). Der Simulationsmodus FARM kann außer im oben vorgestellten deterministischen Modus auch noch in einem stochastischen Modus betrieben werden. In diesem Modus treten mit vorwählbarer Wahrscheinlichkeit unvorhersagbare Ereignisse (wie etwa Reduktion der Insektenpopulation durch Parasitenbefall, Steigerung der Vogelpopu-lation durch besonders günstige Witterungsbedingungen während der Brutzeit, Verringerung des Weideertrages durch Krankheit der Schafe etc.) ein. Damit wird der Betrieb der Farm deutlich komplizierter und verlangt relativ robuste Managementstrategien.

4. Erfahrungen beim Einsatz von EUCA in der Lehre

Natürlich kann ein Spielprogramm wie EUCA jederzeit - und auch für relativ kurze Zeitabschnitte - im Unterricht eingesetzt werden, da es sehr wenig Einführung ver-

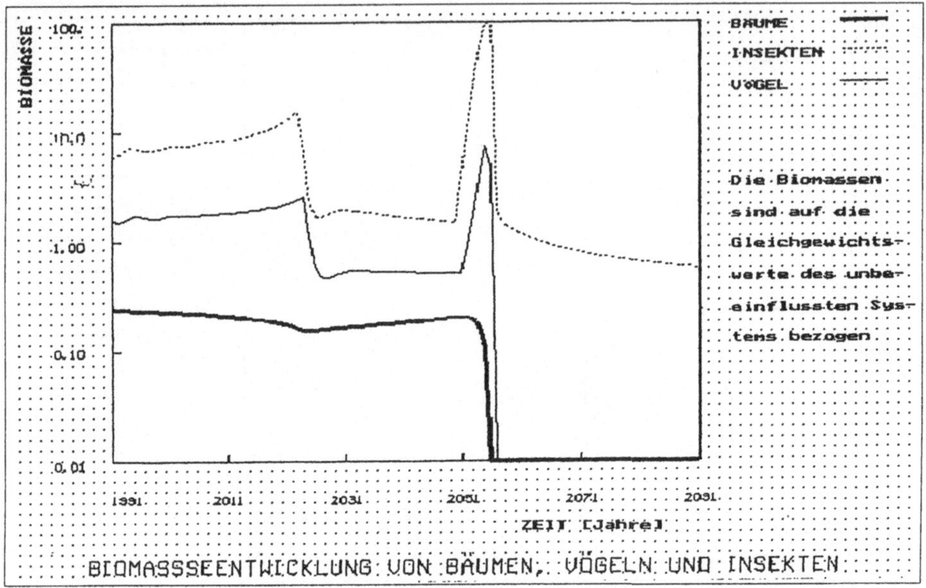

Abb. 2B

langt. Soll mit dem Spiel am Computer jedoch nicht nur auf angenehme Art Zeit verbracht werden, dann empfielt es sich, für die Beschäftigung mit dem Programm und dem ihm zugrundeliegenden Modell zumindest einen halben, nach Möglichkeit jedoch sogar einen ganzen Tag vorzusehen. Ich habe z.B. im Rahmen des ökologischen Praktikums für die Beschäftigung mit dem Programm jeweils einen Tag zur Verfügung gehabt. Knapp die Hälfte dieser Zeit wurde dazu verwendet, das dem Programm zugrundeliegende Modell abzuleiten. Dabei war es mir wichtig, auf die starke Abstraktion der Realität, die ein solches Modell verlangt, einzugehen. Daraus leiten die Studenten sehr schnell eine Fülle möglicher Phänomene ab, die durch ein solches Modell nicht mehr erfaßbar sind. So kann die Problematik wissenschaftlicher Prognosen in der Ökologie zumindest angerissen werden.

Der zweite Teil der Beschäftigung mit EUCA konzentriert sich auf die Diskussion der Ökosystem-Dynamik. Anhand einfacher Simulationen, bei denen den Studenten die Eingriffe ins Ökosystem vorgegeben sind, lernen die Studenten einige Eigenschaften des Ökosystems kennen. So erfahren sie z.B., daß sich der Baumbestand nicht mehr erholt, wenn er einmal unter eine kritische Grenze abgesunken ist (Abb. 2. zeigt den dazu verwendeten Simulationslauf). Oder sie erleben anhand des Einsatzes von Pestiziden, daß das untersuchte System ein schwingungsfähiges Gebilde ist (s. z.B. Abb.3) und daß der Einsatz von Dünger die dynamischen Eigenschaften des Systems verändert. Der nicht nur für die Studenten interessantere Teil der Arbeit mit dem Simulationsprogramm EUCA ist die interaktive Simulation im Modus FARM. Im Idealfall ist dieser Teil durch eine längere Pause von der Modelldiskussion getrennt, so daß die Studenten nicht mehr unmittelbar unter dem Eindruck der systemökologischen

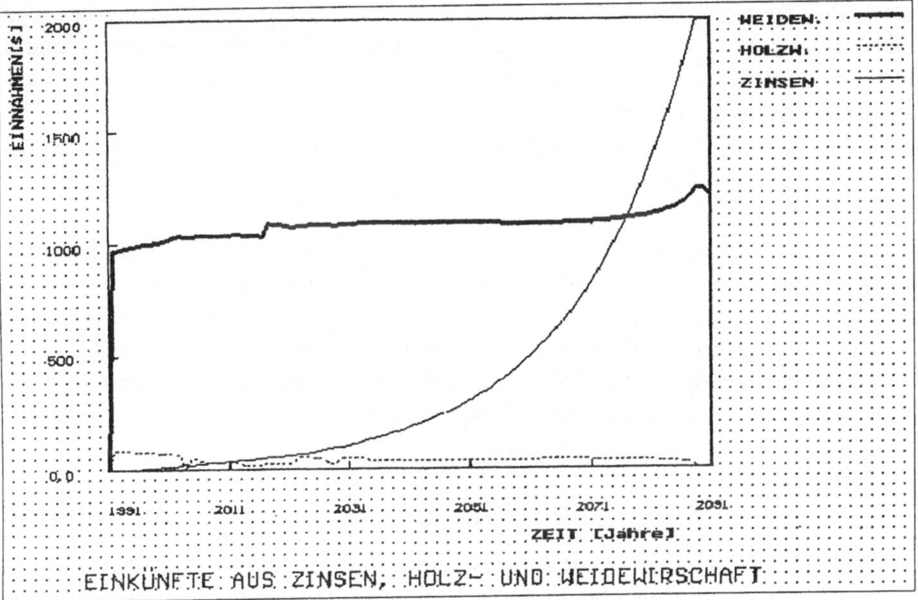

Abb. 3: Verlauf der Einnahmen aus Zinsen Weide- und Holzwirtschaft bei ökonomisch ausgesprochen erfolgreichem Management.

Diskussion stehen. Für diesen spielerischen Teil sollten bewußt keine Zielvorgaben gemacht werden. Ich habe als Einführung üblicherweise folgendes Scenario verwendet: „Sie haben von einem Ihnen bisher unbekannten Gönner eine Farm in New-England geerbt, sind nach Australien gereist, um dieses Erbe anzutreten und finden außer der Farm selbst noch folgendes Vermächtnis (vom Verstorbenen wohl in Hinsicht auf Ihre völlige Unkenntnis des Farm-Managements hinterlassen): Laß immer ein paar Bäume auf den Weiden stehen (so etwa 20t/ha), sonst trocknet Dir der Boden aus. Und dünge den Boden gut. Mit 300kg/ha bin ich immer gut gefahren. Pestizide braucht man hier nicht. Zwar macht die Farm einen guten Eindruck, aber der Stand des Kontos und die Ausstattung des Gebäudes zeigen Ihnen, daß mit dieser Politik keine Reichtümer zu erwirtschaften sind. Nun betreiben Sie die Farm!" Daran anschließend konnten die Studenten in mehreren Kleingruppen (zu 2 - 3 Teilnehmern) an jeweils einem Rechner für etwa zwei Stunden „FARM-Manager" spielen. Danach wurden die Erfahrungen mit dem Simulationsprogramm diskutiert. Die Kritik am Programm selbst hat dazu geführt, daß EUCA sich von einem kurzen BASIC-Programm zur heutigen menuegesteuerten PASCAL-Version entwickelt hat. Auf die Frage, welche Ziele sie beim Betrieb der Farm verfolgt hatten, wurde am häufigsten „möglichst hohen Gewinn erwirtschaften" angegeben. Allerdings gaben einige Gruppen auch Ziele an, bei denen der Erhalt des momentanen Baumbestandes, der Verzicht auf Pestizideinsatz und Dünger oder eine möglichst konstante Form der Bewirtschaftung im Vordergrund standen. Diese Angaben waren innerhalb einer Praktikumsgruppe (vier Kleingruppen) jeweils relativ homogen, konnten sich jedoch von Praktikumsgruppe zu Praktikumsgruppe stark unterscheiden. Da die Kleingruppen sich bei der Arbeit zusehen konnten und auch während des Spiels miteinander diskutierten, hat sich innerhalb einer Praktikumsgruppe üblicherweise relativ schnell ein gemeinsames Ziel herauskristallisiert. Die Studenten konkurrierten dann um die beste Strategie zum Erreichen dieses Zieles. Bei der ungeheuren Vielfalt möglicher Eingriffskombinationen (welche Düngermenge zu welcher Zeit bei welcher Düngung und Rodungsintensität) ist es innerhalb weniger Simulationen natürlich nur sehr schwer möglich, die Auswirkungen einer Strategie experimentell gut abzusichern. Welche Strategie in der Diskussion als die beste akzeptiert wurde, hing deshalb sehr stark von den eher zufällig gesammelten empirischen Befunden (Simulationserfahrungen) der jeweiligen Praktikumsgruppe ab. Dennoch hatte keine der Gruppen Schwierigkeiten, eine „wissenschaftliche" Erklärung für die Vorteile der von ihnen favorisierten Strategie zu finden.

5. Ausblick

In der vorliegenden Form eignet sich das Programm sehr gut für den Einsatz in Übungen und Praktika. Ich habe bewußt darauf verzichtet, ein komplexeres Ökosystem in das Programm zu implementieren. Genügend Beispiele für umfangreichere Modelle insbesondere aus der Limnologie (z.B. PARK & al. 1974), aber auch von ökonomisch-ökologischen Komplexen (z.B. WEDEKIND 1979), sind in der Literatur zu finden. In der vorliegenden Form ist das Modell jedoch noch einfach genug, um mit den Studenten gemeinsam hergeleitet zu werden. Auf der anderen Seite ist das abgebildete System komplex genug, um eine Reihe von Problemen des Ökosystem-Managements zu demonstrieren. Auch die Eingriffsmöglichkeiten in das System sind in der momentanen Version eher gering. Hier ließen sich mit Leichtigkeit – vor allem auch im ökonomischen Modell – Erweiterungen einbringen. Das könnte das Spiel mit dem Programm interessanter gestalten, würde aber sicherlich auch seine Reflektion erschweren. Unter Umständen ist es hier empfehlenswert, eine zweite – nicht für den Lehrbetrieb gedachte – Spielversion zu entwickeln, die dann auf einem wesentlich größeren Ereignisraum (mehr Eingriffsmöglichkeiten, vielfältigere Zufallseinflüsse, komplexere Beziehungen im Ökosystem) aufbauen könnte.

Literatur

Breiter-Hahn, J. (1979): Zur Verwendung des Evolutionsspieles Extinction im Hochschulunterricht. Berichte der Ökologischen Aussenstelle Schlüchtern der Universität Frankfurt, Heft 2

May, R. (1980): Populationsmodelle für eine Art. In: May, R. (Ed.) Theoretische Ökologie. Verlag Chemie, Weinheim. pp. 5-24

Müller, H.J.(1984): Ökologie. Gustav Fischer Verlag, Stuttgart.

Park, R.A. et al. (1974): A generalized model for simulating lake ecosystems. Simulation 21. pp. 33-50

Wedekind, J. (1979): TANALAND – ein ökonomisch- ökologisches Planspiel. Berichte der Ökologischen Aussenstelle Schlüchtern der Universität Frankfurt, Heft 2

Trenbath, B.R., Smith, A.D.M. (1981): Basic concepts for a eucalypt dieback in New England. In: Old, K.M., Kile, G.A., Ohmart, C.P. (eds.) Eucalypt dieback in forests and woodlands. CSIRO, Australia. pp. 234-243

EcoSiM – Simulationsmodelle für die Populationsdynamik

Udo Hommen und Ute Dülmer

RWTH Aachen
Institut für Biologie

Abstract

The program EcoSiM is a collection of population models for use in ecological courses and exercices. The program is written for PC's. The user-interface follows the SAA-Standard, different options for the graphic presentation of the simulation results are available. The implemented models extend from differential equations via Leslie matrices to the individuals' approach and from single-species via two-species-interactions to ecosystems. Examples for applications of the program are presented.

1. Einleitung

Die Populationsdynamik, d.h. „die zeitliche und räumliche Verteilung der Individuendichte im Freiland" (HALBACH 1974), ist ein zentrales Thema in der Ökologie. Modelle und Simulationen werden dabei als wichtige Werkzeuge zur kausalen Analyse der beobachteten Phänomene und zur Vorhersage künftiger Entwicklungen genutzt [8]. Das hier vorgestellte Programm EcoSiM wurde als Lernmittel für Biologiestudenten entwickelt und stellt eine Sammlung unterschiedlich komplexer Simulationsmodelle aus dem Gebiet der Populationsökologie dar. Die Studenten sollen zum einen mit grundlegenden Begriffen und Modellvorstellungen der Ökologie vertraut gemacht werden, zum anderen aber auch Simulationen als wichtige Methode der heutigen Biologie kennenlernen.

2. Das Programm

2.1 Hardwareanforderungen

Das Programm ist grundsätzlich auch auf minimal ausgestatteten XTs lauffähig. Empfohlen wird aber ein AT mit Festplatte. Die Einrichtung einer RAM-Disk bei einer Arbeitsspeichergröße über 640 KB und ein Koprozessor können vor allem die komplexeren Modelle spürbar beschleunigen. Eine Maus erleichtert die Bedienung des Programms, wird aber nicht vorausgesetzt. Alle gängigen Hercules-, EGA- und VGA-Monitore können verwendet werden; Farben werden dabei unterstützt.

2.2 Programmbedienung und Menüstruktur

Alle in EcoSiM implementierten Modelle sind mit einer einheitlichen Benutzerführung zu bedienen, die der SAA-Oberfläche Turbo-Vision von Turbo-Pascal 6.0 der Fa. Borland mit Pull-Down-Menüs, Dialogboxen, Fenstertechnik, Statuszeile, Kontexthilfe usw. entspricht (Abb. 1). Erfahrene Computerbenutzer haben dadurch kaum Schwierigkeiten, sich zurechtzufinden; Neulinge werden mit dem heutigen Standard der meisten Anwendungsprogramme vertraut gemacht.

Das Hauptmenü von EcoSiM ist den Hierarchieebenen des Programms entsprechend gegliedert (System - Modell - Parameter - Simulation - Ergebnisse - Daten - Fenster), während die Untermenüs Operationen in diesen Hierachieebenen beschreiben (z.B. Modell wählen, Parameter editieren, Simulation starten oder Ergebnisse drucken, s. Abb.2). Je nach Einsatz des Programms sind unterschiedlich komplexe Menübäume verfügbar, ebenso kann die Zahl der verfügbaren Modelle beliebig eingeschränkt werden.

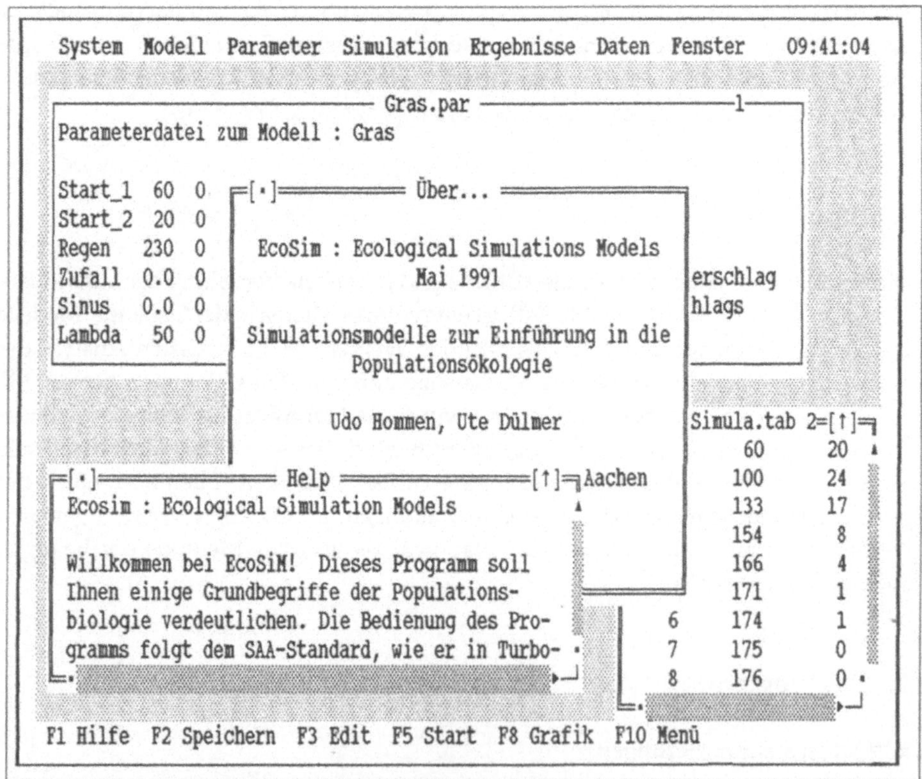

*Abb. 1: EcoSiM-Bildschirm mit Menü- und Statuszeile, P
arameter- und Simulationsfenster, Dialogbox und Hilfefenster*

Zwischen der Menüzeile oben und der Statuszeile am unteren Bildschirmrand können Fenster positioniert werden, um z.B. Modellgleichungen, Parameterwerte, Ergebnistabellen oder Versuchsdaten darstellen zu können. In der Anfangsphase kann zusätzlich zum ausführlichen kontextsensitiven Hilfesystem und zu den kurzen Erklärungen in der Statuszeile ein Fenster mit den empfohlenen nächsten Programmschritten zugeschaltet werden, um mit der Menüstruktur vertraut zu werden.

System	Modell	Parameter	Simulation	Ergebnisse	Daten	Fenster
Über...	Laden	Laden	Start/Weiter	Laden	Laden	Schließen
Hilfe	Erklärung	Edit	Beenden	Speichern	Zuordnen	Bewegen
Konfiguration		Speichern	Optionen	Drucken	Zeichnen	Größe
Farbe		Drucken		Zeichnen	Vergleich	Cascade
Maus				Optionen		Alle Löschen
DOS						
Ende						

Abb. 2: Menüstruktur von EcoSiM, ausführliche Fassung

Während einer Simulation können die Ergebnisse in Tabellenform oder graphisch als Zeitreihen- oder Phasendiagramm ausgegeben werden. Die Graphiken sind dabei relativ frei gestaltbar: Symbole oder Linien, Linienart und -dicke, Farben, Achsenbeschriftung und -skalierung können bestimmt werden. Bei einigen Modellen (z.B. RAUM, FALLE, HAI) können die Organismen mit ihrem Verhalten selbst am Bildschirm symbolisch dargestellt werden. Alle folgenden Abbildungen sind Bildschirmkopien und zeigen beispielhaft einige der graphischen Darstellungsmöglichkeiten von EcoSiM. Im Graphikmodus steht am unteren Bildschirmrand eine Menüzeile zur Verfügung, um in die laufende Simulation eingreifen zu können. So können z.B. die Art der Darstellung oder aber auch die Modellparameter selbst verändert und danach die Simulation fortgeführt werden. Die Ergebnisse einer Simulation können in Tabellenform gespeichert werden und stehen danach für graphische Darstellungen in EcoSiM selbst oder zum Import in kommerzielle Graphikprogramme zur Verfügung. Zum Vergleich der Simulationen mit gemessenen Daten können diese aus Tabellen eingelesen und in die Simulationsgraphik eingezeichnet werden. Einfache statistische Vergleiche zwischen Daten und Simulation wie z.B. mit Chi^2 oder r^2 sind ebenfalls möglich. Mehrere Dateien mit Ergebnissen z.T. klassischer Experimente oder Freilandbeobachtungen stehen zur Verfügung.

3. Implementierte Simulationsmodelle

3.1 Verteilungsmuster von Organismen

Das Verteilungsmuster von Organismen kann wichtige Rückschlüsse auf ihre ökologischen Ansprüche und ihr Verhalten erlauben und die Wahl einer geeigneten Methode zur Bestimmung der Populationsdichte beeinflussen. Die Kenntnis des Verteilungsmusters ist daher oft die Voraussetzung einer populationsdynamischen Untersuchung [15]. Das Modell RAUM verteilt eine zufällige Anzahl von Organismen nach einem der drei Grundverteilungsmuster – zufällig, gleichmäßig oder geklumpt – auf dem Bildschirm. Der Benutzer wird danach aufgefordert, die Anzahl und das Verteilungsmuster zu schätzen; die Schätzung kann mit den Angaben des Programms verglichen werden. Für eine genauere statistische Auswertung werden einzelne „Probeflächen" in das „Untersuchungsgebiet" eingezeichnet oder ein Raster über das gesamte Gebiet gelegt. Aus den Besetzungszahlen dieser Teilflächen kann dann das Verteilungsmuster statistisch abgesichert bestimmt werden. Die durchgeführte Berechnung kann anhand der vom Programm ausgegebenen Lösung kontrolliert werden.

3.2 Methoden der Populationsdichtebestimmung

Mit Hilfe des Modells FALLE können zwei wichtige Methoden der Populationsdichtebestimmung, die Stichproben- und die Rückfangmethode [11], erlernt und die Genauigkeit und der Anwendungsbereich beider Methoden untersucht werden. Dazu wird ein „Untersuchungsgebiet" als Bildschirmausschnittt simuliert, in dem sich „Käfer" bewegen. Es können „Fallen" aufgestellt werden, die in regelmäßigen Abständen kontrolliert werden. Gefangene Tiere werden dabei markiert und wieder ausgesetzt. Aus der Fanggröße, der Anzahl der Wiederfänge und der Gesamtzahl an markierten Tieren läßt sich die Populationsdichte abschätzen (Rückfangmethode). Bei der Stichprobenmethode dagegen werden Teilflächen des Untersuchungsgebiets vollständig ausgezählt und auf die Gesamtfläche hochgerechnet.

3.3 Populationsdynamik in Ein-Art-Systemen

3.3.1 *Differentialgleichungsmodelle*

Bei dieser weit verbreiteten Art von Modellen wird die Population als homogen betrachtet und die Dichteänderung pro Zeitschritt nach folgendem Schema berechnet:

Gl. 1: $$dN/dt = f(N, p_1 .. p_n)$$

mit N = Populationsdichte
t = Zeit
p = Parameter (z.B. Wachstumsrate, Kapazität, Temperatur, Dichten anderer Populationen).

In EcoSiM sind mehrere derartige Modelle zur Beschreibung der Populationsdynamik einer einzelnen Art enthalten: Exponentielles Wachstum (Abb. 3), Logistisches Wachstum (Pearl-Verhulst-Gleichung, Abb. 3), Logistisches Wachstum mit Bewirtschaftung (verschiedene Erntestrategien, Konzept des maximal stabilen Ertrags), Logistisches Wachstum mit Zeitverzögerung (Abb. 3) und Logistisches Wachstum unter schwankenden Umweltbedingungen. Populationen mit nicht überlappenden Generationen können über Differenzengleichungen ebenfalls simuliert werden (Abb. 3). Eine ausführliche Beschreibung und Diskussion derartiger Modelle findet sich z.B. in MAY (1980).

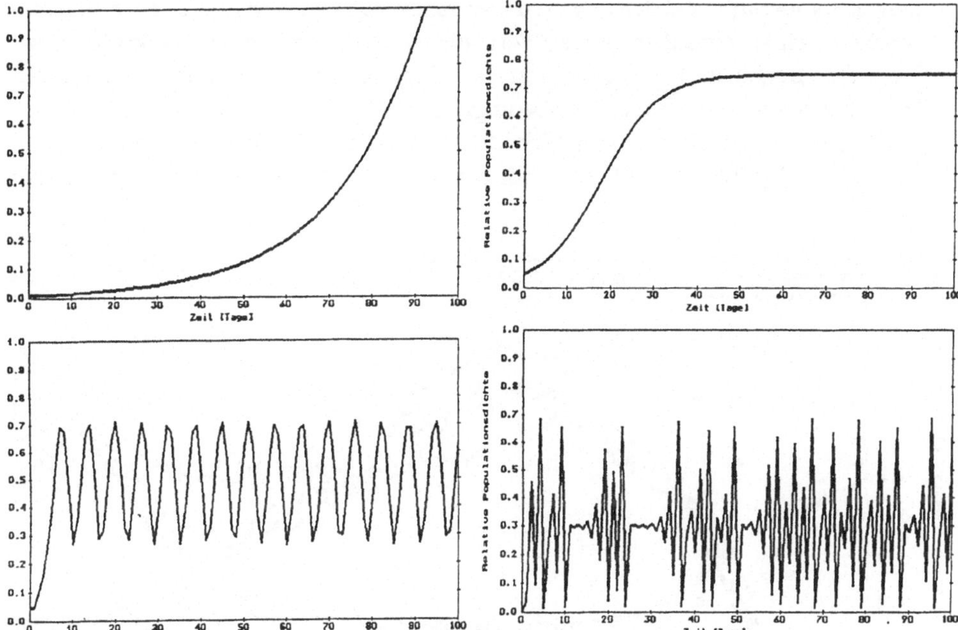

Abb. 3: Differentialgleichungsmodelle für Einartsysteme
oben: Exponentielles Wachstum und Logistisches Wachstum
unten: Logistisches Wachstum mit Zeitverzögerung und bei diskreten Generationen

3.3.2 Stadien- und Altersklassenmodelle

Die unter 3.3.1 beschriebenen Modelle fassen die Population als stets gleich zusammengesetzt auf. Verschiedene Altersklassen oder Entwicklungsstadien mit unterschiedlichen Fertilitäten und Mortalitäten werden dabei nicht berücksichtigt. Für eine genauere Beschreibung derartig strukturierter Populationen werden daher Teile einer Population mit unterschiedlichen populationsdynamischen Eigenschaften auch getrennt behandelt und durch entsprechende Übergangsraten verbunden (z.B. Stadien Ei – Larve – Adulttier bei Insekten oder Jahrgänge bei Fischen). Bei der Verwendung derartiger Modelle können demographische Begriffe wie Lebenstafel, Alterspyramide, Nettoreproduktions-rate, altersspezifische Fertilität usw. eingeführt werden.

3.3.3 Modellierung der Populationsdynamik aus den Eigenschaften der Individuen

Eine detaillierte Beschreibung von Populationen wird mit dem Individuenansatz erreicht [7]. Hierbei setzt sich die modellierte Population aus Individuen zusammen, deren Lebensparameter im Rahmen der natürlichen Variabilität liegen. Der Individuenansatz zeichnet sich durch seinen komplexen Ansatz und ein hohes Maß an Wirklichkeitsnähe aus. In dem Modell DAPHNIA wird eine Population von Wasserflöhen (Daphnia magna) beschrieben [3]. In das Modell einfließende Lebensparameter der Daphnien sind Juvenilentwicklung, Längenwachstum, Reproduktion, Entwicklungsdauer der Embryonen und Überlebenszeit, die von äußeren Faktoren wie Nahrungsmenge, Temperatur und Schadstoffkonzentration abhängen. Jedem Tier werden entsprechend experimentell ermittelter Verteilungsfunktionen individuelle Werte dieser Parameter zugeteilt. Die Variabilität der Organismen bewirkt unterschiedliche Simulationsläufe trotz gleicher Startbedingungen (Abb. 4).

Für bestimmte Nahrungs- und Schadstoffkombinationen liegen Daten aus Versuchen vor (DÜLMER unveröffentl.), mit denen die Simulationen verglichen werden können.

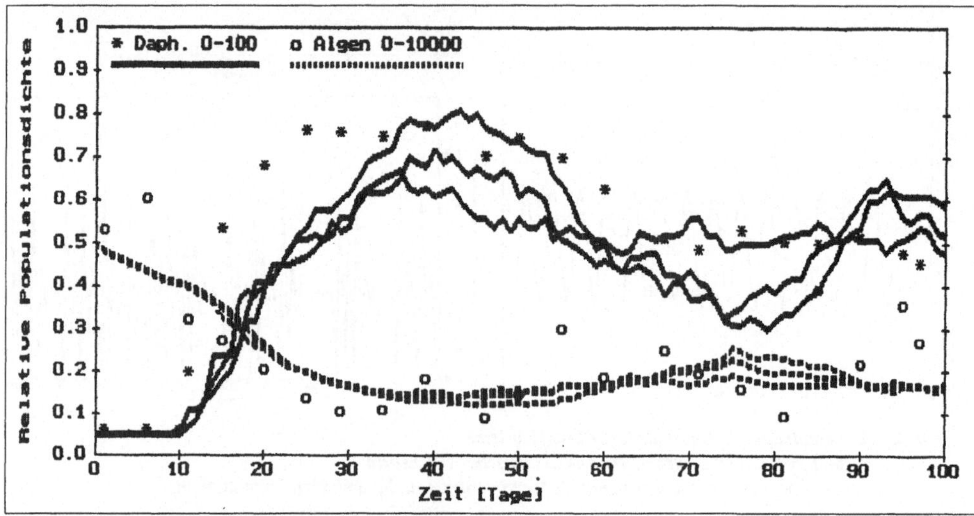

Abb. 4: Drei Simulationen einer Daphnien-Laborpopulation Daten (Symbole) nach DÜLMER, unveröffentlicht

3.4 Wechselwirkungen zwischen zwei Arten

3.4.1 Räuber-Beute-Modell nach Lotka-Volterra

In den 20er Jahren entwickelten LOTKA (1925) und VOLTERRA (1926) unabhängig voneinander ein einfaches Räuber-Beute-Modell, welches trotz grober Vereinfachungen als eines der ersten populationsdynamischen Modelle große Bedeutung in der Populationsökologie hat. In diesem Modell wird vorausgesetzt, daß die Sterberate der Beute proportional zur Räuberdichte und umgekehrt die Geburtenrate des Räubers proportional zur Dichte der Beute ist, während die Sterberate der Beute und die Geburtenrate der Räuber konstant sind:

Gl. 2:
$$dB/dt = B * (b_B - a_1 * R)$$
$$dR/dt = R * (a_2 * B - m_R)$$

mit b = Geburtenrate derBeuteB,
m_R = Sterberate der Räuber R,
a_1, a_2 = Proportionalitätsfaktoren,
t = Zeit.

Dieses Gleichungssystem erzeugt gleichmäßige Oszillationen beider Populationen (Abb. 5 oben), ähnlich wie in dem klassischen Beispiel von Schneehase und Luchs nach Fellverkäufen der Hudson-Bay-Company (Abb. 5 unten links).

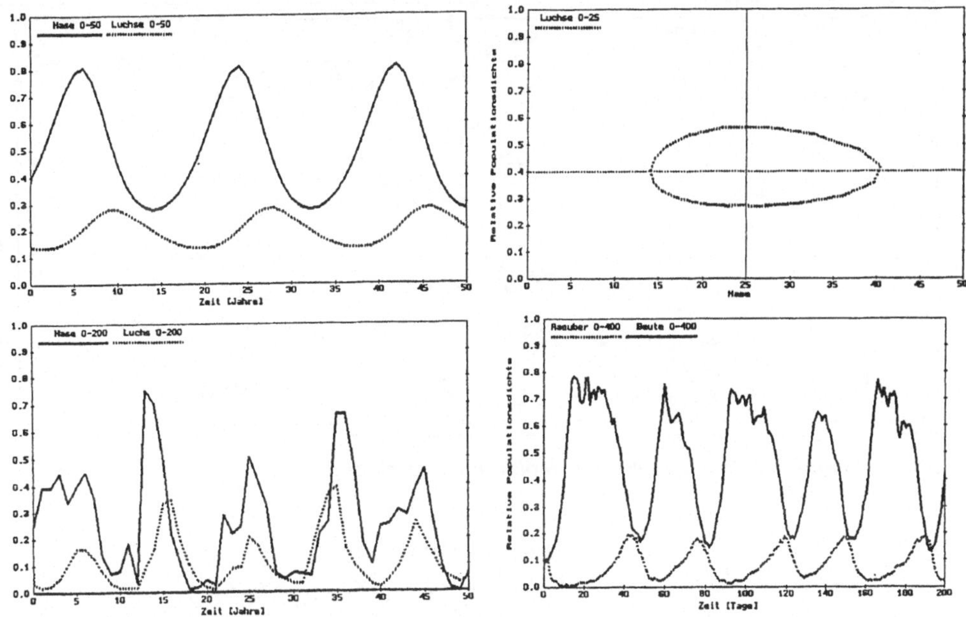

Abb. 5: *Räuber-Beute-Systeme*
oben: klassisches Lotka-Volterra-Modell: Zeitreihe und Phasendiagramm mit Isoklinen (Nullwachstumsgeraden)
unten links: Fellverkäufe der Hudson-Bay-Company von 1850-1900 [2]
unten rechts: Räuber-Beute-Zyklen nach dem Individuenansatz (Modell HAI)

Das Lotka-Volterra-Modell wurde vielfach abgewandelt und realistischer gestaltet [vgl. 10], Beispiele sind in EcoSiM verfügbar, sollen aber hier nicht weiter behandelt werden.

3.4.2 Ein Räuber-Beute-Modell nach dem Individuenansatz

Im Modell HAI werden Räuber (Haie) und Beute (kleine Fische) nach dem Individuenansatz modelliert. Die jeweiligen Populationen werden auf unterschiedliche Individuen zurückgeführt und zeigen eine natürliche Variabilität.

Die Tiere vermehren sich in bestimmbaren Intervallen und sterben nach fehlender Nahrungsaufnahme bzw. am Ende ihrer vorzugebenden Lebenszeit. Räuber und Beute bewegen sich stochastisch im simulierten Lebensraum, nur wenn sich kleine Fische in der unmittelbaren Umgebung befinden, werden sie vom Hai verfolgt und gefressen [2]. Die mit diesem stark vereinfachendem Modell erzeugten stochastischen Simulationsläufe beschreiben natürliche Oszillationen besser als rein deterministische Modelle (Abb. 5, unten rechts).

3.4.3 Konkurrenz zwischen zwei Arten

Ein erstes Modell zur Konkurrenz wurde ebenfalls von Lotka und Volterra auf der Grundlage des logistischen Wachstums entwickelt (Abb. 7):

Abb. 6: Symbolische Darstellung der Tiere (Modell HAI, Bildschirmkopie)

Gl. 3:

$$dX/dt = r_x * X * (1 - (X - a_{yx} * Y) / K_x)$$
$$dY/dt = r_y * Y * (1 - (Y - a_{xy} * X) / K_y)$$

mit

r_x, r_y = Wachstumsraten von Pop. X bzw. Y,
K_x, K_y = Kapazität (Umwelttragfähigkeit),
a_{xy} = Maß für den Einfluß von X auf Y,
t = Zeit.

Unter wechselnden Umweltbedingungen kann Stärke und Richtung einer Konkurrenzbeziehung variieren. Im Modell GRAS wird dies am Beispiel der Konkurrenz zweier Gräser in der argentinischen Steppe verdeutlicht. Beide Arten stellen unterschiedliche Ansprüche an die jährliche Niederschlagsmenge, wobei für Wachstumsraten, Kapazitäten und Konkurrenzfaktoren jeweils lineare Abhängigkeiten vom Niederschlag vorausgesetzt werden [5]. Dadurch kann das Systemverhalten bei unterschiedlichen Konkur-

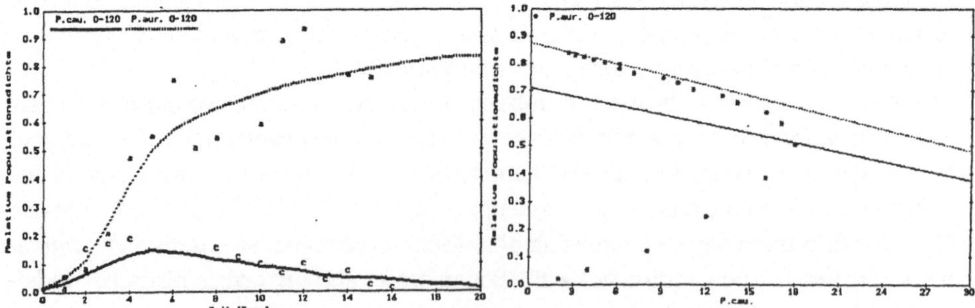

Abb. 7: Konkurrenzmodell nach Lotka-Volterra, am Beispiel von zwei Paramecienarten Zeitdiagramm mit Daten (Symbole) nach GAUSE (aus ODUM 1980) Phasendiagramm mit Isoklinen (Nullwachstumsgeraden)

renzsituationen unter dem Einfluß von zufällig oder periodisch schwankenden Umweltbedingungen simuliert werden.

3.5 Komplexe populationsökologische Modelle

3.5.1 EUCA : Simulation eines Wald-Grasland-Systems

Das Modell EUCA beschreibt die Wechselwirkung in einem australischen Ökosystem aus Eucalyptuswald, Grasland, Käfern und Vögeln unter Forst- und Weidewirtschaft. Es wird an anderer Stelle ausführlich vorgestellt [14].

3.5.2 SWACOM : Standard WAter COlumn Model

SWACOM [1; 13] ist das komplexeste in EcoSiM eingebundene Modell. Es simuliert die Jahresdynamik von 10 funktionellen Phytoplanktongruppen, 5 Zooplanktongruppen, 3 planktonfressenden Fischarten und einem Raubfisch in einem standardisierten See. Die Dynamik der einzelnen Algenarten wird dabei als Funktion der zur Verfügung stehenden Nährstoffe, des Lichts, der Wassertemperatur über die Prozesse Photosynthese, Respiration, Mortalität und Zooplanktonfraß beschrieben. Analog dazu sind die Konsumenten durch ihre Nahrungsspektren, ihre maximalen Freßraten, die Assimilationseffizienzen und die Respirationsraten charakterisiert.
Das Modell eignet sich gut, um Auswirkungen von Schadstoffen in einem komplexen System von Konkurrenz- und Räuber-Beute-Beziehungen unter wechselnden abiotischen Faktoren zu veranschaulichen, indem der ungestörte Jahresgang mit simulierten Schadstoffszenarien verglichen wird. Abb. 8 zeigt zum Beispiel die Auswirkung einer Schadstoffeinleitung im Frühjahr, durch welche vier der fünf Zooplanktongruppen geschädigt werden.

4. Einsatzmöglichkeiten von EcoSiM

Das Programm wird bisher an zwei Tagen innerhalb eines vierwöchigen Praktikums des Lehrstuhls für Biologie V der RWTH Aachen eingesetzt, um Biologiestudenten imHauptstudium mit dem Gebiet der Populationsdynamik vertraut zu machen. Da Untersuchungen an realen Populationen sehr zeitaufwendig sind, werden erst durch die Verwendung von Simulationsmodellen mehrere „Experimente" in der zur Verfügung stehenden Zeit möglich. Im Aachener Praktikum werden dabei folgende Fragestellungen bearbeitet: Zunächst werden mögliche Verteilungsmuster von Organismen und verschiedene Arten der Populationsdichtebestimmung im Freiland vorgestellt und durch Computersimulationen verdeutlicht (Modelle RAUM, FALLE). Danach werden verschiedene Modelle der Dynamik einzelner Populationen bearbeitet, von denen dann im nächsten Schritt die klassischen Lotka-Volterra-Gleichungen für Räuber-Beute-Systeme und Konkurrenz abgeleitet werden. Nach Diskussion der stark vereinfachenden Annahmen in diesen Modellen und Erarbeitung von Verbesserungen werden zum Schluß am Beispiel des Modells EUCA komplexe Wechselwirkungen in einem Ökosystem untersucht.

Die Praktikanten erhalten Aufgaben zu den einzelnen Modellen, um planloses „Herumspielen" zu verhindern. Sie sind aber aufgefordert, auch selbständig Fragen zu entwickeln und zu diskutieren. Neben Experimenten mit den Simulationsmodellen sollen auch statistische Tests eingeübt werden und analytische Lösungen mit Simulationsergebnissen verglichen werden. In anders strukturierten Praktika ist auch ein paralleler Einsatz des Programms zu Experimenten denkbar - z.B. bei Konkurrenzversuchen mit Algen unter verschiedenen Lichtbedingungen oder bei Versuchen mit Protozoen ähnlich wie in den Experimenten von GAUSE (1934). Das Modell SWACOM bietet sich als zusätzliches Lernmittel in Limnologie- oder Ökotoxikologiekursen an. Zusätzlich zu den hier vorgestellten populationsökologischen Modellen ist geplant, auch einige populationsgenetische Modelle in EcoSiM aufzunehmen.

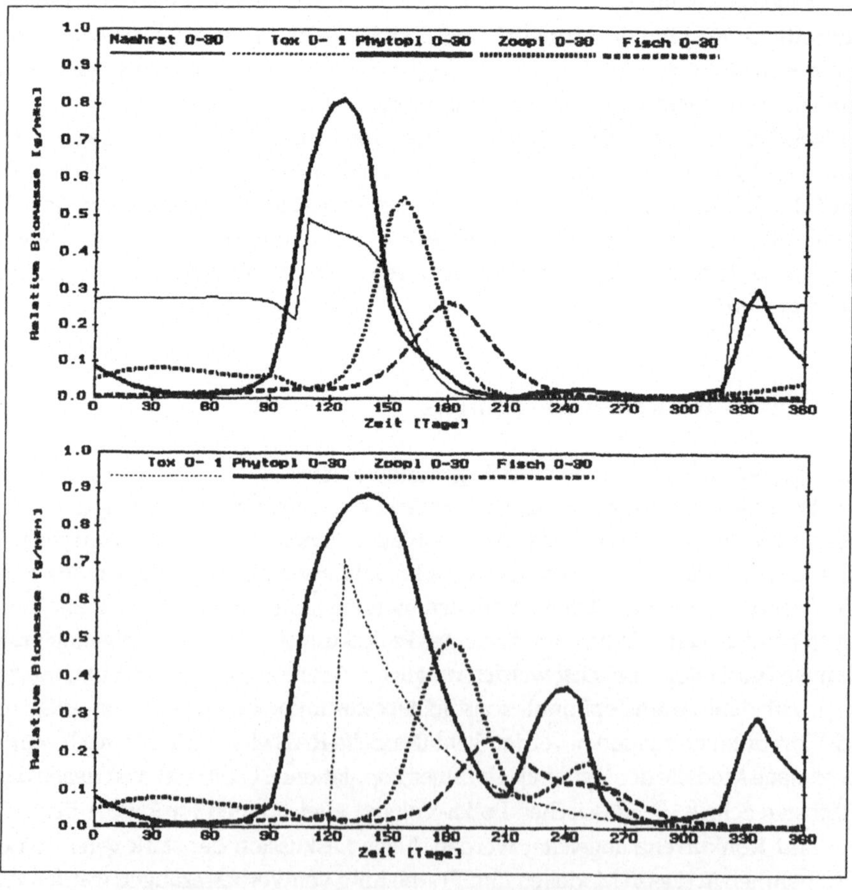

Abb. 8: Modell SWACOM [1; 13] ungestörter Standardjahresgang (oben) und simulierte Schadstoffeinleitung am Tag 120 mit Schädigung von vier Zooplanktongruppen (unten)

5. Literatur

1. Bartell S.M., Brenkert A.L., O'Neill R.V., Gardner R.H. (1988): Temporal variation in regulation of production in a pelagic food web model.- Complex interactions in lake communities, Carpenter S.R. (ed.), 101-118, Springer
2. Dewdney A.K. (1985): Computer-Kurzweil. Spektrum der Wissenschaft, 2, 6-13
3. Fitsch V., Kaiser H. (1987): Population dynamics of Daphnia magna - Simulations using the individuals' approach. In: Möller D.P.F. (ed.): Advances in systems analysis. Vol. 2. Vieweg Braunschweig
4. Gause G.F. (1934): The struggle for existence. Williams and Wilkins, Baltimore
5. Golluscio R.A., Paruelo J.M., Aguir M.A. (1990): Simulation models for educational purposes: an example on the coexistence of plant populations. Journal of Biological Education, 24 (2), 81-86
6. Halbach U. (1974): Methoden der Populationsökologie. Verhandlungen der Gesellschaft für Ökologie (Erlangen 1974)
7. Kaiser H. (1979): The dynamics of populations as result of the properties of individual animals. In Halbach U., Jacobs J. (eds.): Population ecology. Fortschr. Zool. 25, 109-136
8. Kaiser H. (1985): Simulation in der Ökologie. Verhandlungen der Gesellschaft für Ökologie (Bremen 1983), Band XIII
9. Lotka A.J. (1925): Elements of physical biology. Williams and Wilkins, Baltimore (Reissued as: Elements of mathematical biology. Dover 1956)
10. May R.M. (1980): Theoretische Ökologie. Verlag Chemie
11. Mühlenberg M. (1976): Freilandökologie. Quelle & Meyer
12. Odum E.P. (1980): Grundlagen der Ökologie. Thieme
13. O'Neill R.V., Gardner R.H., Barnthouse L.W., Suter G.W., Hildebrand S.G., Gehrs C.W. (1982): Ecosystem risk analysis: A new methodology.- Environmental Toxicology and Chemistry 1, 167-177
14. Poethke H.J. (1991): EUCA - Zum Einsatz eines Ökosystem-Simulationsmodells in der Lehre. In: Microcomputer-Forum für Bildung und Wissenschaft. Springer
15. Streit B. (1980): Ökologie. Thieme
16. Volterra V.(1926): Variazioni e fluttuazioni del numero d'individui in specie animali conviventi. Mem. Acad. Lincei 2, 31
17. Wedekind J., Wöhrmann K. (1983): Populationsbiologie (Microcomputer im Untericht). Ulme

CH-HyperMED – Interaktives Video für die Medizin

Claus-Jürgen Peimann

Universitäts-Krankenhaus Eppendorf, Hamburg

Im Januar dieses Jahres fand hier in Berlin der zweite Workshop „Neue Lern- und Lehrformen im Medizinstudium" statt. Er diente der wissenschaftlichen Begleitung des „Reformstudiengangs Medizin", der hier an der Freien Universität in Kooperation mit der Ärztekammer Berlin und der Akademie für ärztliche Fortbildung entsteht. Ähnliche Ansätze gibt es auch an anderen großen Kliniken in Deutschland, insbesondere aber im Ausland, wie z.B. in Maastricht (Holland) und in Linköping (Schweden). All diesen Studienreformmodellen ist gemeinsam, daß sie durch Reorganisation und Umstrukturierung des Medizinstudiums die Qualität der ärztlichen Ausbildung verbessern wollen. Daß dies dringend notwendig ist, ergibt sich auch aus den Aussagen des Wissenschaftsrates von 1988, der feststellte, „bei der bestehenden Situation könne eine angemessene, den gesetzlichen Anforderungen entsprechende Ausbildung" nicht „vermittelt werden".

Ich möchte aus den Lernzielen dieser reformierten Studiengänge einige herausgreifen und im Folgenden zeigen, welchen Beitrag der Einsatz von neuen Konzepten der Wissensvermittlung zur Lösung der mit diesen Lernzielen verbundenen Fragestellungen leisten kann.

- Selbstbestimmung des Lernprozesses

  Hierunter ist nicht nur die Einflußnahme der Studierenden auf Lerninhalte zu verstehen, sondern auch und insbesondere die Individualisierung des Lerntempos. Dieses kann sich z.B. dadurch ausdrücken, daß Lerneinheiten zyklische Strukturen aufweisen, die es den Studierenden gestatten, die Lerneinheit als Ganzes oder in Teilen so oft zu wiederholen, bis das Lernziel erreicht ist.

- Problemorientiertes Lernen

  Hiermit ist gemeint, daß sich die Lernziele an realen klinischen Fragestellungen orientieren. Das kann erreicht werden, indem eine Lerneinheit unter ein praxisrelevantes Thema, z.B. „Brustschmerz", gestellt wird. Die Lerninhalte können dann anhand von realen Patienten und durch Fallsimulationen vermittelt werden. Die Fallsimulationen haben hierbei mehr den Charakter von vor- und nachbereitenden Übungen und sollen den Kontakt zum Patienten nicht ersetzen.

- Interdisziplinäres Lernen

  Das bisherige medizinische Curriculum orientiert sich am wissenschaftlich geprägten und hochspezialisierten Fächerkanon der Medizin. Diese Struktur steht im Widersspruch zur praktischen Arbeit, in der vom Arzt gefordert wird, daß er fachübergreifend denken und handeln kann. Es müssen also Lernmethoden und -konzepte entwickelt werden, mit deren Hilfe ein fachübergreifender Kontext erzeugt werden kann

Vor dem Hintergrund dieser willkürlich herausgegriffenen Lernziele kann man fragen, welchen Beitrag zur Lösung der hier angeschnittenen Probleme computergestützte Lehr- und Lernsysteme liefern können und welche Eigenschaften sie haben müssen, um den Lernzielen zu entsprechen.

Durch die von mir entwickelten Programme CH-HyperMED und "Anatomie des Kopfes" ist es heute möglich, durch neue Hard- und Softwaretechnologien Lehr- und Lernsysteme für die Medizin zu produzieren, die den o.g. Lernzielen entsprechen und insbesondere im Bereich des kognitiven Lernens erfolgreich eingesetzt werden können. CH-HyperMED basiert auf einer in der Schweiz entwickelten Bildplatte namens CH-MED, auf der mehr als 44.000 Bilder und einige kurze Filme aus allen Bereichen der Medizin und des Gesundheitswesens gespeichert sind. Für diese Platte gab es bislang nur ein Kapitelverzeichnis, aber keinen vollständigen Bildindex. In den Vorarbeiten zu den Programmen habe ich deshalb mit dem Ordinarius für Neuroanatomie, Herrn Prof. Dr. Lierse, und einem erfahrenen Arzt für Unfallchirurgie die Bilder aus den Kapiteln, die in ihre Kompetenz fielen, durchgearbeitet und so einen vollständigen Bildindex für die Bereiche Anatomie und Unfallchirurgie erzeugt.

CH-HyperMED orientiert sich an der durch die Platte definierten Kapitelstruktur, für jedes Kapitel gibt es eine eigene Karte, auf der alle Bilder dieses Kapitels mit den dazugehörigen Bildnummern aufgeführt sind. Aktiviert man eines der Schlagwörter, so erscheint in einem Videofenster das auf der Platte gespeicherte Bild. Zu diesem Zweck wurde CH-HyperMED um entsprechende Funktionen zur Steuerung eines Bildplattenspielers ausgebaut; weiteres Hilfsmittel ist ein in den Rechner eingebautes Video-Mischsystem (Framegrabber), das ebenfalls durch CH-HyperMED gesteuert werden kann. Ferner können mit einer Suchfunktion alle Bilder, die zu einem eingegebenen Begriff gehören, herausgesucht und nacheinander beliebig vorwärts und rückwärts dargestellt werden. Darüber hinaus ist es möglich, die Bilder, die bislang nur analog dem Monitorsignal des Rechners beigemischt wurden, zu digitalisieren und auf der Festplatte des Rechners abzulegen, wo sie mit einem Grafikprogramm weiterverarbeitet oder auf einem Diabelichter ausgegeben werden können. CH-HyperMED ist als Hilfsmittel für Lehrveranstaltungen konzipiert. Um die Bildinhalte zu verstehen, benötigen die Studierenden weitere Informationen. Die Bilder müssen in einen erläuternden Kontext gestellt werden, was in der Regel durch eine Lehrveranstaltung zu geschehen hat.

Es ist aber auch möglich, die Aufgabe der Erläuterung durch Lehrbuchtext auf den Rechner zu übertragen und hierdurch den Anwendungsbereich solcher Programme erheblich zu erweitern. Dies ist im Programm „Anatomie des Kopfes“ geschehen. Hier wurde der Teil des Bildindexes, der zu diesem Lehrgebiet gehört, um Lehrbuchwissen und Grafiken erweitert und die Bedienungsoberfläche um Funktionen zur Organisation und zur Orientierung im Lehrstoff ergänzt. Ein im Textteil des Programms aktiviertesWort wird zur Kontextgenerierung benutzt. Mit diesem Begriff kann nun zu anderen Textstellen, zu Grafiken und zu Videobildern gegangen werden. Der Benützer kann zwischen den verschiedenen Repräsentationsformen beliebig hin- und herspringen; sobald er Kontextbereich verläßt, z.B. das letzte zu einem Begriff gehörende Bild erreicht hat, erhält er vom Programm eine Meldung. Die Grafiken verfügen über Beschriftungen mit den korrekten anatomischen Bezeichnungen, die ein- und ausgeblendet werden können. Über <RETURN> in der Tastenleiste am rechten Bildschirmrand kehrt man zu der Textstelle zurück, von der aus der Kontextpfad gestartet wurde. In dieser Tastenleiste befinden sich auch die Tasten für weitere Hilfsfunktionen. Mit Hilfe der Taste <FINGER IM BUCH> ist es möglich, sich unabhängig von allen anderen Vorgängen eine bestimmte Stelle im Dokument zu merken. Ein erneuter Klick auf diese Taste bringt den Benutzer zu der Karte zurück, auf der diese Taste ursprünglich aktiviert wurde. Mit der Taste <ANNOTATIONEN> wird ein Textfeld für Notizen sichtbar gemacht, die beim Beenden des Programms in einer Datei abgespeichert und mit einem Textverarbeitungsprogramm weiterverarbeitet werden können. Werden die Annotationen nicht gespeichert, so bleiben sie erhalten, so daß sie bei einer erneuten Benutzung des Programms weiterverwendet werden können. Die beiden Tasten <HILFE> und <ÜBERBLICK> dienen der Orientierung und Online-Hilfe bei der Benutzung des Programms. Beide Funktionen sind außerordentlich wichtig für den Umgang mit nichtlinear strukturierten Dokumenten.

Ich hoffe, ich habe deutlich machen können, daß mit Programmen dieser Art selbstbestimmtes Lernen in idealer Weise ermöglicht werden kann. Auch problemorientiertes Lernen kann mit der hier noch vorhandenen Einschränkung des singulären Kontextbegriffes erreicht werden. Und die Realisierung einer interdisziplinären Lernumgebung ist letztendlich nur noch eine Frage des Inhaltes und damit des Umfanges des Programms und nicht einer curricularen Reorganisation. Die diesem Konzept zugrundeliegenden Dokumente sind aus der Benutzersicht unstrukturiert. Erst im Ablauf wird durch den/die Benutzer/-in eine individuelle Struktur definiert. Die oben definierten Lernziele werden also durch Programme dieser Art unterstützt, und insofern kann die eingangs gestellte Frage, ob neue Computertechnologien in der Lage sind, einen Beitrag zur Innovation des medizinischen Curriculums zu liefern, bejaht werden.

Computerunterstütztes Lernen im Physiologischen Praktikum am Beispiel des Elektrokardiogramms (EKG)

Harald Wiese, Michael Illert, Klaus Schurbohm und Uwe Wolfram

Christian-Albrechts-Universität Kiel
Physiologisches Institut

Zusammenfassung

Die Aufnahme und Auswertung des EKGs gehört zu den Standardaufgaben im Physiologischen Praktikum der Medizinstudenten. Wir haben dazu ein Computerprogramm entwickelt, welches es erlaubt, bis zu 12 EKG-Ableitungen simultan von Probanden aufzunehmen. Die Daten können von EKG-Schreibern mit Analogausgängen bzw. serieller Schnittstelle übernommen werden. Die Daten werden im PC gespeichert und in das Lehrprogramm eingebaut. Dieses erlaubt eine detaillierte Auswertung des EKGs, insbesondere die Analyse der dem EKG zugrundeliegenden Vektorproblematik. Das Program wird seit dem Sommersemester 1990 am Physiologischen Institut der Universität Kiel erfolgreich in der Lehre eingesetzt. Bisher haben etwa 500 Studenten damit gearbeitet [1].

1. Einleitung

Eine Aufgabe, die an vielen Instituten im Rahmen des Physiologischen Pflichtpraktikums für Medizinstudenten durchgeführt wird, beschäftigt sich mit den Grundlagen der Erregungsbildung und -leitung am Herzen. Am Physiologischen Institut der Christian-Albrechts-Universität zu Kiel wurde dazu ein Computerprogramm entwickelt, das jetzt seit drei Semestern erfolgreich eingesetzt worden ist. Das im Praktikum verfolgte Konzept sieht vor, daß sich die Studenten zunächst mit der Aufnahme des EKGs auseinandersetzen. Dazu stehen moderne handelsübliche EKG-Schreiber zur Verfügung. Das richtige Anlegen der Elektroden, das Vermeiden von Meßartefakten sowie die Bedeutung der üblichen Standardableitungen werden erarbeitet. Die erhaltenen Papierregistrierungen werden vermessen. Zusätzlich zum EKG wird noch eine Herzschallregistrierung vorgenommen, um die zeitlichen Bezüge zwischen EKG und Herztönen klarzumachen. Desweiteren registrieren die Studenten ein Belastungs-EKG, welches anschließend ebenfalls ausgewertet wird. Im zweiten Teil des Praktikums kommt das entwickelte Computerprogramm zum Einsatz.

2. Funktionen des Programms

Im ersten Teil des Programms liegen die inhaltlichen Schwerpunkte auf der Erarbeitung der Entstehungsmechanismen des EKGs anhand der Vektorschleifendarstellung. Das besondere hierbei ist, daß die Möglichkeit besteht, die zuvor an freiwilligen Probanden gemessenen Ruhe- EKGs in die Rechner zu übertragen (über die serielle Schnittstelle oder Analog-Digital-Wandler). Die Studenten können also mit den an sich selbst erhobenen Daten arbeiten. In einem zweiten Teil wird die Verknüpfung zwischen Herzaktion und Kreislauf erarbeitet. Im dritten Teil wird an Registrierbeispielen von Patienten dargestellt, wie und auf welche Weise pathologische Prozesse an den Herzklappen die physiologischen Funktionsabläufe der Herzfüllung und -entleerung stören.

3. Zielgruppen des Programms

Das Programm richtet sich primär an Medizinstudenten im vorklinischen Studienabschnitt. Nach inhaltlichen Modifikationen ist es jedoch generell für die Ausbildung in medizinischen Heilberufen (z.B. MTA-Ausbildung) oder auch im Oberstufenunterricht an Gymnasien (z.B. Leistungskurse Biologie, Sportphysiologie) einsetzbar. Grundkenntnisse zur Kreislaufphysiologie werden vorausgesetzt. Vorkenntnisse in der Bedienung von Computern sind nicht notwendig.

4. Aufbau des Programms und Bedienung

Das Programm wird ausschließlich über die Tastatur bedient, da die Anwender des Programms – in der Regel computerunerfahrene Studenten – nach unserer Erfahrung weniger Probleme mit einer tastaturgeführten Oberfläche haben als mit einer mausgesteuerten. Die meisten Versuche sind von einem Hauptmenü aus zu erreichen. Versuche einzelner Themenbereiche werden zwecks Übersichtlichkeit auch in Untermenüs zusammengefaßt, die wiederum vom Hauptmenü aus aufgerufen werden.Während der Durchführung eines Versuches erscheint grundsätzlich in der untersten Bildschirmzeile eine Kurzbeschreibung der gerade aktiven Tastenbelegung. Eine Ausnahme bildet lediglich die für kontextsensitive Hilfetexte reservierte Taste <F10>, die nicht angezeigt wird, aber jederzeit aktiv ist. Ein entsprechender Hinweis findet sich im Hauptmenü.

5. Erweiterbarkeit

Die flexible Gestaltung des Menüsystems gestattet es dem Programmierer auf einfache Weise, weitere Versuche dem Programm hinzuzufügen. Einzelne Versuche lassen sich auch vom Anwender problemlos ausblenden. Sämtliche Ausgabetexte einschließlich der Tastenbelegung liegen als ASCII-Dateien vor und können vom Anwender unter

Berücksichtigung der in den jeweiligen Dateien vorhandenen Beschreibungen geändert werden, sei es, um Tasten umzudefinieren, Aufgabentexte zu ändern oder das Programm in eine andere Landessprache zu übersetzen. Die Hilfetexte beschränken sich auf eine ausführliche Erläuterung der Bedeutung der aktiven Tasten, lassen sich vom Anwender aber auch auf inhaltliche Themen ausdeh-nen.

6. Portabilität

Das Programm läuft auf IBM PC/AT-kompatiblen Rechnern unter MS-DOS (ab Version 3.1, 640kB Ram). Es ist in der Sprache Turbo-Pascal (Version 5.5) geschrieben. Durch die Unterstützung des Grafikstandards EGA (zu dem auch VGA kompatibel ist), kann eine breite Nutzerschicht erreicht werden. Die Ausgabe von Diagrammen auf Papier erfolgt über die Standardplottersprache HPGL, der Ausgabekanal (Datei, serielle/parallele Schnittstelle) wird durch eine Konfigurationsdatei festgelegt und ist somit bequem an die jeweilige Hardwarekonfiguration anzupassen. Das Programm ist netzwerkfähig und läßt sich auch im Netz erst optimal nutzen.

7. Programminhalte

Der Programminhalt gliedert sich in sieben Aufgaben. Die Aufgaben F1 bis F3 verwenden die EKG-Daten, die von den Studenten während des Praktikums an gesunden Kommilitonen erhoben wurden (wenn notwendig, kann auf gespeicherte Registrierungen zurückgegriffen werden). Die Aufgaben F4 bis F7 verwenden Registrierungen von Probanden und Patienten sowie Daten aus Lehrbüchern, um die Tätigkeit des Herzens als Teil der Funktion des Kreislaufs darzustellen und zu verstehen.

Aufgabe F1: Versuchsdaten laden

Dieser Programmteil bietet dem Studenten alle EKG-Datensätze an, die in einer Praktikumsgruppe an sechs verschiedenen Arbeitsplätzen erhoben und mit dem Hilfsprogramm EKGREG in die Rechner übertragen wurden. Zusätzlich steht ein Demonstrationsdatensatz mit exemplarischen EKG-Registrierungen zur Verfügung. Der Student kann damit seine eigenen Daten analysieren und sie mit den Daten anderer Probanden vergleichen. Damit soll erreicht werden, daß die Studenten ein Gefühl für die große Variabilität des physiologischen EKGs bekommen. Um diesen Programmteil voll nutzen zu können, müssen die Rechner an ein PC-Netz angeschlossen sein (andernfalls kann mit auf der Festplatte gespeicherten Datensätzen gearbeitet werden).

Aufgabe F2: Auswertung Ruhe - (Standard) -EKG

Dieser Programmteil bietet Auswertfunktionen, mit denen Zeiten und Amplituden beliebiger Ableitungen (Extremitäten- und Brustwandableitungen) analysiert werden können.

Aufgabe F3: Prinzipien der Vektorschleife

Aus den in den Rechner übertragenen Originaldaten wird die Vektorschleife rekonstruiert (X-Y-Darstellung zweier EKG-Ableitungen, deren Ableitlinien senkrecht zueinander stehen). Durch interaktive Bedienung kann der Student beliebige Teile des EKGs zur Darstellung in Form der Vektorschleife auswählen und sich damit die verschiedenen Komponenten erarbeiten. Parallel zur Vektorschleife wird das konventionelle Extremitäten-EKG aufgebaut. Die Darstellung startet in Echtzeit, kann dann aber beliebig verlangsamt und auch ganz eingefroren werden. In diesem Programmteil können beliebige Darstellungen als Ausdruck dokumentiert und zu den Praktikumsunterlagen genommen werden. Abb. 1 zeigt zwei Bildschirmdarstellungen aus diesem Programmteil. Links oben sieht man die beiden EKG Registrierungen, die für die Konstruktion der Vektorschleife genutzt werden (Einthoven I und AVF). Mit den senkrechten Markierungen ist der Bereich festgelegt worden, der in den beiden anderen Fenstern zeitgleich dynamisch dargestellt wird, unten links als skalare Darstellung, rechts als Vektorschleife. Im Beispiel wurde ein vollständiger Erregungszyklus ausgewählt (man kann ebensogut Vorhoferregung, Kammerkomplex und Repolarisation

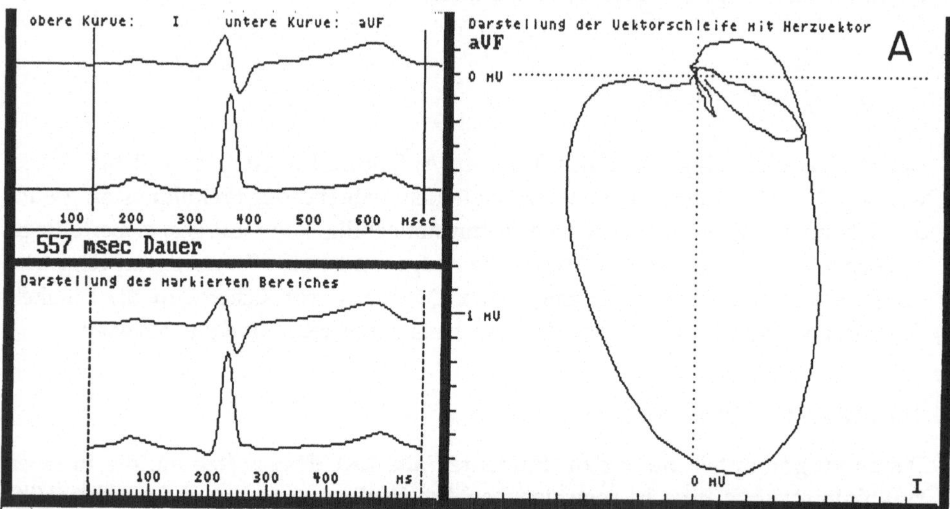

Vektordarstellung des ausgewählten EKG-Abschnittes. Verlangsamen Sie mit "-" die Darstellung, stoppen mit der SPACE-Taste. Arbeiten Sie jetzt die im Praktikumsheft zu F3 gestellten Fragen durch (dabei können Sie mit "P" (Plot) insgesamt 3 Bilder der Vektorschleife für einen Ausdruck speichern).

(C) Dept. Physiol. CAU Kiel

Abb. 1 A: Bildschirmdarstellungen aus dem Programmteil: Prinzipien der Vektorschleife. Ganz unten sind die möglichen Aktionen angegeben, darüber eine Kurzbeschreibung der Aufgaben hierzu. In dem Fenster links oben ist der für eine zeitgleiche, dynamische Darstellung in den beiden anderen Grafikfenstern interessierende Ausschnitt festgelegt worden (vollständiger Erregungszyklus). Das skalare EKG links unten und die Vektorschleife auf der rechten Seite wurden zeitgleich in Echtzeit aufgebaut. A zeigt eine vollendete Schleife, in B wurde die Darstellung im absteigenden Schenkel der R- Zacke angehalten. In die Vektorschleife ist die Lage des momentanen Integralvektors eingeblendet.

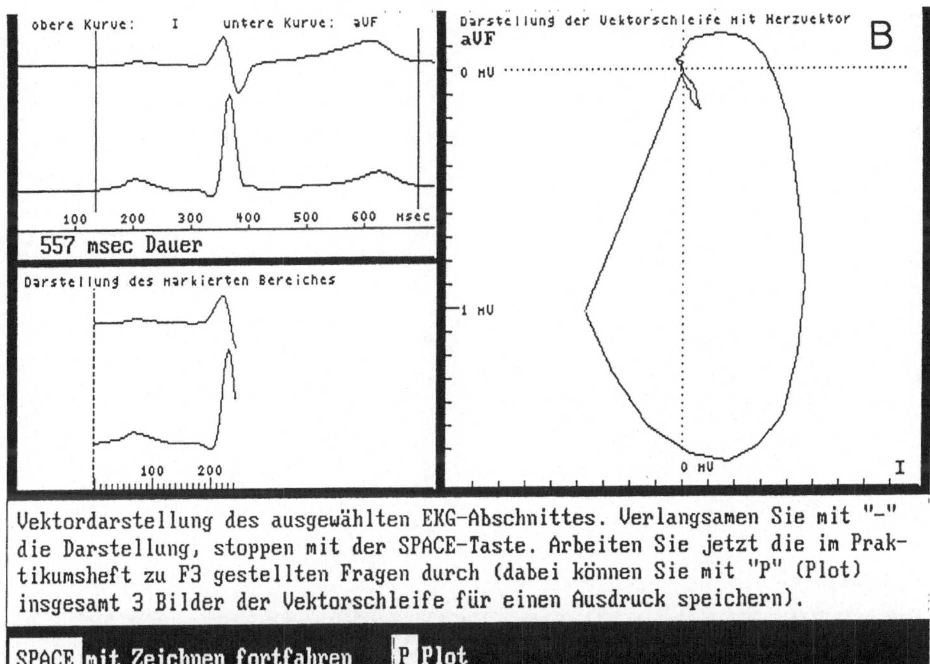

Abb. 1B: Vektordarstellung des ausgewählten EKG-Abschnittes (siehe auch Bildunterschrift 1A)

getrennt darstellen). A zeigt einen vollendeten Erregungskomplex mit den drei Vektorschleifen für P-Welle, QRS- Komplex und T-Welle. In B wurde die Darstellung im absteigenden Schenkel der R- Zacke eingefroren (links unten), rechts sieht man die zugehörige momentane Position des Integralvektors in der Vektorschleifendarstellung. Durch sinnvollen Einsatz von Farbe sind auf dem Computerbildschirm die einzelnen Funktionen gegeneinander abgehoben.

Aufgabe F4: Entwicklung der EINTHOVEN-Ableitungen aus der Vektorschleife

Dieser Programmteil soll das Verständnis für den Zusammenhang zwischen Vektorschleife und Extremitätenableitungen weiter vertiefen. Er zeigt, daß die Formen und die Amplituden der Extremtitäten-EKGs eine Folge der Projektion des Integralvektors auf die Ableitlinien sind. Das Verständnis dieser Zusammenhänge ist eine wesentliche Voraussetzung zur Interpretation des EKGs. Der Ablauf der Vekorschleife startet in Echtzeit, kann aber beliebig verlangsamt und zu jedem Zeitpunkt eingefroren werden. Zur Verdeutlichung werden dann die entsprechenden Projektionslinien eingeblendet. Abb. 2 zeigt zwei Bildschirmdarstellungen dieses Programmteils. In A sieht man eine vollständig durchlaufene Vektorschleife. Das Dreieck (Einthovensches Dreieck) markiert die Ableitlinien der drei Extremitätenableitungen (Einthoven I, II und III), die aus

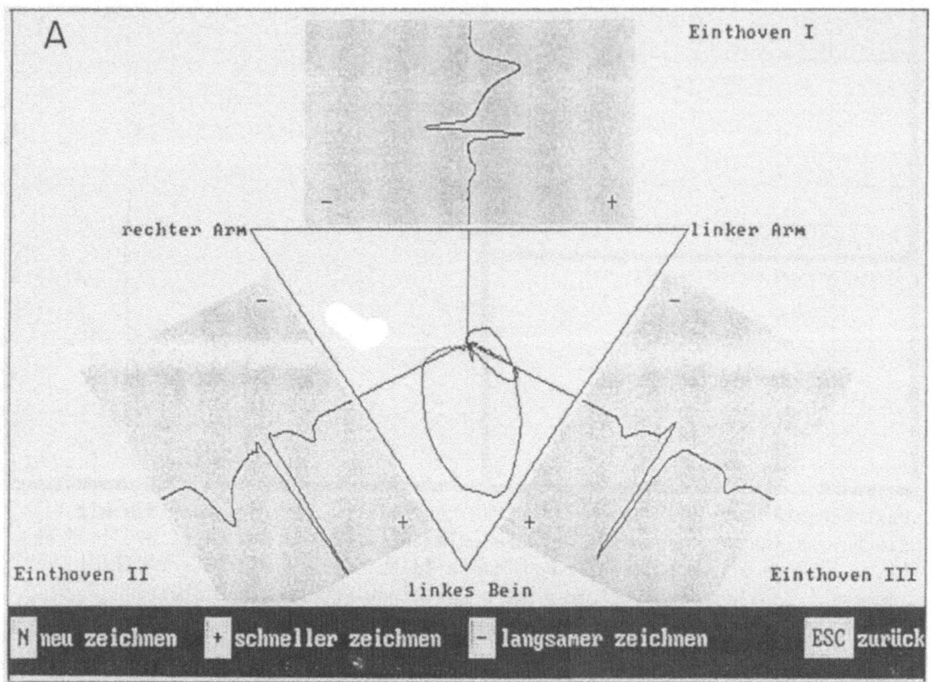

Abb. 2A: Bildschirmdarstellungen aus dem Programmteil: Entwicklung der Einthoven- Ableitungen aus der Vektoschleife. Dargestellt ist, wie sich die Extremitätenableitungen nach Einthoven durch Projektion des momentanen Integralvektors auf die Ableitlinien, symbolisiert als Einthoven- Dreieck, ergeben. A zeigt einen vollständig durchlaufenen Erregungszyklus, in B wurde die Darstellung angehalten: der momentane Endpunkt des Integralvektors ist als Kreis markiert, die Projektionslinien werden eingeblendet.

diesen (wie auf einem Schreiber) „herauslaufen". In B wurde die Darstellung wieder angehalten, ein kleiner Kreis markiert die momentane Position auf der Vektorschleife. Durch Projektion auf die Dreiecksseiten lassen sich die drei Extremitätenableitungen Punkt für Punkt rekonstruieren. Diagnostisch wichtige Fragen, wie z.B. die ST- Strekken Problematik, lassen sich an dieser Stelle hervorragend erörtern.

Aufgabe F5: Herzfrequenz und Kontraktionskraft

Dieser Programmteil verdeutlicht, wie Änderungen des EKGs auf Änderungen der intrazellulären Aktionspotentiale der Herzmuskelfasern zurückgehen. Gleichzeitig ergibt sich dadurch die Möglichkeit zur Erarbeitung grundsätzlicher Fragen der Steuerung der Herzleistung. Dieser Programmteil zeigt eine wesentliche Möglichkeit eines computerunterstützten Unterrichts gerade im biologisch-medizinischen Grundlagenbereich, indem er Demonstrationsdaten von Probanden (Originaldaten) mit intrazellulären Ableitungen aus einem Meerschweinchenherzen (in diesem Fall aus einer Originalveröffentlichung digitalisiert) kombiniert.

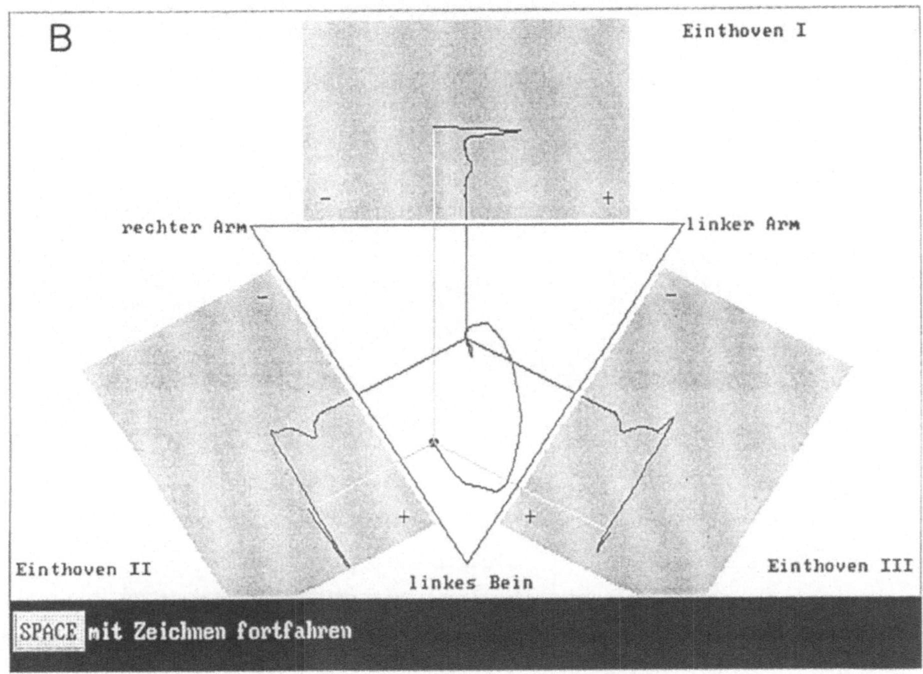

Abb. 2B: EKG (siehe auch Bildunterschrift 2A)

Aufgabe F6: Kreislaufparameter bei gesunden Probanden

Es ist Ziel dieses Programmteils, die von den Studenten während des Praktikums gemessenen Parameter „EKG" und „Phonokardiogramm" in den funktionellen Zusammenhang des schlagenden Herzens und des Kreislaufs einzubauen. Dazu wurden aus Lehrbüchern und Originalarbeiten die entsprechenden Registrierungen digitalisiert und zusammengesetzt. Die Studenten sollen die Beziehungen der Meß-größen zueinander und die kausalen Abhängigkeiten erarbeiten. Die Darstellun-gen lassen sich dazu beliebig scrollen, außerdem steht eine Cursorfunktion zur Ver-fügung, um insbesondere die zeitlichen Bezüge der verschiedenen Meßgrößen zueinander klarzustellen. Zwei Teilaufgaben werden angeboten:

F6a: Kreislaufparameter aus dem Hochdrucksystem

F6b: Kreislaufparameter aus dem Niederdrucksystem

Aufgabe F7: Kreislaufparameter bei Patienten mit Herzklappenfehlern

Dieser Programmteil schließlich bietet patho-physiologische Krankheitsbilder an, die im Rahmen des vorklinischen Unterrichts sonst nur als statische Grafiken verfügbar sind. Der Ansatz entspricht der Änderung der Approbationsordnung und dient der Einbeziehung klinischer Fragestellungen in die vorklinische Ausbildung. Der Lehrinhalt

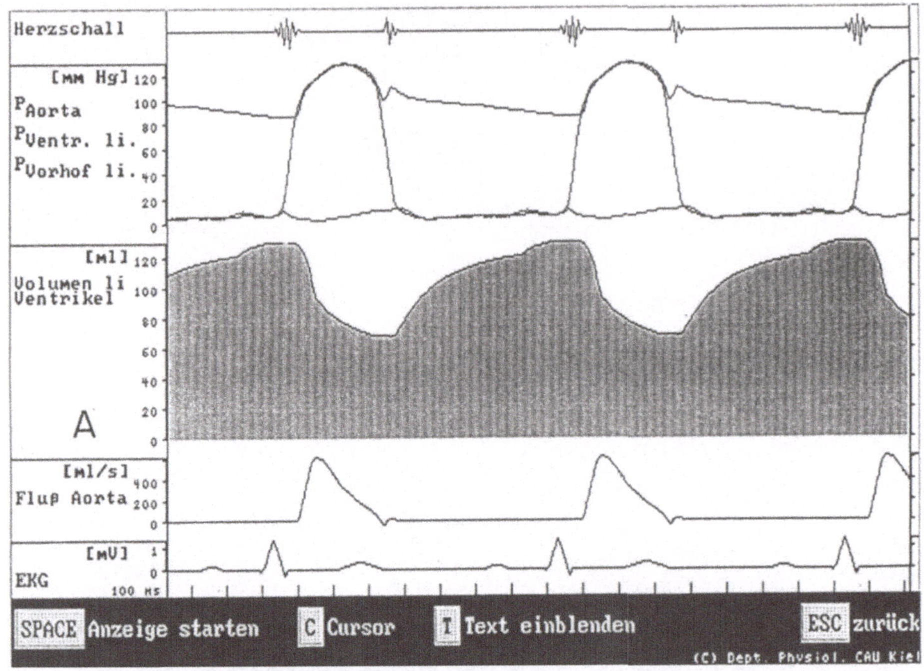

Abb. 3A: Bildschirmdarstellungen aus den Programmteilen: Kreislaufparameter bei gesunden Probanden (A) und bei Patienten mit Herzklappenfehlern (Aortenklappenstenose, B). Dargestellt sind in A (von oben) Herzschall, Druck in Aorta, linkem Ventrikel, linkem Vorhof, Volumen des linken Ventrikels, Fluß in der Aorta und EKG. Ganz unten ist die gültige Tastenbelegung eingeblendet. In B sind nur Herzschall, EKG und die drei Drücke dargestellt. Die „normalen" Druckkurven sind gepunktet, diesen überlagern sich die pathologischen Druckkurven. Ganz oben die charakteristische Veränderung des Herzschalls bei Aortenklappenstenose.

baut auf den Aufgaben F6 auf, die Registrierungen sind vergleichbar strukturiert. Die stark schematisierten Darstellungen sind aus Lehrbüchern digitalisiert und anschließend didaktisch bearbeitet worden. Vier Teilaufgaben werden angeboten:

F7a: Kreislaufparameter bei Aortenklappenstenose

F7b: Kreislaufparameter bei Aortenklappeninsuffizienz

F7c: Kreislaufparameter bei Mitralklappenstenose

F7d: Kreislaufparameter bei Pulmonalklappenstenose

Abb. 3A zeigt eine Bildschirmdarstellung aus Aufgabe 6a, ganz oben (Herzschall) und ganz unten (EKG) sind die aus dem Praktikum durch eigene Messungen bekannten Parameter dargestellt. Dazwischen (von oben nach unten) der Druck in der Aorta, im linken Ventrikel und im linken Vorhof; das Volumen des linken Ventrikels und der Fluß in der Aorta. Abb. 3B zeigt wieder EKG und Herzschall und (gepunktet) die drei Drücke aus A. Von links überlagern sich den Druckkurven entsprechende Kurven bei Aortenklappenstenose (Aufgabe 7a), ganz oben die charakteristisch veränderte Herz-

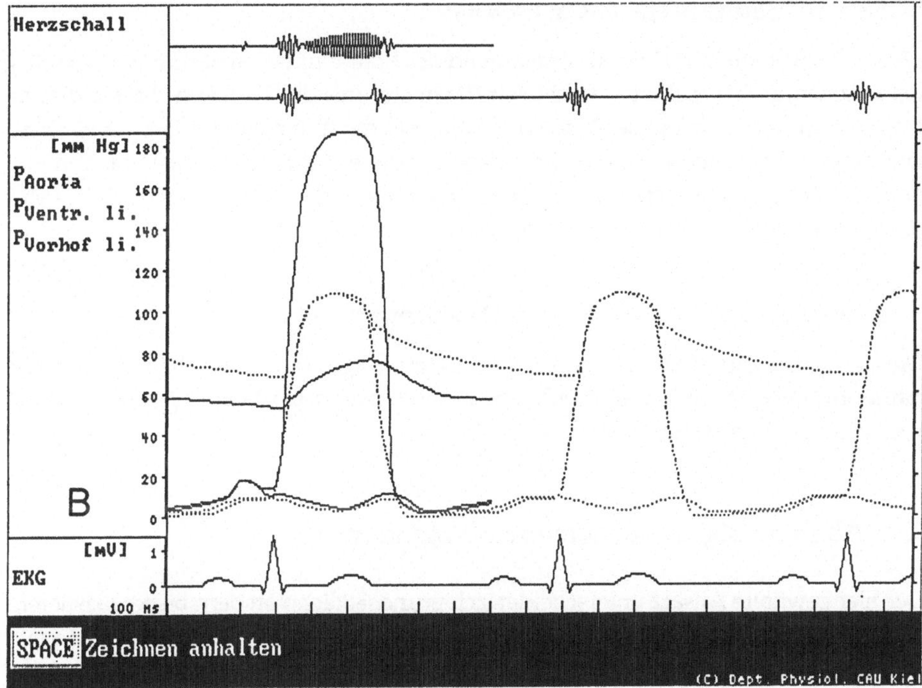

Abb. 3B: EKG (siehe auch Bildunterschrift 3A)

schallregistrierung. Die Unterschiede zwischen „normalem" und „pathologischem" Befund werden so sofort deutlich.

8. Didaktische Konzeption/Innovationsgehalt

Das didaktische Konzept dieses Ansatzes strebt an, daß inhaltliche Zusammenhänge, die im Praktikumsheft in Form von Fragen formuliert sind, in diesem Programm durch aktive Messungen und Auswertungen interaktiv erarbeitet werden. Das Praktikumsheft ist damit als Teil des Programms anzusehen. Alle darin formulierten Fragen müssen schriftlich beantwortet werden; Zeichnungen, Ausdrucke und Graphiken müssen in das Praktikumsheft eingearbeitet werden.

Prinzipien der Vektorschleife

Dieser Lehrinhalt ist von großer Bedeutung und wird in den konventionellen Praktika, wenn überhaupt, nur in analoger Form demonstriert. Die Verwendung von digitalen Techniken erlaubt hier wesentliche didaktische Verbesserungen. Hervorheben möchten wir, daß die Studenten zuerst an eigenen Daten messen (große Motivation von ihrer Seite), die anschließenden komplexeren Fragestellungen dann an nach didaktischen Gesichtspunkten ausgesuchten und typischen Datensätzen bearbeiten.

Kreislaufparameter bei gesunden Probanden

Dieser Programmteil verknüpft die während des Praktikums von den Studenten selbst gemessenen, bisher isoliert betrachteten Parameter mit der Funktion der sie dienen. Damit wird der funktionelle Zusammenhang mit der Tätigkeit von Herz und Kreislauf hergestellt. In der gewählten Form können diese Zusammenhänge von den Studenten aktiv messend erarbeitet werden, was jeder anderen Präsentation (z.B. Lehrbuchabbildungen, Dias) dieser Zusammenhänge überlegen ist.

Kreislaufparameter bei Patienten mit Herzklappenfehlern

Dieser Lehrinhalt wird neu in das Praktikum eingeführt. Wie oben können die pathophysiologischen Zusammenhänge aktiv messend erarbeitet werden, was die Festigung des Lehrstoffes fördert.

9. Abgrenzung zu existierenden Programmen

Der hier gewählte Ansatz unterscheidet sich grundsätzlich von dem bisher existierender Programme. Eine Gruppe von Programmen simuliert im Rahmen von Modellrechnungen biologische Vorgänge am Herzen. Die dabei verwendeten Gleichungssysteme stellen in vielen Fällen nicht akzeptierbare Vereinfachungen der biologischen Zusammenhänge dar. Der hier verwendete Ansatz baut dagegen auf der Analyse eigener Messungen auf, die dann mit Daten und Registrierungen aus der Klinik, dem wissenschaftlichen Labor oder der Literatur inhaltlich weitergeführt werden. Dies unterscheidet unser Programm auch von der zweiten Gruppe von Programmen, die im wesentlichen Lehrbuchinhalte mit gespeicherten Daten und Bildern kombinieren, aber den Studenten eben nicht die Möglichkeit einräumen, mit an sich selbst erhobenen Daten zu arbeiten. Eine dritte Gruppe von Programmen schließlich fragt Lehrinhalte in Form von Multiple-Choice Fragen oder Ähnlichem ab. Diesem Ansatz kommt für eine Prüfungsvorbereitung sicher eine gewisse Berechtigung zu, er scheidet aber für die Durchführung eines Praktikums aus.

10. Erfahrungen

Das Programm wird seit dem Sommersemester 1990 an der Universität Kiel im Physiologischen Praktikum eingesetzt. Es ist dabei bisher von etwa 500 Studenten benutzt worden. Die Resonanz war sehr positiv. Betont wird, daß die Vorgabe von Fragen eine gezielte Erarbeitung des Stoffes wesentlich erleichtert. Weiter wird hervorgehoben, daß die hier gewählte Darbietung des Stoffes der „toten" Präsentation in den Lehrbüchern weit überlegen sei. Den betreuenden Assistenten fällt das starke Engagement der Studenten bei der Durcharbeitung der Aufgaben auf. Die Motivation und das Lernverhalten der Studenten wird als sehr gut beurteilt [2].

Als weiterer Vorteil erweist sich die konsequente Nutzung der Netzwerkfähigkeit des Programms. Da alle im Praktikum aufgenommenen Datensätze zentral auf dem Server gespeichert werden, erhält man im Laufe der Zeit eine regelrechte Datenbank, aus der besonders interessante Datensätze ausgewählt und den Studenten zur Bearbeitung angeboten werden können. Das geht insbesondere auch mit den aktuellen Daten des jeweiligen Praktikumstages. Auch die Möglichkeit, sich nahezu beliebige Ausdrucke insbesondere der eigenen Meßwerte (selbst gemessene Vektorschleife!) zusammenstellen zu können, wirkt motivationssteigernd.

Literatur

1) Illert M., Schurbohm K., Wiese H., Wolfram U.: ECG in the students laboratory class in Physiology: computer assisted teaching. Pflügers Arch. 418, Suppl. 1, R92 (1991)

2) Wiese H., Illert M., Wolfram U.: Computerunterstütztes Lernen im Physiologischen Praktikum für Medizinstudenten - ein Erfahrungsbericht. Mikrocomputer Forum, Springer, Berlin, im Druck (1991)

INEKS und INKA - Informationssysteme für medizinische Anwendungen[1]

Roland Zimmerling

Universität Oldenburg
Fachbereich Informatik

1. Abstract

Der Bericht gibt einen Überblick über die derzeitige Entwicklung zweier Informationssysteme für die Städtischen Kliniken Oldenburg. Den Schwerpunkt bildet nach dem Aufbau der Datenbanken mit dem relationalen Datenbanksystem ORACLE und entwickelten Dateneingabekomponenten mit SQL*Forms die rechnergestützte, wissenschaftliche Auswertung dieser Datenbestände zur Forschung auf den Gebieten der Krebsepidemiologie (INEKS) sowie der kardiologischen Diagnostik und Therapeutik (INKA). Neben klassisch konventionellen Auswertungen (Büroautomatisierung, Statististik) sollen Werkzeuge entwickelt werden, mit denen die permanent in den Datenbanken gespeicherten Daten temporär mit hypothetischen Werten in Beziehung gebracht und so Vermutungen der Mediziner verifiziert werden können. Alle Ergebnisse werden mittels SQL*Graphics grafisch dargestellt.

2. Vorwort

Der zunehmende Einsatz innovativer Medizintechnik und neue diagnostische Verfahren (z.B. in der Kardiologie) führen zu einem raschen Anwachsen vor allem formatierter Informationsmengen und damit zur Notwendigkeit, rechnergestützte Informationstechnologien, wie Datenbanken, einzusetzen. Zur konsistenten und persistenten Verwaltung der anfallenden Informationen insbesondere in den sogenannten Standardanwendungen (z.B. Verwaltung von Patientenstammdaten, Untersuchungsergebnissen, Krankheitsverläufen und vorwiegend statistischen Auswertungen) sind kommerziell verfügbare, leistungsfähige Datenbanksysteme geeignet. Vom Fachbereich Informatik der Universität Oldenburg (Abteilung Informationssysteme, Prof. Dr. H.-J. Appelrath und Dr. R. Zimmerling) werden gemeinsam mit medizinischen Partnern die Informationssysteme

INEKS – Informationssystem für epidemiologische Krebsregister

INKA – Informationssystem Kardiologie,

für medizinische Anwendungen entwickelt. Einheitlich wird das relationale Datenbanksystem ORACLE mit einer Reihe ergänzender Softwarewerkzeuge angewandt. Die Entwicklung von Konzepten und Systemarchitekturen für die einzelnen Datenbankprojekte orientiert sich an den folgenden Charakteristika heutiger relationaler DB-

Systeme, die mit dem Anforderungskatalog der verschiedenen Applikationsfelder übereinstimmen:

- das DB-Schema ist relativ stabil, d.h. die Einfügung, Löschung und Änderung von Attributen oder gar ganzen Relationen geschieht sehr selten
- das DB-Schema basiert auf der 1. Normalform, d.h. die Attribute haben nur atomare Werte (keine Mengen oder wieder selbst Relationen)
- die DB-Abfragesprache ist standardisiert (i.a. SQL-artig) und umfaßt im wesentlichen die Relationenalgebra
- die auf das DB-System aufgesetzten Applikationen sind relativ stabil, neue Transaktionen oder komplexere Auswertungsprogramme bei zudem geändertem (!) Schema sind weitgehend ausgeschlossen
- Konsistenzbedingungen sind i.a. sehr einfach, Transaktionen kurz, eine Versionenverwaltung wird nicht unterstützt.

Bei der Entwicklung der Informationssysteme werden Werkzeuge angestrebt, die

1. eine benutzerfreundliche Akquistion und Pflege der Daten,
2. eine persistente, konsistente, mehrbenutzerfähige und mit Datensicherheits- und -schutzmechanismen ausgestattete Verwaltung der gut strukturierten Daten,
3. eine Rationalisierung verwaltungstechnischer Aufgaben sowie
4. eine Analyse von Untersuchungsergebnissen zur Unterstützung der medizinischen Forschung und der Diagnose- und Therapie-Erarbeitung ermöglichen sollen.

Beachtung sollen auch bereits in der Entwicklungsphase der Projekte Bemühungen zur Standardisierung der medizinischen Informationssysteme einerseits und der Werkzeuge andererseits finden, um die entwickelten Konzepte, Methoden und einzelne Software-Komponenten (nach möglicherweise applikationsspezifischen Anpassungen) auch in anderen medizinischen Anwendungsszenarien einsetzen zu können. Außerdem ist es denkbar, daß die Werkzeuge einen Beitrag zur medizinischen Ausbildung liefern, indem die einheitlichen, ergonomisch ausgereiften Benutzungsoberflächen auch für Studenten verfügbar sind und zum Einüben des interaktiven Aufbauens, konsistenten Änderns und intelligenten Auswertens medizinischer Datenbasen dienen können.

3. Grundsätze für die Entwicklung der Informationssysteme

Für die Projekte INKA und INEKS wurde das Datenbanksystem ORACLE mit den ergänzenden Softwarewerkzeugen, SQL*Forms,SQL*ReportWriter, SQL*Menue, Pro*C, SQL*Graphics und ORACLE*CASE ausgewählt und erworben. Im logischen Entwurf werden unabhängig von der zur Anwendung kommenden Datenverwaltungstechnologie in einer Systemanalyse die informatorischen Anforderungen aus dem betrachteten Ausschnitt der realen Welt (hier die medizinische Welt) ermittelt. Die Struktur der Entitäten des analysierten Anwendungsbereiches wird mittels eines geeigneten Datenmodells (z.B. Entity-Relationship-Modell) dargestellt. Für den Entwurf beider Informationssysteme wurden die Ergebnisse der Analyse in den Berichten [1, 2] zusammengestellt. Der physische Entwurf erfolgte mit Bleistift und Papier, da zu diesem Zeitpunkt das Entwurfswerkzeug ORACLE*CASE noch nicht zur Verfügung stand. Das interne Schema von INEKS wurde mit dem Entwurfswerkzeug GAMBIT verifiziert. GAMBIT ist ein interaktives, grafisches Werkzeug zur Definition von Schemata relationaler Datenbanken ([8]). Es überwacht die Konsistenz des Schemas und erlaubt die Definition zusätzlicher Transaktionen. Ferner liefert es eine grafische Darstellung des definierten Entitäten-Block-Diagramms. Bei INKA war eine Verifikation mit diesem Werkzeug auf Grund des großen Umfanges (ca. 600 Attribute) nicht möglich. Der Aufbau der Datenbank erfolgte mit der DDL der ORACLE-Komponente SQL*Plus. Die Benutzeroberfläche zur manuellen Eingabe von Daten, zum Update und zur Auswertung für vorerst statistische Zwecke wurde mittels SQL*Forms implementiert. Es werden dem Benutzer in einer ihm gewohnten und verständlichen Form vorgefertigte Masken zur Verfügung gestellt, in die nur noch die relevanten Daten – in die Felder der Masken – eingetragen werden müssen. Die Gestaltung der Bildschirmmasken orientiert sich an inhaltlichen Aspekten:

- Verwandte Werte werden zu Komponenten zusammengefaßt, die aus einer bzw. mehreren Masken bestehen, inhaltlich abgeschlossene Einheiten darstellen und von einem Hauptmenü aus aktiviert werden können.
- Die Reihenfolge der Eingabefelder je Komponente ist von der Entstehungs- bzw. Betrachtungsreihenfolge abhängig.

Beim Layout der Masken wurden sowohl industrielle Standards (VDI-Richtlinie 5005,1989 und DIN 66234, Teil 8) als auch Ergebnisse arbeitswissenschaftlicher Publikationen ([4, 5]) zu Ergonomiefragen berücksichtigt. Entwickelt wurde ein für die medizinischen Datenbankprojekte vereinheitlichter Maskentyp (siehe Abb. 1). Neben einer vorwiegend alphanumerischen Auswertung werden unter Nutzung des SQL*Graphics grafische Darstellungen der Ergebnisse erarbeitet. Die dafür notwendigen Prozeduren werden projektübergreifend weitestgehend einheitlich gestaltet, so daß eine multivalente Benutzbarkeit als auch Homogenität beim Layout gewährleistet werden kann. Bei der Entwicklung der im Bericht dargestellten und darüber hinaus geplanten Systeme für die Städtischen Kliniken Oldenburg wird eine schnelle Verfügbarkeit der Systeme gewährleistet und eine Integration in noch zu installierende lokale Netze beachtet und schrittweise realisiert.

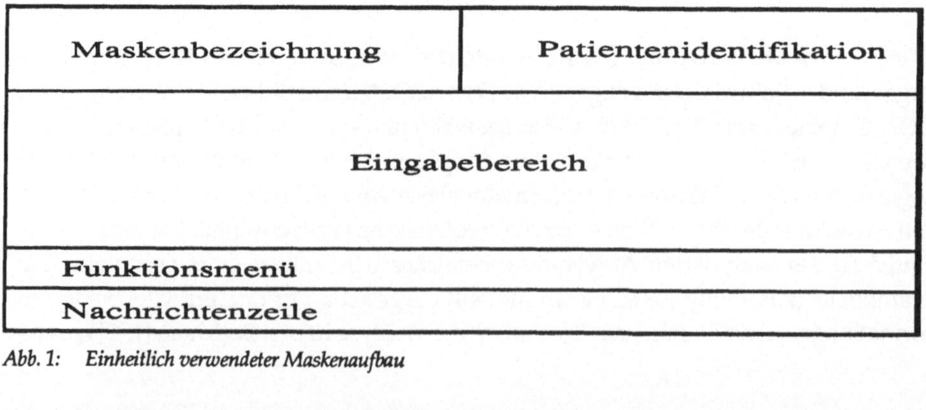

<table>
<tr><td>Maskenbezeichnung</td><td>Patientenidentifikation</td></tr>
<tr><td colspan="2">Eingabebereich</td></tr>
<tr><td colspan="2">Funktionsmenü</td></tr>
<tr><td colspan="2">Nachrichtenzeile</td></tr>
</table>

Abb. 1: Einheitlich verwendeter Maskenaufbau

4. Das Informationssystem für die Onkologie

4.1 Medizinische Aufgabenstellung

Krebsepidemiologie eröffnet in einer Zeit, in der therapeutischen Bemühungen angesichts der von der Krankheit ausgehenden vitalen Bedrohung trotz z.T. erheblicher Fortschritte insgesamt statistisch kaum oder gar nicht durchschlagen, neue Perspektiven bei der Krebsbekämpfung. Durch einheitlich erhobene und deshalb vergleichbare Registrierung von Daten werden empfindliche Meßinstrumente für Wirkungen präventiver, diagnostischer und therapeutischer Maßnahmen im Kampf gegen Krebserkrankungen geschaffen. In der Bundesrepublik sind Daten nur zur Krebsmortalität verfügbar. Diese sind jedoch bezüglich der Incidenz von Krebserkrankungen nur bedingt verwertbar, da neben ätiologischen Faktoren der Krebserkrankung natürlich auch gebietlich z.T. ganz unterschiedliche Möglichkeiten der medizinischen Diagnostik und Therapie die Mortalität beeinflussen können.

Auch andere Erkrankungen (z.B. Lungenkrebs, Krebserkrankungen der Gallenblase, des Kehlkopfes, Melanome, Krebserkrankungen der Brustdrüse und weiblichen Geschlechtsorgane sowie der männlichen Geschlechtsorgane und ableitenden Harnwege und vor allen Dingen auch maligne Systemerkrankungen des lymphatischen Gewebes und Leukämien) lassen eine regional ganz unterschiedliche Mortalitätsfrequenz erkennen. Die Ursachenforschung für die verschiedensten Krebserkrankungen besitzt gegenwärtig weitgehend spekulativen Charakter und läßt bei Einsatz konventioneller Dokumentationstechnik keine durchschlagenden Erfolge erwarten. Es ist deshalb dringend erforderlich, umfassende Daten über die tatsächliche Erkrankungsfrequenz in den einzelnen Bereichen in rechnergestützten Krebsregistern zu speichern und zur Auswertung modernste Informationstechnologien (Datenbanksysteme, Expertensysteme) zu nutzen. Auch immer wieder diskutierte Umweltfaktoren (unterschiedliche Ernährungsweise, Alkoholkonsum, Nikotinabusus, Strahleneinflüsse, insbesondere von Kernkraftwerken) können nur erkannt werden, wenn exaktere Daten über die Krankheitsincidenzen der Region erfaßt werden und zuzüglich zu vermutender pathogenetischer Faktoren rechnergestützt ausgewertet werden können. Nur so können Korrelationen zu klinischen Daten (primäres Krankheitsstadium, therapeutische Maßnahmen, Langzeitverlauf) hergestellt werden, um präventivmedizinische und therapeutische Möglichkeiten zu intensivieren bzw. zu verbessern.

4.2 Informatorische Anforderungen

Das Informationssystem H.I.T.[2] , das in der Nachsorgeleitstelle der Städtischen Kliniken Oldenburg und anderen Kliniken des Landes Niedersachsen genutzt wird, entspricht in entscheidenden Merkmalen (Betriebssystem, Datenmodell, Datenmanipulationssprache) nicht modernen informationstechnischen Standards. Die zugrundeliegende Programmiersprache MUMPS[3] gewährleistet trotz der Existenz eines ANSI-Standards keine Portabilität bezüglich verschiedener Zielrechner und schränkt die Flexibilität hinsichtlich erwünschter Auswertungsmöglichkeiten, etwa zur epidemiologischen Krebsforschung ein. Das Informationssystem INEKS wird entwickelt, um H.I.T.

zu ergänzen und – wenn gewünscht – zumindest partiell zu ersetzen. In die INEKS-Datenbank sollen die Daten aus dem H.I.T.-System übernommen werden. Dazu ist ein Transferprogramm zu entwickeln, das die H.I.T.-Daten der Nachsorgeleitstelle in die INEKS-Datenbank konvertiert und transferiert. Dieser Datenbestand kann durch eine mit SQL*Forms programmierte Eingabekomponente ergänzt und erweitert werden. Weiterhin soll ein Programm für die Städtischen Kliniken entwickelt werden, das zur Übertragung von Daten an die Dachdokumentation Krebs des Bundesgesundheitsamtes dient. Zur Unterstützung epidemiologischer Krebsforschung sind ausgewählte, epidemiologische Abfrageklassen zu erarbeiten, die mit dem sprachlichen Mittel eines Datenbanksystems bzw. eventuellen Erweiterungen zu realisieren sind.
Zur Manipulation der Daten in INEKS unter dem Aspekt der epidemiologischen Auswertung sind eventuelle Erweiterungen des Datenbestandes insbesondere hinsichtlich regionaler Einflußgrößen vorzunehmen. Alle Auswertungsergebnisse sollen zur Erhöhung der Transparenz grafisch veranschaulicht werden können.

4.3 Systembeschreibung

Bisher wurden die folgenden Projektarbeiten durchgeführt, die in den Berichten [1, 3, 6, 9] dokumentiert sind:

- Datenanalyse in der Nachsorgeleitstelle
- Schemadefinition
- Gestaltung der Benutzeroberfläche
- Übertragung von H.I.T.-Daten
- Übertragung von Daten zum Bundesgesundheitsamt.

4.3.1 Datenanalyse und Definition des INEKS-Datenbankschemas

Eine Evaluation der H.I.T.-Datenstrukturen zeigte, daß sich wesentliche Beziehungen zwischen Entitätsmengen nicht aus den H.I.T.-Daten konstruieren lassen, da dort ein rein chronologischer (bzw. nach Bögen) und nach Patienten geordneter Aufbau der Daten vorgenommen wird. Das H.I.T.-Schema wurde deshalb überarbeitet und unter Beachtung

- der Anforderungen zur Modifikation (insbesondere Erweiterung) des vorliegenden Datenbestandes
- der gewünschten Auswertungsflexibilität
- der Modellierungskriterien des zu verwendenden Datenbanksystems sowie
- der akzeptierten Regeln relationaler Modellierung (Normalformenlehre) in das INEKS-Schema abgebildet.

Die Daten, die in der Nachsorgeleitstelle erfaßt werden, wurden analysiert und den folgenden Entitätsmengen zugeordnet (in Klammer jeweils die DB-internen Relationnamen, vgl. Abb. 2):

Patientenidentifikation (patid):
Diese Entitätsmenge enthält persönliche Daten der Patienten, wie z.B. Name und Adresse.

- *Tumor/Diagnose (tdiagnose):*
  Unter dieser Entitätsmenge werden Informationen bzgl. eines Primärtumors und dessen Diagnose zusammengefaßt, z.B. Diagnosedatum und Histologie des Tumors.
- *Sekundärmanifestation (sekmf):*
  Diese Entitätsmenge enthält Daten über eventuell weitere Tumore, die diagnostiziert werden, u.a. Datum und Art der Sekundärmanifestation.
- *Behandlung (behandlung):*
  Informationen über die Behandlung (Operation, Bestrahlung oder systemische Therapie) werden in dieser Entitätsmenge festgehalten, z.B. Therapieart, Therapieziel.
- *Nachsorge (nachsorge):*
  Unter dieser Entitätsmenge werden Informationen bzgl. der Nachsorgetermine und -untersuchungen des Patienten zusammengefaßt, z.B. Beginn der Nachsorge und Nachsorgebefund.
- *Abschluß (abschluß):*
  Diese Entitätsmenge gibt darüber Auskunft, wann und warum die Registrierung eines Patienten abgeschlossen wurde.
- *Weitere Daten (w_daten):*
  Diese Entitätsmenge enthält zusätzliche Informationen über den Patienten und die Tumordiagnose, z.B. Anlaß der Erfassung.

Abb. 2 zeigt das erarbeitete Schema der INEKS-Datenbank in Form eines ER-Modells, wobei zu den sieben oben bereits erwähnten Relationen sieben weitere, durch den Entwurfsprozeß implizierte (Hilfs-) Relationen hinzukommen. Das DB-Schema von INEKS umfaßt somit 14 Relationen mit insgesamt 84 Attributen. Inzwischen wurden Daten von etwa 8.000 Patienten übertragen.

4.3.2 Übertragung der H.I.T. Daten in die INEKS-Datenbank

Zur Übertragung der im Informationssystem H.I.T. gespeicherten Daten in die INEKS-Datenbank war die Entwicklung eines speziellen Transferprogramms erforderlich, da die interne Datendarstellung der MUMPS-Daten nicht zur Verfügung stand. Über die MUMPS-Datenausgabe werden die in INEKS benötigten Daten ausgegeben und in einem Transferfile zwischengespeichert. Die Struktur des Transferfiles entspricht der Relationenstruktur des INEKS-Datenbanksystems. Die Attribute einer Relation sind je Tupel zu einem Verbund zusammengefaßt. Für jeden Patient werden im Transferfile in einem „header record" Zeiger auf den Attribute-Verbund je Tupel und Relation gespeichert. Gehören mehrere Tupel einer Relation zu einem Patienten, werden diese Attribute-Verbunde als verkettete Liste gespeichert (vgl. Abb. 3). Beim Erzeugen des Transferfiles war die Konvertierung von Datentypen einzelner Attribute notwendig (z.B. das Geburtsdatum). Das durch MUMPS generierte Transferfile wird durch ein PRO*C-Programm gelesen und speichert die Daten in der INEKS-Datenbank.

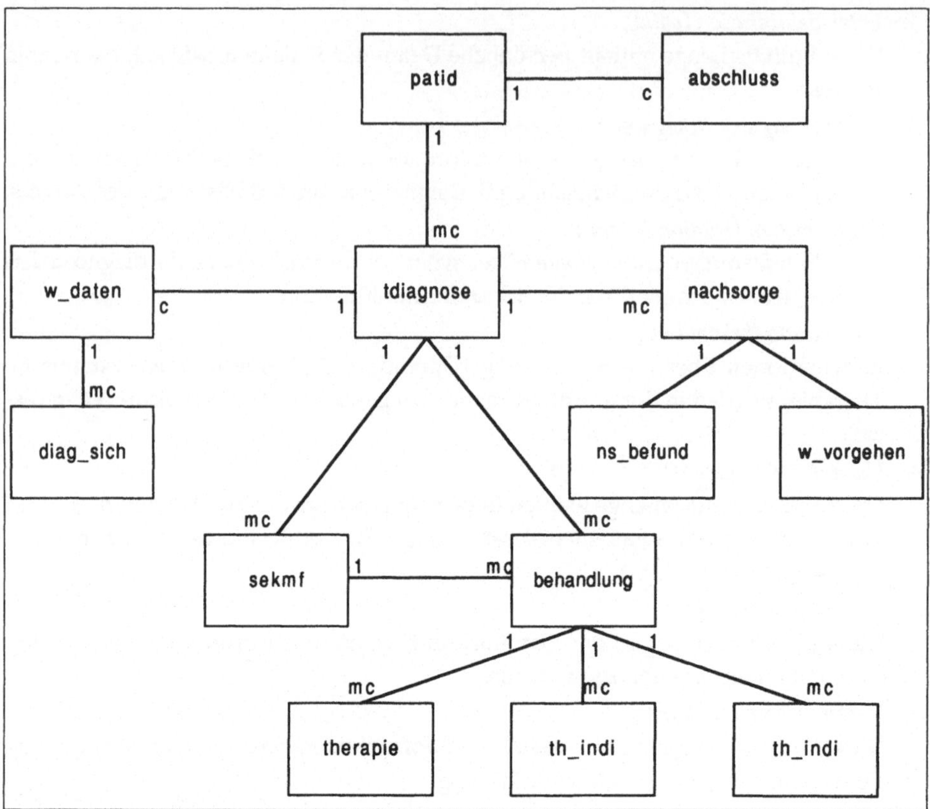

Abb. 2: INEKS-Schema

4.4 Nutzung der INEKS-Datebank zur epidemiologischen Krebsforschung

Es gibt Auswertungen, die ihre Daten zwar größtenteils aus einer zugrundeliegenden Datenbank beziehen, zusätzlich aber auch DB-externe Daten verwenden möchten, die zum Beispiel aus Files oder hauptspeicherresidenten Datenstrukturen wie records, arrays stammen oder nur zu Testzwecken über Tastatur eingegeben werden sollen. Diese DB-externen Daten werden oft nicht in die DB integriert, weil sie z.B. nur von temporärem Interesse sind (und eine aufwendige Reorganisation des DB-Schemas nicht rechtfertigen würden), oder nur einen Teil der DB um zusätzliche Attribute erweitern und für den restlichen DB-Ausschnitt Konsistenzprobleme (Nullwerte!) aufwerfen würden. Die Rechnerunterstützung in der epidemiologischen Krebsforschung erreicht erst dann eine neue Qualität, wenn die permanent in der INEKS-Datenbank gespeicherten Daten temporär mit hypothetischen Werten in Beziehung gebracht werden können. Vermutungen der Mediziner können so auf der Basis des umfangreichen gespeicherten Datenmaterials verifiziert werden und eventuell eine solche Relevanz erlangen, daß eine Erweiterung der Datenbank gerechtfertigt erscheint. Für dieses Szenario einer Integration von relationalen Datenbanken und DB-externen Datenstrukturen lassen sich drei Sprachschichten identifizieren:

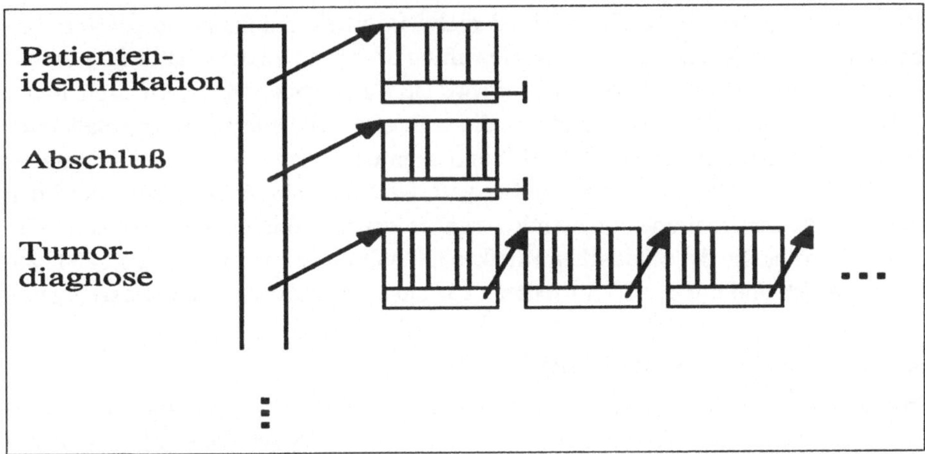

Abb.3: Struktur des Transferfiles

- die relationale Datendefinition und -manipulation (i.a. SQL-DDL und SQL-DML)
- die Vereinbarung geeigneter Datenstrukturen und Operationen für die Verwaltung der DB-externen Daten
- die integrierte Gesamtschicht für die Abfrage und Änderung von Daten, die aus der DB stammen und/oder DB-extern sind, d.h. diese Sprachschale kapselt die Information über Ort und Zugriffsmechanismus aller Daten.

Die Durchlässigkeit zwischen DB-System und DB-externer Verwaltungskomponente sollte insofern gegeben sein, daß Ausschnitte („views") aus der DB in die DB-externen Datenstrukturen transformiert werden können (update?, Konsistenz?) und umgekehrt stabilisierte, auf Dauer interessierende DB-externe Daten durch Schemaanpassung und Datentransfer in die DB übernommen werden. Hierfür sind Konzepte, Methoden und Sprachen (z.B. extended SQL) zu entwickeln, die unter einer applikationsabhängigen Oberfläche dieses dargestellte Szenario realisieren und in anderen Applikationen mit ähnlichen Aufgabenprofilen genutzt werden können.

5. Das Informationssystem für die Kardiologie

5.1 Medizinische Problemstellung

Die Herzkatheteruntersuchung ist Teil der Basisuntersuchung in der kardiologischen Diagnostik. Technisch stellt sie das einzige Verfahren dar, mit dem selektiv koronarmorphologische sowie ventrikulographische Veränderungen des Herzens sichtbar gemacht werden können, die als Grundlage für weiterführende therapeutische Entscheidungen dienen. Folglich beinhaltet der Untersuchungsablauf neben der röntgenologischen Darstellung mit Kontrastmittel der Herzkranzgefäße und -kammern auch die Blutdruckmessung in allen Herzabschnitten sowie großen Gefäßen, außerdem die Bestimmung der Sauerstoffsättigung im arteriellen und venösen Gefäßsystem. Dementsprechend fallen während der ca. 60-minütigen Untersuchungsdauer außer administrativen Patientendaten zahlreiche Meßergebnisse an, die erfaßt und gespeichert werden müssen, um jederzeit für eine Nachprüfung oder auch wissenschaftliche Auswertung zur Verfügung zu stehen. Hierzu wird ein Datenbanksystem entwickelt, in das neben administrativer Patientendaten die während der Untersuchung anfallenden Meßergebnisse, nachdem sie überprüft und eventuell korrigiert wurden, eingegeben werden können. Darüber hinaus sollten auch weitere, während einer Untersuchung nicht erfaßte Informationen problemlos ergänzt werden können. In der Abteilung Invasive Kardiologie der Städtischen Kliniken Oldenburg ist mit mindestens 1.200 Patienten jährlich und mit ca. 600 Attributen pro Patient und Untersuchung zu rechnen.

5.2 Informatorische Anforderungen

In einer ersten Ausbaustufe des Informationsystems INKA soll ein Werkzeug entwickelt werden, mit dem die konsistente Eingabe der bereits seit 1989 auf Formularen erfaßten Daten von über 1500 Herzkatheteruntersuchungen sowie der unmittelbar nach einer Untersuchung anfallenden Daten erfolgen kann. Dafür ist auf Basis der durchgeführten Systemanalyse [2] die Datenbank zu entwerfen und zu implementieren.

Die Eingabekomponente soll eine menügesteuerte Benutzeroberfläche entsprechend den festgelegte Konventionen zur Gestaltung der Bildschirmmasken (vgl. Kap. 3) in Anlehnung an die bereits verwendeten Erfassungsformulare anbieten, um so ein hohes Maß an Benutzerfreundlichkeit zu erreichen und einen nahtlosen Übergang von der manuellen Erfassung zur rechnergestützten Erfassung zu gewährleisten. Während der Eingabe sollen automatisch Konsistenzprüfungen der Werte durchgeführt werden. Bei Verstoß gegen vorgegebene Regeln (formulierte Trigger) soll eine Fehlermeldung angezeigt und der Benutzer zur korrekten Eingabe aufgefordert werden. Zum Update der bereits erfaßten Daten ist ein Werkzeug zu entwickeln, mit dem nach Auswahl eines Datensatzes bzgl. einer durchgeführten Untersuchung ebenfalls masken- und menüorientiert beliebige Werte geändert werden können. Die Auswertung des umfangreichen Datenmaterials beinhaltet neben statistischen Aufgaben, deren Ergebnisse grafisch darzustellen sind, auch wissenschaftliche Untersuchungen, um Therapie- und Diagnosevorschläge verbessern zu können.

5.3 Systembeschreibung

Folgende Projektarbeiten wurden bisher durchgeführt: Analyse des Diskursbereiches; Schemadefinition; Aufbau der Datenbank; Erarbeitung von Codes zur vereinfachten Dateneingabe; Eingabekomponente.

An einem Patienten können im Verlaufe einer Herzbehandlung mehrere Herzkatheteruntersuchungen durchgeführt werden können. Dabei werden neben ausgewählten Patientenstammdaten die aktuelle Anamnese, eine Beschreibung der verwendeten Katheter, der Untersuchungsverlauf und natürlich zahlreiche gemessene, beobachtete und diagnostizierte Werte ermittelt. Während einer Untersuchung wird nur ein Teil der anfallenden Daten ermittelt. Dies sind vor allem Daten, die durch Messungen medizinischer Technik entstehen und auf Grund der Heterogenität dieser Technik zur Hardware des zu entwickelnden Informationssystems nicht online in die Datenbank transferiert werden können. Die Erfassung dieser Werte wird vorerst weiterhin auf Formularen erfolgen. Erst in anschließenden Nachbetrachtungen, die ebenfalls vom untersuchenden Arzt durchgeführt werden, wird der größere Teil der Attribute validiert. Hierbei handelt es sich vor allem um diagnostische Werte, die für wissenschaftliche Auswertungen vorgesehen sind. Diese Daten sollen direkt, also ohne „Zwischenerfassung", in die Datenbank eingegeben werden. Die während der Untersuchung ermittelten und auf Erfassungsformularen vorliegenden Daten werden nach Verifikation durch den Mediziner ebenfalls eingegeben. Zahlreiche Daten werden in codierter Form eingegeben. Diese Codes sollen geprüft und zur Verifikation als Echo angezeigt werden. Die Langformen für die jeweiligen Codes müssen in der Datenbank für Auswertungen zur Verfügung stehen. Die ermittelten nachfolgend aufgeführten Entitätsmengen weisen keine komplizierte Struktur auf. Patientendaten sind obligatorisch zu jeder Untersuchungsbeschreibung einzutragen, alle anderen Angaben sind optional. Folgende Entitätsmengen wurden ermittelt, deren Struktur in Abb. 4 dargestellt ist:

- *Beschreibung des Untersuchungsverlaufes (hkuntersuchung)*
  Dokumentiert die Herzkatheteruntersuchung.
- *Patientendaten (patdat)*
  Neben ausgewählten Patientenstammdaten wird die aktuelle Anamnese dokumentiert.
- *Medikation (medikation)*
  Die Verabreichung von Medikamenten vor und während der Untersuchung wird registriert.
- *Intervention (intervention)*
  Beschreibung der bei einer Herzkatheterisierung vorgenommenen Behandlung von Gefäßverengungen, z.B. Gefäßsprengung (Dilatation).
- *Koronarographie ACVB (koroACVB)*
  Beschreibt Bypässe.
- *Akute Komplikationen (komplikat)*
  Während der Untersuchung auftretende Komplikationen werden registriert.
- *Therapie (therapie)*
  Therapievorschlag.
- *Diagnose (diagnose)*
  Untersuchungsdiagnose.
- *Angiokardiographie (angiokar)*
  Dokumentation der durchgeführten Röntgenkontrastdarstellung.
- *Koronarographie (korographie)*
  Neben allgemeinen Angaben werden Daten zur rechten und linken Koronararterie registriert.
- *Klinischer Status (klinstat)*
  Zum klinischen Status gehört die Ergometrie und Szinitgraphie sowie eine Beschreibung der Risikofaktoren.
- *Hämodynamik (hämo)*
  Beschreibt das Blutströmungsverhalten.

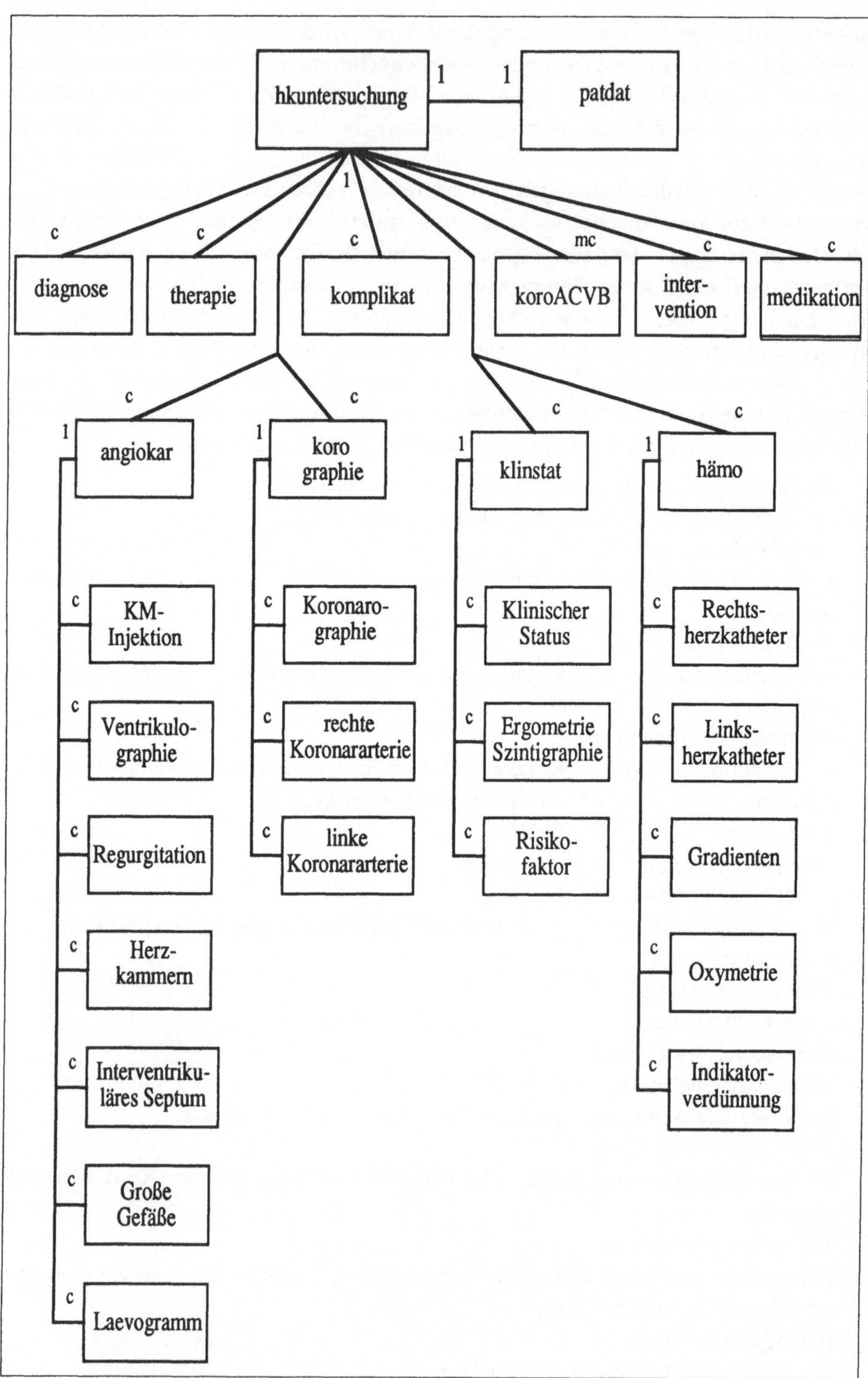

Abb.4: Das INKA-Datenbankschema

Der physische Entwurf führte zu insgesamt 40 Relation, 610 Attribute und weiteren 25 Codierungsrelationen. Das Eingabewerkzeug, das mit SQL*Forms implementiert wurde, besteht aus 49 verschiedenen Masken und ca. 1800 Triggern zur Konsistenzüberwachung und Steuerung der Maskensequenz [10].

6. Schlußbemerkungen

Mit dem Einsatz der Informationssysteme INEKS und INKA in den Städtischen Kliniken Oldenburg werden

1. die rechnergestützte Datenverwaltung in den Kliniken erweitert,
2. zahlreiche zusätzliche Daten integriert, die auf Grund der Bearbeitungsrestriktionen der bisherigen Dokumentationstechniken nicht berücksichtigt werden konnten,
3. beliebige statistische Auswertungen unterstützt,
4. die Visualisierung der Abfrageergebnisse ermöglicht und
5. Werkzeuge bereitgestellt, die erstmalig wissenschaftliche Auswertungen gestatten.

Durch Bereitstellung applikationsabhängiger, ergonomisch ausgereifter Benutzeroberflächen wird eine große Akzeptanz erwartet, die eventuell auch über den Rahmen der Anwendung in den Städtischen Kliniken Oldenburg hinausgehen kann, da sowohl bei den medizinischen, als auch bei den informatorischen Aspekten auf multivalente Benutzbarkeit und Portabilität geachtet wurde.

Literatur

1. Appelrath, H.-J., Volbers, H.: Systemanalyse INKA, Int. Bericht, FB Informatik, Uni Oldenburg, 1990
2. Appelrath, H.-J., Volbers, H.: Systemanalyse INEKS, Int. Bericht, FB Informatik, Uni Oldenburg, 1990
3. Bergmann, B., Janßen, P.: Datentransfer H.I.T - INEKS, Praktikumsbericht, FB Informatik, Uni Oldenburg, 1990
4. Smith, L.S., Mosier, J.N.: Guidelines for Designing User Interface Software, Bedford, Mass.: The MITRE Coorp., 1986
5. Spinas, P., Troy, N., Ulich, P.E.: Leitfaden zur Einführung und Gestaltung von Arbeit mit Bildschirmsystemen, München, CW-Publ., Zürich, Verlag Ind. Org., 1983
6. Volbers, H.: HIT-INEKS-Evaluatio,nInterner Bericht, FB Informatik, Uni Oldenburg, 1989
7. Wolters, E.: Programmieren in MUMPS - Mit zahltreichen Übungsbeispielen, Hanser Studienbücher, Carl Hanser Verlag, München 1988
8. Zehnder, C. A.: Informationssysteme und Datenbanken, Teubner, 4. Auflage, 1987
9. Zimmerling, R.: Zwischenbericht INKA, Interner Bericht, FB Informatik, Uni Oldenburg, 1990
10. Zimmerling, R.: Zwischenbericht INEKS, Interner Bericht, FB Informatik, Uni Oldenburg, 1990

Anmerkungen

1. Das Projekt INEKS wird mit Mitteln des Landes Niedersachsen gefördert.
2. H.I.T. = Hannoversches Informationssystem für Tumordaten
3. MUMPS = Massachusetts General Hospital Utility Multi Programming System [7]

Computerunterstützte Analyse und Darstellung sportlicher Bewegungen

Heimo Pokorny

Universität Graz
Institut für Sportwissenschaften

Das Institut für Sportwissenschaften der Universität Graz beschäftigt sich seit mehr als zehn Jahren mit der computerunterstützten Verarbeitung von sportlichen Bewegungsabläufen. Wurden sportliche Bewegungen noch vor einigen Jahren vorwiegend auf Film aufgezeichnet, so konnte sich in neuerer Zeit die Videoaufzeichnung immer stärker durchsetzen. Der bei der Videoaufzeichnung bestehende Nachteil in der Bildqualität, hervorgerufen durch Bildunschärfen von schnellen Bewegungsvorgängen, konnte durch die Verbreitung der CCD-Kameras mit eingebautem Hochgeschwindigkeitsverschluß beseitigt werden. Die Videobildfrequenz von 50 Halbbildern oder 25 Vollbildern pro Sekunde steht weiterhin weit hinter den Möglichkeiten des Hochgeschwindigkeitsfilms. Das Video als Aufzeichnungsmedium findet aber aus Kostengründen und wegen seiner sofortigen Verfügbarkeit im Lehr- und Übungsbetrieb immer stärkere Verwendung.

Für die Durchführung von Bewegungsanalysen sportlicher Bewegungen stellt sich aber sofort die Frage der Dokumentation und Nachbearbeitung des auf Video aufgezeichneten Bewegungsablaufes. Einerseits ist es über den Videobildschirm nicht möglich, zeitlich verschiedene Bewegungsabläufe miteinander zu vergleichen, andererseits kann aus dem Videobild direkt keine grafische oder numerische Auswertung von Merkmalsparametern erfolgen. Zu diesem Zweck wurde in der Abteilung für Bewegungslehre und motorisches Lernen ein für den Studenten handhabbares computerunterstütztes Auswerte- und Dokumentationssystem entwickelt. Mit diesem System kann in mehreren Arbeitsschritten eine komplette biomechanische Bewegungsanalyse von einer einfachen Bildreihendarstellung über mehrere grafische Darstellungsverfahren bis zu einer statistischen Auswertung von Bewegungsmerkmalen erfolgen. Das Gesamtsystem beinhaltet eine Hardwareentwicklung, welche die Aufbereitung des Videobildes zur Abtastung der Bewegungspunkte vornimmt, die über einen Steuerknüppel abgenommen werden, sowie mehrere Softwareprogramme, die die Datenerfassung, Kalibrierung und Datenauswertung vornehmen. Neben der Möglichkeit einer Bildseriendarstellung, wie sie für einfache Bewegungsanalysen herangezogen wird, besteht die eigentliche Vorgangsweise zur Auswertung objektiver Meßdaten von Bewegungsabläufen jedoch darin, verschiedene Gelenkspunkte des Sportlers koordinatenmäßig zu erfassen und zu verrechnen. Dazu wurde ein sogenannter Video-Analyzer entwikkelt; er gibt Koordinaten, die von einem elektronischen, mit dem Videobild gemischten Fadenkreuz stammen, an den Rechner weiter. Auf diese Weise ist es möglich, aus jedem einzelnen Videobild beliebig viele Markierungspunkte abzutasten und in den

Rechner einzulesen. Bei sportlichen Bewegungsabläufen werden als Meßpunkte hauptsächlich die Hauptgelenksdrehpunkte des Sportlers herangezogen. Das sind in der Regel: Schulter, Ellbogen, Handgelenk, Hüfte, Knie, Sprunggelenk.

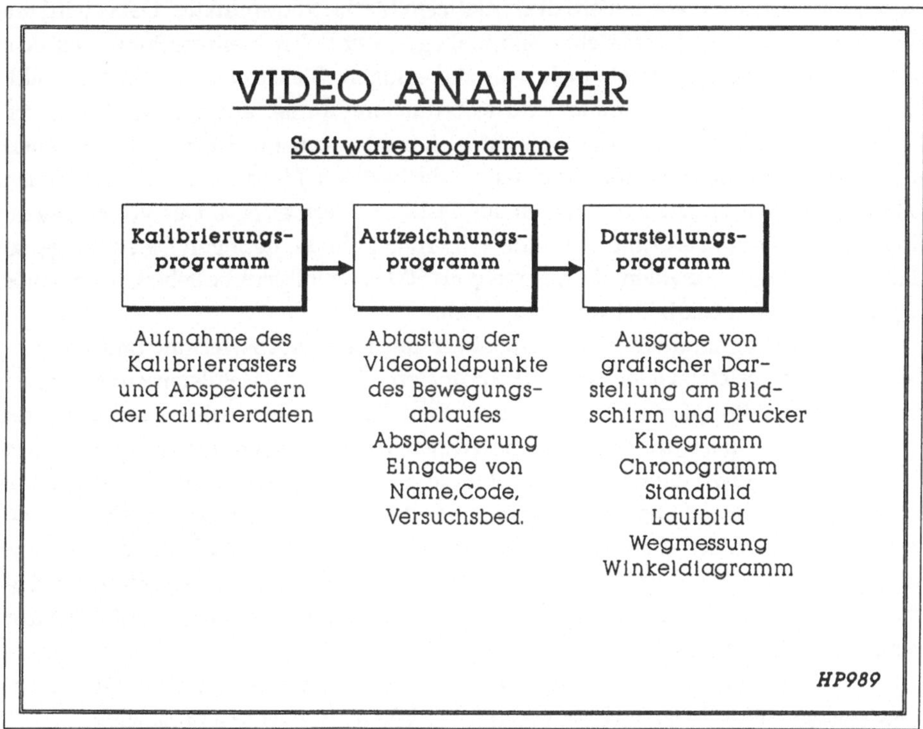

Abb. 1: Softwareprogramm für computerunterstütztes Videoanalysesystem sportlicher Ereignisse

Die Software zur Auswertung und Darstellung der vom Videoband stammenden Bewegungsabläufe besteht aus drei Komponenten (siehe Abb. 1). Zur Entzerrung der optischen und elektronischen Fehler des Aufnahmesystems wurde ein Kalibrierprogramm entwickelt, das über ein vorgegebenes Meßraster und über eine Polynomberechnung eine Umrechnung in weitgehend verzerrungsfreie Meßdaten durchführt. Diese Kalibrierung braucht für eine Systemanordnung nur einmal durchgeführt werden, für alle weiteren Auswertungen wird der entsprechende Datenfile herangezogen.

Das zweite Programm erlaubt ein einfaches Einlesen von Gelenkspunktkoordinaten aus dem Videobild in den PC. Dazu muß der entsprechende Kalibrierdatenfile aufgerufen werden, da sofort beim Einlesen die Umrechnung in die kalibrierten Daten erfolgt. Nach Eingabe von verschiedenen Stammdaten erscheint ein Arbeitsbildschirm, der die jeweilige Stellung des Fadenkreuzschnittpunktes am Videobild als beweglichen Punkt darstellt. Wenn mit dem Steuerknüppel ein entsprechender Gelenkspunkt am Videobild gefunden wurde, kann dieser Punkt über Tastendruck in den Rechner eingelesen werden. Zur Kontrolle der abgetasteten Punkte wird am Computerbildschirm sofort die entsprechende Strichverbindung zwischen den einzelnen Gelenkspunkten dargestellt. Damit bei der Abnahme einer großen Anzahl von Videobildern eine Übersichtlichkeit beibehalten werden kann, werden die Verbindungsstriche der Koordinaten des jeweils letzten, abgetasteten Viodeobildes am Computerbildschirm andersfarbig dargestellt als weiter zurückliegende Bilder. Weiters besteht über entsprechende Tasteneingabe eine Korrekturmöglichkeit von fehlerhaft abgetasteten Markierungspunkten. Dabei wird mit der Korrekturtaste der jeweils letzte Bildpunkt gelöscht. Sollen mehrere Punkte gelöscht werden, ist die Korrekturtaste mehrmals zu betätigen. Gleichzeitig wird die am Bildschirm mitlaufende Bildnummer und Koordinatennummer automatisch korrigiert. Damit kann sofort während der Aufnahme eine entsprechende Korrektur von fehlerhaft abgetasteten Bildkoordinaten durchgeführt werden. Nach Abtastung des letzten Bildpunktes werden alle Koordinaten auf Diskette abgespeichert. Der Vorteil gegenüber einer Volldigitalisierung von Videobildern liegt in der geringen Datenmenge, so daß auch Bewegungszyklen, die aus mehr als 100 Einzelbildern bestehen, problemlos abgespeichert und bearbeitet werden können.

Der dritte Programmteil erstreckt sich über die grafische Auswertung und Verrechnung der abgetasteten Gelenkspunktkoordinaten. Über eine Menüsteuerung können folgende Darstellungsformen aufgerufen werden: Darstellung des *Bewegungsablaufes in Form von Strichmännchenzeichnungen* (*Kinegramm*), Darstellung des *Bewegungsablaufes in Kennlinienform* sowie *Winkel/Zeitdarstellung ausgewählter Gelenkspunkte*.. Diese Darstellungen können in vielfältiger Form variiert werden, wie im folgenden gezeigt werden soll. Zunächst werden nach dem Starten des Programms die im Aufnahmeprogramm abgespeicherten Gelenkspunktdaten eingelesen, so daß sie für den Aufbau der Zeichenroutinen zur Verfügung stehen. In einer Kopfzeile werden auf dem Bildschirm verschiedene Stammdaten dargestellt. Weiters ist das Programm in der Lage, Videoaufzeichnungen, die mit mitgeschwenkter Kamera durchgeführt wurden, aufgrund von abgetasteten Paßpunkten in ein festes Raumkoordinatensystem zu projizieren.

Wenn man die *Kinegrammdarstellung* (Strichfiguren) aufruft, so erscheint der Bewegungsablauf in Form von Strichmännchenzeichnungen auf dem Bildschirm. Dabei kann über das Menü ausgewählt werden, ob die Strichfiguren aller abgetasteten Bilder zugleich erscheinen oder nur das jeweils aktuelle Kinegramm, so daß am Bildschirm der Eindruck einer sich bewegenden Person entsteht. Wählt man eine Echtzeitdarstellung des Bewegungsablaufes am Bildschirm, so hat man ein wertvolles didaktisches Hilfsmittel zur genauen Beschreibung des Bewegungsvorganges, der Bewegungsdynamik, der Bewegungsgeschwindigkeit und des Bewegungsumfanges. Im Gegensatz zum Videobild kann der Bewegungsablauf am Computerbildschirm beliebig oft wiederholt werden. Durch die Abstrahierung des Sportlers als Strichfigur kann ein wesentlich besseres Augenmerk auf die Beobachtung der Gelenksstellungen und des Bewegungsverlaufs gerichtet werden. Bei zyklischen Bewegungen, wie etwa bei Laufbewegungen, ist es außerdem möglich, über die Menüeingabe jeden beliebigen Gelenkspunkt auszuwählen, der als Ursprung eines Körperkoordinatensystems herangezogen wird. Mit dieser Vorgangsweise kann ein Bewegungsablauf, auf jeden beliebigen Gelenkspunkt bezogen, über beliebig lange Zeit in Bildmitte des Computerbildschirmes ablaufen. Bei Betrachtung dieser Darstellung können jene Merkmale des Bewegungsablaufes in Betracht gezogen werden, die sich auf körperinterne Bewegungsstrukturen beziehen. Diese beiden Darstellungsformen sind auf das interaktive Auswerten von

Bewegungsvorgängen am Computerbildschirm ausgerichtet. Wenn es aber darum geht, Bewegungsabläufe dokumentarisch festzuhalten und auszudrucken, bedient man sich der beiden weiteren Kinegrammdarstellungen. In der einen Kinegrammdarstellung wird der gesamte Strichmännchenverlauf über einen bestimmten Zeitraum in seiner räumlich richtigen Lage dargestellt (siehe Abb. 2).

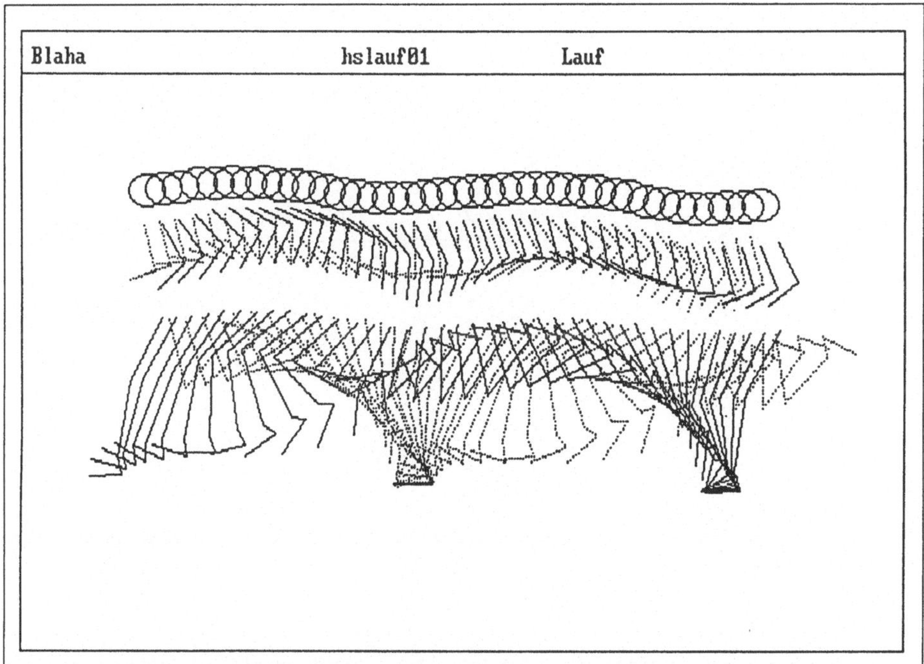

Abb. 2: Kinegramm eines Mittelstreckenläufers (hintere Körperseite gestrichelt gezeichnet)

Wenn man aber Bewegungen analysiert, welche sich nicht parallel zur Bildebene abspielen, sondern in weiten Bereichen normal auf der Bildebene stehen, wie es z.B. bei der Auswertung eines Snowboardschwunges von hinten der Fall ist, so kann man eine gestreckte Kinegrammdarstellung anwählen, welche die Einzelbilder um einen konstanten Faktor am Bildschirm verschiebt. Damit können auch Bewegungsabläufe dargestellt und ausgedruckt werden, welche durch Überlagerung der einzelnen Strichfiguren sonst nur schwer identifizierbar wären (siehe Abb. 3). Für alle genannten Kinegrammdarstellungen gilt, daß die Auswahl der Bildanzahl und die Größe der Intervallsprünge zwischen den einzelnen Bildern vom Programm her frei wählbar ist. Damit kann vom Auswerter der Bewegungsablauf sehr genau entsprechend einzelner Phasen dargestellt und analysiert werden. Bei langsamen Bewegungen, die zu einer sehr hohen Bildanzahl führen, kann durch Angabe des Intervallparameters eine Reduktion der Strichfiguren herbeigeführt werden. Eine weitere wichtige Darstellungsform ist die *Kennliniendarstellung*. Bei dieser Darstellung werden nicht die verschiedenen Gelenkspunkte eines Zeitpunktes, sondern ein und derselbe Gelenkspunkt über alle ausgewerteten Videobilder verbunden.

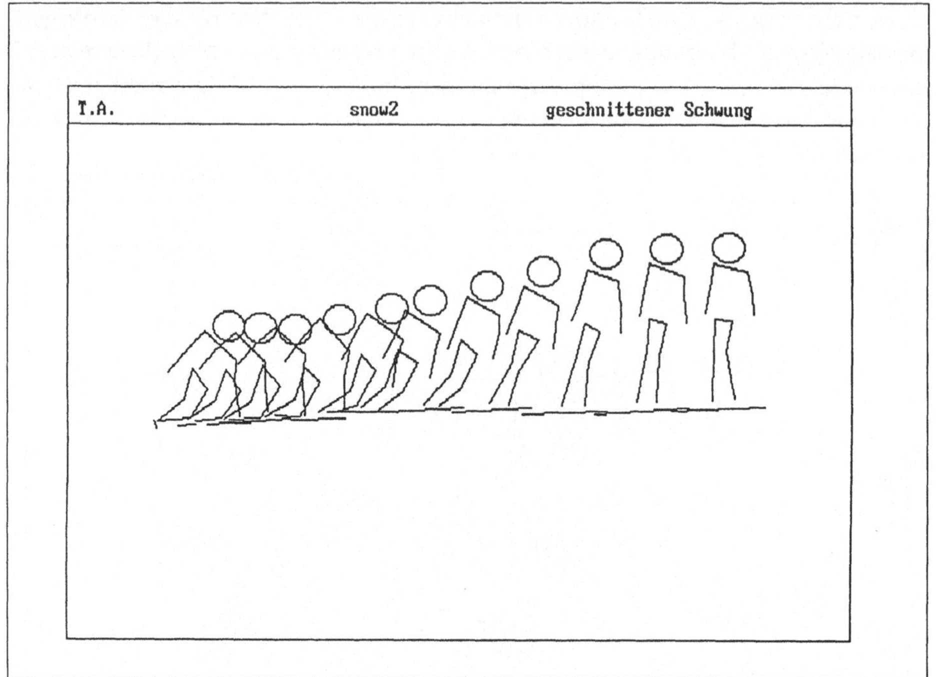

Abb. 3: Gestrecktes Kinegramm – Einleitung eines geschnittenen Snowboardschwunges (Bewegungsablauf von rechts nach links).

Man erhält dadurch die Spuren der einzelnen Gelenkspunkte über den gesamten Bewegungsablauf. Diese Kennliniendarstellung liefert eine sehr gute Interpretationsgrundlage für die Beurteilung des Bewegungsumfanges einzelner Gelenkspunkte sowie zur vergleichenden Interpretation bei Symmetrie- oder Koordinationsfragestellungen. Da bei der gleichzeitigen Kennliniendarstellung von sehr vielen Gelenkspunkten die Kennlinienschar unübersichtlich wird, erscheint am Bildschirm zusätzlich ein Strichmännchen, das den gesamten Bewegungsablauf durchläuft und so eine genaue Zuordnung der einzelnen Kennlinien zu den Gelenkspunkten ermöglicht. Als weitere Darstellungsform dieses biomechanischen Bewegungsanalyseprogramms kann von jedem beliebigen Gelenkspunkt ein *Winkel/Zeitdiagramm* angefertigt werden. Dazu ist es lediglich notwendig, drei benachbarte Gelenkspunkte einzugeben, mit welchen die Winkelberechnung erfolgen soll. Der erste einzugebende Gelenkspunkt ist dabei jener, über dem der Winkelverlauf berechnet und gezeichnet werden soll (Abb. 5). Wenn man die Winkel/Zeitdiagramme für die Hauptgelenke betrachtet, so erhält man eine gute Vergleichsbasis für einen Trainingsverlauf oder eine Wettkampfbeobach-tung.

Um einerseits eine möglichst große Flexibilität dieses Auswerteprogramms zu gewährleisten, andererseits aber die Bedienung möglichst zu vereinfachen, ist es vom Menü her möglich, genau die Reihenfolge der Verbindungen der Strichfiguren zu definieren, welche am Bildschirm gezeichnet oder am Drucker ausgegeben werden sollen. Zur späteren Wiederverwendung kann diese ausgewählte Strichverbindung abgespeichert werden, so daß eine Neueingabe dann entfällt. Mit diesem Auswerteprogramm für biomechanische Bewegungsanalysen wurde ein Universalprogramm geschaffen, welches es dem Studierenden ermöglicht, mit einem Minimum an Eingabeaufwand ein Maximum an verschiedenen Darstellungsmöglichkeiten sowie Auswahl und Variation des Bewegungsablaufes zu erzielen. Durch die einfache und übersichtliche Bedienung muß das Hauptaugenmerk nicht auf die Bedienung des Computers gelegt werden, sondern kann sich ganz auf die Interpretation und Auswertung des sportlichen Handlungsfeldes richten.

Neben dem hier vorgestellten allgemeinen Analyseprogramm für sportliche Bewegungsabläufe existieren bereits einige Sonderformen für spezielle Fragestellungen, wie z.B. für die Diagnose von jugendlichen Haltungsschwächen, für die Verlaufskontrolle von orthopädisch-chirurgischen Fragestellungen sowie zur Vermessung der Thoraxmechanik bei pulmonalen Erkrankungen.

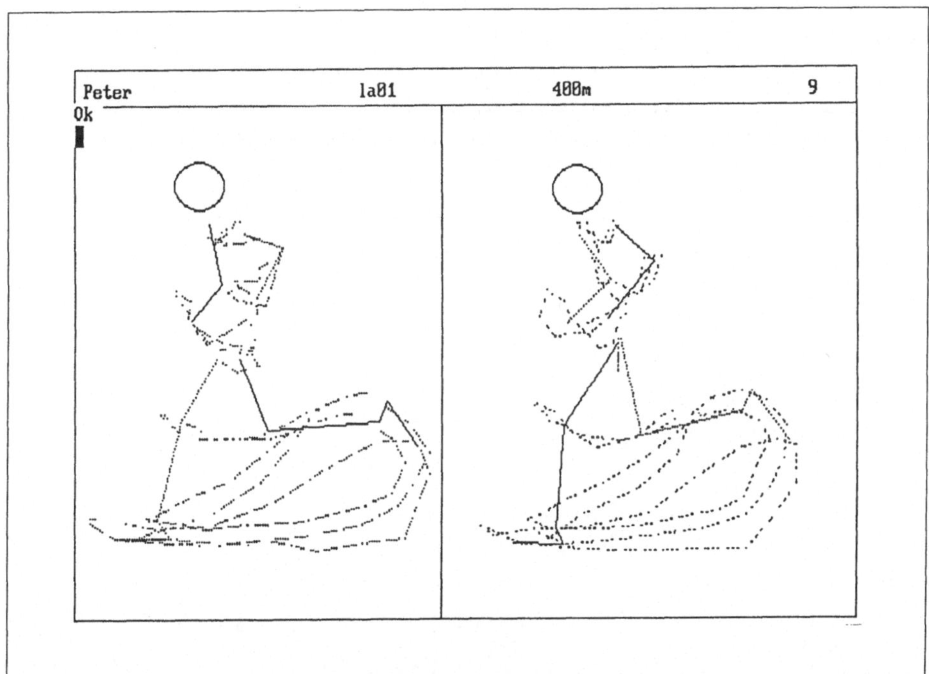

Abb. 4: *Kennliniendarstellung vom Langstreckenläufer (auf Hüftpunkt projiziert) – Vergleich des Bewegungsumfanges von linker und rechter Körperseite.*

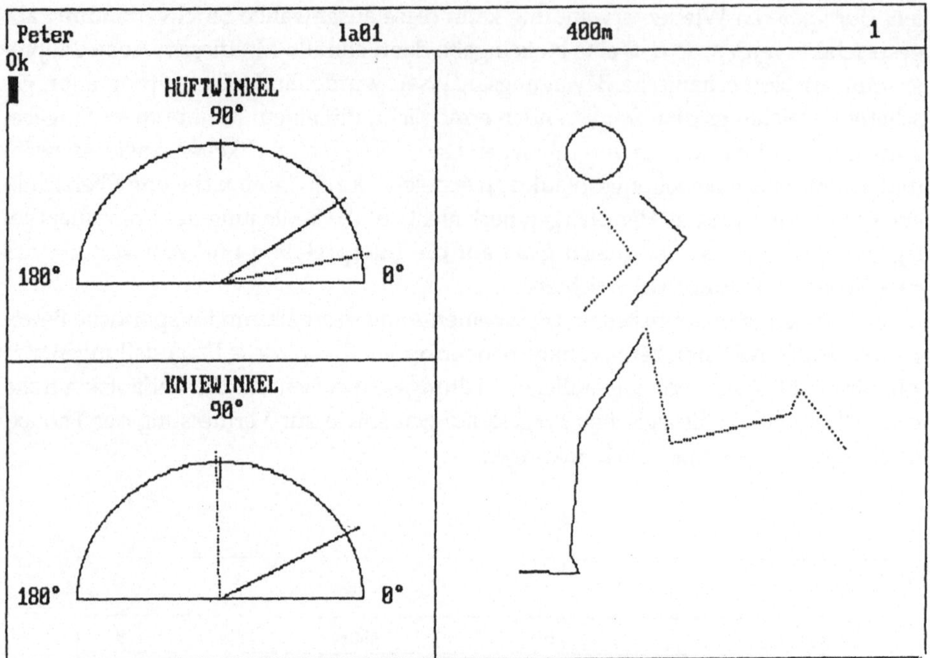

Abb. 5: Winkeldarstellung von Hüft- und Kniewinkel – Zeigerdarstellung von beiden Körperteilen.

Wirtschaftswissenschaften

Planspiel PROST – Simulation der Produktionssteuerung

Dieter Biberschick und Kurt Matyas

Technische Universität Wien
Institut für Betriebswissenschaften

1. Das Modell PROST

Der Einsatz von Planspielen in der Lehre ist mit zunehmendem Computereinsatz einfacher und interessanter geworden. Besonders an den Universitäten haben computerunterstützte Unternehmensplanspiele zu Forschungs- und Ausbildungszwecken den Eingang in sehr viele Bereiche gefunden. Sie dienen der möglichst wirklichkeitsnahen Simulation von Unternehmenssituationen. Die erlernte Theorie kann in einer praxisnahen Situation angewendet werden. Die Grundlage jedes Planspiels ist die Abbildung eines realen Systems in einem Modell. Bei diesem Modell werden von einem oder mehreren Spielern Entscheidungen getroffen, mit deren Auswirkungen sie anschließend konfrontiert werden. Das nachträgliche Erkennen der Qualität der getroffenen Entscheidungen wird durch den Computer ermöglicht und führt zu einem Lerneffekt, der in der betrieblichen Praxis mitunter recht teuer erkauft werden müßte.

Im Gegensatz zu Modellen bzw. Planspielen, die das gesamte Unternehmen umfassen und meist einen großen und damit oft unübersichtlichen Entscheidungsumfang aufweisen, stehen Modelle, die es gestatten, innerbetriebliche Zusammenhänge in Teilbereichen realistisch abzubilden. Das Planspiel PROST ist ein solches Teilbereichsmodell, bei dem der Teilbereich Produktionssteuerung (Auftragsdisposition, Terminbüro) das Kernstück ist. Die Teilnehmer versetzen sich in die Situationen, die in den Abteilungen Arbeitsvorbereitung (AV), Kalkulation, Einkauf und Verkauf eines Fertigungsbetriebes herrschen: Die Einplanung von nach erstellten Angeboten (Kosten, Termine) eingehenden Aufträgen in eine laufende Fertigung setzt die Ermittlung des Bedarfs an Einzelteilen, Baugruppen und Fertigerzeugnissen voraus. Stets sind Bestellungen für Rohmaterialien und Zukaufteile aufzugeben und Fertigungs-und Montageaufträge zeitlich einzuplanen. Leider sind weder Maschinen noch Arbeiter hundertprozentig zuverlässig und fallen in unregelmäßigen Abständen aus bzw. werden krank. Dies zwingt zu rascher Umdisposition, ebenso wie das unerwartete Fehlen von Teilen aufgrund von Planungsfehlern und Lieferverzögerungen. Das Planspiel PROST simuliert diesen „Zustand". Durch beeinflußbare Zufallsvariablen werden unerwartete Situationen wie Maschinenausfälle, Krankenstände, Lieferverzögerungen beim Kauf von Rohmaterialien und Zukaufteilen sowie Schwankungen der Konjunktur (Nachfrage, Preisniveau, Kreditzinsen etc.) simuliert. Dabei wird der Unterschied zwischen erlernter Theorie und betrieblichen Realität besonders deutlich.

Durch den Umfang und die Vielseitigkeit der möglichen Entscheidungen und Dispositionsaufgaben ist eine Gruppenarbeit mit Arbeitsteilung (jeder Teilnehmer sollte für die Entscheidungsfindung eines gewissen Bereiches zuständig sein) erwünscht und sinnvoll. Das wirklichkeitsnahe, teilweise interaktive Planspiel PROST fördert somit auch das in Betrieben so wichtige Teamwork.

Abgesehen von der Simulation einer Produktionssteuerung werden durch die Gruppenarbeit auch andere Anwendungsmöglichkeiten des Planspiels PROST aufgezeigt. Nicht nur Studenten und unerfahrene Mitarbeiter eines Betriebes, die innerbetriebliche Zusammenhänge kennenlernen wollen, sind somit eine Zielgruppe des Planspiels PROST, sondern auch erfahrene Praktiker, die neue Aufgabenbereiche und Mitarbeiter kennenlernen wollen. Die Entscheidung über die Zusammenstellung von Mitarbeiterteams wird so erleichtert, oder bestehende Arbeitsgruppen können überprüft bzw. neu motiviert werden.

2. Ablauf des Planspiels

Ungefähr vier Teilnehmer bilden jeweils eine Spielgruppe (entspricht einem Unternehmen), die in Konkurrenz zu maximal neun anderen Gruppen bzw. Unternehmen steht. An einem AV-Leitstand (Magnetplanungstafel o.ä. Hilfsmittel) wird die Einplanung von Aufträgen maschinenbezogen vorgenommen. Die aus dieser Einplanung folgenden Entscheidungen (Angebote, Materialbestellungen, Fertigungs- und Lieferaufträge) werden dem Computer bekanntgegeben. Durch das Programm PROST werden Fertigung, Beschaffungs- und Absatzmarkt sowie Rohmaterial-, Halbfabrikate- und Fertigteillager entsprechend den Entscheidungen der Spielgruppen simuliert. Der Informationsfluß zwischen Teilnehmergruppen und Simulationsmodell ist in Abb. 1 erkennbar (numerierte, waagrechte, dicke Pfeile). Die Teilnehmer geben die Entscheidungen jeder Periode selbst in den Computer ein (vorläufig Betriebssystem MS-DOS, ab 1992 UNIX System V), wobei es nicht notwendig ist, eine bestimmte Reihenfolge der Unternehmen bei der Eingabe einzuhalten. Je Spielperiode (entspricht in der Regel einer Woche) ergibt sich folgender Ablauf:

- Der Zyklus eines Auftrags beginnt mit der *Ausschreibung* (1), welche alle Unternehmen (die Maximalgruppenzahl beträgt 10) erhalten. Auftragsnummer, Art des Erzeugnisses und Liefertermin werden angegeben. In der derzeitigen Version können vier verschiedene Erzeugnisse hergestellt werden, deren Strukturen und Stücklisten – wie ein Beispiel in Abb. 2 zeigt – als erweiterte Gozintographen gegeben sind.
- Bei Interesse an diesem Auftrag (Kann der Liefertermin eingehalten werden ?, Sind genügend freie Kapazitäten vorhanden ?, Sind die notwendigen Rohmaterialien verfügbar ?) wird der kalkulierte *Angebotspreis* (2) dem Computer vom Unternehmen mitgeteilt.
- Die bestbietende Gruppe erhält den *Auftrag* (3), wobei der „Bestbieter" nicht unbedingt auch der Billigstbieter sein muß. Die bisherige Liefertreue, sowie die Investi-

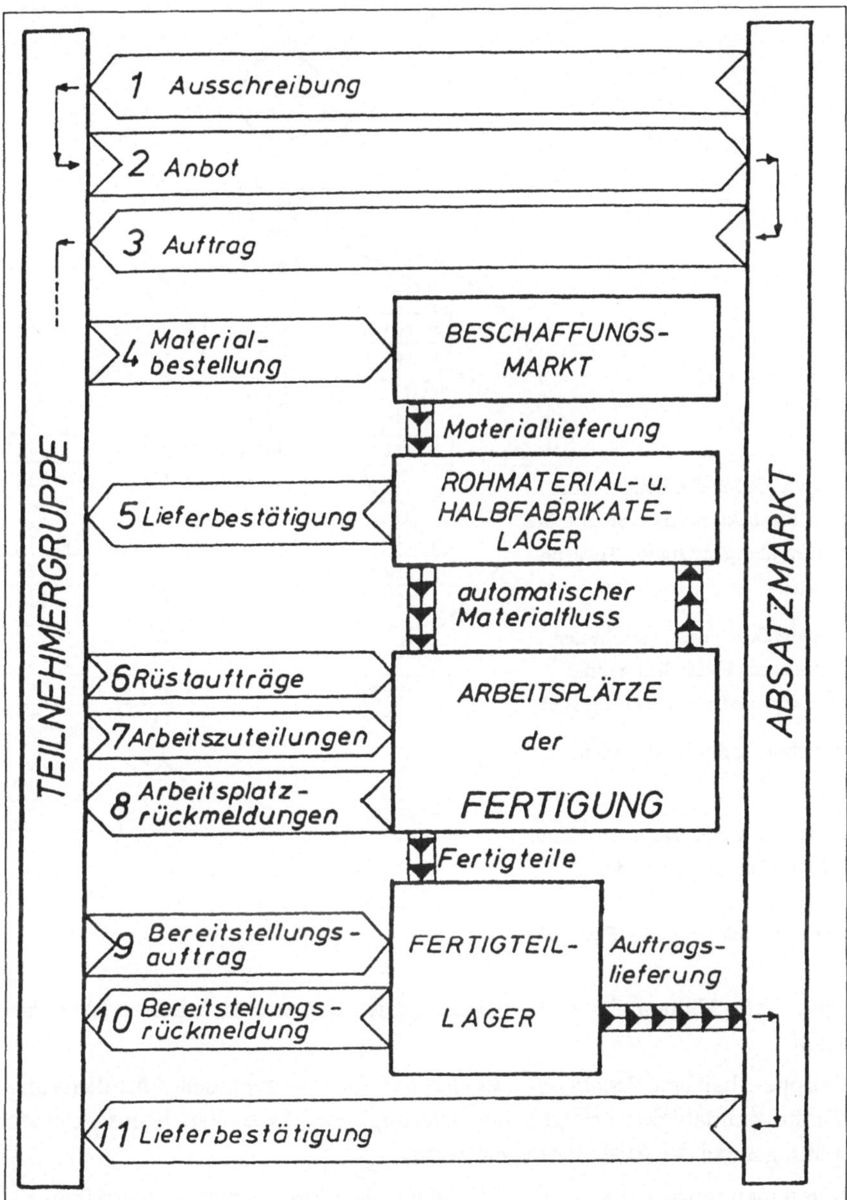

Abb. 1: Informations- und Materialfluß von PROST

tionen in die Qualitätssicherung beeinflussen das Image des Unternehmens, das bei der Auftragsvergabe mitberücksichtigt wird.

- Auf dem Beschaffungsmarkt erfolgt die *Materialbestellung* (4). Das Unternehmen hat die Menge und den Liefertermin der erforderlichen Rohmaterialien zu bestimmen. Das Geld wird dem Kunden bei der Lieferung automatisch abgebucht. Eventuelle

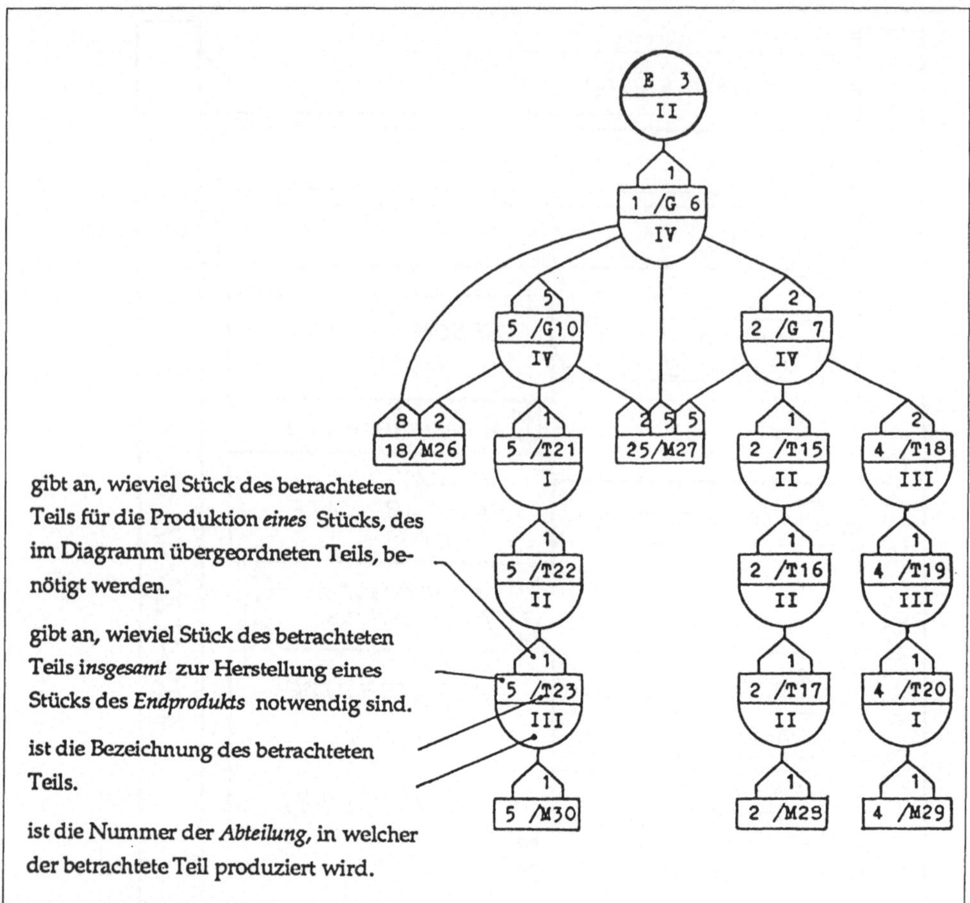

Abb. 2: Erweiterter Gozintograph eines Erzeugnisses

Mengenrabatte können ebenso berücksichtigt werden wie Mehrkosten für Eillieferungen.

- Die Gruppe erhält eine *Bestätigung über Lieferung* (5) bzw. eventuelle Nichtlieferung (bei Zahlungsunfähigkeit erfolgt keine Lieferung) von Materialien. Ebenso können Verspätungen bei der Auslieferung eintreten.
- Die Maschinen müssen vor der Produktion für die erforderlichen Arbeitsgänge gerüstet werden. Nach erfolgreicher Erteilung von *Rüstaufträgen* (6) der Kapazitätseinheiten erfolgt die *Arbeitszuteilung* (7) zu den einzelnen Arbeitsplätzen für die Fertigung der Baugruppen und Erzeugnisse. Die Maschinenbelegungen, eventuelle Kapazitätsänderungen, Materialbestellungen sowie die Angebotspreise werden über eine Bildschirmmaske in den PC eingegeben. Das erforderliche Material muß für einen erfolgreichen Produktionsvorgang rechtzeitig vorhanden sein und wird dem Lager automatisch entnommen (Vereinfachung: Innerbetrieblicher Transport braucht von den Unternehmen nicht berücksichtigt werden).

- Nach erfolgter Eingabe werden die Unternehmen über den Zustand der Arbeitsplätze in Form von *Arbeitsplatzrückmeldungen* (8) informiert. Es erfolgen die Bestätigung der Produktion sowie Mitteilungen über fehlendes Material oder defekte Maschinen.
- Bei Fertigstellung eines Erzeugnisses (Erledigung eines Auftrages) kann dieses bereitgestellt werden. Dieses Erzeugnis liegt ab der *Bereitstellung* (9) nicht mehr im Lager. Bei erfolgreicher Bereitstellung erfolgt die *Bereitstellungsrückmeldung* (10): Es wird die Bereitstellung des fertiggestellten Auftrages bestätigt.
- Bei zeitgerechter Lieferung des jeweiligen Auftrages erfolgt eine *Lieferbestätigung* (11) sowie die Überweisung des Auftragswertes abzüglich der Akontozahlung und eines eventuellen Pönales wegen Lieferverzögerung.
- Während der gesamten Spieldauer sind zusätzlich zu diesen Entscheidungen auch solche über die Höhe von Aufwendungen für *Instandhaltung, Rationalisierung* und *Qualitätssicherung* zu treffen: Die Höhe des Instandhaltungsaufwandes beeinflußt die Ausfallwahrscheinlichkeit von Maschinen, Rationalisierungen senken die laufenden Kosten, während sich hohe Qualität positiv auf das Image des Unternehmens auswirkt. Kapazitätserweiterungen oder -einschränkungen sind durch Maschinenkauf oder -verkauf möglich.

3. Auswertung

Die Durchführung eines Planspiels erstreckt sich in der Regel über zwei bis drei Tage, wobei 52 Spielperioden (entspricht einem Geschäftsjahr) durchsimuliert werden. Jedes Unternehmen erhält alle sechs Wochen einen Informationsausdruck (Abbildung 4), der den aktuellen Lagerstand mit den einzelnen Materialwerten und die Auslastung je Abteilung angibt. Als Hauptbewertungskriterium steht allerdings die Barmittelabrechnung im Mittelpunkt. Weiters werden alle notwendigen aktuellen Gemeinkostensätze und Wochensätze der Kapazitätseinheiten, die zur Berechnung der Angebotspreise notwendig sind, angegeben.

Am Ende des dritten Tages wird eine Analyse des Ablaufs durchgeführt. Dabei werden die Teilnehmer mit ihren eigenen Entscheidungen und denen der anderen Unternehmen konfrontiert. Es können die Beurteilungskriterien über den gesamten Spielverlauf graphisch dargestellt werden und somit Stärken und Schwächen der teilnehmenden Gruppen während des gesamten Simulationszeitraums nachträglich erkannt werden.

An der Technischen Universität Wien ist das Planspiel PROST eine der erfolgreichsten Wahllehrveranstaltungen im zweiten Studienabschnitt des Studienzweiges Betriebswissenschaften (Studienrichtung Maschinenbau). Ferner wird PROST seit dem Studienjahr 1990/91 an allen österreichischen Wirtschaftsförderungsinstituten (WIFI's) der Handelskammern als Teil des PPS-Basislehrganges (Ausbildungsprogramm: CAM-Fertigungsorganisator) mit großem Erfolg angeboten.

Aus fünfjähriger Erfahrung mit PROST hat sich gezeigt, daß sowohl für „Theoretiker", d.h. Wirtschaftsingeneur-Studenten als auch für Praktiker positive Effekte erreicht werden: Studenten wird die zugehörige Theorie verständlicher, Praktiker erhalten einen besseren Überblick über die Zusammenhänge bei Arbeitsvorbereitung, Kalkulation, Auftragsdisposition, Materialdisposition und Maschinenbelegung.

Literatur

1. Studeny, P.: Grundlagen für ein Planspiel „Auftragsdisposition", Diplomarbeit TU Wien, Wien 1985.
2. Adelbauer, M.: Aufbau eines Planspiels „Auftragsdisposition", Diplomarbeit TU Wien, Wien 1985.
3. Matyas, K.: Planspiel Produktionssteuerung, Diplomarbeit TU Wien, Wien 1988.
4. Biberschick, D; Matyas, K.: Planspiel Produktionssteuerung. Zeitschrift Arbeitsvorbereitung 27 (1990) 4, München.

EVa – Ein Unternehmensplanspiel für die Gründungs- und Frühentwicklungsphase

Heinz Klandt

Universität Dortmund
Fachbereich Wirtschafts- und Sozialwissenschaften

1. Einführung

Das folgende Arbeitspapier versteht sich als Ansatz, der die Entwicklung eines Diagnose- und Gestaltinstrumentes in Form einer Software mit systematischer empirischer Forschungsarbeit verbindet der empirische Ansatz kam einerseits im Vorfeld der Software-Entwicklungsarbeit, durch eine empirische Untersuchung von 25 Software- und Systemhäuser bezüglich ihrer Bedingungslage und ihren Strategien in der Gründungs- und Frühentwicklungsphase [4] zum Tragen und andererseits nach Fertigstellung der Software durch den Versuch einer empirischen Validierung, auf die noch im einzelnen einzugehen ist. Dies entspricht einer erkenntnistheoretischen Position, die sich nicht mit intuitivem Erfahrungswissen oder plausiblen Argumentationsketten zufrieden geben will, sondern systematisch zusammengetragenes empirisches Material – also eine nachvollziehbar dokumentierte Konfrontation mit der Erfahrungswelt als Nachweis von „Wahrheit" oder „Nützlichkeit" verlangt. Ausgangspunkt des Beitrages ist die Entwicklung eines Unternehmensplanspiels im Rahmen eines von der Deutschen Forschungsgemeinschaft geförderten Projektes im Projektbereich Gründungsforschung der Universität zu Köln [5], das sich auf die Erlebenswelt eines Eigentümerunternehmers bei der Gründungs- und Frühentwicklungsphase eines Software- und Systemhauses konzentriert.

Dieses Planspiel wurde in der Folgezeit mit rund 350 Spielern durchgeführt, darunter vorzugsweise wirtschaftswissenschaftliche Studenten der Universitäten Köln, Wien, Berlin und Dortmund, daneben auch Informatik- und Ingenieurstudenten, selbständige Unternehmer, Führungskräfte, Unternehmensberater und andere potentielle Gründer. Im Laufe jedes einzelnen Spiels werden über 30.000 Einzeldaten registriert, die sowohl Protokollierungen durch den Computer als auch Fragebogen-Erhebungen und Aufzeichnungen des Spielleiters umfassen. Es besteht die Erwartung, daß dieses Unternehmensplanspiel unter anderem auch die Möglichkeit bietet, unternehmerisches Verhalten in einer kontrollierten Situation beschreiben und zu analysieren. Langfristiges Ziel der Entwicklungsarbeiten ist ein wissenschaftlich und praktisch einsetzbares Instrument der Unternehmereignungsdiagnose.

2. Zur Methode der Computersimulation

Die Nutzungsmöglichkeiten von Simulationsmodellen in sozialwissenschaftlichen Bereichen beziehen sich insbesondere auf fünf unterschiedliche Zwecke. Zum einen haben wir es mit Modellen geschlossener Systeme zu tun, die sowohl das Umfeld, den Bedingungsrahmen als auch alle relevanten Akteure umfassen und simulieren. Ein bekanntes Modell dieser Art ist das von Meadows bzw. dem Club of Rome. In sehr einfacher Weise entsprechen aber auch (ohne eigentliche Iterationen) Geschäftspläne (Business Plans) auf Tabellenkalkulationsbasis diesem Ansatz. Das Ziel derartiger Modelle ist es, festzustellen, was sich auf der Basis der Modellannahmen im Lauf einer festgelegten Zeitspanne an Entwicklungen vollzieht bzw. wie der Endzustand des Systems aussieht. Diese Modelle beinhalten auch die Möglichkeit, quantitative Annahmen oder im Extremfall auch die Struktur des Modells zu variieren und die sich daraus ergebenden Veränderungen festzustellen. Man kann mit derartigen Simulationsmodellen z.B. Unternehmenskonzepte auf ihre Tragfähigkeit prüfen oder wissenschaftliche Simulationsexperimente durchführen, wenn entsprechende reale Experimente in Laborsituationen nicht machbar sind. Dies kann z.B. darauf zielen, Theorien zu entwickeln oder z.B. Konzepte geplanter Aktionen auf ihre Durchführbarkeit und Wirtschaftlichkeit im vorhinein zu prüfen.

Neben diesen genannten Typen von Simulationsmodellen existiert der Ansatz, die Simulation lediglich auf das Umfeld möglicher Akteure zu beziehen, die Akteure aber bei der Simulation außen vorzulassen. Die Akteure könne dann aber mit dem Modell nach jeweils einem oder mehreren Entwicklungsschritten (Spielperioden) interagieren. Ein typisches Beispiel dafür sind Unternehmensplanspiele, die z.B. zum Training von wirtschaftswissenschaftlichen Studenten oder Führungskräften herangezogen werden. Derartigen Modelle können aber auch – und dies ist schon in Ansätzen geschehen – nach einer entsprechenden, auf Konzepten der psychologischen Testtheorie à la Lienert empirischen Validierung basierend anstelle von Persönlichkeits- und Intelligenztests oder ähnlichen im Sinne von Berufseignungstests eingesetzt werden.

Der Vorzug eines solchen Berufseignungstests ist, daß er der späteren Berufsrolle wesentlich näher kommt als die klassischen Inventare, insgesamt realistischer ist. Daher werden derartige Tests auch von den zu testenden Personen besser akzeptiert und lassen eine bessere Aussagekraft bezüglich des zukünftigen Berufserfolges erwarten. Speziell beim hier interessierenden Anwendungsbereich des unternehmerischen Verhaltens, entrepreneurship, der Unternehmerfähigkeit, sind sinnvolle Anwendungen etwa im Rahmen der Venture Capital Industrie oder durch Kreditinstitute denkbar.

Schließlich besteht auch die Möglichkeit, ein solches Simulationsmodell, in dem nur das Umfeld, nicht aber die Akteure simuliert werden, als ein Forschungsinstrument zur Durchführung von Verhaltensbeobachtungen unter kontrollierten Bedingungen einzusetzen, u.a. im hier speziell interessierenden Bereich des unternehmerischen Verhaltens; dies gilt gleicherrmaßen für die Untersuchung der Verhaltensweisen und des unternehmerischen Prozesses bei einem Einzelunternehmer als auch bei einem Unternehmerteam.

3. Die Simulierung eines Umfeldes für unternehmerische Entscheidungen

3.1 Theoretische Basis der Entwicklung

Die Konstruktion des besagten Unternehmensplanspiels basiert auf einer allgemeinen Analyse anspruchsvoller Berufsaufgaben durch den Psychologen Dörner, der sich insbesondere mit der Psychologie komplexen Problemlösungsverhaltens auseinandergesetzt hat. Nach Dörner u.a. (1983) kann eine berufliche Aufgabe insbesondere im Führungsbereich wie folgt charakterisiert werden:

Typische Charakteristika qualifizierter Berufsaufgaben:

- Unbestimmheit der Ziele
- Evolution der Ziel
- Umstrukturierte Wahrnehmung des Aktionsbereiches
- Komplexität des Umfeldes
- Vernetztheit der Einflußfaktoren
- Unkenntnis der Existenz von Einflußgrößen
- Unkenntnis der Beziehung zwischen diesen Einflußgrößen
- Eigendynamik der Entwicklung
- z.T. exponentielle Entwicklungsabläufe
- Steuerung des Systems nur durch einen Teil der Variablen (z.T. direkte, z.T. in direkte Steuerbarkeit)
- Rückmeldungen des Systems nach Einflußnahme
- Beschränkte zeitliche Ressourcen (Handlungsfenster, Ausschlußtermine)
- Beschränkte materielle Ressourcen

Bei dieser Charakteristik des beruflichen Aufgabenfeldes wären die folgenden Verhaltensweisen angemessen:

- Unabhängige Zielorientierung
- Vielfältige, d.h. polytelische Zielsysteme entwickeln
- Unabhängige Zielweiterentwicklungen
- Aktive Informationssuche
- Beschränkte Informationssuche (Kosten-/Nutzenrelation des Informationzu wachses; Informationsökonomie)
- Teilweise analytische Diagnose von Problemen möglich, aber
- Ergänzende, intuitive ganzheitliche Diagnose notwendig
- Denken in Systemzusammenhängen (kybernetischer Ansatz)
- Beachtung und Bewertung von Systemrückmeldungen
- Wiederholtes, reaktives Einflußnehmen (Aktionsketten)
- Entscheidungen unter unvollständiger Information und Unsicherheit
- Angemessen schnelle Entscheidungen (wichtiger sind schnelle, saturierende als optimale Entscheidungen)

Diese Grundzüge einer qualifizierten beruflichen Aufgabenstellung bzw. -bewältigung wurden bei der Modellierung des Unternehmensplanspiels EVa zugrundegelegt.

3.2 Beschreibung des Planspiels

Das Planspiel EVa soll die Gründungs- und Frühentwicklungsphase einer jungen Unternehmung möglichst realitätsnah abbilden, d.h. im Idealfall soll das Modell so reagieren, wie ein Unternehmen in der Wirklichkeit.

Im Gegensatz zur klassischen Betriebswirtschaftsausbildung, deren Leitbild das große und gereifte Unternehmen und speziell die Rolle des Vorstandes oder der Stabsstelle darin ist, versucht das Planspiel EVa ein junges Unternehmen mit überschaubarer Größe abzubilden. Der Spieler wird Eigentümer und Leiter dieses Unternehmens (ggf. das Spielerteam). Wichtige Charakteristika und Grundstruktur des Planspiels:

- Gründungs- und Frühentwicklungsphase (Strukturaufbau/-entwicklung)
- Software- und Systemhaus als Branche
- Ganzheitliche Unternehmerrolle
- Überschaubare Unternehmensgröße
- Vielfalt von Entscheidungsfeldern (Beschaffung, Produktion, Absatz, Personal, Finanzen, Standort, Informationsmanagement)
- Große Breite an Leistungsbereichen (Produktion, Handel, Dienstleistungen)
- Auch Einschluß von qualitativen Entscheidungsproblemen (z.B. innerhalb der Bereiche Standortwahl, Personal)
- Herausforderung an die Entwicklung und den Einsatz auch der unternehmerischen Intuition (nicht alle Entscheidungen sind analytisch-rechenbar abzusichern)
- sowohl strategische als auch operationale Entscheidungsebene ist gefordert
- Monatliche Entscheidung (nicht quartalsweise oder jährliche)
- Eine Vielzahl von Entscheidungsperioden (37)
- Eine Vielzahl von möglichen und notwendigen Entscheidungen (mehr als 100 pro Periode bzw. 4.000 im gesamten Spiel)
- Realistische steuerliche Rahmenbedingungen (Umsatzsteuer, Körperschaftssteuer, Gewerbesteuer, Lohnsteuer)
- Realistisches Rechnungswesen (nach BiRiliG; zeitliche Verzögerung bei der Ausgabe an den Spieler)
- Entscheidungen unter Zeitdruck, Streß
- Neben Basisinformationen ohne Anforderung und umsonst, auch
- Möglichkeit der Anforderung von Zusatzinformationen gegen Entgelt

Das Planspiel läuft unter DOS V2.0 und höher auf IBM-PC/AT/PS2 (640KB; 1 Floppy-Laufwerk). Es ist in Turbo Pascal Version 3 unter Einsatz des Turbo Extenders geschrieben und umfaßt einen Quellcode von etwa 10.000 Zeilen.

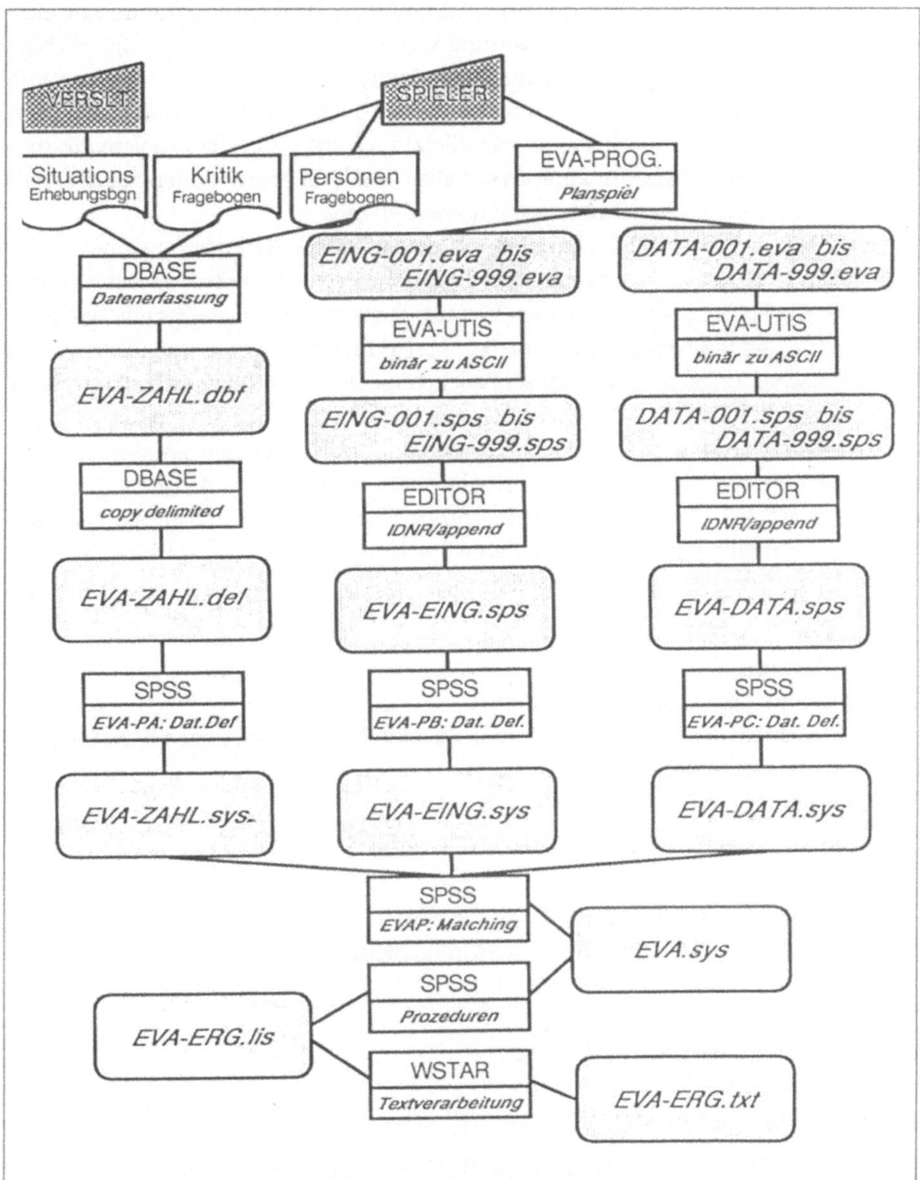

Abb. 1: Wichtige EVa-Auswertungsdateien und ihre Weiterverarbeitung

Das Simulationsmodell wurde als deterministisches Modell, d.h. ohne eingebaute Zufallsgrößen entwickelt. Alle Spielerentscheidungen und die wichtigsten Systemvariablen werden vom Computer nach jeder Periode protokolliert, so daß das Spiel insgesamt nachvollziehbar ist und im Prinzip an jeder Stelle beliebig wieder aufgesetzt und dann fortgesetzt werden kann.

Das eigentliche Planspielprogramm wird ergänzt durch ein Programm zur Umwandlung von Dateien, zur Vorauswertung und Komprimierung der aufgezeichneten Protokolle. Die folgende Abbildung 5 gibt einen Überblick über wichtige von EVa erzeugte Dateien bzw. ihre Vorbereitung für die computergestützte statistische Analyse. Ein Spielleiter gibt zunächst eine mündliche Einführung in die Problematik und verteilt dann schriftliche Informationsmaterialien. Die Teilnehmer treffen auf der Basis dieser Grundinformationen ihre ersten Entscheidungen.

Das Spiel wird einerseits im Hinblick auf eine mögliche Reduzierung eines „risky shifts" beim Entscheidungsvorgang, zum anderen wegen der besseren Nachvollziehbarkeit für die Spieler auch im weiteren Verlauf über ein „Papierschnittstelle" gespielt, d.h. jeder trifft seine jeweiligen periodenbezogenen Entscheidungen und füllt entsprechende Entscheidungsblätter aus. Anschließend erst geben die Teilnehmer diese selber in den PC ein. Die Reaktion des Computers bzw. die Information über den jeweiligen aktuellen Stand der unternehmerischen Entscheidungssituation am Ende einer jeden Spielperiode erfolgt über den Drucker. Alternativ ist auch eine Ausgabe über den Bildschirm möglich. Jeder Spieler/Spielgruppe (max. 14 Parallelgruppen à 1 bis 3 Spieler) spielt unabhängig von den anderen Spielgruppen; eventuelle Pausen können individuell eingelegt werden. Ablauf des Spiels:

- Vorabend (z.B. 18.00 - 19.30):
  - Einführung
  - Verteilung der Grundinformationen
  - Möglichkeit der Anforderungen von Zusatzinformationen gegen Bezahlung (Spiel der „Startphase erster Teil")
- Nacht/Morgen (19.30 - ??.??)
  - Hausaufgabe: Entwicklung eines Unternehmensplanes und der Spielstrategien
- Planspieltag (9.00 - 19.00):
  - Gründung des Unternehmens (Start 2. Teil)
  - 36 Monatsperioden der Frühentwicklungsphase

4. Einige empirische Ergebnisse

4.1 Zur Struktur der Spieler

Das Spiel wurde bisher mit rund 350 Spielern durchgeführt, die überwiegend (2/3) Studenten der Wirtschaftswissenschaften, der Informatik oder der Ingenieurs- und Naturwissenschaften waren. Rund 10 % waren überwiegend selbständig tätig (hier: Teilauswertung n=293).

4.2 Relitätsnähe und Akzeptanz des Spiels

Ein wichtiger Aspekt bei der Entwicklung dieses Planspiels war die Frage nach der Realitätsnähe der Modellierung und damit verbunden insbesondere im Hinblick auf einen möglichen Einsatz als Testinstrument die Frage, inwieweit das Planspiel von den

	absolut	in %
Studenten	175	65,2
Angestellte		
– kaufmännische	18	6,7
– F & E	27	10,0
Führungskräfte	12	4,5
Unternehmer und andere Selbständige	27	10,0
Andere	10	3,7
Valide Fälle	269	100
Fehlende Werte	24	

Abb. 2: Spieler des Planspiels EVa: Berufsgruppen (jeweils dominante Berufsaktivität)

Spielern selbst als eine einigermaßen realistische Abbildung der Unternehmeraufgabe gesehen und damit als unternehmerische Aufgabenstellung akzeptiert wird. Die Tabelle zeigt, daß mehr als 80 % der Spieler das Planspiel für eher oder sehr realistisch halten.

	absolut	in %
sehr realistisch	39	15,2
eher realistisch	176	68,8
eher unrealistisch	39	15,2
völlig unrealistisch	2	00,8
Valide Fälle	256	100
Fehlende Werte	36	

Abb. 3: Ist "EVa" realistisch? (alle Fälle)

Bezogen auf die unterschiedliche Beurteilungskompetenz innerhalb der EVa-Spieler ist speziell von Bedeutung, wie eine solche Einschätzung durch mit der beruflichen Selbständigkeit in der Realität haben. Die Ergebnisse weisen aus, daß dauch die Spieler mit Erfahrung in der unternehmerischen Selbständigkeit das Planspiel zu mehr als 84 % als eher oder sehr realistisch betrachten.

4.3 Das Validierungskonzept

Damit kommen wir zum eigentlichen Validierungskonzept des Planspiels. Und in der Tat erscheint eine empirische Validierung als sehr bedeutsam, unabhängig, ob es sich um ein Instrument für die Ausbildung, um einen Unternehmer-Eignungstest oder um

	Selbständige absolut	nicht Selbständige in %
sehr realistisch	8	17,4
eher realistisch	30	65,2
eher unrealistisch	7	15,2
völlig unrealistisch	1	02,2
Valide Fälle	46	100

Abb. 4: Ist EVa realistisch oder künstlich? (Nur selbständig Tätige, auch Teilzeit)

ein Instrument für wissenschaftliche Verhaltensbeobachtungen unter Laborbedingungen handelt. Die Grundidee des Validierungskonzeptes ist in der folgenden Abbildung dargestellt. Es geht also im Kern darum, inwieweit das Außenkriterium „realer Erfolg als Unternehmer" mit dem Binnenkriterium „EVa Spielerfolg" in positiver Beziehung steht.

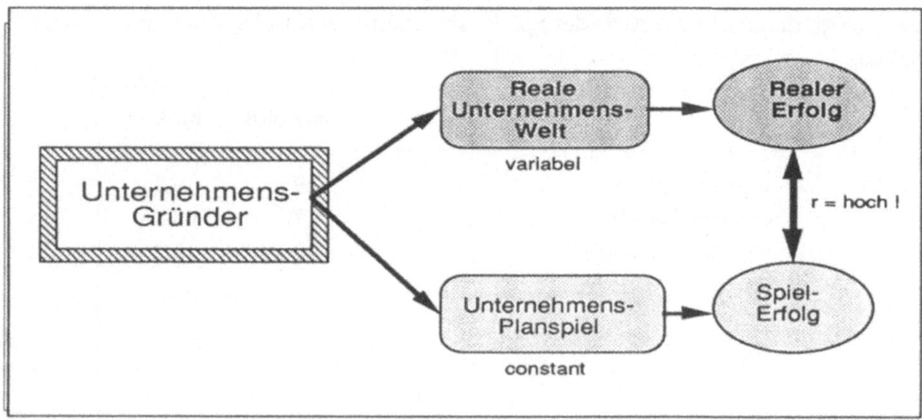

Abb. 5: Das Grundkonzept der EVa Validierung

4.4 Messung der Spielleistung

Die computerseitige Protokollierung der Spieldaten umfaßt auch eine Vielzahl von unterschiedlichen Erfolgsindikatoren, von denen hier eine Auswahl aufgeführt wird.

4.5 Messung des unternehmerischen Erfolgs in der realen Welt

Für den Fall, daß es sich bei den Spielern um Menschen mit Erfahrung in der beruflichen Selbständigkeit handelt, wird über Fragebögen im Rahmen der Planspieldurchführung versucht, auch Indikatoren des realen Erfolgs der Spieler als Selbständige zu gewinnen. Hierbei werden insbesondere die Zahl der Mitarbeiter, der Umsatz pro Jahr und der Gewinn pro Jahrerfragt; jeweils bezogen auf den Zeitraum der ersten sechs

Variablen-Name	Bedeutung
PLEITEN	Anzahl von Konkursen
PLEITE 1	erstmaliger Konkurs in Periode #...
PERIODE	höchste erreichte Periode in verfüg barer Zeit
GEWISU	kumulierte Gewinne über alle Perioden
GEWI 1	Gewinn im ersten Jahr
GEWI 2	Gewinn im zweiten Jahr
GEW 3	Gewinn im zweiten Jahr
GESUMSU	kumulierter Umsatz über alle Perioden
GESUM 1	Umsatz im ersten Jahr
GESUM 2	Umsatz im zweiten Jahr
GESUM 3	Umsatz im dritten Jahr

Abb. 6: Ausgewählte Indikatoren des Spielerfolges

Jahre nach der Gründung ihres eigenen realen Unternehmens. Da die Angaben zum Gewinn nur von wenigen Befragten gemacht wurden, ist eine sinnvolle Auswertung dieses Indikators nicht möglich.

Im folgenden wurden die Spieler mit Selbständigkeitserfahrung auf der Basis von Umsatzunterschieden in zwei Gruppen aufgeteilt („weniger erfolgreiche" Gruppe U.p.a. < 200.000 DM im 2. Jahr nach Gründung > = U.p.a. „erfolgreichere" Gruppe).

4.6 Modellvalidität bezogen auf Leistungsmotivationsgruppen

Auf dem Hintergrund der Arbeiten von David McClelland über das zentrale Leitmotiv unternehmerischen Verhaltens, die Leistungsmotivation (n-ach), stellt sich bezogen auf das Planspiel die Frage, wie sich unterschiedliche Gruppen von Planspielern im Vergleich zu externen Berufsgruppen hinsichtlich ihrer Leistungsmotiviertheit einstufen lassen. Hierzu wurde eine auf der Basis der theoretischen Konzepte und empirischen Unterignifikante Punktwertunterschiede zwischen beruflich Selbständigen und Unselbständigen sowie zwischen unterschiedlich erfolgreichen Unternehmern erbracht ([4]; S. 139-152): Selbständige haben höhere Punktwerte als Nichtselbständige, und innerhalb der Selbständigengruppe erreichen die erfolgreicheren Unternehmer einen höheren Punktwert als die weniger erfolgreichen.

Es zeigt sich, daß der Durchschnittswert auf dieser Skala für die selbständige Spieler etwas höher liegt als der für die nicht selbständigen Spieler. Deutlicher ist aber (wenn auch die Zahl der Fälle hier leider nicht sehr groß ist), daß die erfolgreicheren Spieler auf der Leistungsmotivationsskala einen höheren Wert (arithmetisches Mittel=36,6) erreichen als diejenigen, die weniger erfolgreich im Spiel sind (31,9). Man mag darin einen ersten Hinweis für die Konstruktvalidität dieses Planspiels im Hinblick auf die Nähe der Planspielaufgabenstellung zur Unternehmerrolle sehen.

	Fallzahl	arithm. M.	Std. Abw.	Median
(Sub-)Gruppen in dieser Studie:				
– alle Spieler	270	33,2	4,08	33,0
– nicht Selbständige	199	32,9	4,21	–
– alle Selbständigen	49	34,6	3,18	–
– weniger erfolgreiche Spieler	13	31,9	9,99	–
– erfolgreiche Spieler	9	36,6	1,88	–
Vergleichsgruppen ([4])				
– F&E Mitarbeiter	264	31,7	4,26	13,17
– BWL-Studenten	95	32,5	5,08	31,7
– BWL-Studenten	93	29,7	4,64	–
– Mittl. Management	41	34,1	–	–
– Gründungsinteressierte	59	34,2	4,10	34,5
– Unternehmer	77	36,9	5,1	38,0

Abb. 7: Leistungsmotivation (need of achievement)

4.7 Unterschiede in der Spielleistung zwischen den selbständigen und nicht selbständigen Personen

Diese Gegenüberstellung basiert auf dem Vergleich zwischen solchen Spielern, die im realen Leben selbständig tätig sind oder waren, und solchen, die keine Erfahrung mit der Selbständigkeit haben.

Die ausgewählten Spielerfolgsindikatoren zeigen durchweg in eine Richtung, die die Validität des Modellierungs-Konzeptes unterstützt:

- Selbständige zeigen sich risikobereiter (PLEITEN/PLEITE 1)
- erwirtschaften höhere Gewinne (GEWISU) und
- erreichen höhere Umsätze

im Planspiel "EVa" ohne Selbständigkeitserfahrung.

4.8 Spielunterschiede zwischen mehr oder minder erfolgreichen Selbständigen

Entsprechend dem Kern des Validierungskonzeptes werden in der folgenden Tabelle die beiden unternehmerischen Realerfolgsgruppen gegenübergestellt und bezüglich der aus dem Spiel gewonnenen Spielerfolgsindikatoren verglichen.

	Selbständige	nicht Selbständige
PLEITEN	0,63 Konkurse	0,49 Konkurse
PLEITE 1	24,8te Periode	27,5te Periode
PERIODE	29,3 Perioden	29,2 Perioden
GEWISU	393 Tausend DM	357 Tausend DM
GESUMSU	4,488 Mio. DM	4,158 Mio. DM
GESUMSU 1	1,014 Mio. DM	1,036 Mio. DM
GESUMSU 2	1,811 Mio. DM	1,680 Mio. DM
GESUMSU 3	1,622 Mio. DM	1,442 Mio. DM

Abb. 8: Spielleistung von Selbständigen vs. nicht Selbständigen (arithmetische Mittelwerte)

Auch diese Aufstellung unterstützt die Vermutung der Validität des gewählten Ansatzes:

- die real Erfolgreichen machen im Spiel seltener und später Konkurs (PLEITEN/PLEITE 1)
- sie schaffen mehr Spielperioden (PERIODE)
- kumulieren über alle Perioden hinweg einen mehr als doppelt so hohen Gewinn (GEWISU) und
- erreichen einen deutlich höheren Umsatz in allen Spieljahren (GESUMSU, GESUMSU 1 ... 3)

Insgesamt betrachtet hat also die erste empirische Exploration Ergebnisse gezeigt, die erwarten lassen, daß es sich bei der vorgelegten Planspielkonstruktion um eine einigermaßen realitätsnahe Abbildung zumindest wichtiger Teilbereiche der unternehmerischen Aufgabenstellung in einem Gründungs- und Frühentwicklungsunternehmen handelt.

Literatur

1. Dörner, Dietrich u.a. (Hrsg.): Lohhausen: Vom Umgang mit Unbestimmtheit und Komplexität. Bern/Stuttgart/Wien 1983.
2. Harbordt, Steffen: Computersimulation in den Sozialwissenschaften. Bde 1und 2. Reinbek 1974.
3. Klandt, Heinz: Aktivität und Erfolg des Unternehmergründers. Eine empirische Analyse unter Einbeziehung des mikrosozialen Umfeldes. Bergisch Gladbach 1984.
4. Klandt, Heinz/Kirschbaum, Günter: Software- und Systemhäuser: Strategien in der Gründungs- und Frühentwicklungsphase. GMD-Studien Nur. 105 (Gesellschaft für Mathematik und Datenverarbeitung, Schloß Birlinghoven 1987).

Statistik Lehren und Lernen mit dem Computer – Das Programmpaket LernStat

Rolf Schulmeister

Universität Hamburg
Interdisziplinäres Zentrum für Hochschuldidaktik

1. Einleitung

Um Mißverständnisse zu vermeiden, sei vorab deutlich gesagt: Das Programm LernStat ist nicht „noch ein" Statistik-Programm, es ist kein Statistik-Programm. Es will nicht wetteifern mit der kommerziellen Statistik-Software wie SPSS oder SYSTAT. Was ist es dann? LernStat ist ein Programm zum Lehren und Lernen der Statistik in der Psychologie, in den Sozial- und Erziehungswissenschaften.

LernStat deckt bisher das Stoffgebiet der deskriptiven Statistik ab, vom arithmetischen Mittel, von der Varianz, über Korrelationen (Produkt-Moment-Korrelation und nonparametrische Korrelationen), bis hin zur Regressions- und Faktorenanalyse. Dabei breitet LernStat nicht das jeweilige Stoffgebiet systematisch oder in wohlproportionierten Schritten vor dem Betrachter aus, sondern bietet dem Lernenden zu jedem Thema eine Reihe von Übungen an, die er interaktiv am Rechner lösen kann. Die Übungen wurden in dem von der DFG geförderten Forschungsprojekt E.L.M.A. „Evaluation von Lernprozessen in der Methoden-Ausbildung im Fach Psychologie" entwickelt, in dem kognitive Probleme untersucht wurden, die Psychologiestudenten beim Lernen der Statistik haben. Die Übungen sind also nicht als herkömmliche Statistik-Aufgaben zu betrachten, sondern als didaktisches Material für kognitive Experimente im Unterricht. Sie sind dabei so angelegt, daß sie es den Studierenden ermöglichen, die Statistik in einer Art Entdeckenden Lernens kennenzulernen. Die hinter diesem Konzept stehenden Prinzipien habe ich ausführlicher in dem von mir herausgegebenen Buch „Angst vor Statistik. Empirische Untersuchungen zum Problem des Statistik-Lehrens und -Lernens (=Hochschuldidaktische Materialien 87) Hamburg: AHD 1983 beschrieben.

Die erste Version des Programms wurde im Fachbereich Psychologie der Universität Hamburg in einem Seminar „Statistik I" für Studierende der Psychologie getestet und in Teilen revidiert. Es kann im Unterricht, auch zusammen mit anderen Statistik-Programmen, eingesetzt werden, es kann aber auch den Studenten zur selbständigen Vor- und Nachbereitung der Lehrveranstaltung während der Woche überlassen werden. Das Programm sollte in einer Lehrveranstaltung möglichst in der Gruppenarbeit eingesetzt und durch interaktive Rückmeldephasen umrahmt werden. LernStat wurde mit HyperCard 2.0 auf dem Macintosh entwickelt.

2. Die Struktur von LernStat

2.1 Der Navigator

Eine Navigationspalette begleitet das Programm. Mit Hilfe der Symbole in der Palette kann der Benutzer zur nächsten Übung springen, zur vorherigen Übung zurückgehen, die Hilfe-Datei mit Erklärungen zur jeweiligen Statistik-Übung öffnen, das Formelheft öffnen und Formeln ausprobieren sowie zum Inhaltsverzeichnis zurückkehren. Die Navigationspalette ist frei auf dem Bildschirm plazierbar.

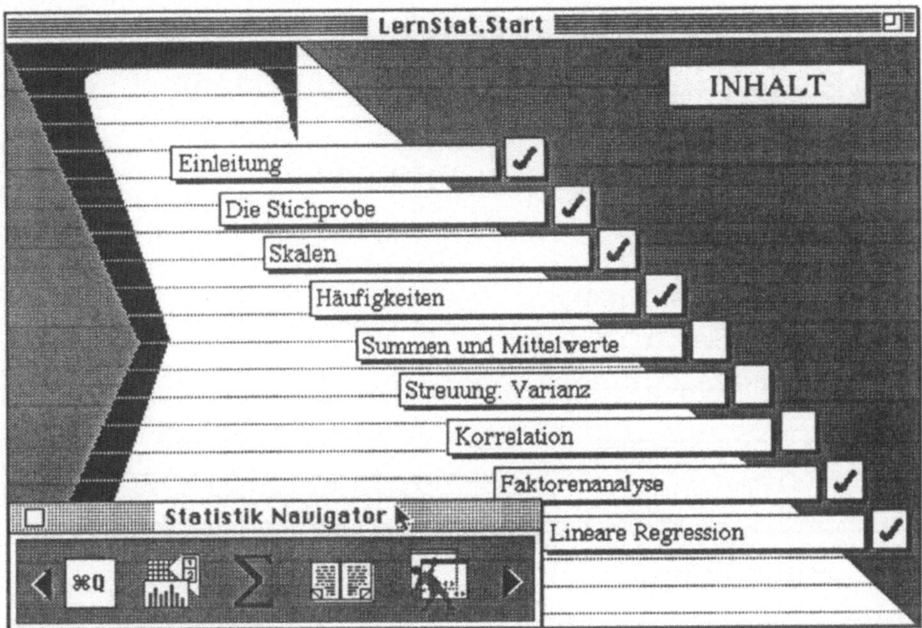

Abb. 1: Der Statistik-Navigator

2.2 Die Hilfe-Datei

Die Hilfe-Datei ist ein eigenes Fenster mit einem HyperText-Dokument. Sie besitzt ein hierarchisch geordnetes Inhaltsverzeichnis und bietet Erläuterungen zu den in den Übungen berührten Statistik-Methoden an. Der Lernende kann die Hilfe-Datei parallel offen halten. Wählt der Benutzer die Hilfe-Datei in der Palette an, öffnet das HyperText-Dokument direkt mit der Seite der Hilfe-Datei, auf der die hinter der jeweiligen Übung stehenden statistischen Konzepte erläutert werden.

2.3 Das Formelheft

Die in den Übungen behandelten Formeln können jederzeit in einem Formelheft nachgeschaut und ausprobiert werden. Das Formelheft enthält die wichtigsten Formeln der deskriptiven Statistik mit einer Beispieldatenreihe. Gleichzeitig wird ein weiteres kleines

Fenster geöffnet, das auf der linken Seite die Formelbestandteile auflistet und rechts die Werte zeigt, die die Bestandteile der Formeln schrittweise annehmen, eine Art Trace-Mechanismus.

Abb. 2: Menü der Hilfe-Datei

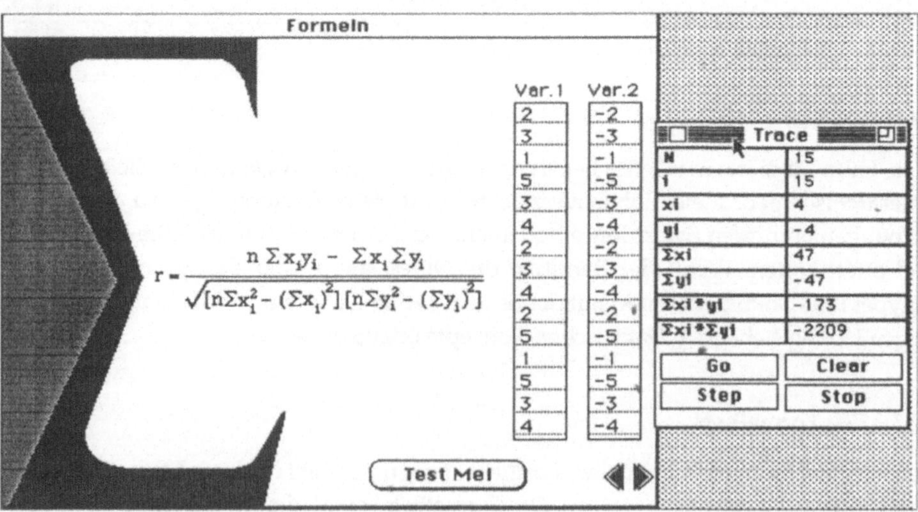

Abb. 3: Das Formelheft

2.4 Das Protokoll

Das Programm merkt sich die Teile des Programms, die Übungen und die Texte der Hilfe-Datei, die der Lernende bereits bearbeitet hat. Es registriert also mehr oder minder den chronologischen Ablauf der Aktionen des Lernenden. Die Interaktionen des Lernenden mit den einzelnen Übungen, die Häufigkeit der Übungen und deren Ergebnisse werden protokolliert. Die Protokolle können (müssen aber nicht) vom Lernenden selbst nach getaner Arbeit wieder gelöscht werden. Die Protokolle haben also nicht die Funktion des Kontrolle des Lernenden durch den Lehrenden, sondern die Selbstkontrolle der Lernenden zum Ziel. Wenn der Lernende es möchte, kann er die Protokolle allerdings einem Lehrenden zwecks eingehender Beratung vorlegen.

2.5 Die Übungen

Es sind mehrere unterschiedliche didaktische Prinzipien, die in **LernStat** realisiert wurden: Entdeckendes Lernen, Visualisierung, Animation, und Übung.

2.5.1 *Entdeckendes Lernen*

Viele Übungen in LernStat dienen dem Zweck, den Lernenden selbst durch Aufgabe von Rätseln, Fragen und Problemen die Möglichkeit zu geben, auf der Basis seiner Vorkenntnisse selbst einen Zugang zur Lösung zu finden. Dabei soll es uns nicht immer auf die Exaktheit der Lösung ankommen. Ein Beharren darauf würde bei anfänglichen Mißerfolgen nur zur Vermeidung weiterer negativer Erfahrungen führen. Es scheint mir viel wichtiger zu sein, jeden Ansatz zu einer Lösung zu belohnen, um ein explorierendes, nach möglichen Problemlösungen suchendes Lernverhalten zu bekräftigen. Die Lernsituationen zur Varianz und zur Regression sind für diese Lernform ein gutes Beispiel.

2.5.2 *Visualisierung*

In vielen Fällen werden die Visualisierungsmöglichkeiten des Computers genutzt, z.B. die zweidimensionale Visualisierung in den Lernsituationen zur grafischen Darstellung von Daten, die dreidimensionale Visualisierung in den Lernsituationen zur Faktorenanalyse. Die Visualisierung ist — kognitionspsychologisch betrachtet — ein Mittel, das der Entwicklung eines konkret-anschaulichen Verstehens dient.

2.5.3 *Animation*

Die Animation von Daten dient dem Zweck, die Wirkungsweise von Relationen zu illustrieren. Das Konzept der n-dimensionalen Relationierung von Daten, das der Faktorenanalyse zugrundeliegt, kann nur im dreidimensionalen Raum visualisiert werden. Doch reicht diese Dimension hin, dem Studierenden eine konkret-anschauliche Vorstellung vom Sinn einer solchen Beziehung zu vermitteln. Auch die Darstellung einiger Formeln bedient sich des Mittels der Animation, wenn die einzelnen Formelbestandteile zur Illustration des Rechengangs nacheinander invers hervorgehoben werden.

2.5.4 Übung

Kognitiv gesehen, ist die Übung ebenfalls dem Ziel zuzuordnen, bei der Entwicklung eines konkret-anschaulichen Verstehens behilflich zu sein. Die Übungen in LernStat bezwecken in der Regel, dem Studierenden die Möglichkeit zur Manipulation von Daten, Datenreihen und deren Beziehungen untereinander zu geben und Gerlerntes durch Wiederholung zu verfestigen. Doch teilweise ist die Funktion dieser Übungen weit mehr als nur ein Lernen durch Tun, als nur die konkret-anschauliche Manipulation von Wissen: Üben per Variieren und Modifizieren bietet dem Lernenden Gelegenheit, zu probieren, sein bisheriges Wissen zu testen, eine Hypothese zu überprüfen, die er aufgrund seines Vorwissens entwickelt hat, ein neues Konzept zu entdecken, das sein bisheriges Vorwissen verändert usw. Einige Übungen verfolgen dabei speziell das Ziel, die Komplexität eines Konzepts in schrittweise nachzuvollziehende Stufen aufzulösen, um so dem Studierenden einen heuristisch günstigeren Zugang zu dem ihm gestellten Problem zu bieten.

3. Entdeckendes Lernen

Wir haben in einer mehrjährigen Untersuchung zum Lernen der Statistik durch Psychologiestudenten festgestellt, daß der Lernerfolg durch Lernformen nach dem Konzept des Entdeckenden Lernens erheblich verbessert werden kann. Dafür wurden eine Reihe von speziellen Übungen entwickelt, in denen die Studierenden die Konzepte der Statistik nicht einfach nachvollziehen, sondern überhaupt erst entdecken lernen. Auf diese Weise werden zum einen viele der bei Studenten vorhandenen Sinnfragen beantwortet und so ihre lernhemmenden Motivationsprobleme gelöst.

Einige der im Programm LernStat verwendeten Übungen wurden im E.L.M.A.-Projekt mit Papier und Bleistift ausgeführt. Mit dem Computer können sie nun beliebig oft wiederholt werden.

3.1 Das Grundproblem der Summenformel: Animation

Die Summenformel ist die erste Quelle von kognitiven Mißverständnissen und Fehlkonzeptionen bei den Lernenden. Obwohl die Formel recht einfach zu sein scheint, haben viele Studenten Schwierigkeiten, die Summenformel korrekt aufzulösen und den Laufindex als einfachen Zähler für das Argument zu verstehen. Immer wieder wird der mathematische Ausdruck als ein Vorgang und nicht als eine Serie von Schritten mißverstanden. Eine Art Animation der Formel übersetzt den Additionsvorgang in visuelle Einzelschritte, die den Index und die Einzelwerte nacheinander aufleuchten läßt. Wiederholtes Spielen bei Variation der Zahl der Werte kann hilfreich sein, um ein adäquates Verständnis der Formel zu erreichen. So einfach dieser Punkt erscheint, so wichtig ist er doch, denn die Summenformel ist sowohl Bestandteil der Varianz als auch der Korrelation und aller weiteren darauf aufbauenden statistischen Konzepte.

3.2 Visualisierung von Verteilungen

Dieser Teil des Programms entspricht am ehesten den traditionellen Statistik-Programmen, die in der Regel eine Visualisierung der Daten in Form von Balken-, Kreis-, Säulen- und Punktediagrammen vornehmen können. An dieser Stelle soll nur darauf hingewiesen werden, daß die didaktische Funktion der Visualisierung hier beginnt und aus kognitionspsychologischen Erwägungen heraus als nicht ganz so trivial für den Lernprozeß betrachtet werden darf, wie es in der Regel im Statistikunterricht geschieht, in dem die Grafik zur Nebensache wird.

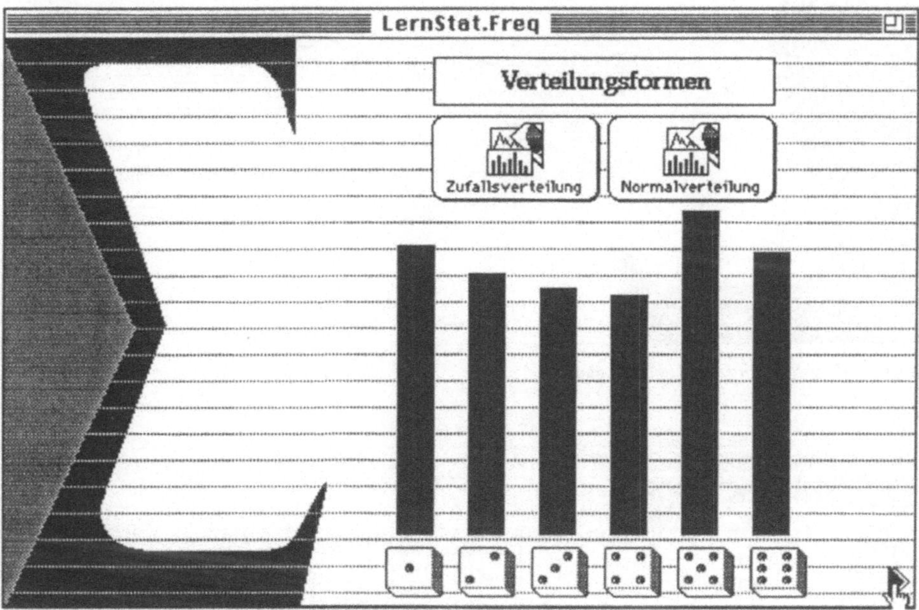

Abb. 4: Visualisierung von Verteilungen

3.3 Skalenqualität und Inklusion

Das folgende Beispiel stellt eine Übung dar zum Thema, „Welche Skala impliziert welches Skalenniveau?". Die darauffolgende Übung (hier nicht abgebildet setzt das Thema fort mit der Aufgabe: „Welche Aussagen lassen sich formulieren, wenn welches Skalenniveau vorliegt?". Eine der wesentlichen Grundlagen der gesamten Statistik ist die Dependenz von statistischen Maßen , Kennwerten und Verfahren vom jeweils vorliegenden Skalenniveau.

Das Konzept der Streuung in der Statistik bedarf einer besonderen Motivierung. Zentralwerte sind in ihrer Sinnhaftigkeit für den Anfänger noch unmittelbar einsichtig. Die Streuung ist es bereits nicht mehr, zumal die Varianz kein auf die ursprüngliche Größenordnung der Daten rückbeziehbares Maß darstellt, sondern erst wieder die Standardabweichung. Bei der Standardabweichung verhält es sich andererseits so, daß für den Lernenden die Rücknahme der Quadrierung nicht einsichtig ist. Deshalb wird im Programm das in der Statistik nicht gebräuchliche Maß der durchschnittlichen Abweichung als kognitive Vorstufe vorgeschaltet.

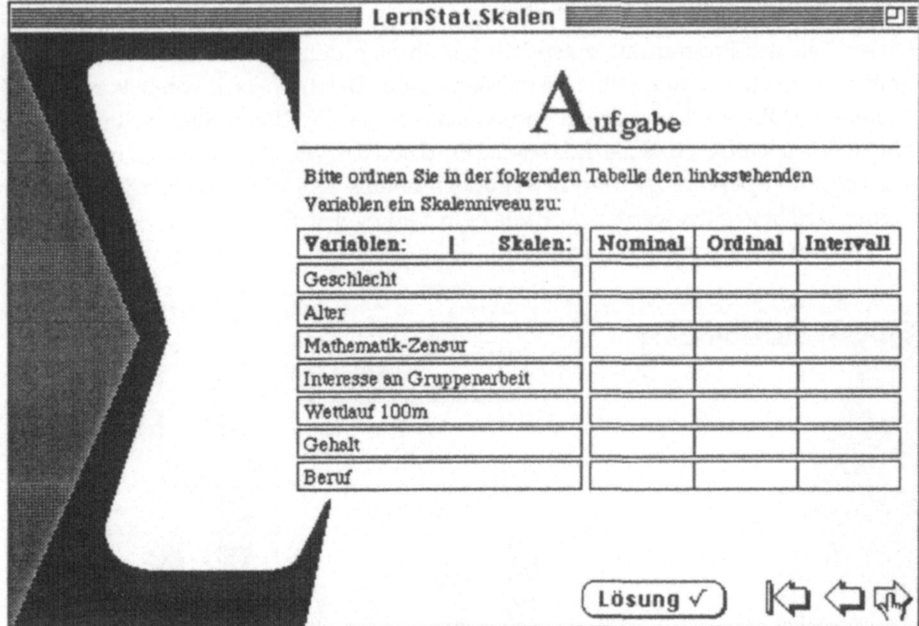

Abb. 5: Visualisierung von Zentralmaßen

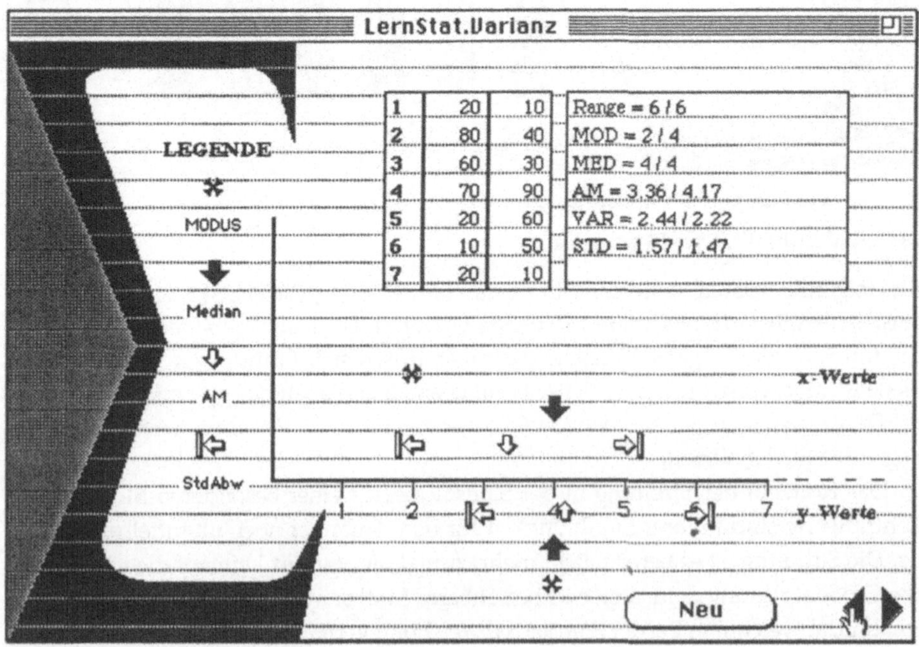

Abb. 6a: Die Schwierigkeit, eine Varianz zu verstehen.

Die Übung zur Produkt-Moment-Korrelation strebt an, dem Lernenden eine Vorstellung für die notwendigen Relationen von zwei zu korrelierenden Datenpaaren, bzw. Datenreihen zu vermitteln. Der Lernende kann die beiden Datenreihen beliebig ändern. Er wird dann gebeten vorherzusagen, ob eine hohe oder eine niedrige, eine positive oder eine negative Korrelation dabei herauskommt. Erst die anschauliche Manipulation führt zu einem konkreten Verstehen für die Wirkungsweise einer Korrelation und ihrer Rückbeziehung auf die Datenreihen, die ansonsten allzu leicht mystifiziert wird. Diese kognitive Ebene halten wir zugleich für eine sehr wichtige

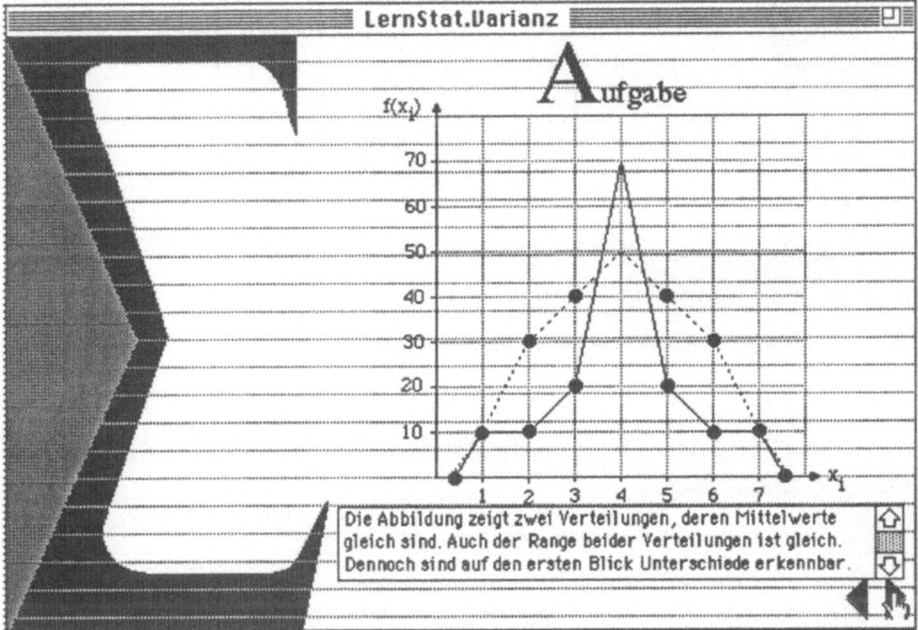

Abb. 6b: Die Schwierigkeit, eine Varianz zu verstehen.

Voraussetzung auch für die Entwicklung eines formalen Verstehens des Konzepts der Korrelation. Die anderen Korrelationsformen werden in der Struktur der Übung ähnlich behandelt. Zusätzlich kann der Lernende im Formelbuch nachschlagen und dort anhand von zwei Datenreihen die Berechnung der jeweiligen Formeln schrittweise verfolgen. An einem Beispiel der Berechnung von Chi-Quadrat soll hier näher demonstriert werden, wie die anderen Korrelationsformeln für nicht-intervallskalierte Daten behandelt werden. Die Berechnung von Chi-Quadrat wird an einer Vierfelder-Tafel demonstriert. Hier lassen sich noch einmal die Prinzipien von Größenordnungen und Relationen der Datenreihen anhand ihrer Verteilung in den vier Feldern der Tafel konkret einsichtig nachvollziehen. Diese Übung ist besonders gut dafür geeignet, die Übertragung des Korrelationskonzepts für intervallskalierte Daten auf nominalskalierte Daten einsichtig zu machen. Didaktisch gesehen, wird hier ein Prinzip realisiert, das sich als Lernen durch wiederholtes Tun bezeichnen ließe. Man muß die Daten in den

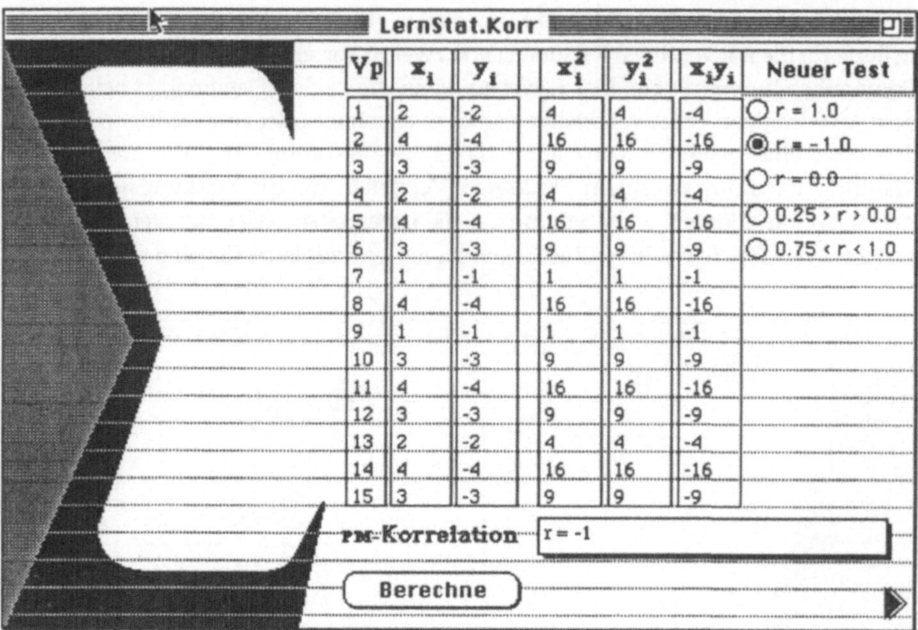

Abb. 7: Gefühl für Größenordnungen und Relationen: Korrelationen

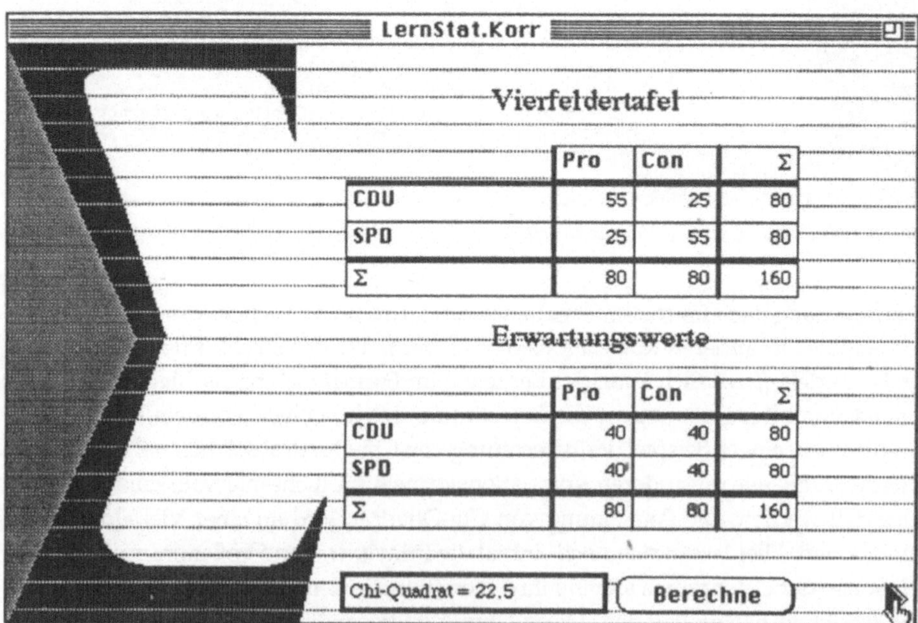

Abb. 8: Lernen durch Üben: Zahlenrelationen: Vierfelder-Tafeln

vier Feldern der Tafel schon wiederholt sinnvoll variieren, um aus den so entstehenden Relationen Schlußfolgerungen auf die jeweils erreichte Größenordnung der Korrelation ableiten zu können. Die Problematik der Entscheidung für eine bestimmte Korrelationsform wird im Programm als Entscheidungsmatrix dargeboten, deren zwei Dimensionen die Skalenqualitäten der beiden zu korrelierenden Variablen bilden. Die Übung befragt den Studenten in der Art eines Mini-Expertensystems, um aufgrund der erhaltenen Antworten die Lösung des Studenten beurteilen zu können. Motivierung für den Sinn der Faktorenanalyse: Exploration und Rotation der Daten. LernStat arbeitet in einigen Teilen mit digitaler Sprachausgabe und Bildschirmfilmen. Die erste Übung zur Faktorenanalyse, die im wesentlichen der Motivierung der Lernenden für diesen schwierigsten Teil der deskriptiven Statistik dient, soll die Nutzung dieser didaktischen Hilfsmittel illustrieren. Die Übung zur Faktorenanalyse beginnt mit einer verbal gege-

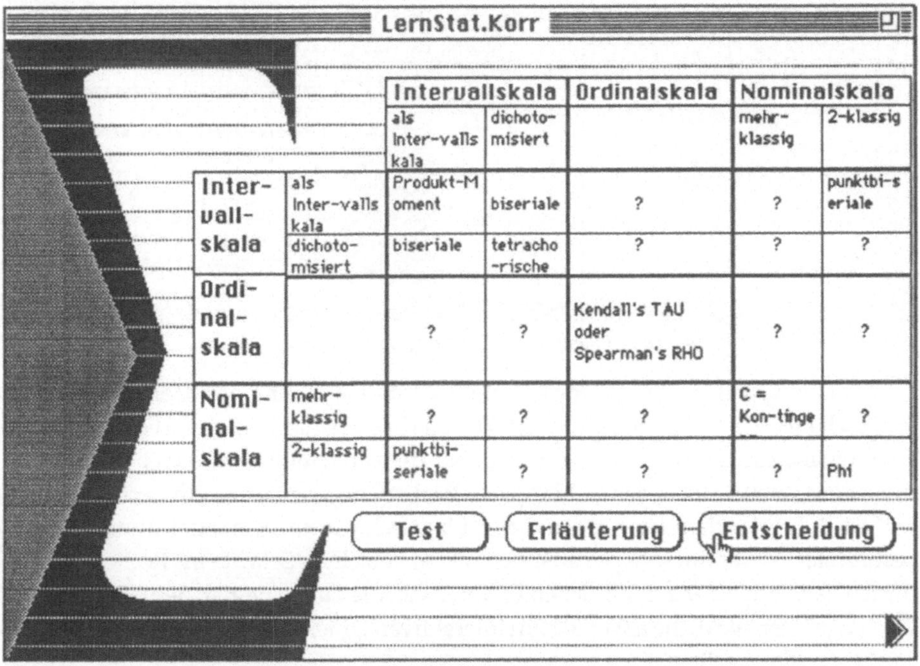

LernStat.Korr

		Intervallskala		Ordinalskala	Nominalskala	
		als Inter-vallskala	dichoto-misiert		mehr-klassig	2-klassig
Inter-vall-skala	als Inter-vallskala	Produkt-Moment	biseriale	?	?	punktbi-seriale
	dichoto-misiert	biseriale	tetracho-rische	?	?	?
Ordi-nal-skala		?	?	Kendall's TAU oder Spearman's RHO	?	?
Nomi-nal-skala	mehr-klassig	?	?	?	C = Kon-tinge	?
	2-klassig	punktbi-seriale	?	?	?	Phi

Test | Erläuterung | Entscheidung

Abb. 9: Logik des Entscheidens: Skalenqualität und Korrelationsform

benen Aufgabenerläuterung. Dann wird aus einem dreidimensionalen arbeitenden Statistik-Programm ein Film gezeigt, in dem die dreidimensionale Datenwolke rotiert wird oder in dem innerhalb der dreidimensionalen Verteilung herumgewandert wird. Diese Übung kann mehrfach wiederholt werden. Dazwischen müssen aber im Unterricht ausführliche Diskussionsphasen eingelegt werden. Insofern ist die Übung zur Faktorenanalyse auch ein Hinweis auf die Grenzen eines Statistik-Lernprogramms. Es ist in diesem Fall nicht gelungen und kann m.E. auch nicht gelingen, alle Konzepte der Statistik in einem Selbstlernprogramm anzubieten und völlig auf einen interaktiven Unterricht zu verzichten. Es ist allerdings möglich, Übungen gerade zu diesen schwierigen Inhalten der Statistik anzubieten, die es dem Studierenden ermöglichen, den

Aufbau eines Konzepts selbständig detailliert und wiederholt nachzuvollziehen, und auf diese Weise den Lehrenden von einem Teil dieser schwierigen Aufgabe zu entlasten.

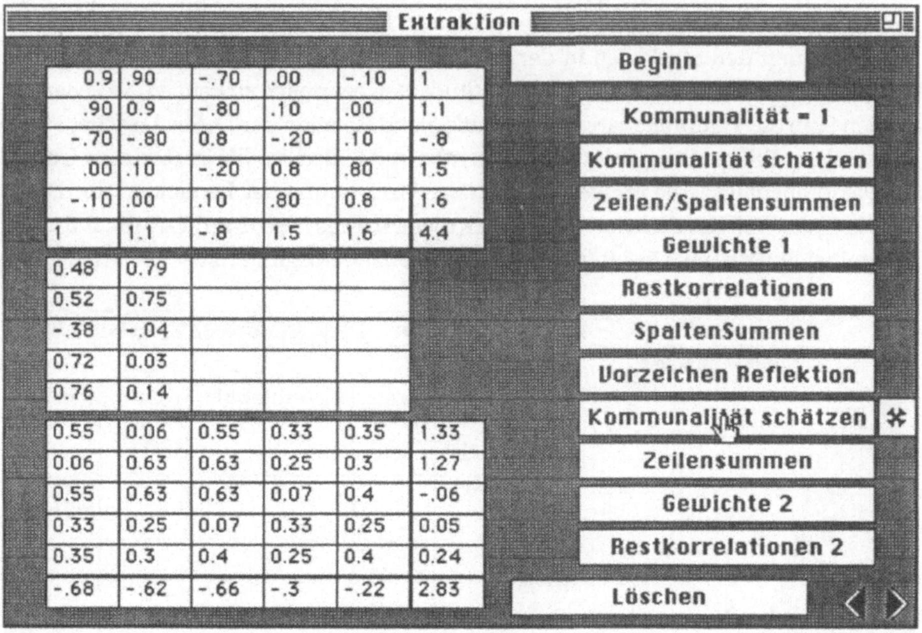

Extraktion

0.9	.90	-.70	.00	-.10	1
.90	0.9	-.80	.10	.00	1.1
-.70	-.80	0.8	-.20	.10	-.8
.00	.10	-.20	0.8	.80	1.5
-.10	.00	.10	.80	0.8	1.6
1	1.1	-.8	1.5	1.6	4.4

0.48	0.79			
0.52	0.75			
-.38	-.04			
0.72	0.03			
0.76	0.14			

0.55	0.06	0.55	0.33	0.35	1.33
0.06	0.63	0.63	0.25	0.3	1.27
0.55	0.63	0.63	0.07	0.4	-.06
0.33	0.25	0.07	0.33	0.25	0.05
0.35	0.3	0.4	0.25	0.4	0.24
-.68	-.62	-.66	-.3	-.22	2.83

Beginn
Kommunalität = 1
Kommunalität schätzen
Zeilen/Spaltensummen
Gewichte 1
Restkorrelationen
SpaltenSummen
Vorzeichen Reflektion
Kommunalität schätzen
Zeilensummen
Gewichte 2
Restkorrelationen 2
Löschen

Abb. 10: Lernen durch Auflösen von Komplexität: Der Gang der Faktorenanalyse.

Als Übungsteil für die Faktorenanalyse wird eine Übung zur Matrizenrechnung vorgeschaltet. Diese liefert das nötige Verständnis für die Rechenart beim Gang der Faktorenanalyse. Dieser Gang wird nun bis zur Berechnung von zwei Faktoren demonstriert, wobei der gesamte komplexe Rechenvorgang in einzelne Schritte aufgeteilt wird. Der Student kann jeden dieser Einzelschritte nacheinander durch Drücken bestimmter Bedienungsknöpfe auslösen. Diese einzelnen Schritte im Rechengang bedürfen natürlich einer ausführlichen Erläuterung, die zum einem in der Hilfe-Datei als Text angeboten wird, die aber auch im interaktiven Unterricht einen wichtigen Stellenwert einnehmen sollte.

GSTAT und GSTAT2 – Statistikprogrammpakete zur didaktischen Unterstützung der Lehre in Anfängervorlesungen

Fred Böker

Universität Göttingen
Institut für Statistik und Ökonometrie

1. Zusammenfassung

GSTAT und GSTAT2 sind Statistikprogrammpakete zur didaktischen Unterstützung der Lehre in Anfängervorlesungen und dementsprechend nicht wie andere vorwiegend kommerzielle Pakete vornehmlich zur Auswertung von Daten gedacht. Es sind zwar, insbesondere mit GSTAT2, kleinere Analysen von Daten möglich, dann jedoch immer unter einführenden, erklärenden und veranschaulichenden Gesichtspunkten.

2. Ziele und Inhalte von GSTAT

Nach unserer Auffassung sollten Anfänger, bevor sie Daten analysieren, zunächst ein Gefühl dafür bekommen, was Statistik ist und was das Besondere an dieser Wissenschaft ist. Mit dem Programm GSTAT sollen sie am PC „Statistik", d.h. den „Zufall" erleben. Es war uns nämlich aufgefallen, daß Studenten in Anfängervorlesungen herkömmlichen Stils immer wieder Schwierigkeiten hatten, einzusehen, warum z.B. einige auf einem Blatt Papier gegebene Zahlen Realisationen von Zufallsvariablen sein sollen. Mit Hilfe von Simulationen kann man sehr schnell glaubhaft machen, daß jede neue Stichprobe andere Daten liefert. Ferner müssen Anfänger lernen, daß statistische Schlüsse, die auf einer Stichprobe basieren, also aus der Beobachtung eines kleinen Teils einer großen Gesamtheit, von Fall zu Fall verschieden ausfallen und möglicherweise auch falsch sein können. Der Anfänger muß also lernen, in welchem Sinn statistische Schlußweisen zu verstehen sind. Um dies dem Anfänger verständlich zu machen, tun wir in vielen Programmen etwas, was man in der Statistik normalerweise nicht tut. Wir ziehen nämlich Stichproben in einer Situation, in der alles bekannt ist. Wenn die ganze Grundgesamtheit bekannt ist, braucht man keine Stichprobe mehr zu ziehen. Wenn wir es in unseren Programmen trotzdem – jedoch nur zur Illustration – tun, so hat dies den Vorteil, daß man den Fehler, den man bei seinen Schlüssen macht, gleichzeitig mitbeobachten kann. Der Anfänger soll dadurch lernen, daß er in anderen „echten" Situationen, in denen er die wahre Verteilung nicht kennt, mit ähnlichen Fehlern rechnen muß. Das gleiche statistische Experiment kann in Sekundenschnelle mehrfach wiederholt werden und der Anfänger kann dabei beobachten, ob das, was er anhand einer Stichprobe zu erkennen glaubte, immer wieder auftritt oder ein einmaliges seltenes Ereignis war.

Ein Problem für Anfänger ist es, den Zusammenhang zwischen der Empirie und der mathematischen Theorie zu verstehen. Auf der einen Seite ist der Umgang mit Daten, es werden relative Häufigkeiten, Mittelwerte und Standardabweichungen berechnet, Histogramme gezeichnet usw., auf der anderen Seite steht die Wahrscheinlichkeitstheorie mit Wahrscheinlichkeiten, Erwartungswerten, Verteilungs- und Dichtefunk-tionen. Es ist ein Ziel von GSTAT, hier die Zusammenhänge herauszuarbeiten (z.B. relative Häufigkeiten pendeln sich mit wachsendem Stichprobenumfang auf Wahrscheinlichkeiten und Mittelwerte in Stichproben auf Erwartungswerte ein). Neben der Simulation bietet sich die graphische Darstellungsmöglichkeit als Hilfsmittel an, um komplexe Zusammenhänge, die in Vorlesungen für Studenten mit begrenzten mathematischen Kenntnissen häufig nicht bewiesen werden können (z.B. Gesetz der großen Zahlen (siehe Abb. 1) oder zentraler Grenzwertsatz), zu visuali-sieren. Außer den bereits erwähnten Inhalten enthält GSTAT Programme zur Berechnung von elementaren Kennzahlen und graphischen Darstellung von stetigen und diskreten Daten, zur Berechnung und graphischen Darstellung der wichtigsten Verteilungen (Normal, Exponential, Binomial, Poisson) und zur Illustration und Berechnung von Konfidenzintervallen.

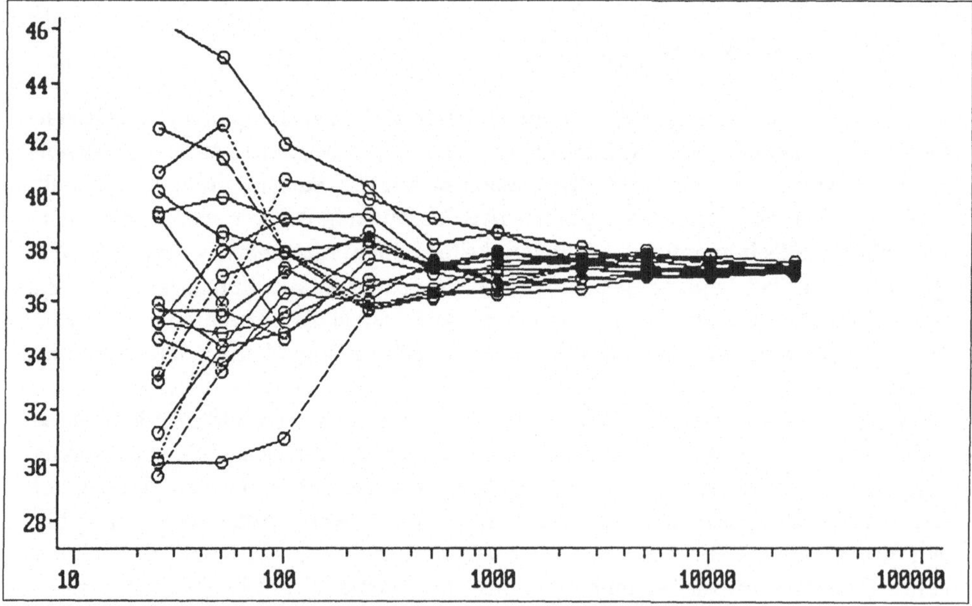

Abb. 1: Graphik zum Gesetz der großen Zahlen

3. Einige Beispiele aus GSTAT

Anhand einiger Beispiele soll gezeigt werden, wie wir die in Abschnitt 2 genannten Ziele von GSTAT verwirklicht haben. Das Programm ALTER zieht Stichproben aus der vollständig bekannten Altersverteilung der Einwohner der Bundesrepublik Deutschland. Damit kann gezeigt werden, was man gewöhnlich in der Statistik macht. Man beobachtet nur einen Teil einer großen Gesamtheit und möchte aus dieser Teilbeobachtung Schlüsse ziehen, die für die Gesamtheit gelten sollen. Das Programm berechnet uns zunächst den Mittelwert in der Stichprobe und die Standardabweichung. Durch wiederholtes Ziehen einer Stichprobe gleichen Umfangs kann der Anfänger beobachten, daß diese beiden Größen von Fall zu Fall andere Werte annehmen, also Zufallsvariablen sind. Durch Wiederholung des gleichen Experiments für einen größeren Stichprobenumfang kann er auch schon lernen, daß die Streuung dieser beiden Werte mit wachsendem Stichprobenumfang abnimmt und damit ein an und für sich sehr simples, jedoch für die Statistik so grundlegendes Phänomen kennenlernen: „Mit wachsendem Stichprobenumfang wird alles besser."

Eine andere Möglichkeit, eine Vorstellung von der tatsächlich vorliegenden Verteilung zu bekommen, ist, ein Histogramm der Daten aus der Stichprobe zu zeichnen. Aufgrund dieses Bildes kann man dann Schlüsse ziehen, wie „es gibt weniger Personen in der Altersgruppe 55-60 als in der Altersgruppe 60-65", wobei diese Aussage natürlich auch falsch sein kann, denn jedes Histogramm zum gleichen Stichprobenumfang wird anders aussehen. Der Anfänger sollte also mehrfach das gleiche Experiment durchführen, um zu sehen, ob seine Beobachtung immer wieder auftaucht oder ein seltener Einzelfall war. Daneben besteht im Programm die Möglichkeit, das Histogramm einer Stichprobe mit dem Histogramm einer Totalerhebung und der wahren Verteilung zu vergleichen (siehe Abb. 2), so daß man sehen kann, ob die gezogenen Schlüsse richtig waren. Insbesondere soll der Anfänger dadurch lernen, vorsichtig zu sein bei Schlüssen aufgrund kleiner Stichproben.

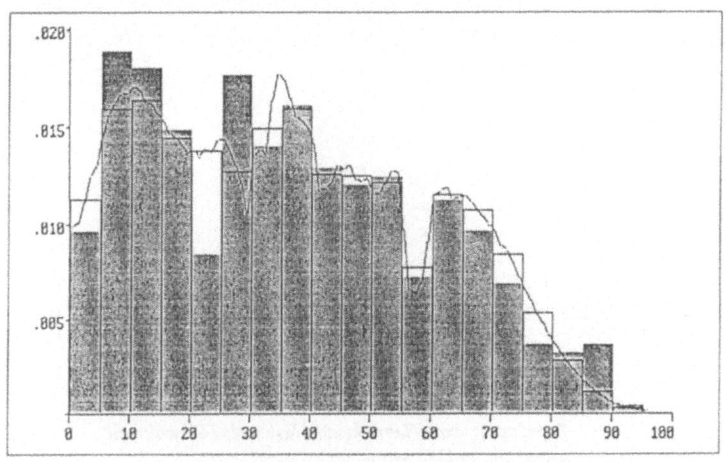

Abb. 2: Histogramm *einer Stichprobe (n=500) mit Histogramm der Totalerhebung und wahrer Verteilung*

Vergrößert man den Stichprobenumfang und verfeinert man gleichzeitig die Klasseneinteilung, so unterscheiden sich die Histogramme bei mehrfacher Wiederholung nicht mehr so stark, d.h. die Form der Histogramme wird stabiler oder die Histogramme nehmen eine endgültige Gestalt an, die in der mathematischen Theorie als Dichtefunk-tion bezeichnet wird. Die Histogramme der Stichprobe stimmen immer besser mit der hier bekannten wahren Verteilung überein (siehe Abb. 3).

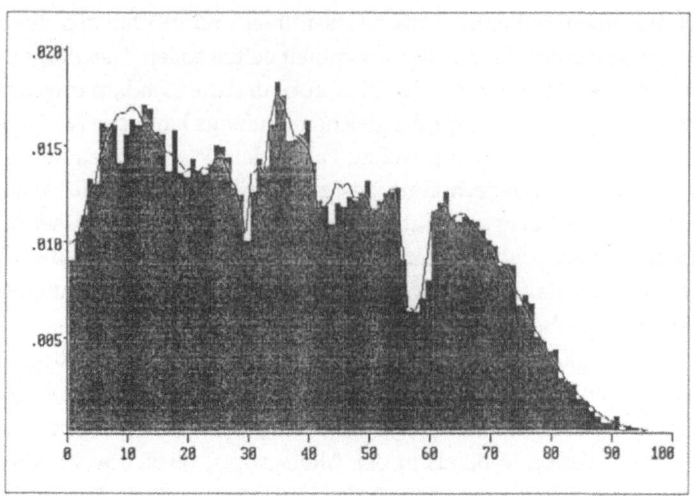

Abb. 3: Histogramm einer Stichprobe (n=32000) mit wahrer Verteilung

Damit ist die erste Verbindung zwischen Empirie und der mathematischen Theorie geschlagen. Da die Histogrammflächen relativen Häufigkeiten entsprechen und im Programm MUENZE gelernt wird, daß relative Häufigkeiten sich mit wachsendem Stichprobenumfang auch endgültigen Werten nähern, die als Wahrscheinlichkeiten bezeichnet werden, so läßt sich leicht folgern, daß Wahrscheinlichkeiten - jedenfalls für stetige Zufallsvariablen - durch Flächen unterhalb der Dichtefunktion berechnet werden können, was z.B. im Programm NORMAL verdeutlicht wird (siehe Abb. 4).

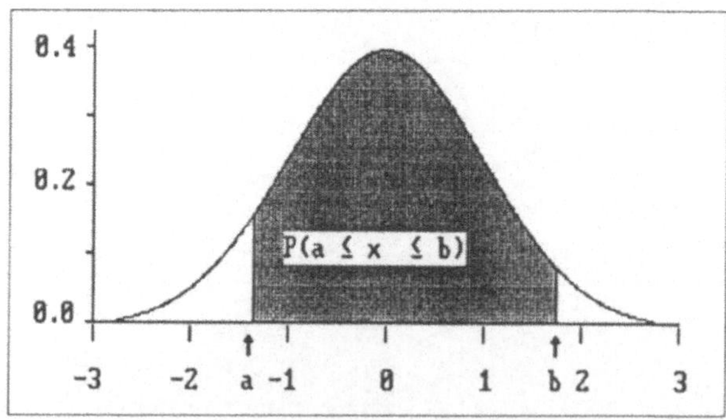

Abb. 4: Berechnung von Wahrscheinlichkeiten als Flächeninhalt unterhalb der Dichtefunktion

Wir hatten oben schon bemerkt, daß die Mittelwerte in Stichproben Zufallsvariablen sind, deren Streuung mit wachsendem Stichprobenumfang n abnimmt. Das Programm ALTMIHI zieht wiederholt Stichproben vom gleichen Stichprobenumfang, berechnet für jede Stichprobe den Stichprobenmittelwert und zeichnet dann ein Histogramm dieser Stichprobenmittelwerte. Daraus soll gelernt werden, daß die Mittelwerte in Stichproben Zufallsvariablen sind mit einer eigenen Verteilung. Stellt man sich die Histogramme für verschiedene n im gleichen Maßstab dar, so werden die Histogramme mit wachsendem n immer höher und schmaler, d.h. die Streuung nimmt ab. Schon für sehr kleine Stichprobenumfänge n haben die Histogramme eine glockenförmige Gestalt. Dadurch wird der zentrale Grenzwertsatz veranschaulicht. Im Programm STALMIHI kann die Standardnormalverteilung über das Histogramm der standardisierten Mittelwerte gelegt werden (siehe Abb. 5).

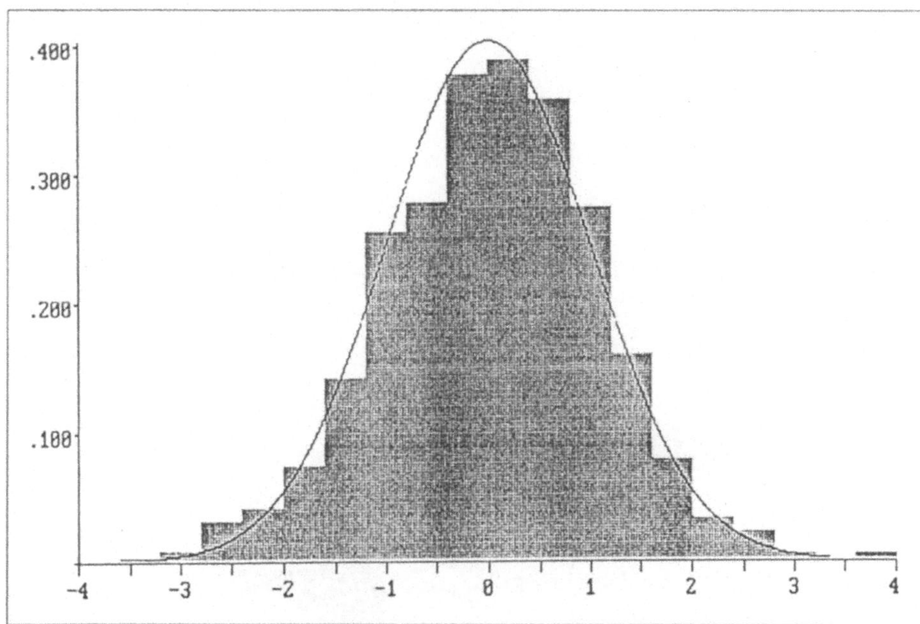

Abb. 5: Histogramm von 1000 standardisierten Mittelwerten zum Stichprobenumfang n=50 mit eingezeichneter Dichte der Standardnormalverteilung

Wir hatten schon in Abb. 1 die Graphik zur Erläuterung des Gesetzes der goßen Zahlen gezeigt. Es handelt sich um Pfade von Mittelwerten zu Stichproben aus der Altersverteilung, wobei der Stichprobenumfang sukzessive vergrößert wurde. Alle Pfade streben gegen einen Wert, der in der Theorie als Erwartungswert bezeichnet wird und der damit motiviert werden kann. Zum anderen sieht man aber auch an diesem Bild, daß es vernünftig ist, den Stichprobenmittelwert als Schätzer des Erwartungswertes zu betrachten.

4. Inhalte und Ziele von GSTAT2, sowie Beispiele

Entsprechend dem Vorlesungsstoff im zweiten Teil einer zweisemestrigen Anfängervorlesung erfolgt in GSTAT2 ein allmählicher Übergang hin zu statistischen Methoden, d.h. es sind auch kleine Analysen von Daten möglich, jedoch immer unter einführenden, erklärenden und veranschaulichenden Gesichtspunkten. Vor jeder Analyse steht die graphische Darstellung der Daten, oft in verschiedener Form (siehe Abb. 6 und 7).

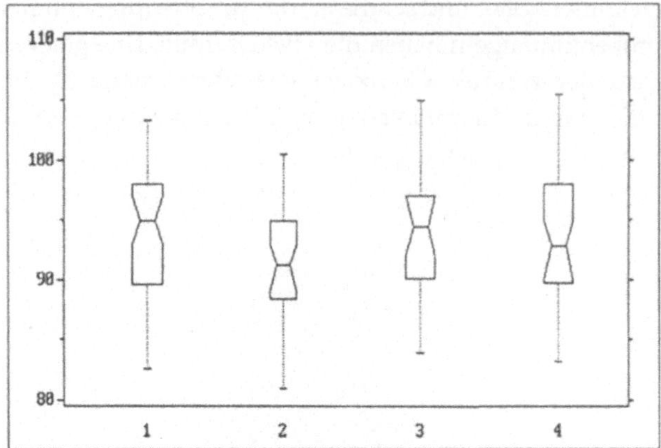

Abb. 6: Graphische Darstellung der Daten als Boxplots in der Varianzanalyse

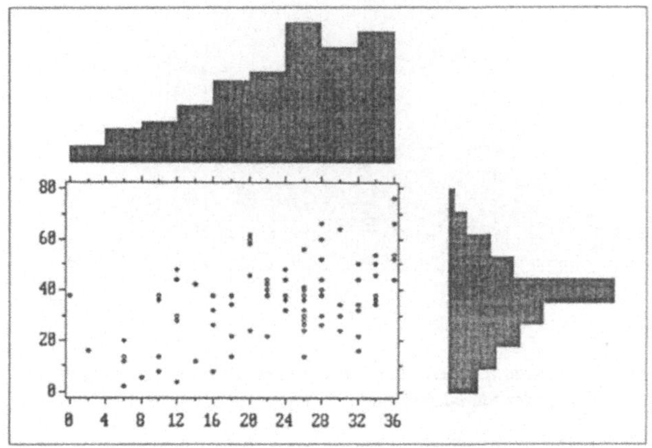

Abb. 7: Darstellung der Daten als Punktwolke mit Randhistogrammen im Programm LINREG zur linearen Regression

Es werden nicht nur die Ergebnisse der Analysen angegeben, sondern auch Arbeitstabellen (siehe Abb. 8), damit man sieht, wie die Ergebnisse entstehen. Ferner wird das Ergebnis nach Möglichkeit auch noch graphisch erläutert (z.B. Histogramm mit beobachteten und erwarteten Häufigkeiten zur Erläuterung der Chiquadratprüf-größe (siehe Abb. 9) oder Graphik mit empirischer und hypothetischer Verteilungsfunktion zur Erläuterung der Prüfgröße von Kolmogorov (siehe Abb. 10)).

So wird auch nach jedem Test die Dichtefunktion und Verteilungsfunktion der Prüfgröße unter der Hypothese graphisch dargestellt und der gerade beobachtete Wert der Prüfgröße eingezeichnet, damit man sehen kann, ob man einen unter der Hypothese sehr seltenen Wert erhalten hat und die Hypothese damit abzulehnen ist (siehe Abb. 11). Für den erfahrenen Statistiker reicht dazu natürlich auch die Angabe des P-

Wertes. Der Anfänger soll aber gerade lernen, welche Bedeutung dieser hat. Ein großer Raum wird in GSTAT2 der Einführung des Signifikanztests gewidmet. Dabei wird zunächst wiederum mit Simulationen gearbeitet, um dem Anfänger ein Gefühl dafür zu vermitteln, wie oft die falsche bzw. richtige Entscheidung getroffen wird. Insbesondere soll er aus der graphischen Darstellung der Irrtumswahrscheinlichkeiten lernen, daß man beim Signifikanztest nur eine Aussage mit geringer Irrtumswahrscheinlichkeit treffen kann (siehe Abb. 12).

Programm: MODELL | **Ausgabe Chi^2** | Daten aus: SNORM .DAT

n = 100 Normal μ= 0.000,σ= 1.0000 Kl= 10

CHI^2 = 11.000 P > CHI^2 = 0.276 FG = 9

j	a	b	n(j)	np(j)	n(j)-np(j)	Beitrag
1	- ∞	-1.282	10	10.00	0.00	0.0000
2	-1.282	-0.841	18	10.00	8.00	6.4000
3	-0.841	-0.524	10	10.00	0.00	0.0000
4	-0.524	-0.253	11	10.00	1.00	0.1000
5	-0.253	0.000	6	10.00	-4.00	1.6000
6	0.000	0.253	8	10.00	-2.00	0.4000
7	0.253	0.524	6	10.00	-4.00	1.6000
8	0.524	0.841	8	10.00	-2.00	0.4000
9	0.841	1.282	12	10.00	2.00	0.4000
10	1.282	∞	11	10.00	1.00	0.1000

Beitrag = (n(j)-np(j))^2/np(j) Σ 11.0000

Abb. 8: Arbeitstabelle zur Berechnung der Chiquadratprüfgröße

Die Wahl und die Bedeutung des kritischen Wertes wird durch Graphiken veranschaulicht. So kann man im Programm TESTIDEE und ZEICHEN, in denen die Prüfgröße unter der Hypothese binomialverteilt ist mit dem Parameter $\pi=1/2$, im Stabdiagramm dieser Verteilung den kritischen Wert mit den Cursortasten verschieben, und es wird dazu jeweils das zugehörige Signifikanzniveau a angegeben (siehe Abb. 13).

Für die üblicherweise tabellierten wichtigsten Verteilungen von Prüfgrößen (N(0,1), t, Chiquadrat und F) berechnet das Programm KRIWERTE die kritischen Werte und stellt den Ablehnungsbereich jeweils graphisch dar (siehe Abb. 14).

Im Programm NORMTEST wird angenommen, daß eine Prüfgröße unter der Hypothese eine N(0,1)-Verteilung und unter der Alternative eine N(μ,1)-Verteilung besitzt. Die

Dichtefunktionen beider Verteilungen werden in einem Bild graphisch dargestellt und die Güte bzw. der Fehler zweiter Art werden als Fläche unterhalb der Dichtefunktion der Alternative über dem Ablehnungsbereich bzw. Nichtablehnungsbereich schraffiert dargestellt (siehe Abb. 15). Schließlich kann auch die Gütefunktion als Funktion des Parameters μ graphisch dargestellt werden, wobei die Kurven für drei verschiedene Werte des Signifikanzniveaus a gleichzeitig dargestellt werden können (siehe Abb. 16).

Weitere Programme von GSTAT2 befassen sich mit der Modellanpassung bei eindimensionalen stetigen Daten, der zweidimensionalen Normalverteilung, der linearen und polynomialen Regression, der Varianzanalyse, Kontingenztafeln und der Zeitreihenanalyse.

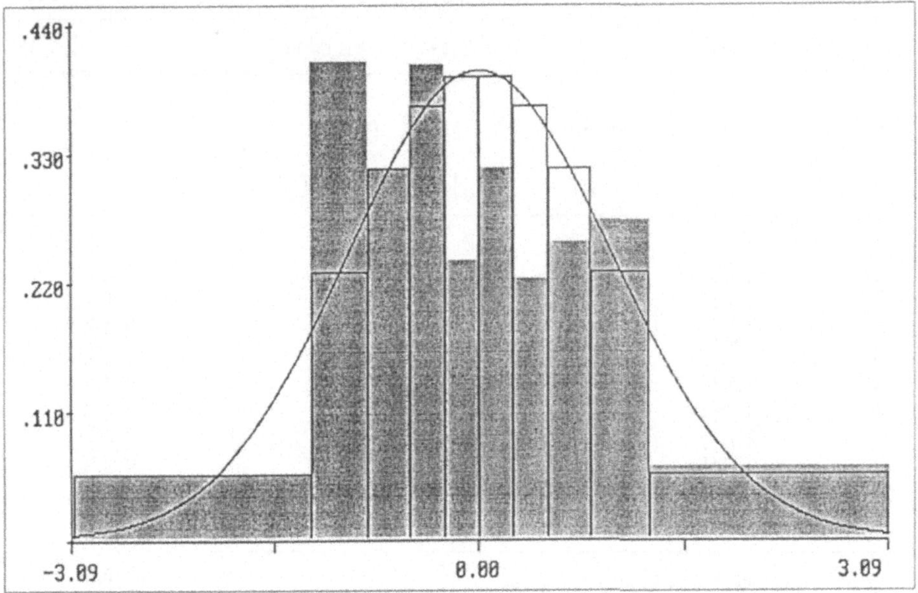

Abb. 9: Graphik zur Erläuterung der Chiquadratprüfgröße

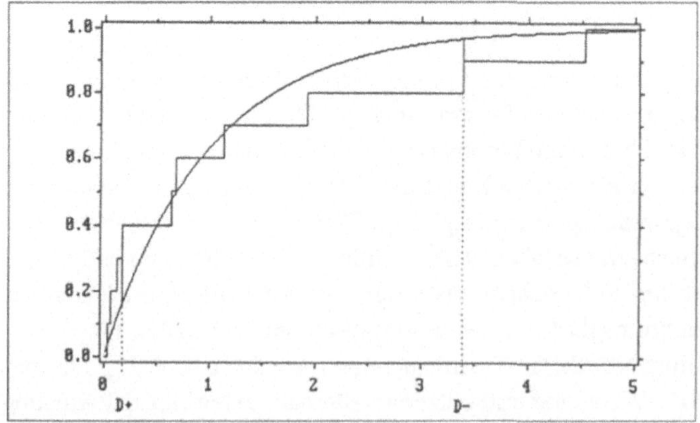

Abb. 10: Graphik zur Erläuterung der Prüfgröße von Kolmogorov

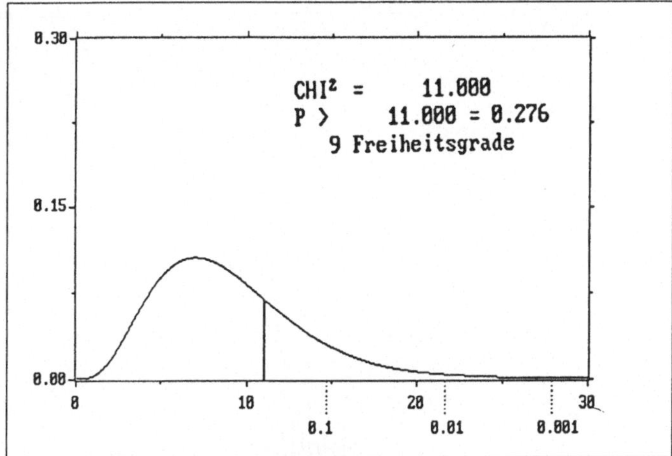

Abb. 11: Graphik zur Erläuterung des P-Wertes nach einem Chiquadratanpassungstest

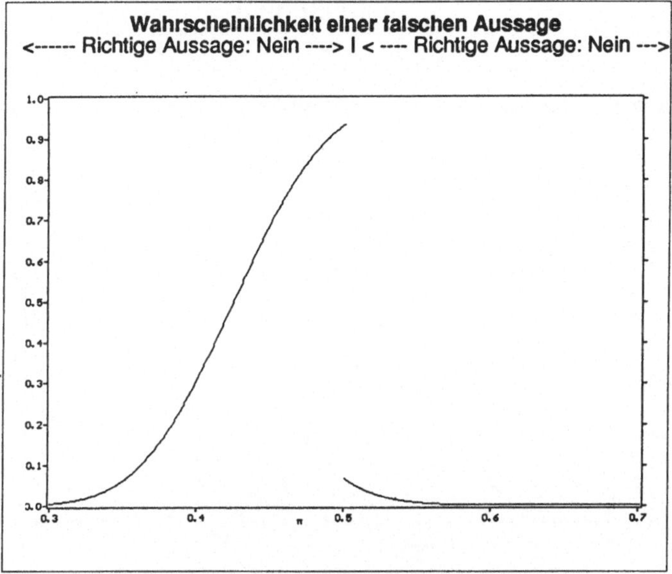

Abb. 12: Darstellung der Irrtumswahrscheinlichkeiten als Funktion von π bei einem Test mit binomialverteilter Prüfgröße

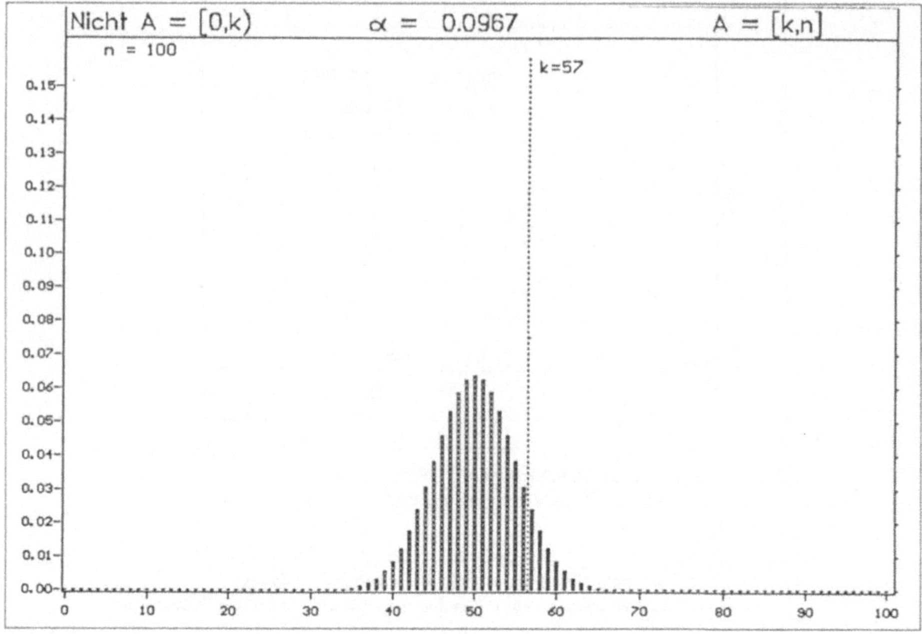

Abb. 13: Stabdiagramm der B(n,1/2)-Verteilung zur Auswahl des Ablehnungsbereichs beim Zeichentest

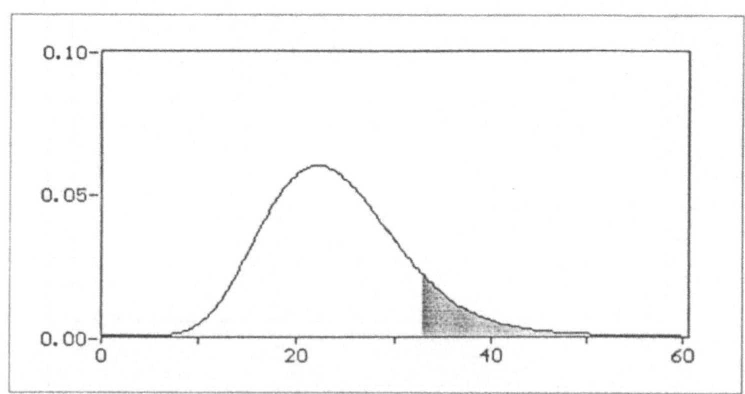

Abb. 14: Darstellung eines rechtsseitigen Ablehnungsbereiches zum Signifikanzniveau a=0.1 für eine Chiquadratverteilung mit 24 Freiheitsgraden

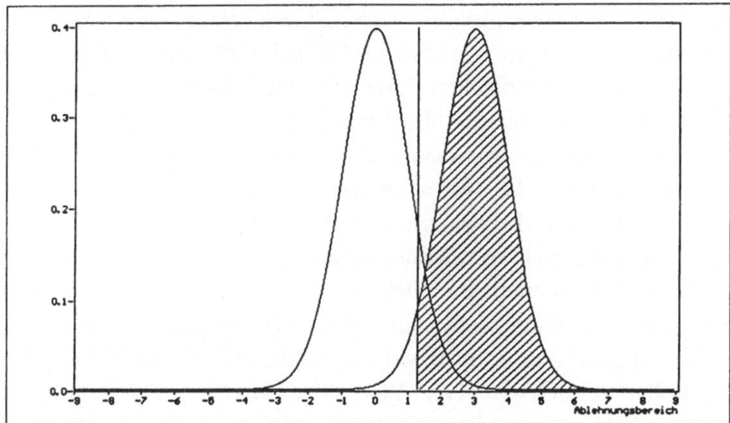

Abb. 15: Darstellung der Güte für μ=3 bei rechtsseitigem Ablehnungsbereich

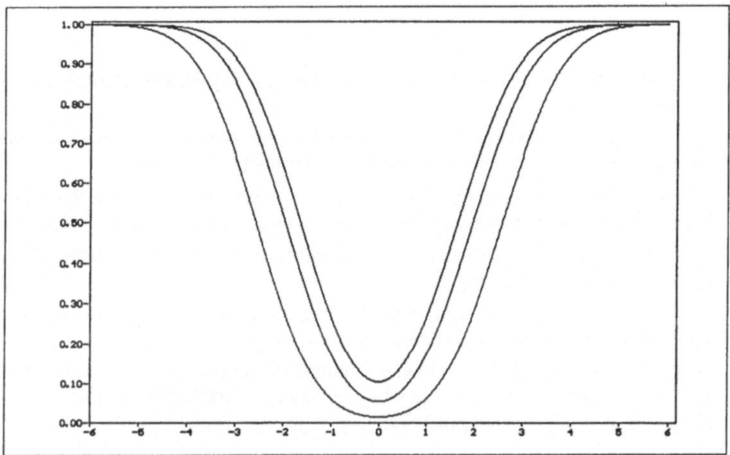

Abb. 16: Darstellung der Gütefunktion bei beidseitigem Ablehnungsbereich f ür a=0.10, 0.05 und 0.01

5. Schlußbemerkungen

Zielgruppe für GSTAT und GSTAT2 sind Studenten in Anfängervorlesungen zur Statistik in allen Fachbereichen. Es kann einerseits in der Vorlesung (Projektion auf eine Leinwand), andererseits auch in den Übungen – und das ist eigentlich das Wichtigste, denn jeder Student sollte seine eigenen Erfahrungen sammeln – eingesetzt werden. Daneben ist auch ein Selbststudium in Verbindung mit einem geeigneten Lehrbuch möglich.

GSTAT und GSTAT2 unterscheiden sich dadurch von anderen Statistikprogrammpaketen, daß sie den Anfänger zunächst zur Statistik hinführen. Mit Hilfe von Simulationen wird Statistik „vorgemacht", durch die Wiederholbarkeit eines Experiments wirddas „Zufällige" an statistischen Entscheidungen erlebbar gemacht, der Anfänger soll ein Gefühl dafür bekommen, was das Besondere an statistischen Schlußweisen ist. Die Programme versuchen das, was Studenten – nach unserer Erfahrung – schwer fiel zu verstehen, zu veranschaulichen. Darüberhinaus sind – besonders in GSTAT2 – auch Analysen von Daten möglich, so daß die Möglichkeit besteht, realitätsnahe, praxisbezogene Beispiele durchzurechnen einschließlich explorativer Datenanalyse vor der Rechnung, Veranschaulichung der Methoden und Überprüfung der Modellannahmen.

Für GSTAT und GSTAT2 ist ein IBM-kompatibler PC mit 640KB RAM, DOS-Version 3.0 (oder höher) und CGA-, EGA-, VGA oder Herkulesgraphikkarte erforderlich. Die Programmpakete werden über den Buchhandel durch den Verlag Vandenhoeck und Ruprecht in Göttingen vertrieben. Zu den Programmen gibt es jeweils ein Buch mit Programmbeschreibungen, Übungen und Lernzielen.

Literatur

Böker, Fred (1989): GSTAT: Ein Statistikprogrammpaket zur didaktischen Unterstützung der Lehre, Vandenhoeck und Ruprecht, Göttingen.

Böker, Fred (1989): Statistik lernen am PC, Programmbeschreibungen, Übungen und Lernziele zum Statistikprogrammpaket GSTAT, Vandenhoeck und Ruprecht, Göttingen.

Böker, Fred (1990): On the statistical package GSTAT. In: Faulbaum, F.; Haux, R. und Jöckel, K.-H. (Hrsg.), SOFTSTAT '89, Fortschritte der Statistik-Software 2, Gustav Fischer Verlag, Stuttgart

Böker, Fred (1991): GSTAT2: Weitere Statistikprogramme zur didaktischen Unterstützung der Lehre, Vandenhoeck und Ruprecht, Göttingen.

Böker, Fred (1991): Mehr Statistik lernen am PC, Programmbeschreibungen, Übungen und Lernziele zum Statistikprogrammpaket GSTAT2, Vandenhoeck und Ruprecht, Göttingen.

Böker, Fred (1991): Über GSTAT2: Ein weiteres Statistikprogrammpaket zur didaktischen Unterstützung der Lehre in Anfängervorlesungen. Eingereicht zur Veröffentlichung im Proceedingsband der SOFTSTAT'91 in Heidelberg (April 1991).

TRAVEL –
Ein Programmsystem zum Traveling Salesman Problem

Peter Schwanenberg

Fachhochschule Köln
Fachbereich Informatik

1. Das Traveling Salesman Problem

Beim Traveling Salesman Problem ist nach der optimalen, d.h. kürzesten, schnellsten oder kostenminimalen Rundreise von einem Startort über eine Anzahl vorgegebener Orte zurück zum Startort gefragt.

Das Traveling Salesman Problem ist ein klassisches Problem der kombinatorischen Optimierung. Es ist sehr leicht zu formulieren, aber sehr schwierig zu lösen. Wegen der Einfachheit der Problemstellung und der Schwierigkeit der Lösung hat das Problem große Aufmerksamkeit in der Literatur gefunden. Auch heute noch werden u.a. solche Problemstellungen gerne herangezogen, um die Güte von neuronalen Konzepten zu beurteilen.

Es handelt sich nicht nur um eine akademische Problemstellung, sondern es gibt viele praktische Anwendungssituationen:

- Fahrtroute eines Auslieferungsfahrzeugs, das eine feste Kundenmenge anfahren soll,
- Leerung der Briefkästen eines Bezirks durch ein Postfahrzeug,
- Gesamtarbeitszeit bei einer Fertigung, die eine Folge nacheinander ausführbarer Tätigkeiten ohne feste Reihenfolge beinhaltet (Umrüstkostenproblem).

2. Einige Gesichtspunkte bei der Behandlung der Problemstellung in der Lehre

Die Thematik gehört zum Standard in einer OR-Vorlesung. Bei leicht verständlicher Problemstellung und leicht aufzeigbaren Praxisbezügen lassen sich vorzüglich die Grenzen mathematischer Methoden aufzeigen. Es läßt sich beispielhaft demonstrieren, was die Besonderheit eines OR-spezifischen Problemansatzes ausmacht, wenn man fordert, daß eine Lösung mit wirtschaftlich vertretbarem Aufwand gewonnen werden muß. Eindrucksvoll werden bei Schmitz/Schoenlein (1978) Rechnerzeiten für die vollständige Enumeration auf einem schnellen Rechner in Abhängigkeit von n aufgelistet. Ein Auszug:

n=10	3.6	sec
n=12	7.9	min
n=15	15.1	Tage
n=17	11.3	Jahre
n=20	77358.5	Jahre

Wenn man in der Lehre fordert, daß ein Algorithmus soweit beherrscht werden soll, daß man ihn prinzipiell an einem einfachen Beispiel auch per Hand durchrechnen und markante Zwischenergebnisse problembezogen interpretieren kann, ist es für die Benutzung eines Programms in den Übungen einer Vorlesung unerläßlich, daß solche Zwischenergebnisse – gegebenenfalls optional – abrufbar sind.

Zur Kontrolle der Handrechnungen, die bei Entscheidungsbaumverfahren schnell umfangreich und unübersichtlich werden, ist es in Übungen somit wünschenswert, ein Programm für den PC-Einsatz zur Verfügung zu haben, das den Studenten eine Kontrolle des gesamten Lösungsweges gestattet. Mit einem solchen Programm ist man auch in der Lage, etwas umfangreichere Problemstellungen (etwa 20-30 Orte) anzugehen. Für ein Praktikum in einem Informatik-Fachbereich lassen sich über eine solche Problemstellung die Aspekte Programmiersprache, Programmiertechnik und Operations Research zusammenführen. Ein bestehendes Programmsystem kann als Anreiz wirken, „bessere" Programme zu entwickeln. Bei exakten Verfahren ist die harte Kontrolle über die Rechenzeiten möglich. Mit wachsender Anzahl der Orte, die in der Praxis jedoch nur einfache Problemfälle erfassen, wird die Notwendigkeit, heuristische Verfahren zu entwickeln, sofort evident. Das Angebot an heuristischen Ansätzen läßt sich unterteilen in:

- Exakte Verfahren mit einem Abbruchkriterium, wenn gewisse Genauigkeitsvorgaben erfüllt sind,
- Klassische heuristische Ansätze aus der Literatur -vgl. z.B. Müller-Merbach(1970),
- Geometrische Ansätze, die eine interaktive Arbeitsweise und Grafikunterstützung des Lösungsweges voraussetzen.

Die Aufgabenstellung eignet sich auch vorzüglich für ein Praktikum. Die Studenten werden ermuntert, neben den klassischen Methoden auch Eigenideen einzubringen. Bei komplexen Baumstrukturen sollten die Studenten ebenfalls die Eigeninitiative bei der Wahl der geeigneten Programmiersprache haben.

3. Das Programm TRAVEL

3.1 Leistungsumfang

Das Programm benötigt die Entfernungen zwischen den Orten. Eine Eingabe ist über eine Entfernungsmatrix oder durch Eingabe der Koordinaten der Orte möglich. Die Daten hierzu lassen sich als Datei abspeichern.

Nach Angaben, ob die kürzeste oder längste Rundreise gesucht ist, ob Vorgaben über Teilstrecken zu berücksichtigen sind und welcher Ort Startort ist, werden acht Lösungsverfahren angeboten:

<1> Branch and Bound
<2> Begrenzte Enumeration
<3> Mischform
<4> Vollständige Enumeration
<5> Nächste Stadt
<6> Dreiergruppenpermutation
<7> Nächste Stadt + Begrenzte Enumeration
<8> Dreiergruppen + Begrenzte Enumeration

Im Programm ist die Möglichkeit vorgesehen, die einzelnen Verfahren zu Vergleichszwecken gegeneinander laufen zu lassen, ohne die Entfernungsmatrix, Vorgaben und Startort erneut eingeben zu müssen. Zugänglich am Bildschirm und für eine Druckerausgabe sind:

- die Ausgangsmatrix,
- Daten zur optimalen Lösung einschließlich Rechenzeiten und evtl. weiterer Angaben zum Lösungsaufwand wie
  - Anzahl der Sprünge beim Aufbau des Lösungsbaums
  - Anzahl der erzeugten Bounds im Lösungsbaum,
- Der Lösungsbaum bei Verfahren, die sich an Baumstrukturen orientieren (einschließich von Zusatzinformationen wie Ausgabe der aktuellen zugehörigen Kostenmatrix zu ausgewählten Knoten im Lösungsbaum),
- Aussage zur Eindeutigkeit der optimalen Lösung; gegebenenfalls Angabe weiterer optimaler Rundreisen,
- die grafische Darstellung der Orte und der optimalen Rundreise, falls eine Koordinateneingabe erfolgte.

3.2 Hardwareanforderungen und Start

Das Programm ist auf den Modellen PC, XT, AT - sowie allen kompatiblen Rechnern - lauffähig. Erstellt wurde das Programm für 640 KByte RAM, PC-DOS oder MS-DOS. Weiterhin wird ein Coprozessor (8087 oder 80287) – falls vorhanden – vom Programm genutzt. Es werden verschiedene Grafikkarten unterstützt (u.a. Hercules, CGA, EGA). Weiterhin lassen sich Grafiken auf allen Epson und IBM-Graph-kompatiblen Druckern ausgeben. Das Programmsystem liegt auf einer Diskette (5,25", 360K) vor und wird am günstigsten auf einer Festplatte unter einem Subdirectory installiert. Start: Aufruf durch „TRAVEL" und <RETURN>. Allen Sitzungen liegt folgender Ablauf zugrunde: Laden bzw. Eingabe der Ortsangaben, Angabe von Vorgaben und Auswahl des Lösungsverfahrens, Berechnung der Lösung und Ausgaben mit verschiedenen Möglichkeiten zur Dokumentation der Lösung.

3.3 Entstehung und Bearbeiter

Das Programm entstand im Fachbereich Informatik der FH Köln als Diplomarbeit. Herr Matthias Eberts behandelte das Thema „Ein Programmsystem zur Lösung von Reihen-folgeproblemen“ und erstellte nach Vorgaben des Prüfers, Prof. Dr. Peter Schwanenberg, ein Programm, das in der Lehrveranstaltung „Operations Research“ im Lehr- und Übungsbetrieb erfolgreich eingesetzt wird.

3.4 Einige Ausgaben für ein einfaches Beispiel (n=4)

Eingegebene Entfernungsmatrix:

	STADT 1	STADT 2	STADT 3	STADT 4
STADT 1	∞	8	7	5
STADT 2	2	∞	6	4
STADT 3	3	10	∞	3
STADT 4	7	5	4	∞

Ausgaben zur optimalen Lösung:

Verfahren Branch and Bound
Startort war : STADT 1
Vorgabensumme : 0
Kürzeste Rundreise : 17
Die Lösung ist eindeutig

ZUSATZDATEN

Matrixgröße : 4
Anzahl der erzeugten Bounds : 13
Anzahl der Sprünge : 2
Start Zeit : 19: 9:12: 9
Ende ZEIT : 19: 9:13:68
[Eine optimale Rundreise]

optimale Rundreise:

STADT 1 nach STADT 3
STADT 3 nach STADT 4
STADT 4 nach STADT 2
STADT 2 nach STADT 1

Da Lowvideo hier schlecht erkennbar ist, wurde die Entscheidung für eine Teiltour im Druck fett hervorgehoben. Optimale Lösungen sind im Baum durch Doppellinien bei den Verbindungen zweier Knoten hervorgehoben.

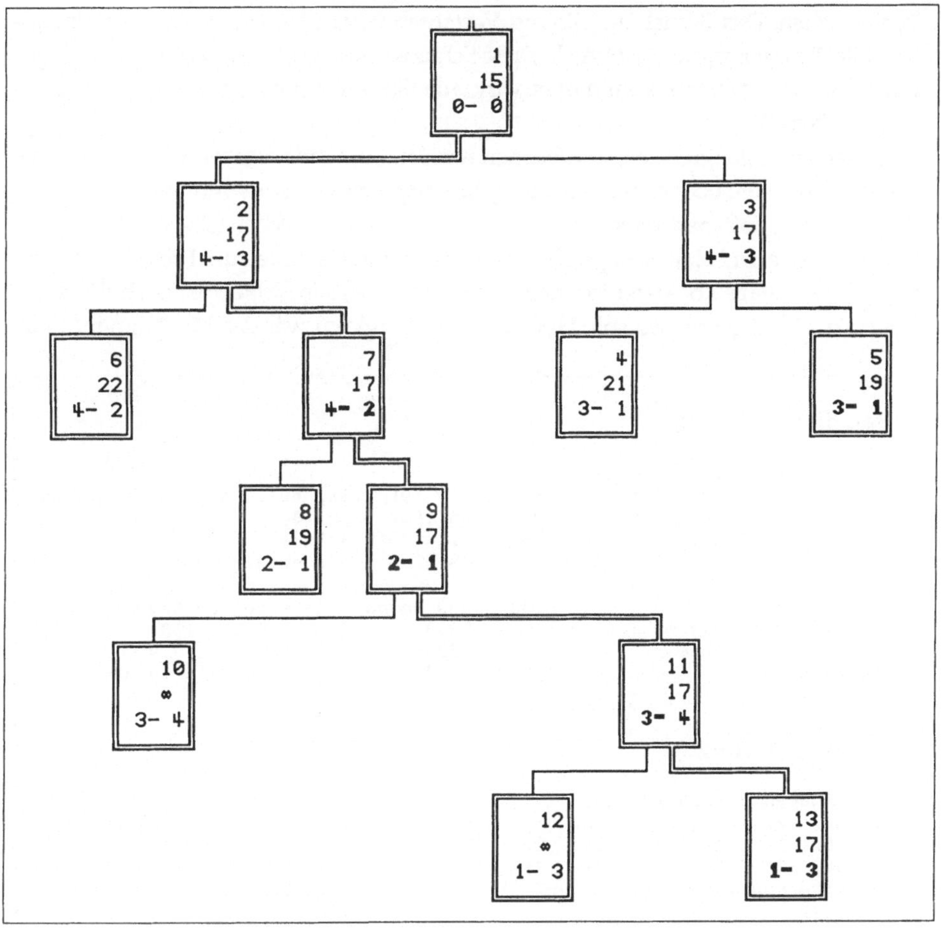

1 15 0- 0
2 17 4- 3
3 17 4- 3
6 22 4- 2
7 17 4- 2
4 21 3- 1
5 19 3- 1
8 19 2- 1
9 17 2- 1
10 ∞ 3- 4
11 17 3- 4
12 ∞ 1- 3
13 17 1- 3

Abb 1: Angaben zum Lösungsbaum

3.5 Erfahrungen bei größeren Problemstellungen /Angabe der Rechenzeiten

In dem Programm ist als Grenze für die Anzahl der Orte n=30 ausgewiesen. Dies ist nicht als prinzipielle Beschränkung des Programms zu sehen, sondern hat sich aus praktischen Gesichtspunkten bei Testläufen während der Programmentwicklung angeboten. Solche Problemstellungen führten in den meisten Fällen noch zu handlichen

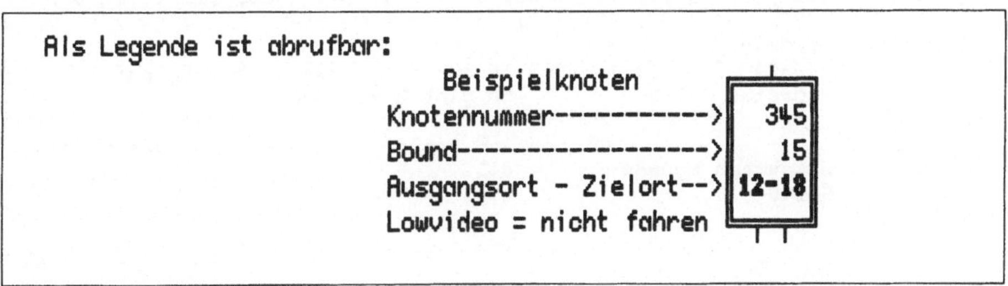

Abb. 2: Entscheidung für eine Teiltour

Rechenzeiten. Das Branch and Bound Verfahren führt über die Anzahl der Bounds (bei 20092) zum Programmabbruch. Diese Schranke wurde für die 640K Version eingeführt und wird bei größerem n öfter wirksam. Gerechnet wurden auch Problemstellungen bis n=70.

Daten zu umfangreicheren Problemen wurden über Zufallsgeneratoren oder durch bewußte Auswahl über Koordinateneingabe von grafischen Anordnungen eingegeben. Es zeigte sich, daß man keine einheitliche Aussagen über Rechenzeiten machen kann. Eine Kontrolle und eine Nachprüfbarkeit der Leistungsfähigkeit des Programms kann nur durch Angabe konkreter Problemfälle erfolgen, was im folgenden auch durch die Beispiele 1 bis 3 geschehen soll. Hilfreich beim Vergleich war das PC-Programm von

Beispiel 1 (n=12):

```
Koordinaten der 12 Städte:
   (  9, 89) ( 25, 89) ( 31, 89) ( 31, 69) ( 31, 60) ( 41, 60) ( 41, 80)
   ( 45, 80) ( 45, 94) ( 65, 94) ( 65, 84) ( 85, 84)
kürzeste Rundreise      1-4-5-6-7-8-11-12-10-9-3-2-1
Länge der Rundreise : 192          Es gibt 2 Lösungen.

ZUSATZDATEN                   Branch and Bound     Begrenzte Enumeration
Anzahl der erzeugten Bounds :       1333                   1385
Anzahl der Sprünge          :        390                      0
Rechenzeit                  :         23 sec                 10 sec
```

Beispiel 2 (n=20):

```
Koordinaten der 20 Städte:
  (  2, 92) (  8, 92) (  8, 86) (  8, 50) (  8, 32) ( 26, 32) ( 26, 98)
  ( 38, 80) ( 38, 62) ( 56, 62) ( 56, 38) ( 56, 32) ( 62, 32) ( 62,  8)
  ( 68, 32) ( 68, 38) ( 68, 74) ( 68, 86) ( 80, 86) ( 98, 86)
kürzeste Rundreise 1-2-7-8-9-10-17-18-19-20-16-15-13-11-12-14-6-5-4-3-1
Länge der Rundreise : 373          Es gibt 2 Lösungen.

ZUSATZDATEN                   Branch and Bound     Begrenzte Enumeration
Anzahl der erzeugten Bounds :       9833                  10869
Anzahl der Sprünge          :       2884                      0
Rechenzeit                  :        858 sec                149 sec
```

Beispiel 3 (n=25):

```
Koordinaten der 25 Städte:
 ( 40, 48) ( 20, 33) (101, 46) ( 79, 42) ( 66, 45) ( 85, 46) ( 70, 44)
 ( 57, 49) ( 16, 61) ( 80, 92) ( 99, 86) ( 97, 38) (102, 68) ( 68,  9)
 ( 11, 87) (112, 37) ( 79, 13) ( 65, 54) ( 97, 51) ( 98, 91) ( 14, 65)
 ( 72, 13) ( 37, 73) ( 39, 78) ( 71, 37)
kürzeste Rundreise:
1-2-9-21-15-23-24-10-20-11-13-19-3-16-12-6-4-17-22-14-25-7-5-18-8-1
Länge der Rundreise : 388          Es gibt 2 Lösungen.

ZUSATZDATEN                   Branch and Bound     Begrenzte Enumeration
Anzahl der erzeugten Bounds :       8501                  10517
Anzahl der Sprünge          :       2743                      0
Rechenzeit                  :        783 sec                237 sec
```

Abb. 3: Drei Beispiele

Kalvelagen E./Tijms H.C.(1990), das zur Zeit der Programmfertigstellung noch nicht vorlag. Zu den Ergebnisangaben sind zwei Hinweise notwendig:

a) Die Rechnungen wurden auf einem IBM-kompatiblen Rechner mit einem 80286 Prozessor und mathematischem Coprozessor ausgeführt.

b) Ausgangspunkt für alle Rechnungen ist die Entfernungsmatrix in Ganzzahldarstellung. Bei Koordinateneingabe erfolgt diese Ganzzahldarstellung bei der Entfernungsmatrix durch Runden, was zu geringfügigen Abweichungen bei der Länge der Rundreise führen kann.

Literatur

Kalvelagen, E. und Tijms, H.C.: Exploring Operations Research & Statistics in the Micro Lab, Prentice-Hall, N.J. 1990

Müller-Merbach, H.: Optimale Reihenfolgen, Springer Verlag, Berlin 1970

Schmitz, P. und Schoenlein, A.: Lineare und linearisierbare Optimierungsmodelle sowie ihre ADV-gestützte Lösung, Vieweg Verlag, Wiesbaden 1978

Die individuelle Datenverarbeitung im Rahmen der betriebswirtschaftlichen Grundausbildung

Manfred Pils

Universität Linz
Institut für Datenverarbeitung
in der Sozial-/Wirtschaftswissenschaft

Einleitung

Seit 1986 ist an der Universität Linz ein Lehrmodell für eine Grundausbildung in Datenverarbeitung im 1. Studienabschnitt der betriebswirtschaftlichen (und anderer sozial- und wirtschaftswissenschaftlichen) Studienrichtungen unter Verwendung von Personalcomputern und Lokalen Netzwerken im Einsatz. Das Lehrmodell der Individuellen Datenverarbeitung unterscheidet sich grundsätzlich von herkömmlichen DV-Ausbildungsgängen; es wird in seinen Grundzügen dargestellt. Zu dem vermittelten DV-Grundlagenwissen zählt insbesondere methodisches Wissen zu Endbenutzerwerkzeugen (Planungs-, Steuerungs- und Kontrollwerkzeuge sowie Datenbank- und Kommunikationswerkzeuge). Diese ermöglichen eine spontane und individuelle Gestaltung und Nutzung von Systemen durch den Endbenutzer. Über die Erfahrungen aus dem Zeitraum 1986 bis 1991 sowie über die Konsequenzen und die Weiterentwicklung des Lehrmodells wird berichtet. Die Entwicklung der kommunikationstechnischen Infrastruktur der Lehrarbeitsplätze für Datenverarbeitung (Erstkonfiguration und nachfolgende Systemerweiterungen) wird dargestellt. Erfahrungen liegen insbesondere vor über die abgelaufenen Planungsprozesse, den Betrieb der Lehrsysteme und die Problematik von Software-Lizenzen im Universitätsbereich, sowie über das Training in Kleingruppen, heterogene Benutzergruppen und interfakultäre PC-Pools.

1. Das Lehrmodell

1.1 Lehrgrundsätze

Bei der Planung des Lehrmodells wurde von folgenden Lehrgrundsätzen ausgegangen [1]:

- Die Lehrinhalte sind auf die Erfordernisse der betriebswirtschaftlichen, sozialwirtschaftlichen, volkswirtschaftlichen und wirtschaftspädagogischen Studienrichtungen abgestimmt. Schwerpunktmäßig wird ein Programm angeboten für den Absolventen, der effiziente und menschengerechte Technologien *zur Lösung betriebswirtschaftlicher Aufgaben* einzusetzen beabsichtigt. Er soll weiters in die Lage versetzt werden, bei Systemplanungsprozessen als mündiger Benutzer mitzuwirken.
- Die Datenverarbeitung sieht den Betrieb mit den drei Teilsystemen Menschen mit ihren physischen, kognitiven und aktivierenden Eigenschaften, betriebliche Aufgaben und Informations- und Kommunikationstechniken (-technologien).

- Der Werkzeugcharakter von Kommunikationssystemen wird in den Vordergrund gestellt. Methodisches und instrumentelles Wissen bildet daher einen inhaltlichen Schwerpunkt der Ausbildung. Technisches Grundlagenwissen wird nur in einem für die Anwendung unbedingt erforderlichen Ausmaß vermittelt. Das erworbene Wissen soll vom Studenten möglichst bereits zur Unterstützung seines Studiums, später bei der Lösung betrieblicher Aufgaben eingesetzt werden.
- Die erforderliche kommunikationstechnische *Infrastruktur*, insbesondere Personalcomputer und Lokale Netze, werden bis auf weiteres von der Universität zur Verfügung gestellt.
- Standardmäßig sind Systeme mit *modernen grafischen Benutzeroberflächen* vorgesehen. Der Student lernt jedoch PCs mit unterschiedlichen Betriebssystemen und auch kommandoorientierte Benutzeroberflächen kennen und mit diesen zu arbeiten.
- Der *Selbsterfahrung des Studenten* wird in einem hohen Ausmaß einbezogen.
- Wegen des damaligen Mangels an Erfahrungen zur Vermittlung dieses Stoffgebietes und wegen der ständigen Weiterentwicklung der Technologie bzw. der Werkzeuge ist die *Erprobung neuer Lehrmethoden* vorgesehen.

Ergänzend zu diesen Grundsätzen kommt es zur Schwerpunktbildung *Individuelle Datenverarbeitung* bzw. *Enduser-Computing*. Dabei handelt es sich um dezentrale Formen der Systementwicklung und des Systembetriebes. Aufgabenträger, die Aufgabenstellung, die unmittelbare Arbeitsumgebung sowie der individuelle Arbeitsstil bestimmen weitgehend Art, Ausgestaltung und Einsatz des eingesetzten Kommunikationssystems. Charakteristisch für die Individuelle Datenverarbeitung sind die Möglichkeiten der spontanen und individuellen Gestaltung (insbesondere von sofortigen Veränderungen und Erweiterungen) und Einsatzes des lokalen Kommunikationssystems (bzw. einer Lokalen Zone) durch den Aufgabenträger (bzw. die Angehörigen einer Lokalen Zone).

Vielversprechend im Sinne des Enduser-Computings ist der zunehmende Einsatz von *Endbenutzerwerkzeugen (Enduser-Tools)*, die den Aufgabenträger in die Lage versetzen sollen, Kommunikationssysteme sowohl effizient nutzen, als auch in einem hohen Ausmaß mit- und umgestalten zu können. Der Aufgabenträger sollte fähig sein, aus der großen Zahl der verfügbaren Enduser-Tools die für sie geeigneten auszuwählen und das Kommunikationssystem mit einem vertretbaren Aufwand auf sich und seine Arbeitsumgebung zu adaptieren. Trotz der Vorzüge des Enduser-Computings, wie etwa der Abbau von Nutzungsbarrieren, Nutzung der Kreativität usw. ist es für einen effizienten Einsatz von Enduser-Tools unabdingbar, auch deren *Risiken sowie Fehlentwicklungen und -investitionen* zu erkennen und an deren Vermeidung mitzuwirken.

1.2 Komponenten des Lehrmodells

Das Lehrmodell setzt sich aus vier interdependenten Komponenten zusammen, im Rahmen derer der Student mit Informations- und Kommunikationstechnologien bereits im ersten Studienjahr in Kontakt tritt.

1.2.1 *Lehrveranstaltungen Datenverarbeitung*
Unter Einsatz moderner Präsentationstechniken wird *methodisches und instrumentelles Wissen* zu Informations- und Kommunikationstechnologien innerhalb der nach den Studienplänen vorgeschriebenen vier Semesterwochenstunden vermittelt. Die Teilnahme und das Erbringen von Leistungsnachweisen in Form von Hausübungen (Einzel- und Gruppenarbeiten), eine praktische Prüfung am PC, sowie Zwischen- und Endklausuren sind verpflichtend. Eine weitere Überprüfung des Wissens erfolgt im Rahmen der 1. Diplomprüfung. Breiter Raum wird der Reflexion über alle Lehrinhalte gewidmet. Um eine intensive Betreuung sicherzustellen, besteht derzeit eine Höchstanzahl von 30 Hörern je Lehrveranstaltung. Das praktische Arbeiten des Studenten mit Endbenutzerwerkzeugen ist im Rahmen des *Freien Übens* sowie im *Instruktorium* vorgesehen. Vom Institut werden dafür unterstützende Spezialunterlagen zur Verfügung gestellt.

1.2.2 *Freies Üben*
Dieser Bereich ist für das *selbständige Training* der Studenten am PC bzw. an den Lokalen Netzen (einzeln oder in frei gebildeten Gruppen) sowie zum *Erstellen der Hausübungen* vorgesehen.

1.2.3 *Instruktorium*
Es handelt sich um das Vermitteln und Vertiefen jener *technischen und praktischen Fertigkeiten*, deren Beherrschung zur effizienten Nutzung von Kommunikationssystemen bzw. der Endbenutzerwerkzeuge unabdingbar sind. Das Training erfolgt in Gruppen zu max. 10 Personen direkt am PC bzw. Lokalen Netz unter der Leitung jeweils eines am Institut für diesen Einsatz ausgebildeten DV-Instruktors. Ziel ist es u. a. auch, kommunikative Barrieren der Studenten zu den Lehrenden zu verringern. Dem Studenten wird ein Trainings-Arbeitsplatz (ca. 1,5 Stunden wöchentlich) reserviert.

1.2.4 *Einbeziehen des studentischen Alltagslebens*
Der Student wird angehalten, Kommunikationssysteme und insbesondere die erlernten Endbenutzerwerkzeuge zur Unterstützung seines persönlichen Studiums einzusetzen.

2. Die Entwicklung der kommunikationstechnischen Infrastruktur der Lehrarbeitsplätze für Datenverarbeitung

2.1 Die Erst-Konfiguration

Nachfolgend wird ein Überblick über die kommunikationstechnische Infrastruktur der Lehrarbeitsplätze für Datenverarbeitung gegeben, wie sie für den im Studienjahr 1986/87 neu aufgenommenen Lehrbetrieb in *Datenverarbeitung* im Einsatz war (Erst-Konfiguration).

- WS 1986/87:2 *Corvus-LANs* mit der *Netzwerk-Software Constellation III* mit je einer 45 MB-Festplatte im gemeinsamen Zugriff nehmen den Lehrbetrieb auf. Die 34 Macintoshes Plus sind jeweils ausgestattet mit 1 MB RAM, Diskettenlaufwerk 0,8 MB und einer Corvus-Karte:

Lehrinhalte Datenverarbeitung 1 und 2

Funktionen eines Computersystems

aus Sicht des betrieblichen Aufgabenträgers

Im Mittelpunkt stehen moderne Endbenutzerwerkzeuge (ihre Funktionen, die Methodik ihrer Nutzung für betriebswirtschaftliche Aufgaben, typische Vertreter aus dem Bereich der PC-Werkzeuge).

- Schnittstelle Mensch-Maschine
- Typen von Benutzeroberflächen (kommandoorientierte, menüorientierte, moderne Benutzeroberflächen)
- Werkzeuge zum Be- und Verarbeiten:
  Z. B. Textbearbeitung,
  Präsentationswerkzeuge wie Grafik, Charting, DTP, Soundeditoren,
  Planungswerkzeuge, insb. Netzplantechnik, Tabellenkalkulation,
  Grundzüge einer höheren Programmiersprache.
- Werkzeuge zum Speichern, Wiederauffinden, Transportieren
  Z. B. Datenbanktools, insbes. SQL, lokale Datenbanken,
  Electronic-Mail--Systeme,
  Datendienste.

Technische Grundlagen der Datenverarbeitung

Erarbeitung erfolgt parallel zum vorigen Abschnitt nach Bedarf.

Organisationsformen der Datenverarbeitung

Erweitern des Wissens anhand neuer Systeme

Anwenden des Wissens über Endbenutzerwerkzeuge auf MS-DOS-PCs und LANs

Moderne Benutzeroberflächen BTX

Überblick über DV-Anwendungen in wichtigen betrieblichen Bereichen

Insbesondere Bürokommunikation, Personalwirtschaft, Fertigungswirtschaft, Rechnungswesen.

Rechtliche Aspekte und Auswirkungen auf die Arbeitswelt

Abb.1: Überblick über die Lehrinhalte von Datenverarbeitung 1 und 2 (Stand: Wintersemester 1990/91)

- 10 Lehrarbeitsplätze *Instruktorium Macintosh 1,*
- 14 Lehrarbeitsplätze *Freies Üben,*
- 2 Lehrarbeitsplätze *Hörsaal* (mit Großbildprojektion),
- 8 Lehrarbeitsplätze *Vorbereitung*

sowie aus mehreren gemeinsamen Druckern. Die Lehrarbeitsplätze *Vorbereitung* werden allmählich zusätzlich mit einem *Local-Talk-Netz* ausgestattet.

- Seit SS 1987: Ein zusätzliches *Corvus-LAN* (mit 20 MB-Platte, sonst wie oben) mit 11 Lehrarbeits-plätzen wird als *Instruktorium Macintosh* 2 eingesetzt.

Das für die Lehre in Datenverarbeitung nutzbare Netzwerk umfaßte im Sommersemester 1987 sowohl 45 Lehr-Lehrarbeitsplätzen für *Datenverarbeitung 1* für mehrere Sozial- und Wirtschaftswissenschaftliche Studienrichtungen, als auch 40 für Informatiker und Wirtschaftsinformatiker. Es waren dies:

a) 2 Lehrarbeitsplätze *Hörsaal* für den ersten Studienabschnitt der Betriebswirte, Wirtschaftspädagogen, Sozialwirte und Volkswirte, mit Anschluß an Großbildprojektionsanlagen; der Anschluß an das Lokale Netzwerk war geplant;
b) 14 Lehrarbeitsplätze *Freies Üben* für den ersten Studienabschnitt der Betriebswirte, Wirtschaftspädagogen, Sozialwirte und Volkswirte;
c) 21 Lehrarbeitsplätze *Tutorium A* und *Tutorium B* für den ersten Studienabschnitt der Betriebswirte, Wirtschaftspädagogen, Sozialwirte und Volkswirte;
d) 8 Lehrarbeitsplätze *Lehrer*, eingesetzt zur Intensiv-Vorbereitung durch die zuständigen Universitätslehrer für Datenverarbeitung und durch die Tutoren. Auf diesen Lehr-Arbeitsplätzen erfolgt zudem die laufende Überprüfung des Lernfortschrittes, auch die Beurteilung der Teilnehmer der Lehrveranstaltungen und der 1. Diplomprüfung.

Hinzu kamen 40 Lehrarbeitsplätze für Informatiker und Wirtschaftsinformatiker, die im Wintersemester 1986/87 in streng organisierter gemeinsamer Nutzung mit b) standen. Ab dem Sommersemester 1987 war eine Mitbenutzung nur mehr in der Zeit von 17.00 bis 7.00 Uhr möglich. Das gesamte, für die Lehre in *Datenverarbeitung 1* sowie für die *Programmierausbildung der Wirtschaftsinformatiker und Informatiker* im Studienjahr 1986/87 eingesetzte Lokale Computernetzwerk bestand insgesamt aus den folgenden Hardware- und Systemsoftware-Komponenten (Stand März 1987):

- 85 Macintosh Plus Mikrocomputer (1024 KB RAM, 128 KB ROM), Diskettenlaufwerk für 0,8 MB-Discs, MAC-OS, Netzverbindung mittels Zweidrahtleitung und Omninet Zusatzkarte,
- 7 Corvus File Server mit je einer Festplatte mit 45 MB (2 Einheiten) und 21 MB (5 Einheiten) Speicherkapazität,
- Netzwerk-Software Constellation III,
- 9 Imagewriter, betrieben als Netzwerkdrucker,
- 1 Tape Backup Unit.

Im Wintersemester 1986/87 hatten Studenten unterschiedlicher Studienrichtungen Lese-Zugriff auf ihre lehrveranstaltungsspezifisch zusammengestellten Volumes, die jene Programme und Dokumente enthielten, die sie zur Absolvierung ihrer jeweiligen Lehrveranstaltung benötigten. Beispielsweise sah eine Konfiguration wie folgt aus: Informatik- und Wirtschaftsinformatik-Studenten hatten Lesezugriff auf das Volume *Modula*, das den Modula-2-Compiler sowie Übungsaufgaben enthielt. Studenten, die an der Lehrveranstaltung *Datenverarbeitung 1* teilnahmen, hatten Lesezugriff auf das Volume *DV1*. Lehrveranstaltungsleiter und Tutoren hatten differenziert abgestufte Lese- bzw. Schreibberechtigungen auf verschiedenen Volumes.

2.2 Nachfolgende Systemerweiterungen und -änderungen

- Seit WS 1987/88: Inbetriebnahme eines zusätzlichen *LANs für MS-DOS-PCs unter PC/NOS oder Corvus/Constellation II*, bestehend aus einem Fileserver mit gemeinsam benutzter Festplatte sowie
  - 11 Lehrarbeitsplätzen *Instruktorium MS-DOS* (ATs, 2MB, 1 Diskettenlaufwerk, j eweils mit Corvus-, 3278-, BTX-Karten),
  - 1 Lehrarbeitsplatz *Hörsaal* (AT, 2MB, mit Großbildprojektion) sowie
  - 4 Lehrarbeitsplätzen *Vorbereitung* (ATs, 2MB, Festplatte, sonst wie oben).
- Seit 1988: Qualitative Verbesserungen der Lehrarbeitsplätze *Vorbereitung* und der Lokalen Netze, insbesondere durch den Ersatz von Mac Plus durch Geräte der Mac-II-Serie.
- WS 1989/90: Einsatz eigener Local-Talk-LANs nur für den Druckbetrieb.
- SS 1990: Allmählicher Ersatz der ATs der Lehrer durch neuere Geräte mit 80386-Prozesoren. Auf einzelnen Arbeitsstationen der Lehrer ist neben MS-DOS auch das Betriebssystem OS/2 im Einsatz.
- WS 1990/91: Verbesserte Möglichkeiten des Freien Übens werden geboten (4 zusätzliche ATs mit 2 MB und lokaler Festplatte zu 20 MB). Umstellung der ATs auf Netzbetrieb mit der Netzwerksoftware *Novell 286* (Version 2.15 Rev. c). Als Fileserver sind 2 Memorex Telex 7070 mit Intel 80386-Prozessoren mit 4 MB RAM-Speicher und 2 mal 84 MB Festplatte im Einsatz. Diese Fileserver sowie die ATs des Freien Übens werden an das vom EDV-Zentrum betriebene universitätsinterne Backbone-Ethernet angeschlossen. Zur verbes-serten Präsentation in den Instruktorien werden zusätzliche Displays für die Overhead-Projektion aufgestellt.

Das Lokale Computernetzwerk für die *Instruktorien Macintosh 1 und 2* sowie für das *Freie Üben Macintosh* (also primär für *Datenverarbeitung 1*) besteht seit dem WS 1990/91 aus

- mehreren Corvus-Subnetzen mit je einem Fileserver sowie
- mehreren Local-Talk-Netzen (dzt. nur für den Druckbetrieb),

wobei jeder Personalcomputer gleichzeitig Station jeweils beider Subnetze ist.

3. Software

Insbesondere folgende Software-Pakete stehen im Einsatz:

- Seit 1986: MacPaint, MacWrite, MacDraw, MacProject, MS Excel, Double Helix, MacTerminal, MacPascal.
- Seit 1987: Framework II, Safir-Finanzbuchhaltung und Auftragsverwaltung auf den MS-DOS-PCs. Hierzu kommt seit 1986 Mac Pascal.
- Seit 1988: Hypercard auf Macintosh.

Etliche weitere Endbenutzerwerkzeuge können mangels in ausreichender Anzahl verfügbarer Nutzungsrechte lediglich demonstriert oder für spezielle Aufgaben einzelner Studenten verwendet werden.

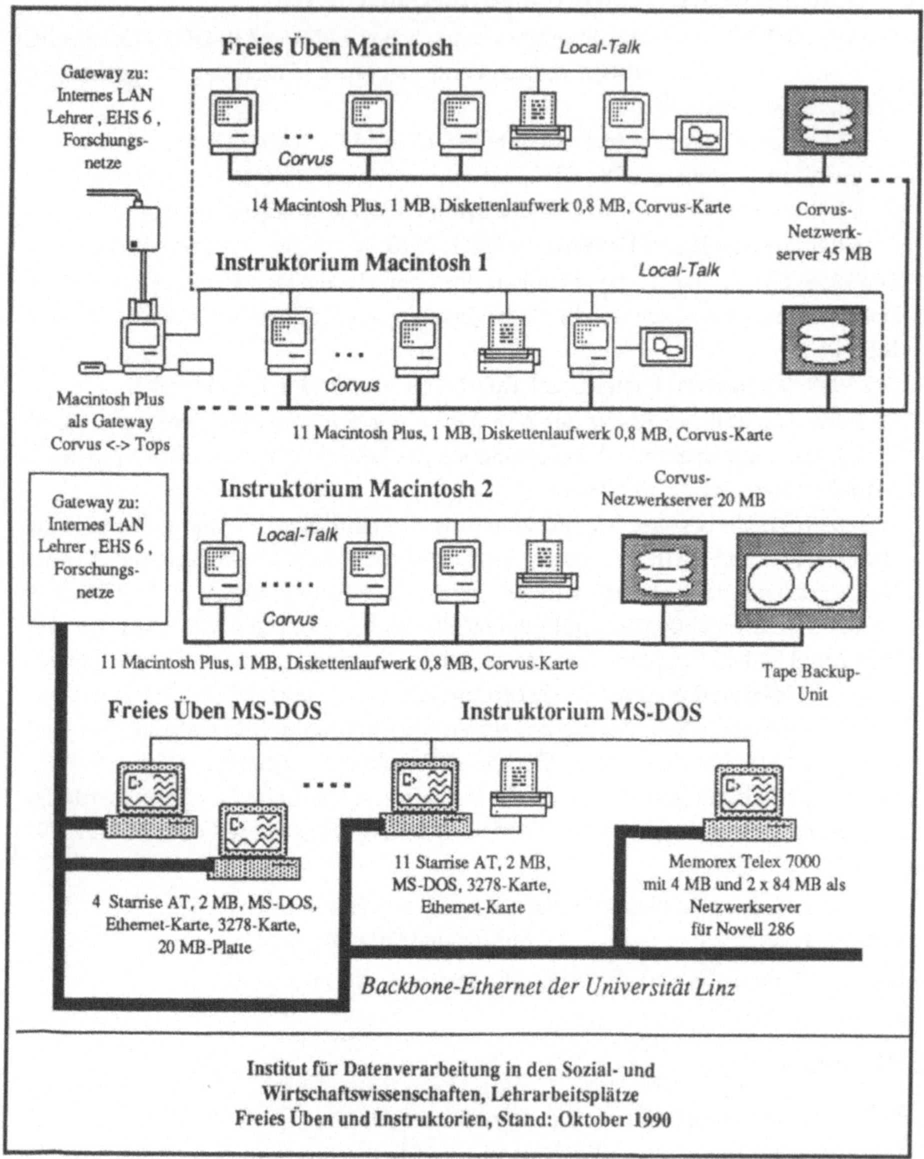

Abb.2: Überblick über die im Lehrbetrieb eingesetzten Lokalen Netze (Stand Oktober 1990)

4. Anmelde-, Verwaltungs- und Prüfungssystem

Der Lehrbetrieb aus Datenverarbeitung wird unterstützt durch ein am Institut entwikkeltes netzwerkfähiges Anmelde- und Verwaltungssystem (4th-Dimension [2] und MS Excel) sowie durch ein Prüfungssystem [3]. Die Anmeldung der Studenten für einzelne Lehrveranstaltungen erfolgt direkt an den PCs für einen Planungshorizont von zwei Semestern, wodurch das gleichmäßige Belegen von Lehrveranstaltungen und PC-Arbeitsplätzen möglich ist. Mehrfache oder unzulässige Anmeldungen werden verhindert. Der Student hat die Möglichkeit, Prioritäten bei der Wahl der Lehrveranstaltungen einzugeben, die in einem hohen Ausmaß bei der Zuteilung berücksichtigt werden. Bei Platzmangel wird nach der als am gerech-testen empfundenen Methode der Zufallszahlen entschieden; einem auf diese Weise nicht aufgenommenen Studenten wird ein Platz im Folgesemester zugesichert. Die *theoretischen* Zwischen- und Abschlußtests in *Datenverarbeitung 1* sowie Teile der 1. Diplomprüfung werden für jeden Kandidaten individuell aus mehreren Fragenpools zusammengestellt und in Form eines am Institut mit 4th-Dimension am Macintosh entwickelten Prüfungsfragengenerators und Multiple-Choice-Tests abgewickelt. Unmittelbar nach der Eingabe der Lösungen am PC durch den Studenten wird diesem das Prüfungsergebnis angezeigt [3]. Im Rahmen der *praktischen* Abschlußtests wird die Beherrschung der Endbenutzerwerkzeuge am PC anhand betriebswirtschaftlicher Problemstellungen überprüft.

5. Erfahrungsbericht

Aus den ersten fünf Studienjahren (1986 bis 1991), in denen dieses Lehrmodell im Einsatz war, hat sich eine Fülle von Erfahrungen ergeben, aus denen nachfolgend berichtet wird.

5.1 Planung der kommunikationstechnischen Infrastruktur

Zur Unterstützung der Lehre wurden von Beginn an moderne Personalcomputer in Lokalen Netzen mit dem Einsatz von Fileservern geplant. Dabei schienen

- die Autonomie bei Management, Planung und Betrieb der Lehrsysteme,
- die Kombinierbarkeit von Hardware und Software unterschiedlicher Hersteller,
- das Ressourcensharing,
- die Mobilität der Geräte,
- die Flexibilität im Störungsfalle

in einem höheren Ausmaß gewährleistet, als bei anderen denkbaren Betriebs- und Nutzungsformen, insbesondere bei Nutzung des zentralen Großrechnersystems. Den Ausschlag gab insbesondere auch die sofortige Verfügbarkeit moderner Benutzeroberflächen und Endbenutzerwerkzeuge für den Lehrbetrieb.

Bisher war ein relativ langer zeitlicher Vorlauf (ca. 1 bis 2 Jahre) von der Ausarbeitung der Bedarfe an Hardware und Software bis zur Inbetriebnahme der Systeme zu beobachten, der durch einen hohen Planungs- und Verwaltungsaufwand begleitet war. Durch die rasche Weiterentwicklung der Produkte auf dem Markt – nach wenigen Monaten existierten häufig bereits neue Versionen mancher Produkte – kam es daher z. T. zum mehrmaligen Korrigieren der Anforderungen.

Aufgrund des technischen Fortschrittes sind kleinere Adaptionen der Systemsoftware sowie auch Ergänzungen der Hardware, sowohl bei den Arbeitsplätzen, als auch bei den Netzwerkseinrichtungen in bestimmten Intervallen (etwa jährlich) erforderlich. Was die Anwendungssoftware, die auf allen Lehrarbeitsplätzen zur Verfügung stehen soll, betrifft, sind wegen der derzeit hohen Kosten Anpassungen an neuere Entwicklungen leider nur in größeren Zeitabständen möglich. Ziel ist es, mit relativ geringen Ergänzungsinvestitionen zumindest Engpäße im laufenden Betrieb abzubauen.

5.2 Betrieb der Lehrsysteme

Wesentliche Ziele bei der Planung der in der Lehre eingesetzten Systeme waren neben der Benutzerfreundlichkeit unter anderem auch deren Robustheit und Betriebssicherheit. Auf die weitgehende Austauschbarkeit von Teilsystemen (z. B. der Netzwerkserver) sowie auf entsprechende Gestaltung der Zugriffsrechte auf die gemeinsam zu nutzenden Speichermedien in den Lokalen Netzen wurde daher großer Wert gelegt. Auch die getroffene Arbeitsteilung bei der Betreuung der Lehrnetze durch die Mitarbeiter des Instituts (zuständig insbesondere für die Software und die Konfiguration der Geräte und Netze für die einzelnen Lehrveranstaltungen) und des EDV-Zentrums (zuständig insbesondere die Abwicklung von Reparaturen) hat sich bisher bewährt. Aus den genannten Gründen ist es gelungen, daß die eingesetzten Lokalen Netze - abgesehen von den erforderlichen Test-, Adaptions-, und Wartungsarbeiten in den Ferien - in der Regel rund um die Uhr (auch am Wochenende) den Studenten für die Ausbildung in Datenverarbeitung zur Verfügung stehen. Die Corvus-Subnetze arbeiteten im Normalbetrieb als Insel-Netze, um die Anzahl der im Netz versendeten Datenpakete und die entstehenden Kollisionen klein, und die Performance in jedem Subnetz möglichst groß zu halten. Sie wurden nur bei Bedarf (etwa bei Ausfall eines Servers oder Druckers) zu größeren Corvus- bzw. Local-Talk Netzen zusammengeschlossen. Die Betriebssicherheit wird zusätzlich noch dadurch weiter erhöht, daß bei Ausfall des Corvus-Netzes auch grundsätzlich der Betrieb von Apple-Share (auf dem Local-Talk-Netz) möglich ist, wobei kurzfristig ein Apple-Share-Fileserver einzusetzen ist.

5.3 Software-Lizenzen

Einen wesentlichen Kostenfaktor und ein derzeit noch ungelöstes Problem stellt das Erwerben der Nutzungsrechte für Anwendungssoftwarepakete für eine ausreichende Anzahl von Arbeitsplätzen für Studenten und Lehrende dar. Softwareanbieter waren bisher nur in geringem Umfange bereit, Sonderkonditionen zu gewähren. Der Abschluß weiterer Rahmenverträge mit Softwareanbietern für alle österreichischen Universitäten, insbesondere auch zum Bezug der neuesten Versionen bereits eingesetzter Pakete, wäre dringend erforderlich. Allerdings sollte die Freiheit zur Auswahl einzelner Softwarepakete aus dem Angebot nach wie vor bei den betreffenden Instituten verbleiben.

5.4 DV-Wissen der Studienanfänger

Ein besonderes Anliegen stellt die permanente Verfolgung des DV-Wissens der Studienanfänger dar, um auf Veränderungen aufgrund des Schulsystems oder auf Trends in der z. T. vorhandenen Berufspraxis der Studenten sofort reagieren zu können. Auf die existierenden Messungsproblematik kann hier nur verwiesen werden. Jeder zweite Student gibt an, bereits Erfahrungen mit Textverarbeitung zu besitzen. Davon abgesehen, ist fundierteres DV-Vorwissen nur bei ca. 10 bis 20% der Studienanfänger vorhanden. Das Wissensspektrum ist qualitativ weit gestreut; es reicht von ersten schulischen Kenntnissen einer höheren Programmiersprache bis hin zur Praxis als Systemprogrammierer. Nach unseren bisherigen Erfahrungen ist jedoch derzeit auch für Studenten mit DV-Wissen eine gezielte Ausbildung im Sinne unserer Grundsätze erforderlich.

5.5 Training in Kleingruppen

Das in den Tutorien (Wintersemester 1986/87 bis einschließlich Sommersemester 1988) und in den Instruktorien (seit dem Wintersemester 1988/89) praktizierte DV-Training in Kleingruppen hat sich trotz nicht vollständiger Inanspruchnahme durch die Studenten bewährt, es wird daher derzeit beibehalten. Allerdings ergab sich bereits im zweiten Jahr die Notwendigkeit zur Modifikation, insbesondere zur Verstärkung der systematischen Aus- und Weiterbildung der Trainer.

Bei der Einführung der neuen Lehrveranstaltungen Datenverarbeitung 2 wurden in den ersten Semestern Tutoren als Kleingruppen-Trainer eingesetzt, die jeweils nur für ein eingeschränktes Fachgebiet zuständig waren (z. B. für das Betriebssystem MS/DOS, VM, für die Anwendungssoftwarepakete Framework oder Safir). Zu diesem Zeitpunkt waren Personen nicht verfügbar, die das gesamte Spektrum des Lehrprogrammes fundiert abzudecken in der Lage waren.

Erst mit dem Einsetzen einer planmäßigen und intensiven Schulung und einer permanenten Weiterbildung der Trainer, die nunmehr als Instruktoren eingesetzt wurden, durch das Institut wurden Personen herangebildet, die eine Studentengruppe durch alle Stoffgebiete hindurch zu betreuen in der Lage sind. In weiterer Folge wurden ab dem Wintersemester 1988/89 die Instruktionen Macintosh und die Instruktionen MS-DOS als selbständige Lehrveranstaltungen konzipiert sowie deren Lehrziele und -inhalte aufgrund der bisherigen Erfahrungen präzisiert.

Ab dem WS 1990/91 werden zur Betreuung des Freien Übens Tutoren eingesetzt, die nicht für ein Kleingruppentraining, sondern den Studenten zur Lösung spontan entstehender Fragen und Probleme zur Verfügung stehen.

5.6 Heterogene Benutzergruppen und interfakultärer PC-Pool

Im ersten Semester des Betriebes der Lehrsysteme gab es auf Anregung der damaligen Arbeitsgruppe „Ausbildung in Datenverarbeitung" den Versuch, die PCs und Lokalen Netze für die Datenverarbeitung und jene für die Programmierausbildung der Informatiker und Wirtschaftsinformatiker, die zur gleichen Zeit den Betrieb aufnahmen, in einen interfakultären Pool zusammenzulegen. Die Motive dafür waren die Maximierung der Auslastung der Geräte, Studenten unterschiedlicher Studienrichtungen in einer Gruppe einander näher zu bringen sowie das Verhindern von Beschädigungen der Geräte, da man hoffte, die Studenten würden „ihrem" PC ein besonderes Augenmerk schenken.

Jeder PC wurde daher im WS 1986/87 einer heterogen zusammengesetzten Benutzergruppe von insgesamt 10 bis 15 Studenten für ein Semester fix zugeteilt. Jede Gruppe bestand in einem festgelegten Verhältnis aus Informatikern, Wirtschaftsinformatikern, Betriebswirten, Wirtschaftspädagogen, Volks- und Sozialwirten. Die zeitliche Einteilung der Nutzung des PCs wurde der einzelnen Gruppe überlassen. Spezielle Volumes wurden auf den gemeinsam genutzten Fileservern eingerichtet.

Nach einem Semester mußte wegen der völlig unterschiedlichen qualitativen und quantitativen Inanspruchnahme der PCs, der Drucker und der Lokalen Netze durch die einzelnen Studienrichtungen von dieser Regelung Abstand genommen werden, da es trotz der gewünschten Querkontakte zu gegenseitigen Behinderungen im Arbeitsablauf kam. Seit dem WS 1987 ist daher der Betrieb der PCs und der Lokalen Netze räumlich und organisatorisch getrennt.

5.7 Erste Schritte zu einem Datenverbund mit der Universitätsverwaltung

Die in den letzten Semestern durchgeführten Versuche, am Semesterende die Prüfungsergebnisse über das Lokale Netz des Institutes an das am Großrechner des EDV-Zentrums installierte Verwaltungssystem der Prüfungsabteilung zu übermitteln, die den Ausdruck von Sammelzeugnissen und die Anweisung der Prüfungstaxen veranlaßt, waren erfolgreich.

6. Die Weiterentwicklung des Lehrmodells

Der Absolvent wird in wenigen Jahren mit einer Vielzahl moderner grafischer Benutzeroberflächen und Betriebssystemen konfrontiert sein. Dazu kommt das Erfordernis nach selbständigem Auswerten von unternehmensinternen und externen Datenbanken. Derzeit ist daher die Erweiterung des Lehrbetriebes durch das Einbeziehen folgender Komponenten der Individuellen Datenverarbeitung im Gange:

- Mehrere Varianten von modernen Benutzeroberflächen,
- mehrere modernen Betriebssysteme,
- SQL-Datenbanken,
- Electronic-Mail-Systeme.

6.1 Moderne Benutzeroberflächen

Wurde zu Beginn des Lehrbetriebes in Datenverarbeitung 1 mit einer einzigen modernen (grafischen) Benutzeroberfläche (Macintosh Finder) sowie im 2. Semester mit einer kommandoorientierten (MS-DOS 3.2) gearbeitet, so werden seit dem WS 1990 auch mehrere aktuelle moderne Benutzeroberflächen bereits in Datenverarbeitung 1 einbezogen. Der Presentation Manager, Windows 3.0, Workspace-Manager (NeXT) sowie unter X-Windows laufende Benutzeroberflächen können allerdings wegen des Nachhinkens der Ausstattung (insbesondere auch der Software-Lizenzen) noch nicht oder nur schrittweise für Studenten verfügbar gemacht werden.

6.2 Vielfalt moderner Betriebssysteme

Zu Beginn des Lehrbetriebes wurde mit den Betriebssystemen (Mac-OS) sowie mit MS-DOS 3.2 gearbeitet. Allmählich werden auch OS/2 sowie in den kommenden Studienjahren auch UNIX (im Rahmen von Diplomarbeiten) in den Lehrbetrieb einbezogen. Die Einschränkungen wegen der erst allmählichen Modernisierung der kommunikationstechnischen Infrastruktur gelten auch hier. Wesentlich ist dabei auch, die Fähig-keiten des Absolventen zur Nutzung unterschiedlicher Systeme zu entwickeln.

6.3 SQL

Seit dem SS 1990 umfaßt der Lehrstoff auch jene Kenntnisse von SQL insoweit, als es die unmittelbare Abfrage von SQL-Datenbanken durch den betrieblichen Aufgabenträger erfordert. Neuere Entwicklungen im Bereich der Kommunikationstechnologien ermöglichen hier in den kommenden Studienjahren neue und vielversprechende Formen des Einsatzes von Endbenutzerwerkzeugen aus dem Bereich der Individuellen Datenverarbeitung.

Beispielsweise ist es möglich, bei Verwendung von Endbenutzerwerkzeugen wie z. B. MS Excel, Hypercard, 4thDimension, RagTime, Plus direkt auf SQL-Datenbanken, die unter Betriebssystemen wie OS/2, OS/400, UNIX, VMS laufende Server zuzugreifen. Klassische Schwachstellen der Individuellen Datenverarbeitung, wie Inkonsistenz der Daten, werden damit vermieden.

6.4 Electronic-Mail-Systeme

Kern moderner inner- und zwischenbetrieblicher Kommunikationssysteme (insbesondere Bürokommunikationssysteme) sind zweifellos Electronic-Mail-Systeme, die über ihre engere Funktion zur Kommunikation zunehmend auch als Führungsinstrumente eingesetzt werden.

Literatur

1. Pils, M.: Die Grundausbildung in Datenverarbeitung im Rahmen des betriebswirtschaftlichen Studiums, Arbeitsbericht des Instituts für Datenverarbeitung in den Sozial- und Wirtschaftswissenschaften, Linz 1990
2. Elmecker, D.: Computerunterstützte Lehrveranstaltungsadministration, Diplomarbeit Linz 1991
3. Zauner, M.: EDV-unterstützte Prüfung, Diplomarbeit Linz 1988

CAL Investitionsrechnung

Heinz Lothar Grob

Westfälische Wilhelms-Universität Münster
Institut für Wirtschaftsinformatik

1. Das CAL-Konzept

Im Mittelpunkt von CAL (= Computer Assisted Learning) steht der Arbeitsplatz eines Studierenden. Die im folgenden darzustellenden Anwendungen beziehen sich auf wirtschaftswissenschaftliche Studieninhalte. Indes eignet sich das im folgenden darzustellende CAL-Konzept auch für andere wissenschaftliche Disziplinen.

Die Idee, den Arbeitsplatz eines Studenten ins Zentrum der Betrachtung zu rükken, stellt eine Analogie zu einer derzeit in der Wirtschaftsinformatik zu beobachtenden Tendenz dar, der PC-gestützten Ausstattung des Arbeitsplatzes von Managern („Chef-Arbeitsplatz") verstärkte Aufmerksamkeit zu schenken. Hierbei ist nicht nur an Hardware und Standardsoftware zu denken, ebenso sind Überlegungen zu Datenbanken und Modellentwicklungen sowie zu kognitiven Stilen von Bedeutung.

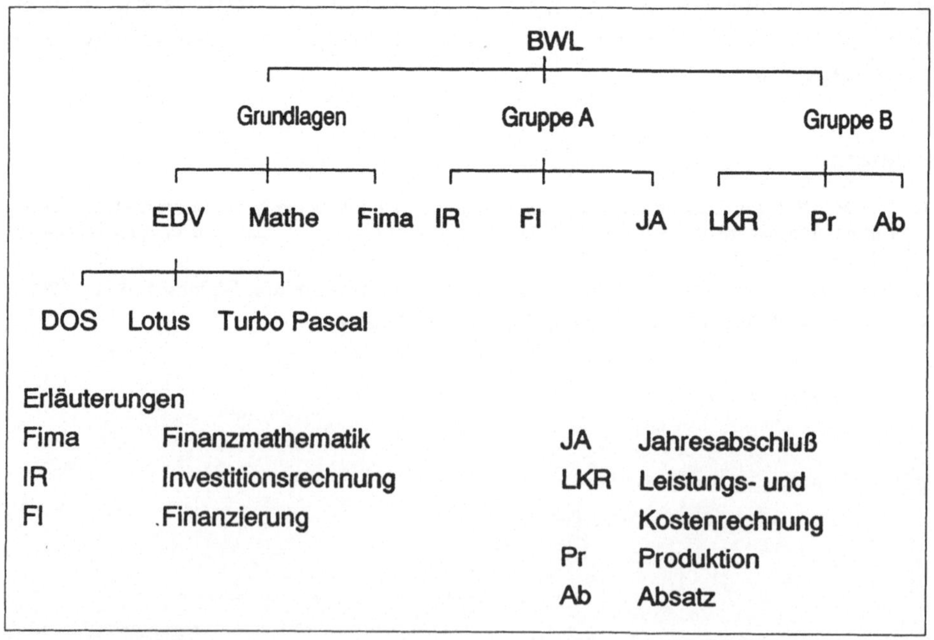

Abb. 1: CAL-Module

Das CAL-Konzept soll sowohl zur Unterstützung der kognitiven Prozesse als auch zur Lösung organisatorischer Fragen einen Beitrag leisten. Voraussetzung ist ein IBM-kompatibler Personal Computer, auf dem zum einen Software zur Tabellenkalkulation, Präsentationsgrafik, Optimierungsrechnung und Textverarbeitung sowie spezielle Anwendungen verfügbar sein sollte und zum anderen CAL-Software, durch die der Zusammenhang zu wirtschaftswissenschaftlichen Aufgaben hergestellt wird.

Durch CAL wird die softwareorientierte Sichtweise durch eine objektorientierte Betrachtung ersetzt. Während bei der Softwareorientierung zwischen PC-Werkzeugen und -Anwendungen zu unterscheiden ist, denen werkzeug- bzw. anwendungsspezifische Dateien zugeordnet sind, steht bei der objektorientierten Betrachtung der Studieninhalt im Vordergrund. Für jedes CAL-Gebiet wird eine wohlstrukturierte Umgebung für Aufgaben, Anwendungen und Werkzeuge zur Verfügung gestellt. Die softwaremäßige Realisierung wird durch das CAL-Modul ermöglicht.

Die CAL-Gebiete betreffen vor allem das betriebswirtschaftliche Grundstudium. Die Klassifizierung, wie sie in Abb. 1 vorgenommen wurde, bildet den Rahmen für die Entwicklung der einzelnen CAL-Module.

2. Aufbau des CAL-Moduls

Generell enthält ein CAL-Modul die folgenden Komponente: Im Hinblick auf eine effiziente Speicherung mehrerer CAL-Module auf dem PC ist eine Zentralisierung derjenigen Steuerprogramme vorgesehen, die für die Verwaltung sämtlicher Module zuständig sind.

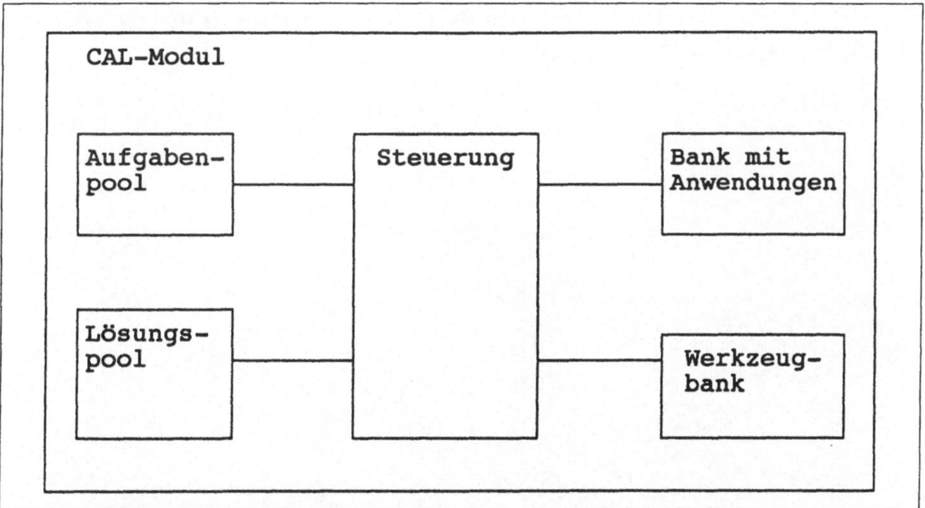

Abb. 2: Softwaremäßige Realisierung

3. Aufbau und Arbeiten mit CAL Investitionsrechnung

Zur Demonstration eines Moduls des Gesamtkonzepts soll nun CAL Investitionsrechnung kurz vorgestellt werden, dessen Hauptmenü die folgende Struktur enthält: Die mit dem PC zu lösenden Aufgaben zur Investitionsrechnung sind folgenden Gebieten zugeordnet:

Grundlagen der Investitionsrechnung

- Einzelinvestition
    - Klassische Methoden
        - Statische Methoden
        - Dynamische Methoden
    - Vollständige Finanzplanung
        - VOFI als Explizierungsmodell
        - VOFI als Entscheidungsmodell
- Konkurrierende Investitionen
    - Klassische Methoden
    - Vollständige Finanzplanung

Fortgeschrittene Investitionsrechnung

Konditionenvielfalt
Theorie des Kalkulationszinsfußes
Lineare Programmierung
VOFI mit Ertragssteuern
Sensitivitätsanalysen

Auf eine weitergehende Darstellung der Menüstruktur sei hier verzichtet. Die Lösungen sind entweder mit den PC-Werkzeugen Lotus 1-2-3, Word, Harvard Graphics oder Turbo Pascal zu entwickeln oder aber mit Spezialanwendungen zur Investitionsrechnung zu erzeugen, zu denen die Programme VOFI 2.00, ein Lotus-Template zur vollständigen Finanzplanung sowie *fima* zur Lösung finanzmathematischer Fragestellungen mit dem PC gehören. Eine CAL-Sitzung könnte in folgenden Schritten ablaufen:

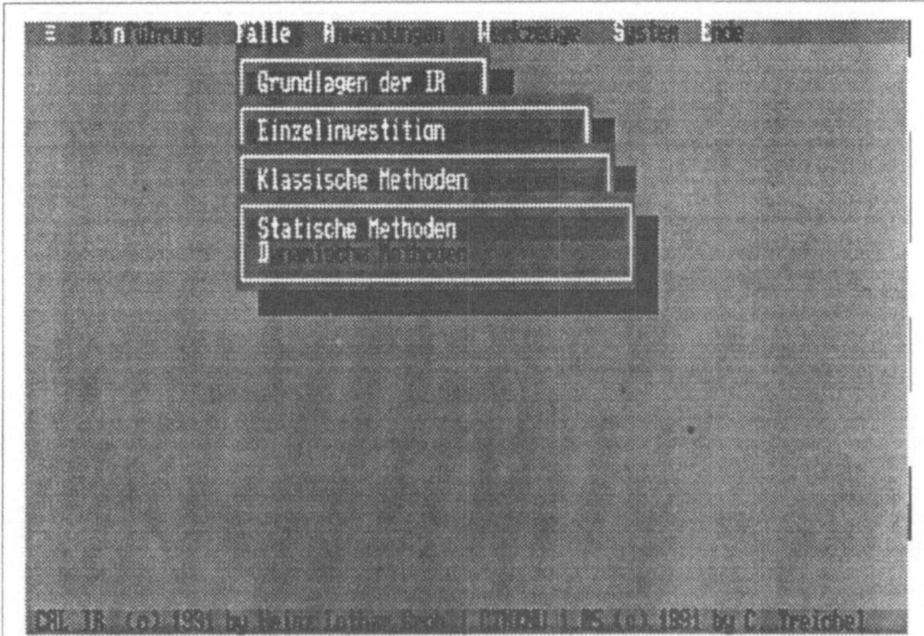

Abb. 3: Eingangsmenü CAL Investitionsrechnung

1. Studieren einer Aufgabenstellung.
2. Lösungsversuch mit einem PC-Werkzeug oder einer Spezialanwendung.
3. Vergleich der eigenen Lösung mit der CAL-Lösung.
4. Evtl. Verbesserung der eigenen Lösung.
5. Durchführung von Berechnungsexperimenten.

Zur Illustration von CAL Investitionsrechnung soll nun ein einfaches Beispiel zur statischen Gewinnvergleichsrechnung präsentiert werden. Der Aufgabentext lautet:

"Die bei der Gewinnvergleichsrechnung benötigte Formel für den Kapitaldienst lautet bekanntlich:

KD = A + Z

Symbole

KD Kapitaldienst/Jahr
A Abschreibungen/Jahr
Z kalkulatorische Zinsen/Jahr

Die jährlichen Abschreibungen ergeben sich wie folgt:

$$A = \frac{a_0 - L_n}{n}$$

Neue Symbole

a_0 Anschaffungsauszahlung
L_n Liquidationserlös
n Abschreibungsdauer (= Nutzungsdauer)

Die kalkulatorischen Zinsen lassen sich nach folgender Formel errechnen:

$$Z = \frac{a_0 + L_n + A}{2} \cdot i$$

Neues Symbol:" i" Kalkulationszinsfuß

Offensichtlich übt die Höhe des Liquidationserlöses einen direkten Einfluß auf die Abschreibungen aus, die kalkulatorischen Zinsen beeinflußt er sowohl direkt als auch indirekt über die Höhe der Abschreibungen. Machen Sie den Einfluß des Liquidationserlöses auf den Kapitaldienst mit Hilfe grafischer Darstellungen deutlich. Normieren Sie hierbei die Anschaffungsauszahlung auf 1 und variieren Sie den Liquidationserlös von 0 bis 1. Für die Abschreibungsdauer sollten die folgenden beiden Alternativen erzeugt werden:

1. Fall: Abschreibungsdauer 5 Jahre („mittelfristig")
2. Fall: Abschreibungsdauer 20 Jahre („langfristig")

Der Kalkulationszinsfuß ist im Intervall 0 =< i =< 0,12 zu variieren."

Bei Bedarf kann der Benutzer über einen Index weitere betriebswirtschaftlich relevante Informationen anfordern. Die eigene Lösung ist nun unter Verwendung eines Tabellenkalkulationsverfahrens (z. B. Lotus 1-2-3) zu erarbeiten und mit der CAL-Lö-

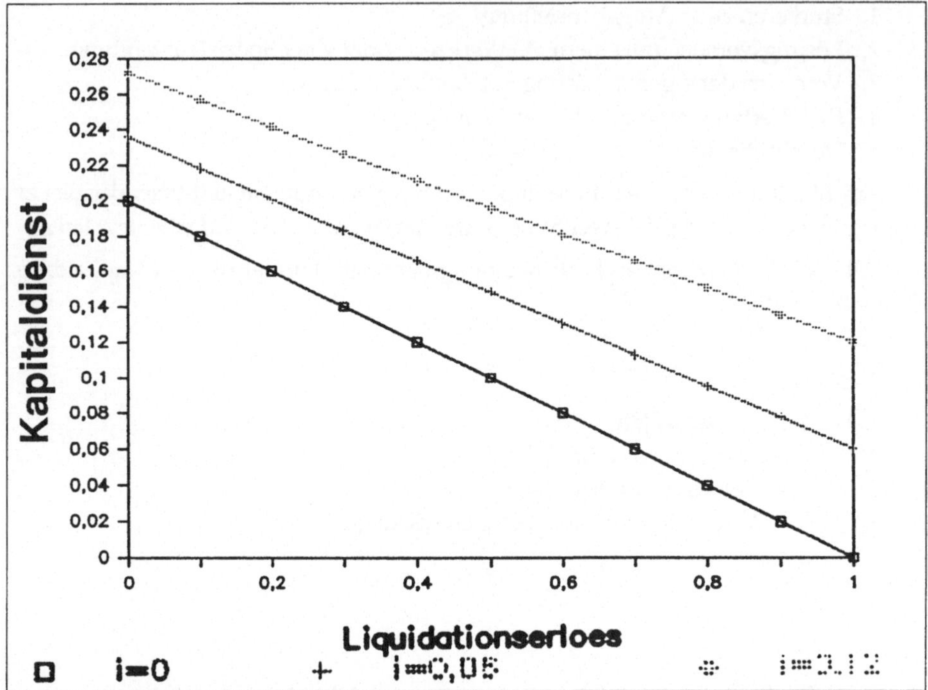

Abb. 4: Kapitaldienst in Abhängigkeit vom Liquidationserlös bei einer Abschreibungsdauer von 5 Jahren

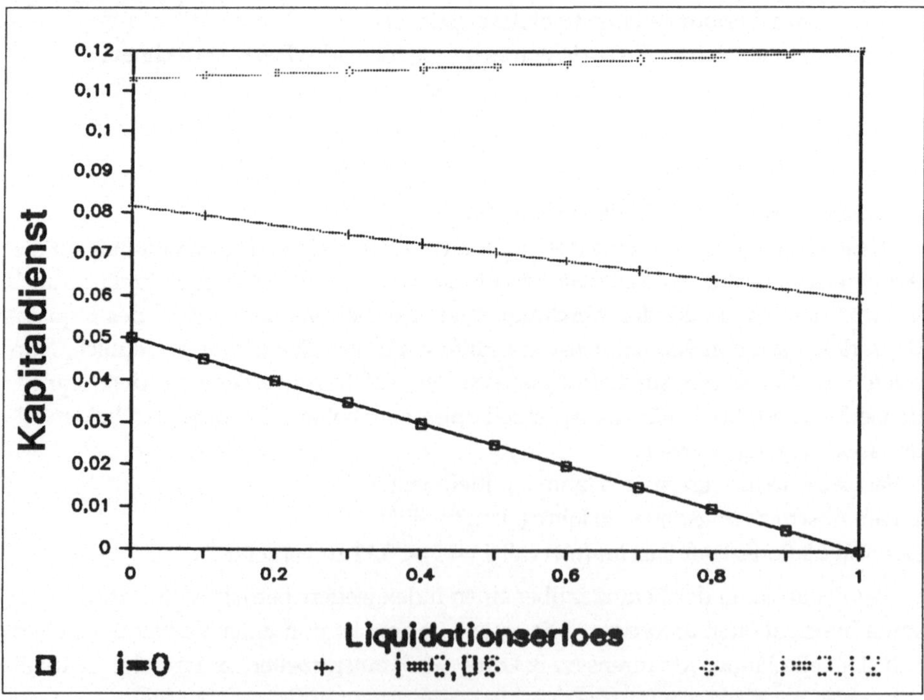

Abb. 5: Kapitaldienst in Abhängigkeit vom Liquidationserlös bei einer Abschreibungsdauer von 20 Jahren

sung zu vergleichen. Neben den Tabellen enthält die CAL-Lösung auch die zugehörigen Grafiken, die im folgenden zur Veranschaulichung des Beispiels wiedergegeben werden sollen. Durch die Möglichkeit, Berechnungsexperimente durchzuführen, wird der Anwen-der motiviert, den Zusammenhang zwischen dem Kapitaldienst und der Nutzungsdauer unter sonst gleichen Bedingungen modellgestützt zu analysieren. Die grafisch sichtbar gemachten Ergebnisse fordern Interpretationen und weitergehende mathematische Analysen heraus. So drängt sich im dargestellten Beispiel die Frage auf, bei welcher Abschreibungsdauer der Kapitaldienst unabhängig von der Höhe des Liquidationserlöses ist. Ein erster Prototyp von CAL Investitionsrechnung wurde auf der CIP-Tagung in Berlin 1991 präsentiert. Der Einsatz einer weiterentwickelten Version auf einem CIP-Pool an der Westfälische Wilhelms-Universität zu Münster wird Mitte 1992 realisiert. Ende 1992 wird das CAL-Produkt durch einen betriebswirtschaftlichen Verlag vertrieben.

4. Thesen

Abschließend sei eine optimistische These formuliert: Die Beschäftigung mit CAL-Software führt zu einer tieferen Durchdringung betriebswirtschaftlicher Arbeitsgebiete, da CAL zu Berechnungsexperimenten „verführt". Das Hauptziel ist in der Qualitätsverbesserung des Studiums zu sehen. Diese These betrifft die *Nachfrage* nach Wissen.

Ähnlich optimistisch ist auch die *Angebots*orientierung zu sehen. Zum einen wird durch den Einsatz von CAL-Software in CIP-Pools langfristig ein Rationalisierungseffekt für Tutorenveranstaltungen erzielt, zu anderen dürfte die Präsentation ausgewählter CAL-Programme in Vorlesungen die Qualität der Lehre verbessern.

Literatur

Grob, H. L.; Zur Integration von CAL in die Allgemeine Betriebswirtschaftslehre, in: Der Computer als Instrument der Forschung und Lehre in den Sozial- und Wirtschaftswissenschaften, Hrsg. F. Roithmayer, Wien u. München 1989, S. 42 - 50.

Grob, H. L.: Einführung in die Investitionsrechnung, Eine Fallstudiengeschichte, Hamburg u. a. 1990.

Grob, H. L.; Everding, D.: Finanzmathematik mit dem PC, Wiesbaden 1992.

Explizite Repräsentation von Fachwissen im Computer auf Basis des Netzwerkansatzes

Johann Bröthaler

Technische Universität Wien
Institut für Finanzwissenschaft und Infrastrukturpolitik

1. Einleitung

Der Einsatz der EDV in Forschung und Lehre im Bereich der Sozial- und Wirtschaftswissenschaften ist im Gegensatz zu den Naturwissenschaften weniger durch theoretische oder technisch-methodische Probleme als vielmehr durch entwicklungstechnische und anwendungsbezogene Probleme geprägt. Ein grundlegendes Merkmal des EDV-Einsatzes ist, daß an der Schnittstelle zwischen der Informatik und dem jeweiligen Anwendungsgebiet – im vorliegenden Fall der Finanzwissenschaft und Infrastrukturplanung – in hohem Maße interdisziplinäres Wissen oder zumindest disziplinintegrierende Kooperation zwischen dem Formalwissenschaftler und dem Substanzwissenschaftler erforderlich ist. Trotz einer ausgereiften Hard- und Softwaretechnologie und dem Entstehen neuer, integrativer Fachgebiete wie Wirtschafts- und Sozialkybernetik oder Wirtschaftsinformatik ist die Entwicklung und Anwendung von Software häufig mit erheblichen Problemen und Defiziten vor allem als Folge des fachübergreifenden Charakters der Aufgabenstellung verbunden. Auf der einen Seite verfügen der Fachspezialist, vielfach zugleich Systementwickler, bzw. die potentiellen Anwender in der Regel über kein EDV-Spezialwissen und gleichzeitig der EDV-Spezialist über keine spezifischen Fachkenntnisse. Auf der anderen Seite stellt gerade fachwissenschaftliche Software hohe Anforderungen an die Systementwickler und -anwender. Neben den üblichen software-technischen Qualitätskriterien treten hier die korrekte und flexible Abbildung des wissenschaftlichen Fachproblems, die Benutzerfreundlichkeit und die Fähigkeit, das entsprechende Fachwissen, vor allem in der Lehre, transparent und anschaulich vermitteln zu können, als weitere spezifische Leistungsmerkmale der Software hervor. In der Folge wird ausgehend von einer kurzen Darstellung der Probleme bei der fachwissenschaftlichen Software-Erstellung und -Anwendung ausgeführt, auf welche Weise diese Probleme durch einen entsprechenden Software-Systemansatz verbessert werden können. Die Grundlagen dieses Ansatzes werden dargestellt und anhand eines Beispiels aus der Finanzwissenschaft demonstriert. Abschließend steht zur Diskussion, welchen Beitrag hier Methoden der „Artificial Intelligence"-Forschung leisten können.

2. Probleme beim Einsatz fachwissenschaftlicher Software

Für die Beschreibung der Probleme bei der Entwicklung und Anwendung fachwissenschaftlicher Software soll von einer groben Gliederung der Software-Entwicklung in die in Abbildung 1 dargestellten Schritte ausgegangen werden.

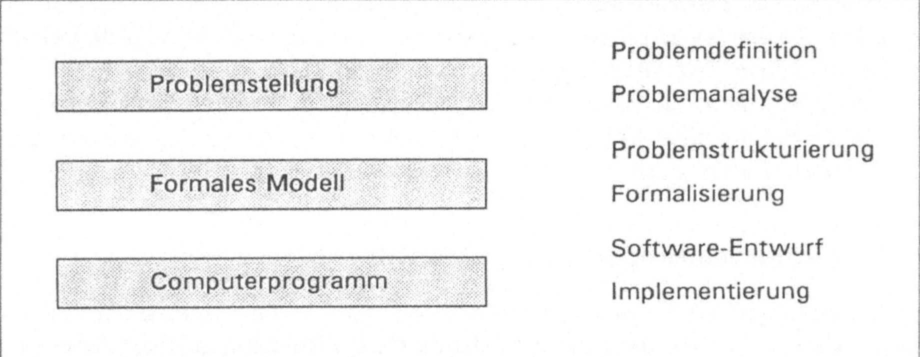

Abb. 1: Überblick über die Software-Entwicklung

Die grundlegenden Problembereiche beim Einsatz der EDV in den Sozial- und Wirtschaftswissenschaften können wie folgt zusammengefaßt werden:

- *Interdisziplinaritätt*: Bei der Systementwicklung ist sowohl fachbezogenes als auch EDV-technisches und systemanalytisches Wissen gefordert. Allerdings sprechen der EDV-Spezialist und der Fachspezialist nicht die gleiche Sprache. Es mangelt an Übersetzern, die dieses Sprach- und Verständigungsproblem lösen. Wird die Software primär von einem Spezialisten ohne spezifische EDV-Kenntnisse erstellt, so weist sie häufig unzureichende software-technische Qualität auf. Auf der anderen Seite führt eine primär vom EDV-Spezialisten entwickelte Software in vielen Fällen zu einem software-technisch anspruchsvollen Produkt, bei dem die Funktionen des Program-mes nicht den Erwartungen des Benutzers (Fachexperten) entsprechen.
- *hohe Komplexitätsspanne zwischen dem formalen Modell des Fachproblems und dem EDV-Modell*: Die Komponenten des formalen Modells unterscheiden sich bezüglich Art und Umfang wesentlich von den Komponenten des EDV-Modells (bei Realisierung mit einer Programmiersprache). Dies erschwert die Transformation des formalen Modells in ein lauffähiges System sowie die Flexibilität und Adaptabilität des lauffähigen Systems bei Änderungen des formalen Modells.
- *ungenaue Definition der Problemstellung:* Wissenschaftliche Problemstellungen sind a priori nicht exakt definiert, die Fragestellung ändert sich häufig im Zuge der Bearbeitung. Die traditionelle Software-Entwicklungsphilosophie (Phasenkonzept) erfordert jedoch einen vollständigen, genauen Entwurf des Fachproblems, der dann in ein Programm übergeführt wird.
- *Unzureichende Benutzerfreundlichkeit*: Fachsoftware wird meist in Eigenentwicklung im Umfeld der Fachinstitutionen erstellt. Durch das Fehlen einer entsprechenden Software-Engineering-Umgebung und die Konzentration auf die Realisierung des Fachproblems werden Software-Qualitätsanforderungen wie Benutzerfreundlichkeit, Effizienz oder Kompatibilität nur ungenügend berücksichtigt.
- *Benutzerprofil*: Bei EDV-Anwendungen in einem EDV-fremden Fachgebiet wie den Sozial- und Wirtschaftswissenschaften und hier insbesondere in der Lehre können weder fundiertes EDV-Wissen noch grundlegende Fachkenntnisse vorausgesetzt werden. Daraus resultieren Anforderungen an die Benutzerfreundlichkeit der Software, die diese vielfach nicht erfüllt.

- *Intransparenz*: Das Fachwissen fließt nur implizit in den Programm-Code ein, ist jedoch für den Benutzer nicht explizit einsehbar. Die Software ist folglich speziell für didaktische Zwecke ungeeignet.
- *geringe Endbenutzer-Flexibilität*: Methoden-, Eingabe- und Ausgabeflexibilität ist meist nur mit Programmierkenntnissen und detaillierten Kenntnissen der inneren Programmstruktur möglich.

3. Einführung eines operationalen Modells

Eine in vielfältiger Weise bereits praktizierte Methode zur Verringerung der Diskrepanz zwischen dem Fachproblem bzw. dem formalen Modell und dem Computerprogramm besteht darin, zwischen dem formalen Modell und der Programmiersprache eine weitere Ebene einzuführen. Diese Zwischenebene stellt ein fachbezogenes EDV-Werkzeug dar, mit dem das Fachproblem computergerecht definiert und ein lauffähiges System unmittelbar erzeugt werden kann (Endbenutzersystem). Aufgrund der Tatsache, daß die Zwischenebene ein lauffähiges System darstellt, wird diese hier als *„operationales Modell"* bezeichnet. Unter diesem Begriff sollen sowohl das entsprechend edv-gerecht vorliegende Fachproblem als auch die Methoden zu dessen Bearbeitung zusammengefaßt werden. Die Software, mit der die Methoden des operationalen Modells realisiert werden, wird in der Folge als *„Basismodell"* bezeichnet. Das operationale Modell basiert in der Regel auf einem auf höheren Abstraktionsniveau als die Programmiersprache stehenden Formalismus', der einfach und dennoch flexibel und mächtig genug sein muß, um das Fachproblem vollständig und effizient abbilden zu können. Ziel ist, bei der Realisierung des operationalen Modells eine möglichst ausgeprägte Isomorphie zwischen dem formalen Modell und dem operationalen Modell herzustellen. Wenn das formale Modell etwa in Gestalt eines Gleichungs-systems vorliegt, so soll auch das operationale Modell das Gleichungssystem explizit beinhalten, zugleich jedoch Methoden zu dessen Bearbeitung und Berechnung zur Verfügung stellen. Es existieren, wie erwähnt, bereits zahlreiche Ansätze für Endbenutzersysteme, etwa Fachprogrammiersprachen (Planungs-, Simulationssprachen, Baukastenprinzip bei Methodenbanken), funktionale Programmiersprachen (z. B. bei Statistikpaketen) oder allgemeine „integrierte Systeme". Diese Tendenz zu mehr Endbenutzerflexibilität zeigt sich vor allem bei Standard-Paketen wie Tabellenkalkulationsprogrammen (z. B. EXCEL) oder einfachen Datenbanksystemen (z. B. DBase), die zum Teil beachtliche Möglichkeiten bieten (Tabellenkalkulation, Datenbank, Graphik, Makrosprache, einfache Textverarbeitung und Statistik sowie Masken-, Report-, und Anwendungsgeneratoren). Man stößt bei anspruchsvollen, fachwissenschaftlichen Anwendungen jedoch leicht an Kapazitäts- oder Formulierungsgrenzen. Einfache Werkzeuge bieten nur ungenügende Mechanismen an, komplexe Werkzeuge erfordern wiederum entsprechende EDV-Kenntnisse. Ähnliche Ziele wie Endbenutzersysteme verfolgen auch „CASE"-(„Computer Aided Software Engineering"-)Systeme, bei denen der gesamte Software-Lebens-zyklus – also auch der Schritt von einer formalen Darstellung des Problems zu einem Software-Entwurf – durch die EDV, meist in graphischer Form, unterstützt wird.

Bei der Entwicklung und Anwendung fachwissenschaftlicher Software im Bereich der Sozial- und Wirtschaftswissenschaften ergeben sich mit der Einführung eines operationalen Modells angesichts der in Punkt 2 genannten Probleme spezifische Anforderungen und Ziele:

- *strikte Trennung in fachspezifische und EDV-spezifische Systemkomponenten*: Die Basissoftware kann ohne Fachkenntnisse von EDV-Spezialisten in einer traditionellen Programmiersprache entwickelt werden. Das eigentliche Problem soll vom Fachspezialisten mit Hilfe des operationalen Modells ohne spezifische Kenntnisse der inneren Struktur der Basissoftware realisiert werden und weitgehend frei von EDV-Spezialwissen sein.
- *explizite Darstellung des Fachproblems*: Die innere Struktur des vom Fachspezialisten entwickelten Anwendungsproblems soll überprüfbar und vor allem für didaktische Zwecke transparent vorliegen.
- *Integration von Fachwissen*: Der Fachspezialist soll mit der Abbildung des Fachproblems zugleich das entsprechende Fachwissen (vereinfacht) im Computer z. B. über eine On-line-Hilfefunktion bereitstellen.
- *inkrementeller Aufbau des Systems*: Das operationale Modell muß evolutionäre Systementwicklung und Prototyping unterstützen.
- *Flexibilität bei der Anwendung*: Über die Möglichkeiten bei der Realisierung des Fachexperten hinausgehend soll auch der Endbenutzer (Student) von der expliziten Darstellung des Fachproblems ausgehend auf einfache Weise Änderungen, z. B. für Simulation, vornehmen können.
- *Verfügbarkeit einfacher Analyse-Methoden*: Diese Anforderung bezieht sich im wesentlichen auf einfache Statistiken, Präsentationsgraphiken und grundlegende Möglichkeiten zur Datenmanipulation.
- *Benutzerfreundlichkeit als zentrales Anliegen.*

4. Der Netzwerkansatz

Ein Lösungsansatz, der die genannten Anforderungen und Ziele weitgehend erfüllt, baut auf der Vorstellung auf, daß das Fachproblem grundsätzlich in Gestalt eines Netzwerkes dargestellt werden kann, wobei dies in keiner Weise eine Beschränkung auf Probleme, die unmittelbar mit Netzwerken zusammenhängen (z. B. Verkehrsnetze, Netzplantechnik, Netzwerkdatenbank, etc.), nach sich zieht. Der Ansatz geht ganz allgemein davon aus, das Fachproblem oder das zu untersuchende Phänomen modular zu gliedern, Zusammenhänge, Abläufe, Datenströme festzustellen und diese in Form eines Netzwerks analog zum traditionellen Top-down-Entwurf formal darzustellen, ohne dabei auf eine spezielle Problemlösungsmethode (Software-Engineering-Techniken wie etwa SADT, siehe z. B. [5]) einzugehen. Die Grundidee ist nun, bei der Umsetzung der Aufgabenstellung in ein ablauffähiges Programm dieses formale Netzwerkmodell („*Anwendungsmodell*"), d. h. die Netzwerk-Struktur und die im Netzwerk dargestellten Inhalte, nicht durch eine Programmiersprache zu ersetzen, sondern mit Hilfe eines allgemeinen Netzwerk-Simulationsprogramms („*Basismodell*") explizit in das Programm zu übernehmen. Das eigentliche Fachproblem wird dann nicht in Form einer Programmiersprache, sondern als operationales Modell in Gestalt eines Netzwerks im Computer abgebildet und damit darstellbar, veränderbar und „rechenbar" gemacht.

Im Gegensatz zu den Software-Engineering-Techniken ist hier die modulare Zerlegung und netzwerkartige Darstellung eines Fachproblems kein entwicklungstechnisches Hilfsmittel, sondern explizit Ziel der Problemmodellierung. Die theoretische Grundlagen des Netzwerkansatzes entstammen der Graphentheorie (siehe z. B. [4], [6]). Das Netzwerk besteht aus einer Menge von Knoten, die die Aktivitäten darstellen, und gerichteten Kanten, die im wesentlichen Informationen (Datenströme) darstellen, wobei das operationale Modell erst durch die genaue Festlegung der Knoten (innere Struktur eines Knotens) und der Kanten (Bedeu-tung, Bewertung der Kanten) definiert wird. Mit der Darstellung als Netzwerk steht im Computer ein einfaches und, bei einer entsprechenden graphischen Unterstützung, anschauliches Verfahren zur Verfügung, das zudem in der Regel hinsichtlich Struktur und Gestalt mit dem formalen Problementwurf weitgehend übereinstimmt. Ein wichtiger Aspekt ist zudem, daß die einzelnen Komponenten des Fachproblems vollständig modular in einem oder mehreren Knoten entworfen und realisiert werden können. Die Schnittstellen sind ausschließlich durch die Ein- und Ausgangskanten der Knoten definiert. Unabhängig von dem Grundprinzip der Netzwerkdarstellung bestimmt erst die Festlegung, auf welche Weise die Aktivitäten in den Knoten beschrieben werden, den Komplexitätsgrad des operationalen Modells. Damit kann ohne Änderung des Basismodells abhängig vom Anwendungsfall und vom Benutzerprofil die bei der Realisierung des Fachproblems geforderte oder mögliche Komplexität und Flexibilität graduell angepaßt werden. Die Möglichkeiten formaler Sprachkonstrukte zur Beschrei-bung der Aktivitäten in den Knoten reichen von einfachen abstrakten Operatoren bis hin zur Realisation der Aktivitäten in prozeduraler Form auf Programmiersprachenebene. Ein Kompromiß zwischen Flexibilität, Effizienz und einfacher Notation ist hier die Matrix-Sprache. Mit einer matrixorientierten Sprache, bestehend aus mathematischen und relationalen Matrixoperatoren und einzelnen Matrixfunktionen, steht, wie die praktische Erfahrung bereits gezeigt hat, ein mächtiges Werkzeug zur Verfügung, das Sprachkonstrukte wie Schleifen oder bedingte Anweisungen im allgemeinen ersetzt.

5. Das Netzwerk-Basismodell

Die Grundlage des Netzwerkansatzes stellt das Basismodell dar: ein allgemeines Netzwerk-Simulationsmodell, das für den praktischen Einsatz um verschiedene anwendungsorientierte Funktionen erweitert werden muß. Im Rahmen eines Forschungsprojektes am Institut für Finanzwissenschaft und Infrastrukturpolitik der Technischen Universität Wien (siehe [7]) wurde ein solches Basismodell als interaktives System auf einem Personal Computer realisiert. Abbildung 2 zeigt einen Überblick über die Struktur des Basismodells. Die einzelnen Komponenten werden nachfolgend kurz erläutert.

- *Daten-, Netzwerkverwaltung:* Dieser Komponente liegt ein Informationssystem zugrunde, das alle Informationen zu einem Anwendungsfall (Daten, Netzwerk) erfaßt. Sie stellt Funktionen zur Speicherung und Bearbeitung der anwendungsbezogenen Informationen (Daten-, Netzwerkeditor) sowie Funktionen zur datenbankähnlichen Abfrage und Selektion von Daten und Netzwerkelementen zur Verfügung.

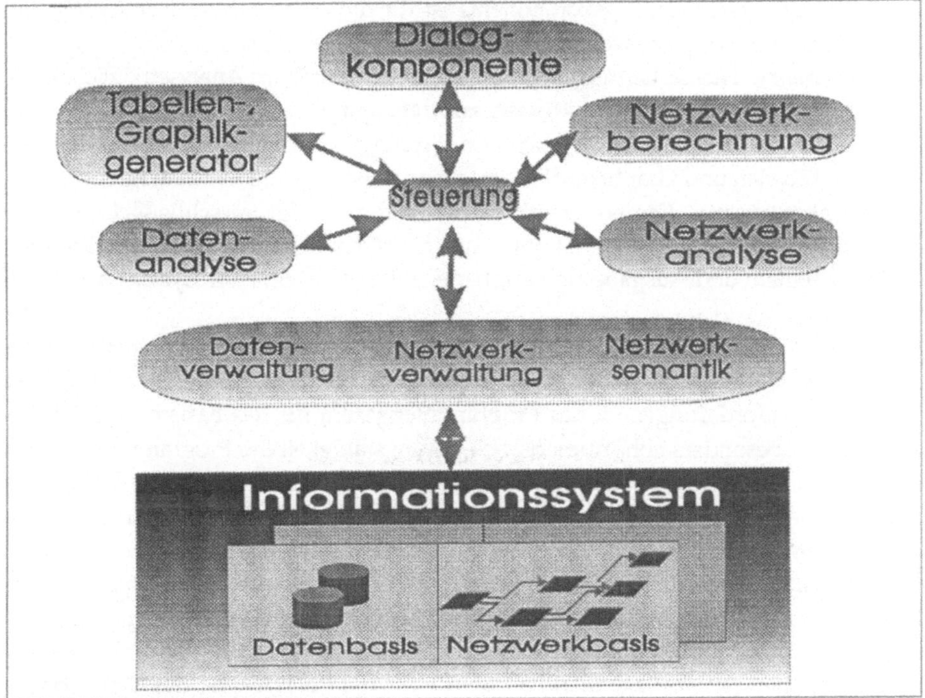

Abb. 2: Struktur des Netzwerk-Basismodells

- *Netzwerk-Semantik:* Diese Komponente definiert die innere Struktur der Knoten (Formalismus zur Beschreibung der Aktivitäten) und die Bedeutung der Kanten. Sie umfaßt die entspre-chenden Funktionen zur Verwaltung und Ausführung dieser Netzwerkelemente. Bei Realisierung über eine Matrixsprache werden die Aktivitäten durch eine oder mehrere mathematische Formeln abgebildet. Die Kanten stellen dabei Datenströme dar, wobei eine Kante einer Matrix entspricht.
- *Netzwerk-Analyse:* Die Netzwerk-Analyse umfaßt Funktionen zur syntaktischen Konsistenzprüfung des Netzwerks, zur Überprüfung der graphentheoretischen Eigenschaften (z. B. Zyklen, Zusammenhang) sowie Such- und Abarbeitungsstrategien (z. B. zur Ermitt-lung der Bearbeitungsabfolge beim Durchrechnen des Netzwerks oder zur Abhängigkeitsanalyse, d. h. Ermittlung der von bestimmten Eingangsdaten abhängigen Netzwerkknoten).
- *Netzwerk-Berechnung:* Mit dieser Komponente werden die in den Knoten definierten Aktivitäten in der vom Netzwerk-Analysemodul ermittelten Reihenfolge ausgeführt. Im Falle der Aktivitätenbeschreibung mittels Matrix-Sprache enthält dieses Modul einen matrix-orientierten Formelinterpreter, der die Eingangsdaten eines Knotens entsprechend den Formeln transformiert und an die Ausgangskanten weitergibt. Die Berechnung kann sowohl für das gesamte Netzwerk als auch für ausgewählte Teilnetzwerke (z. B. bei Sensitivitätsanalyse einer Eingangsgröße für alle von dieser Größe abhängigen Knoten) durchgeführt werden.

- *Steuerung*: Die Steuerungskomponente ist für die zentrale Ablaufsteuerung und die Kommunikation zwischen den Modulen verantwortlich.
- *Datenanalyse*: Hier stehen allgemeine, anwendungsbezogene Analysemöglichkeiten, insbesondere statistische Funktionen, zur Verfügung.
- *Tabellen-, Graphikgenerator*: Dieses Modul ermöglicht die Erzeugung frei definierbarer Tabellen und Graphiken (Präsentationsgraphiken, thematische Karten).
- *Dialogkomponente*: Die Benutzerkommunikation erfolgt ausschließlich über die Dialogkomponente. Sie stellt Funktionen für Menü-, Maskensteuerung, Window-Management und Ausgabe auf Peripheriegeräte sowie ein Hilfe-System zur Verfügung.

Neben den Funktionen für Benutzeroberfläche und Datenmanagement stellen insbesondere die Netzwerkmethoden sowie die statistischen und graphischen Methoden spezifische Anforderungen an das Programmiersystem für das Basismodell. Gleichzeitig ist eine besonders hohe numerische Leistungsfähigkeit des Programmiersystems gefordert, da innerhalb des Basismodells erst das eigentliche Anwendungsmodell simuliert (interpretiert) werden muß und diese Laufzeiten für die interaktive Anwendung geeignet sein müssen. Vorhandene Systeme (CASE-Tools, (graphische) Netzwerksimulationsprogramme, Datenbanksysteme) bieten hier jeweils nur spezialisierte Funktionen oder können nicht entsprechend erweitert werden. Die Kopplung verschiedener Systeme ist nur zum Teil möglich, in der Regel jedoch mit großen Problemen verbunden. Im vorliegenden Fall wurde für die Realisierung des Basismodells das Mathematik- und Statistikpaket GAUSS [1] ausgewählt, das neben den im Source-Code verfügbaren statistischen Funktionen eine vollständige, numerisch höchst effiziente matrixorientierte Programmiersprache und ein Graphikmodul anbietet.

6. Beispiel eines Netzwerk-Anwendungsmodells - ein Simulationsmodell des österreichischen Finanzausgleichs

Der Netzwerkansatz wurde auf der Grundlage des in Punkt 5 dargestellten Basismodells für die Entwicklung eines Simulationsmodells des österreichischen Finanzausgleichs praktisch angewendet (siehe [7]). Der in Gesetzesform vorliegende Finanzausgleich regelt die Aufteilung der Abgabenerträge auf die Gebietskörperschaften Bund, Länder und Gemeinden. Die Abgabenerträge werden dabei in einem mehr-stufigen Verfahren zuerst auf die Gebietskörperschaften und danach auf die Untereinheiten der Gebietskörperschaften (die einzelnen Länder bzw. Gemeinden) nach verschiedenen Aufteilungsschlüsseln (gesetzlich fixierte Schlüssel, Anteile an Bevölkerung, Finanzaufkommen) verteilt. Als Ergebnis liegen dann die „Ertragsanteile" aller Gebietskörperschaftseinheiten vor. Alle bei der Berechnung des Finanzausgleichs erforderlichen Größen (modellexogene Variablen) wurden in der Datenbasis erfaßt. Die im Finanzausgleichsgesetz festgehaltenen quantifizierbaren Tatbestände und Regelungen zur Aufteilung der Finanzmittel auf die Gebietskörperschaften wurden in Gestalt eines Netzwerkes modelliert, wobei in den Netzwerk-Knoten die einzelnen Teilregelungen in Form von mathematischen Formeln abgebildet werden. Die Netzwerk-Kanten stellen die aufzuteilenden Finanzströme und die zur Anwendung kommenden Aufteilungsschlüssel dar. Bei der Berechnung des Netzwerks werden die Daten in der Datenbasis über entsprechende Kanten in das Netzwerk eingebracht. Die auf den Kanten „fließenden" Finanzströme werden in den Knoten entsprechend den FAG-Regelungen transformiert. Die Ergebniskanten enthalten nach Durchrechnung die Ertragsanteile. Die nach der Berechnung vorliegenden Kanteninhalte können danach mit Hilfe des Analyseinstrumentariums des Basismodells untersucht werden. Mit diesem Ansatz liegt der Finanzausgleich in seine Bestandteile zerlegt, in empirisch quantifizierbarer Form und auf einfache Weise veränderbar vor. Es können nicht nur Änderungen der Modelleingangsgrößen simuliert werden, sondern insbesondere auch strukturelle Änderungen des Finanzausgleichs durch Änderung des Netzwerks auf einfache Weise durchgeführt und hinsichtlich ihrer Auswirkungen auf die Ertragsanteile analysiert werden. Darüber hinaus ist eine detaillierte Untersuchung der internen Wirkungsweise des Finanzausgleichs möglich, da sämtliche Zwischenergebnisse auf den Knoten-Ausgangskanten nach der Netzwerk-Berechnung explizit vorliegen. Durch die Interpretation der Modellnetzwerks ergibt sich zwar einen höhere Laufzeit gegenüber einer Realisierung des Finanzausgleichsmodells in Programmiersprachenform; diese Erhöhung hat sich jedoch mit weniger als 5 % als vernachlässigbar klein herausgestellt. Vor allem bei Sensitivitätsanalysen ergeben sich gewaltige Laufzeitgewinne, da jeweils nur die betroffenen Teile des Netzwerks iterativ berechnet werden müssen.

7. Artificial Intelligence

Die konsequente Weiterentwicklung des hier dargestellten Netzwerkansatzes führt zu Ansätzen aus dem Bereich der „Artificial Intelligence (AI)"-Forschung, insbesondere zu dem Bereich „wissensbasierte Systeme". Dieser Forschungsbereich beschäftigt sich unter anderem mit der abstrakten Untersuchung des Problemlösens und mit Formalismen zur Repräsentation von Fachwissen im Computer. Wissensbasierte Systeme werden vor allem bei Problemen eingesetzt, bei denen keine exakte, algorithmische Lösung existiert bzw. zur Lösung zusätzliches problembezogenes Expertenwissen oder Heuristiken erforderlich sind, ein Umstand, der auf zahlreiche Probleme der Sozial- und Wirtschaftswissenschaften, etwa bei der Modellierung menschlichen Verhaltens oder wirtschaftlicher Phänomene, zutrifft. Während in der AI die vollautomatisierte Lösung fachwissenschaftlicher Probleme im Vordergrund steht, reduziert sich im gegenständlichen Zusammenhang bei realistischer Betrachtungsweise der Anspruch primär darauf, das Fachwissen auf Basis der AI-Technologien im Computer formalisiert darstellen zu können und so etwa für ein Entscheidungsunterstützungs- oder Beratungssystem nutzen zu können. Wichtigstes Grundprinzip der Methoden zur Wissensrepräsentation im Computer ist, daß das Fachwissen explizit in einer „Wissensbasis" abgebildet wird. Unter „Wissen" wird dabei sowohl deklaratives Wissen (Fakten, Objekte) als auch prozedurales Wissen (Regeln, Prozeduren) sowie die Verknüpfung der einzelnen Elemente zu einem Netzwerk verstanden. Die AI-Forschung hat hier allgemeine Formalismen zur Darstel-lung der unterschiedlichen Wissensarten entwickelt, wobei allerdings meist jeweils ein Aspekt (die deklarative oder die prozedurale Komponente) in den Hintergrund tritt. Ein Beispiel eines deklarativen Ansatzes ist das

„semantische Netz", das in den Knoten Objekte und ihre Eigenschaften repräsentiert und mit den Kanten semantische Relationen zwischen den Objekten darstellt (siehe z. B. Shapiro/Eckroth 1987, S. 1011-1023, Harmon/King 1987, S. 41ff.). Aufgrund der Bedeutung quantitativer Methoden in den Sozial- und Wirtschaftswissenschaften ist allerdings ein Formalismus erforderlich, der die deklarativen und die prozeduralen Aspekte der Wissensrepräsentation vereinigt. Einen entsprechenden konzeptionellen Rahmen bietet das „Frame-Konzept" (siehe z. B. Shapiro/Eckroth 1987, S. 302-312, Winston 1984, S. 251-287). Die Objektstruktur eines Frames bildet grundsätzlich ein deklaratives Gerüst, in das jedoch prozedurale Kompo-nenten eingehängt werden können. Ferner ist es mit Hilfe des Frame-Konzepts möglich, Frames zu einem „Frame-System" zu vernetzen und dabei Informationen zwischen Frames zu „vererben", oder das Wissen in „generischen Frames" vorzustrukturieren und erst in „Instanz-Frames" mit konkreten Inhalten zu füllen. Im Gegensatz zum Netzwerkansatz in Punkt 4, bei dem die Daten und das Aktivitäten-Netzwerk separat vorliegen, wird hier das Netzwerkprinzip gleichermaßen auf Daten und Proze-duren angewendet. Das Frame-Konzept erfüllt weitgehend die in Punkt 3 mit der Einführung eines operationalen Modells gestellten Anforderungen und stellt damit einen erfolgversprechenden Systemansatz für die Entwicklung fachwissenschaftlicher Software dar. Bei der Entwicklung eines wissensbasierten Basissystems kann von dem in diesem Beitrag vorgestellten Netzwerkansatz ausgegangen werden. Die Struktur wissensbasierter Systeme ist mit der in Abbildung 2 dargestellten Struktur des Basismodells identisch. Anstelle des Informationssystems tritt die „Wissensbasis", die das problembezogene formalisierte Wissen in Form von Fakten und Regeln enthält. Die Daten- und Netzwerkverwaltung wird durch den entsprechenden Wissensrepräsentationsformalismus (Frame-Formalismus), die Steuerungskomponente durch eine Inferenzmaschine, einen Schlußfolgerungsmechanismus ersetzt, der aus den Fakten und Regeln der Wissensbasis nach einer vorgegebenen Strategie neue Fakten ableitet. Weiters wird das Hilfe-System der Dialogkomponente um eine Erklärungskomponente ergänzt, die den Ablauf des Inferenzprozesses erläutern kann. Bei der Implementierung von AI-Systemen kommen überwiegend symbolische Programmiersprachen wie LISPoder PROLOG zum Einsatz, die jedoch für numerische Anwendungen völlig ungeeignet sind. Da im vorliegenden Fall die AI-Software in das traditionelle numerisch-orientierte Methodenumfeld integriert werden muß, ist es zweckmäßig, die AI-Methoden innerhalb der Programmierumgebung des Methodenumfeldes zu realisieren. Im Zuge der Entwicklung eines Prototyps für „ein wissensbasiertes System zur Unterstützung der ökonometrischen Modellentwicklung" [2] wurde beispielsweise das Frame-Konzept mit GAUSS implementiert und auf diese Weise die Kopplung symbolischer und numerischer Software-Methoden vereinfacht. Bei diesem Modellentwicklungssystem wurde versucht, die statistische Vorgangsweise in Form eines Netzwerks abzubilden. Ziel war dabei, die Entwicklung eines ökonometrischen Modells zu unterstützen, indem das erforderliche methodische und praktische Wissen sowie ein grober Raster des Analyseablaufs dem Benutzer in Form eines Frame-Netzwerks explizit zur Verfügung gestellt wird. Die Knoten enthalten problembezogene Informationen und Prozeduren (Faktenwissen, a-priori-Informationen und Heuristiken zum realen Problem und zum Modell, statistische Verfahren und Tests), die Kanten stellen Zusammenhänge dar (Abläufe, Beziehungen, Datenstrukturen).

8. Schlußfolgerungen

Mit dem Netzwerkansatz können zahlreiche Probleme bei der Entwicklung fachwissenschaftlicher Software im Bereich der Sozial- und Wirtschaftswissenschaft verbessert werden. Das Fachproblem liegt explizit in Form eines Netzwerks vor und wird damit modular, transparent und anschaulich dargestellt. Durch die strikte Trennung in ein software-technisch anspruchsvolles Basismodell und ein von EDV-Spezialwissen weitgehend freigehaltenes Anwendungsmodell wird versucht, die interdisziplinären Probleme bei der Entwicklung zumindest tendenziell zu verbessern. Durch die Möglichkeit, das Netzwerk verändern zu können, erhöht sich die Flexibilität beim Endbenutzer, das Anwendungsmodell kann inkrementell vom ihm aufgebaut werden, durch einfache Experimentiermöglichkeiten wird ein besseres Verständnis des Problems ermöglicht. Da mit dem Netzwerk eine Art Meta-Wissen über die Struktur eines Problems besteht, ergeben sich neue analytische Möglichkeiten. Nachteile sind der zusätzliche Entwicklungsaufwand für das Basissystem, das allerdings dann für verschiedene Anwendungsmodelle eingesetzt werden kann, sowie die höhere Laufzeit durch das Netzwerk-Management und die Netzwerk-Interpretation, wobei sich die Erhöhung in den bisherigen Anwendungsfällen als unwesentlich herausgestellt hat. Die Methoden der Artificial Intelligence, vor allem die Technologien zur Wissensrepräsentation, können in diesem Zusammenhang als Verallgemeinerung des Netzwerkansatzes verstanden werden. Der Netzwerkansatz und in weiterer Folge die AI-Methoden stellen damit bei der Entwicklung und Anwendung fachwissenschaftlicher Software in der Forschung und insbesondere für didaktische Zwecke in der Lehre einen erfolgversprechenden Ansatz dar.

Literatur

1. Aptech Systems, Inc.: The Gauss System Version 2.0. Washington1988.
2. Bröthaler, J.: Ein wissensbasiertes System zur Entwicklung von Modellen der diskreten Wahl (dargestellt am Beispiel eines Verkehrsmittelwahlmodells für den Personenfernverkehr in Österreich). Diss. Technische Universität Wien 1990.
3. Harmon P./King, D.: Expertensysteme in der Praxis, Perspektiven - Werkzeuge - Erfahrungen, 2. Aufl. München 1987.
4. Jungnickel, D.: Graphen, Netzwerke und Algorithmen. Mannheim/Wien/Zürich 1987.
5. Kimm, R./Koch, W./Simonsmeier, W./Tontsch, F.: Einführung in Software Engineering. Berlin 1979.
6. Noltemeier, H.: Graphentheorie - mit Algorithmen und Anwendungen. Berlin 1976.
7. Schönbäck, W./Bröthaler, J./Schneider, M./Weiser, A.: Simulationsmodell des österreichischen Finanzausgleichs zur Analyse der regionalen Verteilungseffekte des Finanzausgleichs, IFIP-Projekt Nr. 4/1990, Institut für Finanzwissenschaft und Infrastrukturpolitik der Technischen Universität Wien 1991.
8. Shapiro, S. C./Eckroth, D.: Encyclopedia of Artificial Intelligence, Vol. 1/2. New York 1987.
9. Winston, P. H.: Artificial Intelligence. 2. Aufl. Reading/Massachusetts 1984.

Der Einsatz des Fischernetzes in der Ausbildung an der Hochschule Bremerhaven

Michael Ziegenbalg

Hochschule Bremerhaven
Fachbereich für Systemanalyse
Lehrgebiet Algorithmen und Programmierung

1. Das EDV Lernzentrum

Das EDV-Lernzentrum wurde im Rahmen des Hochschulsonderprogramms des damaligen Bildungsministers Möllemann 1989 an der Hochschule Bremerhaven für die beiden Studiengänge Systemanalyse und Transportwesen eingerichtet. Hierzu wurde folgende Hardware angeschafft:

- 16 PS/2 Modelle von IBM, davon 2 PS/2 Modell 80 mit 320 MB Festplatte
- 3 Matrixdrucker
- 1 Laserdrucker

An Software wurde angeschafft:

- MS Dos 4.0
- AIX 1.2 (für ein PS/2 Modell 80 mit 320 MB Festplatte)
- Fischernetz für 16 Rechner
- Programmiersprachen
- Datenbanksysteme
- PC-Schutzsysteme
- Tabellenkalkulation
- Textverarbeitung
- Desktop Publishing

Fischernetz ist ein Netzbetriebssystem für lokale Netzwerke (LAN's) für IBM kompatible Personal Computer, welche mit PC Dos oder MS Dos arbeiten. Fischernetz realisiert somit ein dezentrales lokales Netzwerk, in welchem man gemeinsame Betriebsmittel verwalten kann wie:

- Plattenbereiche eines Servers oder mehrere Server
- Drucker
- Programme und Daten des Servers
- Versenden von elektronischer Post
- Übertragen von Bildschirminhalten für Schulung (Pädagogisches Netzwerk)
- Kontrolle der Netzwerktätigkeiten

Fischernetz war eines der ersten Netze, welche eine Übertragung von Bildschirminhalten ermöglichte. Dies macht es zu einem sogenannten Pädagogischen Netzwerk, da der Lehrende

- auf allen Bildschirmen Beispiele vorführen kann
- der Lehrende Lernfortschritte einzelner Studenten vom eigenen Arbeitsplatz aus kontrollieren kann
- beispielhafte Studentenlösungen an alle senden kann

Die Computer im Netz werden unterschieden nach Servern und Slaves. Ein Server hält insbesondere auf seiner Festplatte für andere Computer, den Slaves, Programme und Daten bereit. Wer kein Server ist, wird als Slave einem Server zugeordnet. Im Netz können mehrere Server installiert sein. Die Slaves sind jedoch immer nur einem Server zugeordnet. Am Server kann weitergearbeitet werden, da man an ihm häufig die Netzkoordination mit hoher Priorität im Hintergrund arbeiten läßt, kann man im Vordergrund lediglich mit niedriger Priorität kleinere Systemarbeiten verrichten. Des weiteren benötigt der Server 88 KB Hauptspeicher zuzüglich 4 KB je Arbeitsplatz (Slave), d.h. bei 15 Arbeitsplätzen weitere 60 KB Hauptspeicher. Dies beschränkt ebenfalls die Serverstation auf nicht zu speicherintensive Anwendungen.

2. Vorlesungs- und Übungsbetrieb

Für den Vorlesungs- und Übungsbetrieb wird zu Beginn des Semesters die hierfür erforderliche Software auf dem Server installiert. Wenn es möglich ist, werden netzwerkfähige Versionen eingesetzt. Ansonsten laden die Benutzer die Software vom Server in den Hauptspeicher ihrer Station.

Auf den einzelnen Computern im Netz braucht so nur das Betriebssystem (hier MS Dos 4.0) und einige Komponenten der Netzsoftware vorgehalten werden. Der Rest der Festplatte kann von den Studenten in eigener Regie verwaltet werden. Von Zeit zu Zeit werden sie nach Vorankündigung von Technischen Mitarbeitern wieder gesäubert. Diese Vorgehensweise erleichterte uns das ständige Überprüfen der Computer wegen Virenbefall oder beabsichtiger/unbeabsichtiger Löschung wichtiger Programme und Dateien.

Die Probleme mit Viren haben sogar zum Einsatz von PC-Schutzsystemen geführt, mit deren Hilfe Verzeichnisse des PC gegen unberechtigten Zugriff geschützt werden können.

Nicht alle Schutzsysteme harmonieren mit dem Fischernetz, was sich mitunter so auswirkt, daß Programme vom Server nicht gestartet werden können. Für den Vorlesungs- und Übungsbetrieb unterscheiden wir zwei Arbeitssituationen:

1. Kann bei der Vorlesung / Übung der Student mit einer Speicherkapazität von 720 KB bis 1,4 MB auskommen, dann wird für alle Studenten der Veranstaltung eine Benutzerkennung und ein Paßwort eingerichtet. Diese Benutzerkennung erlaubt

dann nur das Lesen von Programmen und Daten vom Server, der Schreibzugriff ist dann nur auf die lokalen Datenträge erlaubt (insbesondere auf die Diskettenstation).

2. Ist es nötig, daß Daten auf dem Server individuell geschützt bereitgehalten werden sollen, z. B. bei einem Datenbanksystem, dann werden individuelle Benutzerkennungen eingerichtet, für die dann spezielle Verzeichnisse zum Lesen und Schreiben freigegeben werden können.
3. Eine weitere Arbeitssituation kann in Veranstaltungen vorkommen, in denen die Installation von Netzwerken geübt und vorgeführt werden soll. In diesem Fall kann an bisherigen Slave-Stationen ein weiterer Server eingerichtet werden.
4. Schließlich ist auf einem weiteren Rechner PS/2 Modell 80 mit 320 MB Festplatte das Betriebssystem AIX 1.2 installiert. Über einen 3Com EtherLink Adapter und mit dem Softwarepaket AIX Access for Dos Users kann dann vom Fischernetz aus auf den AIX-Rechner zugegriffen werden. Der Rechner verträgt nach unseren bisherigen Erfahrungen bei normalen Anwendungen / Übungen (C-Programmierung, Shell-Programmierung und ähnliches) mit Leichtigkeit 16 Benutzer.

Darüber hinaus wird das Fischernetz auch für Diplomarbeiten benutzt, wie z.B. im hier installierten Fall, wo eine netzwerkfähige Fakturierungssoftware erstellt wurde. Das Produkt ist so entwickelt. daß es mit Leichtigkeit auch auf andere Netze umgestellt werden kann .

Dieses Fakturierungsprogramm wiederum findet Anwendung in eher betriebswirtschaftlich orientierten Veranstaltungen der beiden Studiengänge Systemanalyse und Transportwesen. Mit ihm kann zweierlei demonstiert werden:

1. Die Funktionsweise, Aufbau und Einsatzweise eines Fakturierungsprogramms
2. Einsatz eines Fakturierungsprogramms im Mehrbenutzereinsatz innerhalb eines Netzes. Mehrere Benutzer greifen auf dieselben Datenbestände zu.

Computerunterstütztes Lernen in der wirtschaftswissenschaftlichen Hochschulausbildung – Status und Anforderungen

Manfred R. Wolff

Bergische Universität Wuppertal
Fachbereich Wirtschaftswissenschaften
Betriebswirtschaftslehre und Wirtschaftsinformatik

Der drastisch gestiegenen Zahl von Anfängern in den wirtschaftswissenschaftlichen Studiengängen steht eine vergleichsweise geringe Zunahme der Lehrkapazität in den vergangenen Jahren gegenüber. Nachdem diese Überlastsituation zumindest bis Ende der 90er Jahre anhalten dürfte, wendet sich das Interesse wieder verstärkt der Forschung und Entwicklung auf dem Gebiet der rechnerunterstützten Ausbildung zu. Dabei erwartet man vor allem den Kapazitätsengpaß im Grundstudium mit Hilfe der inzwischen verfügbaren Konzepte, Techniken und Methoden der rechnerunterstützten Lehre – wie der multimedialer Lernumgebungen oder der intelligenter Tutorsysteme – erfolgreich zu mildern. Der Erfolg rechnerunterstützter Lernumgebungen (Computer Assisted Learning, kurz CAL) wird bei gegebenen Ausbildungszielen von drei Komponenten determiniert: der Akzeptanz durch die Lehrenden und Lernenden sowie der Wirtschaftlichkeit des CAL. Dabei hängt die Akzeptanz des CAL entscheidend von der Umsetzung didaktischer und lernpsychologischer Erkenntnisse mit den technischen und softwaretechnologischen Möglichkeiten des CAL ab. Indirekt bedingen somit die Kosten der Ausgestaltung des CAL seine Akzeptanz bei Lehrenden und Lernenden. Generell wird jedoch ein reiner Kostenvergleich nicht ausreichen, um eine Entscheidung für alternative Ausbildungsformen zu substantiieren. Vielmehr erfordert die jeweilige Lerneffizienz mit ihren Dimensionen Lerneffekt, Lernstabilität und Lerndauer, um nur einige zu nennen, eine objektivierende Gewichtung der damit verbundenen Nutzengrößen, damit eine Entscheidung über die bestmögliche Ausbildungsalternative mittels eines mehrdimensionalen Verfahrens der Wirtschaftlichkeitsanalyse, etwa des Kosten-Nutzen-Vergleichs, gefällt werden kann. In dieser Abhandlung werden wir für die wirtschaftswissenschaftliche Hochschulausbildung den Status und die Anforderungen des CAL darstellen; die Anforderungen bilden zugleich die Einflußgrößen für die Akzeptanz und Wirtschaftlichkeit von Lernumgebungen. Zunächst wird das Umfeld der wirtschaftswissenschaftlichen Ausbildung charakterisiert, wobei wir auf die besonderen Veranstaltungsformen sowie die Defizite und Hemmnisse des CAL näher eingehen. Danach werden die mediendidaktischen und lerntheoretischen Erkenntnisse und abschließend die informationstechnologischen Erfordernisse zur Gestaltung von Lernsystemen in den Wirtschaftswissenschaften vorgestellt.

1. Umfeld der wirtschaftswissenschaftlichen Ausbildung

Durch ein Hochschulstudium sollen die Studierenden mit den Inhalten ihres Fachgebietes und der Methodik seiner wissenschaftlichen Durchdringung vertraut gemacht werden. Die wirtschaftswissenschaftlichen Disziplinen, insbesondere Volkswirtschaftslehre, Betriebswirtschaftslehre und Wirtschaftsinformatik, erfordern ein integratives Denken in wirtschaftlichen Zusammenhängen zwischen den Teilgebieten des jeweiligen Faches (e.g. den betrieblichen Funktionsbereichen in der Betriebswirtschaftslehre). Seine Schulung sowie die Gewöhnung an selbständiges Arbeiten und an die kommunikative Teamarbeit sind vorrangige, berufsqualifizierende Ausbildungsinhalte (vgl. KURBEL 1989, S. 225).

1.1 Computergestützte Lernmedien

In der Bildungsdiskussion der 60er Jahre wurde antizipiert, daß mehr als die Hälfte des Unterrichts innerhalb kurzer Zeit von „Lernmaschinen" übernommen würde. Diese Fehleinschätzung zog nicht nur erhebliche Fehlinvestitionen nach sich, auch die dadurch entstandenen Vorbehalte gegenüber dem CAL sind noch nicht überwunden. Die Weiterentwicklung computergestützter Lernmedien zu multimedialen, interaktiven Informations- und Tutorsystemen mit wissensbasierten Komponenten erfordert jedoch eine Neubewertung des CAL.

Der Entwicklungsweg des CAL führte vom Computer Based Training über multimediale Lernsysteme zu den intelligenten Tutorsystemen. Die Anfänge des Computer Based Training wurden mit der Adaption gedruckter, programmierter Unterweisungen für zeilenorientierte Datenstationen an Zentralrechnern gelegt. Multimediale Lernsysteme integrieren bisher getrennte Informationsträger (Text, Graphik, Bilder, Audio und Video) unter der Steuerung eines Rechners; erstmals kommen damit die Vorzüge des Computereinsatzes für die Ausbildung – etwa gegenüber dem Buch als ausschließlichem Lernmedium – durch eine neue didaktische Qualität zur Geltung. Intelligente Tutorsysteme sollen das Lernverhalten des Benutzers mit Hilfe einer wissensbasierten Komponente modellieren, überwachen und unterstützen. Die wesentlichen Elemente eines intelligenten Tutorsystems bilden die Dialogkomponente, die Stoff- und Wissensbasis sowie die tutorielle Komponente mit dem Benutzermodell. Mit der Implementierung eines Benutzermodells wird das Ziel verfolgt, Informationen über die Disposition und die Verhaltensmerkmale des Lernenden zu sammeln und daraus eine benutzerindividuelle Dialogführung abzuleiten. Erfragte Merkmale (wie Selbsteinschätzung, Vorkenntnisse etc.) und interaktive Merkmale (wie Hilfen, Anzahl der Fehlversuche, Reaktionsdauer etc.) werden zur Ableitung von Hypothesen über den Lernenden (Lernvermögen, Problemlösungsverhalten etc.) verwendet, die dann zur adaptiven Gestaltung des Lerndialogs (wie Art der Präsentation und Abfolge der Lerneinheiten, Ausführlichkeit der Erläuterungen und Kontrollfragen, Medienauswahl etc.) herangezogen werden. Intelligente Tutorsysteme sind als einfache Prototypen verfügbar; ihre Benutzermodellierung weist jedoch noch erhebliche Schwächen bei der didaktischen und lerntheoretischen Fundierung der Benutzerführung auf.

1.2 Eignung der Lehrformen für CAL

In der wirtschaftswissenschaftlichen Ausbildung werden die gängigen Lehrformen (literaturbegleitete Vorlesung, Übung bzw. Tutorium, Seminar) durch die folgenden

speziellen Lehrformen ergänzt: Projektseminar, Rechner-Labor, Unternehmensplanspiel, Simulationen, Fallstudien und Rollentraining.
In Projektseminaren werden größere Entwicklungsprojekte – vorzugsweise auf dem Gebiet der Informationssysteme – von den Studenten thematisiert, analysiert und arbeitsteilig gelöst. In einem Rechner-Labor (bzw. Rechnerpraktikum) wird die Funktionsweise vorhandener Hard- und Software (e.g. Programmierumgebungen, Anwendungsprogramme) erläutert und eingeübt. Simulationen, etwa im Bereich der Unternehmensplanung, des Operations Research oder der Wirtschaftspolitik, betreffen die rechnerische Vorwegnahme der Resultate von Planungs- und Entscheidungsalternativen bei unterschiedlichen Rahmenbedingungen. Unternehmensplanspiele lassen sich als interaktive Simulationen von Konkurrenzsituationen auffassen; die Teilnehmer agieren in stochastischen, mikro- oder makroökonomischen Szenarios, wobei sie im Rahmen ihrer Handlungsalternativen ökonomische Zielsetzungen verfolgen. Die skizzierten Lehrformen zeichnen sich dadurch aus, daß die Verwendung eines rechnerbasierten Werkzeugs zum Lernstoff gehört. Es liegt daher nahe, die Multifunktionalität der Rechnerumgebung für das Erlernen des Werkzeugs selbst zu nutzen. Im einfachsten Fall kann dies durch Hilfsfunktionen oder Ablaufdemonstrationen, in anspruchsvolleren Fällen durch rechnerkontrolliertes Einüben der Werkzeugfunktionen erfolgen.

Fallstudien haben exemplarische Entscheidungssituationen zum Gegenstand – etwa die Markteinführung eines neuen Produktes oder eine Unternehmensübernahme –, die mit wirtschaftswissenschaftlichen Verfahren und Methoden analysiert, entschieden und planerisch-simulativ umgesetzt werden müssen. Rollenspiele werden in der Post-Graduierten-Ausbildung eingesetzt, um bewährtes oder erwünschtes Führungs- bzw. Teamverhalten durch Imitation einzuüben.

Die genannten Lehrformen werden in der wirtschaftswissenschaftlichen Hochschulausbildung in den folgenden Ausbildungsphasen eingesetzt:

1. Exposition des Lernenden (Stoffdarbietung)
2. Exploration des Stoffes durch den Lernenden
3. Applikation des Lernstoffes (Übung oder Anwendung)
4. Examination.

Da Prüfungen und Tests nicht nur einer Bewertung der Lerneffizienz sondern auch der Verfestigung des Lernstoffes dienen, wird die Examination hier als Teil der Ausbildung aufgefaßt.

Wir wenden uns nun der Frage zu, in welchen Ausbildungsphasen die wirtschaftswissenschaftlichen Lehrformen durch CAL sinnvoll unterstützt werden können. Unter dem Aspekt der Lehrkapazität ist es wünschenswert, die besonders betreuungsintensiven Phasen 2 bis 4 nach Möglichkeit durch das CAL abzudecken. Die hohen Kosten, die mit der Entwicklung und Aktualisierung computergestützter Lernmedien verbunden sind, erfordern es jedoch, den CAL-Einsatz gegenüber den alternativen, klassischen Druck- und audiovisuellen Lernmedien abzuwägen. Eine inhaltliche, wie ökonomisch sinnvolle Anwendung von CAL kann nur erfolgen, wenn eindeutige didaktische Vorteile bei der Lerneffizienz zu erwarten sind. Dies ist nach lernpsychologischen Erkenntnissen vor allem dann der Fall, wenn eine rechnerbasierte Präsentation multimedialer Informationen gewählt wird, bei der der Lernende selektierend und steuernd eingreifen kann. Jedoch ist im Hinblick auf den hohen medientechnischen Aufwand vielfach eine Beschränkung des CAL in den Wirtschaftswissenschaften auf textuelle, allenfalls graphische Informationen festzustellen.

Die rechnerbasierte Examination wird in den Lehrformen der Wirtschaftswissenschaften vorzugsweise bei gut strukturierten oder quantitativ orientierten Lerninhalten rationell einzusetzen sein. Als Beispiele seien Statistik, Programmierung, rechnerbasiertes Controlling, Unternehmensrechnung, Ökonometrie und Input-Output-Analyse genannt. Allerdings ist der erhebliche Aufwand für die Module zur automatisierten Generierung und Beurteilung von Testaufgaben nur bei großen Studentenzahlen im Grundstudium zu rechtfertigen. Die meisten CAL-Module sind in den quantitativen Fächern zu den beiden Lehrformen Vorlesung und Übung für die Ausbildungsphasen Exposition und Applikation verfügbar.

Bei Fallstudien und beim Verhaltenstraining ist das CAL ökonomisch noch nicht zu rechtfertigen. Die Rechnerunterstützung wird hierbei auch künftig auf begleitende Techniken wie Textverarbeitung, Tabellenkalkulation etc. begrenzt sein. Da in den Expositionsphasen kaum Interaktivität zwischen den technischen Systemen und den Lernenden erforderlich ist, wird man sich auf einfache Film-, Ton- oder Videoeinspielungen beschränken. In Seminaren präsentieren die Lernenden selbst, somit entfällt hier in der Regel der Einsatz des CAL. Allenfalls werden multimediale Informationstechniken zur didaktischen Aufbereitung der Präsentation hinzugezogen. Genuine Anwendungen von CAL in allen Ausbildungsphasen sind dagegen bei den computerorientierten Lehrformen Projektseminar, Rechnerlabor, Simulation und Unternehmensplanspiel anzutreffen, allerdings mit deutlich schwächerer Ausprägung in den Examinationen.

1.3 Hemmnisse des CAL-Einsatzes

Einem breiten Einsatz des CAL stehen neben Wirtschaftlichkeitserwägungen derzeit noch technisch-organisatorische Hemmnisse sowie eine geringe Akzeptanz bei Lehrenden und Lernenden entgegen. Die Vorteile des individualisierten, örtlich und zeitlich entkoppelten Lernens mittels CAL werden daher in den wirtschaftswissenschaftlichen Disziplinen im Augenblick lediglich sporadisch genutzt.

Hauptsächlich zwei technisch-organisatorische Hemmnisse des CAL lassen sich identifizieren: Zum einen das unzureichende Angebot an leistungsfähigen Autorensystemen wie auch an attraktiver Lernsoftware für die multimediale Informationsvermittlung. Zum anderen die unzureichende technische Ausstattung der heutigen CIP-Pools für das multimediale CAL. Die hierfür benötigten, speziellen Peripheriegeräte (wie hochauflösende Großbildschirme, Bildplatten oder Videogeräte) aber auch die Speicher- und Verarbeitungskapazität der Rechner sind selten verfügbar.

An Akzeptanzhemmnissen bei den Lernenden sind zu nennen:

- Software-ergonomische Mängel der Lernprogramme

- die Beschränkung vieler CAL-Module auf textliche Informationen, die aus bildschirmtechnischen Gründen in vielen kleinen Lerneinheiten angeboten werden, welche die Zusammenhänge des Lernstoffes schwer erkennen lassen
- Die Überwachung und Aufzeichnung des bisherigen Lernverhaltens durch den *Rechner*. Da wissensbasierte Benutzermodelle die Verhaltensreaktionen des Lernenden zur individualisierten Exposition benötigen, ist jedoch deren Speicherung über Sitzungen hinweg unverzichtbar.

Die Akzeptanzhemmnisse der Lehrenden sind in den realisierbaren Dialogformen des CAL und dem diversifizierten Stoffangebot begründet:

- Die wirtschaftswissenschaftlichen Disziplinen zeichnen sich traditionell durch verschiedene Sichten ihres Objektbereichs aus. Diese Sichten und die Stoffauswahl zu einem Fachgebiet führten dazu, daß – außer bei propädeutischen Fächern – das knappe Angebot an Lernsoftware recht zersplittert ist und die hohen Entwicklungskosten Qualitätseinbußen zur Folge haben, was die Übernahme vorhandener Lernsoftware außerordentlich erschwert. Die Auflösung dieses Dilemmas erfordert einen Konsens der Hochschullehrer über die fachbezogenen Lerninhalte. Nur so lassen sich über einen breiten Einsatz von Lernsoftware Kostendegressionseffekte bei der Entwicklung und Wartung qualitativ hochwertiger Lernsoftware realisieren.
- Die Dialogstrukturen, die mit den gängigen Autorensystemen implementiert werden können, sind stark eingeschränkt. Unterstützt werden lediglich schlichte Dialoge, e. g. multiple-choice-Aufgaben sowie das Überspringen oder Wiederholen von Lernabschnitten. Die Analyse freier Antworten des Benutzers ist auf Schlüsselwörter begrenzt.
- Die fehlende Trennung der Informations- von der Dialogkomponente erschwert die Wartung der Lernsoftware und verhindert die Mehrfachverwendung vorhandener Informationen in anderen Lernmodulen. Künftige Autorensysteme werden daher auf die Dialogsteuerung ausgerichtet sein müssen, wobei sie auf die getrennt abgelegten Informationsbestände mittels Indizierungen, Assoziationsmechanismen (Hypertext) oder Regeln über die Beziehungen zwischen den Informationen zugreifen (vgl. KERRES 1990, S. 75).

2. Anforderungen an das rechnerunterstützte Lernen

Zunächst werden wir die Anforderungen entwickeln, die an Lernprogramme zu stellen sind, um beim Benutzer (Lernenden) Lernprozesse zu aktivieren.

2.1 Theoretische Grundlagen

Die Psychologie verfügt über mehrere Theorien zur Erklärung von Lernprozessen. Im folgenden werden Lernprozesse vor dem Hintergrund lerntheoretischer (Verstärkungs- und Modellernen) und kognitionstheoretischer Ansätze dargestellt.

2.1.1 *Lerntheoretische Ansätze*

Unter den lerntheoretischen Ansätzen nimmt die Verstärkungstheorie von B. F. SKINNER eine dominante Stellung ein. Wie alle Behavioristen werden von SKINNER ausschließlich physikalische Beobachtungen (Reize und Reaktionen) berücksichtigt. Was nach dem Auftreten des Reizes und vor der Reaktion im Organismus geschieht, ist nicht direkt beobachtbar und demzufolge nicht Gegenstand seiner Theorie. Der Lernende wird als „blackbox" angesehen; Bewußtseinsinhalte wie Denken, Wahrnehmen und Fühlen werden außer acht gelassen (MIETZEL 1986, S. 13ff.). Nach SKINNER gilt es, die gewünschten Verhaltensweisen bei ihrem Auftreten zu verstärken, um die Wiederholungshäufigkeit dieses Verhaltens zu fördern. Der Verstärkungsmechanismus kann nur dann erfolgreich und gezielt eingesetzt werden, wenn der Lernende bemerkt, auf welches Verhalten hin eine Belohnung als Verstärkung erfolgte (ZIMBARDO 1983, S. 191f.). SKINNER hat seine lernpsychologischen Erkenntnisse im Konzept des programmierten Lernens umgesetzt. Der Lehrstoff wird dabei so programmiert, daß ein operatives Konditionieren möglich ist und die Verstärkung planmäßig erfolgen kann. Das Lerntempo muß vom Lernenden bestimmbar sein (vgl. DORSCH-HÄCKER-STAPF 198, S. 383 f.). Diese Forderungen sind im traditionellen Unterricht nicht umsetzbar. Ein Lehrer kann nicht auf das Lerntempo eines jeden einzelnen Schülers eingehen, dessen Verhaltensweisen beobachten und positive Lernsequenzen gezielt und individuell verstärken. Diese Schwächen des menschlichen Tutors bilden die potentiellen Stärken eines rechnergestützten Tutorsystems.

Ein alternativer Standpunkt wird von den Vertretern der Theorie des sozialen Lernens eingenommen. Aus ihrer Sicht wirken Verhalten, Persönlichkeitsfaktoren und Umwelteinflüsse in wechselseitiger Interaktion zusammen (vgl. hierzu und zum folgenden ZIMBARDO 1983, S. 224ff. und 230ff. sowie HERKNER 1986, S. 93ff.). BANDURA als ein Vertreter der Theorien sozialen Lernens untersucht das Modellernen durch Nachahmung und Imitation. Er geht von der Selbstkontrolle des Menschen über sein Verhalten aus. Der Mensch ist demnach nicht, wie bei den Behavioristen angenommen, Umwelteinflüssen hilflos ausgeliefert, sondern vielmehr in der Lage, Umwelteinflüsse zu erkennen, zu vergleichen, zu ignorieren und letztlich die Umwelt zu gestalten. Demzufolge kann der Lernerfolg nicht nur durch Fremdverstärkung, sondern auch durch Selbstverstärkung gesteuert werden.

2.1.2 *Kognitionstheoretische Ansätze*

Im Gegensatz zu den behavioristischen Theorien beschäftigen sich die kognitionstheoretischen Ansätze mit den Vorgängen im Kopf des Lernenden. Die nicht-sichtbaren Vorgänge im Lernenden werden demnach nicht als „blackbox" angesehen, vielmehr wird zwischen dem physikalisch meßbaren Reiz und dem objektiv erfaßbaren Verhalten der Ablauf komplexer Prozesse postuliert. Dazu gehören alle Vorgänge und Strukturen, die mit dem Gewahrwerden und Erkennen zusammenhängen, wie Wahrnehmung, Erinnerung, Vorstellung, aber auch Erwartung, Planung und Problemlösen. Die Menschen setzen sich kognitiv mit der Umwelt auseinander, wirken aber auch aktiv und verändernd auf sie ein; zwischen den Individuen und der Umwelt finden dynamische Interaktionsprozesse statt.

Das Individuum muß sich bei der Auseinandersetzung mit den Problemen der Umwelt an gelernte oder erfahrene Inhalte erinnern. Voraussetzung für die Erinnerung ist die Speicherung des Gelernten (vgl. zum folgenden MIETZEL 1986, S. 170ff., DÖRNER 1976, S. 28ff. und ZIMBARDO 1983, S. 249ff.). Es wird von einem Gedächtnisspeichermodell ausgegangen, das sich aus drei verschiedenen, aufeinander aufbauenden Gedächtnistypen zusammensetzt: dem sensorischen Gedächtnis, dem Kurzzeit- und dem Langzeitgedächtnis. Informationen werden zunächst im sensorischen Gedächtnis zwischengespeichert, dann weitergegeben an das Kurzzeitgedächtnis und von dort durch Informationsverarbeitungsprozesse im Langzeitgedächtnis gespeichert. Die aufgenommenen Informationen können in jeder Gedächtnisart vergessen werden.

Im sensorischen Gedächtnis beträgt die Zeitspanne bis zum Vergessen höchstens eine Sekunde. In dieser Zeit wird versucht, im Langzeitgedächtnis eine Identifizierung der Information durchzuführen. Informationen, auf die sich die Aufmerksamkeit richtet, werden in das Kurzzeitgedächtnis übertragen. Sie haben dort eine Verweildauer von bis zu 30 Sekunden. Mittels der sog. Erhaltungswiederholung des Lernstoffes kann diese Zeitspanne beträchtlich verlängert werden. Durch die elaborierende Wiederholung, die mit einer Bedeutungsanalyse einhergeht, werden Informationen in das Langzeitgedächtnis übertragen. Die Art der Wiederholung ist durch die Lerngeschichte und die Motivation des Lernenden festzulegen.

2.2 Sozial-kognitive Anforderungen an Lernprogramme

Vor dem Hintergrund der obigen Ausführungen lassen sich die kognitiven Anforderungen aufzeigen, die an Lernprogramme zu stellen sind. Da das Lernen ein individueller Prozeß ist, müssen Lernprogramme auf den Lernenden – als Sonderfall eines Benutzers – eingehen können, damit ein effizientes Lernen gewährleistet ist.

Aus der behavioristischen Lerntheorie ist ableitbar, daß das ausschließliche Lernen komplexer Sachverhalte durch Fremdverstärkung zu mühsam ist. Verstärkungen wie Lob oder Tadel lassen sich jedoch als zusätzliche Anreize (Motivationen) in einem umfangreicheren Lernsystem implementieren. Um komplexe Sachverhalte zu erlernen, wird man bei der Gestaltung von Lernsoftware den kognitionstheoretischen Ansatz heranziehen und das Modellernen durch Beispiele, Beobachtungen und Imitation nutzen, wobei dem multimedialen CAL eine besondere Bedeutung zukommt.

Für den Lernerfolg ist die Beachtung der kognitiven Prozesse von entscheidender Bedeutung. Die gedächtnispsychologischen Aussagen zur Informationsverarbeitung des Individuums können herangezogen werden, um den Lernstoff im Langzeitgedächtnis zu verankern. Hierzu ist ein hoher Organisationsgrad des Lernstoffs mit Anknüpfungspunkten zu bereits gespeichertem Wissen Voraussetzung. Hierzu können als präinstruktionale Maßnahmen Vortests, Lernziele und Übersichten angeboten werden. Vortests richten das Augenmerk, ebenso wie die Bekanntgabe von Lernzielen, auf wesentliche Inhalte des Lehrstoffes. Übersichten führen Lernende in neues Material ein und machen sie mit den zentralen Aussagen vertraut. Durch präinstruktionale Maßnahmen wird die Struktur der nachfolgenden Lerneinheit aufgezeigt und ihre Einordnung in bestehendes Wissen erleichtert (ARBINGER 1980, S. 38ff.).

Fragen und Tests als postinstruktionale Maßnahmen werden eingesetzt, um den Lernstoff im Langzeitgedächtnis zu verankern. Lerntempo und Schwierigkeitsgrad müssen individuell bestimmbar sein, damit der gewünschte Lernerfolg eintritt. Die Darbietung einer Information mittels verschiedener Medien erhöht den Grad des Verständnisses und damit auch die Wahrscheinlichkeit, daß die Information im Langzeitgedächtnis gespeichert wird (elaborierende Wiederholung).

3. Informationstechnologische Anforderungen an Lernsysteme

Als Lernsystem wird die Gesamtheit der hard- und softwareseitigen Komponenten einer rechnerbasierten Umgebung für das CAL bezeichnet. Die früher erörterten Hemmnisse des CAL und die lernpsychologischen Erkenntnisse gestatten es, die informationstechnologischen Erfordernisse an Hard- und Software für effiziente Lernsystemen zu präzisieren.

3.1 Hardware

Entsprechend den lernpsychologischen Erkenntnissen fördert die Präsentation des Lernstoffs mit verschiedenen Medien die Effizienz der Lernprozesse; um den Lernvorgang durch unterschiedliche Reize zu unterstützen, sollten außer optischen auch akustische Medien eingesetzt werden. Entsprechend sind an die Peripheriegeräte der Lernsysteme wesentlich höhere Anforderungen zu stellen, als sie selbst bei gut ausgestatteten Rechnern der wirtschaftswissenschaftlichen CIP-Pools anzutreffen sind. Während bei der Eingabeperipherie die übliche Kombination aus Tastatur und Maus ausreicht, haben die Verarbeitungsleistungen der Mikrorechner und vor allem die Palette der Ausgabeperipherie weitergehenden Ansprüchen zu genügen. Simulationen, Animationen und intelligente Tutorsysteme bedingen eine hohe Durchsatzrate des Rechnerkerns bzw. der numerischen oder graphischen Hilfsprozessoren. Die Spannweite der Ausgabegeräte von Lernsystemen reicht von hochauflösenden, großformatigen Farbbildschirmen über Bildplattengeräte und magnetooptischen Laufwerken bis zu Videogeräten. Ihre audiovisuellen Signale werden als Film-, Ton- oder Videoeinspielungen von der Tutorkomponente des Lernsystems gesteuert oder in digitalisierter Form mit den rechnererzeugten Signalen gemischt und dem Lernenden als multimediale Informationen präsentiert. Außer mit diesen typischen Einzelplatz-Lernsystemen, einer Domäne leistungsstarker Arbeitsplatzrechner, kann die spezifisch wirtschaftswissenschaftlichen Lehrform des Unternehmensspiels die dabei abzubildenden Konkurrenz- oder Kooperationsphänomene mit Hilfe von Mehrplatzsystemen oder vernetzten Einzelplatzsystemen realistischer umgesetzt werden.

3.2 Software

Die Anforderungen an die Software von Lernsystemen erstrecken sich auf die Gebiete der Schnittstellen-Standardisierung, Portabilität, Software-Ergonomie, Entwicklungsumgebungen und Ausgestaltung des Benutzermodells.

Oben wurde auf die Akzeptanzhemmnisse beim Einsatz von Lernsoftware hingewiesen. Um einen breiteren Benutzerkreis für qualitativ hochwertige Lernsoftware zu erschließen, können die softwaretechnischen Konzepte der standardisierten Schnittstellen und der Software-Portierbarkeit herangezogen werden. Standardisierte Schnittstellen zwischen den Softwarekomponenten eines Lernsystems fördern die Modularisierung und damit die Austauschbarkeit einzelner Komponenten. Unter einer einheitlichen Tutorsoftware (shell) lassen sich dann neue Komponenten über die Schnittstellen mit dem bestehenden System einfacher verbinden. Die Verwendung standardisierter Schnittstellen bietet sich an, um die Lernsoftware kostengünstig zu aktualisieren und die von den Lehrenden gewünschte Flexibilität zu erreichen. Die Portierbarkeit von Lehrsoftware auf verschiedene Hardware-Plattformen ist ein weiteres Konzept, um den potentiellen Benutzerkreis zu vergrößern und Kostenvorteile zu erzielen. Sollen Tutorsoftware und Lerninhalte portabel sein, so ist eine einheitliche Programmiersprache auf den Zielrechnern für die nötige Rekompilation des Quellcodes die wichtigste Voraussetzung. Die Forderungen der Software-Ergonomie bezwecken allgemein eine benutzerorien-tierte Gestaltung der Bedienungsoberfläche, bei Lernsoftware insbesondere eine die Lernmotivation und Lerneffizienz fördernde Gestaltung der Präsentation des Lernstoffes und der Bedienung der von der Lernsoftware angesteuerten Peripherie. Mindestanforderungen sind:

- Orientierung des Lernenden über seine Position im Lernstoff, die aktuellen Entscheidungsspielräume (Verzweigung zu anderen Lektionen, zum Index, zu einer anderen Präsentationsform, einer anderen Lehrform oder zum Programmende).
- Orientierung über die grundlegende Bedienung des Lernsystems in Form einer knappen, kontextsensitiven on-line-Hilfsfunktion.
- Robustheit gegenüber Fehlbedienungen durch den Lernenden.

Die Entwicklungsumgebungen für Autoren von Lernsoftware lassen sich in Autorensysteme und Basissysteme unterscheiden. In Basissystemen wird die Entwicklung von Lernsoftware mit einer höheren, meist prozeduralen Programmiersprache unterstützt. Demgegenüber sind Autorensysteme mit Werkzeugen für die Entwicklung von Lernsoftware versehen. Sie enthalten eine spezielle Autorensprache mit spezifischen Daten- und Kontrollstrukturen, Editoren für Text, Graphik und Animation sowie eine Dialogkomponente. Zusammen sollen diese Entwicklungswerkzeuge dem Autor ermöglichen, auf rationelle Weise didaktisch effiziente Lerneinheiten zu erstellen. Die Autorensysteme sind ein erster Schritt hin zur Schnittstellenvereinheitlichung und damit zur Mehrfachverwendung von Lerneinheiten, da sie die Informations- von der Dialogkomponente des CAL trennen.

Künftige Autorensysteme sollten weiterhin eine wissensbasierte Komponente für die tutorielle Steuerung bzw. die Benutzermodellierung bereitstellen (vgl. WENGER 1990, S. 279ff.; CARBONELL). Die derzeitigen Prototypen lassen eine synergistische Synthese der beiden vorherrschenden Ansätze für Lernsoftware – die hypertextorientierten einerseits und die (vorherrschenden) systemgeführten andererseits – erwarten. Der systemgeführte Ansatz vernachlässigt aus lernpsychologischer Sicht die Motivierung des Lernenden aufgrund einer recht starren Benutzerführung, während der hypertextorientierte Ansatz durch den Verzicht auf eine Benutzerführung die kognitionstheoretischen Strukturierungsgrundsätze vermissen läßt, was dazu führt, daß der Lernende vielfach die Übersicht verliert, da er die Lernziele und den Lernpfad selbst bestimmen muß. Demgegenüber gestatten es Benutzermodelle gewisse Voreinstellungen im Verlauf einer Lernsitzung entsprechend den Reaktionen des Lernenden zu adaptieren. Die Voreinstellungen der für das Lernverhalten relevanten Benutzerkenngrößen (z.B. Vorkenntnisse, hauptsächliche Stoffpräsentationsform, Lerntempo) wird anfangs vom Autor für die einzelnen Benutzerklassen festgelegt. Danach werden die vom System dynamisch adaptierten Kenngrößen bzw. Rangfolgen dem Lernenden zur Anpassung angeboten. Damit läßt sich die Auswahl, die Abfolge und die Präsentationsform der Lerneinheiten wahlweise vom Lernenden oder vom System steuern. Die Offenlegung der Benutzerkenngrößen ist geeignet, die gegenwärtigen Vorbehalte gegenüber wissensbasierten Lernsystemen abzubauen.

Neben dem Benutzermodell sollte eine wissensbasierte Lernumgebung Informationen über die inhaltliche Struktur der Lerneinheiten z.B. Texte, Graphiken, Masken, Videosequenzen etc.) und die didaktische Struktur der Lerneinheiten (z.B. Übung, Beispiel, Test, Exposition) bereitstellen. Die Implementierung dieser Konzepte und die Beachtung der lernpsychologischen Anforderungen in multimedialen Lernumgebungen sind nach unserer Ansicht notwendige Voraussetzungen für eine verbesserte Akzeptanz des CAL bei den Lehrenden und Lernenden.

Literatur

1. Arbinger, R.; Entwicklung und Veränderung kognitiver Strukturen; Frankfurt am Main/Bern/Cirencester/UK 1980.
2. Carbonell, J.; AI in CAI: an artificial intelligence approach to computer-assisted instruction; in: IEEE Transactions on Man-Machine Systems; Vol. 11, 1970, S. 190 - 202.
3. Dorsch, Friedrich; Häcker, Hartmut; Stapf, Kurt-Hermann (Hrsg.); Dorsch Psychologisches Wörterbuch; 11. Auflage, Bern - Stuttgart - Toronto1987.
4. Dörner, Dietrich; Problemlösen als Informationsverarbeitung; Stuttgart /Berlin/Köln/Mainz 1976.
5. Gunzenhäuser, R.; Über neuere Entwicklungen des rechnerunterstützten Lernens; in: Graf, Klaus-D.; (Hrsg.); Computer in der Schule. Perspektiven für den Mathematikunterricht; Stuttgart 1985.
6. Herkner, W.; Einführung in die Sozialpsychologie; 4. Aufl., Bern 1986.
7. Kerres, Michael; Entwicklung und Einsatz computergestützter Lernmedien; in: Wirtschaftsinformatik 32; 1990, S. 71-78.
8. Kurbel, K. (Berichterstatter); Anforderungsprofil für die Universitätsausbildung in Wirtschaftsinformatik in wirtschaftswissenschaftlichen Studiengängen; in: Informatik Spektrum; Bd. 12, 1989, S. 225 - 228.
9. Mietzel, Gerd; Psychologie in Unterricht und Erziehung; 3. Auflage, Göttingen/Toronto/Zürich 1986.
10. Wenger, E.; Intelligent Tutoring Systems: Beyond Expert Systems; in: Int. J. Applied Engineering Education; Vol. 6; 1990, S. 279 - 291.
11. Zimbardo, P.G.; Psychologie; 4. Auflage, Berlin/Heidelberg/New York/Tokyo 1983.

LAPIS – Lehr-Angebot-Planungs- und Informations-System

Hans-Jürgen Rogge

Fachhochschule Osnabrück
Allgemeine Betriebswirtschaftslehre und Marketing

1. Ausgangssituation

Die Lehrangebotsplanung an Hochschulen ist vor allem dadurch gekennzeichnet, daß eine Vielzahl von Daten bzw. Informationen zu verarbeiten ist, die von den entsprechenden Planern (Verwaltungsmitarbeiter oder Hochschullehrer) nicht mehr ohne technische Hilfsmittel bewältigt werden können. Das Lehr-Angebot-Planungs- und Informations-System (LAPIS) ist ein Instrument, das den Zugriff auf alle planungsrelevanten Informationen aus den Bereichen Studienordnungen, Dozentenschaft, Semestergruppen, Raumressourcen sowie Planungserfahrungen von Planern erlaubt. Die Planer können sowohl im Dialog als auch automatisch ablaufend diese Informationen nutzen und Pläne sowie Planunterlagen erzeugen, die an die Dozenten, Verwaltung und Studenten weitergegeben werden. Das Programm ist in erster Linie auf die Unterstützung der Lehrangebotsplanung ausgerichtet. Die Belegung der Räume und die Überwachung der Auslastung ist dabei nur von sekundärer Bedeutung. Im Vordergrund steht die Erstellung eines Lehrangebots, das die Restriktionen auf Dozentenseite und Studentenseite (z.B. Vermeidung von Zeit-Kollisionen in Veranstaltungen nach Studienordnung) berücksichtigt und mit den Möglichkeiten und Beschränkungen der Räumeressourcen in Einklang bringt. Das Programm stellt alle Informationen im sogenannten Volltext zur Verfügung, erlaubt aber trotzdem die Eingabe von Abkürzungen und die Auswahl aus Listen.

2. Arbeitsstufen

Der Planungsprozeß für das Lehrangebot läuft in der Regel in aufeinander aufbauenden (teilweise zyklischen) Stufen ab. LAPIS kann auf jeder dieser Stufen eingesetzt werden

2.1 Aufstellung der Grundangebotsdaten

Der erste Planungsschritt besteht in der Regel in der Zusammenstellung der Ausgangsdaten als Grundgerüst für die Planung. Hier werden zunächst das ständige Sollangebot festgelegt, sowie Fortschreibungen von Veranstaltungen aus vorhergehenden Semestern vorgenommen:

- Erstellung einer Grunddatei für Veranstaltungen (ohne Dozentenzuweisungen und Zeiten) zur ständigen Verwendung

- Erstellung der Grunddaten für Räume hinsichtlich der Bezeichnungen, Ausstattungsmerkmale, Größen, zeitlicher Verfügbarkeit
- Erstellung der Grunddaten für Gruppen hinsichtlich der Bezeichnungen, Gruppengrößen, zeitlicher Belegungsmöglichkeit
- Erstellung der Grunddaten für Dozenten hinsichtlich der Namen und zeitlichen Verfügbarkeit
- Übertragung von Fortsetzungsveranstaltungen aus vorhergehenden Semestern
- Erstellung des Soll-Grundangebots anhand von Studienplänen und Studienordnungen durch Besetzung der Dozenten mit NN
- Übertragung von bereits bekannten Angeboten der Dozenten in die Planungsdatei
- Überprüfung von Doppelangeboten und Feststellung von Planungslücken
- Erstellung eines Planungsformulars (Druckvorlage) mir vorbesetzten Angeboten für die Abstimmung der Lehrangebote zwischen den Fachdozenten und zur Füllung von Planungslücken bzw. zur Abgabe von Angeboten für Lehrveranstaltungen
- Erstellung eines Formulars (Druckvorlage) zur Feststellung von Zeitpräferenzen, Sperrzeiten usw. bei Dozenten
- Erstellung von aktuellen Sollangebots- bzw. Deputatlisten (Druckvorlage) für Dozenten als Information für alle Beteiligten

2.2 Sammlung der Daten für den nächsten Planungsschritt auf der Grundlage der von LAPIS erstellten Formblätter und Informationen

Die mit dem Lehr-Angebot-Planungs- und Informations-System erstellten Unterlagen (Druckvorlagen) werden an alle Beteiligten verteilt. Nach Absprache und Abstimmung der Angebote mit den Fachkollegen untereinander werden die eingehenden Meldungen gesammelt. Zwischenzeitlich können Grunddaten aktualisiert werden, soweit das aufgrund allgemeiner Situationsänderungen notwendig ist. (vgl. Schritt 2.1)

2.3 Abstimmung / Abgleichung der Angebotsdaten auf der Grundlage der eingegangenen Meldungen

Die eingegangenen Informationen werden dem System übergeben und können auf Überschneidungen, Lücken und sonstige Unstimmigkeiten hin überprüft werden. Im einzelnen besteht diese Stufe aus den systemgestützten Aufgaben:

- Übernahme von Neuangeboten
- Streichung von Angeboten auf der Grundlage der Meldungen
- Feststellung von Doppelangeboten bzw. Überschneidungen von Angeboten
- Eingabe/Überprüfung von Zeitpräferenzen für Dozenten
- Eingabe/Überprüfung von Raumausstattungsmerkmalen für Veranstaltungen
- Herstellung bzw. Auflösung von Verbindungen zwischen Veranstaltungen
- Überprüfung/Feststellung von Planungslücken , gegebenenfalls weitere Informationsammlung bzw. Verhandlung (vgl. Schritt 2.2)
- Anpassung der Grunddaten für Räume hinsichtlich der Bezeichnungen, Ausstattungsmerkmale, Größen, zeitlicher Verfügbarkeit
- Anpassung der Grunddaten für Gruppen hinsichtlich der Bezeichnungen, Gruppen-größen, zeitlicher Belegungsmöglichkeit

- Anpassung der Grunddaten für Dozenten hinsichtlich der Namen und zeitlichen Belegungsmöglichkeit

2.4 Planung im Besonderen: Vorplanung (Manuell)

Nachdem der Grunddatenbestand erstellt worden ist wird den Veranstaltungen Zeiten und Räume zugewiesen. Darüberhinaus können Vorbereitungen für eine automatische Planung vorgenommen werden. LAPIS gestattet auch für ungeübte Planer einen schnellen, übersichtlichen und verständlichen Zugriff auf alle Informationen, so das eine widerspruchsfreie Planung möglich ist. Alle Eingaben werden auf Zulässigkeit geprüft aufgrund des selbst definierten Restriktionensystems (vgl. Schritt 2.1). Die Teilaufgaben sind im einzelnen:

- Eingabe von vorgegebenen Zeiten für bestimmte Veranstaltungen mit Prüfungen :
  - zeitliche Zulässigkeit bei Dozenten, Studentengruppen und Räumen
  - Tagesbelastung der Dozenten und Studentengruppen
  - Überschneidungen mit anderen wichtigen Veranstaltungen innerhalb der Fachsemestergruppen
  - Raumeigenschaften und (Medien-)Anforderungen der Veranstaltungen
  - Raumgrößen
  - Wechselzeiten zwischen verschiedenen Orten
- vorbereitende Maßnahmen für eine automatische Planung:
  - Kennzeichnung von Veranstaltungen ohne Zeitzuweisung als frei vereinbar oder mit anderen Kommentaren
  - Festlegung von Gewichten für Veranstaltungen als Vorbereitung einer automatischen Planung
  - Festlegung von Planungsparametern wie zugelassene Zahl oder Art Überschneidungen, maximale Belastung usw. pro Tag
  - Sperrung von Räumen zu bestimmten Zeiten auf der Grundlage von externen Informationen

2.5 Planung im Besonderen: Automatischer Planungsdurchlauf

Im Rahmen einer automatischen Planung versucht LAPIS auf der Grundlage der vorgegebenen Solldaten und Restriktionen einen Plan zu erstellen, der alle Restriktionen berücksichtigt und daher realisierbar ist. Dieser Plan enthält wegen der häufig objektiven Unmöglichkeit zur Erfüllung aller Nebenbedingungen noch Lücken. Darüberhinaus ist er subjektiv verbesserungswürdig. Es sollte sich daher eine dialogorien-tierte Planung anschließen (vgl. Schritt 2.6). Mehrere (gestufte) automatische Durchläufe mit veränderten bzw. zusätzlichen Ressourcen sind ebenfalls sinnvoll. Die Pläne werden nach einem durch die Vorgaben des Planers berechneten internen Prioritätensystems erzeugt:

- Eingabe/Änderung von „subjektiven" Belegungsmustern bzw. Restriktionen für die automatische Zeitsetzung
- Bestimmung/Kennzeichnung einer Auswahl von Räumen für den Planungsdurchlauf

- Bestimmung/Kennzeichnung einer Auswahl von vordringlich bzw. nicht zu verplanender Gruppen für den Planungsdurchlauf
- Bestimmung/Kennzeichnung einer Auswahl von vordringlich bzw. nicht zu verplanender Dozenten für den Planungsdurchlauf
- Bestimmung/Kennzeichnung einer Auswahl von besonderen nicht zu verplanender Veranstaltungen für den Planungsdurchlauf
- automatischer Planungs-Durchlauf
- gegebenenfalls weitere Auswahl/Erhöhung der Raumzahl oder Änderung der anderen Vorgaben und neuer Durchlauf

2.6 Planung im Besonderen: Nachplanung (Manuell)

Im Rahmen einer Nachplanung werden Verbesserungen und Anpassungen des Planes vorgenommen, die insbesondere den zusätzlichen subjektiven Informationsstand des Planers mit berücksichtigen. Der Planer hat die Möglichkeit sich über Warnungen des Systems hinwegzusetzen und seine eigenen Vorstellungen zu realisieren, wobei allerdings jederzeit der Zugriff zu den Systeminformationen möglich ist:

- Berücksichtigung von automatisch nicht vorgenommenen Zeitblockungen
- Einplanung von bisher nicht berücksichtigten Veranstaltungen bzw. Zeiten mit der Möglichkeit, restriktive Vorgaben situationsbedingt zu umgehen (z.B. bewußte Inkaufnahme von Überschneidungen)
- Suche nach nicht registrierten Überschneidungen in unverbundenen Gruppen, Dozenten und ähnliches
- Räumliche und/oder zeitliche Umlegung von Veranstaltungen aufgrund verschiedener Informationen, die bisher nicht bekannt waren oder aus anderen Gründen nicht berücksichtigt werden konnten
- Räumliche und/oder zeitliche Umlegung von Veranstaltungen aufgrund von „subjektiven" Kriterien
- Feststellung von Planungslücken
- Berücksichtigung neuer Lehrangebote
- Anpassung an Änderungen im Lehrangebot
- gegebenenfalls Wiederholung der automatischen Planung

2.7 Erstellung von Listen und Druckvorlagen für die Veröffentlichung des Lehrangebots

Der Planungsprozeß wird vorläufig abgeschlossen mit der Verteilung von gedruckten Unterlagen, die von LAPIS erstellt bzw. vorbereitet werden, an alle vom Planungsprozeß Betroffenen:

- Erstellung einer komprimierten Gesamtliste der Veranstaltungen mit allen Angaben als Schnellinformation für die am Planungsprozeß beteiligten Entscheider
- Erstellung einer Vorlage für das Vorlesungsverzeichnis mit erläuternden Zwischenkommentaren und Gliederungsmöglichkeit nach verschiedenen Kriterien
- gegebenenfalls Erstellung einer Übersicht mit allen Änderungen gegenüber dem letzten veröffentlichten Planungsstand

- Erstellung von Zeittafeln und Auszügen aus Veranstaltungslisten für Dozenten
- Erstellung von Zeittafeln und Auszügen aus Veranstaltungslisten für Gruppen als Information für verschiedene Stellen (Dekanat, Studienberatung, Kommissionen)
- Erstellung von Zeittafeln und Auszügen aus Veranstaltungslisten für Räume zum Aushang an den Räumen
- Erstellung von Zeittafeln zur Verwendung in traditionellen Stecktafeln als Information für Außenstehende ohne direkten Zugang zu LAPIS
- Erstellung von stundenweise geordneten Gesamtlisten von Veranstaltungen für verschiedene Informationen und Planungszwecke in anderen Bereichen (Dekanat, Studienberatung, Kommissionen)
- Erstellung von Gesamtübersichten mit zeitlichen Belegungen von Dozenten, Gruppen, Räumen.

2.8 Änderungsdienste

Während des Semesters vorgenommene Änderungen werden mit LAPIS verwaltet:

- Sammeln von Änderungswünschen aufgrund nicht vorhersehbarer Überschneidungen, nicht vorhersehbaren räumlichen Unzulänglichkeiten, Veränderungen in der zeitlichen Verfügbarkeit usw.
- zeitliches oder räumliches Verlegen von Veranstaltungen
- Tausch von Räumen
- Neuaufnahme von Veranstaltungen
- Zuweisung von zusätzlichen bzw. neuen Zeiten
- Streichen von Veranstaltungen oder Veranstaltungszeiten
- Ändern von Bezeichnungen, Veranstaltungsmerkmalen, Kommentaren usw.
- Erstellung einer Übersicht mit allen Änderungen gegenüber dem letzten veröffentlichten Planungsstand
- gegebenenfalls erneutes Durchführen der Planungsdurchläufe und Erstellung der Drucklistenvorlagen

3. Interne Struktur

Intern arbeitet LAPIS mit einem System von Listen bzw. Zeigern. Alle Teildaten werden in verketteten Listen gespeichert. Die Verbindung zwischen den Datenbausteinen wird ebenfalls über Zeiger hergestellt. Aufgrund dieser Technik sind alle Teildatenbestände jeweils auf dem aktuellen Stand. Alle Veränderungen werden, sofern sie andere Datenbereiche betreffen, sofort übernommen bzw. angepaßt. Die Listenstruktur der gespeicherten Daten erlaubt eine dynamische Datenver-waltung. Die Obergrenze für die Menge der zu verarbeitenden Daten wird lediglich durch den zur Verfügung stehenden Hauptspeicher begrenzt. Die Daten werden direkt im Arbeitsspeicher bearbeitet. Die Schnelligkeit des Datenzugriffs wird damit wesentlich erhöht. Die Erstellung von Eventualplänen bzw. „Simulation" von Plansitua-tionen wird ebenfalls dadurch erleichtert, da die Daten erst mit der externen Ab-speicherung zuzusagen „endgültig" werden.

Einsatz von CD-ROMs in der Ausbildung von Wirtschaftswissenschaftlern

Roland Hanebeck und Martin G. Möhrle

Universität Kaiserslautern
Lehrstuhl für Betriebsinformatik

1. Einleitung

In den Unternehmungen der bundesdeutschen Industrie spielt die Informationsbeschaffung aus externen Quellen, u.a. den Online-Datenbanken, eine zunehmend stärkere Rolle. Externe Quellen werden beispielsweise zu Rate gezogen bei

- der Erschließung neuer Märkte,
- der Verfolgung neuer Technologien,
- der Anbahnung von Geschäftskontakten und
- der Literaturversorgung [1][2].

Externe Quellen eignen sich neben technischen für viele wirtschaftliche Fragestellungen [3, S.160]. Ihre Nutzung sollte daher in die Ausbildung von Studenten des Wirtschaftsingenieurwesens und der Wirtschaftswissenschaften aufgenommen werden. Dabei bedürfen die Studenten zweier Dinge: des Wissens über die in externen Quellen enthaltenen Informationen und einer Grundausbildung in den Rechercheverfahren.

Für die Ausbildung eignen sich CD-ROMs (Compact Disk Read Only Memories) aus dem Angebot externer Quellen in besonderem Maße (Abschnitt 1). Im folgenden Beitrag wird über drei Aspekte bei ihrem Einsatz berichtet:

- Hardware: Zum Lesen von CD-ROMs wird ein spezielles CD-ROM-Laufwerk benötigt (Abschnitt 2). Empfehlenswert ist die Anbindung des Laufwerks an den Rechnerarbeitsplatz über eine SCSI-Schnittstelle, die hohe Datenübertragungsraten ermöglicht.
- Ausbildungskonzept: Die Studenten sollen Rechercheverfahren kennenlernen, diese an verschiedenartigen Datenbanken erproben und damit auch einen ersten Einblick in die Bandbreite des Angebots gewinnen (Abschnitt 3). Als Datenbanken werden „dafne" (überwiegend Bilanzkennzahlen von Unternehmungen), „ABC der Deutschen Wirtschaft" (Text und Zahlen zu Unternehmungen) und „Der Einigungsvertrag" (Volltext) vorgeschlagen.
- Curriculum: Eine Ausbildung an CD-ROMs kann in sechs Unterrichtseinheiten absolviert werden, sofern die Studenten bereits informationstechnisch vorgebildet sind (Abschnitt 4). Das Kaiserslauterer Modell kann dabei in einfacher Weise auf andere wirtschaftswissenschaftliche Fachbereiche übertragen werden.

2. Online-Datenbanken versus CD-ROMs

Externe Informationen können auf zwei verschiedenen elektronischen Wegen beschafft werden: Entweder ruft man ausgewählte Informationen online über ein Datennetz von einer Datenbank in einem Rechenzentrum ab, oder man kauft den gesamten Inhalt einer Datenbank auf einem Festmedium (CD-ROM, Diskette, Wechselfestplatte) und installiert ihn auf dem eigenen Rechner. Die Wege unterscheiden sich insbesondere hinsichtlich des Kostenanfalls und der notwendigen Vorleistungen:

- Bei Online-Datenbanken fallen – zumindest bei heutiger Vertragsgestaltung – die wesentlichen Kosten variabel zum Abruf von Informationen an [4, S.13]. Dagegen sind bei Festmedien die wesentlichen Kosten fix bzw. sprungfix [5]; hat man also erst einmal eine Datenbank auf einem Festmedium erworben, so kann man ohne größere Zusatzkosten beliebig oft darin recherchieren.
- Bei Online-Datenbanken bedarf es als Vorleistungen des Anschlusses an ein Datennetz, der Zulassungsberechtigung in einem Rechenzentrum und eines geeigneten Rechercheprogramms. Bei Festmedien genügt ein entsprechendes Abspiel-Laufwerk für das Festmedium sowie ebenfalls ein Rechercheprogramm.

Aus diesen Unterschieden kann auf die Eignung für die Ausbildung geschlossen werden: Online-Datenbanken sind besonders dann geeignet, wenn man aus vielen verschiedenen Datenbanken jeweils nur wenige Informationen abrufen möchte. CD-ROMs bieten sich an, wenn man nur in wenigen Datenbanken, dort aber intensiv und für längere Zeit recherchieren möchte. Letzteres überwiegt bei der Ausbildung, wodurch sich die Eignung von CD-ROMs ergibt.

3. Notwendige Hardwarearchitektur

Die Ausbildung der Studenten baut auf einer leistungsfähigen Hardwarearchitektur auf, verbunden mit einer Auswahl an Datenbanken auf CD-ROMs. CD-ROMs sind ein Speichermedium mit einer sehr hohen Kapazität. Auf einer einzigen CD-ROM können ca. 600 Megabyte an Informationen untergebracht werden, das entspricht etwa zehn handelsüblichen Festplatten oder 400 hochformatierten Disketten. Im Vergleich zu Festplatten oder Disketten dauern die Zugriffe auf eine CD-ROM allerdings relativ lange: Im Durchschnitt werden für einen Zugriff 300 ms im Vergleich zu etwa 30 ms bei einer Festplatte benötigt. Zum Lesen von CD-ROMs wird ähnlich wie bei Disketten ein eigenes Laufwerk benötigt. Zur Zeit werden etwa 50 verschiedene CD-ROM-Laufwerke angeboten, die nach ihrer Einbauweise, den lesbaren Abspeicherungsformaten, dem verwendeten Adapter/Controller und weiteren technischen Details unterschieden werden können [6]:

- Einbauweise: CD-ROM-Laufwerke können extern an einen Personal-Computer angeschlossen oder als interne Laufwerke in einen Personal-Computer integriert werden. Im zweiten Fall bedarf es einer leistungsfähigen Stromversorgung im Personal-Computer.
- Abspeicherungsformate: Es gibt zwei verbreitete Abspeicherungsformate, High Sierra und ISO 9660. Die meisten CD-ROM-Laufwerke können beide Formate lesen.
- Adapter/Controller: Die CD-ROM-Laufwerke können entweder über eine serielle oder eine SCSI-Schnittstelle mit dem Personal-Computer verbunden werden. Die serielle Schnittstelle verursacht kaum Zusatzkosten, hat aber auch nur eine sehr niedrige Datenübertragungsrate. Wesentlich schneller, allerdings auch deutlich teurer ist die SCSI-Schnittstelle.

An der Universität Kaiserslautern wurden an vier Personal-Computer PS/2 Modell 55 mit Farbbildschirm und Tastatur je ein externes CD-ROM-Laufwerk CDR 72 der Firma NEC angeschlossen. Der verwendete SCSI-Adapter belegt eine der drei Erweiterungspositionen der Hauptplatine des Computers. Grundsätzlich gab es keine Probleme mit Implementation und Betrieb der CD-ROMs, doch traten beim Lesen einer der drei verwendeten CD-ROMs fallweise Probleme mit dem Datenabspeicherungs-format auf.

4. Ausbildungskonzept

Die Hardwarearchitektur bildet den Rahmen für die vorgesehenen Schulungsmaßnahmen. Um externe Quellen sinnvoll für betriebswirtschaftliche Fragestellungen einsetzen zu können, müssen die Studenten ein oder mehrere Rechercheverfahren beherrschen (Abschnitt 3.1.), und sie sollten einen ersten Eindruck von der Vielfalt des Informationsangebots gewonnen haben. Deshalb wurden drei verschiedenartige Datenbanken ausgewählt:

- Die Faktendatenbank „dafne" basiert überwiegend auf Zahleninformationen und unterstützt die Analyse von Unternehmungsbilanzen (Abschnitt 3.2.). Es können verschiedene Kennzahlen (z.B. Kapitaldeckungsgrad, Cash Flow) einer Unternehmung abgerufen und mit denen anderer Unternehmungen verglichen werden.
- In der Faktendatenbank „ABC der Deutschen Wirtschaft" sind Zahlen und Texte kombiniert (Abschnitt 3.3.). Sie eignet sich zum Recherchieren der Firmengeschichte, des Produktprogramms und einiger Kennzahlen von Unternehmungen der deutschen Industrie.
- Mit Hilfe der Volltextdatenbank „Der Einigungsvertrag" kann die bibliographische Recherche erlernt werden (Abschnitt 3.4.). Die Datenbank enthält die Bestimmungen des Einigungsvertrags, wobei nach einzelnen Paragraphen oder Stichwörtern gesucht werden kann.

Die drei Datenbanken werden im folgenden jeweils inhaltlich weiter charakterisiert, und ihre Abfragesprachen werden vorgestellt.

4.1 Lernziel: Recherchieren in Datenbanken

Das Grundproblem jeder Recherche liegt in der Frage, wie man aus einer Vielzahl an vorliegenden Informationen diejenigen herausfindet, die bei der verfolgten Aufgabenstellung weiterhelfen können. Beispielsweise seien aus einer Datenbank mit Informationen zu 30.000 Unternehmungen diejenigen herauszufinden, die CD-ROM-Laufwerke liefern oder die in Berlin ihren Firmensitz haben. Für solche Zwecke wurden Abfragesprachen (Retrievalsprachen) entwickelt, die vier Befehlsarten umfassen [7, S.49, und 8, S.28]:

- Befehle zur Datenbankanwahl,
- Suchbefehle, z.B. Eingrenzung bestimmter Datenfelder, Wortstammsuche, Wortverbindungen,
- Anzeige- und Druckbefehle sowie
- Endebefehl.

Besonders wichtig sind die Suchbefehle, mit denen einzelne Datensätze hinsichtlich bestimmter Kriterien selektiert werden. Üblicherweise können zwei oder mehrere Suchbefehle logisch miteinander verknüpft werden, und zwar über das logische „Und" und das logische „Oder". Dies sei an einem Beispiel gezeigt: Ein erster Suchbefehl möge lauten „Suche alle Unternehmungen, die CD-ROM-Laufwerke herstellen", ein zweiter „Suche alle Unternehmungen, die ihren Firmensitz in Berlin haben". Verknüpft man beide Suchbefehle über ein logisches „Und", so wird nach allen Unternehmungen gesucht, die CD-ROM-Laufwerke herstellen und gleichzeitig ihren Firmensitz in Berlin haben. Das logische „Und" schränkt also den Suchraum ein. Verknüpft man beide Suchbefehle dagegen über ein logisches „Oder", so wird nach allen Unternehmungen gesucht, die CD-ROM-Laufwerke herstellen oder ihren Firmensitz in Berlin haben. Das logische „Oder" erweitert somit den Suchraum. Je nach Datenbankart unterscheiden sich die Abfragesprachen [9]:

- Bei Faktendatenbanken mit Zahleninformationen stehen oftmals arithmetische Funktionen zur Verfügung. So können normalerweise Wertebereiche wie „Umsatz zwischen 12 und 15 Mio. DM" oder „Gewinn im Jahre 1989 größer als 3 Mio. DM" als Kriterien verwendet werden.
- Bei Datenbanken mit Textinformationen ist die Suche nach Wortstämmen und nach Wortverbindungen stärker ausgeprägt. Bei Wortstämmen werden die Endungen der Suchbegriffe weggelassen, wodurch die Trefferhäufigkeit steigt. So liefert z.B. die Suche nach dem Wortstamm „Gesellschaft" Datensätze, in denen die Wörter „Gesellschaft", „Gesellschaften" oder „Gesellschafter" enthalten sind. Bei Wortverbindungen wird nach Verknüpfungen zweier oder mehrerer Begriffe gesucht, z.B.

nach „Offen" und „Gesellschaft", wodurch Datensätze zur OHG (Offene Handelsgesellschaft) identifiziert werden können.

4.2 „dafne": Auf Zahleninformationen basierende Faktendatenbank

In der Datenbank „dafne" stehen Informationen über diejenigen 30.000 Unternehmungen der alten Bundesrepublik zur Verfügung, die zwei der drei Kriterien „Umsatz über 8 Mio. DM", „Gesamtvermögen über 39 Mio. DM" und „Mitarbeiterzahl über 50 Beschäftigte" erfüllen. Zu den einzelnen Unternehmungen werden angeboten

- das Firmenprofil (Name, Adresse, Telefonnummer etc.),
- die Branche und die Tätigkeitsfelder,
- Teile der Gewinn- und Verlustrechnung,
- Teile der Bilanz,
- betriebswirtschaftliche Kennzahlen,
- die Namen der Geschäftsleitungsmitglieder und
- die Namen der Hauptaktionäre.

Die Abfragesprache bei „dafne" wird durch Menüs unterstützt. Bei der Suche nach Textinformationen können die Begriffe in das entsprechende Eingabefeld eingegeben oder es kann eine geordnete Liste der vorhandenen Einträge mit dem Cursor durchgegangen werden. Bei Zahleninformationen wird nach dem gewünschten Wertebereich gefragt. Die gefundenen Datensätze werden menügeführt in einem vom Benutzer einschränkbaren Umfang angezeigt oder ausgedruckt. Verlassen wird die Abfragesprache ebenfalls über das Menü.

4.3 „ABC der Deutschen Wirtschaft": Faktendatenbank mit Zahlen und Texten

In der Datenbank „ABC der Deutschen Wirtschaft" stehen Informationen von 80.900 gesamtdeutschen Unternehmungen zur Verfügung, und zwar über

- Firmenname und Ort,
- Telekommunikationsmöglichkeiten,
- Industriegruppen und Produktbeschreibungen,
- Geschäftsleitungsmitglieder und
- sonstige Firmendetails wie z.B. die Rechtsform.

Gegenüber „dafne", bei der die Zahleninformationen den Schwerpunkt bilden, liegt bei „ABC der Deutschen Wirtschaft" der Schwerpunkt auf den Textinformationen, die allerdings ebenfalls in hochstrukturierter Form abgespeichert sind.

Zur Suche steht eine standardisierte Eingabemaske zur Verfügung, in die das Gewünschte beispielhaft eingegeben werden kann (Query by Example). Die möglichen Eintragsarten sowie eine sortierte Liste der vorhandenen Einträge werden über Hilfefunktionen angezeigt. Einzelne Einträge können auch aus Wertebereichen bestehen, und verschiedene Kriterien können logisch miteinander verknüpft werden. Die gefundenen Datensätze werden mit dem Unternehmungsnamen und -ort als Liste am Bildschirm angezeigt. Einzelne Datensätze können dann über eine Funktionstaste in ihrem vollen Umfang ausgegeben werden. Mit einer weiteren Funktionstaste wird die Abfragesprache verlassen.

4.4 „Der Einigungsvertrag": Datenbank mit Volltexten

Die Datenbank „Der Einigungsvertrag" enthält als Volltexte das Einigungsvertragsgesetz, den Einigungsvertrag mit den zugehörigen Anlagen und Vereinbarungen sowie das Gesetz über den Aufenthalt von Streitkräften.

In Volltexten wird über Begriffe (als inhaltliches Kriterium) oder über Gliederungsangaben (als formales Kriterium) nach den gewünschten Textstellen gesucht. Zur Auswahl der Begriffe wird ein alphabetisch gegliederter Index angeboten. In der Datenbank kann gesucht werden nach

- einzelnen Begriffen,
- verknüpften Begriffen,
- mit Platzhaltern umschriebenen Begriffen,
- verknüpften Begriffen in engem Abstand,
- Paragraphen oder
- Seiten des Bundesgesetzblattes.

Die Abfragesprache unterscheidet sich deutlich von den bisher vorgestellten Abfragesprachen. Grundsätzlich werden Abfragen zeilenorientiert in ein Freifeld eingetragen. Einige Suchbefehle wie die Wortabstandssuche können auch über Tastenkombinationen oder ein Menü aufgerufen werden. Für die dann notwendigen Eingaben werden Masken bereitgestellt. Textabschnitte, in denen die gesuchten Begriffe enthalten sind, werden am Bildschirm ausgegeben. Weitere zutreffende Textabschnitte werden mit einer Funktionstaste angefordert. Querweise innerhalb einzelner Texte dienen zusätzlich dem Nachschlagen. Über ein Menü wird die Abfragesprache verlassen.

5. Curriculum

Die Ausbildung an CD-ROMs kann in sechs Unterrichtseinheiten gegliedert werden. Die Studenten sollten dabei bereits eine informationstechnische Grundausbildung besitzen [10]; eine gewisse Vertrautheit mit dem Rechner als Arbeitshilfsmittel ist wünschenswert. Von den sechs Unterrichtseinheiten sollten drei als Frontalunterricht und drei direkt am Rechner durchgeführt werden. Im einzelnen handelt es sich um folgende Einheiten:

1) Grundlagen der Datenbankrecherche (Frontalunterricht)
2) Recherche in Faktendatenbanken (Frontalunterricht)
3) Übung mit „dafne" (am Rechner)

4) Recherche in Textdatenbanken (Frontalunterricht)
5) Übung mit „ABC der Deutschen Wirtschaft" (am Rechner)
6) Übung mit „Der Einigungsvertrag" (am Rechner)

Die Studenten können mit Fragen steigender Schwierigkeit durch die Übungen geleitet werden. Beginnend mit einfachen Fragen („Welchen Umsatz erreichte die Firma Bayer im Jahr 1990") kann bis zu komplexen Fragen („Wie unterscheidet sich der ROI in den Branchen Chemie und Elektrotechnik?") die Leistungsfähigkeit der Recherche in Datenbanken schrittweise vermittelt werden.

Das vorgestellte Kaiserslauterer Ausbildungskonzept und Curriculum kann leicht auf andere wirtschaftswissenschaftliche Fachbereiche übertragen werden, gegebenenfalls mit anderen Datenbanken auf CD-ROMs. Damit besteht die Möglichkeit einer vergleichsweise preisgünstigen Ausbildung der Studenten im Umgang mit externen Informationsquellen, also mit Medien, die in Zukunft noch wesentlich stärkere Bedeutung erlangen werden, als dies heute schon der Fall ist.

Literatur

1. Falkenhausen, Hasso von: Information aus Datenbanken. Rohstoff für die Zukunftssicherung, in: technologie & management, 37.Jg., 1988, H.2, S.12-21.
2. Becker, Thomas: Das frühzeitige Erkennen von Technologietrends: Patentanalyse, Bibliometrie, Technometrie, in: technologie & management, 37.Jg., 1988, H.4, S.20-26.
3. Möhrle, Martin G.: Informationssysteme in der betrieblichen Forschung und Entwicklung: Konzeptioneller Entwurf, empirischer Befund und zukünftige Praxis. Bad Homburg v.d.H: DIE 1991.
4. Stubbe, Heidrun: Wie teuer sind Datenbankrecherchen? In: Cogito, 2.Jg., 1986, H.3, S.13.
5. Fletcher, Paul: CD-ROM - Technology and its Applications, in: Mitchell, Joanne; Harrison, Julie (Ed.): The CD-ROM Directory 1990. London: TFPL 1990, pp.IX-X.
6. Luhn, Robert: CD-ROM Drives, in: PC World, 1991, April, pp.180-184.
7. Kolke, Ernst-Gerd vom: Wider alte Vorurteile - Retrievalsprachen einfacher als gemeinhin angenommen, in: Cogito, 3.Jg., 1987, H.4, S.48-52.
7. Becker, Thomas: Zukunftsmarkt Datenbanken, in: technologie & management, 37.Jg., 1988, H.2, S.22-29.
8. Eine Übersicht über die Rechercheverfahren in verschiedenartigen Datenbanken geben Claassen, Walter, et al.: Fachwissen Datenbanken: Die Information als Produktionsfaktor. Essen: Klaes 1986.
10. vgl. zu Kenntnissen von Erstsemesterstudenten Hanebeck, Roland; Möhrle, Martin G.: Informationstechnische Kenntnisse von Studienanfängern des Wirtschaftsingenieurwesens. Ergebnisse einer empirischen Untersuchung an der Universität Kaiserslautern, in: Information Management, 6.Jg., 1991, H.2, S.70-75.

Rechts-, Geistes- und Sozialwissenschaften

CIP, fachspezifische Theorie und Berufsarbeitsplätze – mit dem Beispiel einer Europaratsempfehlung zur Juristenausbildung

Herbert Fiedler

Universität Bonn
Forschungsstelle für Juristische Informatik und Automation

Das Computer-Investitions-Programm ist heute über viele Fachbereiche hinweg als erfolgreich anerkannt. Gemeinsam ist das Bestreben einer besseren Vorbereitung von Studenten auf ihre spätere Berufspraxis. Diese (und ihre Beziehung zur Informationstechnik) ist natürlich für die einzelnen Fächer verschieden. So ist etwa für technisch-naturwissenschaftliche Fächer eine enge Beziehung zwischen Berufspraxis und IT-Anwendung heute selbstverständlich. Für geisteswissenschaftliche Fächer (wie etwa die Rechtswissenschaft) gilt dies bis jetzt nicht oder nur in einem viel geringeren Maße. Gerade deshalb soll hier das Verhältnis zwischen CIP, fachspezifischer Theorie und der Gestaltung von Berufsarbeitsplätzen anhand der Rechtswissenschaft als einer geisteswissenschaftlichen Disziplin behandelt werden. Als Beispiel kann eine Empfehlung des Europarats über Teaching, research and training in the field of „Computers and law" aus dem Jahr 1980 dienen, über deren Fortentwicklung zugleich berichtet werden kann.

1. CIP-Pools, fachspezifische Theorie und Berufsarbeitsplätze

Entscheidend für einen dauerhaften Erfolg des CIP mit seinen eigentlichen Anliegen ist die Herstellung angemessener Beziehungen in einer Art von „magischem Dreieck" zwischen

- CIP-Pools mit deren Organisation und Nutzung
- Der jeweiligen fachspezifischen Theorie und Lehre
- Der Gestaltung von IT-Arbeitsplätzen der Berufspraxis.

Von den damit angesprochenen Beziehungen ist diejenige zwischen CIP-Arbeitsplätzen und den IT-Arbeitsplätzen der späteren Berufspraxis schon beim 4. CIP-Status-Kongreß behandelt worden[1]. Hierbei hat sich gezeigt, daß die Arbeitsbedingungen an den CIP-Pools nicht einfach mit denen an späteren Berufsarbeitsplätzen zu identifizieren sind. Wesentliche Unterschiede ergeben sich insbesondere aus der Zeitdistanz, aus dem verschiedenen Technikniveau, verschiedenen Einsatzbedingungen und verschiedener Funktionalität. So unterscheiden sich etwa im juristischen Bereich die Einsatzbedingungen an CIP-Pools und in der Berufspraxis wesentlich in Bezug auf die Anforderungen von Datenschutz und Datensicherung. Neuerdings hat ein Auftragsprojekt der Forschungsstelle für juristische Informatik der Universität Bonn für den Bundesjustizminister (IURISTAR, Informationstechnische Unterstützung an den Arbeitsplätzen von Richtern, Staatsanwälten und Rechtspflegern) in eindrucksvoller Weise die besondere Bedeutung von Datenschutz und Datensicherung an Juristenarbeitsplätzen in der Justiz gezeigt – welche etwa bei CIP-Pools der juristischen Universitätsausbildung keine Parallele findet.

Hier soll diesmal schwerpunktmäßig ein anderer Teil der Problematik angesprochen werden, nämlich derjenige der Einbeziehung der fachspezifischen Theorie und Lehre in das „magische Dreieck", mit ihren Beziehungen zu den CIP-Pools einerseits und zu den Berufsarbeitsplätzen andererseits. Entsprechend der Einbeziehung in dieses Dreiecksverhältnis geht es hier insbesondere um diejenigen Elemente der jeweiligen Fachdisziplin, welche sich für Lehre oder berufliche Arbeit sinnvollerweise zur Informatik und Informationstechnik in Beziehung setzen lassen. Für sämtliche Fachdisziplinen außer der Informatik selbst muß so auch für die sinnvolle Nutzung des CIP eine Art von interdisziplinärem Schnittstellenbereich zwischen Informatik und der jeweiligen Fachdisziplin gebildet werden. Der Aufbau solcher interdisziplinärer Schnittstellenbereiche ist natürlich nicht erst ein Anliegen des CIP. Er ist zugleich mit dem Aufbau der „Informatik" überhaupt gegen Ende der 60er Jahre gefordert und betrieben worden – in Gestalt der sogenannten „anwendungsorientierten" oder „Bindestrich"-Informatiken, wie etwa Betriebswirtschaftlicher, Medizinischer oder Rechts-Informatik. Hinsichtlich der Bedeutung solcher Bindestrich-Informatiken sollen hier zwei Thesen vertreten werden:

- Allgemeiner die These, daß für eine Informatik mit dem Anspruch auch einer „Querschnittsdisziplin" solche interdisziplinären Schnittstellenbereiche ebenso wichtig werden, wie die Kernbereiche der Informatik;
- Spezieller die These, daß auch für einen dauerhaften Erfolg des CIP die jeweilige fachspezifische Theorie und Lehre durch die Ausbildung ihres Schnittstellenbereichs mit der Informatik weiterentwickelt werden muß.

Die genannten Schnittstellenbereiche beinhalten i.S. einer Wechselwirkung sowohl die Anwendung von Informatik-Methoden in der betreffenden Fachdisziplin, wie auch die Anwendung von Prinzipien der Fachdisziplin auf die Methoden der Informatik. Beides hängt enger zusammen, als es auf den ersten Blick scheinen könnte, und begründet die Notwendigkeit spezieller Interdisziplinen („Bindestrich-Informatiken") von erheblichem wissenschaftlichen Anspruch. Tatsächlich geht es heute vielfach darum, anspruchsvolle Bereiche fächerverbindender Kompetenz, welche sich in einer wissenschaftlich relevanten IT-Praxis neben der Einteilung klassischer Disziplinen entwickelt haben, wieder in das System wissenschaftlicher Disziplinen und Interdisziplinen zurückzuholen und einzugliedern. Andernfalls besteht die Gefahr, daß sich das klassische System wissenschaftlicher Disziplinen wegen mangelnden Praxisbezugs diskreditiert. Speziell für den juristischen Bereich bedeutet die Konzeption eines derartigen Schnittstellenbereichs fachspezifischer Theorie und Lehre mit der Informatik die Einbeziehung sowohl der Informatikanwendungen im Recht wie auch der Rechtsregelungen von Informatikanwendungen. Die Herausbildung und Verbindung beider Teilbereiche ist unter dem Motto der „Rechtsinformatik" seit langem gefordert[2], jedoch noch verhältnismäßig wenig realisiert worden. Wichtig ist hier die Betonung, daß es sich dabei nicht etwa einfach um „Informatik für Juristen" und „DV-Recht für Informatiker" handelt. Als Beispiel für das Konzept einer so verstandenen Rechtsinformatik als Bereich interdisziplinärer Theorie und Lehre soll hier auf eine Empfehlung des Europarats über Teaching, research and training in the field of „Computers and law" und deren Fortentwicklung verwiesen werden.

2. Eine Europaratsempfehlung über Juristenausbildung im Gebiet von „Computer und Recht"

Aufbauend auf gemeinsamen Entwicklungen und Konzepten zur Rechtsinformatik im europäischen Raum hat der Ministerrat des Europarats bereits 1980 eine Empfehlung über Lehre, Forschung und Ausbildung auf dem Gebiet von „Computer und Recht" ausgesprochen[3]. Wichtig ist, daß hier im Rahmen der Juristenausbildung ausdrücklich der Universitätsbereich angesprochen wird, unter Einbeziehung auch der Anforderungen einer Weiterbildung von Juristen. Durch eine bereits damals betont praxisorientierte Einstellung kam diese Empfehlung schon zu ihrer Zeit den Intentionen etwa des späteren CIP in Deutschland entgegen. Inhaltlich wurden die Themen einer Theorie und Lehre der Rechtsinformatik in Gestalt eines „Syllabus" für einen Einführungslehrgang dargestellt, dessen Gliederung im folgenden wiedergegeben wird[4]:

I. Introduction: „computers and law" as a new problem area; the computer considered as a tool for the lawyer and as a subject of law.

II. Technology and methodology, comprising matters such as:
- fundamentals of data processing,
- components of computer systems (hardware and software),
- working methods: organisation of systems and data, system design and planning.

III. Applications of computers in the legal field, comprising matters such as:
- document management and retrieval of documents,
- administrative systems (court administration, criminal justice systems, land registration, etc.),
- planning systems (in public administration, in legislation),
- assessment of implications (Impact on legal research, procedures and institutions).

IV. Normative problems related to the use of computers, comprising matters such as:
- privacy,
- confidentiality, reliability, security,
- data banks and data communication.

Die Empfehlung und insbesondere der „Syllabus" werden in einem längeren „Explanatory Memorandum" begründet. Unter anderem wird darin auch schon hervorgehoben, daß im Zusammenhang mit den theoretischen Komponenten der Ausbildung auch der Erwerb von praktischen Fähigkeiten im Umgang mit Computern vermittelt werden soll[5].

3. Weiterentwicklung zur Europaratsempfehlung über Juristenausbildung im Gebiet von „Computer und Recht"

Etwa ein Jahrzehnt nach der Vorbereitung der o.g. Ministerratsempfehlung durch eine internationale Arbeitsgruppe ist 1989 wiederum eine Arbeitsgruppe des Europarats eingesetzt worden[6], um eine Fortschreibung oder Neuauflage der Empfehlung vorzubereiten. Auch angesichts der Schnellebigkeit von Entwicklungen der Informationstechnik ging es hierbei um eine kontinuierliche Fortentwicklung. Als Tendenzen dieser Weiterentwicklung können hier etwa genannt werden:

- Eine stärkere Differenzierung und Konkretisierung; Ausbau des „Syllabus" in Richtung auf ein ganzes Studienprogramm;
- eine noch engere Verbindung zwischen theoretischen und praktischen Elementen der Ausbildung, jetzt unter ausdrücklicher Einbeziehung der Rolle des Computers als persönliches Arbeitsmittel für den Jurastudenten wie für den Rechtspraktiker;
- Die Einbeziehung weiterer Anwendungen (z.B. Electronic Funds Transfer, Electronic Document Interchange) und ein stärkerer Ausbau einer fachspezifischen, interdisziplinär begründeten Theorie.

Gerade die Tendenzen der Weiterentwicklung zur Europaratsempfehlung über Juristenausbildung im Gebiet von „Computer und Recht" (jetzt als „Recht und Informationstechnik" bezeichnet) harmonieren mit dem, was hier als Konzept einer „Rechtsinformatik" im Schnittstellenbereich zwischen Informatik und Recht gesehen wird. Allerdings ist der neue Entwurf der Arbeitsgruppe (aus organisatorischen Gründen im Bereich des Europarats) noch nicht zur Empfehlung geworden. Er wurde aber bereits im Entwurfsstadium verbreitet und z.B. vom Bundesminister der Justiz (in deutscher Übersetzung) an die Landesjustizminister versandt[7]. Eine weitere Auseinandersetzung mit den Inhalten dieses Entwurfs und ihre Umsetzung in die Praxis ist auch im Sinne des CIP zu wünschen. Über die Rechtsinformatik hinaus könnte hiermit auch ein weiterer Schritt zur Entwicklung der Gebiete angewandter Informatik überhaupt getan werden.

Anmerkungen

1. H. Fiedler, Beziehungen zwischen IT-Arbeitsplätzen im Lehrbetrieb (CIP) und IT-Arbeitsplätzen in der Berufspraxis, 4. CIP-Status-Kongreß, Tagungsband.
2. Vgl. aus neuerer Zeit mit weiteren Nachweisen etwa H. Fiedler, Lehrinhalte der Rechtsinformatik, in: C.-E. Eberle (Hrsg.), Informationstechnik in der Juristenausbildung, München 1989, S. 51 ff; H. Fiedler und G. Oppenhorst (Hrsg.), Computer in der Juristenausbildung – Elemente praktischer Rechtsinformatik, München 1989.
3. Teaching, research and training in the field of „Computers and law", Recommendation No. R (80) 3, adopted by the Committee of Ministers of the Council of Europe on 30 April 1980 and Explanatory Memorandum, veröffentlicht als Europaratsbroschüre Straßburg 1981.
4. Appendix to Recommendation No. R (80) 3, S. 6 der Broschüre.
5. Explanatory Memorandum, No. 13 und No. 18, S. 10 und 11 der Broschüre.
6. Der Verf. gehörte beiden Arbeitsgruppen an.
7. Mit Schreiben vom 05. März 1991.

syncWRITER

Wilhelm Grießhaber

Universität Hamburg
Arbeitsbereich Deutsch als Fremdsprache
Germanistisches Seminar

Im einleitenden Teil werden die grundlegenden Funktionsweise des Programms sowie die Grundfunktionen vorgestellt. Im zweiten Abschnitt werden zunächst die Aspekte der Verschriftlichung von Gesprächen für sprachanalytische Zwecke behandelt. Im Anschluß daran werden die traditionellen, manuellen Transkriptionsverfahren und die Probleme beim Übergang auf die On-screen-Transkription mit dem Computer erläutert. Dabei wird die für das Programm zentrale Funktion der Synchronisierung von Daten in verschiedenen Spuren illustriert. Das durch diese Funktion ermöglichte neue Handling komplexer Datenstrukturen wird am Beispiel der Ein- bzw. Ausblendung einzelner Spuren und unterschiedlicher Notationsverfahren für paraverbale Phänomene vorgestellt. Textstatistische Funktionen wie das protokollierte Suchen oder die nach Spuren getrennte Erfassung von Äußerungen und Elementen stellen bislang unerreichte Möglichkeiten bei der Arbeit mit Transkriptionen dar. Der Export der Daten wird am Beispiel der Erstellung und der Struktur von sequentiell geordneten Äußerungsfolgen über Äußerungslisten vorgestellt. Den flexiblen Optionen zur Gestaltung des Partiturdrucks ist der abschließende Teil der Programmvorstellung gewidmet. Abschließend wird über Anwendungserfahrungen beim Einsatz des Programms berichtet.

1. Grundlegende Funktionsweise des Programms

syncWRITER für den Apple Macintosh bietet eine integrierte Arbeitsumgebung für die Erstellung und Bearbeitung von Transkriptionen am Bildschirm. Für die empirische Untersuchung gesprochener Sprache ist dabei von besonderer Bedeutung, daß die Redebeiträge der Interaktanten in ihrer zeitlichen Erstreckung repräsentiert werden können. Damit ist eine analoge Repräsentation des Verlaufs der Redebeiträge realisierbar, wie sie aus Musikpartituren bekannt ist. *syncWRITER* ermöglicht diese Darstellung durch die Texteingabe in ein endloses, horizontal scrollendes Band mit (nahezu) beliebig vielen Spuren zur Aufnahme von Redebeiträgen oder sonstigen Informationen (Abb. 1). Über Synchronisierungsoperationen können beliebige Abschnitte aus den Spuren miteinander verkettet werden. Dadurch ist sichergestellt, daß Änderungen in einer Spur die Relationen zwischen den Redebeiträgen nicht verändern. Diese Funktion ist in Verbindung mit der Endlos-Partiturfläche die grundlegende Voraussetzung für die Erstellung von Transkriptionen am Bildschirm nach dem Prinzip der analogen Darstellung der Redebeiträge. Die folgende Liste gibt einen kurzen Überblick über die Grundfunktionen des Programms:

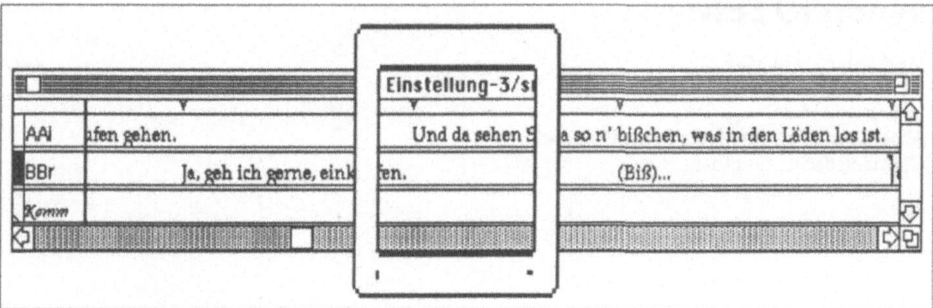

Abb. 1: Das Prinzip der Endlos-Partiturfläche

- Die *Endlos-Partiturfläche* aus der Musiknotation dient der unmittelbaren Eingabe von Daten, die untereinander synchronisierbar sind;
- Die *Synchronisierung* der Einträge erhält deren relative Lage, so daß spätere Änderungen möglich sind;
- Für den *Ausdruck* läßt sich die Endlosfläche automatisch in eine Folge von Flächensegmenten zerlegen und wie eine Musikpartitur drucken;
- Für den *Export* der Daten in andere Programme können die Endlosflächen in eine sequentiell geordnete Folge von Äußerungen zerlegt und im ASCII-Datenformat exportiert werden;
- Über die Zwischenablage können auch *einzelne Spuren* selektiv exportiert werden;
- Die *Fokussierung von Suchoperationen* auf alle oder einzelne Spuren unterstützt analytische Arbeiten am Bildschirm;
- Die *Protokollierung* der Suche mit Angabe des Dateinamens, des Suchbegriffs und der Fundstelle(n) erlaubt einfache Analyseoperationen;
- Die zeitweilige *Ausblendung* (Implosion) einzelner oder mehrerer Spuren gestattet die Konzentration auf einzelne Sprecher oder Datenschichten; so können bei mehrsprachigen Transkriptionen z. B. die Interlinearübersetzungen während der Arbeit mit den Originaldaten ausgeblendet werden.

Die strikte Beachtung der User-Guidelines bei der Programmentwicklung verkürzt die Einarbeitungszeit in das Programm. Lediglich die programmspezifischen Operationen sind bei Vertrautheit mit dem Betriebssystem neu zu lernen. Alle Eingaben werden am Bildschirm so dargestellt, wie sie später ausgedruckt werden (WYSIWYG-Prinzip).

2. Transkribieren, was bedeutet das?

Das Programm wurde ursprünglich mit dem Ziel entwickelt, traditionelle Transkriptionsverfahren auf die Arbeit am Bildschirm zu übertragen (s. Grießhaber & Rehbein 1988; zu traditionellen Transkriptionsverfahren s. Ehlich & Rehbein 1976 und Ehlich & Switallla 1976). Für die empirische Erforschung gesprochener Sprache sind nämlich Gedächtnisprotokolle oder auditive Aufnahmen allein unzureichend. Die wissenschaftliche Analyse bedarf einer nachprüfbaren, objektivierten Aufzeichnungsform. Erst in der schriftlich fixierten Form können die üblichen analytischen Verfahren auf mündliche Äußerungen angewendet und die üblichen Standards für empirische Analysen erfüllt werden. Diese schriftliche Fixierung, das Transkribieren, erfordert einen hohen Arbeitsaufwand und übersteigt bei weitem die Anforderungen, die an die Niederschrift von Diktattexten gestellt werden. Bei der schriftlichen Umsetzung von Diktaten kann der Hörer Verschleifungen, die in der mündlichen Kommunikation üblich sind, erkennen und die entsprechende schriftsprachliche Form zu Papier bringen. Diese Prozesse laufen nicht nur weitgehend automatisch und unbewußt ab, sondern sind im Gegenteil nur schwer kontrollierbar. Das führt dazu, daß beim Transkribieren schriftsprachliche Formen niedergeschrieben und z. B. normabweichende Kasusmarkierungen korrigiert werden. Man vergleiche die schriftsprachliche und die mündlich geäußerte Form (nach Reck 1987: 47):

in der Zwischenzeit	schriftsprachlich
[˛nå ·tsv˛Sn¡tsa˛8t]	phonetische Transkription nach IPA
/ina Zwischnzeit/	ungefähre phon. Transkription in der Schriftsprache

Der alveolare Nasallaut /n/ der Präposition 'in' wird mit dem folgenden bestimmten Artikel 'der' so verschmolzen, daß der stimmhafte Verschlußlaut /d/ nicht mehr als eigenständiger Laut realisiert wird. Diese lautlich reduzierten Formen werden normalerweise gar nicht als reduzierte wahrgenommen, sondern beim Niederschreiben automatisch zu den vollen Formen ergänzt. Diese Ergänzungsleistung geht so weit, daß selbst ausgelassene Funktionswörter wie z. B. das Personalpronomen 'er' bei der Niederschrift ergänzt werden. Das Transkribieren erfordert also eine den üblichen Kommunikationsgewohnheiten zuwiderlaufende Konzentration auf die lautliche Gestalt der mündlichen Äußerungen. Nicht zuletzt aus diesem Grund sind nur auditive Gesprächsaufnahmen für empirische Analysen ungeeignet. Erst in nachgeschalteten Arbeitsschritten können grammatische Struktur und Bedeutung der Äußerungen wieder mit berücksichtigt werden. Allein schon diese Unterschiede zwischen den verschleifend artikulierten Äußerungen und den automatischen Ergänzungen und Normierungsprozessen bei der Rezeption führen dazu, daß Gesprächsdetails immer wieder anders 'verstanden' werden. Zu diesen sprachinternen Transkriptionsproblemen kommen noch externe Faktoren: Hintergrundgeräusche, die von den am Gespräch Beteiligten ausgefiltert und selten bewußt wahrgenommen werden, sind auf den Aufnahmen viel präsenter und störender, da die räumliche Orientierung im Schallraum erheblich eingeschränkter ist. Besonders hohe Anforderungen an die Konzentrationsfähigkeit stellen Gesprächsabschnitte dar, in denen zwei oder mehr Personen gleichzeitig reden. Die Zeit für die Transkription kann dann schnell von etwa 30 Minuten Transkriptionszeit pro Aufnahmeminute auf über 100 oder mehr Minuten Transkriptionszeit hochschnellen.

3. Der Transkriptionsprozeß

Aber selbst bei noch so sorgfältig durchgeführten Transkriptionen ist es nicht vermeidbar, daß bei späteren Kontrolldurchgängen bestimmte Passagen anders verstanden werden und die vorliegende Version verändert werden muß. Diese Veränderungen sind auch bei geübten Transkribenten während des ursprünglichen Transkriptionsprozesses normal. Ein typisches Beispiel dafür ist folgender Ausschnitt aus einer manuell angefertigten Transkription (Fienemann o.J.): Das Beispiel zeigt, daß erst bei einem späteren Arbeitsschritt im französischen Originalbeitrag zwischen „je“ und „ouvertement“ ein vorhandener Teil gelöscht und an dessen Stelle die Phrase „dicute/ äh discute“ eingefügt wurde. Da die verbesserte Version nicht mehr in die Lücke paßt, die die zuvor vorhandene Phrase einnahm, wurde die neue Version darübergeschrieben und mit einer Klammer eingepaßt. Einige Partikel unterhalb der Klammer sowie das dicker geschriebene „äh“ weisen auf Lösch- und Bearbeitungsprozesse hin. Die zuletzt

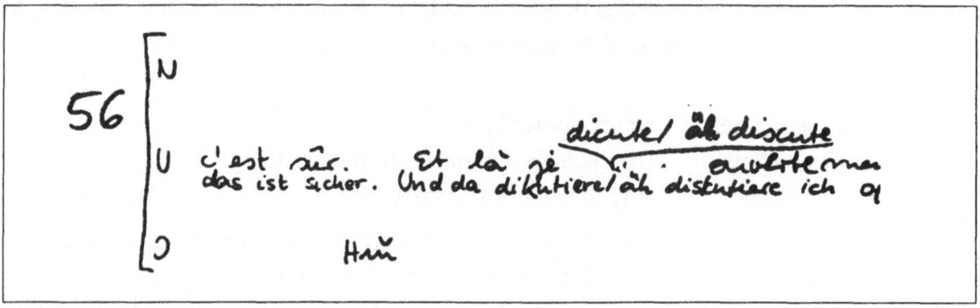

Abb. 2: Ausschnitt aus einer manuell angefertigten Transkription

angefertigte deutsche Interlinearübersetzung berücksichtigt schon die spätere französische Fassung. Angesichts dieser wiederholt durchgeführten Überarbeitungen wurden solche Transkriptionen auch nicht direkt auf der Schreibmaschine durchgeführt, sondern in reiner Handarbeit mit Bleistift und Radiergummi. Erst auf der Basis einer ausreichend stabilen und von anderen Personen kontrollierten Rohfassung wurde eine maschinenschriftliche Version erstellt.

syncWRITER stellt nun die Mechanismen zur Übertragung dieses Arbeitsprozesses auf den Bildschirm bereit. (Abb. 3) zeigt den Ausschnitt vor der Redigierung. Die gelöschte und überschriebene Passage ist mit „xxx“ ∂ wiedergegeben:
Wie Abb. 4 deutlich zeigt, verschieben sich durch die eingefügte Phrase (grau markiert ➊) die Längenverhältnisse im Text, während auf dem Papier (s. o. Abb. 2) die übrigen Redebeiträge in ihrer Lage zueinander unverändert bleiben. Doch bei der computergestützten Textverwaltung bereitet diese Parallelisierung Schwierigkeiten. Durch einen erheb-lichen Programmieraufwand wird bei *syncWRITER* erreicht, daß beliebige Spuren mit-einander verkettet werden können, so daß sich im vorliegenden Beispiel die Hörerpartikel „Hm“ in der Spur von „I“ Σ synchron mit dem Text in der Spur von „U“ nach rechts verschiebt. Dieser Synchronisierungsmechanismus ermöglicht die Trans-

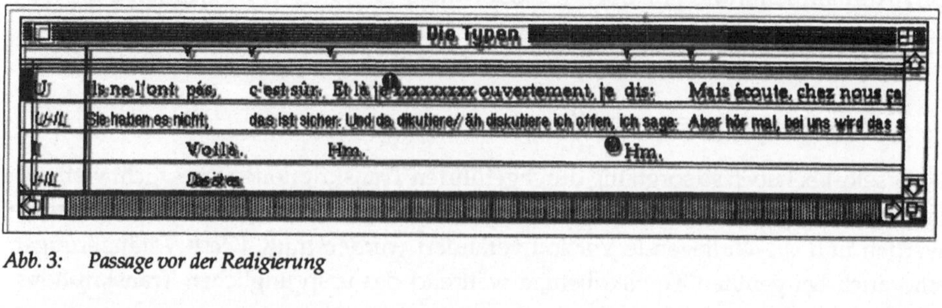

Abb. 3: Passage vor der Redigierung

Die Typen

U	Ils ne l'ont pás, c'est sûr. Et là je dicute/ äh discute ouvertement, je dis: Mais écoute, chez no
U-IL	Sie haben es nicht, das ist sicher. Und da dikutiere/ äh diskutiere ich offen, ich sage: Aber hör mal, bei uns wir
I	Voilà. Hm. Hm.
I-IL	Das ist es

Abb. 4: Passage nach der Redigierung

kription am Bildschirm, so daß auch bei nachträglichen Änderungen die relative Lage der Sprecherbeiträge zueinander erhalten bleibt. Die mühselige manuelle Transkription mit anschließender Übertragung in eine maschinenschriftliche Version kann in einem Arbeitsgang zusammengefaßt werden. Dadurch wird nicht nur der Komfort moderner Textverarbeitungsprogramme schon für die Transkripterstellung verfügbar, sondern durch die Einsparung eines Arbeitsgangs auch die Integrität der erstellten Daten erhöht.

4. Komplexe Datenstrukturen

Der französische Transkriptionausschnitt mit deutscher Übersetzung ist gleichzeitig ein Beispiel für komplexe Datenstrukturen. Während in der manuellen Version Abb. 2 oberhalb von Sprecher U über die gesamte Breite hinweg noch Platz freigelassen ist für einen zusätzlichen Sprecher N, ist dieser Platz in den Beispielen mit *syncWRITER* zu zwei dünnen Linien geschrumpft. Diese hier nicht benötigten Spuren können nach Bedarf ausgeblendet (implodiert) werden, so daß sich die Arbeit auf die relevanten Daten konzentrieren läßt. In Abb. 5 sind z. B. alle Interlinearübersetzungen des auf französisch geführten Gesprächs ausgeblendet: Dasselbe Prinzip läßt sich auch für andere Aspekte der Datenaufbereitung nutzen. Im Mittelpunkt sprachwissenschaftlicher Untersuchungen steht naturgemäß die verbale Kommunikation. Dabei ist die im engeren Sinn verbale Kommunikation in einen größeren Kontext paraverbaler und nonverbaler kommunikativer Mittel eingebettet. Die paraverbale Kommunikation betrifft die Intonation. So kann im Deutschen lediglich durch Veränderung der Intonation aus einem Aussagesatz eine Entscheidungsfrage gemacht werden:

Diese Information operiert 'oberhalb' der rein verbalen Ebene und kann auf verschiedene Art dargestellt werden. Unter Verwendung der üblichen Satzzeichen wird nicht direkt die Intonation, sondern der mit ihr verbundene Satzmodus erfaßt und angezeigt. Andererseits läßt sich die Intonation auch analog durch den Tonhöhenverlauf darstellen (s. Striche in Abb. 6). Solche analogen Verfahren werden in manuell erstellten Transkriptionen am häufigsten verwendet, da sie leicht über den Text geschrieben

N	
U	Ils ne l'ont pás, c'est sûr. Et là je dicute/ äh discute ouvertement, je dis: Mais écoute, chez no
I	Voilà. Hm. Hm.

Abb. 5: Implosion von Spuren (hier in der deutschen Übersetzung)

werden können und leicht lesbar sind. Im Prinzip kann der Tonhöhenverlauf jedoch auch durch diskrete Kodierungen erfaßt werden, z. B. indem bestimmten Tonhöhen ein numerischer Wert zugewiesen wird. Diese letzte Methode wurde in den Anfängen computergestützter Transkriptionen verwendet, da sie sich leicht berechnen läßt (s. z. B. Bausch 1971)). Allerdings ist diese Methode schlecht lesbar und ungenauer als die analoge Methode. Der große Vorteil von *syncWRITER* besteht darin, daß das Programm für sämtliche Notationsvarianten offen ist und die Wahl dem Benutzer überläßt.

(a) Und Sie haben so ne ABM ääh . Sache im Krankenhaus gehabt.

(b) Und Sie haben so ne ABM ääh . Sache im Krankenhaus gehabt?

Abb. 6: Intonation und Satzmodus

Je nach Analyseschwerpunkt und Verwendungszweck der Transkriptionen können die verschiedenen Verfahren angewendet werden. Auch vorliegende Transkriptionen können nachträglich erweitert und ergänzt werden. Im französischen Beispiel wurden schriftsprachliche Satzzeichenkonventionen benutzt. Durch zusätzliche Spuren für jeden Sprecher können nun eigene Spuren für analoge Intonationsverläufe angelegt werden. Der Vorteil separater Datenspuren liegt darin, daß diese Zusatzinformationen nach Bedarf ein- oder ausgeblendet werden können, so daß sich die am Bildschirm durchgeführte Datenanalyse auf den jeweils relevanten Datenausschnitt konzentrieren kann. In ähnlicher Weise können nonverbale Handlungen, Zeitmarken, analytische Segmentmarken, Deskriptoren usw. in eigenen Spuren erfaßt und mit den verbalen Äußerungen synchronisiert werden.

5. Arbeiten mit komplex strukturierten Daten

Die logisch getrennte Erfassung und Darstellung der verschiedenen Informationen erlaubt auch die Fokussierung der üblichen Such- und Ersetzfunktionen auf einzelne oder ausgewählte Spuren. In Verbindung mit der zuschaltbaren Protokollfunktion ergibt sich ein leistungsfähiges Werkzeug zur gezielten Analyse der Daten. Abb. 7 zeigt eine Transkription mit einem Suchprotokoll im Arbeitsblatt (Transkription nach Jäger 1979: 101, wiedergegeben nach HIAT). Dabei bedeuten: ❶ Markierung der *Fundstelle* in der Transkription; ❷ *Durchgeführte Operation*; hier: Suchen; ❸ *Dokumentname* der durchsuchten Transkription; dies erleichtert die simultane Arbeit mit mehreren Transkriptionen; ❹ *Suchtext*; dadurch läßt sich die Suche präzise rekonstruieren; ❺ *Spur*, in der der Suchtext gefunden wurde; ❻ *Position* des gefundenen Suchtextes in der Spur; hier wird die Anzahl der Zeichen in der Spur vor dem gefundenen Text angegeben. Die Ergebnisse im Arbeitsblatt können kopiert und über die Zwischenablage in andere Programme übernommen oder direkt als Datei gespeichert werden. Dadurch können die Ergebnisprotokolle von verschiedenen Transkriptionen miteinander verglichen werden. In Abb. 7 läßt sich mit dieser Funktion z. B. schnell und zuverlässig feststellen, daß nur der Verkäufer die Höflichkeitsformel „bitteschön" verwendet. Die textstatistische Funktion „Wörter zählen" listet für jede Spur die Anzahl der Äußerungen, der Wörter und der Buchstaben auf. Dadurch lassen sich insbesondere bei umfangreichen

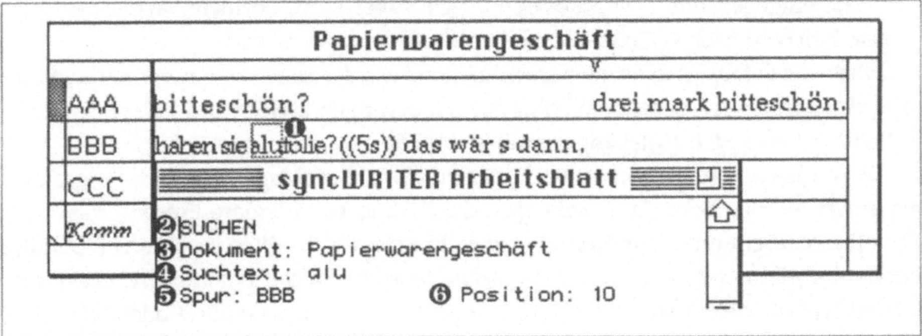

Abb. 7: Suchfunktion mit Protokoll

Transkriptionen mit vielen verschiedenen Sprechern (z. B. bei einer Schulklasse) schnell Einblicke in die quantitative Verteilung der Redebeiträge gewinnen. Durch den Import dieser Daten in ein geeignetes Statistikprogramm mit Grafikfunktionen können unmittelbar andere Analyseschritte durchgeführt werden. Abb. 8 gibt ein Beispiel für die grafische Darstellung der Äußerungen in einer Schulklasse auf der Basis der Funktion „Wörter zählen". Dabei ergibt sich das seltene Ergebnis, daß ein Schüler (Kml) einen quantitativ größeren Anteil am Unterricht bestreitet als die Lehrerin (LWi).

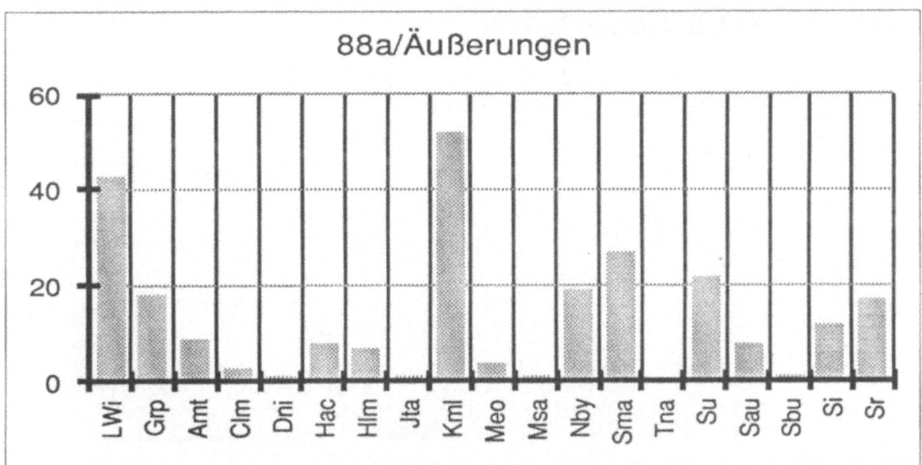

Abb. 8: Grafische Darstellung der Äußerungen in einer Schulklasse

6. Datenexport über sequentiell geordnete Äußerungslisten

Nicht für alle Analyseschritte repräsentiert das Endlospartiturband die optimale Darstellung der Daten. Für bestimmte Analysen ist eine listenförmige Darstellung effizienter. Dazu muß jeder Äußerung eine Sprecherkennung und eventuell eine fortlaufende Äußerungsnummer zugeordnet werden. Dies setzt natürlich eine entsprechend strukturierte Erfassung und programminterne Repräsentation der Daten voraus. Diese Voraussetzungen erfüllt das Konzept der Spuren in *syncWRITER*. Die in der Endlospartiturfläche eingegebenen Daten können über Marker (z. B. normale Satzzeichen oder andere Zeichen) nach syntaktischen Kriterien strukturiert werden.

Über den Befehl „Äußerungsliste schreiben" werden die Daten in der Endlosfläche ❶ in eine sequentiell geordnete Folge von Äußerungen zerlegt und im syncWRITER Arbeitsblatt als ASCII-Datei angelegt ❷ (s. Abb. 9).

Diese Listen können kopiert und über die Zwischenablage in andere Programme exportiert werden oder als Textfile gespeichert und so in andere Programmen, z. B. Datenbankprogramme, importiert werden. In jedem Fall sollten die Sprecherbeiträge noch mit fortlaufenden Nummern versehen werden. Solche Funktionen bieten mittlerweile schon viele Textverarbeitungsprogramme wie z. B. WORD oder NISUS, so daß dies kein Problem darstellt. Allerdings bietet ein Programm wie NISUS für die weitere Arbeit Vorteile, da es die aus UNIX bekannte Arbeit mit „Regular Expressions" ermöglicht. Dadurch lassen sich die Sprachdaten ohne weitere Deskriptoren auf der Grundlage bestimmter Strukturmuster (z. B. Flexionsendungen, Präfixe, Groß-/ Kleinschreibung usw.) direkt weiter analysieren. Für das Shareware Programm „MEdit" liegen einige „Linguistische Analysemakros (LiAM)" vor, die die automatische Numerierung, die Suche und Extraktion von segmentierten Äußerungen und die Erfassung in eigenen Textfiles bieten (s. Grießhaber 1987).

7. Partiturdruck mit syncWRITER

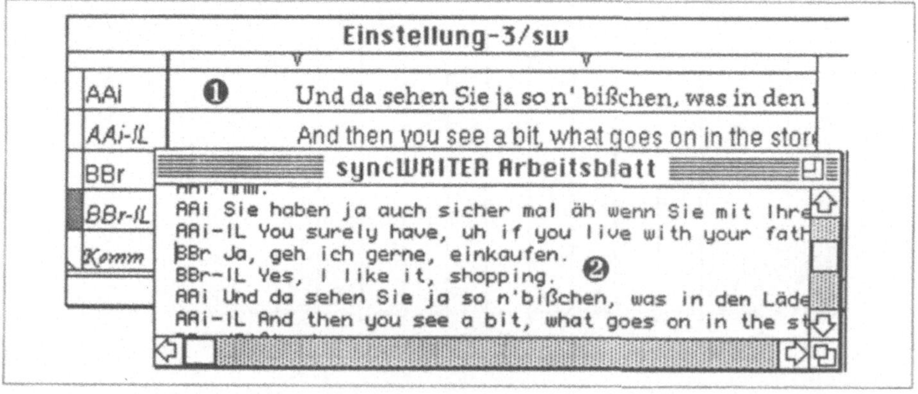

Abb. 9: Äußerungsliste zum Datenexport im Listenformat

Für den Ausdruck zerlegt das Programm die Endlosfläche in eine Folge von Flächensegmenten, die automatisch numeriert werden und wie eine Musikpartitur im Hoch- oder Querformat gedruckt werden kann. Dabei werden nur die jeweils am Bildschirm sichtbaren Spuren gedruckt. Damit kann über die Ein- oder Ausblendung von Spuren die Auswahl der erfaßten Informationen gesteuert werden. Der Ausdruck der Spuren erfolgt in den Schriften und Attributen, die am Bildschirm dargestellt sind. Für die Arbeit mit dem Programm ist es also nicht notwendig, sich kryptische Steuerkommandos anzueignen, die dann jeweils als verdeckter Text angezeigt oder versteckt werden können (bzw. müssen). Das Programm reagiert unmittelbar interaktiv auf Benutzereingaben. Die äußere Gestalt der Partiturflächen kann sehr flexibel gestaltet werden: aus dem gewählten Papierformat errechnet das Programm eine vom Benutzer veränderbare Standardbreite für den Text; der voreingestellte Abstand zwischen den einzelnen Partiturflächen ist ebenfalls variierbar wie auch die ganze oder partielle Einrahmung von Flächen. Weitere Angaben zur Transkription wie Titel, laufende Seitenzahl, Datum usw. können in Kopf- oder Fußleisten mit frei wählbaren Schriften plaziert werden. Die folgenden zwei Beispiele zeigen die Vielfalt der Wahlmöglichkeiten: Während in Abb. 10 leere Spuren unterdrückt werden, werden sie in Abb. 11 mit ausgedruckt (Spur BBB in Fläche 2). Die Kommentare, die in Abb. 10 zur klaren Trennung von den eigentlichen Äußerungen außerhalb der Flächen plaziert sind, werden in Abb. 11 in die Flächen integriert.

8. Lernziele und Anwendungserfahrungen

In den Sprachwissenschaften ist das Programm ein spezielles Hilfsmittel bei der Beschäftigung mit gesprochener Sprache. Nach dem Prinzip des forschenden Lernens werden Studierende in die Lage versetzt, schon während des Studiums kleinere empirische Projekte durchzuführen. Dies wird insbesondere dadurch erreicht, daß die bisher äußerst aufwendige manuelle Transkriptionsarbeit mit anschließender Reinschrift mit Schreibmaschine oder ungeeigneten Texteditoren erheblich vereinfacht wird. Gleichzeitig werden die Transkribenten von der Erlernung formaler Notationskonventionen entlastet, ohne sie auf ein bestimmtes Notationsverfahren festzulegen. Der Druckeditor erlaubt eine flexible Gestaltung der in der Endlos-Partitur erfaßten Daten. Die konsequente Beachtung der Userguidelines garantiert, daß die üblichen, aus Textverarbeitungsprogrammen gewohnten Funktionen (Schriftwahl, Stil- und Fontattribute, Cut,

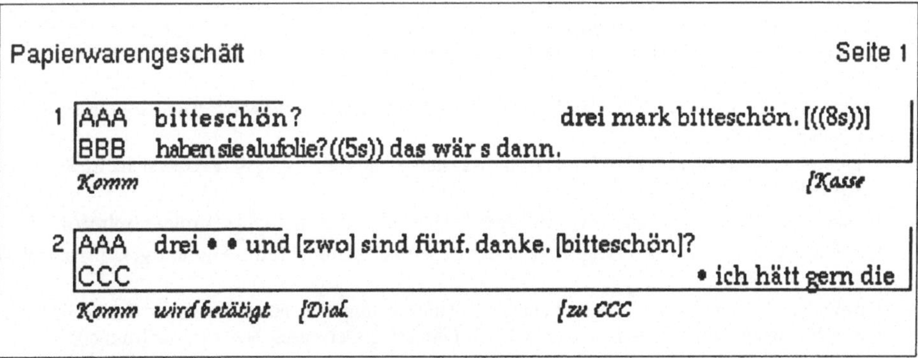
Papierwarengeschäft Seite 1
1 AAA bitteschön? drei mark bitteschön. [((8s))]
BBB haben sie alufolie? ((5s)) das wär s dann.
Komm *[Kasse*
2 AAA drei • • und [zwo] sind fünf. danke. [bitteschön]?
CCC • ich hätt gern die
Komm *wird betätigt* *[Dial.* *[zu CCC*

Abb. 10: Druck mit partieller Umrahmung der Partiturflächen

Copy und Paste usw.) in der gewohnten Art bedient werden. Mit einem Minimum an Einarbeitungsaufwand für das Programm wird so ein Maximum an Arbeitseffizienz erreicht. Die Analyse der Daten kann von den Transkribenten direkt am Bildschirm durchgeführt werden. Die Exportmöglichkeiten erlauben die anschließende Analyse in Datenbankprogrammen oder die Einbindung in Textverarbeitungsprogramme. Dabei

Papierwarengeschäft		*Seite 1*
AAA	bitteschön?	drei mark bitteschön. [((8s))] drei • •
BBB	haben sie alufolie? ((5s)) das wär s dann.	
CCC		
Komm		*/Kasse wird*

AAA	und [zwo] sind fünf. danke. [bitteschön]?	• •
BBB		
CCC		• ich hätt gern die zeit.
Komm	*betätigt /Dial.*	*/zu CCC*

Abb. 11: Druck mit voller Umrahmung der Partiturflächen

sind die Transkribenten in der Wahl der benutzten Programme völlig frei. Für die gemeinsame Arbeit in Seminaren können die Daten über ein LCD Interface auf einer elektronischen Tafel oder anhand von Ausdrucken vorgestellt und bearbeitet werden. Das Programm wird im Arbeitsbereich Deutsch als Fremdsprache im Germanischen Seminar des Fachbereiches Sprachwissenschaften der Universität Hamburg bei mehrsprachigen Transkriptionen nach dem HIAT-System erfolgreich eingesetzt. Für diese Arbeiten stehen den Studierenden die Computerausrüstung des Seminars und elektroakustische Geräte zur Verfügung. Dabei erlauben die Möglichkeiten der Macintosh Computerfamilie auf dem Gebiet der akustischen Signaldatenverarbeitung auch die Durchführung phonetischer Analysen, soweit die Qualität der erhobenen Daten dies zuläßt.

Literatur:

1. Bausch, K.-H. (1971) Zur Umschrift gesprochener Hochsprache. In: Texte gesprochener deutscher Standardsprache I. Erarbeitet im Institut für deutsche Sprache Forschungsstelle Freiburg i. Br. München: Hueber, 33-54
2. Ehlich, K. & Rehbein, J. (1976) Halbinterpretative Arbeitstranskriptionen (HIAT). In: Linguistische Berichte 45/1976, 21-41
3. Ehlich, K. & Switalla, B. (1976) Transkriptionssysteme - Eine exemplarische Übersicht. In: Studium Linguistik 2/1976, 78-105
4. Fienemann, J. (o.J.) Transkription „Die Typen". Hamburg: Germanisches Seminar (mimeo)
5. Grießhaber, W. (1987-1990) Linguistische-Analyse-Makros mit MEdit. Hamburg: Germanisches Seminar (mimeo)
6. Grießhaber, W. & Rehbein, J. (1988) MacHIAT. Anforderungen an einen On-screen-Transkriptionseditor für den Macintosh. Arbeitspapier Nr. 2. Hamburg: Germanisches Seminar (mimeo)
7. Jäger, K.-H. (Hg.) (1979) Texte gesprochener Standardsprache IV. „Beratungen und Dienstleistungsdialoge". München: Hueber
8. Reck, S. (1987) Zur Realisierung der Kasusmorpheme in gesprochener und geschriebener Sprache. Hamburg: Arbeiten zur Mehrsprachigkeit 24

LEXIK - ein Autorenprogramm zur Arbeit mit der Lexik im Fremdsprachenunterricht

Rudolf Rausch

Universität Leipzig
Fachbereich Deutsch als Fremdsprache

1. Zielstellung

Eine Fülle englischsprachiger Programme zu Grammatik, Syntax und zu ausgewählten inhaltlichen Themen steht auf dem Softwaremarkt dem Nutzer zur Verfügung. Jedes der Programme hat für sich gesehen gegenüber einem anderen Vorzüge, die bestechend scheinen, die aber leider die Nachteile, wie Dediziertheit, lexikalische Invarianz, syntaktische Invariabilität und komplizierte Bedienung entweder bei der Eingabe oder bei der Abarbeitung nicht verdecken können. Diese allgemeine Erkenntnis aus der Durchsicht der verfügbaren Programme führte folgerichtig zu einer Konzeption, die sowohl die differenzierte zielabhängige Varianz als auch die mit der Benutzung verknüpften meist komplizierten Handhabungen zu berücksichtigen suchte.

Es galt, ein Autorenprogramm zu entwickeln, das allgemein Verwendung im Fremdsprachenunterricht finden kann und dessen Vorzüge darin bestehen sollten, daß es für Lehrkräfte ohne Kenntnisse der Programmierung leicht zu bedienen und gleichermaßen für Lerner ohne Kenntnisse eines Rechners wiederum leicht abzuarbeiten sein sollte. Es dürfte keine Einschränkung in Hinblick auf die ins Auge gefaßte Sprache geben, sofern sie sich lateinischer Schriftzeichen bedient, wie dies bei den europäischen Hauptsprachen der Fall ist. Hier wird ein Beispiel vorgeführt für Deutsch als Fremdsprache. Das Programm bedient sich der Window-Technik und führt anhand von Pull-down-Menus diejenigen Programmteile vor, die für die aktuelle Arbeit und für die Übersicht des Ganzen von Bedeutung sind. Jede Stufe – sowohl auf der Seite des Lehrers als auch auf der des Lerners – erlaubt an jeder Stelle den Aufruf von Hilfen, den Rücksprung auf die vorhergehende Ebene, das Sichern eines Textes auf Diskette oder den Abbruch des Programms. Der Lehrer kann für jede im Text vorgesehene Stelle nicht nur Synonyme und für den Arbeitsablauf notwendige Hilfen, sondern auch Übersetzungen, landeskundliche Informationen oder sogar die lautsprachliche Ausgabe von Teilen des Textes vorsehen. Der Lehrer braucht sich nicht um die Vergabe von Dateinamen, um die Edition des Textes auf dem Bildschirm oder um Kennzeichnungen der jeweiligen Bezugswörter zu kümmern. Alles dies erfolgt automatisch und für jeden einzugebenden Text getrennt. Für einen solchen Text hat der Lehrer lediglich einmal einen Programmnamen zu bestimmen.

Für den Lerner gibt es zwei Arbeitsmodi, den Lernmodus und den Testmodus, wobei er sich für den einen oder anderen entscheiden kann. Weder für Lehrer (bei der Eingabe) noch für den Lerner bei der Aufgabenlösung gibt es in diesem interaktiven

Programm einen zeitlichen Druck. Intern führt der Rechner lediglich ein Protokoll, das im Bedarfsfalle (nur) vom Lehrer abgerufen werden kann. Das Programm wird mit einigen vorgefertigten Texten für IBM-kompatible Rechner im jeweils benötigten Diskettenformat ausgeliefert.

2. Programmerstellung und Textorganisation

Die morphosyntaktischen oder thematisch relevanten Schwierigkeiten sind für die Texteingabe irrelevant. Der Schwierigkeitsgrad wird vom Lehrer in Abhängigkeit vom Inhalt, von der Zielgruppe und von der Zielstellung bestimmt. Die Erstellung eines für einen bestimmten Lerner gedachten Textes gestattet die Arbeit auf verschiedenen Ebenen und offeriert eine Reihe von Möglichkeiten, die für den Fremdsprachenunterricht sowohl typisch als auch erforderlich und nützlich sind.

2.1 Hilfen

Mit der für Hilfen üblichen Taste F1 lassen sich einerseits prinzipielle Erläuterungen zu Beginn der Arbeit als auch detaillierte während der Arbeit zur Eingabe und Funktion der Tasten, zum Laden von Texten, zur Korrektur, zu den Schlüssel- oder zu den Info-Wörtern aufrufen.

2.2 Texteingabe

Es ist ein fortlaufendes Schreiben möglich, wobei der Zeileneditor den Umbruch selbst organisiert. Die für das Erstellen von Texten üblichen Korrekturmöglichkeiten stehen zur Verfügung und gestatten daher eine überaus schnelle Eingabe des Textes. Für einen einzelnen Text stehen fünfzig Zeilen mit sechzig Anschlägen zur Verfügung, was einer Textlänge von etwa anderthalb Seiten entspricht und damit für eine Übung erfahrungsgemäß ausreichend ist.

2.3 Festlegung der Lücken

Die Festlegung der Lücken wird vom Programm in Hinblick auf die Anzahl nicht limitiert und geschieht ganz einfach durch Positionierung des Cursors auf das jeweilige Wort und Drücken der RETURN-Taste. Die Länge des ausgewählten Wortes hat lediglich Einfluß auf die Formatierung des mit Lücken markierten Textes. Die ausgewählten Wörter hebt der Rechner farbig vom Rest des Textes ab.

2.4 Substitute

In der derzeit vorliegenden Fassung können pro Lücke maximal einhundert Substitute eingetragen werden, wobei vorgesehen ist, die von der Flexion bestimmten Abhängigkeiten (Endungen der Adjektive, Artikel etc.) später in die Lücke einzubeziehen.

Auch die Substitute unterliegen keinerlei Restriktionen in Hinblick auf ihre Länge. Sie können daher wie im seltenen Idealfall gleichlang, sie dürfen aber durchaus länger oder kürzer sein. Der Rechner gleicht bei der Darstellung auf dem Bildschirm diese Differenzen automatisch aus. Die Eingabe der Substitute wird vom Lehrer unter Berücksichtigung der semantischen Kompatibilität gewählt.

Es versteht sich von selbst, daß die Substitute in derjenigen Sprache gegeben werden, in der der Text vorliegt.

2.5 Info-Wörter

Info-Wörter werden diejenigen additiven Informationen genannt, die vom Lerner als Hilfe für unterschiedliche Zwecke aufgerufen werden können. Info-Wörter könnten daher Phrasiologismen, Übersetzungen oder auch landeskundliche Informationen sein, die für das Verständnis des Zusammenhanges unter Umständen hilfreich sind. Zu jedem ausgewählten Wort des Ausgangstextes kann eine Information von 256 Zeichen gespeichert werden, das entspricht etwa drei Zeilen Text. Damit lassen sich - bezogen auf den Gesamttext - eine Fülle von zusätzlichen Informationen, auch grammatischer oder syntaktischer Art, im Hintergrund unterbringen.

2.6 Korrekturen

Jedes der Menus bietet in seinen einzelnen Optionen die Möglichkeit der Korrektur. Das gilt für die Erstellung des Textes, wie für die Auswahl der Lücken und die Bestimmung der Inhalte der Substitute als auch der Info-Wörter. Dies ist umso wichtiger, weil man davon ausgehen muß, daß ein bestimmter Text unterschiedlichen Lesarten unterliegt und diesem Tatbestand Rechnung getragen werden sollte.

Korrekturen schließen das Löschen von Informationen, die Änderung von Inhalten oder die Veränderung der Lücken ein.

2.7 Lautsprachliche Wiedergabe

Die Substitute können lautsprachlich eingegeben werden, sofern eine Digitizer-card (Firma Tandberg: Voice-card 1000) implementiert ist. Die Sprachausgabe entspricht höchstem Standard und ist für den Sprachunterricht vorzüglich geeignet. Die lautsprachliche Ausgabe von Teilen des Textes durch unterschiedliche Sprecher mit unterschiedlicher Geschwindigkeit ist eine Leistung, die die Wirksamkeit eines solchen Programmes bedeutend erhöht, da nunmehr eine Korrelation zwischen Verschriftung und Aussprache vermittelt wird. Der allgemein übliche technische Ausrüstungsstandard erfordert vom vorliegenden Programm, daß es auch ohne diese Karte lauffähig ist.

3. Benutzerebene

Auf der Seite des Lerners wurden zwei Optionen vorgesehen: der Testmodus und der Übungsmodus. Im Testmodus, den der Lernende selbst wählen kann, entfallen alle inhaltsbezogenen Hilfen.

3.1 Hilfen

Wir gehen davon aus, daß der Lernende keine Kenntnisse in der Bedienung eines Rechners hat. Daher sind Hilfen zur Bedienung unerläßlich und auf dem Monitor in einem Fenster über dem Text untergebracht. Das betrifft die Manipulationen zur Bewegung des Cursors und damit zur Aktivierung bestimmter Bereiche innerhalb des Textes, die Anwahl der Synonyme, der Info-Wörter, den Abruf der lautsprachlichen Ausgabe und den evtl. Abbruch des Programmes.

3.2 Übungsmodus

Die Reihenfolge des Abarbeitens ist arbiträr, wenngleich der Text vermutlich besser zu verstehen ist, wenn er schrittweise abgearbeitet wird. Der Lerner braucht sich um die Gestaltung der Lücken nicht zu kümmern, selbst wenn das von ihm eingegebene Substitut länger als die vorgegebene Lücke sein sollte, organisiert der Rechner den Text in ansprechender Weise. Für die deutsche Fassung ist später ein Orthographiecheck geplant, der Rechtschreibefehler 'übersieht', wenn es sich bei der Arbeit mit dem Text um lexikalische Fragestellungen handelt.

Computerized Introduction Manual In Austrian Legal History[0]

Johannes W. Pichler[1]

Universität Salzburg
Institut für Österreichische Rechtsgeschichte

1. The Project[2]

Computerized and artificial-intelligence-aided instruction manual/handbook/textbook „Austrian Legal History".

2. The Target

Design of an instructional program presenting an alternative approach to the subject of Legal History. The idea is to use the expertise and advance of the fairly young discipline of Law and Informatics[3], subsection: CALI for Legal History. In order to fulfill the inevitably varying needs of prospective users of the program - i.e. students preparing for exams, or those interested in the more scientific aspects of Legal History - we[4] have created a program of several levels. At the basic level the program compares to a conservative introduction manual which has been strictly reduced to principles and fundamental facts. This very thin booklet is available both in traditional form or, and this is the first step into computer assisted learning, in digitalized form - on CD-ROM or regular discs. This standard information could be used by students with varying ambition and enthusiasm. This multi-purposed first level is designed to accomodate the undergraduate as well as those at a more advanced level of study. At the higher levels - i.e. on the next steps of the computer - the program is designed to satisfy the demands of students in preparation for exams, or those interested in the more scientific aspects of Legal History, e.g. students concerned with writing diploma-articles, theses or other major papers. The program runs on several levels, each directed to a specific area of study. The database of scanned materials, documents, acts and so on is the treasure to be found in the „archives", enabling the user to pick out, by window techniques, his personal desires.

3. The Participation-Target (Impact-Effect)

My goal is to involve the user, the students, in the design process of the underlying structure and contents of the software. It may be a little overdone to talk about democratization of lecturing, because there are certain borderlines of historucal facts and of sanity and because we cannot rearrange history as it was. But methods of taeching are in my opinion a genuine subject for bargaining. So I have no objection to talking about what is basic and understandable information, what is more sophisticated and what is – frankly said: – for the teacher`s purpose. Even more, the more engaged and encouraged student is able (and invited!) to form the text, to compile the musts and must-nots, to collect the best of other books, to decide what is best for the lower level and what for the higher, to discuss the regarded questions, all in all: to participate in the whole project. Participation is an experiment which runs the risk of failure. I'm willing to take that risk.

4. The External Effect

This pilot-project could become much more than a computer aid specific to legal historians, or students learning the History of Law, it could present a challenge for computer-assisted teaching and learning (CAL/CAT/AI) in all other areas of Social Sciences.

5. The Background

Legal historians are not regularly accredited with revolutionary ideas. Conservativism in this field is an attitude in teaching[5] as well as in learning. Lectures in legal history are becoming a rapidly decreasing discipline, definitly in Europe[6] and probably all over the world. Legislators and teaching policy have decreased the role of Legal History within the lawyers' curriculum. Having assigned this discipline a place of such negligeable importance, we are fast becoming what in German is described as a „geschichtslose Gesellschaft"; a society without historical awareness. Inter alia, one of the causes for the decreasing position of Legal History is the lack of en-thusiasm on the students` side. Being involved with a relativly „new" discipline - i.e. one which was created and developed within the last century - we legal historians have become accustomed to defending our discipline along with our actions[7]. However, if no remedy is found, our glorious but short `siecle' will soon draw to a close. What can we do to compensate? On the one hand, we could learn to change our role from a discipline with a certain value in itself to a service-directed discipline, in other words to a kind of applied science[8]. Included of course, would be the danger of losing the discipline's individual character, of being split up like the Legal History in Scandinavia[9] and added to other fields as a sort of annex. The legal historians' function and role would be reduced to that of entertainer playing introductory games at the beginning of courses in Penal Law, Civil Law, Public Law and so on.

On the other hand, we have a chance to survive by introducing new teaching and learning methods and by actively opposing the trend toward becoming an applied science. Unfortunately, as Harvard-professor Don *Trautman*[10], godfather of new teaching technologies, already pointed out, this alternative approach, defending, advertising, competing, persuasive as it is, finds itself beneath the dignity of some professors. Fiat iustitia (academica), pereat mundus. The History of law, is exciting but is as usual, misunderstood, unfairly ignored, so farewell! Farewell?

My aim is to introduce a competitive attitude to the field of Legal History. We should fight for our discipline. I'll come back to my proposal in accordance to Ron *Staudt*[11]: There is a chance to attempt or attract or win students by new teaching and learning methods[12]. Every branch defending its market is forced to advertise. We have to understand that we will miss the strong and powerful hand of examine-statutes. So we must face the fact, that we have to convert ourself and the client and that we have to get the student on our side.

6. The Structure of the Program

In the description of the program I would like to use the allegory of a house, a building, let us say a „living museum". The user, looking at the booklet or at the screen may be compared to the visitor of a museum in that s/he is principally open to impressions. In opening the book, or in our case, beginning the program, the user will be presented with a contents list. Our user in the allegory is on the museum's first floor.

First floor

The user entering the program is faced with an information desk, which may be compared to the contents list of a book. Without any obligation (one is not questioned or examined), s/he is invited to look into this „room" or into another , which might be located within the information center. As in a real museum, the user can go from one room to the next, but he/she can also exit and go back to the information center in order to try another direction or in order to leave the building altogether. Taken in terms of traditional learning, the student can browse through a book on a very simplified level without understanding at first that it's a massive and technically complicated text he has started. The user is addicted step by step, not threatened immediately with the sky-scraper size of his „museum". One avoids with this method as well, a certain defeatest - „I'll never be able to learn all this" - attitude that huge texts often produce - with all psychological impacts of self-fulfilling prophecies.

If the user has the self-confidence and ambition to conquer the first floor s/he will be offered a control-check to see how much s/he has understood. Especially for those students studying for exams there are simple multiple-choice questions for which the answer is given. Being aware of all criticisms directed against the primitivnesss and the indignity of multiple choice for the academic purpose, I must stress that there has been much more advanced, subtely nuanced computer-assisted instruction developed by scholars from the United States and Great Britain, but most espescially by Don *Trautman* (Harvard Law School) and Roger *Park* (Minnesota Law School). We are therefore faced with very sophisticated questionnaire-programs which use high standards of artifical intelligence. Indeed, this makes programming expensive and raises a tremendous need for intellectual manpower. But its success speaks for itself. A correct answer will afford access to more difficult questions on the same level. In the instance of pictures, the student may find several little separees with additional information behind every „room" s/he had completed with success. A correct answer will also afford access to the next level within the same chapter. An incorrect answer will send one back to the original question until it has been answered correctly. (Except if he/she uses the „firedoor", which opens with a special command; this is installed to save one from „claustrophobia"). If the user makes use of the elevator from the room s/he was visiting last (remember, there is an „elevator"command up/down at every „room" - i.e. section of a chapter) s/he will arrive at the

Second floor

The second level offers the same chapter on a broader niveau, providing information which is more detailed, more precise and which is expressed in closed legal and scientific terms. This is what in literary terms would be described as the „small print". The model examination questions on this level have been designed to test the law student to his utmost ability.

Whether the user (visitor) is on the second floor out of a willingness to work scientifically, through external pressures or simply as a sort of exercise, it would be in her/ his interest to re-enter the „elevator" and continue up to the third floor.

Third floor, also known as the „Library".

Here the user is provided with literary references relevant to his/her chapter's theme. To continue the allegory further, the exit of the elevator is just beyond the user's last visited „room"(i.e.chapter) and continues right on into the concerned literary group. This level represents the footnote/endnote/bibliography section of a book, and could be built up as an open system with reference to compatible databases from other disciplines or as an array/link to an automated modern law library[13], let us say LEXIS, WESTLAW or DIALOGUE; BIBOS, BIBLIODATA, JURIS, RDB, QUESTEL or some other. If we manage to gain our user's interest and satisfy her/his needs, s/he will probably use the elevator once again and climb to the next floor, the

Fourth floor, which I call the „archives".

We have to remember, that the user is still in her/his research area. But now we offer her/him an open treasure of (scanned) original documents, materials, acts, amendments, hearings, books etcetera. The „archives" have a nearly unlimited capacity for storage if, as is the case here, they belong to the next generation of CD-ROM or a greater HD. If there is a need for visualized information our user (visitor) should again make use of the elevator and ascend to the

Fifth floor, the „Gallery and Restaurant"

Here the user is provided with visual reference to the information s/he has been studying. Pictures of persons, events, congress in action, archeological „witness", original prints may be observed, as well as interactive videos or movies (or segments of them) visualizing historical or law related events. Due to technical limits, the computer will need to be connected automatically to a regular video-machine. I call this both the gallery and restaurant floor because it gives our user the opportunity to rest a while, to be „passive" without the need to act or request and to have a cup of coffee while taking in visual information. There are many history related movies; documentaries which could be used for academic purposes, and which are available at T.V.stations or in special libraries. At last, there is the opportunity to join an additionable

Sixth floor, the „Private Penthouse"

The sixth level has been created as a personal file for the user. S/he is invited to put any personal notes, observations or comments on this level. It could also be used as the „private room", in which all information the user may need for his own work, is collected together. „Cutting out" references from the „library", picking up articles from an act in the „archives", a little text from the 2nd floor and so on, may be pieced together with window technics, or to continue the allegory, by taking the offered elevator up and down with all the material under the user's arms. The Penthouse might become a starting block for a carreer in research.

7. The Exemplification

Let's give a very short example. A student is preparing for an exam in Legal History. Right now s/he is faced with the chapter of the rise of Human Rights. S/he enters the first floor. From reading the booklet or the screen s/he will understand that Human rights started as an issue in the Hellenistic culture in *Aristotle's* Nicomachian Ethics, was adopted by the principle of the 'suum cuique' in the Latin culture, came over to the Middle Ages, the great *Aquinas*, was given a new importance at Hugo *Grotius,* confirmed in the Virginia Bill of Rights and was dramatically politicized during the French Revolution. After this we find HR in constitutionalism and, one centennium later, after the great European darkness we have them in the UN-Declaration and enriched with judiciary instruments in the European Human Rights Convention.

Let us suppose that we have caught our student's interest. S/he has worked through the exercises, has completed the sophisticated and artificial-intelligence-aided test, and has succeeded in attaining access to the next level, the 2nd floor. Now our student is provided with detailed information pertaining to the above mentioned topics. S/he is informed about the stucture and competency of the European Court of Human Rights, the procedures, remedies, sociologies etcetera.

Thinking that s/he will need more information in order to write a first class exam our student joins the third floor. Confronted with a bibliography of monographics, articles, commentaries our student is able to choose what s/he would request at the library. Let us suggest that the requested materials are crossrelated to „fair trial" and „Constitution". Combining these items the machine will refer to Art.6 European Convention on Human Rights (ECHR).

Now our student probably wants to read the text of the ECHR. With this in mind s/he takes the „elevator" up to the 4th floor which contains documents specifically the section on European Human Rights, to Art.6 ECHR in particular. Now s/he can read Art.6 and the full text of the convention and, if still curious, may go further to decisions and judgements on Art.6 or even other international documents on her/his topics. Going up to the 5th floor s/he can decide to look at a movie on the French Revolution or on the year 1848 or to view a picture of the European Human Rights Court in Strasbourg while in session and perhaps for comparison, pictures of other courts like the court in San Jose' or a documentary on forming the African Human Rights Charter in Banjul etcetera.

If writing an article or seminar paper the student could puzzle together all pieces on the 6th floor, in the „penthouse". The special private-file makes all transactions of data from the other floors or external sources possible.

8. The Software

We started to use CAPS/Author, the expert program of Larry *Farmer*/Brigham Young University (Utah), which we had access to in the Rechtsinformatik-course (1989/90) in Salzburg. It worked very well. A demo version with a menue[14] is available. But: CAPS/ Author is an expert-system. It is highly advanced, designed to generate court documents, motions, affidavits and so on[15]. For teaching or learning it is perhaps not ideal. In the next experiment we should probably use GUIDE running in MICROSOFT WINDOWS or HYPERTEXT.

9. The Project Discussion

I invite all colleagues to share their comments, observations, annotations or reflections on the issues as well as the techniques. We had the project under discussion at the Salzburg Conference on Substantive Technology in the Law Schools of the 1990s[16]. Obviously, I am collecting all further reflections and am looking forward to the comments.

Notes

0 The project mainly is formed for presentation to national and international sponsoring and co-operating institutions.

1 The author of this project is Director of the Departement for Social- and Economic History at the Austrian Legal History Institute at the University of Salzburg (Austria). Pichler is also Vice-Director of the Law and Informatics course at the Law Faculty, University of Salzburg, and Director of the Austrian Institute for Legal Policy at the International Research Center in Salzburg (Adress: Mönchsberg 2, A-5020 Salzburg).

2 I have to say many thanks to very special friends, who gave me the opportunity to develop my idea by being helpful, giving example and inspiration, by name: Viktor Mayer-Schönberger (Oklahoma), Heinrich Honsell (Zürich) and Klaus Firlei (Salzburg); nevertheless I have to say my warmest thanks to the postcolloquy group of the law and informatics congress: Don Trautman (Harvard/Cambridge), Don Berman (Northeastern/Boston), Patricia Hasset (Syracuse/London), Ejan Mackaay (Montreal), Bob Franson (Alberta/Edmonton) and Thomas Bruce (Cornell/New York).

3 For state-of-the-art techniques in Law and Informatics in Europe, see: Herbert Fiedler, Rechtsinformatik, in: Lexikon des Rechts, 32 (1988), 2/435, especially p. 9.

4 My students of the Rechtsinformatik-Lehrgang 1989/90, Dr. Margit Hammerl, Mag. Andreas Mayr, Mag. Josef Pleschberger, tried - as it would seem very successfully - to run the idea in a very narrow, selected chapter on CAPS/Author. See below: VI. The Structure of the Program and footnote 13.

5 See Don Trautmans story about the attitudes of Sam Thorne, a legal historian at Harvard, in: Law Technology Centre & BILETA Newsletter, 2 (1990), p. 100 note 5.

6 See Johannes W. Pichler, in: Hans Constantin Faußner/Gernot Kocher/Helfried Valentinitsch (Eds.), Die Österreichische Rechtsgeschichte. Standortbestimmung und Zukunftsperspektiven, Graz 1991, p. 253 - 265.

7 See all the literature concerning the value of the Legal History, „vom Wert der Rechtsgeschichte".

8 „Angewandte" Rechtsgeschichte; see Johannes W. Pichler, Juristenausbildung - Wende am Ende, in: Theo Mayer-Maly/Johannes W. Pichler (Eds.), Recht und Wirklichkeit, Bd. 1, Salzburg 1983.

9 See FN 6.

10 See above, S. 98.

11 Legal Mindstorms: Lawyers, computers and powerful ideas, Chicago 1989.

12 See in general Robert Charles Clark, The Rationale for Computer-Aided Instruction, in: Journal of Legal Education 33 (1983), 459 ss with more reference.

13 See the views about the future of law libraries Harry S. Martin III, From Ownership to Access: Standards of Quality for the Law Library of Tomorrow, in: Law Library Journal 82 (1990), p. 129 ss.

14 The structure of commands is very simple. It is important to understand that there are two directions of movement within each floor/chapter: horizontal and vertical. PgUp/PgDn: This command ist used for horizontal movement within each level („floor") - from one question („room") to the next, as with the top two levels, or from one screen of information to the next, as with the bottom four. F9/RETURN: If one ist intersted in moving vertically („using the elevator") between the levels one must press F9 and then RETURN. This will afford access to the higher, more advanced levels. F7: Pressing F7 twice will return one from the higher levels of our alleged building to the chapter's question menue on the first level. Other commands will present themselves.

15 See for law related fields of application Marc Lauritsen, Delivering Legal Services with Computer-Based Practice Systems, in: Clearinghouse Review 1990, p. 1532 ss; see also Don Berman and

AV-Text – Ein audio-visuelles Textverarbeitungssystem für hochgradig Sehbehinderte und Blinde

Uwe Kosa

Pädagogische Hochschule Heidelberg
Institut für Datenverarbeitung und Informatik

Einleitung

Sehbehinderte oder blinde Menschen sind im Umgang mit geschriebenen Texten stark eingeschränkt. Dieses Handicap zu beheben, ist das Ziel der Entwicklung von computergestützten Hilfen. Im Institut für Datenverarbeitung und Informatik der Pädagogischen Hochschule Heidelberg (IfDI) wurde ein Textverarbeitungssystem mit integrierter akustischer Benutzerführung für blinde und hochgradig sehbehinderte Menschen entwickelt.

1. Warum wurde AV- Text entwickelt?

Die bisher üblicherweise angebotenen Lösungen versuchen die für Sehende entwikkelte Software (z.B. Textverarbeitungssysteme oder Datenbanken) den blinden oder stark sehbehinderten Menschen zugänglich zu machen. Vermittlungshilfen wie Großschriften, Punktschriftzeilen oder Sprachausgabesysteme können den jeweils aktuellen Inhalt des Computerbildschirms auslesen. Solche Bildschirmauslesesysteme bieten den Blinden die Möglichkeit, mit verschiedenen Anwenderprogrammen zu arbeiten. Diese Programme können jedoch nicht den Anforderungen von blinden Benutzern gerecht werden, da bei der Entwicklung der Benutzerführung visuelle Fähigkeiten des Anwenders vorausgesetzt werden. Pulldown- oder Popupmenüs bieten dem sehenden Menschen Überblick, für den Blinden schaffen sie jedoch zunächst nur Verwirrung. Da nicht der ganze Bildschirmin-halt auf einen Blick erfasst werden kann, müssen Programmabläufe während des Bildschirmauslesens "eingefroren", "Auslese"- und "Arbeitsfenster" eingerichtet, "Schreib-" und "Lesecursor" unterschieden und zum Bildschirmauslesen notwendige Funktionstastenkombinationen neu eingerichtet werden. Außerdem ist nicht gewährleistet, daß Anwenderprogramm, Sprachausgabe, Braillezeile und Großschrift sinnvoll zusammen-wirken. Die Installation und Konfiguration eines solchen Bildschirmauslesesystems ist schwierig und erfordert den erfahrenen Beistand eines Sehenden. Infomeldungen der Anwendungsprogramme auf dem Bildschirm sind aus Platzgründen oft so knapp formuliert, daß der blinde Nutzer erst einige Eingewöhnungszeit braucht und sich z.B. mit ungenügenden akustischen "Übersetzungen" anfreunden muß. Beispielsweise wird die Bildschirmmeldung „Formatieren J/N?" akustisch als *„Formatieren Jot Schrägstrich En Fragezeichen"* ausgegeben. Programmmenüs werden durch Ausleseprogramme oft noch abgekürzt, um sie 'auf einen Blick' erkennbar zu machen. Bildschirmattribute, wie Farben, Fettdruck oder

Unterstreichungen können akustisch gar nicht wiedergegeben werden, mit Braillezeilen nur ungenügend. Zudem ändert sich die visuelle Gestaltung der Anwendungssoftware. Es finden sich immer mehr Konzepte, die das Eintippen von Befehlen durch das 'Anklicken' von graphischen Symbolen (Icons oder Buttons) mit der Maus ersetzen. Diese Graphik-objekte lassen sich weder akustisch ausgeben, noch auf einer Punktschriftzeile. Inter-aktive optische Benutzeroberflächen wie etwa 'Windows' oder GEM sind jedoch unauf-haltsam auf dem Vormarsch. Sie vereinfachen die tägliche Arbeit und fördern das spielerische Erlernen des Umgangs mit dem Computer. In absehbarer Zeit werden sich kaum noch Programme finden, die ohne WYSIWYG (What you see is what you get), Windows, Icons, Buttons, Pulldownmenüs, Fileselect- und Alertboxen auskommen. Blinde und hochgradig Sehbehinderte wird diese Entwicklung jedoch immer stärker ausschließen.

Die große Variabilität, die graphische Benutzeroberflächen dem Anwender bieten, etwa das einfache Verschieben der Fenster und Icons oder die persönliche Gestaltung der Menüleiste und der Symbole, würden das Erstellen von blindengerechten Hilfsprogrammen noch zusätzlich erschweren. Diese müssen schon jetzt auf jedes einzelne Anwendungsprogramm in Feinarbeit abgestimmt werden (Ausrichtung der 'Infofenster' ect.) und scheitern oft an Kleinigkeiten: Sobald ein Programm z.B. im Graphikmodus läuft, ist gar keine Hilfe mehr möglich. Es wird kaum gelingen, derartige neue und weitreichende Konzepte sinnvoll für Blinde umzusetzen. Insofern wird der Fortschritt für die Sehenden zum Nachteil für die Blinden. Was die Erlernbarkeit betrifft, stellt die Software für Sehende den blinden Menschen noch besondere Hindernisse in den Weg. So schaffen fehlende unmittelbare Zugriffsmöglichkeiten auf die (oft mageren) Meldungen und Aufforderungen eines Anwenderprogramms Unsicherheit, vermindern die Arbeitsleistung und erhöhen sowohl die Fehlerquote als auch die Anspannung bei der Arbeit. Dokumentationen und Tutorials in Brailleschrift sind für die wenigste Software erhältlich, weiterführende Literatur schon gar nicht. Die (nicht immer zufriedenstellende) 'Zusammenarbeit' der Auslesesysteme und der Anwendersoftware erfordert sowohl das Erlernen des Umgangs mit dem Anwenderprogramm als auch der Steuerung des Bildschirmauslesesystems. Gerade dem Computerneuling wird die Differenzierung dieser verschiedenen Ebenen -von der DOS-Ebene ganz zu schweigen- Schwierigkeiten bereiten.

Aus diesen Gründen ist es wünschenswert, speziell für den blinden Computernutzer Programme zu schaffen, die leicht zu erlernen und einfach zu bedienen sind. Dazu ist eine konsequent in das Programm integrierte, nicht 'aufgepropfte' akustische Benutzerführung unumgänglich.

2. Was zeichnet AV- Text aus?

Unsere Erfahrungen zeigen, daß die wenigsten Textverarbeitungssysteme geeignet sind, dem Anfänger den Einstieg zu erleichtern (dem blinden Anfänger schon gar nicht) und wir glauben, daß dem Neuling das Erlernen von grundlegenden Textverarbeitungsmöglichkeiten (die jedes Textsystem bietet) mehr nützt, als das möglichst vollständige Erfassen eines komplexen "gängigen", vielleicht aber schon bald veralteten Systems. Daher haben wir am IFDI das audio- visuelle Textsystem *AV- Text* mit einer konsequent in das Programm integrierten komfortablen akustischen Benutzerführung entwickelt. *AV- Text* ist als Lernsystem konzipiert, kann aber ohne weiteres als vollwertige Textverarbeitung zum Erstellen nicht allzu großer Textmengen verwendet werden. *AV- Text* ist nicht für den beruflichen Einsatz gedacht; wer jedoch den Computer als einfach zu bedienendes Werkzeug nutzen möchte, wird an *AV- Text* seine Freude haben.

Selbstverständlich sehen wir die Gefahr, mit *AV- Text* eine sog. "Insellösung" zu schaffen. Darunter verstehen sehgeschädigte Computernutzer Programme, die eigens für Blinde geschrieben sind und diese so von den anderen Computernutzern abkoppeln könnten. Manche Blinde befürchten negative Konsequenzen, bezogen auf die Möglichkeiten beruflicher Qualifikation und den Verlust sozialer Interaktionsfähigkeit. Wir sind allerdings der (oben begründeten) Ansicht, daß solche Programme immer notwendiger werden und daß zudem ein leicht erlernbares Programm wie *AV- Text* den Kreis potentieller blinder und sehbehinderter Computernutzer erweitern hilft. Viele Blinde, wie auch die meisten Sehenden benötigen wohl nie in ihrem Leben alle Fähigkeiten einer komplexen Textverarbeitung. Die mit *AV- Text* erlernten Grundfertigkeiten der Computernutzung und der Textverarbeitung erleichtern jedoch den Einstieg in die professionelle Texterstellung, sofern diese einmal benötigt werden sollte. Weitgehende Datenkompatibilität (ASCII Code) ermöglicht zudem den Austausch der mit *AV- Text* erstellten Schriftstücke mit anderen Systemen.

AV- Text beherrscht die grundlegenden Textverarbeitungsfunktionen (siehe unten). Es legt aber keinen Wert auf professionelle Fußnoten- und Kopfzeilenverwaltungen, Spaltensatz, Graphikeinbindung, Druckformatvorlagen oder Synonymlexika. Es kann beliebige -vorher markierte- Textabschnitte vorlesen oder buchstabieren, gibt alle Meldungen des Systems sofort akustisch aus und stellt dem Benutzer verschiedene Ebenen akustischer Hilfestellungen zur Verfügung. Sämtliche Funktionen von *AV- Text* lassen sich "gefahrlos" ausprobieren, in unklaren Situationen können frei editierbare Hilfetexte akustisch ausgeben werden. Eine 'Infotaste' gibt kurz Aufschluß über den aktuellen Zustand des Systems (Texteingabe, Directory bearbeiten, Dateiname eingeben ...) und den daraus resultierenden Möglichkeiten des Anwenders. Die (auf Wunsch) "sprechende Tastatur" erleichtert das Erlernen des Maschineschreibens, ein "Mitlesemodus" erhöht die orthographische Sicherheit bei der Eingabe des Textes. Großschriften ermöglichen sehbehinderten Benutzern auch einen visuellen Zugang zum Text. Als Besonderheit kann *AV- Text* verschiedenartige Geräusche erzeugen, die etwa beim Navigieren im Text ertönen und damit eine fast unbewußte Orientierung ermöglichen. Die Sprachausgabe in Stereo vermittelt ein Gefühl für die Position im Text und soll die Orientierungsmöglichkeiten noch weiter verbessern. Das Erlernen von *AV- Text* wird zusätzlich erleichtert, indem dem Anfänger ein Lernsystem zur Verfügung gestellt wird, das zwar die gleiche Benutzerführung aufweist, aber im Funktionsumfang eingeschränkt ist. Auf diese Weise wird der Anfänger nicht durch eine Überfülle an Möglichkeiten überfordert. Ein akustisch unterstütztes Tutorial mit Übungsbeispielen auf Diskette ist bereits in Arbeit und soll hier im Unterricht erprobt werden.

3. Was kann AV-Text?

1. Grundlegende Fähigkeiten einer Textverarbeitung:
   - Text erstellen im Einfügemodus mit automatischem Zeilenumbruch
   - Markieren von einzelnen Zeichen, Wörtern, Zeilen, Sätzen, Absätzen, Seiten ...
   - Löschen oder Formatieren der markierten Textbereiche.
   - Komfortables Navigieren im Text: über die Cursorsteuertasten, Wort- oder Satzweise vor und zurück, freie Wahl der Textposition (Seite, Zeile, Spalte), Marken setzen und anspringen, an den Anfang bzw. ans Ende eines markierten Textbereichs springen ...
   - Move und Copy Funktionen über einen "Papierkorb".
   - Speichern und Laden des Textes (Formatiert oder als ASCII-Code) mit automa tischer Sicherheitskopie.
   - Finden und automatisches Ersetzen von Wörtern.
   - Manueller und automatischer Seitenumbruch.
   - Ausdrucken des Textes über verschiedene Drucker.
2. Spezielle interaktive Benutzerführung für Sehbehinderte oder Blinde:
   - Alle Meldungen des Systems werden automatisch akustisch ausgeben.
   - Verschiedene Ebenen akustischer "On Line" Hilfestellung werden bereitgestellt.
   - Probiermodus (Tastaturecho ohne Durchführung) ist möglich.
   - Akustische Rückmeldungen über den jeweiligen Zustand des Systems sind ab rufbar.
   - Kein einfaches Auslesen des Bildschirms, sondern Vorlesen oder Buchstabieren der markierten Textbereiche.
   - Wahlweise kann mit oder ohne Satzzeichen gelesen, "normal" oder "als Name" buchstabiert werden.
   - Auf Wunsch mitlesen oder mitbuchstabieren während des Schreibens.
   - "Lesepause", Vor- und Zurückspulen während des Lesens und das Abbrechen des Lesens mit oder ohne Ändern der Schreibposition ist möglich.
   - Der Text kann wahlweise in fünf verschiedenen Schriftgrößen ausgegeben wer den.
   - Akustische Rückmeldung über verschiedenste Geräusche ermöglichen eine gute intuitive Orientierung im Text und im System.
   - Komfortables Ändern der Sprechweise des Systems.
3. Einfache Bedienbarkeit und Erlernbarkeit:
   - AV-TEXT ist ein integriertes System: Die Sprachausgabe ist nicht über das Aus- lesen des Bildschirms "aufgepropft", die Benutzerführung wurde nach didaktisch-methodischen Gesichtspunkten erstellt.
   - Zwiebelprinzip: Für den Anfänger wird eine Lernversion mit der Beschränkung auf grundlegende Textverarbeitungsfunktionen aber der gleichen Benutzer oberfläche mitgeliefert.
   - Frei editierbare "On Line" Hilfetexte können eingebunden werden.
   - Handbuch auch als Diskette und Kassette.

- Funktionsübersicht in Braille.
- Ein Tutorial mit Übungsbeispielen zum Selbstlernen wird momentan erstellt.

4. Die für Textverarbeitung grundlegenden DOS-Funktionen sind im System integriert und werden akustisch unterstützt:
   - Wahl des aktiven Laufwerks.
   - Formatieren von Disketten.
   - Akustische Ausgabe des Inhaltsverzeichnisses der Festplatte oder Diskette.
   - Wechseln in Unterverzeichnisse auf Festplatte oder Diskette.
   - Anlegen und Löschen von Unterverzeichnissen.
   - Dateien löschen oder umbenennen.
5. Nach oben offen:
   - Rechtschreibhilfe und automatische Silbentrennung werden eingebunden.
   - Adressverwaltung, "Terminkalender" und "Taschenrechner" sollen integriert werden.
   - Anschlußmöglichkeit für eine Braillezeile soll geschaffen werden.
   - Alle DOS-Befehle sollen auch in MS-DOS-Schreibweise aus dem System heraus abgeschickt und akustisch unterstützt werden können.
   - Ein residentes Programm zum Vorlesen des Bildschirms soll unabhängig vom Textsystem angeboten werden.
   - Die Großschrift soll ebenfalls als residentes Programm angeboten werden.
   - Die Sprachkarte und das Modul "Sprechen" ist bereits für Programmierer er hältlich.

4. Sprachausgabe und Großschrift von AV- Text

Die zur Sprachausgabe notwendige Hard- und Software wurde von uns (Kosa, Tideman) entwickelt. Die Elektronik besteht aus einer PC- Steckkarte, die einen Phonemsysnthesizers (Artic 263) samt Stromversorgung, Steuerung und zwei NF- Verstärker für die Ausgabe in Stereo enthält. Kopfhörer oder Lautsprecher können einfach an die eingebauten 3.7 mm Klinkenbuchsen angeschlossen werden. Eine Monoversion der Sprachausgabe ist ebenfalls erhältlich, eine Version zum Anschluß an die serielle Schnittstelle des Computers ist in Vorbereitung. Die Software der Sprachausgabe enthält die wichtigsten deutschen Aussprachere-geln. Begriffe aus Fremdsprachen und Ausnahmen, die von den deutschen Sprachre-geln nicht richtig erfaßt werden, können zusammen mit einem korrekt klingenden Synonym in einer Bibliothek abgelegt werden. Diese Ausnahmebibliothek umfaßt derzeit ca. 1000 Wörter und deckt die gängigen Ausnahmen ab.

Die Sprachverständlichkeit von AV- Text ist sehr gut und auch komplizierte Wörter bzw. Zahlausdrücke wie 3,124e-10 oder -13345894,64537 werden korrekt ausgesprochen. Tonhöhe, Lautstärke, Sprechgeschwindigkeit und die Pausen zwischen den gesprochenen Wörtern sind in weiten Grenzen variierbar. Das Vorlesen eines Textes oder einer Systemmeldung kann man selbstverständlich jederzeit unterbrechen oder ganz beenden. Der Benutzer kann bestimmen, ob der Text mit oder ohne Satzzeichen gelesen wird. Beim Buchstabieren kann man wählen, ob z.B. "a" als Laut „a" oder als „Anton" gesprochen werden soll. Auch werden beim Buchstabieren Groß- und Kleinbuchstaben unterschieden. Alle über die Tastatur erreichbaren Zeichen, selbst Sonderzeichen, wie '@', '%' oder '{', können gesprochen werden. Die Großschriftausgabe von AV- Text wurde vollständig in Assembler geschrieben und ist entsprechend schnell und kompakt im Code. Vier verschiedene Schriftgrößen, die sich jeweils verdoppeln (bis zur bildschirmfüllenden Darstellung), lassen sogar hochgradig Sehbehinderte noch einen visuellen Zugang zum Text finden. Die Form der Zeichen wurde in Zusammenarbeit mit sehgeschädigten Studenten der Pädagogischen Hochschule Heidelberg optimiert. Sprachausgabe und Großschrift und eventuell verfügbare Punktschriftzeilen sollen möglichst sinnvoll im "Medienverbund" zusammenwirken. Die Sprachausgabe bietet Vorteile beim schnellen Erfassen größerer Textmengen und bei der Ausgabe von System-meldungen. Die Großschrift und Braillezeilen eignen sich besser zum Korrigieren eines Textes.

Andere Sprachausgaben und Punktschriftzeilen verschiedener Hersteller sollen in das System eingebunden werden können. Wir legen jedoch großen Wert darauf, daß AV- Text auch ohne Braillezeile gut zu bedienen ist, da die Anschaffungskosten des Gesamtsystems sonst leicht in den Bereich mehrerer (zehn-) tausend Mark steigen könnten.

5. Perspektiven

AV- Text ist im wesentlichen fertiggestellt und seit Herbst 1990 in eine erweiterte Erprobungsphase eintreten. Dabei wird in Zusammenarbeit mit blinden bzw. stark sehgeschädigten Schülern und Studenten die Benutzerführung weiter optimiert und der Einsatz im Unterricht erprobt. Für die Programmiersprache COMAL wurde bereits ein Modul "SPRECHEN" entwickelt, das wir zusammen mit der Sprachausgabekarte für Programmierer anbieten. Die Konvertierung dieses Moduls in andere Programmiersprachen (C und Pascal) ist bald abgeschlossen. Damit ist eine weitere Hilfe für die Entwicklung 'sprechender' Software für Blinde bereitgestellt. Die Möglichkeiten von speziell für blinde bzw. hochgradig sehgeschädigte Menschen erstellter "sprechender" Software sind mit einem Textverarbeitungssytem natürlich keineswegs erschöpft. Sinnvoll wäre sicherlich ein integriertes System, das sämtliche "informatorischen Grundbedürfnisse" eines Blinden außerhalb des beruflichen Einsatzes abdeckt und Komponenten wie einen akustischen Terminkalender, ein "Notizbuch", eine Datenbank, ein Datenfernübertragungs- und ein Tabellenkalku-lationsprogramm enthalten kann.

Damit die Pflege des Programms gesichert bleibt und die Kosten des Systems nicht in astronomische Höhen steigen, übernimmt Vertrieb und Support von *AV- Text* zunächst eine eigens dafür gegründete Firma (SynPhon, Heidelberg). Der Preis von AV-Text inclusive Sprachaus-gabe soll mit dem gängiger Textverarbeitungssysteme für Sehende vergleichbar sein.

Volltextdatenbank OMTASS

Dirk Bartsch

Evangelische Kirche in Berlin-Brandenburg
Erlöserkirchengemeinde

Kurzbeschreibung zur Volltextdatenbank OMTASS

- am Beispiel der Daten des Graubuches des DZI
- am Beispiel einer Datenbank für Innere Medizin
- am Beispiel einer Datenbank des Instituts für Katechetischen Dienst

als ergänzendes Beispiel elbikon – *el*ektronische *Bi*bel*kon*kordanz

- Luther_84,
- Zürcher Text
- Elberfelder Bibel,
- King-James-Bible
- Ev.Kirchengesangbuch mit Melodien zum Vorspielen

Herkömmliche Suchverfahren im PC-Bereich wie z.B. filefind 'ff', textsearch 'ts' oder der Zugriff auf Informationen im fileinfo 'fi' sind in einem normalen Bürobetrieb oder wissenschaftlichen Dokumentationszentrum nicht verwendbar.

In diesen Fällen muß das Starten des Suchverfahrens so einfach handhabbar sein wie das Schreiben mit einer Schreibmaschine. Im sogenannten Idealfall findet eine Anbindung der Textverarbeitung an die Textdatenbank statt.

Exkurs zur Herkunft „unserer" Textdatenbank: Die Idee einer Bibel auf dem PC wurde wach durch die tägliche Sucherei in der gedruckten Bibel. Hilfe wurde von den effizienten Suchmöglichkeiten eines noch zu erstellenden Programms erwartet. Auf dem letzten Ev. Kirchentag in Berlin (1987) wurde elbikon in der Version 2.0 vorgestellt.

Für dieses Projekt haben sich dann nicht nur theologische Verlage, sondern auch eine größere Bundesbehörde interessiert. Hier sollten Amtsblattverfügungen archiviert und für den schnellen Zugriff in der Beauskunftung zur Verfügung gestellt werden.

Für das hier verwendete Suchverfahren ist charakteristisch, daß sich der Anwender weder um die Hintergründe noch um eine Syntax in der Art der Abfrage kümmern muß.

Möglich ist auch eine Trunkierung rechts oder links, das Arbeiten mit Platzhaltern (psych* oder *arbeit oder M??er) oder das Arbeiten mit logischen Verknüpfungen (A und B, aber nicht C). Bei der freien Suche kann '&' UND, '|'ODER oder '^'NICHT verknüpft werden. Zudem kann mit zwei phonetischen Suchverfahren gearbeitet werden.

Nachdem der Suchbegriff eingetippt und die ENTER-Taste gedrückt ist, erscheint unmittelbar eine Liste der Dokumente, die diesen Suchbegriff enthalten. Mit der Cursortaste wird das Dokument angewählt und mit der ENTER-Taste auf den Bildschirm gerufen.

Wichtig bei unstrukturierten Texten ist, daß hier eine 100 %ige Indizierung stattfindet und damit verborgene Verbindungen zwischen Texten deutlich werden. Die Suchgeschwindigkeit liegt auch bei Datenbeständen größer als 7 MB deutlich unter 1 Sekunde auf einem 8088-PC mit 4,77 MHz Systemtakt. Vier verschiedene Dateiformate können eingelesen und in ihrem Ursprungsformat wieder ausgelagert werden. Es handelt sich um die Formate: OMEGAtext, MS-Word, ASCII und dBaseIII.

Reportmöglichkeiten bestehen sowohl zur Ausgabe auf einen Drucker wie auf Datei(en). Das Textretrieval ist netzwerkfähig und man kann über Batch-Betrieb die Datenbank warten, d.h. Pflege- und Updateläufe durchführen.

Für die Erstellung von Dokumentationen hat es sich als äußerst zweckmäßig erwiesen, daß die Volltextdatenbank aus der Textverarbeitung OMEGA direkt angesprochen werden kann und eine Übernahme der Texte auf Knopfdruck erfolgt. Technische Voraussetzungen:

- XT-/AT-komp. Rechner mit 512 kB Ram und Festplatte
- PC-/MS-DOS 3.xx

Bis zu 32.000 Dateien in den vier oben genannten Formaten nahezu beliebiger Größe können in die Datenbank aufgenommen werden. Als sinnvoll wäre eine Größe je Datei unter 100 kB anzusehen, möglich sind jedoch auch 280 kB und mehr.

```
OMTASS  (c) 1990 N. Demgensky, Berlin        Textdatenbank abfragen
V3.10 #900002  HARD+SOFT GmbH Bayreuth       Aktuelle Datei: GRAUBUCH

Caritasverband für Berlin e.V.
Diakonisches Werk Berlin e.V.
Kommunikations- und Beratungszentrum homosexueller Frauen und Männer e.V.
Förderungsgemeinschaft zur Errichtung von Kontaktstätten und Wohngruppen für
Therapeutische Wohngemeinschaft für Alkoholiker
Städt. Wohnheim Charlottenburg
Wohnheim Zimmerstraße
Obdachlosenheim Von-der-Trenck-Straße
Beratungsstelle für alleinerziehende Eltern, im Service-Haus des
Kommunikations- und Beratungszentrum homosexueller Frauen und Männer e.V.
Verein zur Förderung des Schutzes mißhandelter Frauen e.V. - 1. Frauenhaus
Bezirksamt Tempelhof von Berlin, Abt. Jugend und Sport, Die Frauenbeauftragte
Evangelisches Johannesstift Berlin, Wichern-Kolleg
Evangelisches Johannesstift Berlin, Wichern-Kolleg
Caritas-Schwesternschaft, Diözesangemeinschaft Berlin, Haus der Caritas

                                                          1 /    15
Eingabe:   Frauen Männer
Hinweis:   Dokument mit Cursortasten auswählen, Anzeigen=RET, Ende=ESC

1 Hilfe 2 Statistik              7 Dateien    8 Info 9 Sortiert 10 Fundstell.Liste
```

Abb. 1: Bildschirminhalt bei Auswahl einer Textdatei

```
OMTASS  (c) 1990 N. Demgensky, Berlin        Textdatenbank abfragen
V3.10 #900002  HARD+SOFT GmbH Bayreuth       Aktuelle Datei: GRAUBUCH
D1_0104.ASC
Kommunikations- und Beratungszentrum homosexueller Frauen und Männer e.V.

B-30, Kulmer Str. 20a

Tel: 2152000 (Lesbenberatung)
     2159000 (Schwulenberatung)
     2153742 (Büro)

Zeiten: Mo-Do 17.00-20.00 und nach Vereinbarung

Zweck: Wir unterstützen lesbische Frauen und schwule Männer bei der
       Bewältigung ihrer persönlichen Probleme. Ziel ist es, Hilfe zur
       Selbsthilfe zu geben. Dafür bieten wir Informationen, telefonische und
       persönliche Beratung, Gruppen, Workshops und Veranstaltungen an.

Familienhilfe, Frauenfragen <1>                     Ehe, Familie, Erziehung
                                                          1 /    17
Eingabe:   frauen Männer
Hinweis:   Blättern mit Cursortasten, Ende=ESC

1 Hilfe 2 Statistik 3 Vor 4 Rück 5 Zeile 6 Referenz   8 Info 9 Alles 10 Ausgabe
```

Abb. 2: Bildschirminhalt nach Auswahl einer Textdatei

Grafik-Design

Musterentwicklung mit dem CAD-System DECOS 2.2

Jürgen Albrecht

Hochschule für Kunst und Design
Burg Giebichenstein

1. Historie

Der Wissenschaftsbereich Desingmethodik unserer Hochschule befaßt sich seit 1979 mit der Anwendung der Rechentechnik in Kunst und Design. Voraussetzung für die Entwicklung designspezifischer CAD-Systeme ist die Verfügbarkeit eines Experimentalsystems. Bereits 1982 fiel die Entscheidung, ein solches Experimentalsystem bezogen auf die Flächengestaltung zu entwickeln / 4 /. Dafür sprachen besonders drei Gründe:

- Die Objekte der Flächengestaltung sind zweidimensional.
- In der Anfangsphase reichen Punkt und Strich als Gestaltungsmittel aus.
- In der Textil- und Druckindustrie sind leistungsfähige Techniken zur Weiterverar-beitung von Plottervorlagen vorhanden.

Im Jahr 1985 wurde die erste Version des DECOS-Systems realisiert / 1, 5 / und in einer ersten industriellen Anwendung getestet. Die dabei erkannten Schwachstellen wurden beseitigt. Mit der Version DECOS 1.1 stand 1986 ein funktionsfähiges Experimentalsystem zur Verfügung. Es war allerdings nur auf dem Tischrechner HP 9845B lauffähig. Die Hochschule besaß einen solchen Rechner nicht. Deshalb konnten wir mit DECOS 1.1 nur in der Akademie der Wissenschaften in Berlin, Institut IIR, arbeiten, wo uns dieser Rechner über eine Kooperationsvereinbarung zur Verfügung stand. Mit dem System DECOS 1.1 wurden in den Jahren 1986 bis 1989 verschiedene Produktentwicklungen (Tapeten, Gardinen, Glas- und Porzellandekor) / 2 / durchgeführt. Seit 1986 haben wir uns intensiv darum bemüht, das DECOS-System auf DDR-Rechentechnik zum Laufen zu bringen. Dazu standen weder geeignete Hardware, das Betriebssystem MS-DOS noch Softwaretools zur Verfügung. Diese Situation führte zu direkten Fehlentwicklungen: 1988 wurde die Version DECOS*GRAFIS mit der Fachsprache GRAFIS des VEB Schuhkombinats Weißenfels (Basis: FORTRAN 77) entwikkelt und mußte wegen unannehmbarem Laufzeitverhaltens verworfen werden. Trotz großer Entwicklungsanstrengungen ist ein Zeitverlust von mindestens vier Jahren eingetreten. Erst Ende des Jahres 1990 war die Entwicklung der Version DECOS 2.01 abgeschlossen, die auf den EC 1834 (den leistungsfähigsten DDR-PC) und MS-DOS ausgerichtet und in Turbo-Pascal 5.5 geschrieben war. Diese Version lief zwar auf der DDR-Rechentechnik, aber nicht problemlos auf einem 286-er oder 386-er PC-AT. Seit April 1991 existiert die Version DECOS 2.2 / 3 /. Sie wurde im Auftrag des Instituts CA&D e.V. an der Burg Giebichenstein von Helmut Schwigon und Stefan Albrecht aus der Version 2.01 heraus entwickelt. DECOS 2.2 läuft auf PC-AT, wird mit der Maus gesteuert, ist nicht mehr GKS-abhängig und der Zeichnungsaustausch mit anderen CAD-Systemen ist durch eine DXF-Schnittstelle gewährleistet. Das Copyright dieser Version liegt bei der Firma H&V, Frank-furt/M, Brönnerstraße 22. Die Hochschule hat aber das Recht, DECOS 2.2 uneingeschränkt in der Lehre einzusetzen.

2. Funktion des Systems

Mit dem DECOS-System werden Bilder hergestellt. Das kann mit verschiedenen Verfahren geschehen. Hier wird ein Generierungsverfahren benutzt, das Bilder aus Motiven zusammensetzt. Dabei können die Motive ihre ursprünglichen geometrischen Eigenschaften behalten oder auch stark verändern. Die prinzipielle Funktion des DECOS-Systems wird aus Abb. 1 deutlich:

Basis des entstehenden Bildes sind Motive. Deshalb muß in jedem Fall mindestens ein Motiv vorhanden sein. Dieses Motiv wird in ein Layout eingesetzt. Im einfachsten Fall hat das Layout die Form eines rechtwinkligen Gitters. Um das Bild zu generieren, wird jetzt noch eine Vorschrift benötigt, in welcher Weise dieses Motiv in jede Zelle des Gitters eingebaut werden soll. Möglich ist eine schachbrettartige Anordnung, in der das Motiv seine Form nicht ändert, aber abwechseln um 180 Grad gedreht in das Gitter eingeordnet wird. Diese Belegungsvorschrift (ARRANGE) ist in Abb. 1 mit einem Pfeil als Hilfsmotiv symbolisch dargestellt. Motiv, Layout und Belegungsvorschrift determinieren das Bild. Die Beziehung:
MOTIF + LAYOUT + ARRANGE = PICTURE
stellt den Basisalgorithmus des DECOS-Systems dar. Jeder Bildgenerierung liegt dieser Algorithmus zugrunde. Dieses prinzipielle Generierungsverfahren kann in vielfältiger Weise modifiziert werden. Dazu bietet DECOS 2.2 Werkzeuge, mit denen Layouts aus verschiedenen Gittertypen herzustellen und zu komplexeren Layouts montiert werden können. Diese Layouts können verschiedenen Transformationen unterworfen werden. Das führt zu entsprechenden Deformationen der Gitterstrukturen. Die Belegungsvorschriften besitzen eine außerordentlich große Variationsbreite. Motive können durch spezielle Linien beschnitten werden. Das gesamte Bild kann mit einer systematischen Störung versehen werden, wobei die Veränderung der Position jedes

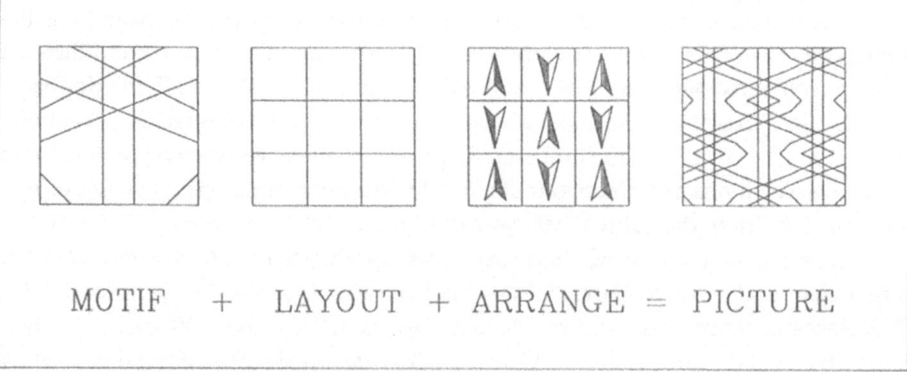

Abb. 1: Grundprinzip der Bildgenerierung

einzelnen Bildpunktes in definiert einstellbaren Grenzen zugelassen wird. Mit dem System können auch rekursive Bilder (... das Bild im Bild im Bild ...) hergestellt werden, die eine ganz eigenständige Klasse von Bildern darstellen. Das System DECOS 2.2 ermöglicht die Generierung folgender Bildelemente:

- MOTIF Elementare grafische Bildinformation
- LAYOUT Hilfsgitter zur Einordnung der Motive
- ARRANGE Belegungsvorschriften zur Anordnung der Motive
- CUTTER Beschneidung von Motiven
- DEFORM Deformationsvorschriften für Layouts
- DISORD Störung der Positionierung der Motive
- GRID Hilfsraster im Hintergrund
- PICTUR Bildsynthese mit dem Basisalgorithmus

Die mit diesen Werkzeugen generierten Objekte sind weitgehend austauschbar. So können zum Beispiel Layouts als Motive, Motive als Cutter und ganze Bilder auch wieder als Motive (und umgekehrt) verwendet werden. Als sehr vorteilhaft erweist sich die DXF-Schnittstelle. Damit können Bildelemente in AUTOCAD konstruiert und in das DECOS-System importiert werden. Ebenso ist es möglich, fertige Pictures oder Teile von Bildern von DECOS in AUTOCAD zu transferieren, sie dort weiterzuverwenden oder auszuplotten. Hier können nur einige Möglichkeiten des Systems angedeutet werden, weil die Variationsbreite des prinzipiellen Verfahrens der Bildgenerierung praktisch grenzenlos ist. Um einen Eindruck von diesen Variationsmöglichkeiten zu vermitteln enthalten die Abb. 2 bis 9 Beispiele, *die alle mit dem gleichen Motiv* erzeugt worden sind. Dabei wurde das in Abb. 1 abgebildete Motiv in Anlehnung an M.C. ESCHER verwendet. Die Abb. 2 zeigt einen einfachen Rapport mit einer Belegungsvorschrift, die eine von vielen mit diesem Motiv möglichen Mustervariante erzeugt. Abb. 3 besitzt ein Layout mit vier Gitterzellen. Der Mittelpunkt des Layouts ist nach links oben verschoben. In dieses Gitter wurde das Motiv mit einer Rekursionstiefe von fünf eingeordnet. Über die gesamte Abb. 4 wurde eine Störung gelegt. Sie hat einen definierbaren Funktionsverlauf, der in den beiden oberen Ecken Maximalwerte besitzt. Die Abb. 5 wurde einer Deformation unterworfen, wodurch das ursprünglich quadratische Layout einschließlich seiner Ränder verzerrt wird. Die Abb. 6 entsteht durch die Überlagerung von vier unterschiedlich deformierten Bildern. In Abb. 7 wurde aus drei Gittern ein sechseckiges Layout montiert. Durch Deformationen der Einzelgitter kann der visuelle Eindruck eines Quaders erzeugt werden. Das ursprünglich reguläre Gitter der Abb.5 wurde durch Veränderung der Gitterstruktur gestört. Diese Gitterstörungen werden bei der Belegung mit Motiven sichtbar. Der Abb. 9 liegt ein polares Gitter zugrunde. Über dieses Layout wurde eine speziell eingestellte Deformation gelegt, die das Layout im Gegenzeigersinn verwindet. Die Abb. 10 demonstriert die Wiederverwendbarkeit der Generierungsvorschriften (leere Objekte). Diese Abb. besitzt die gleiche Erzeugungsvorschrift wie die Abb. 9, sie wurde aber mit einem anderen Motiv realisiert.

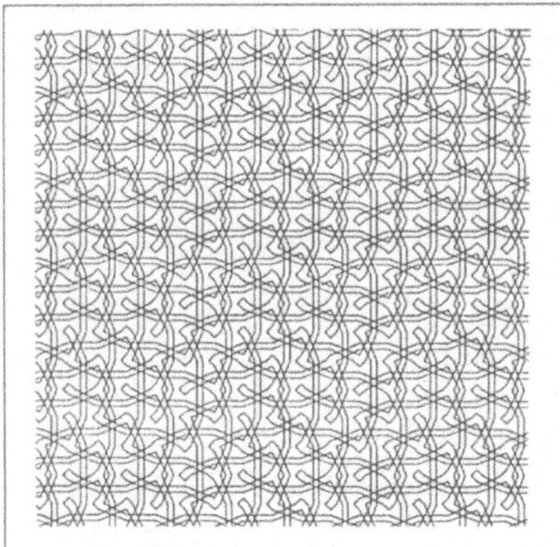

Abb. 2: Rapport

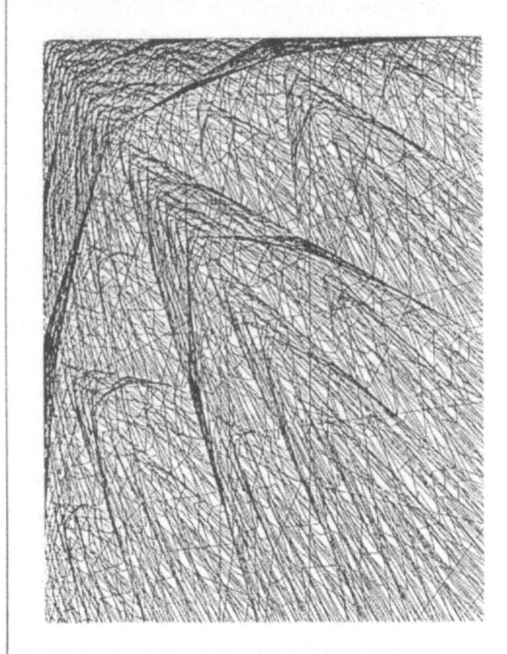

Abb. 3: Rekursion

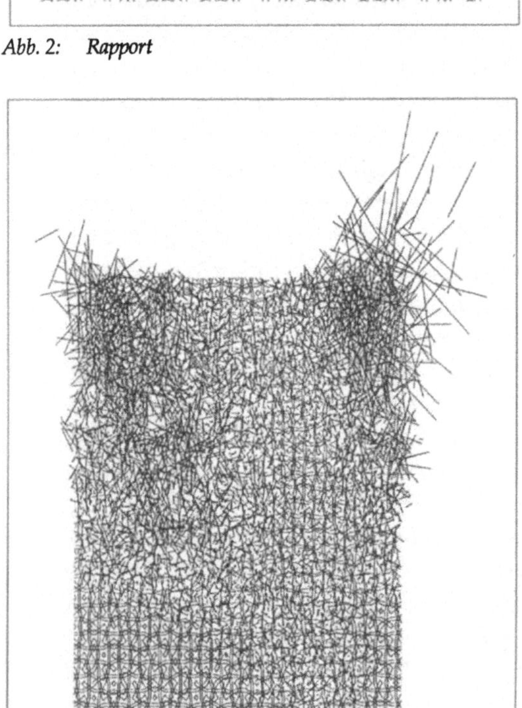

Abb. 4: Unordnung

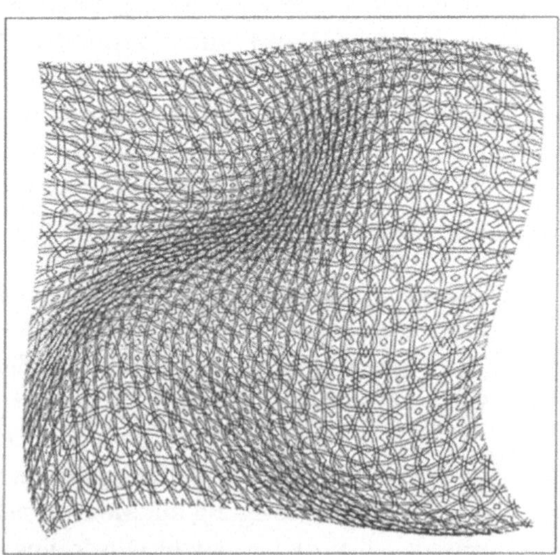

Abb. 5: Deformation

3. Einsatzmöglichkeiten in der Lehre

Da das DECOS-System bisher an der Hochschule nicht verfügbar war, konnte es kaum in der Lehre Anwendung finden. Das System wurde in Einzelfällen im Fachgebiet Flächengestaltung, im Fachgebiet Gefäßgestaltung, in den bildnerischen Grundlagen

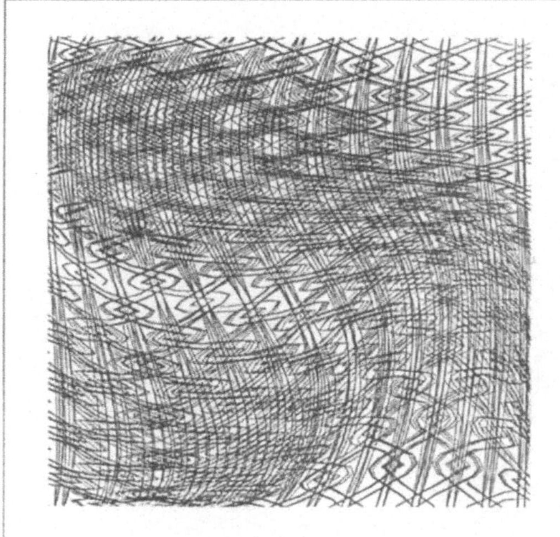

Abb. 6: Moiree

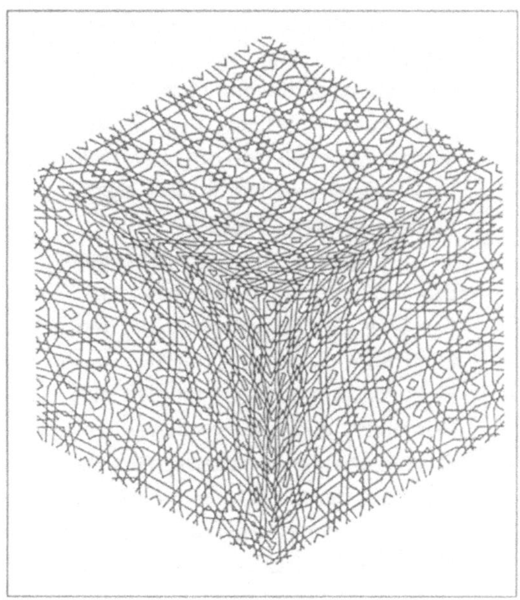

Abb. 7: Montage

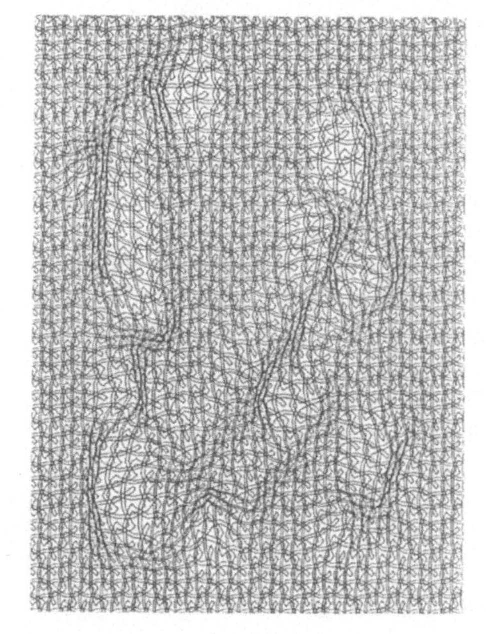

Abb. 8: Störung

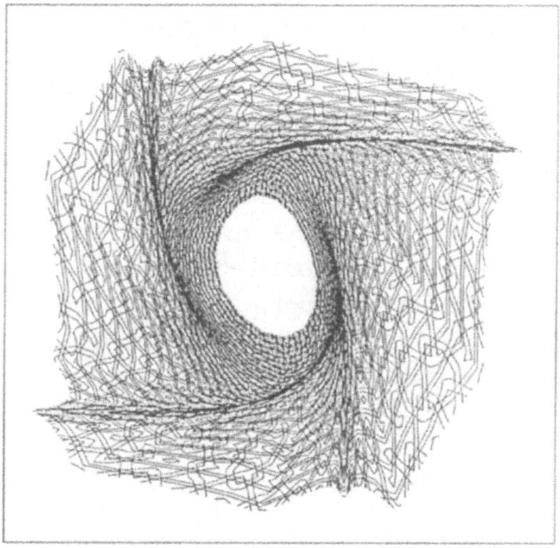

Abb. 9: Taifun Lisa

und im Fachgebiet Gebrauchsgrafik der Fakultät Kunst eingesetzt. Das sind auch in Zukunft die Bereiche, in denen das DECOS-System vorteilhaft angewendet werden kann. Von grundsätzlicher Bedeutung ist, daß der Nutzer den in Abb. 1 dargestellten Basisalgorithmus begreift und quasi als Modell des Systems im Kopf hat, denn er ist Grundlage aller technologischen Überlegungen bei der Arbeit mit dem System. Das führt in der Anfangsphase zwar zu erheblichen mentalen Belastungen, letztendlich ermöglicht aber gerade dieser Basisalgorithmus erst die modulare Arbeitsweise, die einfachste Erzeugung einer praktisch unendlichen Variantenvielfalt und die universelle Wiederverwendung der sogenannten "leeren Objekte".

Wir legen aber großen Wert auf die Feststellung, daß weder vorhandene, alte Techniken durch den Computer ersetzt, noch daß rechnergestützte Technologien aus Prinzip angewendet werden sollen. Das entscheidende Kriterium für die Nutzung der Computertechnik ist, ob der Anwendungsfall qualitativ besser und effektiver mit dieser Technik zu bewältigen ist.

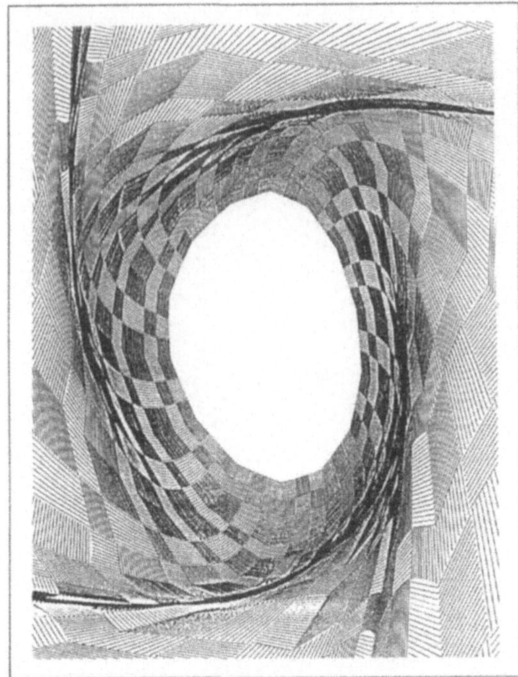

Abb. 10: Taifun Anna (Ausschnitt)

4. Weiterentwicklung des DECOS-Systems

Der wesentlichste Nachteil der jetzigen DECOS-Version besteht darin, daß nur koordinatenbasierte Objekte, und keine Pixel-Objekt verarbeitet werden können. Damit kann der gesamte Objektumfang z.B. des Systems AUTOCAD verwendet werden.

Das DECOS-System orientiert sich aber auf die Anwendung in den Industriezweigen, die mit Decor arbeiten, also z.B. auf die Textilindustrie. Dabei werden pixelorientierte Objekte benötigt, um z.B. Farben und eingescannte Halbtonbilder verarbeiten zu können. Solche Mustergenerierungssysteme sind vorhanden. Sie verfügen aber nicht über die Manipulationsmöglichkeiten von DECOS. Aus diesem Grund besteht unser vorrangiges Entwicklungsziel darin, DECOS mit einem bereits vorhandenen pixel-orientierten System zu verbinden.

Literatur

1. Albrecht, J.: DECOS – Ein Konzept zur rechnerunterstützten Flächengestaltung, Halle (1985); Material des 9. Kolloquiums der HKD
2. Albrecht, J. und Saalborn, F.: Entwicklung und industrielle Erprobung des Programmsystems DECOS; Halle (1988) Material des 12. Kolloquiums der HKD
3. Schwigon, H.: Rechnerunterstützte Methoden in der industriellen Formgestaltung - dargestellt am Beispiel der rechnerunterstützten Generierung von Mustern; Halle (1983) Material des 7. Kolloquiums der HKD
4. Schwigon, H.: DECOS 1.0 – Konzept und Realisierung; Halle (1985) Material des 9. Kolloquiums der HKD

Erstellung von Publikationen und Präsentationen auf dem IBM Personal System/2

Günter Statz

IBM Deutschland GmbH, München
Fachbereich Lehre und Forschung

Die leistungsstarken IBM Personal Systeme/2 bieten bereits heute die Möglichkeit der Realisierung eines *Arbeitsplatzes für elektronische Bildbearbeitung*, wie er herkömmlich nur auf Großrechnern in der entsprechend hohen Preisklasse bekannt ist. Dieser Arbeitsplatz unterstützt alle Arbeiten eines Grafik-Designers, eines Layouters, eines Lithographen und eines Setzers.

Kernstück des vorgeführten Arbeitsplatzes ist ein *IBM Personal System/2 Modell 95* mit i486-Prozessor, 33MHz Taktfrequenz und über SCSI-Adapter kaskadierbaren 320MB-Platten. Die im PostScript-Format erstellten Texte und Bildfarbauszüge können über eine eingebaute Bandeinheit oder eine magneto-optische Wechselplatte archiviert und mit den Computeranlagen eines Belichtungsservice ausgetauscht werden. Ergänzt wird dieser Rechner durch eine TARGA+ - *Farbgrafikkarte*, an die ein *20"-Farbbildschirm* angeschlossen ist, durch einen *Flachbettscanner* für den Einzug von bis DIN A3 großen Farbbildvorlagen, einen *Laserdrucker IBM 4019* für die Kontrollausgabe der gesetzten Texte und einen Thermosublimations-*Farbdrucker* zur maßstabsgetreuen Ausgabe der bearbeiteten Farbbilder für den Originalentwurf der zu erstellenden Druckschrift. Für die Ausgabe von Präsentationsmaterial kann dieser Arbeitsplatz noch durch einen *Diabelichter* ergänzt werden; er erlaubt die Erstellung und Bearbeitung von Farbbildern mit 16 Mio. Farben in beliebig hoher Auflösung.

Für Text-Layout und Satz mit PostScriptausgabe für die anschließende Filmbelichtung werden folgende Funktionsbereiche durch die installierte Anwendungssoftware abgedeckt:

- zweidimensionale Bild- und Farbgrafik-Bearbeitung
  - Scannen
  - Nachbearbeiten mit Retusche, Freistellung, Kopieren, Spiegeln etc.
  - Komposition von Bildcollagen
- dreidimensionale Farbgrafikerstellung
  - Erzeugung räumlicher Körper mit und ohne Rotationssymmetrie
  - Positionierung, Skalierung, Spiegelung, Rotation etc.
  - Erzeugung metallischer oder farbiger Oberflächenstrukturen
  - Oberflächentexturen
  - bis zu 20 positionierbare farbige Lichtquellen
  - Schatten und Spotlights
  - Kombination zweidimensionaler gescannter Bilder mit 3D-Objekten

- Farbseparation für den Vierfarboffsetdruck
  - Zerlegung der bearbeiteten Bilder in Encapsulated-PostScrip-Farbdateien
  - Farbmessung zur Erzielung farbgetreuer Wiedergaben
  - Korrekturmöglichkeiten über Farbkontrast, Helligkeit und Gammakurven
  - Plazierung der Farbauszüge zur optimalen Filmausnutzung
- Ausgabe der Text- und Bilddaten auf Band oder Wechselplatte für die anschließende
- Filmbelichtung und den Andruck

Mit einer Vielzahl von Spezialeffekten stehen nahezu alle denkbaren Bildbearbeitungsmöglichkeiten zur Verfügung. Durch die bestehende Text- und Bildausgabemöglichkeit direkt am Arbeitsplatz kann sehr schnell ein Originalentwurf in Farbe erstellt und den Autoren zur Korrektur übergeben werden. Die gewünschten Änderungen lassen sich kostengünstig und bis zur Ausgabe zur Belichtung durchführen, ohne daß zusätzliche Kosten für Satz, Grafik oder Lithografie entstehen.